中文版 AutoCAD 2022 从入门到精通

张倩　卢建洲　编著

化学工业出版社

·北京·

内容简介

本书以实操为导向，用通俗的语言、图文并茂的形式，全面系统地介绍了 AutoCAD 2022 的基本操作方法与核心应用功能。

全书共 18 章，遵循由浅入深、从基础知识到案例进阶的学习原则，介绍了 AutoCAD 入门知识、精准绘图、图形特性与图层管理、绘制二维图形、编辑二维图形、面域与图案填充、文字与表格、尺寸标注、图块管理与应用、图纸输出与打印、创建基本三维模型、创建复杂三维模型、渲染三维模型等内容，并结合机械、室内、园林和建筑 4 大领域的案例展开讲解，达到学以致用的目的。

书中所有案例均提供配套的视频、素材及源文件，扫二维码即可轻松观看或下载使用。另外，还超值附赠大量学习资源，主要有各类电子书、常用图块集、常用填充集等。

本书内容丰富实用，操作讲解细致，非常适合 AutoCAD 初学者、相关行业设计人员自学使用，也可作为高等院校及培训机构相关专业的教材及参考书。

图书在版编目（CIP）数据

中文版 AutoCAD 2022 从入门到精通 / 张倩，卢建洲编著. —北京：化学工业出版社，2021.10 （2022.6重印）
ISBN 978-7-122-39482-8

Ⅰ. ①中… Ⅱ. ①张… ②卢… Ⅲ. ①AutoCAD 软件
Ⅳ. ①TP391.72

中国版本图书馆 CIP 数据核字（2021）第 132620 号

责任编辑：要利娜　　装帧设计：李子姮
责任校对：王　静

出版发行：化学工业出版社（北京市东城区青年湖南街 13 号　邮政编码 100011）
印　　装：三河市延风印装有限公司
787mm×1092mm　1/16　印张 33½　字数 857 千字　2022 年 6 月北京第 1 版第 2 次印刷

购书咨询：010-64518888　　售后服务：010-64518899
网　　址：http：//www.cip.com.cn
凡购买本书，如有缺损质量问题，本社销售中心负责调换。

定　　价：99.00 元

前言

1. 为什么要学习 AutoCAD

AutoCAD 是一款计算机辅助设计软件，主要用于二维制图以及基本三维模型的创建。利用它可以精准地绘制出各种不同类型的设计图纸，例如机械、建筑、园林、室内等，可以说 AutoCAD 现已成为工业设计领域的入门必备软件。

该软件的绘图过程十分高效，它可以对图形做各类编辑、转换、放大、缩小等一系列操作，还可以将二维图形转换成三维模型，方便设计者从各个角度观察并修改设计方案。此外，该软件具有很强的通用性，它可以根据设计者的需求，将图纸导入 3ds Max、Sketchup、UG、Photoshop 等各类设计软件进行完善加工，以便展示出更加完美的设计作品。

学习 AutoCAD 具有很大的优势：

- 多个技能多条路，AutoCAD 操作简单，易上手，入门门槛低，并且能对个人的职业发展起到帮助作用。
- AutoCAD 具有非常高的性价比，它提供的强大功能远远超过了自身低廉的价格，对硬件系统的要求相对来说也较低。
- AutoCAD 不仅让你学会识图、读图和制图，还能进一步掌握与制图相关的设计常识，提高自己的专业水平。

2. 选择本书理由

本书采用基础知识+动手练习+实战演练+课后作业的编写模式，内容由浅入深，讲解循序渐进，从实战应用中激发学习兴趣。

（1）本书是学习 AutoCAD 启蒙之书

由于 AutoCAD 操作简单，容易上手，所以很多新手只会简单地模仿，依葫芦画瓢，没有很好与实际应用相结合，画出的图纸只能是“纸上谈兵”，不切实际。鉴于此，我们组织一线教师和设计师共同编写了此书，旨在通过本书的实例讲解以及专家指点，给读者带来一定的启发。

（2）全书覆盖二维绘图和三维绘图的知识体系

本书对二维绘图和三维绘图两大知识体系进行了全方位讲解，书中几乎囊括了 AutoCAD 所有应用知识点。本书简洁明了、简单易学，能够保证读者学以致用，从而更快地入门 AutoCAD。

（3）理论实战紧密结合，彻底摆脱“纸上谈兵”

本书包含了上百个案例，既有针对一个功能的“动手练习”，也有综合性强的“实战案例”，所有案例都经过了精心的设计。读者在学习本书的时候可以通过案例更好、更快地理解知识和掌握应用，同时这些案例也可以在实际工作中直接引用。

3. 本书的读者对象

- 从事工业设计的工作人员
- 高等院校相关专业的师生
- 培训班中学习工业设计的学员
- 对工业设计有着浓厚兴趣的爱好者
- 零基础转行到工业设计的人员

4. 本书包含哪些内容

本书是一本介绍AutoCAD绘图技术的实用图书，全书可分为3个部分，其中：

第1～10章主要介绍了AutoCAD二维绘图技能的应用，从AutoCAD基础知识讲起，全面介绍了软件入门基础操作、图形特性和图层管理、二维基本图形的绘制与编辑、文字与表格的添加与编辑、尺寸标注与图块的添加与编辑以及图纸输出与打印等知识。

第11～14章主要介绍了AutoCAD三维绘图技能的应用，内容涵盖了三维建模环境、创建基本三维模型、创建复杂三维模型以及三维模型的渲染操作等知识。

第15～18章主要介绍了常见应用领域成套图纸的绘制，分别通过机械、室内、园林以及建筑领域的图纸绘制，对所学知识点进行巩固，让读者将所学理论运用到实际设计工作中。

5. 致谢

本书由郑州轻工业大学的张倩、卢建洲编著，他们在长期的工作中积累了大量的经验，在写作时对其进行了升华总结，力求精益求精。此外，郑州轻工业大学的一些老师也参与了本书的审校工作，学校教务处也为本书的出版提供了大量帮助，在此表示感谢。

本书在编写过程中力求严谨细致，但由于时间与精力有限，疏漏之处在所难免，望广大读者批评指正。

编著者

目录

第 1 章 AutoCAD 2022 入门必学

第 2 章 精准绘图功能全知晓

第 3 章 图形特性与图层管理

第 4 章 绘制基本二维图形

第 5 章 快速编辑二维图形

第 6 章 设置面域与图案填充

第 7 章 巧用文字与表格

第 8 章 快速标注图形

第 9 章 应用与管理图块

第 10 章 输出与打印图形

第 11 章
了解三维建模环境

第 12 章
创建基本三维模型

第 13 章 创建复杂三维模型

第 14 章 渲染三维模型

第 15 章 绘制机械零件图

第 16 章 绘制室内施工图

第 17 章 绘制庭院景观施工图

第 18 章 绘制建筑施工图

第 1 章

AutoCAD 2022 入门必学

本章概述

AutoCAD 是一款优秀的辅助绘图软件，为了满足用户的需求，版本一直在不断地更新和升级。本章将向读者介绍 AutoCAD 2022 版本的新增功能、基本操作、命令的调用、系统选项的设置及图形文件的管理等知识。通过对本章内容的学习，读者可以对 AutoCAD 2022 有一个初步了解，并且能够掌握基础绘图知识和应用技巧。

学习目标

- 了解 AutoCAD 的安装
- 了解 AutoCAD 的启动与退出
- 了解 AutoCAD 命令的调用方式
- 掌握绘图系统环境的设置
- 掌握图形文件的管理操作

实例预览

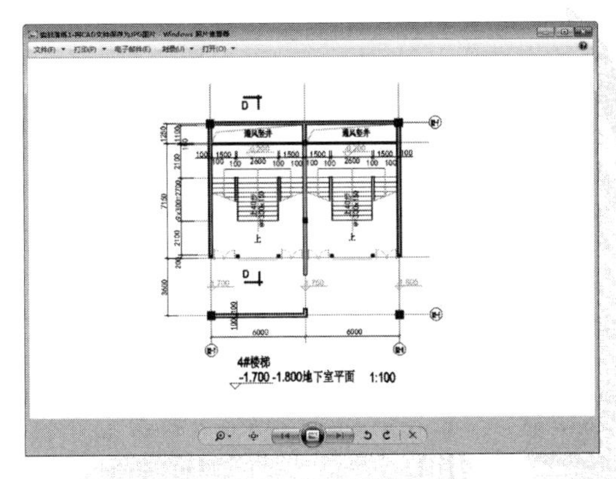

保存为 JPG 格式

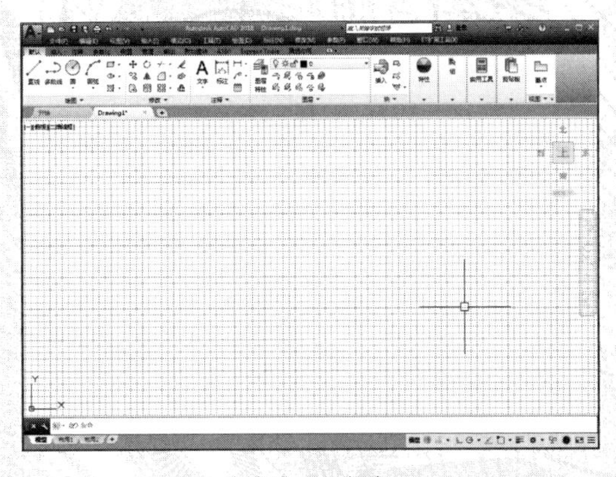

自定义界面颜色

1.1 认识 AutoCAD

AutoCAD 是美国 Autodesk 公司开发的一款计算机辅助设计软件，主要用于二维绘图、详细绘制、设计文档和基本三维设计。从 1982 年研发至今，AutoCAD 先后经历了数十次重大改进，每一次升级和更新，功能都会得到不断完善。目前，该软件已成为工程设计领域最为广泛的计算机辅助绘图软件之一。

1.1.1 AutoCAD 的应用领域

随着科学技术的发展，AutoCAD 软件已经被广泛运用到了各行各业，尤其在航空航天、船舶、水利、地理、气象、机械、建筑室内外、电子电气、服装、美工等行业发挥了其强大的绘图及设计方面的能力，并取得了丰硕的成果和巨大的经济效益。下面将介绍在几种常用领域中 CAD 的应用。

（1）机械设计领域

AutoCAD 在机械制造行业的应用最早，也最为广泛，其应用主要集中在零件与装配图的实体生成等。它彻底更新了设计手段和设计方法，摆脱了传统设计模式的束缚，引进了现代设计观念，促进了机械制造业的高速发展，如图 1-1 所示。在绘制机械三维图时，使用 CAD 三维功能则更能够体现该软件的实用性和可用性。

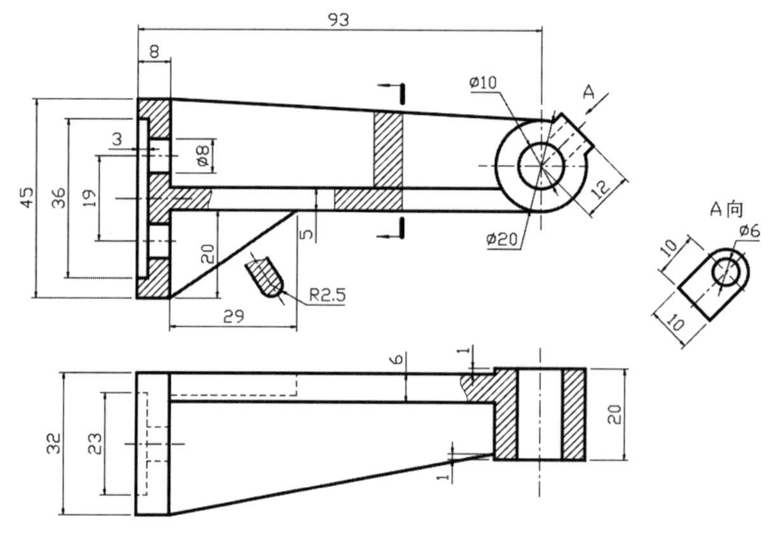

图 1-1　机械零件图

（2）建筑设计领域

在绘制建筑工程图纸时，一般要用到 3 种以上的制图软件，例如 AutoCAD、3ds Max、Photoshop 等软件，其中 AutoCAD 是建筑制图的核心软件。设计人员通过使用该软件，可以轻松地表现出他们所需要的设计效果，如图 1-2 所示。

（3）电气工程领域

在电气设计中，CAD 主要应用在制图和一部分辅助计算方面。电气设计的最终产品是图纸，作为设计人员需要基于功能或美观方面的要求创作出新产品，并需要具备一定的设计概括能力，从而利用 CAD 软件绘制出设计图纸，如图 1-3 所示。

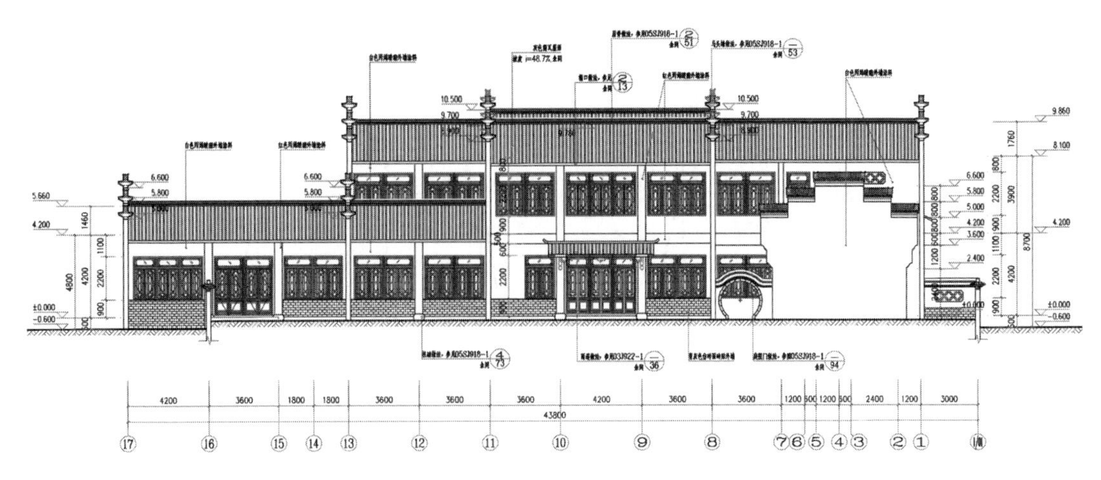

图 1-2　建筑立面图

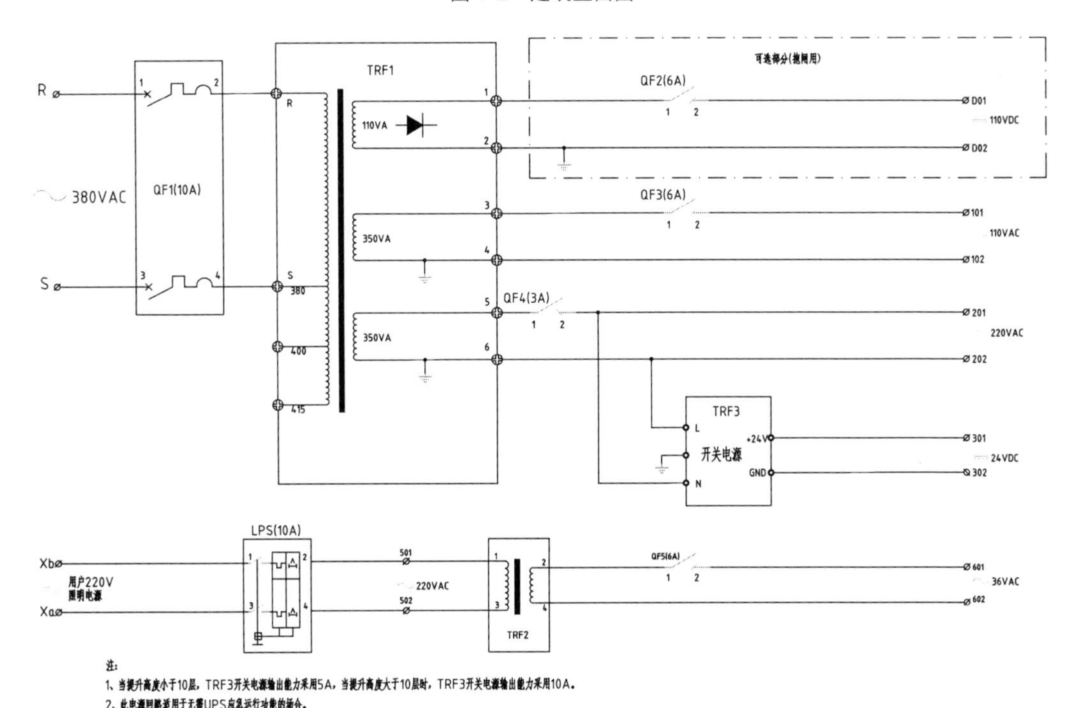

图 1-3　电气施工图

（4）服装设计领域

以前，我国纺织品及服装的工序都由人工来完成的，速度慢、效率低，随着科技时代的发展，服装行业也逐渐应用 CAD 设计技术。该技术融合了设计师的理想、技术经验，通过计算机强大的计算功能，使服装设计更加科学化、高效化。目前，服装 CAD 技术可用来进行服装款式图的绘制、对基础样板进行放码、对完成的衣片进行排料、对完成的排料方案直接通过服装裁剪系统进行裁剪等，如图 1-4 所示。

由于功能的强大和应用范围的广泛，越来越多的设计单位和企业采用这一技术来提高工作效率、产品的质量和改善劳动条件。因此，AutoCAD 已逐渐成为工程设计中非常流行的计算机辅助绘图软件。

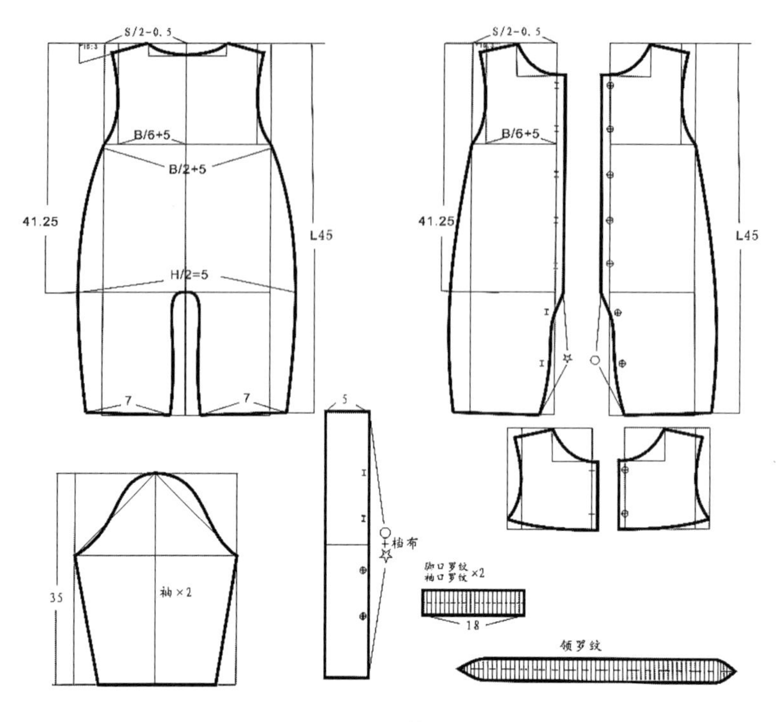

图 1-4　服装打板图

1.1.2　AutoCAD 的基本功能

AutoCAD 具有绘制二维图形、三维图形、标注图形、协同设计、图纸管理等功能，主要表现在以下几个方面。

- 绘图功能：AutoCAD 软件的核心功能，使用该功能可以绘制各类几何图形，并对绘制完成的图形进行标注。
- 编辑功能：对已有的图形进行各类操作，包括形状和位置的更改、属性的设置、复制、删除、剪切和分解等。
- 设置功能：对各类参数进行设置，如图形属性、绘图界限、图纸单位和比例以及各种系统变量等。
- 辅助功能：在绘图过程中为用户提供参数查询、坐标值查询、通过坐标值定义点、进行视图管理、选择图形、约束与控制点以及查询帮助信息等。
- 文件的管理：主要是对图形文件进行打开、关闭、保存、文件格式的转换、打印输出以及文件的发表等。
- 三维功能：主要是建立、观察和显示各种三维模型，包括线框模型、曲面模型以及实体模型等。
- 数据库的管理与连接：通过将对象链接到外部数据库实现图形智能化，帮助用户进行设计管理并提供实时更新。
- 开放式体系结构：为用户或第三方厂商提供二次开发功能，实现不同软件之间的数据共享与转换。

1.1.3 AutoCAD 2022 新特性

新版 AutoCAD 2022 增加了一些新功能和新特性，除了 UI 界面的调整之外，在功能方面也做出了改变，包括跟踪、共享和计数，可以简化 AutoCAD 在如今的数字互联工作流程中的使用，并结合了自动化功能以加快设计过程。

（1）跟踪

使用 Trace，用户可以安全地将反馈添加到 DWG 文件，而无须更改现有工程图，可以与队友更快速地协作。

（2）计数

使用 COUNT 命令能够自动对块或几何进行计数，以加快文档编制任务并减少错误，可以按层、镜像状态或比例进行计数。

（3）共享

“共享”功能允许用户将图形的受控副本发给队友和同事，无论何时何地，为需要编辑功能的人和仅需要查看文件的人建立访问权限，更轻松、更安全地共享图纸。

（4）推送到 Autodesk Docs

通过将 CAD 图纸以 PDF 格式直接从 AutoCAD LT 发布到 Autodesk Docs，可以更快地生成 PDF。另外，用户可以使用 AutoCAD Web 应用程序在任何地方访问 Autodesk Docs 中的 DWG 文件。

（5）浮动窗口

在 AutoCAD 的同一实例中，拉开工程图窗口可以并排显示或在单独的监视器上显示多个工程图，每个窗口均具有查看或编辑的全部功能。

1.2 安装 AutoCAD 2022

1.2.1 系统环境配置要求

随着 AutoCAD 版本越来越高，对于系统环境和电脑硬件配置的要求也越来越高，如操作系统、CPU、内存、显卡、硬盘空间等。用户在安装之前请检查计算机的系统配置是否符合软件要求，以确保软件能顺利安装，如表 1-1 所示。

表 1-1 AutoCAD 2022 对软件和硬件的要求

操作系统	Microsoft Windows7 SP1（64 位） Microsoft Windows8.1（含更新 KB2919355、64 位） Microsoft Windows10（仅限 64 位、版本 1607 或更高版本）
处理器	最低 2.5～2.9GHz 处理器
内存	最低 8GB
显示屏分辨率	最低 1920×1080，真彩色 高分辨率和 4K 显示： 分辨率达 3840×2160，支持 Windows10、64 位系统（使用的显卡）
显卡	最低 1GB GPU，具有 29GB/s 宽带，与 DirectX11 兼容

1.2.2 应用程序的安装

在学习 AutoCAD 软件之前，用户需要先在电脑上安装该软件。下面介绍安装新版本软件的方法。

▶Step01 AutoCAD 2022 安装包在安装之前需要先解压，双击应用程序图标，会打开“解压到”对话框，选择解压目标文件夹（如果 C 盘有足够的空间，可保持默认），如图 1-5 所示。

▶Step02 设置完毕单击“确定”按钮，即开始解压，如图 1-6 所示。

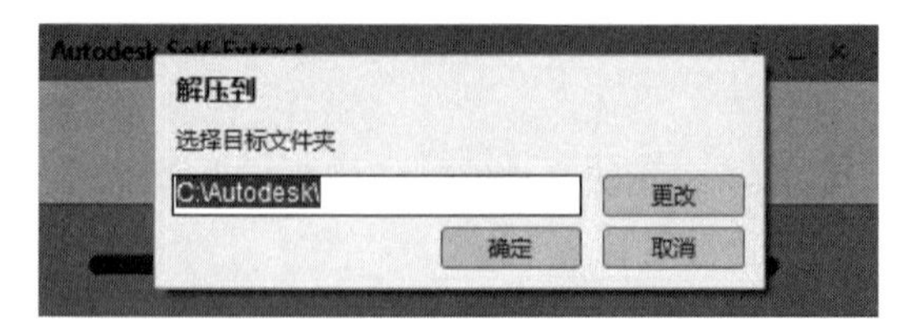

图 1-5　选择目标文件夹

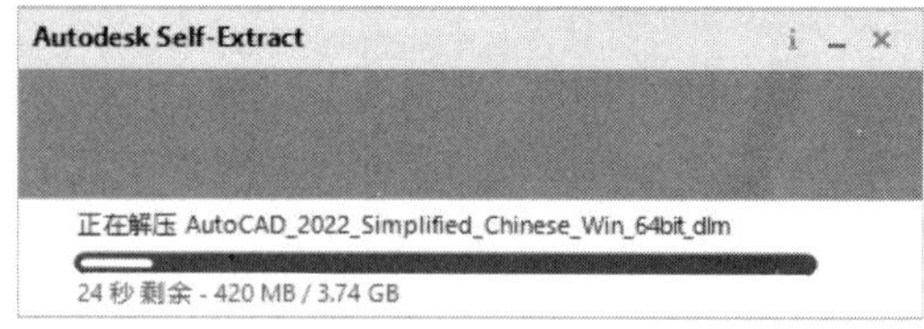

图 1-6　开始解压

▶Step03 解压完毕后会自动开始进行安装准备，如图 1-7 所示。

▶Step04 进入“法律协议”界面，选择“我同意使用条款”复选框，再单击“下一步”按钮，如图 1-8 所示。

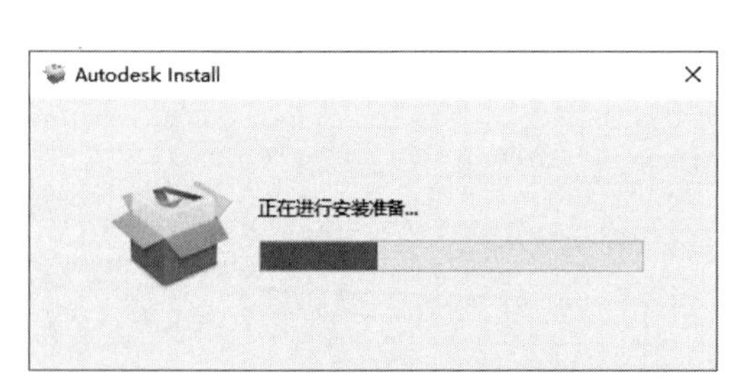

图 1-7　安装准备

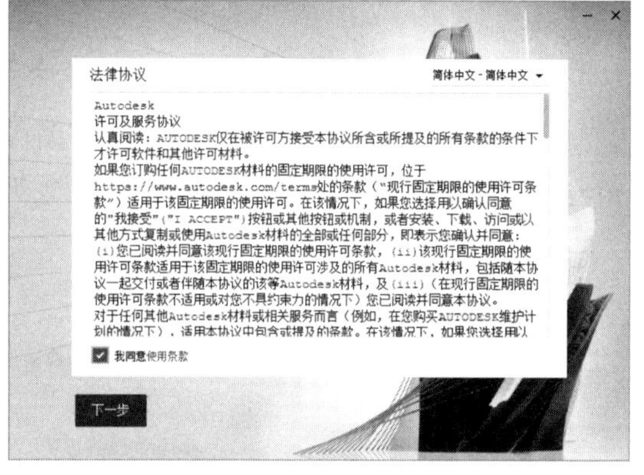

图 1-8　“法律协议”界面

▶Step05 单击“下一步”按钮进入“选择安装位置”界面，根据需要指定安装路径（一般保持默认，如果 C 盘空间不足，也可指定到其他磁盘），如图 1-9 所示。

图 1-9　“选择安装位置”界面

图 1-10　“选择其他组件”界面

Step06 再单击“下一步”按钮进入“选择其他组件”界面，这里可以选择是否安装其他组件，如图 1-10 所示。

Step07 单击“安装”按钮即会开始安装程序，并显示安装进度，如图 1-11 所示。

Step08 程序安装完毕后，界面中会提示“AutoCAD 2022 安装完成”，并弹出提示框“请重新启动计算机以完成安装”，单击“重启启动”按钮即可，如图 1-12 所示。

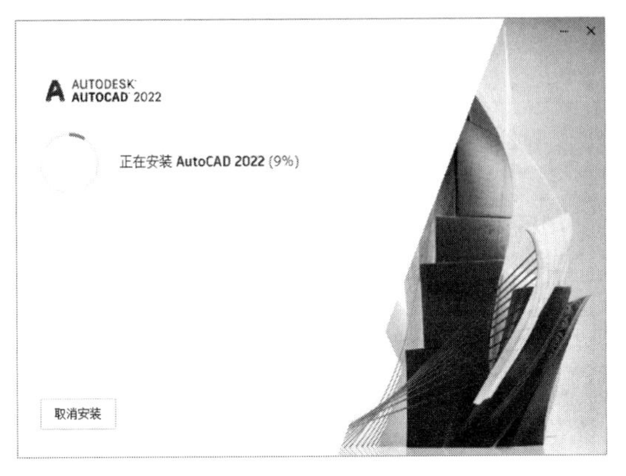

图 1-11　正在安装

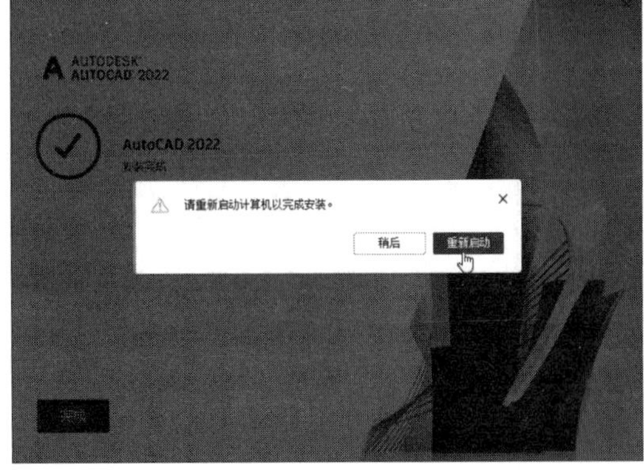

图 1-12　安装完成

1.2.3 软件的启动与退出

应用程序安装完成后，用户即可启动该程序，进行图形的绘制工作，工作结束后再退出程序。

（1）启动 AutoCAD 2022

成功安装应用程序后，系统会在桌面上创建一个快捷启动图标，并在程序文件夹中创建 AutoCAD 程序组。用户可以通过下列方式启动 AutoCAD 2022 应用程序。

- 在电脑桌面执行“开始>所有程序>‘AutoCAD 2022-简体中文（Simplified Chinese）’文件夹>AutoCAD 2022-简体中文（Simplified Chinese）”命令。
- 双击 AutoCAD 2022 应用程序的快捷方式图标 A 。
- 双击任意一个 AutoCAD 图形文件。

（2）退出 AutoCAD 2022

图形绘制完毕后保存文件，用户即可通过以下几种方法退出 AutoCAD 应用程序。

- 执行“文件>退出”命令。
- 单击“菜单浏览器”按钮，在打开的列表中单击“退出 Autodesk AutoCAD 2022”按钮。
- 在软件右上角单击“关闭”按钮。

1.3 AutoCAD 2022 的工作界面

启动新版本应用程序后，用户会发现该版本融合了早期版本的操作界面风格，但工作界面又与早期版本略有不同。AutoCAD 2022 的工作界面主要包括“菜单浏览器”按钮、标题栏、快速访问工具栏、菜单栏、功能区、绘图窗口、命令行和状态栏等，如图 1-13 所示。

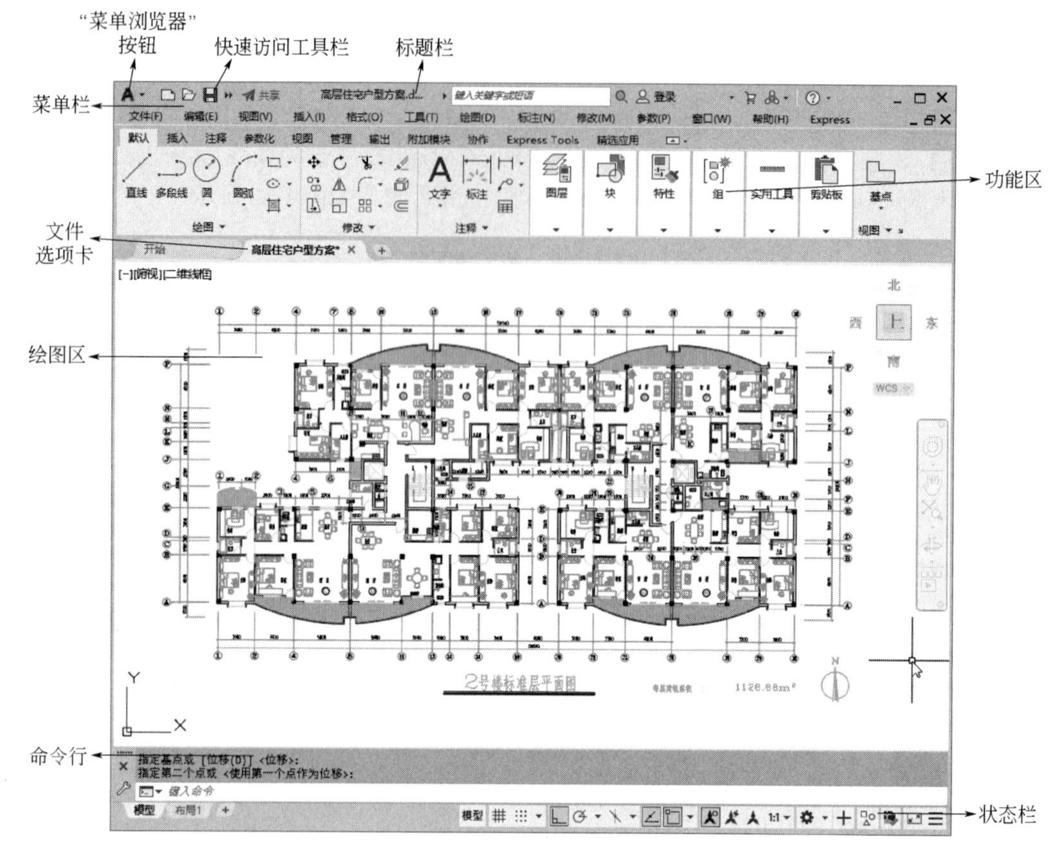

图 1-13　AutoCAD 2022 工作界面

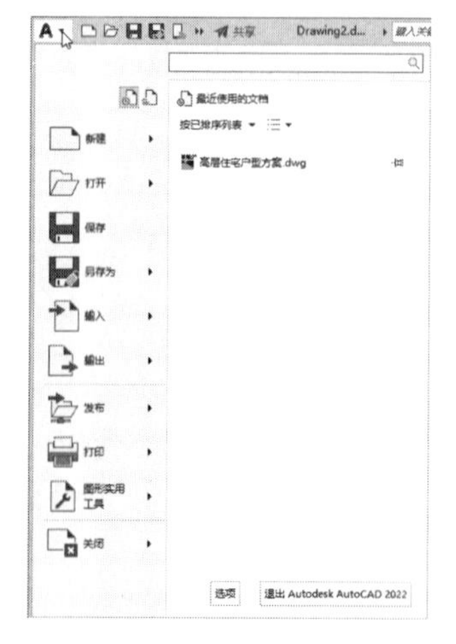

图 1-14　"菜单浏览器"菜单列表

（1）"菜单浏览器"按钮

"菜单浏览器"按钮位于工作界面的左上角，单击该按钮可以打开快捷菜单，主要由新建、打开、保存、另存为、输入、输出、发布、打印、图形实用工具及关闭命令组成，如图 1-14 所示。

用户通过菜单浏览器能更方便地访问公用工具，可创建、打开、保存、打印和发布 AutoCAD 文件、将当前图形作为电子邮件附件发送、制作电子传送集。此外，还可以执行图形维护操作，例如查核和清理，并关闭图形。

（2）标题栏

标题栏位于工作界面的最上方，由快速访问工具栏、当前图形标题、搜索栏以及窗口控制按钮等组成，如图 1-15 所示。按 Alt+回车键或者右击鼠标，将弹出窗口控制菜单，从中可以执行窗口的还原、移动、大小、最小化、最大化、关闭等操作；也可以通过右上角的窗口控制按钮最大化、最小化、关闭工作界面。

图 1-15　标题栏

（3）快速访问工具栏

快速访问工具栏位于标题栏最左侧，如图 1-16 所示。该工具栏中带有更多的功能并与其他 Windows 应用程序保持一致。

右键单击快速访问工具栏，会打开一个快捷菜单，用户可以通过该菜单进行删除工具、添加分隔符、自定义快速访问工具栏等操作，如图 1-17 所示。除了右键菜单外，快速访问工具栏还包含一个弹出菜单，该菜单显示常用的工具列表，用户可选定并将其置于快速访问工具栏内。

共享

图 1-16　快速访问工具栏

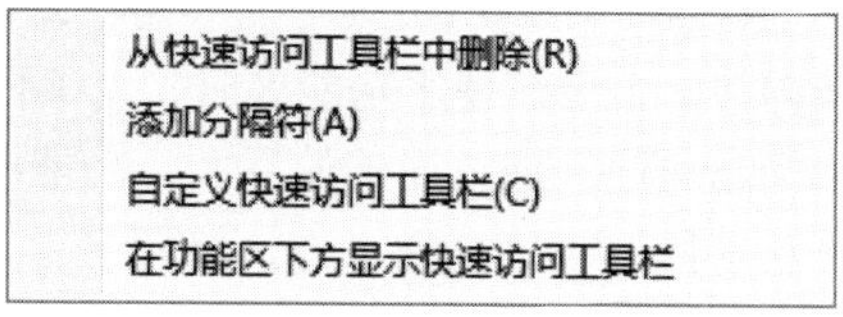

从快速访问工具栏中删除(R)
添加分隔符(A)
自定义快速访问工具栏(C)
在功能区下方显示快速访问工具栏

图 1-17　右键菜单

技术要点

在 AutoCAD 中，快速访问工具栏中的命令选项是可以根据用户需求进行设定的。单击“工作空间”右侧“自定义快速访问工具栏”下拉按钮，在打开的下拉列表中，只需勾选所需命令选项，即可在该工具栏中显示。相反，若取消某命令的勾选，则在工具栏中不显示。在该列表中，选择“在功能区上方显示”选项，可自定义工具栏位置。

（4）菜单栏

菜单栏位于标题栏下方，包括文件、编辑、视图、插入、格式、工具、绘图、标注、修改、参数、窗口、帮助、ET 扩展工具 13 个主菜单，如图 1-18 所示。用户只需在菜单栏中单击任意一个选项，即可在其下方打开与其相对应的功能列表。

A 共享 Drawing2.dwg 键入关键字或短语 登录
文件(F) 编辑(E) 视图(V) 插入(I) 格式(O) 工具(T) 绘图(D) 标注(N) 修改(M) 参数(P) 窗口(W) 帮助(H) Express

图 1-18　菜单栏

各菜单的主要功能如下。

- 文件：主要用于对图形文件进行设置、管理和打印发布等。
- 编辑：主要用于对图形进行一些常规的编辑，包括复制、粘贴、链接等命令。
- 视图：主要用于调整和管理视图，以方便视图内图形的显示等。
- 插入：用于向当前文件中引用外部资源，如块、参照、图像等。
- 格式：用于设置与绘图环境有关的参数和样式等，如绘图单位、颜色、线型及文字、尺寸样式等。
- 工具：为用户设置了一些辅助工具和常规的资源组织管理工具。
- 绘图：一个二维和三维图元的绘制菜单，几乎所有的绘图和建模工具都组织在此菜单内。
- 标注：一个专用于为图形标注尺寸的菜单，包含了所有与尺寸标注相关的工具。
- 修改：一个很重要的菜单，用于对图形进行修整、编辑和完善。

• 参数：用于管理和设置图形创建的各种参数。

• 窗口：用于对 AutoCAD 文档窗口和工具栏状态进行控制。

• 帮助：主要用于为用户提供一些帮助性的信息。

• ET 扩展工具：主要用于协助用户做图层管理、文字书写、像素编修、绘图辅助、超级填充图案、尺寸样式等，可以很好地提高工作效率。

（5）功能区

功能区代替了 AutoCAD 众多的工具栏，以面板的形式将各工具按钮分门别类地集合在选项卡内。用户在调用工具时，只需在功能区中展开相应选项卡，然后在所需面板上单击工具按钮即可。由于在使用功能区时，无须再显示 AutoCAD 的工具栏，因此，使得应用程序窗口变得简洁有序。通过简洁的界面，功能区可以将可用的工作区域最大化。

功能区位于菜单栏下方，绘图区上方。用于显示工作空间中基于任务的按钮和控件，包括“默认”“插入”“注释”“参数化”“视图”“管理”“输出”“附加模块”“Express Tools”几个功能选项，如图 1-19 所示。AutoCAD 2022 的功能区中提供了几十个选项卡，每一个选项卡上的每一个命令都有形象化的按钮，单击其中的按钮，即可执行相应的命令。

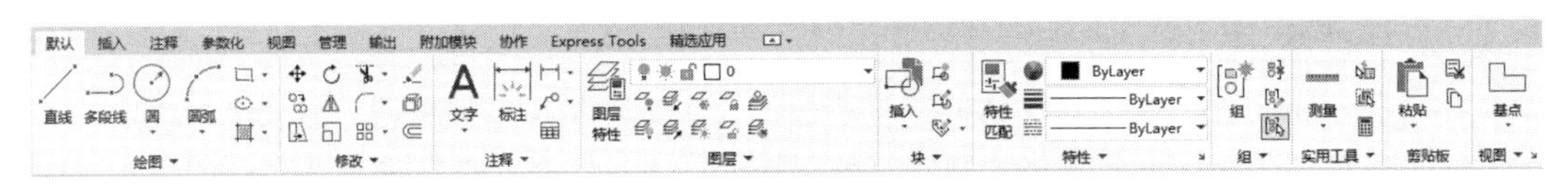

图 1-19　功能区

功能区标题最右侧是“最小化”按钮，单击下拉按钮，在展开的列表中可以选择将功能区最小化为选项卡、最小化为面板标题、最小化为面板按钮，如图 1-20～图 1-22 所示。

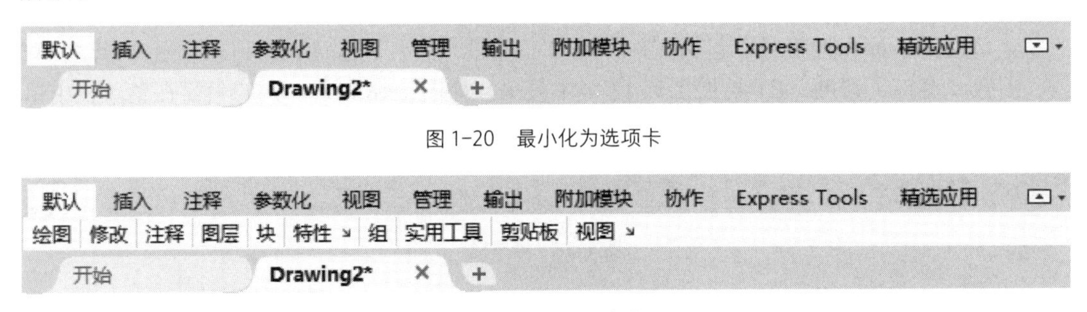

图 1-20　最小化为选项卡

图 1-21　最小化为面板标题

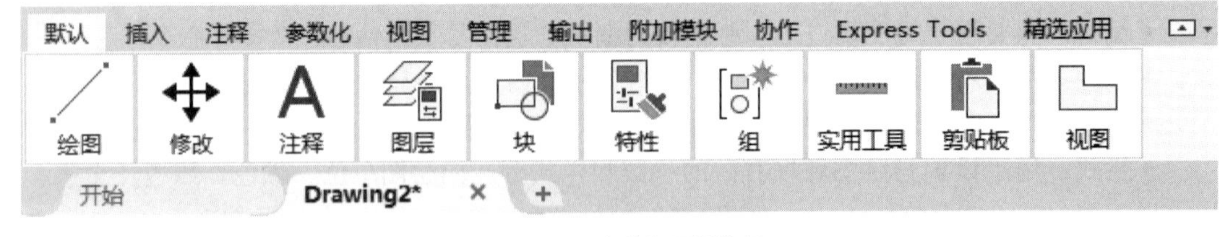

图 1-22　最小化为面板按钮

（6）文件选项卡

“文件”选项卡位于功能区下方，默认新建选项卡会以 Drawing1 的形式显示。再次新建选项卡时，名字便会命名为 Drawing2。该选项卡有利于用户寻找需要的文件，方便使用，如图 1-23 所示。

图 1-23　文件选项卡

（7）绘图区

绘图区是一个没有边界的区域，用于绘制和编辑对象。用户可以利用状态栏中的缩放命令来控制图形的显示。该软件支持多个文档操作，绘图区可以显示多个绘图窗口，每个窗口显示一个图形文件，标题白色显示的为当前窗口。

在绘图窗口中除了显示当前的绘图结果外，还显示了当前使用的坐标系类型以及坐标原点、X 轴、Y 轴、Z 轴的方向等。

（8）命令行

命令行位于绘图区下方，是通过键盘输入的命令显示 AutoCAD 显示的信息。用户在菜单和功能区执行的命令同样也会在命令行显示，如图 1-24 所示。用户可以通过鼠标拖动命令行使其变成浮动状态，也可以随意更改命令行的大小。

图 1-24　命令行

技术要点

命令行也可以作为文本窗口的形式显示命令。文本窗口是记录 AutoCAD 历史命令的窗口，按 F2 键可以打开文本窗口，该窗口中显示的信息和命令行显示的信息完全一致，便于快速访问和复制完整的历史记录，如图 1-25 所示。

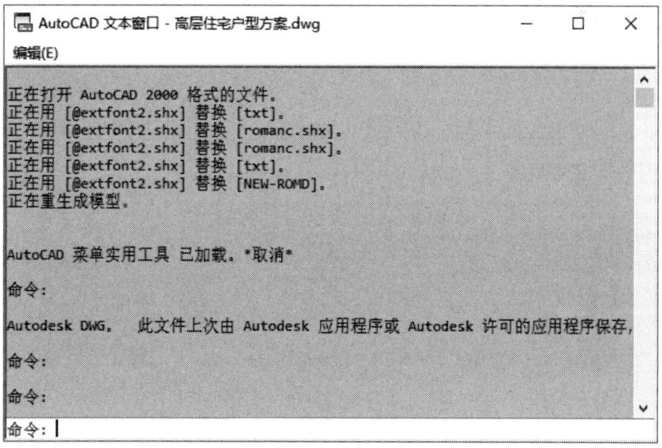

图 1-25　文本窗口

（9）状态栏

状态栏位于工作界面的最底部，用于显示当前的状态。在状态栏的最左侧有“模式”和“布局”两个绘图模式，单击鼠标左键进行模式的切换；右侧则用于显示光标的坐标轴、控制绘图的辅助功能按钮、控制图形状态的功能按钮等，如图 1-26 所示。

图 1-26　状态栏

1.4 了解 AutoCAD 的工作空间

扫一扫　看视频

工作空间是由分组组织的菜单、工具栏、选项板和功能区控制面板组成的集合，使用户可以在专业的面向任务的绘图环境中工作。AutoCAD 2022 软件提供了 3 种工作空间，分别为“草图与注释”“三维基础”“三维建模”，其中“草图与注释”为默认工作空间。用户可通过以下几种方法切换工作空间。

- 执行“工具>工作空间”命令，在打开的级联菜单中选择需要的空间类型即可。
- 单击快速访问工具栏的“工作空间”下拉按钮 草图与注释 。
- 单击状态栏右侧的“切换工作空间”按钮 。
- 在命令行输入 WSCURRENT 命令并按回车键，根据命令行提示输入“草图与注释”“三维基础”或“三维建模”，即可切换到相应的工作空间。“AutoCAD 经典”工作空间不可用快捷键命令进行设置。

（1）草图与注释

草图与注释工作空间是 AutoCAD 2022 默认的工作空间，也是最常用的工作空间，主要用于绘制二维草图。该空间是以 XY 平面为基准的绘图空间，可以提供所有二维图形的绘制，并提供了常用的绘图工具、图层、图形修改等各种功能面板，如图 1-27 所示。

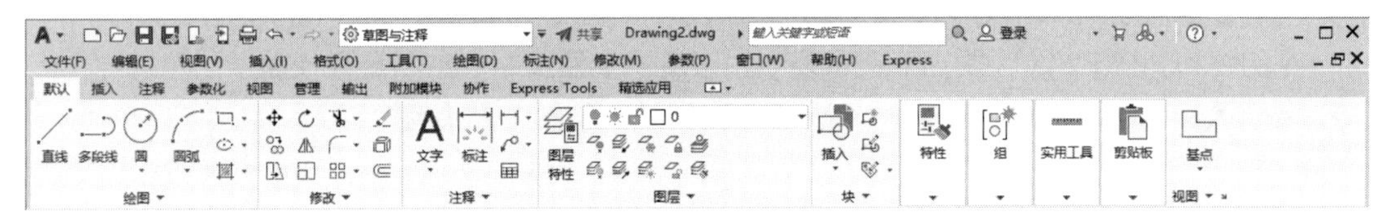

图 1-27 “草图与注释”工作空间

（2）三维基础

该工作空间只限于绘制三维模型。用户可运用系统所提供的建模、编辑、渲染等命令，创建出三维模型，如图 1-28 所示。

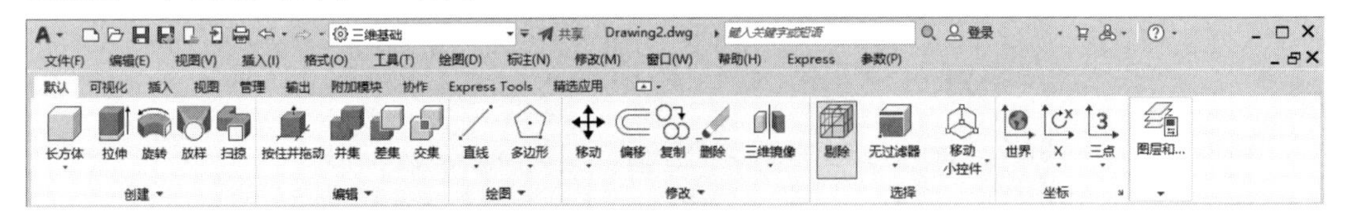

图 1-28 “三维基础”工作空间

（3）三维建模

该工作空间与“三维基础”相似，但其功能中增添了“实体”和“曲面”建模等功能，而在该工作空间中，也可运用二维命令来创建三维模型，如图 1-29 所示。

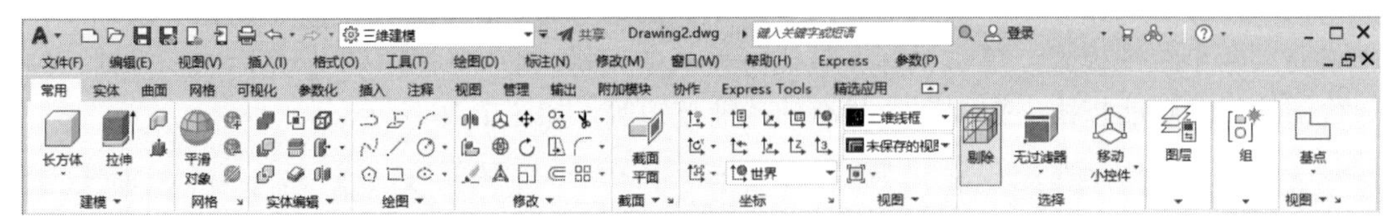

图 1-29 “三维建模”工作空间

技术要点

在操作过程中，有时会遇见工作空间无法删除的情况，这时很有可能是该空间正是当前使用空间。用户只需将当前空间切换至其他空间，再进行删除操作即可。

1.5 命令的调用方式

命令是 AutoCAD 中人机交互最重要的内容，在操作过程中有多种调用命令的方法，如通过命令按钮、下拉菜单或命令行等。用户在绘图时，应根据实际情况选择最佳的执行方式，以提高工作效率。

1.5.1 键盘执行命令

键盘执行命令的方式包括输入快捷键和使用组合键两种方式。

（1）输入命令

键盘输入命令的方法，就是在绘图窗口底部的命令行中直接输入命令快捷键的全称或简称（字母不分大小写），然后按回车键，即可启动该命令。例如，在命令行输入 LINE 命令再按回车键，即可启动“直线”命令。

（2）使用组合键

使用 Ctrl、Alt、Shift 与其他字母或者按键组合，也可以快速调用命令。例如，Ctrl+O 组合键可以打开文件，Ctrl+S 组合键可以保存文件，Shift+（F1～F5）组合键可以控制系统变量。

1.5.2 鼠标执行命令

使用鼠标可以通过单击功能区、菜单栏或工具栏来调用命令，也可以通过单击鼠标右键打开快捷菜单来选择命令。

（1）功能区

在工作界面的功能区中单击需要的工具按钮，即可调用命令，然后按照提示进行绘图工作。

（2）菜单栏

利用鼠标选择菜单中的选项来启动绘图或编辑命令。例如想绘制直线，可以在菜单栏中打开“绘图”菜单列表，从中选择“直线”命令，接着即可开始绘制直线。

（3）工具栏

在工具栏中单击需要的命令按钮即可调用命令。默认情况下 AutoCAD 的工具栏是隐藏的，用户可以通过执行“工具>工具栏>AutoCAD”命令，在打开的命令列表中选择需要的工具，即可打开工具栏。如图 1-30 所示为“绘图”工具栏。

图 1-30 “绘图”工具栏

（4）右键菜单

在命令行的空白处单击鼠标右键，在打开的快捷菜单中，可以选择“最近的输入”选项，在扩展列表中可选择相关命令，即可进行该命令的操作，如图 1-31 所示。

选择图形后再单击鼠标右键，在打开的快捷编辑菜单中可以对图形进行编辑操作，如图 1-32 所示。

图 1-31　最近使用的命令

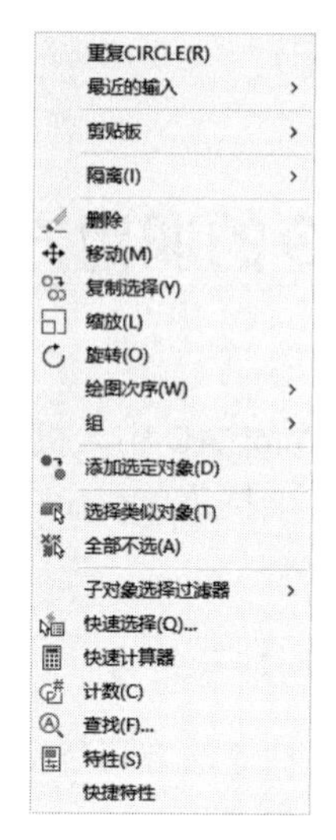

图 1-32　快捷编辑命令

1.6　绘图环境的设置

通常用户都是在系统默认的工作环境下进行绘图操作的。用户可以根据绘图习惯来对该默认环境进行修改设置，从而提高绘图的效率。

1.6.1　系统选项设置

系统的默认设置往往并不完全符合制图行业的绘图习惯，因此，要想绘制出规范的工程图样，绘图之前的系统参数设置是非常必要的。用户在绘图过程中，可以通过下列方式进行系统配置。

- 从菜单栏执行“工具>选项”命令。
- 单击“菜单浏览器”按钮，在弹出的列表中选择“选项”命令。
- 在命令行输入 OPTIONS 命令，再按回车键。
- 在绘图区中单击鼠标右键，在弹出的快捷菜单中选择“选项”命令。

执行以上任意一种操作后，系统将打开“选项”对话框，用户可在该对话框中进行所需要的系统配置，如图 1-33 所示。

下面将对“选项”对话框中的各选项卡进行说明。

- 文件：用于确定系统搜索支持文件、驱动程序文件、菜单文件和其他文件。
- 显示：用于设置窗口元素、显示精度、显示性能、十字光标大小和参照编辑的颜色等参数。
- 打开和保存：用于设置系统保存文件类型、自动保存文件的时间及维护日志等参数。

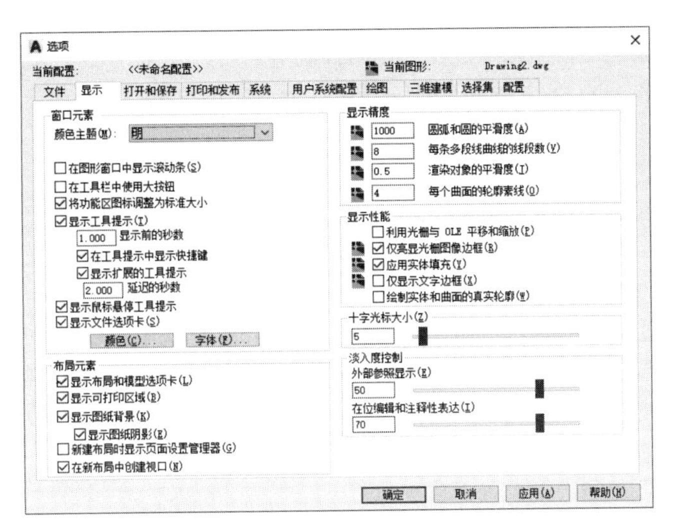

图 1-33 “选项”对话框

- 打印和发布：用于设置打印输出设备。
- 系统：用于设置三维图形的显示特性、定点设备以及常规等参数。
- 用户系统配置：用于设置系统的相关选项，其中包括“Windows 标准操作”“插入比例”“坐标数据输入的优先级”“关联标注”“超链接”等参数。
- 绘图：用于设置绘图对象的相关操作，例如“自动捕捉”“捕捉标记大小”“AutoTrack 设置”“靶框大小”等参数。
- 三维建模：用于创建三维图形时的参数设置，例如“三维十字光标”“三维对象”“视口显示工具”“三维导航”等参数。
- 选择集：用于设置与对象选项相关的特性。例如“拾取框大小”“夹点尺寸”“选择集模式”“夹点颜色”以及“选择集预览”“功能区选项”等参数。
- 配置：用于设置系统配置文件的置为当前、添加到列表、重命名、删除、输入、输出以及配置等参数。

1.6.2 设置绘图界限

绘图界限是指在绘图区中设定的有效区域。在实际绘图过程中，如果没有设定绘图界限，那么系统对作图范围将不作限制，会在打印和输出过程中增加难度。用户可通过以下方法执行设置绘图界限操作。

- 菜单栏：执行“格式>图形界限”命令。
- 命令行：输入 LIMITS 命令，然后按回车键。

执行以上任意一种操作，即可进行绘图界限的设置，命令行提示如下：

命令：LIMITS
重新设置模型空间界限：
指定左下角点或［开（ON）/关（OFF）］<0.0000，0.0000>：
指定右上角点<420.0000，297.0000>：

1.6.3 设置绘图单位

在绘图之前，首先应对绘图单位进行设定，以保证图形的准确性。绘图单位包括长度单位、角度单位、缩放单位、光源单位以及方向控制等。用户在菜单栏中执行“格式>单位”命令，或在命令行输入 UNITS 并按回车键，即可打开“图形单位”对话框，从中便可对绘图单位进行设置，如图 1-34 所示。

（1）“长度”选项组

在“类型”下拉列表中可以设置长度单位，在“精度”下拉列表中可以对长度单位的精度设置。

（2）“角度”选项组

在“类型”下拉列表中可以设置角度单位，在精度下拉列表中可以对角度单位的精度设置。勾选“逆时针”复选框后，图像以逆时针方向旋转；若不勾选，图像则以顺时针方向旋转。

（3）“插入时的缩放单位”选项组

缩放单位是用于插入图形后的测量单位，默认情况下是“毫米”，一般不做改变，用户也可以在“类别”下拉列表中设置缩放单位。

（4）“光源”选项组

光源单位是指光源强度的单位，其中包括国际、美国、常规选项。

（5）“方向”按钮

“方向”按钮在“图形单位”的下方。单击“方向”按钮打开“方向控制”对话框，如图 1-35 所示。默认测量角度是东，用户也可以设置测量角度的起始位置。

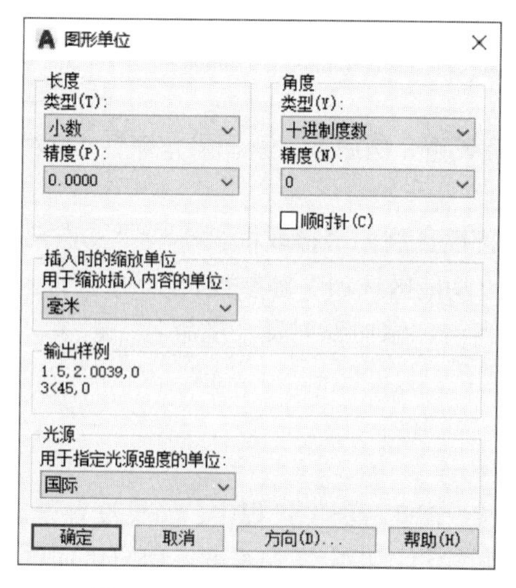

图 1-34 “图形单位”对话框

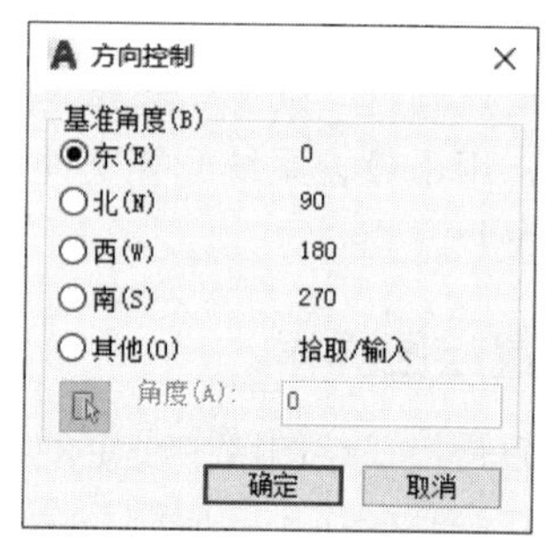

图 1-35 “方向控制”对话框

动手练习——设置文件自动保存

扫一扫 看视频

在绘图过程中，经常会由于软件不稳定、断电等情况导致 AutoCAD 意外关闭，遇到这种情况，如果没有及时保存文件，那么之前所做的工作就白费了。不要担心，AutoCAD 有一个定时自动保存的功能，可以有效地减少或避免突发情况带来的损失。

Step01 执行“工具>选项”命令，打开“选项”对话框，如图 1-36 所示。

Step02 切换到“打开和保存”选项卡，在“文件安全措施”选项组中勾选“自动保存”及“每次保存时均创建备份副本”复选框，并设置保存间隔时间，设置完毕后单击“确定”按钮关闭对话框即可，如图 1-37 所示。

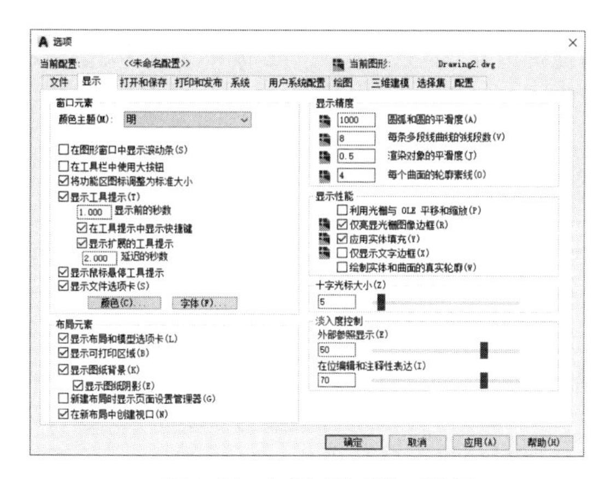

图 1-36　打开“选项”对话框

图 1-37　设置自动保存

动手练习——自定义鼠标右键

AutoCAD 默认的鼠标右键功能是快捷菜单，但每个人的绘图习惯不尽相同，有些人可能不太喜欢这样的设置，其实鼠标右键的功能也可以设置成“确定”或者“重复上一操作”，使用熟练以后会比键盘的回车键更加方便。

▶Step01 执行“工具>选项”命令，打开“选项”对话框，切换到“用户系统配置”选项卡，如图 1-38 所示。

图 1-38　打开“选项”对话框

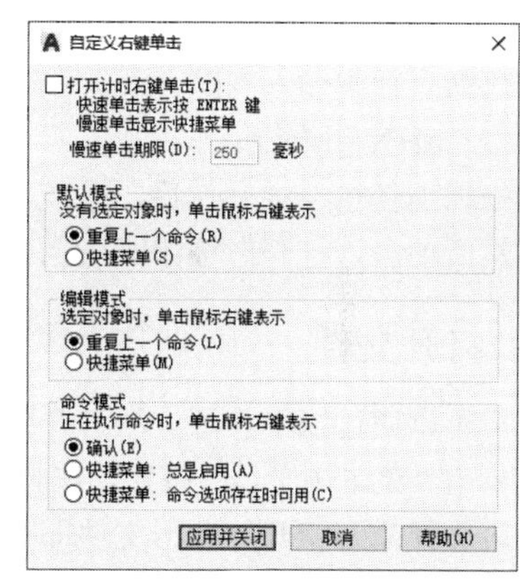

图 1-39　自定义右键设置

▶Step02 在“Windows标准操作”选项组中单击“自定义右键单击”按钮，打开“自定义右键单击”对话框，从中设置默认模式为“重复上一个命令”，编辑模式为“重复上一个命令”，命令模式为“确认”，如图 1-39 所示。

▶Step03 单击“应用并关闭”按钮关闭该对话框，返回到“选项”面板，可以看到系统自动取消了“绘图区域中使用快捷菜单”复选框，再单击“关闭”按钮关闭对话框，如图 1-40 所示。

图 1-40　返回“选项”对话框

▶Step04 如果想恢复鼠标右键的快捷菜单功能，只需要在“选项”面板中重新勾选“绘图区域中使用快捷菜单”复选框即可。

1.7 图形文件的管理

图形文件的操作是进行高效绘图的基础，包括新建图形文件、打开已有的图形文件、保存图形文件和关闭图形文件等。AutoCAD 的文件菜单和快捷工具栏中提供了管理图形文件所必需的操作工具。要提高设计效率，首先应当熟悉这些图形文件的操作方法。

1.7.1 新建文件

启动应用程序后，系统不会自动创建新的文件，仅会进入“开始”界面。若想绘制图形，则需要用户创建新的图形文件。用户可以通过以下几种方法新建文件。

- 单击“菜单浏览器”按钮，在弹出的列表中执行“新建>图形”命令。
- 从菜单栏执行“文件>新建”命令。
- 在快速访问工具栏中单击“新建”按钮。
- 单击文件选项卡右侧的新建按钮。
- 在“开始”面板中单击“开始绘制”按钮。
- 在命令行中输入 NEW 命令，然后按回车键。
- 按 Ctrl+N 组合键。

执行以上任意一种操作后，系统会打开“选择样板”对话框，从文件列表中选择需要的样板，然后单击“打开”按钮即可创建新的图形文件，如图 1-41 所示。

1.7.2 打开文件

用户可以通过以下几种方法打开图形文件。

- 单击“菜单浏览器”按钮，在弹出的列表中执行“打开>图形”命令，打开“选择文件”对话框，选择需要打开的图形文件即可，如图 1-42 所示。
- 在快速访问工具栏单击“打开”按钮。

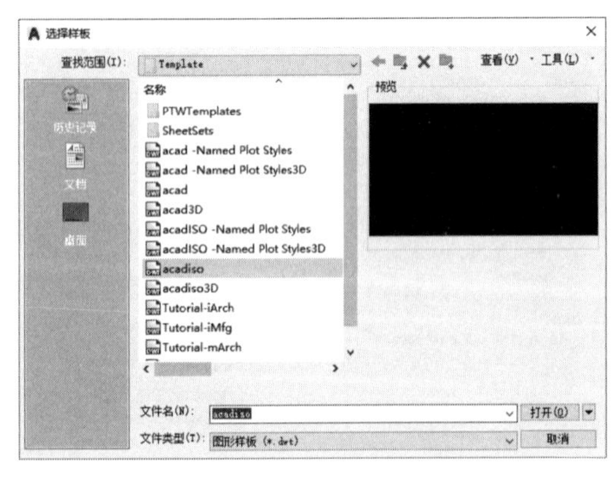

图 1-41 “选择样板”对话框

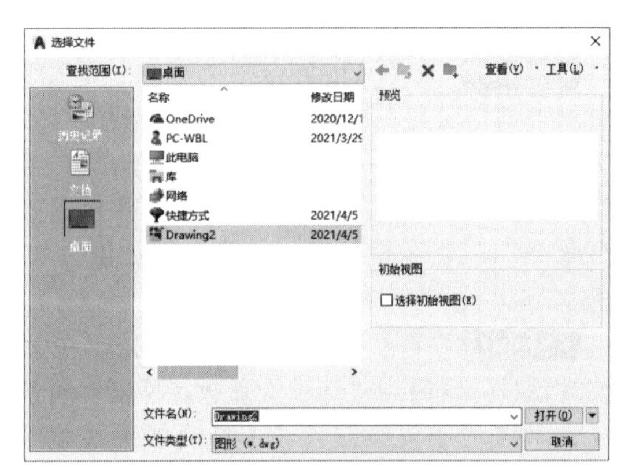

图 1-42 “选择文件”对话框

- 从菜单栏执行“文件>打开”命令，或按 Ctrl+O 组合键。
- 在命令行输入 OPEN 命令然后按回车键。
- 按 Ctrl+O 组合键。
- 直接双击 AutoCAD 图形文件。

除了以上操作方法，还可以直接将所需打开的文件拖拽至 AutoCAD 工作界面中，同样也可打开文件，用户可根据需要来选择打开方式。

技术要点

使用 AutoCAD 2022 打开早期版本的图形文件时，经常会出现缺失字体库样式的情况，打开文件时系统会弹出“指定字体给样式”对话框，如图 1-43 所示。在该对话框中用户可以选择合适的大字体将其替换，或者直接单击“取消”按钮忽略该提示。

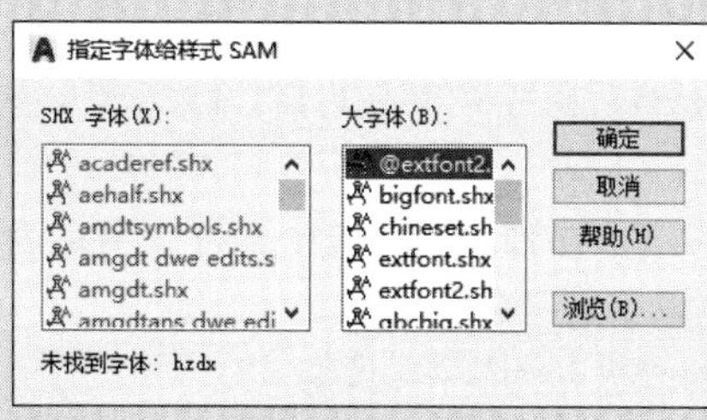

图 1-43 “指定字体给样式”对话框

1.7.3 保存文件

绘制或编辑完图形后，要对文件进行保存操作，避免因失误导致没有保存文件。用户可以直接保存文件，也可以另存为文件。

（1）保存新建文件

用户可以通过以下方法保存新创建的文件。

- 单击“菜单浏览器”按钮，在弹出的列表中执行“保存>图形”命令。
- 在快速访问工具栏单击“保存”按钮。
- 从菜单栏执行“文件>保存”命令。
- 在命令行输入 SAVE 命令，然后按回车键。
- 按 Ctrl+S 组合键。

执行以上任意一种操作后，将打开“图形另存为”对话框，如图 1-44 所示。命名图形文件后单击“保存”按钮即可保存文件。

技术要点

在进行第一次保存操作时，系统都会自动打开“图形另存为”对话框，来确定文件的位置和名称，如果进行第二、三次保存时，系统将自动保存并替换第一次所保存的文件。用户若单击“文件>保存”命令，或单击快速访问工具栏中的“保存”按钮，同样可进行保存操作。

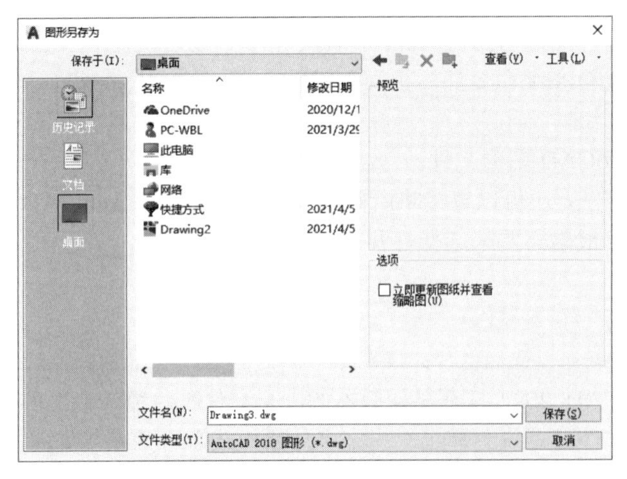

图 1-44 “图形另存为”对话框

（2）另存为文件

如果用户需要重新命名文件名称或者更改路径，就需要另存为文件。通过以下方法可以执行另存为文件操作。

- 单击“菜单浏览器”按钮，在弹出的列表中执行“另存为>图形”命令。
- 从菜单栏执行“文件>另存为”命令。
- 单击快速访问工具栏的“另存为”按钮。
- 按 Ctrl+Shift+S 组合键。

技术要点

在“图形另存为”对话框中，单击“文件类型”下拉按钮，在打开的下拉列表中有 12 种类型的保存方式，选择其中一种较早的文件类型后，在“图形另存为”对话框中单击“保存”按钮即可。

动手练习——将图形文件存为低版本

扫一扫　看视频

为了便于在早期版本中能够打开高版本的图形文件，在保存图形文件时，可以对其格式类型进行设置。如果是已经保存过的高版本图形文件，则可以将其另存为低版本格式。

Step01 打开“素材/CH01/将图形文件存为低版本.dwg”文件，如图 1-45 所示。

Step02 执行“文件>另存为”命令，打开“图形另存为”对话框，设置文件存储路径，输入文件名，再打开“文件类型”下拉列表，从列表中选择“AutoCAD 2000/LT2000 图形（*.dwg）”选项，如图 1-46 所示。

Step03 设置完毕后，单击“保存”按钮，即可将图形另存为低版本格式。

Step04 如果想在以后的绘图过程中更加省事，可以在命令行中输入 OPTIONS 命令，打开“选项”对话框，切换到“打开和保存”选项卡，在“文件保存”选项组中打开“另存为”下拉列表，从中选择一个低版本类型，然后单击“确定”按钮关闭该对话框即可，如图 1-47 所示。

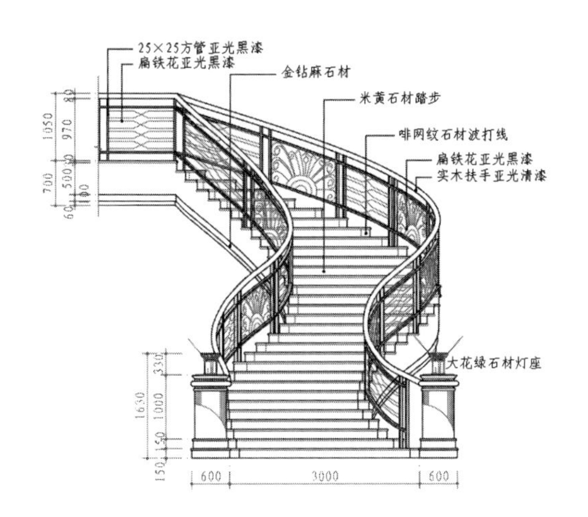

图 1-45　打开素材文件

图 1-46　“图形另存为”对话框

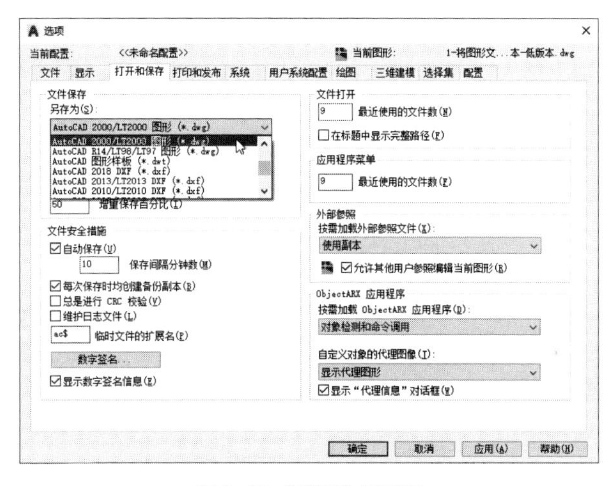

图 1-47　“选项”对话框

1.7.4　关闭文件

当完成图形的绘制并保存后，可对当前图形进行关闭操作。关闭文件的操作方法有以下几种。

- 单击“菜单浏览器”按钮，在弹出的列表中选择“关闭>当前图形”命令。
- 在当前图形文件的文件选项卡右侧单击 ✖ 按钮。
- 从菜单栏执行“文件>关闭”命令。
- 在命令行输入 CLOSE 命令，然后按回车键。
- 按 Ctrl+F4 组合键。

如果没有对图形文件进行操作，可以直接关闭文件；如果已经对图形文件进行操作或修改，再次保存时系统会提示是否保存文件或放弃已做的修改。如图 1-48 所示。

图 1-48　“是否保存”提示框

技术要点

如果当前图形尚未进行保存操作，在进行“关闭”操作时，则会打开“是否保存”对话框；如果进行过保存操作，可直接将当前文件关闭。

1.7.5 图形修复

在绘制过程中有时会遇到莫名出错的问题，比如突然提示出错退出或者停止响应，无法继续操作，但是同一台电脑打开其他文件却可以正常操作，那么可能是该文件有错误，需要修复。这里列出几种修复方法，读者可以自行参考。

（1）用 recover 命令修复图形

用户可执行“文件>图形实用工具>修复”命令，对文件进行修复。在命令行输入 recover 命令也可以。

如果该命令不能修复图形，AutoCAD 会显示几条信息中的一条表明这个图形文件不能被修复。如果图形已经严重损坏，修复过程会终止并导致退出 AutoCAD。这种情况发生后，需要重新启动计算机并尝试另一种修复方法。如果用 recover 命令能够打开图形，紧接着应该用 audit 命令。因为图形中可能包含不能被 recover 命令排除的损坏，这种情况下应该用一次或几次 audit 命令修复此问题。

（2）用 insert 命令修复图形

如果用 recover 命令不能成功打开一个图形，可以把此图形插入到另一个图形中，就像插入了一个外部图块。

在命令行中输入 insert 命令，在打开的对话框中选择该图形文件和“分解”选项功能，单击确定按钮，此时 AutoCAD 会试着插入并分解损坏的图形文件，如果成功地插入了图块，就用 audit 命令进行修复。如果可以打开一个推行，但是会出现一些已经被损坏了的信息，或者在此图形上工作了很短的时间后会有错误出现，这时就可以把此图形另存为低版本格式，并在低版本中重新打开这个图形。

（3）利用备份文件

如果上述方法都无法修复，可在 AutoCAD 安装目录下找到其备份文件，将其扩展名.bak（在作图的过程中会自动生成该文件）改为.dwg，复制到另一目录打开，一般都可以打开使用，但因其是备份文件，可能要重做一些工作。

1.8 熟悉坐标系统

任意物体在空间中的位置都是通过一个坐标系来定位的。在绘制图形时，系统也是通过坐标系来确定相应图形对象的位置，坐标系是确定对象位置的基本手段。理解各种坐标系的概念，掌握坐标系的创建以及正确的坐标数据输入方法，是学习制图的基础。

1.8.1 坐标系概述

坐标（x，y）是表示点的最基本方法。在 AutoCAD 中，坐标系分为世界坐标系（WCS）

和用户坐标系（UCS）。两种坐标系下都可以通过坐标（x，y）来精确定位点。

（1）世界坐标系

系统为用户提供了一个绝对的坐标系，即世界坐标系（WCS）。通常构造新图形时将自动使用 WCS，虽然 WCS 不可更改，但可以从任意角度、任意方向来观察或旋转。

世界坐标系（World Coordinate System，简称 WCS）是由三个垂直并相交的坐标轴 X 轴、Y 轴和 Z 轴构成，一般显示在绘图区域的左下角，如图 1-49 所示。在世界坐标系中，X 轴和 Y 轴的交点就是坐标原点 O（0，0），X 轴正方向为水平向右，Y 轴正方向为垂直向上，Z 轴正方向为垂直于 XOY 平面，指向操作者。在二维绘图状态下，Z 轴是不可见的。世界坐标系是一个固定不变的坐标系，其坐标原点和坐标轴方向都不会改变，是系统默认的坐标系。

（2）用户坐标系

相对于世界坐标系 WCS，用户可根据需要创建无限多的坐标系，这些坐标系称为用户坐标系。比如进行复杂绘图操作，尤其是三维造型操作时，固定不变的世界坐标系已经无法满足用户的需要，故而定义一个可以移动的用户坐标系（User Coordinate System，简称 UCS），用户可以在需要的位置上设置原点和坐标轴的方向，更加便于绘图。

在默认情况下，用户坐标系和世界坐标系完全重合，但是用户坐标系的图标少了原点处的小方格，如图 1-50 所示。

图 1-49　世界坐标系　　　　图 1-50　用户坐标系

1.8.2 创建新坐标

在绘制图形时，用户根据制图要求创建所需的坐标系，可以使用 3 种方法进行创建。

（1）通过输入原点创建

执行菜单栏中的“工具>新建 UCS>原点”命令，根据命令行中的提示信息，在绘图区中指定新的坐标原点，并输入 X、Y、Z 坐标值，按回车键，即可完成创建。

（2）通过指定 Z 轴矢量创建

在命令行中，输入“UCS”回车后，在绘图区中指定新坐标的原点，其后根据需要指定好 X、Y、Z 三点坐标轴方向，即可完成新坐标的创建。

（3）通过“面”命令创建

执行菜单栏中的“工具>新建 UCS>面”命令，指定对象一个面为用户坐标平面，其后根据命令行中的提示信息，指定新坐标轴的方向即可。

实战演练 1——将文件保存为 JPG 图片

扫一扫　看视频

绘制好图形后，可根据用户需求将其保存为其他格式的文件，如 PDF、JPG、DXF 等格式。下面介绍将图形文件保存为 JPG 文件格式的操作方法。

Step01 打开“素材/CH01/实战演练 1.dwg”素材文件，如图 1-51 所示。

Step02 在命令行中输入 JPGOUT 命令，按回车键后打开“创建光栅文件”对话框，文件名保持默认，设置文件存储路径，如图 1-52 所示。

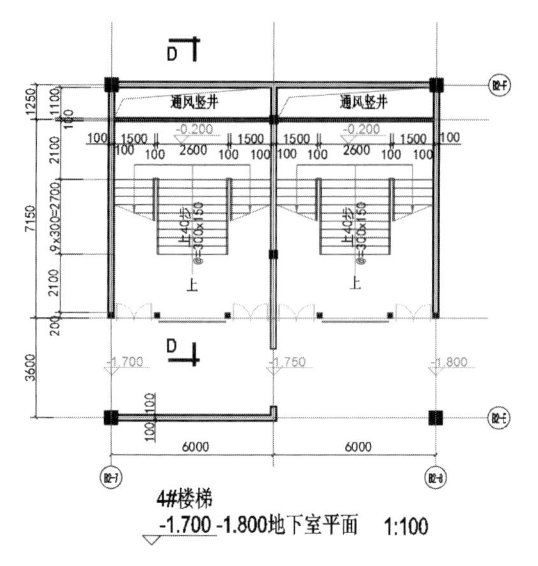

图 1-51 打开素材文件

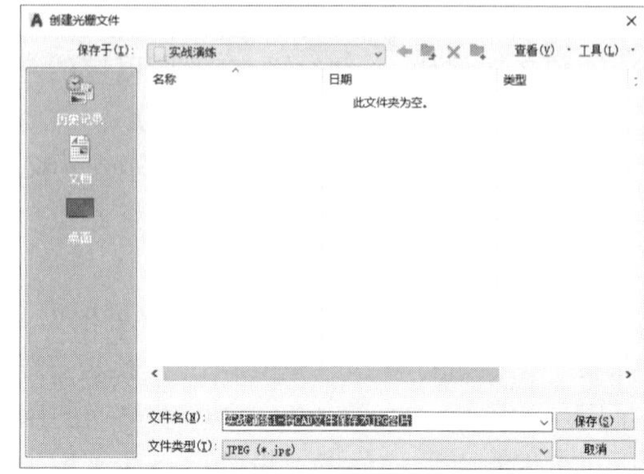

图 1-52 打开“创建光栅文件”对话框

设置完毕后，单击“保存”按钮返回到绘图区，再选择图形对象，如图 1-53 所示。

Step04 按回车键即可完成 JPG 图片的保存，打开图片，如图 1-54 所示。

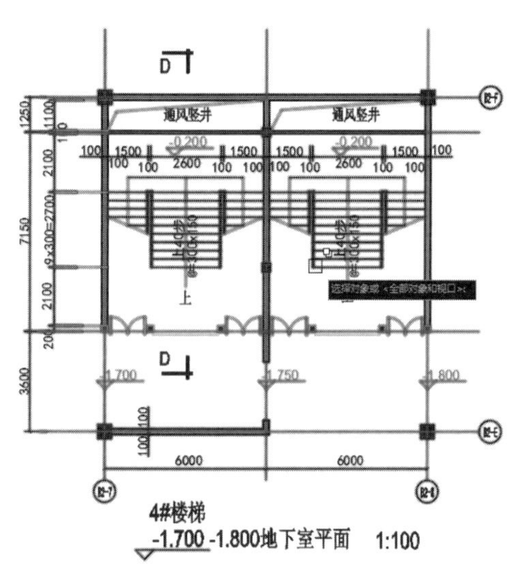

图 1-53 选择对象

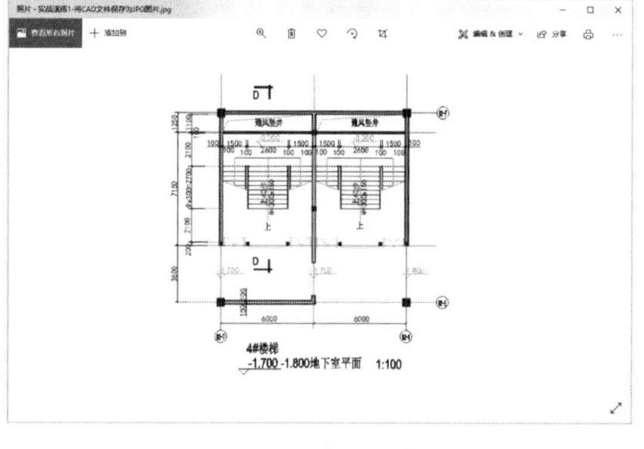

图 1-54 打开图片

实战演练 2——自定义界面颜色

AutoCAD 软件界面默认颜色是深灰色，绘图区背景是黑色。读者若是喜欢浅色界面，可以通过以下方法进行设置。

Step01 启动应用程序，观察工作界面，如图 1-55 所示。

Step02 在命令行输入 OPTIONS 命令，打开“选项”对话框，切换到“显示”选项卡，如图 1-56 所示。

Step03 在“窗口元素”选项组的配色方案下拉列表中选择“明”选项，如图 1-57 所示。

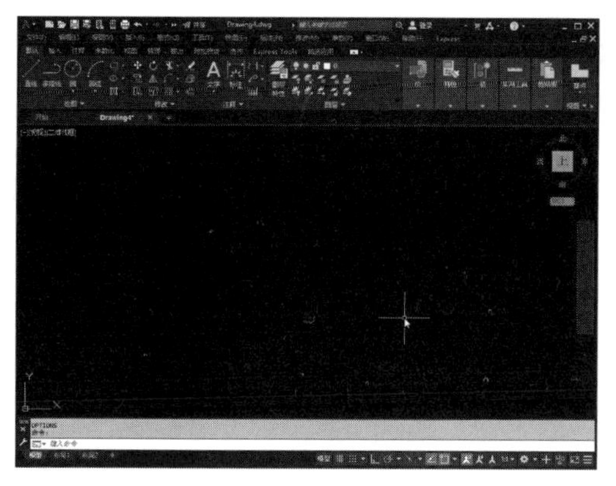

图 1-55　默认颜色

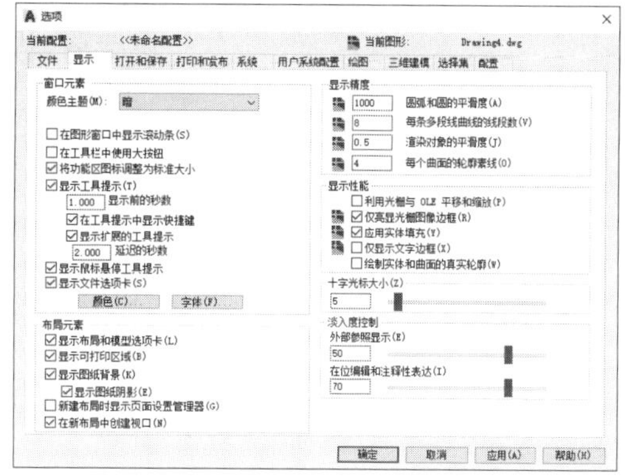

图 1-56　打开“选项”对话框

▶Step04 再单击“颜色”按钮，打开“图形窗口颜色”对话框，在默认情况下打开右侧“颜色”列表，从中选择“白色”，如图 1-58 所示。

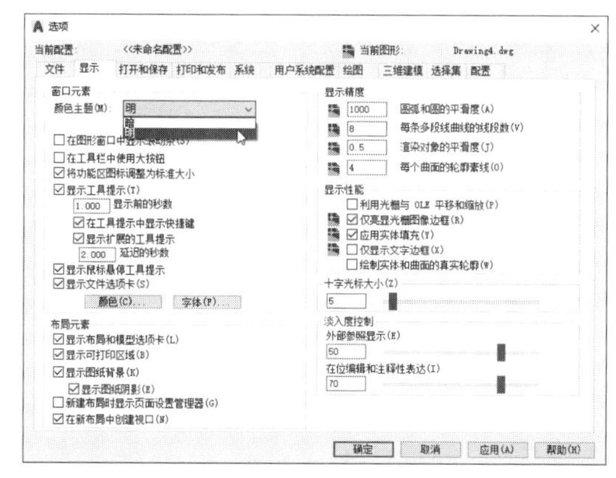

图 1-57　选择“明”配色方案

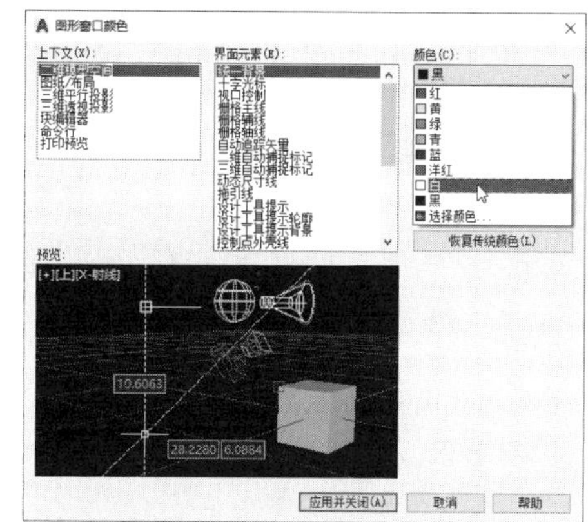

图 1-58　选择“白色”

▶Step05 单击“应用并关闭”按钮关闭对话框，返回到“选项”对话框，此时可以看到绘图区背景颜色已经变成白色，如图 1-59 所示。

▶Step06 再单击“确定”按钮关闭“选项”对话框，整个软件界面的颜色都变成浅色，如图 1-60 所示。

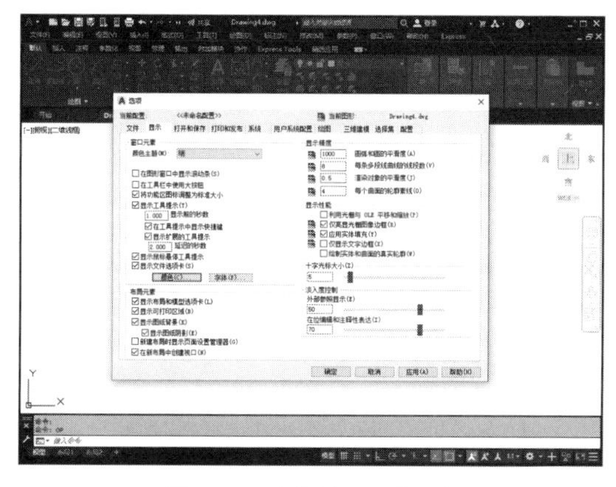

图 1-59　改变绘图区背景色

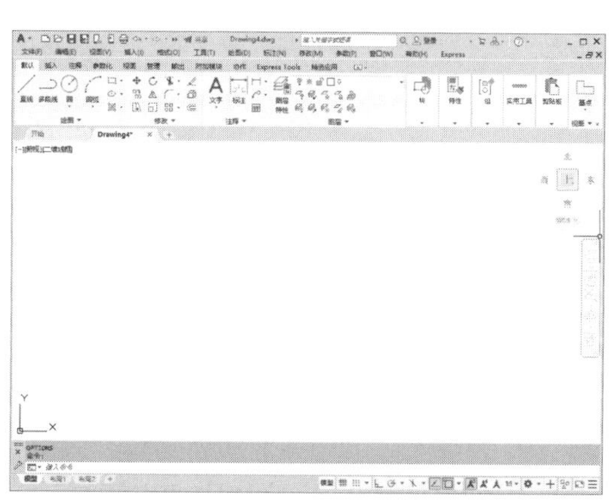

图 1-60　最终界面效果

课后作业

（1）调整十字光标大小

在“选项”对话框中，默认的十字光标大小为10，这里将其设置成100，如图1-61、1-62所示。

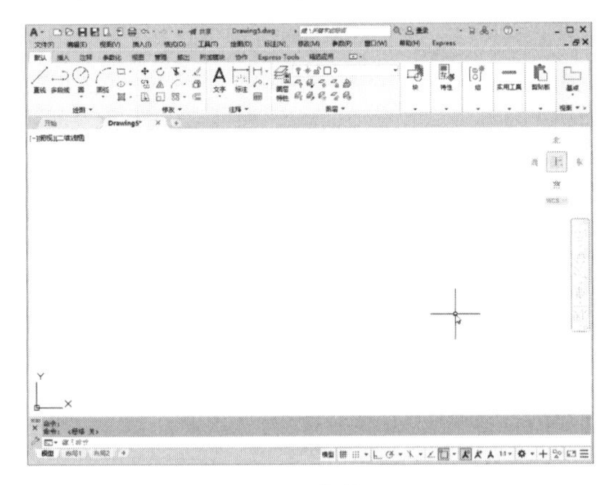

图1-61　预览效果

图1-62　界面最终效果

操作提示：

Step01：打开“选项”对话框，在“显示”选项卡中拖动滑块调整十字光标的大小数值。

Step02：关闭对话框即可完成十字光标的调整。

（2）创建新的坐标原点

为绘制好的机械图创建新的坐标原点，以便于后期进行标注等操作，如图1-63所示。

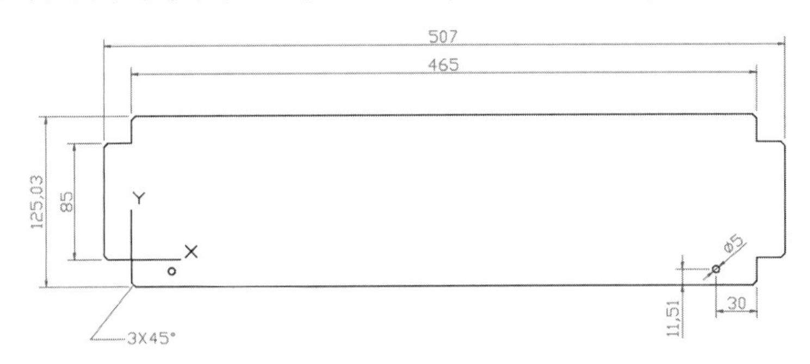

图1-63　设置快捷指令

操作提示：

Step01：执行“工具>新建UCS>原点”命令。

Step02：根据提示指定新的坐标原点位置。

精选疑难解答

Q1：如何调整AutoCAD中的坐标？

A：按F6键切换，或者将COORDS的系统变量修改为1或2。系统变量为0时，是指用定点设备指定点时更新坐标显示；系统变量为 1 时，是指不断更新坐标显示；系统变量为 2 时，是指不断更新坐标显示，当需要距离和角度时显示到上一点的距离和角度。

Q2：为什么坐标系不是统一的状态，有时会发生变化？

A：坐标系会根据工作空间和工作状态的不同而更改。默认情况下，坐标系是 WCS，它包括 X 轴和 Y 轴，属于二维空间坐标系。

如果进入三维工作空间，则多了一个 Z 轴。世界坐标系的 X 轴为水平，Y 轴为垂直，Z 轴正方向垂直于屏幕指向外，属于三维空间坐标系。

Q3：为什么使用 AutoCAD 打开或保存文件时不再弹出对话框？

A：为什么打开和保存图纸时通常都会弹出对话框，但有时不知改了什么设置，打开和保存文件时不再弹出对话框，只是在命令行出现提示输入目录名、文件名，非常麻烦。

解决方法：在命令行中输入命令 filedia，按回车键，将参数设置为 0，此时将不弹出对话框。设置为 1 时，显示对话框。

Q4：如何在 Word 文档中插入 AutoCAD 图形？

A：先将图形复制到剪贴板，再在 Word 文档中粘贴。需注意的是，由于 AutoCAD 默认背景颜色为黑色，而 Word 背景颜色为白色，首先应将图形背景颜色改成白色。另外，将图形插入 Word 文档后，往往空边过大，效果不理想，可以利用 Word 图片工具栏上的裁剪功能进行修整。

Q5：如何设置文件自动保存时间？

A：在绘图区中单击鼠标右键，在弹出的快捷菜单列表中选择“选项”命令，此时弹出“选项”对话框，切换至“打开和保存”选项卡，在“文件安全措施”选项组中输入自动保存时间，然后单击“确定”按钮即可。

Q6：如何关闭 AutoCAD 中的*.Bak 文件？

A：每次关闭软件后，都会出现*.Bak 格式的备份文件，若想将其关闭，可在“选项”对话框中取消勾选“每次保存时均创建备份副本”复选框。

第 2 章

精准绘图功能全知晓

本章概述

在工程图纸的设计过程中，为了更精确地绘制图形，提高绘图的速度和准确性，需要从捕捉、追踪和动态输入等功能入手，同时利用缩放、移动功能等有效地控制图形显示，辅助设计者快速观察、对比及校准图形。通过本章的学习，读者可以掌握图形的选择、视图的控制、辅助绘图工具及图形查询工具等，可以更加快捷地操作软件，并大大提高绘图效率。

学习目标

- 了解图形的选择方式
- 了解视图的操作
- 掌握辅助绘图工具
- 掌握图形查询工具

实例预览

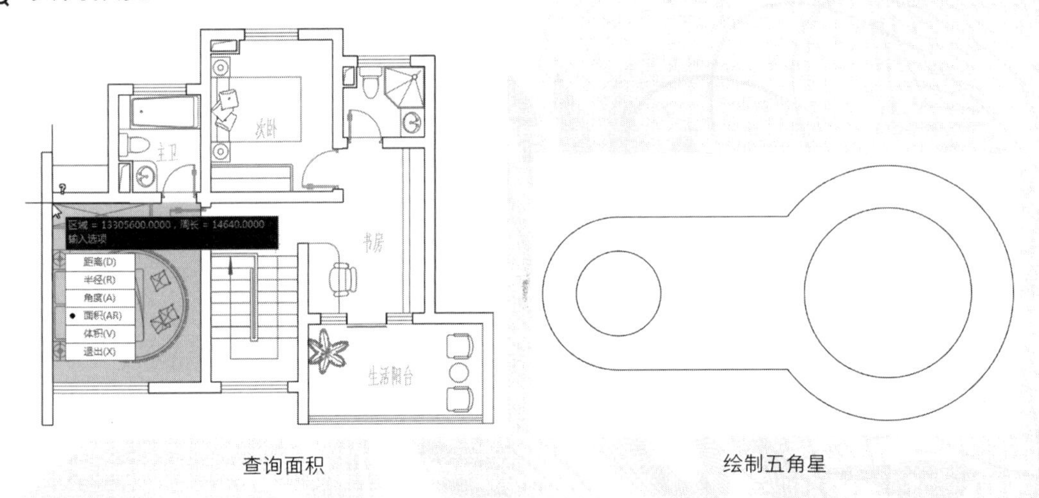

查询面积　　　　绘制五角星

2.1 图形选择

扫一扫 看视频

选择对象是整个绘图工作的基础。在进行图形编辑操作时，需先选中要编辑的图形。在 AutoCAD 软件中，选取图形有多种方法，如逐个选取、框选、快速选取以及编组选取等。

（1）单击选取

当需要选择某个图形对象时，在绘图区中直接单击该对象，此时图形上会出现夹点，则图形已被选中，当然也可进行多次单击选择，如图 2-1、图 2-2 所示。

图 2-1 选择一个图形对象

图 2-2 选择多个图形对象

（2）框选

除了逐个选择的方法外，还可以进行框选。框选的方法较为简单，在绘图区中，按住鼠标左键，拖动鼠标，直到所选择图形对象已在虚线框内，放开鼠标，即可完成框选。

框选方法分为两种：从右至左框选和从左至右框选。当从右至左框选时，在图形中所有被框选到的对象以及与框选边界相交的对象都会被选中，如图 2-3、图 2-4 所示。

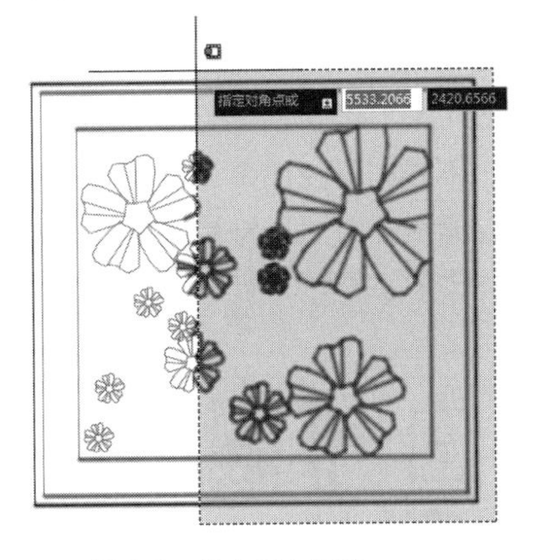

图 2-3 从右至左框选

图 2-4 从右至左框选效果

当从左至右框选时，所框选图形全部被选中，但与框选边界相交的图形对象则不被选中，如图 2-5、图 2-6 所示。

（3）围选

使用围选的方式来选择图形，其灵活性较大。它可通过不规则图形围选所需选择的图形。围选的方式分为 2 种，分别为圈选和圈交。

图 2-5　从左至右框选

图 2-6　从左至右框选效果

① 圈选　圈选是一种多边形窗口选择方法，其操作与框选的方式相似。用户在要选择图形任意位置指定一点，其后在命令行中，输入“WP”回车，并在绘图区中指定其他拾取点，通过不同的拾取点构成任意多边形，在该多边形内的图形将被选中，选择完成后，按回车键即可，如图 2-7、图 2-8 所示。

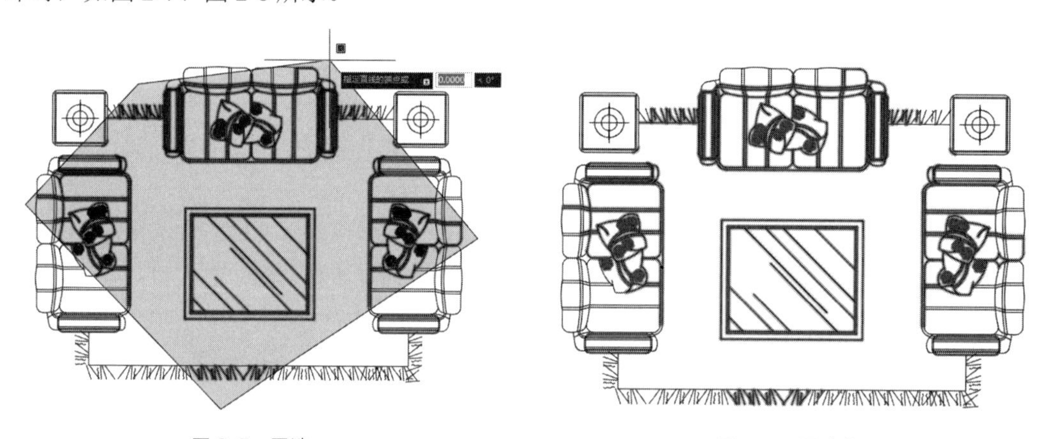

图 2-7　圈选

图 2-8　圈选效果

② 圈交　圈交与窗交方式相似。它是绘制一个不规则的封闭多边形作为交叉窗口来选择图形对象，完全包围在多边形中的图形以及与多边形相交的图形将被选中。用户只需在命令行中，输入“CP”回车，即可进行选取操作，如图 2-9、图 2-10 所示。

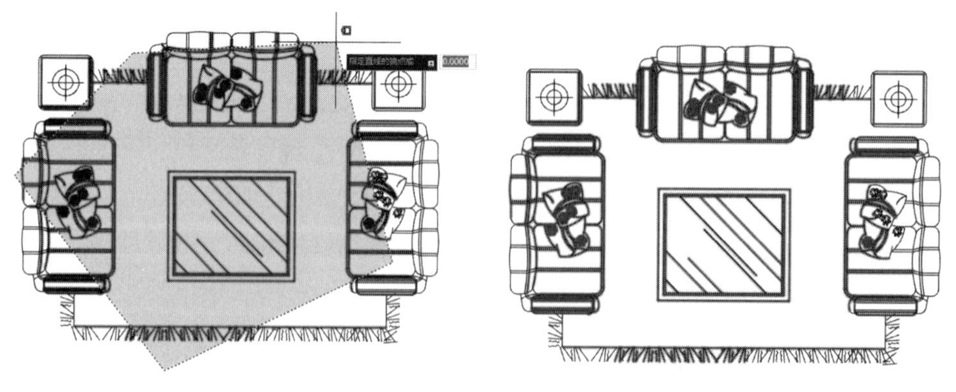

图 2-9　圈交

图 2-10　圈交效果

（4）快速选择

快速选择图形可使用户快速选择具有特定属性的图形对象，如相同的颜色、线型、线宽等。根据图形的图层、颜色等特性创建选择集。

用户可在绘图区空白处，单击鼠标右键，在打开的快捷菜单中选择“快速选择”命令，可打开“快速选择”对话框进行快速选择的设置。

技术要点

用户在选择图形过程中，可随时按 Esc 键，终止目标图形对象的选择操作，并放弃已选中的目标。如果没有进行任何编辑操作时，按 Ctrl+A 组合键，则可选择绘图区中的全部图形。

2.2 视图控制

在绘图过程中，为了更好地观察视图与绘图，需要对视图进行缩放、平移、重画、重生成等操作。

2.2.1 缩放视图

在绘图过程中，通常是先用图形放大工具将图形放大为某个局部视图，以便于进行局部细节的绘制，当绘制结束后，再用图形缩小工具，在整体视图下来观察图形的整体效果。在对图形进行缩放后，图形的实际尺寸并没有改变，只是图形在屏幕上的显示尺寸发生了变化。

用户可以通过以下几种方式调用视图“缩放”命令。

- 从菜单栏执行“视图>缩放”命令，在展开的列表中根据需要选择相应的缩放命令，如图 2-11 所示。

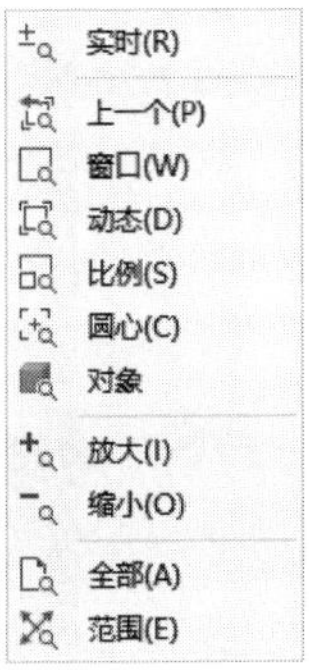

实时(R)
上一个(P)
窗口(W)
动态(D)
比例(S)
圆心(C)
对象
放大(I)
缩小(O)
全部(A)
范围(E)

图 2-11 缩放列表

- 在绘图区右侧导航栏中单击“缩放”下拉按钮，在展开的列表中选择缩放命令。
- 在“缩放”工具栏中单击需要的“缩放”命令。
- 在命令行输入 ZOOM 命令，然后按回车键。命令行提示如下：

命令：ZOOM
指定窗口的角点，输入比例因子（nX 或 nXP），或者
[全部（A）/中心（C）/动态（D）/范围（E）/上一个（P）/比例（S）/窗口（W）/对象（O）]
<实时>:

各选项的含义如下。

- 全部：当前视口中缩放显示整个图形。
- 圆心：缩放显示由中心点和放大比例所定义的窗口。高度值较小时增加放大比例，高度值较大时减小放大比例。
- 动态：缩放显示在视图框中的部分图形。
- 范围：缩放以显示图形范围并使所有对象最大显示。

- 上一个：缩放显示上一视图，最多可恢复前 10 个视图。
- 比例：以指定的比例因子缩放显示。
- 窗口：缩放显示由两个角点定义的矩形窗口框定的区域。
- 对象：尽可能大地显示一个或多个选定的对象并使其位于绘图区域的中心。
- 实时：利用定点设备在逻辑范围内交互缩放。

2.2.2 平移视图

使用平移视图工具可以重新定位当前图形在窗口中的位置，以便于对图形的其他部分进行浏览或绘制。该命令不会改变视图中对象的实际位置，只改变当前视图在操作区域中的位置。

实时
点(P)
左(L)
右(R)
上(U)
下(D)

图 2-12 平移列表

用户可以通过以下几种方式调用视图“平移”命令。

- 从菜单栏执行“视图>平移”命令，在展开的列表中根据需要选择相应的平移命令，如图 2-12 所示。
- 在绘图区右侧导航栏中单击“平移”按钮。
- 在命令行输入 PAN 命令，然后按回车键。

各选项命令的含义如下。

- 实时：选择该命令，鼠标指针会变成手的形状，按住鼠标左键并拖动，图形会随之而动。
- 点：系统将分别提示用户“指定基点或位移”和“第二个基点”，然后图形将按照指定的两点位置进行平移。
- 其他平移方式：如果选择“上”“下”“左”“右”选项，则图形将按照所选的方向平移一个单位。

注意事项

上述所说的放大、缩小或移动操作，仅是对图形在屏幕上的显示效果进行控制，图形本身并没有任何改变。

2.2.3 重画与重生成

在绘图和编辑过程中，屏幕上常常会留下对象的拾取标记，这些临时标记并不是图形中的对象，却会使当前图形画面显得凌乱，这时可以使用重画与重生成功能清除这些临时标记。

（1）重画

由于显卡等硬件加速延迟等原因，进行视图调整后，视图中的显示可能会呈锯齿状或出现斑点标记，使用视图的重画命令可以更清晰地查看图形。

用户可以通过以下几种方式调用“重画”命令。

- 从菜单栏执行“视图>重画”命令。
- 在命令行输入 REDRAWALL 命令，然后按回车键。

（2）重生成

“重生成”又称为“刷新”，该命令可以将当前视口中所有图形对象的坐标，尤其是对于圆、圆弧等非线性图形对象。如果使用“重画”命令后仍不能正确显示图形，则可以使用“重生成”命令。

用户可以通过以下几种方式调用“重生成”命令。

- 从菜单栏执行“视图>重生成”命令。
- 在命令行输入 REGEN 命令，然后按回车键。

2.2.4 全屏显示

“全屏显示”功能将会隐藏功能区面板，并将软件窗口在整个桌面上进行平铺，这会使绘图区变得更加宽敞，如图 2-13 所示。对于大型图纸来说，该功能能够帮助使用者更加全面地观察图纸的整体布局。用户可以通过以下几种方式启用“全屏显示”。

- 从菜单栏执行“视图>全屏显示”命令即可进入全屏显示模式（再次执行该命令将退出全屏显示模式）。
- 在状态栏单击“全屏显示”按钮（再次单击该按钮将退出全屏显示模式）。
- 在命令行中输入 CLEANSCREENON 命令，然后按回车键（输入 CLEANSCREENOFF 命令将退出全屏显示模式）。
- 按 Ctrl+0（数字 0 而不是字母 O）组合键（再次执行该命令将退出全屏显示模式）。

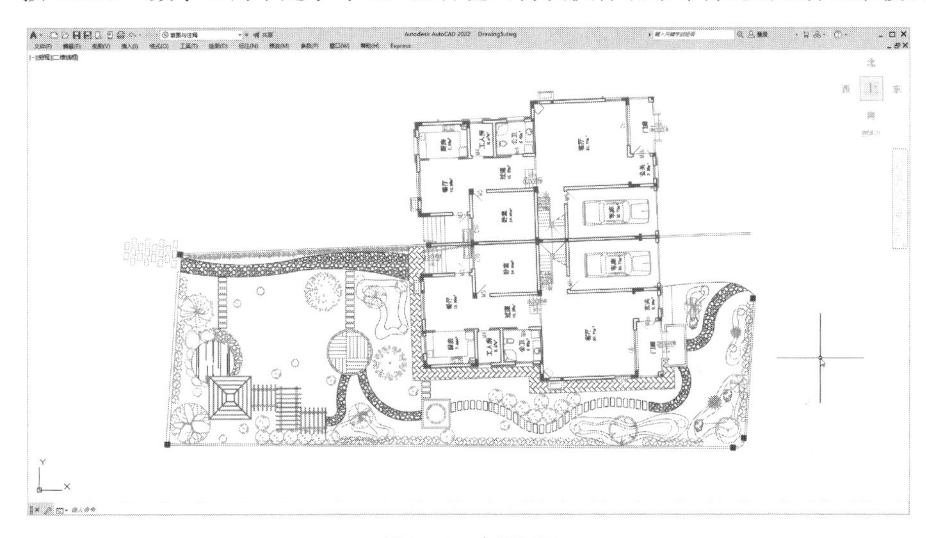

图 2-13　全屏显示

2.3 精确辅助绘图工具

在设计和绘图时，为了保证图纸的准确性，可以通过常用的指定点的坐标来绘制图形，还可以使用系统提供的“捕捉”“对象捕捉”“极轴追踪”等功能来精确绘制图形。

2.3.1 正交模式

AutoCAD 提供的正交模式将定点设备的输入限制为水平或垂直，利用该功能，用户可以方便地绘制与当前坐标系统的 X 轴或 Y 轴平行的线段，也就是水平线或垂直线。用户可以通过以下几种方法开启正交模式。

- 在状态栏单击“正交限制光标”按钮。

- 在命令行输入 ORTHO 命令，然后按回车键。
- 按 Ctrl+L 组合键或按 F8 键。

2.3.2 栅格与捕捉

栅格是指在屏幕上显示分布按指定行间距和列间距排列的点，可以起到坐标纸的作用，提供直观的距离和位置参考，还可以对齐对象并直观显示对象之间的距离。

（1）显示栅格

用户可以通过以下方式显示和隐藏栅格。

- 在状态栏中单击“显示图形栅格”按钮，如图 2-14 所示为显示栅格的效果。
- 在命令行输入 GRIDMODE 命令，然后按回车键，根据提示输入 1 可以显示栅格，输入 0 则关闭栅格。
- 按 Ctrl+G 组合键或按 F7 键。
- 在“草图设置”对话框中勾选“启用栅格”复选框。

（2）捕捉模式

在绘图屏幕上的栅格点对光标有吸附作用，开启栅格捕捉后，栅格点即能够捕捉光标，使光标只能落在由这些点确定的位置上，从而只能按指定的步距移动。

用户可以通过以下方式开启栅格捕捉。

- 从菜单栏执行“工具>绘图设置”命令。
- 在状态栏单击“捕捉模式”按钮，开启捕捉模式，并单击右侧扩展按钮，在打开的列表中选择“栅格捕捉”。
- 在命令行输入 SNAPMODE 命令然后按回车键，根据提示输入 1 可以开启捕捉模式，输入 0 则关闭捕捉模式。
- 按 Ctrl+B 组合键或按 F3 键。
- 在“草图设置”对话框中勾选“启用捕捉”复选框。

（3）设置栅格和捕捉

利用“草图设置”对话框中的“捕捉和栅格”选项卡，可以设置栅格与捕捉功能的相关参数，如图 2-15 所示。

用户可以通过以下方式打开“草图设置”对话框。

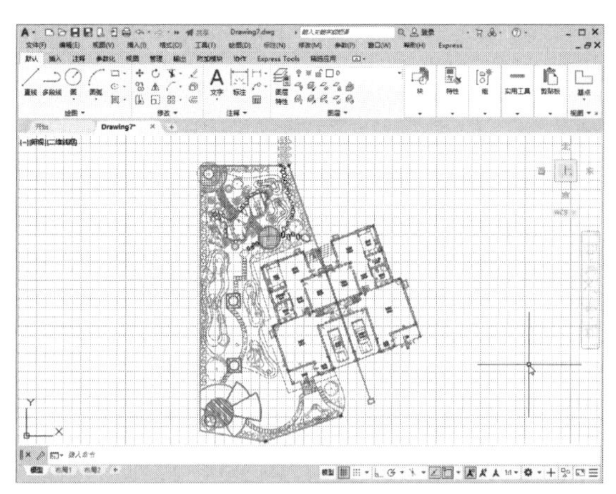

图 2-14　显示栅格

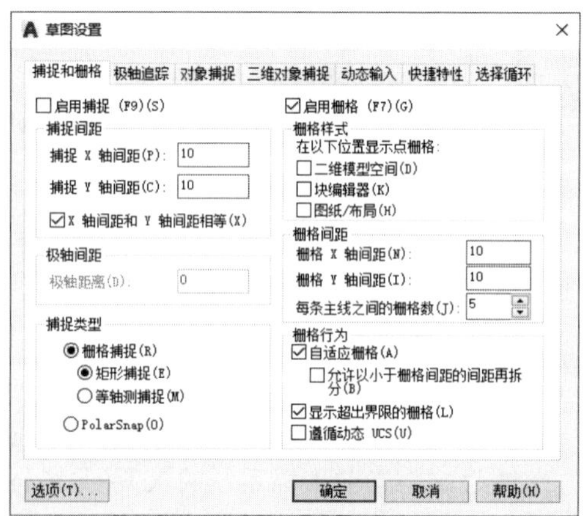

图 2-15　显示栅格

• 从菜单栏执行“工具>绘图设置”命令。

• 在状态栏右键单击“捕捉模式”按钮，在打开的快捷菜单中选择“捕捉设置”命令，即可打开“草图设置”对话框。

动手练习——绘制台灯平面图

扫一扫　看视频

下面介绍利用对象捕捉功能绘制同心圆，操作步骤介绍如下。

Step01 执行“工具>绘图设置”命令，打开“草图设置”对话框，切换到“对象捕捉”选项卡，勾选“启用对象捕捉”和“启用对象捕捉追踪”复选框，再选择“圆心”复选框，设置完毕后关闭对话框，如图 2-16 所示。

Step02 执行“圆心，半径”命令，绘制半径为 100mm 的圆，如图 2-17 所示。

图 2-16　设置捕捉点

图 2-17　绘制圆

Step03 执行“直线”命令，将鼠标悬浮于圆心位置，系统会自动捕捉到圆心，如图 2-18 所示。

Step04 按 F8 键开启正交功能，沿捕捉路径移动光标，输入移动距离 40mm，如图 2-19 所示。

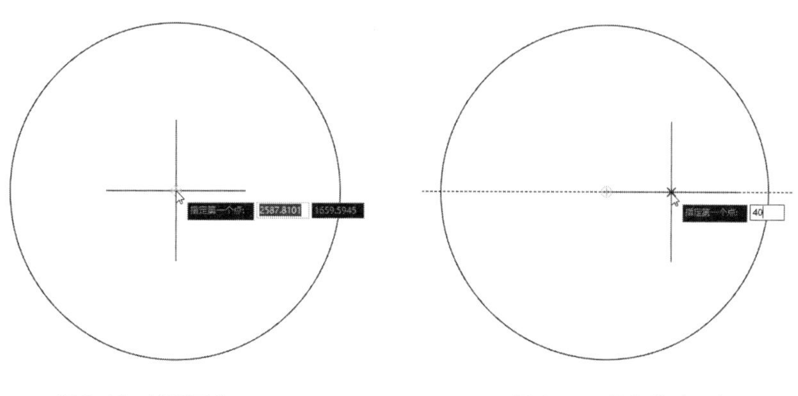

图 2-18　捕捉圆心

图 2-19　输入移动距离

Step05 按回车键即可确认直线的起点位置，接着移动光标，输入长度 80mm，如图 2-20 所示。

Step06 按回车键确认，即可绘制一条直线，如图 2-21 所示。

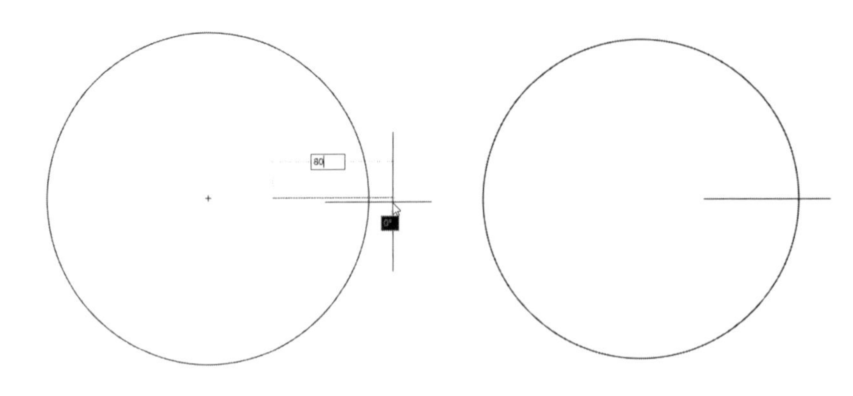

图 2-20　输入直线长度　　　　图 2-21　绘制直线

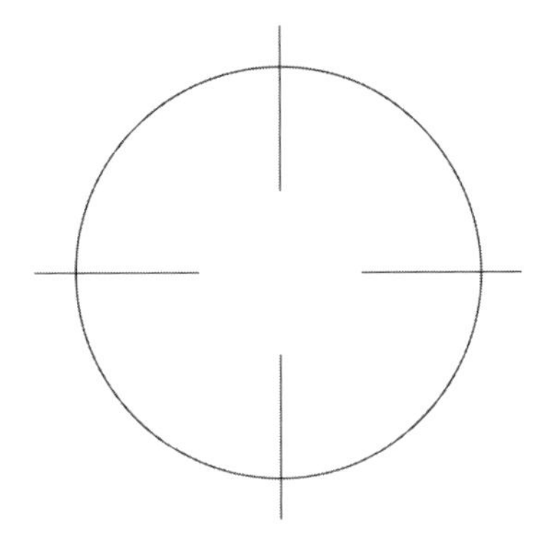

图 2-22　绘制三条直线

Step07 按照上述操作方法，绘制其他三条直线，完成台灯平面图的绘制，如图 2-22 所示。

2.3.3 对象捕捉

在绘图过程中经常要指定一些对象上已有的点，例如端点、中心、圆心以及交点等。如果只凭观察来拾取，不可能非常准确地找到这些点。利用“对象捕捉”功能则可以迅速、准确地捕捉到这些特殊点，从而精确地绘制图形。

在执行自动捕捉操作前，需要设置对象的捕捉点。当鼠标经过这些设置过的特殊点的时候，就会自动捕捉这些点。

对象捕捉分为自动捕捉和临时捕捉两种。临时捕捉主要通过“对象捕捉”工具栏来实现。执行“工具>工具栏>AutoCAD>对象捕捉”命令，打开“对象捕捉”工具栏，如图 2-23 所示。

图 2-23 “对象捕捉”工具栏

用户可以通过以下方式打开和关闭对象捕捉模式。

- 在状态栏单击“对象捕捉”按钮。
- 按 Ctrl+F 组合键或按 F3 键。
- 在“草图设置”对话框中勾选“启用对象捕捉”复选框。

打开“草图设置”对话框，可以在“对象捕捉”选项卡中进行设置自动捕捉模式。需要捕捉哪些对象捕捉点和相应的辅助标记，就勾选其前面的复选框，如图 2-24 所示。也可以在状态栏单击“对象捕捉”按钮右侧的下拉按钮，选择需要的捕捉点，如图 2-25 所示。

下面对各捕捉点的含义进行介绍。

- 端点：直线、圆弧、样条曲线、多线段、面域或三维对象的最近端点或角。
- 中点：直线、圆弧和多线段的中点。
- 圆心：圆弧、圆和椭圆的圆心。
- 几何中心：任意闭合多段线和样条曲线的质心。
- 节点：捕捉到指定的点对象。
- 象限点：圆弧、圆和椭圆上 0°、90°、180° 和 270° 处的点。

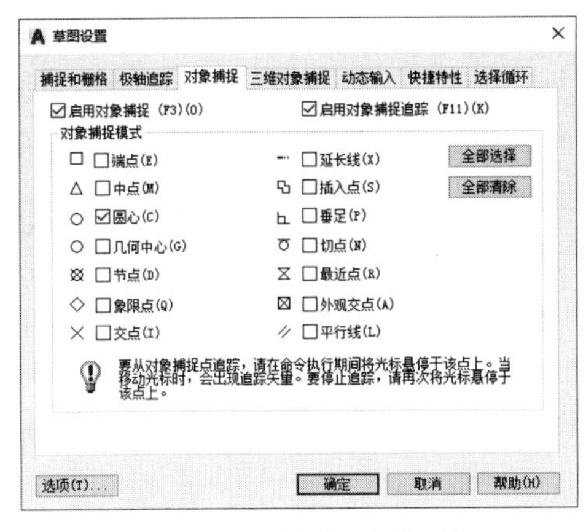

图 2-24 “对象捕捉”选项卡

图 2-25 捕捉点列表

- 交点：实体对象的交界处的点。延伸交点不能用作执行对象捕捉模式。
- 延长线：用户捕捉直线延伸线上的点。当光标移动对象的端点时，将显示沿对象的轨迹延伸出来的虚拟点。
- 插入点：文本、属性和符号的插入点。
- 垂足：圆弧、圆、椭圆、直线和多线段等的垂足。
- 切点：圆弧、圆、椭圆上的切点。该点和另一点的连线与捕捉对象相切。
- 最近点：离靶心最近的点。
- 外观交点：三维空间中不相交但在当前视图中可能相交的两个对象的视觉交点。
- 平行线：通过已知点且与已知直线平行的直线的位置。

动手练习——绘制同心圆

下面介绍利用对象捕捉功能绘制同心圆，操作步骤介绍如下。

Step01 执行“工具>绘图设置”命令，打开“草图设置”对话框，切换到“对象捕捉”选项卡，勾选“启用对象捕捉”和“启用对象捕捉追踪”复选框，再选择“圆心”复选框，设置完毕后关闭对话框，如图 2-26 所示。

Step02 执行“圆心，半径”命令，绘制半径为 11.5mm 的圆，如图 2-27 所示。

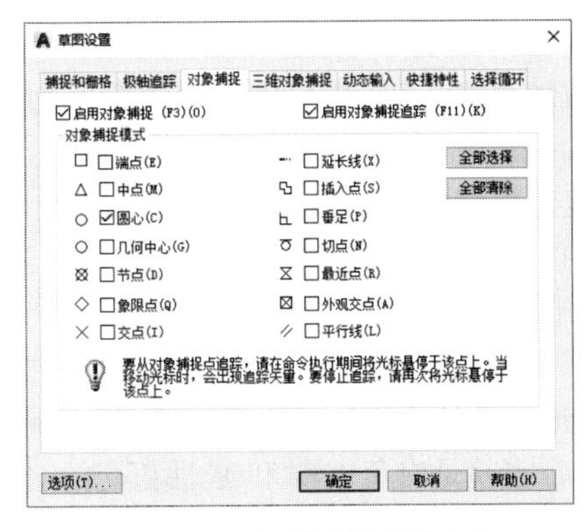

图 2-26 “对象捕捉”选项卡

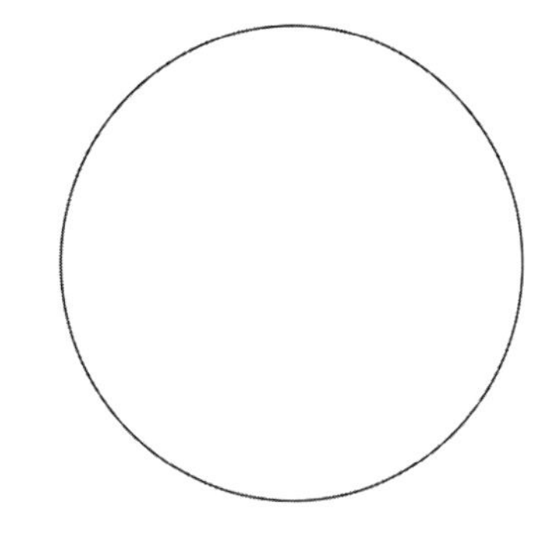

图 2-27 绘制圆

Step03 继续执行该命令，将鼠标移动到圆心位置，捕捉圆心，如图 2-28 所示。

Step04 绘制半径为 19mm 的圆，如图 2-29 所示。

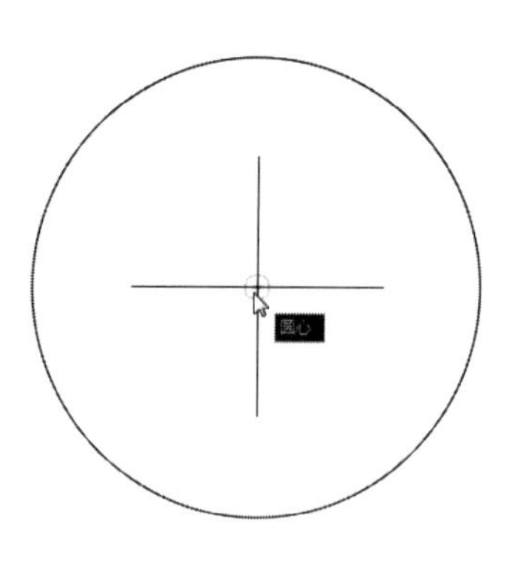

图 2-28 捕捉圆心

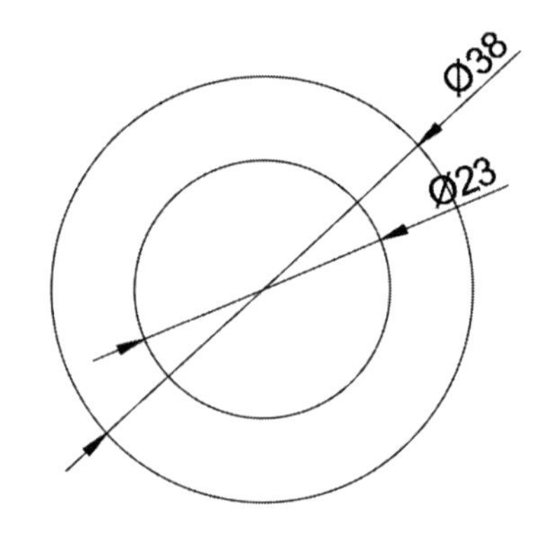

图 2-29 绘制同心圆

2.3.4 极轴追踪

在绘制图形时，如果遇到倾斜的线段，需要输入极坐标，这样就很麻烦。许多图纸中的角度都是固定角度，为了免除输入坐标这一问题，就需要使用极轴追踪的功能。在极轴追踪中也可以设置极轴追踪的类型和极轴角测量等。

若需要使用追踪功能，用户可以通过以下方式启用追踪模式。

- 在状态栏单击“极轴追踪”按钮。
- 按 Ctrl+U 组合键或按 F10 键。
- 在“草图设置”对话框中勾选“启用极轴追踪”复选框。

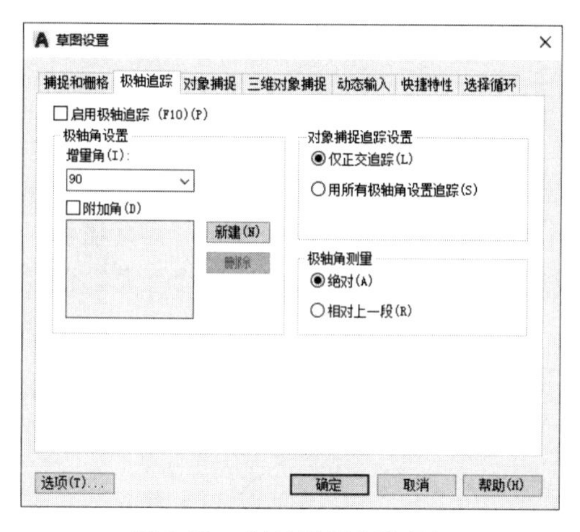

图 2-30 “极轴追踪”选项卡

极轴追踪包括极轴角设置、对象捕捉追踪设置、极轴角测量等。在“极轴追踪”选项卡中可以设置这些功能，如图 2-30 所示。各选项组的作用如下。

（1）极轴角设置

“极轴角设置”选项组包含“增量角”和“附加角”选项。用户可以在“增量角”下拉列表框中里选择具体角度，也可以在“增量角”复选框内输入任意数值。

附加角是对象轴追踪使用列表中的任意一种附加角度，起到辅助的作用。当绘制角度的时候，如果是附加角设置的角度就会有提示。“附加角”复选框同样受 POLARMODE 系统变量控制。

勾选“附加角”复选框，再单击“新建”按钮，输入角度数，按回车键即可创建附加角。选中数值然后单击“删除”按钮，可以删除数值。

（2）对象捕捉追踪设置

“对象捕捉追踪设置”选项组包括仅正交追踪和所有极轴角设置追踪，其具体含义如下。

- “仅正交追踪”是追踪对象的正交路径，也就是对象 X 轴和 Y 轴正交的追踪。当“对象捕捉”打开时，仅显示已获得的对象捕捉点的正交对象捕捉追踪路径。
- “所有极轴角设置追踪”是指光标从获取的对象捕捉点起沿极轴对齐角度进行追踪。该选项对所有的极轴角都将进行追踪。

（3）极轴角测量

“极轴角测量”选项组包括“绝对”和“相对上一段”2 个选项。“绝对”是根据当前用户坐标系 UCS 确定极轴追踪角度。“相对上一段”是根据上一段绘制线段确定极轴追踪角度。

2.3.5 动态输入

使用动态输入功能可以在指针位置处显示标注输入和命令提示等信息，从而极大地方便了绘图，用户通过单击状态栏的“动态输入”按钮开启或关闭该功能。

（1）启用指针输入

打开“草图设置”对话框的“动态输入”选项卡，勾选“启动指针输入”复选框，即可启用指针输入功能。而在“指针输入”选项区中单击“设置”按钮，在打开的“指针输入设置”对话框中，便可根据需要设置指针的格式和可见性，如图 2-31、图 2-32 所示。

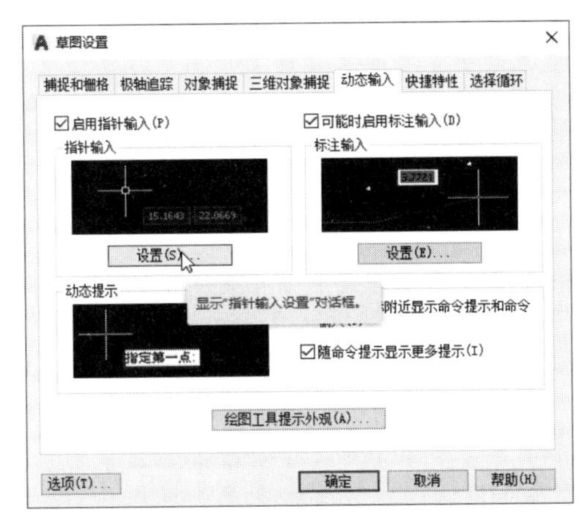

图 2-31 勾选“启动指针输入”复选框

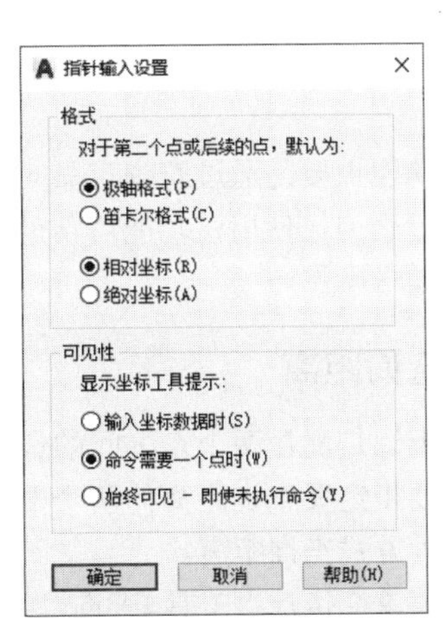

图 2-32 指针输入设置

（2）启用标注输入

在“草图设置”对话勾选的“动态输入”选项卡勾选“可能时启用标注输入”复选框，即可启用标注输入功能。在“标注输入”选项区中单击“设置”按钮，打开“标注输入的设置”对话框，可以设置标注的可见性，如图 2-33、图 2-34 所示。

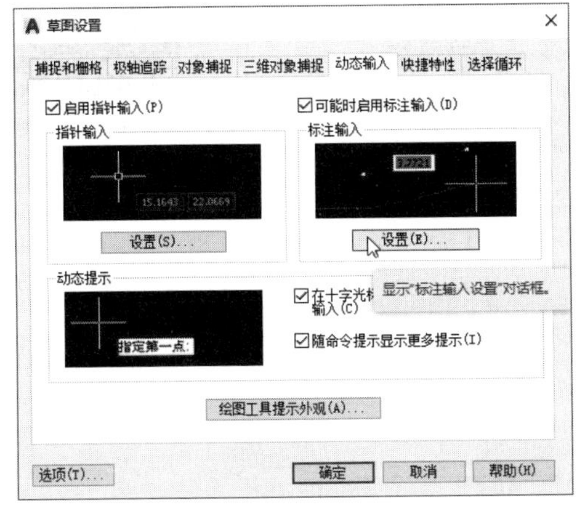

图 2-33 勾选“可能启用标注输入”复选框

（3）显示动态提示

在“草图设置”对话框的“动态输入”选项卡中，勾选“动态提示”选项区中的“在十字光标附近显示命令提示和命令输入”复选框，则可在光标附近显示命令提示。

单击“绘图工具提示外观”按钮，在打开的“工具栏提示外观”对话框中，可以设置工具栏的颜色、大小、透明度等，如图 2-35 所示。

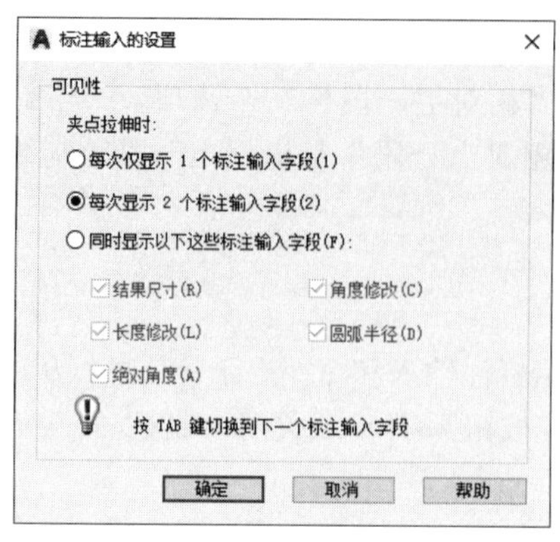

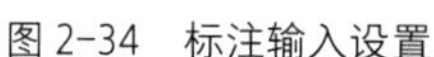

图 2-34　标注输入设置

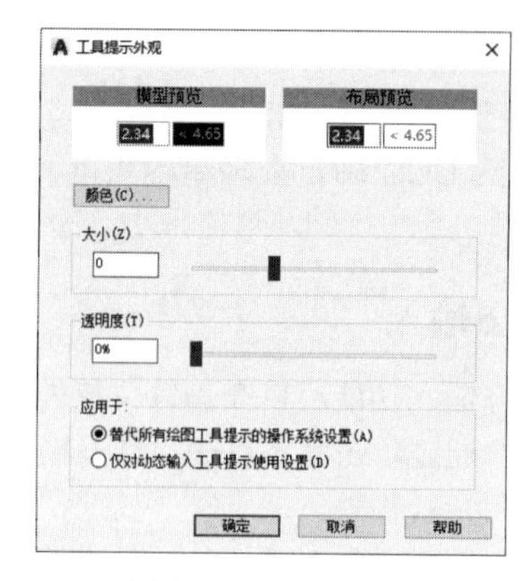

图 2-35　工具提示外观

2.4　图形查询工具

查询功能主要是通过查询工具对图形的面积、周长、图形之间的距离以及图形面域质量等信息进行查询。使用该功能可帮助用户方便了解当前绘制图形的所有相关信息，以便于对图形进行编辑操作。

2.4.1　查询距离

距离查询是测量两个点之间的最短长度值，最常用的查询方式。在使用距离查询工具的时候只需要指定要查询距离的两个端点，系统将自动显示出两个点之间的距离。用户可以通过以下几种方式查询距离。

- 从菜单栏执行“工具>查询>距离”命令。
- 在“默认”选项卡的“实用工具”面板中单击“距离”按钮。
- 在“查询”工具栏中单击“距离”按钮。
- 在命令行输入 MEASUREGEOM 命令，根据提示选择“距离”，然后按回车键。

动手练习——查询图形长度

扫一扫　看视频

下面利用“距离”查询功能查询图形的长度，操作步骤如下。

Step01 打开“素材/CH02/查询图形长度.dwg”文件，执行“工具>查询>距离”命令，根据命令行提示指定查询的第一点，如图 2-36 所示。

Step02 移动光标再指定查询的第二点，如图 2-37 所示。

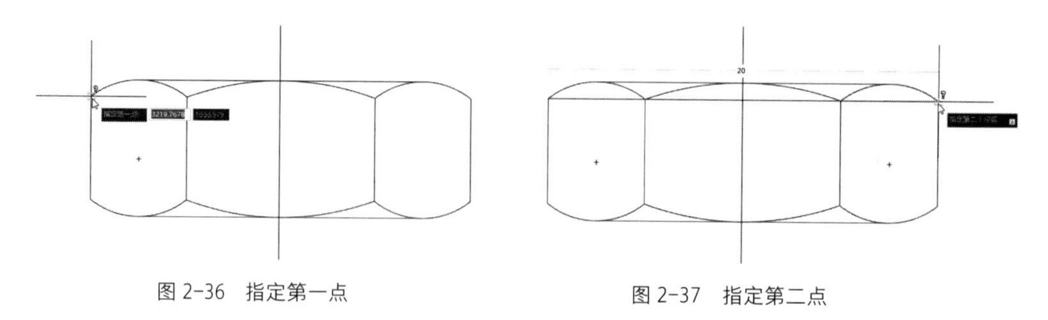

图 2-36　指定第一点　　图 2-37　指定第二点

▶Step03 单击鼠标即可完成查询操作，在鼠标一侧会弹出查询结果及命令提示，如图 2-38 所示。

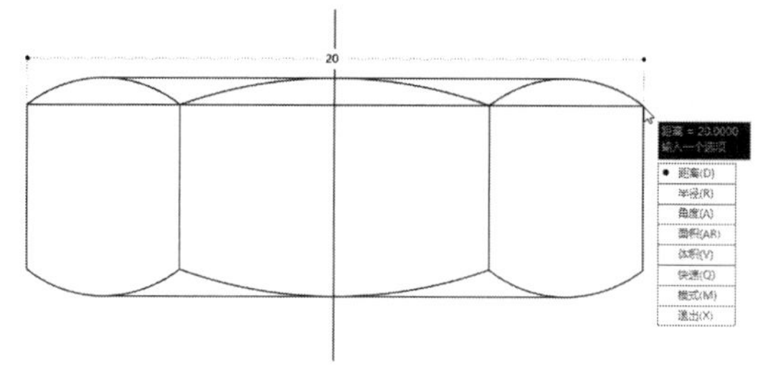

图 2-38　测量长度

2.4.2　查询半径

半径查询主要用于查询圆或圆弧的半径或直径数值。用户可以通过以下几种方式查询半径。

- 从菜单栏执行“工具>查询>半径”命令。
- 在“默认”选项卡的“实用工具”面板中单击“半径”按钮。
- 在“查询”工具栏中单击“半径”按钮。
- 在命令行输入 MEASUREGEOM 命令，根据提示选择“半径”，然后按回车键。

执行“工具>查询>半径”命令，根据命令行提示，选择要查询的圆或圆弧，即可得出查询结果，如图 2-39、图 2-40 所示。

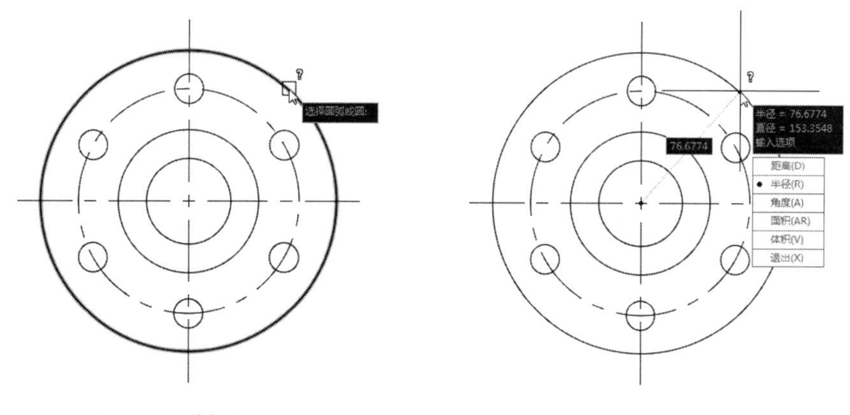

图 2-39　选择圆　　　　图 2-40　半径查询结果

2.4.3　查询角度

角度查询用于测量两条线段之间的夹角度数。用户可以通过以下几种方式查询角度。

- 从菜单栏执行“工具>查询>角度”命令。
- 在”默认”选项卡的“实用工具”面板中单击“角度”按钮。
- 在“查询”工具栏中单击“角度”按钮。
- 在命令行输入 MEASUREGEOM 命令，根据提示选择“角度”，然后按回车键。

扫一扫　看视频

动手练习——查询图形角度

下面利用“角度”查询功能查询图形中两条相交直线的夹角，操作步骤如下。

▶Step01 打开“素材/CH02/查询图形角度.dwg”文件，执行“工具>查询>角度”命令，根据命令行提示选择查询角度的第一条边，如图 2-41 所示。

▶Step02 移动光标再选择查询角度的第二条边，如图 2-42 所示。

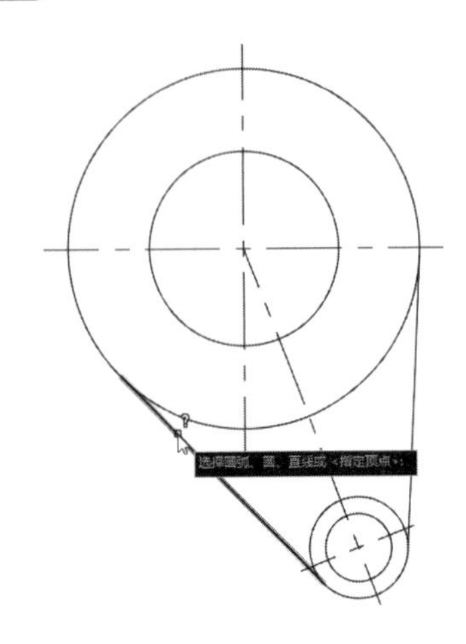

图 2-41　选择第一条边

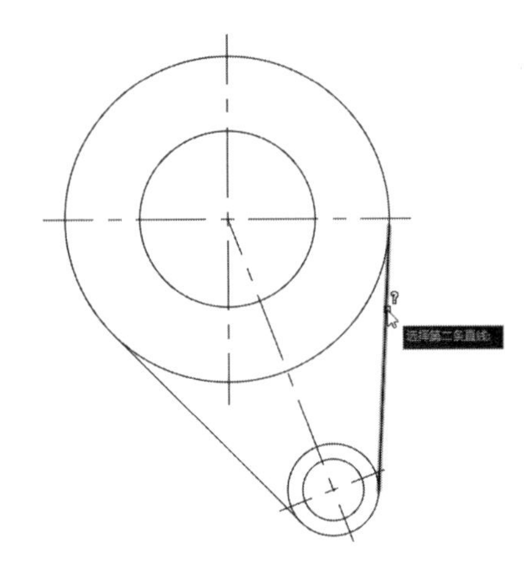

图 2-42　选择第二条边

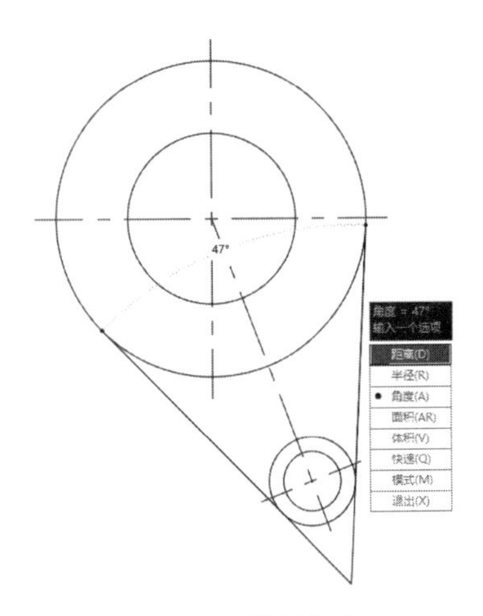

图 2-43　测量角度

▶Step03 单击鼠标即可完成查询操作，在鼠标一侧会弹出查询结果及命令提示，如图 2-43 所示。

2.4.4 查询面积

面积查询可以测量出对象的面积和周长，在查询图形面积的时候可以通过指定点来选择查询面积的区域。用户可以通过以下几种方式查询面积。

- 从菜单栏执行“工具>查询>面积”命令。
- 在“默认”选项卡的“实用工具”面板中单击“面积”按钮。
- 在“查询”工具栏中单击“面积”按钮。
- 在命令行输入 MEASUREGEOM 命令，根据提示选择“面积”，然后按回车键。

动手练习——查询居室空间面积

扫一扫　看视频

下面利用“面积”查询功能查询居室平面图中卧室空间的面积，操作步骤如下。

▶Step01 打开“素材/CH02/查询居室空间面积.dwg”文件，执行“工具>查询>面积”命令，根据命令行提示指定查询面积的第一个角点，如图 2-44 所示。

▶Step02 移动光标指定下一角点，如图 2-45 所示。

▶Step03 再移动光标指定下一角点，如图 2-46 所示。

▶Step04 继续移动光标指定最后一个角点，单击鼠标即可完成查询操作，在鼠标一侧会弹出查询结果及命令提示，如图 2-47 所示。

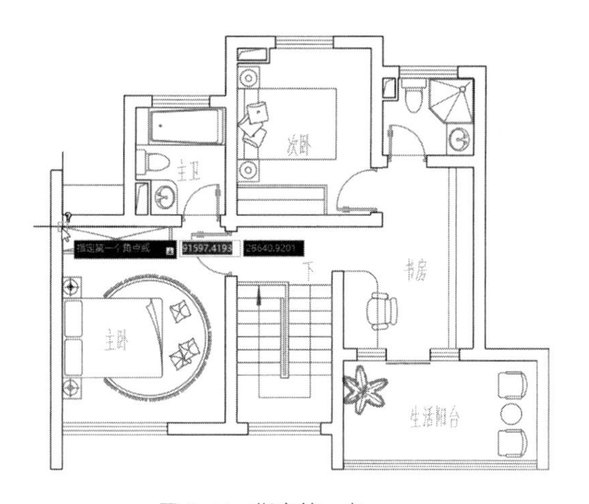

图 2-44　指定第一点

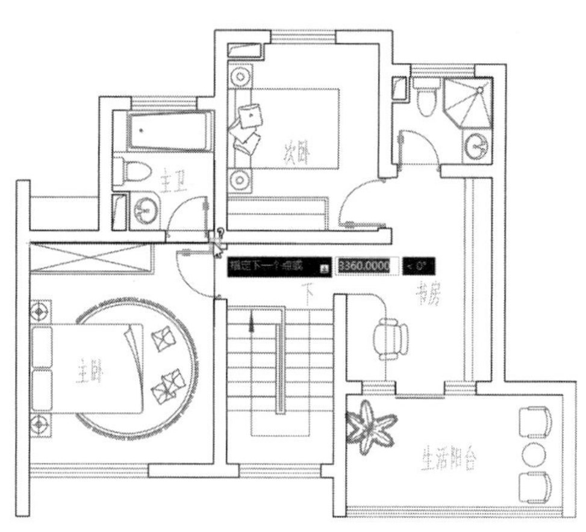

图 2-45　指定第二点

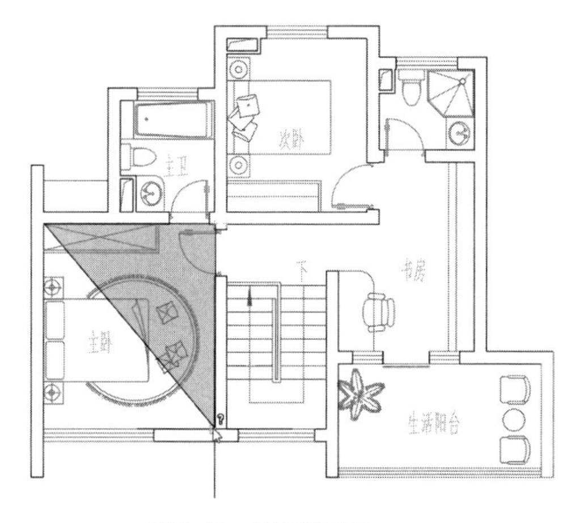

图 2-46　指定第三点

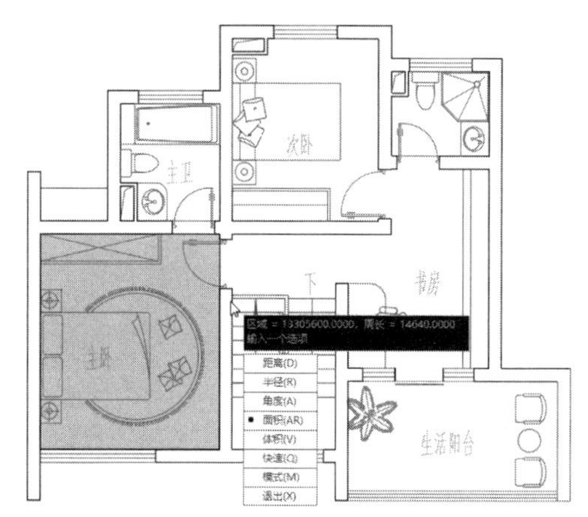

图 2-47　测量面积

实战演练 1——绘制五角星

扫一扫　看视频

下面介绍利用极轴追踪功能绘制五角星图形，操作步骤如下。

Step01 执行“绘图设置”命令，打开“草图设置”对话框，切换到“极轴追踪”选项卡，勾选“启用极轴追踪”选项，再设置增量角为 36° ，如图 2-48 所示。

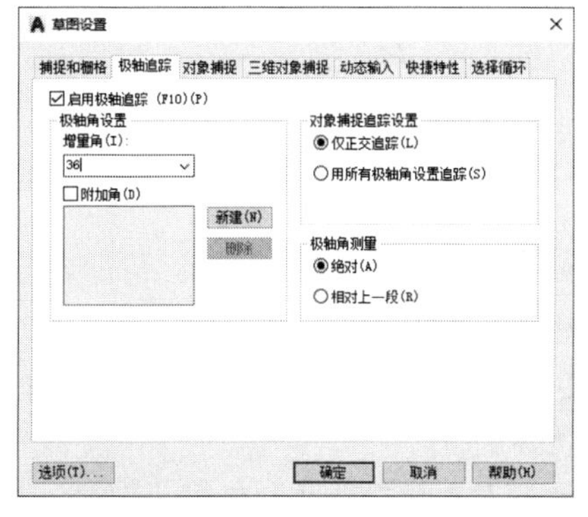

图 2-48　设置极轴追踪参数

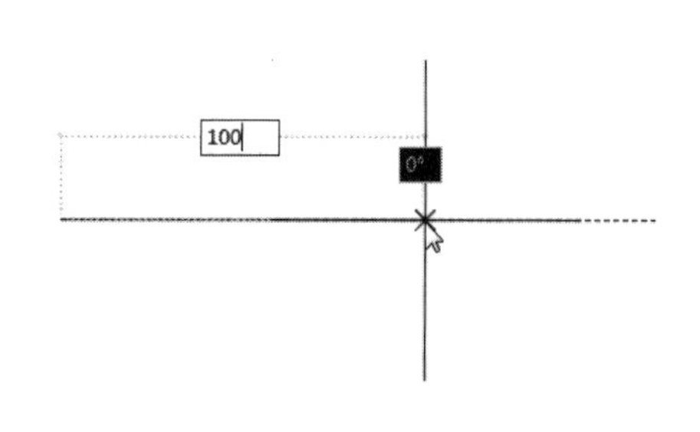

图 2-49　绘制第一条直线

Step02 设置完毕后关闭对话框，执行“直线”命令，指定一点作为直线起点，在动态提示框中输入长度为 100 并按回车键，如图 2-49 所示。

Step03 保持该命令的执行状态，将鼠标向左下角移动，当出现极轴追踪辅助线时，输入长度 100 并按回车键，绘制第二条直线，如图 2-50 所示。

Step04 向上移动光标，捕捉到极轴追踪辅助线时输入长度 100，按回车键即可绘制第三条直线，如图 2-51 所示。

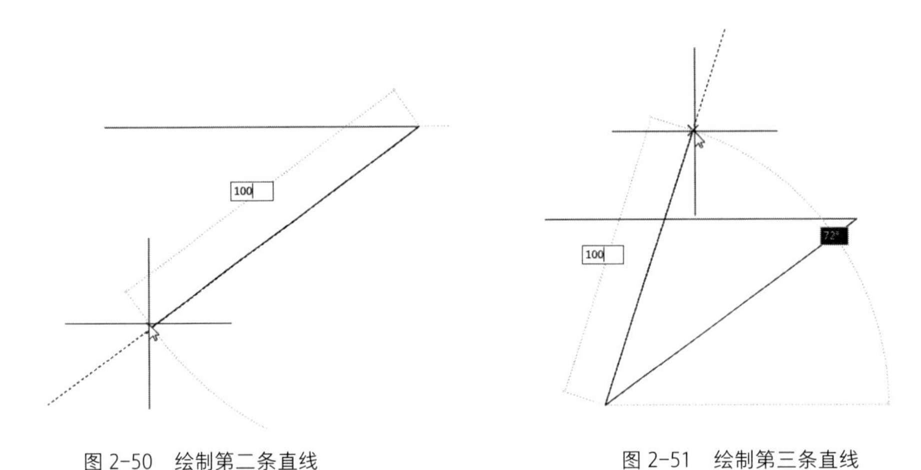

图 2-50　绘制第二条直线　　图 2-51　绘制第三条直线

Step05 向右下方移动光标，捕捉到极轴追踪辅助线时再输入长度 100，按回车键即可绘制第四条直线，如图 2-52 所示。

Step06 捕捉起点再按回车键，即可完成五角星的绘制，如图 2-53 所示。

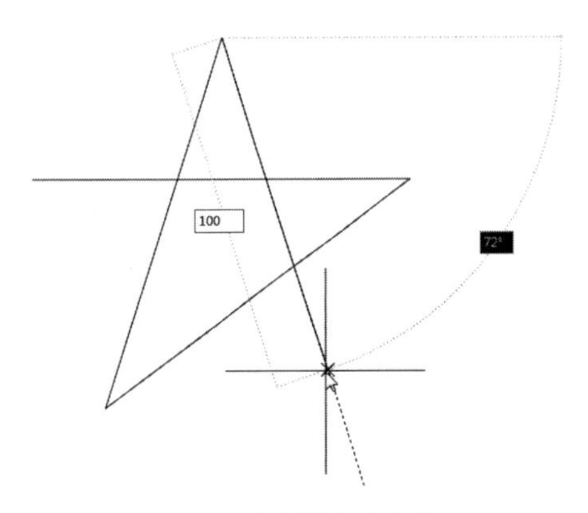

图 2-52　绘制第四条直线

图 2-53　完成绘制

实战演练 2——绘制零件图

本案例将利用对象捕捉功能绘制零件图，具体操作步骤如下。

Step01 执行“绘图设置”命令，打开“草图设置”对话框，切换到“对象捕捉”选项板，勾选“圆心”“象限点”复选框，如图 2-54 所示。

Step02 设置完毕后关闭对话框，并按 F3 键开启对象捕捉功能。执行“圆心，半径”命令⊘，绘制一个半径为 10mm 的圆，如图 2-55 所示。

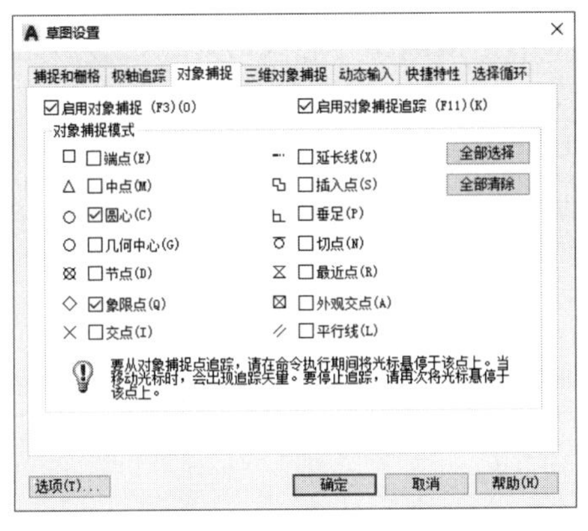

图 2-54　设置捕捉点

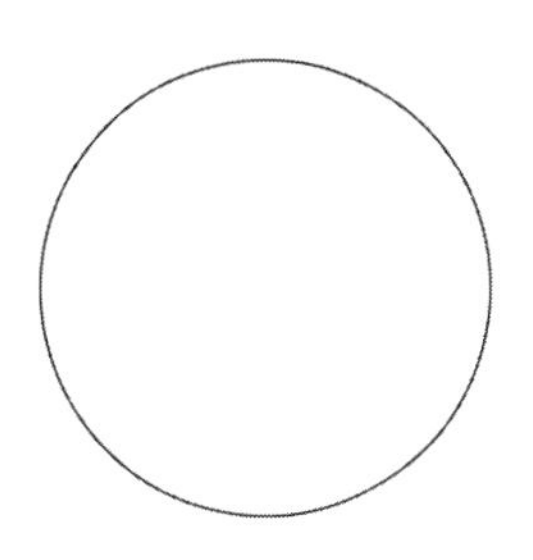
图 2-55　绘制圆

命令行提示如下：

命令：_circle
指定圆的圆心或 ［三点（3P）/两点（2P）/切点、切点、半径（T）］：　　（指定圆心位置）
指定圆的半径或 ［直径（D）］<2.0000>：10　　（输入半径参数，按回车键）

▶Step03 再执行“圆心，半径”命令，捕捉圆心绘制一个半径为 18mm 的同心圆，如图 2-56 所示。

▶Step04 继续执行“圆心，半径”命令，将光标悬停于圆心位置，捕捉到圆心后向右移动光标，并输入距离 64mm，如图 2-57 所示。

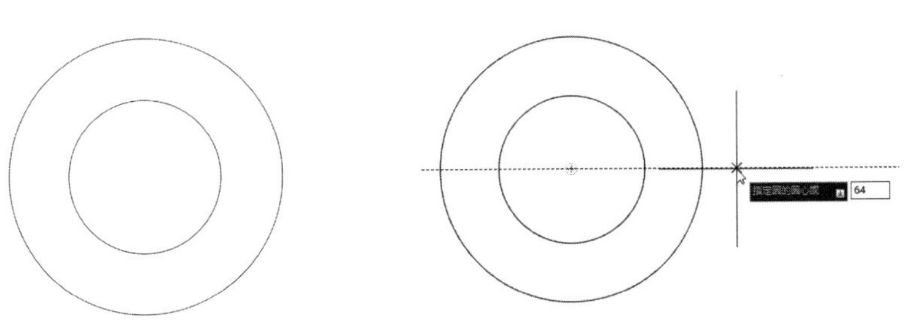

图 2-56　绘制同心圆　　图 2-57　设置圆心位置

▶Step05 按回车键确认即可指定圆心位置，移动光标并输入半径值为 20mm，如图 2-58 所示。

▶Step06 按回车键确认完成第二个同心圆的绘制，如图 2-59 所示。

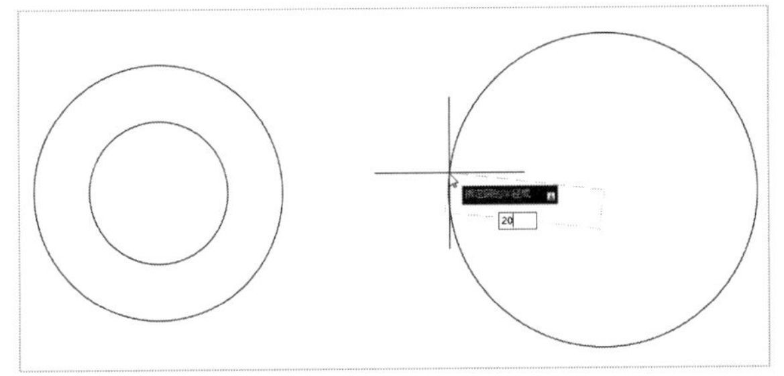

图 2-58　输入半径

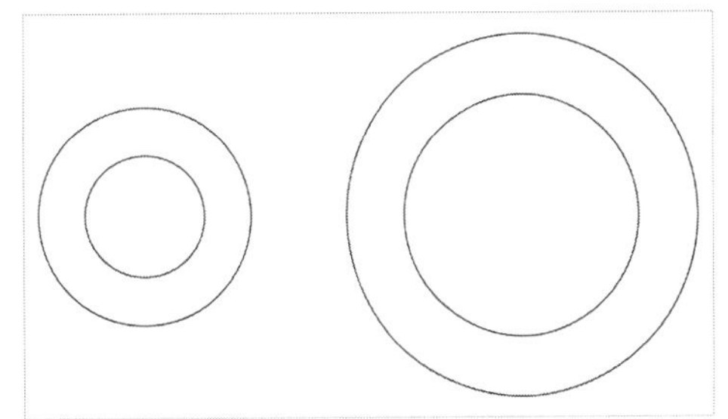

图 2-59　绘制同心圆

▶Step07 再次打开“草图设置”对话框，在“对象捕捉”选项板中勾选“交点”复选框，如图 2-60 所示。

▶Step08 执行“直线”命令，指定左侧圆的象限点作为直线的起点，移动光标沿参考线捕捉到与右侧圆的交点作为直线终点，如图 2-61 所示。

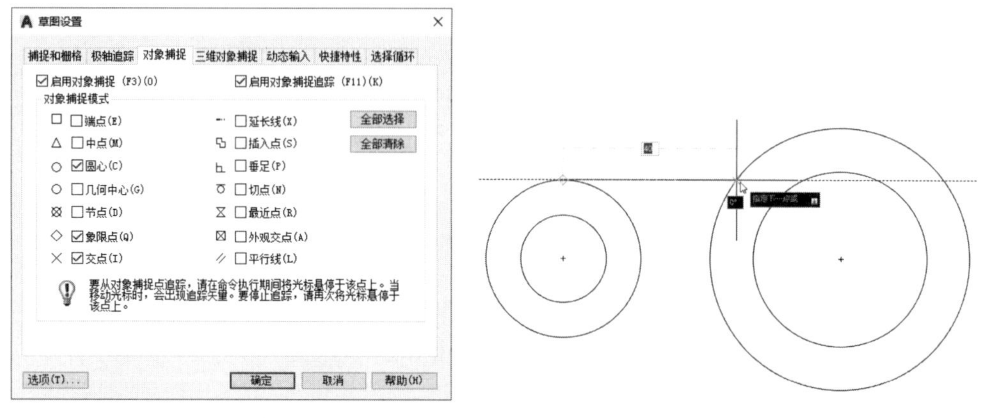

图 2-60　设置“交点”捕捉点　　　图 2-61　指定直线起点和终点

▶Step09 单击鼠标并按回车键即可完成直线的绘制。在下方同样绘制一条直线，如图 2-62 所示。

▶Step10 执行“修剪”命令，选择要剪掉的线段，即完成零件图的绘制，如图 2-63 所示。

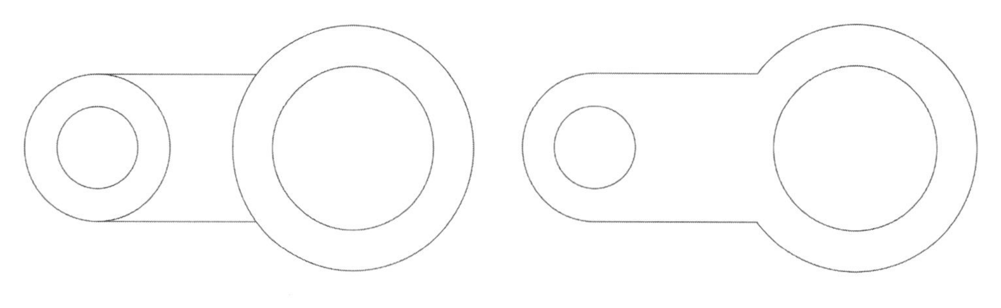

图 2-62　绘制直线　　　图 2-63　修剪图形

课后作业

（1）绘制简单二维图形

利用对象捕捉功能和正交功能绘制如图 2-64 所示的图形。

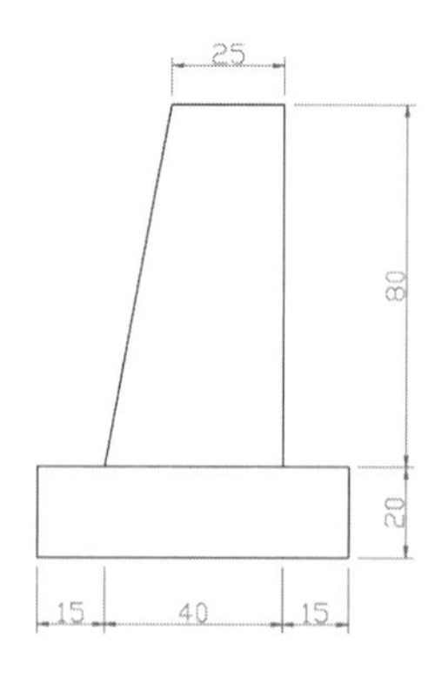

图 2-64　二维图形示意图

操作提示：

Step01：根据标注尺寸绘制矩形。

Step02：开启正交模式，执行“直线”命令，捕捉追踪路径绘制水平和垂直的直线。

Step03：关闭正交模式，执行“直线”命令，捕捉追踪路径绘制倾斜直线。

（注：关于更多绘图命令的使用可查看后续章节的内容）

（2）练习捕捉功能的应用

利用对象捕捉功能和对象捕捉追踪功能绘制如图 2-65 所示的图形。

扫一扫　看视频

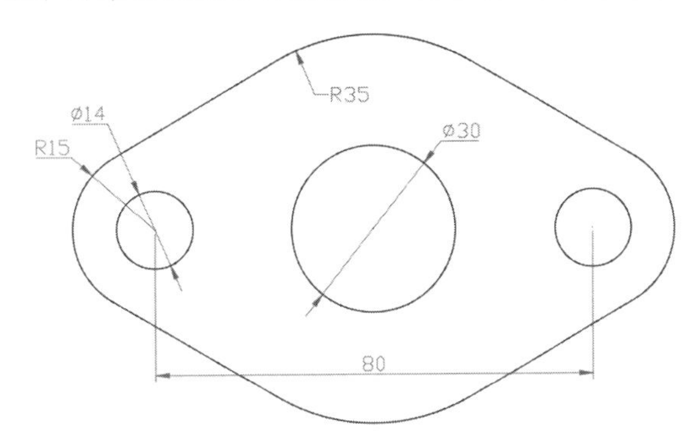

图 2-65　垫片示意图

操作提示：

Step01：执行“圆”命令，按照示意图尺寸绘制 7 个圆形。

Step02：捕捉切点，执行“圆弧”命令，绘制切线。执行“修剪”命令，修剪图形

（注：关于更多绘图命令的使用可查看后续章节的内容）

精选疑难解答

Q1：在选择图形时，无法显示虚线轮廓，该如何操作？

A：遇到该情况，修改系统变量 DRAGMODE 即可。用户可在命令行中输入“DRAGMODE”命令并按空格键，然后按照命令行中的提示进行设置。若系统变量为“ON”时，再选定对象后，只能在命令行中输入“DRAG”后，才能显示对象轮廓；而当系统变量为“OFF”时，在拖动时则不会显示轮廓；当系统变量为“自动”时，则总是显示对象轮廓。

Q2：命令对话框变为命令提示行，怎么办？

A：有时在绘制图形时，应该出现的对话框，却在命令行中显示相关操作，该现象同样和系统变量有关。此时用户在命令行中输入“CMDDIA”命令并按空格键，当系统变量为 1 时，则以对话框显示；若当系统变量为 0 时，则在命令行中显示。

Q3：可以更改窗交选择区域的颜色吗？

A：可以。在“选项”对话框中打开“选择集”选项卡，在“预览”选项组中单击“视觉效果设置”按钮，打开“视觉效果设置”对话框，单击“窗口选择区域颜色”选项框，在弹出的列表中选择颜色即可。

Q4：如何在捕捉功能中巧妙利用 TAB 键？

A：在捕捉一个物体上的点时，只要将鼠标靠近某个或某物体，不断地按 TAB 键，这个

或这些物体的某些特殊点就会轮换显示出来，单击鼠标左键选择点后即可捕捉点。

Q5：捕捉和对象捕捉有什么区别？

A：“捕捉”是针对栅格的，“对象捕捉”是针对图形对象的。“捕捉”是对栅格点或栅格线交点的捕捉。栅格线类似于坐标值，我们可以将点定位到栅格点来直接确定图形的尺寸，但数栅格的格子数，尤其是当数量比较多又不太整的时候，显然不是特别方便，因此现在栅格和栅格捕捉在实际绘图中用得不太多了，大家在绘图时通常直接输入坐标、相对坐标或长度值。

需要注意一点：即使栅格点或栅格线不显示，如果打开捕捉功能同样会起作用。有的用户开启捕捉后，会发现自己在绘图时光标不能连续地移动，一跳一跳地很影响操作。

对象捕捉就是捕捉视图中的图形对象的特征点，使用对象捕捉的前提是当前文件中已经有图形，利用这些图形作为参照物来绘制其他的图形。

第 3 章

图形特性与图层管理

本章概述

AutoCAD 中每个图形对象都有一定的特性，如颜色、线型、线宽及图层等。通过设置颜色和线型可以在视觉上将对象区分开来，使图形易于观察；通过设置图形显示和打印中的线宽可以进一步分析图形中的对象；通过设置图层可以统一区分图形并控制图形的显示等。

本章将对图形特性的设置、图层的操作与管理知识进行详细介绍，通过对本章内容的学习，不仅可以提高学习效率，也可更好地保证图形质量。

学习目标

- 了解图层管理工具的应用
- 了解对象特性的设置
- 掌握图层的基本操作
- 掌握图层的管理操作

实例预览

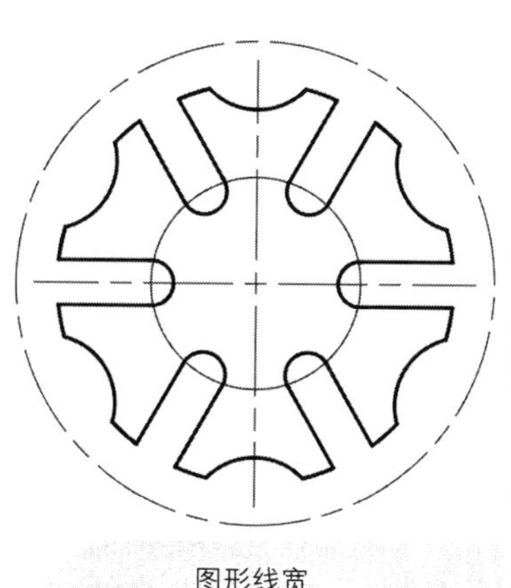
图形线宽

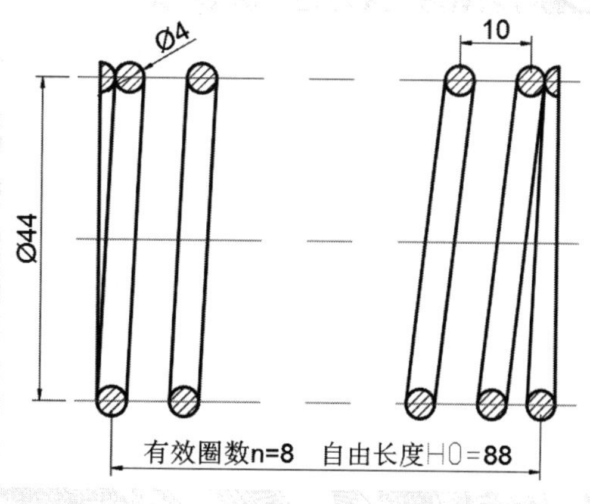

弹簧剖面图

3.1 对象特性

每个图形对象都有自己的特性，有些特性属于公共特性，适用于多数对象，如颜色、线型、线宽等；有些特性则是专用于某一类对象的特性，如圆的特性包括半径和面积，直线的特性则包括长度和角度等。

用户可以通过以下几种方式设置对象特性。

- 在“默认”选项卡的“特性”面板设置对象特性。
- 在“特性”选项板中设置对象特性。
- 在“特性”工具栏中设置对象特性。
- 在“快捷特性”面板中设置对象特性。

3.1.1 “特性”面板和“特性”选项板

对于新创建的图形对象，其特性基本是由“特性”面板中的当前特性所控制，如图 3-1 所示。默认的“特性”面板有三个下拉列表，分别控制对象的颜色、线宽、线型，且当前设置都是“ByLayer”，意思是“随层”，表示当前的对象特性随图层而定，并不单独设置。

图 3-1 “特性”面板

“特性”面板能查看和修改的图形特性比较有限，“特性”选项板则可以查看并修改十分完整的图形属性。选定单个对象，在“特性”选项板中会显示对象的公共特性和专属特性，如图 3-2 所示；如果选定多个不同对象，仅显示所有选定对象的公共特性，如图 3-3 所示；如果未选定对象，“特性”选项板中仅显示常规特性的当前设置，如图 3-4 所示。

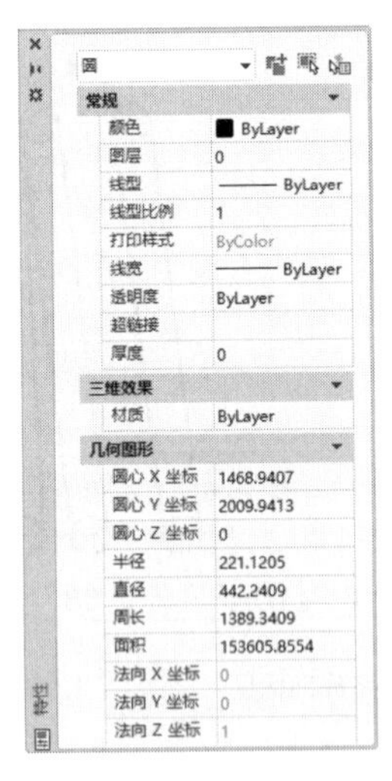

图 3-2 选择单个对象

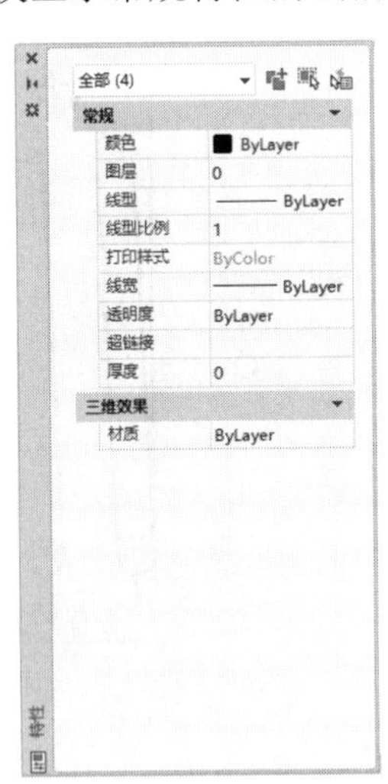

图 3-3 选择多个对象

图 3-4 未选择对象

用户可以通过以下几种方法打开“特性”选项板。

- 从菜单栏执行“修改>特性”命令。
- 在“默认”选项卡的“特性”面板单击“特性”快捷图标↘。
- 选择对象并单击鼠标右键，在弹出的快捷菜单中选择“特性”选项（该方法需要在默认右键快捷菜单的情况下使用）。

- 在命令行中输入 PROPERTIES 命令，然后按回车键。
- 按 Ctrl+1 组合键。

3.1.2 设置颜色

在操作时，用户可以对线段的颜色按需进行设置。在“默认”选项卡的“特性”面板中单击“对象颜色”下拉按钮，在打开的列表中选择所需颜色即可。若在列表中没有满意的颜色，也可选择“选择颜色”选项，打开“选择颜色”对话框，在该对话框中用户可根据需要选择合适的颜色。

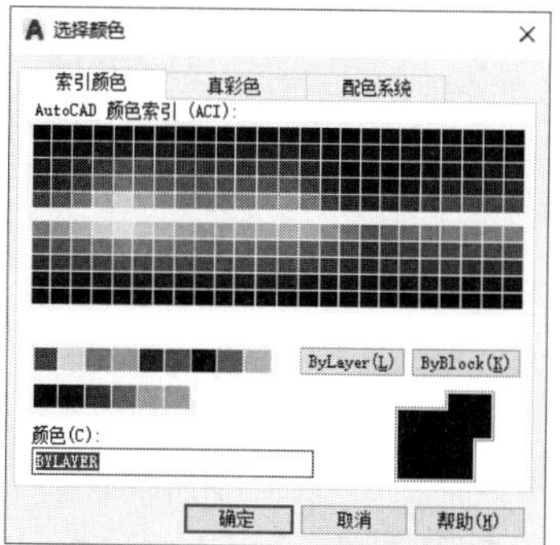

图 3-5　索引颜色

在“选择颜色”对话框中，有 3 种颜色选项卡，下面将分别对其进行介绍。

（1）索引颜色

在 AutoCAD 软件中使用的颜色都为 ACI 标准颜色。每种颜色用 ACI 编号（1～255）进行标识。而标准颜色名称仅适用于 1～7 号颜色，分别为红、黄、绿、青、蓝、洋红、白/黑，如图 3-5 所示。

（2）真彩色

真彩色使用 24 位颜色定义显示 1600 多万种颜色。在选择某色彩时，可以使用 RGB 或 HSL 颜色模式。通过 RGB 颜色模式，可选择颜色的红、绿、蓝组合；通过 HSL 颜色模式，可选择颜色的色调、饱和度和亮度要素，如图 3-6 所示为“HSL”颜色模式，图 3-7 所示为“RGB”颜色模式。

（3）配色系统

AutoCAD 包括多个标准 Pantone 配色系统。用户可以载入其他配色系统，例如 DIC 颜色指南或 RAL 颜色集。载入用户定义的配色系统可以进一步扩充可供使用的颜色选择，如图 3-8 所示。

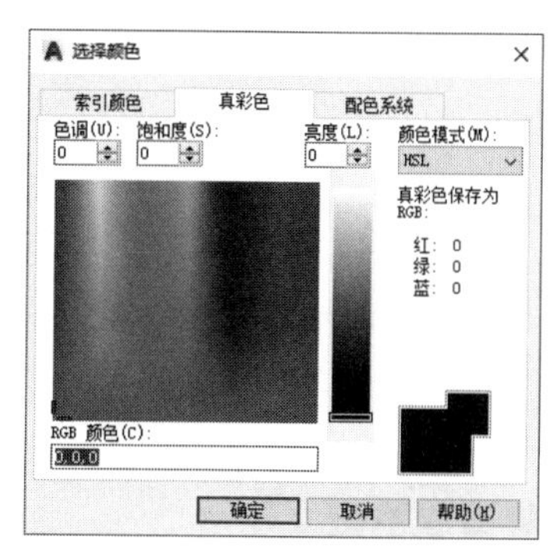

图 3-6　HSL 颜色模式

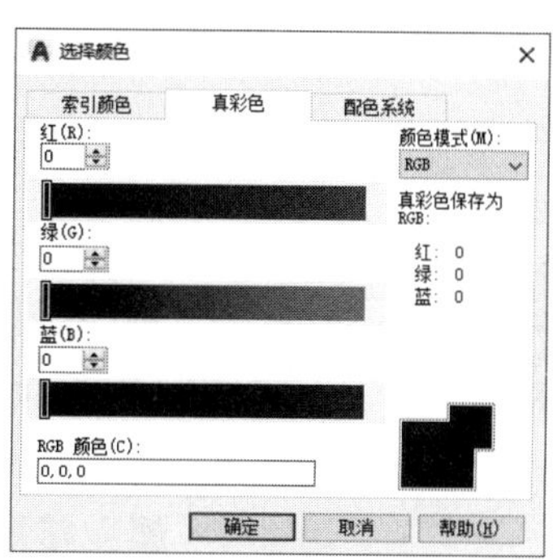

图 3-7　RGB 颜色模式

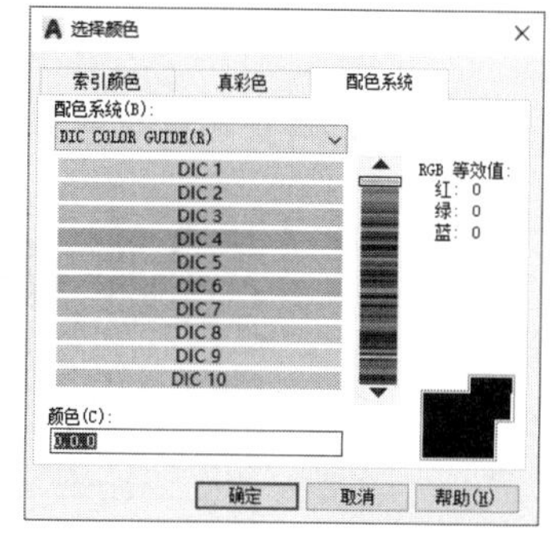

图 3-8　配色系统

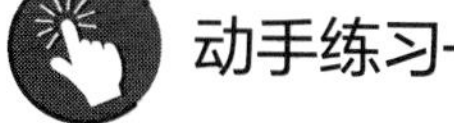

动手练习——设置图形颜色

扫一扫　看视频

下面介绍图形颜色的设置方法，具体操作步骤如下。

Step01 打开“素材/CH03/设置图形颜色.dwg”文件，如图 3-9 所示。

Step02 选择花架上的装饰线条，如图 3-10 所示。

图 3-9　素材图形　　　　图 3-10　选择装饰线条

Step03 在“默认”选项卡的“特性”面板中打开“对象颜色”下拉列表，从中选择 8 号灰色，如图 3-11 所示。

Step04 设置后的效果如图 3-12 所示。

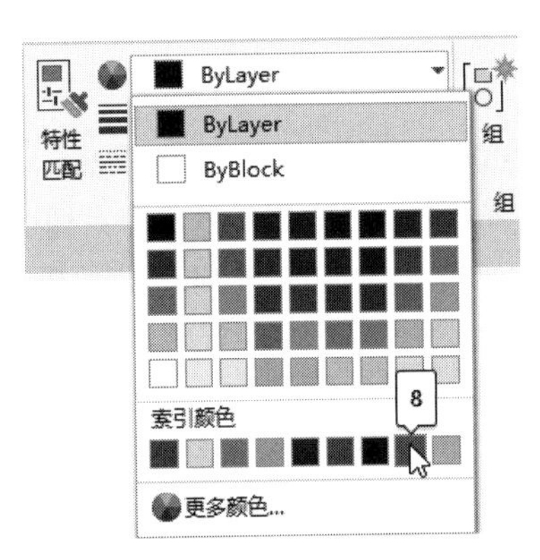

图 3-11　在列表中选择颜色

图 3-12　灰色线条

Step05 再选择植物图形，如图 3-13 所示。

图 3-13　选择植物图形

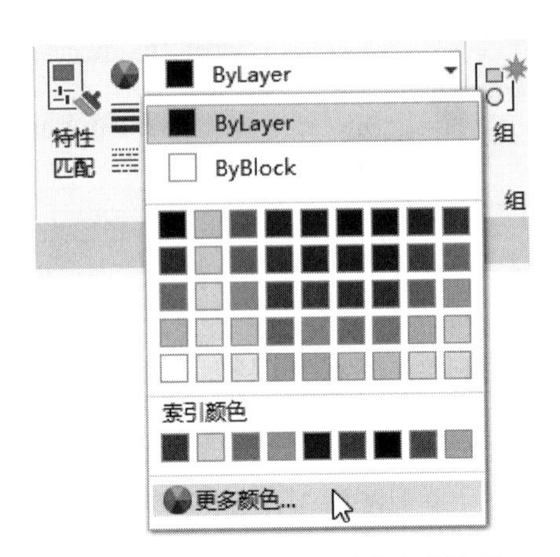

图 3-14　选择“更多颜色”选项

Step06 在“默认”选项卡的“特性”面板中打开“对象颜色”下拉列表，如果列表中没有合适的颜色，可以选择“更多颜色”选项，如图 3-14 所示。

Step07 打开“选择颜色”对话框，从中选择 72 号绿色，如图 3-15 所示。

Step08 设置后的颜色显示效果如图 3-16 所示。

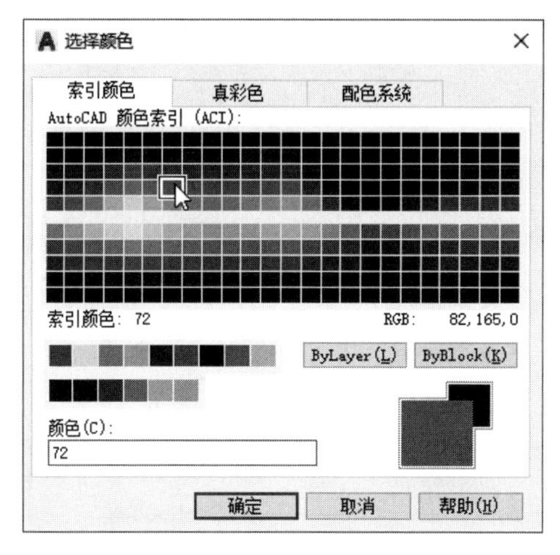

图 3-15 选择 72 号绿色

图 3-16 最终效果

3.1.3 设置线型

施工图是由各种线条组成的，不同线型表示不用对象及不同含义。为了使读图人快速直观地了解设计意图及重点，每一条线的颜色、线宽、线型都要有章有据，按国标及行业标准执行，如图 3-17 所示为一张图纸中不同的线型显示效果。

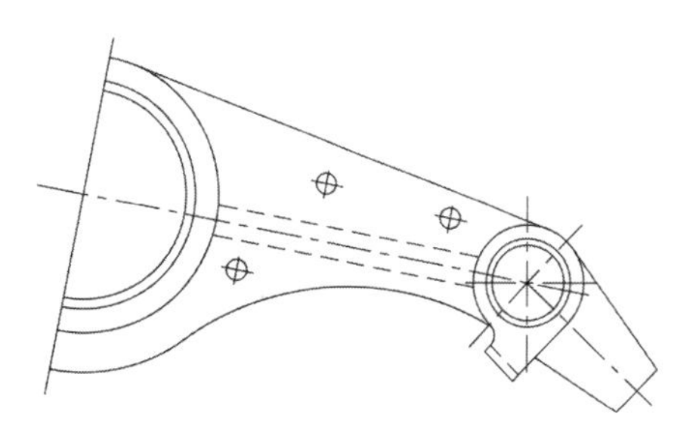

图 3-17 不同的线型效果

在“默认”选项卡的“特性”面板中单击“线型”下拉按钮，在打开的列表中选择线型。若列表中没有合适的线型，也可选择“其他”选项，打开“线型管理器”对话框，在该对话框中会显示当前已加载的所有线型，如图 3-18 所示。单击“加载”按钮，打开“加载或重载线型”对话框，从中选择合适的线型即可，如图 3-19 所示。

图 3-18 “线型管理器”对话框

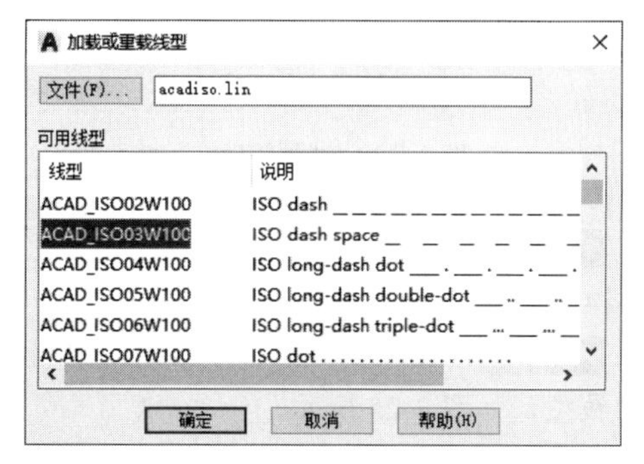

图 3-19 “加载或重载线型”对话框

动手练习——设置图形的线型

扫一扫　看视频

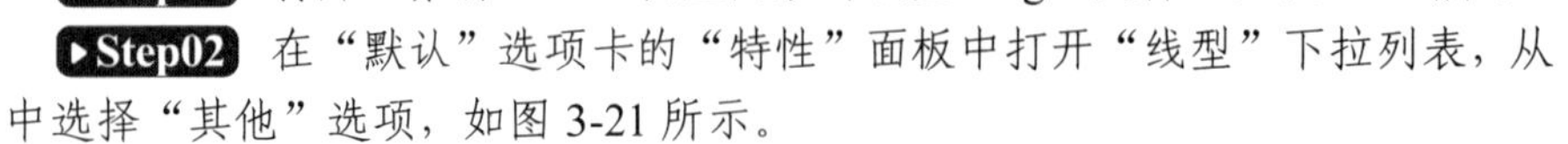

下面介绍图形线型的设置方法，具体操作步骤如下。

Step01 打开“素材/CH03/设置图形的线型.dwg”文件，如图 3-20 所示。

Step02 在“默认”选项卡的“特性”面板中打开“线型”下拉列表，从中选择“其他”选项，如图 3-21 所示。

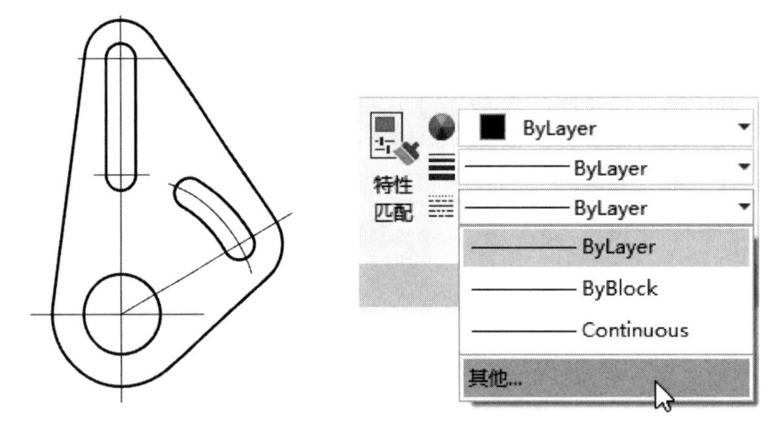

图 3-20　素材图形　　　　图 3-21　选择“其他”选项

Step03 打开“线型管理器”对话框，在该对话框中可以看到当前加载的线型，如图 3-22 所示。

Step04 单击“加载”按钮打开“加载或重载线型”对话框，从“可用线型”列表中选择 CENTER 线型，如图 3-23 所示。

图 3-22　“线型管理器”对话框　　　　图 3-23　选择可用线型

Step05 依次单击“确定”按钮关闭对话框，在绘图区中选择图形中的细线线条，如图 3-24 所示。

Step06 在“默认”选项卡的“特性”面板中打开“线型”下拉列表，从中选择新加载的线型，如图 3-25 所示。

Step07 设置线型后的效果如图 3-26 所示。

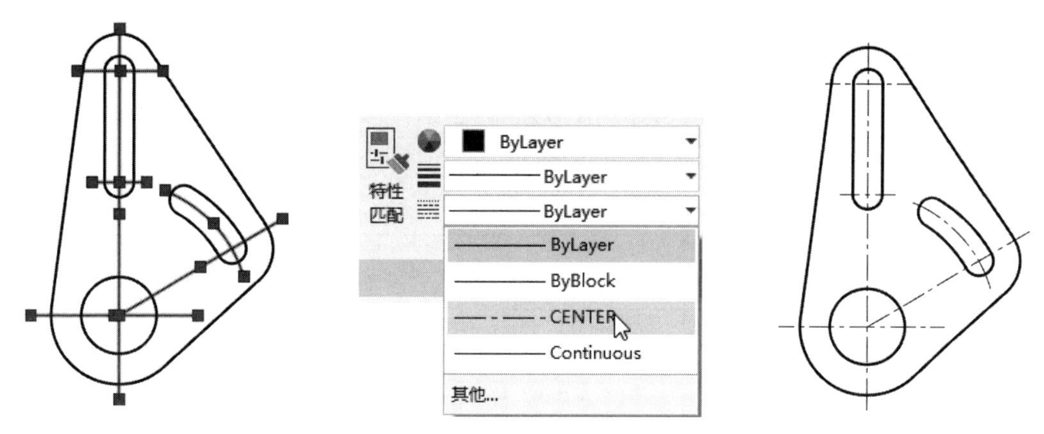

图 3-24　选择图形　　图 3-25　选择线型　　图 3-26　设置线型效果

3.1.4 设置线宽

线宽是指图形在打印时输出的宽度，可以显示在屏幕上并输出到图纸。在制图过程中，使用线宽可以清楚地表达出截面的剖切方式、标高的深度、尺寸线和小标记以及细节上的不同，如图 3-27、图 3-28 所示为隐藏线宽和显示线宽的效果。如果需要在屏幕显示线宽，在状态栏中单击“显示/隐藏线宽”按钮即可。

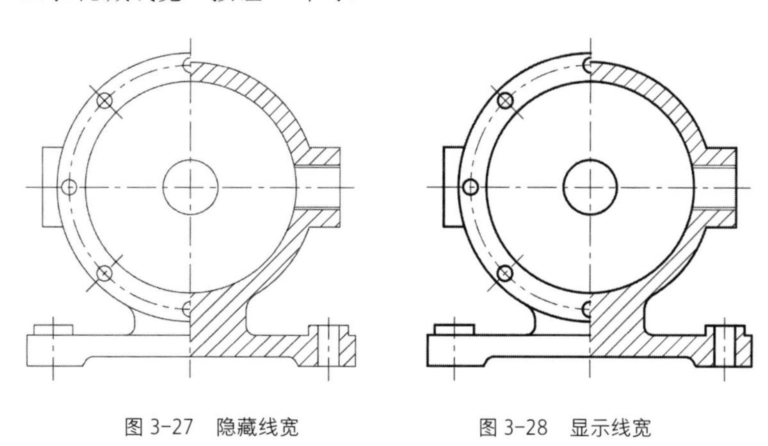

图 3-27　隐藏线宽　　图 3-28　显示线宽

在“默认”选项卡的“特性”面板中单击“线宽”下拉按钮，在打开的列表中选择合适的线宽。若列表中没有合适的宽度，也可选择“线宽设置”选项，打开“线宽设置”对话框，在该对话框中可以选择线宽并设置线宽单位，还可以调整线宽显示比例，如图 3-29 所示。

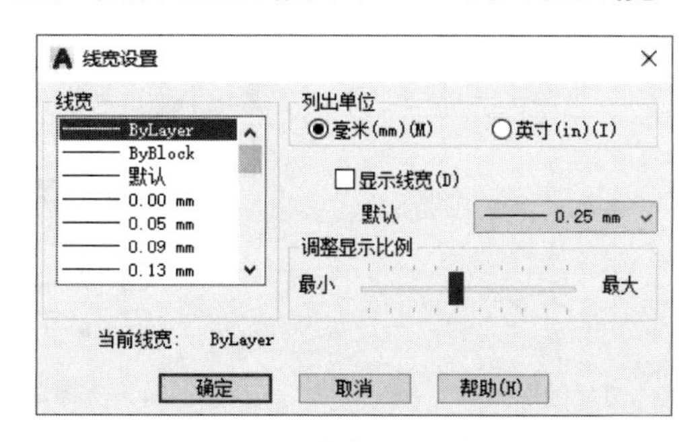

图 3-29 “线宽设置”对话框

技术要点

我们所绘制的图样是由线组成的，为了表达图样中的不同内容，并能够分清主次，需使用不同线型和线宽的图线，如表 3-1 所示。

表 3-1　常用线型

名称	形式	用　途
粗实线	———	图框线，标题栏外框线
细实线	———	尺寸界线、剖面线、重合断面的轮廓线、分界线、辅助线
虚线	-------	不可见轮廓线、不可见过渡线
细点画线	—·—·—	轴线、对称中心线、节线
双折线	—\/—\/—	断裂处的分界线
波浪线	～～～	断裂处的边界线、视图和剖视的分界线

- 相互平行的图线，其间隙不宜小于其中的粗线宽度，且不宜小于 0.7mm。
- 虚线、单点长画线或双点长画线的线段长度和间隔宜各自相等。
- 单点长画线的两端不应是点，应当是线段。点画线与点画线交接或点画线与其他图线交接时，应是线段交接。
- 虚线与虚线交接或虚线与其他图线交接时，应是线段交接。特殊情况下，虚线为实线的延长线时，不得与实线连接。
- 较小图形中绘制单点长画线或双点长画线有困难时，可用实线代替。
- 图线不得与文字、数字或符号重叠、混淆，不可避免时，应首先保证文字等的清晰，断开相应图线。

动手练习——设置图形的线宽

扫一扫　看视频

下面介绍设置图形线宽的方法，具体操作步骤如下。

Step01 打开“素材/CH03/设置图形的线宽.dwg”文件，如图 3-30 所示。

Step02 选择实线图形，如图 3-31 所示。

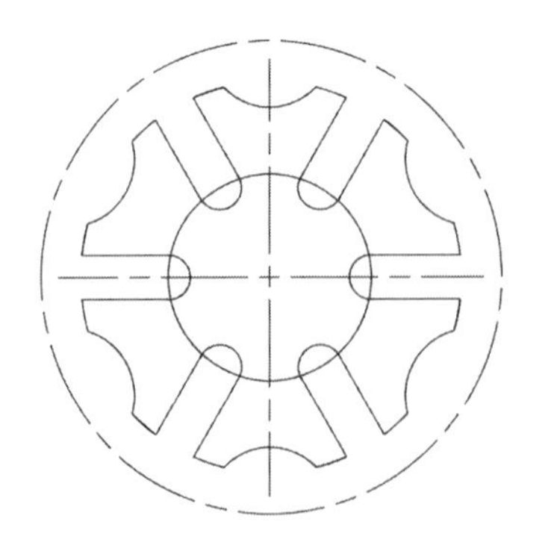

图 3-30　素材图形

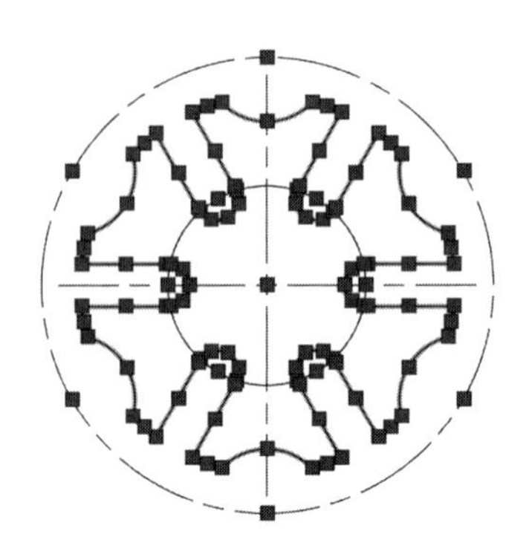

图 3-31　选择实线

Step03 在“默认”选项卡的“特性”面板中打开“线宽”列表，从中选择“0.30 毫米”，如图 3-32 所示。

Step04 设置完毕后，在状态栏单击“显示线宽”按钮，即可看到线宽的显示效果，如图 3-33 所示。

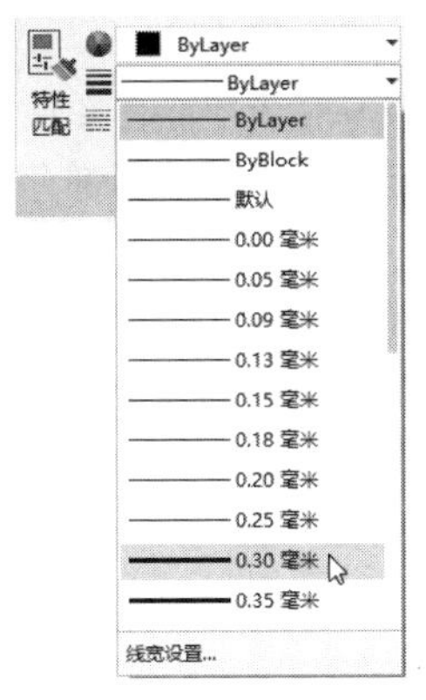

图 3-32　选择线宽

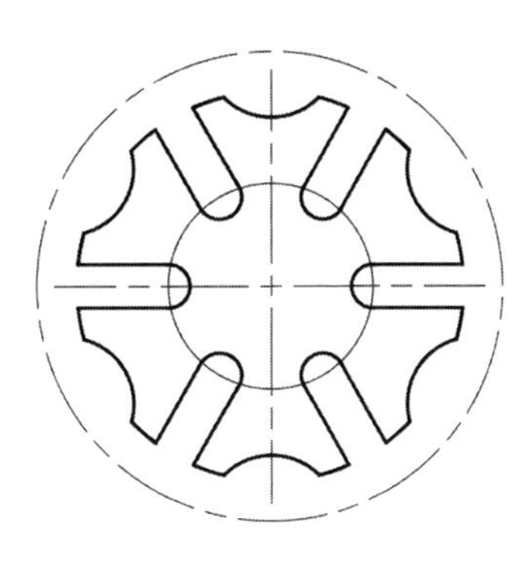

图 3-33　线宽显示效果

3.1.5 特性匹配

“特性匹配”命令是将一个图形对象的某些特性或所有特性复制到其他的图形对象上，是 AutoCAD 中一个非常方便的编辑工具。可以复制的特性包括颜色、图层、线型、线宽、厚度等。

用户可以通过以下几种方式调用“特性匹配”命令。

- 在菜单栏中执行“修改>特性匹配”命令。
- 在“默认”选项卡的“特性”面板中单击“特性匹配”按钮。
- 在命令行输入 MATCHPROP 命令并按 Enter 键。

执行“特性匹配”命令，命令行提示如下：

命令：'_matchprop

选择源对象：

当前活动设置：颜色 图层 线型 线型比例 线宽 透明度 厚度 打印样式 标注 文字 图案填充 多段线 视口 表格材质 多重引线中心对象

选择目标对象或［设置（S）］：

3.2 图层的管理操作

图层主要用于在图形中组织对象信息以及执行对象线型、颜色及其他属性，是 AutoCAD 提供的强大功能之一，利用图层可以方便地对图形进行管理。一个图层相当于一张透明纸，先在其上绘制有特定属性的图形，然后将若干图层一张一张重叠起来，构成最终的图形。

3.2.1 认识图层

图层在图形设计和绘制中具有很大的用处，如在地形图中可将道路、水系、植被等放在不同的图层上。

将不同类型的对象放在不同的图层上，可以很方便地控制以下几个方面的属性。

• 图层上的对象是否在任何视口中都可见。

• 是否打印对象以及如何打印对象。

• 为图层上对象设置何种颜色、线型和线宽。

• 图层上的对象是否可以修改。

• 在绘制图形的过程中，总是存在一个当前图层，默认情况下当前图层是 0 图层。通过图层管理器可以切换当前图层，当前绘制的图形对象在未指定图层的情况下都存放在当前图层中。

（1）图层特性管理器

用户在绘制复杂图形时，若都在一个图层上绘制的话，显然很不合理，也容易出错。这时就需要使用图层功能。该功能可以利用各个图层，在每个图层上绘制图形的不同部分，然后再将各图层相互叠加，这样就会显示整体图形的效果。

如果用户需要对图形的某一部分进行修改编辑，选择相应的图层即可。当然在单独对某一图层中的图形进行修改时，不会影响到其他图层中图形的效果。在 AutoCAD 中，一般通过“图层特性管理器”选项板来控制图层，如图 3-34 所示。

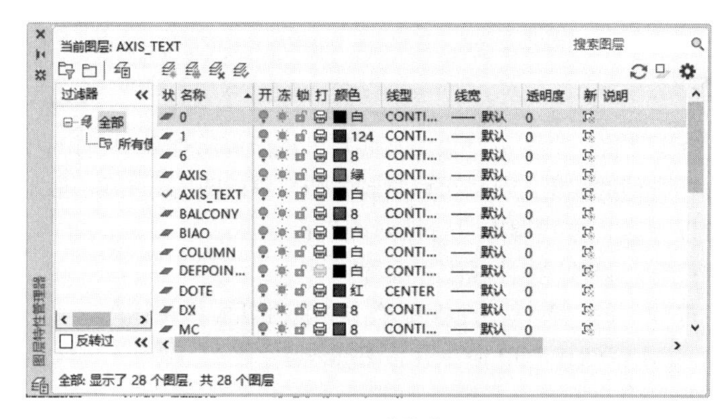

图 3-34　图层特性管理器

用户可以通过以下几种方式打开“图层特性管理器”选项板。

• 从菜单栏执行“格式>图层”命令。

• 在“默认”选项卡的“图层”面板中单击“图层特性”按钮。

• 在“视图”选项卡的“图层”面板中单击“图层特性”按钮。

• 在“图层”工具栏中单击“图层特性管理器”按钮。

• 在命令行中输入 LAYER 命令，然后按回车键。

（2）图层的特性

每个图层都有各自的特性，通常是由当前图层的默认设置决定的。在操作时，用户可对各图层的特性进行单独设置，包括“名称”“打开/关闭”“锁定/解锁”“颜色”“线型”“线宽”等。

技术要点

在默认情况下，系统只有一个 0 层，而在 0 层上是不可以绘制任何图形的，该图层主要是用来定义图块的。定义图块时，先将所有图层均设为 0 层，然后再定义块，这样在插入图块时，当前图层是哪个层，其图块则属于哪个层。

3.2.2 新建图层

图层可以单独设置颜色、线型和线宽。在绘制图形的时候根据需要会使用到不同的颜色和线型等，这就需要新建不同特性的图层来进行控制。新图层将会继承当前图层的特性，包括颜色、线型、线宽以及图层状态等。用户可以通过以下几种方法新建图层。

- 在“图形特性管理器”选项卡中单击“新建图层”按钮。
- 在“图形特性管理器”选项卡中单击鼠标右键，在弹出的快捷菜单中选择“新建图层”命令。
- 在“图形特性管理器”选项卡中选择已有图层，然后按回车键。
- 按 Alt+N 组合键。

扫一扫　看视频

动手练习——创建“轴线”图层

下面介绍图层的创建方法，具体操作步骤如下。

Step01 在“默认”选项卡的“图层”面板中单击“图层特性”按钮，打开“图层特性管理器”选项板，如图 3-35 所示。

Step02 在选项板中单击“新建图层”按钮，创建“图层 1”图层，且图层名称处于可编辑状态，如图 3-36 所示。

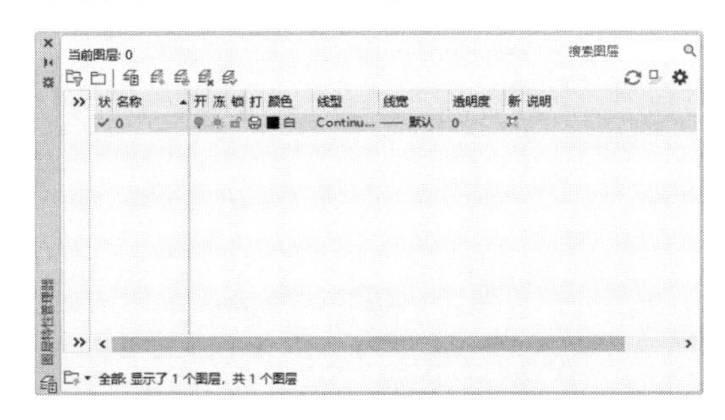

图 3-35　打开“图层特性管理器”选项板

图 3-36　新建图层

Step03 输入新的图层名“轴线”，按回车键确认，如图 3-37 所示。

Step04 在选项板中单击“轴线”图层的“颜色”设置按钮，打开“选择颜色”对话框，从中选择红色，选择完关闭对话框，如图 3-38 所示。

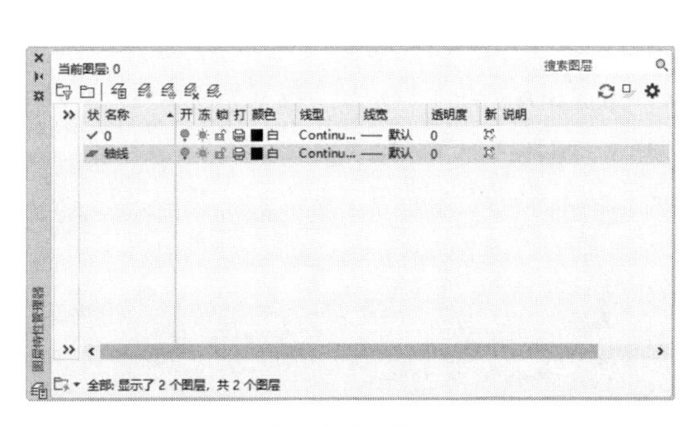

图 3-37　输入图层名

图 3-38　选择颜色

▶Step05 单击“线型”设置按钮，打开“选择线型”对话框，目前已加载的线型只有默认线型，如图 3-39 所示。

▶Step06 单击“加载”按钮打开“加载或重载线型”对话框，在“可用线型”列表中选择 CENTER 线型，如图 3-40 所示。

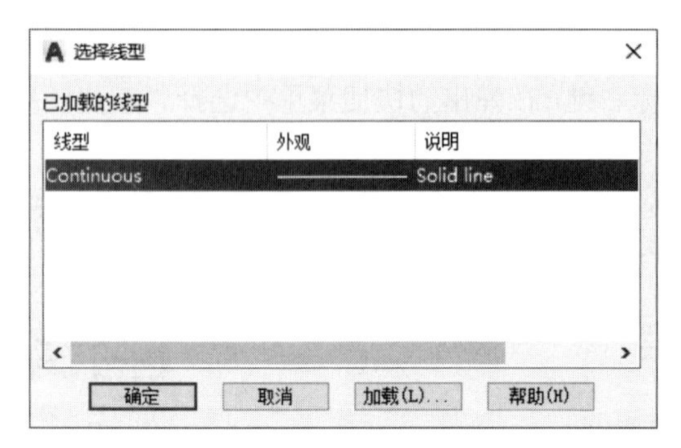

图 3-39 “选择线型”对话框

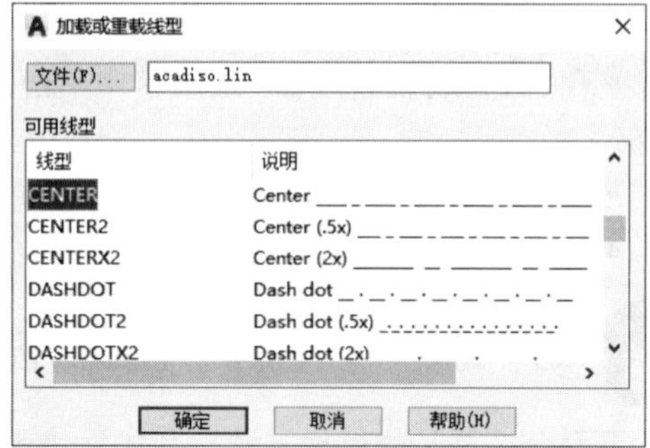

图 3-40 加载线型

▶Step07 关闭对话框，在“选择线型”对话框中再选择该线型，如图 3-41 所示。

▶Step08 观察新创建的“轴线”图层，如图 3-42 所示。

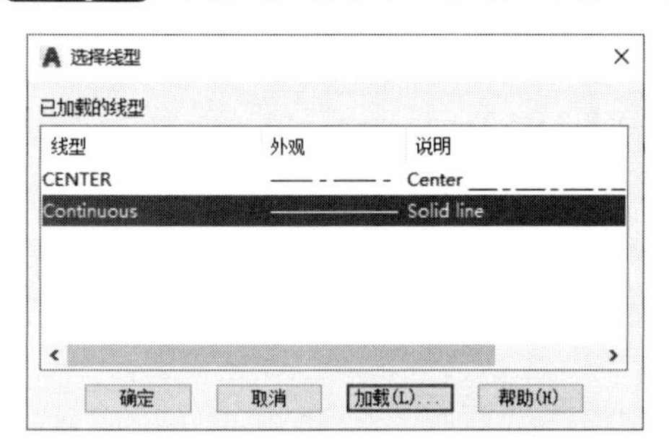

图 3-41 选择已加载线型

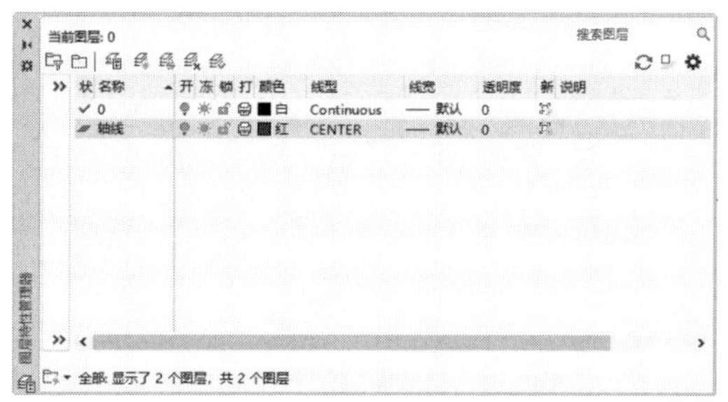

图 3-42 “轴线”图层

动手练习——创建“轮廓线”图层

扫一扫 看视频

下面介绍图层的创建方法，具体操作步骤如下。

▶Step01 在“默认”选项卡的“图层”面板中单击“图层特性”按钮，打开“图层特性管理器”选项板，如图 3-43 所示。

▶Step02 在选项板中单击“新建图层”按钮，创建“图层 1”图层，且图层名称处于可编辑状态，如图 3-44 所示。

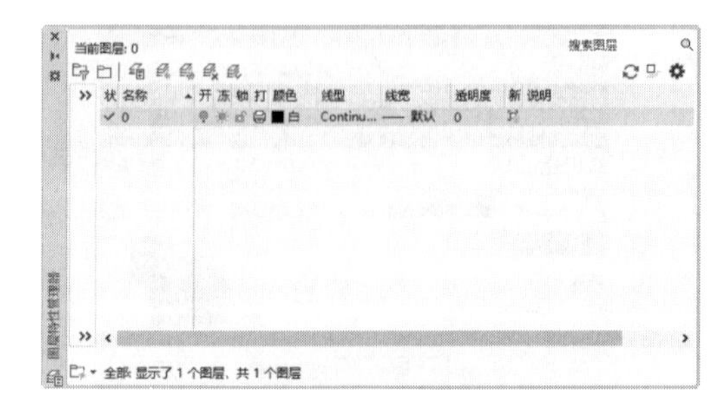

图 3-43 打开“图层特性管理器”选项板

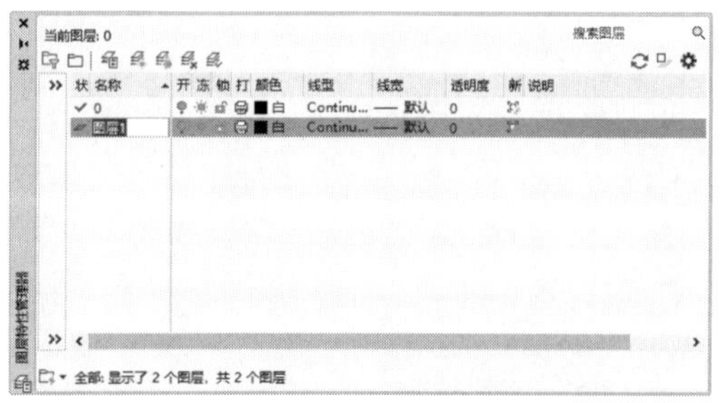

图 3-44 新建图层

▶Step03 输入新的图层名“轮廓线”，按回车键确认，如图 3-45 所示。

▶Step04 在选项板中单击“轮廓线”图层的“线宽”设置按钮，打开“线宽”对话框，从中选择 0.30mm，选择完关闭对话框，如图 3-46 所示。

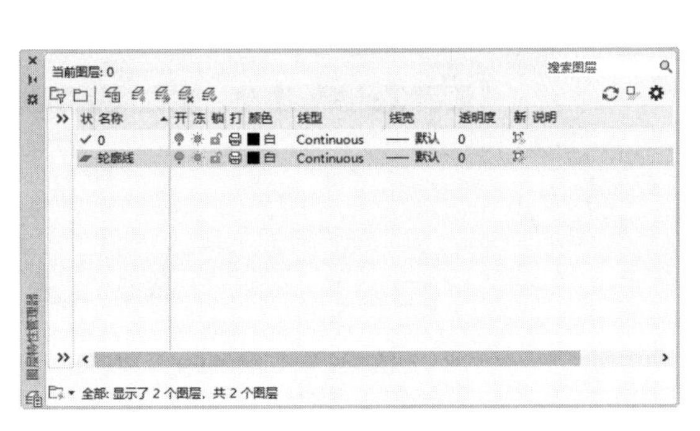

图 3-45　输入图层名

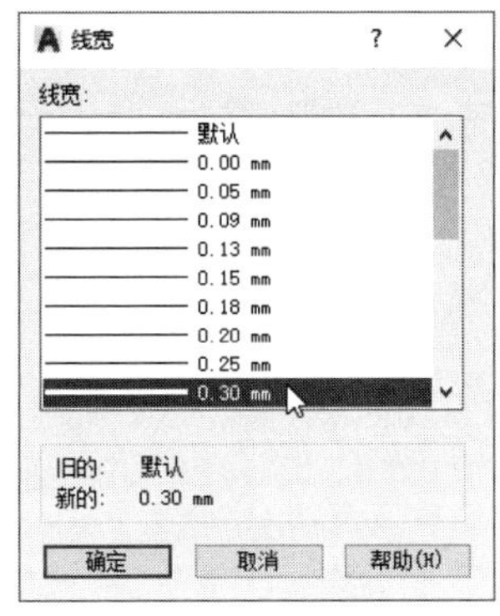

图 3-46　选择线宽

▶Step05 返回“图层特性管理器”选项板，即可看到新创建的“轮廓线”图层，如图 3-47 所示。

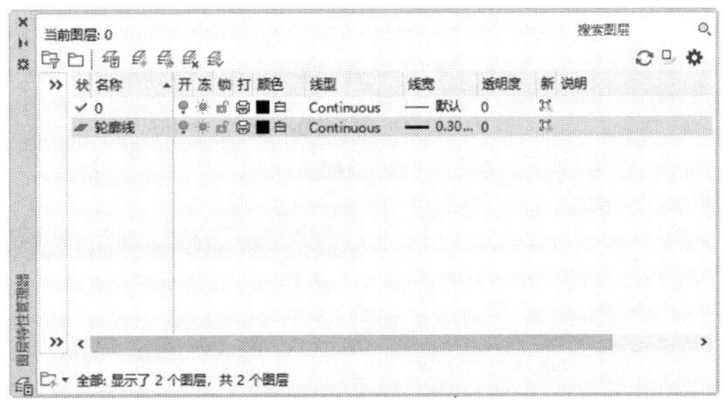

图 3-47　“轮廓线”图层

动手练习——创建“虚线”图层

扫一扫　看视频

下面介绍图层的创建方法，具体操作步骤如下。

▶Step01 在“默认”选项卡的“图层”面板中单击“图层特性”按钮，打开“图层特性管理器”选项板，如图 3-48 所示。

▶Step02 在选项板中单击“新建图层”按钮，创建“图层 1”图层，且图层名称处于可编辑状态，如图 3-49 所示。

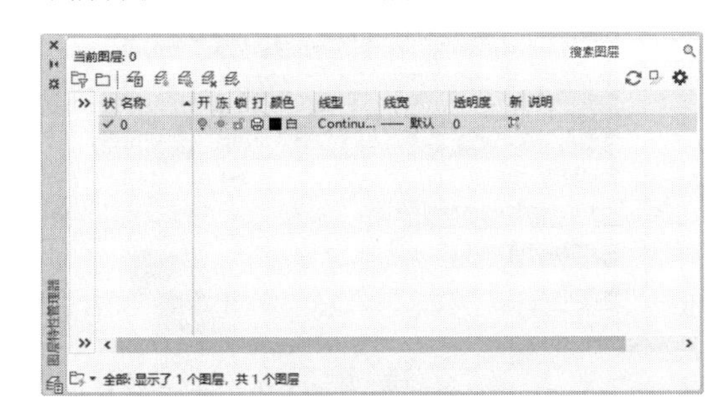

图 3-48　打开“图层特性管理器”选项板

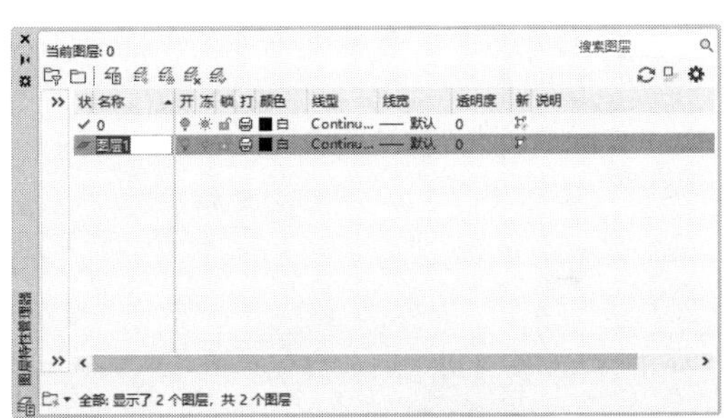

图 3-49　新建图层

▶Step03 输入新的图层名“虚线”，按回车键确认，如图 3-50 所示。

▶Step04 在选项板中单击“虚线”图层的“线型”设置按钮，打开“选择线型”对话框，如图 3-51 所示。

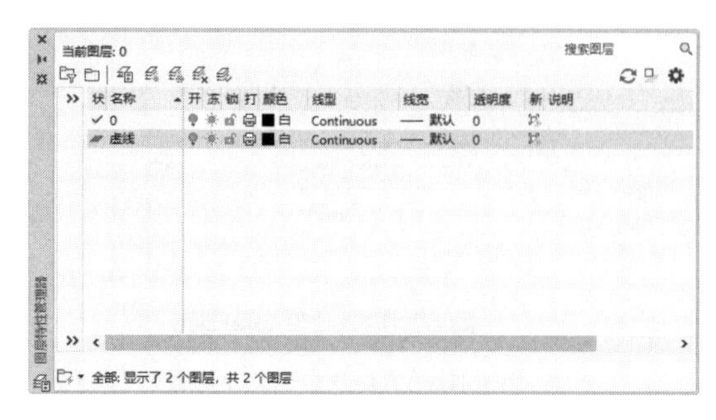

图 3-50 输入图层名

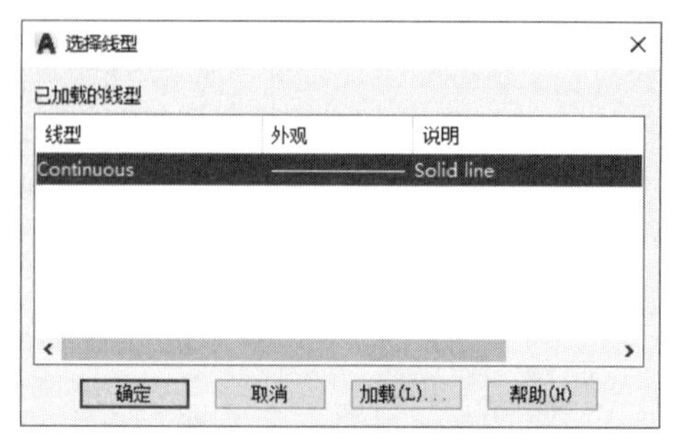

图 3-51 “选择线型”对话框

▶Step05 单击“加载”按钮，打开“加载或重载线型”对话框，从中选择 DASHED 线型，如图 3-52 所示。

▶Step06 单击“确定”按钮关闭对话框，返回“选择线型”对话框，从列表中选择新加载的线型，如图 3-53 所示。

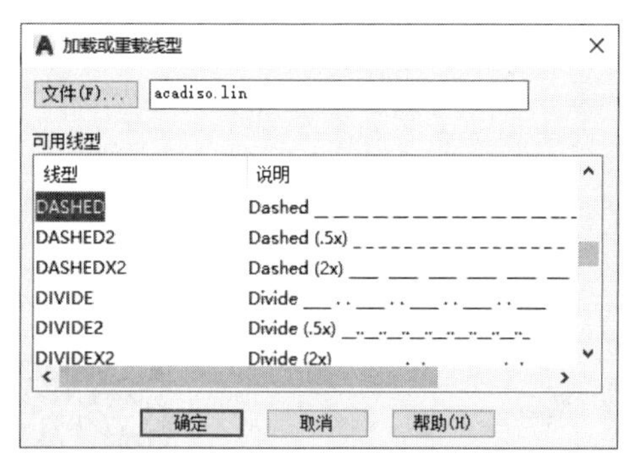

图 3-52 加载线型

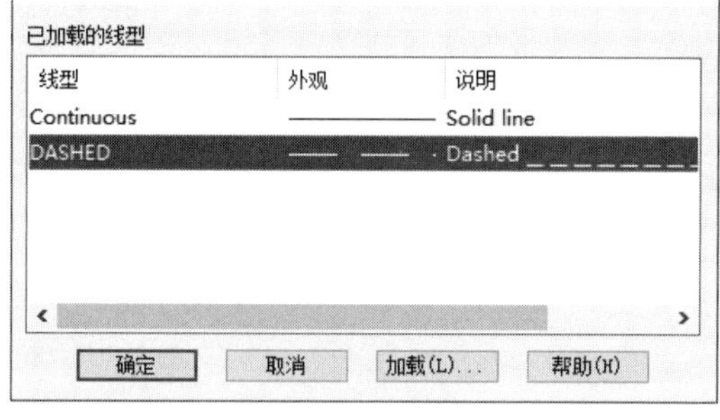

图 3-53 选择线型

▶Step07 单击“确定”按钮关闭对话框，完成“虚线”图层线型的设置，如图 3-54 所示。

▶Step08 再单击“颜色”设置按钮，打开“选择颜色”对话框，选择 8 号灰色，如图 3-55 所示。

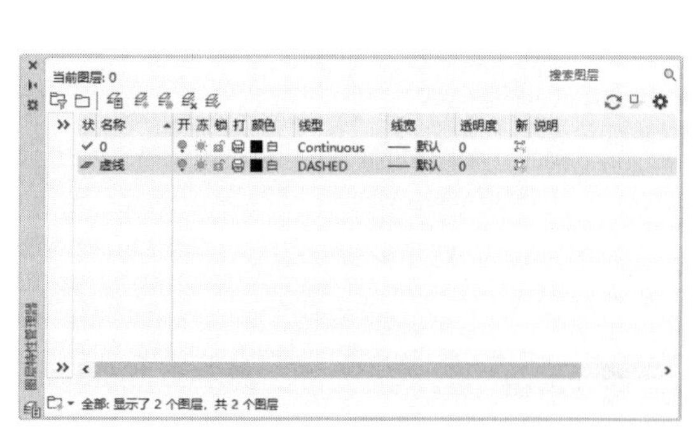

图 3-54 设置线型

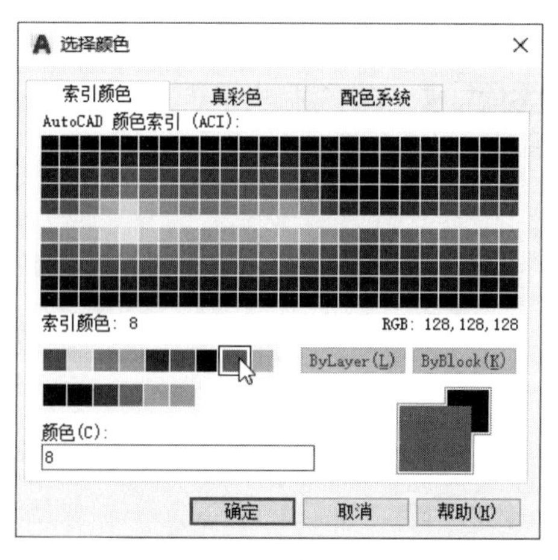

图 3-55 选择颜色

Step09 单击“确定”按钮关闭对话框，完成“虚线”图层的创建，如图 3-56 所示。

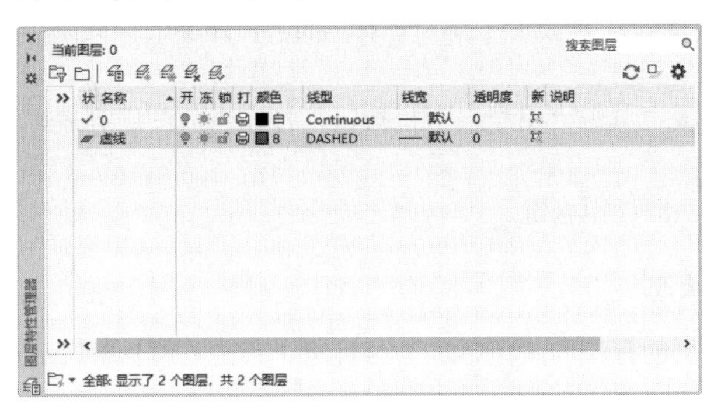

图 3-56　完成操作

3.2.3　删除图层

绘制图形时，将不需要的图层删除，便于对有用的图层进行管理。用户可以通过以下几种方法删除图层。

- 在“图形特性管理器”选项卡中单击“删除图层”按钮。
- 在“图形特性管理器”选项卡中单击鼠标右键，在弹出的快捷菜单中选择“删除图层”命令。
- 选中图层，按 Delete 删除。
- 按 Alt+D 组合键。

注意事项

删除选定图层只能删除未被参照的图层，而被参照的图层则不能被删除，包括图层 0、包含对象的图层、当前图层以及依赖外部参照的图层，还有一些局部打开图形中的图层也被视为已参照不能删除。当用户删除被参照图层时，系统会弹出提示，如图 3-57 所示。

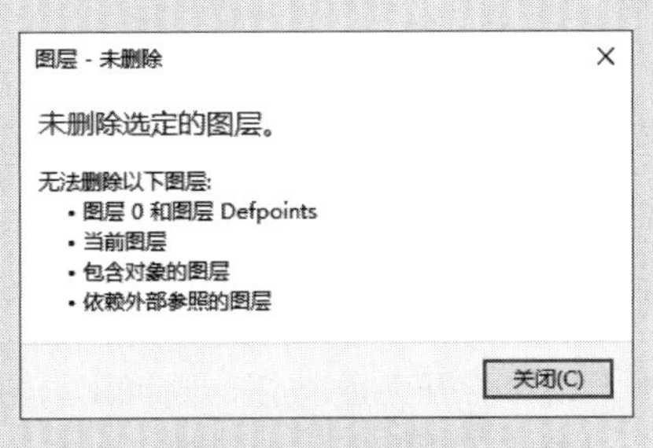

图 3-57　未删除提示

3.2.4　置为当前

当前层是指正在使用的图层，用户绘制图形的对象将存在于当前层中。默认情况下，在“特性”面板中会显示当前层的状态信息。用户可以通过以下几种方法设置当前层。

- 在“图形特性管理器”选项卡中选择需要设为当前层的图层，再单击“置为当前”按钮。

● 在“图形特性管理器”选项卡中双击需要设为当前层的图层。

● 在“图形特性管理器”选项卡中单击鼠标右键，在弹出的快捷菜单中选择“置为当前”选项。

● 在“图层”面板中单击“图层”下拉按钮，打开当前图层列表，从中选择要设为当前的图层即可。

● 选择图层，按 Alt+C 组合键。

3.2.5 控制图层状态

图层状态包括图层的打开与关闭、冻结与解冻、锁定与解锁等，都是通过“图层样式管理器”选项板来完成。

（1）打开/关闭图层

编辑图形时，由于图层比较多，选择也要浪费一些时间，这种情况下，用户可以隐藏不需要的部分，从而显示需要使用的图层。当图层关闭后，该图层上的图形对象不再显示在屏幕上，也不能被编辑和打印输出，打开图层后又将恢复到用户所设置的图层状态。

在执行选择和隐藏操作时，需要把图形以不同的图层区分开。当按钮变成图标时，图层处于关闭状态，该图层的图形将被隐藏；当图标按钮变成，图层处于打开状态，该图层的图形则显示。如图 3-58 所示，部分图层是关闭状态，其他的则是打开状态。

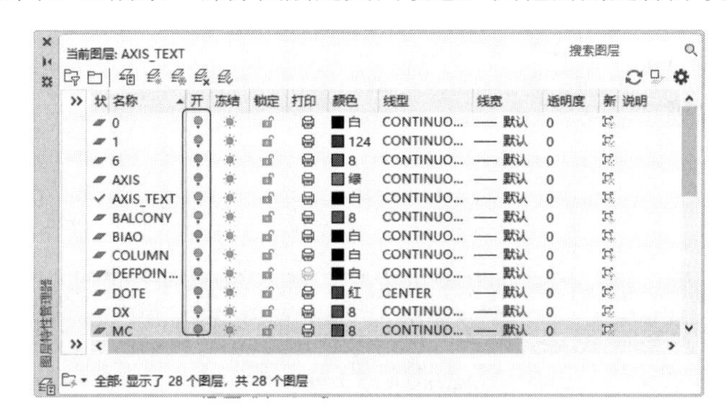

图 3-58 关闭图层

用户可以通过以下方式打开/关闭图层。

● 在“图形特性管理器”选项板中单击图层按钮。

● 从菜单栏执行“格式>图层工具>图层关闭”命令。

● 在“图层”面板中单击下拉按钮，然后单击开关图层按钮。

● 在“默认”选项卡的“图层”面板中单击“关”按钮，根据命令行的提示，选择一个实体对象，即可隐藏图层；单击“打开”按钮，则可显示图层。

关闭图层后，该图层中的对象将不再显示，但仍然可以在该图层上绘制新的图形对象，而新绘制的图形也是不可见的。另外通过鼠标框选无法选中被关闭图层中的对象。

技术要点

被关闭图层中的对象是可以编辑修改的。例如执行删除、镜像等命令，选择对象时输入 All 或者按 Ctrl+A 键，那么被关闭图层中的对象也会被选中，并被删除或镜像。

（2）冻结/解冻图层

冻结图层和关闭图层都可以使对象不显示，只是冻结图层后不会遮盖其他对象。在绘制大型图形时，冻结不需要的图层可以加快显示和重生成的操作速度。冻结的范围很广，不仅可以冻结模型窗口的任意对象，还可以冻结各个布局视口中的图层。当按钮变成❄图标时，图层处于冻结状态，该图层的图形将被隐藏，当图标按钮变成☀，图层处于解冻状态。如图3-59所示部分图层是冻结状态，其他的则是解冻状态。

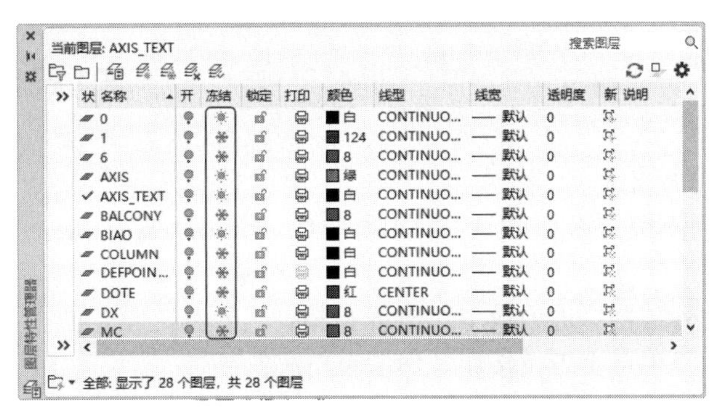

图 3-59　冻结图层

用户可以通过以下几种方法冻结图层。

- 在图层特性管理器单击“图层冻结”按钮☀。
- 从菜单栏执行“格式>图层工具>图层冻结”命令。
- 在“默认”选项卡的“图层”面板中单击“冻结”按钮，即可将图层冻结；单击“解冻”按钮即可将图层解冻。

技术要点

冻结图层与关闭图层的区别在于：冻结图层可以减少系统重生成图形的计算时间。若用户的电脑性能较好，且所绘图形较为简单，一般不会感觉到图层冻结后的优越性。

（3）锁定/解锁图层

锁定图层时，图层上的图形对象可见、可打印，也可增加新的实体，但是不可编辑。当图标变成🔓时，表示图层处于解锁状态；当图标变为🔒时，表示图层已被锁定。锁定相应图层后，用户不可以修改位于该图层上的图形对象。

用户可以通过以下方式锁定和解锁图层。

- 在“图形特性管理器”选项板中单击🔓按钮。
- 在“图层”面板中单击下拉按钮，然后单击🔓按钮。
- 从菜单栏执行“格式>图层工具>图层锁定”命令。
- 在“默认”选项卡的图层面板中单击“锁定”按钮，根据提示选择一个实体对象，即可锁定图层；单击“解锁”按钮，则可解锁图层。

如图3-60所示部分图层处于锁定状态，其他则是解锁状态。

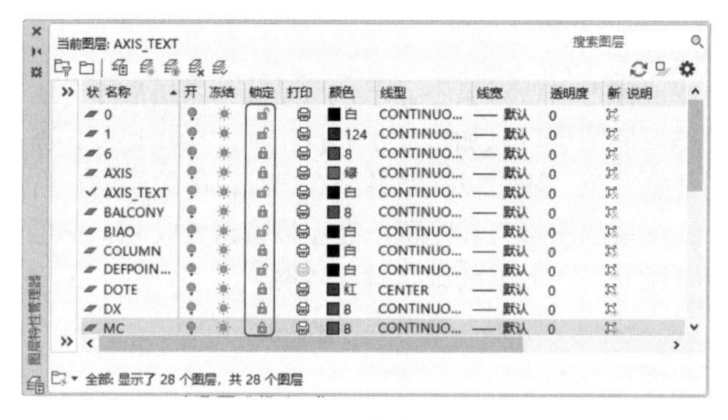

图 3-60　锁定图层

（4）隔离/取消隔离图层

隔离图层是指除隔离图层之外的所有图层关闭，只显示隔离图层上的对象。用户可以通过以下方式隔离图层。

- 在“图形特性管理器”选项板中单击按钮。
- 在“图层”面板中单击下拉按钮，然后单击按钮。
- 从菜单栏执行“格式>图层工具>图层隔离”命令。
- 在“默认”选项卡的“图层”面板中单击“隔离”按钮，选择要隔离的图层上的对象并按回车键，图层就会被隔离出来，未被隔离的图层将会被隐藏，不可以进行编辑和修改。单击“取消隔离”按钮，图层将被取消隔离。

动手练习——合并图层

扫一扫　看视频

下面将“沙发”图层的图形合并到“家具”图层中，具体操作步骤如下。

Step01 打开“素材/CH03/合并图层.dwg”文件，再打开“图层特性管理器”选项板，观察图层列表，如图3-61、图3-62所示。

图 3-61　打开素材

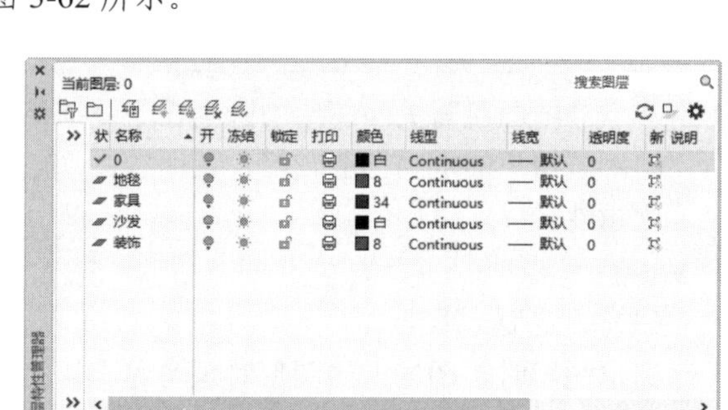

图 3-62　图层列表

Step02 选择“沙发”图层并单击鼠标右键，在弹出的快捷菜单中选择“将选定图层合并到”选项，如图3-63所示。

Step03 打开“合并到图层”对话框，从“目标图层”列表中选择“家具”图层，如图3-64所示。

Step04 再单击“确定”按钮，系统会弹出“合并到图层”对话框，单击“是”按钮，如图3-65所示。

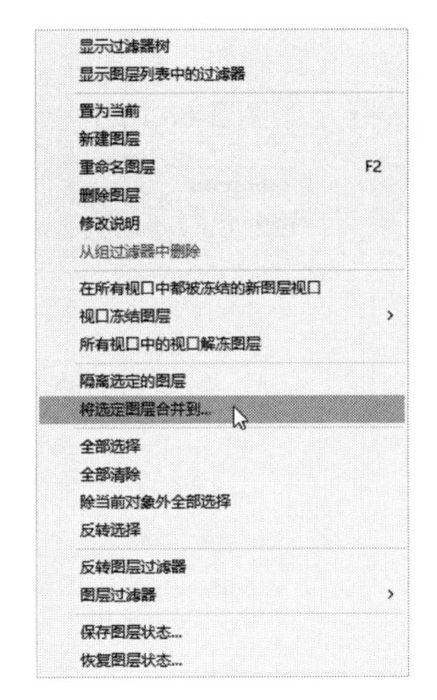

图 3-63 选择“将选定图层合并到”命令

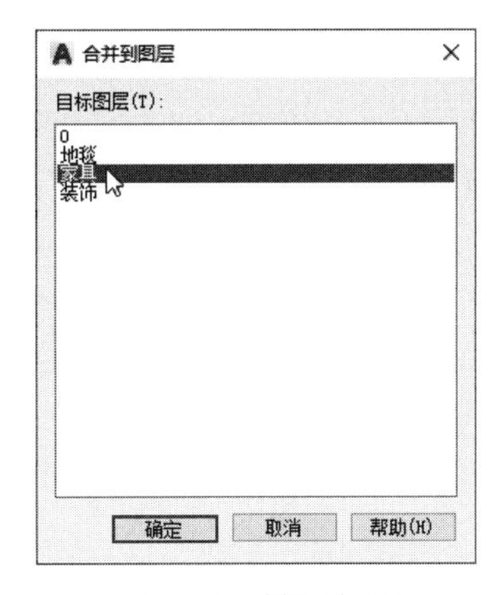

图 3-64 选择目标图层

Step05 此时在“图层特性管理器”选项板中可以看到，图层列表中“沙发”图层不见了，如图 3-66 所示。

图 3-65 “是否合并到图层”提示

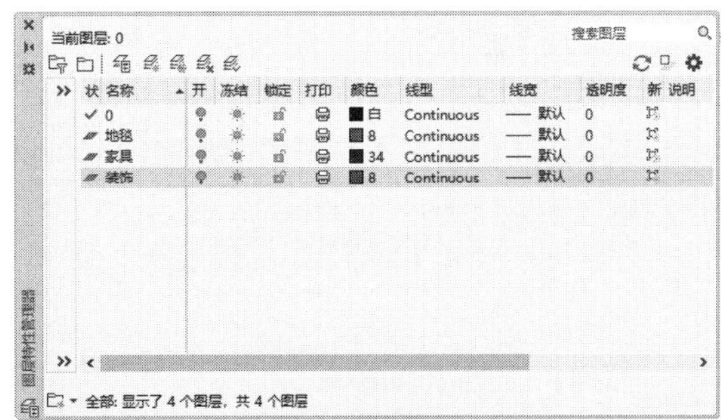

图 3-66 图层列表

3.3 图层管理工具

“图层特性管理器”对话框中为用户提供了专门用于管理图层的工具，包括“新建特性过滤器”“新建组过滤器”“图层状态管理器”等。下面将具体介绍这些管理图层工具的使用方法。

3.3.1 图层过滤器

图层过滤功能大大简化了图层方面的操作。当图形中包含大量图层时，在“图层特性管理器”选项板中单击“新建特性过滤器”按钮，可以使用打开的“图层过滤器特性”对话框对图层进行批量处理，按照需求过滤出想要的图层，如图 3-67 所示。

3.3.2 图层状态管理器

图层状态管理器可以将图层文件建成模板的形式，输出保存，然后将保存的图层输入到其他文件中，从而实现了图纸的统一管理。在“图层特性管理器”选项板中单击“图层状态管理器”按钮，即可打开“图层状态管理器”对话框，如图 3-68 所示。

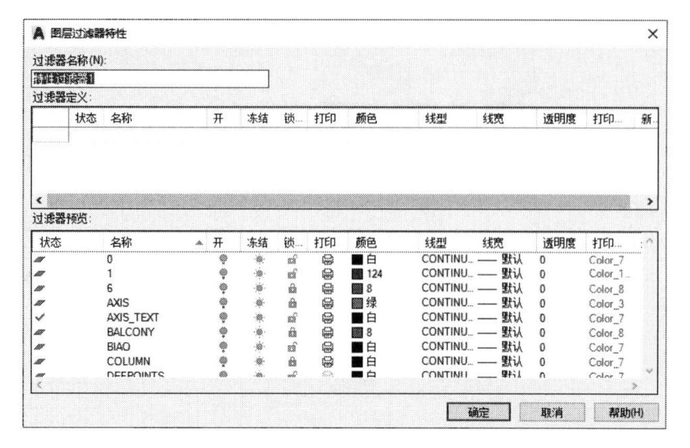

图 3-67 “图层过滤器特性”对话框

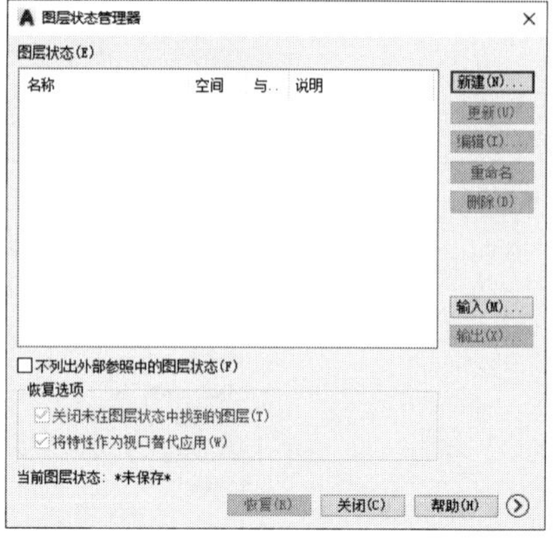

图 3-68 “图层状态管理器”对话框

3.3.3 图层转换器

使用图层转换器可以转换图层，实现图形的标准化和规范化。图层转换器能够转换当前图形中的图层，使之与其他图形的图层结构或者 AutoCAD 标准文件相匹配。例如，如果打开一个与本公司图层结构不一致的图形时，就可以使用图层转换器转换图层名称和属性，以符合本公司的图形标准。

执行“工具>CAD 标准>图层转换器”命令，即可打开“图层转换器”对话框，如图 3-69 所示。

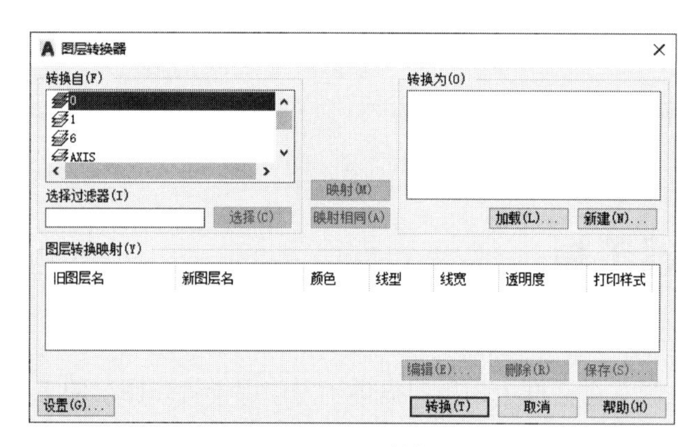

图 3-69 图层转换器

3.3.4 保存与恢复图层状态

图层设置包括图层状态和图层特性。图层状态包括图层是否打开、冻结、锁定、打印和在新视口中自动冻结。图层特性包括颜色、线型、线宽和打印样式。用户可以选择要保存的图层状态和图层特性。

例如，可以选择只保存图形中图层的“冻结/解冻”设置，忽略其他所有设置。恢复图层状态时，除了每个图层的冻结或解冻设置以外，其他设置仍然保持当前设置。在 AutoCAD 中，可以使用图层状态管理器来管理所有图层的状态。

实战演练——绘制弹簧剖面图

扫一扫　看视频

本案例中将结合二维绘图知识与本章所学的图层的应用绘制一个弹簧剖面图，具体操作步骤如下。

Step01 新建图形文件，在“默认”选项卡的“图层”面板中单击“图层特性”按钮，打开“图层特性管理器”选项板，如图 3-70 所示。

Step02 单击“新建”按钮，创建三个图层，分别命名为“中心线”“粗线”“填充”，如图 3-71 所示。

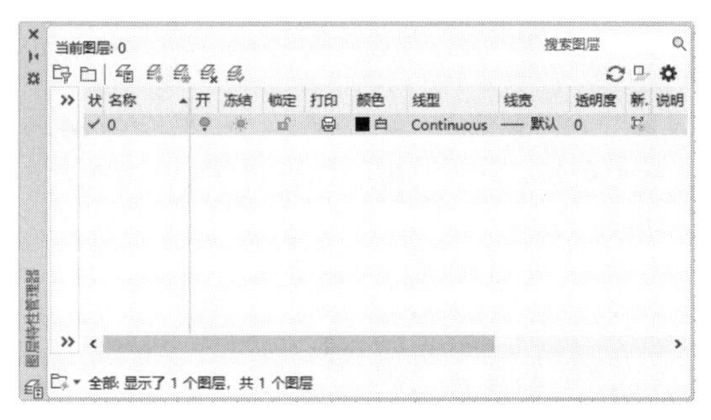

图 3-70 “图层特性管理器”选项板

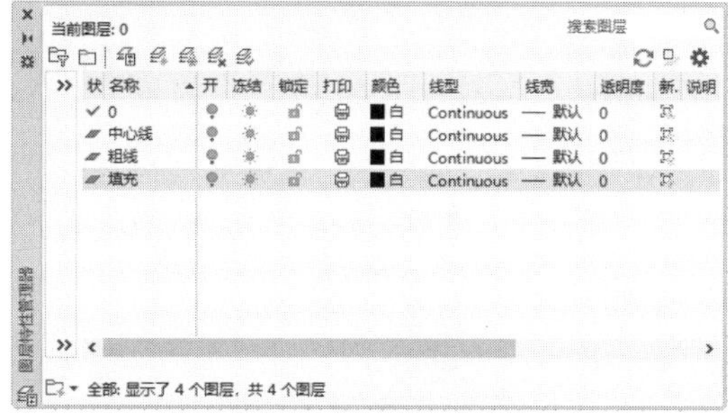

图 3-71　新建图层

Step03 在“粗线”图层单击“线宽”设置按钮，打开“线宽”对话框，从中选择 0.30mm，再单击“确定”按钮完成该图层的线宽设置，如图 3-72 所示。

Step04 在“填充”图层单击“颜色”设置按钮，打开“选择颜色”对话框，从中选择 8 号灰色，如图 3-73 所示。

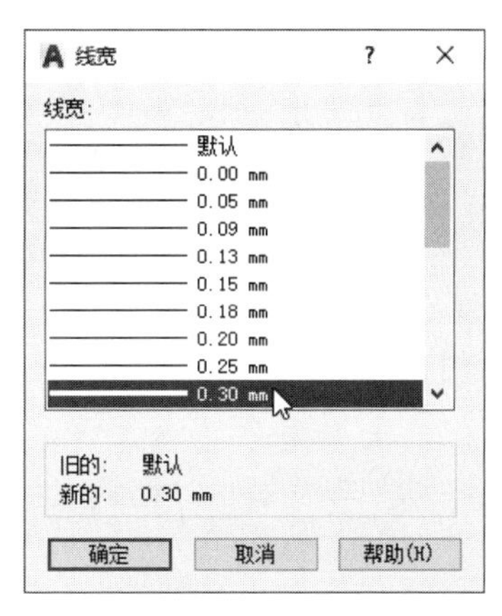

图 3-72　设置线宽

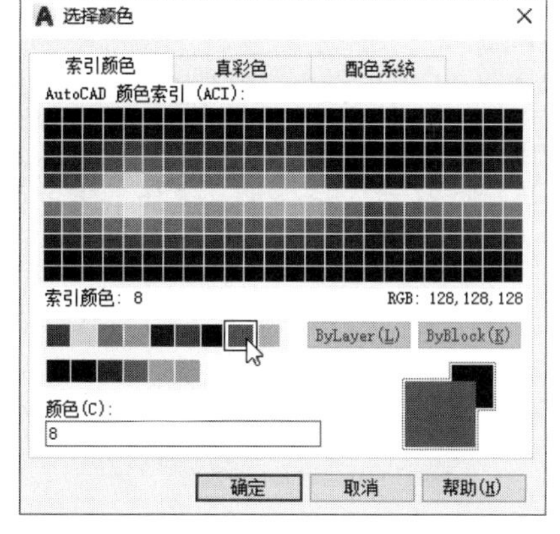

图 3-73　选择颜色

Step05 再设置“中心线”图层的颜色为红色，如图 3-74 所示。

Step06 在“中心线”图层单击“线型”设置按钮，打开“选择线型”对话框，已加载的线型只有默认的线型，如图 3-75 所示。

Step07 在该对话框中单击“加载”按钮，打开“加载或重载线型”对话框，在“可用线型”列表中选择 CENTER 线型，如图 3-76 所示。

Step08 单击“确定”按钮返回“选择线型”对话框，从列表中选择已加载的 CENTER 线型，再单击“确定”按钮关闭对话框，完成图层的创建，如图 3-77 所示。

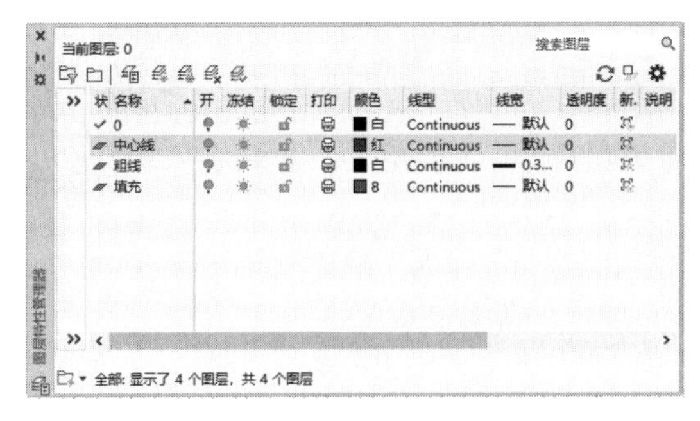

图 3-74 设置“中心线”图层颜色

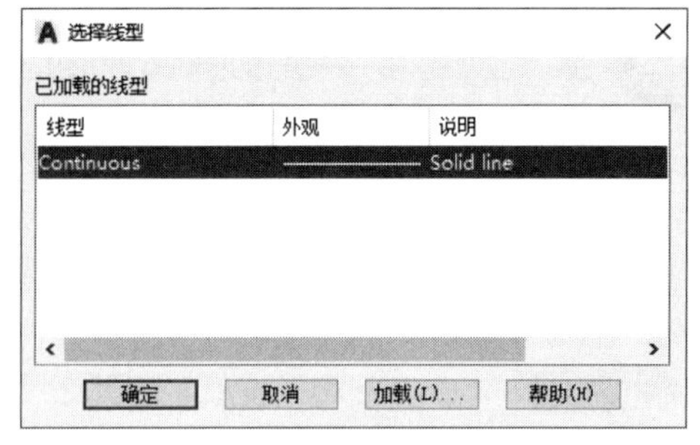

图 3-75 “选择线型”对话框

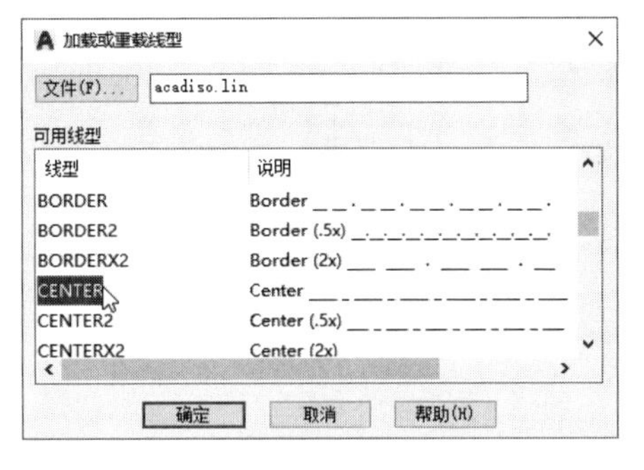

图 3-76 选择可用线型

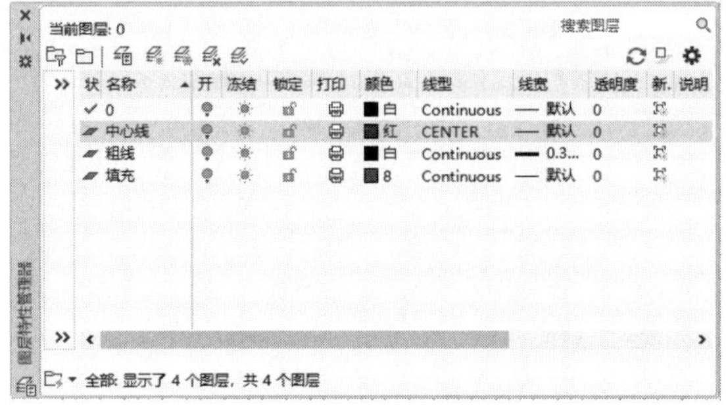

图 3-77 完成图层创建

▶Step09 双击“粗线”图层，将其设为当前层，执行“圆”命令，根据命令行提示，绘制一个半径为 2mm 的圆。再执行“复制”命令，选择圆图形并向下复制 44mm 的距离，如图 3-78 所示。

命令行提示如下：

命令：_CIRCLE
指定圆的圆心或 [三点（3P）/两点（2P）/切点、切点、半径（T）]： （指定好圆心）
指定圆的半径或 [直径（D）] <4.3870>：2 （输入半径值，按回车键）

▶Step10 执行“移动”命令，选择下方的圆，将其向左侧移动 5mm，如图 3-79 所示。

▶Step11 执行“直线”命令，捕捉圆心绘制直线。再执行“偏移”命令，根据命令行提示，将直线分别向两侧偏移 2mm，绘制出弹簧的一个圈，如图 3-80 所示。

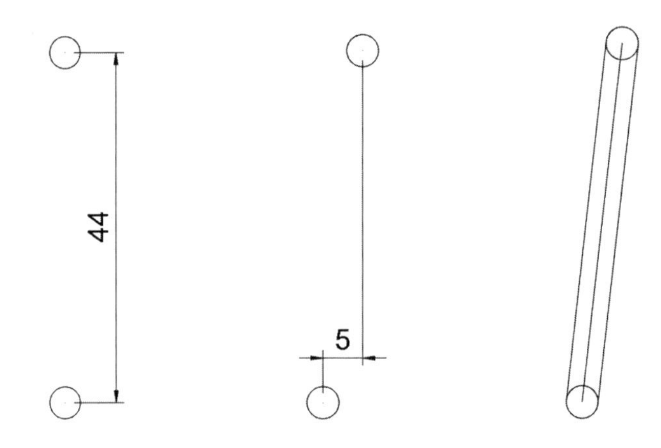

图 3-78 绘制并复制圆　　图 3-79 移动圆　　图 3-80 绘制并偏移直线

命令行提示如下：

```
命令：_OFFSET
当前设置：删除源=否  图层=源  OFFSETGAPTYPE=0
指定偏移距离或［通过（T）/删除（E）/图层（L）］<通过>：2（先输入偏移距离值，按回车键）
选择要偏移的对象，或［退出（E）/放弃（U）］<退出>：                    （选择直线）
指定要偏移的那一侧上的点，或［退出（E）/多个（M）/放弃（U）］<退出>：（向左单击一点）
选择要偏移的对象，或［退出（E）/放弃（U）］<退出>：                  （再选择直线）
指定要偏移的那一侧上的点，或［退出（E）/多个（M）/放弃（U）］<退出>：（向右单击一点）
选择要偏移的对象，或［退出（E）/放弃（U）］<退出>：*取消*
```

Step12 删除圆心连线。执行“复制”命令，选择图形并移动复制 10mm 的距离，如图 3-81 所示。

Step13 执行“拉伸”命令，根据命令行提示，从左至右框选最右侧下方的圆，向右拉伸 3mm 的距离，如图 3-82 所示。

命令行提示如下：

```
命令：_stretch
以交叉窗口或交叉多边形选择要拉伸的对象...
选择对象：指定对角点：找到 3 个              （从右下角至左上角框选图形，按回车键）
选择对象：
指定基点或 ［位移（D）］<位移>：                   （选择圆心点，向右移动鼠标）
指定第二个点或 <使用第一个点作为位移>：3              （输入拉伸参数，按回车键）
```

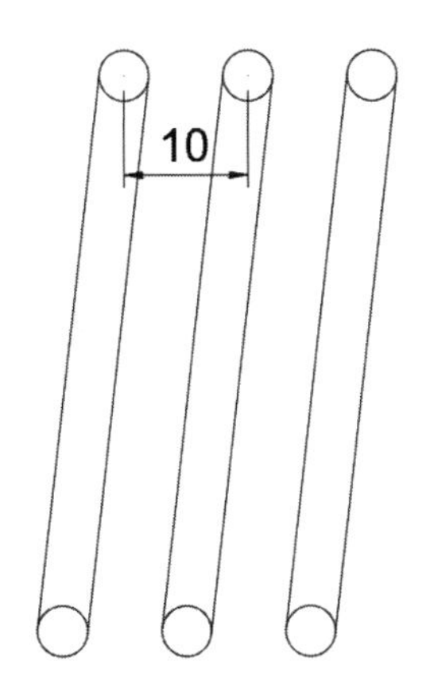

图 3-81 复制图形

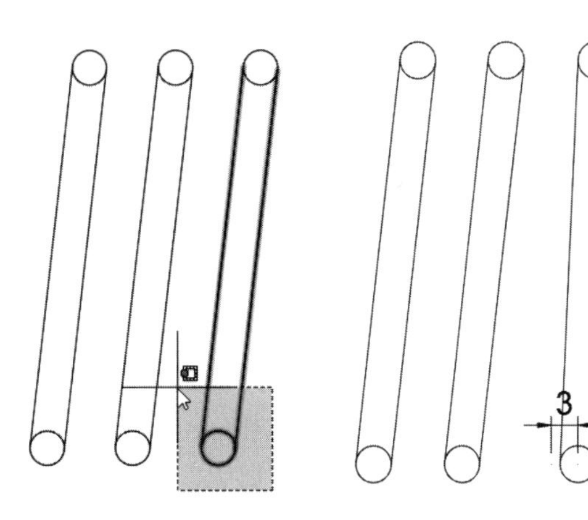

图 3-82 拉伸图形

Step14 捕捉上方圆的象限点，移动图形，使两个圆的象限点重合，如图 3-83 所示。

Step15 选择最右侧的圈图形，执行“复制”命令，将图形向左侧复制，间距如图 3-84 所示。

Step16 执行“直线”命令，捕捉圆的象限点，在两侧均绘制一条直线，如图 3-85 所示。

Step17 在菜单栏中执行“修剪”命令，修剪并删除两端多余的图形，如图 3-86 所示。

Step18 双击“填充”图层将其设为当前层，执行“图案填充”命令，选择图案 ANSI31，设置填充比例为 0.3，填充圆形内部，如图 3-87 所示。

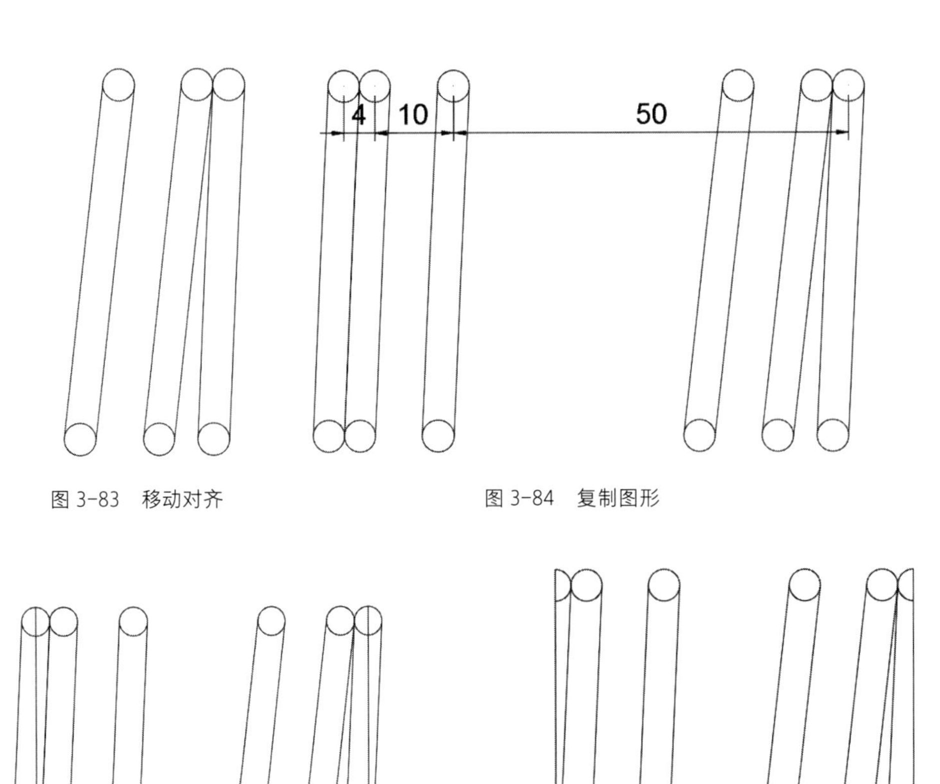

图 3-83　移动对齐

图 3-84　复制图形

图 3-85　绘制直线

图 3-86　修剪图形

Step19 双击“中心线”图层将其设为当前层，执行“直线”命令，绘制长 70mm 的直线作为中心线，再执行“偏移”命令，偏移中心线，间距为 22mm，如图 3-88 所示。

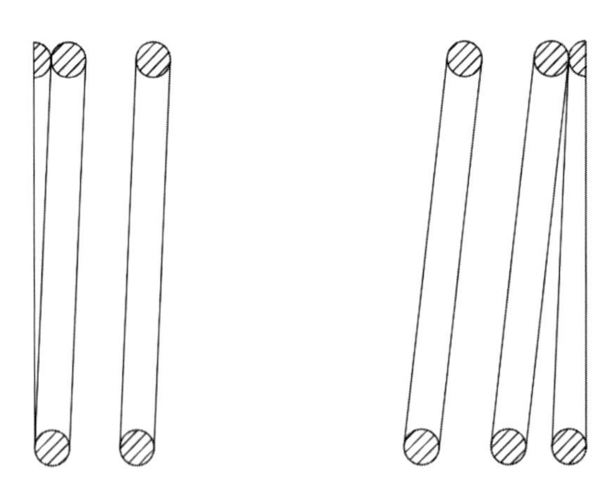

图 3-87　填充图案

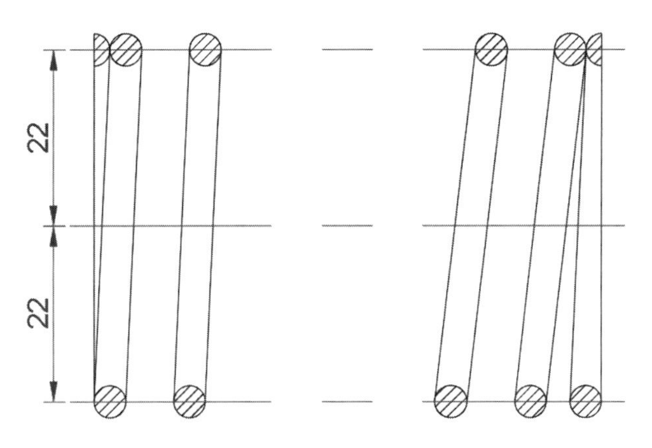

图 3-88 绘制中心线

课后作业

（1）绘制机械图形

创建图层并设置图层颜色、线型、线宽，绘制机械图形，如图 3-89、图 3-90 所示。

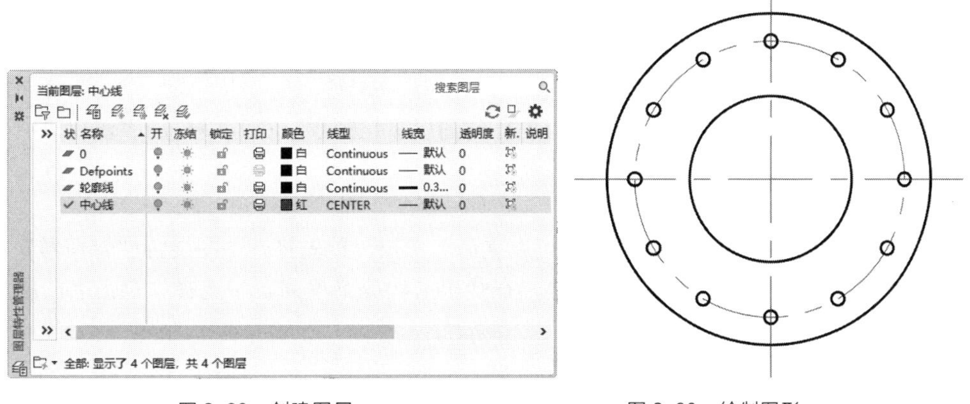

图 3-89 创建图层　　　图 3-90 绘制图形

操作提示：

Step01：创建“轮廓线”“中心线”等图层，设置图层颜色、线型、线宽。

Step02：设置“中心线”图层为当前层，绘制中心线。再设置“轮廓线”图层为当前层，绘制轮廓线。

Step03：显示线宽。

（2）创建室内施工图图层

创建一个室内施工图常用的图层列表，以便于接下来的图形绘制，如图 3-91 所示。

扫一扫 看视频

操作提示：

Step01：新建“粗线”“轴线”“门窗”“标注”等图层。

Step02：分别设置各个图层的颜色、线型和线宽。

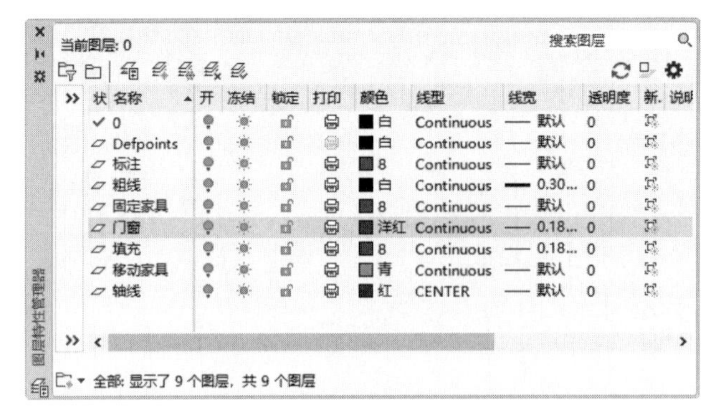

图 3-91 “图层特性管理器”选项卡

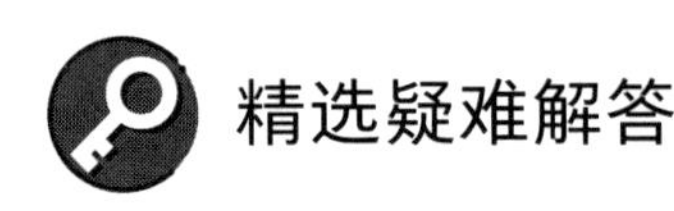

精选疑难解答

Q1：为什么不能删除某些图层？

A：原因有很多种。当未删除选定的图层后，系统会弹出提示窗口，并提示无法删除的图层类型。Defpoints 图层是进行标注时系统自动创建的图层，该图层和图层 0 性质相同，无法进行删除。当需要删除图层而该图层为当前图层时，用户需要将其他图层置为当前，并且确定删除的图层中不包含任何对象，然后再次单击“删除”按钮，即可删除该图层。

Q2：如何将指定图层上的对象在视口中隐藏

A：这个需要在功能区中进行设置。在状态栏单击**布局1**按钮，打开模型空间激活指定视口，在“默认”选项卡中的“图层”面板上打开图层下拉列表，在其中单击“在视口中冻结或解冻”按钮，此时图层中的图形将在该视口中隐藏。

Q3：如何重命名图层？

A：在“图层特性管理器”对话框中可以重命名图层。首先打开“图层特性管理器”对话框，在需要重命名的图层上单击鼠标右键，在弹出的快捷菜单列表中选择“重命名图层”选项，输入图层名称，按回车键即可。

Q4：如何将所需图层进行合并操作？

A：在“图层特性管理器”对话框中，选择要合并的图层，再单击鼠标右键，在弹出的快捷菜单中选择“将选定图层合并到”选项，在打开的“合并到图层”对话框中，选择目标图层，单击“确定”按钮，即可完成合并操作。

Q5：怎样快速清理没有对象的图层？

A：执行“文件>图形使用工具>清理”命令，在打开的“清理”对话框中单击“全部清理”按钮进行清理即可，可多次重复操作，直到“全部清理”按钮变成灰色。

Q6：设置线宽后，为什么线宽还是没变化？

A：默认情况下，线宽是隐藏状态的。当设置线宽值后，用户需要开启线宽功能才会显示线宽。在状态栏中单击“显示/隐藏线宽”按钮即可。如果状态栏中没有该按钮，可单击自定义按钮☰，在打开的列表中，勾选“线宽”选项，此时该按钮便会显示在状态栏中。

第 4 章

绘制基本二维图形

本章概述

在 AutoCAD 中，任何复杂的平面图形实际上都是由点、直线、圆、圆弧和矩形等基本图形元素组成的。本章将向读者介绍如何创建一些简单二维图形，包括点、线、曲线、矩形以及正多边形等操作命令。通过对本章内容的学习，读者能够掌握一些制图的基本要领，同时为后面章节的学习打下基础。

学习目标

- 了解点的绘制
- 掌握直线图形的绘制
- 掌握曲线图形的绘制

实例预览

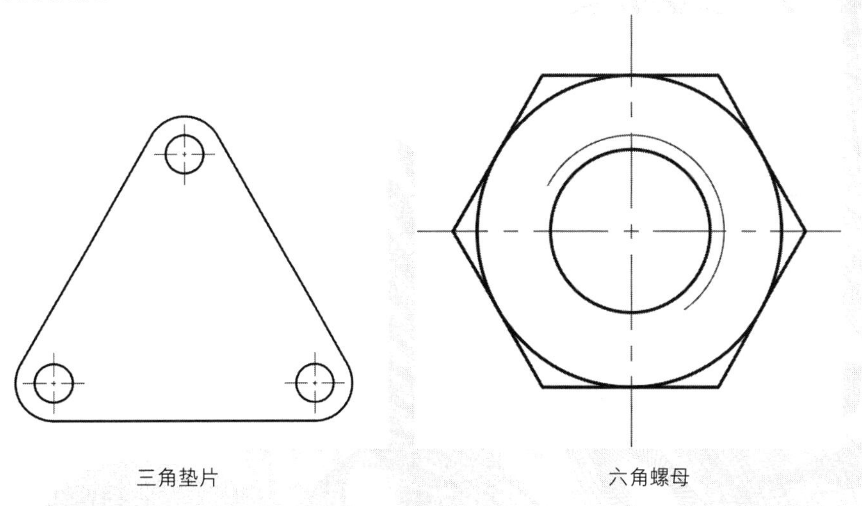

三角垫片　　六角螺母

4.1 点图形

点可用于捕捉对象的节点或参照点，在绘图过程中，用户可利用这些点并结合其他操作命令，绘制出需要的图形。

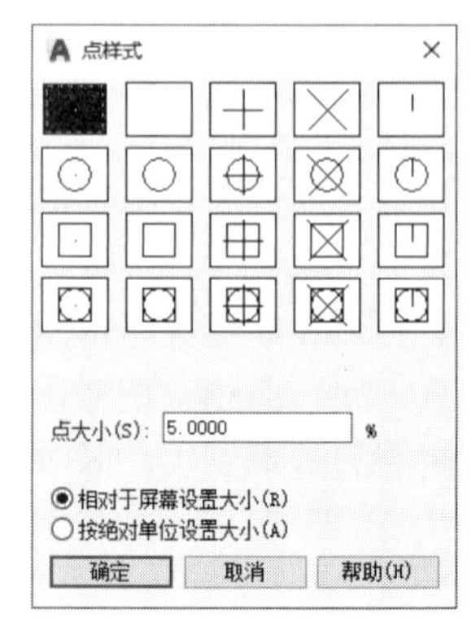

图 4-1 “点样式”对话框

4.1.1 设置点样式

点是没有长度和大小的图形对象，系统默认情况下的点显示为一个小圆点，在屏幕中很难看清。用户可以通过“点样式”对话框设置点的显示样式，以便于确认点的位置。

用户可以通过以下几种方式来打开“点样式”对话框。

- 从菜单栏执行“格式>点样式”命令。
- 在“默认”选项卡的“实用工具”面板中单击“点样式”按钮。
- 在命令行输入 PTYPE 命令，然后按回车键。

执行上述任意命令后，皆可打开“点样式”对话框，如图 4-1 所示。

技术要点

在设置点大小时，如选择“相对于屏幕设置大小”单选项，则点的显示大小会随着视图窗口的缩放而改变；如选择“按绝对单位设置大小”单选项，则点的大小以实际单位的形式显示。

动手练习——设置新的点样式

下面介绍点样式的设置方法，具体操作步骤如下。

Step01 打开“素材/CH04/设置新的点样式.dwg”文件，可以看到图形中的点以小圆点的样式显示，如图 4-2 所示。

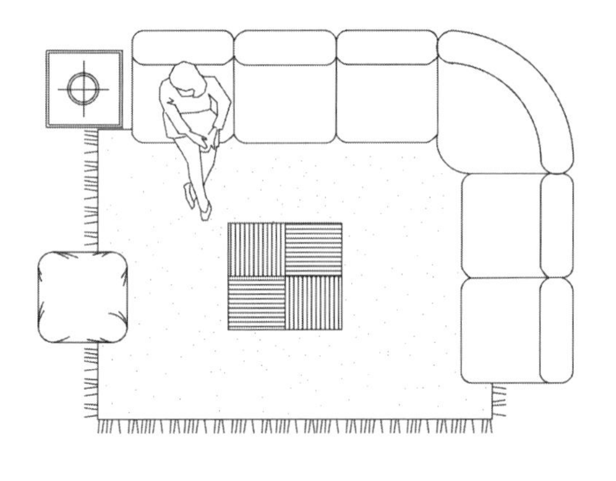
图 4-2 打开素材文件

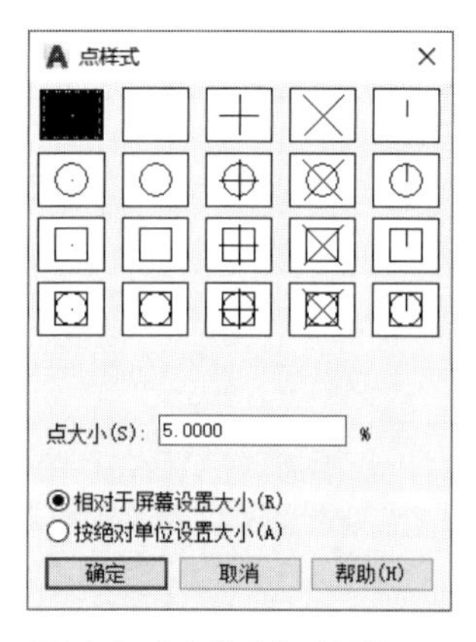

图 4-3 “点样式”对话框

Step02 执行“格式>点样式”命令，打开“点样式”对话框，可以看到可供选择的点样式有 20 种，如图 4-3 所示。

Step03 选择一种合适的点样式，设置点大小，再选择“按绝对单位设置大小”选项，如图 4-4 所示。

Step04 设置完毕后，单击“确定”按钮，关闭对话框，即可看到视图中的点发生了变化，如图 4-5 所示。

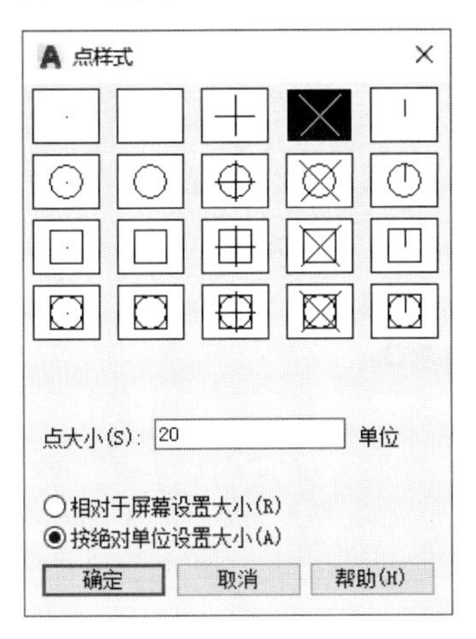

图 4-4　设置点样式及大小

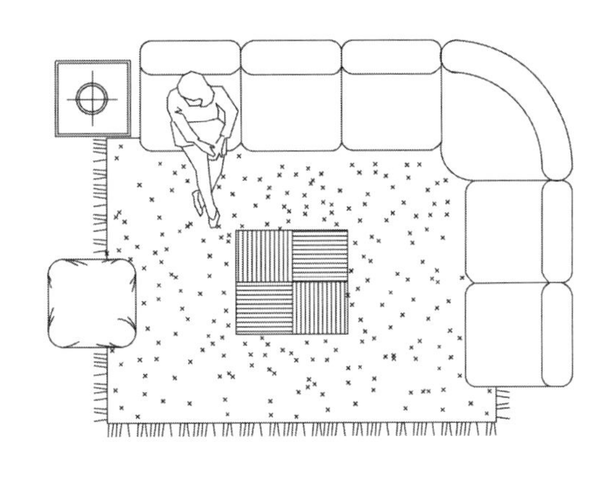

图 4-5　设置后的点样式

4.1.2　单点和多点

AutoCAD 中包括单点和多点两种类型，执行“单点”命令一次可以指定一个点，而执行“多点”命令一次可以指定多个点，直到按 Esc 键结束命令为止。

用户可以通过以下几种方式来调用“单点（或多点）”命令。

- 从菜单栏执行“绘图>点>单点（或多点）”命令。
- 在“默认”选项卡的“绘图”面板中，单击“多点”按钮⁘。
- 在“绘图”工具栏中单击“点”按钮。
- 在命令行输入 POINT 命令，然后按回车键。

执行“单点（或多点）”命令后，在绘图区中指定点的位置即可。

4.1.3　定数等分

定数等分是指将图形对象按指定的数量进行平均等分，在等分处创建点，以作为绘图参考点。

用户可以通过以下几种方式调用“定数等分”命令。

- 从菜单栏执行“绘图>点>定数等分”命令。
- 在“默认”选项卡的“绘图”面板中，单击“定数等分”按钮。
- 在命令行输入 DIVIDE 命令，然后按回车键。

执行“定数等分”命令后，用户只需根据命令行提示，先选择等分线段，再输入等分数即可。

命令行提示如下：

```
命令：_divide
选择要定数等分的对象：                    （选择需等分线段）
输入线段数目或［块（B）］：6              （输入等分数，按回车键）
```

命令行中各选项的含义如下：

- 线段数目：指定等分数量，范围为 2～32767。
- 块（B）：在等分点插入指定的图块。

扫一扫　看视频

动手练习——创建定数等分点

下面介绍如何创建定数等分点，具体操作步骤如下。

▶Step01 执行“圆”命令，绘制一个半径为 500mm 的圆，如图 4-6 所示。

▶Step02 执行“绘图>点>定数等分”命令，根据动态提示选择需要被等分的圆形，如图 4-7 所示。

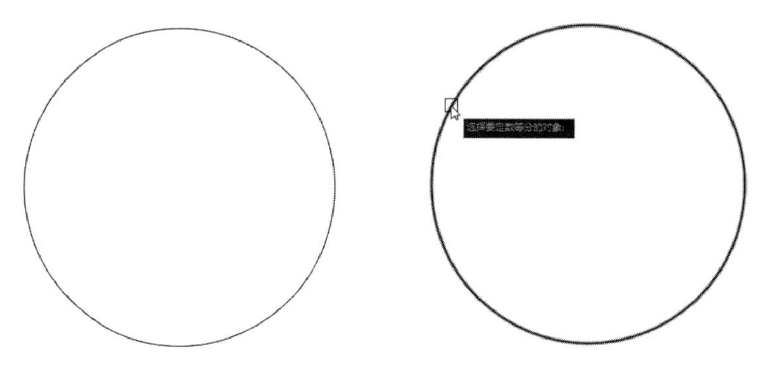

图 4-6　绘制圆　　　图 4-7　选择等分对象

▶Step03 选择并单击后，根据动态提示输入要等分的数量，这里输入“6”，如图 4-8 所示。

▶Step04 按回车键确认，即可完成定数等分点的创建，如图 4-9 所示。

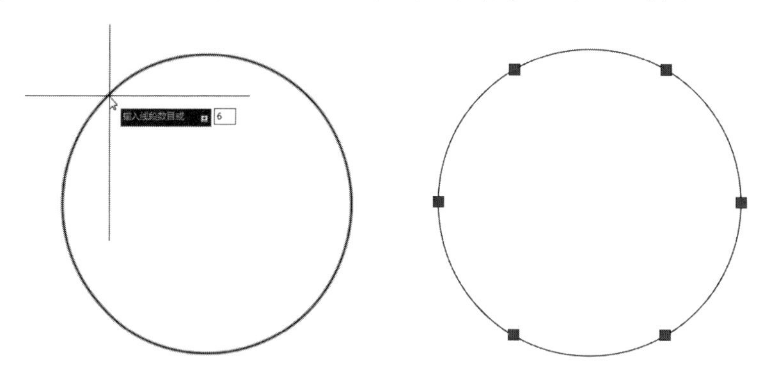

图 4-8　输入等分数量　　　图 4-9　完成等分操作

4.1.4 定距等分

定距等分是指将图形对象按相等长度进行等分。与定数等分不同的是，定距等分存在不确定性，在被等分的对象不可以被整除的情况下，定距等分的最后一段要比之前的距离短。

用户可以通过以下几种方式调用“定距等分”命令。

- 菜单栏：执行“绘图>点>定距等分”命令。
- 功能区：在“默认”选型卡的“绘图”面板中，单击“定距等分”按钮。
- 命令行：输入 MEASURE 命令，然后按回车键。

执行“定距等分”命令，根据需要选择所需图形对象，并输入等距长度值，按回车键即可。命令行提示如下：

```
命令：_measure
选择要定距等分的对象：                                  （选择所需等分的图形）
指定线段长度或［块（B）］：50                            （输入距离值，按回车键）
```

命令行中各选项的含义如下：

- 线段长度：按固定长度进行等分。
- 块（B）：在等分点插入指定的图块。

注意事项

在使用“定距等分”功能时，如果当前线段长度是等分值的倍数，该线段可实现等分；反之则无法实现真正等分。

无论是使用“定数等分”命令或“定距等分”命令进行操作，并非是将图形分成独立的几段，而是在相应的位置上创建等分点，以辅助其他图形的绘制。

动手练习——创建定距等分点

扫一扫 看视频

下面介绍如何创建定距等分点，具体操作步骤如下。

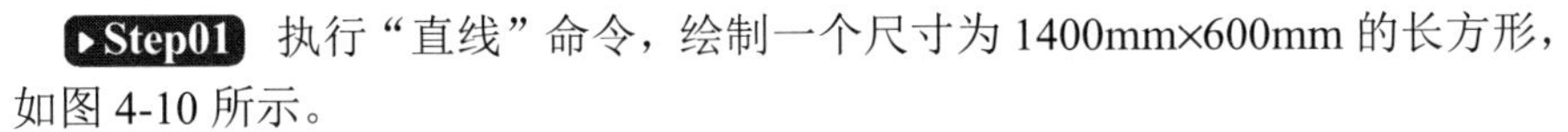

Step01 执行“直线”命令，绘制一个尺寸为1400mm×600mm的长方形，如图4-10所示。

Step02 执行“定距等分”命令，根据动态提示选择要进行定距等分的长边，如图4-11所示。

图4-10 绘制长方形

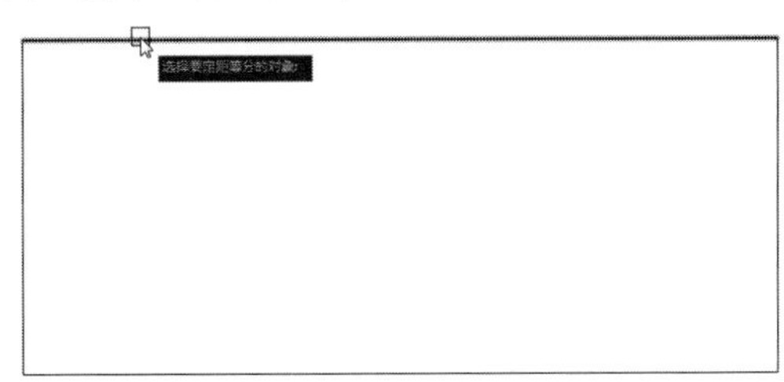

图4-11 选择等分对象

Step03 选择并单击后，再根据动态提示输入要等分的距离，这里输入“300”，如图4-12所示。

Step04 按回车键确认，即可完成定距等分点的创建，如图4-13所示。

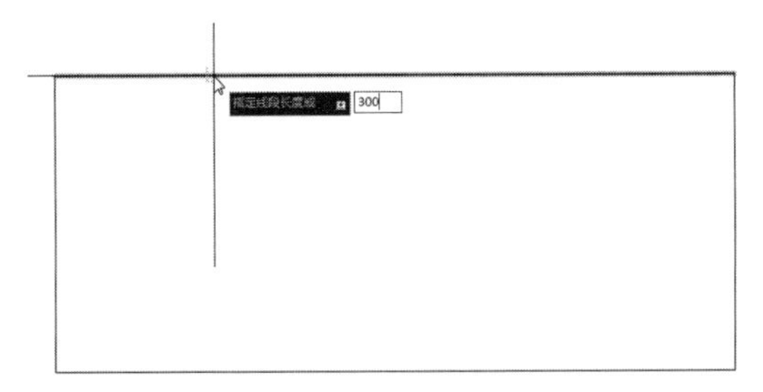

图4-12 输入距离值

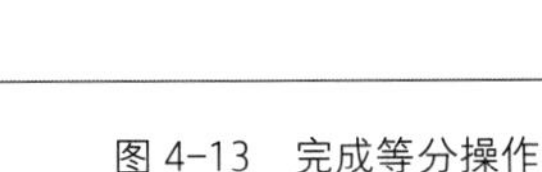

图4-13 完成等分操作

4.2 直线类图形

线是图形中最基本的图形对象，许多复杂的图形都是由线组成的，根据用途不同分为直线、射线、样条曲线等，本节主要介绍的是直线类图形。

4.2.1 直线

直线是各类图形中最简单、最常用的一种，既可以作为一条线段，也可以作为一系列相连的线段。绘制直线的方法非常简单，在绘图区内指定直线的起点和终点即可绘制一条直线。

用户可以通过以下方式调用“直线”命令。

- 从菜单栏执行“绘图>直线”命令。
- 在“默认”选项卡的“绘图”面板中单击“直线”按钮。
- 在“绘图”工具栏中单击“直线”按钮。
- 在命令行输入 LINE 命令，然后按回车键。

执行“直线”命令，根据命令行中的提示，在绘图区中指定好直线的起点，移动光标，输入线段距离参数，按回车键即可完成直线的绘制。

命令行提示如下：

```
命令：_line
指定第一个点：                                    （指定直线起点）
指定下一点或［放弃（U）］：300          （移动光标，输入直线长度，按回车键）
```

动手练习——利用直线绘制三角形

下面介绍如何利用直线绘制三角形，具体操作步骤如下。

Step01 执行“直线”命令，根据动态提示在绘图区指定第一个点，如图 4-14 所示。

Step02 单击确定第一点后，移动光标至左下方指定下一点，如图 4-15 所示。

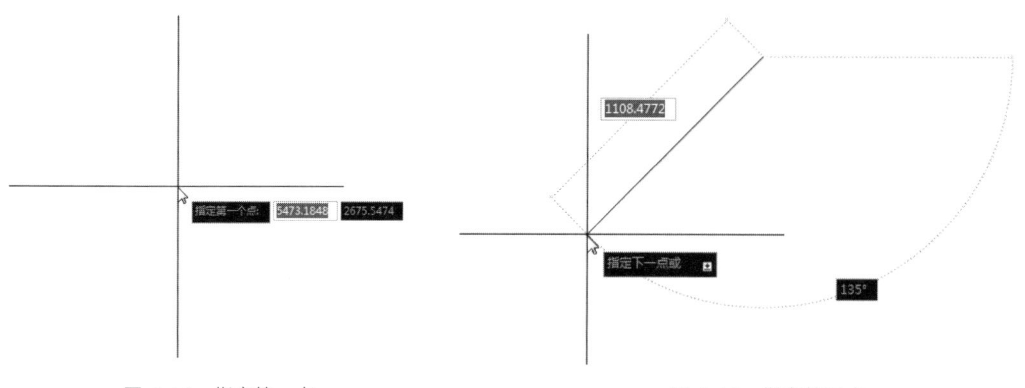

图 4-14　指定第一点　　　　图 4-15　指定第二点

Step03 单击确定第二点，继续向右移动光标，指定第三点，如图 4-16 所示。

Step04 单击确定第三点，再移动光标捕捉第一点，单击后按回车键即可完成本次绘制，如图 4-17 所示。

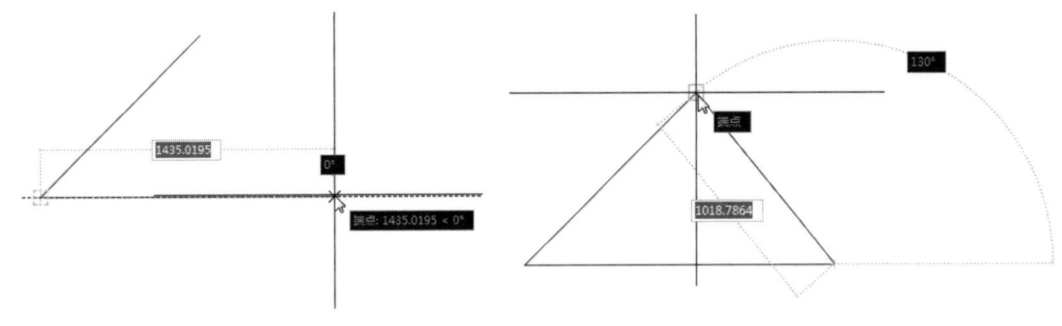

图 4-16　指定第三点　　　　图 4-17　捕捉第一点

Step05 绘制好的三角形如图 4-18 所示。

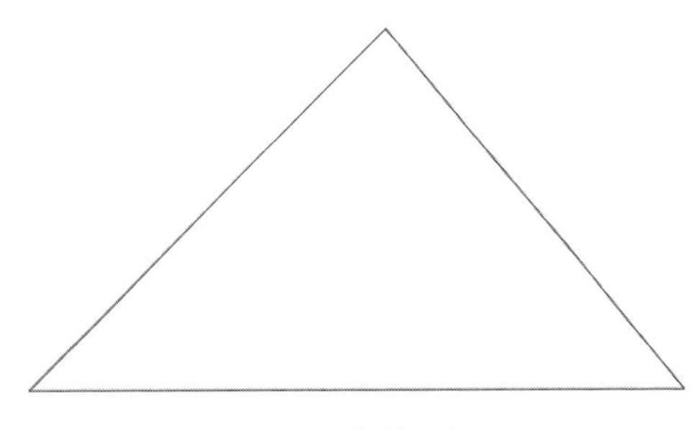

图 4-18　绘制三角形

4.2.2 射线

射线只有起始点和方向，没有终点，是一端固定而另一端能够无限延伸的直线，通常当作辅助线使用。

用户可以通过以下几种方式调用“射线”命令。

- 从菜单栏执行“绘图>射线”命令。
- 在“默认”选项卡的“绘图”面板中单击“射线”按钮。
- 在“绘图”工具栏中单击“射线”按钮。
- 在命令行输入 RAY 命令，然后按回车键。

执行“射线”命令，先指定射线的起点，然后再指定射线方向上的一点即可绘制射线。

命令行提示如下：

```
命令：_ray 指定起点：                    （指定射线起点）
指定通过点：                          （指定射线方向上的一点）
```

技术要点

射线可以指定多个通过点，绘制以同一起点为端点的多条射线，绘制完多条射线后，按 ESC 键或回车键即可完成操作。

动手练习——绘制射线

下面介绍如何绘制射线，具体操作步骤如下。

▶Step01 执行“射线”命令，根据动态提示在绘图区指定起点，如图 4-19 所示。

▶Step02 单击确定起点位置，移动光标指定通过点，如图 4-20 所示。

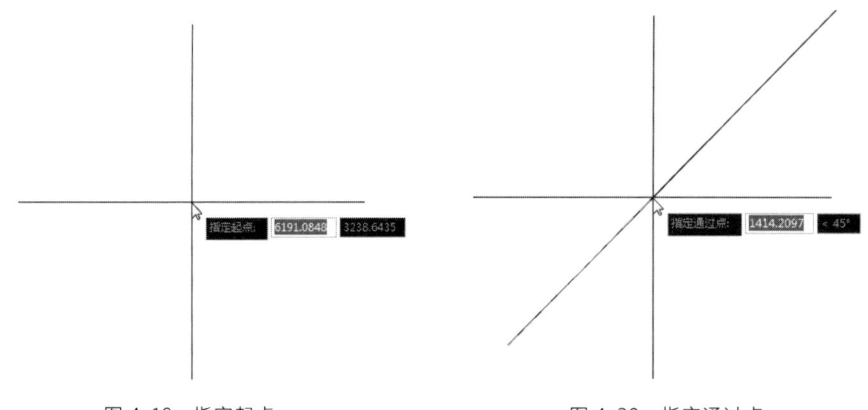

图 4-19　指定起点　　　　图 4-20　指定通过点

▶Step03 单击确定通过点位置即可创建一条射线，继续移动光标指定下一通过点可绘制相同起点的射线，如图 4-21 所示。

▶Step04 继续指定其他通过点即可绘制多条相同起点的射线，如图 4-22 所示。

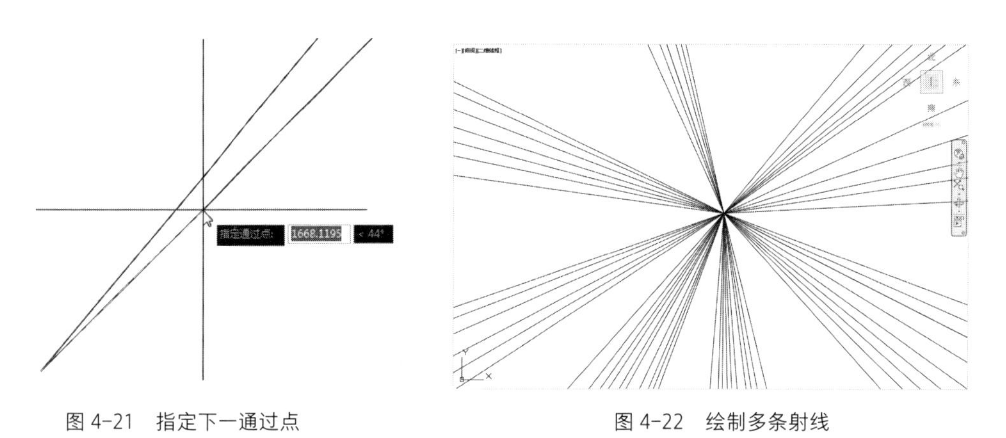

图 4-21　指定下一通过点　　　　图 4-22　绘制多条射线

4.2.3 构造线

构造线也可以称为参照线，是无限长度的线条，其作用与射线相同，都是辅助绘图。两者的区别在于：构造线是两端无限延长的直线，没有起点和终点；而射线则是一段无限延长，有起点无终点。

用户可以通过以下方式调用“构造线”命令。

- 从菜单栏执行“绘图>构造线”命令。
- 在“默认”选项卡的“绘图”面板中单击“构造线”按钮。
- 在“绘图”工具栏中单击“构造线”按钮。
- 在命令行：输入 XLINE 命令，然后按回车键。

执行“构造线”命令，在绘图区中指定构造线位置，然后指定构造线方向上的一点即可绘制构造线。

4.2.4 多线

多线是一种由 1～16 条平行线组成的图形对象，平行线段之间的距离也是可以设置的。多线在工程设计中的应用非常广泛，如建筑平面图中的墙体、规划设计图纸中的道路以及管道工程图纸中的管道剖面等。

（1）设置多线样式

多线样式需要通过“多线样式”对话框以及“新建多线样式”对话框进行设置，如图 4-23、图 4-24 所示。

系统默认的多线样式为 STANDARD 样式，由两条直线组成。在绘图前，用户可以根据需要对多线样式进行设置，如多线每个元素的偏移距离和颜色，并能显示或隐藏多线转折处的边线。

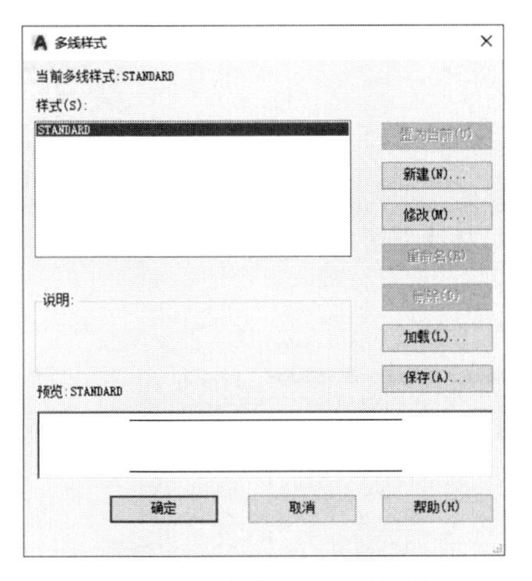

图 4-23 “多线样式”对话框

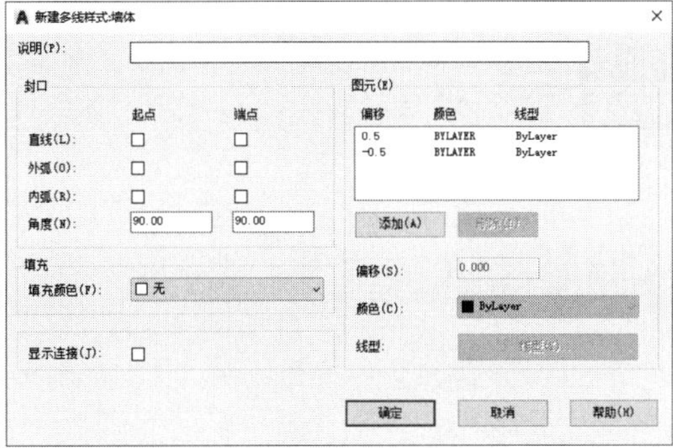

图 4-24 “新建多线样式”对话框

用户可以通过以下方式打开“多线样式”对话框。

- 从菜单栏执行“格式>多线样式”命令。
- 在命令行输入 MLSTYLE 命令，然后按回车键。

（2）绘制多线

用户可以通过以下方式调用“多线”命令。

- 从菜单栏执行“绘图>多线”命令。
- 在命令行输入 MLINE 命令，然后按回车键。

执行“多线”命令，根据命令行中的提示，设置好对正方向、比例参数，然后指定多线的起点，绘制多线。

命令行提示如下：

命令：_mline
当前设置：对正=上，比例=20.00，样式=STANDARD
指定起点或［对正（J）/比例（S）/样式（ST）］：　　　　（指定多线起点）

命令行中各选项的含义如下：

- 对正：设定多线中哪条线段的端点与鼠标光标重合并随之移动，包括上、无、下三个选项。

图 4-25　多线编辑工具

• 比例：指定多线宽度相对于定义宽度的比例因子，该比例不影响线型比例。

• 样式：该选项使用户可以选择多线样式，默认为 STANDARD。

（3）编辑多线

用户除了可以使用“分解”等命令编辑多线以外，还可以使用自带的多线编辑工具对话框编辑多线，如图 4-25 所示。

用户可以通过以下方式打开多线编辑工具。

• 从菜单栏执行“修改>对象>多线”命令。
• 在命令行输入 MLEDIT 命令，然后按回车键。
• 双击多线图形。

动手练习——利用多线绘制户型图

扫一扫　看视频

下面介绍如何利用多线绘制户型图，具体操作步骤如下。

Step01 打开“素材/CH04/利用多线绘制户型图.dwg”文件，如图 4-26 所示。

Step02 执行“多线样式”命令，打开“多线样式”对话框，如图 4-27 所示。

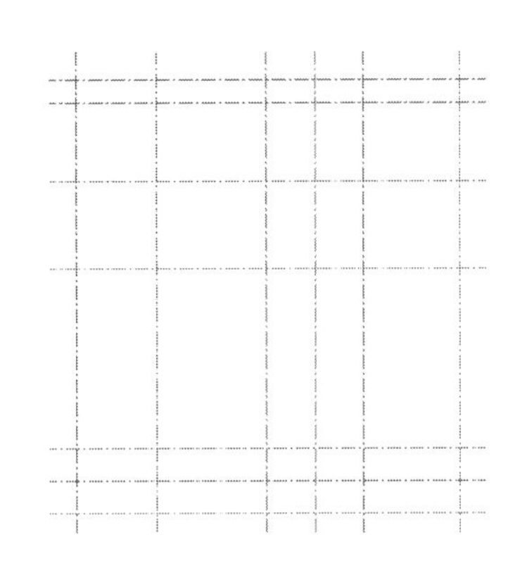

图 4-26　打开素材图形

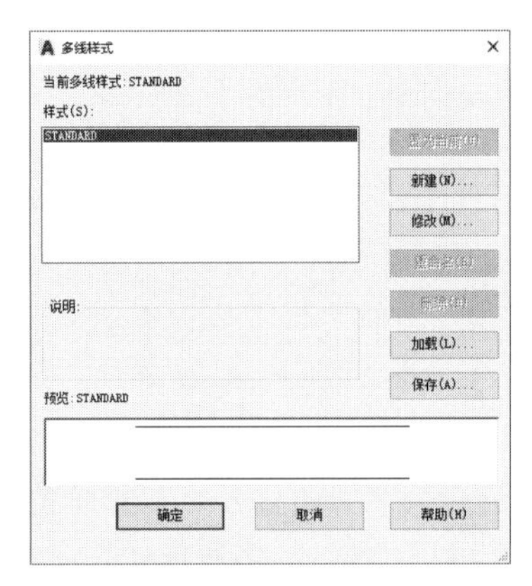

图 4-27　“多线样式”对话框

Step03 单击“新建”按钮，打开“创建新的多线样式”对话框，输入新的样式名“墙体”，如图 4-28 所示。

Step04 单击“继续”按钮，会打开“新建多线样式”对话框，在该对话框的“封口”选项组中勾选“起点”和“端点”复选框，在“图元”选项组设置偏移参数，如图 4-29 所示。

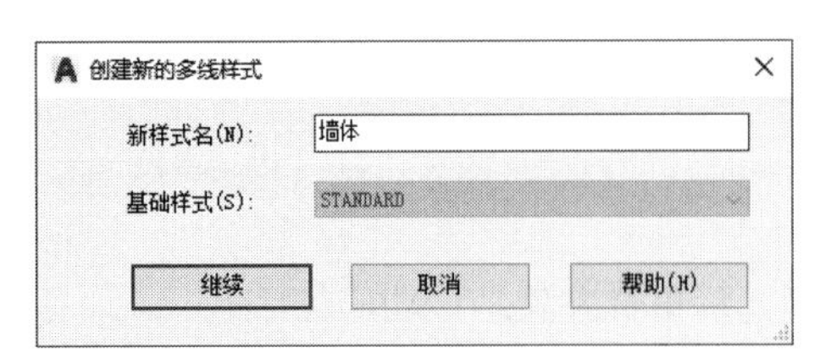

图 4-28　“创建新的多线样式”对话框

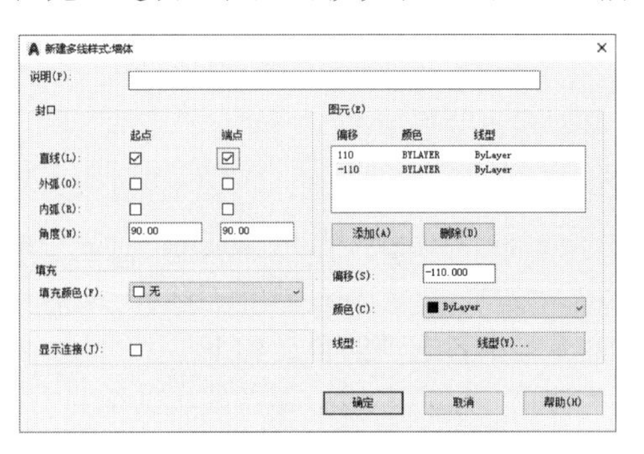

图 4-29　设置多线参数

Step05 设置完毕后单击“确定”按钮关闭对话框，返回到“多线样式”对话框，将“墙体”多线样式置为当前，再单击“确定”按钮关闭对话框，如图 4-30 所示。

Step06 执行“多线”命令，在指定多线起点之前，先输入“j”命令，如图 4-31 所示。

图 4-30　将样式置为当前

图 4-31　输入 j 命令

Step07 按回车键后根据动态提示选择“无”对正类型，如图 4-32 所示。

Step08 继续输入“s”命令，按回车键后根据动态提示输入多线比例数值“1”，如图 4-33 所示。

图 4-32　选择对正类型

图 4-33　设置对正比例值

Step09 捕捉绘制主墙体，如图 4-34 所示。

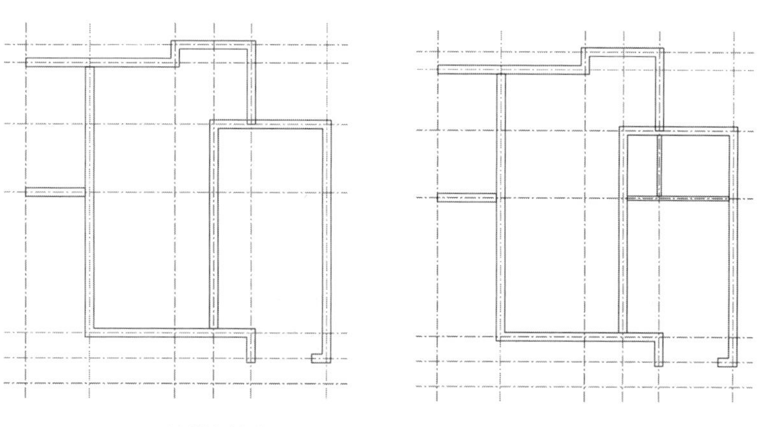

图 4-34　绘制主墙体

图 4-35　绘制隔墙

Step10 再设置多线比例为“0.5”，绘制隔墙墙体，如图 4-35 所示。

Step11 按照步骤 2～5 的操作方法新建“窗户”多线样式，如图 4-36 所示。

Step12 执行“多线”命令，设置多线比例为“1”，绘制窗户图形，如图 4-37 所示。

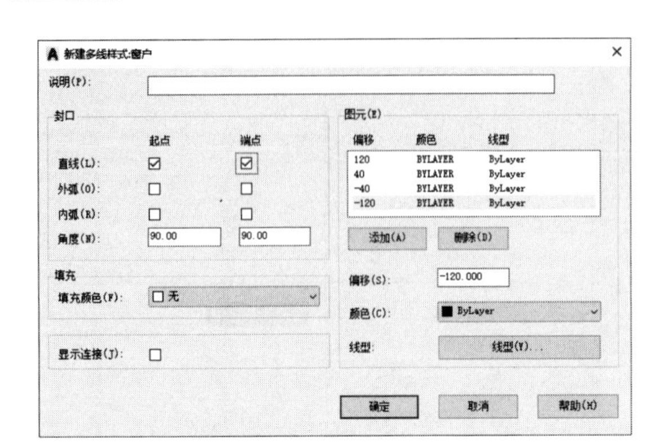

图 4-36　新建“窗户”多线样式

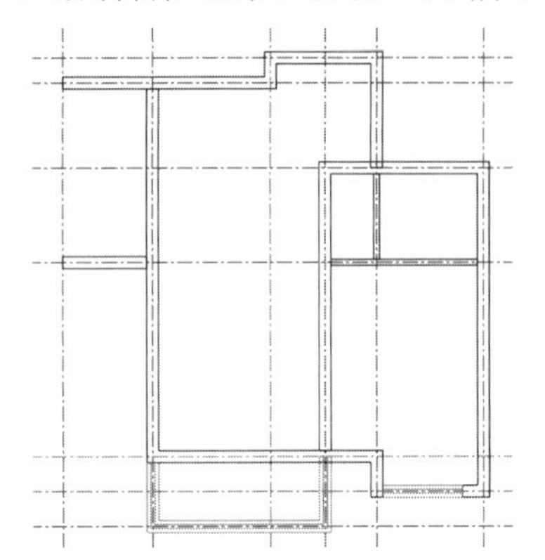

图 4-37　绘制窗户

Step13 再次执行“多线”命令，设置多线对正类型为“下”，如图 4-38 所示。

Step14 捕捉绘制剩下的窗户，如图 4-39 所示。

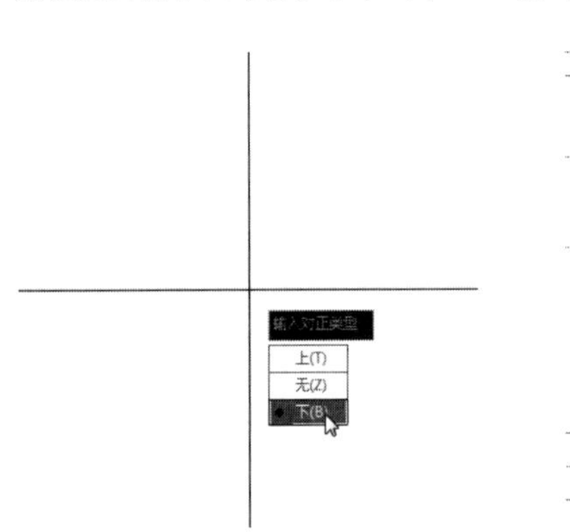

图 4-38　设置对正类型

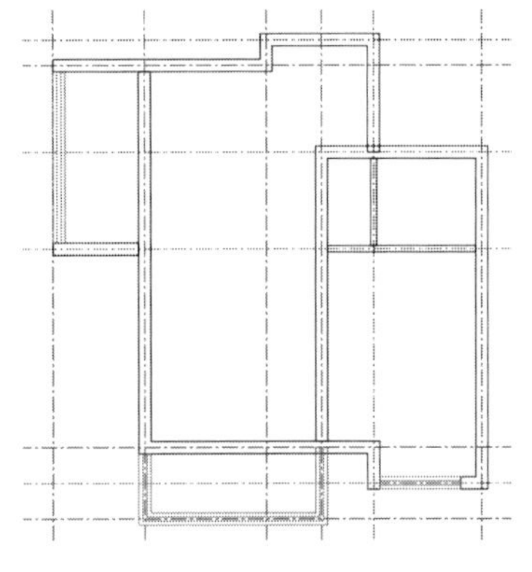

图 4-39　绘制窗户

Step15 双击多线打开多线编辑工具，如图 4-40 所示。

Step16 选择“T 形打开”“T 形闭合”工具编辑墙体和窗户图形，如图 4-41 所示。

图 4-40　多线编辑工具

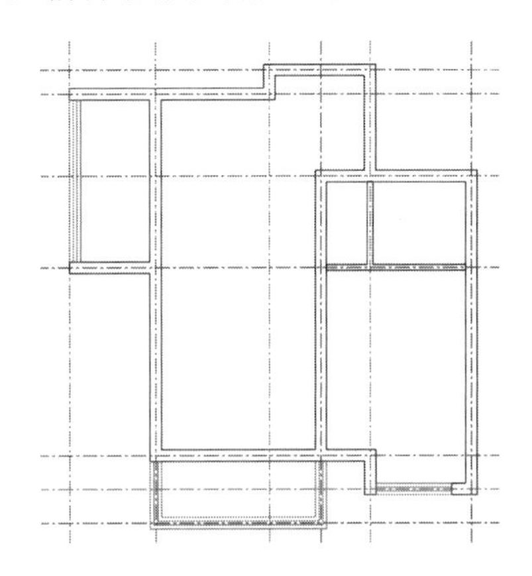

图 4-41　编辑多线

▶Step17 删除中线，再利用直线、偏移、修剪等命令制作出门洞，完成户型图的绘制，如图 4-42 所示。

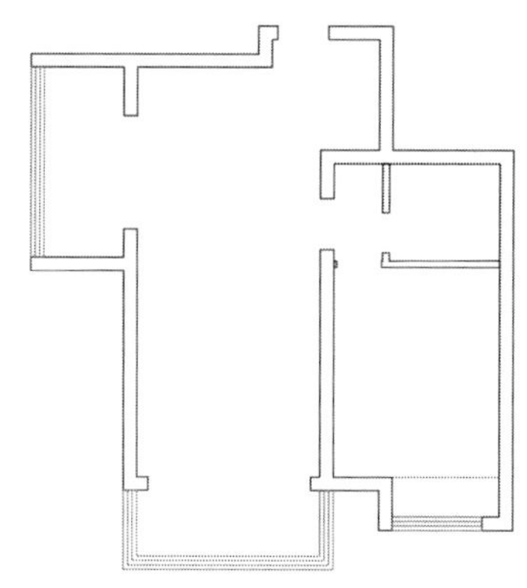

图 4-42　完成绘制

4.2.5 多段线

多段线是相连的直线或圆弧等多条线段组合而成的复合图形对象，这些线段构成的图形是一个整体，单击时会选择整个图形，不能分别选择编辑。

（1）绘制多段线

用户可以通过以下几种方法调用“多段线”命令。

- 从菜单栏执行“绘图>多段线”命令。
- 在“默认”选项卡的“绘图”面板中单击“多段线”按钮。
- 在“绘图”工具栏中单击“多段线”按钮。
- 在命令行：输入 PLINE 命令，然后按回车键。

执行“多段线”命令，在绘图区中指定好多段线的起点，移动光标，指定多段线下一点的位置或参数，直到最后一点，按回车键即可完成绘制。

命令行提示如下：

命令：_pline

指定起点：（指定多段线起点）

当前线宽为 0.0000

指定下一个点或［圆弧（A）/半宽（H）/长度（L）/放弃（U）/宽度（W）］：（输入多段线长度，或指定下一点）

命令行中各选项的含义如下：

- 圆弧：切换至圆弧模式。
- 半宽：设置多段线起始与结束的上下部分宽度值，即宽度的两倍。
- 长度：绘制出与上一段角度相同的线段。
- 放弃：退回至上一点。
- 宽度：设置多段线起始与结束的宽度值。

（2）编辑多段线

在绘图过程中，有些图形使用多段线无法一次绘制完成，过后还需要对多段线进行编辑，有时会根据需要将其他图形转换成多段线或将多段线转换成其他图形。

用户可以通过以下几种方式编辑多段线。

输入选项

- 闭合(C)
- 合并(J)
- 宽度(W)
- 编辑顶点(E)
- 拟合(F)
- 样条曲线(S)
- 非曲线化(D)
- 线型生成(L)
- 反转(R)
- 放弃(U)

图 4-43　多段线编辑快捷菜单

• 菜单栏：执行“修改>对象>多段线”命令。

• 功能区：在“默认”选项卡的“修改”面板中单击“编辑多段线”按钮。

• 工具栏：单击“修改Ⅱ”工具栏中单击“编辑多段线”按钮。

• 命令行：输入 PEDIT 命令，然后按回车键。

• 双击多段线。

执行“修改>对象>多段线”命令，根据动态提示选择多段线，即会弹出快捷菜单，用户可根据需要进行选择，如图 4-43 所示。

列表中常用选项说明如下。

• 闭合：封闭所编辑的多段线，自动以最后一段的绘图模式连接多段线的起点和终点。

• 合并：将直线、圆弧或多段线连接到指定的非闭合多段线上。

• 宽度：重新设置编辑的多段线宽度。

• 拟合：采用双圆弧曲线拟合多段线的拐角。

• 样条曲线：用样条曲线拟合多段线。

• 非曲线化：删除在执行“拟合”或“样条曲线”选项操作时插入的额外顶点，并拉直多段线中所有线段。

技术要点

“直线”命令和“多段线”命令都可以绘制首尾相连的线段，它们的区别在于，直线所绘制的是独立的线段；而多段线则可在直线和圆弧曲线之间切换，并且绘制的段线是一条完整的线段。

动手练习——利用多段线绘制箭头图标

扫一扫　看视频

下面介绍如何利用多段线绘制一个带宽度的箭头图标，具体操作步骤如下。

Step01 执行“多段线”命令，根据动态提示指定起点位置，如图 4-44 所示。

Step02 在开始绘制之前先输入“w”命令，如图 4-45 所示。

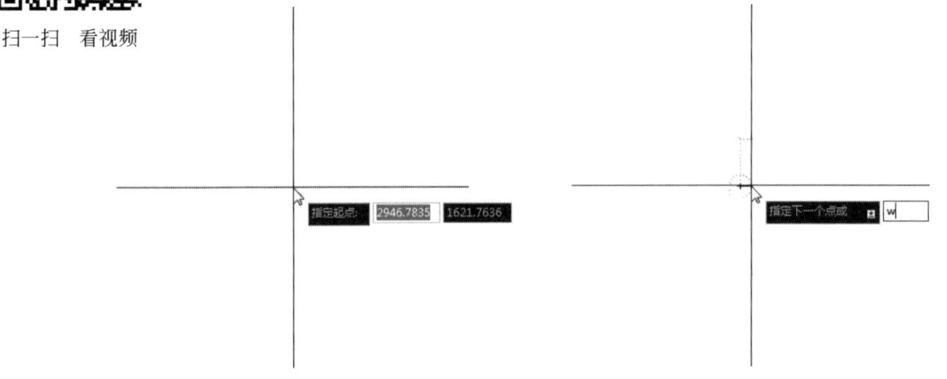

图 4-44　指定多段线起点　　图 4-45　输入“w”命令

▸Step03 按回车键后根据提示输入起点宽度值“50”，如图 4-46 所示。

▸Step04 继续按回车键，再输入端点宽度值“50”，如图 4-47 所示。

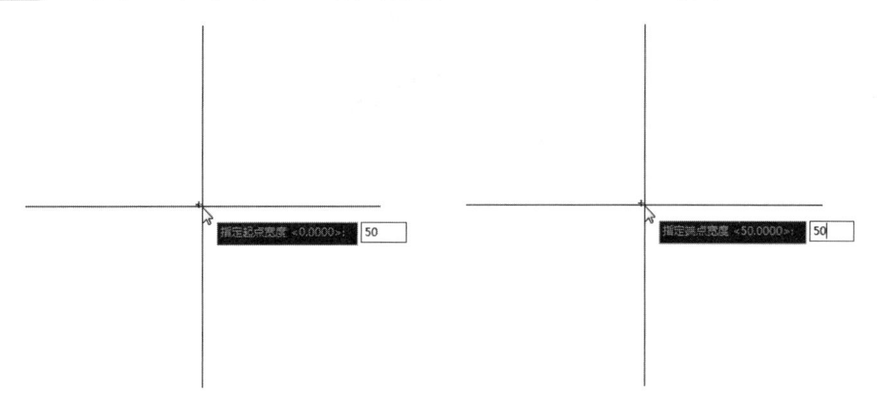

图 4-46　输入起点宽度值　　　　图 4-47　输入端点宽度值

▸Step05 向右移动光标，输入长度数值“100”，如图 4-48 所示。

▸Step06 按回车键后即可创建一段长 100mm 宽 50mm 的线段，再次输入“w”命令，如图 4-49 所示。

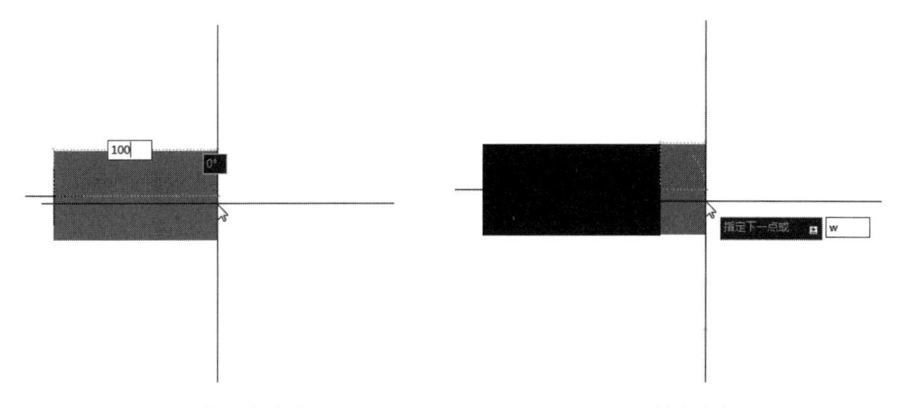

图 4-48　输入长度值　　　　图 4-49　输入命令“w”

▸Step07 继续按回车键，根据动态提示输入起点宽度值“150”，如图 4-50 所示。

▸Step08 按回车键后再设置终点宽度值为“0”，再按回车键后移动光标，输入第二段的长度值“60”，如图 4-51 所示。

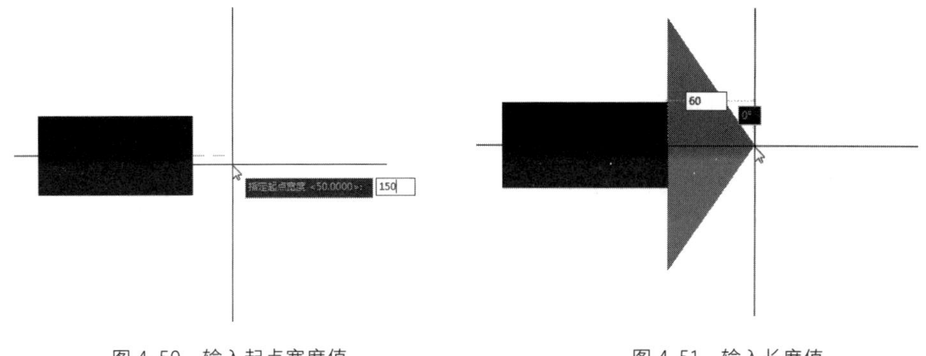

图 4-50　输入起点宽度值　　　　图 4-51　输入长度值

▶Step09 连续按两次回车键，即可完成箭头图形的绘制，效果如图 4-52 所示。

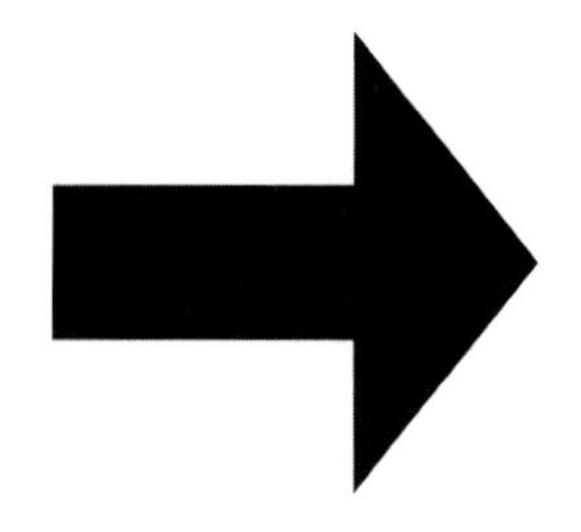

图 4-52　完成箭头图形的绘制

4.2.6 矩形

矩形就是通常说的长方形，是绘图中经常用到的图形，分为普通矩形、倒角矩形和圆角矩形，如图 4-53 所示。在使用该命令时，用户可指定矩形的两个对角点来确定矩形的大小和位置，当然也可指定矩形的长和宽来确定矩形。

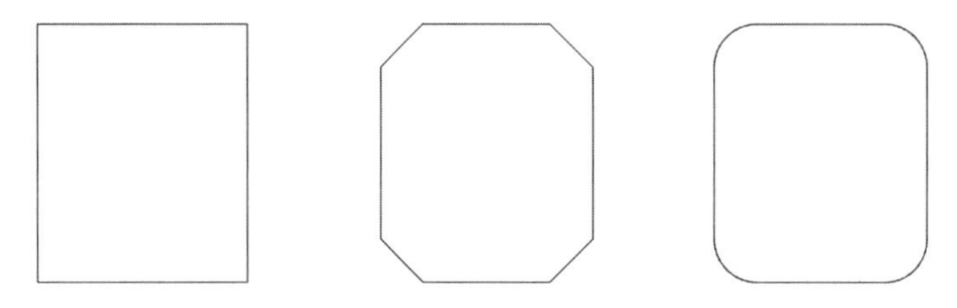

图 4-53　普通矩形、倒角矩形、圆角矩形

用户可以通过以下几种方式调用“矩形”命令。

- 从菜单栏执行“绘图>矩形”命令。
- 在“默认”选项卡“绘图”面板中单击“矩形”按钮□。
- 在“绘图”工具栏中单击“矩形”按钮。
- 在命令行输入 RECTANG 命令，然后按回车键。

执行“矩形”命令，根据命令行提示，指定矩形一个对角点后，移动光标指定另一个对角点即可。

命令行提示如下：

```
命令：_rectang
指定第一个角点或［倒角（C）/标高（E）/圆角（F）/厚度（T）/宽度（W）］：（指定矩形的角点）
指定另一个角点或［面积（A）/尺寸（D）/旋转（R）］：                    （指定另一个对角点）
```

命令行中各选项的含义如下：

- 倒角：用于绘制倒角矩形，选择该选项后需要指定矩形的倒角距离。
- 圆角：用于绘制圆角矩形，选择该选项后需要指定矩形的圆角半径。
- 宽度：用于绘制有宽度的矩形，选择该选项后需要为矩形指定线宽。
- 面积：该选项提供另一种绘制矩形的方式，即通过确定矩形面积大小的方式来绘制矩形。
- 尺寸：该选项通过输入矩形的长宽来确定矩形的大小。
- 旋转，选择该选项可以指定绘制矩形的旋转角度。

注意事项

利用“直线”命令也可绘制出长方形，但与“矩形”命令绘制出的图形有所不同。前者绘制的长方形，其线段都是独立存在的；而后者绘制出的长方形，则是一个整体闭合线段。

动手练习——绘制尺寸为 300mm×200mm 的矩形

下面介绍如何绘制矩形，具体操作步骤如下。

Step01 执行“矩形”命令，根据动态提示指定第一个角点的位置，如图 4-54 所示。

Step02 在指定角点之前先输入“d”命令，如图 4-55 所示。

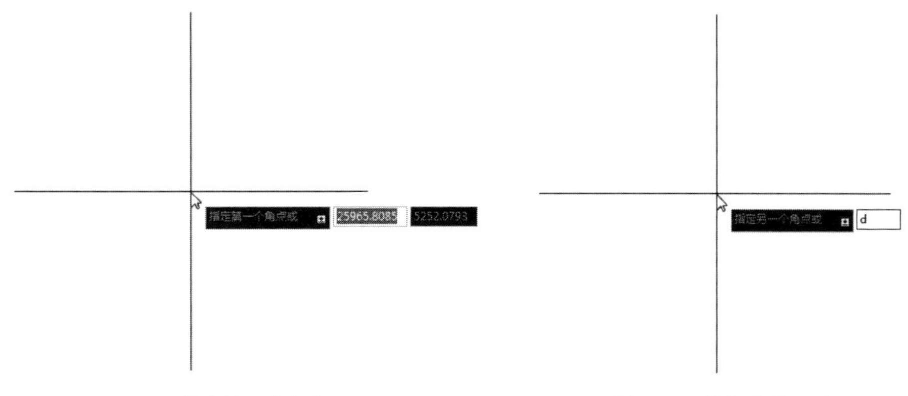

图 4-54　指定第一个角点　　　图 4-55　输入“d”命令

Step03 按回车键后根据提示输入矩形的长度“300”，再按回车键后输入矩形的宽度“200”，如图 4-56、图 4-57 所示。

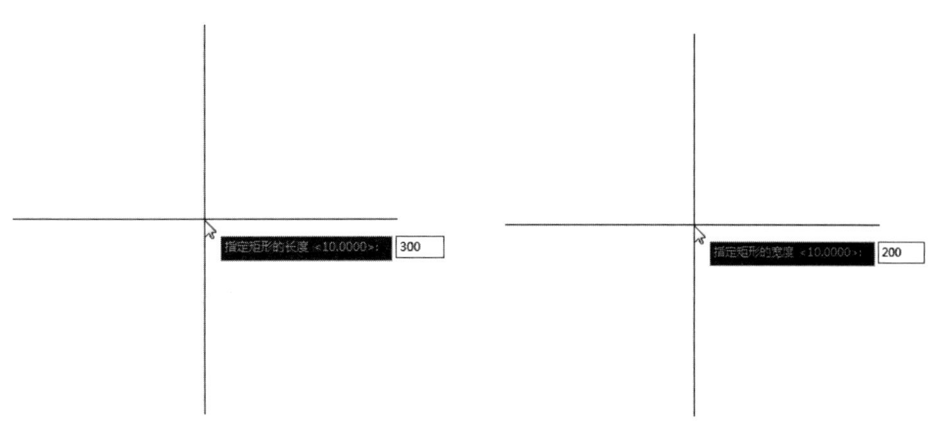

图 4-56　输入矩形长度　　　图 4-57　输入矩形宽度

Step04 再按回车键后指定矩形的位置，即可完成矩形的绘制，如图 4-58 所示。

Step05 除此之外，还可以通过直接输入尺寸的方式绘制矩形，如图 4-59 所示。

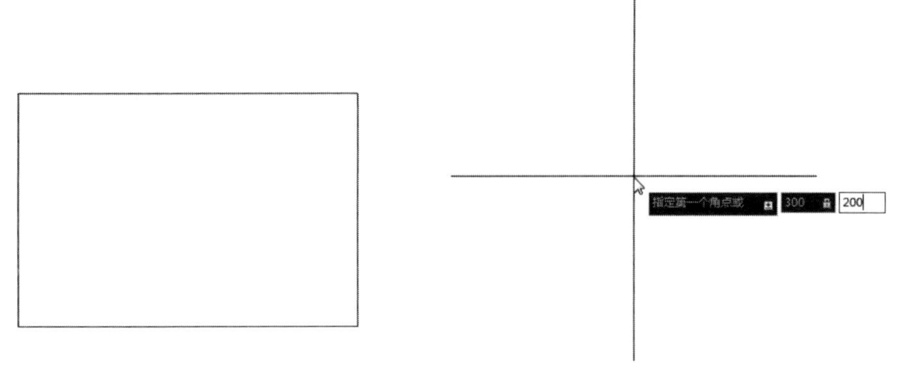

图 4-58　指定矩形位置　　　　图 4-59　直接输入尺寸绘制矩形

动手练习——绘制橱柜

扫一扫　看视频

下面将利用直线、定数等分和矩形命令来绘制橱柜图形。

Step01 按 F8 键开启正交功能，执行"绘图>直线"命令，绘制长 2000mm、宽 800mm 的长方形，如图 4-60 所示。

Step02 执行"偏移"命令，将上方边线向下偏移 40mm 的距离，如图 4-61 所示。

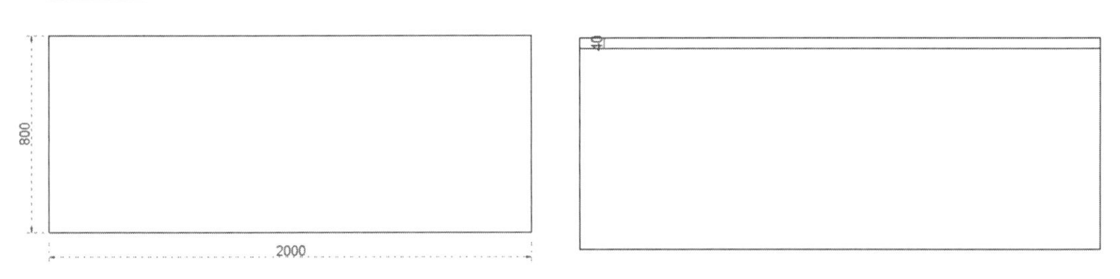

图 4-60　绘制长方形　　　　图 4-61　偏移直线

技术要点

偏移"命令是绘图过程中经常用到的命令，读者可以在后面的章节学习该命令的使用方法。

Step03 执行"定数等分"命令，根据动态提示选择要等分的边线，如图 4-62 所示。

Step04 选择边线后，再根据提示输入等分线段数目"4"，如图 4-63 所示。

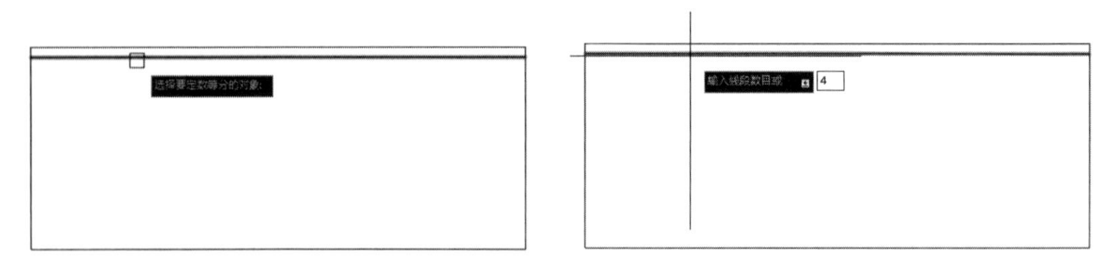

图 4-62　选择等分对象　　　　图 4-63　输入线段数目

▶Step05 按回车键后即可完成定数等分操作，可以看到该直线上自动创建了三个点，将直线等分为4份，如图4-64所示。

▶Step06 执行“直线”命令，捕捉绘制3条直线，如图4-65所示。

图4-64　完成等分操作

图4-65　绘制直线

▶Step07 继续捕捉绘制门板装饰斜线，如图4-66所示。

▶Step08 执行“矩形”命令，绘制长120mm、宽25mm的矩形作为柜门拉手，再进行复制，如图4-67所示。

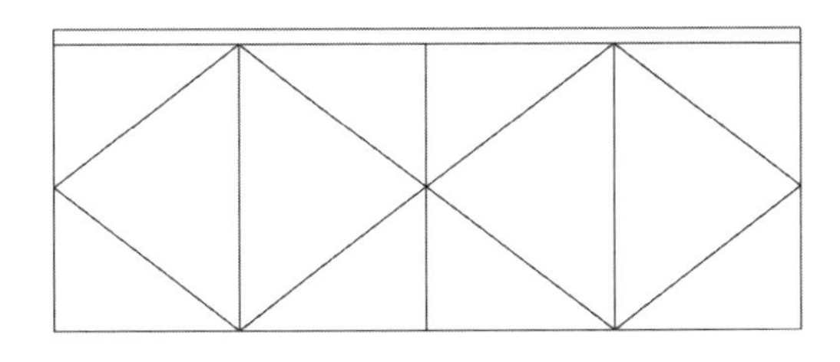

图4-66　绘制装饰线

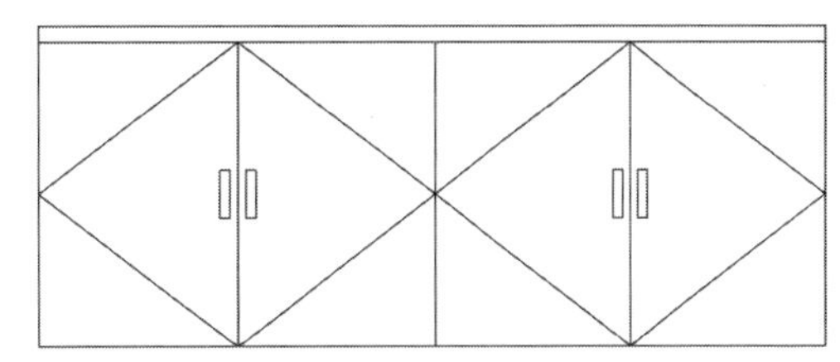

图4-67　绘制并复制矩形

4.2.7 多边形

多边形是由3条或3条以上条边长相等的闭合线段组合而成的，其边数范围值为3～1024，边数值越高，越接近圆形。

用户可以通过以下几种方式调用“多边形”命令。

- 从菜单栏执行“绘图>多边形”命令。
- 在“默认”选项卡的“绘图”面板中单击“多边形”按钮⬠。
- 在“绘图”工具栏中单击“多边形”按钮。
- 在命令行输入POLYGON命令，然后按回车键。

执行“多边形”命令，先设定好多边形的边数，然后指定多边形的中心点，选择内接于圆还是外切于圆，最后输入圆半径值，按回车键即可。

命令行提示如下：

```
命令：POLYGON
输入侧面数<7>：5                                        （输入多边形边数）
指定正多边形的中心点或［边（E）］：                        （指定多边形中心点）
输入选项［内接于圆（I）/外切于圆（C）］<I>：I              （选择多边形与圆的关系）
指定圆的半径：80                                        （输入圆半径，按回车键）
```

命令行中各选项的含义如下：

- 中心点：通过指定正多边形中心点来绘制正多边形。

• 边：通过指定多边形边的数量来绘制正多边形。

• 内接于圆/外切于圆：内接于圆指定多边形通过内接圆半径的方式来绘制，外切于圆指定多边形通过外切圆半径的方式来绘制。内接于圆是多边形在一个虚构的圆内，如图 4-68 所示；外切于圆则是多边形在一个虚构的圆外，如图 4-69 所示。

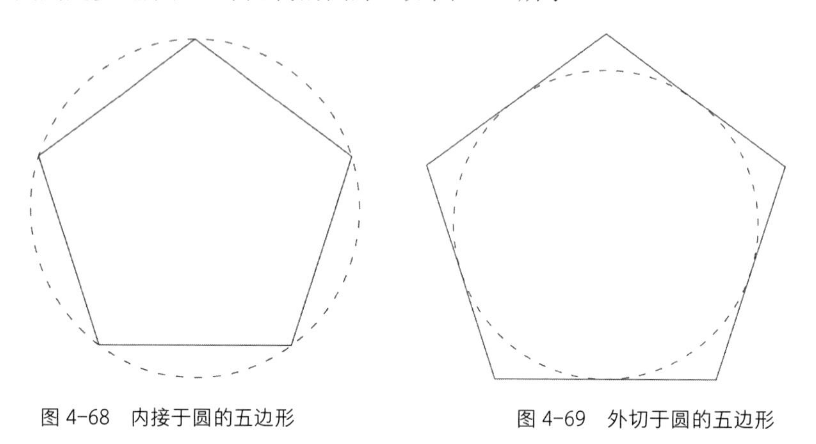

图 4-68　内接于圆的五边形　　图 4-69　外切于圆的五边形

技术要点

在绘制多边形时，除了可以通过指定多边形的中心点来绘制正多边形之外，还可以通过指定多边形的一条边来进行绘制。

动手练习——绘制正八边形

下面介绍如何绘制正八边形，具体操作步骤如下。

Step01 执行“多边形”命令，根据指针旁的动态提示输入侧面数“8”，如图 4-70 所示。

Step02 按回车键确认后指定正多边形的中心点，如图 4-71 所示。

图 4-70　输入侧面数　　图 4-71　指定中心点

Step03 单击确定中心点，再根据动态提示选择“内接于圆”，如图 4-72 所示。

Step04 移动光标，再输入圆的半径值“100”，如图 4-73 所示。

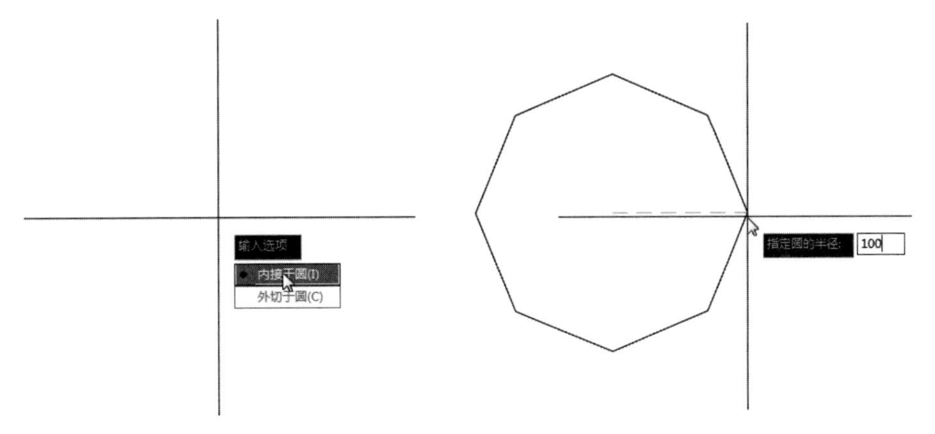

图 4-72　选择“内接于圆”　　　图 4-73　输入半径值

Step05 按回车键确认即可完成正八边形的绘制，如图 4-74 所示。

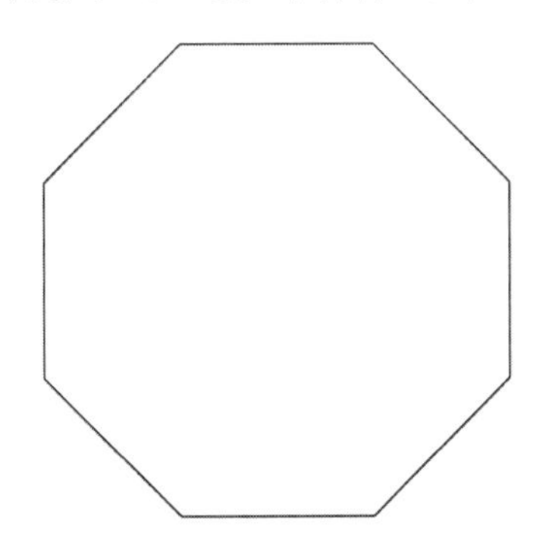

图 4-74　完成正八边形的绘制

4.3　曲线类图形

曲线类图形是绘图中经常会用到的图形，包括圆、圆弧、椭圆、样条曲线、螺旋线等。本节将对常见曲线的绘制方法进行详细介绍。

4.3.1　圆

扫一扫　看视频

圆是使用较为频繁的图形，在室内、园林、机械等图纸的绘制中都经常用。用户可以通过以下几种方式调用“圆”命令。

- 从菜单栏执行“绘图>圆”命令，在展开的三级菜单中可选择需要的绘制方式，如图 4-75 所示。
- 在“默认”选项卡“绘图”面板中单击“圆”按钮下方的小三角符号 ▾ ，在展开的列表中可根据需要选择绘制圆的方式，如图 4-76 所示。
- 在“绘图”工具栏中单击“圆”按钮。
- 在命令行输入 CIRCLE 命令，然后按回车键。

图 4-75　菜单栏命令

图 4-76　功能区列表

要绘制圆，可以通过指定圆心、半径的方式，也可以任意拉取半径长度绘制。AutoCAD 为用户提供了 6 种绘制圆的方法。

- 圆心、半径：该方式需要先确定圆心位置，然后输入半径值或者直径值，即可绘制出圆形。命令行提示如下：

```
命令：_circle
指定圆的圆心或［三点（3P）/两点（2P）/切点、切点、半径（T）］：
指定圆的半径或［直径（D）］<500>：
```

- 圆心、直径：该方式是通过指定圆心位置和直径值进行绘制。命令行提示如下：

```
命令：_circle
指定圆的圆心或［三点（3P）/两点（2P）/切点、切点、半径（T）］：
指定圆的半径或［直径（D）］<500.0000>：_d 指定圆的直径<1000.0000>：1000
```

- 两点：该方式是通过在绘图区随意指定两点作为直径两侧的端点来绘制出一个圆。命令行提示如下：

```
命令：_circle
指定圆的圆心或［三点（3P）/两点（2P）/切点、切点、半径（T）］：_2p 指定圆直径的第一个端点：
指定圆直径的第二个端点：
```

- 三点：该方式是通过在绘图区任意指定圆上的三点即可绘制出一个圆。命令行提示如下：

```
命令：_circle
指定圆的圆心或［三点（3P）/两点（2P）/切点、切点、半径（T）］：_3p 指定圆上的第一个点：
指定圆上的第二个点：
指定圆上的第三个点：
```

- 相切、相切、半径：该方式需要指定图形对象的两个相切点，再输入半径值即可绘制圆。命令行提示如下：

```
命令：_circle
指定圆的圆心或［三点（3P）/两点（2P）/切点、切点、半径（T）］：_ttr
指定对象与圆的第一个切点：
```

指定对象与圆的第二个切点：

指定圆的半径<1109.2209>：200

• 相切、相切、相切：该方式需要指定已有图形对象的三个点作为圆的相切点，即可绘制一个与该图形相切的圆。命令行提示如下：

命令：_circle

指定圆的圆心或［三点（3P）/两点（2P）/切点、切点、半径（T）］：_3p 指定圆上的第一个点：_tan 到

指定圆上的第二个点：_tan 到

指定圆上的第三个点：_tan 到

技术要点

圆心相同、半径不同的多个圆被称为同心圆。

动手练习——指定圆心、半径绘制圆

下面通过指定圆心、半径来绘制一个圆，具体操作步骤如下。

Step01 执行“圆心、半径”命令，根据提示指定圆的圆心，如图 4-77 所示。

Step02 单击确认后输入半径值“500”，再按回车键即可绘制一个半径为 500mm 的圆，如图 4-78 所示。

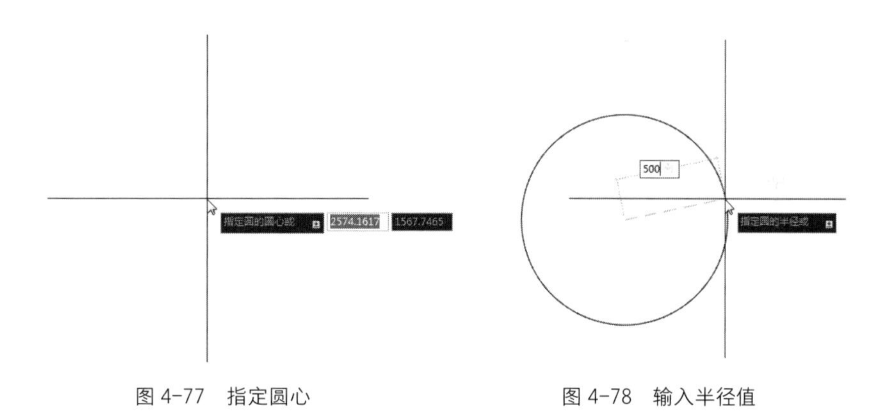

图 4-77　指定圆心　　　　图 4-78　输入半径值

Step03 按回车键确认即可绘制出一个圆。

动手练习——指定两点绘制圆

下面通过指定直径的两个端点位置来绘制一个圆，具体操作步骤如下。

Step01 执行“圆>两点”命令，根据提示指定圆直径的第一个端点，如图 4-79 所示。

Step02 移动光标，任意指定圆直径的第二个端点位置即可绘制出一个圆，如图 4-80 所示。

Step03 如果输入直径尺寸再按回车键，即可沿黄色虚线方向绘制出一个圆。

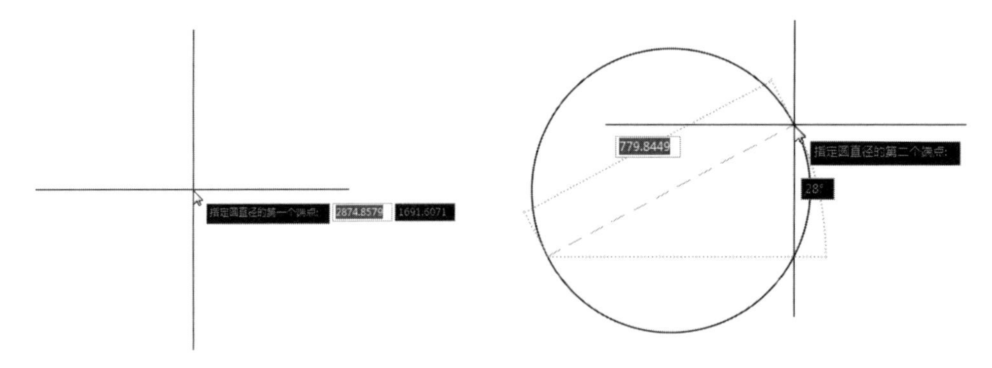

图 4-79　指定直径第一端点　　图 4-80　指定直径第二端点

 动手练习——指定两个相切点和半径绘制圆

下面绘制一个与矩形两点相切的圆，具体操作步骤如下。

▶Step01 执行“矩形”命令，绘制一个长宽皆为 500mm 的矩形，再执行“绘图>圆>相切、相切、半径”命令，根据提示在矩形的边上指定与圆的第一个切点，如图 4-81 所示。

▶Step02 移动光标再在矩形边上指定与圆的第二个切点，如图 4-82 所示。

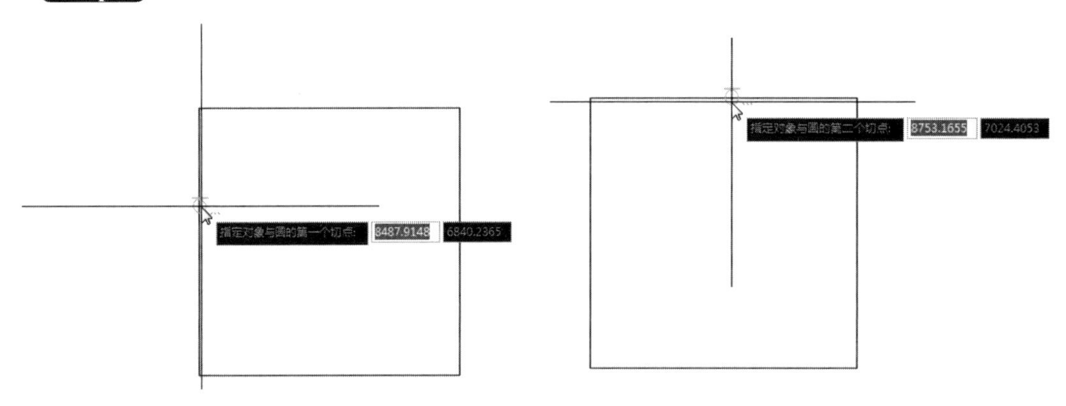

图 4-81　指定第一个切点　　图 4-82　指定第二个切点

▶Step03 接着指定圆的半径值，如图 4-83 所示。

▶Step04 按回车键后即可完成圆的绘制，如图 4-84 所示。

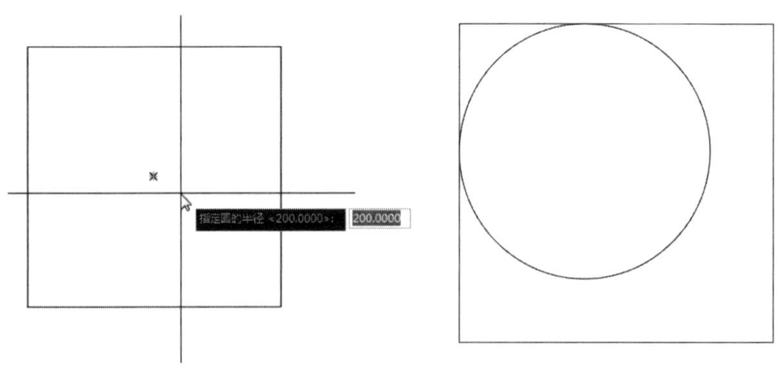

图 4-83　指定半径　　图 4-84　完成绘制

4.3.2 圆弧

圆弧是圆的一部分曲线，是与其半径相等的圆周的一部分。用户可以通过以下方式调用“圆弧”命令。

- 从菜单栏执行“绘图>圆弧”命令，在展开的三级菜单中可选择需要的绘制方式，如图4-85所示。
- 在“默认”选项卡“绘图”面板中单击“圆弧”按钮下方的小三角符号▾，在展开的列表中可根据需要选择绘制圆弧的方式，如图4-86所示。
- 在“绘图”工具栏中单击“圆弧”按钮。
- 在命令行输入ARC命令，然后按回车键。

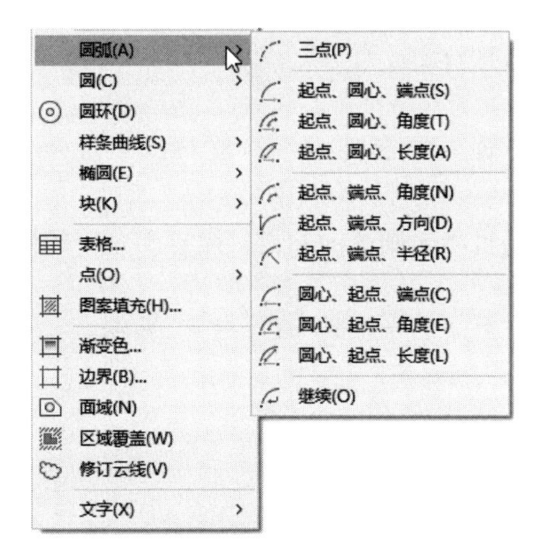

图4-85 圆弧的菜单栏命令

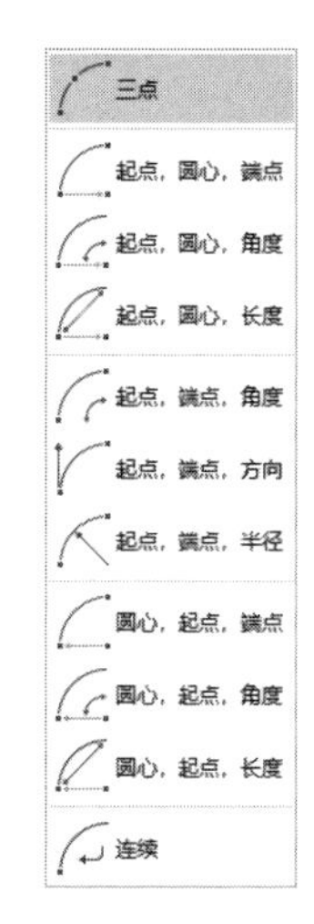

图4-86 圆弧的功能区命令

要绘制圆弧，可以通过指定起点、端点、圆心、半径等参数的方式。AutoCAD为用户提供了11种绘制圆弧的方法。

- 三点：该方式是通过指定三个点来创建一条圆弧曲线，第一个点为圆弧的起点，第二个点为圆弧上的点，第三个点为圆弧的端点。命令行提示如下：

```
命令：_arc
指定圆弧的起点或［圆心（C）］：
指定圆弧的第二个点或［圆心（C）/端点（E）］：
指定圆弧的端点：
```

- 起点、圆心、端点：该方式是通过指定圆弧的起点、圆心和端点绘制。命令行提示如下：

```
命令：_arc
指定圆弧的起点或［圆心（C）］：
指定圆弧的第二个点或［圆心（C）/端点（E）］：_c
指定圆弧的圆心：
指定圆弧的端点（按住Ctrl键以切换方向）或［角度（A）/弦长（L）］：
```

- 起点、圆心、角度：该方式是通过指定圆弧的起点、圆心和角度绘制。命令行提示如下：

```
命令：_arc
指定圆弧的起点或［圆心（C）］：
指定圆弧的第二个点或［圆心（C）/端点（E）］：_c
指定圆弧的圆心：
指定圆弧的端点（按住 Ctrl 键以切换方向）或［角度（A）/弦长（L）］：_a
指定夹角（按住 Ctrl 键以切换方向）：
```

● 起点、圆心、长度：该方式是通过指定弦长绘制。所指定的弦长不可以超过起点到圆心距离的两倍。命令行提示如下：

```
命令：_arc
指定圆弧的起点或［圆心（C）］：
指定圆弧的第二个点或［圆心（C）/端点（E）］：_c
指定圆弧的圆心：
指定圆弧的端点（按住 Ctrl 键以切换方向）或［角度（A）/弦长（L）］：_a
指定夹角（按住 Ctrl 键以切换方向）：
```

● 起点、端点、角度：该方式是通过指定圆弧的起点、端点和角度绘制。命令行提示如下：

```
命令：_arc
指定圆弧的起点或［圆心（C）］：
指定圆弧的第二个点或［圆心（C）/端点（E）］：_e
指定圆弧的端点：
指定圆弧的中心点（按住 Ctrl 键以切换方向）或［角度（A）/方向（D）/半径（R）］：_a
指定夹角（按住 Ctrl 键以切换方向）：
```

● 起点、端点、方向：该方式是通过指定圆弧的起点、端点和方向绘制。指定方向后单击鼠标左键，即可完成圆弧的绘制。命令行提示如下：

```
命令：_arc
指定圆弧的起点或［圆心（C）］：
指定圆弧的第二个点或［圆心（C）/端点（E）］：_e
指定圆弧的端点：
指定圆弧的中心点（按住 Ctrl 键以切换方向）或［角度（A）/方向（D）/半径（R）］：_d
指定圆弧起点的相切方向（按住 Ctrl 键以切换方向）：
```

● 起点、端点、半径：该方式是通过指定圆弧的起点、端点和半径绘制，绘制完成的圆弧的半径是指定的半径长度。命令行提示如下：

```
命令：_arc
指定圆弧的起点或［圆心（C）］：
指定圆弧的第二个点或［圆心（C）/端点（E）］：_e
指定圆弧的端点：
指定圆弧的中心点（按住 Ctrl 键以切换方向）或［角度（A）/方向（D）/半径（R）］：_r
指定圆弧的半径（按住 Ctrl 键以切换方向）：5000
```

● 圆心、起点、端点：该方式是通过先指定圆心再指定起点和端点绘制。命令行提示如下：

```
命令：_arc
指定圆弧的起点或［圆心（C）］：_c
指定圆弧的圆心：
指定圆弧的起点：
指定圆弧的端点（按住 Ctrl 键以切换方向）或［角度（A）/弦长（L）］：
```

● 圆心、起点、角度：该方式是通过指定圆弧的圆弧、起点和角度绘制。命令行提示如下：

```
命令：_arc
指定圆弧的起点或［圆心（C）］：_c
指定圆弧的圆心：
指定圆弧的起点：
指定圆弧的端点（按住 Ctrl 键以切换方向）或［角度（A）/弦长（L）］：_a
指定夹角（按住 Ctrl 键以切换方向）：
```

● 圆心、起点、长度：该方式是通过指定圆弧的圆心、起点和长度绘制。命令行提示如下：

```
命令：_arc
指定圆弧的起点或［圆心（C）］：_c
指定圆弧的圆心：
指定圆弧的起点：
指定圆弧的端点（按住 Ctrl 键以切换方向）或［角度（A）/弦长（L）］：_l
指定弦长（按住 Ctrl 键以切换方向）：
```

● 连续：使用该方法绘制的圆弧将与最后一个创建的对象相切。命令行提示如下：

```
命令：_arc
指定圆弧的起点或［圆心（C）］：
指定圆弧的端点（按住 Ctrl 键以切换方向）：
```

注意事项

圆弧的方向有顺时针和逆时针之分。默认情况下，系统按照逆时针方向绘制圆弧。因此，在绘制圆弧时一定要注意起点和端点的相对位置，否则有可能导致所绘制的圆弧与预期圆弧的方向相反。

4.3.3 椭圆

椭圆有长半轴和短半轴，长半轴与短半轴的值决定了椭圆曲线的形状，用户通过设置椭圆的起始角度和终止角度可以绘制椭圆弧。

用户可以通过以下方式调用“椭圆”命令。

● 从菜单栏执行“绘图>椭圆”命令，在展开的三级菜单中可选择需要的绘制方式，如图 4-87 所示。

● 在“默认”选项卡“绘图”面板中单击“椭圆”按钮右侧的小三角符号 ▾ ，在展开的列表中可根据需要选择绘制椭圆的方式，如图 4-88 所示。

● 在“绘图”工具栏中单击“椭圆”按钮。

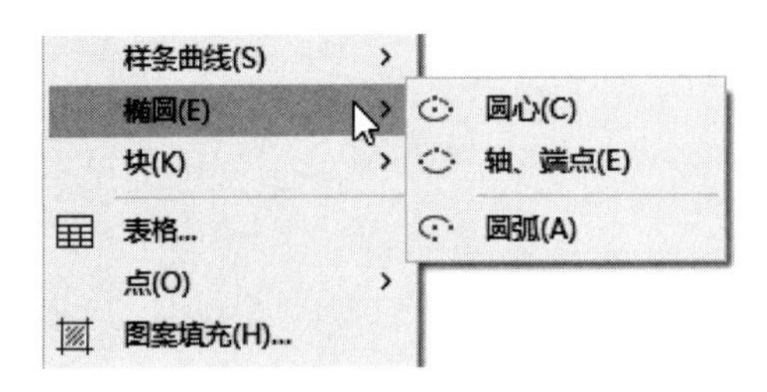

图 4-87　椭圆的菜单栏命令

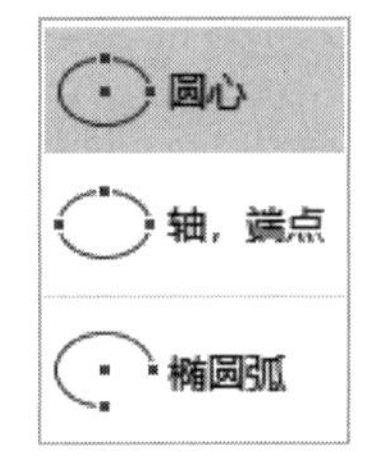

图 4-88　椭圆的功能区命令

- 在命令行输入 ELLIPSE 命令，然后按回车键。

AutoCAD 为用户提供了 3 种绘制椭圆的方法，分别为“圆心”“轴、端点”“椭圆弧”，其中“圆心”方式为系统默认的绘制椭圆的方式。

- 圆心：该模式是指定一个点作为椭圆曲线的圆心点，然后再分别指定椭圆曲线的长半轴长度和短半轴长度。命令行提示如下：

```
命令：_ellipse
指定椭圆的轴端点或［圆弧（A）/中心点（C）］：_c
指定椭圆的中心点：
指定轴的端点：
指定另一条半轴长度或［旋转（R）］：
```

- 轴、端点：该模式是指定一个点作为椭圆曲线半轴的起点，指定第二个点为长半轴（或短半轴）的端点，指定第三个点为短半轴（或长半轴）的端点。命令行提示如下：

```
命令：_ellipse
指定椭圆的轴端点或［圆弧（A）/中心点（C）］：
指定轴的另一个端点：
指定另一条半轴长度或［旋转（R）］：
```

- 椭圆弧：该模式的创建方法与“轴、端点”的创建方式相似。使用该方法创建的椭圆可以是完整的椭圆，也可以是其中的一段圆弧。命令行提示如下：

```
命令：_ellipse
指定椭圆的轴端点或［圆弧（A）/中心点（C）］：_a
指定椭圆弧的轴端点或［中心点（C）］：
指定轴的另一个端点：
指定另一条半轴长度或［旋转（R）］：
指定起点角度或［参数（P）］：
指定端点角度或［参数（P）/夹角（I）］：
```

动手练习——指定圆心绘制椭圆

扫一扫　看视频

下面通过指定圆心的方式绘制一个椭圆，具体操作步骤如下。

Step01 执行“椭圆>圆心”命令，根据动态提示指定椭圆圆心，如图 4-89 所示。

Step02 移动光标指定一条轴的端点位置，也可以直接输入半轴的长度，如图 4-90 所示。

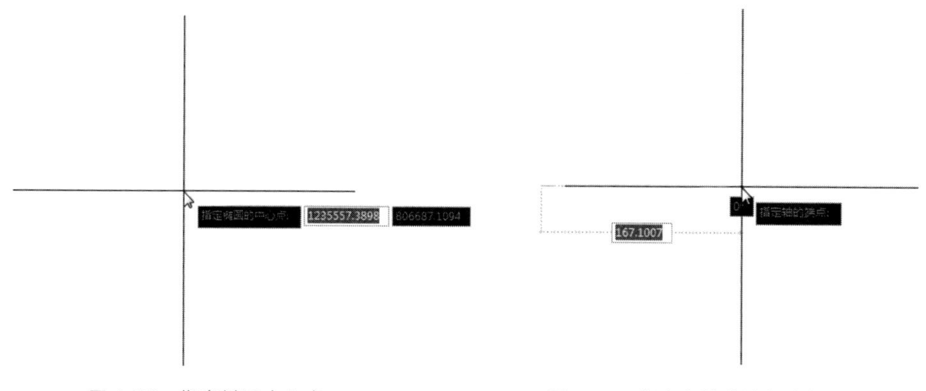

图 4-89　指定椭圆中心点　　　　图 4-90　指定半轴的端点或长度

Step03 继续移动光标指定另一条轴的端点，或者输入半轴长度，如图 4-91 所示。

Step04 确定端点后单击确认，即可完成椭圆的绘制，如图 4-92 所示。

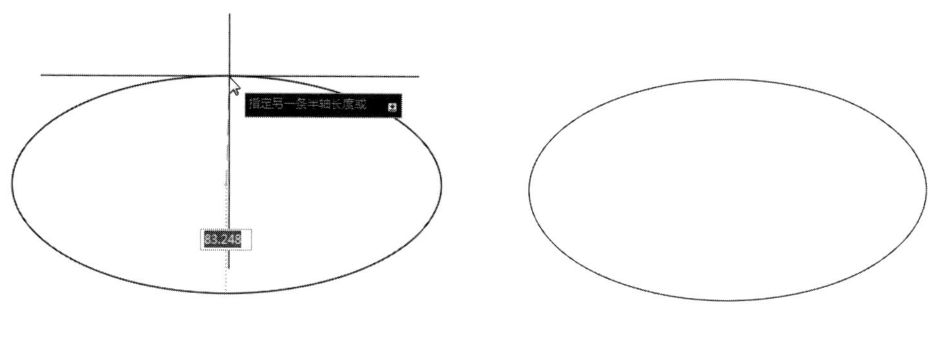

图 4-91　指定另一条半轴端点或长度　　　　图 4-92　绘制椭圆

4.3.4 圆环

圆环是由两个圆心相同、半径不同的圆组成的，分为填充环和实体填充圆，也可将其看作带有宽度的闭合多段线。

用户可以通过以下方式调用“椭圆”命令。

- 从菜单栏执行“绘图>圆环”命令。
- 在“默认”选项卡的“绘图”面板中单击“圆环”按钮◎。
- 在命令行输入 DONUT 命令，然后按回车键。

执行“圆环”命令，先指定好圆环的内径和外径参数，然后在绘图区中指定好中心点即可。命令行提示如下：

命令：_donut
指定圆环的内径<0.5000>：指定第二点：200　　（指定内径）
指定圆环的外径<1.0000>：300　　（指定外径）
指定圆环的中心点或<退出>：　　（指定中心点）
指定圆环的中心点或<退出>：

技术要点

用户可以通过设置变量 FILLMODE 来控制圆环的显示，当 FILLMODE 的值为 1 时，圆环显示为实体填充；当 FILLMODE 的值为 0 时，圆环显示为填充圆环，如图 4-93 所示。

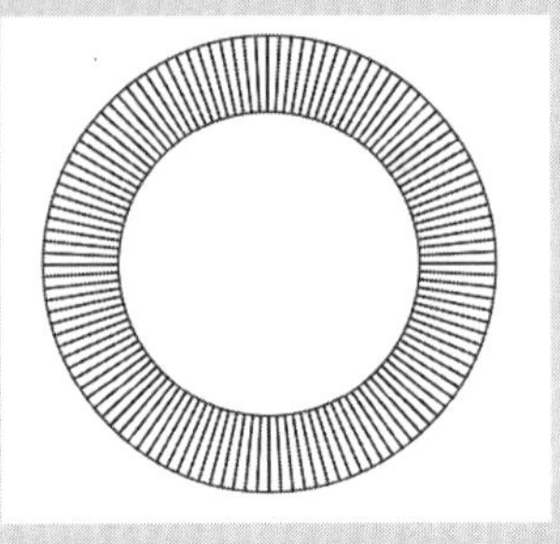

图 4-93　填充圆环

动手练习——绘制圆环

扫一扫　看视频

下面介绍圆环的绘制方式，具体操作步骤如下。

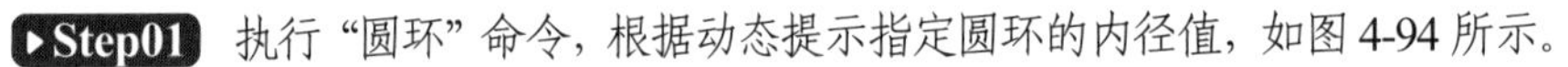

Step01 执行“圆环”命令，根据动态提示指定圆环的内径值，如图 4-94 所示。

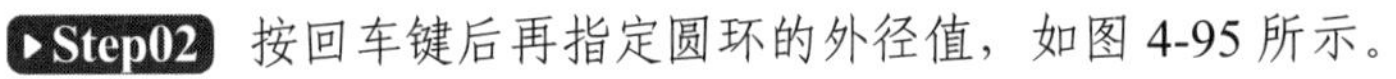

Step02 按回车键后再指定圆环的外径值，如图 4-95 所示。

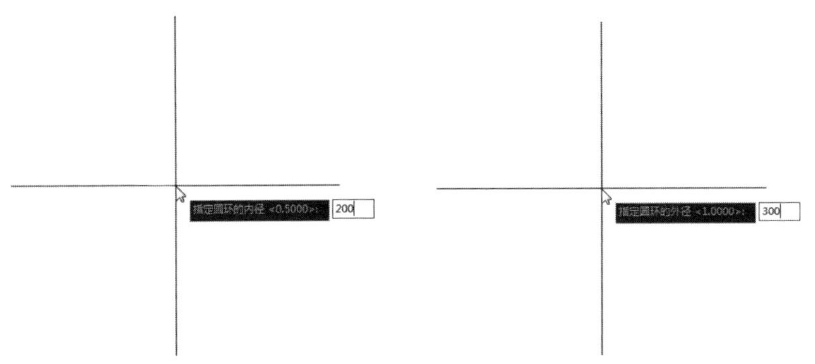

图 4-94　指定圆环的内径值　　　图 4-95　指定圆环的外径值

Step03 继续按回车键，再指定圆环的中心点位置，如图 4-96 所示。

Step04 单击确定位置后，再按回车键一次，即可完成圆环的绘制，如图 4-97 所示。

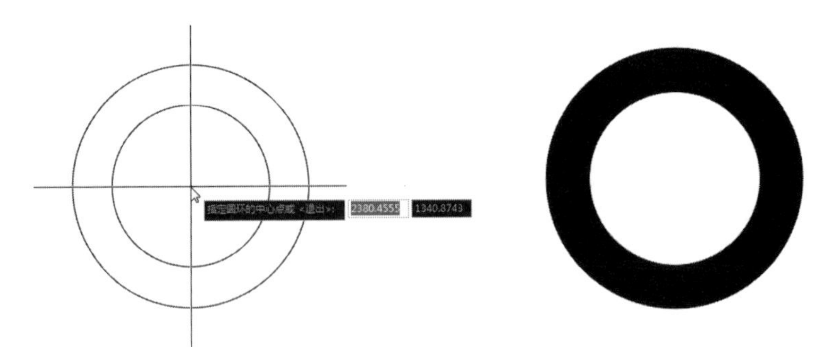

图 4-96　指定圆环的中心点位置　　　图 4-97　绘制出圆环

4.3.5 样条曲线

样条曲线是经过或接近一系列给定点的平滑曲线，可以被自由编辑，也可以控制曲线与点的拟合程度。在景观设计中常用此命令来绘制水体、流水线的园路及模纹等；在建筑制图中，常用来表示剖面符号等图形；在机械产品设计领域，常用于表示某些工艺品的轮廓线或剖面线。

用户可以通过以下几种方式调用“样条曲线”命令。

- 从菜单栏执行“绘图>样条曲线>拟合点/控制点”命令。
- 在“默认”选项卡的“绘图”面板中单击“样条曲线拟合”按钮或“样条曲线控制点”按钮。
- 在“绘图”工具栏中单击“样条曲线”按钮。
- 在命令行输入 SPLINE 命令，然后按回车键。

执行“样条曲线”命令，在绘图区中指定好线段的起点，然后依次指定下一点，直到结束，按回车键完成操作。

命令行提示如下：

```
命令：_SPLINE
当前设置：方式=拟合节点=弦
指定第一个点或［方式（M）/节点（K）/对象（O）］：_M
输入样条曲线创建方式［拟合（F）/控制点（CV）］<拟合>:
```

命令行中各选项的含义如下：

- 节点：指 NURBS 曲线中控制点影响的范围。
- 拟合：指在曲线上的点。
- 控制点：指 NURBS 曲线的控制点。

“样条曲线拟合”命令绘制出的曲线，其控制点位于曲线上；而“样条曲线控制点”命令绘制出的曲线，其控制点在曲线旁边，如图 4-98、图 4-99 所示。

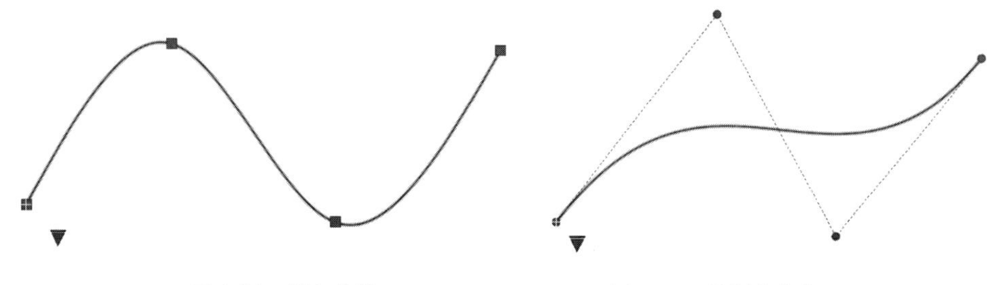

图 4-98　拟合曲线　　　图 4-99　控制点曲线

4.3.6 修订云线

修订云线是一类特殊的线条，其形状类似云朵，主要用于突出显示图样中已修改的部分，其组成参数包括多个控制点、最大弧长和最小弧长。

用户可以通过以下几种方式调用“修订云线”命令。

- 从菜单栏执行“绘图>修订云线”命令。
- 在“默认”选项卡“绘图”面板中单击“修订云线”按钮右侧的小三角符号▼，在展开的列表中可根据需要选择绘制修订云线的类型，如图 4-100 所示。

图 4-100　修订云线的功能区命令

- 在“绘图”工具栏中单击“修订云线”按钮。
- 在命令行输入 REVCLOUD 命令，然后按回车键。

执行“修订云线”命令，指定云线的起点后，依次指定下一点的位置即可。

命令行提示如下：

命令：_revcloud

最小弧长：50 最大弧长：100 样式：普通类型：徒手画

指定第一个点或［弧长（A）/对象（O）/矩形（R）/多边形（P）/徒手画（F）/样式（S）/修改（M）］<对象>：_F

指定第一个点或［弧长（A）/对象（O）/矩形（R）/多边形（P）/徒手画（F）/样式（S）/修改（M）］<对象>：

沿云线路径引导十字光标...

修订云线完成。

命令行中各选项的含义如下：

- 弧长：设定修订云线中弧线长度的最大值和最小值，最大弧长不能大于最小弧长的 3 倍。
- 对象：将闭合对象转换为云状线，还可以调整弧线的方向。
- 多边形：创建多边形云线。
- 徒手画：以徒手方式绘制云线。
- 样式：可指定云线样式为“普通”或“手绘”。
- 修改：编辑现有云线。

动手练习——绘制修订云线

扫一扫 看视频

下面介绍修订云线的绘制方法，具体操作步骤如下。

Step01 执行“修订云线”命令，在指定第一个点之前先设置弧长，输入“a”命令，如图 4-101 所示。

Step02 按回车键确认后，再根据动态提示输入最小弧长值，这里输入“100”，如图 4-102 所示。

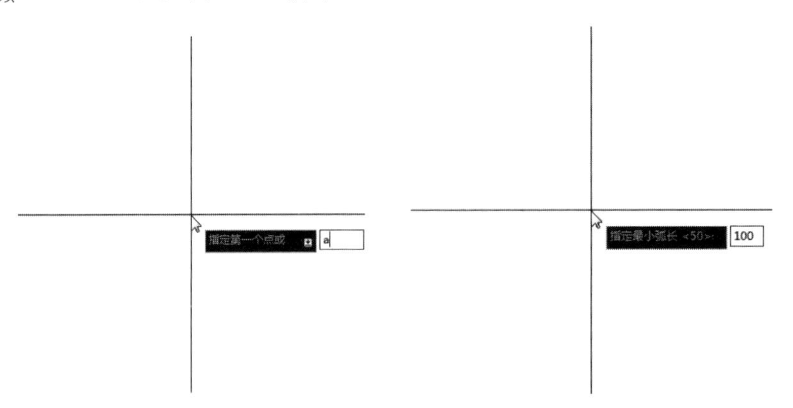

图 4-101 输入“a”命令　　图 4-102 输入最小弧长

Step03 继续按回车键，再输入最大弧长，这里输入“300”，如图 4-103 所示。

Step04 在绘图区指定第一点并移动光标，最后将光标再移动到第一点的位置，即可自动完成修订云线的绘制，如图 4-104 所示。

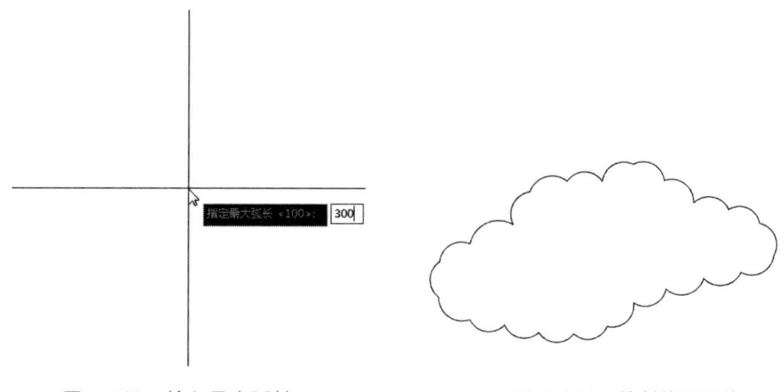

图 4-103　输入最大弧长　　　　图 4-104　绘制修订云线

技术要点

在绘制修订云线的过程中，用户可以使用鼠标单击沿途各点，也可以直接拖动鼠标自动生成，当开始点和结束点接近时云线会自动封闭，并提示“云线完成”，此时生成的对象是多段线。

4.3.7 螺旋线

在二维绘图空间中，螺旋线常被用来创建具有螺旋特征的曲线，其底面半径和顶面半径决定了螺旋线的形状，用户还可以控制螺旋线的圈间距。

用户可以通过以下几种方式调用“螺旋”命令。

- 从菜单栏执行“绘图>螺旋”命令。
- 在“默认”选项卡“绘图”面板中单击“螺旋”按钮。
- 在命令行输入 HELIX 命令，然后按回车键。

执行“螺旋”命令，用户可以根据命令行中的提示信息来绘制螺旋线。

命令行提示如下：

命令：_Helix
圈数=3.0000 扭曲=CCW
指定底面的中心点：（指定螺旋线中点位置）
指定底面半径或［直径（D）］<100.0000>：100（设置底面半径）
指定顶面半径或［直径（D）］<100.0000>：300（设置顶面半径）
指定螺旋高度或［轴端点（A）/圈数（T）/圈高（H）/扭曲（W）］<300.0000>：（设定螺旋线高度值，按回车键）

动手练习——绘制螺旋线

下面介绍螺旋线的绘制方法，具体操作步骤如下。

Step01 执行“螺旋线”命令，根据提示指定螺旋线底面的中心点，如图 4-105 所示。

Step02 接着移动光标，指定底面半径值，这里输入“100”，如图 4-106 所示。

Step03 按回车键后，再指定顶面半径，这里输入“300”，如图 4-107 所示。

Step04 再按两次回车键，即可完成螺旋线的绘制，如图 4-108 所示。

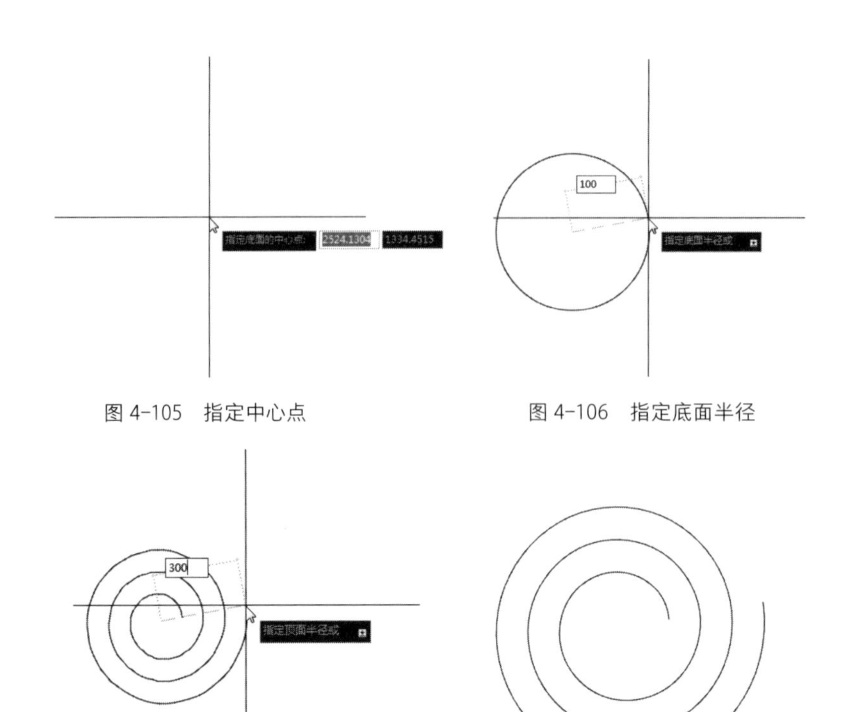

图 4-105　指定中心点　　图 4-106　指定底面半径

图 4-107　输入顶面半径　　图 4-108　完成绘制

实战演练 1——绘制三角垫片

扫一扫　看视频

下面介绍三角垫片图形的绘制，主要用到“多边形”“圆”“直线”“圆角”等知识，其中“圆角”命令会在下一章中进行详细介绍。具体绘制步骤如下。

▶Step01 执行“多边形”命令，在指定中心点之前先设定多边形的侧边数，这里输入“3”，如图 4-109 所示。

▶Step02 按回车键后再根据动态提示选择“内接于圆”选项，如图 4-110 所示。

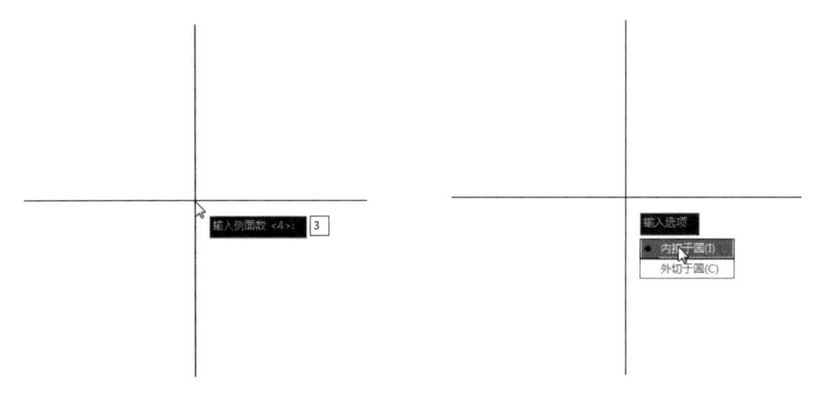

图 4-109　输入侧边数　　图 4-110　选择“内接于圆”选项

▶Step03 指定多边形中心点，移动光标，输入圆的半径值“30”，如图 4-111 所示。

▶Step04 按回车键后完成等边三角形的绘制，如图 4-112 所示。

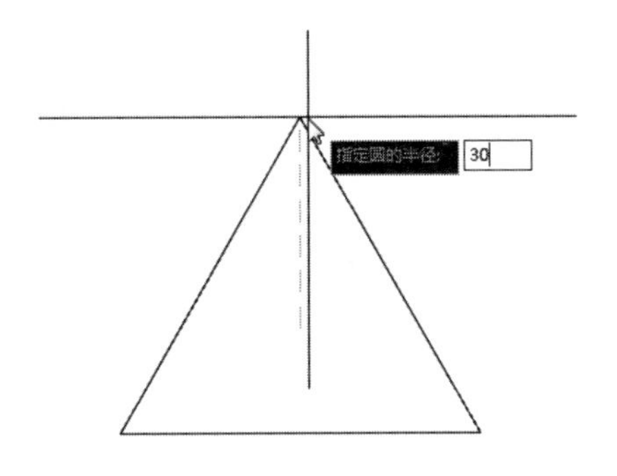

图 4-111　输入圆的半径值

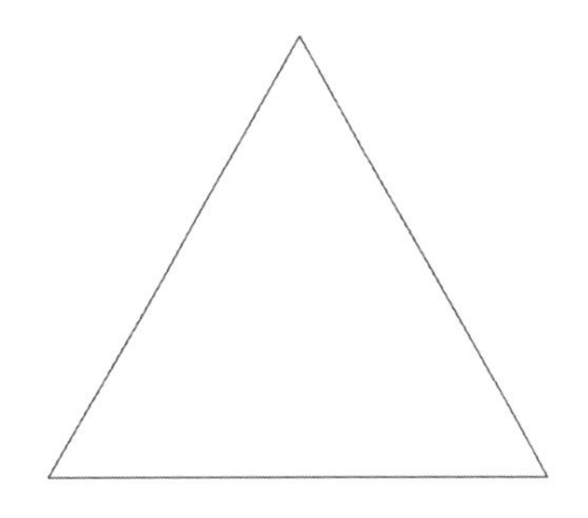
图 4-112　绘制三角形

▶Step05 执行“圆角”命令，输入“r”命令，按回车键后设置圆角半径尺寸为 5，再按回车键即可对三角形的三个角进行圆角处理，如图 4-113 所示。

命令行提示如下：

命令：_fillet

当前设置：模式 = 修剪，半径 = 0.0000

选择第一个对象或［放弃（U）/多段线（P）/半径（R）/修剪（T）/多个（M）］：r（选择“半径”）

指定圆角半径 <0.0000>：5　（输入半径值）

选择第一个对象或［放弃（U）/多段线（P）/半径（R）/修剪（T）/多个（M）］：（选择倒角的一条边）

选择第二个对象，或按住 Shift 键选择对象以应用角点或 ［半径（R）］：（选择倒角的另一条边）

▶Step06 执行“圆”命令，捕捉圆角边的圆心，如图 4-114 所示。

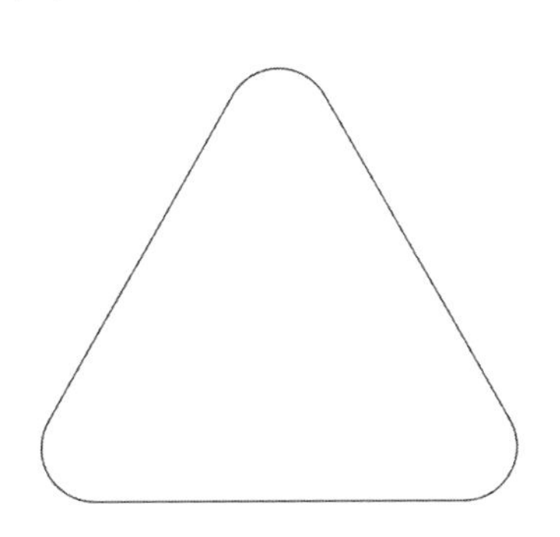
图 4-113　圆角操作

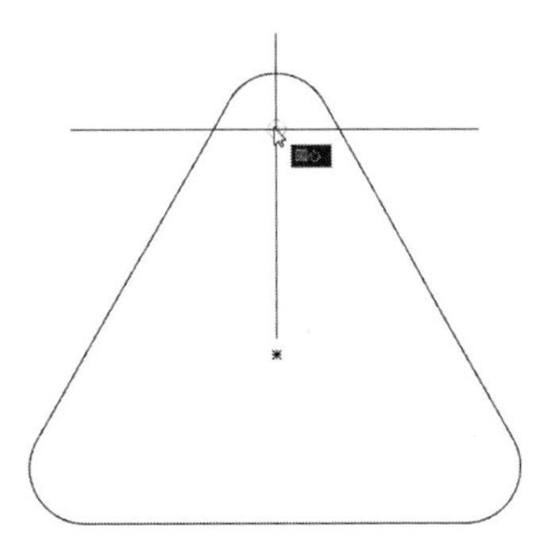

图 4-114　捕捉圆心

▶Step07 单击确认后移动光标，输入半径值 2.5，绘制圆，如图 4-115 所示。

▶Step08 继续执行“圆”命令，绘制另外两个圆，如图 4-116 所示。

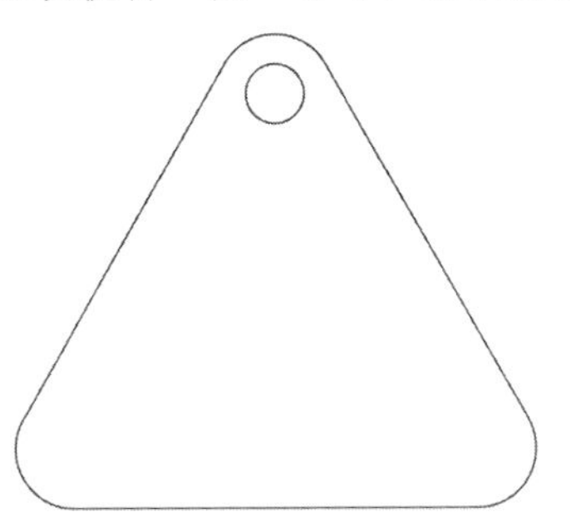
图 4-115　绘制圆形

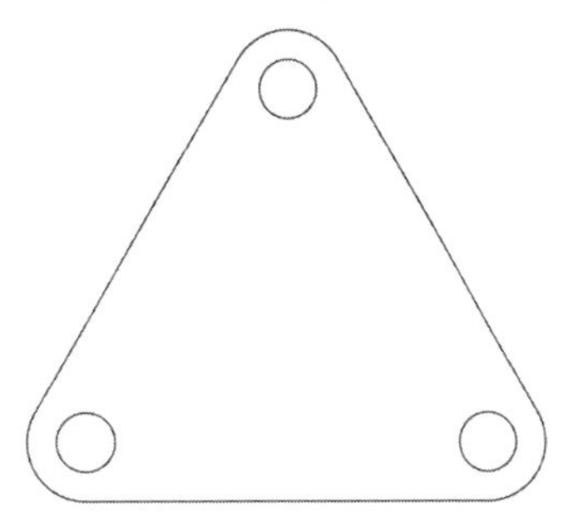
图 4-116　绘制其他圆形

▶Step09 执行“直线”命令，绘制长度为8mm相互垂直的直线作为圆的中心线，再设置直线的线型、线型比例及线宽。至此完成三角垫片图形的绘制，如图4-117、图4-118所示。

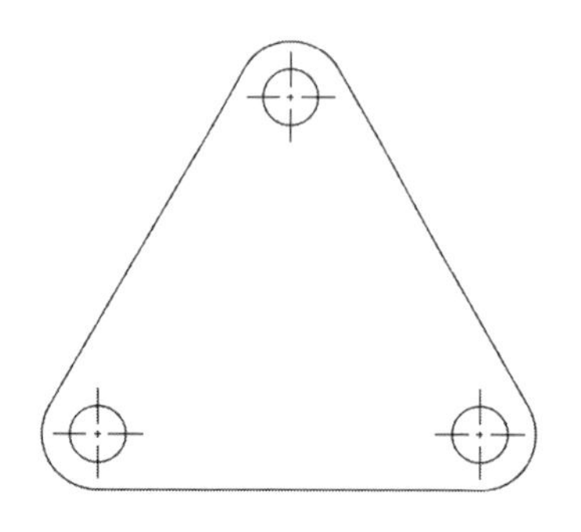

图4-117　完成绘制

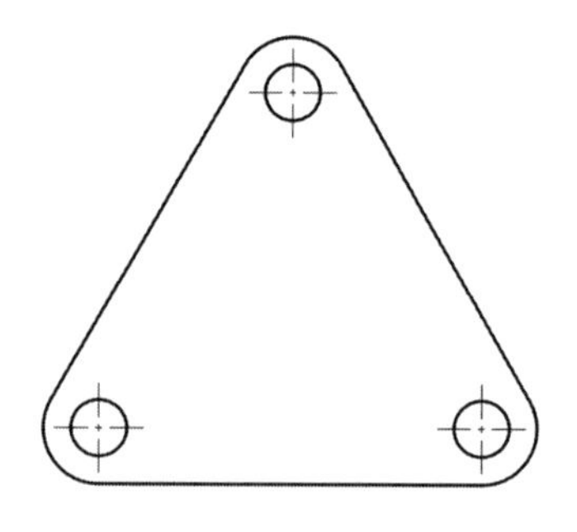

图4-118　开启线宽效果

实战演练2——绘制六角螺母

扫一扫　看视频

下面介绍六角螺母图形的绘制，主要用到“直线”“多边形”“圆”“圆弧”等知识，具体绘制步骤如下。

▶Step01 开启正交功能，执行“直线”命令，绘制两条相互垂直的长18mm的直线，如图4-119所示。

▶Step02 执行“多边形”命令，根据提示输入侧边数“6”，如图4-120所示。

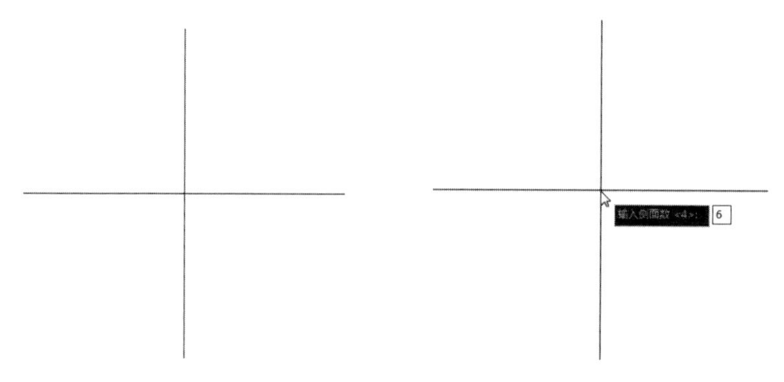

图4-119　绘制垂直的直线　　图4-120　输入侧边数

▶Step03 按回车键确认，然后根据提示捕捉直线角点作为正多边形的中心点，如图4-121所示。

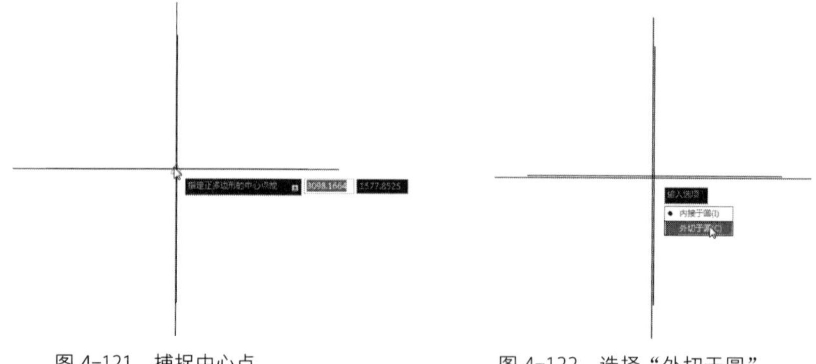

图4-121　捕捉中心点　　图4-122　选择“外切于圆”

▶Step04 单击确定中心点，再根据提示选择“外切于圆”选项，如图 4-122 所示。

▶Step05 移动光标，并输入半径值“6.5”，如图 4-123 所示。

▶Step06 再按回车键，完成正六边形的绘制，如图 4-124 所示。

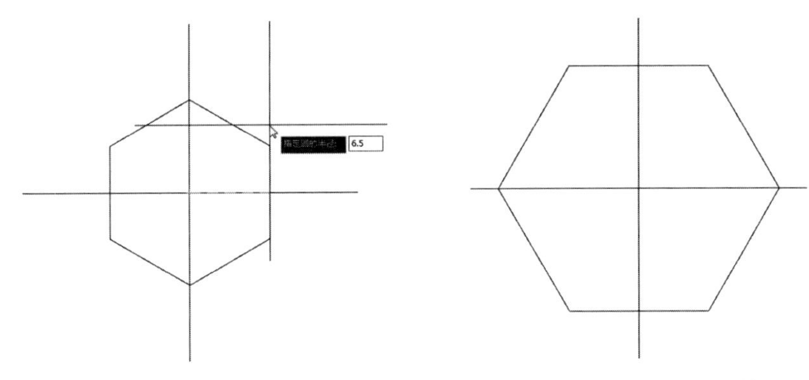

图 4-123　输入半径　　　　图 4-124　完成正六边形绘制

▶Step07 执行“圆”命令，捕捉直线交点作为圆心，移动光标后输入半径值“6.5”，如图 4-125 所示。

▶Step08 按回车键后完成圆的绘制，继续捕捉圆心绘制半径为“3.4”的同心圆，如图 4-126 所示。

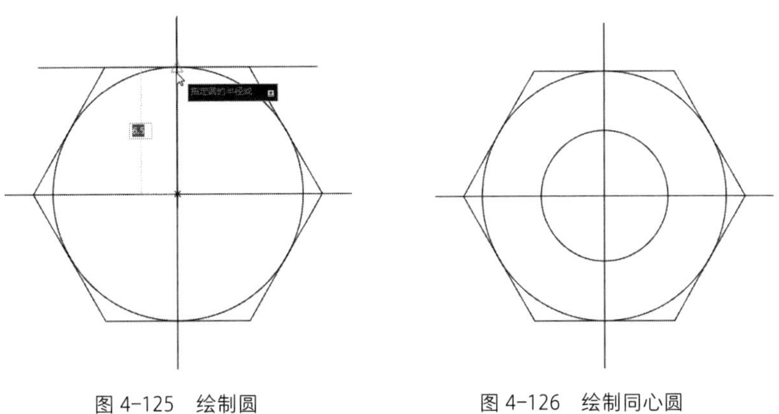

图 4-125　绘制圆　　　　图 4-126　绘制同心圆

▶Step09 执行“圆心、起点、端点”命令，捕捉圆心作为圆弧的圆心，如图 4-127 所示。

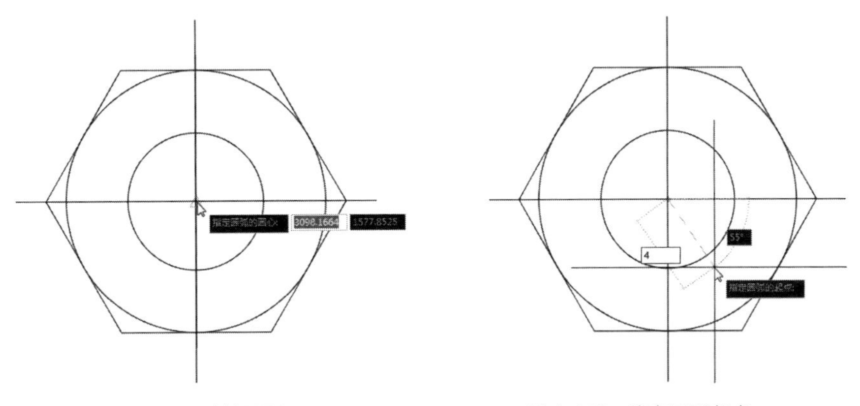

图 4-127　捕捉圆心　　　　图 4-128　确定圆弧起点

▶Step10 移动光标至一个方向，再输入半径值“4”，按回车键即可确定圆弧起点位置，如图 4-128 所示。

▶Step11 确定起点后，继续移动光标，指定圆弧端点位置，调整中心线的线型即可完成六角螺母图形的绘制，如图 4-129、图 4-130 所示。

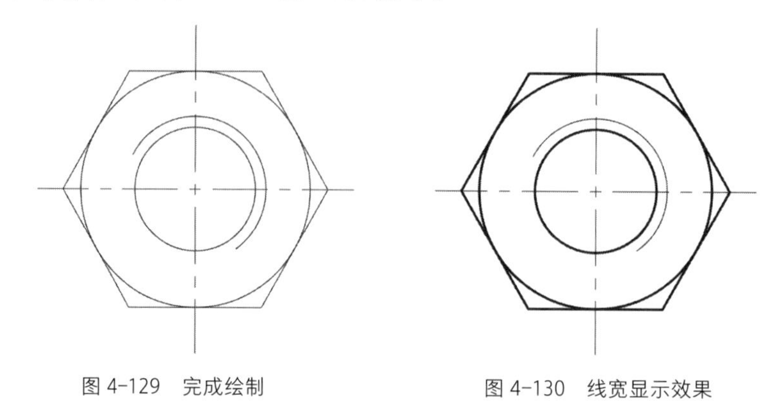

图 4-129　完成绘制　　　　图 4-130　线宽显示效果

课后作业

（1）绘制平面图形

利用“直线”“圆”“矩形”和“定数等分”命令绘制如图 4-131 所示的图形。

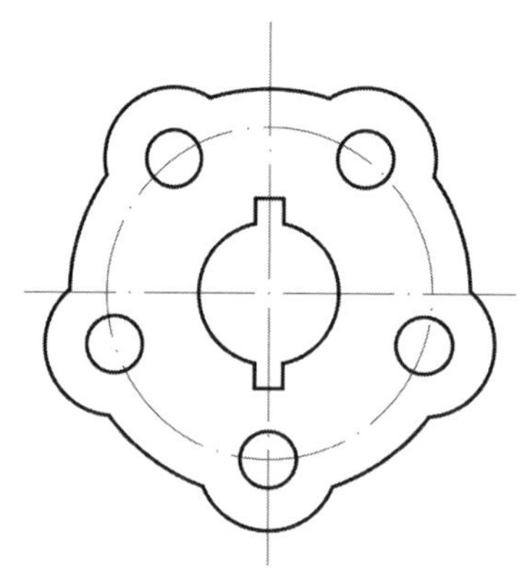

图 4-131　平面图形

操作提示：

Step 01：绘制中心线，根据中心线绘制同心圆和矩形。

Step 02：对圆进行定数等分，根据等分点绘制同心圆。

Step 03：修剪图形。

扫一扫　看视频

（2）绘制机械图形

利用“直线”“圆”“圆弧”命令绘制如图 4-132 所示的机械图形。

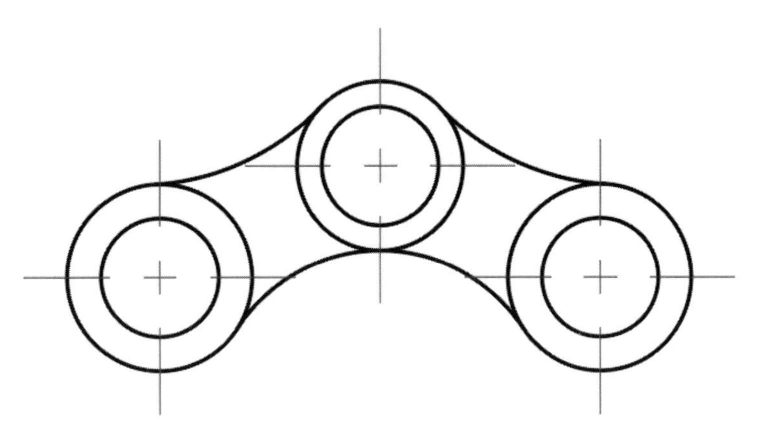

图 4-132　机械图形

操作提示：

Step01：绘制中心线，再捕捉交点绘制同心圆。

Step02：先绘制与两圆相切的弧线，再绘制与三个圆相切的弧线。

精选疑难解答

Q1：构造线除了定位的用途外，还有其他用途吗？

A：构造线主要作用是用作辅助线，作为创建其他对象的参照。例如，用户可以利用构造线来定位一个打孔的中心点，为同一对象准备多重视图，或者创建可用于对象捕捉的临时截面等。

Q2：修订云线的作用是什么？

A：修订云线，顾名思义一般是修订用，即审图看图时候，可以把有问题的地方用这种线圈起来，便于识别。当然也可以用作它用，比如画云彩或是像云彩的东西。可以把云线的粗细调得适当粗些、圆弧半径适当大些，画出来效果比较好。

Q3：如何利用“圆环”命令绘制出实心填充圆和普通圆？

A：执行“圆环”命令，将圆环的内径设为 0，圆环外径设置的数值大于 0，此时绘制出的圆环则为实心填充圆。如果将圆环的内径值与外径值设置为相同值，此时绘制出的圆环则为普通圆。

Q4：绘制的样条曲线无法偏移，怎么办？

A：遇到该情况时，只需要将样条曲线转换为多段线。具体方法：选择样条曲线，单击鼠标右键，在快捷菜单中选择“转换为多段线”选项即可。

Q5：如何显示绘图区中的全部图形？

A：在命令行输入命令 ZOOM，按回车键后，再然后根据提示输入命令 A，即可显示全部图形。用户还可以双击鼠标滚轮，扩展空间大小，也可显示全部图形。

Q6：直线和多段线的区别是什么？

A：直线画出来的都是单一的个体，而多段线一次性画出来的都是一个整体。用直线不能画出多段线，而用直线画出连续的线段后，是可将其合并成多段线的，当然也可将其分解成单一的一条直线。

Q7：绘制矩形的方法有几种？

A：一般绘制矩形的方法有两种：第一种是在命令行中输入 D 后，分别输入矩形的长和宽的值（正文里介绍的方法）；第二种则是在命令行中输入“@”符号，然后输入长、宽数值即可。使用第二种方法时，长、宽值中间需要逗号进行分隔。该方法命令行操作如下：

```
命令：_rectang
指定第一个角点或［倒角（C）/标高（E）/圆角（F）/厚度（T）/宽度（W）］：（指定矩形的起点）
指定另一个角点或［面积（A）/尺寸（D）/旋转（R）］：@200，500（输入矩形长、宽值，按回车键）
```

第 5 章

快速编辑二维图形

本章概述

在绘图时，单纯地使用绘图工具只能创建一些基本对象。为了获得所需图形，很多情况下必须借助图形编辑命令对图形对象进行加工。本章介绍了丰富的图形编辑命令，如移动、旋转、复制、阵列、剪切等。通过对本章内容的学习，读者能够掌握一些图形的绘制技巧，同时为后面章节的学习打下基础。

学习目标

- 了解图形夹点的操作
- 掌握各类图形编辑命令

实例预览

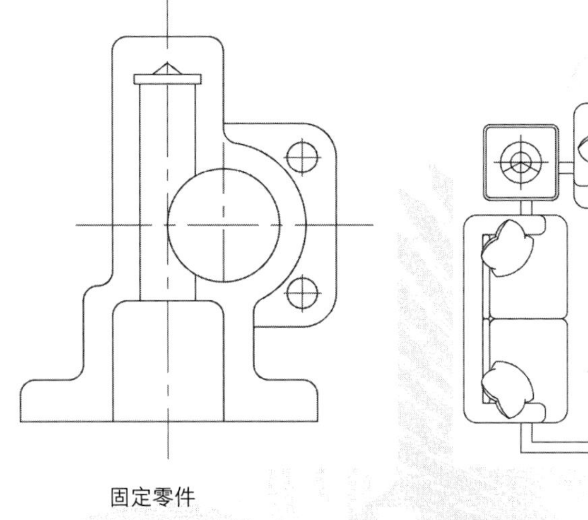

固定零件

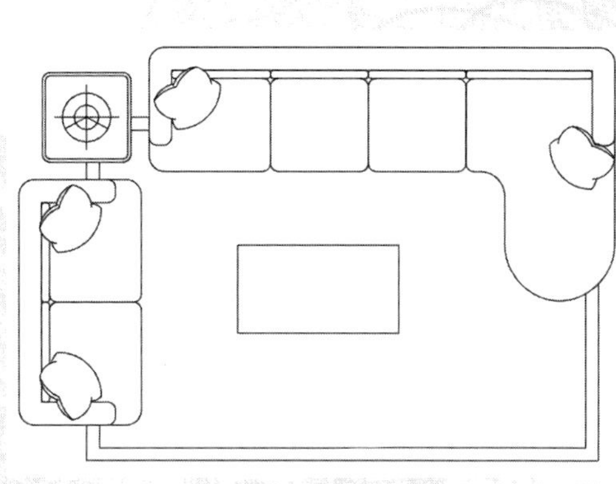

沙发组合图形

5.1 基础编辑命令

在绘制二维图形时，有时会遇到图形位置、角度、尺寸等不合理的状况，这时就需要利用移动、旋转、缩放等命令对图形对象进行调整和优化。

5.1.1 移动

移动对象是指对象的重定位。在移动时，对象的位置发生改变，但方向和大小不变。用户可以通过以下几种方式来调用“移动”命令。

- 从菜单栏执行“修改>移动”命令。
- 在“默认”选项卡的“修改”面板中单击“移动”按钮。
- 在“修改”工具栏单击“移动”按钮。
- 在命令行输入 MOVE 命令，然后按回车键。

执行“移动”命令，先选择所需图形，然后指定好移动的基点，移动光标，指定目标位置即可。

命令行提示如下：

命令：_move
选择对象：找到 1 个　（选择图形，按回车键）
选择对象：
指定基点或 [位移（D）] <位移>：　（选择好移动基点）
指定第二个点或 <使用第一个点作为位移>：　（指定目标位置）

移动对象时需确定移动方向和距离，系统提供了两种移动方法。

- 相对位移法：通过设置移动的相对位移量来移动对象。
- 基点法：首先指定基点，然后通过指定第二点确定位移的距离和方向。

动手练习——移动花瓶图形

下面介绍“移动”命令的操作方法，具体操作步骤如下。

Step01 打开“素材/CH05/移动花瓶图形.dwg”文件，执行“修改>移动”命令，根据提示选择花瓶图形，如图 5-1 所示。

Step02 按回车键确认，再根据提示指定移动基点，如图 5-2 所示。

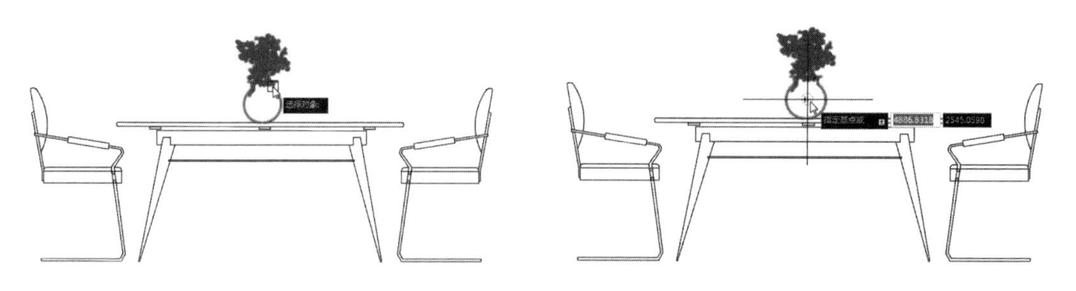

图 5-1　选择对象　　图 5-2　指定移动基点

Step03 确定基点后向一侧移动光标，指定目标点位置，如图 5-3 所示。

▶Step04 单击即可完成移动操作，如图 5-4 所示。

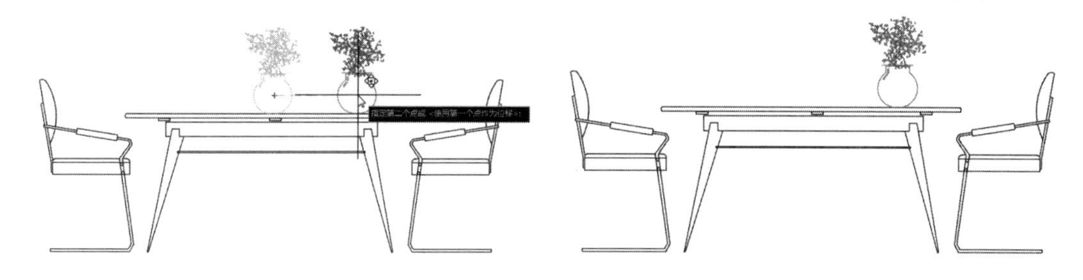

图 5-3 指定目标点　　　　图 5-4 移动效果

5.1.2 旋转

旋转就是将选定的图形围绕一个指定的基点改变其角度，正的角度按逆时针方向旋转，负的角度按顺时针方向旋转。用户可以通过以下几种方式来调用“旋转”命令。

- 从菜单栏执行“修改>旋转”命令。
- 在“默认”选项卡的“修改”面板中单击“旋转”按钮↻。
- 在“修改”工具栏单击“旋转”按钮。
- 在命令行输入 ROTATE 命令，然后按回车键。

执行“旋转”命令，先选中所需图形，然后指定旋转的基点，移动光标，输入旋转角度，按回车键即可。

命令行提示如下：

```
命令：_rotate
UCS 当前的正角方向：ANGDIR=逆时针　ANGBASE=0
选择对象：指定对角点：找到 1 个　　　　（选择图形，按回车键）
选择对象：
指定基点：　　　　　　　　　　　　　　（指定旋转中心）
指定旋转角度，或 [复制（C）/参照（R）] <0>:　（输入旋转角度，按回车键）
```

命令行中各选项的含义如下：

- 复制：旋转对象的同时复制对象。
- 参照：指定某个方向作为起始参照，然后拾取该方向上两个点来确认要旋转到的位置。

技术要点

在输入旋转角度的时候可以输入正角度值，也可以输入负角度值。负角度值转换为正角度值的方法是，用 360° 减去负角度值的绝对值，如–40° 转换为正角度为 320° 。

动手练习——旋转座椅图形

扫一扫　看视频

下面介绍“旋转”命令的操作方法，具体操作步骤如下。

▶Step01 打开“素材/CH05/旋转座椅图形.dwg”文件，执行“修改>旋转”

命令，根据提示选择座椅图形，如图 5-5 所示。

Step02 按回车键确认，再根据提示指定旋转基点，如图 5-6 所示。

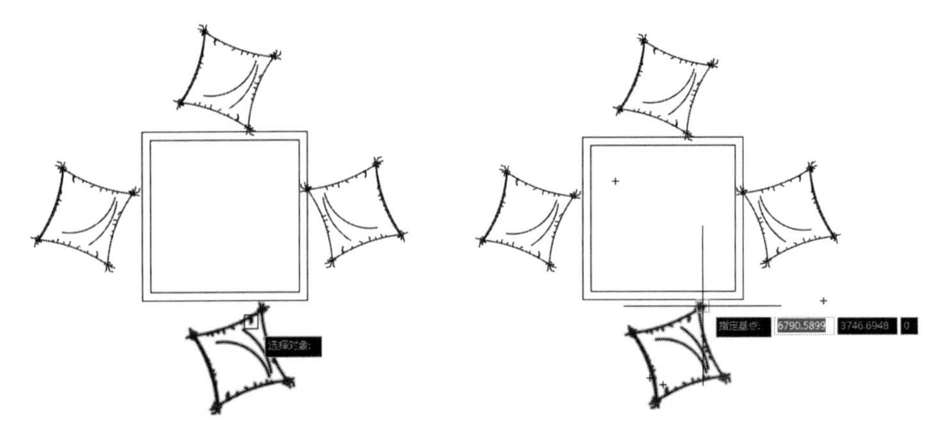

图 5-5　选择对象　　　　图 5-6　指定旋转基点

Step03 向下移动光标，指定旋转角度（也可直接输入旋转角度），如图 5-7 所示。

Step04 单击鼠标即可完成图形的旋转操作，如图 5-8 所示。

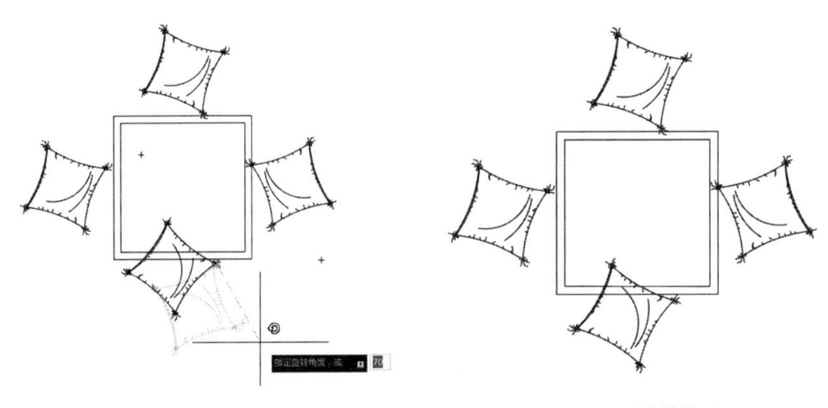

图 5-7　指定旋转角度　　　　图 5-8　旋转效果

技术要点

在 AutoCAD 中，旋转方向默认为逆时针方向，若想顺时针旋转，输入负值即可。

5.1.3 缩放

使用“缩放”命令可以在 X 轴和 Y 轴方向上使用相同的比例因子缩放选择集，在不改变对象宽高比的前提下改变对象的尺寸。

用户可以通过以下几种方式来调用“缩放”命令。

- 从菜单栏执行“修改>缩放”命令。
- 在“默认”选项卡的“修改”面板中单击“缩放”按钮。
- 在“修改”工具栏单击“缩放”按钮。
- 在命令行输入 SCALE 命令，然后按回车键。

执行“缩放”命令，选择图形，指定缩放中心，输入缩放比例值，按回车键即可。

命令行提示如下：

命令：_scale
选择对象：指定对角点：找到 1 个　　（选择图形，按回车键）
选择对象：
指定基点：　　（指定缩放中心）
指定比例因子或 ［复制（C）/参照（R）］：1.5　　（输入缩放比例参数，按回车键）

动手练习——缩放装饰画图形

下面介绍“缩放”命令的操作方法，具体操作步骤如下。

Step01 打开“素材/CH05/缩放装饰画图形.dwg”文件，执行“修改>缩放”命令，根据提示选择需要缩放的图形对象，如图 5-9 所示。

Step02 按回车键后再指定缩放基点，如图 5-10 所示。

图 5-9　选择对象　　　　图 5-10　指定缩放基点

Step03 选择并单击后，根据动态提示输入缩放比例，这里输入 1.5，如图 5-11 所示。

Step04 按回车键确认，即可完成缩放操作，如图 5-12 所示。

图 5-11　输入缩放比例　　　　图 5-12　完成缩放操作

5.1.4 分解

分解对象是将多段线、面域或块对象分解成独立的线段。用户可以通过以下几种方式来调用“分解”命令。

- 从菜单栏执行“修改>分解”命令。
- 在“默认”选项卡的“修改”面板中单击“分解”按钮。
- 在“修改”工具栏单击“分解”按钮。
- 在命令行输入 EXPLODE 命令，然后按回车键。

执行“修改>分解”命令，选择需要分解的图形对象，然后按回车键即可完成分解操作，如图 5-13、图 5-14 所示为图块分解前后的状态。

图 5-13　选择图块

图 5-14　选择分解后的图形

5.1.5 删除

在绘制图形时，经常会因为操作的失误删除图形对象，删除图形对象操作是图形编辑操作中最基本的操作。用户可以通过以下几种方式调用删除命令。

- 执行“修改”>“删除”命令。
- 在“默认”选项卡“修改”面板中，单击“删除”按钮。
- 在“修改”工具栏单击“删除”按钮。
- 在命令行输入 ERASE 命令并按回车键。
- 在键盘上按 DELETE 键。

5.2 复制类编辑命令

AutoCAD 提供了丰富的复制图形对象的命令，可以让用户轻松地对图形对象进行不同方式的复制操作，主要是指已有部分图形，然后使用复制类命令生成一个或多个相同（类似）的图形，如复制、偏移、镜像等。

5.2.1 复制

在绘图过程中，经常会出现一些相同的图形，如果将图形一个个进行重复绘制，工作效率显然会很低。这时使用“复制”命令，可以将任意复杂的图形复制到视图中任意位置。

用户可以通过以下几种方式调用“复制”命令。

- 从菜单栏执行“修改>复制”命令。
- 在“默认”选项卡的“修改”面板中单击“复制”按钮。
- 在“修改”工具栏单击“复制”按钮。
- 在命令行输入 COPY 命令，然后按回车键。

执行“复制”命令，选择复制的图形后，指定复制的基点，移动光标，指定目标点即可。命令行提示如下：

```
命令：_copy
选择对象：找到 1 个                                        （选择图形，按回车键）
选择对象：
当前设置：复制模式 = 多个
指定基点或 [位移（D）/模式（O）] <位移>：                    （指定复制的基点位置）
指定第二个点或 [阵列（A）] <使用第一个点作为位移>：              （指定目标点）
指定第二个点或 [阵列（A）/退出（E）/放弃（U）] <退出>：
```

技术要点

使用“复制”命令的“阵列”选项可以在复制对象的同时阵列对象。选择该选项，指定复制的距离、方向及沿复制方向上的阵列数目，就可以创建出线性阵列。操作时可以设定两个对象之间的距离，也可以设定阵列的总距离值。

动手练习——复制吊灯图形

下面介绍“复制”命令的操作方法，具体操作步骤如下。

Step01 打开“素材/CH05/复制吊灯图形.dwg”文件，执行“修改>复制”命令，根据命令行提示选择图形对象，如图 5-15 所示。

Step02 按回车键后单击指定复制基点，如图 5-16 所示。

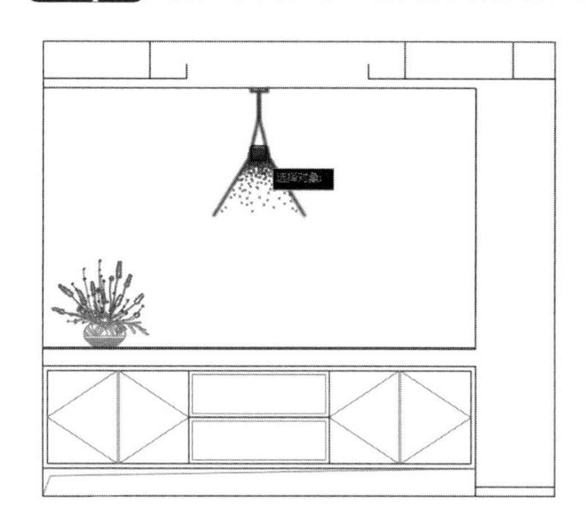

图 5-15 选择对象

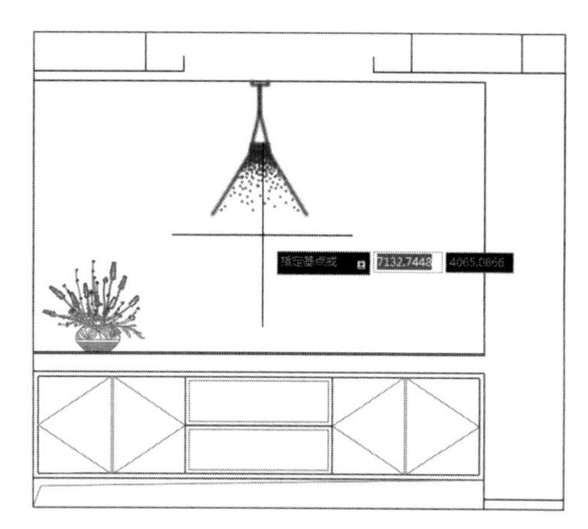

图 5-16 指定复制基点

▶Step03 向左侧移动光标，在动态提示框中输入复制距离600，如图5-17所示。

▶Step04 按回车键后即可复制一个吊灯图形，继续向右移动光标，在动态提示框中输入600，如图5-18所示。

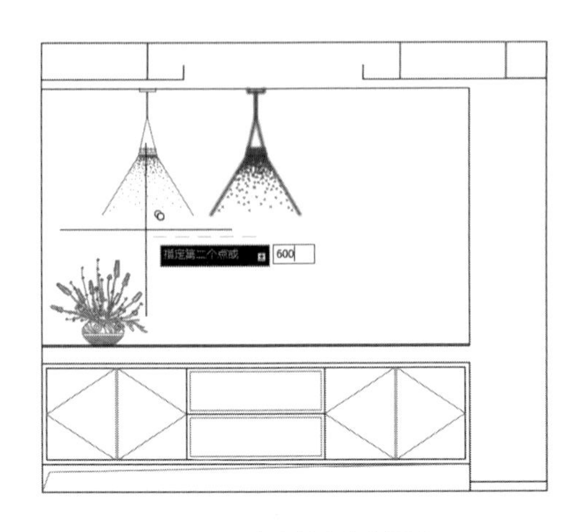

图5-17 向左输入复制距离

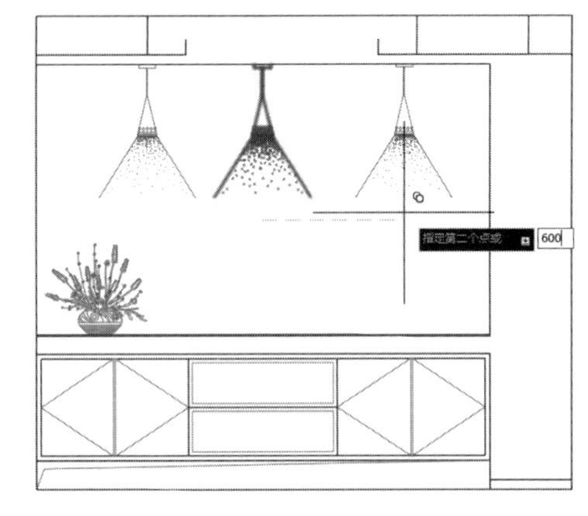

图5-18 向右复制

▶Step05 按回车键完成本次复制操作，如图5-19所示。

图5-19 复制效果

5.2.2 偏移

使用“偏移”命令可以创建一个与选定对象类似的新对象，并把它放在原对象的内侧或外侧。用户可以通过以下几种方式调用“偏移”命令。

- 从菜单栏执行“修改>偏移”命令。
- 在“默认”选项卡的“修改”面板中单击“偏移”按钮⋐。
- 在“修改”工具栏单击“偏移”按钮。
- 在命令行输入OFFSET命令，然后按回车键。

执行“偏移”命令，先设置好偏移距离，然后指定偏移的方向即可。

命令行提示如下：

```
命令：_offset
```

当前设置：删除源=否　图层=源　OFFSETGAPTYPE=0

指定偏移距离或　[通过（T）/删除（E）/图层（L）] <通过>：10（设置偏移距离值，按回车键）

选择要偏移的对象，或　[退出（E）/放弃（U）] <退出>：　　　　　　　　（选择要偏移的线段）

指定要偏移的那一侧上的点，或　[退出（E）/多个（M）/放弃（U）] <退出>：（指定要偏移方向上的一点）

选择要偏移的对象，或　[退出（E）/放弃（U）] <退出>：

技术要点

使用“偏移”命令时，如果偏移对象是直线，则偏移后的直线大小不变，呈平行效果；如果偏移对象是圆、圆弧和矩形，其偏移后的对象将被缩小或放大；如果偏移对象是多段线，偏移时会逐段进行，各段长度将重新调整。

动手练习——绘制罗马帘图形

扫一扫　看视频

下面利用“偏移”命令绘制罗马帘图形，具体操作步骤如下。

Step01 执行“直线”命令，绘制尺寸为 1050mm × 660mm 的直线图形，如图 5-20 所示。

Step02 执行“圆弧”命令，捕捉端点随意绘制一条弧线，如图 5-21 所示。

Step03 执行“偏移”命令，根据提示输入偏移距离为 10，如图 5-22 所示。

图 5-20　绘制直线　　图 5-21　绘制圆弧　　图 5-22　输入偏移距离

Step04 按回车键后选择要偏移的对象，如图 5-23 所示。

Step05 向图形内部移动光标并单击鼠标，即可完成偏移操作，再偏移其他的图形，修剪图形，如图 5-24 所示。

Step06 执行“直线”命令，捕捉绘制一条直线，如图 5-25 所示。

Step07 再次执行“偏移”命令，设置偏移距离为 35，将直线向上依次进行偏移，如图 5-26 所示。

Step08 执行“定数等分”命令，将内部的弧线等分为 6 份，如图 5-27 所示。

Step09 执行“直线”命令，捕捉绘制直线，再删除等分点，完成罗马帘的绘制，如图 5-28 所示。

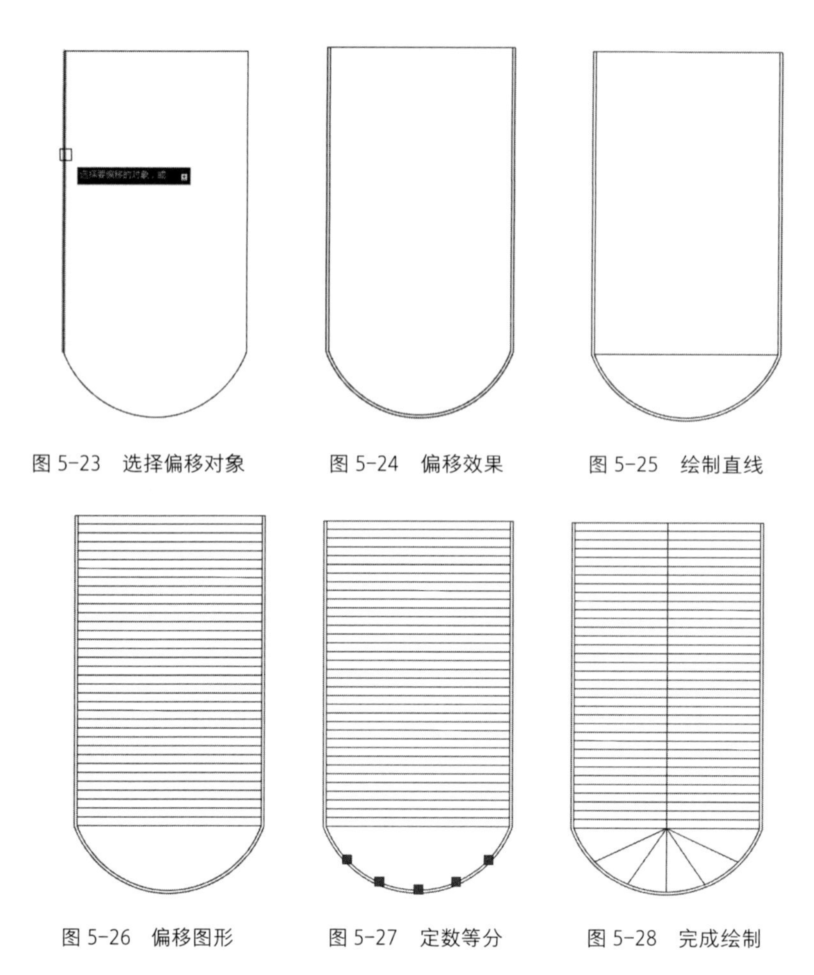

图 5-23　选择偏移对象　　图 5-24　偏移效果　　图 5-25　绘制直线

图 5-26　偏移图形　　图 5-27　定数等分　　图 5-28　完成绘制

5.2.3 镜像

在绘图工作中，对称图形是非常常见的，在绘制好图形后，若使用“镜像”命令操作，会对选定的图形进行对称变换，从而得到一个相同并反向相反的图形。

用户可以通过以下几种方式调用“镜像”命令。

- 从菜单栏执行“修改>镜像”命令。
- 在“默认”选项卡的“修改”面板中单击“镜像”按钮⚠。
- 在“修改”工具栏单击“镜像”按钮。
- 在命令行输入 MIRROR 命令，然后按回车键。

执行“镜像”命令，先选择所需图形，然后指定镜像线的起点和终点即可。

命令行提示如下：

命令：_mirror
选择对象：找到 1 个　　（选择图形，按回车键）
选择对象：
指定镜像线的第一点：　　（指定镜像线上的起点）
指定镜像线的第二点：　　（指定镜像线上的终点）
要删除源对象吗？［是（Y）/否（N）］<否>：（按回车键，保留源对象；选择 N 后，则删除源对象）

 动手练习——镜像复制餐椅图形

扫一扫　看视频

下面利用“镜像”命令复制餐椅图形，具体操作步骤如下。

▶Step01 打开“素材/CH05/镜像复制餐椅图形.dwg”文件，如图 5-29 所示。

▶Step02 执行“镜像”命令，根据提示选择镜像对象，如图 5-30 所示。

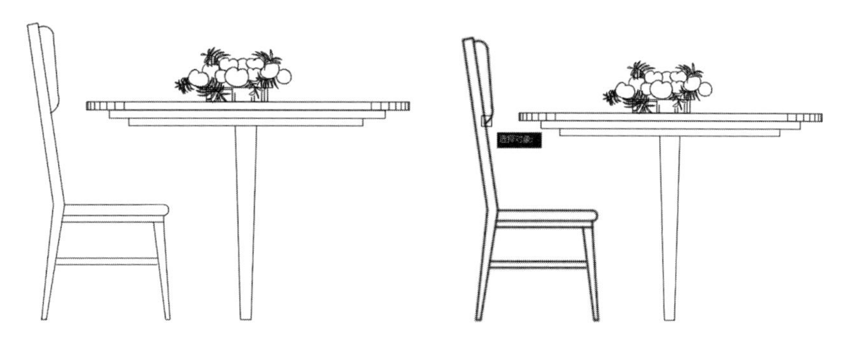

图 5-29　打开素材图形　　　　图 5-30　选择镜像对象

▶Step03 按回车键后再根据提示指定镜像线的第一点，这里选择桌面中心点，如图 5-31 所示。

▶Step04 向下移动光标再指定镜像线的第二点，这里选择桌腿中心点，如图 5-32 所示。

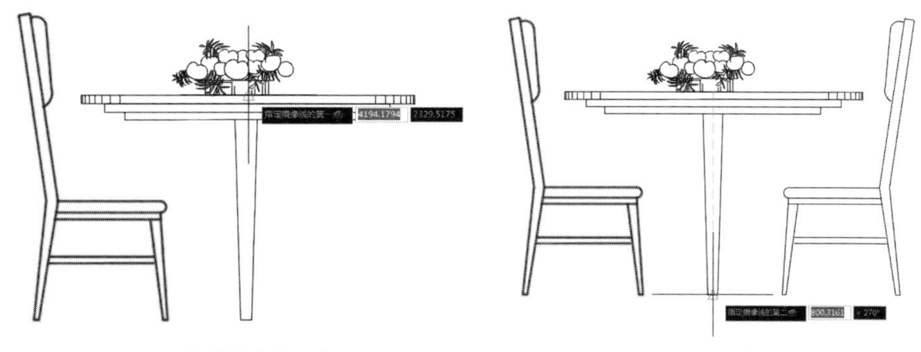

图 5-31　指定镜像第一点　　　　图 5-32　指定镜像第二点

▶Step05 单击鼠标后系统会提示“要删除源对象吗？”，默认为“否”，如图 5-33 所示。

▶Step06 这里直接按回车键即可完成镜像复制操作，如图 5-34 所示。

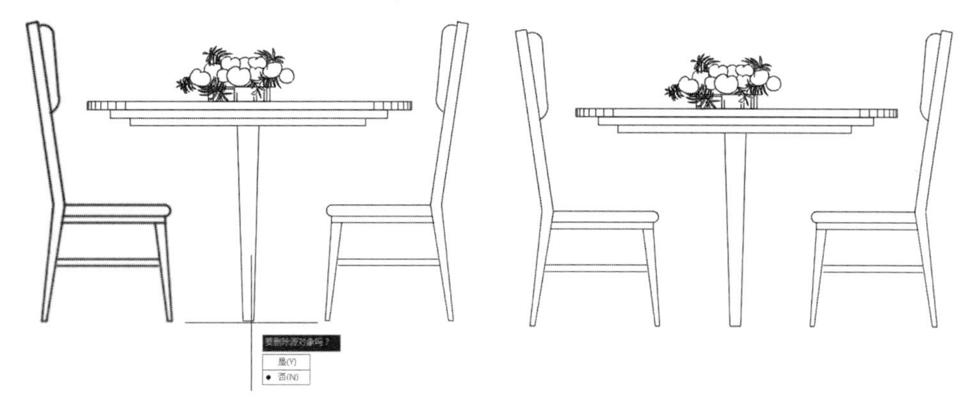

图 5-33　是否删除源文件　　　　图 5-34　镜像复制效果

5.2.4 阵列

“阵列”命令是一种有规则的复制命令，当用户遇到一些有规则分布的图形时，就可以使用该命令来解决。系统提供了矩形阵列、环形阵列、路径阵列三种阵列方式。

（1）矩形阵列

矩形阵列是指将图形对象按照指定的行数和列数呈矩形结构排列复制，使用此命令可以创建均布结构或聚心结构的复制图形。用户可以通过以下几种方式进行阵列操作。

- 从菜单栏执行“修改>阵列>矩形阵列”命令。
- 在“默认”选项卡的“修改”面板单击“阵列”下拉按钮，在打开的列表中选择“矩形阵列”按钮。
- 在“修改”工具栏单击“矩形阵列”按钮。
- 在命令行输入 ARRAYRECT 命令，然后按回车键。

执行矩形阵列命令后，在功能区会出现“阵列创建”面板，如图 5-35 所示。

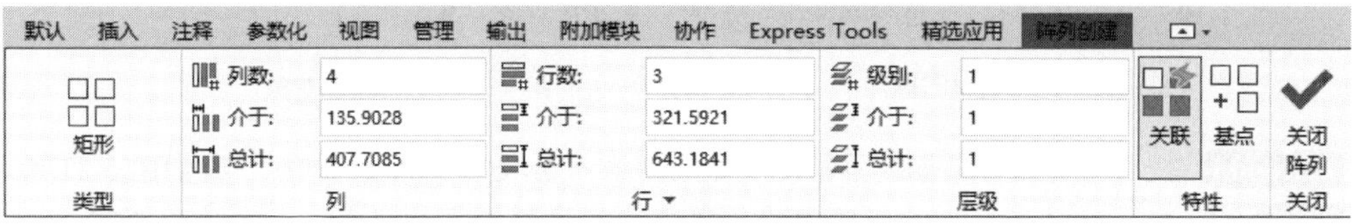

图 5-35　矩形阵列创建面板

用户也可以根据命令行的提示信息来设置操作。命令行提示如下：

命令：_arrayrect

选择对象：找到 1 个

选择对象：

类型 = 矩形　关联 = 是

选择夹点以编辑阵列或［关联（AS）/基点（B）/计数（COU）/间距（S）/列数（COL）/行数（R）/层数（L）/退出（X）］<退出>：

各选项含义介绍如下：

- 关联：指定阵列中的对象是关联的还是独立的。
- 基点：指定需要阵列基点和夹点的位置。
- 计数：指定行数和列数，并可以动态观察变化。
- 间距：指定行间距和列间距并使用在移动光标时可以动态观察结果。
- 列数：编辑列数和列间距。“列数”是阵列中图形的列数，“列间距”是每列之间的距离。
- 行数：指定阵列中的行数、行间距和行之间的增量标高。“行数”阵列中图形的行数，“行间距”指定各行之间的距离，“总计”起点和端点行数之间的总距离，“增量标高”用于设置每个后续行的增大或减少。
- 层数：指定阵列图形的层数和层间距，“层数”用于指定阵列中的层数，“层间距”用于 Z 坐标值中指定每个对象等效位置之间的差值。
- 总计：在 Z 坐标值中指定第一个和最后一个层中对象等效位置之间的总差值。

（2）环形阵列

环形阵列，顾名思义也就是说排列方式为圆形，准确地说，是指将图形对象按照指定的中心点和阵列数目以圆形排列方式进行规模复制。用户可以通过以下几种方式进行阵列操作。

• 执行“修改>阵列>环形阵列”命令。

• 在“默认”选项卡“修改”面板单击“阵列”下拉按钮，在打开的列表中选择“环形阵列”按钮。

• 在“修改”工具栏单击“环形阵列”按钮。

• 在命令行输入 ARRAYPOLAR 命令并按回车键。

执行环形阵列命令后，在功能区会出现“阵列创建”面板，如图 5-36 所示。

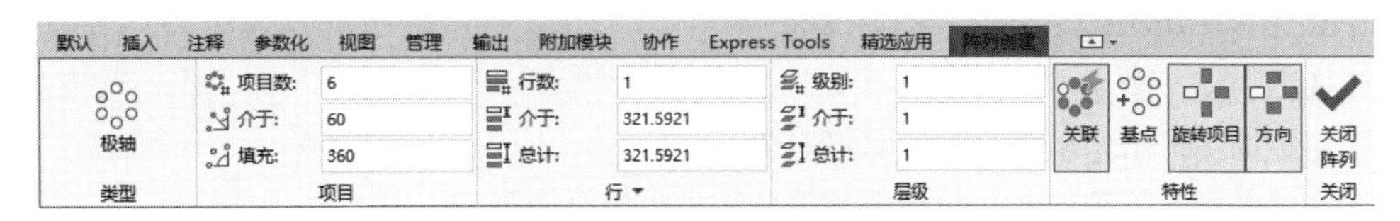

图 5-36　环形阵列创建面板

同样，通过命令行中的提示，也可进行环形阵列操作。命令行提示如下：

命令：_arraypolar

选择对象：找到 1 个

选择对象：

类型=极轴　关联=是

指定阵列的中心点或［基点（B）/旋转轴（A）］：

选择夹点以编辑阵列或［关联（AS）/基点（B）/项目（I）/项目间角度（A）/填充角度（F）/行（ROW）/层（L）/旋转项目（ROT）/退出（X）］<退出>:

各选项含义介绍如下：

• 中心点：指定环形阵列的围绕点。

• 旋转轴：指定由两个点定义的自定义旋转轴。

• 项目：指定阵列图形的数值。

• 项目间角度：阵列图形对象和表达式指定项目之间的角度。

• 填充角度：指定阵列中第一个和最后一个图形之间的角度。

• 旋转项目：控制是否旋转图形本身。

（3）路径阵列

路径阵列是图形根据指定的路径进行阵列，路径可以是曲线、弧线、折线等线段。用户可以通过以下几种方式进行阵列操作。

• 执行“修改>阵列>路径阵列”命令。

• 在“默认”选项卡“修改”面板单击“阵列”下拉按钮，在打开列表中选择“路径阵列”按钮。

• 在“修改”工具栏单击“路径阵列”按钮。

• 在命令行输入 APPAYPATH 命令并按回车键。

执行环形阵列命令后，在功能区会出现“阵列创建”面板，如图 5-37 所示。

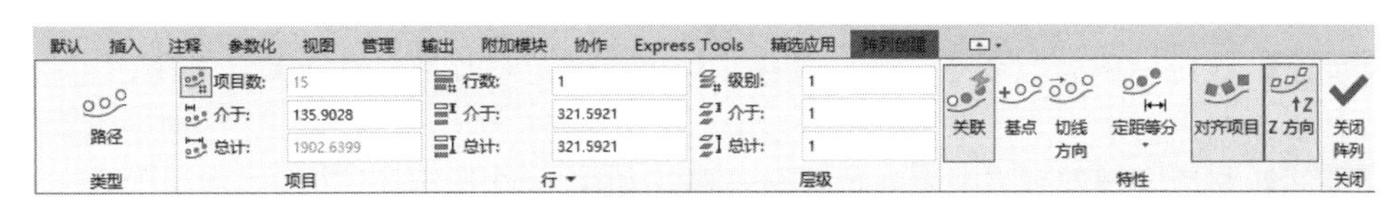

图 5-37　路径阵列创建面板

路径阵列的命令行提示如下：

命令：_arraypath
选择对象：找到 1 个
选择对象：
类型=路径　关联=是
选择路径曲线：
选择夹点以编辑阵列或［关联（AS）/方法（M）/基点（B）/切向（T）/项目（I）/行（R）/层（L）/对齐项目（A）/z 方向（Z）/退出（X）］<退出>：

各选项含义介绍如下：

- 路径曲线：指定用于阵列的路径对象。
- 方法：指定阵列的方法包括定数等分和定距等分两种。
- 切向：指定阵列的图形如何相对于路径的起始方向对齐。
- 项目：指定图形数和图形对象之间的距离。“沿路径项目数”用于指定阵列图形数，“沿路径项目之间的距离”用于指定阵列图形之间的距离。
- 对齐项目：控制阵列图形是否与路径对齐。
- Z 方向：控制图形是否保持原始 Z 方向或沿三维路径自然倾斜。

动手练习——绘制法兰盘图形

扫一扫　看视频

下面利用“环形阵列”命令绘制法兰盘图形，具体操作步骤如下。

Step01 执行“圆”命令，绘制一个半径为 88mm 的圆，如图 5-38 所示。

Step02 再执行“偏移”命令，将圆向内依次偏移 22mm、24mm、12mm，创建同心圆，如图 5-39 所示。

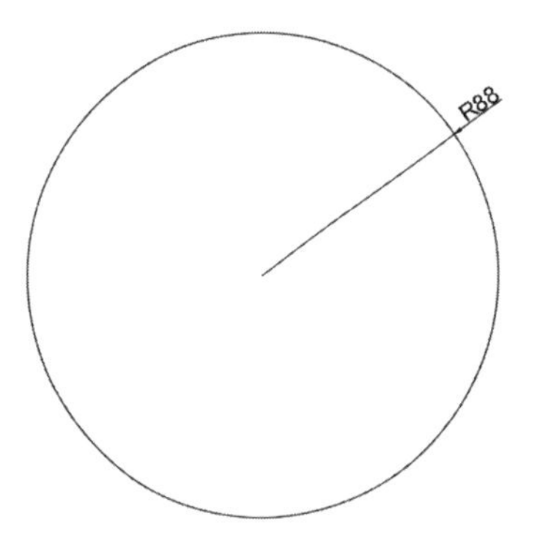

图 5-38　绘制圆

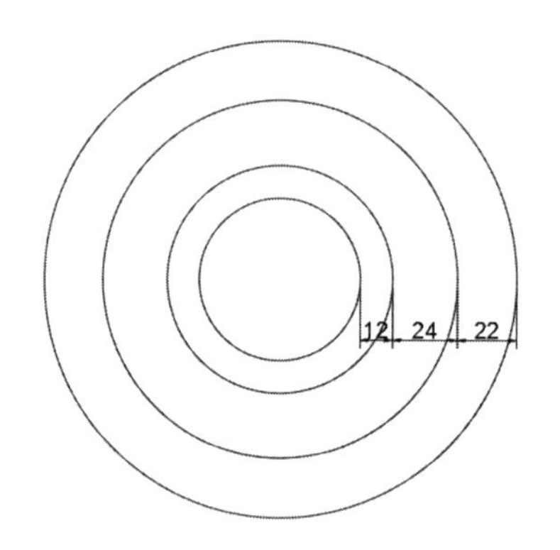

图 5-39　创建同心圆

Step03 执行“直线”命令，绘制长度为 200mm 的直线，再执行“修改>移动”命令，捕捉直线中点，移动至圆心位置，如图 5-40 所示。

Step04 执行“旋转”命令，选择直线，按回车键后捕捉圆心作为旋转基点，再输入命令 c，如图 5-41 所示。

Step05 按回车键即可完成直线的旋转绘制，如图 5-42 所示。

Step06 执行“圆”命令，捕捉直线与圆的交点绘制半径为 11mm 的圆，如图 5-43 所示。

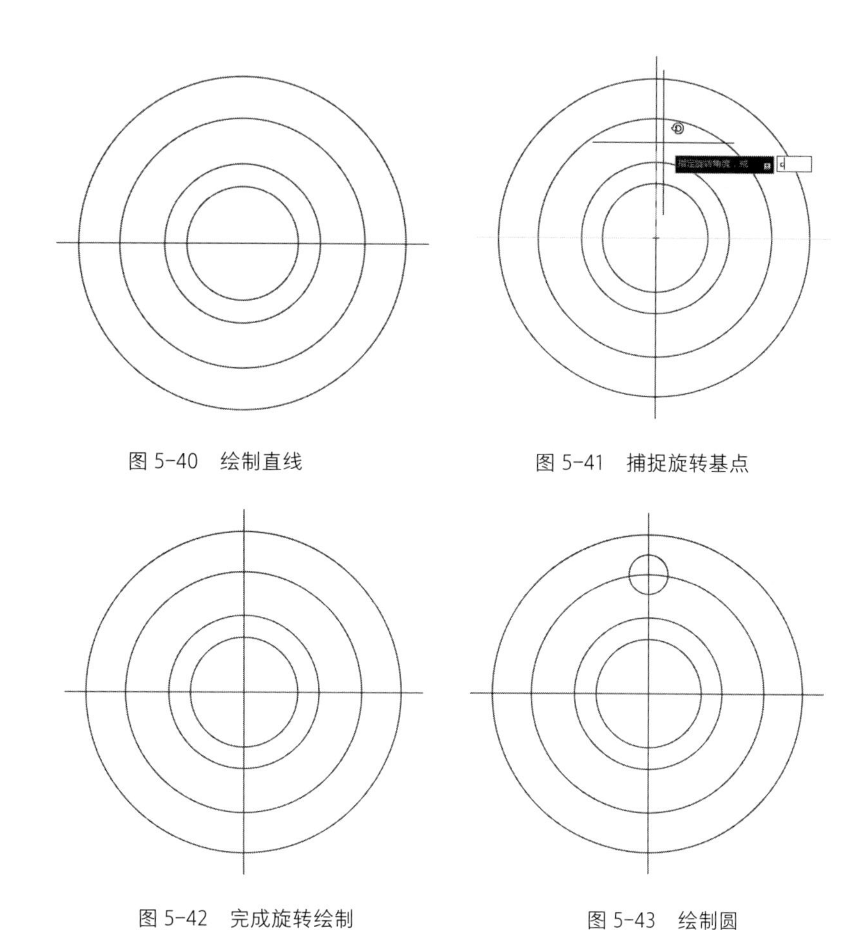

图 5-40　绘制直线　　图 5-41　捕捉旋转基点

图 5-42　完成旋转绘制　　图 5-43　绘制圆

Step07 执行“环形阵列”命令，根据提示选择圆形，如图 5-44 所示。

Step08 按回车键后指定同心圆圆心为阵列中心点，如图 5-45 所示。

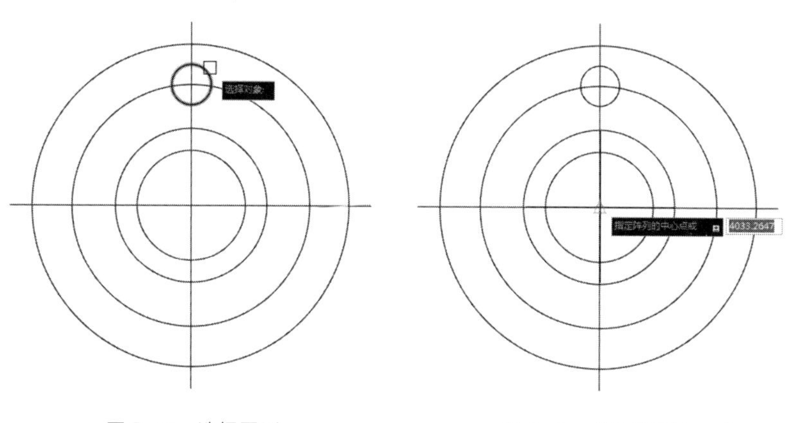

图 5-44　选择圆形　　图 5-45　指定阵列中心点

Step09 单击鼠标即可打开“阵列创建”选项卡，在“项目”面板中设置项目数为 4，如图 5-46 所示。

Step10 设置完毕单击“关闭阵列”按钮，完成环形阵列操作，如图 5-47 所示。

Step11 调整图形线型，完成本次操作，如图 5-48 所示。

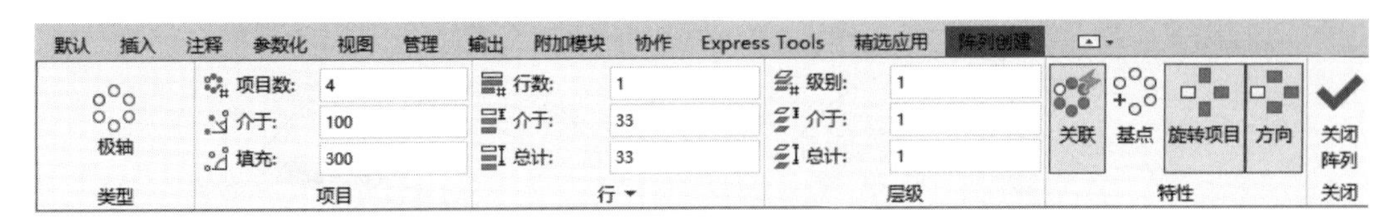

图 5-46　设置对正比例值

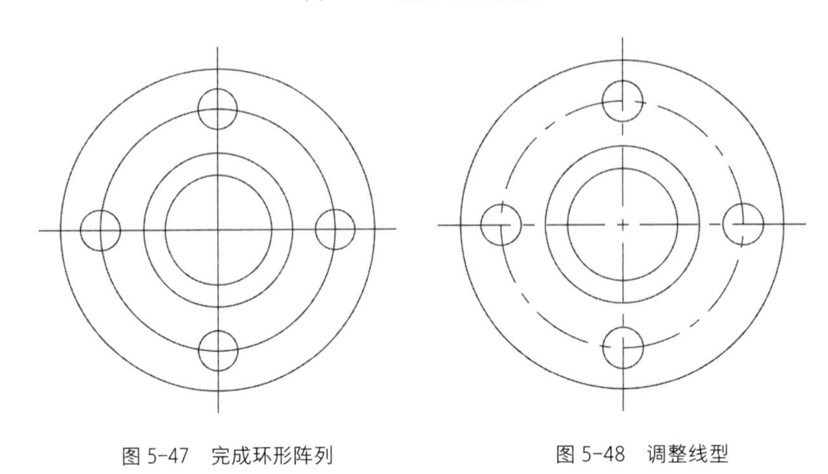

图 5-47　完成环形阵列　　　图 5-48　调整线型

5.3　造型类编辑命令

在图形绘制完毕后，有时会根据需要对图形的造型进行修改。常见的造型修改命令包括拉伸、延伸、打断、修剪、倒角、圆角等。

5.3.1　倒角/圆角

对于两条相邻的边界多出的线段，倒角和圆角都可以进行修饰，倒角是对图形的相邻的两条边进行修饰，圆角则是根据指定圆弧半径来进行倒角。

（1）倒角

执行“倒角”命令可以将绘制的图形进行倒角，既可以修剪多余的线段还可以设置图形中两条边的倒角距离和角度。用户可以通过以下几种方法调用“倒角”命令。

- 从菜单栏执行“修改>倒角”命令。
- 在“默认”选项卡的“修改”面板中单击“倒角”按钮。
- 在“修改”工具栏单击“倒角”按钮。
- 在命令行输入 CHAMFER 命令，然后按回车键。

执行“倒角”命令，先设置好两个倒角参数，然后再选择好两条倒角边即可。命令行提示如下：

命令：_chamfer

（“修剪”模式）当前倒角距离 1=0.0000，距离 2=0.0000

选择第一条直线或［放弃（U）/多段线（P）/距离（D）/角度（A）/修剪（T）/方式（E）/多个（M）］：d（选择“距离”选项）

指定 第一个 倒角距离<0.0000>：10　　（设置第 1 个倒角值）

指定 第二个 倒角距离<10.0000>：10　　（设置第 1 个倒角值）

选择第一条直线或［放弃（U）/多段线（P）/距离（D）/角度（A）/修剪（T）/方式（E）/多个（M）］：（选择两条倒角边）

选择第二条直线，或按住 Shift 键选择直线以应用角点或［距离（D）/角度（A）/方法（M）］：

命令行中各选项的含义如下：

- 放弃：取消“倒角”命令。
- 多段线：根据设置的倒角大小对多段线进行倒角。
- 距离：设置倒角尺寸距离。
- 角度：根据第一个倒角尺寸和角度设置倒角尺寸。
- 修剪：修剪多余的线段。
- 方式：设置倒角的方法。
- 多个：可对多个对象进行倒角。

（2）圆角

圆角是指通过指定的圆弧半径大小可以将多边形的边界棱角部分光滑连接起来。圆角是倒角的一部分表现形式。用户可以通过以下几种方法调用“圆角”命令。

- 从菜单栏执行“修改>圆角”命令。
- 在“默认”选项卡的“修改”面板中单击“圆角”按钮。
- 在“修改”工具栏单击“圆角”按钮。
- 在命令行输入 FILLET 命令，然后按回车键。

执行“圆角”命令，先设置圆角半径，然后再选择两条圆角边即可。命令行提示如下：

命令：_fillet

当前设置：模式 = 修剪，半径 = 0.0000

选择第一个对象或［放弃（U）/多段线（P）/半径（R）/修剪（T）/多个（M）］：r　（选择“半径”选项）

指定圆角半径 <0.0000>：10　　（输入半径值）

选择第一个对象或［放弃（U）/多段线（P）/半径（R）/修剪（T）/多个（M）］：（依次选择两条圆角边）

选择第二个对象，或按住 Shift 键选择对象以应用角点或［半径（R）］：

技术要点

“圆角”命令系统默认的半径是 0，所以在使用时就需要注意设置圆角半径。如果遇到两条直线不相交，但延长线相交的情况，用户可以利用圆角命令使其相交。

动手练习——绘制固定零件

扫一扫　看视频

下面利用“倒角”及“圆角”命令绘制垫片图形，具体操作步骤如下。

Step01 执行“矩形”命令，绘制尺寸为 600mm × 400mm 的矩形，如图 5-49 所示。

Step02 执行“偏移”命令，设置偏移尺寸为 75，将矩形向内进行偏移，如图 5-50 所示。

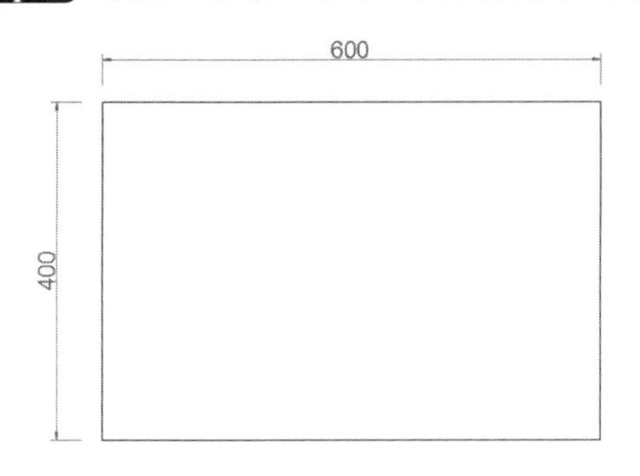

图 5-49　绘制矩形

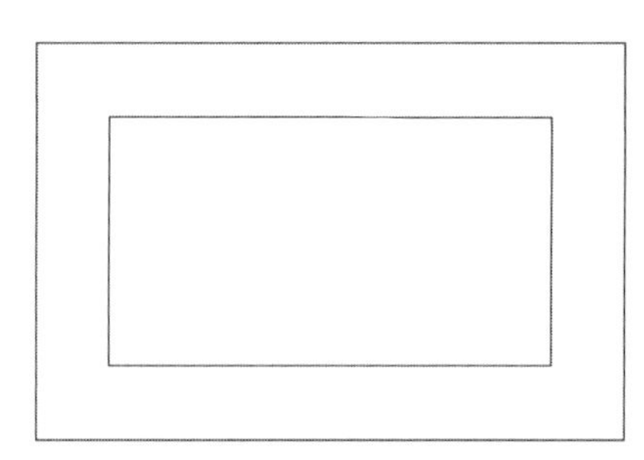

图 5-50　偏移图形

Step03 执行“圆角”命令，在命令行输入命令 r，按回车键后再输入圆角半径 50，如图 5-51 所示。

Step04 再按回车键，依次选择要进行圆角处理的边线，如图 5-52 所示。

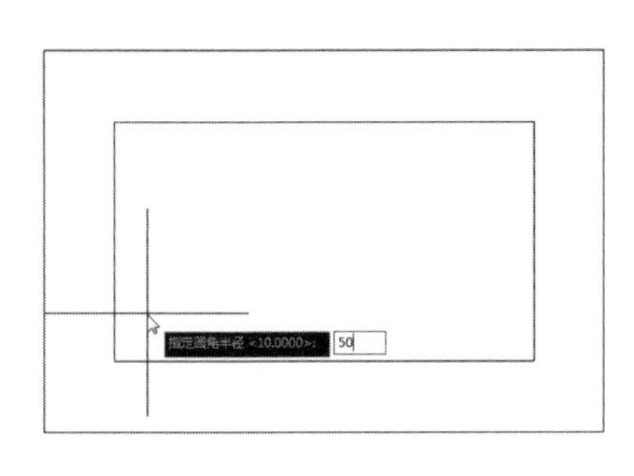

图 5-51　设置圆角半径

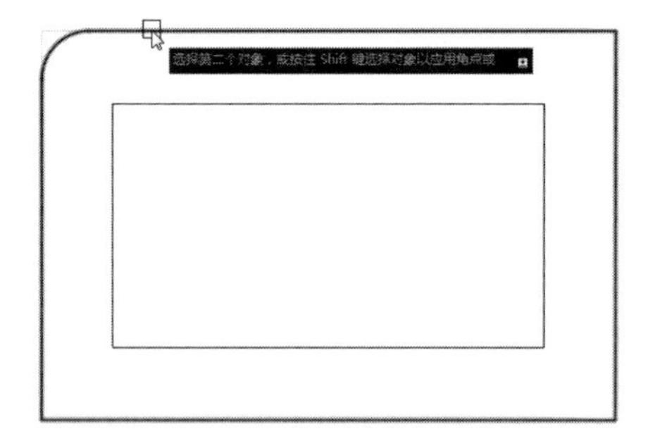

图 5-52　选择圆角边线

Step05 依次对四个角都进行圆角处理，如图 5-53 所示。

Step06 执行“圆”命令，捕捉圆角的圆心分别绘制半径为 25mm 和 21mm 的同心圆，如图 5-54 所示。

图 5-53　圆角操作

图 5-54　绘制同心圆

Step07 执行“镜像”命令，镜像复制同心圆，如图 5-55 所示。

Step08 执行“倒角”命令，输入命令 d，按回车键后，分别输入第一和第二个倒角距离，这里都输入 20，如图 5-56 所示。

Step09 再按回车键，编辑内部矩形的四个角，如图 5-57 所示。

Step10 执行“直线”命令，为图形绘制中线，并调整图形线型，完成本次操作，如图 5-58 所示。

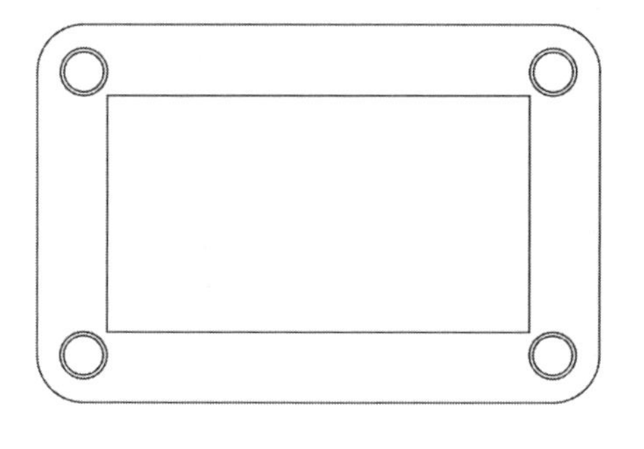

图 5-55　镜像复制同心圆

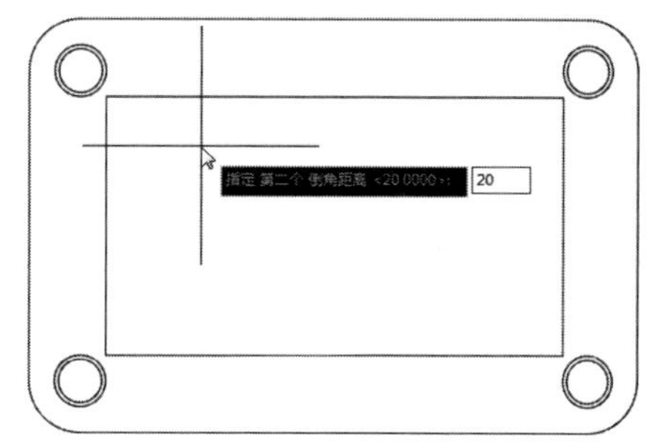

图 5-56　设置倒角距离

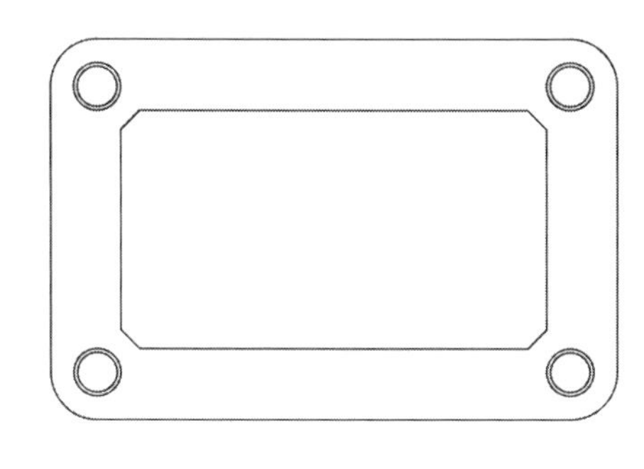

图 5-57　倒角操作

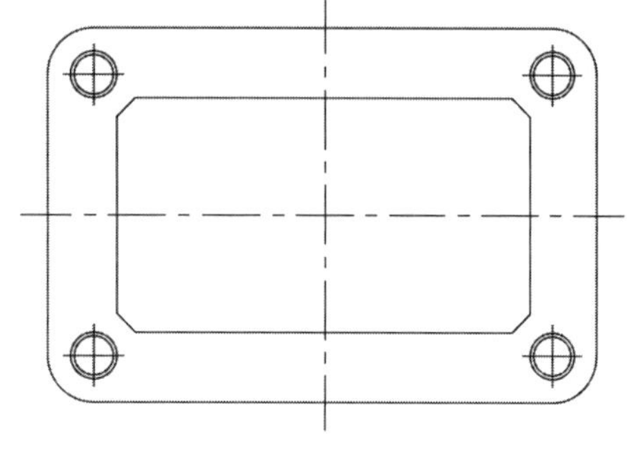

图 5-58　绘制中线

5.3.2 打断/打断于点

使用打断命令可将已有的线段分离为两段，被分离的线段只能是单独的线条，不能是任何组合形体，如图块、编组等，该命令可通过指定两点、选择物体后再指定两点这两种方式断开线条。

用户可以通过以下几种方式调用“打断”命令。

- 从菜单栏执行“修改>打断”命令。
- 在“默认”选项卡的“修改”面板中单击“打断”按钮。
- 在“修改”工具栏单击“打断”按钮。
- 在命令行输入 BREAK 命令，然后按回车键。

执行“打断”命令，在图形中先指定打断的第 1 点，然后指定第 2 点即可。命令行提示如下：

```
命令：_break
选择对象：                                        （指定第 1 点）
指定第二个打断点 或 ［第一点（F）］：               （指定第 2 点）
```

“打断于点”命令是“打断”命令的派生命令，会将对象在一点处断开，成为两个对象。用户可以在“默认”选项卡“修改”面板中单击“打断于点”按钮来调用该命令，也可以在“修改”工具栏中单击“打断于点”按钮。

执行“打断于点”命令后，选择要打断的线段，并指定好打断点位置即可。命令行提示如下：

```
命令：_breakatpoint
```

选择对象：	（选择所需图形）
指定打断点：	（指定好打断点的位置）

技术要点

打断和打断于点命令的快捷键都是 br，其区别在于，选中第一个点的时候，会有个提示“第一点（f）”，键入 f 回车，会提示用户指定第一个点，指定后，会提示指定第二个点，这时在第一个点位置再点击一下，就是打断于点的效果了。如果第二个点不同于第一个点，就是打断的效果。

动手练习——打断图形对象

下面介绍“打断”命令的使用方法，具体操作步骤如下。

Step01 执行“圆”命令，绘制半径为 300 的圆，如图 5-59 所示。

Step02 执行“打断”命令，根据提示选择要打断的对象，如图 5-60 所示。

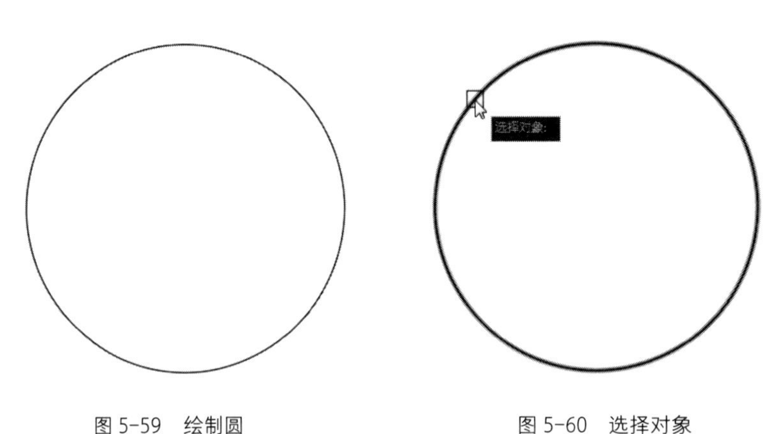

图 5-59　绘制圆　　　　图 5-60　选择对象

Step03 单击即可确定第一个打断点，移动光标至第二个打断点，如图 5-61 所示。

Step04 单击鼠标即可完成打断操作，如图 5-62 所示。

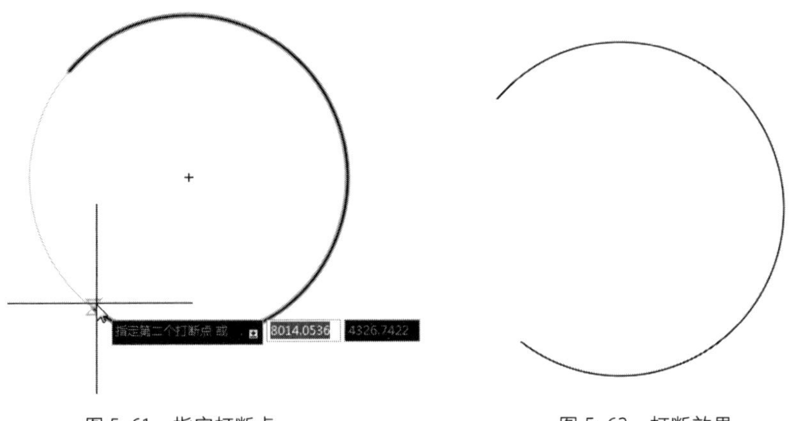

图 5-61　指定打断点　　　　图 5-62　打断效果

5.3.3 合并

合并就是使用多个单独的图形生成一个完整的图形，可以合并的图形包括直线、多段线、圆弧、椭圆弧和样条曲线等。合并图形并不是说任意条件下的图形都可以合并，每一种能够合并的图形都会有条件限制。如果要合并直线，那么待合并的直线必须共线，它们之间可以有间隙。

用户可以通过以下几种方式调用“合并”命令。

- 从菜单栏执行“修改>合并”命令。
- 在“默认”选项卡的“修改”面板中单击“合并”按钮。
- 在“修改”工具栏单击“合并”按钮。
- 在命令行输入 JOIN 命令，然后按回车键。

执行“合并”命令，框选所有需合并的图形，按回车键即可。命令行提示如下：

```
命令：_join
选择源对象或要一次合并的多个对象：找到 1 个                （选择所需图形，按回车键）
选择要合并的对象：找到 1 个，总计 2 个
选择要合并的对象：
2 条直线已合并为 1 条直线
```

技术要点

合并两条或多条圆弧时，将从源对象开始沿逆时针方向合并圆弧。合并直线时，所要合并的所有直线必须共线，即位于同一无限长的直线上。合并多个线段时，其对象可以是直线、多段线或圆弧，但各对象之间不能有间隙，而且必须位于同一平面上。

动手练习——合并图形

扫一扫 看视频

下面介绍“合并”命令的使用方法，具体操作步骤如下。

Step01 打开“素材/CH05/合并图形.dwg”文件，如图 5-63 所示。

Step02 执行“合并”命令，根据提示选择源对象，如图 5-64 所示。

图 5-63 打开素材图形

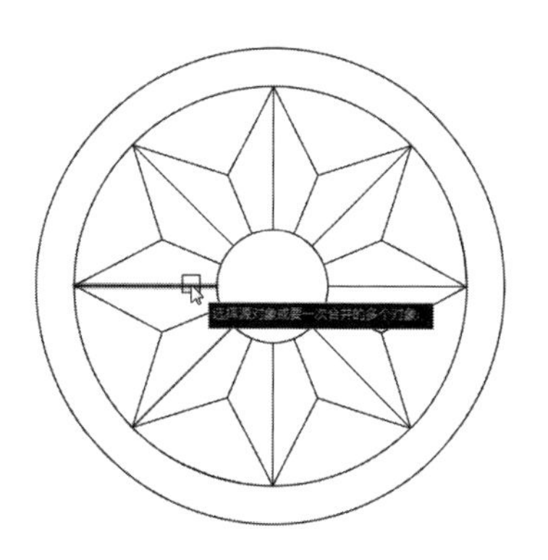

图 5-64 选择源对象

Step03 再选择要合并的对象，如图 5-65 所示。

Step04 按回车键即可完成合并操作，如图 5-66 所示。

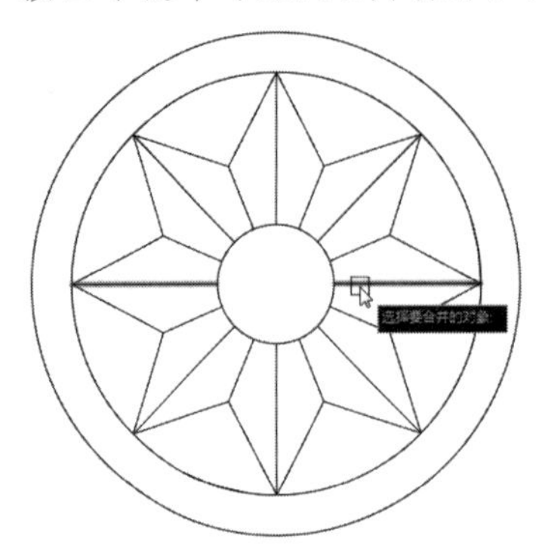

图 5-65　选择要合并的对象

图 5-66　完成合并操作

Step05 照此操作方法，合并其他线条，如图 5-67 所示。

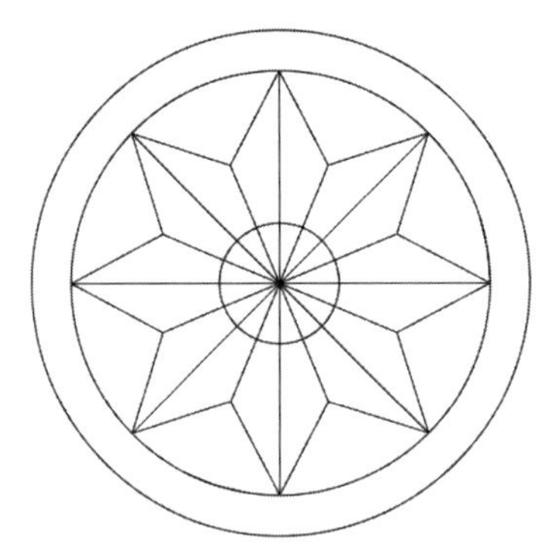

图 5-67　合并其他线条

5.3.4 修剪

在制图过程中“修剪”命令是常用到的一个功能，可以修剪图形当中多余的线条，当一张图纸中出现很多多余的线条时，就可以通过该命令来快速地整理图纸，这也是 AutoCAD 的一个经典功能。

用户可以通过以下几种方式调用“修剪”命令。

- 从菜单栏执行“修改>修剪”命令。
- 在“默认”选项卡的“修改”面板中单击“修剪”按钮✂。
- 在“修改”工具栏单击“修剪”按钮。
- 在命令行输入 TRIM 命令，然后按回车键。

执行“修剪”命令，选择要剪掉的线段，按回车键即可。命令行提示如下：

```
命令：_trim
当前设置：投影=UCS，边=无，模式=快速
选择要修剪的对象，或按住 Shift 键选择要延伸的对象或
［剪切边（T）/窗交（C）/模式（O）/投影（P）/删除（R）］：
选择要修剪的对象，或按住 Shift 键选择要延伸的对象或
［剪切边（T）/窗交（C）/模式（O）/投影（P）/删除（R）/放弃（U）］：
```

命令行中各选项的含义如下：

- 剪切边：指定一个或多个对象作为剪切边。
- 窗交：利用交叉窗口选择对象。
- 模式：选择修剪模式，包括“快速”和“标准”两种。
- 投影：该选项可以使用户指定执行修剪投影方向的空间。
- 删除：不退出“修剪”命令就可以删除选定的对象。
- 放弃：撤销“修剪”命令。

动手练习——绘制法兰盘剖面图

扫一扫 看视频

下面通过绘制法兰盘剖面图介绍“修剪”命令的应用，具体操作步骤如下。

Step01 打开“素材/CH05/绘制法兰盘剖面图.dwg”文件，如图 5-68 所示。

Step02 执行“直线”命令，从法兰盘平面图中捕捉圆形象限点绘制长 200mm 的直线，再绘制直线封闭图形，如图 5-69 所示。

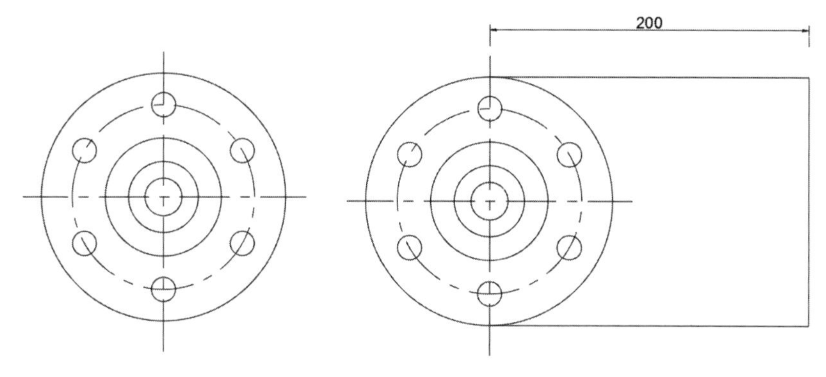

图 5-68 打开素材图形　　图 5-69 绘制直线

Step03 继续执行“直线”命令，捕捉平面图中的实线绘制直线，如图 5-70 所示。

Step04 执行“偏移”命令，将右侧的边线向左依次偏移 14mm、10mm、30mm、53mm 的距离，如图 5-71 所示。

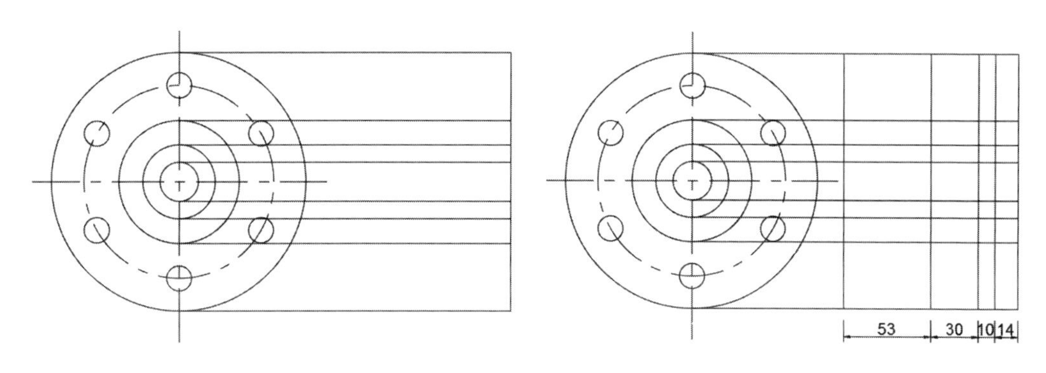

图 5-70 绘制连接线　　图 5-71 偏移图形

Step05 执行“修剪”命令，根据提示选择剪切边，如图 5-72 所示。

Step06 按回车键后再根据提示选择要修剪的对象，如图 5-73 所示。

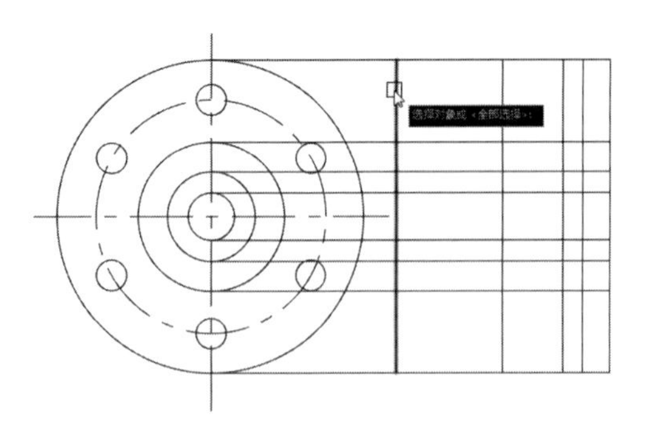

图 5-72　选择剪切边

图 5-73　选择要修剪的线条

▶Step07 在线条上单击即可将线条修剪掉，如图 5-74 所示。

▶Step08 继续修剪其他的线条，如图 5-75 所示。

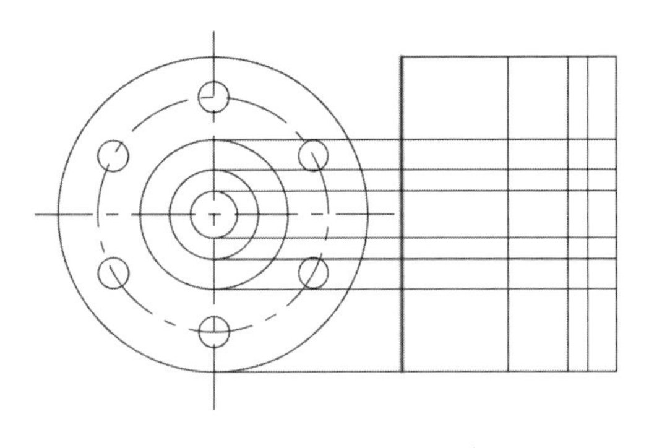

图 5-74　修剪一条线

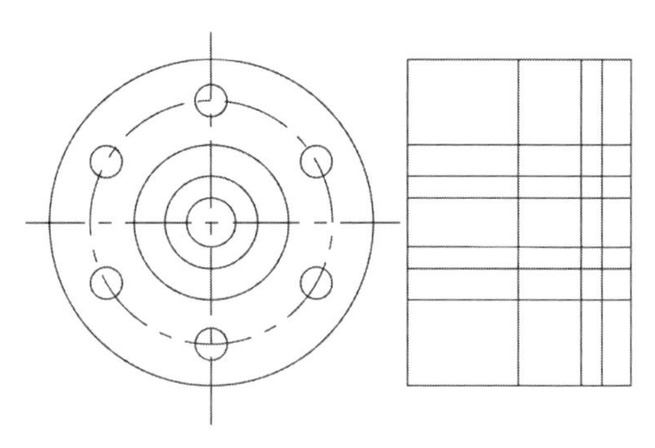

图 5-75　修剪其他线条

▶Step09 按照上述操作方法，继续修剪图形，如图 5-76 所示。

▶Step10 执行“直线”命令，继续捕捉平面图绘制直线，如图 5-77 所示。

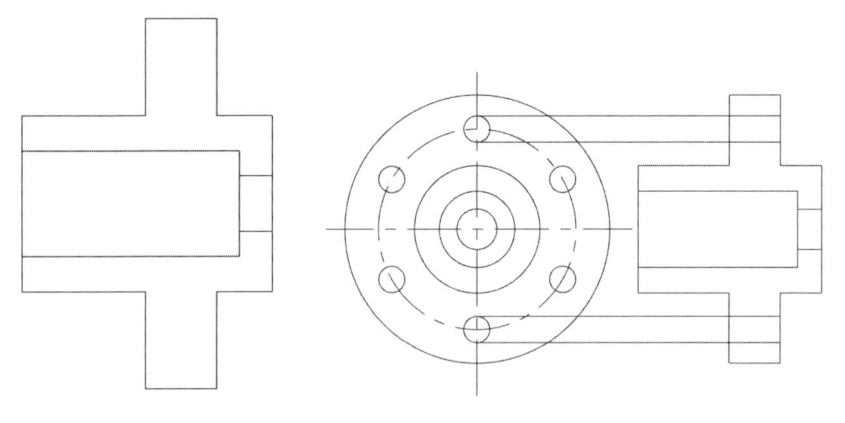

图 5-76　修剪图形

图 5-77　绘制连接线

▶Step11 执行“修剪”命令，修剪多余的图形，如图 5-78 所示。

▶Step12 执行“圆角”命令，分别设置圆角半径为 5 和 10，对图形进行圆角处理，如图 5-79 所示。

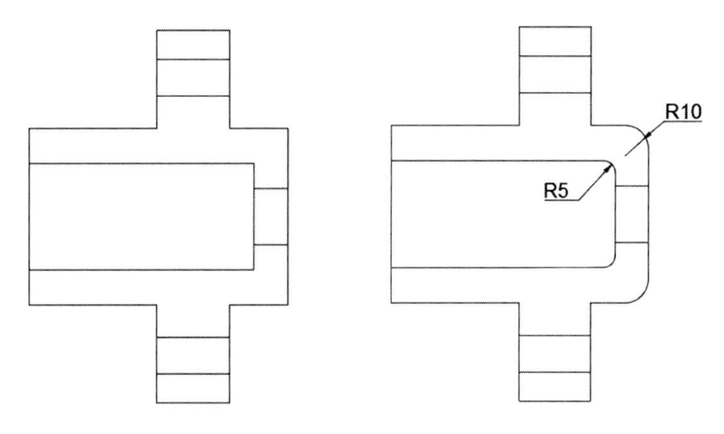

图 5-78　修剪多余的图形　　　　图 5-79　圆角处理

▶Step13 执行“图案填充”命令，选择图案 ANSI31，设置比例为 1.5，填充剖切位置，如图 5-80 所示。

▶Step14 执行“直线”命令，绘制图形的中线，并调整线型，完成法兰盘剖面的绘制，如图 5-81 所示。

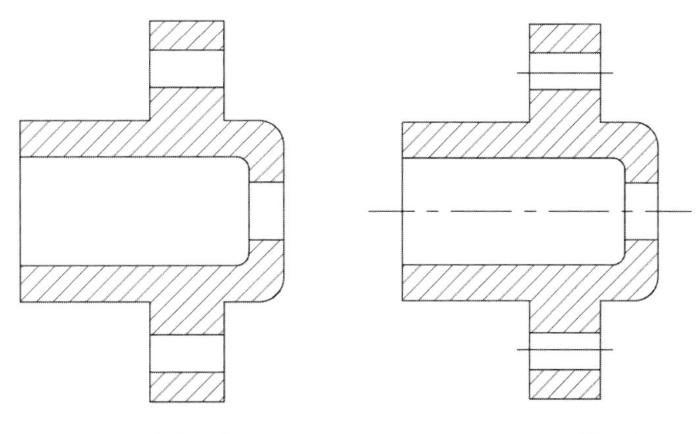

图 5-80　填充图案　　　　图 5-81　绘制中线

5.3.5 延伸

“延伸”命令用于将对象延伸至指定的边界上，可延伸的对象包括直线、圆弧、椭圆弧、非封闭的二维多段线和三维多段线以及射线等。“延伸”命令和“修剪”命令的效果相反，两个命令在使用过程中可以通过按 Shift 键相互转换。

用户可以通过以下几种方式调用“延伸”命令。

- 从菜单栏执行“修改>延伸”命令。
- 在“默认”选项卡的“修改”面板中单击“延伸”按钮。
- 在“修改”工具栏单击“延伸”按钮。
- 在命令行输入 EXTEND 命令，然后按回车键。

执行“修剪”命令，在绘图区中选择需延长的线段即可。命令行提示如下：

```
命令：_extend
当前设置：投影=UCS，边=无，模式=快速
```

选择要延伸的对象，或按住 Shift 键选择要修剪的对象或

［边界边（B）/窗交（C）/模式（O）/投影（P）］：

选择要延伸的对象，或按住 Shift 键选择要修剪的对象或

［边界边（B）/窗交（C）/模式（O）/投影（P）/放弃（U）］：

技术要点

使用“延伸”命令可以一次性选择多条要进行延伸的线段，要重新选择边界边只需按住 Shift 键然后将原来的边界对象取消即可。按下快捷键 Ctrl+Z 可以取消上一次的延伸，按下 Esc 键可退出延伸操作。

动手练习——调整拼花图案

扫一扫　看视频

下面介绍“延伸”命令的使用方法，具体操作步骤如下。

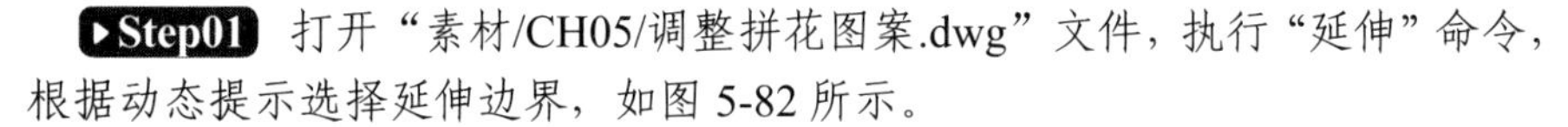

Step01 打开“素材/CH05/调整拼花图案.dwg”文件，执行“延伸”命令，根据动态提示选择延伸边界，如图 5-82 所示。

Step02 按回车键后再选择要延伸的对象，如图 5-83 所示。

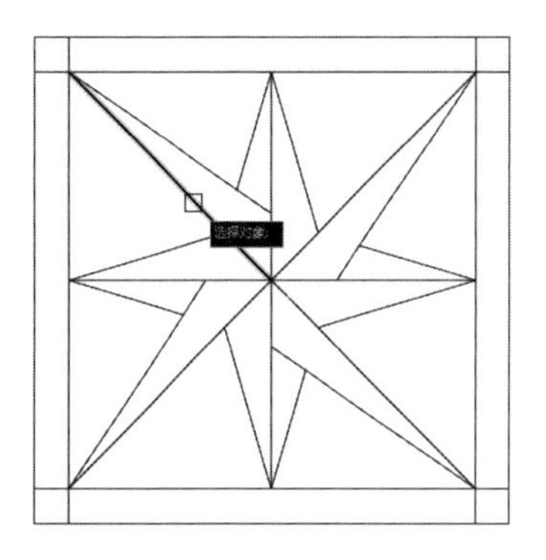

图 5-82　选择延伸边界

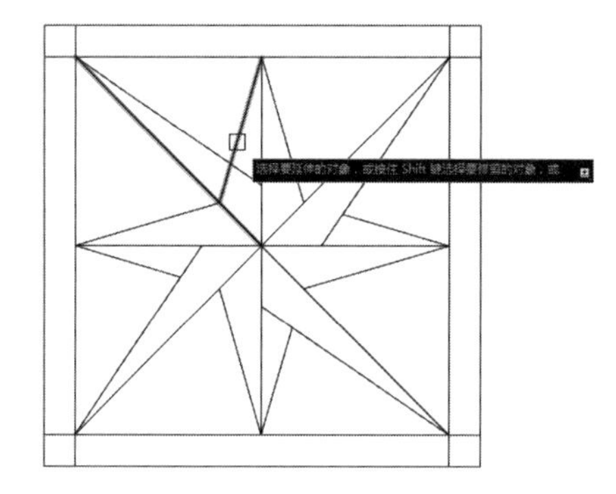

图 5-83　选择延伸对象

Step03 单击鼠标即可看到延伸效果，如图 5-84 所示。

Step04 按照上述操作方法，延伸其他的线条，完成本次操作，如图 5-85 所示。

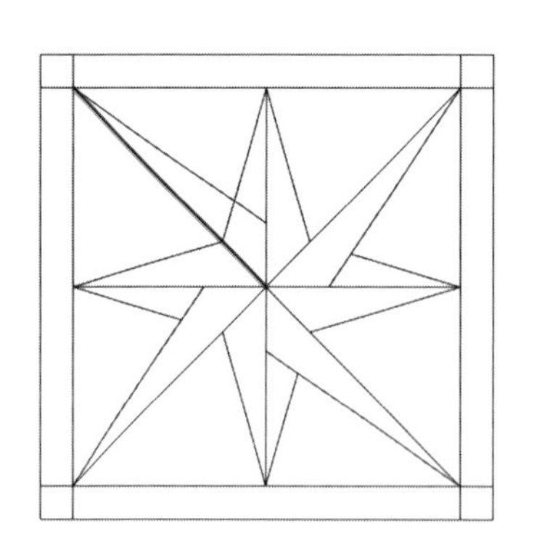

图 5-84　延伸效果

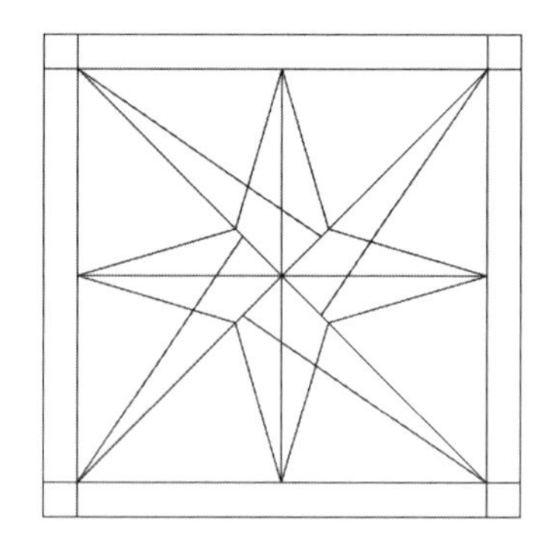

图 5-85　完成操作

5.3.6 拉伸

“拉伸”就是通过拉伸被选中的图形部分使整个图形发生形状上的变化，在拉伸图形的时候，选中的图形被移动，但是同时保持与原图形的不动部分相连。

用户可以通过以下几种方式调用“拉伸”命令。

- 从菜单栏执行“修改>拉伸”命令。
- 在“默认”选项卡的“修改”面板中单击“拉伸”按钮。
- 在“修改”工具栏单击“拉伸”按钮。
- 在命令行输入 STRETCH 命令，然后按回车键。

执行“拉伸”命令，从右向左框选图形，指定好拉伸的基点，移动光标指定目标点即可。命令行提示如下：

命令：_stretch
以交叉窗口或交叉多边形选择要拉伸的对象...
选择对象：指定对角点：找到 1 个　　（从右向左框选图形，按回车键）
选择对象：
指定基点或［位移（D）］<位移>：　　（指定拉伸的基点）
指定第二个点或 <使用第一个点作为位移>：　　（指定新目标点）

技术要点

在进行拉伸操作时，圆、椭圆或块类图形是不能被拉伸的。如果想要拉伸图块，需将其进行分解后才可进行拉伸操作。

动手练习——将四人餐桌拉伸成六人餐桌

扫一扫　看视频

下面介绍“拉伸”命令的使用方法，具体操作步骤如下。

Step01 打开“素材/CH05/拉伸餐桌.dwg”文件，如图 5-86 所示。

Step02 执行“拉伸”命令，指定对角点创建选择范围，如图 5-87 所示。

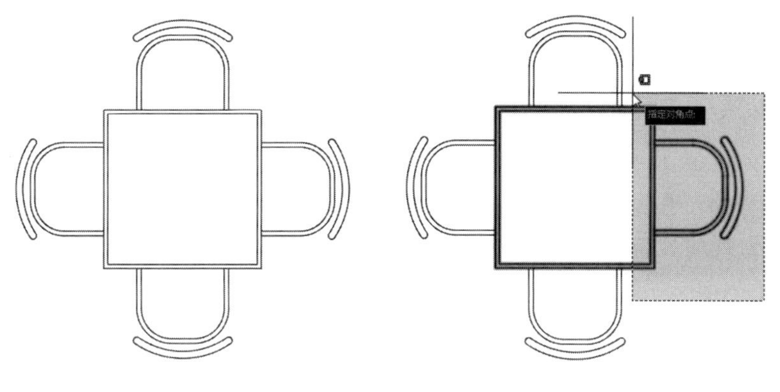

图 5-86　打开素材　　图 5-87　创建选择范围

Step03 选择对象后按回车键，再任意指定一点作为拉伸基点，如图 5-88 所示。

Step04 移动光标，在动态提示框内输入拉伸距离为 800，如图 5-89 所示。

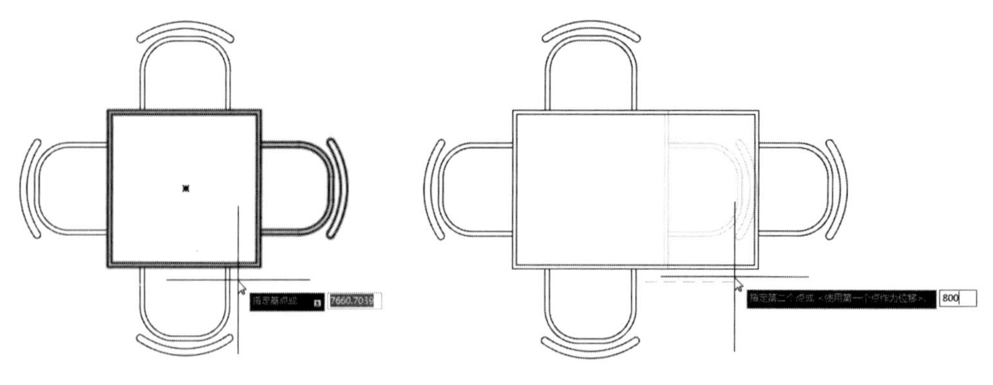

图 5-88　指定拉伸基点　　　　图 5-89　输入拉伸距离

▶Step05 按回车键后完成拉伸操作，如图 5-90 所示。

▶Step06 执行“镜像”命令，选择餐椅图形并进行镜像复制，完成本次操作，如图 5-91 所示。

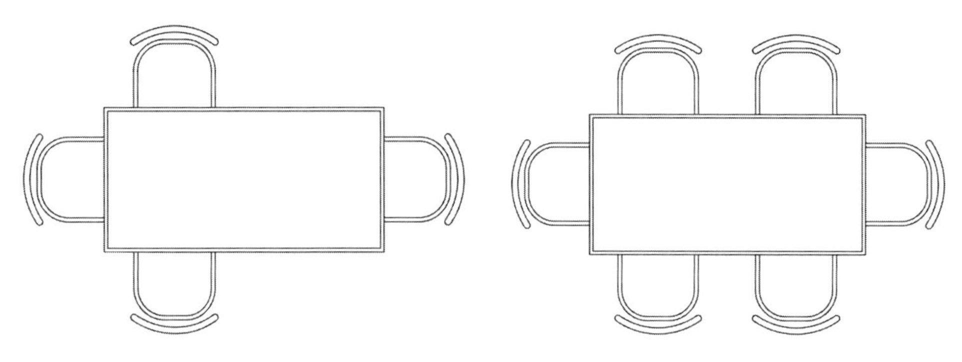

图 5-90　完成拉伸操作　　　　图 5-91　镜像复制图形

5.3.7 光顺曲线

光顺曲线是指在两条选定的直线或曲线之间的间隙中创建样条曲线。启动命令后选择端点附近的每个对象，其生成的样条线的形状取决于指定的连续性，选定对象的长度保持不变。曲线对象包括直线、圆弧、椭圆弧、螺旋、开放的多段线和开放的样条线。

用户可以通过以下几种方式调用“光顺曲线”命令。

- 从菜单栏执行“修改>光顺曲线”命令。
- 在“默认”选项卡的“修改”面板中单击“光顺曲线”按钮。
- 在“修改”工具栏单击“光顺曲线”按钮。
- 在命令行输入 BLEND 命令，然后按回车键。

执行“光顺曲线”命令，根据命令行中的提示便可进行操作。命令行提示如下：

```
命令：_BLEND
连续性 = 相切
选择第一个对象或 [连续性（CON）]：
选择第二个点：
选择第二个点：
```

动手练习——连接两条直线

下面利用“光顺曲线”命令连接两条直线，具体操作步骤如下。

Step01 绘制两条长 50mm 的相互垂直的直线，如图 5-92 所示。

Step02 执行“光顺曲线”命令，根据提示选择第一个对象的端点附近，如图 5-93 所示。

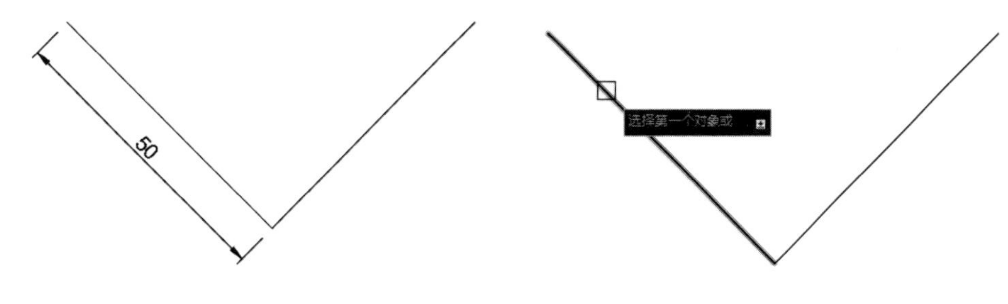

图 5-92　绘制直线　　图 5-93　选择第一个对象的端点附近

Step03 接着选择第二个对象的连接端点附近，如图 5-94 所示。

Step04 单击后即可在两个端点之间创建一条样条曲线，将两条直线相连，如图 5-95 所示。

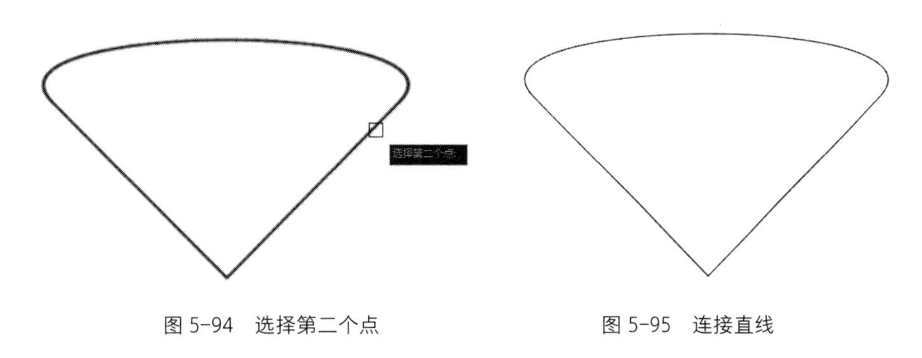

图 5-94　选择第二个点　　图 5-95　连接直线

5.4　图形夹点的编辑

夹点是一种集成的编辑模式。在未进行任何操作时选取对象，对象的特征点上将会出现夹点。如果要选择对象时，则在该对象中显示对象的夹点。该夹点默认情况下是以蓝色小方块显示，个别也有以圆形显示，用户可以根据个人的喜好和需要改变夹点的大小和颜色。

5.4.1　设置夹点

用户可根据需要对夹点的大小、颜色等参数进行设置。用户只需打开“选项”对话框，切换至“选择集”选项卡即可进行相关设置，如图 5-96、图 5-97 所示。

夹点设置的各选项说明如下。

- 夹点尺寸：该选项用于控制显示夹点的大小。
- 夹点颜色：单击该按钮，打开“夹点颜色”对话框，根据需要选择相应的选项，其后在“选择颜色”对话框中选择所需颜色即可。

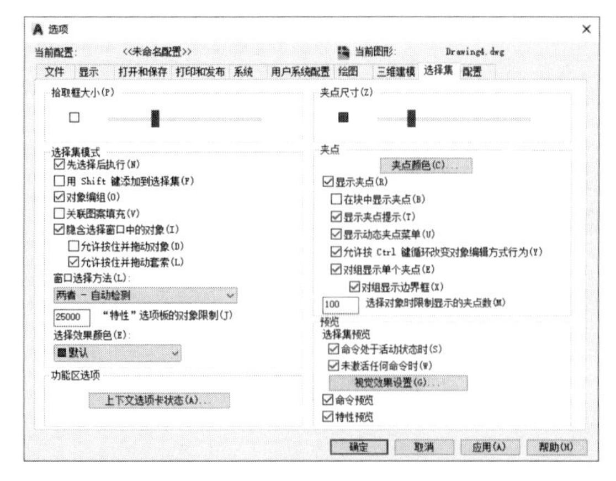

图 5-96 “选择集”选项卡

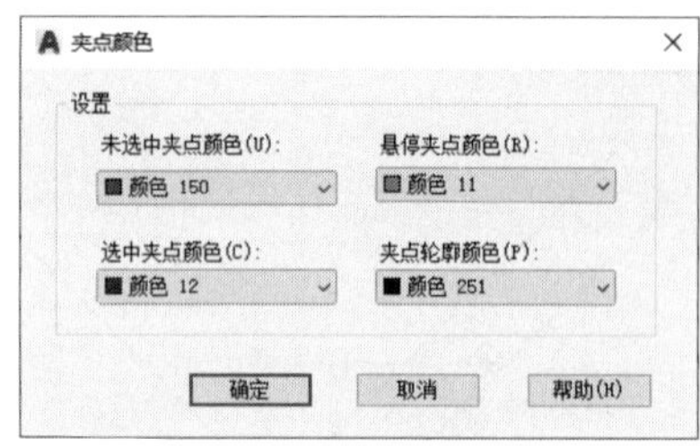

图 5-97 设置夹点颜色

- 显示夹点：勾选该选项，用户在选择对象时显示夹点。
- 在块中显示夹点：勾选该选项时，系统将会显示块中每个对象的所有夹点；若取消该选项的勾选，则在被选择的块中显示一个夹点。
- 显示夹点提示：勾选该选项，则光标悬停在自定义对象的夹点上时，显示夹点的特定提示。
- 选择对象时限制显示夹点数：设定夹点显示数，默认为100。若被选的对象上，其夹点数大于设定的数值，此时该对象的夹点将不显示。夹点设置范围为1～32767。

5.4.2 编辑夹点

夹点就是图形对象上的控制点，是一种集成的编辑模式。使用夹点功能，可以对图形对象进行各种编辑操作。

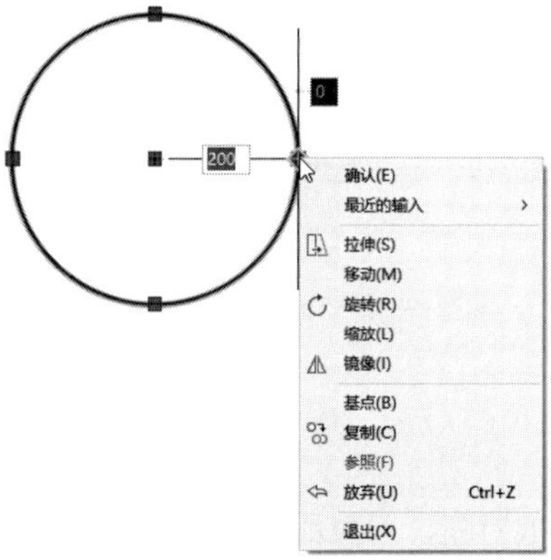

选择要编辑的图形对象，此时该对象上会出现若干夹点，单击夹点再单击鼠标右键，即可打开夹点编辑菜单，其中包括拉伸、移动、旋转、缩放、镜像、复制等命令，如图5-98所示。

图 5-98 夹点编辑菜单

快捷菜单中各命令说明如下。

- 拉伸：默认情况下激活夹点后，单击激活点，释放鼠标，即可对夹点进行拉伸。
- 移动：选择该命令可以将图形对象从当前位置移动到新的位置，也可以进行多次复制。选择要移动的图形对象，进入夹点选择状态，按 Enter 键即可进入移动编辑模式。
- 旋转：选择该命令可以将图形对象绕基点进行旋转，还可以进行多次旋转复制。选择要旋转的图形对象，进入夹点选择状态，连续2次按 Enter 键，即可进入旋转编辑模式。
- 缩放：选择该命令可以将图形对象相对于基点缩放，同时也可以进行多次复制。选择要缩放的图形对象，选择夹点编辑菜单中的“缩放”命令，连续3次按 Enter 键，即可进入缩放编辑模式。
- 镜像：选择该命令可以将图形物体基于镜像线进行镜像或镜像复制。选择要镜像的图形对象，指定基点及第二点连线即可进行镜像编辑操作。
- 复制：选择该命令可以将图形对象基于基点进行复制操作。选择要复制的图形对象，将鼠标指针移动到夹点上，按 Enter 键，即可进入复制编辑模式。

 实战演练 1——绘制固定零件

下面介绍固定零件图形的绘制，主要利用到“偏移”“修剪”“圆角”“镜像”等知识，具体绘制步骤如下。

Step01 执行“直线”命令，绘制尺寸为 102mm × 40mm 的矩形，如图 5-99 所示。

Step02 执行“偏移”命令，将横向和竖向的边线依次向内侧偏移，偏移尺寸如图 5-100 所示。

Step03 执行“修剪”命令，修剪多余的线条，如图 5-101 所示。

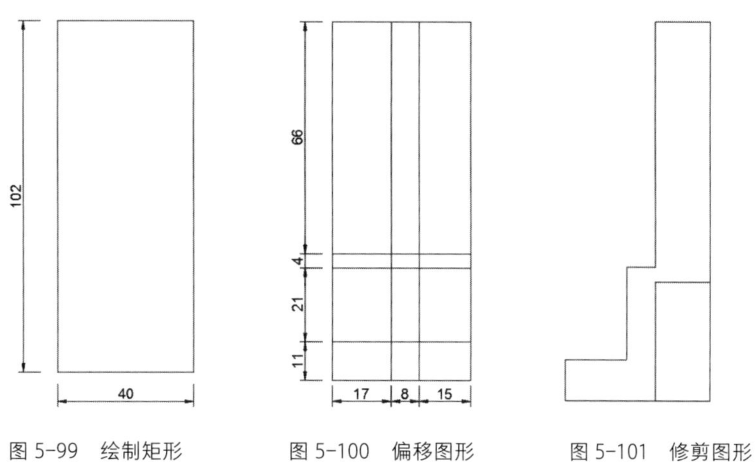

图 5-99　绘制矩形　　图 5-100　偏移图形　　图 5-101　修剪图形

Step04 再次执行“偏移”命令，偏移图形，偏移尺寸如图 5-102 所示。

Step05 执行“修剪”命令，修剪多余的线条，如图 5-103 所示。

Step06 执行“延伸”命令，延伸线条到底边，再执行“修改>偏移”命令，偏移图形，如图 5-104 所示。

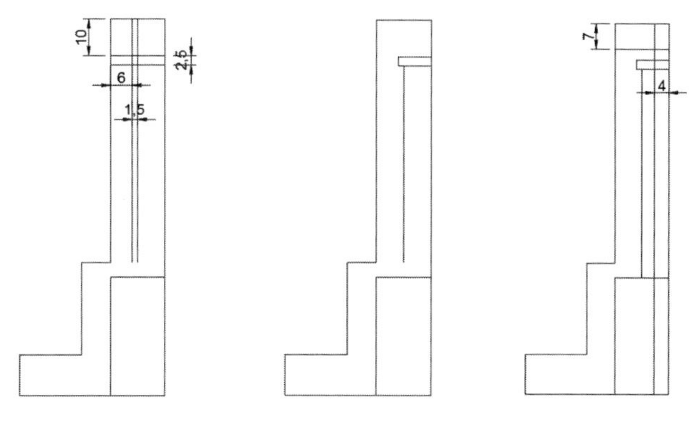

图 5-102　偏移图形　　图 5-103　修剪图形　　图 5-104　偏移图形

Step07 执行“直线”命令，捕捉交点绘制一条斜线，再删除多余的线条，如图 5-105 所示。

Step08 执行“镜像”命令，以右侧边线为镜像线，将图形镜像复制到右侧，如图 5-106 所示。

Step09 选择中间的竖直线，再选择顶部和底部的夹点，各自向两端移动 10mm 的距离，如图 5-107 所示。

Step10 执行“偏移”命令，将右侧底部线条向上偏移 52mm，如图 5-108 所示。

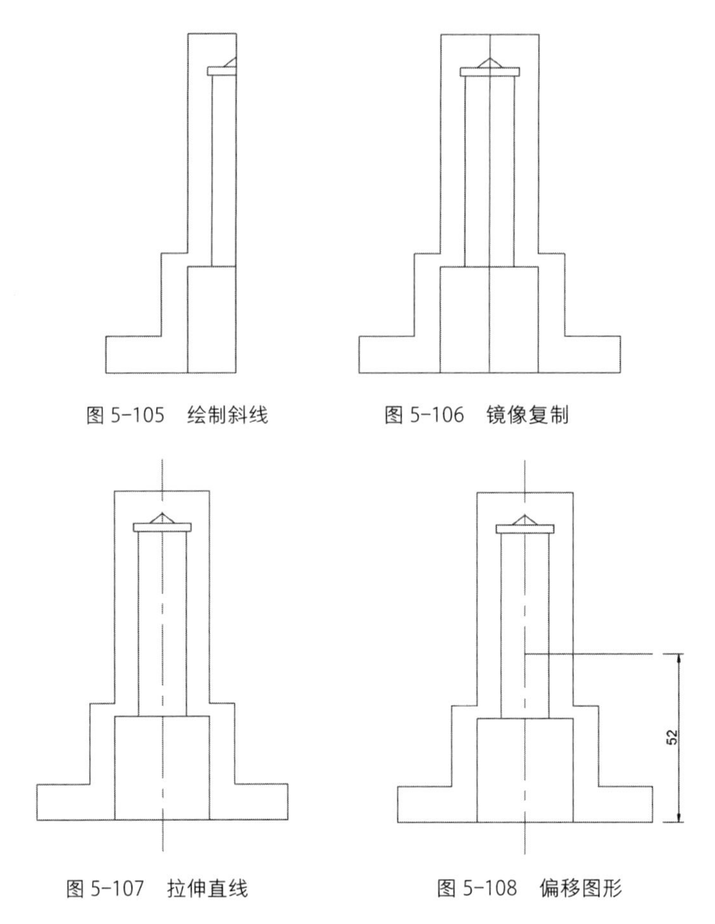

图 5-105　绘制斜线　　　图 5-106　镜像复制

图 5-107　拉伸直线　　　图 5-108　偏移图形

Step11 执行“圆”命令，捕捉交点绘制半径分别为 15mm 和 22mm 的同心圆，如图 5-109 所示。

Step12 执行“矩形”命令，绘制尺寸为 60mm × 54mm 的矩形，选择矩形的几何中心对齐到圆心，如图 5-110 所示。

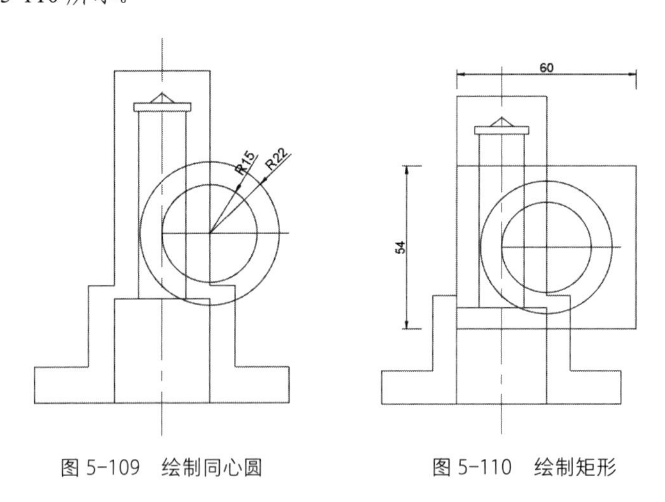

图 5-109　绘制同心圆　　　图 5-110　绘制矩形

Step13 执行“修剪”命令，修剪多余的线条，如图 5-111 所示。

Step14 利用夹点拉伸直线，并修改特性，如图 5-112 所示。

Step15 执行“圆角”命令，设置圆角半径为 4mm，对图形进行圆角操作，如图 5-113 所示。

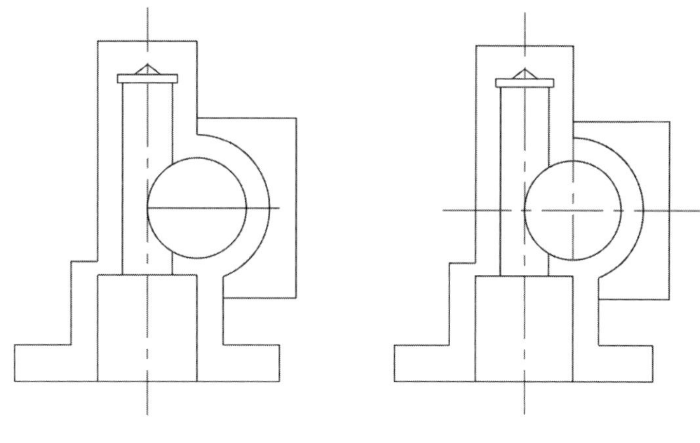

图 5-111　修剪图形　　　　图 5-112　拉伸直线

▶Step16 继续执行“圆角”命令，设置圆角半径为 9mm，再对图形进行圆角操作，如图 5-114 所示。

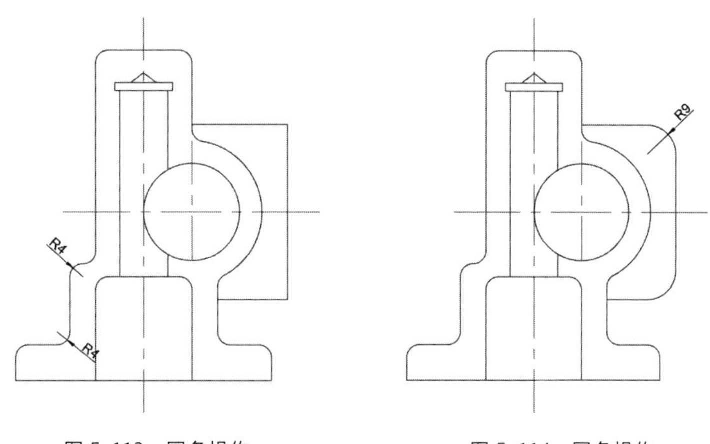

图 5-113　圆角操作　　　　图 5-114　圆角操作

▶Step17 执行“圆”命令，捕捉圆心绘制半径为 4mm 的圆，如图 5-115 所示。

▶Step18 执行“直线”命令，绘制圆心轴线，完成固定零件图的绘制，如图 5-116 所示。

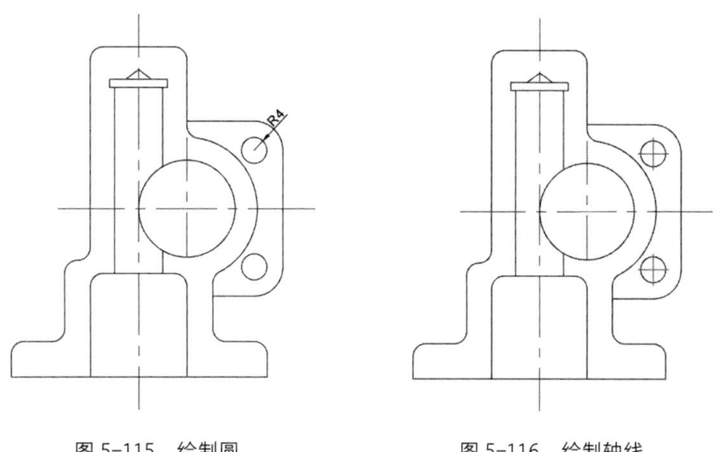

图 5-115　绘制圆　　　　图 5-116　绘制轴线

实战演练 2——绘制沙发组合图形

扫一扫 看视频

下面介绍沙发组合图形的绘制，主要利用到“圆角”“镜像”“修剪”“拉伸”等知识，具体绘制步骤如下。

Step01 首先绘制双人沙发图形。执行“绘图>矩形”命令，绘制尺寸为1500mm×760mm的矩形，如图5-117所示。

Step02 执行“多段线”命令，捕捉绘制一个封闭多段线造型，尺寸如图5-118所示。

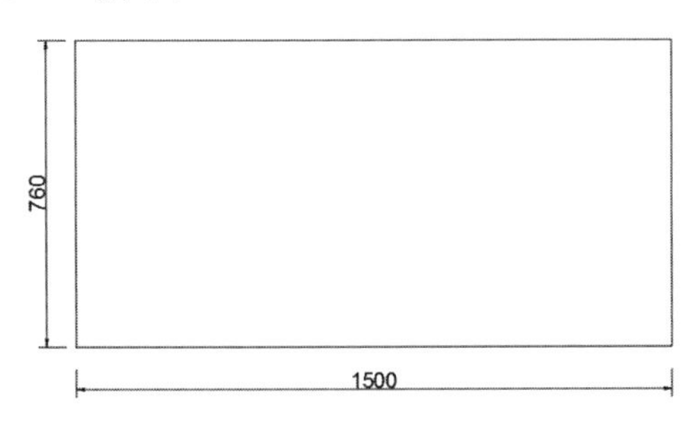

图5-117 绘制矩形

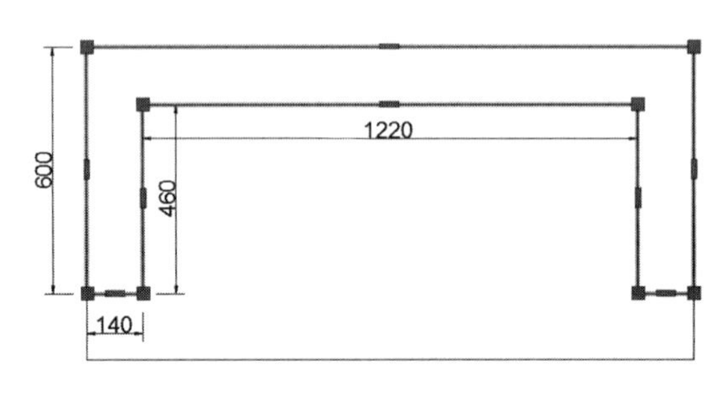

图5-118 绘制多段线

Step03 执行“圆角”命令，设置圆角半径为50mm，对多段线进行圆角编辑，在命令行输入x命令，分解多段线，删除外边线，如图5-119所示。

Step04 执行“圆角”命令，设置圆角半径为95mm，对矩形进行圆角编辑，如图5-120所示。

图5-119 对多段线进行圆角处理

R95

图5-120 对矩形进行圆角处理

Step05 执行“矩形”命令，绘制圆角半径为20mm，尺寸为610mm×50mm的圆角矩形，如图5-121所示。

Step06 将圆角矩形对齐到图形中，再执行“修改>镜像”命令，镜像复制图形，如图5-122所示。

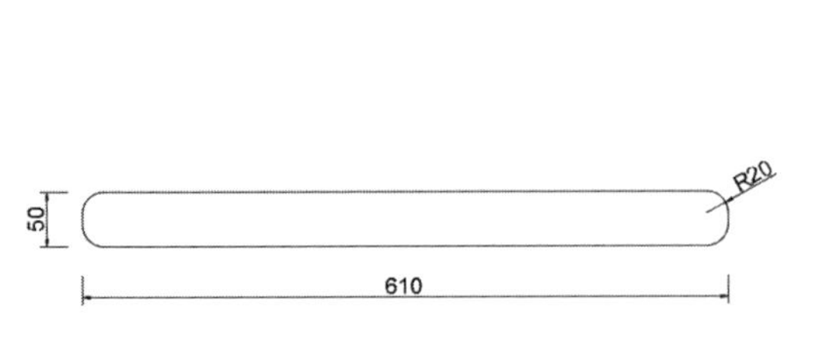

图5-121 绘制矩形

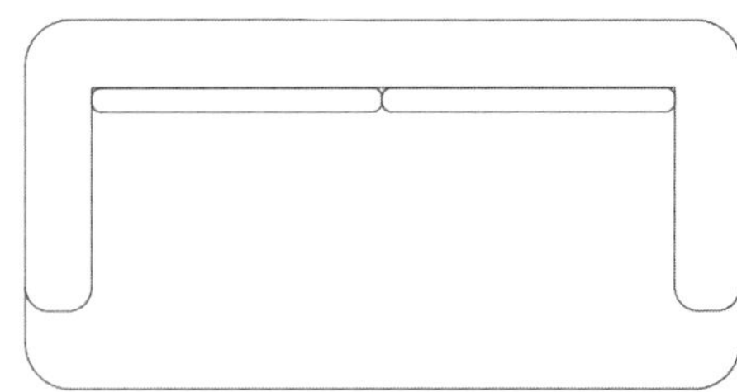

图5-122 镜像复制图形

Step07 执行“矩形”命令，绘制圆角尺寸为50mm，尺寸为610mm×570mm的圆角矩形，如图5-123所示。

Step08 执行“修剪”命令，修剪中间的边线，如图 5-124 所示。

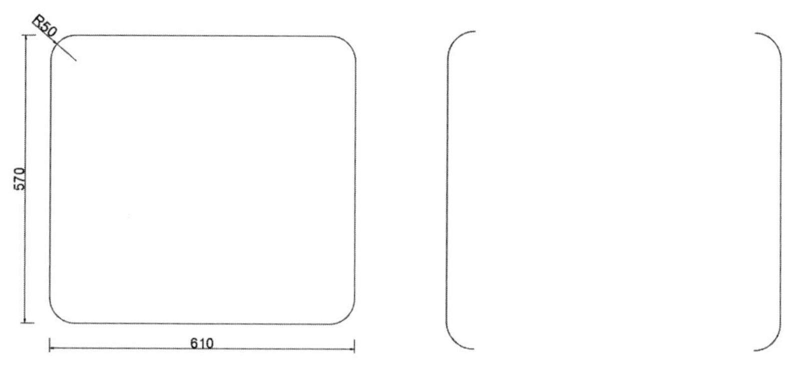

图 5-123　绘制圆角矩形　　　　图 5-124　修剪图形

Step09 移动图形至沙发图形居中位置，作为坐垫轮廓，如图 5-125 所示。

Step10 执行“修剪”命令，修剪多余的线条，绘制出双人沙发造型，如图 5-126 所示。

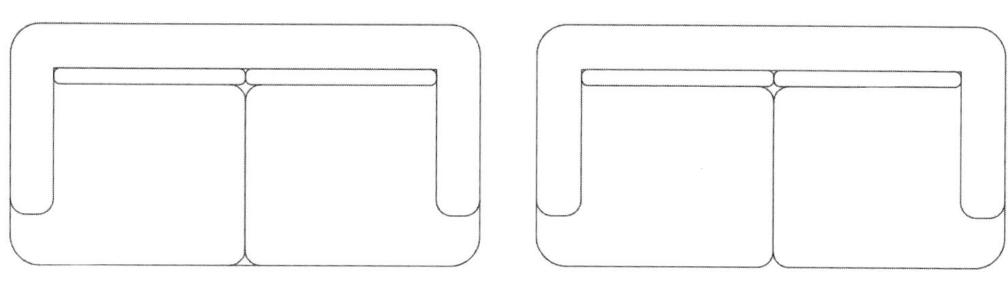

图 5-125　移动图形　　　　图 5-126　修剪图形

Step11 接下来绘制沙发组合中的转角沙发。复制双人沙发，并将其旋转 90°，如图 5-127 所示。

Step12 执行“拉伸”命令，选择沙发右侧并拉伸 1410mm 的长度，再删除圆角矩形，如图 5-128 所示。

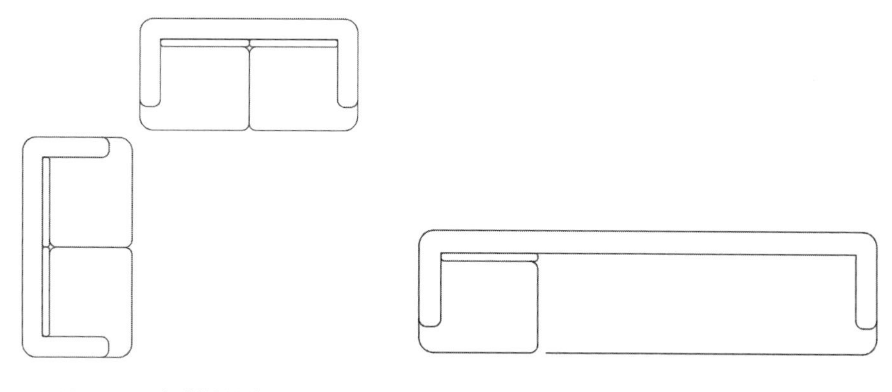

图 5-127　复制并旋转图形　　　　图 5-128　拉伸图形

Step13 执行“镜像”命令，镜像复制圆角矩形，如图 5-129 所示。

Step14 执行“拉伸”命令，拉伸最右侧的圆角矩形，如图 5-130 所示。

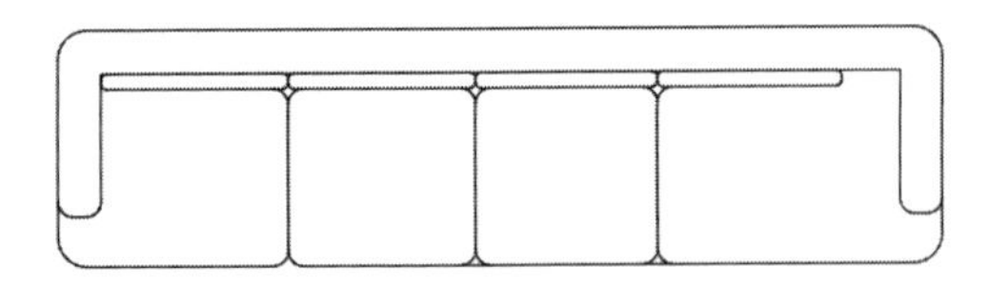

图 5-129　镜像复制图形

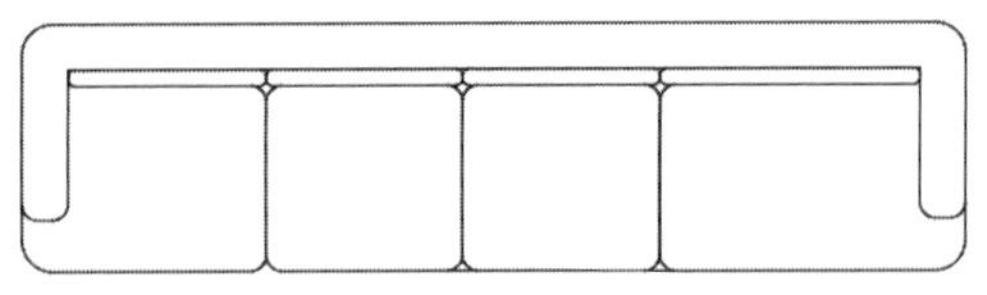

图 5-130　拉伸图形

Step15 执行“修剪”命令，修剪坐垫多余线条以及沙发右侧的边线，如图 5-131 所示。

Step16 执行“多段线”命令，捕捉绘制一条半封闭的多段线，具体尺寸如图 5-132 所示。

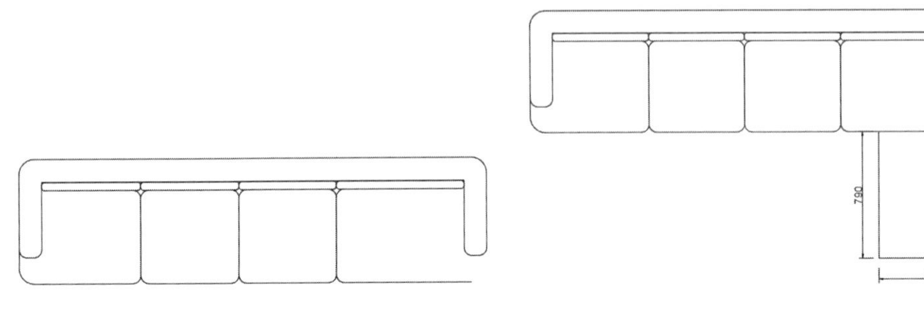

图 5-131　修剪图形

图 5-132　绘制多段线

Step17 执行“圆角”命令，分别设置圆角半径为 160mm 和 380mm，对图形进行圆角编辑，如图 5-133 所示。

Step18 执行“圆弧”命令，绘制抱枕图形，如图 5-134 所示。

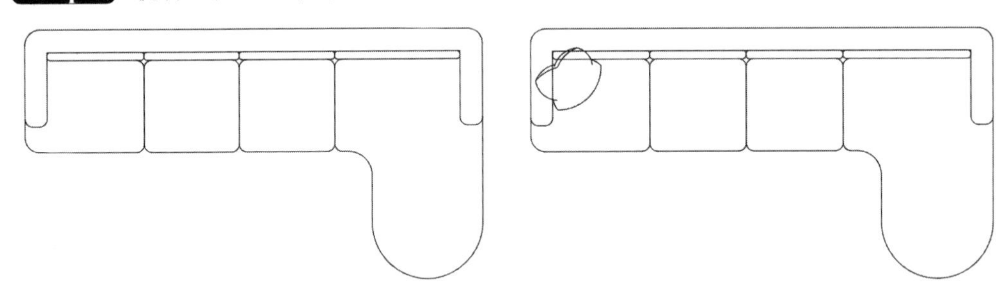

图 5-133　圆角操作

图 5-134　绘制抱枕图形

Step19 依次执行“复制”“旋转”命令，复制抱枕图形，将其放置到沙发合适的位置，如图 5-135 所示。

Step20 执行“修剪”命令，如图 5-136 所示。

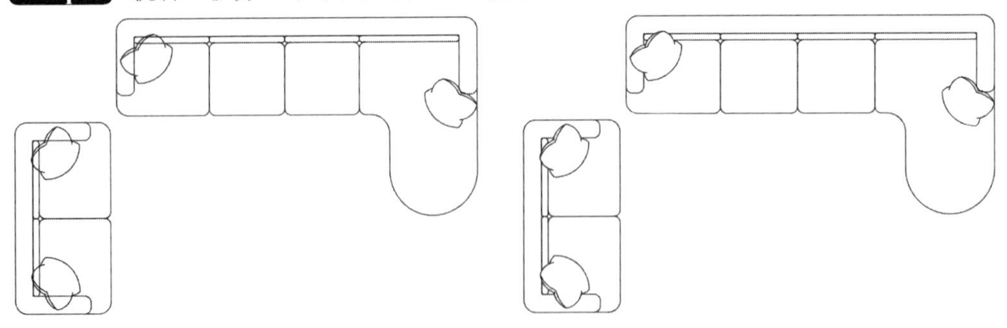

图 5-135　复制并旋转抱枕

图 5-136　修剪图形

▸Step21 接下来绘制台灯及边几图形。执行“矩形”命令，绘制尺寸为 550mm × 550mm 的矩形，如图 5-137 所示。

▸Step22 执行“圆角”命令，设置圆角半径为 50mm，对矩形进行圆角编辑，如图 5-138 所示。

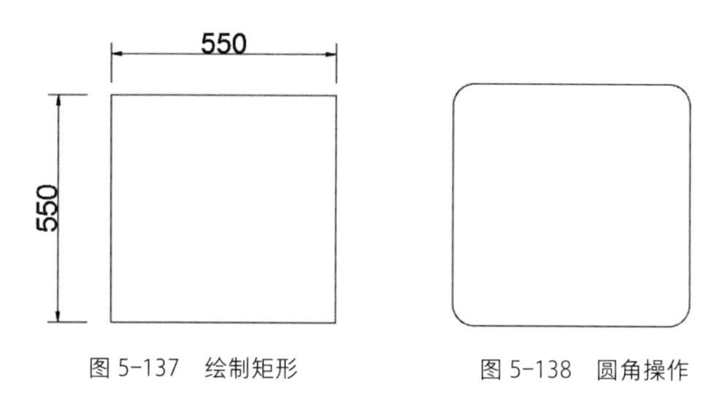

图 5-137 绘制矩形　　图 5-138 圆角操作

▸Step23 执行“偏移”命令，设置偏移尺寸为 20mm，将圆角矩形向内偏移，如图 5-139 所示。

▸Step24 执行“圆”命令，捕捉几何中心绘制半径分别为 75mm 和 150mm 的同心圆，如图 5-140 所示。

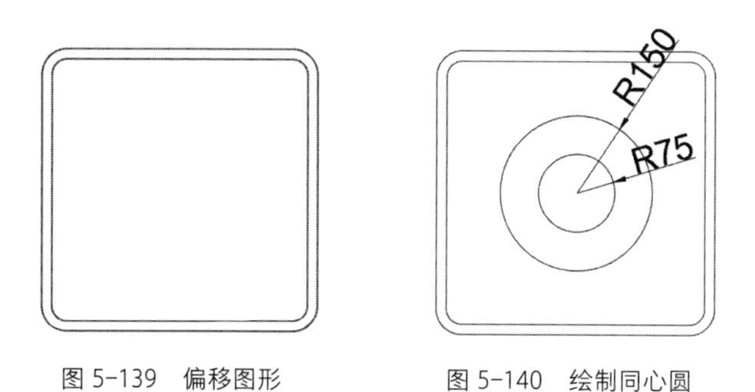

图 5-139 偏移图形　　图 5-140 绘制同心圆

▸Step25 执行“直线”命令，绘制灯具辅助线，如图 5-141 所示。

▸Step26 将图形移动到两个沙发的拐角之间，如图 5-142 所示。

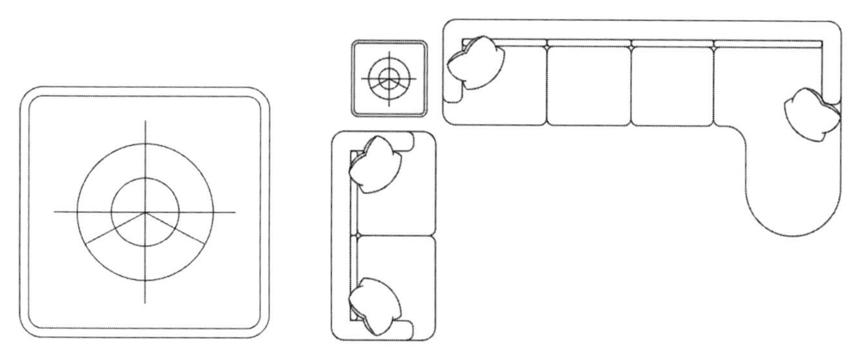

图 5-141 绘制灯具辅助线　　图 5-142 移动边几图形

▸Step27 下面绘制地毯及茶几。执行“绘图>矩形”命令，绘制尺寸为 3200mm × 2100mm 的矩形作为地毯轮廓，如图 5-143 所示。

▶Step28 执行“偏移”命令，将矩形向内依次偏移80mm、700mm的距离，如图5-144所示。

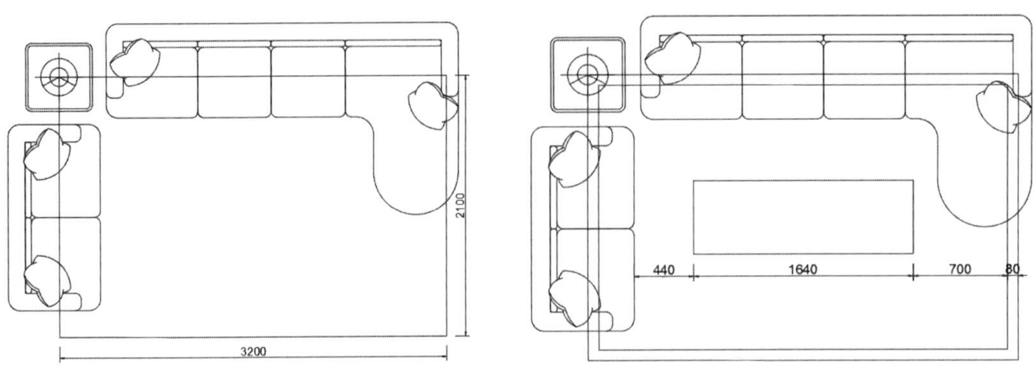

图5-143　绘制矩形　　　　图5-144　偏移图形

▶Step29 执行“拉伸”命令，拉伸茶几图形的尺寸，如图5-145所示。

▶Step30 执行“修剪”命令，修剪被覆盖的图形，至此完成沙发组合图形的绘制，如图5-146所示。

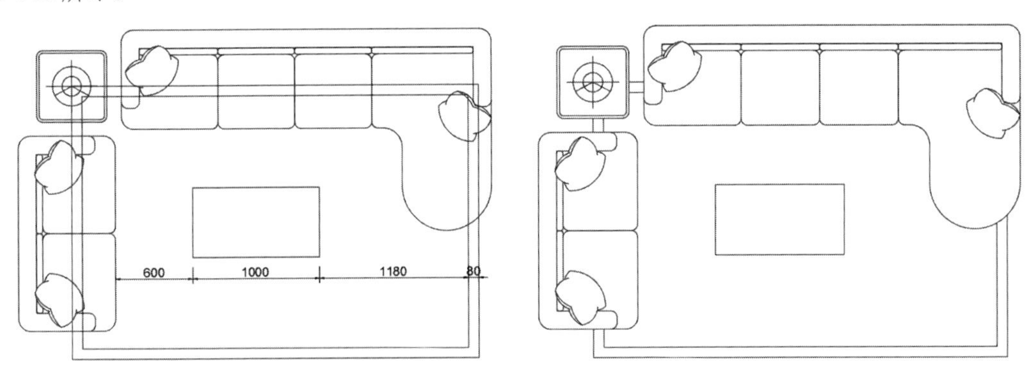

图5-145　拉伸图形　　　　图5-146　完成绘制

课后作业

（1）绘制平面图形

利用“偏移”“阵列”“修剪”命令绘制如图5-147所示的二维图形。

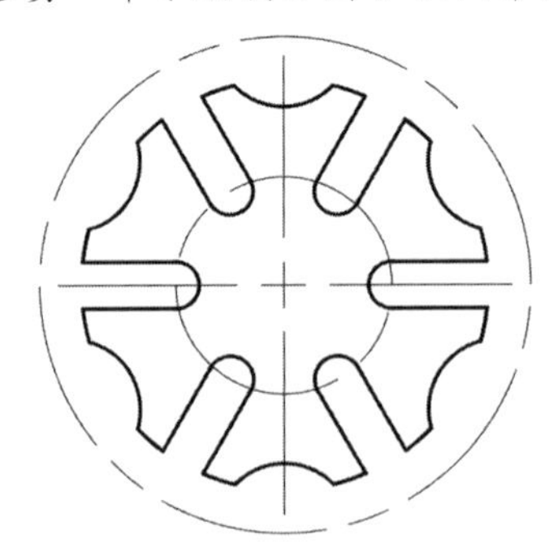

图5-147　二维图形

操作提示：

Step01：绘制中心线，捕捉交点绘制同心圆，再捕捉直线与圆的交点绘制圆。

Step02：对边上的圆进行阵列复制，偏移中线并进行阵列复制。

Step03：按需修剪图形。

（2）绘制机械图形

利用“修剪”“偏移”“圆角”命令绘制如图 5-148 所示的机械图形。

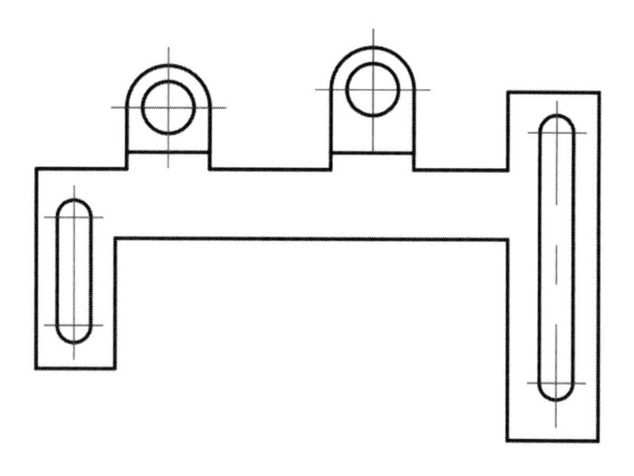

图 5-148 机械图形

操作提示：

Step01：绘制图形并偏移，修剪图形。

Step02：对角点进行圆角处理。

Step03：捕捉圆心绘制圆形。

精选疑难解答

Q1：为什么填充后看不到，标注箭头变成了空心？

A：这是因为填充显示的变量设置关闭了。执行“工具”>“选项”命令，打开“选项”对话框，在“显示”选项卡“显示性能”选项组中勾选“应用实体填充”复选框，然后单击“确定”按钮，返回绘图区再次进行填充操作，即可显示填充效果。

Q2：从左到右和从右到左框选图形有什么不同？

A：框选是指利用拖动鼠标形成的矩形区域选择对象。从左到右框选为窗交模式，选择的图形所有顶点和边界完全在矩形范围内才会被选中，从右到左框选为交叉模式，图形中任意一个顶点和边界在矩形选框范围内就会被选中。

Q3：镜像图形中文字翻转了怎么办？

A：当对选择图形执行镜像时，如果其中包含文字，我们通常希望文字保持原始状态，因为如果文字也反过来的话，就会不可读。所以针对文字镜像进行了专门的处理，并提供了一个变量控制。控制文字镜像的变量是 MIRRTEXT，当值为 0 时，可保持镜像过来的字体不旋转；为 1 时，文字会按实际进行镜像。

Q4：如何将一个平面图形旋转并与一根斜线平行？

A：首先测量斜线角度，然后旋转图形，但如果斜线的角度不是一个整数，这种旋转就会有一定的误差。遇到这种情况，用户可以选择平面图形，再执行旋转命令，将目标点和旋转点均设置为斜线上的点，即可将平面图形与斜线平行。

Q5：创建环形阵列的时候始终是沿逆时针方向进行旋转，怎么更改环形阵列的旋转方向？

A：在使用“阵列”命令对对象进行阵列时，系统默认沿着逆时针方向进行旋转，如果需要更改其旋转角度，在“环形阵列”面板中可以更改这一设置。进行环形阵列后，双击阵列图形，打开“环形阵列”面板，在其中设置旋转方向。设置完成后图形将以顺时针进行旋转。

Q6：如何快速修剪图形？

A：在修剪多条线段时，如果按照默认的修剪方式，需选取多次才能完成，此时用户可使用“fence”选取方式进行操作。启动修剪命令，在命令行中输入“f”，其后在需修剪的图形中，绘制一条线段，回车，此时被该线段相交的图形或线段将被全部修剪。

第 6 章

设置面域与图案填充

本章概述

在绘制和编辑图形时，图案填充和面积都是为了表达当前图形部分或全部的结构特征。图案填充是一种使用指定线条图案、颜色来充满指定区域的操作，常用于表达剖切面和不同类型物体对象的外观纹理等；面域则是具有边界的平面区域，是一个面对象，创建面域主要是为了便于后续执行填充、检测和着色等操作。

通过对本章内容的学习，读者能够掌握面域和图形图案的创建及应用技巧，同时为后面章节的学习打下基础。

学习目标

- 了解面域
- 掌握面域的创建与编辑
- 掌握图形图案的创建与编辑

实例预览

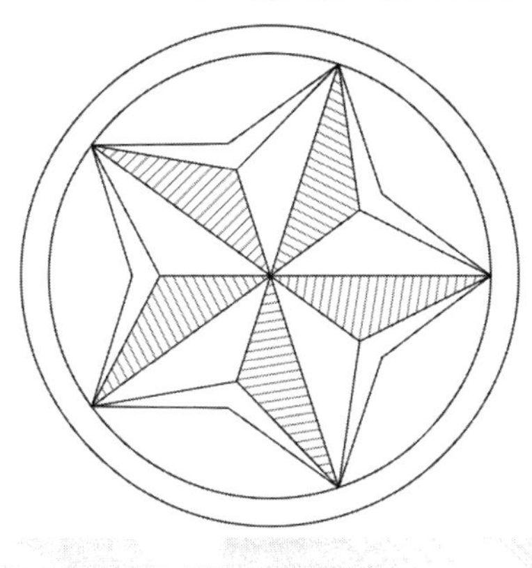

拼花装饰图案

6.1 面域

面域是使用形成闭合环境的对象创建的二维闭合区域，创建面域的图形和正常的二维图形没有什么区别。从视觉样式角度来看，面域是一个没有高度的平台。

6.1.1 创建面域

扫一扫 看视频

用户可以将由某些对象围成的封闭区域转换为面域，这些面域可以是圆、椭圆、封闭二维多段线、封闭样条曲线等，也可以是由圆弧、直线、二维多段线和样条曲线等构成的封闭区域。用户可以通过以下几种方式调用“面域”命令。

- 从菜单栏执行“绘图>面域”命令。
- 在“默认”选项卡“绘图”面板中单击“面域”按钮。
- 在“绘图”工具栏中单击“面域”按钮。
- 在命令行输入 REGION 命令，然后按回车键。

执行“面域”命令，根据命令行的提示，选择所有封闭的二维线段，按回车键即可。命令行提示如下：

```
命令：_region
选择对象：找到 1 个
选择对象：                                  （选择封闭的二维线段，按回车键）
已提取 1 个环。
已创建 1 个面域。
```

注意事项

在创建面域的时候，选择的对象可以是直线、多段线、圆、圆弧、椭圆、椭圆弧和样条曲线的组合，但所选的线段必须构成一个封闭的区域，否则不能创建出面域。

6.1.2 布尔运算

扫一扫 看视频

布尔运算是数学上的一种逻辑运算，包括并集、差集、交集 3 种运算方式，可以对实体和共面的面域进行剪切、添加以及获取交叉部分等操作。

绘制较为复杂的图形时，线条之间的修剪、删除等操作都比较繁琐，此时如果利用面域之间的布尔运算来绘制图形，将会大大提升绘图效率。

（1）并集运算

执行“修改>实体编辑>并集”命令，根据提示依次选择要合并的主体对象，按回车键即可完成操作，结果对比如图 6-1、图 6-2 所示。

（2）差集运算

执行“修改>实体编辑>差集”命令，根据提示先选择主体对象，按回车键确认，再选择要减去的参照体对象，再按回车键即可完成操作，结果对比如图 6-3、图 6-4 所示。

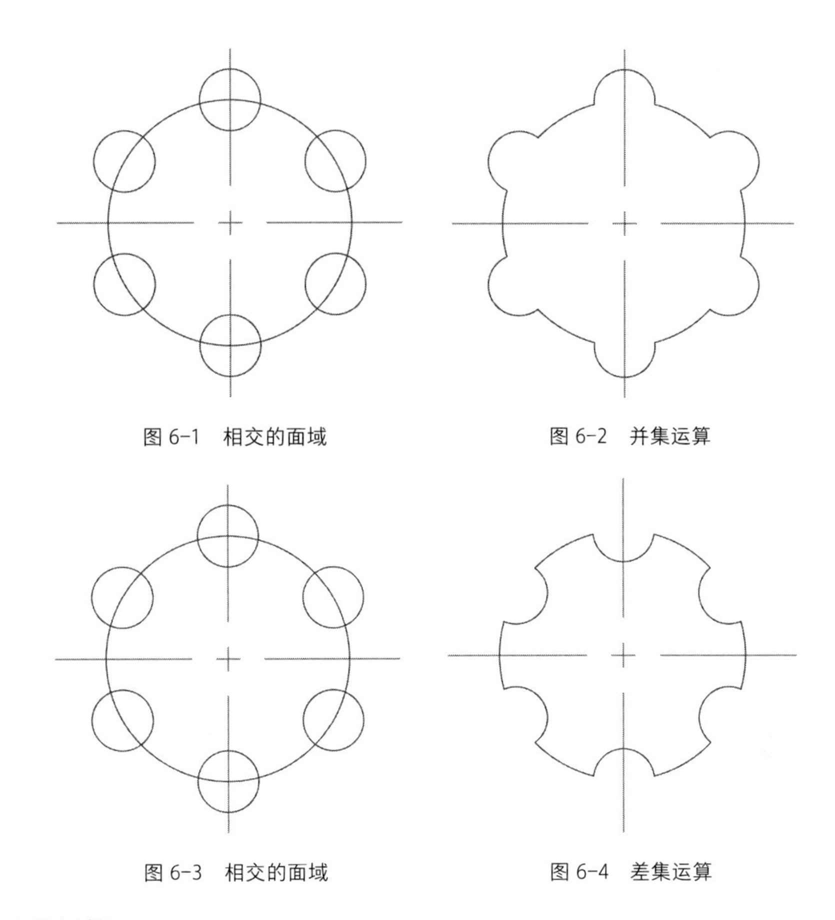

图 6-1　相交的面域　　　　图 6-2　并集运算

图 6-3　相交的面域　　　　图 6-4　差集运算

（3）交集运算

执行“修改>实体编辑>交集”命令，根据提示选择相交的主体对象，按回车键确认即可完成操作，结果对比如图 6-5、图 6-6 所示。

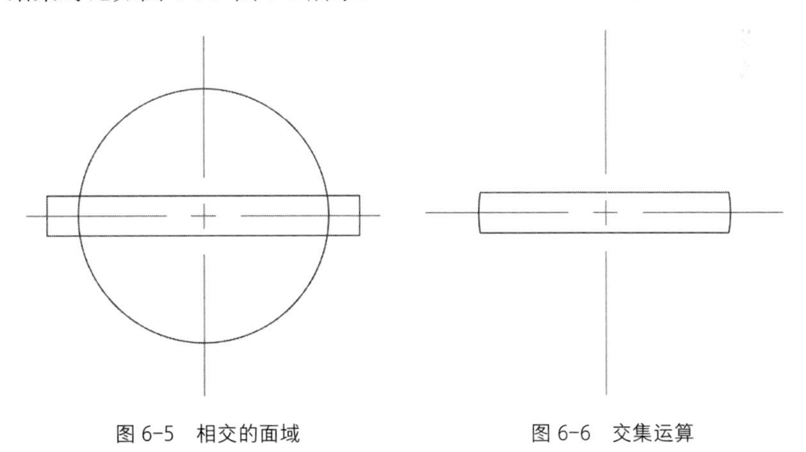

图 6-5　相交的面域　　　　图 6-6　交集运算

6.1.3 提取面域数据

面域对象除了具有一般图形对象的属性外，还具有面域对象的属性，其中最重要的属性就是质量特性。

执行“工具>查询>面域/质量特性”命令，根据提示选择要提取数据的面域对象，按回车键确认，系统会弹出“AutoCAD 文本窗口”，窗口中会显示所选面域对象的数据特性，如图6-7 所示。

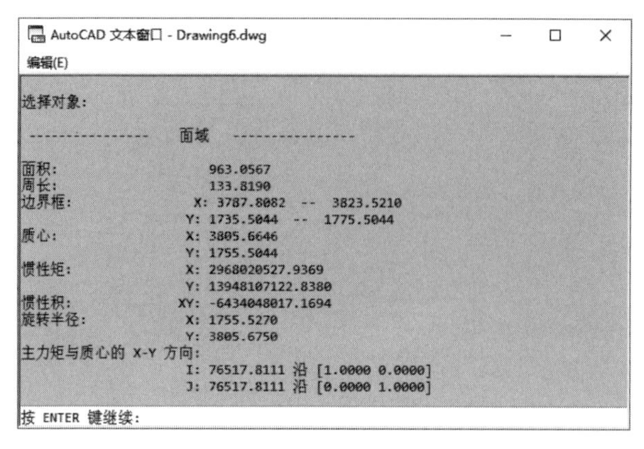

图 6-7　AutoCAD 文本窗口

6.2　图形图案填充

为了区别图形中不同形体的组成部分，增强图形的表现效果，可以使用填充图案和渐变色功能，对图形进行图案和渐变色填充。

6.2.1　图案填充

使用传统的手工方式绘制阴影线时，必须依赖绘图者的眼睛，并正确使用丁字尺和三角板等绘图工具，逐一绘制每一条线。这样不仅工作量大，而且角度和间距都不太精确，影响画面的质量。利用 “图案填充”工具，只需定义好边界，系统将会自动进行相应的填充操作。

用户可以通过以下几种方式调用“图案填充”命令。

- 从菜单栏执行“绘图>图案填充”命令。
- 在“默认”选项卡“绘图”面板中单击“图案填充”按钮。
- 在“绘图”工具栏中单击“图案填充”按钮。
- 在命令行输入 HATCH 命令，然后按回车键。

执行“图案填充”命令，系统会打开“图案填充创建”选项卡，如图 6-8 所示。在该选项卡中用户可以进行相关的填充操作。

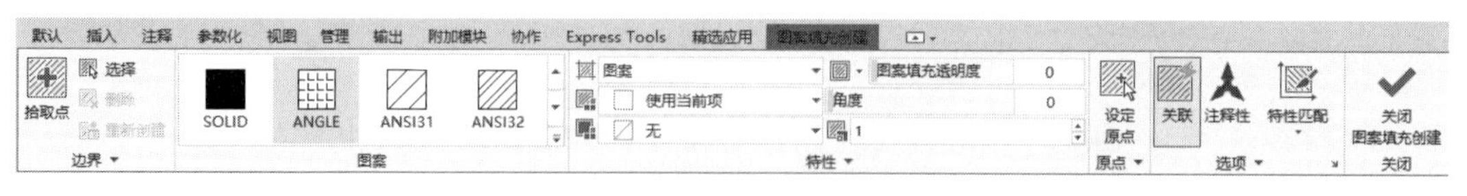

图 6-8 “图案填充创建”选项卡

此外，用户也可以利用“图案填充和渐变色”对话框中进行设置，如图 6-9 所示。该对话框中各选项组含义介绍如下。

- 类型：包括“预定义”“用户定义”“自定义”三个选项，用于选择需要的图案。

• 图案：单击打开下拉列表，即可选择图案名称，如图 6-10 所示。

• 颜色：单击打开下拉列表，可从中列表中选择合适的颜色，如图 6-11 所示。从列表中单击“选择颜色”选项，可以打开“选择颜色”对话框，有更多的颜色可供选择，如图 6-12 所示。

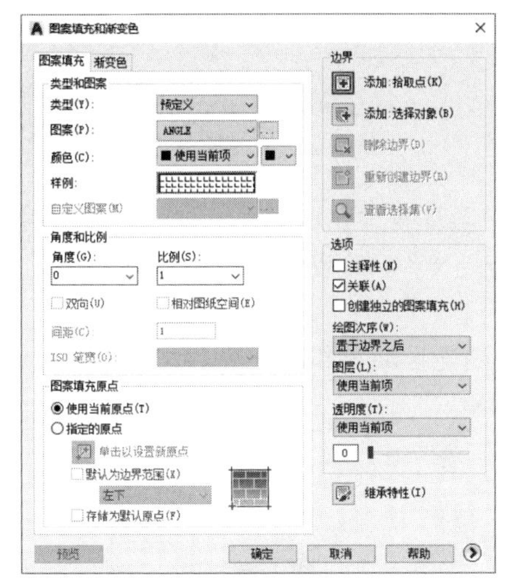

图 6-9 “图案填充和渐变色”对话框

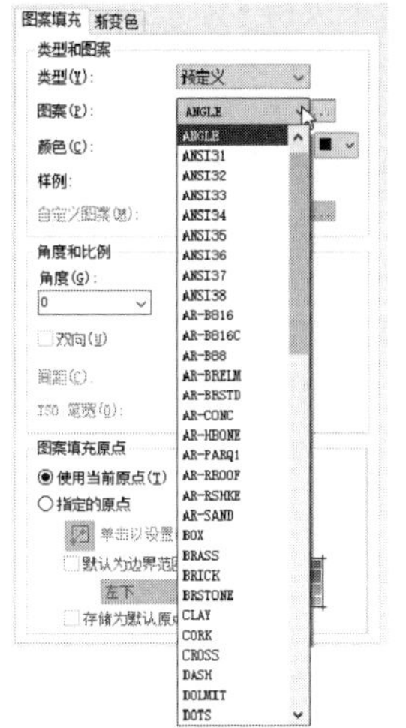

图 6-10 “图案”列表

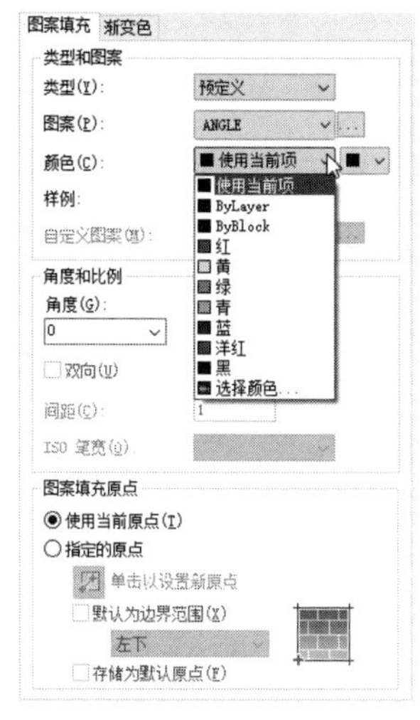

图 6-11 “颜色”列表

• 样例：在“样例”中同样设置选择图案，单击右侧选项框，即可打开“填充图案选项板”对话框，如图 6-13 所示。

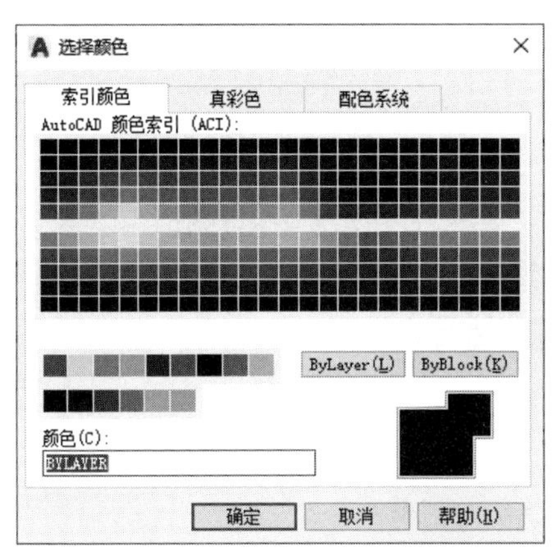

图 6-12 “选择颜色”对话框

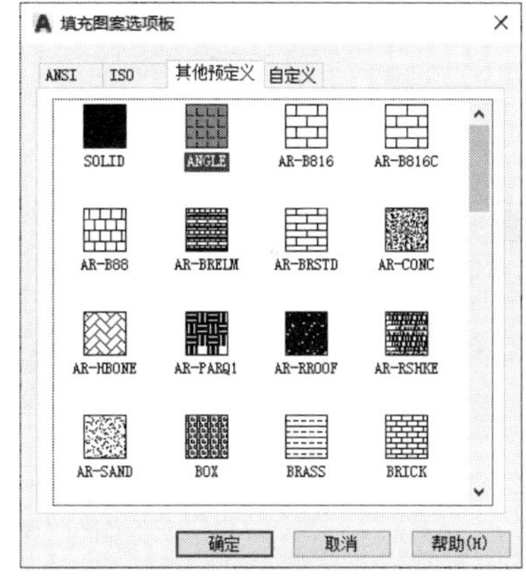

图 6-13 “填充图案选项板”对话框

• 角度/比例：用于设置填充图案线型的角度和比例。

• 双向：选择“用户定义”类型时，“双向”复选框处于激活状态，勾选该复选框后，平行的填充图案就会更改为互相垂直的两组平行线填充图案。

• 间距：用于设置平行的填充图案线条之间的距离。

• 图案填充原点：填充的图案皆向原点对齐。

• 添加拾取点：将拾取点任意放置在填充区域上，即可预览填充效果。

• 添加选择对象：根据选择的边界填充图形，随着选择的边界增加，填充的图案面积也会增加。

• 删除边界：在定义边界后，单击“删除边界”按钮，可以取消已选取的边界。

技术要点

启动“图案填充和渐变色”对话框的方法是，在“图案填充创建”选项卡的“选项”选项组中单击右侧箭头按钮↘即可。

动手练习——创建地毯填充图案

扫一扫　看视频

下面利用“图案”填充功能为地毯图形创建图案，具体操作步骤如下。

▶Step01 打开“素材/CH06/创建地毯填充图案.dwg”文件，可以看到这是一个办公桌椅组合图形，如图 6-14 所示。

▶Step02 执行“图案填充”命令，在绘图区内拾取填充区域内部的一点，如图 6-15 所示。

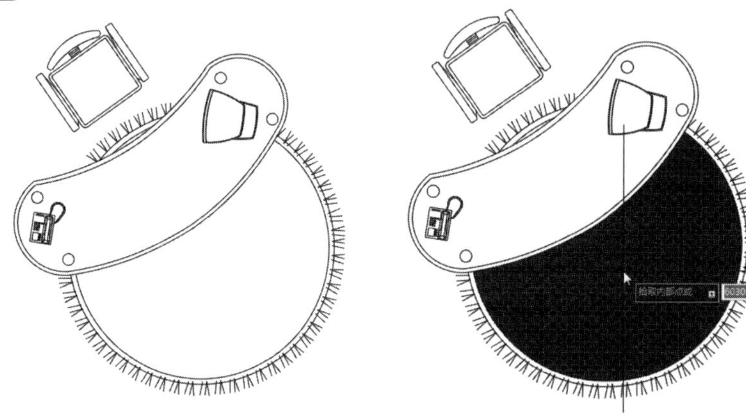

图 6-14　打开素材文件　　　　图 6-15　拾取内部点

▶Step03 在“图案填充创建”选项卡中，设置填充图案为 CROSS，图案颜色为“8 号灰色”，填充比例为“10”，如图 6-16 所示。

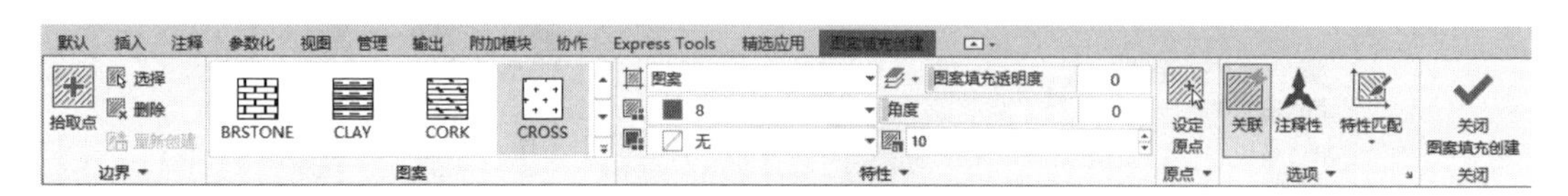

图 6-16　“图案填充创建”选项卡

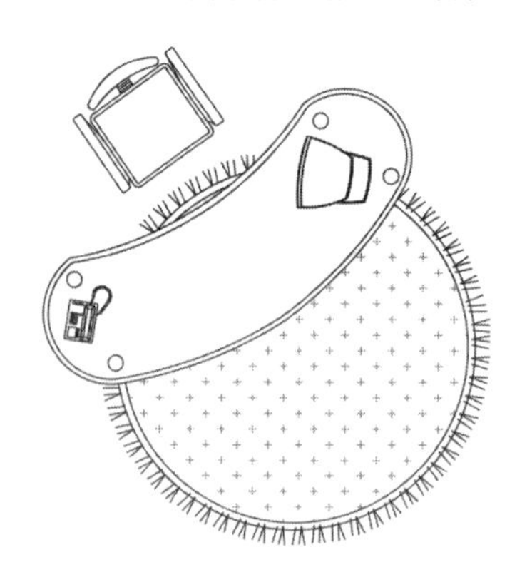

图 6-17　完成填充操作

▶Step04 设置完毕后，单击“图案填充创建”选项卡中的“关闭图案填充创建”按钮，即可完成图案填充操作，效果如图 6-17 所示。

6.2.2 渐变色填充

在绘图过程中，有时要添加一种或多种色彩才能让图形更加逼真，这就需要用到“渐变色填充”，对封闭区域进行适当的填充，从而实现较好的颜色修饰效果。

用户可以通过以下几种方式调用“渐变色填充”命令。

- 从菜单栏执行“绘图>渐变色填充”命令。
- 在“默认”选项卡“绘图”面板中单击“渐变色填充”按钮。
- 在“绘图”工具栏中单击“渐变色填充”按钮。
- 在命令行输入 GRADIENT 命令，然后按回车键。

与“图案填充”命令一样，渐变色填充也可以通过“图案填充创建”选项卡或“图案填充和渐变色”对话框进行渐变色设置，如图 6-18 所示。

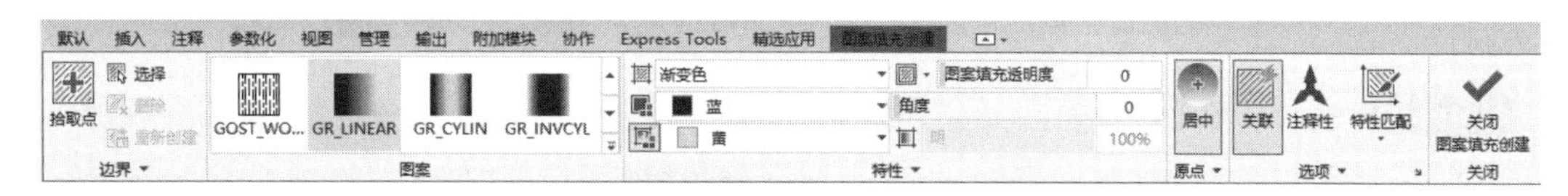

图 6-18 “图案填充创建”选项卡

动手练习——填充庭院平面图

扫一扫 看视频

下面利用“渐变色”填充功能绘制庭院平面图，具体操作步骤如下。

▶Step01 打开“素材/CH06/填充庭院平面图.dwg”文件，如图 6-19 所示。

▶Step02 执行“移动”命令，选择绿植图块并将其移到一侧，如图 6-20 所示。

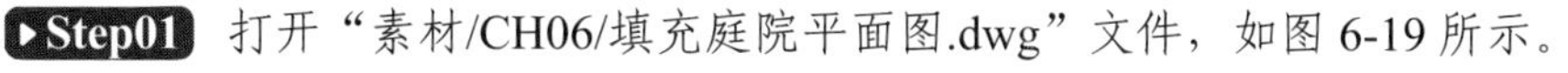

图 6-19 打开素材文件

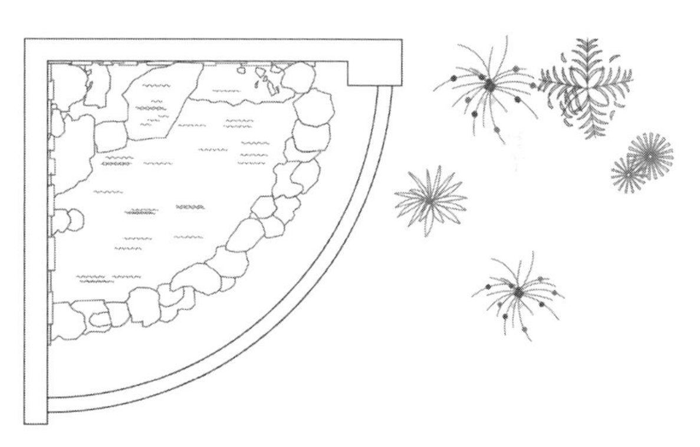

图 6-20 移出绿植图块

▶Step03 执行“图案填充”命令，在“图案填充创建”选项卡中选择填充图案为 SOLID，填充颜色为 9#灰色，如图 6-21 所示。

图 6-21 设置填充参数

Step04 设置完毕后在绘图区中拾取墙体和路缘区域进行填充，如图 6-22、图 6-23 所示。

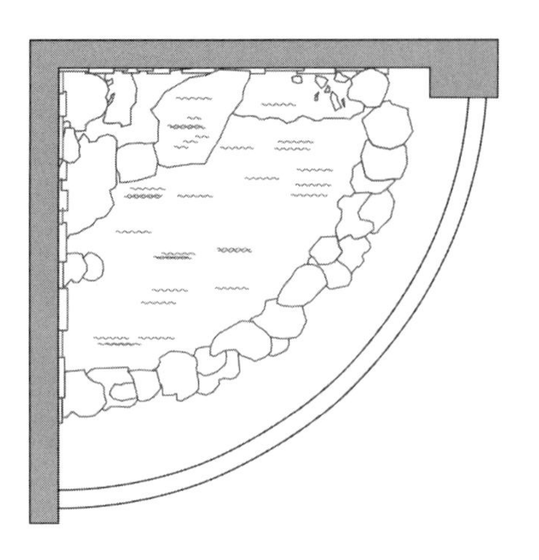

图 6-22　填充墙体

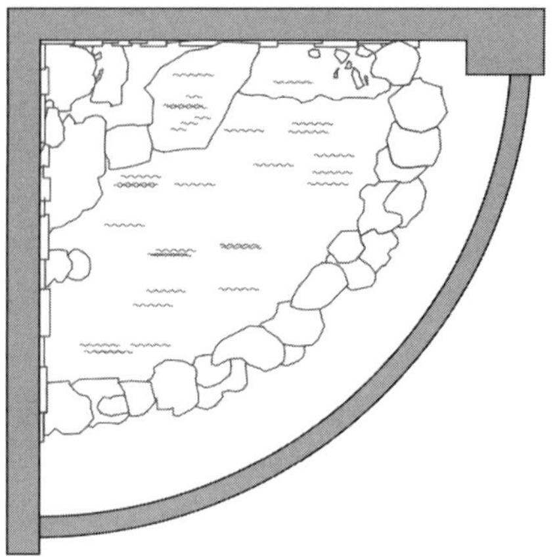

图 6-23　填充路缘

Step05 执行“渐变色”命令，在“图案填充创建”选项卡中设置渐变色颜色，如图 6-24 所示。

图 6-24　设置渐变色

Step06 拾取绿化区域进行填充，然后按回车键完成填充操作，如图 6-25 所示。

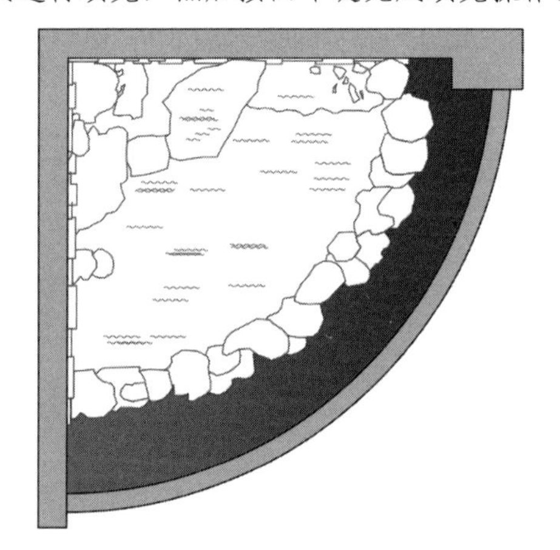

图 6-25　填充绿化区域

Step07 执行“渐变色”命令，在“图案填充创建”选项卡中设置渐变色颜色，如图 6-26 所示。

图 6-26　设置渐变色

▶Step08 拾取山石区域进行填充，然后按回车键完成填充操作，重复操作完成山石区域的填充，如图 6-27 所示。

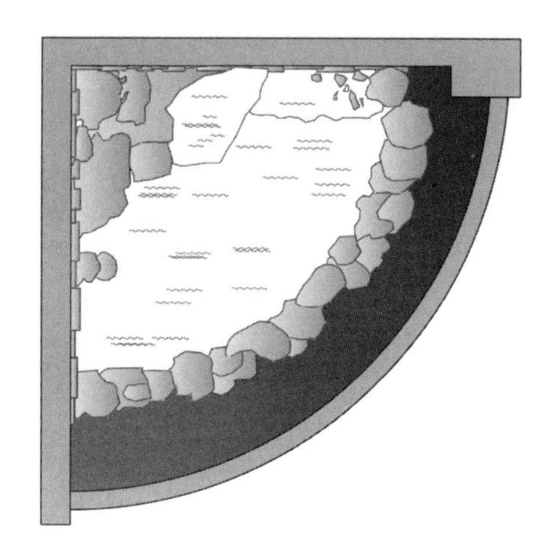

图 6-27　填充山石区域

▶Step09 执行“渐变色”命令，在“图案填充创建”选项卡中设置渐变色颜色，如图 6-28 所示。

图 6-28　设置渐变色

▶Step10 拾取水池区域进行填充，然后按回车键完成填充操作，如图 6-29 所示。

▶Step11 执行“移动”命令，选择绿植图块，将其移动至原位置，至此完成庭院平面图的填充绘制，如图 6-30 所示。

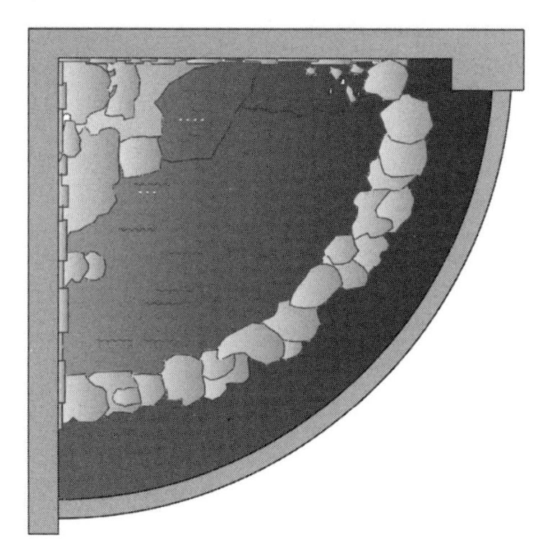

图 6-29　填充水池区域

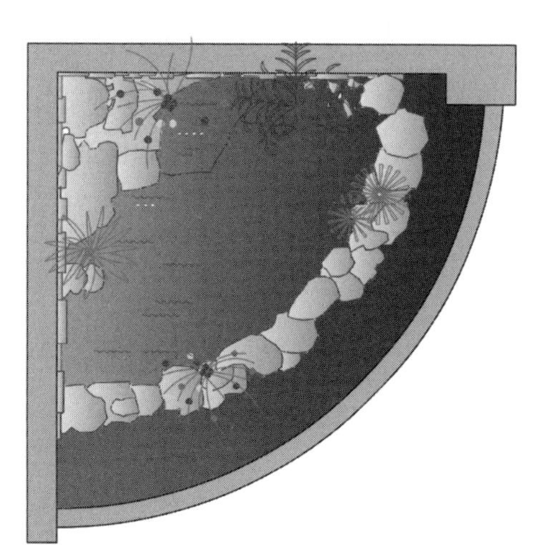

图 6-30　移回绿植图块

实战演练 1——绘制拼花装饰

下面利用所学知识绘制一个拼花装饰图形，主要利用到“圆”“直线”“多段线”“定数等分”“图案填充”等知识，具体绘制步骤如下。

▶Step01 执行“圆”命令，指定圆心位置，再移动光标，根据提示输入圆的半径值 200mm，如图 6-31 所示。

▶Step02 继续执行“圆”命令，捕捉圆心分别再绘制半径为 250mm、400mm、450mm 的同心圆，如图 6-32 所示。

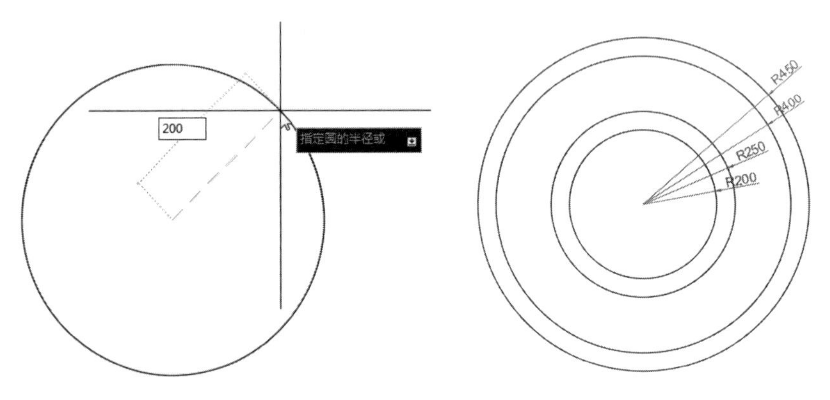

图 6-31　指定圆心并输入半径　　　　图 6-32　绘制多个同心圆

▶Step03 执行“点样式”命令，打开“点样式”对话框，设置点的样式及大小，选择“按绝对单位设置大小”选项，如图 6-33 所示。

▶Step04 执行“定数等分”命令，根据动态提示选择要等分的对象，如图 6-34 所示。

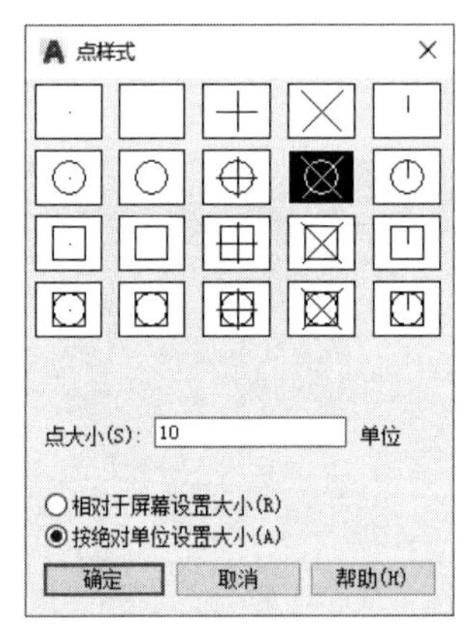

图 6-33　设置点样式

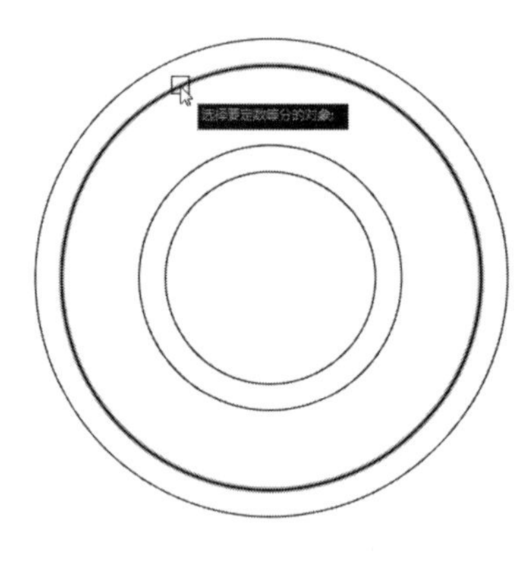

图 6-34　选择等分对象

▶Step05 选择对象后再根据提示输入线段数目，这里输入“5”，如图 6-35 所示。

▶Step06 按回车键后即可完成定数等分操作，可以看到圆上均匀分布了 5 个点，如图 6-36 所示。

▶Step07 按照上面的操作方法，对内部的两个圆分别进行 10 等分操作，如图 6-37 所示。

▶Step08 执行“直线”命令，捕捉等分点绘制连接直线，如图 6-38 所示。

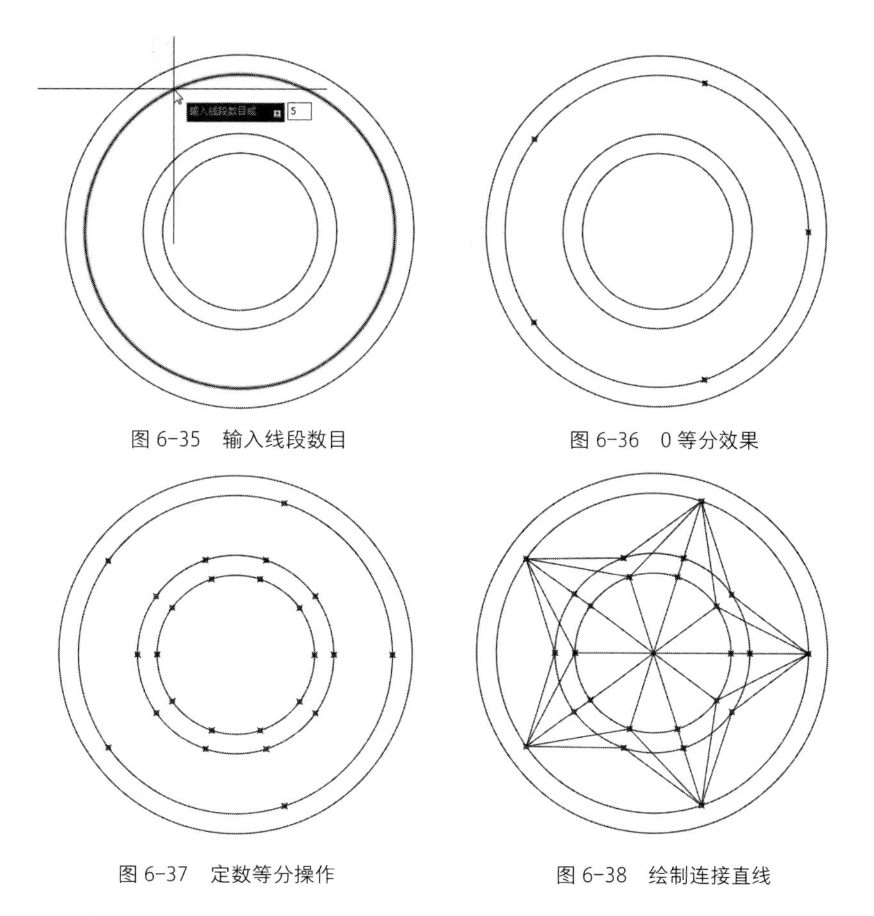

图 6-35　输入线段数目　　　图 6-36　0 等分效果

图 6-37　定数等分操作　　　图 6-38　绘制连接直线

▸Step09 删除所有的点以及内部的两个圆，如图 6-39 所示。

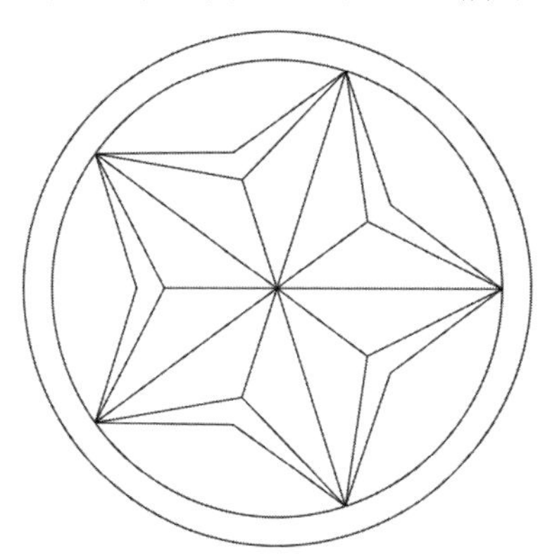

图 6-39　绘制连接直线

▸Step10 执行“图案填充”命令，在“图案填充创建”选项卡中选择图案 ANSI31，设置图案颜色为“8 号灰色”，设置比例为“5”，其余参数不变，如图 6-40 所示。

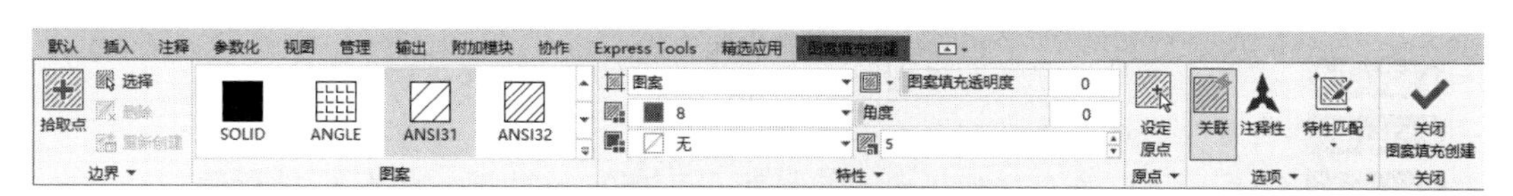

图 6-40　绘制连接直线

▸Step11 设置完参数后拾取一块填充区域进行填充，如图 6-41 所示。

▸Step12 继续执行“图案填充”命令，分别设置填充角度为“72”“144”“216”“288”，再填充四个区域，至此完成拼花装饰图案的绘制，如图 6-42 所示。

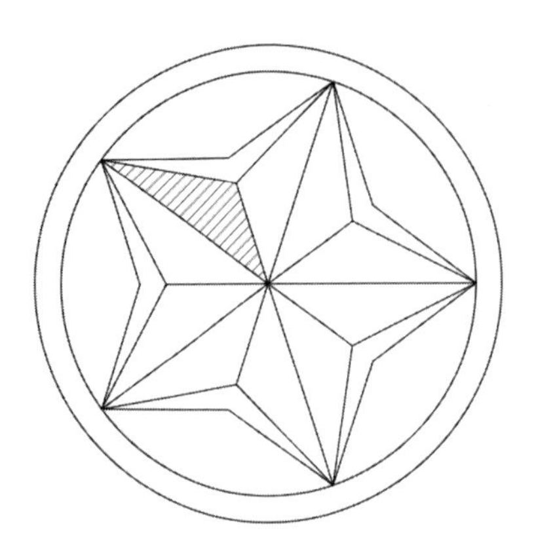

图 6-41　填充图案

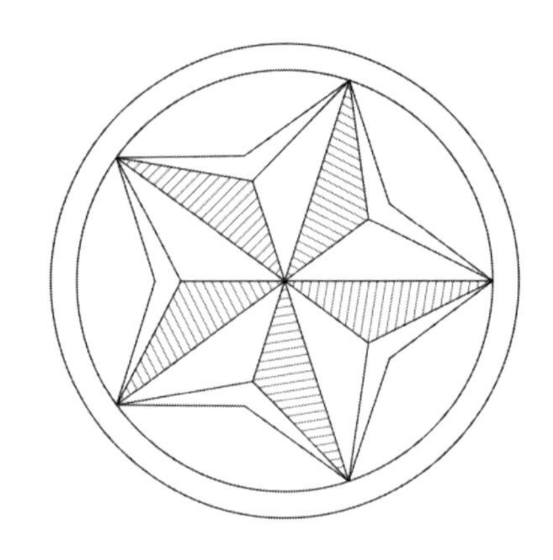

图 6-42　继续填充四个区域

实战演练 2——绘制装饰镜

扫一扫　看视频

下面利用所学知识绘制装饰镜图案。在操作时主要利用到“圆”“直线”“多段线”“定数等分”“图案填充”等知识，具体绘制步骤如下。

▸Step01 在状态栏右键单击“极轴追踪”按钮，打开“草图设置”对话框，开启“极轴追踪”功能，设置增量角为 7.5°，如图 6-43 所示。

▸Step02 执行“直线”命令，绘制如图 6-44 所示的三角图形。

▸Step03 执行“面域”命令，根据提示选择三角形，按回车键将其创建为面域。

图 6-43　设置极轴追踪

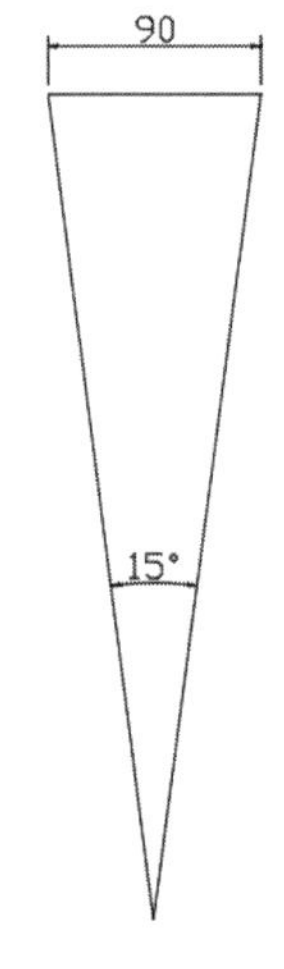

图 6-44　绘制三角形

▸Step04 按照上述操作方法，再创建一个三角形面域，如图 6-45 所示。

▸Step05 将两个面域对齐，如图 6-46 所示。

▸Step06 执行“圆”命令，捕捉角点绘制半径为 150mm 的圆，如图 6-47 所示。

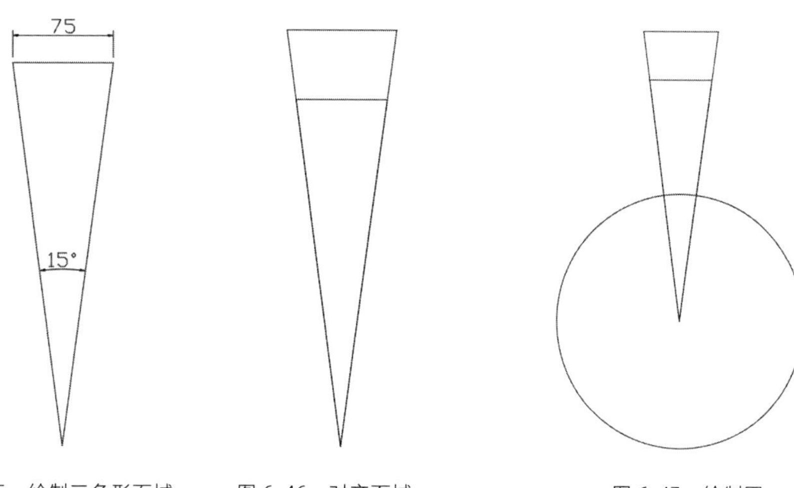

图 6-45　绘制三角形面域　　图 6-46　对齐面域　　图 6-47　绘制圆

▶Step07 执行“面域”命令，根据提示选择圆形，按回车键将其创建为面域。

▶Step08 执行“差集”命令，根据提示选择一个三角形面域作为主体对象，如图 6-48 所示。

▶Step09 按回车键确认，再根据提示选择圆面域作为参照体对象，如图 6-49 所示。

▶Step10 按回车键确认，即可对三角形面域进行差集运算，如图 6-50 所示。

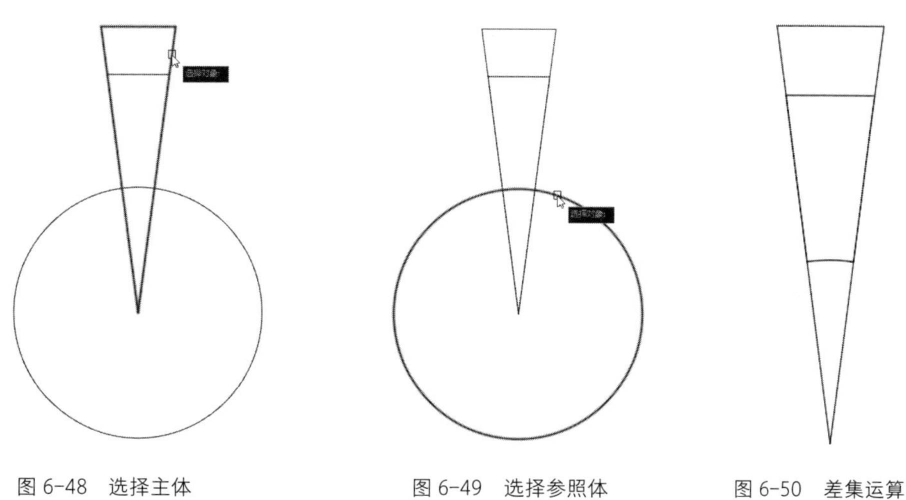
图 6-48　选择主体　　图 6-49　选择参照体　　图 6-50　差集运算

▶Step11 按照上述操作方法，绘制半径为 150mm 的圆并创建为面域，再利用“差集”运算对另一个三角形面域进行剪切，如图 6-51 所示。

▶Step12 执行“圆”命令，捕捉圆弧的圆心再绘制一个半径为 150mm 的圆，如图 6-52 所示。

▶Step13 执行“偏移”命令，将圆向内偏移 20mm，如图 6-53 所示。

▶Step14 执行“环形阵列”命令，根据提示选择两个面域，按回车键后再指定圆心为阵列中心，接着在“阵列创建”选项卡中设置“项目数”为 24，如图 6-54 所示。

▶Step15 设置完毕后按回车键完成阵列操作，如图 6-55 所示。

▶Step16 选择对象，在命令行输入命令 x，然后按回车键，将其分解，再间隔删除面域，如图 6-56 所示。

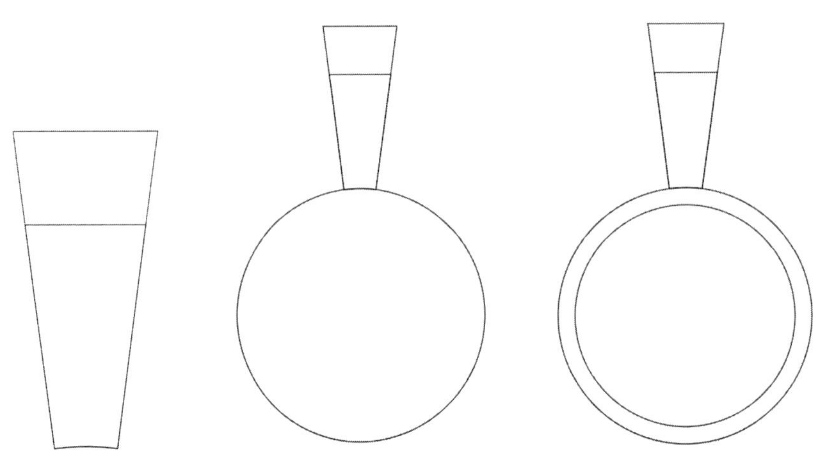

图 6-51　差集运算　　　　图 6-52　绘制圆形　　　　图 6-53　偏移圆形

图 6-54　设置阵列参数

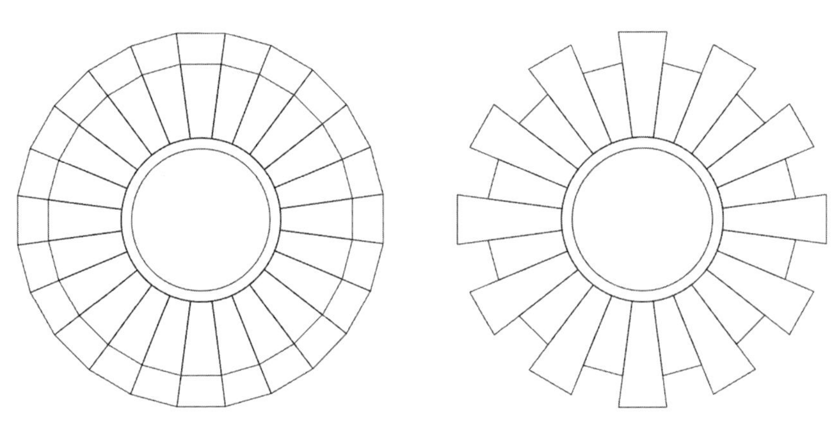

图 6-55　阵列复制　　　　图 6-56　分解并删除

Step17 执行“渐变色”命令，在“图案填充创建”选项卡中设置渐变色颜色以及角度，如图 6-57 所示。

图 6-57　设置渐变色

Step18 拾取内圆区域进行填充，完成装饰镜图形的绘制，如图 6-58 所示。

图 6-58　填充渐变色

扫一扫　看视频

（1）绘制机械图形 1

利用面域结合布尔运算绘制如图 6-59 所示的机械图形。

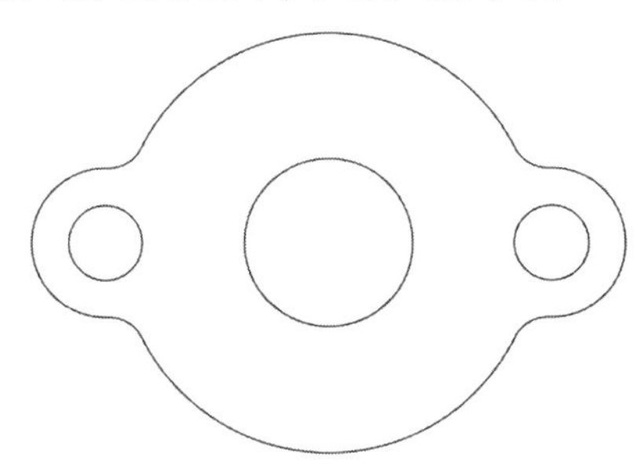

图 6-59　机械图形 1

操作提示：

Step01：绘制同心圆，分别创建为面域。

Step02：利用“差集”命令制作出带孔的面域。

Step03：利用“并集”命令将面域合并为一个整体。

（2）绘制机械图形 2

利用面域结合布尔运算绘制如图 6-60 所示的机械图形。

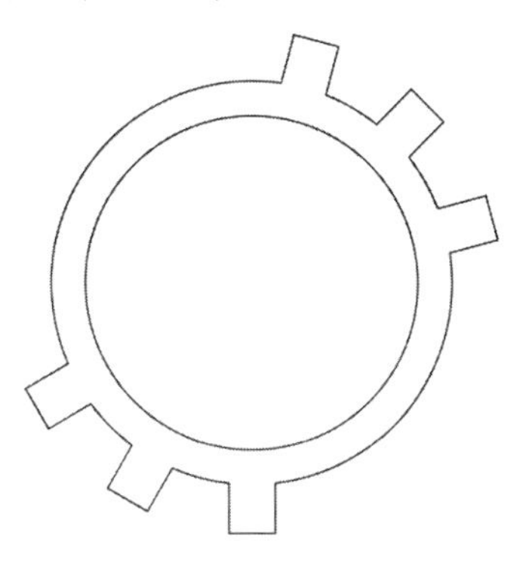

图 6-60　机械图形 2

操作提示:

Step01：绘制同心圆，分别创建面域。

Step02：绘制矩形，并进行旋转复制操作，创建面域。

Step03：利用“并集”将矩形面域和外圆面域合并，再进行“差集”运算。

精选疑难解答

Q1：面域和线框有什么区别？

A：面域是一个有面积而无厚度的实体截面，也可以称作实体，而线框仅仅是线条的组合，所以面域和单纯的线框还是有区别的，在CAD中运算线框和面域的运算方式也有所不同，它比线框更有效地配合实体修改的操作。

另外，面域可以直接拉伸旋转成有厚度有体积的实体，可以直接计算出面积周长等，给予一定的材质密度比还可以计算单位面积的质量。面域与面域之间也可以直接进行布尔运算，方便复杂图形的统计与修改。

面域的生成方式一般有两种：一种是封闭多段线用矩形命令生成；另一种是对现有实体进行剖切截面而得。

Q2：为什么有时候无法创建面域？

A：有时候看着图形是封闭的，但却无法创建面域。原因很简单，图形还是出现了交叉或者未封闭的现象，只是缺口或交叉处很小，不易发觉。如果出现类似的问题，可以放大各个交点，检查是否有缺口或交叉，通过“修剪”“延伸”或“圆角”命令来处理。

Q3：为什么有时候无法进行布尔运算？

A：如果无法进行“并集”运算，很有可能是其中的主体之一是图形而不是面域或实体；如果无法进行“差集”或“交集”运算，则需要检查主体和参照体是否有交集或者看起来相交的二者是否在同一平面上。

Q4：为什么无法填充图案？

A：出现这个情况的原因主要有三种：其一，多是由于填充图形没有封闭造成的，解决方法很简单，逐个将未闭合的线段进行闭合处理；其二，填充素材比例过大，实际上填充动作已经执行了，但由于比例过大并未显示，调整填充比例即可；其三，假如不是前面两种情况造成，就有可能是CAD设置中“应用实体填充”未被应用，打开“选项”对话框，在“显示”选项板中勾选“应用实体填充”复选框即可。

Q5：为什么填充渐变色后文字被覆盖？

A：有时在有文字的空间内进行渐变色填充后，文字会完全被渐变色覆盖，这是由于绘图次序的不同造成的。如果想把文字显示在填充之上，可以选择填充并单击鼠标右键，在弹出的快捷菜单中选择“绘图次序>后置”命令，即可将填充图案调整至文字下方；同样也可以选择文字并单击鼠标右键，在快捷菜单中选择“绘图次序>前置”命令即可。

第 7 章

巧用文字与表格

本章概述

一张完整的图纸中除了必要的图形、尺寸等基本信息外，还应包括一些技术或施工要求、标题栏、明细表等信息，表达这些信息的重要手段就是文字和表格。本章介绍了文字样式的创建与编辑、单行文字与多行文字、表格的创建与编辑以及字段的应用知识等。通过对本章内容的学习，读者能够快速掌握文字与表格的应用，并可以创建出各种样式的表格及文字。

学习目标

- 了解字段的使用
- 掌握文字样式的创建与管理
- 掌握单行文字与多行文字的应用与互换
- 掌握表格的创建与编辑

实例预览

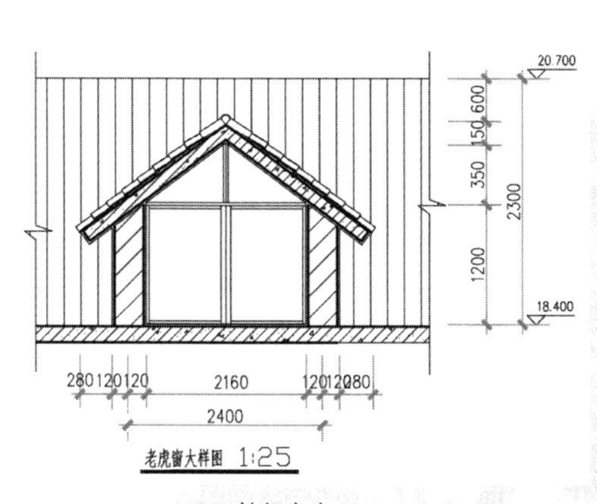

单行文字

建筑工程用材预算表

序号	材料名称	单位	数量	单价	总价
1	泵送混凝土	m³	236	345	81420
2	螺纹钢筋II级	T	175	3650	638750
3	螺纹钢筋III级	T	126	3990	502740
4	光圆钢筋	T	22	4500	99000
5	聚苯颗粒	m³	35	20	700
6	自流平环氧树脂	T	16	75	1200
7	轻钢龙骨（70*40*0.63）	m	454	25	11350
8	铝合金龙骨（不上人）	m³	152	198	30096
9	铝合金龙骨（上人）	m³	30	255	7650
10	陶瓷地砖（400*400）	m²	355	80	28400
11	陶瓷地砖（600*600）	m²	186	95	17670
12	乙级防火门	m²	69	320	22080
					1441056

创建表格

7.1 文字样式

AutoCAD 图形中的所有文字都具有与之相关联的文字样式。在为图形添加文字注释前，首先应该设置合适的文字样式。文字样式主要用于控制文字的字体、高度以及颠倒、反向、垂直等效果。

7.1.1 创建文字样式

在实际绘图中，用户可以根据要求设置文字样式和创新的样式，设置文字样式，可以使文字标注看上去更加美观和统一。文字样式包括选择字体文件、设置文字高度、设置宽度比例、设置文字显示等。默认情况下，系统自动创建两个名为 Annotative 和 Standard 的文字样式，且 Standard 被作为默认文字样式。

用户可以通过以下方式打开“文字样式”对话框，如图 7-1 所示。

- 从菜单栏执行“格式>文字样式”命令。
- 在“默认”选项卡“注释”面板中，单击下拉菜单按钮，在弹出的列表中单击“文字注释”按钮。
- 在“注释”选项卡“文字”面板中单击右下角箭头。
- 在“文字”工具栏中单击“文字样式”按钮。
- 在命令行输入 STYLE 命令，然后按回车键。

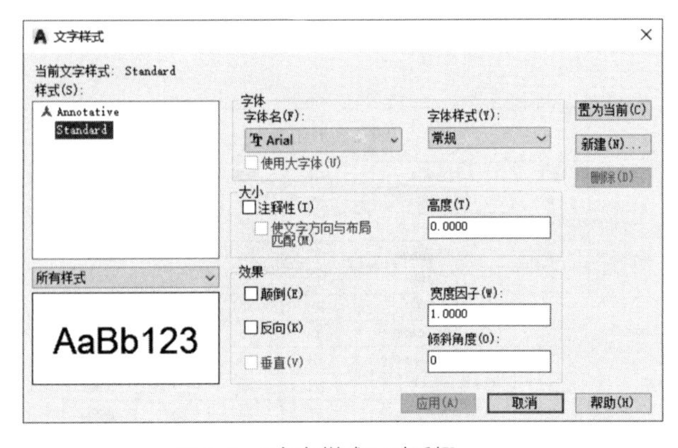

图 7-1 “文字样式”对话框

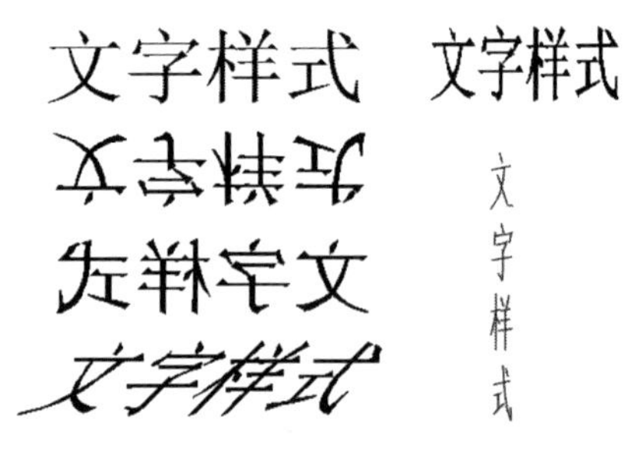

图 7-2 文字效果

其中，“文字样式”对话框中各选项的含义介绍如下。

- 样式：显示已有的文字样式。单击“所有样式”列表框右侧的三角符号，在弹出的列表中可以设置“样式”列表框是显示所有样式还是正在使用的样式。
- 字体：包含“字体名”和“字体样式”选项。“字体名”用于设置文字注释的字体。“字体样式”用于设置字体格式，例如斜体、粗体或者常规字体。
- 大小：包含“注释性”“使文字方向与布局匹配”和“高度”三个选项，其中注释性用于指定文字为注释性，高度用于设置字体的高度。
- 效果：修改字体的效果，如颠倒、反向、宽度因子、倾斜角度等，如图 7-2 所示给出了几种字体效果。
- 置为当前：将选定的样式置为当前。

● 新建：创建新的样式。

● 删除：单击“样式”列表框中的样式名，会激活“删除”按钮，单击该按钮即可删除样式。

技术要点

定义中文字体样式时，有时在字体下拉列表框中看不到中文字体名，这与选择“大字体”复选框的状态有关。

在设置字体样式时，设定文字高度值为0，这样可以注写不同高度的文字。

7.1.2 管理文字样式

在绘图过程中，我们还可以对已有的文字样式进行管理。在“文字样式”对话框中，用户可以很方便地管理文字样式，如新建、删除、重命名文字样式，也可以调整文字样式的字体、高度等特性。

注意事项

如果要删除的样式为当前样式，在右键菜单中的“删除”命令显示为灰色，不可执行，如图7-3所示。如果已经使用过该样式创建文本，则该样式不可删除，系统会提示“不能删除正在使用的样式”，如图7-4所示。系统无法删除正在使用的文字样式、默认的Standard样式以及当前文字样式。

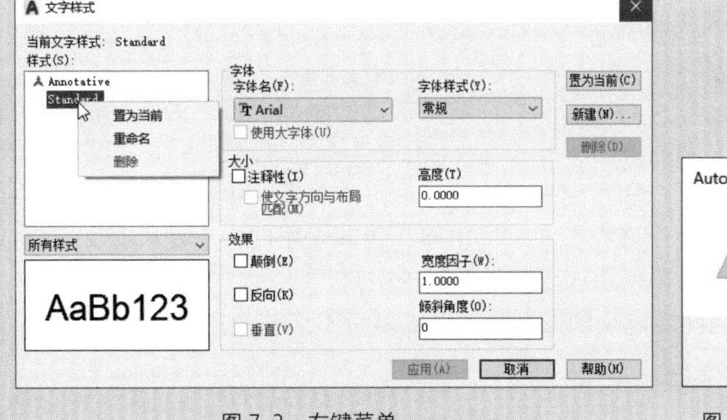

图7-3 右键菜单

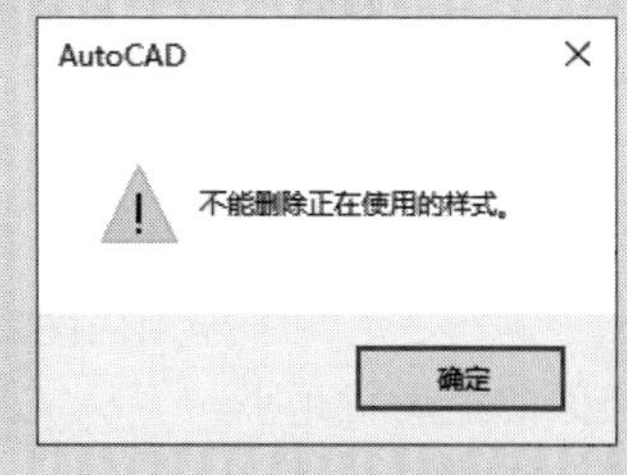

图7-4 “不可删除”提示

7.2 创建与编辑单行文字

单行文本主要用于创建简短的文本内容，如标题栏中的信息等。使用“单行文字”命令创建文本时，每行文字都是一个独立的对象。

7.2.1 创建单行文字

用户可以通过以下方式调用单行文字命令。

- 从菜单栏执行“绘图>文字>单行文字”命令。
- 在“默认”选项卡“文字注释”面板中单击“单行文字”按钮A。
- 在“注释”选项卡“文字”面板中单击“下拉菜单”按钮，在弹出的列表中单击“单行文字”按钮。
- 在“文字”工具栏中单击“单行文字”按钮。
- 在命令行输入 TEXT 命令，然后按回车键。

执行“单行文字”命令，根据命令行提示，先指定文字的位置，然后设置文字的高度值及旋转角度，按回车键即可进入文字编辑状态，输入文字内容即可。

命令行提示如下：

命令：_text
当前文字样式：“Standard” 文字高度：50.0000 注释性：否 对正：左
指定文字的起点或［对正（J）/样式（S）］： （指定文字位置，按回车键）
指定高度<50.0000>：100 （输入文字高度值，按回车键）
指定文字的旋转角度 <0>：0 （按回车键）

由命令行可知单行文字的设置由对正和样式组成，下面具体介绍该各选项的含义。

（1）对正

“对正”选项主要是对文本的排列方式和排列方向进行设置。根据提示输入 J 后，命令行提示如下：

输入选项［左（L）/居中（C）/右（R）/对齐（A）/中间（M）/布满（F）/左上（TL）/中上（TC）/右上（TR）/左中（ML）/正中（MC）/右中（MR）/左下（BL）/中下（BC）/右下（BR）］：

- 居中：确定标注文本基线的中点，选择该选项后，输入的文本均匀地分布在该中点的两侧。
- 对齐：指定基线的第一端点和第二端点，通过指定的距离，输入的文字只保留在该区域。输入文字的数量取决于文字的大小。
- 中间：文字在基线的水平点和指定高度的垂直中点上对齐，中间对齐的文字不保持在基线上。“中间”选项和“正中”选项不同，“中间”选项使用的中点是所有文字包括下行文字在内的中点，而“正中”选项使用大写字母高度的中点。
- 不满：指定文字按照由两点定义的方向和一个高度值不满整个区域，输入的文字越多，文字之间的距离就越小。

（2）样式

用户可以选择需要使用的文字样式。执行“绘图>文字>单行文字”命令。根据提示输入 S 并按回车键，然后再输入设置好的样式的名称，即可显示当前样式的信息。这时，单行文字的样式将发生更改。设置后命令行提示如下：

命令：_text
当前文字样式：“Standard” 文字高度：100.0000 注释性：否 对正：布满
指定文字基线的第一个端点 或 ［对正（J）/样式（S）］：s （选择“样式”选项）
输入样式名或 ［？］<Standard>：文字注释
当前文字样式：“Standard” 文字高度：180.0000 注释性：否 对正：布满

动手练习——创建文字说明

扫一扫　看视频

下面利用“单行文字”命令创建说明文字，具体操作步骤如下。

Step01 打开“素材/CH07/创建文字说明.dwg”文件，如图 7-5 所示。

Step02 执行“文字样式”命令，打开“文字样式”对话框，如图 7-6 所示。

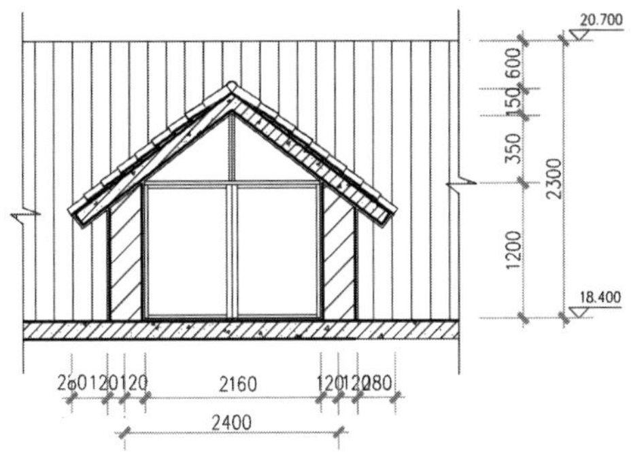

图 7-5　素材图形

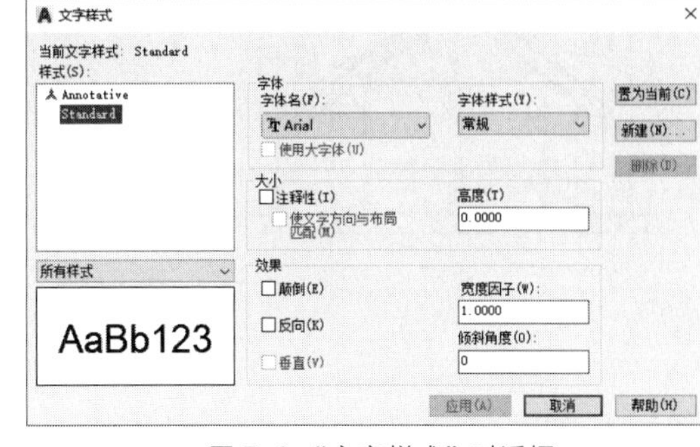

图 7-6　“文字样式”对话框

Step03 单击“新建”按钮，打开“新建文字样式”对话框，输入新的样式名，这里输入“文字”，如图 7-7 所示。

Step04 单击“确定”按钮进入“文字”文字样式，将字体设为 txt.shx，如图 7-8 所示。

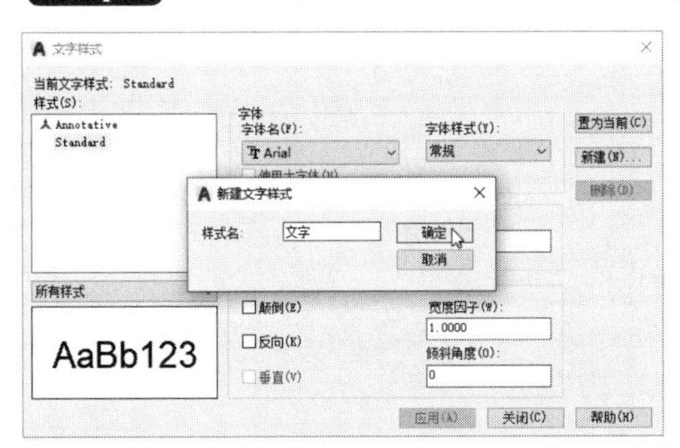

图 7-7　输入新样式名

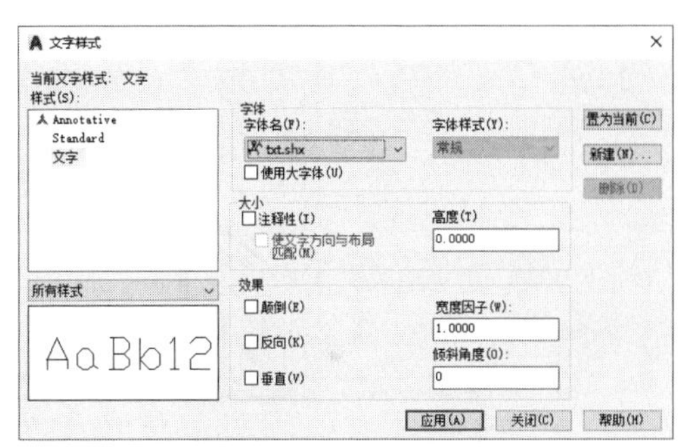

图 7-8　设置字体

Step05 执行“绘图>文字>单行文字”命令，根据提示指定文字起点，如图 7-9 所示。

Step06 单击后根据提示指定文字高度，这里输入 300，如图 7-10 所示。

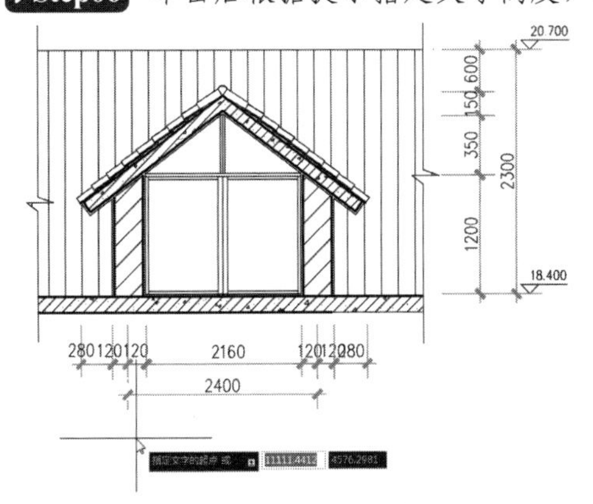

图 7-9　指定文字起点

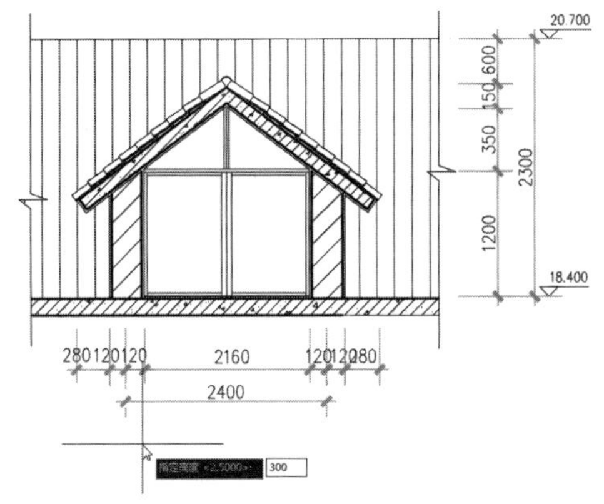

图 7-10　输入文字高度

Step07 按两次回车键后指定文字输入位置，并输入文字内容，如图 7-11 所示。

Step08 输入完毕后，在文字右侧空白处继续单击，创建第二个单行文字，输入比例值，如图 7-12 所示。

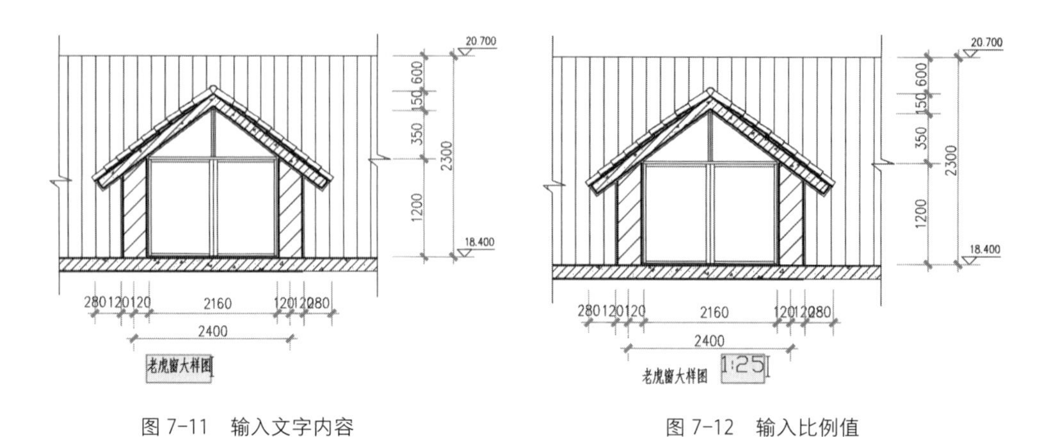

图 7-11　输入文字内容　　　　图 7-12　输入比例值

Step09 输入完毕按 ESC 键完成单行文字的创建，执行“多段线”命令，在文字下方绘制宽度为 50mm、长度为 2600mm 的多段线，完成文字说明的创建，如图 7-13 所示。

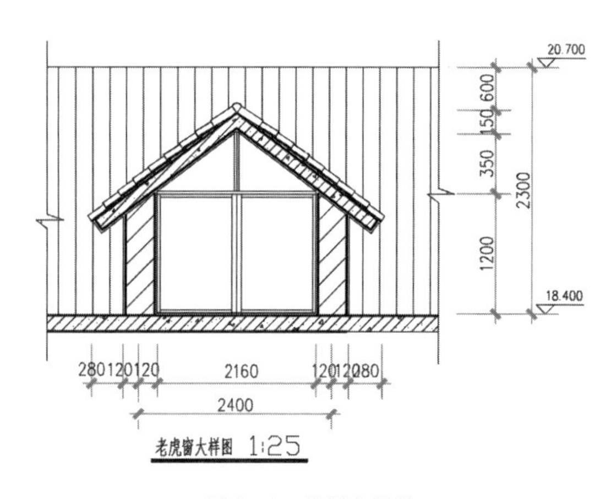

图 7-13　绘制多段线

7.2.2 编辑单行文字

扫一扫　看视频

用户可以执行 TEXTEDIT 命令编辑单行文本内容，还可以通过“特性”选项板修改对正方式和缩放比例等。

（1）TEXTEDIT 命令

用户可以通过以下方式执行文本编辑命令。

- 从菜单栏执行“修改>对象>文字>编辑”命令。
- 在命令行输入 TEXTEDIT 命令，然后按回车键。
- 双击单行文本。

执行以上任意一种方法，即可进入文字编辑状态，就可以对单行文字进行相应的修改。

> **技术要点**
>
> 编辑单行文字时，文字会全部被选中，如果此时直接输入新的文字内容，则原文本内容均会被替换。如果仅需要修改部分文本，可首先在文本框中单击，再删除或输入文字。

（2）“特性”选项板

选择需要修改的单行文本，单击鼠标右键，在弹出的快捷菜单列表中单击“特性”选项，打开“特性”选项板，如图7-14所示。

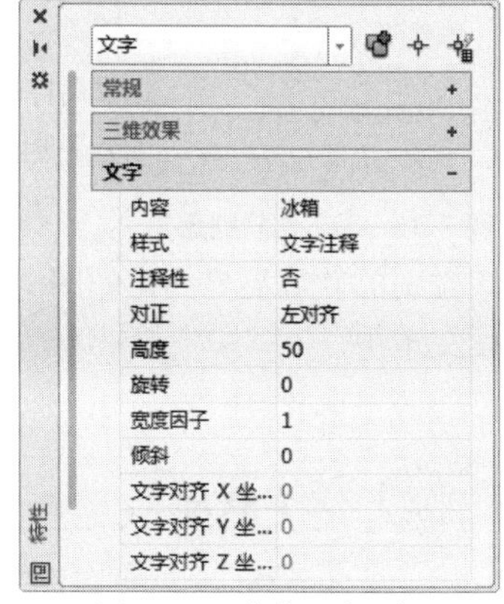

图 7-14 “特性”选项板

其中，选项板中各选项的含义介绍如下。

- 常规：设置文本的颜色和图层。
- 三维效果：设置三维材质。
- 文字：设置文字的内容、样式、注释性、对正、高度、旋转、宽度因子和倾斜角度等。
- 几何图形：修改文本的位置。
- 其他：修改文本的显示效果。

7.2.3 输入特殊字符

在市政设计绘图中，常需要标注一些特殊字符，如度数符号“°”、公差符号“±”、直径符号“ϕ”、上划线、下划线和钢筋符号“A、B、C、D”等，可以直接输入这些特殊字符的代码。

（1）特殊字符在单行文本中的应用

单行文字输入时，用户可通过控制码来实现特殊字符的输入。控制码由两个百分号和一个字母（或一组数字）组成。常见字符代码如表7-1所示。

表 7-1 常见字符代码表

代 码	功 能	代 码	功 能
%%O	上划线（成对出现）	\U+2220	角度∠
%%U	下划线（成对出现）	\U+2248	几乎等于≈
%%D	度数（°）	\U+2260	不相等≠
%%P	正负公差（±）	\U+0394	差值△
%%C	直径（ϕ）	\U+00B2	上标 2
%%%	百分号（%）	\U+2082	下标 2

（2）特殊字符在多行文本中的应用

多行文字输入时，可以通过“文字编辑器”选项卡中的“符号”功能来插入一些特殊的字符。此外，若想要为文本添加上划线或下划线，则先选中相应的文本，然后在“文字编辑器”对话框中单击“上划线”或“下划线”按钮即可。当然，用户也可以通过输入表7-1所示的代码来插入。

在多行文字中输入钢筋的四个符号之前，需要收集字体“SJQY”并将其添加到C：\Windows\Fonts中。之后重新启动应用程序，激活多行文字的“文字格式”对话框。在不改变

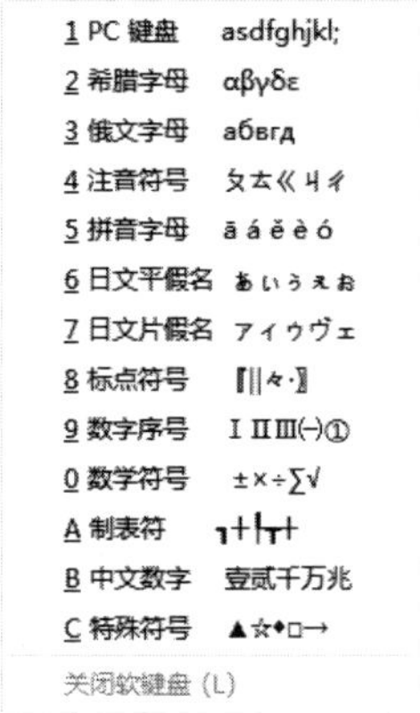

1 PC 键盘 asdfghjkl;
2 希腊字母 αβγδε
3 俄文字母 абвгд
4 注音符号 ㄆㄊㄍㄐㄔ
5 拼音字母 āáěèó
6 日文平假名 あいうえお
7 日文片假名 アィウヴェ
8 标点符号 『‖々·』
9 数字序号 ⅠⅡⅢ㈠①
0 数学符号 ±×÷∑√
A 制表符 ┐┼┞┰┼
B 中文数字 壹贰千万兆
C 特殊符号 ▲☆◆□→
关闭软键盘（L）

图 7-15 输入法软键盘

该多行文字“样式”的前提下，仅点击“文字”栏选择字体“SJQY”，再分别输入大小字母 A、B、C 或 D，即可得到相应的钢筋符号 A、B、C 或 D。用户也可以先输入大小字母 A、B、C 或 D，再选中相应字母后修改其“文字”为字体“SJQY”。

（3）利用中文输入法输入特殊字符

利用中文输入法自带的软键盘，可方便地输入希腊字母、标点符号、数序符号和特殊符号等，如度数符号“°”在“C.特殊符号”中、公差符号“±”在“0.数学符号”中、直径符号“ϕ”在“2.希腊字母”中、大小罗马序号在“9.数字序号”中。当然，以该方法输入的特殊字符，在显示效果上与前述控制码或按钮输入的可能会有所不同。

右键单击软键盘符号，在弹出的菜单中选择相应类别，即可进入该类别的软键盘界面，如图 7-15 所示。用鼠标左键单击所需字符，即可将其输入到单行或多行文本中。

技术要点

①“txt”之类字体指“txt”“txt1”“txt2”“txt……”等字体，“tssdeng”之类字体指“tssdeng”“tssdeng1”“tssdeng2”“tssdeng……”等字体。

②“txt”字体为系统自带，其余上述字体需用户自行搜集并扩充加载。

7.2.4 合并文字

扫一扫 看视频

用户在打开外来图纸时，经常会遇到设计说明等文字都是以单行文字展示，有的还是以单个字符展示，需要对文字内容进行复制或修改时会非常麻烦。利用合并文字功能，可以快速将多个文字合并为一个多行文字段落。

用户可以通过以下方式调用“合并文字”命令。

- 在“插入”选项卡“输入”面板中单击“合并文字”按钮。
- 在命令行输入 TXT2MTXT 命令，然后按回车键。

执行“合并文字”命令，选择需要合并的所有文字，然后按回车键即可，如图 7-16、图 7-17 所示。

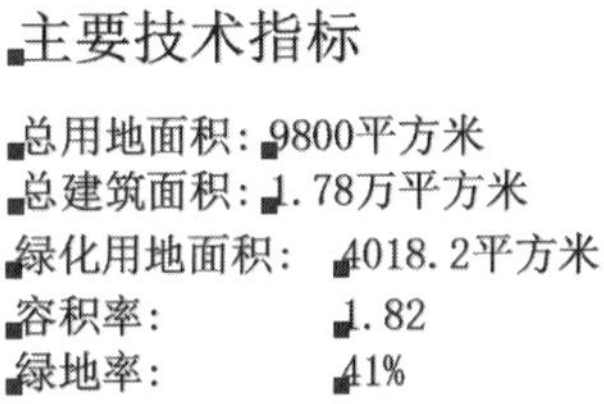

主要技术指标
总用地面积：9800平方米
总建筑面积：1.78万平方米
绿化用地面积： 4018.2平方米
容积率： 1.82
绿地率： 41%

图 7-16 选择多个文字

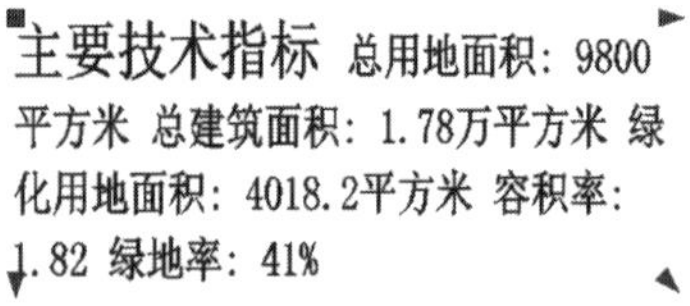

主要技术指标 总用地面积：9800平方米 总建筑面积：1.78万平方米 绿化用地面积：4018.2平方米 容积率：1.82 绿地率：41%

图 7-17 合并成多行文字

命令行提示如下：

命令：_txt2mtxt
选择要合并的文字对象...
选择对象或［设置（SE）］：指定对角点：找到 3 个　　　（选择要合并文字内容，按回车键）

选择对象或［设置（SE）］：
3 个文字对象已删除，1 个多行文字对象已添加。

7.3 创建与编辑多行文字

多行文字又称段落文本，是一种方便管理的文本对象，它可以由两行以上的文本组成，而且各行文字都是作为一个整体来处理。输入多行文字时，可以根据输入框的大小和文字数量自动换行；并且输入一段文字后，按回车键可以切换到下一段。无论输入几行或几段文字，系统都将它们作为一个整体进行处理。

7.3.1 创建多行文字

用户可以通过以下方式调用多行文字命令。

- 执行“绘图>文字>多行文字”命令。
- 在“默认”选项卡“文字注释”面板中单击“多行文字”按钮A。
- 在“注释”选项卡“文字”面板中单击“下拉菜单”按钮，在弹出的列表中单击“多行文字”按钮A。
- 在命令行输入 MTEXT 命令，然后按回车键。

执行“多行文本”命令后，在绘图区指框选出文字范围，即可输入多行文字，输入完成后单击功能区中“关闭文字编辑器”按钮，即可创建多行文本，如图 7-18、图 7-19 所示。

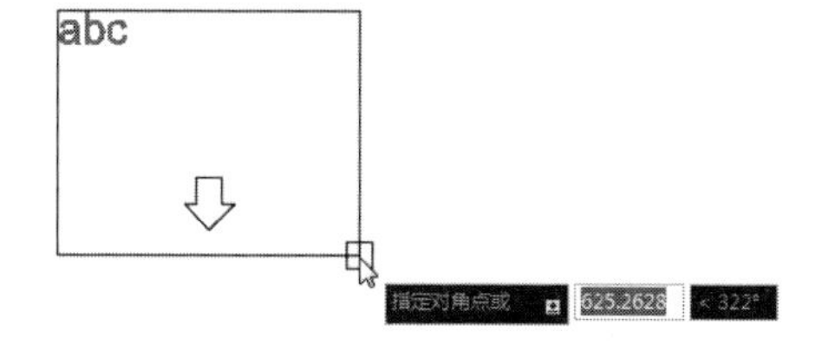

图 7-18　指定对角点

1.装配前，箱体与其他铸件不加工面应清理干净，除去毛边毛刺，并浸涂防锈漆。
2.零件在装配前用煤油清洗，轴承用汽油清洗干净，晒干后配合表面应涂油。
3.减速器剖分面各接触面及密封处均不允许漏油，渗油箱体剖分面允许涂以密封胶或水玻璃。

图 7-19　创建多行文字

7.3.2 编辑多行文字

编辑多行文本和单行文本的方法基本一致，用户可以执行 TEXTEDIT 命令编辑多行文本内容，还可以通过“特性”选项板修改对正方式和缩放比例等。

编辑多行文本的特性面板的“文字”展卷栏内增加“行距比例”“行间距”“行距样式”和“背景遮罩”等选项，但缺少了“倾斜”和“宽度”选项，相应的“其他”选项组也消失了，如图 7-20 所示。

除了上述方法，用户还可以通过文字编辑器编辑文字。双击文字，即可打开文字编辑器，如图 7-21 所示，从中可对文本进行编辑。

选项卡中各选项的含义介绍如下。

扫一扫　看视频

多行文字
常规
三维效果
文字

内容	{\fSimSun|b0|i0...
样式	文字
注释性	否
对正	左上
方向	随样式
文字高度	2.5
旋转	0
行距比例	1
行间距	4.1667
行距样式	至少
背景遮罩	否
定义的宽度	495.2974
定义高度	0
分栏	动态
文字加框	否

几何图形

图 7-20　多行文字特性面板

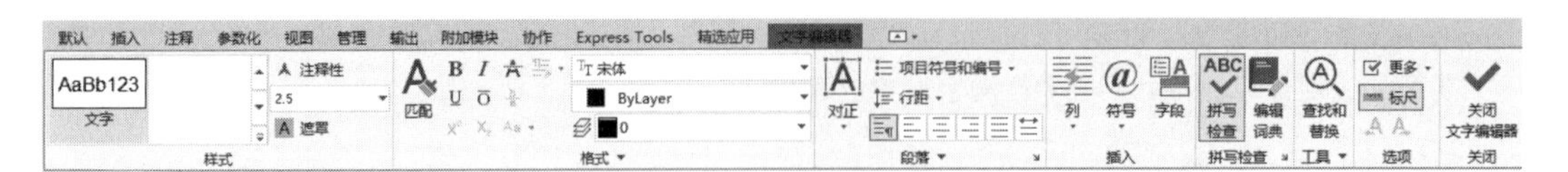

图 7-21　文字编辑器

- 粗体：设置文本粗体格式。该选项仅适用于使用 TrueType 字体的字符。
- 斜体：设置文本斜体格式。该选项仅适用于使用 TrueType 字体的字符。
- 下划线：为文本添加下划线。
- 上划线：为文本添加上划线。
- 字体：设置文字的字体，例如黑体、楷体、隶书等。
- 颜色：设置文字的颜色。
- 倾斜角度：设置文字的倾斜度。
- 追踪：增大或减小选定字符之间的空间。默认间距为 1.0。设置为大于 1.0 可增大间距，设置为小于 1.0 可减小间距。
- 宽度因子：扩展或收缩选定字符。
- 大写：将当前英文字体设置为大写，该选项适用于英文字体。
- 小写：将当前英文字体设置为小写，该选项适用于英文字体。
- 背景遮罩：添加多行文本的不透明背景。

动手练习——插入外部文本

扫一扫　看视频

用户可使用文本命令，输入所需文字内容，也可以直接调用外部文本，这样极大地方便了用户操作。

Step01 执行“多行文字”命令，在绘图区指定对角点，如图 7-22 所示。

Step02 创建文本输入框，如图 7-23 所示。

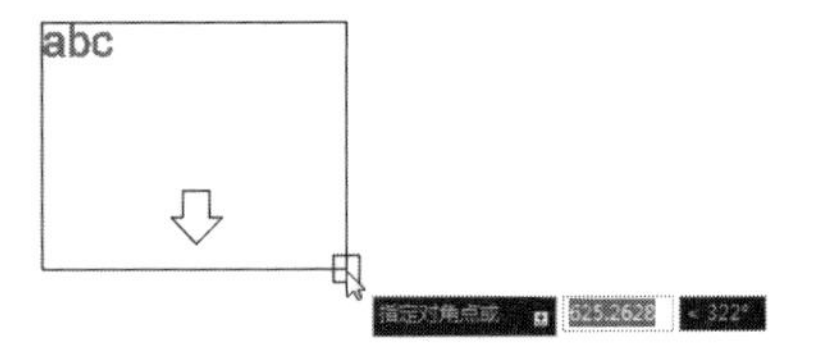

图 7-22　指定对角点

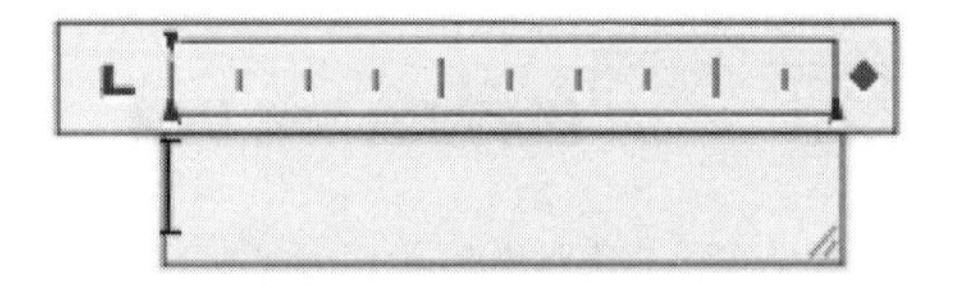

图 7-23　文本输入框

Step03 在文本框单击鼠标右键，接着在弹出的快捷菜单中选择“输入文字”命令，如图 7-24 所示。

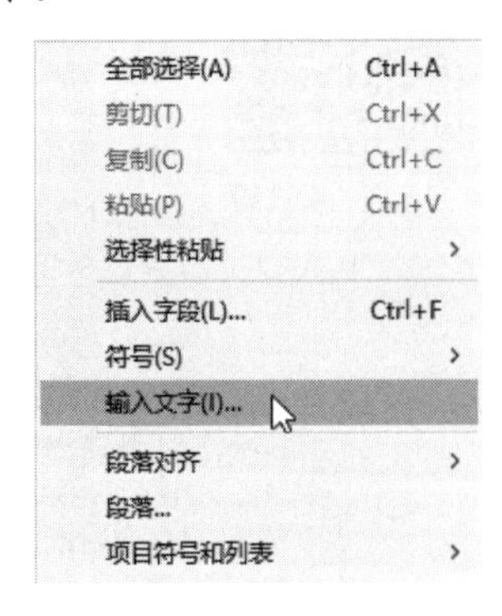

图 7-24　“输入文字”命令

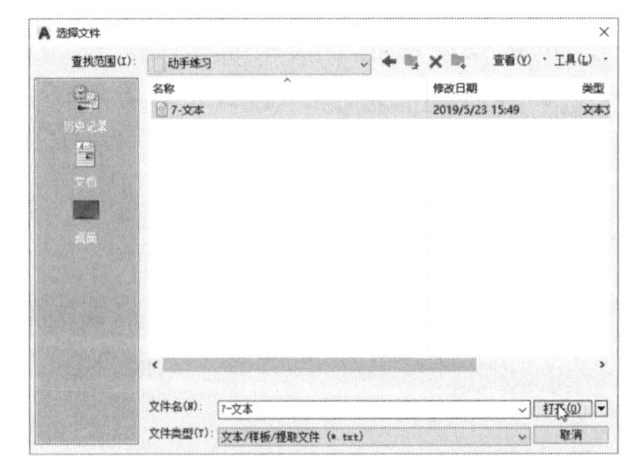

图 7-25　“选择文件”对话框

▶Step04 打开“选择文件”对话框，选择需要插入的文本文档，单击“打开”按钮，如图 7-25 所示。

▶Step05 此时文档中的文字内容会被输入到当前多行文字输入框内，调整输入框宽度即可，如图 7-26 所示。

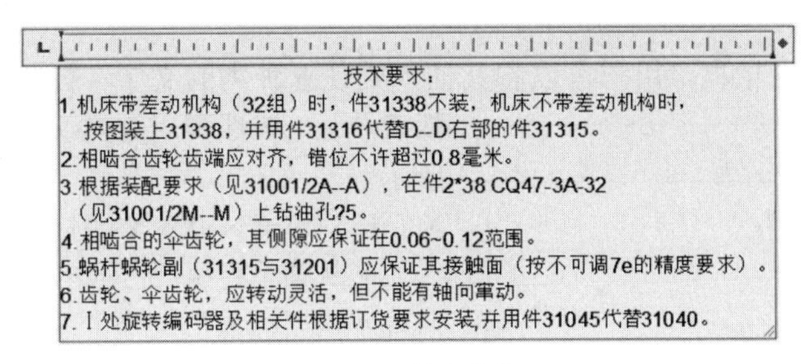

图 7-26　输入文字

7.3.3 查找和替换

如果想对文字较多、内容较为复杂的文本进行编辑操作时，可使用“查找和替换”功能，这样可有效提高作图效率。

双击文本进入编辑模式，在文字编辑器的“工具”面板中单击“查找和替换”按钮，即可打开“查找和替换”对话框，如图 7-27 所示。在“查找”文本框中输入要查找的文字，然后在“替换”文本框中输入要替换的文字，单击“全部替换”按钮即可。

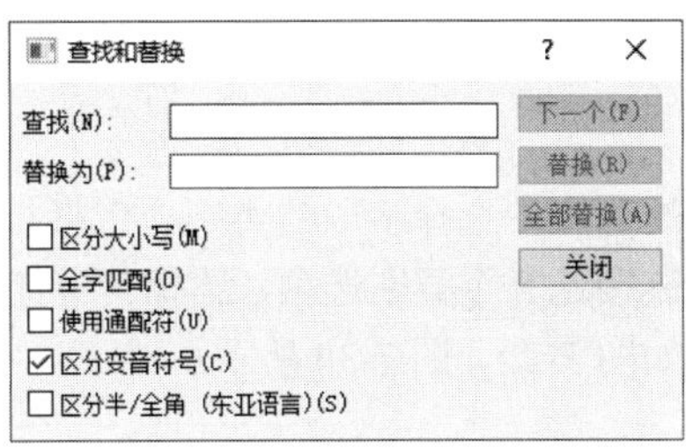

图 7-27　“查找和替换”对话框

“查找和替换”对话框主要选项说明如下。

- 查找内容：该选项用于确定要查找的内容，在此可输入要查找的字符，也可以直接选择已存的字符。
- 替换为：该选项用于确定要替换的新字符。
- 查找：用于在设置的查找范围内查找下一个匹配的字符。
- 替换：该按钮用于将当前查找的字符替换为指定的字符。

注意事项

在调用外部文件时，调用文本的格式是有限制的，只限于格式为“*.text”和“*.rtf”的文本文件。

7.4 字段的使用

工程图中经常会用到一些在设计过程中发生变化的文字和数据，比如说在建筑图纸中引用的视图方向、修改设计中的建筑面积、重新编号后的图纸、更改后的出图尺寸和日期以及公式的计算结果等。

字段也是文字，等价于可以自动更新的“智能文字”，就是可能会在图形生命周期中修改的数据的更新文字，设计人员在工程图中如果需要引用这些文字或数据，可以采用字段的方式引用，这样当字段所代表的文字或数据发生变化时，字段会自动更新，就不需要手动修改。

7.4.1 插入字段

通过“字段”对话框，用户可以将其插入到任意种类的文字（公差除外）中，其中包括表单元、属性和属性定义中的文字，如图 7-28 所示。

图 7-28 “字段”对话框

用户可通过以下方法打开“字段”对话框。

- 从菜单栏执行“插入>字段”命令。
- 在“插入”选项卡的“数据”面板中单击“字段”按钮。
- 在命令行输入 FIELD 命令，然后按回车键。
- 在文字输入框中单击鼠标右键，在弹出的快捷菜单中选择“插入字段”命令。
- 在“文字编辑器”选项卡的“插入”面板单击“字段”按钮。

用户可单击“字段类别”下拉按钮，在打开的列表中选择字段的类别，包括打印、对象、其他、全部、日期和时间、图纸集、文档和已链接这 8 个类别选项，选择其中任意选项，则会打开与之相应的样例列表，并对其进行设置，如图 7-29、图 7-30 所示。

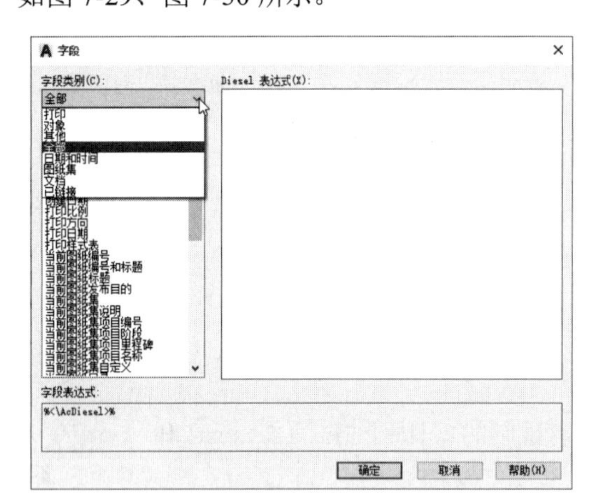

图 7-29 字段类别

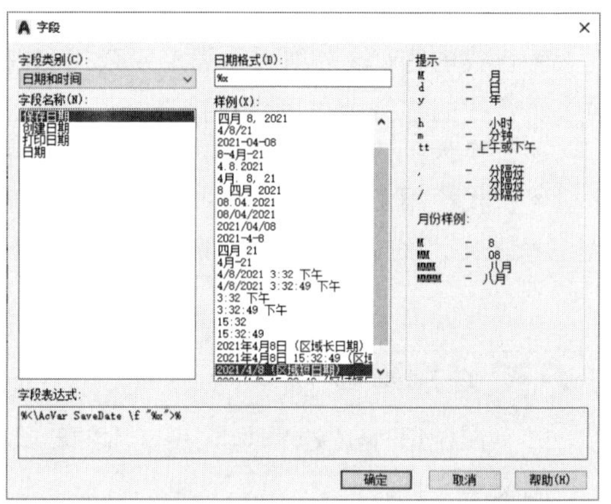

图 7-30 样例

字段文字所使用的文字样式与其插入到的文字对象所使用的样式相同。默认情况下，字段将使用浅灰色进行显示。

7.4.2 更新字段

字段更新时，将显示最新的值。在此可单独更新字段，也可在一个或多个选定文字对象中更新所有字段。用户可以通过以下方式进行更新字段的操作。

- 选择文本，单击鼠标右键，在快捷菜单中选择“更新字段”命令。

• 在命令行输入 UPD 命令，然后按回车键。

• 在命令行中输入 FIELDEVAL 命令，然后按回车键确认，根据提示输入合适的位码即可。该位码是常用标注控制符中任意值的和。如仅在打开、保存文件时更新字段，可输入数值 3。

常用标注控制符说明如下。

- 0 值：不更新；
- 1 值：打开时更新；
- 2 值：保存时更新；
- 4 值：打印时更新；
- 8 值：使用 ETRANSMIT 时更新；
- 16 值：重生成时更新。

技术要点

在“选项”对话框的“用户系统配置”选项卡的“字段”选项组单击“字段更新设置”按钮，可以打开“字段更新设置”对话框，如图 7-31 所示。在该对话框中可以控制字段的更新方式。

该对话框中各选项含义介绍如下。

- 打开：打开文件时自动更新字段。
- 保存：保存文件时自动更新字段。
- 打印：打印文件时自动更新字段。
- 电子传递：使用 ETRANSMIT 命令发送文件时自动更新字段。
- 重生成：重生成文件时自动更新字段。

7.5 创建与编辑表格

表格是在行和列中包含数据的对象，在工程图中会大量使用到表格，例如标题栏和明细表都属于表格的应用。从 AutoCAD 2005 开始就增加了表格工具并在后续版本中增强了表格工具，可以在表格中使用公式，并且可以直接使用表格工具做一些简单的统计分析。

根据工作任务的不同，用户对表格的具体要求也会不同。通过对表格样式进行新建或者修改等，可以对表格的方向、常规特性、表格内使用的文字样式以及表格的边框类型等一系列内容进行设置，从而建立符合用户自己需求的表格。

7.5.1 表格样式

扫一扫　看视频

在创建表格前要设置表格样式，方便之后调用。在“表格样式”对话框中可以选择设置表格样式的方式，用户可以通过以下方式打开“表格样式”对话框。

• 从菜单栏执行“格式>表格样式”命令。

• 在“默认”选项卡的“注释”面板中单击“表格样式”按钮 。

• 在“注释”选项卡的“表格”面板中单击右下角的“表格样式”箭头↘。

• 在“样式”工具栏中单击“表格样式”按钮。

• 在命令行输入 TABLESTYLE 命令，然后按回车键。

执行“格式>表格样式”命令，打开“表格样式”对话框，如图 7-31 所示。然后单击“新建”按钮，在弹出的对话框中输入表格名称，单击“继续”按钮即可打开“新建表格样式”对话框，如图 7-32 所示。

下面具体介绍“表格样式”对话框中各选项的含义。

• 样式：显示已有的表格样式。单击“所有样式”列表框右侧的三角符号，在弹出的下拉列表中，可以设置“样式”列表框是显示所有表格样式还是正在使用的表格样式。

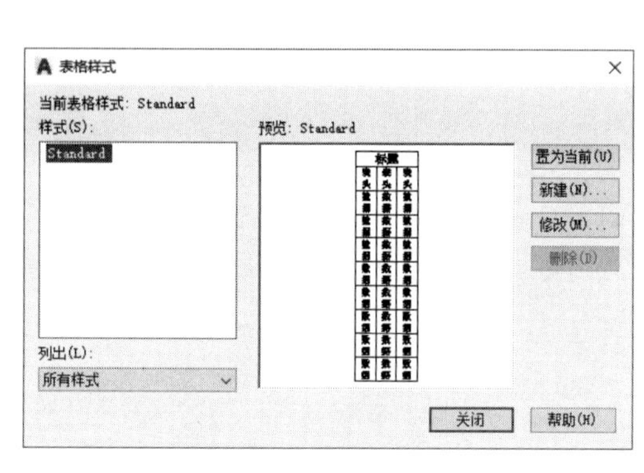

图 7-31 “表格样式”对话框

图 7-32 “新建表格样式”对话框

• 预览：预览当前的表格样式。

• 置为当前：将选中的表格样式置为当前。

• 新建：单击“新建”按钮，即可新建表格样式。

• 修改：修改已经创建好的表格样式。

• 删除：删除选中的表格样式。

在“新建表格样式”对话框中，在“单元样式”选项组“标题”下拉列表框包含“数据”“标题”和“表头”3 个选项，在“常规”“文字”和“边框”3 个选项卡中，可以分别设置“数据”“标题”和“表头”的相应样式。

（1）常规

在常规选项卡中可以设置表格的颜色、对齐方式、格式、类型和页边距等特性。下面具体介绍该选型卡各选项的含义。

• 填充颜色：设置表格的背景填充颜色。

• 对齐：设置表格文字的对齐方式。

• 格式：设置表格中的数据格式，单击右侧的…按钮，即可打开“表格单元格式”对话框，在对话框中可以设置表格的数据格式，如图 7-33 所示。

• 类型：设置是数据类型还是标签类型。

• 页边距：设置表格内容距边线的水平和垂直距离，如图 7-34 所示为页边距设为 8 的效果。

（2）文字

打开“文字”选项卡，在该选项卡中主要设置文字的样式、高度、颜色、角度等，如图 7-35 所示。

图 7-33 “表格单元格式”对话框

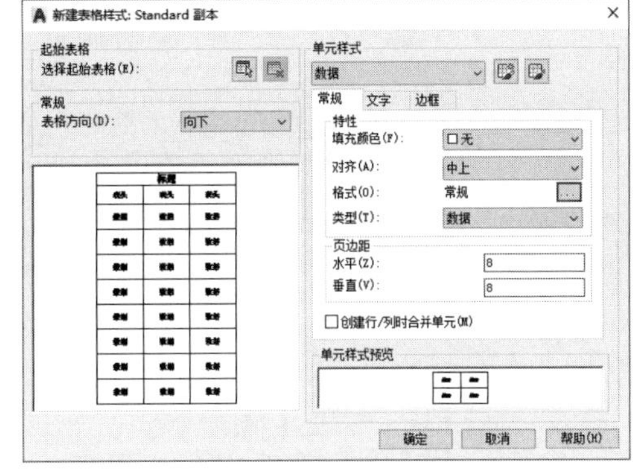

图 7-34 设置页边距效果

（3）边框

打开“边框”选项卡，在该选项卡可以设置表格边框的线宽、线型、颜色等选项，此外，还可以设置有无边框或是否是双线，如图 7-36 所示。

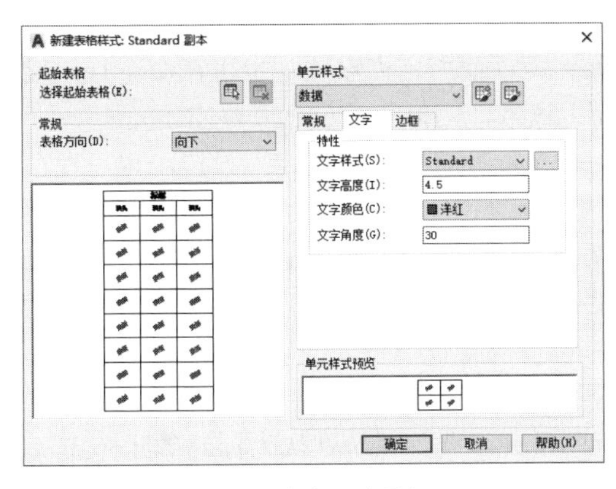

图 7-35 “文字”选项卡

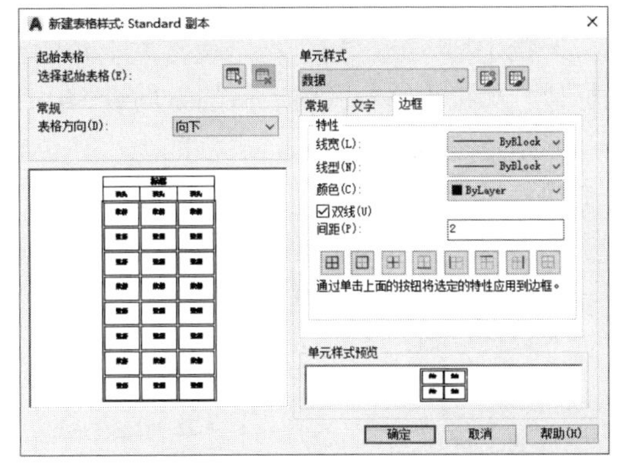

图 7-36 “边框”选项卡

7.5.2 创建表格

扫一扫 看视频

创建表格时，可设置表格的样式，如表格行数、行高、列数及列宽等。表格创建结束后，系统会自动进入表格内容编辑状态。用户可以通过以下方式创建表格。

- 从菜单栏执行“绘图>表格”命令。
- 在“默认”选项卡的“注释”面板中单击“表格”按钮。
- 在“注释”选项卡“表格”面板中单击“表格”按钮。
- 在“绘图”工具栏中单击“表格”按钮。
- 在命令行输入 TABLE 命令，然后按回车键。

执行“绘图>表格”命令，打开“插入表格”对话框，如图 7-37 所示。从该对话框中设置列和行的相应参数，单击“确定”按钮，然后在绘图区指定插入点即可创建表格。

“插入表格”对话框中的各选项说明如下。

- 表格样式：该选项可在要从中创建表格的当前图形中选择表格样式。单击下拉按钮右侧“表格样式”对话框启动器按钮，创建新的表格样式。
- 从空表格开始：用于创建可以手动填充数据的空表格。

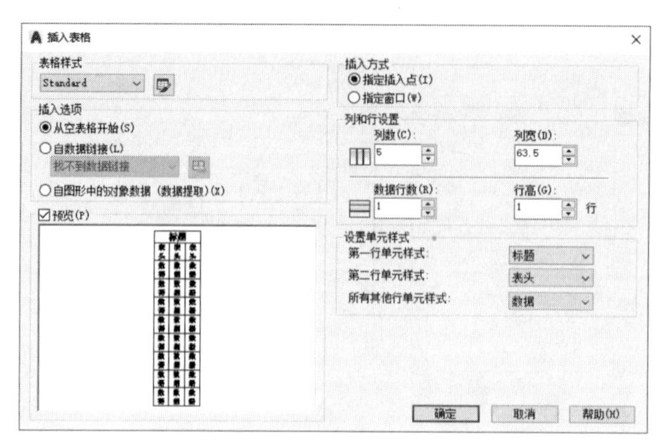

图 7-37 “插入表格”对话框

- 自数据链接：用于从外部电子表格中的数据创建表格。单击右侧按钮，可在“选择数据链接”对话框中进行数据链接设置。
- 自图形中的对象数据：用于启动“数据提取”向导。
- 预览：用于显示当前表格样式。
- 指定插入点：用于指定表格左上角的位置。可以使用定点设置，也可在命令行中输入坐标值。如果表格样式将表格的方向设为由下而上读取，则插入点位于表格左下角。
- 指定窗口：用于指定表格的大小和位置。该选项同样可以使用定点设置，也可在命令行中输入坐标值，选定此项时，行数、列数、列宽和行高取决于窗口的大小以及列和行设置。
- 列数：用于指定表格的列数。
- 列宽：用于指定表格列宽值。
- 数据行数：用于指定表格的行数。
- 行高：用于指定表格行高值。
- 第一行单元样式：用于指定表格中第一行的单元样式。系统默认为标题单元样式。
- 第二行单元样式：用于指定表格中第二行的单元样式。系统默认为表头单元样式。
- 所有其他行单元样式：用于指定表格中所有其他行的单元样式。系统默认为数据单元样式。

7.5.3 编辑表格

扫一扫 看视频

当创建表格后，如果对创建的表格不满意，可以对表格进行剪切、复制、删除、移动、缩放和旋转等简单操作，还可以均匀调整表格的行、列大小，删除所有特性替代等。

（1）表格夹点

用户不仅可以对整体的表格进行编辑，还可以对单独的单元格进行编辑，用户可以单击并拖动夹点调整宽度或在快捷菜单中进行相应的设置。

单击表格，表格上将出现编辑的夹点，如图 7-38 所示。

（2）表格“特性”选项板

在“特性”选项板中也可以编辑表格，在“表格”卷展栏中可以设置表格样式、方向、表格宽度和表格高度。双击需要编辑的表格，就会弹出“特性”选项板，如图 7-39 所示。

（3）“表格单元”选项卡

选中表格后，在“表格单元”选项卡中，用户可根据需要对表格进行编辑，例如合并、拆分表格，插入行、列，表格对齐设置，单元格设置以及插入公式等功能，如图 7-40 所示。

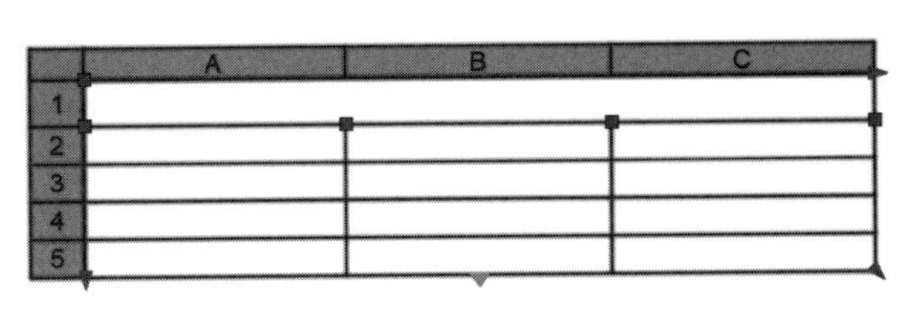

图 7-38　选中表格时的夹点

图 7-39　“特性”选项板

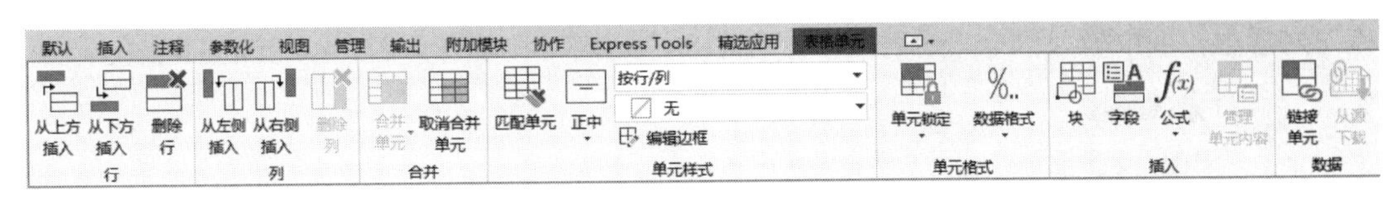

图 7-40　“表格单元”选项卡

该选项卡中各面板说明如下。

- 行：在该面板中，用户可对单元格的行进行插入和删除操作。
- 列：在该面板中，用户可对选定的单元列进行操作，例如插入列、删除列。
- 合并：在该面板中，用户可将多个单元格合并成一个单元格，也可将已合并的单元格进行取消合并操作。
- 单元样式：在该面板中，用户可设置表格文字的对齐方式、单元格的颜色以及表格的边框样式等。
- 单元格式：在该面板中，用户可确定是否将选择的单元格进行锁定操作，也可以设置单元格的数据类型。
- 插入：在该面板中，用户可插入图块、字段以及公式等特殊符号。
- 数据：在该面板中，用户可设置表格数据，如将 Excel 电子表格中的数据与当前表格中的数据进行链接操作。

技术要点

如果单元格大小不合适，可直接单击该单元格，通过拖拉夹点来修改表格位置、列宽和行高。

动手练习——链接外部表格

扫一扫　看视频

下面介绍如何将已创建的表格插入到图形文件中，具体操作步骤如下。

Step01 执行“表格”命令，打开“插入表格”对话框，如图 7-41 所示。

Step02 在“插入选项”选项组中选择“自数据链接”选项，如图 7-42 所示。

Step03 再单击右侧“数据链接管理器”启动按钮，打开“选择数据链接”对话框，如图 7-43 所示。

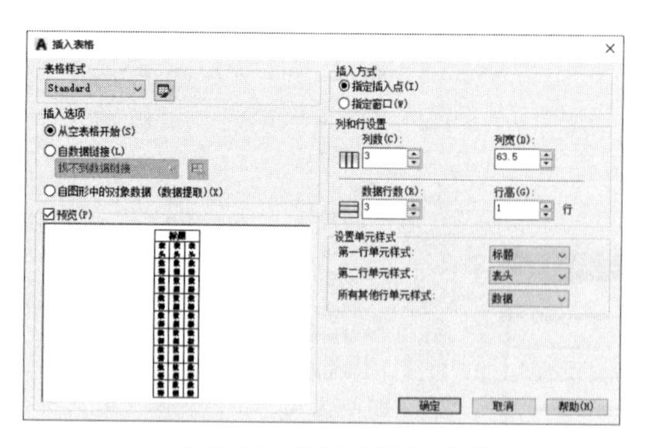

图 7-41 “插入表格”对话框

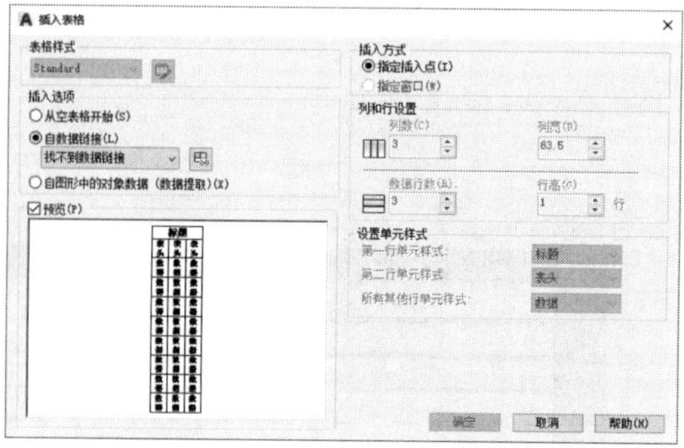

图 7-42 选择“自数据链接”

▸Step04 在该对话框中单击“创建新的 Excel 数据链接”选项，打开“输入数据链接名称”对话框，从中输入“电气材料表”，再单击“确定”按钮，如图 7-44 所示。

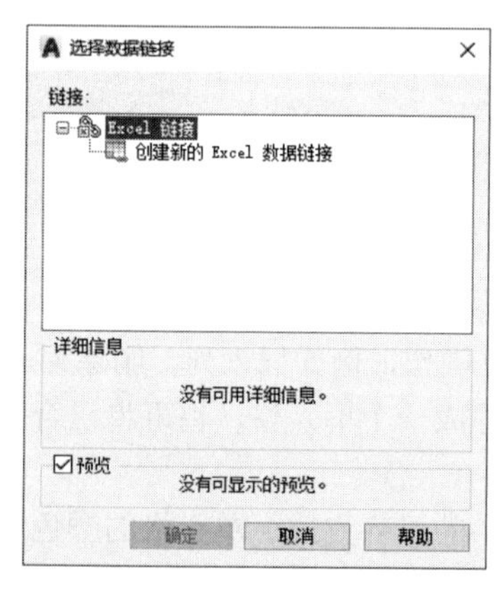

图 7-43 “选择数据链接”对话框

图 7-44 输入数据链接名称

▸Step05 此时系统会自动打开“新建 Excel 数据链接”对话框，如图 7-45 所示。

▸Step06 单击“浏览文件”按钮，打开“另存为”对话框，从本地磁盘选择需要链接的 Excel 文档，再单击“打开”按钮，如图 7-46 所示。

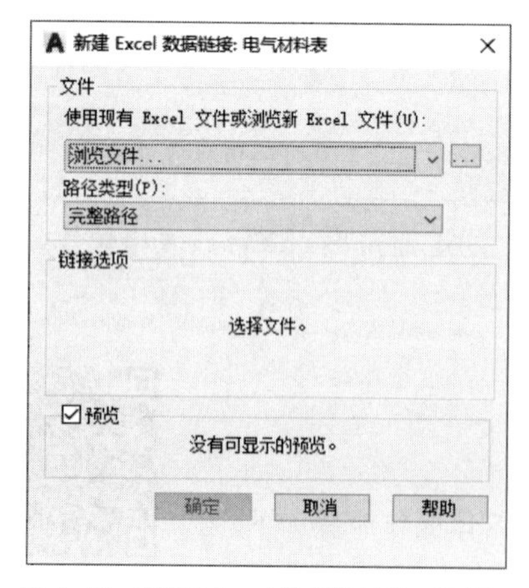

图 7-45 “新建 Excel 数据链接”对话框

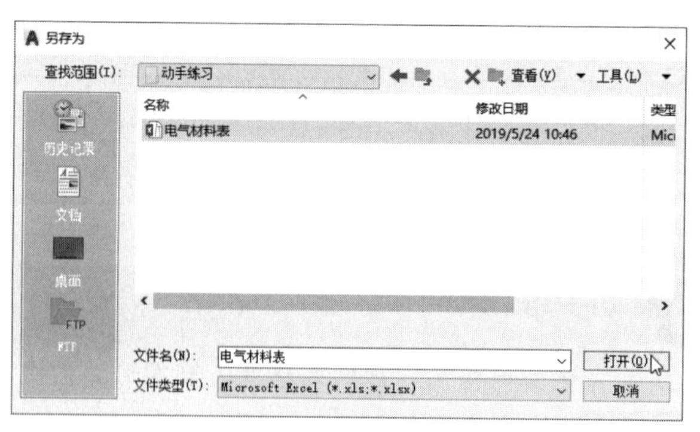

图 7-46 选择 Excel 文档

▸Step07 返回到“新建 Excel 数据链接”对话框，可以看到表格的预览效果，如图 7-47 所示。

▸Step08 再单击“确定”按钮，返回“选择数据链接”对话框，如图 7-48 所示。

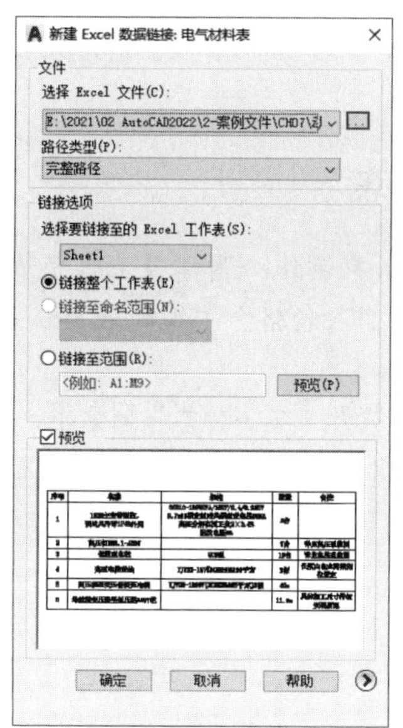

图 7-47 表格预览效果

图 7-48 返回“选择数据链接”对话框

▶Step09 单击“确定”按钮，返回到“插入数据”对话框，如图 7-49 所示。

▶Step10 单击“确定”按钮返回绘图区。在绘图区中指定一点作为表格的插入点，如图 7-50 所示。

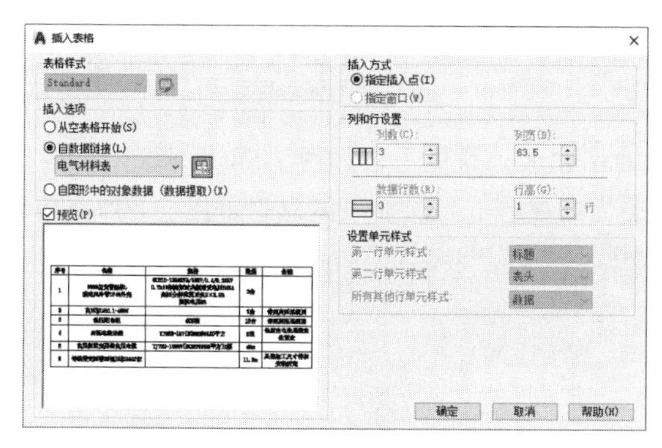

图 7-49 返回“插入表格”对话框

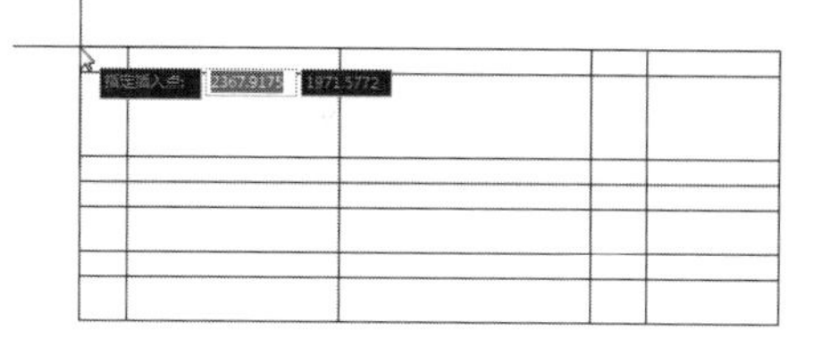

图 7-50 指定插入点

▶Step11 单击即可完成外部表格的创建，框选单元格内部，将鼠标放置到单元格上，可以看到单元格已被锁定，且可以看到链接表格的来源、更新类型等，如图 7-51 所示。

	A	B	C	D	E
1	序号	名称	规格	数量	备注
2	1	1#2#主变带温控强迫风冷带1P40外壳	SCB10-1250KVA/10KV/0.4/0.23KV D.Yn11额定短时共频耐受电压50KA	2台	
3	2	高压柜AH0.1-AH07		7台	详见高压系统图
4	3	低压配电柜		15台	详见高压系统图
5	4	高压电缆进线		2根	长度由电业局指定位置定
6	5	高压柜至变压器高压电缆	YJV22-1000V[3CHENG595平方]2根	40m	
7	6	母线槽变压器至低压柜AA07柜		11.2m	具体加工尺寸待柜安装后定

数据链接
电气材料表
C:\Users\Administrator\Desktop\电气材料表.xlsx
链接详细信息: 整个工作表: Sheet1
上次更新时间: 2019/5/24 11:08:42
更新状态: 成功
更新类型: 从源更新
锁定状态: 内容已锁定

图 7-51 选择单元格

Step12 如果需要编辑表格，可以在“表格单元”选项卡的“单元格式”面板中单击打开“单元锁定”列表，从中选择“解锁”选项即可。

实战演练——制作建筑工程用材预算表

扫一扫　看视频

下面将结合本章所学的知识内容，来制作一张建筑工程预算表。在操作时，主要利用到的命令有“表格样式”“插入表格”“编辑表格”等，具体制作步骤如下。

Step01 执行“文字样式”命令，打开“文字样式”对话框，如图 7-52 所示。

Step02 单击“新建”按钮，打开“新建文字样式”对话框，输入样式名“标题”，如图 7-53 所示。

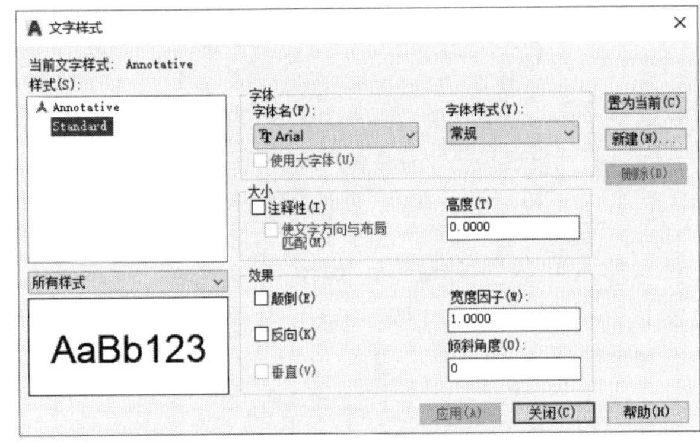

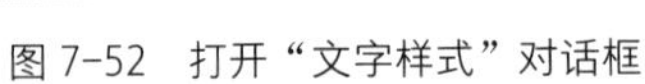

图 7-52　打开“文字样式”对话框

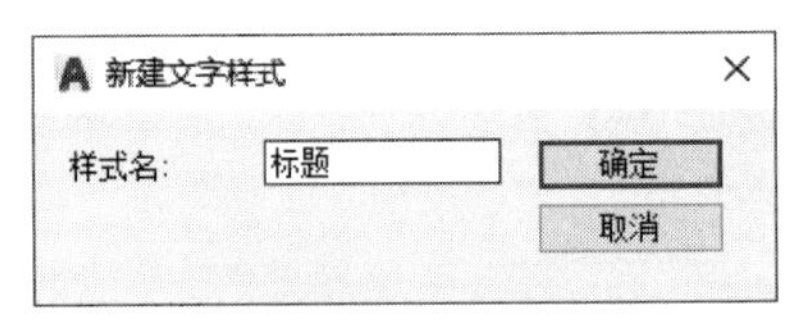

图 7-53　输入样式名

Step03 单击“确定”按钮，设置该样式的字体名“黑体”，如图 7-54 所示。

Step04 单击“应用”按钮，再新建“数据”文字样式，设置字体为“宋体”，如图 7-55 所示。设置完毕依次单击“应用”“关闭”按钮。

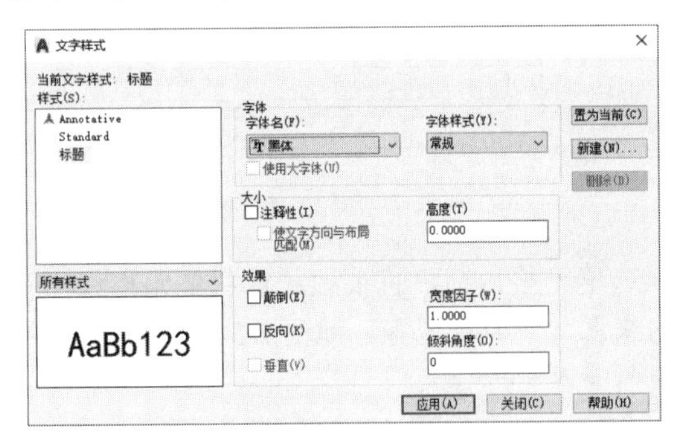

图 7-54　设置“标题”样式

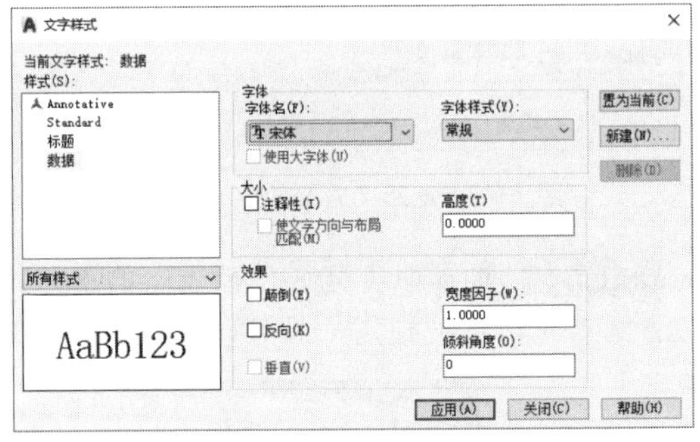

图 7-55　设置“数据”样式

Step05 再执行“表格样式”命令，打开“表格样式”对话框，如图 7-56 所示。

Step06 单击“修改”按钮，打开“修改表格样式”对话框，切换到“标题”单元样式的“文字”选项卡，设置文字样式为“标题”，文字高度为 12，如图 7-57 所示。

Step07 切换到“常规”选项卡，设置水平和垂直的页边距均为 8，如图 7-58 所示。

Step08 再选择“表头”单元样式，在“文字”选项卡中设置文字样式为“标题”，文字高度为 10，如图 7-59 所示。

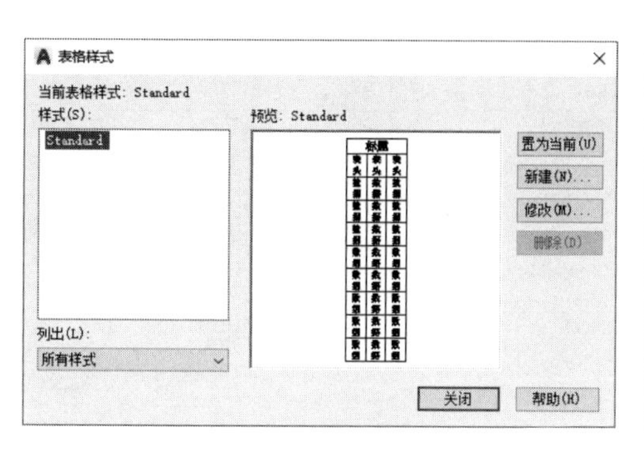

图 7-56 “表格样式”对话框

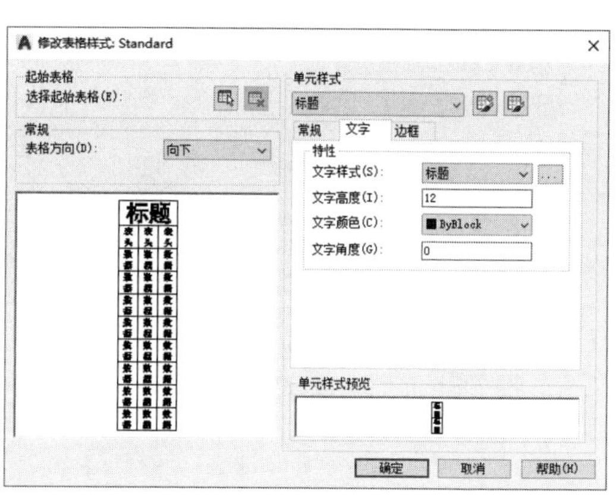

图 7-57 设置“标题”文字

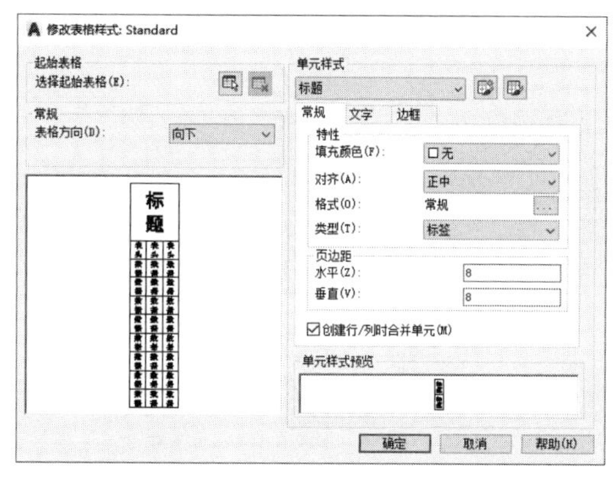

图 7-58 设置“标题”常规特性

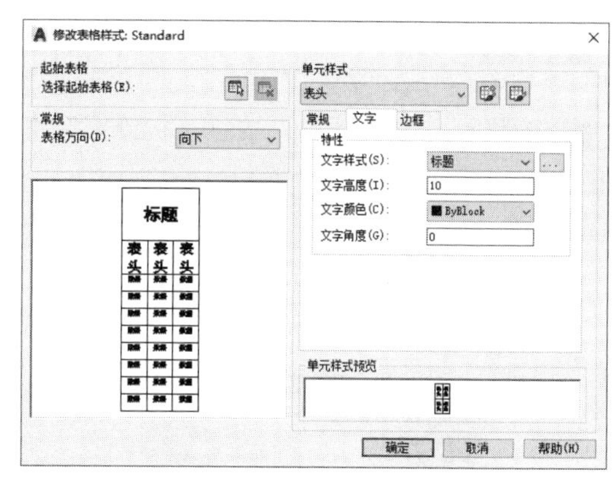

图 7-59 设置“表头”文字

Step09 切换至“常规”选项卡，设置页边距均为 5，如图 7-60 所示。

Step10 选择“数据”单元样式，在“文字”选项卡中设置文字样式为“数据”，再设置文字高度为 10，如图 7-61 所示。

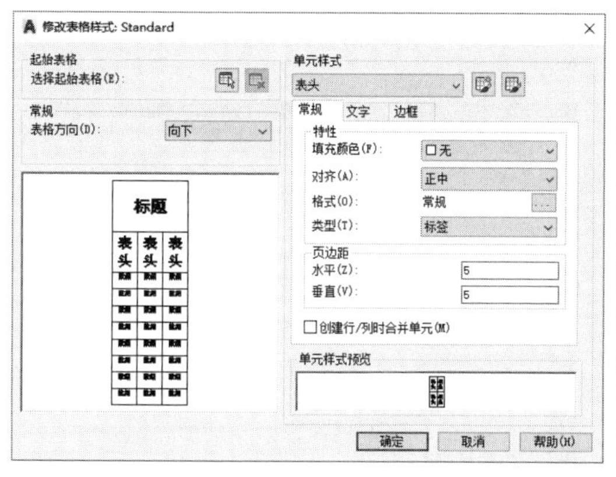

图 7-60 设置“表头”常规特性

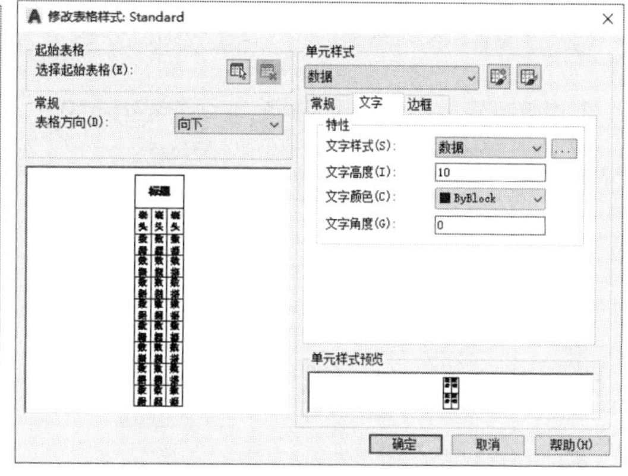

图 7-61 设置“数据”文字

Step11 切换到“常规”选项卡，设置对齐方式为“正中”，页边距均为 5，如图 7-62 所示。

Step12 单击“确定”按钮，返回“表格样式”对话框，再单击“关闭”按钮，关闭对话框，即可完成设置，如图 7-63 所示。

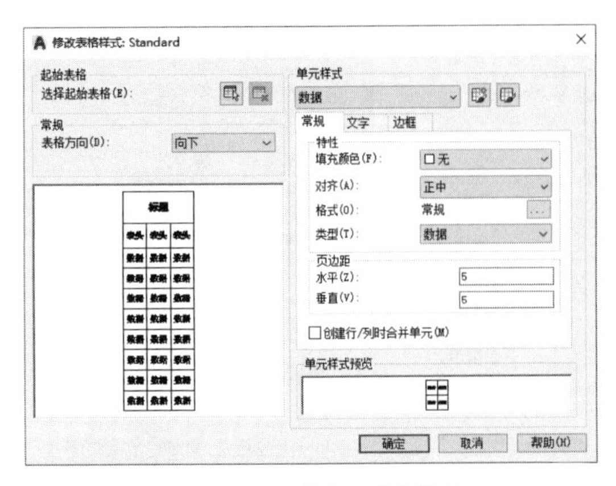

图 7-62　设置“数据”常规特性

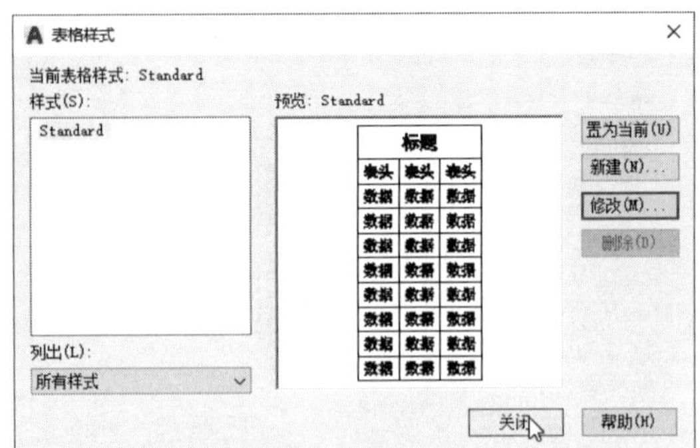

图 7-63　返回“表格样式”

▶Step13 执行“表格”命令，打开“插入表格”对话框，设置行数、列数、行高、列宽等参数，如图 7-64 所示。

▶Step14 单击“确定”按钮，在绘图区中指定表格插入点，如图 7-65 所示。

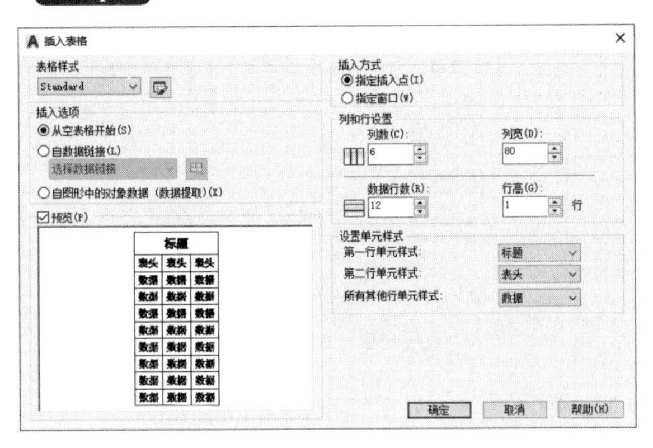

图 7-64　“插入表格”对话框

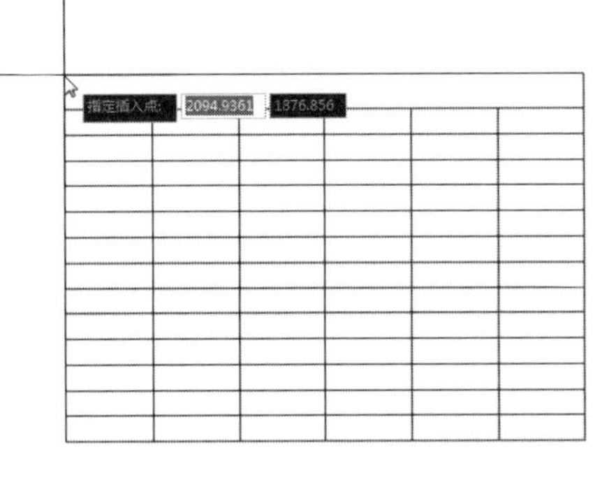

图 7-65　指定插入点

▶Step15 单击即可创建表格，标题栏会自动进入编辑状态，如图 7-66 所示。

▶Step16 输入标题名，如图 7-67 所示。

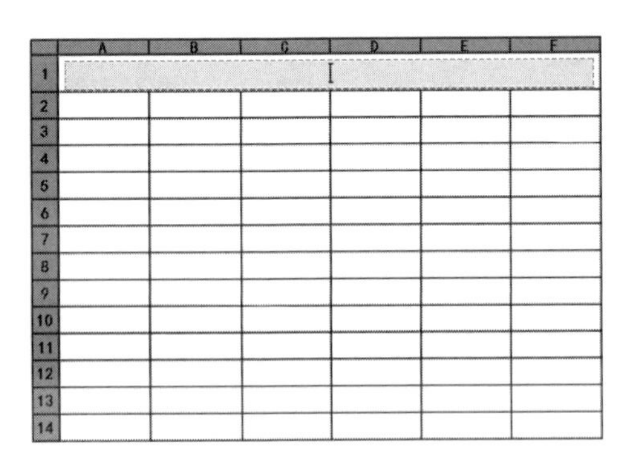

图 7-66　创建表格

图 7-67　输入标题

▶Step17 按回车键进入“表头”编辑状态，输入表头内容，如图 7-68 所示。

▶Step18 在单元格 A3～A6 中分别输入 1、2、3、4，选择这四个单元格，将鼠标指针放在右下角的菱形夹点上，如图 7-69 所示。

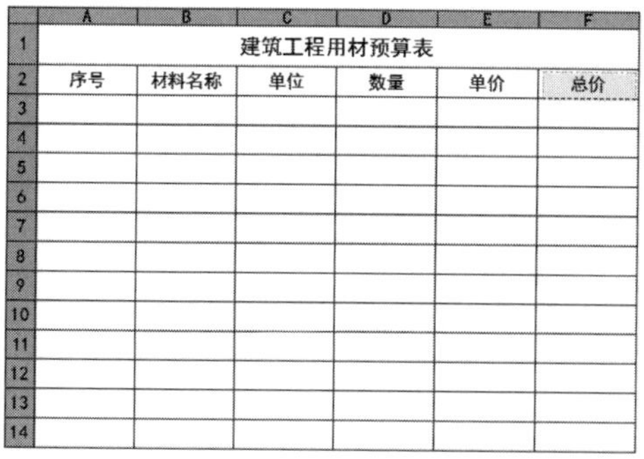

建筑工程用材预算表					
序号	材料名称	单位	数量	单价	总价

图 7-68　输入表头

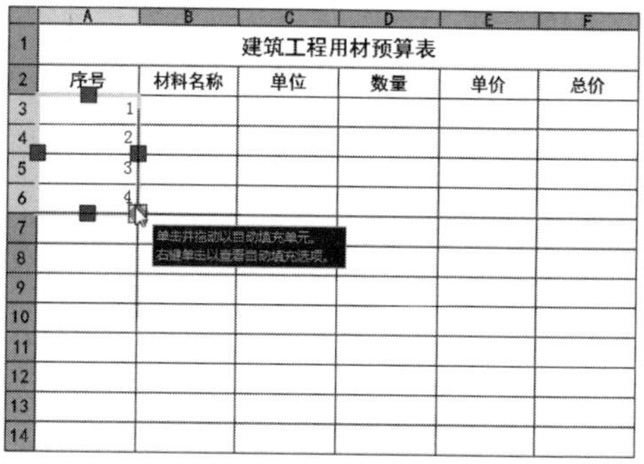

建筑工程用材预算表					
序号	材料名称	单位	数量	单价	总价
1					
2					
3					
4					

单击并拖动以自动填充单元。
右键单击以查看自动填充选项。

图 7-69　输入序号

▶Step19 单击并向下拖动鼠标至单元格 A14 的右下角，即可完成序号的自动填充，如图 7-70 所示。

▶Step20 输入其他数据内容，如图 7-71 所示。

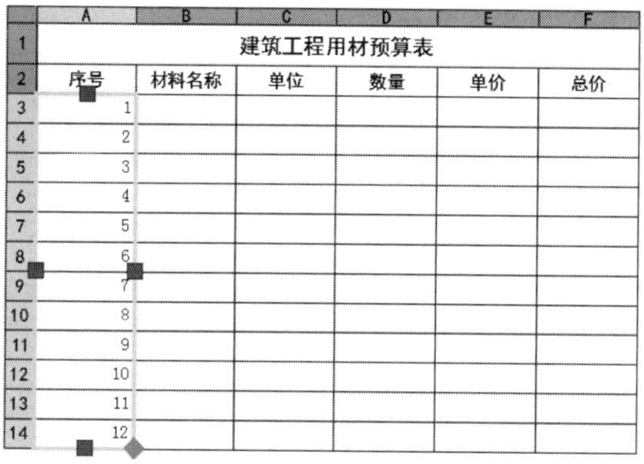

建筑工程用材预算表					
序号	材料名称	单位	数量	单价	总价
1					
2					
3					
4					
5					
6					
7					
8					
9					
10					
11					
12					

图 7-70　自动填充序号

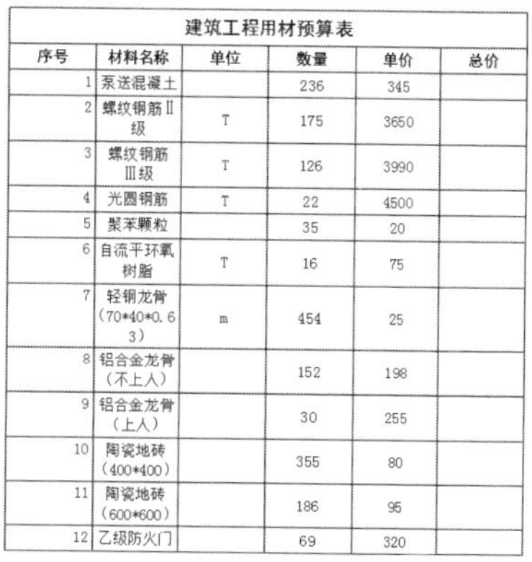

建筑工程用材预算表					
序号	材料名称	单位	数量	单价	总价
1	泵送混凝土		236	345	
2	螺纹钢筋Ⅱ级	T	175	3650	
3	螺纹钢筋Ⅲ级	T	126	3990	
4	光圆钢筋	T	22	4500	
5	聚苯颗粒		35	20	
6	自流平环氧树脂	T	16	75	
7	轻钢龙骨（70*40*0.63）	m	454	25	
8	铝合金龙骨（不上人）		152	198	
9	铝合金龙骨（上人）		30	255	
10	陶瓷地砖（400*400）		355	80	
11	陶瓷地砖（600*600）		186	95	
12	乙级防火门		69	320	

图 7-71　输入表格内容

▶Step21 在单元格 C3 中输入 m，如图 7-72 所示。

▶Step22 在“文字编辑器”选项卡的“插入”面板中单击“符号”下拉列表，从中选择“立方\U+00B3”选项，如图 7-73 所示。

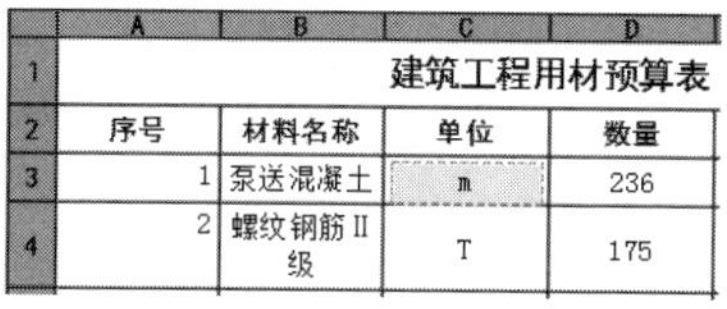

建筑工程用材预算表			
序号	材料名称	单位	数量
1	泵送混凝土	m	236
2	螺纹钢筋Ⅱ级	T	175

图 7-72　输入 m

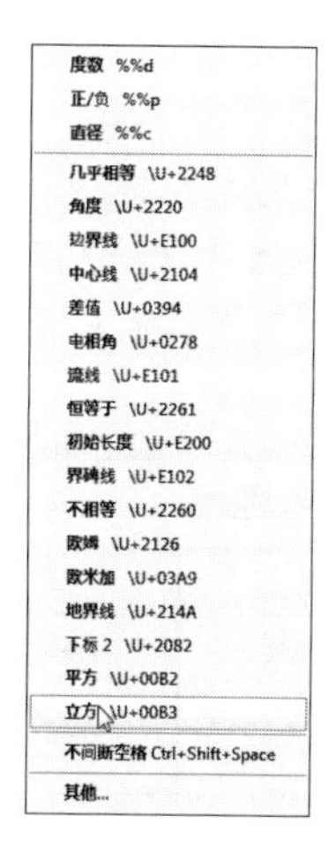

图 7-73　选择“立方\U+00B3”选项

▸Step23 这样就创建出立方米的符号，如图 7-74 所示。

▸Step24 照此方法复制并输入其他单位，如图 7-75 所示。

	A	B	C	D
1			建筑工程用材预算表	
2	序号	材料名称	单位	数量
3	1	泵送混凝土	m³	236
4	2	螺纹钢筋Ⅱ级	T	175

图 7-74　立方米符号

建筑工程用材预算表					
序号	材料名称	单位	数量	单价	总价
1	泵送混凝土	m³	236	345	
2	螺纹钢筋Ⅱ级	T	175	3650	
3	螺纹钢筋Ⅲ级	T	126	3990	
4	光圆钢筋	T	22	4500	
5	聚苯颗粒	m³	35	20	
6	自流平环氧树脂	T	16	75	
7	轻钢龙骨（70*40*0.63）	m	454	25	
8	铝合金龙骨（不上人）	m³	152	198	
9	铝合金龙骨（上人）	m³	30	255	
10	陶瓷地砖（400*400）	m²	355	80	
11	陶瓷地砖（600*600）	m²	186	95	
12	乙级防火门	m²	69	320	

图 7-75　复制并输入单位

▸Step25 选择单元格 F3，如图 7-76 所示。

▸Step26 在“表格单元”选项卡的“插入”面板中单击“公式”下拉列表，从中选择“方程式”选项，如图 7-77 所示。

	A	B	C	D	E	F
1			建筑工程用材预算表			
2	序号	材料名称	单位	数量	单价	总价
3	1	泵送混凝土	m³	236	345	
4	2	螺纹钢筋Ⅱ级	T	175	3650	
5	3	螺纹钢筋Ⅲ级	T	126	3990	
6	4	光圆钢筋	T	22	4500	
7	5	聚苯颗粒	m³	35	20	
8	6	自流平环氧树脂	T	16	75	
9	7	轻钢龙骨（70*40*0.63）	m	454	25	
10	8	铝合金龙骨（不上人）	m³	152	198	
11	9	铝合金龙骨（上人）	m³	30	255	
12	10	陶瓷地砖（400*400）	m²	355	80	
13	11	陶瓷地砖（600*600）	m²	186	95	
14	12	乙级防火门	m²	69	320	

图 7-76　选择单元格

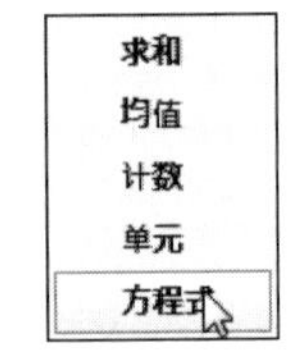

图 7-77　选择“方程式”

▸Step27 此时单元格 F3 会进入编辑状态，且自动输入等号=，这里要计算的是数量 × 单价，因此需要输入乘法公式 D3*E3，如图 7-78 所示。

▸Step28 按回车键后得出总价数额，且下一行会自动进入编辑状态，如图 7-79 所示。

D	E	F
用材预算表		
数量	单价	总价
236	345	=D3*E3
175	3650	

图 7-78　输入乘法公式

D	E	F
用材预算表		
数量	单价	总价
236	345	81420
175	3650	

图 7-79　得出计算结果

Step29 按ESC取消编辑状态，选择单元格F3，将鼠标指针放置到单元格右下角的夹点上，单击并向下拖动，利用自动填充功能计算出所有的总价，如图7-80所示。

Step30 选择单元格A3～A14，在“表格单元”选项卡的“单元样式”面板中设置对齐方式为“正中”，如图7-81所示。

建筑工程用材预算表					
序号	材料名称	单位	数量	单价	总价
1	泵送混凝土	m³	236	345	81420
2	螺纹钢筋Ⅱ级	T	175	3650	638750
3	螺纹钢筋Ⅲ级	T	126	3990	502740
4	光圆钢筋	T	22	4500	99000
5	聚苯颗粒	m³	35	20	700
6	自流平环氧树脂	T	16	75	1200
7	轻钢龙骨（70*40*0.63）	m	454	25	11350
8	铝合金龙骨（不上人）	m³	152	198	30096
9	铝合金龙骨（上人）	m³	30	255	7650
10	陶瓷地砖（400*400）	m²	355	80	28400
11	陶瓷地砖（600*600）	m²	186	95	17670
12	乙级防火门	m²	69	320	22080

图7-80　自动填充

建筑工程用材预算表					
序号	材料名称	单位	数量	单价	总价
1	泵送混凝土	m³	236	345	81420
2	螺纹钢筋Ⅱ级	T	175	3650	638750
3	螺纹钢筋Ⅲ级	T	126	3990	502740
4	光圆钢筋	T	22	4500	99000
5	聚苯颗粒	m³	35	20	700
6	自流平环氧树脂	T	16	75	1200
7	轻钢龙骨（70*40*0.63）	m	454	25	11350
8	铝合金龙骨（不上人）	m³	152	198	30096
9	铝合金龙骨（上人）	m³	30	255	7650
10	陶瓷地砖（400*400）	m²	355	80	28400
11	陶瓷地砖（600*600）	m²	186	95	17670
12	乙级防火门	m²	69	320	22080

图7-81　正中对齐

Step31 选择最后一行单元格，在“表格单元”选项卡的“行”面板中单击“从下方插入”按钮，在底部插入一行，如图7-82所示。

Step32 选择单元格F15，在“表格单元”选项卡的“插入”面板单击“公式”列表，从中选择“求和”选项，根据提示选择求和单元格范围，这里选择单元格F3～F14，如图7-83所示。

建筑工程用材预算表					
序号	材料名称	单位	数量	单价	总价
1	泵送混凝土	m³	236	345	81420
2	螺纹钢筋Ⅱ级	T	175	3650	638750
3	螺纹钢筋Ⅲ级	T	126	3990	502740
4	光圆钢筋	T	22	4500	99000
5	聚苯颗粒	m³	35	20	700
6	自流平环氧树脂	T	16	75	1200
7	轻钢龙骨（70*40*0.63）	m	454	25	11350
8	铝合金龙骨（不上人）	m³	152	198	30096
9	铝合金龙骨（上人）	m³	30	255	7650
10	陶瓷地砖（400*400）	m²	355	80	28400
11	陶瓷地砖（600*600）	m²	186	95	17670
12	乙级防火门	m²	69	320	22080

图7-82　插入行

建筑工程用材预算表					
序号	材料名称	单位	数量	单价	总价
1	泵送混凝土	m³	236	345	81420
2	螺纹钢筋Ⅱ级	T	175	3650	638750
3	螺纹钢筋Ⅲ级	T	126	3990	502740
4	光圆钢筋	T	22	4500	99000
5	聚苯颗粒	m³	35	20	700
6	自流平环氧树脂	T	16	75	1200
7	轻钢龙骨（70*40*0.63）	m	454	25	11350
8	铝合金龙骨（不上人）	m³	152	198	30096
9	铝合金龙骨（上人）	m³	30	255	7650
10	陶瓷地砖（400*400）	m²	355	80	28400
11	陶瓷地砖（600*600）	m²	186	95	17670
12	乙级防火门	m²	69	320	22080

图7-83　选择求和范围

Step33 单击确认角点，系统会自动输入求和公式，如图7-84所示。

Step34 按回车键后得出求和结果，如图7-85所示。

	A	B	C	D	E	F
1	建筑工程用材预算表					
2	序号	材料名称	单位	数量	单价	总价
3	1	泵送混凝土	m^3	236	345	81420
4	2	螺纹钢筋Ⅱ级	T	175	3650	638750
5	3	螺纹钢筋Ⅲ级	T	126	3990	502740
6	4	光圆钢筋	T	22	4500	99000
7	5	聚苯颗粒	m^3	35	20	700
8	6	自流平环氧树脂	T	16	75	1200
9	7	轻钢龙骨（70*40*0.63）	m	454	25	11350
10	8	铝合金龙骨（不上人）	m^3	152	198	30096
11	9	铝合金龙骨（上人）	m^3	30	255	7650
12	10	陶瓷地砖（400*400）	m^2	355	80	28400
13	11	陶瓷地砖（600*600）	m^2	186	95	17670
14	12	乙级防火门	m^2	69	320	22080
15						=Sum(F3:F14)

图 7-84　求和公式

建筑工程用材预算表					
序号	材料名称	单位	数量	单价	总价
1	泵送混凝土	m^3	236	345	81420
2	螺纹钢筋Ⅱ级	T	175	3650	638750
3	螺纹钢筋Ⅲ级	T	126	3990	502740
4	光圆钢筋	T	22	4500	99000
5	聚苯颗粒	m^3	35	20	700
6	自流平环氧树脂	T	16	75	1200
7	轻钢龙骨（70*40*0.63）	m	454	25	11350
8	铝合金龙骨（不上人）	m^3	152	198	30096
9	铝合金龙骨（上人）	m^3	30	255	7650
10	陶瓷地砖（400*400）	m^2	355	80	28400
11	陶瓷地砖（600*600）	m^2	186	95	17670
12	乙级防火门	m^2	69	320	22080
					1441056

图 7-85　得出计算结果

Step35 选择单元格 B9，调整单元格宽度，则 B 列所有单元格宽度会统一被调整，如图 7-86 所示。

Step36 选择所有单元格，单击鼠标右键，在弹出的快捷菜单中选择“行>均匀调整行大小”选项，调整表格，如图 7-87 所示。

	A	B	C	D	E	F
1	建筑工程用材预算表					
2	序号	材料名称	单位	数量	单价	总价
3	1	泵送混凝土	m^3	236	345	81420
4	2	螺纹钢筋Ⅱ级	T	175	3650	638750
5	3	螺纹钢筋Ⅲ级	T	126	3990	502740
6	4	光圆钢筋	T	22	4500	99000
7	5	聚苯颗粒	m^3	35	20	700
8	6	自流平环氧树脂	T	16	75	1200
9	7	轻钢龙骨（70*40*0.63）	m	454	25	11350
10	8	铝合金龙骨（不上人）	m^3	152	198	30096
11	9	铝合金龙骨（上人）	m^3	30	255	7650
12	10	陶瓷地砖（400*400）	m^2	355	80	28400
13	11	陶瓷地砖（600*600）	m^2	186	95	17670
14	12	乙级防火门	m^2	69	320	22080
15						1441056

图 7-86　调整单元格宽度

建筑工程用材预算表					
序号	材料名称	单位	数量	单价	总价
1	泵送混凝土	m^3	236	345	81420
2	螺纹钢筋Ⅱ级	T	175	3650	638750
3	螺纹钢筋Ⅲ级	T	126	3990	502740
4	光圆钢筋	T	22	4500	99000
5	聚苯颗粒	m^3	35	20	700
6	自流平环氧树脂	T	16	75	1200
7	轻钢龙骨（70*40*0.63）	m	454	25	11350
8	铝合金龙骨（不上人）	m^3	152	198	30096
9	铝合金龙骨（上人）	m^3	30	255	7650
10	陶瓷地砖（400*400）	m^2	355	80	28400
11	陶瓷地砖（600*600）	m^2	186	95	17670
12	乙级防火门	m^2	69	320	22080
					1441056

图 7-87　均匀调整行

Step37 选择除标题栏外的所有单元格，将鼠标指针放置在底部的夹点上，此时夹点会变成红色，如图 7-88 所示。

Step38 单击并向上移动光标，即可调整表格整体高度，至此完成本次操作，如图 7-89 所示。

	A	B	C	D	E	F
1	建筑工程用材预算表					
2	序号	材料名称	单位	数量	单价	总价
3	1	泵送混凝土	m³	236	345	81420
4	2	螺纹钢筋Ⅱ级	T	175	3650	638750
5	3	螺纹钢筋Ⅲ级	T	126	3990	502740
6	4	光圆钢筋	T	22	4500	99000
7	5	聚苯颗粒	m³	35	20	700
8	6	自流平环氧树脂	T	16	75	1200
9	7	轻钢龙骨（70*40*0.63）	m	454	25	11350
10	8	铝合金龙骨（不上人）	m²	152	198	30096
11	9	铝合金龙骨（上人）	m²	30	255	7650
12	10	陶瓷地砖（400*400）	m²	355	80	28400
13	11	陶瓷地砖（600*600）	m²	186	95	17670
14	12	乙级防火门	m²	69	320	22080
15						1441056

图 7-88　选择夹点

建筑工程用材预算表					
序号	材料名称	单位	数量	单价	总价
1	泵送混凝土	m³	236	345	81420
2	螺纹钢筋Ⅱ级	T	175	3650	638750
3	螺纹钢筋Ⅲ级	T	126	3990	502740
4	光圆钢筋	T	22	4500	99000
5	聚苯颗粒	m³	35	20	700
6	自流平环氧树脂	T	16	75	1200
7	轻钢龙骨（70*40*0.63）	m	454	25	11350
8	铝合金龙骨（不上人）	m³	152	198	30096
9	铝合金龙骨（上人）	m³	30	255	7650
10	陶瓷地砖（400*400）	m²	355	80	28400
11	陶瓷地砖（600*600）	m²	186	95	17670
12	乙级防火门	m²	69	320	22080
					1441056

图 7-89　调整表格

课后作业

扫一扫　看视频

（1）绘制图示

利用“圆”“直线”“单行文字”以及“多行文字”命令绘制如图 7-90 所示的节点图图示。

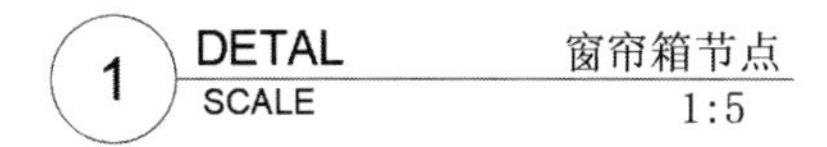

图 7-90　节点图图示

操作提示：

Step01：绘制圆和直线。

Step02：分别创建多行文字和单行文字。

（2）绘制图纸标题栏

创建一个如图 7-91 所示的图纸标题栏。

							课程					班级：
												姓名：
标记	处数	更改文件号		签字		日期						
设计			标准化				图样标记			重量	比例	
校对			审定									学号：
审核												
工艺			日期				共　页			第　页		

图 7-91　图纸标题栏

操作提示：

Step01：设置文字样式和表格样式。

Step02：创建表格并编辑表格的行和列。

Step03：输入文字内容。

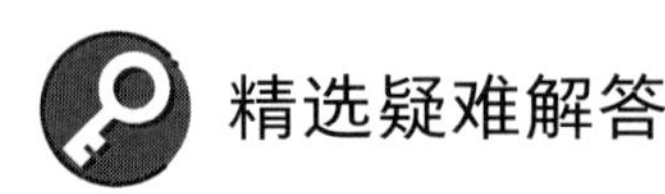

精选疑难解答

Q1：为什么输入的文字是竖排的？

A：Windows 系统中文字类型有两种：一种是前面带@的字体，另一种是不带的。这两种字体的区别就是一种用于竖排文字，一种用于横排文字。

如果这种字体是在文字样式里设置的，输入 ST 打开文字样式对话框，将字体调整成不带@的字体；如果这种字体是在多行文字编辑器里直接设置的，双击文字激活输入多行文字编辑器，选中所有文字，然后在字体下拉列表中选择不带@的字体。

Q2：如何控制文字显示？

A：在命令行输入系统变量 QTEXT 可以控制文字的显示。在命令行输入命令并按回车键，根据提示输入 ON 后再按回车键，执行“视图>重生成”命令可隐藏文字。再次输入 QTEXT 命令，根据提示输入 OFF 并按回车键，被隐藏的文字将被显示。

Q3：如何在表格中插入图块？

A：在表格中，选中要插入的单元格，执行“表格单元>插入>块”命令，在“在表格单元中插入块”对话框中，单击“浏览”按钮，并在“选择图形文件”对话框中，选择要插入的图块选项，单击“打开”按钮，在返回的对话框中，单击“确定”按钮，即可插入图块。

Q4：在创建表格时，为什么设置的行数为 6 后，在绘图区中插入的表格却有 8 行？

A：这是由于设置的行数是数据行的行数，而表格的标题栏和表头是排除在行数设置范围之外的。系统默认的表格都是带有标题栏和表头的。

Q5：在表格中，能否对表格数据进行计算操作？

A：在表格中，用户同样可对数据进行计算。选中结果单元格，执行“表格单元>插入>公式”命令，在下拉按钮中，选择所需运算类型，根据命令行中的提示信息，框选表格数据，此时在结果单元格中，则可显示公式内容，此时按回车键，即可完成计算操作。

Q6：如何一次性修改同一文字样式的大小？

A：执行“工具>快速选择”命令，打开“快速选择”对话框，在“特性”列表中选择“样式”，单击“确定”按钮即可选中同一样式的文字。保持选择状态再按 Ctrl+1 快捷键打开文字的“特性”面板，在其中设置文字高度，即可一次性更改文字样式。

第 8 章

快速标注图形

本章概述

尺寸标注是图形设计中的一个重要步骤，是施工的依据，进行尺寸标注后能够清晰、准确地反映设计元素的形状大小和相互关系，大大提高了图纸的准确性。在 AutoCAD 中标注尺寸前，一般都要创建尺寸样式，系统为用户提供了多种标注样式和设置标注的方法。通过本章的学习，读者可以了解尺寸标注的基本概念，掌握尺寸标注样式的创建与管理、尺寸标注的类型、多重引线的应用、尺寸标注的编辑等知识与操作技巧。

学习目标

- 了解标注的组成要素
- 掌握标注的样式创建与管理
- 掌握常用尺寸标注的应用
- 掌握引线的应用
- 掌握尺寸标注的编辑

实例预览

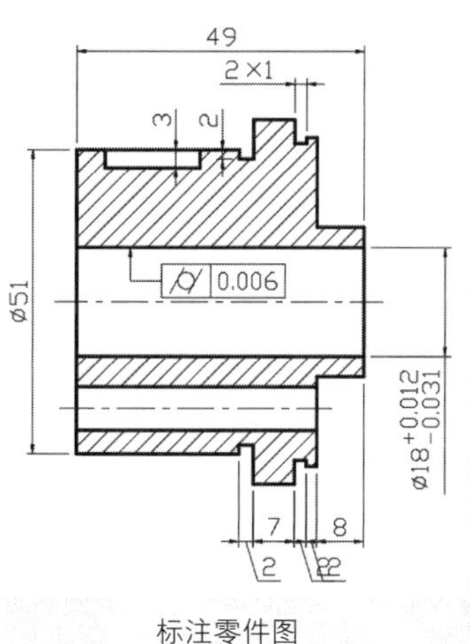

标注零件图

标注书房立面图

8.1 尺寸标注的基本概念

尺寸标注对传达有关设计元素的尺寸和材料等信息有着非常重要的作用，因此在对图形进行标注前，用户应先了解尺寸标注的组成、规则、类型等。

8.1.1 尺寸标注的规则

对图形对象进行尺寸标注时，用户应遵循以下规则。

- 图形的真实大小应以图样上所标注的尺寸数值为依据，与图形的大小及绘图的准确度无关。
- 图样中的尺寸以 mm 为单位时，不需要标注计量单位的代号或名称。如采用其他单位，则必须注明相应计量单位的代号或名称，如 m 及 cm 等。
- 图样中所标注的尺寸为该图样所表示的物体最终完工尺寸，否则应另加说明。
- 一般物体的每一尺寸只标注一次，并清晰地标注在所需结构点上。

8.1.2 尺寸标注的组成

一个完整的尺寸标注是由标注文字、尺寸线、尺寸界线、箭头符号等部分组成，如图 8-1 所示。

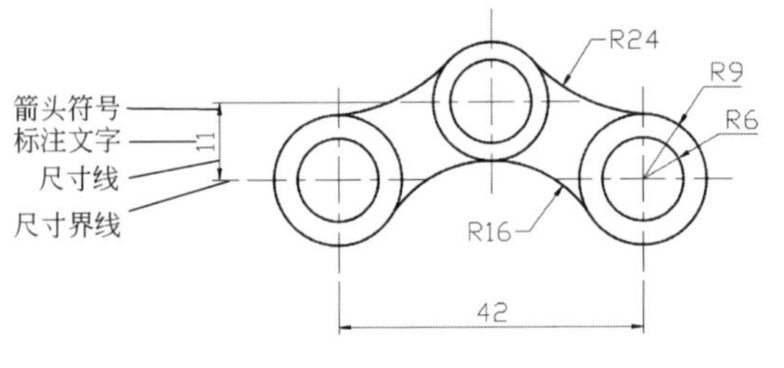

图 8-1　尺寸标注组成

下面具体介绍尺寸标注中基本要素的作用与含义。

① 标注文字：显示标注所属的数值，用来反映图形的尺寸，数值前会相应的标注符号。

- 线性尺寸的数字一般应注写在尺寸线的上方，也允许注写在尺寸线的中断处。
- 水平注写时字头向上，垂直注写时字头向左。
- 尺寸数字不可被任何图线穿过，当不可避免时可把图线断开。
- 数字要采用标准字体，全图字高应保持一致。

② 尺寸线：显示标注的范围，一般情况下与图形平行。在标注圆弧和角度时是圆弧线。

- 尺寸线用细实线绘制，不能用其他图线代替，也不得与其他图线重合或画在其延长线上。
- 标注线性尺寸时，尺寸线必须与所标注的线段平行。
- 尺寸线的终端符号应全图一致。

③ 尺寸界线：也称为投影线。一般情况下与尺寸线垂直，特殊情况可将其倾斜。

- 尺寸界线用细实线绘制，并应由图形的轮廓线、轴线或对称中心线处引出。
- 也可以利用轮廓线、轴线或对称中心线作尺寸界线。
- 尺寸界线应与尺寸线垂直，当尺寸界线过于靠近轮廓线时，允许倾斜画出。

④ 箭头符号：用于显示标注的起点和终点，箭头的表现方法有很多种，可以是斜线、块和其他用户自定义符号。

8.2 尺寸标注样式

AutoCAD 提供了一系列标注样式，用户可以通过“标注样式管理器”对话框控制标注的格式和外观，建立执行的绘图标准，并有利于对标注格式及用途进行修改，如图 8-2 所示。

用户可以通过以下方式打开“标注样式管理器”对话框。

- 从菜单栏执行“格式>标注样式”命令。
- 在“默认”选项卡“注释”面板中单击“标注样式”按钮。
- 在“注释”选项卡“标注”面板中单击右下角的箭头。
- 在“标注”工具栏单击“标注样式”按钮。
- 在命令行输入 DIMSTYLE 命令，然后按回车键。

该对话框中各选项的含义介绍如下。

- 样式：显示文件中所有的标注样式，亮显当前的样式。
- 列出：设置样式中是显示所有的样式还是显示正在使用的样式。
- 置为当前：单击该按钮，被选择的标注样式则会置为当前。
- 新建：新建标注样式，单击该按钮，设置文件名后单击“继续”按钮，则可进行编辑标注操作。
- 修改：修改已经存在的标注样式。单击该按钮会打开修改标注样式对话框，在该对话框中可对标注进行更改。
- 替代：单击该按钮，会打开“替代当前样式”对话框，在该对话框中可以设定标注样式的临时替代值，替代将作为未保存的更改结果显示在“样式”列表中的标注样式下。
- 比较：单击该按钮，将打开“比较标注样式”对话框，从中可以比较两个标注样式或列出一个标注样式的所有特性，如图 8-3 所示。

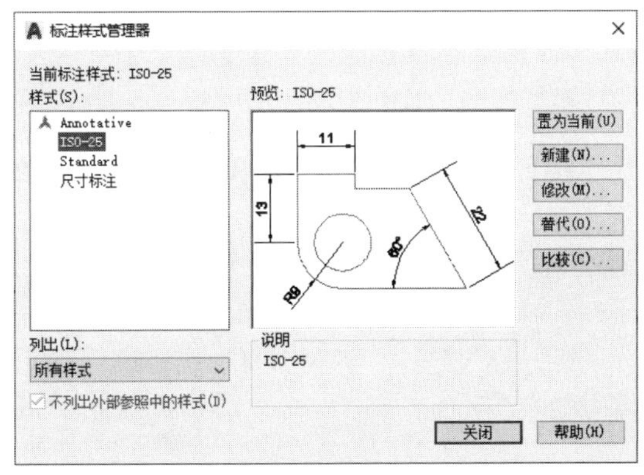

图 8-2 “标注样式管理器”对话框

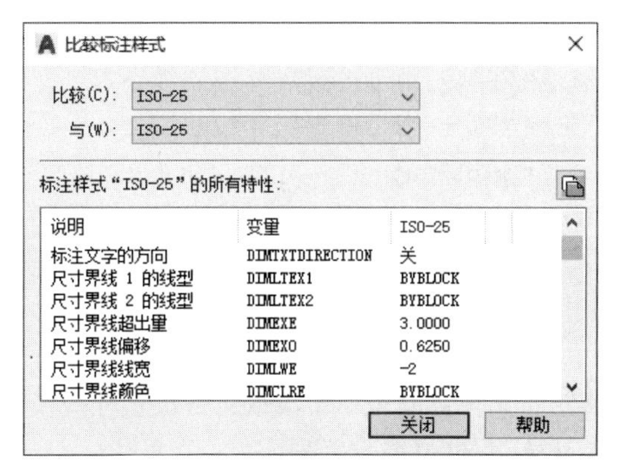

图 8-3 “比较标注样式”对话框

8.2.1 新建标注样式

系统默认的尺寸标注样式是 ISO-25，该标注样式是基于美国标准设定的，因此，通常需要创建新的尺寸标注样式，并设置符合需要的尺寸标注参数。

在“标注样式管理器”对话框中单击“新建”按钮，会打开“创建新标注样式”对话框，如图 8-4 所示。该对话框中各选项的含义介绍如下。

• 新样式名：设置新建标注样式的名称。

• 基础样式：设置新建标注的基础样式。对于新建样式，只更改那些与基础特性不同的特性。

• 注释性：设置标注样式是否是注释性。

• 用于：设置一种特定标注类型的标注样式。

在“创建新标注样式”对话框中单击“继续”按钮，系统会弹出“新建标注样式”对话框，该对话框包含“线”“符号和箭头”“文字”“调整”“主单位”“换算单位”“公差”7 个选项卡。

（1）“线”选项卡

用于设置尺寸线和尺寸界线的一系列参数，如图 8-5 所示。该选项卡中各选项含义介绍如下。

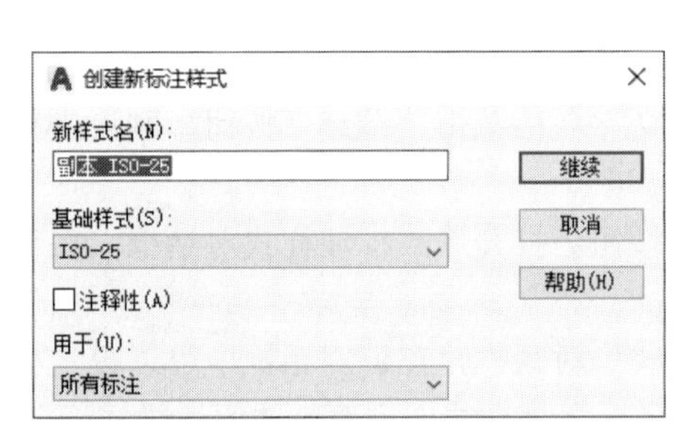

图 8-4 “创建新标注样式”对话框

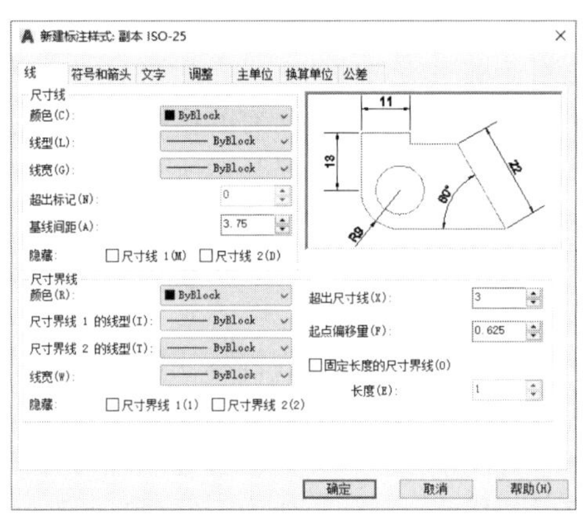

图 8-5 “线”选项卡

① 尺寸线设置列表。

• 颜色：用于设置尺寸线的颜色。

• 线型：用于设置尺寸线的线型。

• 线宽：用于设置尺寸线的宽度。

• 超出标记：当尺寸线的箭头采用倾斜、建筑标记、小点、积分或无标记等样式时，使用该文本框可以设置尺寸线超出尺寸界线的长度。

• 基线间距：设置基线标注的尺寸线之间的距离，即平行排列的尺寸线间距。国标规定此值应取 7～10mm。

• 隐藏：用于控制尺寸线两个组成部分的可见性。通过选中“尺寸线 1”或“尺寸线 2”复选框，可以隐藏第 1 段或第 2 段尺寸线及其相应的箭头。

② 尺寸界线设置列表。

• 颜色：用于设置尺寸界线的颜色。

• 尺寸界线 1 的线型/尺寸界线 2 的线型：用于分别控制延伸线的线型。

• 线宽：用于设置尺寸界线的宽度。

• 隐藏：用于控制尺寸界线的隐藏和显示。

• 超出尺寸线：用于设置尺寸界线超出尺寸线的距离，通常规定尺寸界线的超出尺寸为 2～3mm，使用 1∶1 的比例绘制图形时，设置此选项为 2 或 3。

• 起点偏移量：用于设置图形中定义标注的点到尺寸界线的偏移距离，通常规定此值不小于 2mm。

- 固定长度的尺寸界线：控制尺寸界线的固定长度。

（2）“符号和箭头”选项卡

用于设置箭头、圆心标记、折线标注、弧长符号、半径折弯标注等的一系列参数，如图 8-6 所示。该选项卡中各选项含义介绍如下。

- 箭头：该选项区用于控制尺寸线和引线箭头的类型及尺寸大小等。当改变第一个箭头的类型时，第二个箭头将自动与第一个箭头类型相匹配。
- 圆心标记：该选项区用于控制直径标注和半径的圆心及中心线的外观。用户可以通过选中或取消选择“无”“标记”和“直线”单选按钮，设置圆或圆弧和圆心标记类型，在“大小”数值框中设置圆心标记的大小。
- 弧长符号：该选项区用于控制弧长标注中圆弧符号和显示。
- 折断标注：该选项区用于控制折断标注的大小。
- 半径折弯标注：该选项区用于控制折弯（Z 字形）半径标注的显示。
- 线型折弯标注：在选项区中的“折弯高度因子”数值框中可以设置折弯文字的高度大小。

（3）“文字”选项卡

用于设置文字的外观、文字位置和文字的对齐方式，如图 8-7 所示。该选项卡中各选项含义介绍如下。

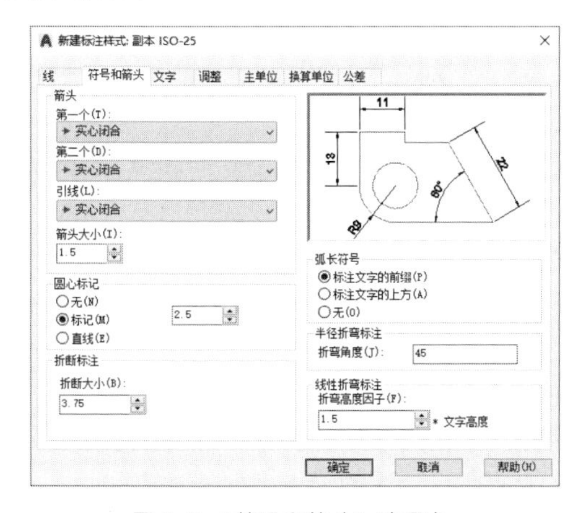

图 8-6 “符号和箭头”选项卡

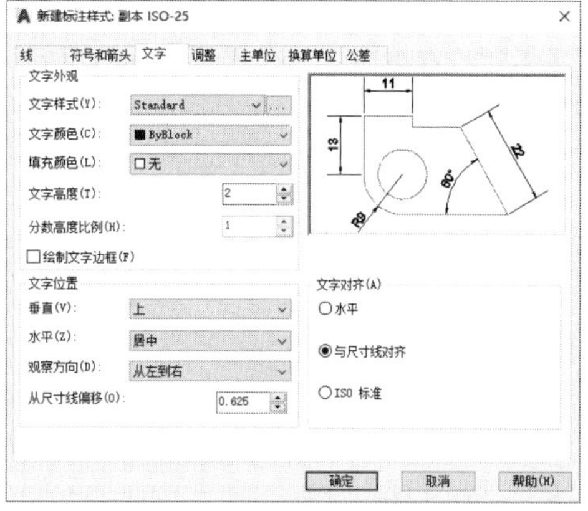

图 8-7 “文字”选项卡

- 文字外观：用于设置标注文字的格式。例如设置文样式、文字颜色、文字底纹颜色、文字高度、分数高度比例以及文字边框的添加。其中“分数高度比例”选项用于设置标注文本中的分数相对于其他标注文本的比例。AutoCAD 将该比例值与标注文本高度的乘积作为分数的高度，只有在“主单位”选项卡中选择“分数”作为“单位格式”时，此选项才可用。
- 文字位置：用于设置文字在尺寸线中的位置。其中“垂直”选项包含“居中”“上”“外部”“JIS”和“下”5 选项，用于控制标注文字相对于尺寸线的垂直位置，选择其中某选项时，在“文字”选项卡的预览框中可以观察到尺寸文本的变化。“水平”选项包含“居中”“第一尺寸界线”“第二尺寸界线”“第一尺寸界线上方”“第二尺寸界线上方”5 选项，用于设置标注文字相对于尺寸线和尺寸界线在水平方向的位置。“观察方向”选项包含“从左到右”和“从右到左”2 选项，用于设置标注文字显示方向。“从尺寸线偏移”设置当前文字间距，即当尺寸线断开以容纳标注文字时标注文字周围的距离。

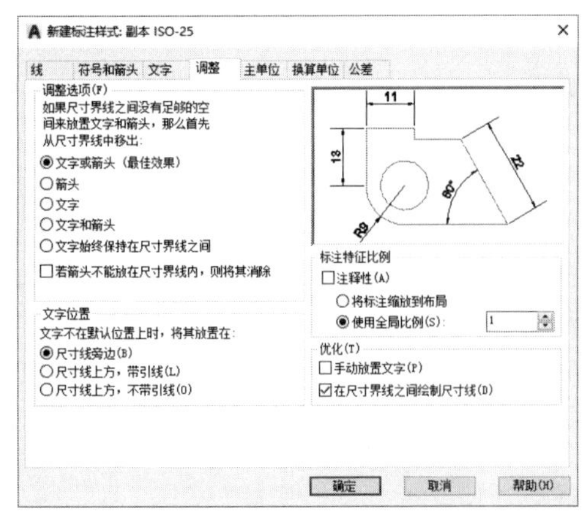

图 8-8 “调整”选项卡

• 文字对齐：用于设置标注文本与尺寸线的对齐方式。其中“水平”选项设置标注文字水平放置。“与尺寸线对齐”选项设置标注文字方向与尺寸线方向一致。“ISO 标准”选项则设置标注文字按 ISO 标准放置。当标注文字在尺寸界线之内时，它的方向与尺寸线方向一致，而在尺寸线界线外时将水平放置。

（4）“调整”选项卡

用于设置箭头、文字、引线和尺寸线的放置方式，如图 8-8 所示。该选项卡中各选项含义介绍如下。

• 文字或箭头（最佳效果）：表示系统将按最佳布局将文字或箭头移动到尺寸界线外部。当尺寸界线间的距离足够放置文字和箭头时，文字和箭头都放在尺寸界线内，否则将按照最佳效果移动文字或箭头，当尺寸界线间的距离仅能够容纳文字时，将文字放在尺寸界线内，而箭头放在尺寸界线外；当尺寸界线间的距离仅能够容纳箭头时，将箭头放在尺寸界线内，而文字放在尺寸界线外；当尺寸界线间的距离既不够放文字又不够放箭头时，文字和箭头都放在尺寸界线外。

• 箭头：该选项表示将箭头放在尺寸界线内，否则会将文字和箭头都放在尺寸界线外。

• 文字：该选项表示当尺寸界线间距离仅能容纳文字时，系统会将文字放在尺寸界线内，箭头放在尺寸界线外。

• 文字和箭头：该选项表示当尺寸界线间距离不足以放下文字和箭头时，文字和箭头都放在尺寸界线外。

• 文字始终保持在尺寸界线之间：表示系统会始终将文字放在尺寸界限之间。

• 若不能放在尺寸界线内，则消除箭头：表示当尺寸界线内没有足够的空间，系统则隐藏箭头。

• 尺寸线旁边：该选项表示将标注文字放在尺寸线旁边。

• 尺寸线上方，加引线：该选项表示将标注文字放在尺寸线的上方，并加上引线。

• 尺寸线上方，不加引线：该选项表示将文本放在尺寸线的上方，但不加引线。

• 使用全局比例：该选项可为所有标注样式设置一个比例，指定大小、距离或间距，此外还包括文字和箭头大小，但并不改变标注的测量值。

• 将标注缩放到布局：该选项可根据当前模型空间视口与图纸空间之间的缩放关系设置比例。

• 手动放置文字：该选项忽略标注文字的水平设置，在标注时可将标注文字放置在用户指定的位置。

• 在尺寸界线之间绘制尺寸线：该选项表示始终在测量点之间绘制尺寸线，同时将箭头放在测量点之处。

（5）“主单位”选项卡

用于设置标注单位的显示精度和格式，并可以设置标注的前缀和后缀，如图 8-9 所示。该选项卡中各选项含义介绍如下。

• 单位格式：该选项用来设置除角度标注之外的各标注类型的尺寸单位，包括“科学”“小数”“工程”“建筑”“分数”以及“Windows 桌面”等选项。

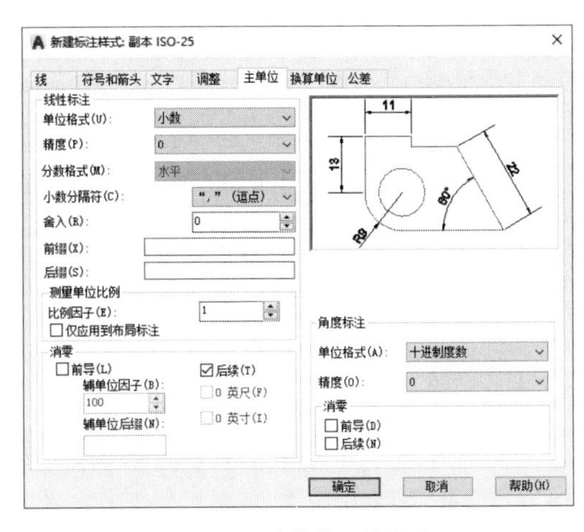

图 8-9 “主单位”选项卡

• 精度：该选项用于设置标注文字中的小数位数。

• 分数格式：该选项用于设置分数的格式，包括“水平”“对角”和“非堆叠”3 种方式。在“单位格式”下拉列表框中选择小数时，此选项不可用。

• 小数分隔符：该选项用于设置小数的分隔符，包括“逗点”“句点”和“空格”3 种方式。

• 舍入：该选项用于设置除角度标注以外的尺寸测量值的舍入值，类似于数学中的四舍五入。

• 前缀、后缀：该选项用于设置标注文字的前缀和后缀，用户在相应的文本框中输入文本符即可。

• 比例因子：该选项可设置测量尺寸的缩放比例，实际标注值为测量值与该比例的积。“仅应用到布局标注”复选框可设置该比例关系是否仅适应于布局。

• 消零：选项区用于设置是否显示尺寸标注中的前导和后续 0。

• 单位格式：设置标注角度时的单位。

• 精度：设置标注角度的尺寸精度。

• 消零：设置是否消除角度尺寸的前导和后续 0。

（6）“换算单位”选项卡

用于设置标注测量值中换算单位的显示并设定其格式和精度，如图 8-10 所示。该选项卡中的各选区说明如下。

• 显示换算单位：勾选该选项时，其他选项才可用。在“换算单位”选项区中设置各选项的方法与设置主单位的方法相同。

• 位置：该选项可设置换算单位的位置，包括“主值后”和“主值下”2 种方式。

（7）“公差”选项卡

用于设置指定标注文字中公差的显示及格式，如图 8-11 所示。该选项卡中的各选区说明如下。

• 方式：用于确定以何种方式标注公差。

• 精度：用于设置小数位数。

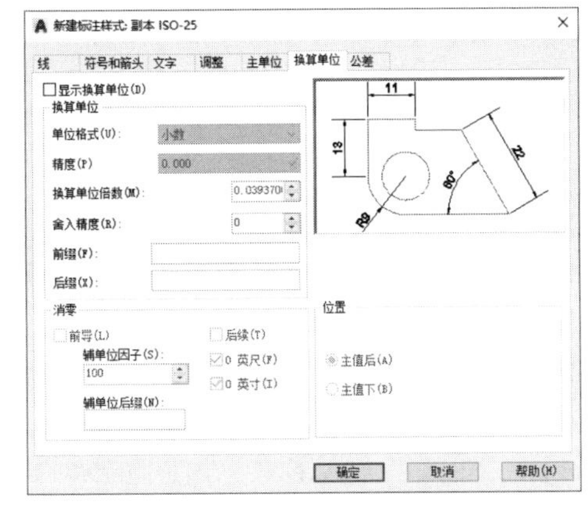

图 8-10 “换算单位”选项卡

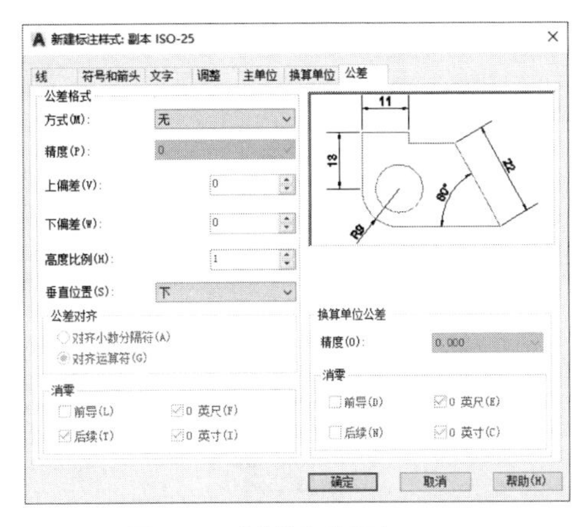

图 8-11 “公差”选项卡

- 上偏差、下偏差：用于设置尺寸的上偏差和下偏差。
- 高度比例：用于确定公差文字的高度比例因子。
- 垂直位置：用于控制公差文字相对于尺寸文字的位置，包括“上”“中”“下”3 种方式。
- 消零：用于控制前导零或者后续零是否输出。
- 换算单位公差：当标注换算单位时，可以设置换单位精度和是否消零。

8.2.2 修改标注样式

设置尺寸标注样式后，用户还可以修改其参数设置。在“标注样式管理器”对话框中单击“修改”按钮即可打开“修改标注样式”对话框，如图 8-12 所示。

该对话框中的参数设置方法与“新建标注样式”对话框相同，用户可参照前面所介绍的内容进行操作。

8.2.3 标注样式置为当前

当需要使用某个已设置好的标注样式时，用户可将该样式置为当前。用户可以通过以下几种方式设置标注样式为当前样式。

- 在“标注样式管理器”对话框的样式列表中选择标注样式，在对话框右侧单击“置为当前”按钮。
- 在“标注样式管理器”对话框的样式列表中右键单击标注样式，在弹出的快捷菜单中选择“置为当前”选项，如图 8-13 所示。
- 在“标注”工具栏的“标注样式控制”列表中选择需要的标注样式即可。

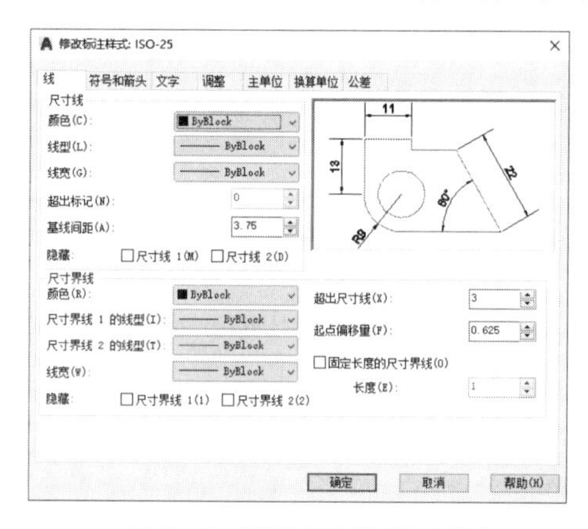

图 8-12 “修改标注样式”对话框

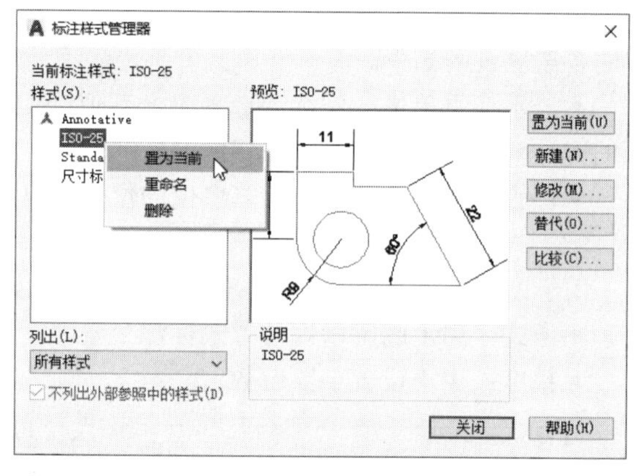

图 8-13 “置为当前”选项

8.2.4 删除标注样式

当不需要某个标注样式后，可将其删除。用户可以通过以下几种方式删除标注样式。

- 在“标注样式管理器”对话框的样式列表中选择标注样式，在对话框右侧单击“删除”按钮。
- 在“标注样式管理器”对话框的样式列表中右键单击标注样式，在弹出的快捷菜单中选择“删除”选项。

需要注意的是，当前和当前图形中正在使用的标注样式不可删除，且系统会弹出“无法删除”的提示，如图 8-14 所示。

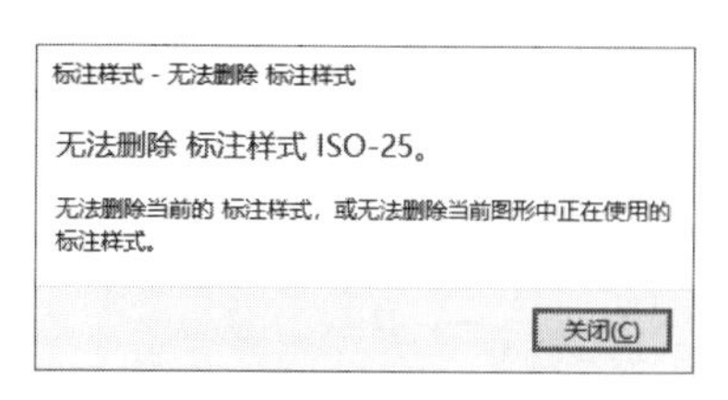

图 8-14 “无法删除”提示

动手练习——为图纸创建标注样式

扫一扫 看视频

下面以创建国标尺寸样式为例来介绍尺寸标注样式创建的具体操作。

Step01 新建图形文件。在命令行中输入 d 快捷键，按回车键，打开“标注样式管理器”对话框，单击“新建”按钮，打开“创建新标注样式”对话框，对新建标注样式进行命名，如图 8-15 所示。

Step02 单击“继续”按钮，打开“新建标注样式”对话框中切换到“文字”选项卡，单击“文字样式”右侧编辑按钮，打开“文字样式”对话框，这里将“字体名”设为“gbeitc.shx”选项，单击“应用”按钮，如图 8-16 所示。

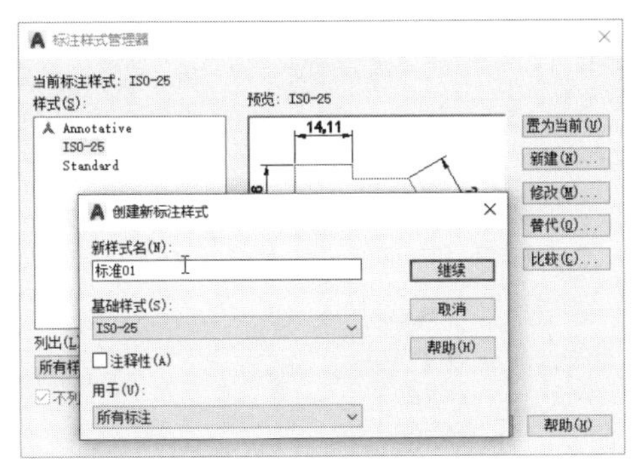

图 8-15 新建样式名

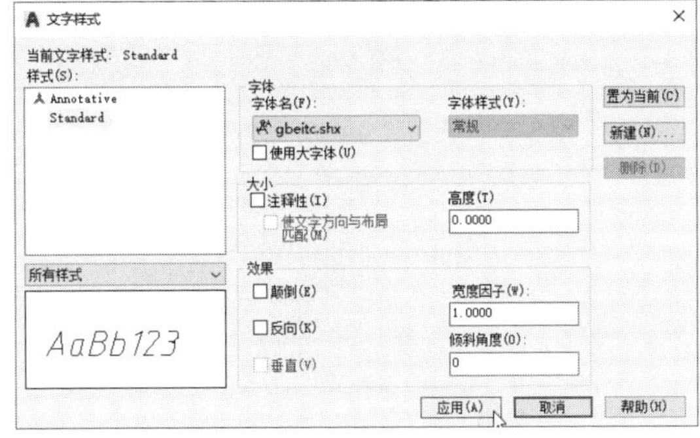

图 8-16 设置文字样式

Step03 单击“应用”和“关闭”按钮，关闭“文字样式”对话框。将“文字高度”设为 3.5，将“从尺寸线偏移”参数设为 3.5，如图 8-17 所示。

Step04 切换到“符号和箭头”选项卡，将“箭头大小”设为 2，如图 8-18 所示。

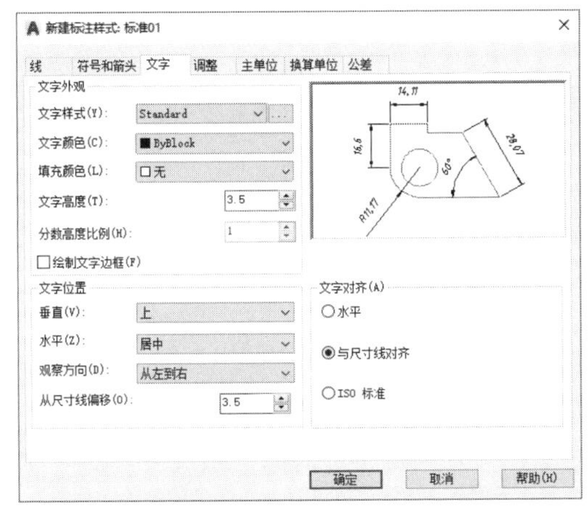

图 8-17 设置文字参数

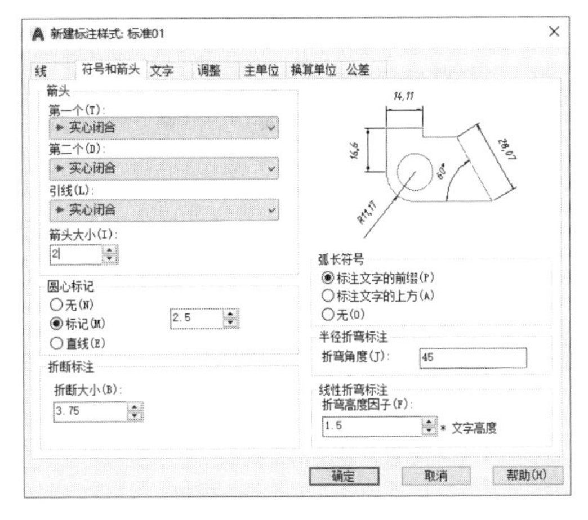

图 8-18 设置箭头大小

Step05 切换到“线”选项卡，将“基线距离”设为 7，将“超出尺寸线”设为 2，将“起点偏移量”设为 0，如图 8-19 所示。

Step06 切换到“主单位”选项卡，将“小数分隔符”设为“.”（句点）选项，其他为默认，如图 8-20 所示。

Step07 设置完成后单击“确定”按钮，返回到“标注样式管理器”对话框，单击“置为当前”按钮即可将创建的样式设为当前标注样式，如图 8-21 所示。

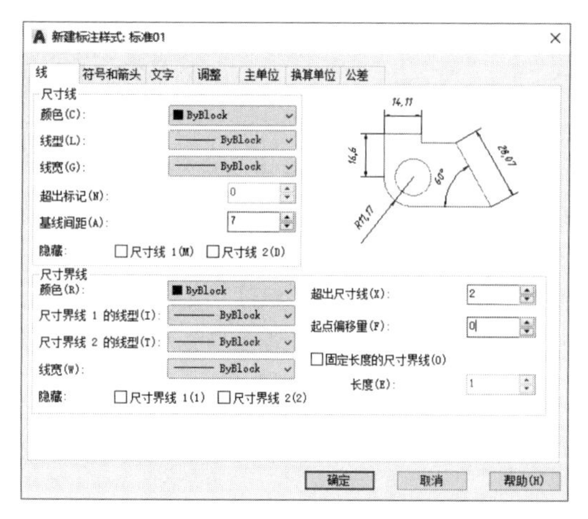

图 8-19　设置尺寸线及尺寸界线

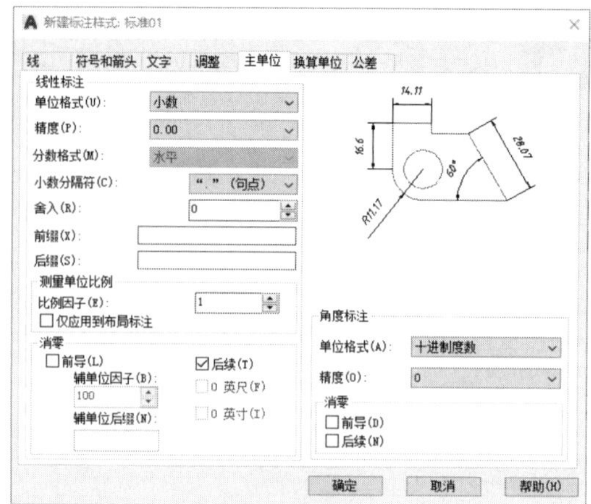

图 8-20　设置主单位

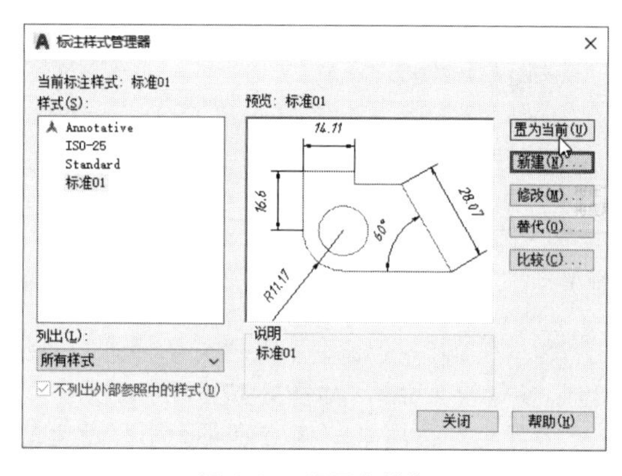

图 8-21　设置主单位

8.3　尺寸标注类型

AutoCAD 提供了十余种尺寸标注工具用于标注图形对象，它们可以在图形中标注任意两点间的距离、圆或圆弧的半径和直径、圆心位置、圆弧或相交直线的角度等。

8.3.1　线性标注

线性标注用于标注水平或垂直方向上的尺寸。在进行标注操作时，用户可通过指定两点来确定尺寸界线，也可以直接选择需要标注的对象，一旦确定所选对象，系统会自动进行标注操作。

用户可通过以下方式调用“线性”标注命令。

- 从菜单栏执行“标注>线性”命令。
- 在“标准”选项卡的“注释”面板中单击“线性”按钮⊢⊣。
- 在“注释”选型卡的“标注”面板中单击“线性”按钮⊢⊣。
- 在“标注”工具栏中单击“线性”按钮。
- 在命令行输入 DIMLINEAR 命令，然后按回车键。

执行“标注>线性”命令，命令行提示如下：

```
命令：_dimlinear
指定第一个尺寸界线原点或 <选择对象>:                                （捕捉第一测量点）
指定第二条尺寸界线原点:                                              （捕捉第二测量点）
指定尺寸线位置或
[多行文字（M）/文字（T）/角度（A）/水平（H）/垂直（V）/旋转（R）]：（指定好尺寸线位置）
标注文字 =30
```

命令行中各选项的含义如下。

- 多行文字：该选项可以通过使用“多行文字”命令来编辑标注的文字内容。
- 文字：该选项可以单行文字的形式输入标注文字。
- 角度：该选项用于设置标注文字方向与标注端点连线之间的夹角。默认为 0。
- 水平/垂直：该选项用于标注水平尺寸和垂直尺寸。选择这两个选项时，用户可直接确定尺寸线的位置，也可选择其他选项来指定标注的标注文字内容或者标注文字的旋转角度。
- 旋转：该选项用于放置旋转标注对象的尺寸线。

技术要点

在进行线性标注时，特别是对于比较难确定测量点的情况，在选择标注对象的点时，可以在“草图设置”对话框中选择一种精确的约束方式来约束点，然后在绘图窗口中选择点来限制对象的选择。用户也可以滚动鼠标中间来调整图形的大小，以便于选择对象的捕捉点。

动手练习——为零件图添加线性标注

扫一扫　看视频

下面介绍线性标注的具体操作方法，具体步骤如下。

Step01 打开“素材/CH08/为零件图添加线性标注.dwg”素材文件，如图 8-22 所示。

Step02 执行“标注>线性”命令，根据提示捕捉第一个尺寸界线原点，如图 8-23 所示。

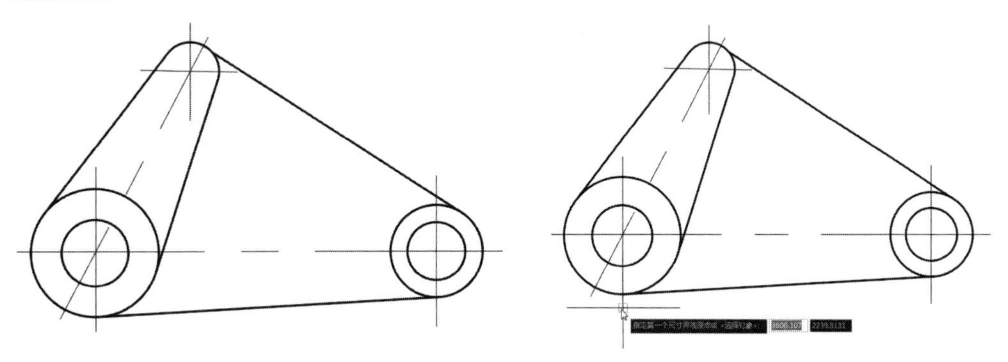

图 8-22　打开素材　　　　图 8-23　捕捉第一个点

Step03 继续移动光标捕捉第二个尺寸界线原点，如图 8-24 所示。

Step04 指定好尺寸线的位置，如图 8-25 所示。

Step05 单击即可完成线性标注的创建，如图 8-26 所示。

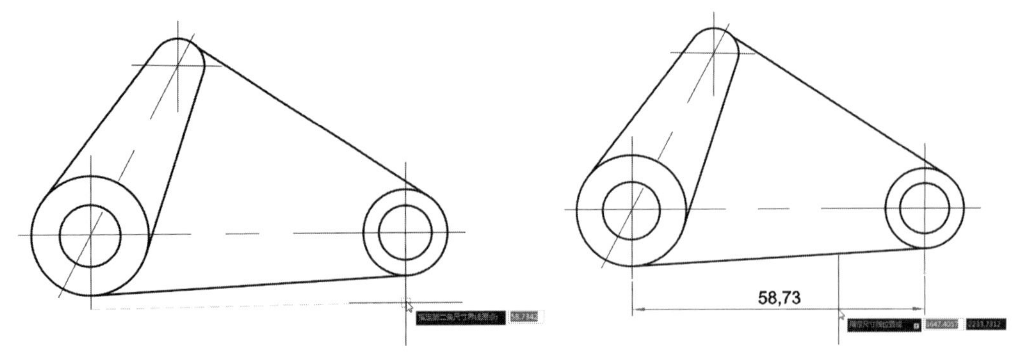

图 8-24　捕捉第二个点　　　　图 8-25　指定尺寸线位置

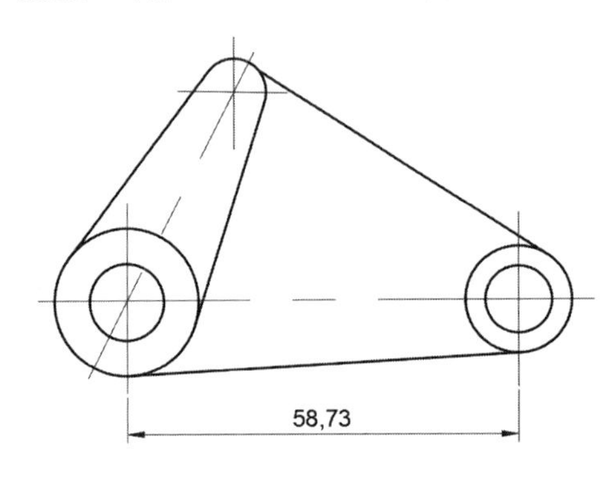

图 8-26　完成线性标注

8.3.2 对齐标注

对齐标注又称为平行标注，是指尺寸线始终与标注对象保持平行，若是圆弧则平行尺寸标注的尺寸线与圆弧两个端点对应的弦保持平行。

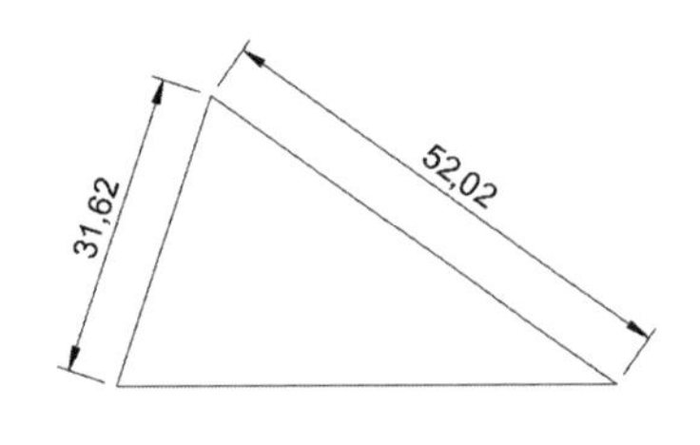

图 8-27　对齐标注效果

对齐标注和线性标注极为相似，但标注斜线时不需要输入角度，指定两点之后拖动鼠标即可得到与斜线平行的标注，如图 8-27 所示为图形添加的对齐标注。

用户可以通过以下方法调用“对齐”标注的命令。

- 从菜单栏执行“标注>对齐”命令。
- 在“标准”选项卡的“注释”面板中单击“对齐”按钮。
- 在“注释”选项卡“标注”面板中单击“对齐”按钮。
- 在“标注”工具栏中单击“对齐”按钮。
- 在命令行输入 DIMALIGNED 命令并回车键。

执行“标注>对齐”命令，命令行提示如下：

命令：_dimaligned
指定第一个尺寸界线原点或 <选择对象>：　　（捕捉第 1 个测量点）
指定第二条尺寸界线原点：　　（捕捉第 2 个测量点）
指定尺寸线位置或 ［多行文字（M）/文字（T）/角度（A）］：　　（指定好尺寸线位置）
标注文字 ＝35

注意事项

线性标注和对齐标注都用于标注图形的长度。前者主要用于标注水平和垂直方向的直线长度；而后者主要用于标注倾斜方向上直线的长度。

8.3.3 弧长标注

弧长标注主要用于测量圆弧或多段线弧线段上的距离，可以标注圆弧或半圆的尺寸。用户可以通过以下方式调用弧长标注命令。

- 从菜单栏执行“标注>弧长”命令。
- 在“标准”选项卡的“注释”面板中单击“弧长”按钮。
- 在“注释”选项卡“标注”面板中单击“弧长”按钮。
- 在“标注”工具栏中单击“弧长”按钮。
- 在命令行输入 DIMARC 命令，然后按回车键。

执行“标注>弧长”命令，选择圆弧，再根据提示拖动鼠标，在合适的位置单击即可完成弧长标注的操作，如图 8-28 所示。

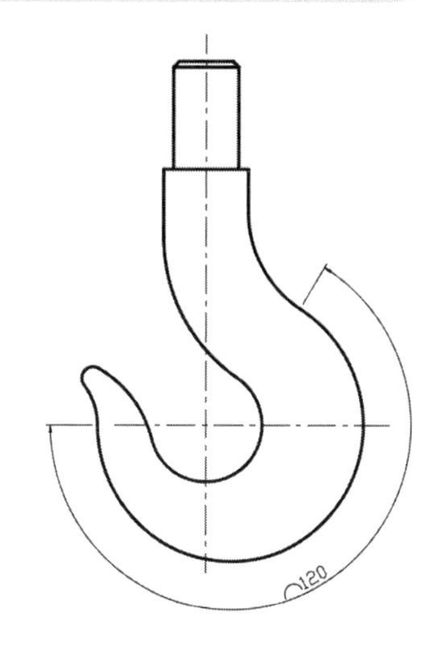

图 8-28 弧长标注效果

命令行提示如下：

```
命令：_dimarc
选择弧线段或多段线圆弧段：                    （选择要测量的弧线段）
指定弧长标注位置或［多行文字（M）/文字（T）/角度（A）/部分（P）/引线（L）］：（指定好尺寸线位置）
标注文字 =120
```

8.3.4 半径/直径标注

AutoCAD 提供的“半径”和“直径”标注命令，主要用于标注圆或圆弧的半径或直径。用户可以通过以下方式调用“半径”或“直径”标注命令。

- 从菜单栏执行“标注>半径/直径”命令。
- 在“标准”选项卡的“注释”面板中单击“半径”按钮/“直径”按钮。
- 在“注释”选项卡“标注”面板中单击“半径”按钮/“直径”按钮。
- 在“标注”工具栏中单击“半径”按钮/“直径”按钮。
- 在命令行输入 DIMRADIUS/DIMDIAMETER 命令，然后按回车键。

注意事项

当标注圆（或圆弧）的半径或直径时，系统将自动在测量值前面添加 R 或 Ø 符号来表示半径和直径。但通常中文实体不支持 Ø 符号，所以在标注直径尺寸时，最好选用一种英文字体的文字样式，以便使直径符号得以正确显示。

动手练习——为圆和圆弧创建标注

扫一扫　看视频

下面介绍半径标注和直径标注的使用方法，操作步骤如下。

Step01 打开“素材/CH08/为圆和圆弧创建标注.dwg”素材文件，如图 8-29 所示。

Step02 执行“半径”命令，根据提示选择要标注的圆弧，如图 8-30 所示。

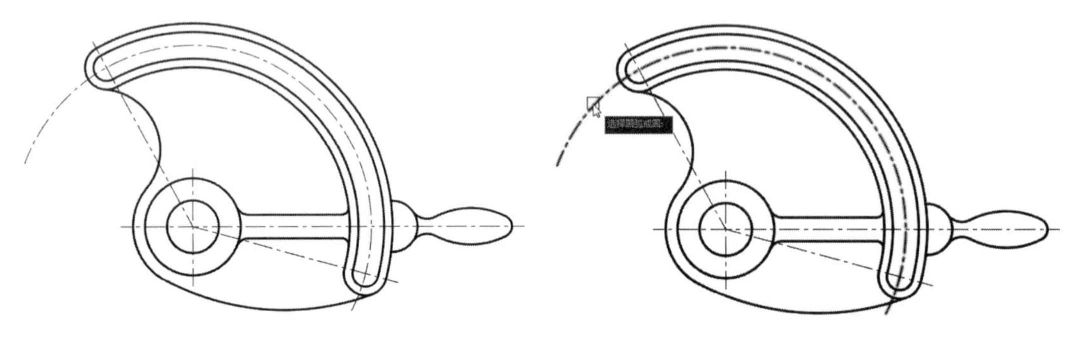

图 8-29　打开素材　　　图 8-30　选择弧线

Step03 移动光标，指定尺寸线位置，如图 8-31 所示。

Step04 单击即可完成半径标注的创建，如图 8-32 所示。

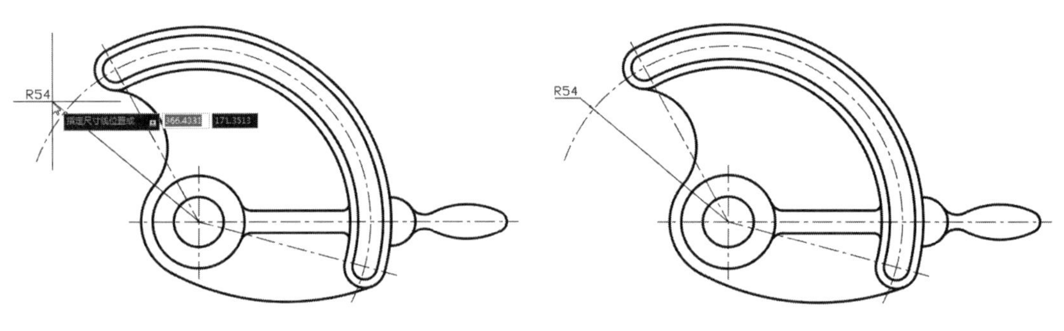

图 8-31　指定尺寸线位置　　　图 8-32　半径标注

Step05 执行“直径”命令，根据提示选择要标注的圆，如图 8-33 所示。

Step06 移动光标指定尺寸线位置，如图 8-34 所示。

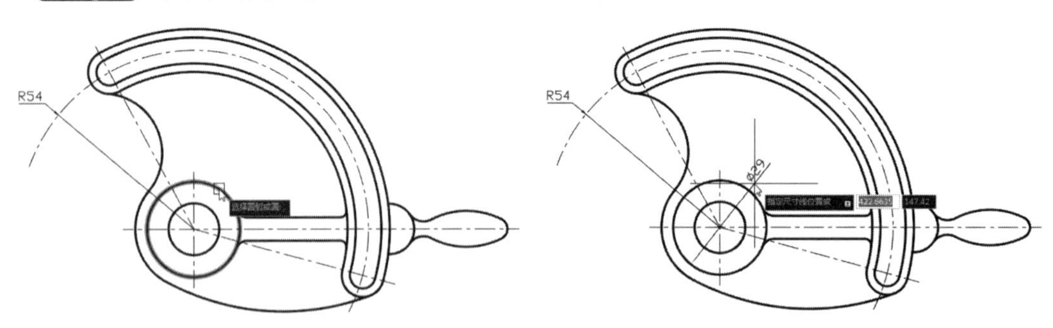

图 8-33　选择圆　　　图 8-34　指定尺寸线位置

Step07 单击即可完成直径标注的创建，如图 8-35 所示。

Step08 按照此方法，完成其他位置的半径及直径标注，如图 8-36 所示。

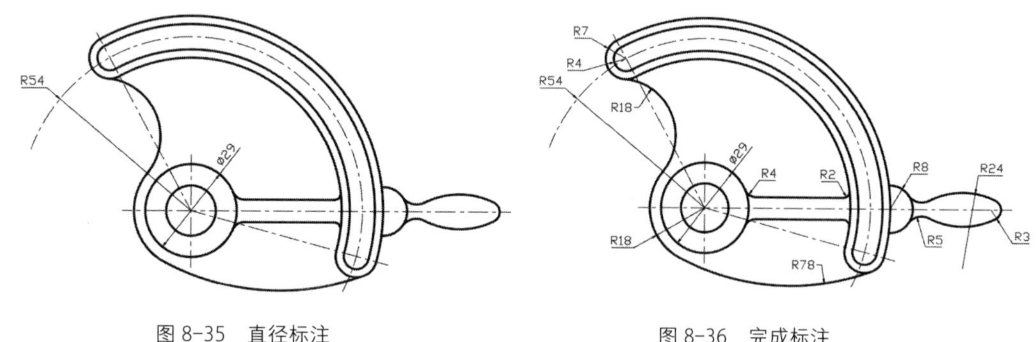

图 8-35　直径标注　　　　图 8-36　完成标注

8.3.5 圆心标记

圆心标记主要用于标注圆弧或圆的圆心。该命令使用户能够把十字标志放置在圆弧或圆的圆心位置。用户可通过以下方式调用“圆心标记”命令。

- 从菜单栏执行“标注>圆心标记”命令。
- 在“注释”选型卡的“中心线”面板中单击“圆心标记”按钮⊕。
- 在“标注”工具栏中单击“圆心标记”按钮⊕。
- 在命令行输入 DIMCENTER 命令，然后按回车键。

执行“标注>圆心标记”命令，根据提示选择圆或圆弧即可。如图 8-37 所示为添加的圆心标记效果，如图 8-38 所示为利用“中心线”面板中的“圆心标记”按钮创建出的圆心标记效果。

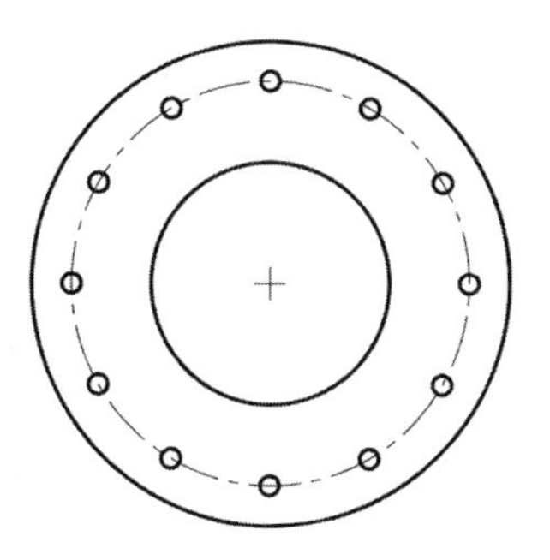

图 8-37　菜单命令效果

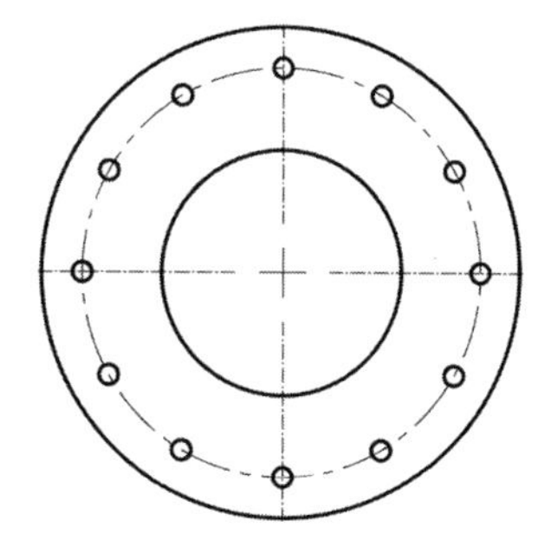

图 8-38　选项卡命令效果

技术要点

在使用“圆心标记”命令时，十字标记的尺寸可在“修改标注样式”对话框中进行更改，用户可设置圆心标记为无、标记或直线，还可以设置圆心标记的线段长度和直线长度。

8.3.6 角度标注

角度标注可准确测量出两条线段之间的夹角，测量对象包括圆弧、圆、直线和点四种，如图 8-39 所示。

用户可以通过以下方式调用“角度”标注命令。

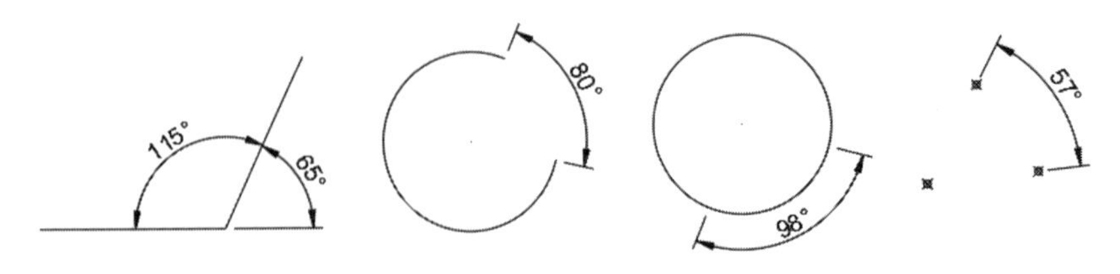

图 8-39　四种角度标注效果

- 从菜单栏执行“标注>角度”命令。
- 在“默认”选项卡“注释”面板中单击“角度”按钮△。
- 在“注释”选项卡“标注”面板中单击“角度”按钮△。
- 在“标注”工具栏中单击“角度”按钮。
- 在命令行输入 DIMANGULAR 命令，然后按回车键。

执行“标注>角度”命令，根据命令行提示，选中夹角的两条测量线段，指定好尺寸标注位置即可完成。命令行提示如下：

```
命令：_dimangular
选择圆弧、圆、直线或 <指定顶点>:                    （选择夹角第 1 条测量线段）
选择第二条直线：                                    （选择夹角第 2 条测量线段）
指定标注弧线位置或 [多行文字（M）/文字（T）/角度（A）/象限点（Q）]：（指定好尺寸线位置）
标注文字 = 30
```

注意事项

在进行角度标注时，选择尺寸标注的位置很关键，当尺寸标注放置于当前测量角度之外，此时所测量的角度则是当前角度的补角。

动手练习——标注螺钉倒角值

扫一扫　看视频

下面利用角度标注功能来对螺钉倒角进行尺寸标注，具体操作步骤如下。

Step01 打开“素材/CH08/标注螺钉倒角值.dwg”素材文件。利用线性标注功能，标注基本尺寸，如图 8-40 所示。

Step02 在“注释”选项卡“标注”面板中单击“角度”按钮，选择螺钉倒角的两条边线，如图 8-41 所示。

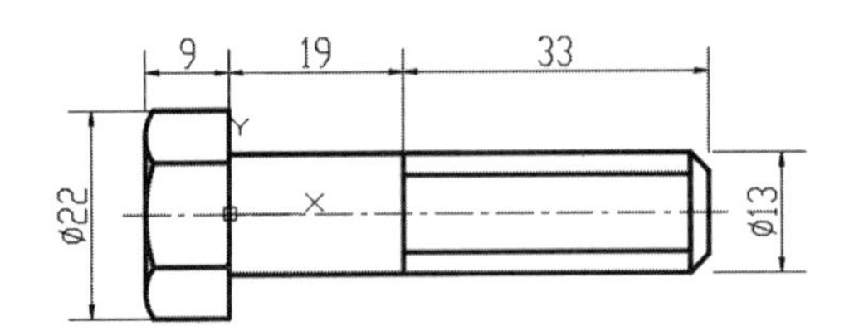

图 8-40　标注基本尺寸

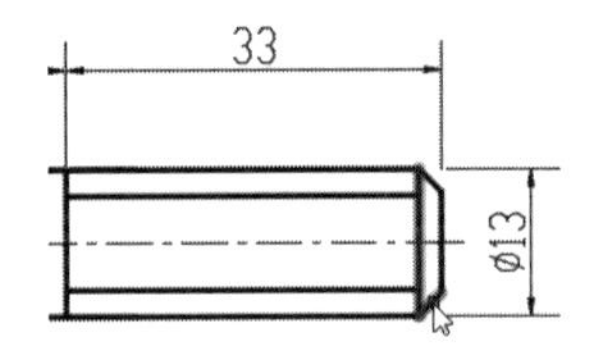

图 8-41　选择倒角的两条边

Step03 移动鼠标，指定好尺寸线位置，单击即可完成倒角尺寸标注，如图 8-42 所示。

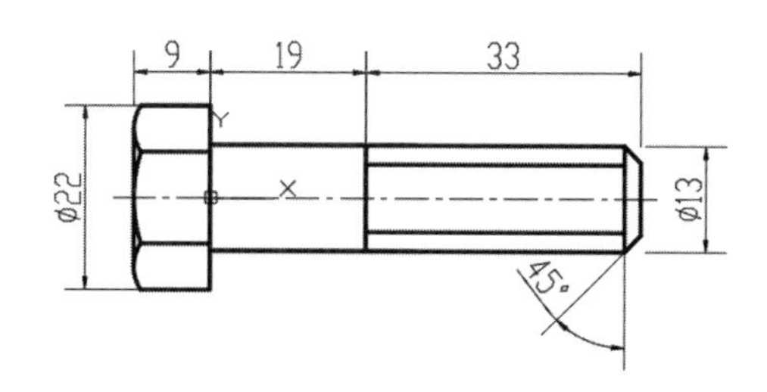

图 8-42　指定尺寸线

8.3.7 基线标注

基线标注又称为平行尺寸标注，用于多个尺寸标注使用同一条尺寸线作为尺寸界线的情况。在标注时，系统将自动在已有尺寸的尺寸线一端坐标标注的起点进行标注，如图 8-43 所示。

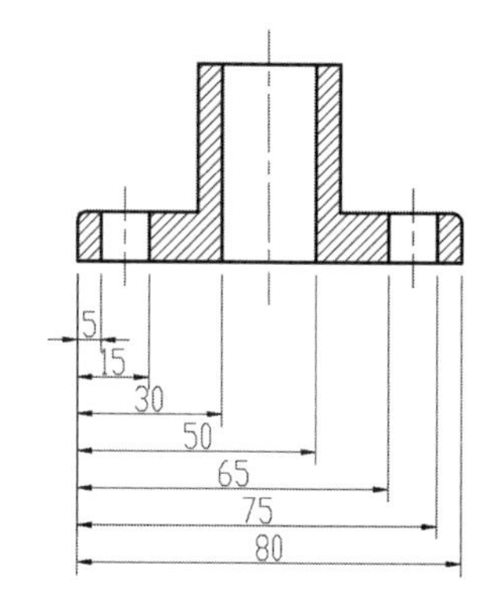

图 8-43　基线标注

用户可以通过以下命令调用“基线”标注命令。

- 从菜单栏执行“标注>基线”命令。
- 在“注释”选项卡“标注”面板中单击“基线”按钮。
- 在“标注”工具栏中单击“基线”按钮。
- 在命令行输入 DIMBASELINE 命令，然后按回车键。

执行“基线标注”命令后，先指定已有尺寸线的一端尺寸界线，然后再指定第 2 个测量点即可在已有尺寸的下方创建尺寸。

命令行提示如下：

```
命令：_dimbaseline
选择基准标注：                                              （指定好已有尺寸的尺寸界线）
指定第二个尺寸界线原点或 [选择（S）/放弃（U）] <选择>：     （选择第 2 个测量点）
标注文字 =15
指定第二个尺寸界线原点或 [选择（S）/放弃（U）] <选择>：     （选择第 3 个测量点）
标注文字 =30
指定第二个尺寸界线原点或 [选择（S）/放弃（U）] <选择>：     （选择第 4 个测量点）
标注文字 =50
```

技术要点

在使用“基线”标注对象之前，必须在已经进行了线性或角度标注的基础之上进行，否则无法进行基线标注。

8.3.8 连续标注

连续标注是一系列首尾相连的标注形式。相邻的两个尺寸线共用一条尺寸界线，如图 8-44 所示。标注对象包括线性标注、角度标注以及坐标标注。

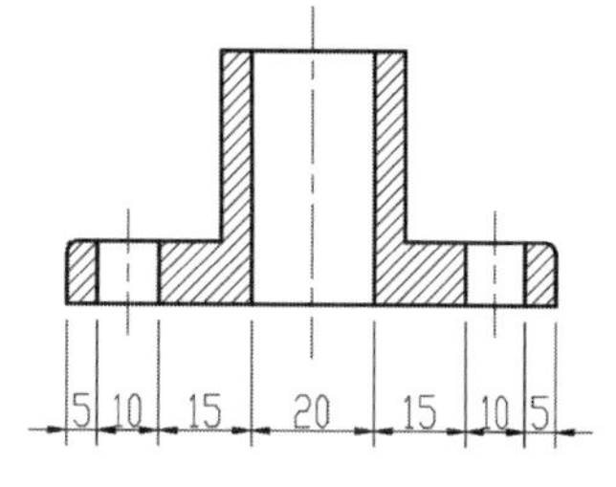

图 8-44　连续标注效果

用户可以通过以下方式调用“连续”标注的命令。

- 从菜单栏执行“标注>连续”命令。

- 在“注释”选项卡“标注”面板中单击“连续”按钮。
- 在“标注”工具栏中单击“连续”按钮。
- 在命令行输入 DIMCONTINUE 命令，然后按回车键。

命令行提示如下：

```
命令：_dimcontinue
指定第二个尺寸界线原点或 ［选择（S）/放弃（U）］<选择>：  （指定好已有尺寸的尺寸界线）
标注文字 ＝10
指定第二个尺寸界线原点或 ［选择（S）/放弃（U）］<选择>：        （选择第 2 个测量点）
标注文字 ＝15
```

动手练习——为圆柱直齿轮剖面图添加尺寸标注

扫一扫　看视频

下面利用“线性”和“连续”标注功能来对圆柱直齿轮剖面图进行标注。

Step01 打开“素材/CH08/为圆柱直齿轮剖面图添加尺寸标注.dwg”素材文件，利用“线性”标注，标注出第 1 个尺寸参数，如图 8-45 所示。

Step02 在“注释”选项卡“标注”面板中单击“连续”按钮，捕捉图形第 2 个测量点，如图 8-46 所示。

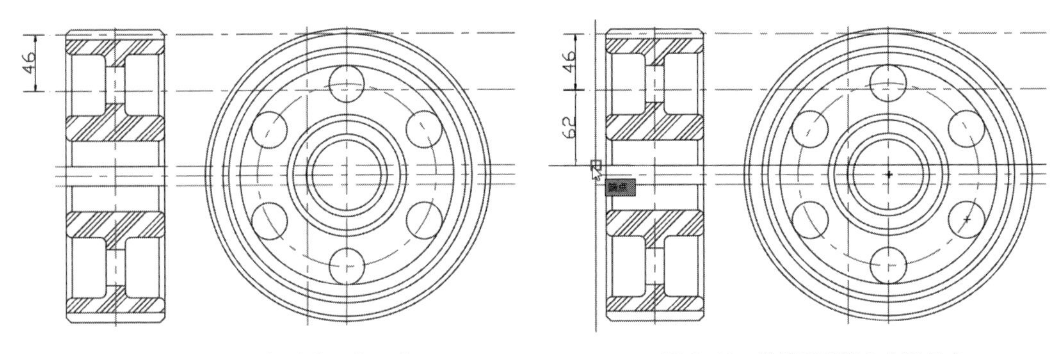

图 8-45　标注第一个尺寸　　　　图 8-46　捕捉图形第 2 个测量点

Step03 按照此方法，继续捕捉其他测量点，直到结束，即可完成圆柱直齿轮剖面图的标注，如图 8-47 所示。

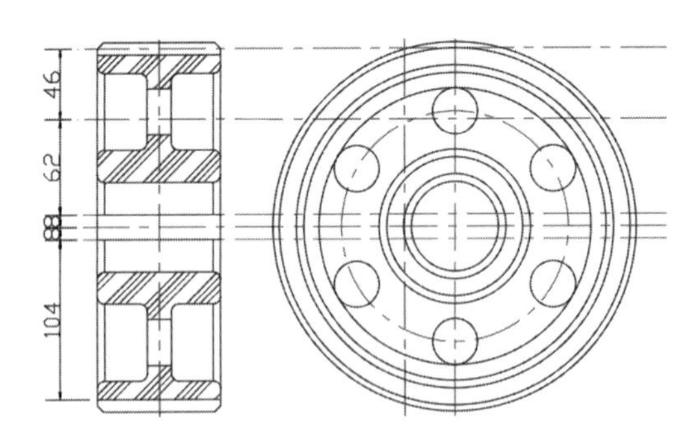

图 8-47　标注其他尺寸

8.3.9 坐标标注

坐标标注用于测量从原点（称为基准）到要素（例如部件上的一个孔）的水平或垂直距

离。这些标注通过保持特征与基准点之间的精确偏移量来避免误差增大。用户可以通过以下方式调用“坐标”标注命令。

- 从菜单栏执行“标注>坐标”命令。
- 在“默认”选项卡“注释”面板中单击“坐标”按钮。
- 在“注释”选项卡“标注”面板中单击“坐标”按钮。
- 在“标注”工具栏单击“坐标”按钮。
- 在命令行输入 DIMORDINATE 命令，然后按回车键。

命令行提示如下：

命令：_dimordinate

指定点坐标：（指定测量点）

指定引线端点或［X 基准（X）/Y 基准（Y）/多行文字（M）/文字（T）/角度（A）］：（指定引线位置）

标注文字 ＝160

动手练习——为钣金图添加坐标标注

扫一扫 看视频

下面为钣金图添加坐标标注，具体操作步骤如下。

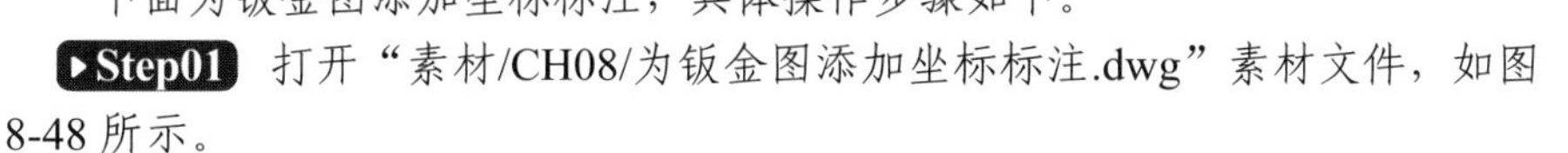

Step01 打开“素材/CH08/为钣金图添加坐标标注.dwg”素材文件，如图8-48所示。

Step02 在命令行输入 UCS 命令，然后按回车键，根据提示指定新的坐标点，这里捕捉钣金图的左下角作为坐标原点，如图 8-49 所示。

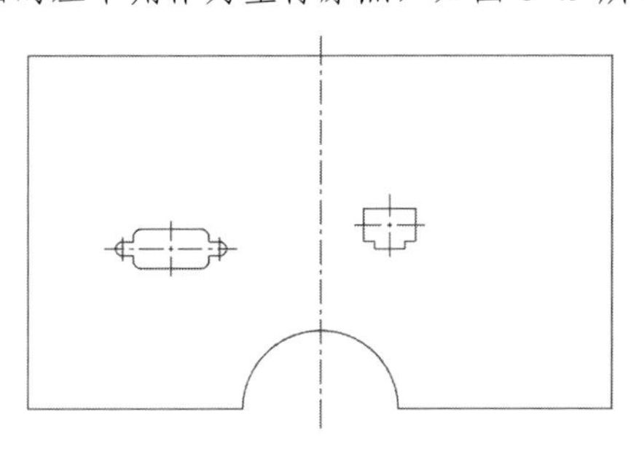

图 8-48 打开素材

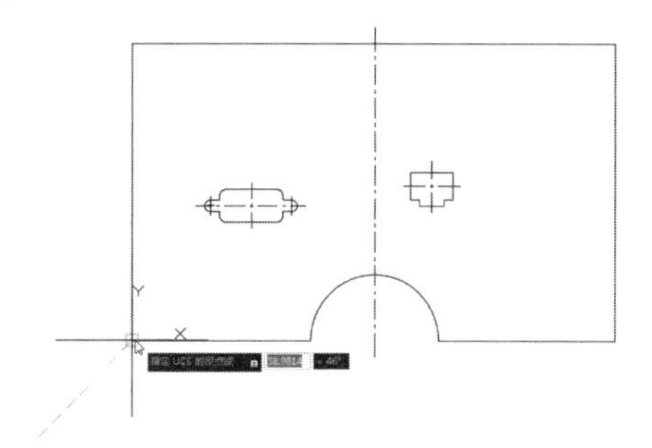

图 8-49 指定新的坐标原点

Step03 按回车键完成坐标系的创建，如图 8-50 所示。

Step04 执行“标注>坐标”命令，根据提示捕捉点坐标，如图 8-51 所示。

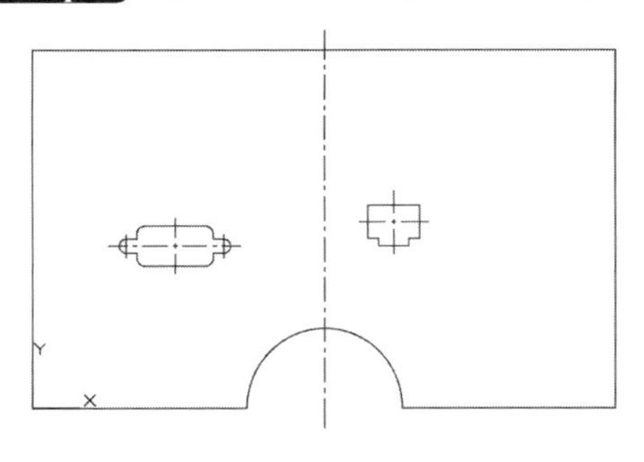

图 8-50 新坐标系

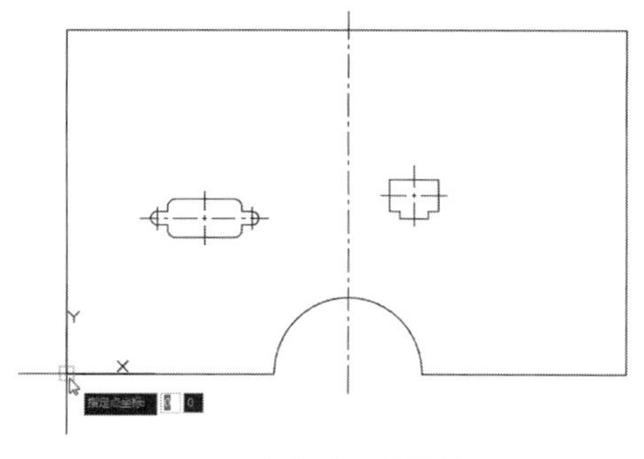

图 8-51 捕捉点

Step05 再移动光标指定引线位置，如图 8-52 所示。

Step06 单击即可完成坐标标注的创建，如图 8-53 所示。

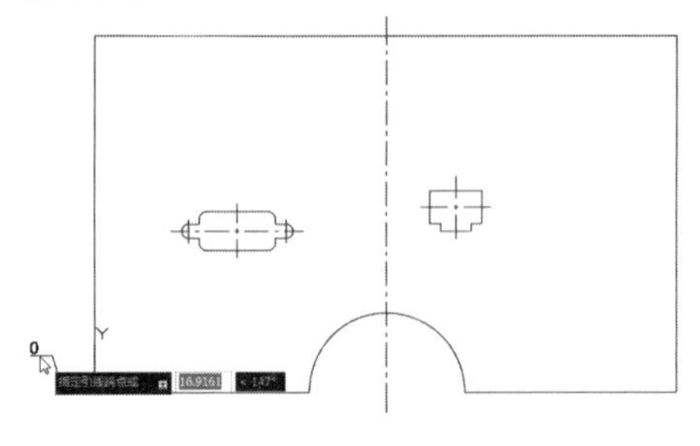

图 8-52 指定引线位置

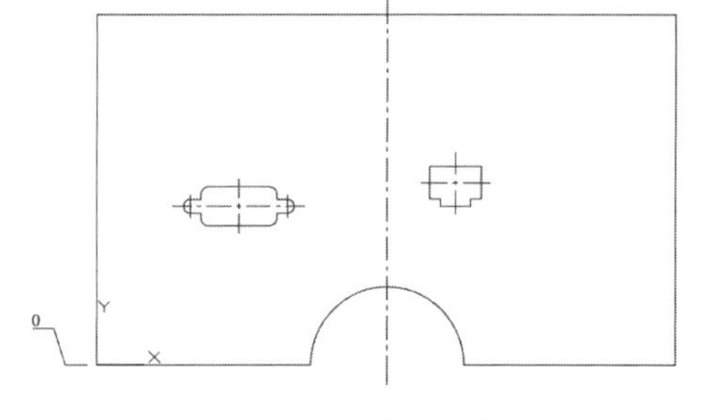

图 8-53 坐标标注

Step07 按照此方法，继续标注其他点的坐标，如图 8-54 所示。

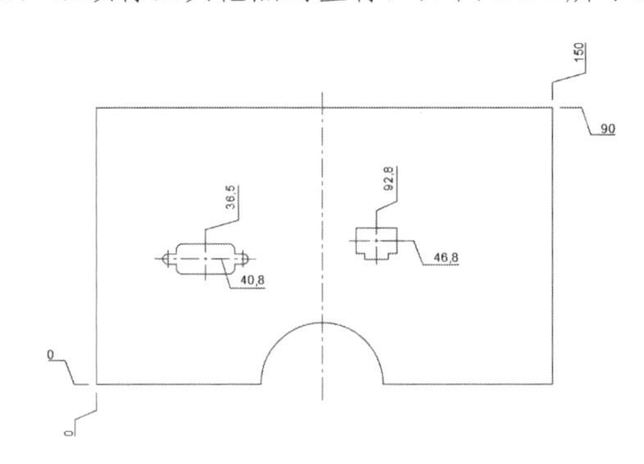

图 8-54 完成其他坐标点测量

8.3.10 折弯标注

折弯标注也称为缩放半径标注，用于测量选定对象的半径，并显示前面带有一个半径符号的标注文字，其原理与半径标注一样，但是需要指定一个位置来代替圆或圆弧的圆心。如果圆弧半径很大，直接使用半径标注的话尺寸线会很长，这样就显得很不美观，使用折弯标注可以在任意合适的位置指定尺寸线的原点。

用户可以通过以下方式调用“折弯”标注命令。

- 从菜单栏执行“标注>折弯”命令。
- 在“默认”选项卡“注释”面板中单击“折弯”按钮。
- 在“注释”选项卡“标注”面板中单击“已折弯”按钮。
- 在“标注”工具栏单击“折弯”按钮。
- 在命令行输入 DIMORDINATE 命令，然后按回车键。

命令行提示如下：

```
命令：_dimjogged
选择圆弧或圆：                                            （指定圆或圆弧）
指定图示中心位置：                                        （指定用于替代圆心位置）
标注文字 = 360
指定尺寸线位置或 ［多行文字（M）/文字（T）/角度（A）］：    （指定尺寸线位置）
指定折弯位置：                                            （指定折弯位置）
```

动手练习——为手柄图添加折弯标注

扫一扫　看视频

下面利用折弯标注为手柄图标注弧线半径，具体操作步骤如下。

Step01 打开“素材/CH08/为手柄图添加折弯标注.dwg”素材文件，如图 8-55 所示。

Step02 执行“半径”命令，为弧线标注半径，可以看到尺寸线非常长，如图 8-56 所示。

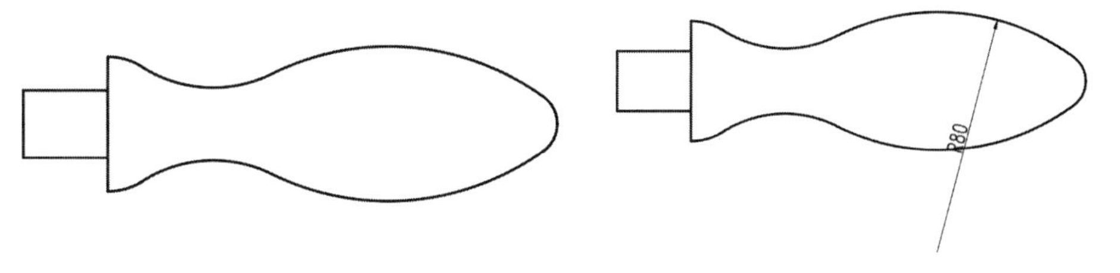

图 8-55　打开素材　　　　图 8-56　半径标注效果

Step03 执行“折弯”命令，根据提示选择圆弧，如图 8-57 所示。

Step04 移动光标指定任意一点，用于替代圆心位置，如图 8-58 所示。

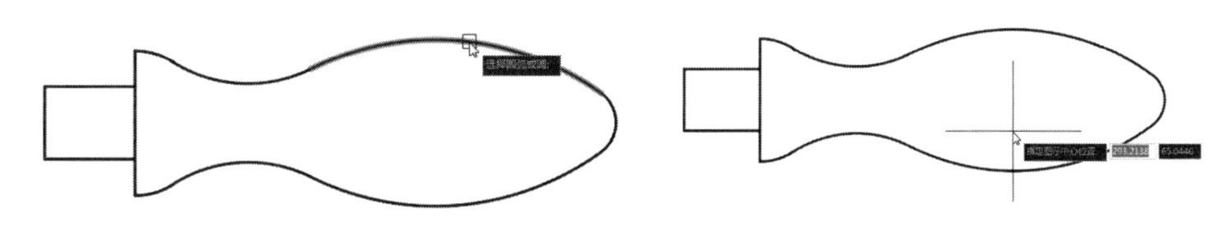

图 8-57　选择圆弧　　　　图 8-58　指定替代圆心位置

Step05 移动光标指定尺寸线位置，如图 8-59 所示。

Step06 再移动光标指定折弯位置，如图 8-60 所示。

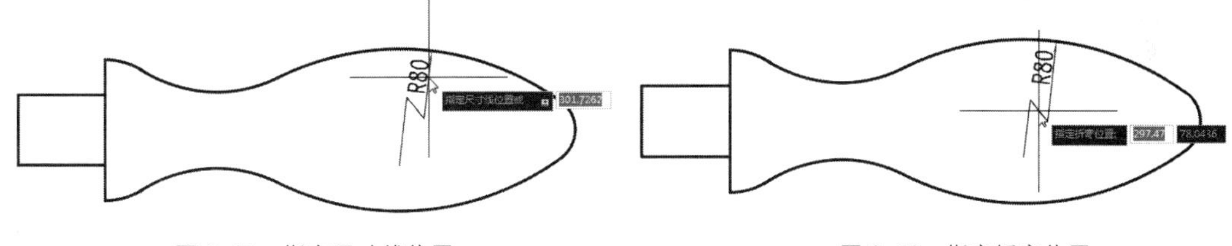

图 8-59　指定尺寸线位置　　　　图 8-60　指定折弯位置

Step07 单击后即可完成折弯标注的创建，如图 8-61 所示。

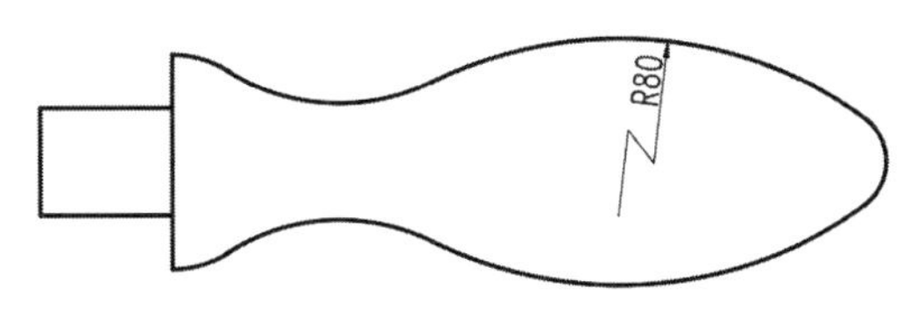

图 8-61　折弯标注效果

8.3.11 折弯线性标注

折弯线性标注由一对平行线及一根与平行线呈 40° 角的直线构成，可以为线性标注添加

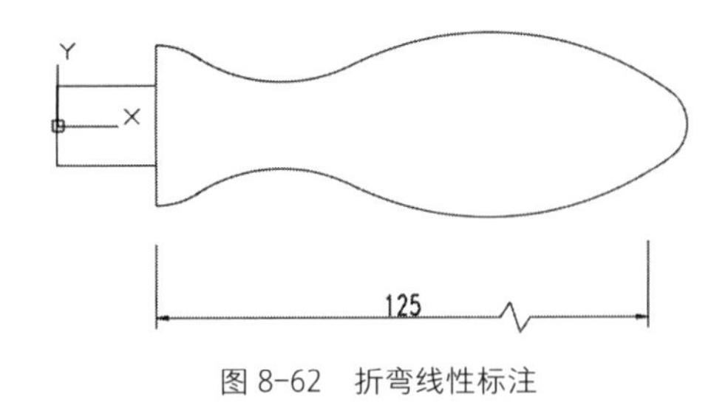

图 8-62　折弯线性标注

或删除折弯线，用于表示不显示实际测量值的标注值。一般情况下，折弯线性标注显示的值大于标注的实际测量值。

用户可以通过以下方式调用“折弯线性”标注命令。

- 从菜单栏执行“标注>折弯线性”命令。
- 在“标注”工具栏单击“折弯线性”按钮。
- 在命令行输入 DIMJOGLINE 命令，然后按回车键。

执行“折弯线性”命令后，用户可根据命令行中的提示，先选择所需添加的尺寸线，然后在该尺寸线中指定好折弯位置，即可完成折弯线性标注，如图 8-62 所示。

命令行提示如下：

```
命令：_DIMJOGLINE
选择要添加折弯的标注或 [删除（R）]：                 （选择所需线性标注尺寸线）
指定折弯位置 （或按 ENTER 键）：                           （指定折弯位置）
```

8.3.12 快速标注

快速标注用于快速创建标注，可以创建基线标注、连续尺寸标注、半径标注、直径标注、坐标标注，但不能进行圆心标记和标注公差。用户可以通过以下方式调用“快速标注”命令。

- 从菜单栏执行“标注>快速标注”命令。
- 在“注释”选项卡“标注”面板中单击“快速”按钮。
- 在命令行输入 QDIM 命令，然后按回车键。

命令行提示如下：

```
命令：_qdim
选择要标注的几何图形：指定对角点：找到 11 个               （选择所有图形）
选择要标注的几何图形：                                     （按回车键）
指定尺寸线位置或 [连续（C）/并列（S）/基线（B）/坐标（O）/半径（R）/直径（D）/基准点（P）/编辑（E）/设置（T）] <基线>:
```

8.3.13 快速引线

快速引线主要用于创建一端带有箭头一端带有文字注释的引线尺寸。其中，引线可以是直线段，也可以是平滑的样条曲线。用户可以在命令行中输入 QLEADER 命令，然后按回车键，即可激活快速引线命令。命令行提示如下：

```
命令：QLEADER
指定第一个引线点或 [设置（S）] <设置>:                     （指定引线起点）
指定下一点：                                            （指定引线第 2 点）
指定下一点：                                            （指定引线第 3 点）
指定文字宽度 <0>:                                         （设置文字宽度）
输入注释文字的第一行 <多行文字（M）>:         （输入文字内容，按两次回车键）
```

选择命令行中的“设置”选项后，打开“引线设置”对话框，在该对话框中可以修改和设置引线点数、注释类型以及注释文字的附着位置等。

● “注释”选项卡：主要用于设置引线文字的注释类型及其相关的一些选项功能，如图 8-63 所示。

● “引线和箭头”选项卡：主要用于设置引线的类型、点数、箭头以及引线段的角度约束等参数，如图 8-64 所示。

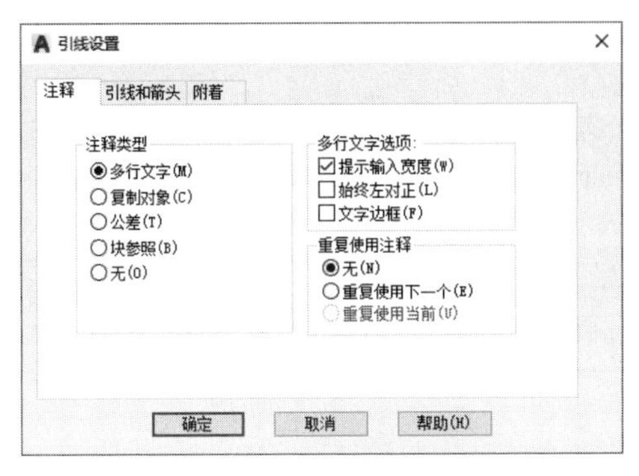

图 8-63 “注释”选项卡

图 8-64 “引线和箭头”选项卡

● “附着”选项卡：主要用于设置引线和多行文字之间的附着位置，只有在“注释”选项卡内选择了“多行文字”单选按钮时，此选项卡才可以使用，如图 8-65 所示。

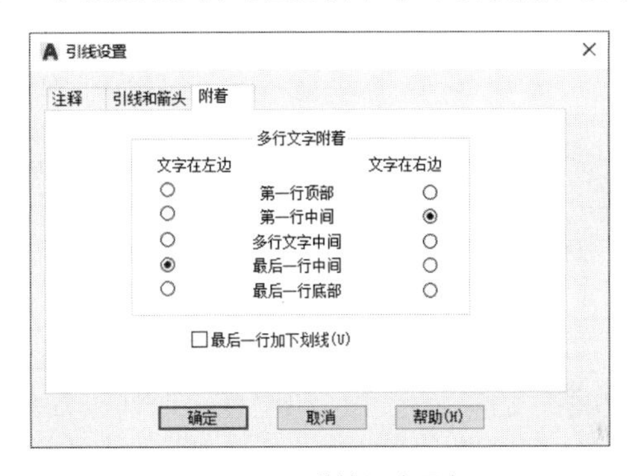

图 8-65 “附着”选项卡

8.4 公差标注

AutoCAD 是工程界广泛使用的绘图工具，绘制机械图样时，不可避免要标注尺寸公差，掌握在满足国标要求下快速而准确地标注公差的方法，可以大大提高绘图效率。

8.4.1 尺寸公差

尺寸公差标注是采用“标注替代”的方法，在“标注样式管理器”对话框中单击“替代”按钮，在打开的“替代当前样式”对话框的“公差”选项卡设置尺寸公差，即可为图形进行尺寸公差标注。由于替代样式只能使用一次，因此不会影响其他的尺寸标注。

（1）利用替代样式

在“替代当前样式”对话框中的“公差”选项板，设置公差方式为“极限偏差”，再设置相关参数，如图 8-66 所示。

技术要点

若一幅图纸内有多个尺寸公差，各不相同，则需要创建多个尺寸标注样式，每个样式设置不同的尺寸公差。

（2）使用“特性”选项板

通过编辑尺寸标注的特性也可以修改尺寸公差。选择尺寸标注，单击鼠标右键，在弹出的快捷菜单中单击“特性”命令，打开“特性”面板，在“公差”卷展栏中即可设置公差相关参数，如图 8-67 所示。

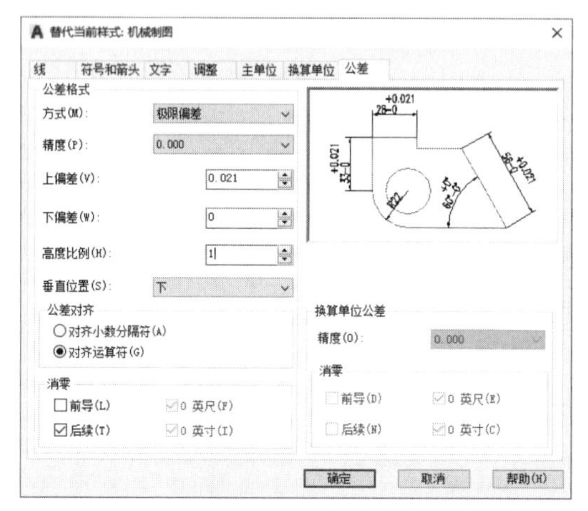

图 8-66　公差设置

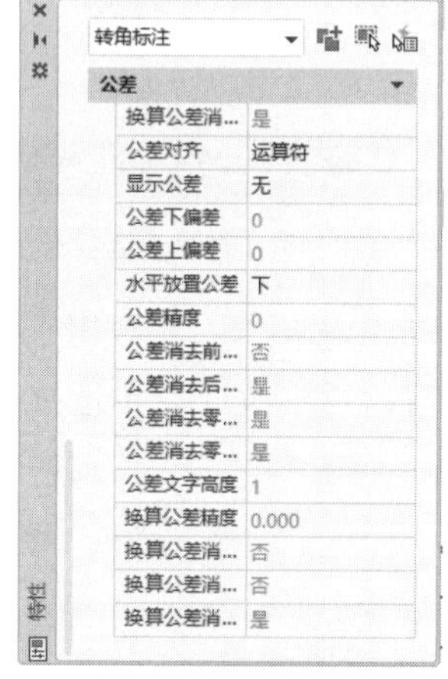

图 8-67　“特性”选项板

8.4.2　形位公差

形位公差用于控制机械零件的实际尺寸（如位置、形状、方向和定位尺寸等）与零件理想尺寸之间的允许差值。形位公差的大小直接关系零件的使用性能，在机械图形中有非常重要的作用。

在“形位公差”对话框，用户可以设置公差的符号和数值，如图 8-68 所示。用户可以通过以下方式打开“形位公差”对话框：

- 从菜单栏执行“标注>公差”命令。
- 在“注释”选项卡“标注”面板中单击“公差”按钮。
- 在“标注”工具栏中单击“公差”按钮。
- 在命令行输入 TOLERANCE 命令，然后按回车键。

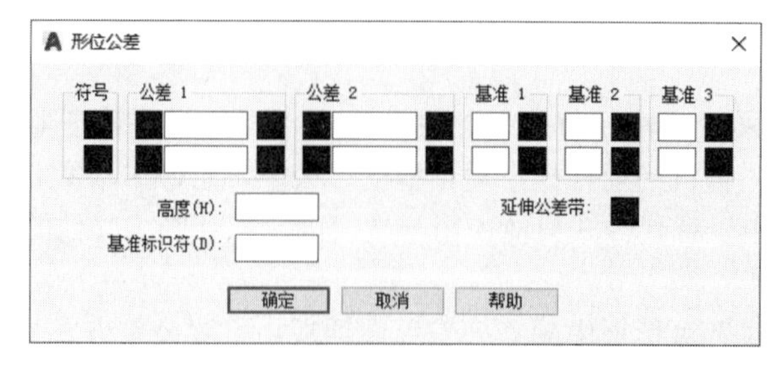

图 8-68　“形位公差”对话框

“形位公差”对话框中各选项的含义介绍如下。

• 符号：单击符号下方的■符号，会弹出“特征符号”对话框，在其中可设置特征符号，如图 8-69 所示。

• 公差 1 和公差 2：单击该列表框的■符号，将插入一个直径符号，单击后面的黑正方形符号，将弹出“附加符号”对话框，在其中可以设置附加符号，如图 8-70 所示。

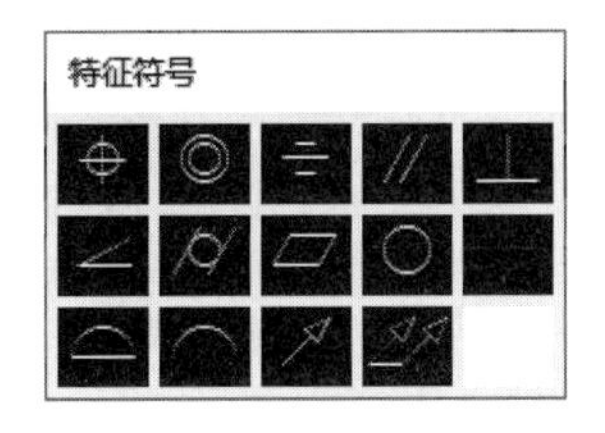

图 8-69 “特征符号”对话框

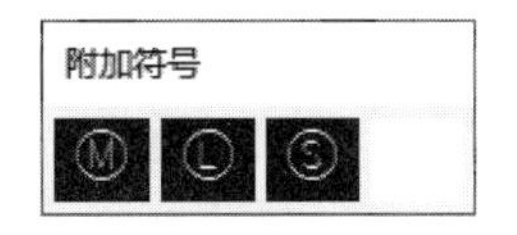

图 8-70 “附加符号”对话框

• 基准 1、基准 2、基准 3：在该列表框可以设置基准参照值。

• 高度：设置投影特征控制框中的投影公差零值。投影公差带控制固定垂直部分延伸区的高度变化，并以位置公差控制公差精度。

• 基准标识符：设置由参照字母组成的基准标识符。

• 延伸公差带：单击该选项后的■符号，将插入延伸公差带符号。

下面介绍各种公差符号的含义，如表 8-1 所示。

表 8-1 公差符号

符 号	含 义	符 号	含 义
⌖	定位	▱	平坦度
◎	同心/同轴	○	圆或圆度
⌯	对称	—	直线度
//	平行	⌓	平面轮廓
⊥	垂直	⌒	直线轮廓
∠	角	↗	圆跳动
⌭	柱面性	⌰	全跳动
∅	直径	Ⓛ	最小包容条件（LMC）
Ⓜ	最大包容条件（MMC）	Ⓢ	不考虑特征尺寸（RFS）

动手练习——为零件图添加公差标注

扫一扫 看视频

下面介绍公差标注的使用方法，具体操作步骤如下。

Step01 打开“素材/CH08/为零件图添加公差标注.dwg”素材文件，如图 8-71 所示。

Step02 执行“线性”命令，创建线性标注，如图 8-72 所示。

Step03 在命令行输入 ED 命令，按回车键后选择标注文字，即可进入编辑状态，如图 8-73 所示。

Step04 在“文字编辑器”选项卡的“插入”面板中单击“符号”下拉列表，从中选择直径符号φ，在绘图区空白处单击即可完成文字的修改，如图 8-74 所示。

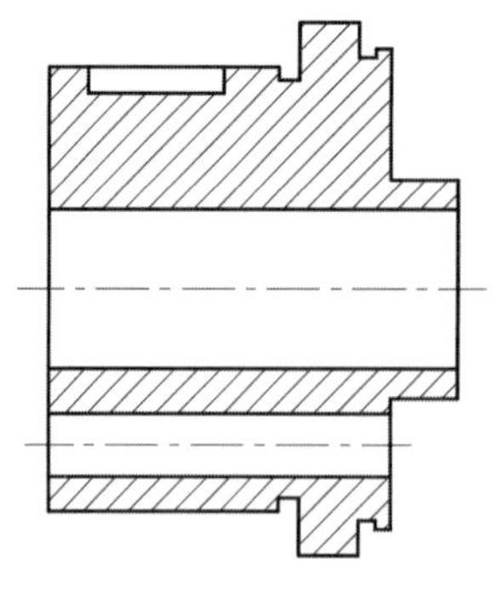

图 8-71　素材图形

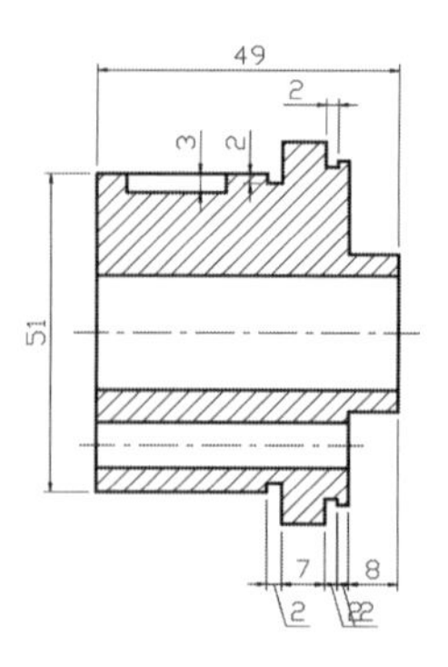

图 8-72　创建线性标注

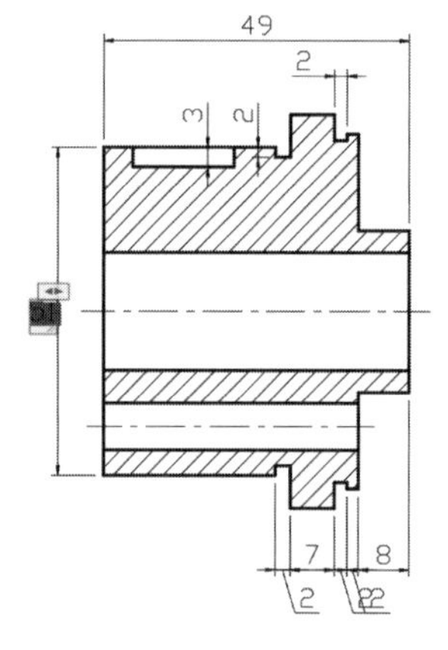

图 8-73　标注文字编辑状态

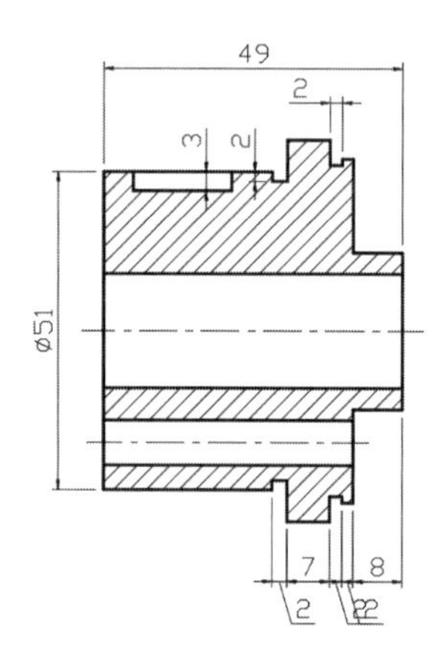

图 8-74　添加直径符号

Step05 执行“格式>标注样式”命令，打开“标注样式管理器”对话框，单击“替代”按钮打开“替代当前样式”对话框，切换到“公差”选项卡，选择“极限偏差”方式，设置精度为 0.000，上下偏差值分别为 0.012 和 0.031，如图 8-75 所示。

Step06 设置完毕后依次关闭对话框，执行“标注>线性”命令，创建尺寸标注，如图 8-76 所示。

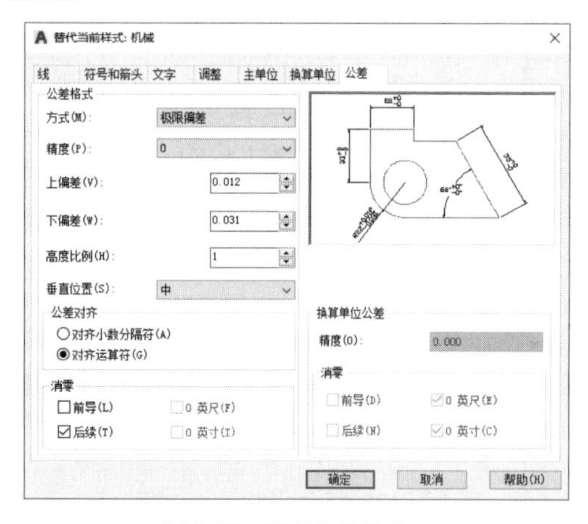

图 8-75　设置公差样式

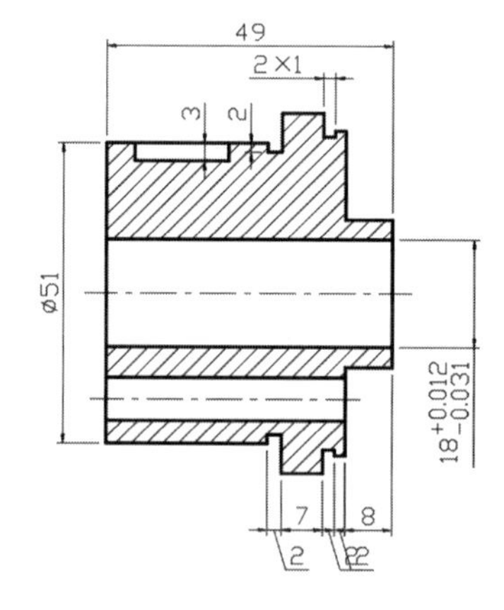

图 8-76　创建尺寸公差标注

Step07 在命令行输入 ED 命令，按回车键后选择新创建的标注文字，添加直径符号φ，如图 8-77 所示。

▶Step08 在命令行中输入 QL 命令，按回车键后在绘图区指定第一个引线点，如图 8-78 所示。

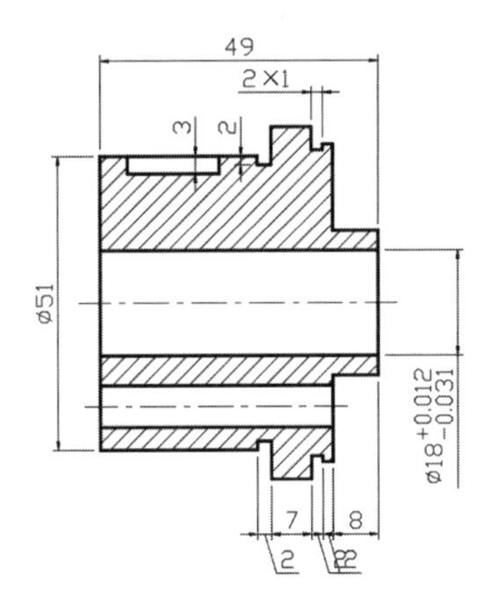

图 8-77 添加直径符号

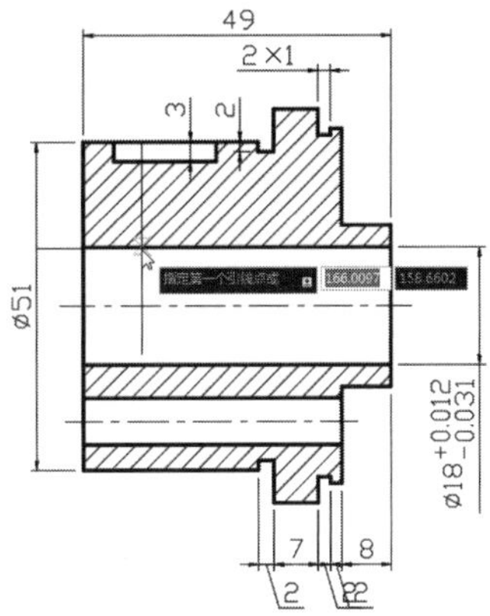

图 8-78 指定引线点

▶Step09 移动光标引出引线轮廓，如图 8-79 所示。

▶Step10 单击即可打开“形位公差”对话框，如图 8-80 所示。

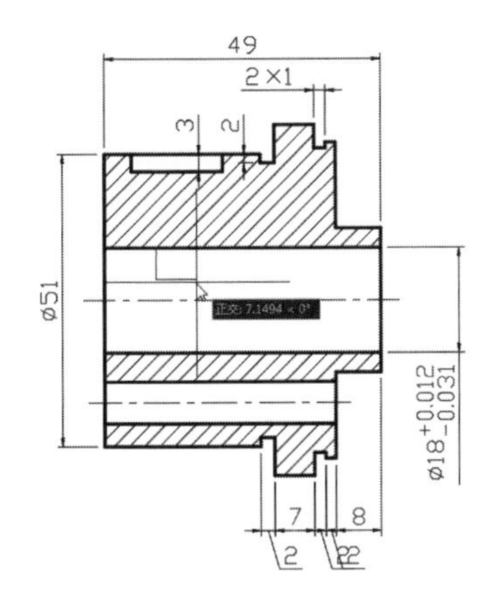

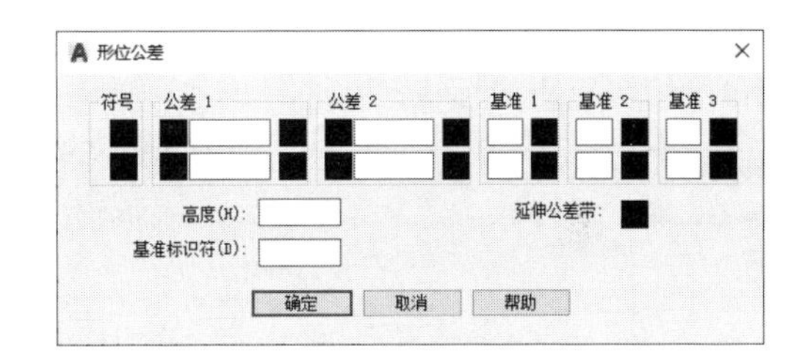

图 8-79 引线轮廓

图 8-80 “形位公差”对话框

▶Step11 单击第一个“符号”按钮，打开“特征符号”面板，选择“柱面性”符号，如图 8-81 所示。

▶Step12 单击后返回“形位公差”对话框，在“公差 1”输入框中输入 0.006，如图 8-82 所示。

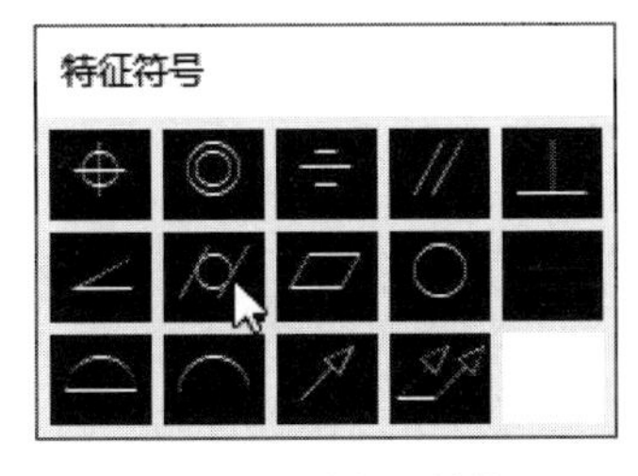

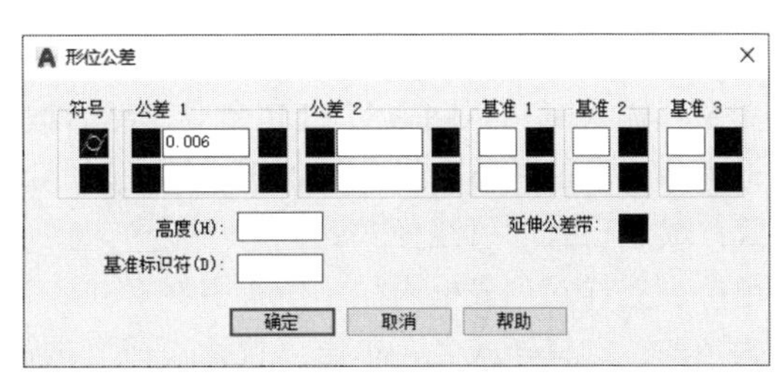

图 8-81 选择公差符号

图 8-82 输入公差值

Step13 单击“确定”按钮即可完成形位公差的创建，如图 8-83 所示。

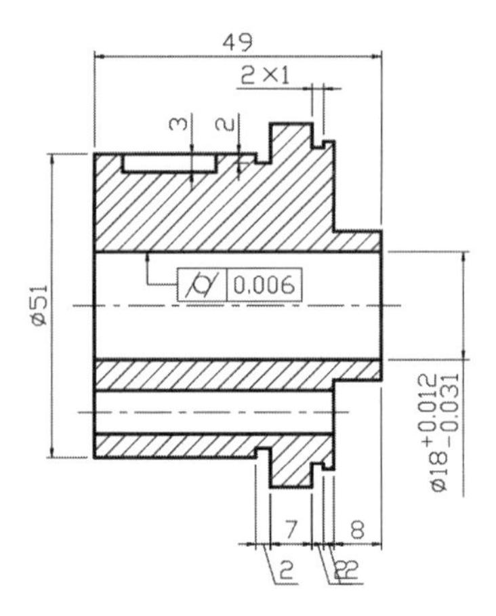

图 8-83　创建形位公差

8.5　多重引线

利用多重引线可以绘制一条引线来标注对象，在引线的末端可以输入文字或添加块等。此外还可以设置引线的形式、控制箭头的外观和注释文字的对齐方式等。该工具常用于标注孔、倒角和创建装配图的零件编号等。

8.5.1　多重引线样式

无论利用多重引线标注何种注释尺寸，首先都需要设置多重引线样式，如引线的形式、箭头的外观和注释文字的大小等，这样才能更好地完成引线标注。

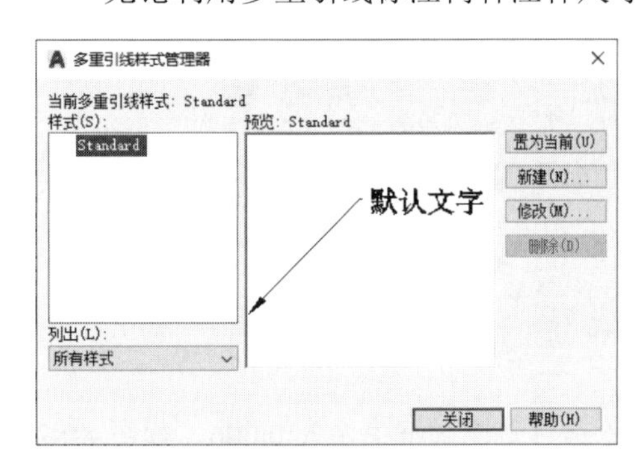

图 8-84　“多重引线样式管理器”对话框

多重引线样式需要在“多重引线样式管理器”对话框中进行设置，如图 8-84 所示。用户可以通过以下方式打开“多重引线样式管理器”对话框。

- 从菜单栏执行“格式>多重引线样式”命令。
- 在“默认”选项卡“注释”面板中单击“多重引线样式”按钮。
- 在“注释”选项卡“引线”面板中单击右下角的箭头。
- 在“样式”工具栏中单击“多重引线样式”按钮。
- 在命令行输入 MLEADERSTYLE 命令，然后按回车键。

对话框中各选项的具体含义介绍如下。

- 样式：显示已有的引线样式。
- 列出：设置样式列表框内显示所有引线样式还是正在使用的引线样式。
- 置为当前：选择样式名，单击“置为当前”按钮，即可将引线样式置为当前。
- 新建：新建引线样式。单击该按钮，即可弹出“创建按新多重引线”对话框，输入样式名，单击“继续”按钮，即可打开“修改多重引线样式”对话框，如图 8-85、图 8-86 所示。

- 删除：选择样式名，单击“删除”按钮，即可删除该引线样式。
- 关闭：关闭“多重引线样式管理器”对话框。

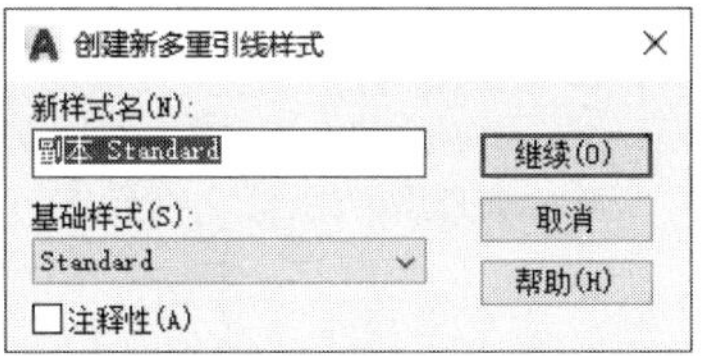

图 8-85　输入新样式名

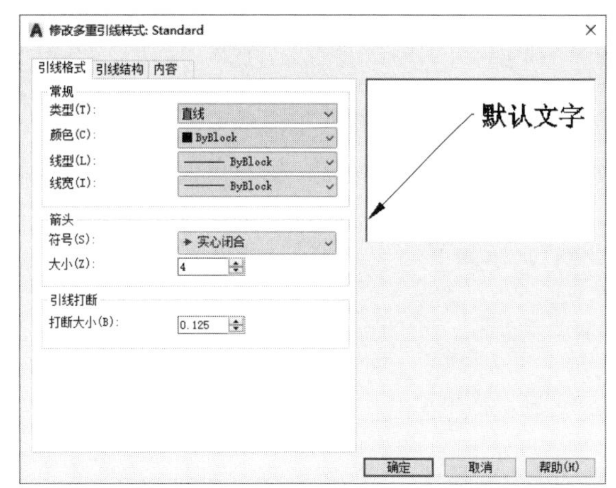

图 8-86　“修改多重引线样式”对话框

“修改多重引线样式”对话框中包括“引线格式”“引线结构”“内容”三个选项卡，各选项卡的选项含义介绍如下。

- 引线格式：在该选项卡中可以设置引线和箭头的外观效果，指定引线的类型（直线、样条曲线、无）、引线的颜色、引线的线型、线的宽度等。
- 引线结构：该选项卡用于控制多重引线的约束，包括引线中最大点数、两点的角度，自动包含基线、基线间距，并通过比例控制多重引线的缩放。
- 内容：该选项卡主要用于设置多重引线文字的内容，包括引线文字类型、文字样式及引线连接方式等。

注意事项

如果多重引线样式设置为注释性，则无论文字样式或其他标注样式是否设为注释性，其关联的文字或其他注释都将为注释性。

8.5.2 添加/删除多重引线

如果创建的引线还未达到要求，用户需要对其进行编辑操作。除了在“多重引线”选项板中编辑多重引线，还可以利用菜单命令或者“注释”选项卡“引线”面板中的按钮进行编辑操作。用户可以通过以下方式调用编辑多重引线命令。

- 执行“修改>对象>多重引线”命令的子菜单命令。
- 在“注释”选项卡“引线”面板中，单击相应的按钮。

编辑多重引线的命令包括添加引线、删除引线、对齐和合并四个选项。下面具体介绍各选项的含义。

- 添加引线：在一条引线的基础上添加另一条引线，且标注是同一个。
- 删除引线：将选定的引线删除。

- 对齐：将选定的引线对象对齐并按一定间距排列。
- 合并：将包含块的选定多重引线组织到行或列中，并使用单引线显示结果。

命令行提示如下：

```
命令：
选择多重引线：                                        （选择引线）
找到 1 个
指定引线箭头位置或［删除引线（R）］：                    （指定引线位置，按回车键）
```

若想删除多余的引线标注，用户可使用“注释>标注>删除引线”命令，根据命令行中的提示，选择需删除的引线，按回车键即可。

命令行提示如下：

```
命令：
选择多重引线：                                    （选择引线）
找到 1 个
指定要删除的引线或 ［添加引线（A）］：              （选择要删除的引线，按回车键）
```

动手练习——为简单平键装配图添加注释

扫一扫 看视频

下面利用多重引线功能为平键装配图添加注释内容。

Step01 打开“素材/CH08/为简单平键装配图添加注释.dwg”素材文件，如图 8-87 所示。

Step02 打开“多重引线样式管理器”对话框，单击“修改”按钮，打开“修改多重引线样式”对话框，在“引线格式”选项卡中将“箭头”的“大小”设为 2，将“颜色”设为洋红，如图 8-88 所示。

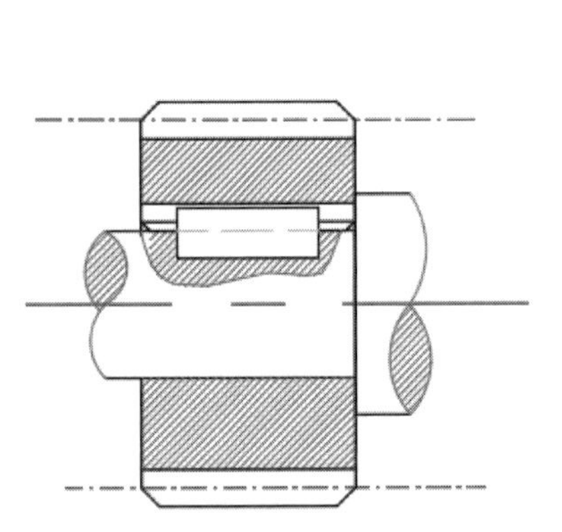

图 8-87 打开素材文件

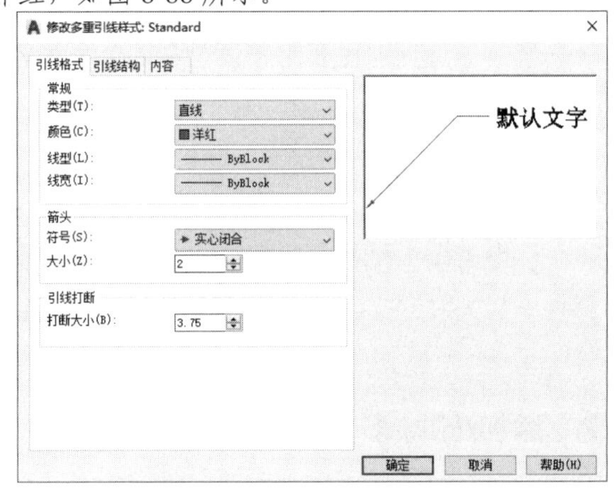

图 8-88 设置引线格式

Step03 切换到“内容”选项卡将“文字高度”设为 3，如图 8-89 所示。

Step04 单击“确定”按钮，返回到上一层对话框，单击“置为当前”按钮，将其设为当前样式，如图 8-90 所示。

Step05 单击“多重引线”命令，根据命令行提示，指定引线箭头的起点和引线基线的位置，如图 8-91 所示。

Step06 输入可编辑文本框中引线内容，输入完成后鼠标单击空白处，即可完成引线的添加操作，如图 8-92 所示。

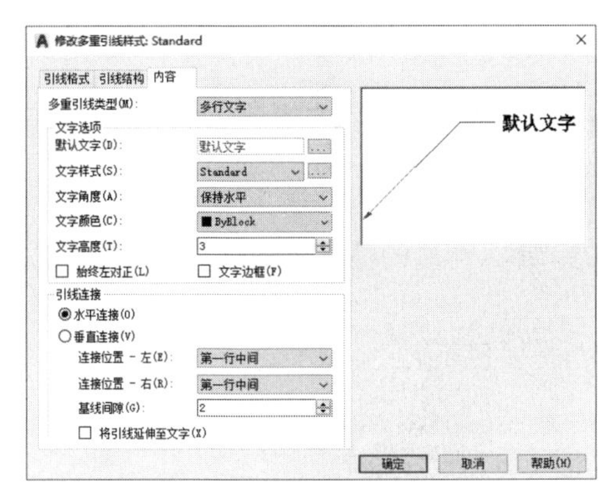

图 8-89　设置内容格式

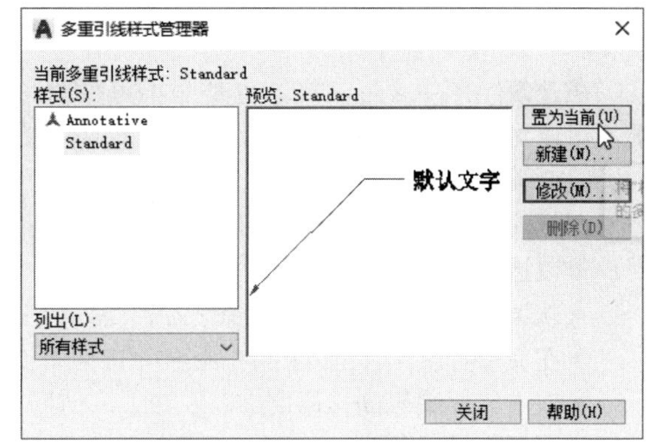

图 8-90　将样式设置为当前

Step07 按照同样的操作方法，完成其他引线的绘制操作，如图 8-93 所示。

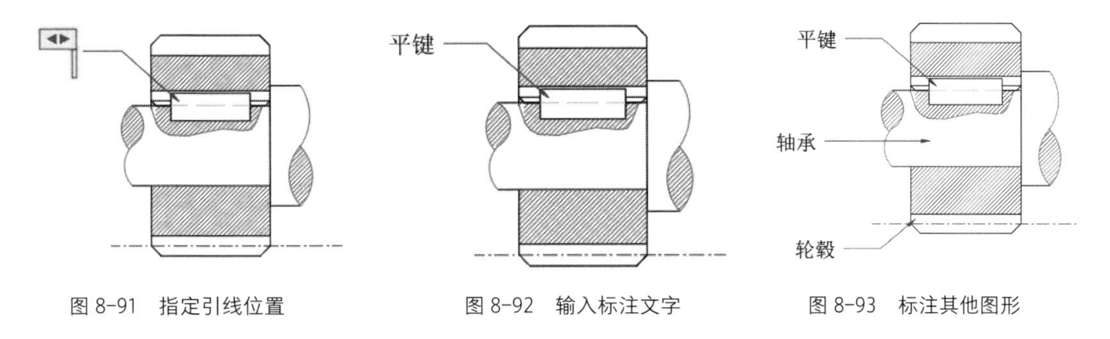

图 8-91　指定引线位置　　图 8-92　输入标注文字　　图 8-93　标注其他图形

8.5.3 对齐引线

有时创建好的引线长短不一，使得画面不太美观。此时用户可使用“对齐引线”功能，将这些引线注释进行对齐操作。

执行“注释>引线>对齐引线”命令，根据提示选中所有需对齐的引线标注，其后选择需要对齐到的引线标注，并指定好对齐方向即可。

命令行提示如下：

```
命令：_mleaderalign
选择多重引线：指定对角点：找到 5 个            （选择所需引线，按回车键）
选择多重引线：
当前模式：使用当前间距
选择要对齐到的多重引线或 [选项（O）]：        （选择要对齐到的引线）
指定方向：                                    （指定好对齐方向）
```

8.6 编辑尺寸标注

用户可以编辑标注文本的位置，还可以使用夹点编辑尺寸标注，使用“特性”面板编辑尺寸标注，并且可以更新尺寸标注等。

8.6.1 编辑标注文本

在建筑绘图中，标注文本也是必不可少的，如果创建的标注文本内容或位置没有达到要求，可以对标注文本的内容以及标注文本的位置进行调整。

（1）编辑标注文本的内容

在标注图形时，如果标注的端点不处于平行状态，那么测量的距离会出现不准确的情况，用户可以通过以下方式编辑标注文本内容。

- 从菜单栏执行“修改>对象>文字>编辑”命令。
- 在命令行输入 TEXTEDIT 命令并按回车键。
- 双击需要编辑的标注文字。

（2）调整标注角度

执行“标注>对齐文字>角度”命令，根据命令行提示，选中需要修改的标注文本，并输入文字角度即可。

（3）调整标注文本位置

除了可以编辑文本内容之外，还可以调整标注文本的位置，用户可以通过以下方式调整标注文本的位置。

- 从菜单栏执行“标注>对齐文字”命令的子菜单命令，其中包括默认、角度、左、居中、右 5 个选项，如图 8-94 所示。
- 选择标注，再将鼠标移动到文本位置的夹点上，在弹出的快捷菜单中进行操作，如图 8-95 所示。
- 在命令行输入 DIMTEDIT 命令并按回车键。

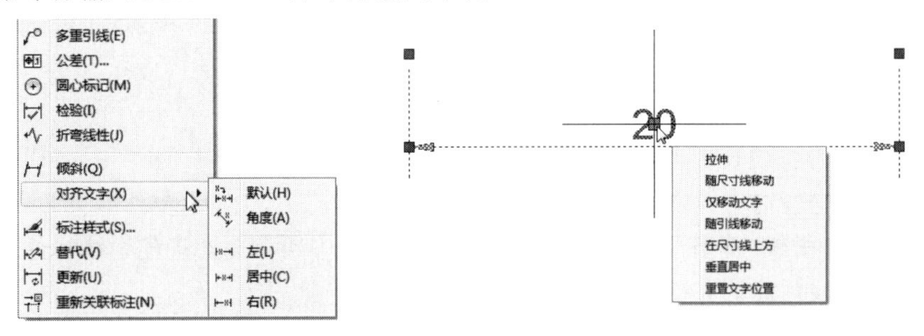

图 8-94 菜单栏命令　　图 8-95 快捷菜单命令

8.6.2 关联尺寸

关联尺寸是指所标注尺寸与被标注对象有关联关系。对图形对象进行标注后，如果移动了图形对象的位置或修改了对象的尺寸等，图形对象和尺寸标注将会分离，但将标注与图形对象进行关联后，在修改对象的同时尺寸标注也会随之改变。

用户可以通过以下方式关联尺寸。

- 从菜单栏执行“标注>重新关联标注”命令。
- 在命令行输入 DIMREASSOCIATE 命令，然后按回车键。

实战演练——标注书柜立面图

扫一扫　看视频

下面将结合本章学习的知识点来为书房立面图添加标注，具体操作步骤如下。

Step01 执行“直线”命令，绘制尺寸为 2985mm × 2690mm 的矩形，如图 8-96 所示。

Step02 执行“偏移”命令，将边线依次进行偏移操作，偏移尺寸如图 8-97 所示。

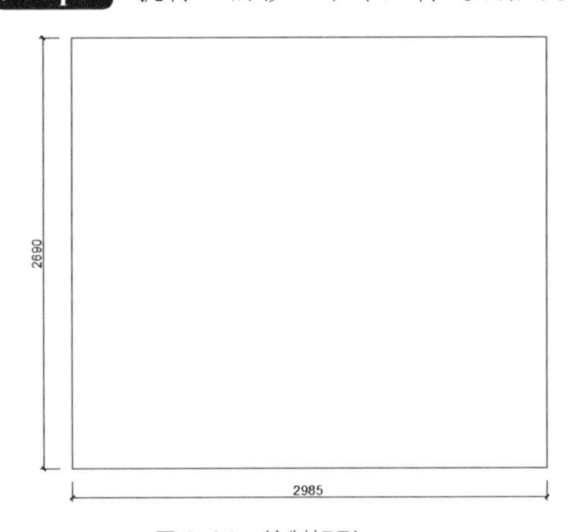

图 8-96　绘制矩形

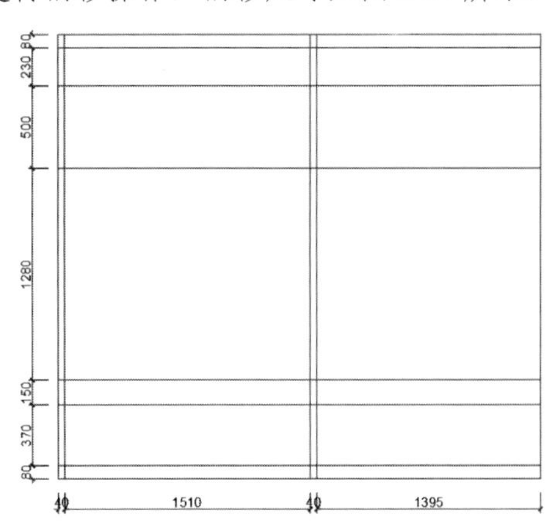

图 8-97　偏移图形

Step03 执行“修剪”命令，修剪多余的线条，如图 8-98 所示。

Step04 执行“定数等分”命令，将图形中的直线等分为 4 份，如图 8-99 所示。

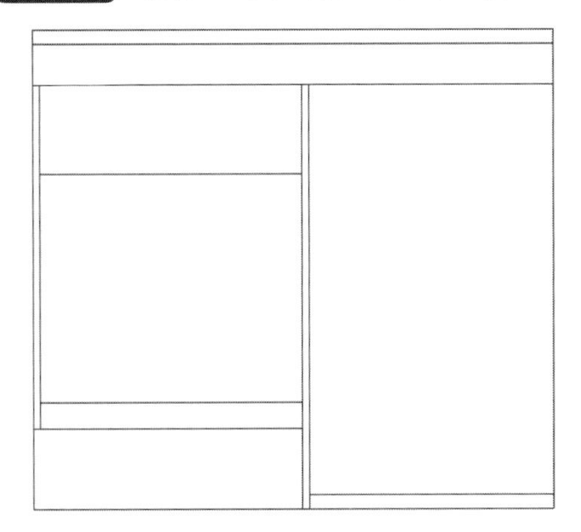

图 8-98　修剪图形

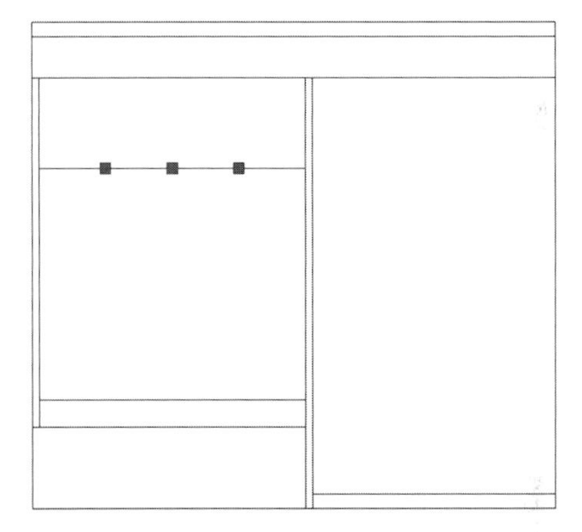

图 8-99　等分图形

Step05 执行“直线”命令，捕捉等分点绘制直线，再执行“延伸”命令，延伸直线，如图 8-100 所示。

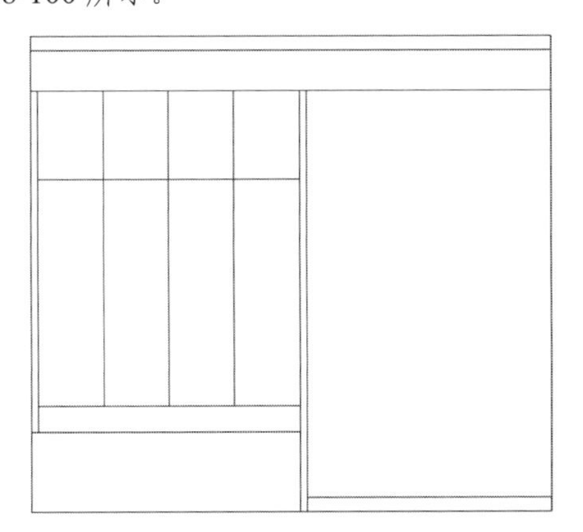

图 8-100　绘制直线并延伸

图 8-101　绘制并偏移矩形

▸Step06 执行“矩形”命令，捕捉绘制矩形，再执行“偏移”命令，将矩形向内偏移 50mm，再删除外侧矩形，如图 8-101 所示。

▸Step07 执行“复制”命令，选择矩形并向右进行复制，如图 8-102 所示。

▸Step08 执行“矩形”命令，在下方捕捉绘制矩形，再执行“偏移”命令，将矩形向内偏移 20mm，如图 8-103 所示。

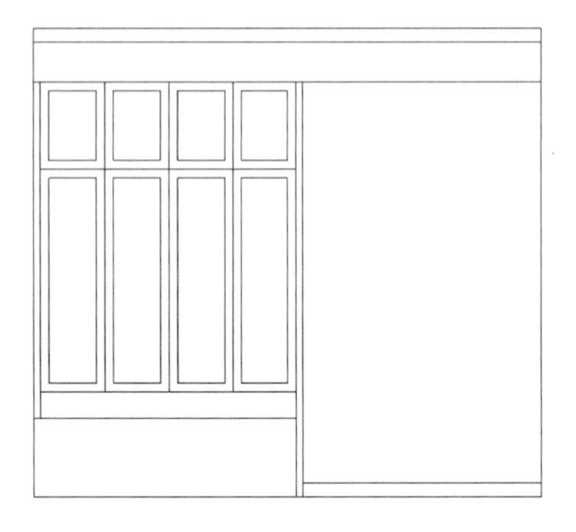

图 8-102　复制图形

图 8-103　绘制并偏移矩形

▸Step09 执行“直线”命令，绘制柜体装饰线，如图 8-104 所示。

▸Step10 执行“偏移”命令，将右侧踢脚线向上依次进行偏移，绘制出隔板、灯带、踢脚线装饰等，如图 8-105 所示。

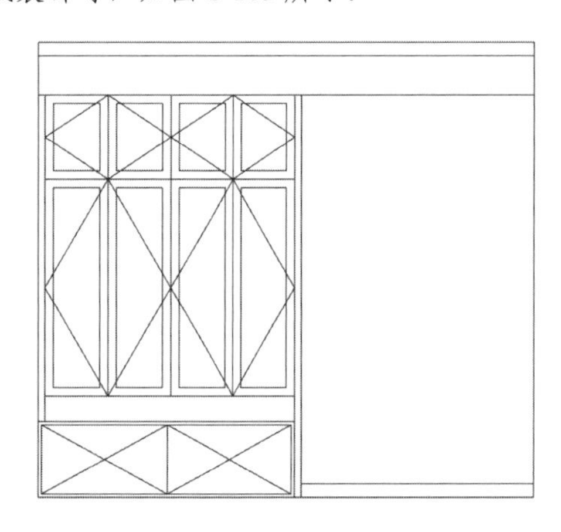

图 8-104　绘制装饰线

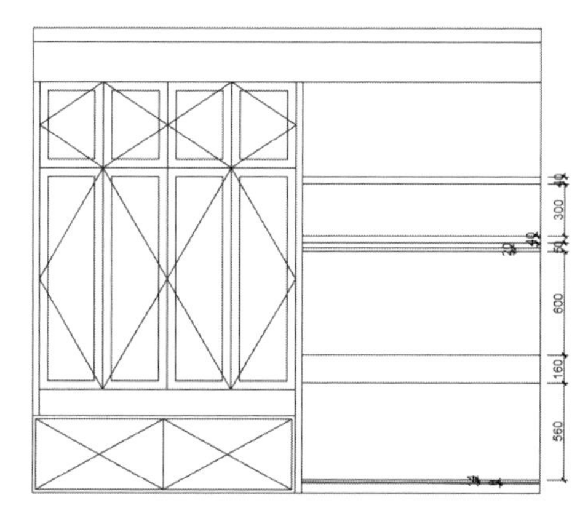

图 8-105　偏移图形

▸Step11 继续偏移图形，将尺寸为 160mm 的线段依次向下偏移 25mm 和 15mm。绘制办公桌造型，如图 8-106 所示。

▸Step12 执行“矩形”命令，捕捉绘制矩形，再执行“偏移”命令，将矩形向内偏移 40mm，绘制出抽屉造型，如图 8-107 所示。

▸Step13 执行“直线”命令，绘制中空装饰线，再调整线型及颜色，如图 8-108 所示。

▸Step14 执行“块”命令，为立面图添加石膏线、吊灯、插座图块，放置到合适的位置，如图 8-109 所示。

▸Step15 执行“直线”命令，绘制石膏线轮廓线，如图 8-110 所示。

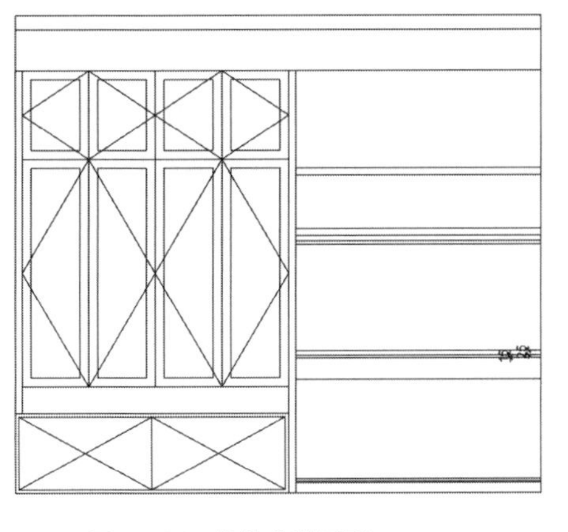

图 8-106　继续偏移图形

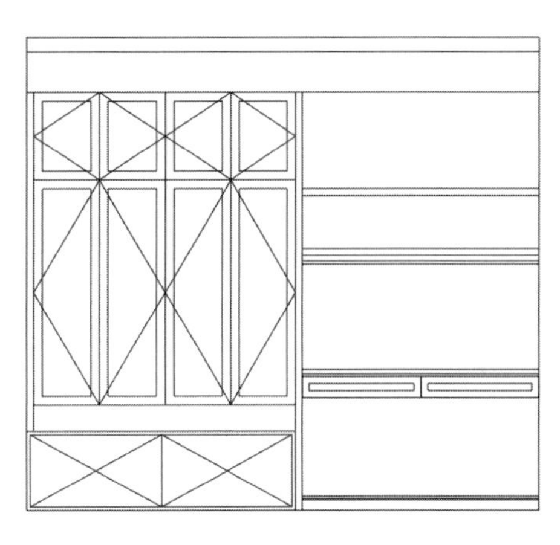

图 8-107　绘制并偏移矩形

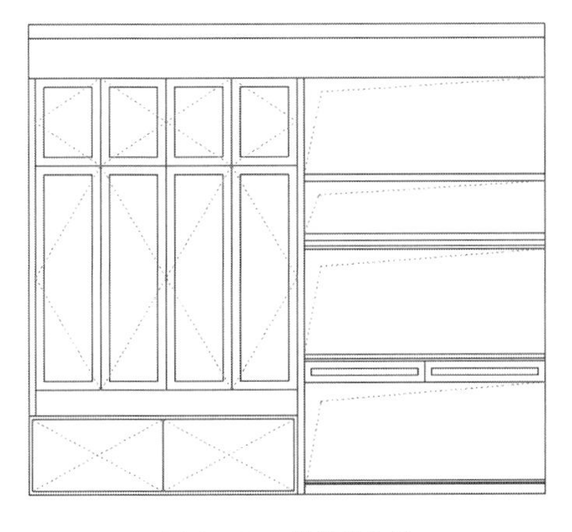

图 8-108　绘制装饰线

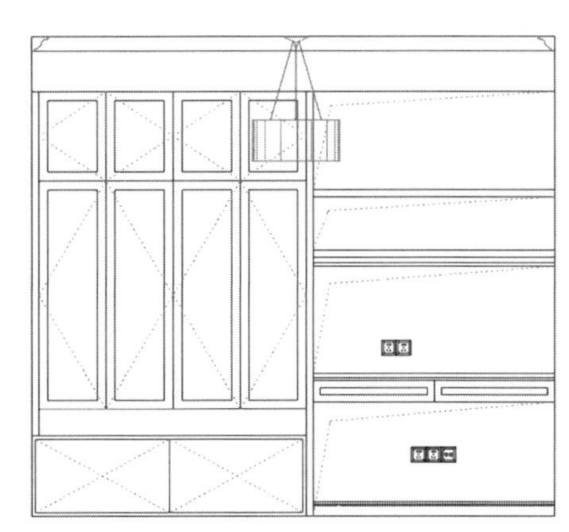

图 8-109　插入图块

▶Step16 执行“图案填充”命令，选择图案 DOTS，设置比例为 30，填充墙面，如图 8-111 所示。

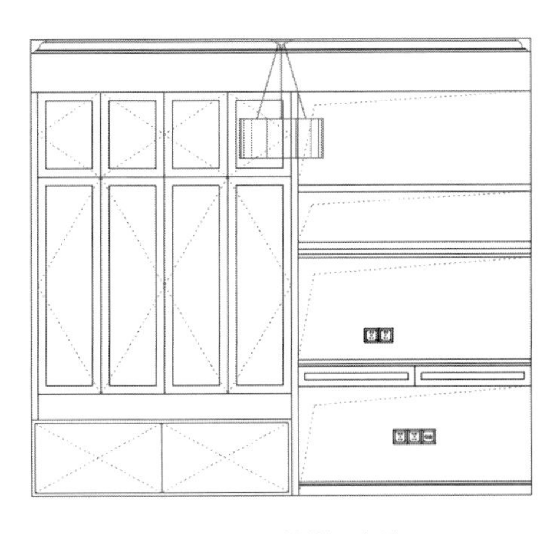

图 8-110　绘制石膏线

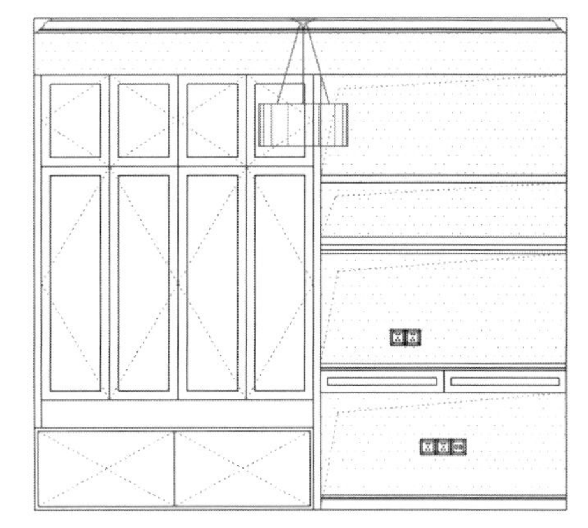

图 8-111　填充图案

▶Step17 调整书房立面图图形的特性，如图 8-112 所示。

▶Step18 执行“标注样式”命令，打开“标注样式管理器”对话框，如图 8-113 所示。

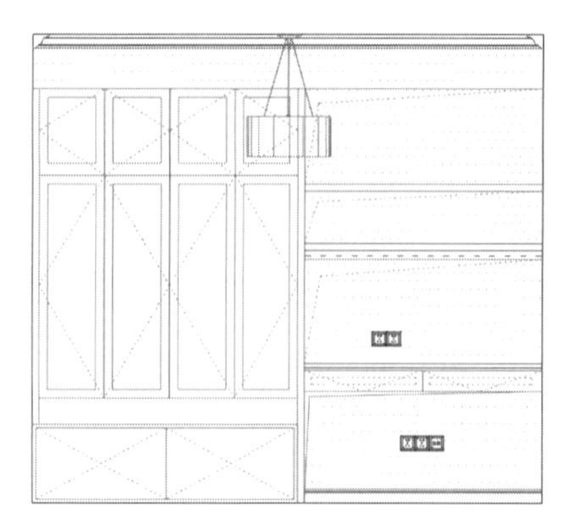

图 8-112　调整图形特性

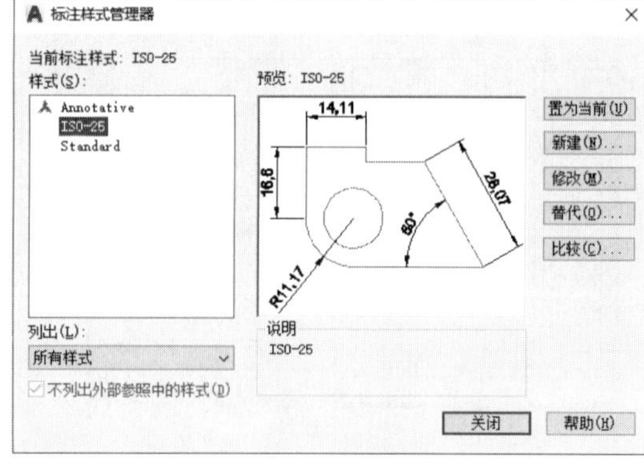

图 8-113　“标注样式管理器”对话框

▶Step19 单击“新建”按钮，打开“创建新标注样式”对话框，输入样式名“立面”，如图 8-114 所示。

▶Step20 单击“继续”按钮，打开“新建标注样式”对话框，在“主单位”选项卡中设置线性标注精度为 0，如图 8-115 所示。

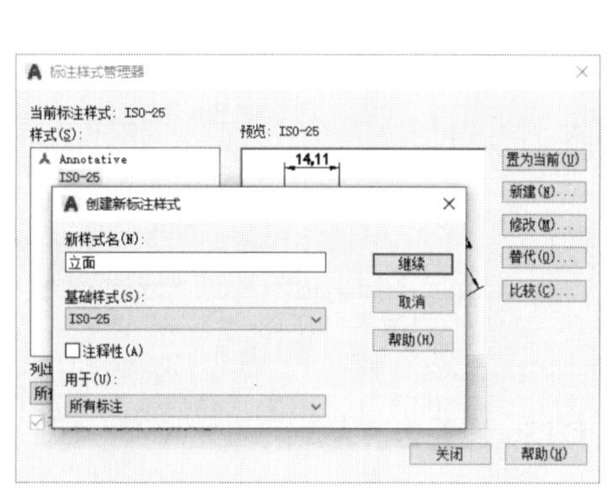

图 8-114　输入样式名

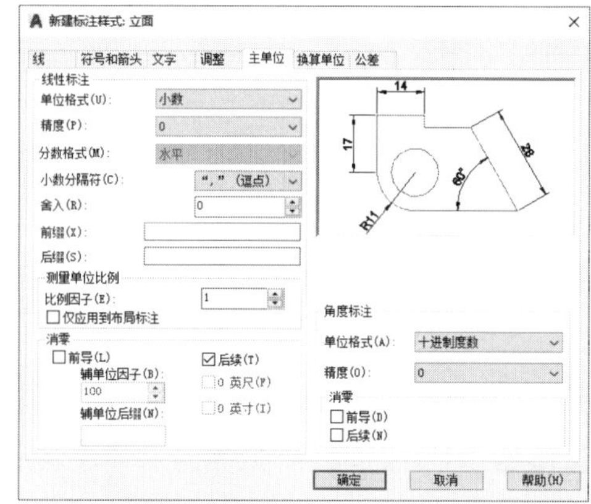

图 8-115　设置“主单位”选项卡

▶Step21 切换至“调整”选项卡，选择“文字始终保持在尺寸界线之间”选项，如图 8-116 所示。

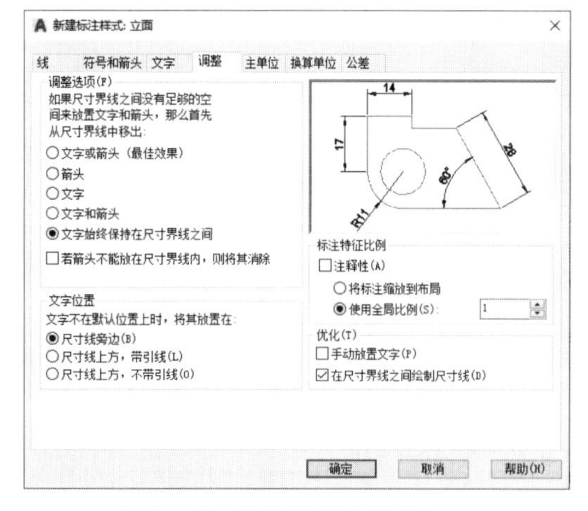

图 8-116　设置“调整”选项卡

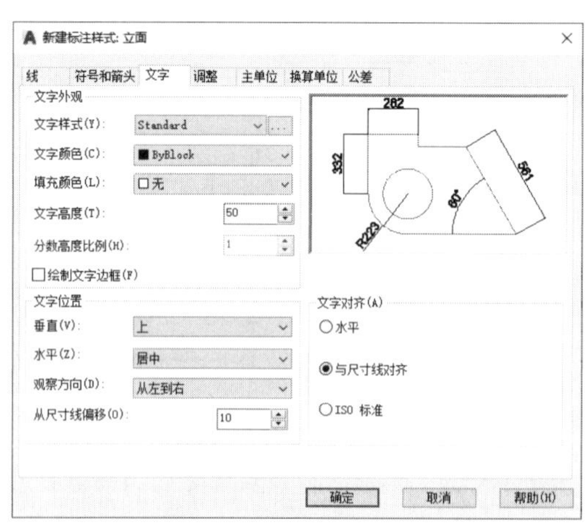

图 8-117　设置“文字”选项卡

▶Step22 切换至“文字”选项卡，设置“文字高度”为 50，将“从尺寸线偏移”设为 10，如图 8-117 所示。

▶Step23 切换至“符号和箭头”选项卡，设置箭头类型为“建筑标记”，引线箭头为“点”，箭头大小为 25，如图 8-118 所示。

▶Step24 切换至“线”选项卡，设置尺寸界线超出尺寸线 25，起点偏移量为 25，勾选“固定的尺寸界线”复选框，将其“长度”为 100，如图 8-119 所示。

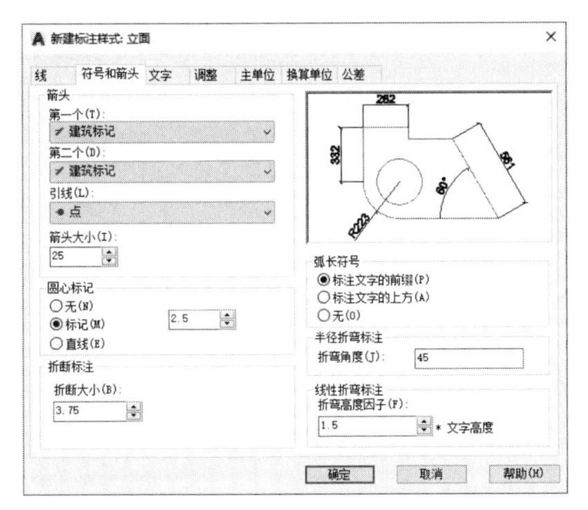

图 8-118 设置“符号和箭头”选项卡

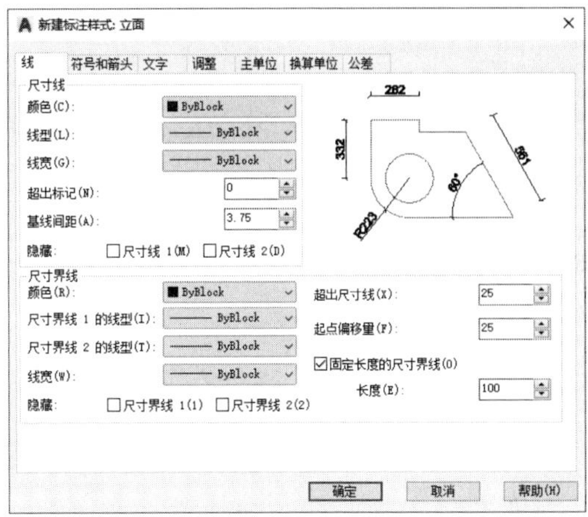

图 8-119 设置“线”选项卡

▶Step25 设置完毕单击“确定”按钮，返回到“标注样式管理器”对话框，单击“置为当前”按钮将该样式设置为当前样式，再单击“关闭”按钮即可，如图 8-120 所示。

▶Step26 执行“线性”命令，捕捉立面图的两点创建标注，如图 8-121 所示。

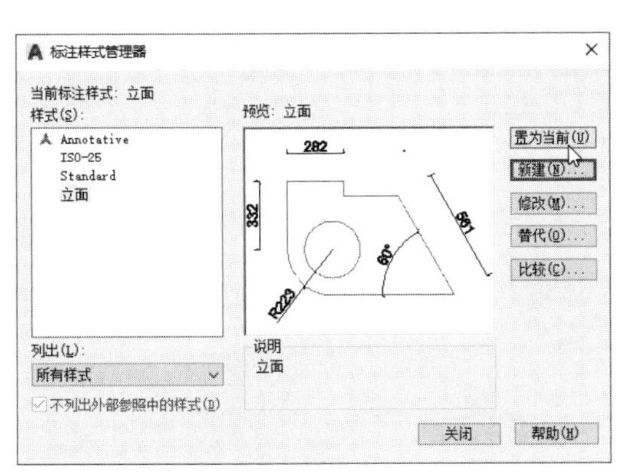

图 8-120 置为当前

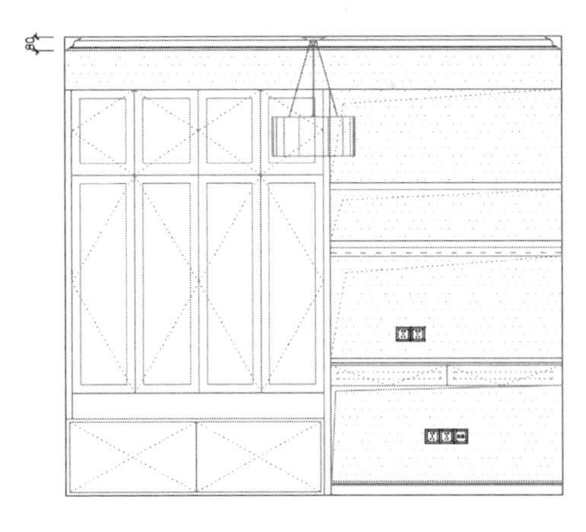

图 8-121 线性标注

▶Step27 执行“连续”命令，连续向下标注尺寸，如图 8-122 所示。

▶Step28 执行“线性”命令，标注竖向总高度，如图 8-123 所示。

▶Step29 按照此方法，标注另一侧尺寸及横向尺寸，如图 8-124 所示。

▶Step30 在命令行输入快捷命令 QL，为立面图添加快速引线，完成立面图的绘制，如图 8-125 所示。

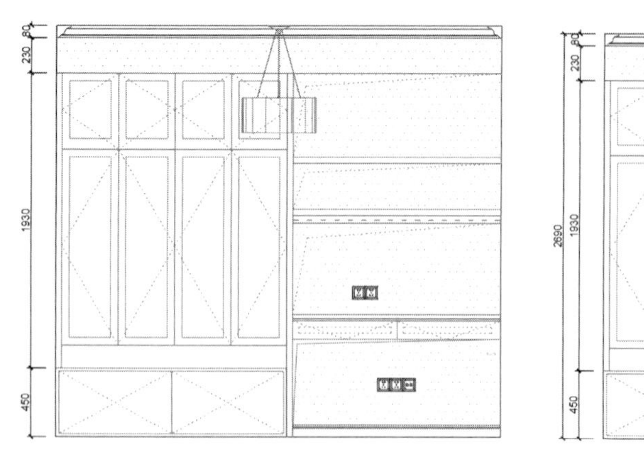

图 8-122　连续标注

图 8-123　标注总高度

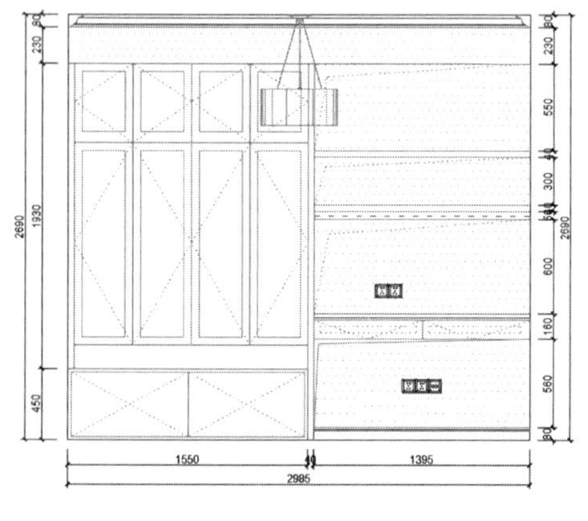

图 8-124　标注剩余尺寸

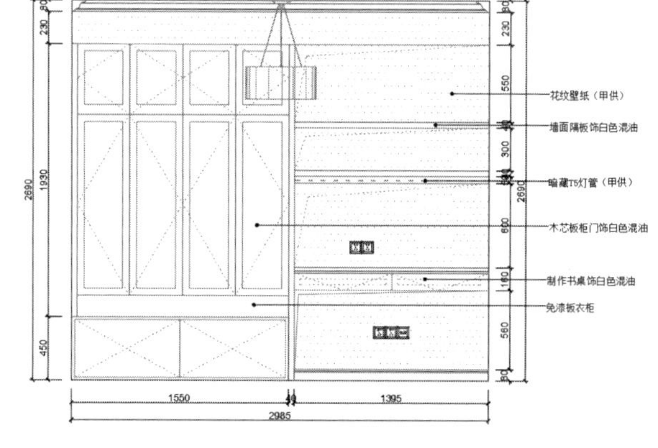

图 8-125　快速引线标注

课后作业

（1）为底座正视图添加尺寸标注

将标注的颜色设为灰色，将标注文本高度设为 3，将精度设为 0，其他为默认，标注结果如图 8-126 所示。

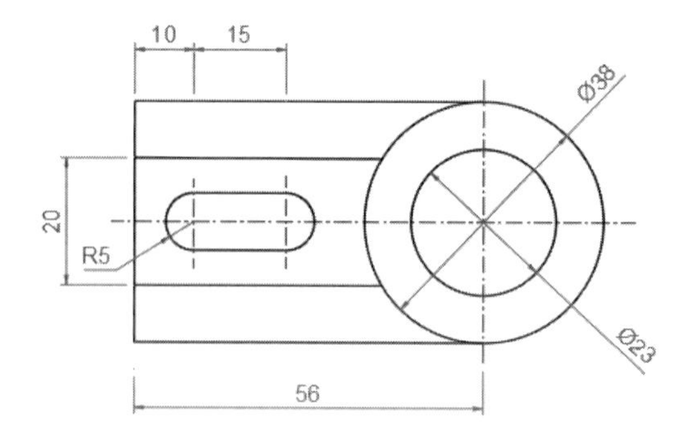

图 8-126　标注底座图形

操作提示：

Step01：执行“标注样式”命令，根据要求设置好标注样式。

Step02：利用各种标注命令，添加尺寸标注。

（2）为电视背景墙添加材料注释

利用多重引线功能来为电视背景墙添加注释，其中将引线颜色设为红色，将引线文本大小 90，将箭头大小设为 50，结果如图 8-127 所示。

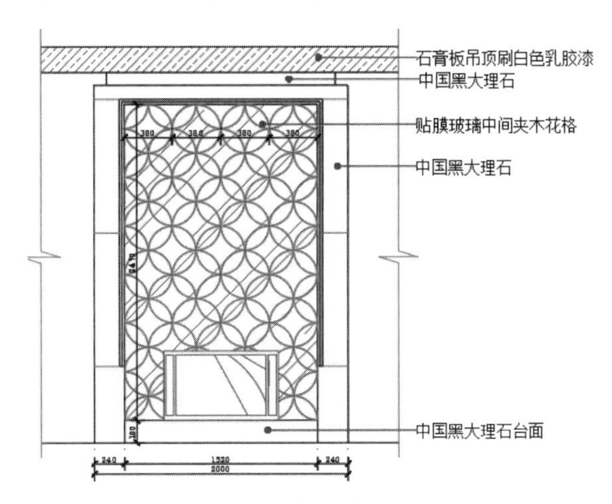

扫一扫 看视频

图 8-127 标注背景墙图形

操作提示：

Step01：执行“多重引线样式”命令，设置引线样式。

Step02：执行“多重引线”命令，添加注释内容。

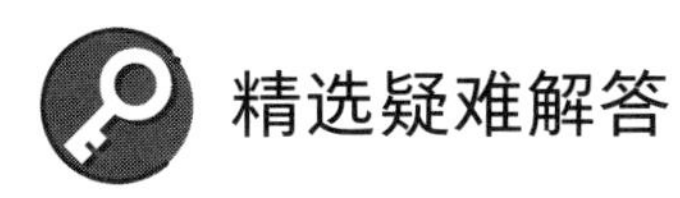

精选疑难解答

Q1：如何修改尺寸标注的关联性？

A：改为关联：选择需要修改的尺寸标注，执行 DIMREASSOCIATE 命令即可。改为不关联：选择需要修改的尺寸标注，执行 DIMDISASSOCIATE 命令即可。

Q2：怎样使标注与图有一定的距离？

A：设置尺寸界线的起点偏移量就可以使标注与图产生距离。执行“格式>标注样式”命令，打开“标注样式管理器”对话框，选择需要修改的标注样式，并在“预览”选项框右侧单击“修改”按钮，在“线”选项卡中设置起点偏移量，并单击“确定”按钮即可。

Q3：创建标注样式模板有什么用？

A：在进行标注时，为了统一标注样式和显示状态，用户需要新建一个图层为标注图层，然后设置该图层的颜色、线型和线宽等，图层设置完成后，再继续设置标注样式，为了避免重复进行设置，可以将设置好的图层和标注样式保存为模板文件，在下次新建文件的时候可以直接调用该模板文件。

Q4：为什么我的标注中会有“尾巴”（0）？

A：如果标注为 100mm，但实际在图形当中标出的是 100.00 或 100.000 等。这样的情况，可以将“dimzin”系统变量最好要设定为 8，此时尺寸标注中的默认值不会带几个尾零，用户直接输入此命令进行修改。

Q5：为什么修改了标注样式后标注没有变化？

A：原因很简单，这些标注的参数被单独修改过，这些参数就不会再受到标注样式的控制了。

Q6：设置的替代标注样式后如何清除呢？

A：在“标注样式管理器”对话框中将替代样式设置为当前样式，关闭对话框后，保存一下文件即可。

Q7：更新尺寸标注功能如何使用？

A：复制其他图纸后，系统会自动以当前尺寸样式来显示。如果想要快速改变标注样式的话，只需使用更新功能即可。打开“标注样式管理”对话框，设置好所需的标注样式，并将其设为当前样式。在“注释”选项卡的“标注”选项组中单击“更新”按钮，然后选择所有尺寸标注，按回车键便可更新操作。

第 9 章

应用与管理图块

本章概述

在绘图过程中，如果图形中有大量相同或相似的内容，或者所绘制的图形与已有的图形文件相同，则可以把重复绘制的图形创建成块（也称为图块），并根据需要为块创建属性，并指定名称、用途及设计者信息等，以便于在需要时直接插入使用，从而提高绘图效率。通过本章的学习，读者可以掌握图块的创建与使用、属性的定义、外部参照以及设计中心的应用等知识与操作技巧。

学习目标

- 了解标注的组成要素
- 掌握标注的样式创建与管理
- 掌握常用尺寸标注的应用
- 掌握引线的应用
- 掌握尺寸标注的编辑

实例预览

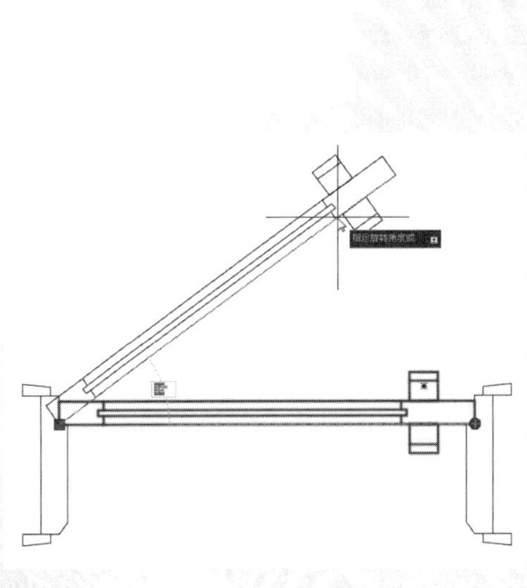

旋转动态块

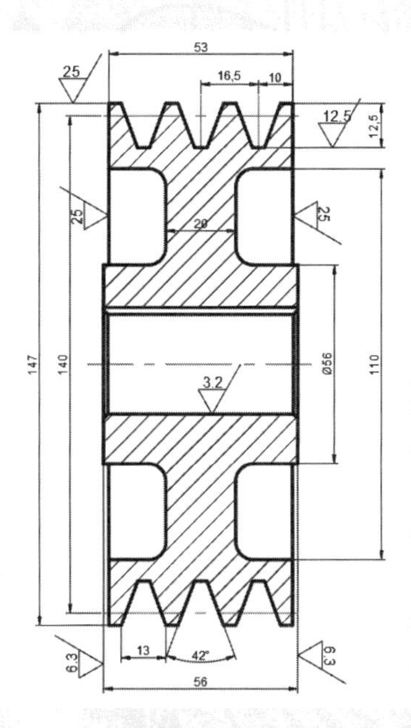

粗糙度符号

9.1 图块的创建与应用

图块是将图形中的一个或多个实体组成一个整体，在该图形单元中，各实体可以具有各自的图层、线型、颜色等特征，并将其视为一个整体，以便在图形中编辑和调用。在图形中修改或更新一个已定义的图块时，将会自动更新图中插入的所有该图块，从而为用户的工作带来极大的方便。

9.1.1 创建图块

图块分为内部图块和外部图块两类。内部图块只能在定义它的图形文件中调用，存储在图形文件内部；外部图块则是以文件的形式保存于计算机中，用户可以将其调用到其他图形文件中。

（1）内部图块

用户可以通过以下方式创建内部图块。

- 从菜单栏执行“绘图>块>创建”命令。
- 在“默认”选项卡的“块”面板中单击“创建”按钮。
- 在“插入”选项卡“块定义”面板中单击“创建块”按钮。
- 在“绘图”工具栏中单击“创建块”按钮。
- 在命令行输入 BLOCK 命令，然后按回车键。

执行以上任意一种方法均可以打开“块定义”对话框，如图 9-1 所示。

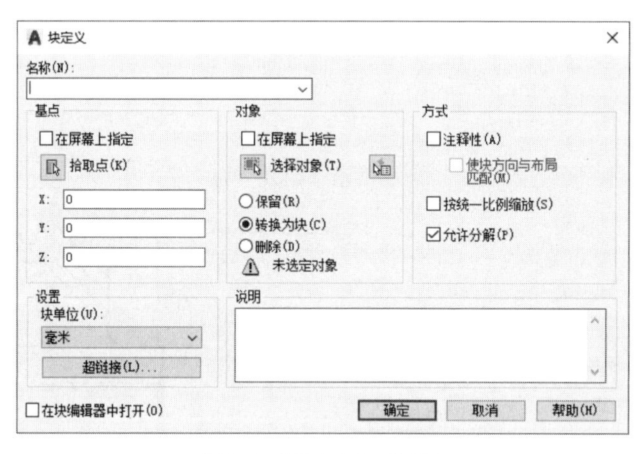

图 9-1 “块定义”对话框

其中，各选项的含义介绍如下。

- 名称：用于输入块的名称，最多可使用 255 个字符。
- 基点：该选项区用于指定图块的插入基点。系统默认图块的插入基点值为（0，0，0），用户可直接在 X、Y 和 Z 数值框中输入坐标相对应的数值，也可以单击“拾取点”按钮，切换到绘图区中指定基点。
- 对象：用于设置组成块的对象。单击“选择对象”按钮，可以切换到绘图窗口中选择组成块的各对象；也可单击“快速选择”按钮，在“快速选择”对话框中，设置所选择对象的过滤条件。

• 保留：勾选该选项，则表示创建块后仍在绘图窗口中保留组成块的各对象。

• 转换为块：勾选该选项，则表示创建块后将组成块的各对象保留并把它们转换成块。

• 删除：勾选该选项，则表示创建块后删除绘图窗口中组成块的各对象。

• 设置：该选项区用于指定图块的设置。

• 方式：该选项区中可以设置插入后的图块是否允许被分解、是否统一比例缩放等。

• 说明：该选项区用于指定图块的文字说明，在该文本框中，可以输入当前图块说明部分的内容。

• 超链接：单击该按钮，打开“插入超链接”对话框，从中可以插入超级链接文档。

• 在块编辑器中打开：选中该复选框，当创建图块后，进行块编辑器窗口中进行“参数”“参数集”等选项的设置。

技术要点

建筑设计中的家具、建筑符号等图形都需要重复绘制很多遍，如果先将这些复杂的图形创建成块，然后在需要的地方进行插入，这样绘图的速度则会大大提高。

（2）外部图块

写块也是创建块的一种，又叫外部图块，是将文件中的块作为单独的对象保存为一个新文件，被保存的新文件可以被其他对象使用。

外部图块不依赖于当前图形，它可以在任意图形中调入并插入。其实就是将这些图形变成一个新的、独立的图形。用户可以通过以下方式创建外部图块。

• 在“插入”选项卡“块定义”面板中单击“写块”按钮。

• 在命令行输入 WBLOCK 命令，然后按回车键。

执行以上任意一种方法均可以打开“写块”对话框，如图 9-2 所示。

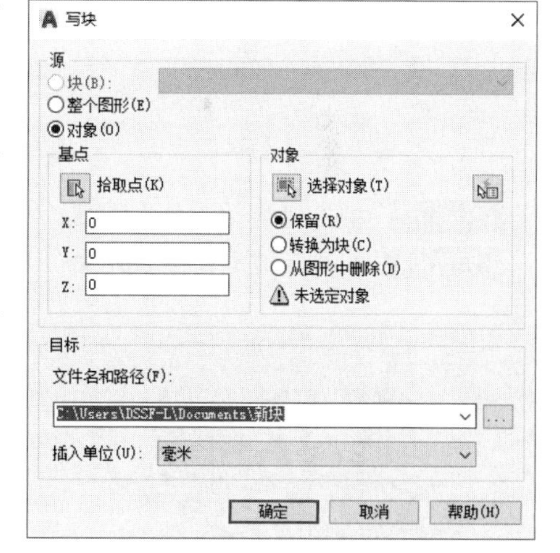

图 9-2 “写块”对话框

该对话框中各选项说明如下。

• 块：如果当前图形中含有内部图块，选中此按钮，可以在右侧的下拉列表框中选择一个内部图块，系统可以将此内部图块保存为外部图块。

• 整个图形：单击此按钮，可以将当前图形作为一个外部图块进行保存。

• 对象：单击此按钮，可以在当前图形中任意选择若干个图形，并将选择的图形保存为外部图块。

• 基点：用于指定外部图块的插入基点。

• 对象：用于选择保存为外部图块的图形，并决定图形被保存为外部图块后是否删除图形。

• 目标：主要用于指定生成外部图块的名称、保存路径和插入单位。

• 插入单位：用于指定外部图块插入到新图形中时所使用的单位。

技术要点

内部块和外部块之间还是有区别的。内部块只能在当前文件中使用，不能用于其他文件中。外部块可以用于其他文件，也可以将创建的块插入到文件中。对于经常使用的图像对象，特别是标准图形可以将其保存为外部块，下次使用时直接调用该文件，这样可以大大提高工作效率。

动手练习——将花瓶图形创建成块

扫一扫 看视频

下面将花瓶图形定义为图块，具体操作步骤如下。

Step01 打开“素材/CH09/将花瓶图形创建成块.dwg”文件，如图 9-3 所示。

Step02 执行“块>创建”命令，打开“块定义”对话框，在名称输入框中输入块名称，如图 9-4 所示。

图 9-3 打开素材

图 9-4 “块定义”对话框

Step03 单击“选择对象”按钮，在绘图区中选择花瓶图形，如图 9-5 所示。

Step04 按回车键返回“块定义”对话框，如图 9-6 所示。

图 9-5 选择图形对象

图 9-6 返回对话框

Step05 单击“拾取点”按钮返回绘图区，指定花瓶底部作为插入基点，如图 9-7 所示。

Step06 单击鼠标确认基点后，返回“块定义”对话框，如图 9-8 所示。

图 9-7　指定基点

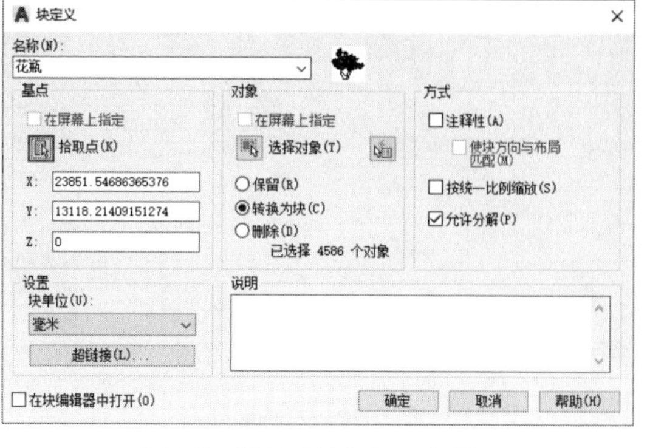

图 9-8　返回“块定义”对话框

Step07 单击“确定”按钮关闭对话框，即可完成图块的定义，选择图块并将鼠标放在图块上，可以看到“块参照”的提示，如图 9-9 所示。

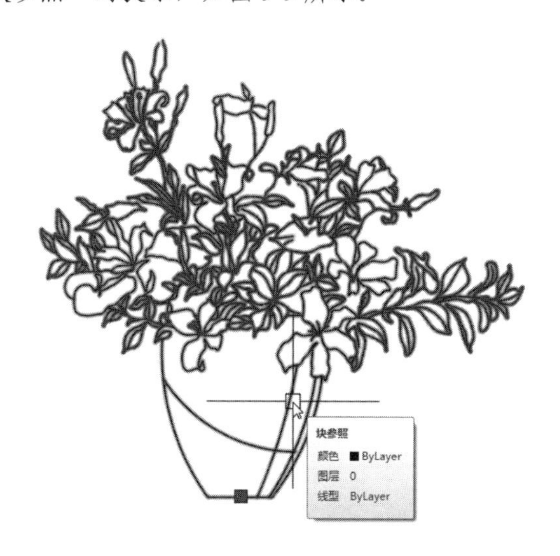

图 9-9　完成图块的定义

扫一扫　看视频

动手练习——存储双人床组合图块

下面利用“写块”功能将图纸中的双人床图形存储为图块，具体操作步骤如下。

Step01 打开“素材/CH09/存储双人床组合图块.dwg”文件，如图 9-10 所示。

Step02 在“插入”选项卡的“块定义”面板中单击“写块”按钮，打开“写块”对话框，如图 9-11 所示。

Step03 单击“选择对象”按钮，在绘图区中选择双人床图形，如图 9-12 所示。

Step04 按回车键返回“写块”对话框，如图 9-13 所示。

Step05 单击“拾取点”按钮，在绘图区中指定插入基点，如图 9-14 所示。

Step06 单击鼠标后返回“写块”对话框，如图 9-15 所示。

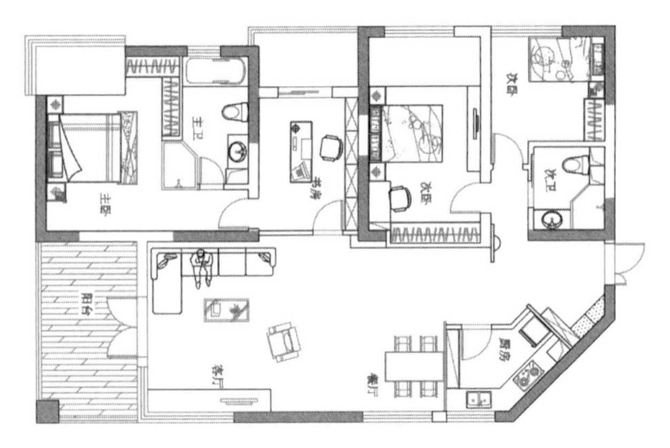

图 9-10　打开素材

图 9-11　“写块”对话框

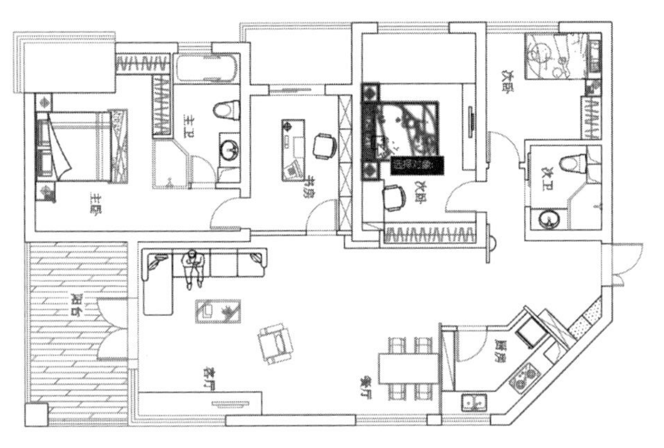

图 9-12　选择图形对象

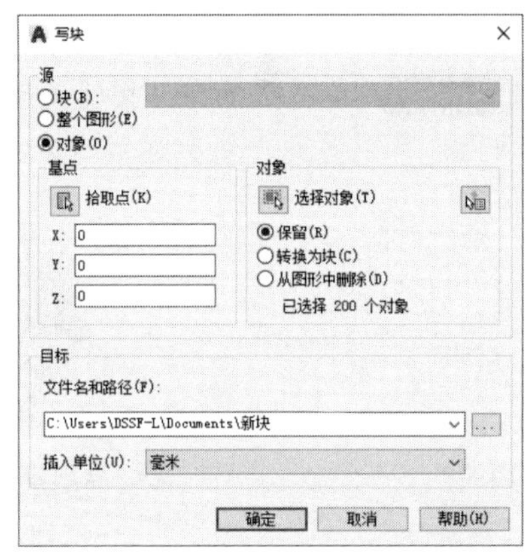

图 9-13　返回“写块”对话框

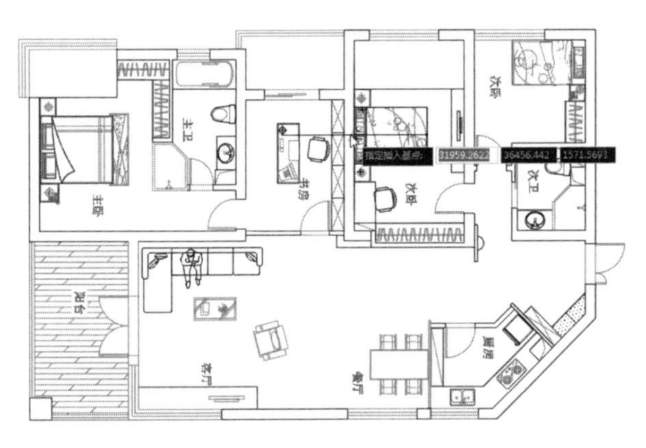

图 9-14　指定插入基点

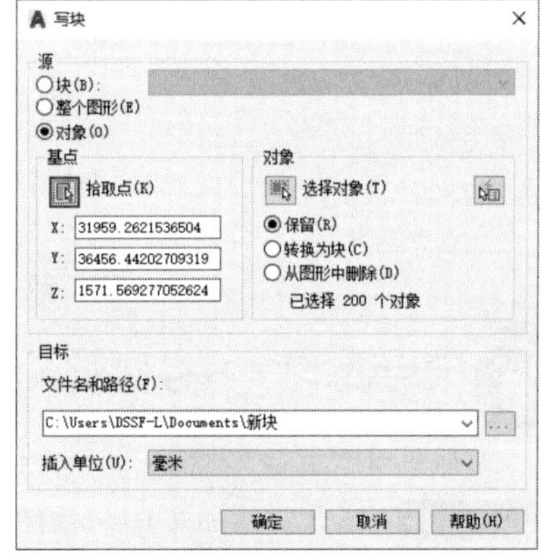

图 9-15　返回“写块”对话框

▶Step07 在“目标”选项组单击“文件名和路径”右侧的“浏览”按钮，打开“浏览图形文件”对话框，选择图块存储路径，并输入图块名称，单击“保存”按钮，如图 9-16 所示。

▶Step08 返回到“写块”对话框，再单击“确定”按钮关闭对话框，即可完成图块的存储操作，如图 9-17 所示。

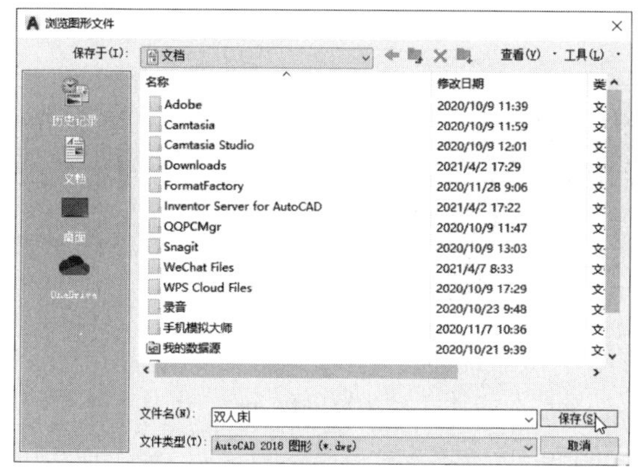

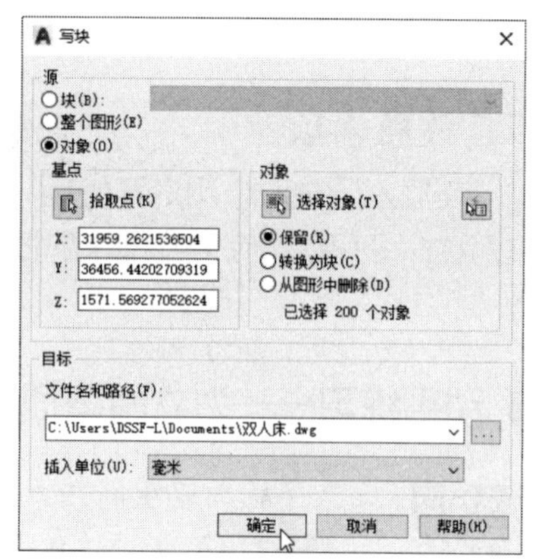

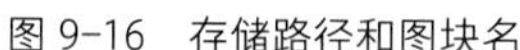

图 9-16　存储路径和图块名

图 9-17　完成操作

9.1.2 插入图块

插入块是指将定好的内部或外部图块插入到当前图形中。在插入图块或图形时，必须指定插入点、比例与旋转角度。插入图形为图块时，程序会将指定的插入点当作图块的插入点，但可先打开原来的图形，并重新定义图块以改变插入点。

用户可以通过以下方式调用插入块命令。

- 在“默认”选项卡的“块”面板中单击“插入”按钮。
- 在“插入”选项卡的“块”面板中单击“插入”按钮。
- 在菜单栏中执行“插入>块选项板”命令。
- 在命令行中输入快捷命令 INSERT，然后按回车键。

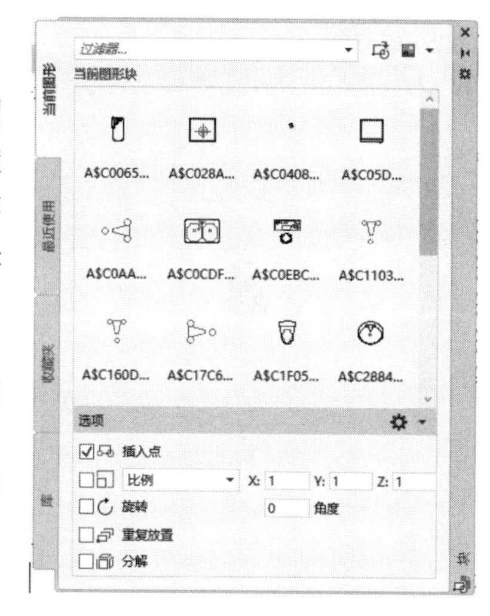

图 9-18 “块”选项板

执行以上任意一种操作后，即可打开“块”选项板，用户可以通过“当前图形”“最近使用”“收藏夹”以及“库”这四个选项卡访问图块，如图 9-18 所示。

下面对“块”选项板中的主要选项卡进行说明。

- 当前图形：该选项卡将当前图形中的所有块定义显示为图标或列表。
- 最近使用：该选项卡显示所有最近插入的块。在该选项卡中的图块可以被清除。
- 收藏夹：该选项卡主要用于图块的云存储，方便在各个设备之间共享图块。
- 库：该选项卡用于存储在单个图形文件中的块定义集合。用户可以使用 Autodesk 或其他厂商提供的块库或自定义块库。

此外，在“当前图形”选项卡的“选项”列表中，用户还可以对图块的比例、图块的位置、图块的复制以及图块的分解进行设置。

- 插入点：用于设置插入块的位置。
- 比例：用于设置块的比例。“统一比例”复选框用于确定插入块在 X、Y、Z 这 3 个方向的插入块比例是否相同。若勾选该复选框，就只需要在 X 文本框中输入比例值。
- 旋转：用于设置插入图块的旋转度数。
- 重复放置：用于可重复指定多个插入点。
- 分解：用于将插入的图块分解成组成块的各基本对象。

注意事项

在插入图块时，用户可使用“定数等分”或“测量”命令进行图块的插入。但这两种命令只能用在内部图块的插入，而无法对外部图块进行操作。

动手练习——为立面图插入洁具图块

扫一扫 看视频

下面为卫生间立面图插入马桶图块，具体操作步骤如下。

Step01 打开“素材/CH09/为立面图插入洁具图块.dwg”文件，如图9-19所示。

Step02 在命令行中输入i快捷键，打开“块”设置面板，单击该面板上方按钮，打开“选择要插入的文件”对话框，在此选择要插入的马桶图块，单击“打开”按钮，如图9-20所示。

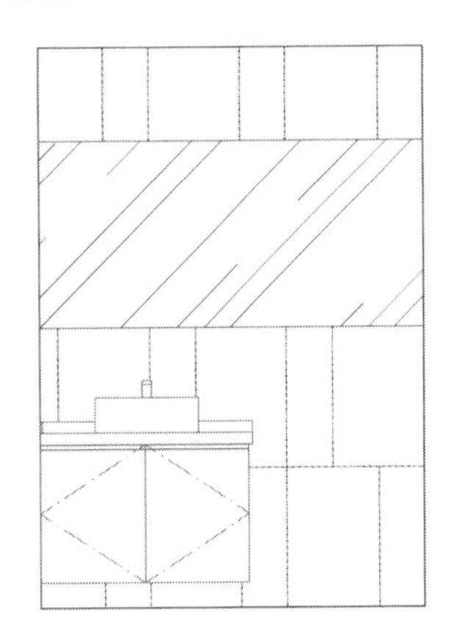

图9-19 打开素材图形

图9-20 “选择要插入的文件”对话框

Step03 此时在“块”面板中会显示出该图块，如图9-21所示。

Step04 在绘图区中指定好插入点，即可完成马桶图块的插入操作，如图9-22所示。

Step05 执行“修剪”命令，修剪被马桶覆盖的线段，即可完成操作，如图9-23所示。

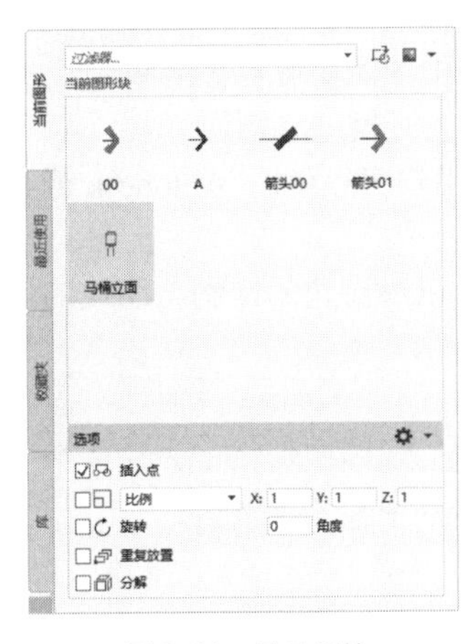

图9-21 显示图块

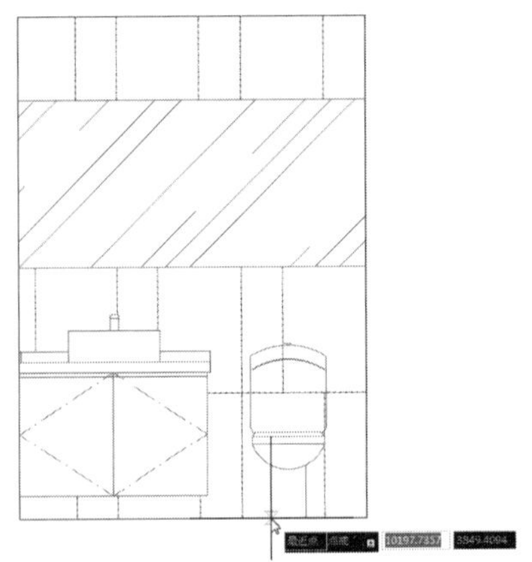

图9-22 指定插入点

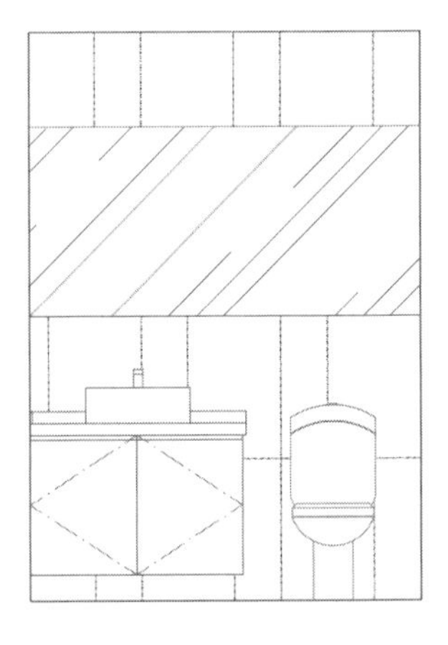

图9-23 修剪图块

9.2 编辑与管理块属性

属性是与图块相关联的文本，比如，将尺寸、材料、数量等信息作为属性保存在门图块中。属性既可以文本形式展现在屏幕上，也可以不可见的方式存储在图形中，与块相关联的属性可从图中提取出来并转换成数据资料的形式。

9.2.1 定义图块属性

文字对象等属性包含在块中，若要进行编辑和管理块，就要先创建块的属性，使属性和图形一起定义在块中，才能在后期进行编辑和管理。

用户可以通过以下方式定义属性。

- 从菜单栏执行“绘图>块>定义属性”命令。
- 在“默认”选项卡的“块”面板中单击“定义属性”按钮。
- 在“插入”选项卡“块定义”面板中单击“定义属性”按钮。
- 在命令行输入 ATTDEF 命令并按回车键。

执行以上任意一种方法均可以打开“属性定义”对话框，如图 9-24 所示。

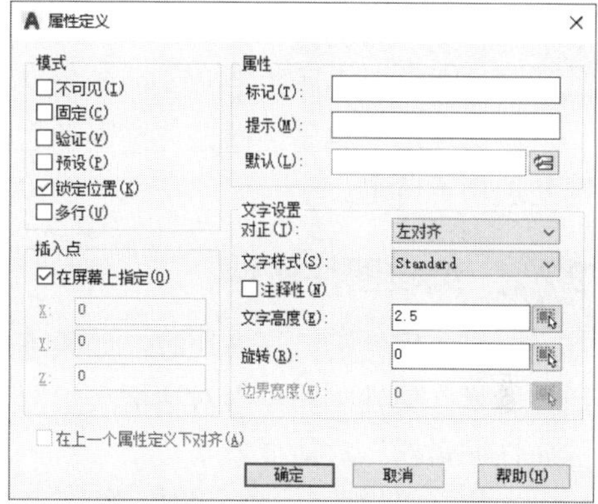

图 9-24 “属性定义”对话框

“属性定义”对话框中各选项的含义介绍如下。

（1）模式

“模式”选项组用于在图形中插入块时，设定与块关联的属性值选项。

- 不可见：用于确定插入块后是否显示属性值。
- 固定：用于设置属性是否为固定值，为固定值时插入块后该属性值不再发生变化。
- 验证：用于验证所输入的属性值是否正确。
- 预设：用于确定是否将属性值直接预置成它的默认值。
- 锁定位置：锁定块参照中属性的位置，解锁后，属性可以相对于使用夹点编辑的块的其他部分移动，并且可以调整多行文字属性的大小。
- 多行：指定属性值可以包含多行文字。选定此选项后，可以指定属性的边界宽度。

（2）属性

“属性”选项组用于设定属性数据。

- 标记：标识图形中每次出现的属性。
- 提示：指定在插入包含该属性定义的块时显示的提示。如果不输入提示，属性标记将用作提示。如果在“模式”选项组选择“固定”模式，“提示”选项将不可用。
- 默认：指定默认属性值。单击后面的“插入字段”按钮，显示“字段”对话框，可以插入一个字段作为属性的全部或部分值；选定“多行”模式后，显示“多行编辑器”按钮，单击此按钮将弹出具有“文字格式”工具栏和标尺的在位文字编辑器。

（3）插入点

“插入点”选项组用于指定属性位置。

- 在屏幕上指定：在绘图区中指定一点作为插入点。
- X/Y/Z：在数值框中输入插入点的坐标。

（4）文字设置

“文字设置”选项组用于设定属性文字的对正、样式、高度和旋转。

- 对正：用于设置属性文字相对于参照点的排列方式。
- 文字样式：指定属性文字的预定义样式。显示当前加载的文字样式。
- 注释性：指定属性为注释性。如果块是注释性的，则属性将与块的方向相匹配。
- 文字高度：指定属性文字的高度。
- 旋转：指定属性文字的旋转角度。
- 边界宽度：换行至下一行前，指定多行文字属性中一行文字的最大长度。此选项不适用于单行文字属性。

（5）在上一个属性定义下对齐

该选项用于将属性标记直接置于之前定义的属性的下方。如果之前没有创建属性定义，则此选项不可用。

9.2.2 编辑图块属性

定义块属性后，插入块时，如果不需要属性完全一致的块，就需要对块进行编辑操作。通过“增强属性编辑器”对话框可以对图块进行部分编辑。用户可以通过以下方式打开“增强属性编辑器”对话框。

- 执行“修改>对象>属性>单个/多个”命令，根据提示选择块。

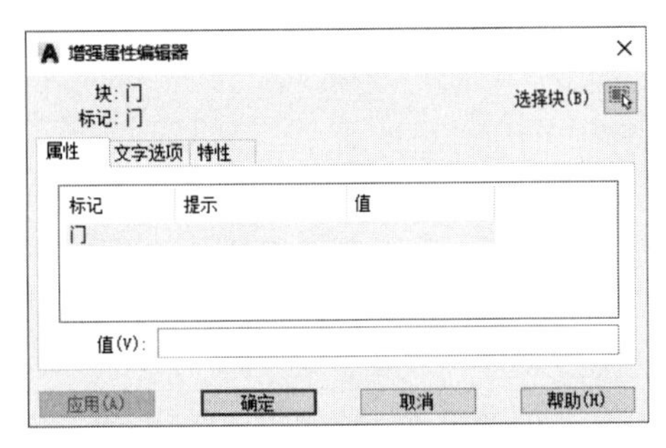

图 9-25 “增强属性编辑器”对话框

- 在“默认”选项卡的“块”面板中单击“编辑属性”下拉按钮，从中选择“单个”按钮/“多个”按钮。
- 在“插入”选项卡的“块”面板中单击“编辑属性”下拉按钮，从中选择“单个”按钮/“多个”按钮。
- 在命令行输入 EATTEDIT 命令并按回车键，根据提示选择块。

执行以上任意一种方法即可打开“增强属性编辑器”对话框，如图 9-25 所示。

“增强属性编辑器”对话框中各选项卡的含义介绍如下。

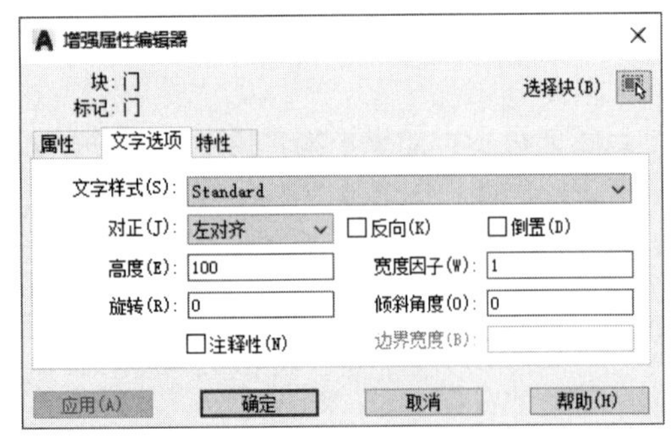

图 9-26 “文字选项”选项卡

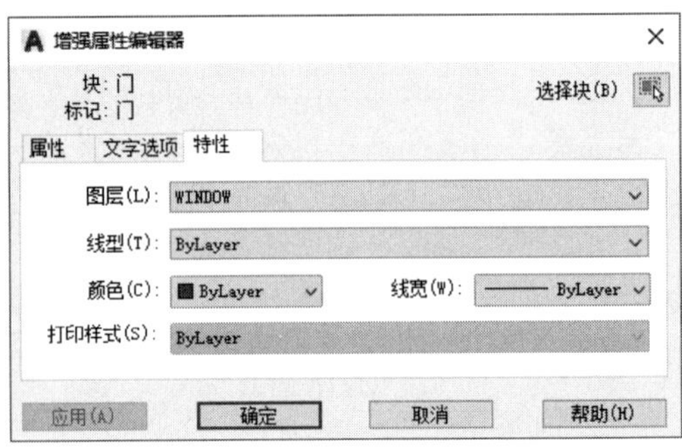

图 9-27 “特性”选项卡

• 属性：显示块的标识、提示和值。选择属性，对话框下方的值选项框将会出现属性值，可以再该选型框中进行设置。

• 文字选项：该选项卡用来修改文字格式，包括文字样式、对正、高度、旋转、宽度因子、倾斜角度、反向和倒置等选项，如图 9-26 所示。

• 特性：在其中可以设置图层、线型、颜色、线宽和打印样式等选项，如图 9-27 所示。

动手练习——创建属性窗图块

扫一扫　看视频

下面将为建筑一层平面图添加属性窗图块，具体操作步骤如下。

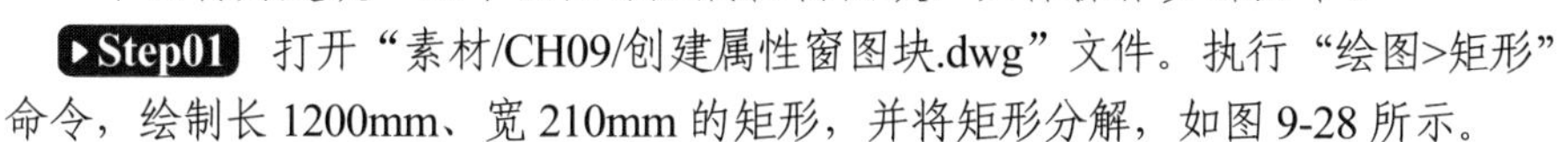

Step01 打开“素材/CH09/创建属性窗图块.dwg”文件。执行“绘图>矩形”命令，绘制长 1200mm、宽 210mm 的矩形，并将矩形分解，如图 9-28 所示。

Step02 执行“定数等分”命令，将矩形左侧边线等分成 3 份，然后捕捉等分点绘制等分线，如图 9-29 所示。

图 9-28　绘制矩形

图 9-29　等分矩形

Step03 执行“定义属性”命令，打开“属性定义”对话框，将“标记”和“默认”均设为“W12”，将“文字高度”设为 100，如图 9-30 所示。

Step04 设置好后单击“确定”按钮，在绘图区中指定好标记插入点，如图 9-31 所示。

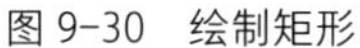

图 9-30　绘制矩形

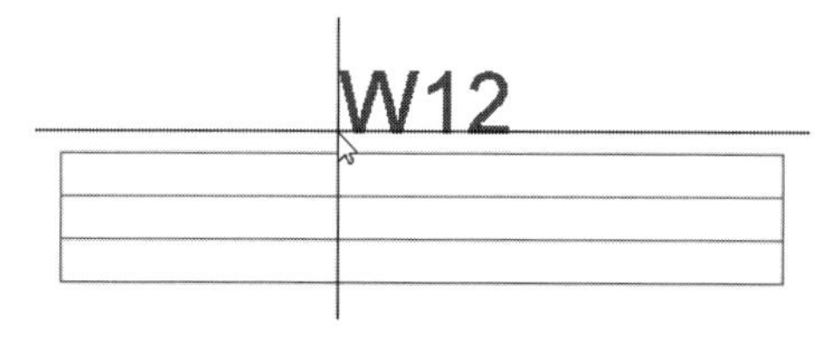

图 9-31　等分矩形

Step05 执行“块>创建”命令，打开“块定义”对话框，单击“选择对象”按钮，选择创建的窗图形及文字标记，按回车键，返回对话框，为该图块进行命名，单击“确定”按钮，如图 9-32 所示。

Step06 在打开的“编辑属性”对话框中，将标记设为 W12-01，单击“确定”按钮，如图 9-33 所示。

Step07 此时创建的图块标记将会发生相应的变化。将该图块放置于墙体所需位置，如图 9-34 所示。

Step08 复制该属性图块至其他窗洞，双击其属性文字，在打开的“增强属性编辑器”对话框的“值”选项中，更改其属性内容，单击“确定”按钮，如图 9-35 所示。

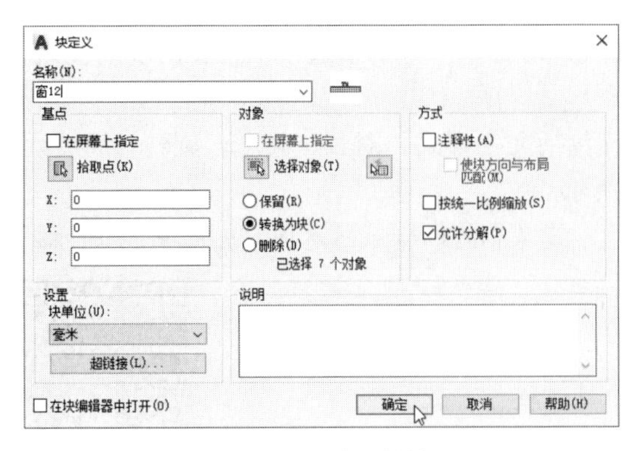

图 9-32　创建属性块

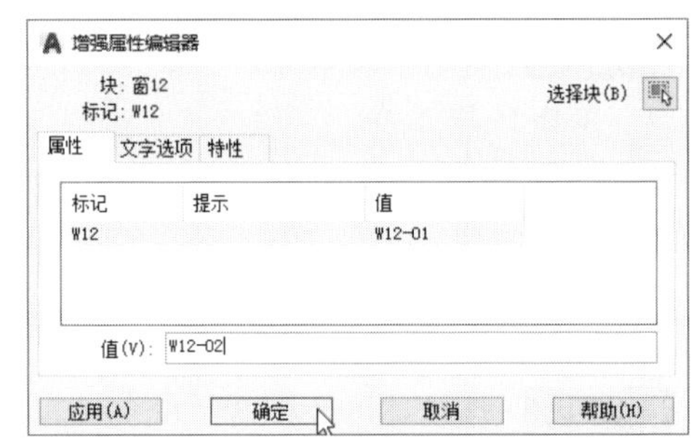

图 9-33　编辑属性内容

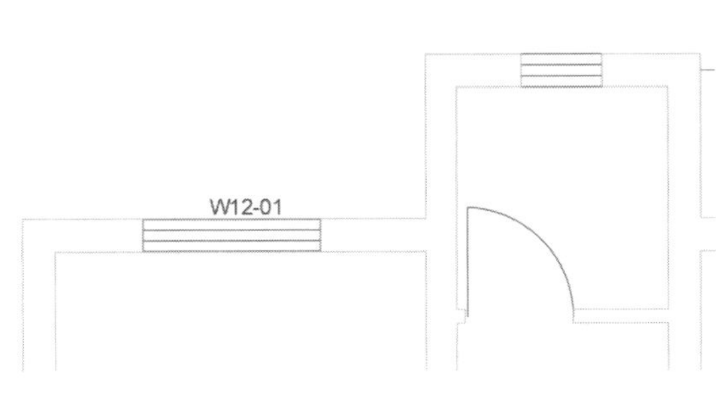

图 9-34　创建属性块

图 9-35　编辑属性内容

Step09 设置完成后，复制后的属性窗图块的标记内容也发生了相应的变化，如图 9-36 所示。按照同样的操作，完成其他属性窗图块的添加操作。

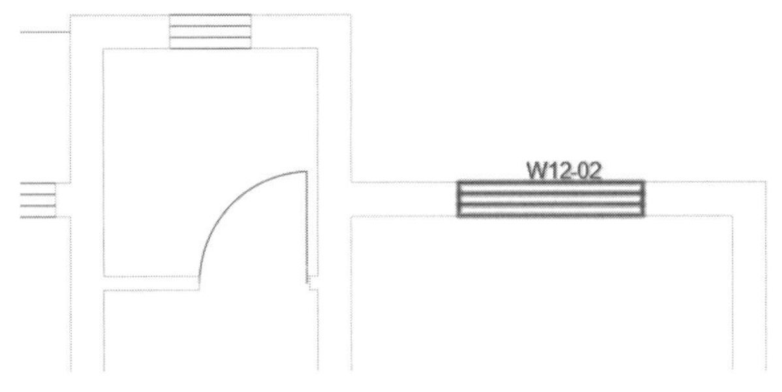

图 9-36　属性窗图块标记

9.2.3　块属性管理器

在“插入”选项卡“块定义”面板中单击“管理属性”按钮，即可打开“块属性管理器”对话框，如图 9-37 所示，从中即可编辑定义好的属性图块。

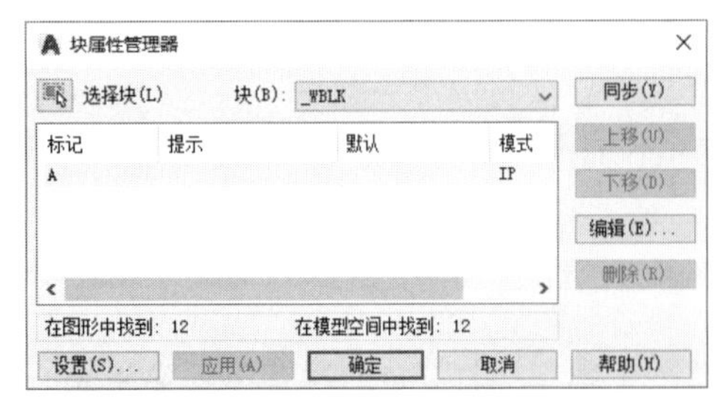

图 9-37　“块属性管理器”对话框

下面将对“块属性管理器”对话框中各选项的含义进行介绍。

- 块：列出当前图形中定义属性后的图块。
- 属性列表：显示当前选择图块的属性特性。
- 同步：更新具有当前定义的属性特性的选定块的全部实例。

• 上移和下移：在提示序列的早期阶段移动选定的属性标签。

• 编辑：单击“编辑”按钮，可以打开“编辑属性”对话框。在该对话框中可以修改定义图块的属性，如图 9-38 所示。

• 删除：从块定义中删除选定的属性。

• 设置：单击“设置”按钮，可以打开“块属性设置”对话框，如图 9-39 所示，从中可以设置属性信息的列出方式。

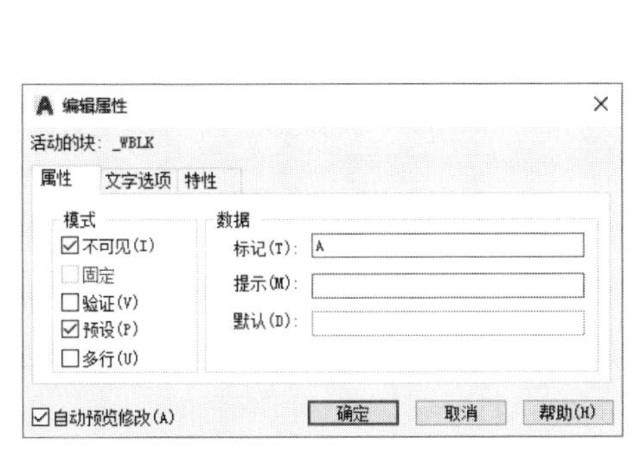

图 9-38 “编辑属性”对话框

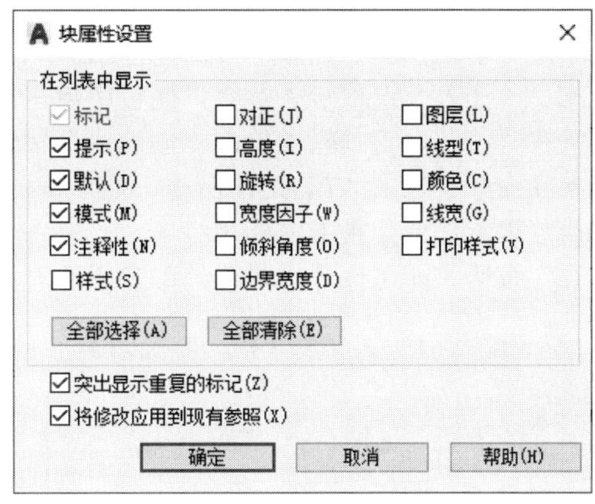

图 9-39 “块属性设置”对话框

9.3 外部参照

外部参照与块有相似的地方，但也有一定的区别。一旦在图形中插入块，该块就永久性地成为当前图形的一部分；而使用外部参照的方式插入图形，该图形的信息并不直接成为当前图形的一部分，只是记录参照的关系，如参照图形文件的路径等信息。当打开具有外部参照的图形时，系统会自动把外部参照图形文件调入内存并在当前图形中显示出来。

在图形数据文件中，有用来记录块、图层、线型及文字样式等内容的表，表中的项目称为命名目标。对于那些位于外部参照文件中的组成项，则称为外部参照文件的依赖符。

9.3.1 附着外部参照

用户可以将其他文件的图形作为参照图形附着到当前图形中，这样可以通过在图形中参照其他用户的图形来协调各用户之间的工作，查看图形之间是否相匹配。

外部参照的类型共分为 3 种，分别为“附着型”“覆盖型”以及“路径类型”。

• 附着型：在图形中附着附加型的外部参照时，若其中嵌套有其他外部参照，则将嵌套的外部参照包含在内。

• 覆盖型：在图形中附着覆盖型外部参照时，任何嵌套在其中的覆盖型外部参照都将被忽略，而且本身也不能显示。

• 路径类型：设置是否保存外部参照的完整路径。如果选择该选项，外部参照的路径将保存到数据库中，否则将只保存外部参照的名称而不保存其路径。

注意事项

插入块后，该图块将永久性地插入到当前图形中，并成为图形的一部分。而以外部参照方式插入图块后，被插入图形文件的信息并不直接加入到当前图形中，当前图形只记录参照的关系。另外，对当前图形的操作不会改变外部参照文件的内容。

用户可以通过以下几种方法附着外部参照。

- 从菜单栏执行“插入>外部参照”命令。
- 在“插入”选项卡“参照”面板中单击“附着”按钮。
- 在“绘图”工具栏中单击“创建块”按钮。
- 在命令行输入 ATTACH 命令，然后按回车键。

执行以上任意一种方法即可打开“选择参照文件”对话框，选择需要的图形文件，单击“打开”按钮，即可打开“附着外部参照”对话框，如图 9-40、图 9-41 所示。

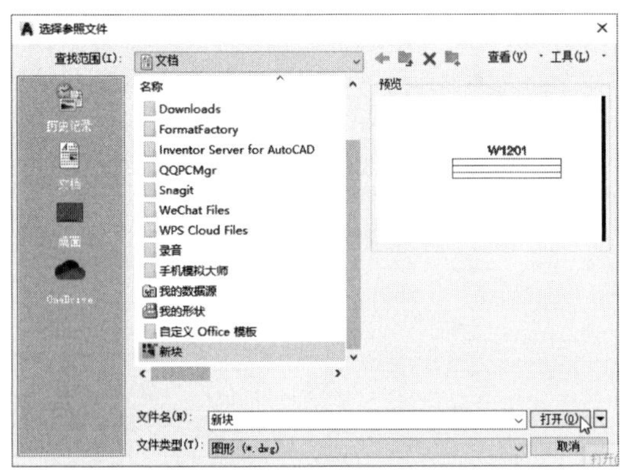

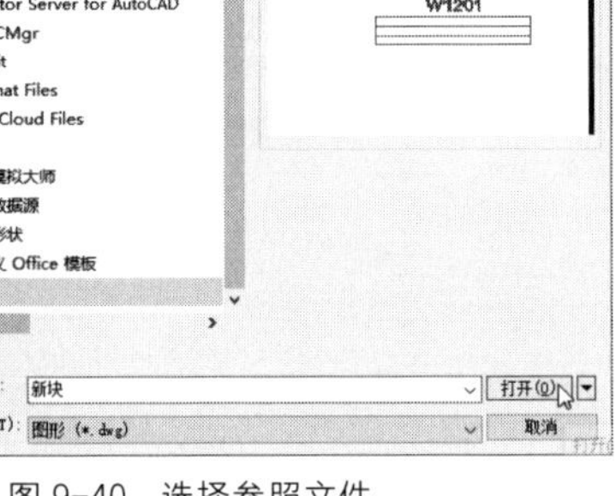

图 9-40　选择参照文件

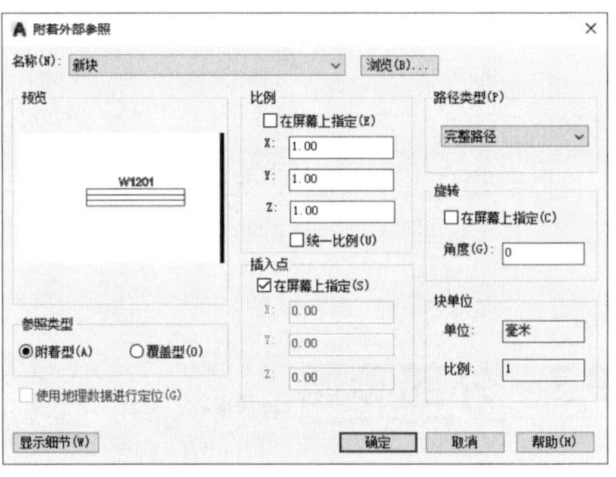

图 9-41　“附着外部参照”对话框

“附着外部参照”对话框中各选项说明如下。

- 预览：该显示区域用于显示当前图块。
- 参照类型：用于指定外部参照是“附着型”还是“覆盖型”，默认设置为“附着型”。
- 比例：用于指定所选外部参照的比例因子。
- 插入点：用于指定所选外部参照的插入点。
- 路径类型：用于指定外部参照的路径类型，包括完整路径、相对路径或无路径。若将外部参照指定为“相对路径”，需先保存当前文件。
- 旋转：用于为外部参照引用指定旋转角度。
- 块单位：用于显示图块的尺寸单位。
- 显示细节：单击该按钮，可显示“位置”和“保存路径”两选项，“位置”用于显示附着的外部参照的保存位置；“保存路径”用于显示定位外部参照的保存路径，该路径可以是绝对路径（完整路径）、相对路径或无路径。

技术要点

在编辑外部参照的时候，外部参照文件必须处于关闭状态，如果外部参照处于打开状态，程序会提示图形上已存在文件锁。保存编辑外部参照后的文件，外部参照也会随着一起更新。

9.3.2 绑定外部参照

用户在对包含外部参照的图块的图形进行保存时，可有两种保存方式：一种是将外部参照图块与当前图形一起保存；而另一种则是将外部参照图块绑定至当前图形。如果选择第一种方式，要求是参照图块与图形始终保持在一起，对参照图块的任何修改持续反映在当前图形中。为了防止修改参照图块时更新归档图形，通常都是将外部参照图块绑定到当前图形。

绑定外部参照图块到图形上后，外部参照将成为图形中固有的一部分，而不再是外部参照文件了。

选择外部参照图形，执行“修改>对象>外部参照”命令，在打开的级联菜单中选择“绑定”选项，即可打开“外部参照绑定”对话框，如图 9-42 所示。

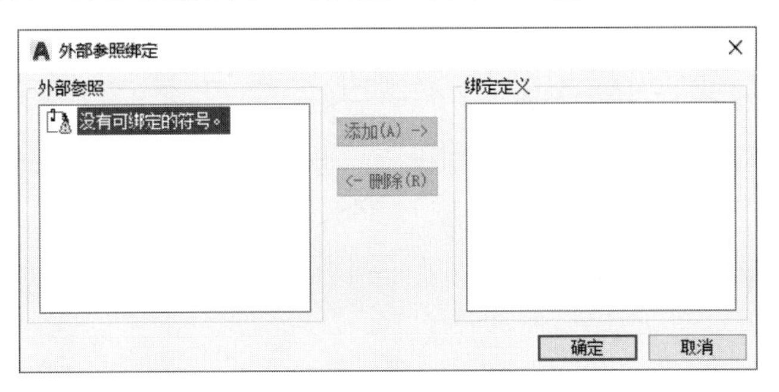

图 9-42 “外部参照绑定”对话框

9.3.3 编辑外部参照

块和外部参照都被视为参照，用户可以使用在位参照编辑来修改当前图形中的外部参照，也可以重定义当前图形中的块定义。

用户可以通过以下方式打开“参照编辑”对话框。

- 从菜单栏执行“工具>外部参照和块在位编辑>在位编辑参照”命令。
- 在“插入”选项卡“参照”面板中，单击“参照”下拉菜单按钮，在弹出的列中单击“编辑参照”按钮。
- 在命令行输入 REFEDIT 命令，然后按回车键。
- 双击需要编辑的外部参照图形。

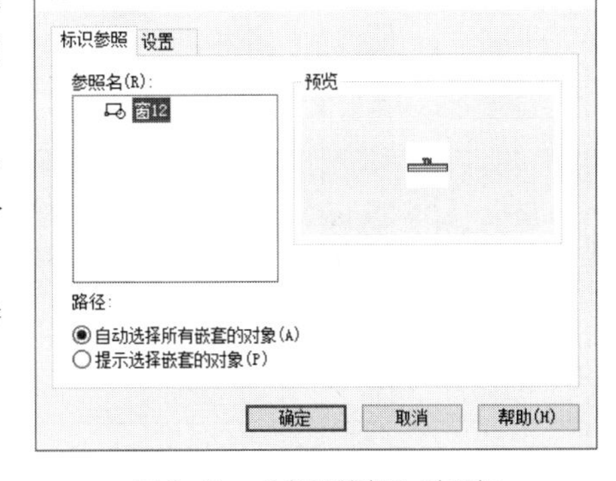

图 9-43 “参照编辑”对话框

执行以上任意一种方法，选择参照图形后按回车键，即可打开“参照编辑”对话框，再单击“确定”按钮可进入参照编辑状态，如图 9-43 所示。

9.4 动态块的创建与编辑

在使用块时，经常会遇到图块的某个外观有些区别而大部分结构形状相同的情况。AutoCAD 提供了强大的动态块功能，可以把大量具有相同特性的块表现为一个块，在块中增加了长度、角度等不同的参数以及缩放、旋转等动作。在使用动态块时，仅需要调整一些参数就可以得到一个新的块，具有很好的灵活性和智能性。

9.4.1 动态块的使用

通俗地说，动态块就是“会动”的块，可以根据需要对块的整体或局部进行动态调整。“动态”会使动态块不但像块一样有整体操作的优势，还拥有块所没有的局部调整功能，如图 9-44、图 9-45 所示为利用动态块的自定义夹点调整图块的效果。

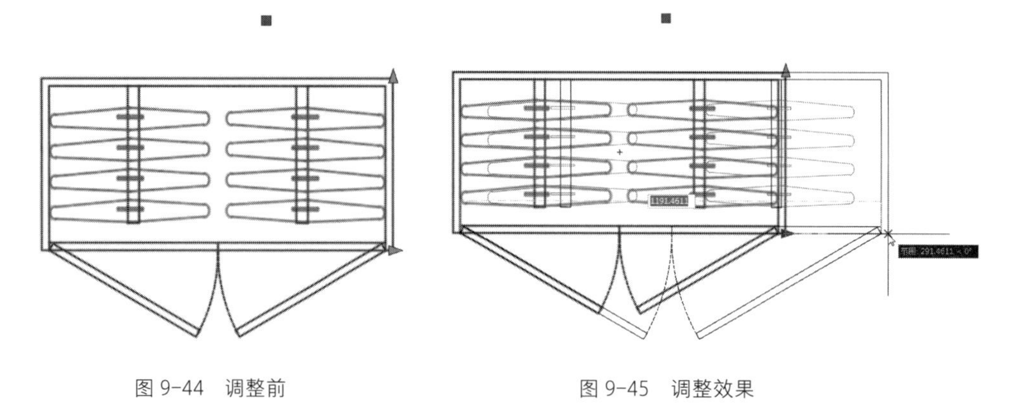

图 9-44 调整前　　图 9-45 调整效果

动态块中不同类型的自定义夹点含义如表 9-1 所示。

表 9-1 自定义夹点含义

参数	图例	支持的动作	说明
点		移动、拉伸	在图形中定义一个 X 和 Y 位置。在编辑器中，其外观类似于坐标标注
线性		移动、缩放、拉伸、阵列	可显示出两个固定点之间的距离，约束夹点沿预设角度的移动。在编辑器中，其外观类似于对齐标注
极轴		移动、缩放、拉伸、阵列、极轴拉伸	可显示出两个固定点之间的距离并显示角度值，可以使用夹点和“特性”选项板来共同更改距离值和角度值。在块编辑器中，其外观类似于对齐标注
XY		移动、缩放、拉伸、阵列	可显示出距参数基点的 X 距离和 Y 距离。在块编辑器中，显示为一对标注（水平标注和垂直标注）
旋转		旋转	可定义角度。在块编辑器中显示为一个圆
对齐		无	可定义 X 和 Y 位置以及一个角度。对齐参数总是应用于整个块，并且无须与任何动作相关联。允许块参照自动围绕一个点旋转，以便与图形中的另一个对象对齐。在编辑器中，其外观类似于对齐线
翻转		翻转	翻转对象。在块编辑器中显示为一条投影线，可以围绕这条投影线反转对象。将显示一个值，该值会显示出块参照是否已被翻转
可见性		无	可控制对象在块中的可见性。该参数总是应用于整个块，并且无须与任何动作相关联。在图形中单击夹点可以显示块参照中所有可见性状态的列表。在块编辑器中显示为带有关联夹点的文字
查询		查询	定义一个可以指定或设置为计算用户定义的列表或表中的值的自定义特性。该参数可以与单个查询夹点相关联。在块参照中单击该夹点可以显示可用值的列表。在编辑器中显示为带有关联夹点的文字
基点		无	在动态块参照中相对于该块中的集合图形定义一个基点，无法与任何动作相关联，但可以归属于某个动作的选择集。在块编辑器中显示为带有十字光标的圆

技术要点

某些动态块被定义为只能将块中的几何图形编辑为在块定义中指定的特定大小，使用夹点编辑参照时，标记将显示在该块参照的有效值位置。

9.4.2 动态块的创建

在动态块中，除了几何图形外，通常还会包含一个或多个参数和动作，以便于在绘图过程中更方便地应用图块。

（1）使用参数

向动态块定义添加参数可以定义块的自定义特性，指定几何图形在块中的位置、距离和角度。双击图块打开“编辑块定义”对话框，选择所需定义的块选项后单击“确定”按钮，即可进入块编辑界面，且会自动打开“块编写选项板”。该选项板包括“参数”“动作”“参数集”“约束”4 个选项卡，“参数”选项卡中包括点、线性、极轴、XY、旋转、对齐、翻转、可见性、查询、基点 10 个参数，如图 9-46 所示。备选项含义参见表 9-1。

（2）使用动作

添加参数后，在“动作”选项卡添加动作，才可以完成整个操作。“动作”选型卡由移动、缩放、拉伸、极轴拉伸、旋转、翻转、阵列、查询、块特性表 9 个动作组成，如图 9-47 所示。下面介绍选项卡中各动作的含义。

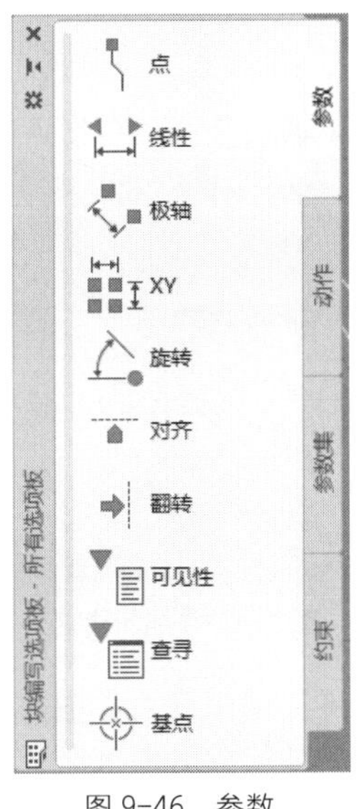

图 9-46　参数

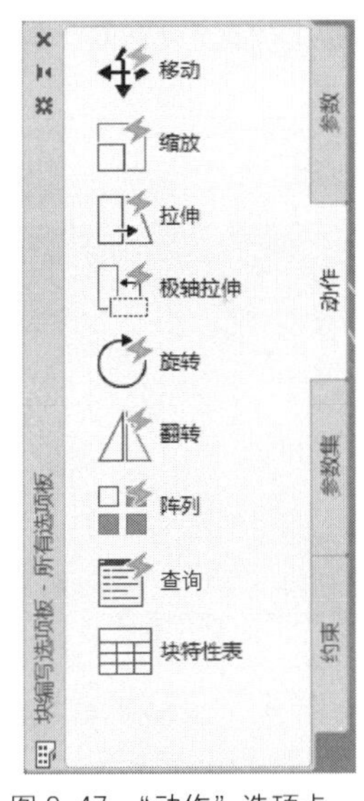

图 9-47　“动作”选项卡

• 移动：移动动态块。在点、线性、极轴、XY 等参数选项下可以设置该动作。

• 缩放：使图块进行缩放操作。在线性、极轴、XY 等参数选项下可以设置该动作。

• 拉伸：使对象在指定的位置移动和拉伸指定的距离。在点、线性、极轴、XY 等参数选项下可以设置该动作。

• 极轴拉伸：当通过“特性”选项板更改关联的极轴参数上的关键点时，该动作将使对象旋转、移动和拉伸指定的距离。在极轴参数选项下可以设置该动作。

- 旋转：使图块进行旋转操作。在旋转参数选项下可以设置该动作。
- 翻转：使图块进行翻转操作。在翻转参数选项下可以设置该动作。
- 阵列：使图块按照指定的基点和间距进行阵列。在线性、极轴、XY 等参数选线下可以设置该动作。
- 查询：添加并与查询参数相关联后，将创建一个查询表，可以使用查询表指定动态的自定义特性和值。

注意事项

动态块可以随文件一起被保存，而“块编辑器”选项卡正常情况下在功能区是不会显示出来的，只有在执行“块编辑器”命令的时候才会被激活。编辑图块后在“块编辑器”选项卡中单击“保存块”按钮，程序将会弹出提示警告，提醒是否要保存所做的更改。

动手练习——为图块添加缩放动作

扫一扫　看视频

下面为图块添加缩放动作，具体操作步骤如下。

Step01 打开“素材/CH09/为图块添加缩放动作.dwg”文件，如图 9-48 所示。

Step02 双击花瓶图块，打开“编辑块定义”对话框，系统会自动选择要编辑的图块，再单击“确定”按钮，如图 9-49 所示。

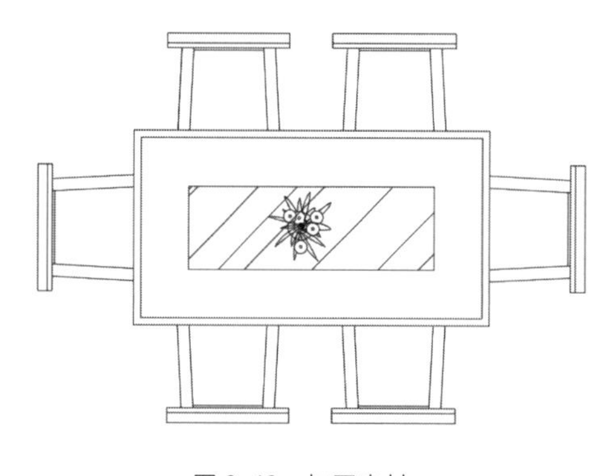

图 9-48　打开素材

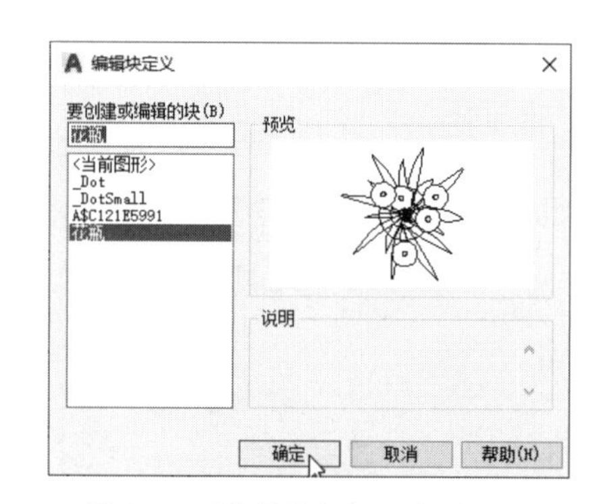

图 9-49　“编辑块定义”对话框

Step03 此时会打开“块编辑器”选项卡，图块进入编辑状态，且会自动打开“块编写选项板”，如图 9-50、图 9-51 所示。

Step04 在“块编写选项板”的“参数”面板中单击“极轴”按钮，捕捉创建极轴参数，如图 9-52 所示。

Step05 切换到“动作”面板，从中单击“缩放”按钮，根据提示选择极轴参数，如图 9-53 所示。

Step06 再选择要缩放的图形对象，如图 9-54 所示。

Step07 按回车键后完成操作，可以看到在极轴标注旁增加了一个“缩放”动作小图标，如图 9-55 所示。

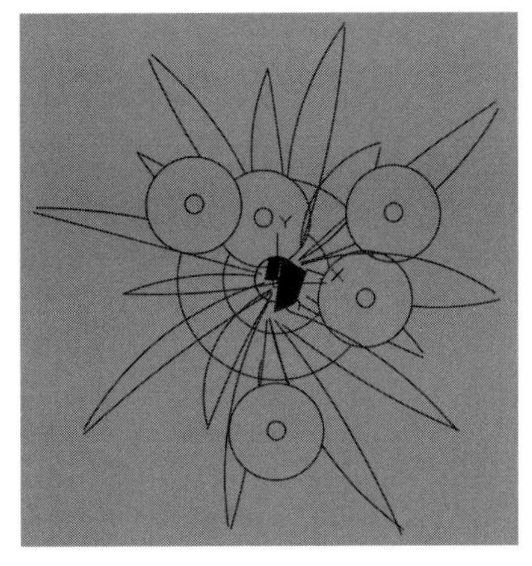

图 9-50　图块编辑状态

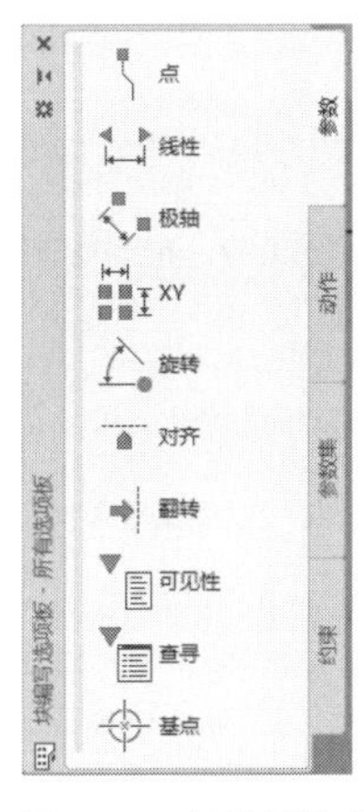

图 9-51　块编写选项板

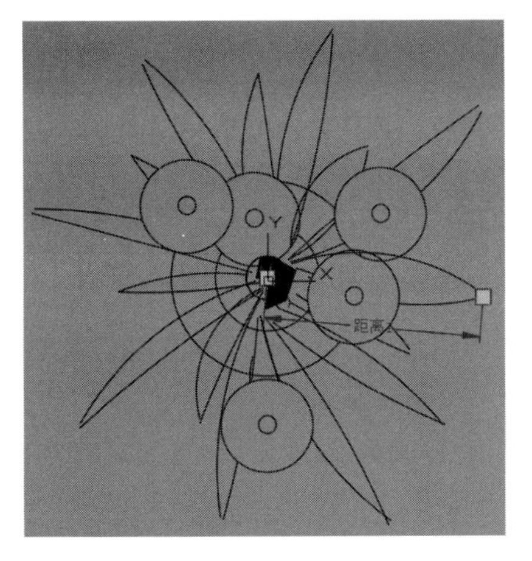

图 9-52　创建极轴标注参数

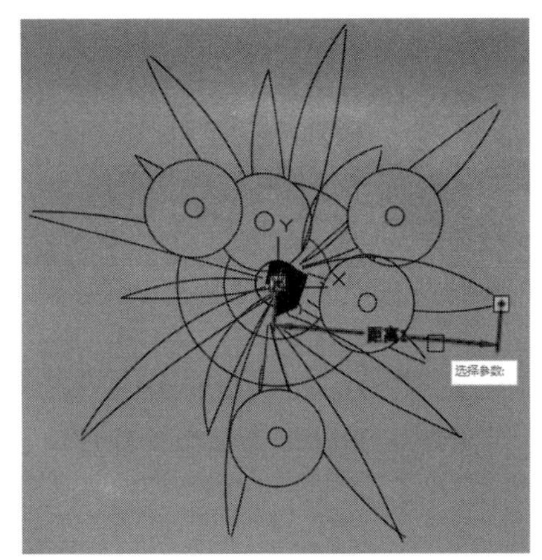

图 9-53　选择参数

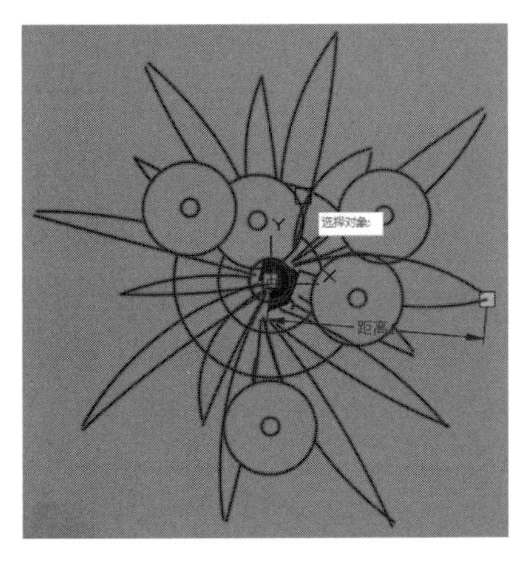

图 9-54　选择缩放对象

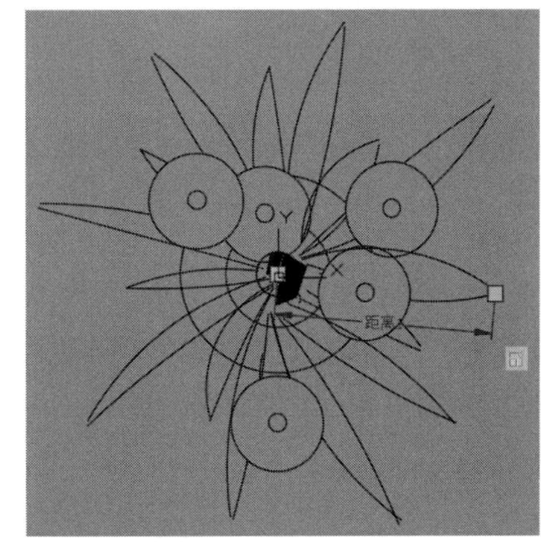

图 9-55　添加缩放动作

Step08 在“块编辑器”选项卡中单击“关闭块编辑器”按钮，此时会弹出“是否保存参数更改”提示，单击“保存更改”选项，如图 9-56 所示。

Step09 返回到绘图区，选择花瓶图块，可看到右侧多了一个浅蓝色的夹点，单击该夹点并拖动鼠标，即可控制图块的自由缩放，也可以直接输入缩放比例，如图 9-57 所示。

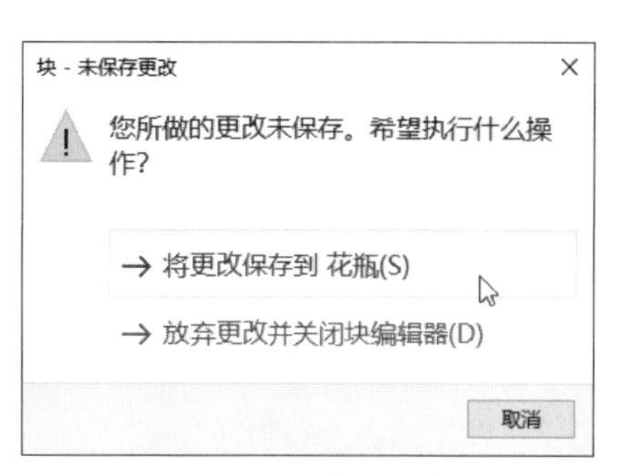

图 9-56　保存更改

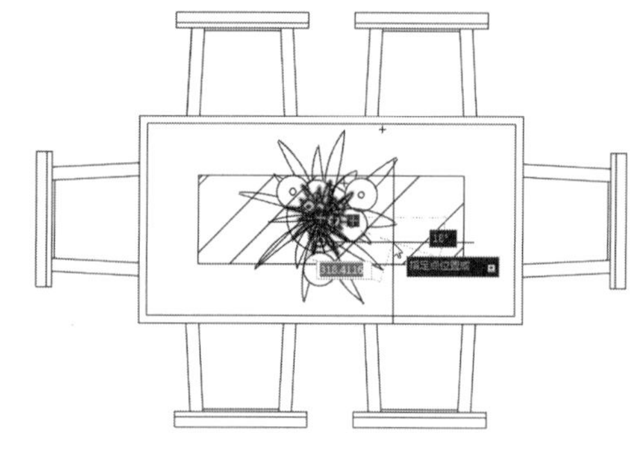

图 9-57　缩放图块

动手练习——为图块添加拉伸动作

扫一扫　看视频

下面为图块添加拉伸动作，具体操作步骤如下。

Step01 打开“素材/CH09/为图块添加拉伸动作.dwg”文件，如图 9-58 所示。

Step02 双击图块，打开“编辑块定义”对话框，如图 9-59 所示。

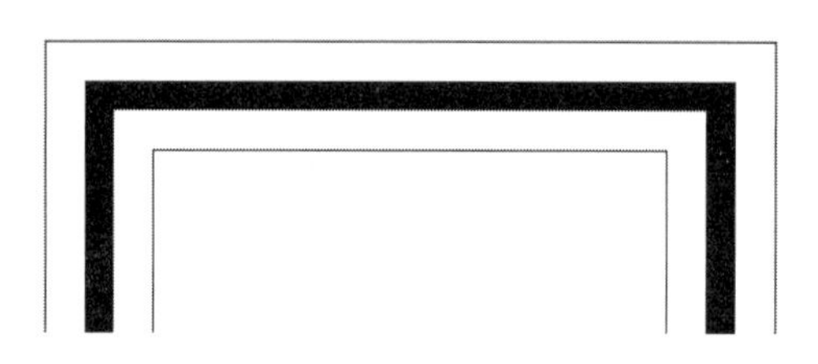

图 9-58　打开素材

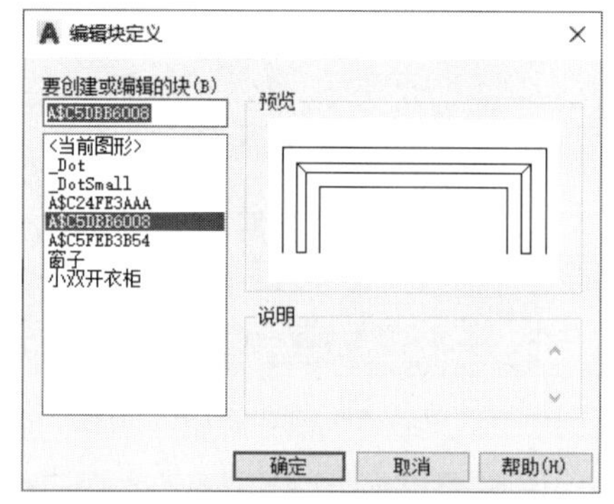

图 9-59　“编辑块定义”对话框

Step03 单击“确定”按钮进入块编辑状态，如图 9-60 所示。

Step04 在“块编写选项板”的“参数”面板中单击“线性”按钮，为窗户图形创建线性参数，如图 9-61 所示。

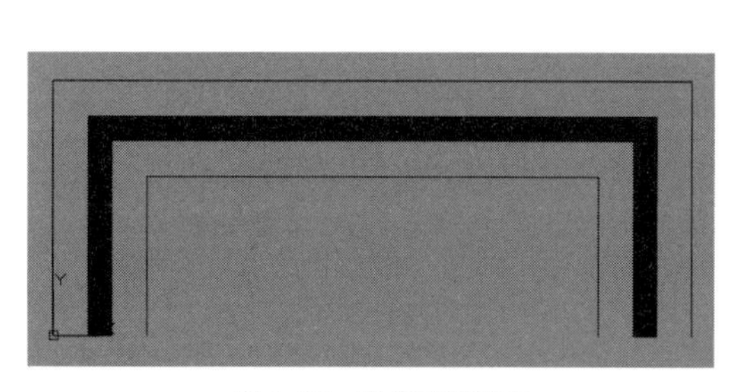

图 9-60　图块编辑状态

图 9-61　创建线性参数

Step05 切换到“动作”面板，从中单击“缩放”按钮，根据提示选择线性参数 1，如图 9-62 所示。

Step06 根据提示选择图形对象，如图 9-63 所示。

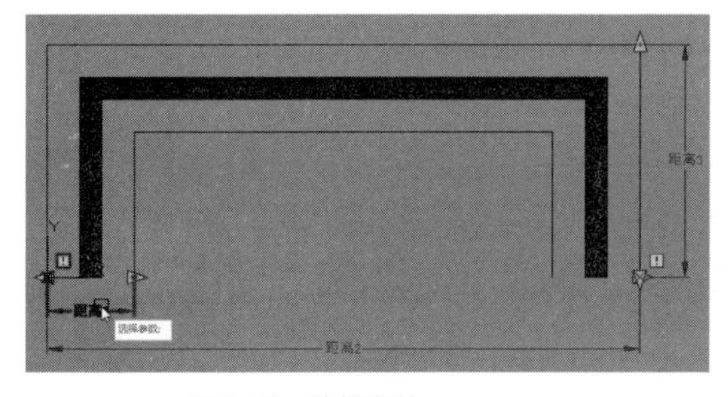

图 9-62　选择参数

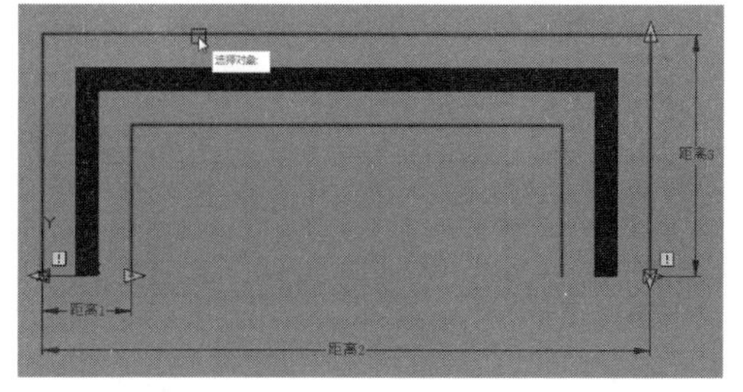

图 9-63　选择图形对象

▸Step07 按回车键后完成缩放动作的创建，可以看到在线性参数 1 旁边多出一个“缩放”动作图标，如图 9-64 所示。

▸Step08 在“动作”面板中单击“拉伸”按钮，根据提示选择线性参数 2，如图 9-65 所示。

图 9-64　创建缩放动作

图 9-65　选择线性参数

▸Step09 再根据提示指定要与动作关联的参数点，如图 9-66 所示。

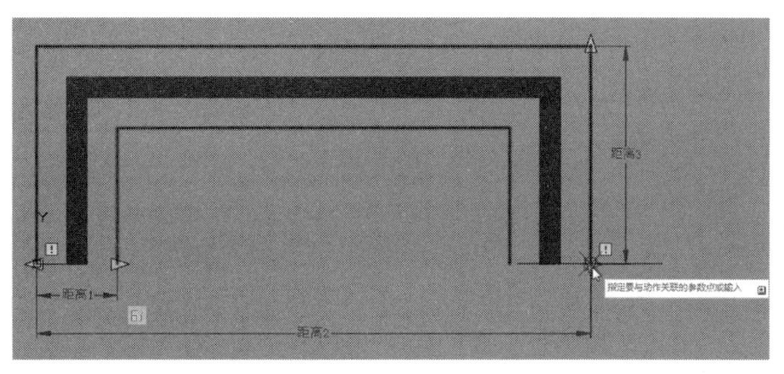

图 9-66　指定关联点

▸Step10 根据提示指定对角点，确定选择区域，如图 9-67 所示。

▸Step11 再选择图形对象，如图 9-68 所示。

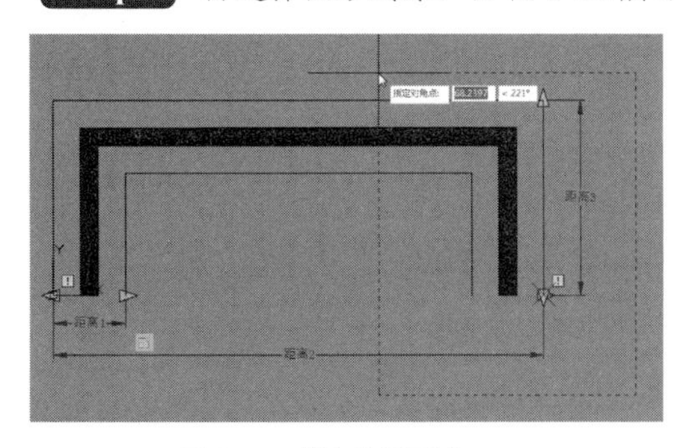

图 9-67　指定选择区域

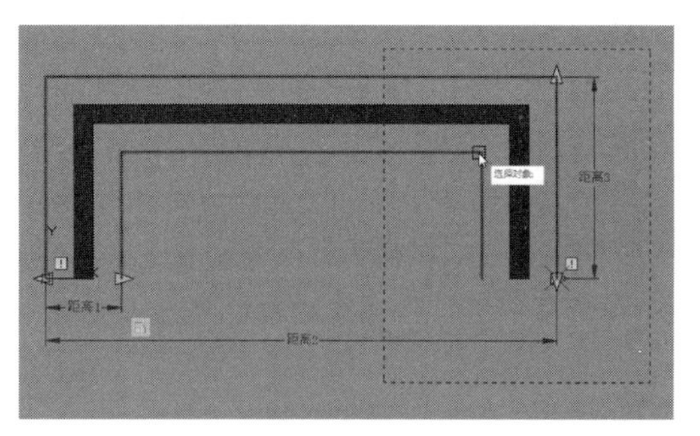

图 9-68　选择图形对象

▶Step12 按回车键后完成拉伸动作的创建，如图 9-69 所示。

▶Step13 继续单击“拉伸”按钮，根据提示选择线性参数 3，如图 9-70 所示。

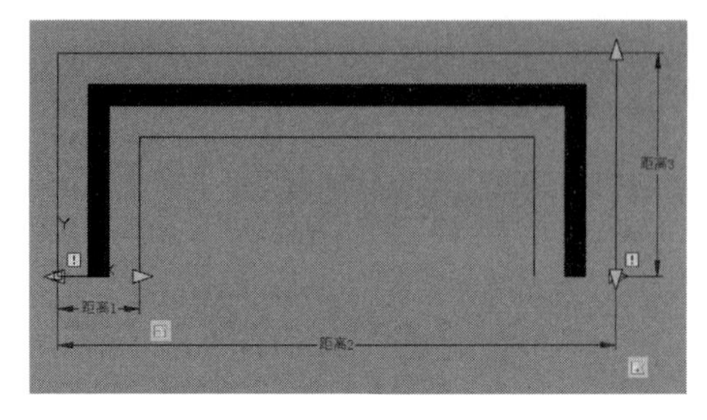

图 9-69 创建拉伸动作

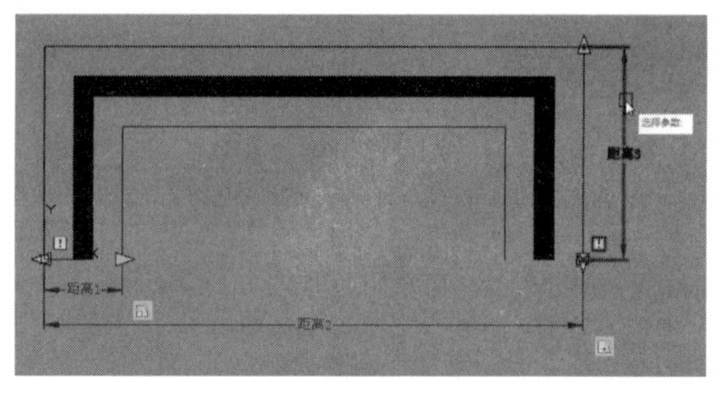

图 9-70 选择线性参数

▶Step14 再根据提示指定要与动作关联的参数点，如图 9-71 所示。

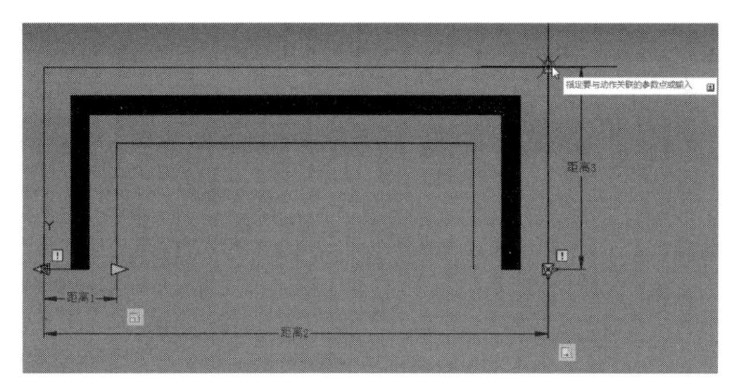

图 9-71 指定参数点

▶Step15 指定对角点，确定选择范围，如图 9-72 所示。

▶Step16 再根据提示选择图形对象，如图 9-73 所示。

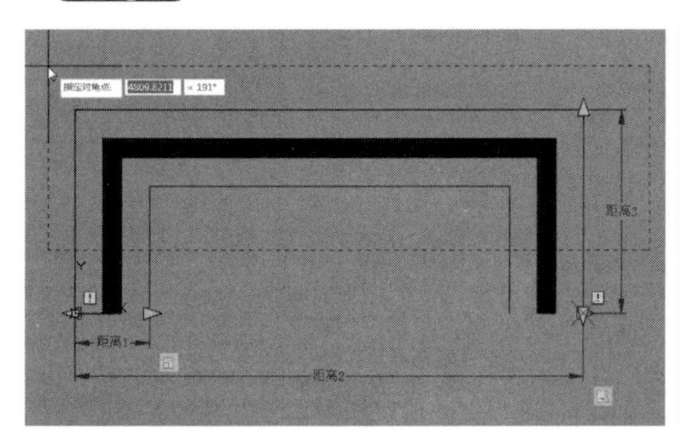

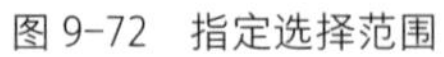
图 9-72 指定选择范围

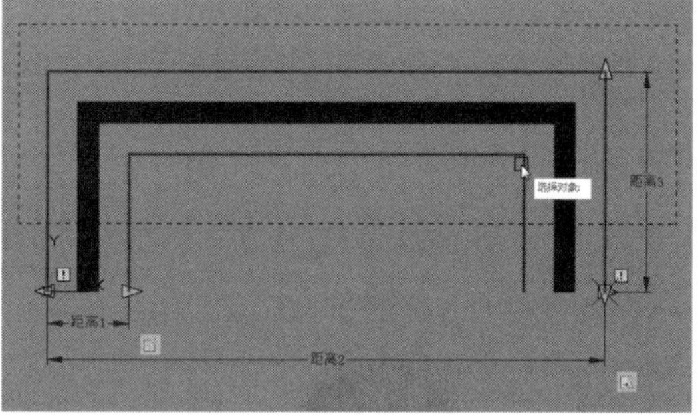

图 9-73 选择图形对象

▶Step17 按回车键后完成拉伸动作的创建，如图 9-74 所示。

▶Step18 在“块编辑器”选项卡中单击“关闭块编辑器”按钮，在弹出的“未保存更改”提示框中选择“将更改保存到”选项，即可完成动态块的创建，选择图块，可以看到图块上增加了 4 个控制夹点，如图 9-75 所示。

▶Step19 任意选择并拖动右侧或上方两个夹点，即可对图形进行水平或垂直的拉伸操作，如图 9-76、图 9-77 所示。

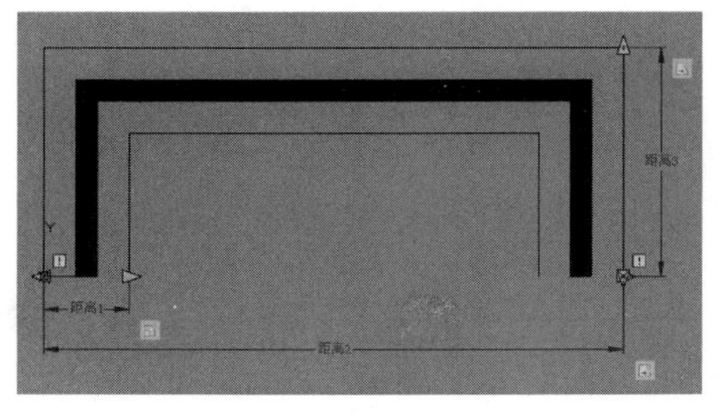

图 9-74　创建拉伸动作

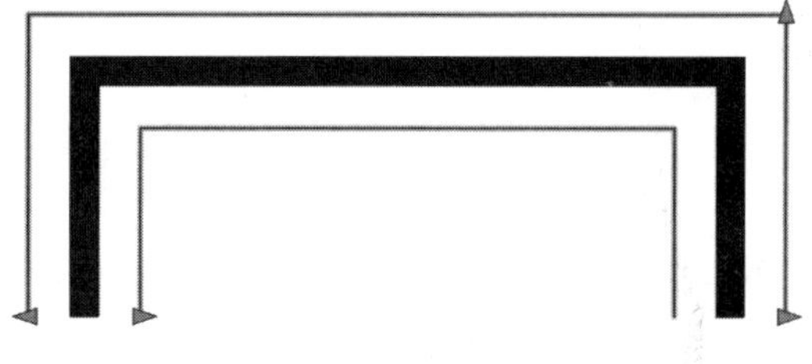

图 9-75　完成块编辑

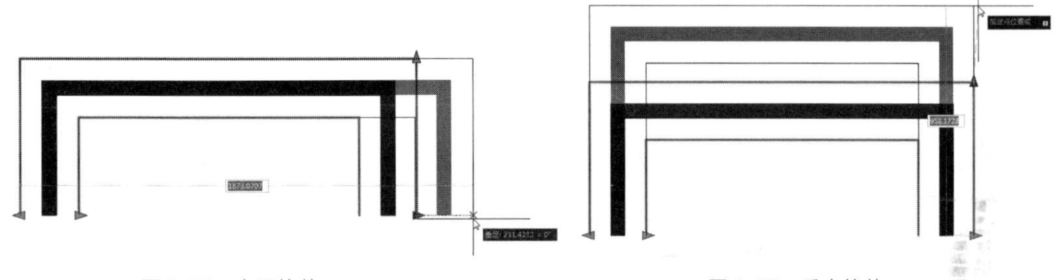

图 9-76　水平拉伸　　　　图 9-77　垂直拉伸

动手练习——为图块添加旋转动作

扫一扫　看视频

下面为入户门图块添加旋转动作，具体操作步骤如下。

Step01 打开“素材/CH09/为图块添加旋转动作.dwg”文件，如图 9-78 所示。

Step02 双击门扇图块，打开“编辑块定义”对话框，如图 9-79 所示。

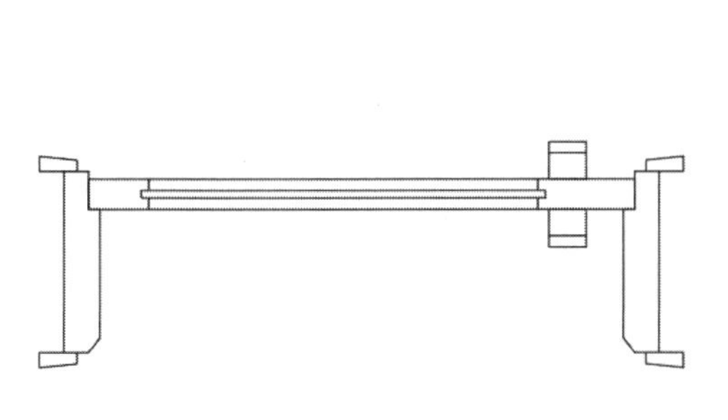

图 9-78　打开素材图形

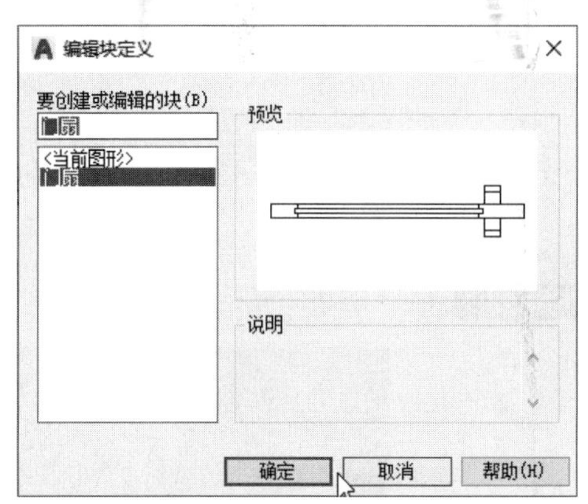

图 9-79　“编辑块定义”对话框

Step03 单击“确定”按钮进入块编辑模式，在“块编写选项板”的“参数”面板中单击“旋转”按钮，在图形中单击指定旋转基点，如图 9-80 所示。

Step04 移动光标指定旋转半径，这里指定门扇图形的右下角点，如图 9-81 所示。

图 9-80　指定旋转基点

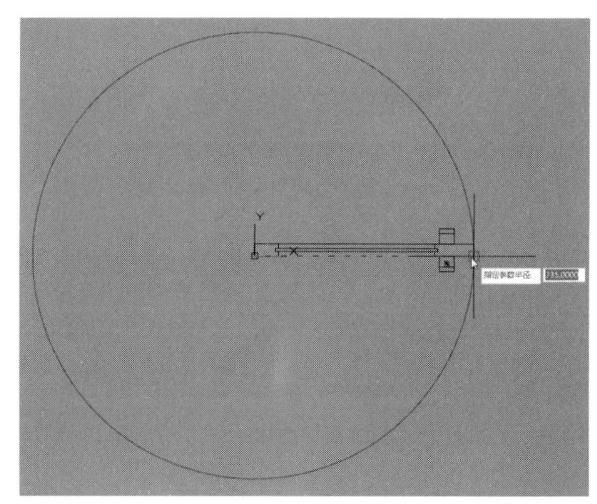

图 9-81　指定旋转半径

▶Step05 确定半径后不要移动光标，保持旋转角度为 0°　，如图 9-82 所示。

图 9-82　指定旋转角度

▶Step06 单击鼠标后即可完成旋转参数的创建，如图 9-83 所示。

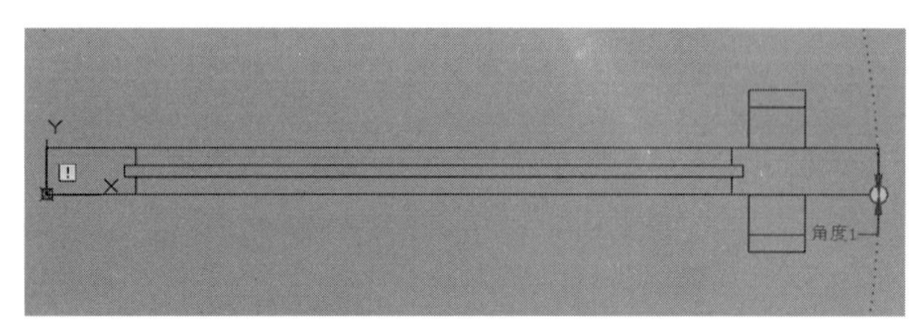

图 9-83　创建旋转参数

▶Step07 在“动作”面板中单击“旋转”按钮，再根据提示选择旋转参数，如图 9-84 所示。

图 9-84　选择参数

▶Step08 再根据提示选择门扇图形，如图 9-85 所示。

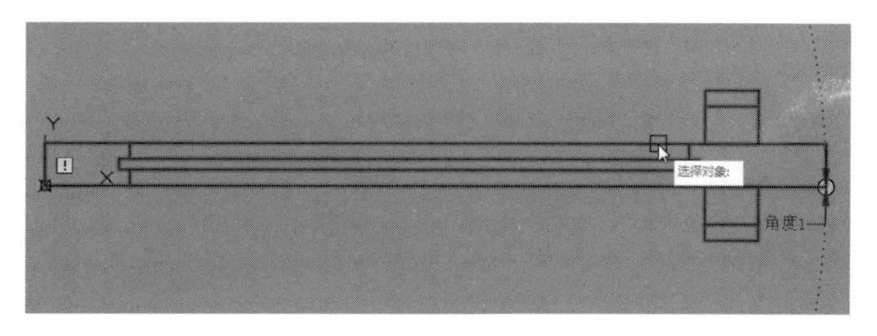

图 9-85　选择图形

▶Step09 按回车键即可完成旋转动作的创建，如图 9-86 所示。

图 9-86　创建旋转动作

▶Step10 在“块编辑器”选项卡中单击“关闭块编辑器”按钮，在弹出的“未保存更改”提示框中选择“将更改保存到”选项，即可完成动态块的创建，选择门扇动态块，可以看到门扇右下角上多出圆形夹点，如图 9-87 所示。

▶Step11 点击夹点并移动光标，门扇即会随着光标的移动进行旋转（也可输入旋转角度按回车键），如图 9-88 所示。

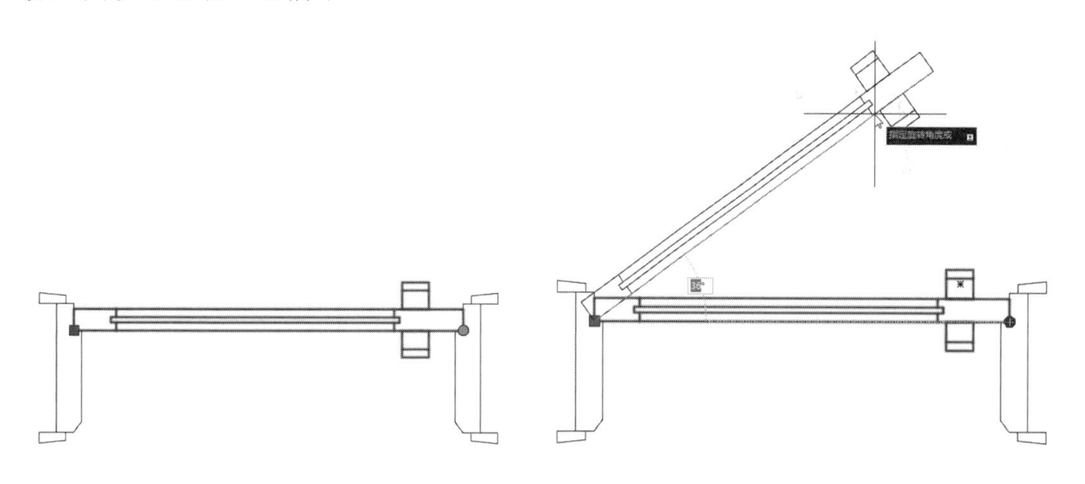

图 9-87　选择动态块　　　　图 9-88　选择夹点并移动

动手练习——为图块添加翻转动作

下面将为座椅图块添加翻转动作，具体操作步骤如下。

▶Step01 打开“素材/CH09/为图块添加翻转动作.dwg”文件，如图 9-89 所示。

▶Step02 双击餐椅图块，打开“编辑块定义”对话框，如图 9-90 所示。

图 9-89　打开素材图形

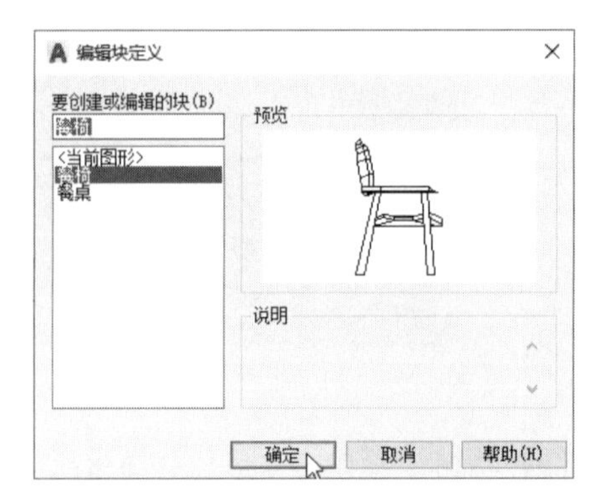

图 9-90　“编辑块定义”对话框

▸Step03 单击“确定”按钮即可进入图块编辑状态，如图 9-91 所示。

▸Step04 在“块编写选项板”的“参数”面板中单击“翻转”按钮，在图形中指定投影线的基点，如图 9-92 所示。

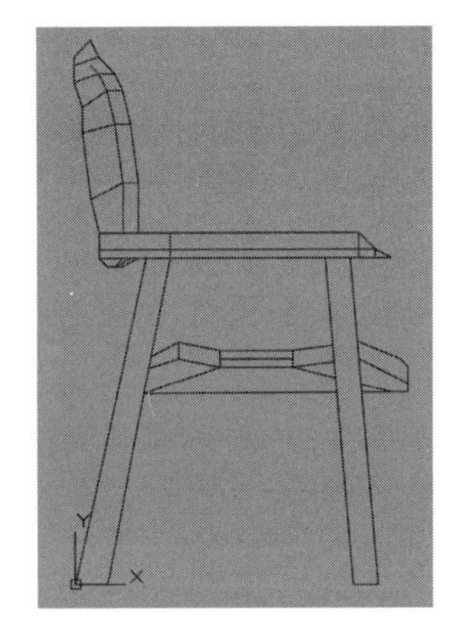

图 9-91　块编辑状态

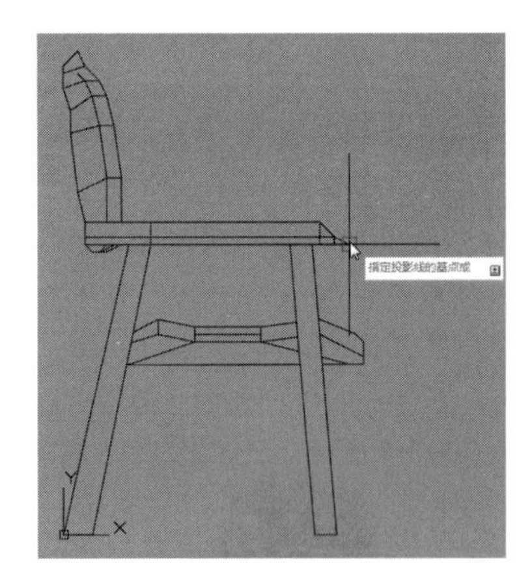

图 9-92　指定投影线基点

▸Step05 移动光标沿垂直线指定投影线的端点，如图 9-93 所示。

▸Step06 指定投影线后再根据提示指定标签位置，如图 9-94 所示。

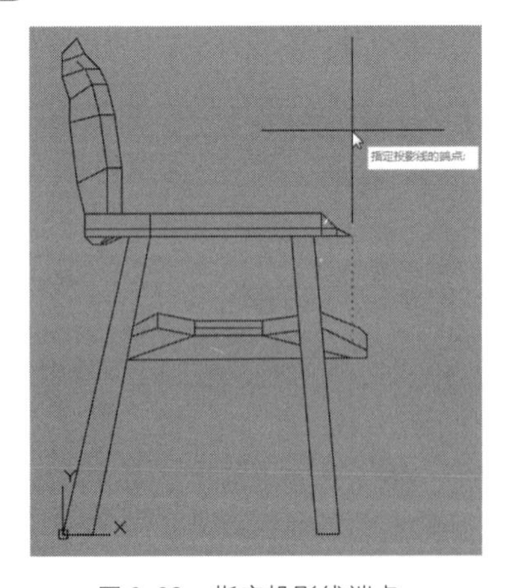

图 9-93　指定投影线端点

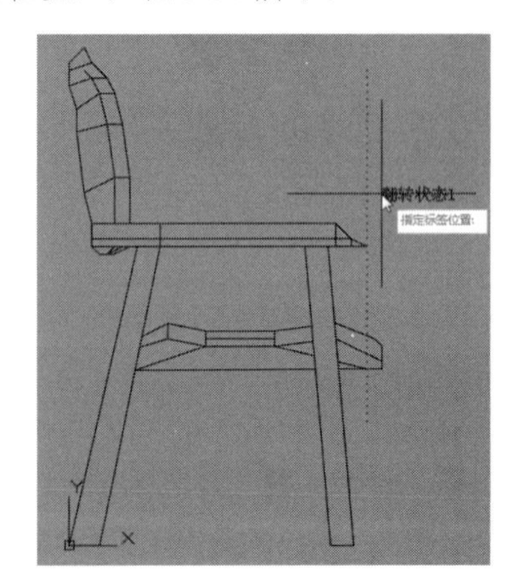

图 9-94　指定标签位置

▸Step07 单击鼠标即可完成翻转参数的创建，如图 9-95 所示。

Step08 在“块编写选项板”中切换到“动作”面板，单击“翻转”按钮，根据提示选择翻转参数，如图 9-96 所示。

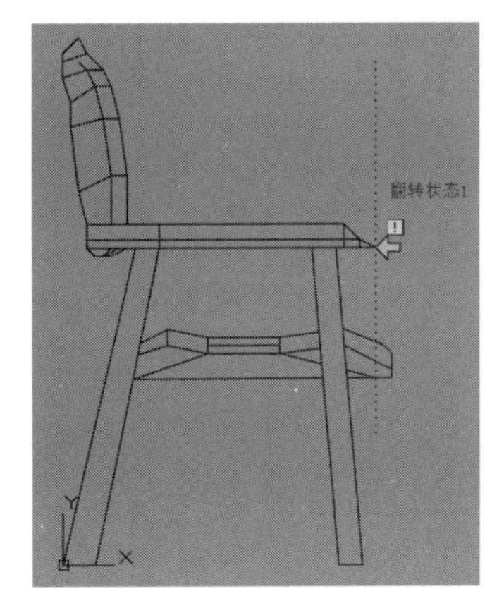

图 9-95　创建翻转参数

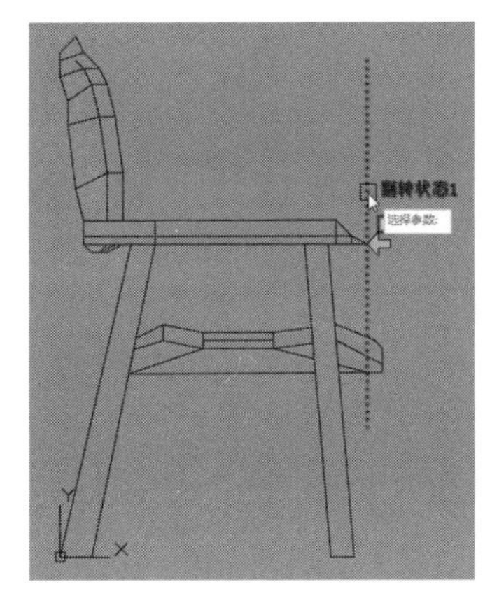

图 9-96　选择参数

Step09 根据提示选择图形对象，如图 9-97 所示。

Step10 按回车键即可完成翻转动作的创建，在翻转参数旁边可以看到多了一个翻转动作图标，如图 9-98 所示。

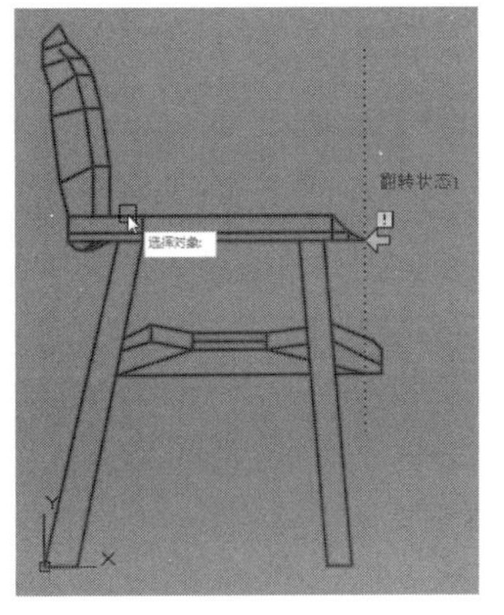

图 9-97　选择图形

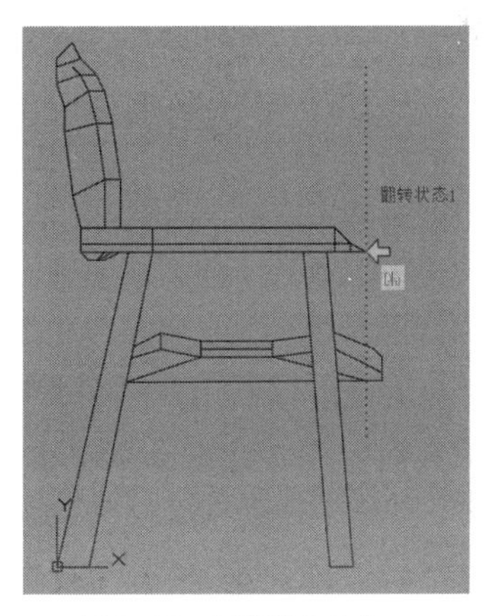

图 9-98　创建翻转动作

Step11 在“块编辑器”选项卡中单击“块编辑器”按钮退出编辑，在弹出的“未保存更改”提示框中选择“将更改保存到”选项，返回绘图区，复制椅子图层到餐桌另一侧，如图 9-99 所示。

图 9-99　复制图块

图 9-100　选择图块

▶Step12 选择复制的椅子图形，可以看到椅子右侧的翻转动作夹点，如图 9-100 所示。

▶Step13 单击夹点即可翻转餐椅图块，如图 9-101 所示。

▶Step14 调整餐椅位置，完成本次操作，如图 9-102 所示。

图 9-101　翻转餐椅图块　　　　图 9-102　调整图形位置

9.5　设计中心的应用

AutoCAD 设计中心提供了一个直观高效的工具，它同 Windows 资源管理器相似。利用设计中心，不仅可以浏览、查找、预览和管理 AutoCAD 图形、图块、外部参照及光栅图形等不同的资源文件，还可以通过简单的拖放操作，将位于本计算机、局域网或 Internet 上的图块、图层、外部参照等内容插入到当前图形文件中。

9.5.1　“设计中心”选项板

在“设计中心”选项板中，可以浏览、查找、预览和管理 AutoCAD 图形。用户可以通过以下方式打开选项板，如图 9-103 所示。

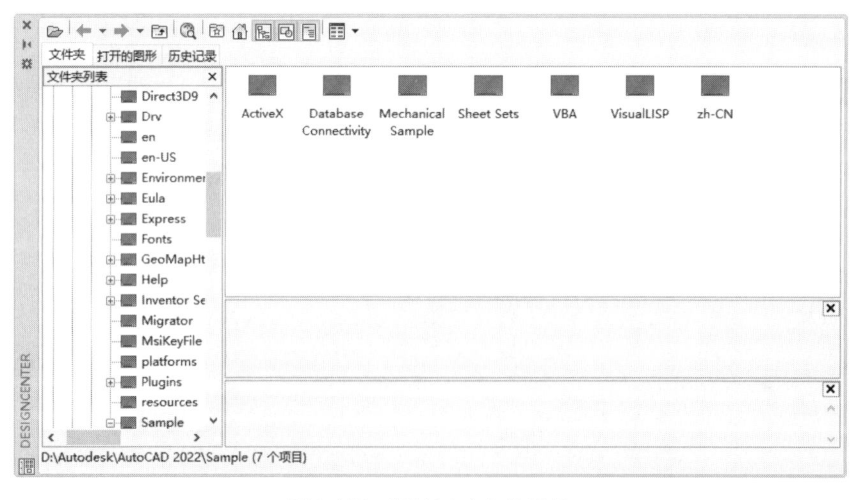

图 9-103　“设计中心”选项板

- 从菜单栏执行“工具>选项板>设计中心”命令。
- 在“视图”选项板的“选项板”面板中单击“设计中心”按钮。
- 在命令行输入 ADCENTER 命令，然后按回车键。
- 按 Ctrl+2 组合键。

从选项板中可以看出，设计中心由工具栏和选项卡组成。工具栏主要包括加载、上一级、搜索、主页、树状图切换、预览、说明、视图和内容窗口等工具，选项卡包括文件夹、打开的图形和历史记录组成。

“设计中心”面板的工具栏控制了树状图和内容区中信息的浏览和显示。需要注意的是，当设计中心的选项卡不同时略有不同，下面分别进行简要说明。

- 加载：单击“加载”按钮将弹出“加载”对话框，通过对话框选择预加载的文件。
- 上一页：单击“上一页”按钮可以返回到前一步操作。如果没有上一步操作，则该按钮呈未激活的灰色状态，表示该按钮无效。
- 下一页：单击“下一页”按钮可以跳到设计中心中的下一步操作。如果没有下一步操作，则该按钮呈未激活的灰色状态，表示该按钮无效。
- 上一级：单击该按钮将会在内容窗口或树状视图中显示上一级内容、内容类型、内容源、文件夹、驱动器等内容。
- 搜索：单击该按钮提供类似于 Windows 的查找功能，使用该功能可以查找内容源、内容类型及内容等。
- 收藏夹：单击该按钮用户可以找到常用文件的快捷方式图标。
- 主页：单击“主页”按钮将使设计中心返回到默认文件夹。安装时设计中心的默认文件夹被设置为“…\Sample\DesignCenter”。用户可以在树状结构中选中一个对象，右击该对象后在弹出的快捷菜单中选择“设置为主页”命令，即可更改默认文件夹。
- 树状图切换：单击“树状图切换”按钮可以显示或者隐藏树状图。如果绘图区域需要更多的空间，用户可以隐藏树状图。树状图隐藏后可以使用内容区域浏览器加载图形文件。在树状图中使用“历史记录”选项卡时，“树状图切换”按钮不可用。
- 预览：用于实现预览窗格打开或关闭的切换。如果选定项目没有保存的预览图像，则预览区域为空。
- 视图：确定控制板所显示内容的不同格式，用户可以从视图列表中选择一种视图。

在“设计中心”面板中，根据不同用途可分为文件夹、打开的图形和历史记录 3 个选项卡。下面分别对其用途进行说明。

- 文件夹：该选项用于显示导航图标的层次结构。选择层次结构中的某一对象，在内容窗口、预览窗口和说明窗口中将会显示该对象的内容信息。利用该选项卡还可以向当前文档中插入各种内容。
- 打开的图形：该选项卡用于在设计中心显示在当前绘图区中打开的所有图形，其中包括最小化图形。选中某文件选项，则可查看到该图形的有关设置，例如图层、线型、文字样式、块、标注样式等。
- 历史记录：该选项卡显示用户最近浏览的图形。显示历史记录后在文件上右击，在弹出的快捷菜单中选择“浏览”命令可以显示该文件的信息。

9.5.2 图形内容的搜索

“设计中心”的搜索功能类似于 Windows 的查找功能，它可在本地磁盘或局域网中的网络驱动器上按指定搜索条件在图形中查找图形、块和非图形对象。

在菜单栏中，单击“工具>选项板>设计中心”命令，打开“设计中心”对话框，单击“搜索”按钮，在“搜索”对话框中，单击“搜索”下拉按钮，并选择搜索类型，指定好搜索路径，并根据需要设定搜索条件，单击“立即搜索”按钮即可。

下面对“搜索”对话框中选项卡进行说明。

• 图形：该选项卡用于显示与“搜索”列表中指定的内容类型相对应的搜索字段。其中，“搜索文字”用来指定要在指定字段中搜索的字符串，使用“*”或“？”通配符可扩大搜索范围；而“位于字段”用来指定要搜索的特性字段，如图 9-104 所示。

• 修改日期：该选项卡用于查找在一段特定时间内创建或修改的内容。其中“所有文件”用来查找满足其他选项卡上指定条件的所有文件，不考虑创建或修改日期；“找出所有已创建的或已修改的文件”用于查找在特定时间范围内创建或修改的文件，如图 9-105 所示。

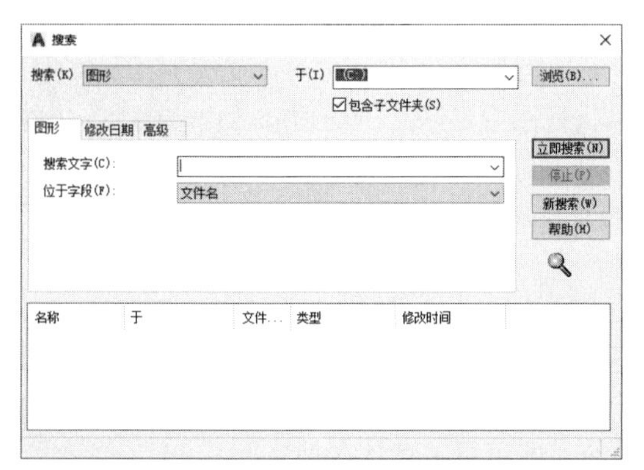

图 9-104 “搜索”对话框

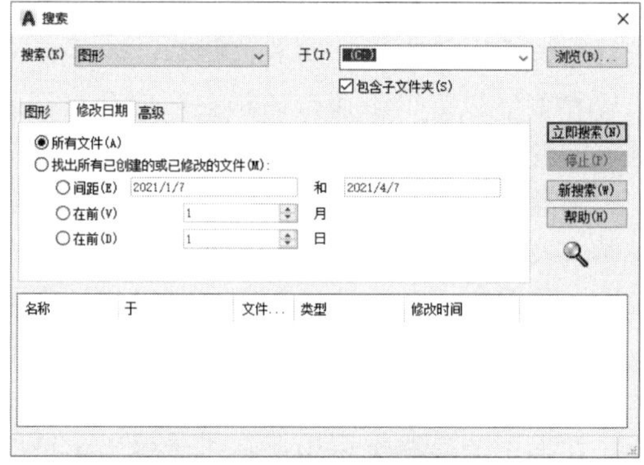

图 9-105 使用修改日期搜索

• 高级：该选项卡用于查找图形中的内容。其中，“包含”用于指定要在图形中搜索的文字类型；“包含文字”用于指定搜索的文字；“大小”用于指定文件大小的最小值或最大值，如图 9-106 所示。

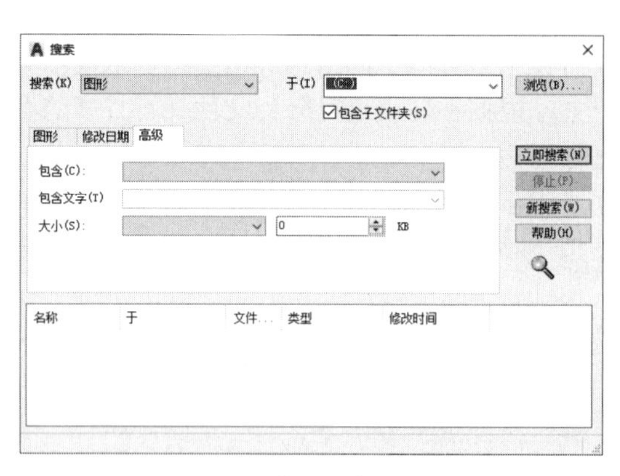

图 9-106 使用“高级”搜索

9.5.3 插入图形内容

使用设计中心可以方便地在当前图形中插入块，引用光栅图、外部参照，并在图形之间复制图层、线型、文字样式和标注样式等各种内容。

（1）插入块

设计中心提供了两种插入图块的方法：一种为按照默认缩放比例和旋转方式进行操作；而另一种则是精确指定坐标、比例和旋转角度方式。

使用设计中心执行图块的插入时，首先选中所要插入的图块，然后按住鼠标左键，并将其拖至绘图区后释放鼠标即可。最后调整图形的缩放比例以及位置。

用户也可在“设计中心”面板中右击所需插入的图块，在快捷列表中选择“插入为块”选项，其后在“插入”对话框中根据需要确定插入基点、插入比例等数值，最后单击“确定”按钮即可完成，如图 9-107、图 9-108 所示。

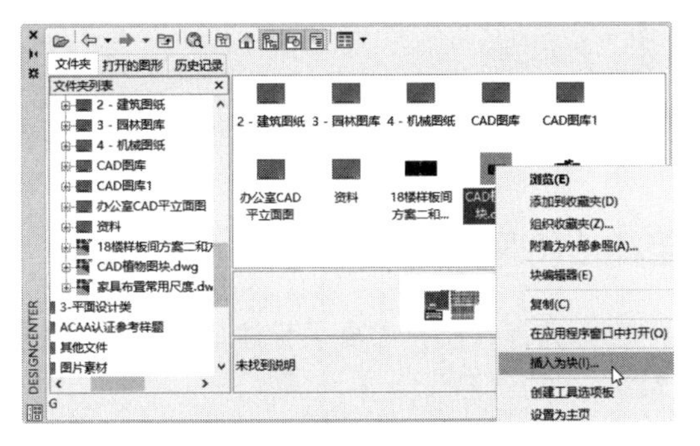

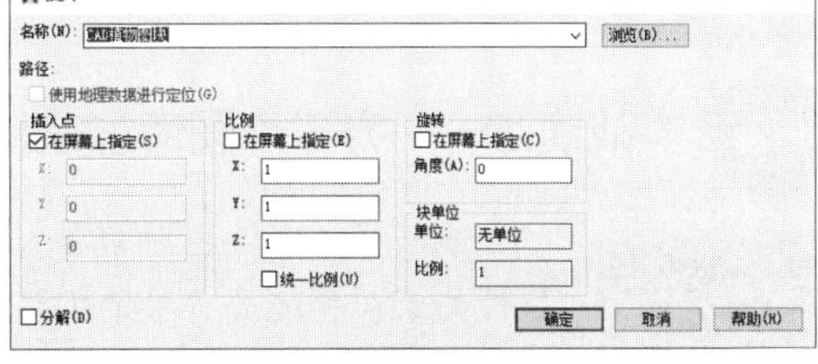

图 9-107　右键插入块操作　　　　图 9-108　设置插入图块

（2）引用光栅图像

除了可向当前图形插入块，还可以将数码照片或其他抓取的图像插入到绘图区中，光栅图像类似于外部参照，需按照指定的比例或旋转角度插入。

在“设计中心”面板左侧树状图中指定图像的位置，其后在右侧内容区域中右击所需图像，在弹出的快捷菜单中选择“附着图像”选项。接着在打开的对话框中根据需要设置插入比例等选项，最后单击“确定”按钮，在绘图区中指定好插入点即可，如图 9-109、图 9-110 所示。

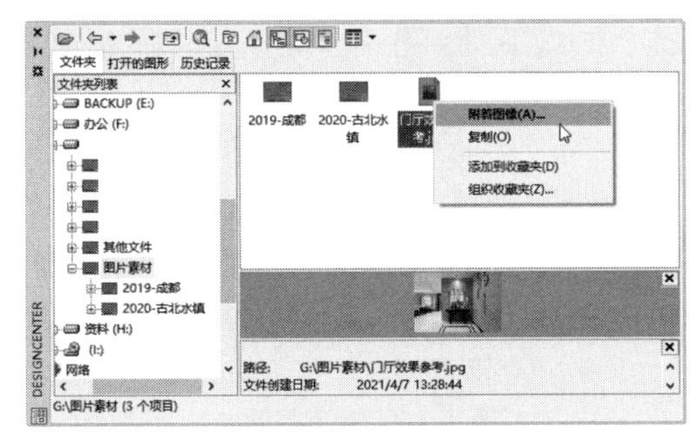

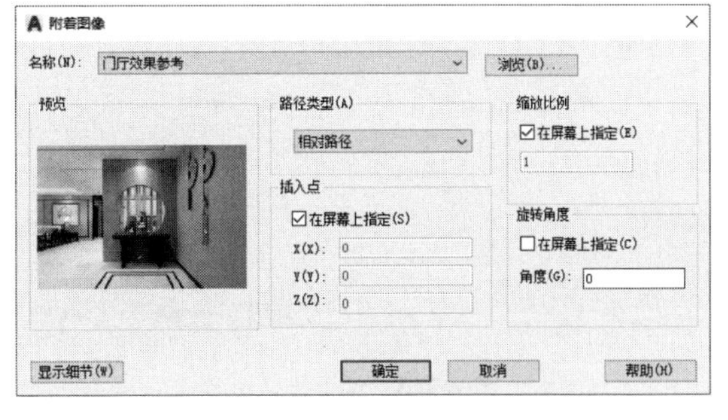

图 9-109　选择图像　　　　图 9-110　设置插入比例

（3）复制图层

使用设计中心进行图层的复制时，只需使用设计中心将预先定义好的图层拖放至新文件中即可。这样既节省了大量的作图时间，又能保证图形标准的要求，也保证了图形间的一致性。按照同样的操作还可将图形的线型、尺寸样式、布局等属性进行复制操作。

用户只需在“设计中心”面板左侧树状图中，选择所需图形文件，单击“打开的图形”选项卡，选择“图层”选项，其后在右侧内容显示区中选中所有的图层文件，按住鼠标左键并将其拖至新的空白文件中，最后放开鼠标即可。此时在该文件打开的“图层特性管理器”面板中可显示所复制的图层，如图 9-111、图 9-112 所示。

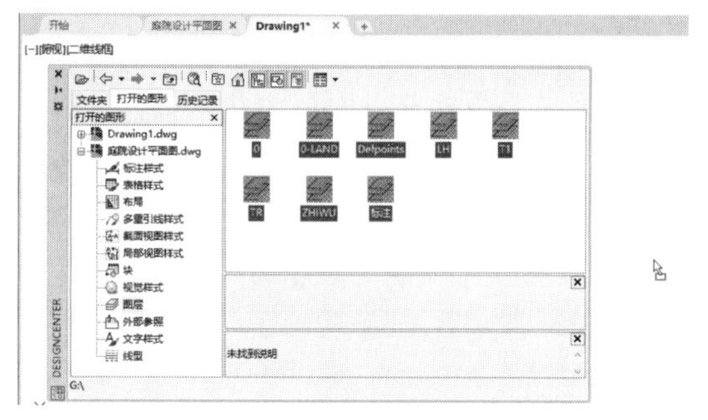

图 9-111　选择复制的图层文件

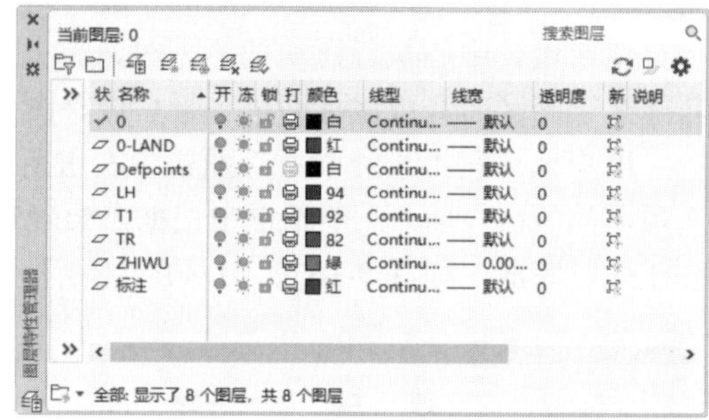

图 9-112　完成图层的复制

实战演练——为零件图添加表面粗糙度符号

扫一扫　看视频

绘制机械零件图时常要对零件表面进行表面技术要求标注，下面来介绍带属性的表面粗糙度符号的创建步骤。

Step01 新建文件。执行“工具>绘图设置”命令，打开“草图设置”对话框，切换到“极轴追踪”选项卡，勾选“启用极轴追踪”复选框，设置增量角为 60° ，单击“确定”按钮，如图 9-113 所示。

Step02 执行“直线”命令，捕捉极轴绘制如图 9-114 所示的图形。

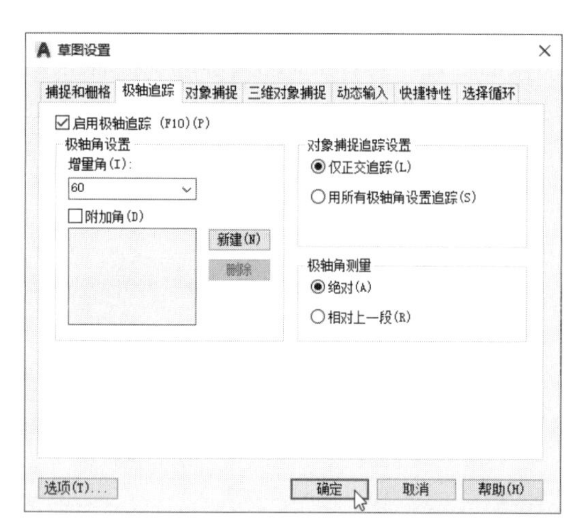

图 9-113　设置极轴角度

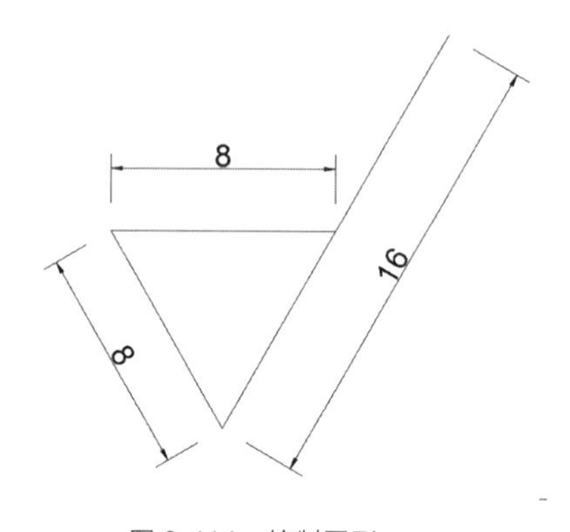

图 9-114　绘制图形

Step03 在“插入”选项卡的“块定义”面板中单击“定义属性”按钮，打开“属性定义”对话框，输入“标记”为 3.2，“提示”为“粗糙度”，设置“字体高度”为 3，单击“确定”按钮，如图 9-115 所示。

Step04 在绘图区中指定属性位置，如图 9-116 所示。

Step05 在“插入”选项卡的“块定义”面板中单击“写块”按钮，打开“写块”对话框，如图 9-117 所示。

Step06 单击“选择对象”按钮，在绘图区中选择图形对象，如图 9-118 所示。

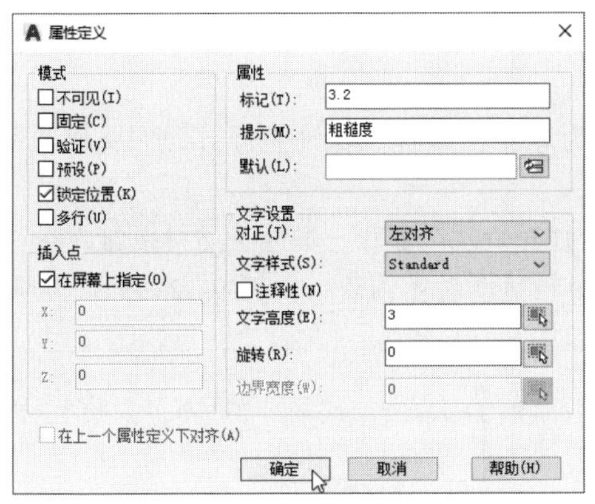

图 9-115　定义属性内容

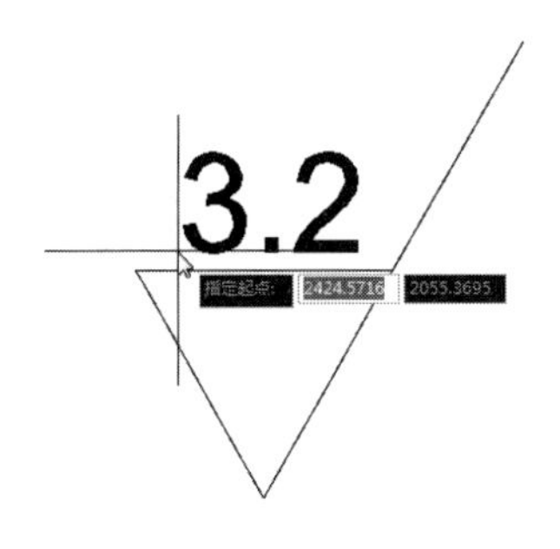

图 9-116　指定属性位置

Step07 按回车键后返回“写块”对话框，单击“拾取点”按钮，在绘图区中指定插入基点，如图 9-119 所示。

图 9-117　“写块”对话框

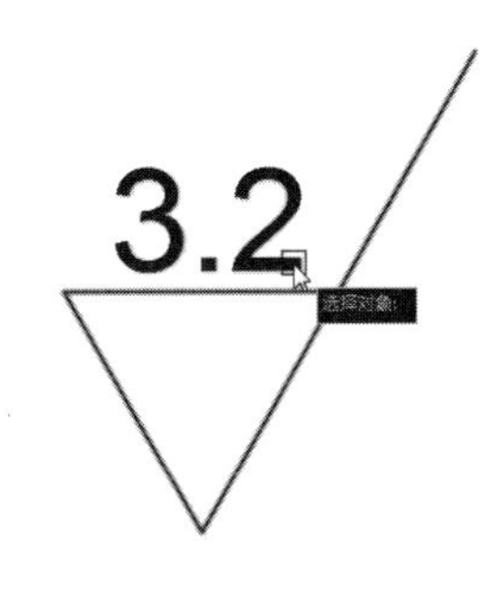

图 9-118　选择图形对象

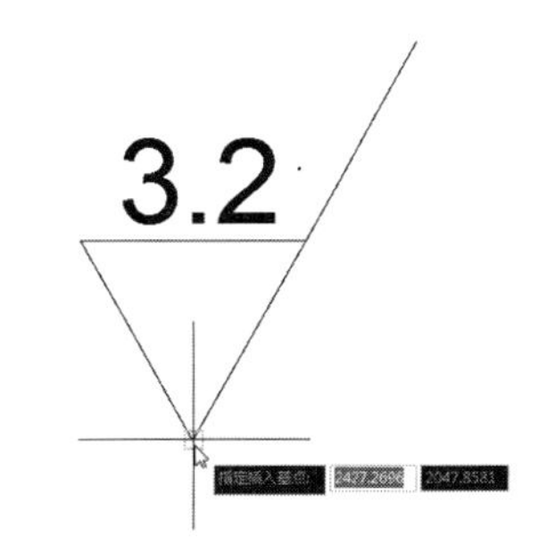

图 9-119　指定插入基点

Step08 返回“写块”对话框。单击“浏览”按钮，打开“浏览图形文件”对话框，指定图块存储路径及文件名，如图 9-120 所示。

图 9-120　设置保存路径及文件名

图 9-121　保存粗糙度图块

▶Step09 单击“保存”按钮，返回“写块”对话框，再单击“确定”按钮，完成图块的储存，如图 9-121 所示。

▶Step10 打开“素材/CH09/实战演练/为零件图添加粗糙度符号.dwg”文件，如图 9-122 所示。

▶Step11 在命令行中输入 i 快捷命令，打开“块”面板，单击上方按钮，在打开的“选择要插入的文件”对话框中，选择创建好的粗糙度属性图块，如图 9-123 所示。

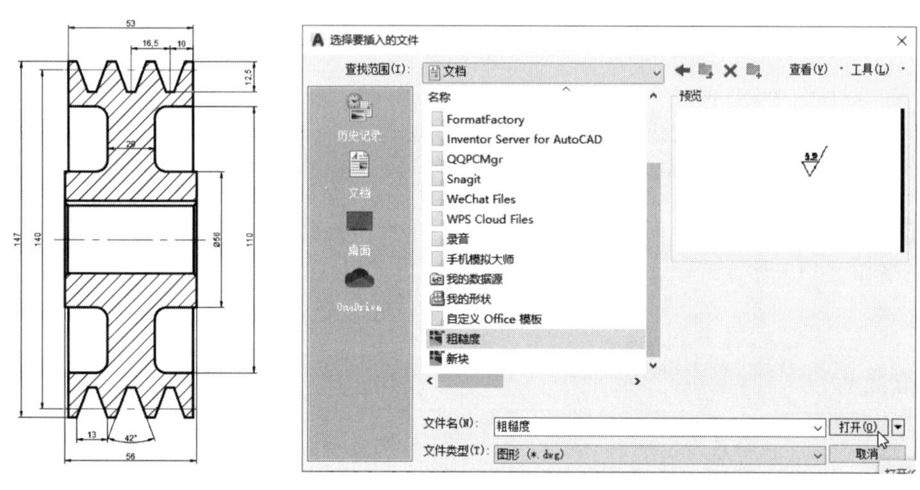

图 9-122　打开素材文件　　　　图 9-123　插入粗糙度属性块

▶Step12 单击“打开”按钮，在绘图区中指定插入点，如图 9-124 所示。

▶Step13 单击鼠标后，系统会弹出“编辑属性”对话框，在“粗糙度”输入框中输入 3.2，如图 9-125 所示。

▶Step14 复制粗糙度属性图块，分别放置到合适的位置，如图 9-126 所示。

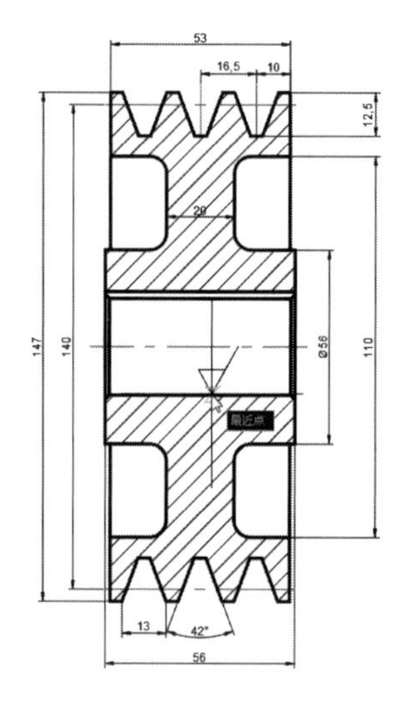

图 9-124　指定属性块插入点

图 9-125　输入粗糙度参数

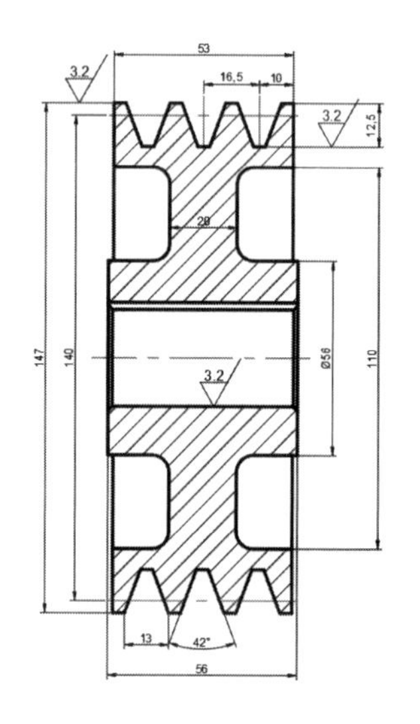

图 9-126　复制粗糙度图块

▶Step15 双击图纸左上角的粗糙度属性块，打开“增强属性编辑器”对话框，在“值”输入框中输入新的数值 25，如图 9-127 所示。

Step16 单击“确定”按钮，关闭对话框，即可修改图块属性，同样地修改另外一个图块的属性，如图 9-128 所示。

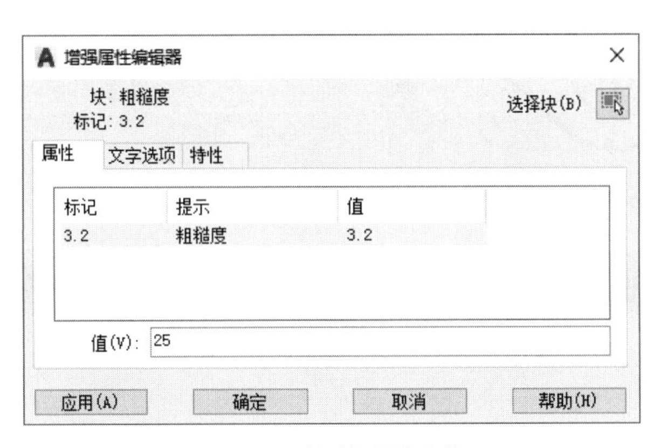

图 9-127 修改粗糙度参数

图 9-128 修改效果

Step17 复制并旋转粗糙度属性图块至其他位置，如图 9-129 所示。

Step18 修改该图块属性，完成操作，如图 9-130 所示。

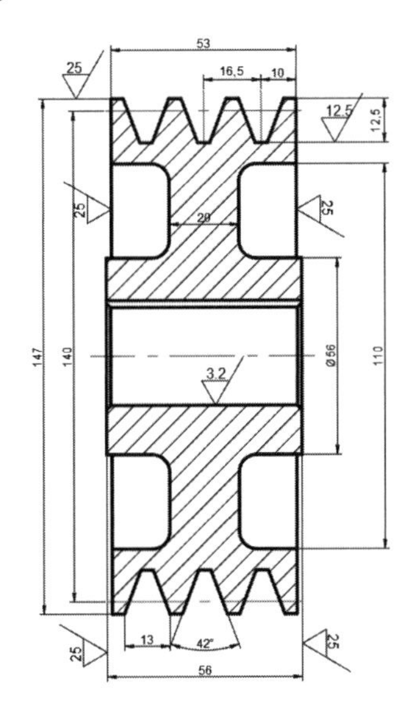

图 9-129 复制粗糙度属性块

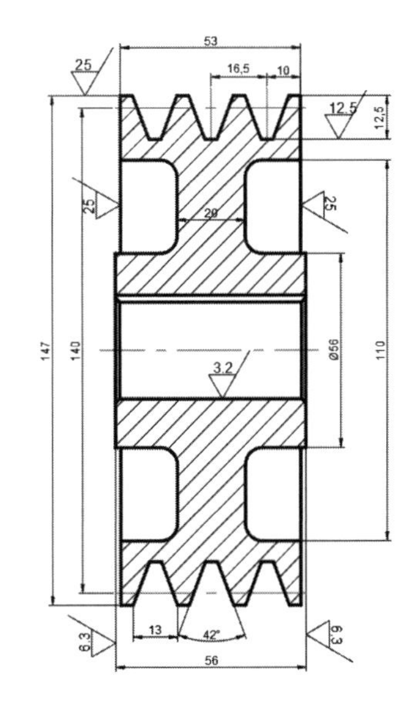

图 9-130 修改粗糙度参数

课后作业

扫一扫 看视频

（1）创建机械零件图块

利用创建块命令，将如图 9-131 所示的机械零件图形创建成块。

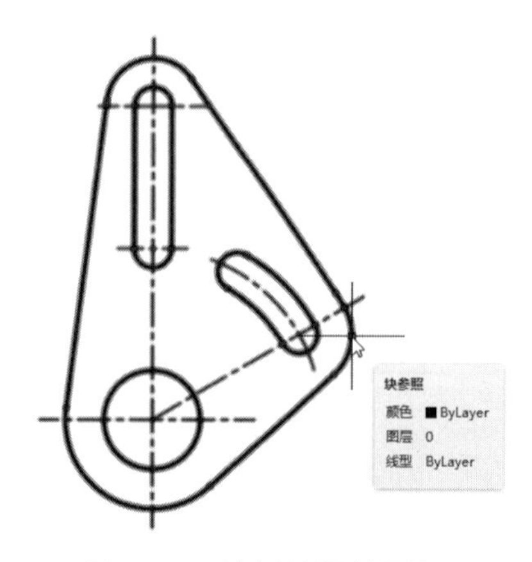

图 9-131 创建机械零件图块

操作提示：

Step01：打开“块定义”对话框，单击“选择对象”按钮，选择零件图形。

Step02：单击“拾取点”按钮，定义图块插入点。

（2）创建属性图块

利用定义属性和创建块命令，创建建筑标高图块，并将其放置在建筑立面图中，如图 9-132 所示。

图 9-132 创建建筑标高图块

操作提示：

Step01：创建标高图形，使用“定义属性”命令创建标高属性。

Step02：使用“创建块”命令，创建标高图块。然后复制并修改标高参数。

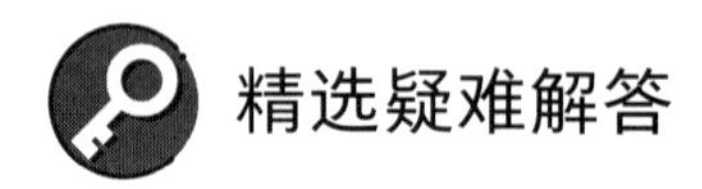

精选疑难解答

Q1：自己定义的图块，为什么插入图块时图形离插入点很远？

A：在创建图块时必须要设置插入点，否则在插入图块时不容易准确定位。定义图块的默认插入点为（0，0，0）点，如果图形离原点很远，插入图形后，插入点就会离图形很远，有时甚至会到视图外。利用“写块”对话框中的“拾取点”按钮，可以设置图块的插入点。

Q2：为什么打不开“外部参照”选项卡？

A：执行“插入>外部参照”命令即可打开选项卡。如果打不开，可能是用户设置了自动隐藏，使“外部参照”的选项板依附在绘图窗口两侧。

Q3：如何删除外部参照？

A：想要完全删除外部参照，就需将其进行分解。使用 “拆离”选项，可删除外部参照和所有关联信息。执行“插入>参照”命令，打开“外部参照”面板，右击所需删除的文件参照，在打开的快捷菜单中，选择“拆离”选项即可。

Q4：属性块中的属性文字不能显示，这是为什么？

A：如果打开一个图，发现图块中的属性文字没有显示，首先不要怀疑图出错了，而要检查一下变量的设置。如果 ATTMODE 变量为 0 时，图形中的所有属性都不显示。在命令行输入 ATTMODE 后，将参数设置为 1，就可以显示文字了。

Q5：当外部图块插入后，该图块是否与当前图形一同进行保存？

A：图块随图形文件保存与它是否是内部或外部图块是无关系的，外部图块插入到图形中后，该图块是当前文件的一部分，所以它会与当前图形一起进行保存。

Q6：为什么有些图块不能编辑？

A：将图形定义为图块，可以重复插入，并通过块编辑和参照编辑功能统一修改，可以减少重复操作，提高操作效率。多数人习惯双击调用参照编辑功能来编辑图块，但参照编辑并不是所有图块都能编辑，主要包括下面几种。

- 图块调整过比例，且 X/Y/Z 轴向比例不一致（块编辑可以编辑此类图块）。
- 有一些专业软件或插件生成的匿名块（块名前面带*号的）。
- 多重插入块。如果这类块不是匿名块，可以在属性框中将行列数都改回 1，变成普通块，就可以编辑了。
- 块的数据有错误，也可能导致无法编辑。如果上面三种情况都不存在，块也无法编辑，双击时出现错误提示，可以尝试用修复或核查的功能修复错误数据。

第 10 章

输出与打印图形

本章概述

完成绘图工作后，就需要将图形输出到图纸上或者生成电子图纸，用于指导工程设计和制造，或通过网络上传、共享。系统为用户提供了图形输入与输出接口，不仅可以将其他应用程序中的数据传送至 AutoCAD 以显示其图形，还可以将绘制好的图形打印出来，或者将其传送至其他应用程序。

本章主要介绍图纸的输入与输出、模型空间与布局空间、视口的创建与管理，以及通过 Web 浏览器在 Internet 上预览建筑图纸、为图纸插入超链接、将图纸以电子形式进行传递等。

学习目标

- 了解模型空间和布局空间
- 了解网络功能的应用
- 掌握打印参数的设置
- 掌握图形的输入与输出

实例预览

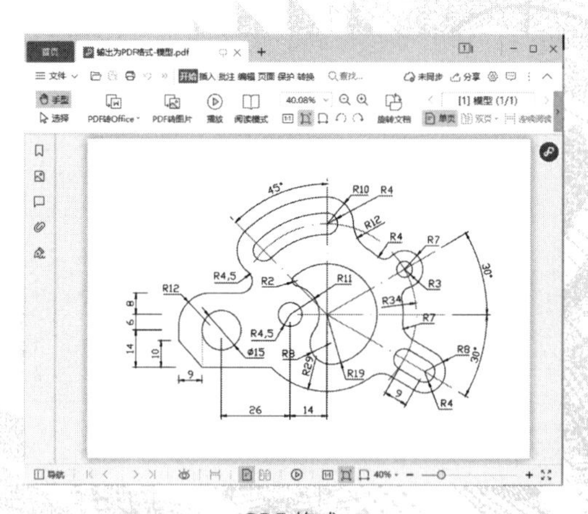

PDF 格式

10.1 图形的输入与输出

通过 AutoCAD 提供的输入和输出功能，不仅可以将其他应用软件中处理好的数据导入到 AutoCAD 中，还可以将绘制好的图形输出成其他格式的图形。

10.1.1 导入图形

系统为用户提供了多种可输入的文件类型，如 3D Studio、ACIS、PDF、SolidWorks 等。用户可以通过以下方式输入图纸。

- 从菜单栏执行“文件>输入”命令。
- 在“插入”选项卡“输入”面板中单击“输入”按钮。
- 在“插入”工具栏中单击“输入”按钮。
- 在命令行输入 IMPORT 命令，然后按回车键。

执行以上任意一种操作即可打开“输入文件”对话框，设置文件类型和路径来选择合适的图形文件，单击“打开”按钮即可将外部文件导入至软件中，如图 10-1 所示。打开“文件类型”列表，就可以看到可导入的文件类型，如图 10-2 所示。

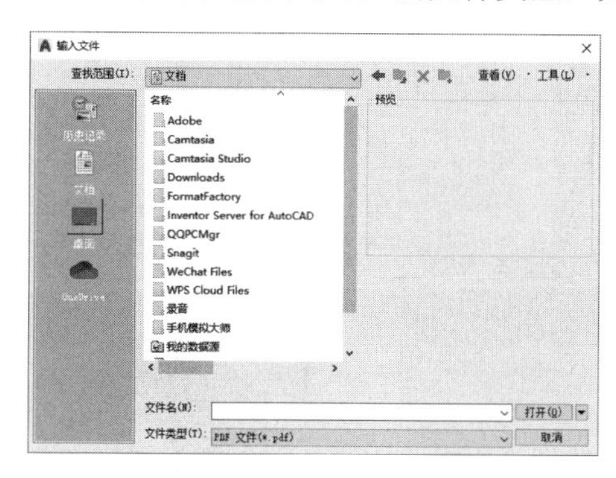

图 10-1 “输入文件”对话框

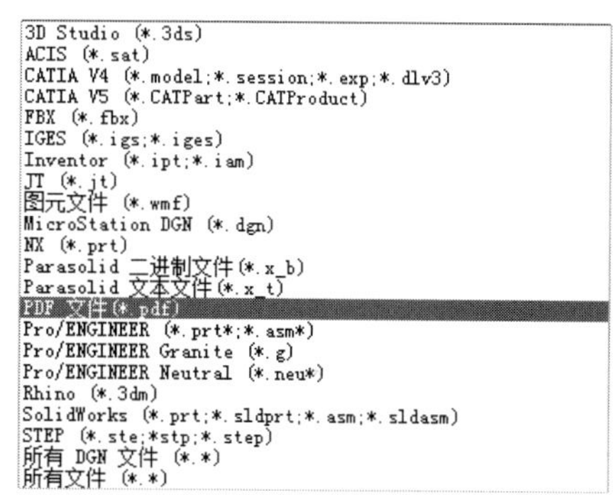

图 10-2 输入文件类型

10.1.2 插入 OLE 对象

OLE 是指对象链接与嵌入，用户可以将其他 Windows 应用程序的对象链接或嵌入到 AutoCAD 图形中，或在其他程序中链接或嵌入 AutoCAD 图形。插入 OLE 文件可以避免图片丢失、文件丢失这些问题，所以使用起来非常方便。

用户可以通过以下方式调用 OLE 对象命令。

- 从菜单栏执行“插入>OLE 对象”命令。
- 在“插入”选项卡“数据”面板中单击“OLE 对象”按钮。
- 在“插入”工具栏中单击“OLE 对象”按钮。
- 在命令行输入 INSERTOBJ 命令，然后按回车键。

执行以上任意一种操作即可打开“插入对象”对话框，在对象类型列表中可以选择要插入的对象类型，如图 10-3 所示。

默认情况下，未打印的 OLE 对象显示有边框。OLE 对象都是不透明的，打印的结果也是不透明的，它们覆盖了其背景中的对象。

图 10-3 “插入对象”对话框

10.1.3 输出图形

输出功能是将图形转换为其他类型的图形文件，如 bmp、wmf 等，以达到和其他软件兼容的目的。用户可以将设计好的图形按照指定格式进行输出，调用输出命令的方式包括以下几种。

- 从菜单栏执行“文件>输出”命令。
- 在“输出”选项卡“输出为 DWF/PDF”面板中单击“输出”按钮。
- 在命令行输入 EXPORT 命令，然后按回车键。

执行“文件>输出”命令，打开“输出数据”对话框，在该对话框中用户可设置输出文件名、文件类型以及输出路径，如图 10-4 所示。单击“文件类型”下拉按钮，在展开的列表中可以看到图形输出的 14 种类型，都是工作中常用的文件类型，能够保证与其他软件的交流，如图 10-5 所示。

图 10-4 “输出数据”对话框

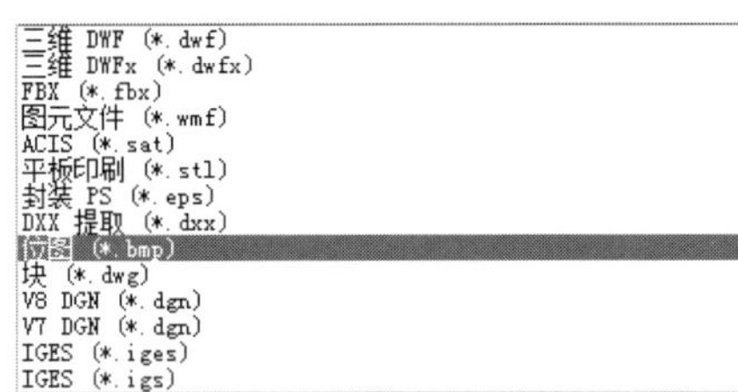

图 10-5 输出文件类型

在使用输出功能的时候，会提示选择输出的图形对象，用户选择所需的图形对象后就可以将其输出了，输出后的图与在软件中显示的图形效果相同。

注意事项

在输出过程中，有些图形类型发生的改变比较大，图纸不能够把类型改变大的图形重新转化为可编辑的 dwg 图形格式。如果将 bmp 文件读入后，仅可作为光栅图像使用，不可以进行图形的修改操作。

动手练习——将图纸输出为 JPG 文件

扫一扫 看视频

下面将圆柱齿轮三维模型输出为 JPG 图片文件，具体操作步骤如下。

Step01 打开“素材/CH010/将图纸输出为 JPG 文件.dwg”文件，如图 10-6

所示。

▶Step02 在命令行中输入 JPGOUT，按回车键，打开“创建光栅文件”对话框，输入文件名及文件类型，单击“保存”按钮，如图 10-7 所示。

图 10-6　打开素材文件

图 10-7　创建光栅文件

▶Step03 在绘图区中框选要输出的图形，如图 10-8 所示。

▶Step04 按回车键即可完成输出操作。双击保存的图片即可查看输出效果，如图 10-9 所示。

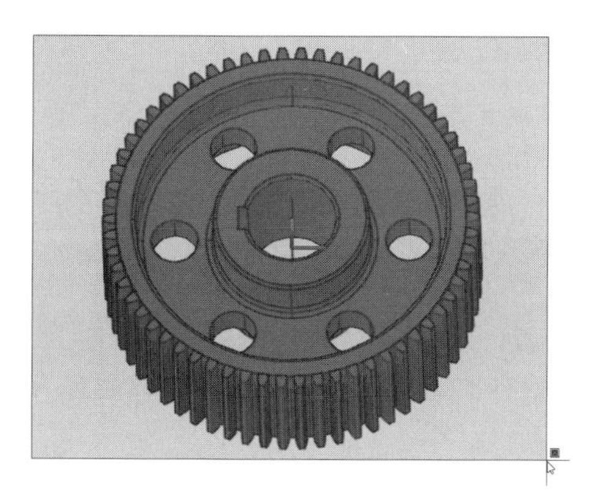

图 10-8　框选要输出的图形

图 10-9　查看输出效果

10.2　模型和布局

AutoCAD 为用户提供了模型空间和布局空间两种绘图环境，这两种空间都可以进行设计操作。

10.2.1　模型空间与布局空间

模型空间是一个没有界限的三维空间，并且永远按照 1∶1 比例的实际尺寸绘图，主要用于绘图及建模，如图 10-10 所示。在模型空间中，可以绘制全比例的二维模型和三维模型，还可以为图形添加标注、注释等内容。

布局空间又称为图纸空间，主要用于出图，可以很方便地设置打印设备、纸张、比例等，且能预览到实际的出图效果，如图 10-11 所示。模型创建完毕后，需要将模型打印到纸面上形成图样，这就需要通过布局空间来出图。布局空间是一个有限的二维空间，只能显示二维图形，会受到所选输出图纸大小的限制。

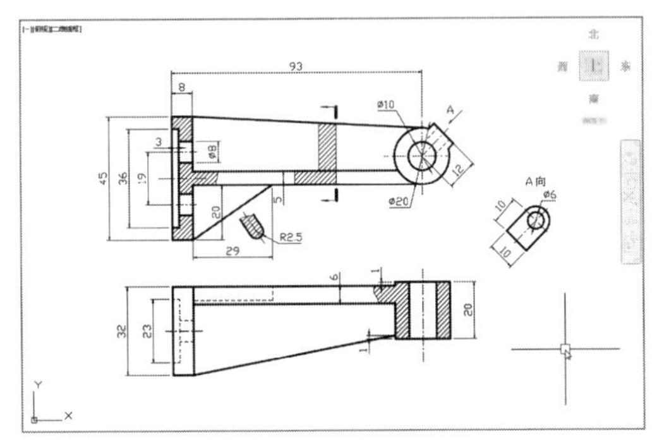

图 10-10　模型空间

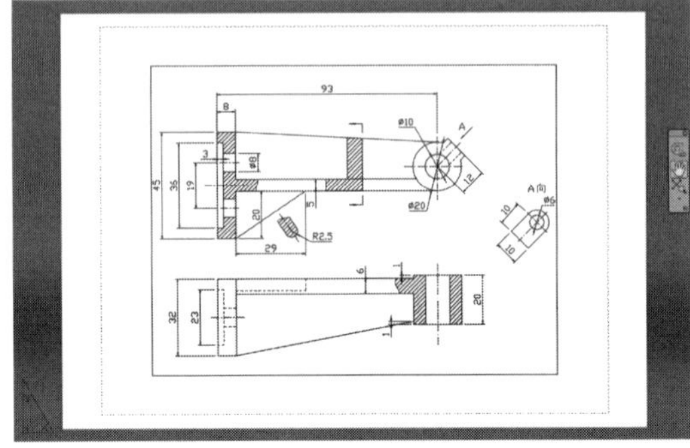

图 10-11　布局空间

不论是模型空间还是布局空间，都允许使用多个视图，但多视图的性质和作用并不相同。在模型空间中，多视图是为了方便观察图形的绘图，因此各个视图与原绘图窗口类似；而在布局空间中，多视图是为了便于进行图纸的合理布局，用户可以对其中任何一个视图进行复制、移动等基本编辑操作。

10.2.2 创建布局

布局是一种图纸空间环境，它模拟现实图纸页面，提供直观的打印设置，主要用于控制图形的输出，布局中所显示的图形与图纸页面上打印出来的图形完全一样。

（1）使用样板创建布局

AutoCAD 提供了多种不同国际标准体系的布局模板，这些标准包括 ANSI、GB、ISO 等，特别是其中遵循中国国家工程制图标准（GB）的布局就有 12 种之多，支持的图纸幅面有 A0、A1、A2、A3 和 A4。

执行“插入>布局>来自样板的布局”命令，打开“从文件选择样板”对话框，如图 10-12 所示，在该对话框中选择需要的布局模板，然后单击“打开”按钮，系统会弹出“插入布局”对话框，在该对话框中显示了当前所选布局模板的名称，单击“确定”按钮即可，如图 10-13 所示。

（2）使用向导创建布局

AutoCAD 可以创建多个布局来显示不同的视图，每一个布局都可以包含不同的绘图样式，布局视图中的图形就是绘制成果。通过布局功能，用户可以从多个角度表现同一图形。布局向导用于引导用户来创建一个新的布局，每个向导页面都将提示用户为正在创建的新布局指定不同的版面和打印设置。

执行“插入>布局>创建布局向导”命令，会打开“创建布局-开始”对话框，如图 10-14 所示，该向导会一步步引导用户进行创建布局的操作，过程中会分别对布局的名称、打印机、图纸尺寸和单位、图纸方向、是否都添加标题栏及标题栏的类型、视口的类型以及视口大小和位置等进行设置。利用向导创建布局的过程比较简单，一目了然。

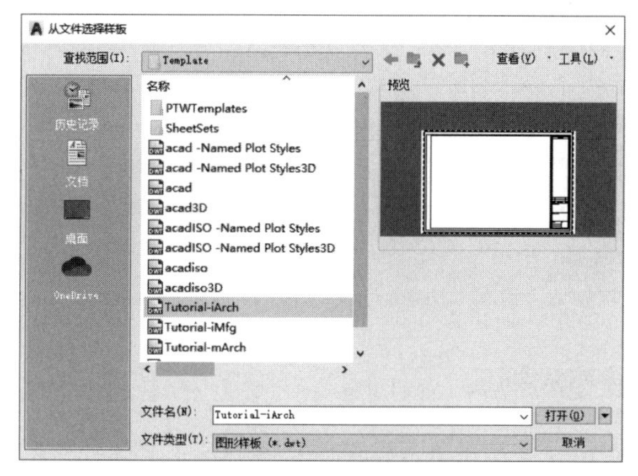

图 10-12　选择样板

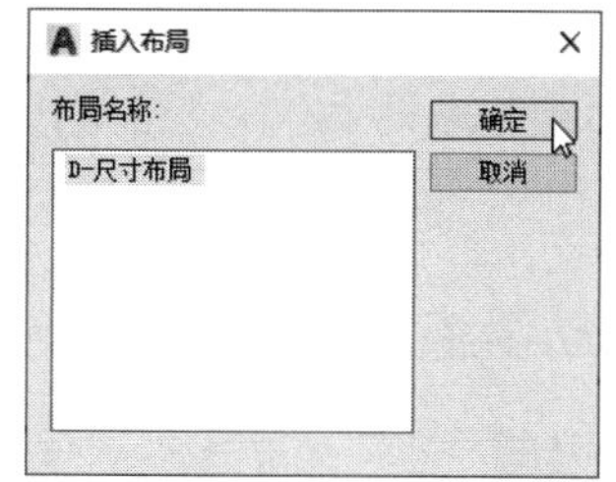

图 10-13　插入布局

10.2.3 布局视口

视口是布局中用于显示模型空间图形的窗口，它可以控制图形显示的范围和比例，从而帮助用户完成排图打印的工作。默认情况下视口的大小是固定的，其大小、比例或显示的视图不一定是用户需要的，这就需要创建新的视口。用户可以通过以下几种方式创建新的视口。

- 从菜单栏执行“视图>视口”命令，在子菜单中选择需要的选项，如图 10-15 所示。
- 在命令行输入 MVIEW 命令，然后按回车键。

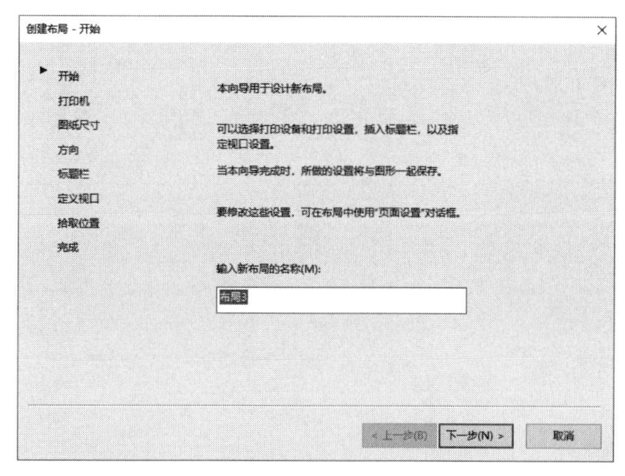

图 10-14　“创建布局-开始”对话框

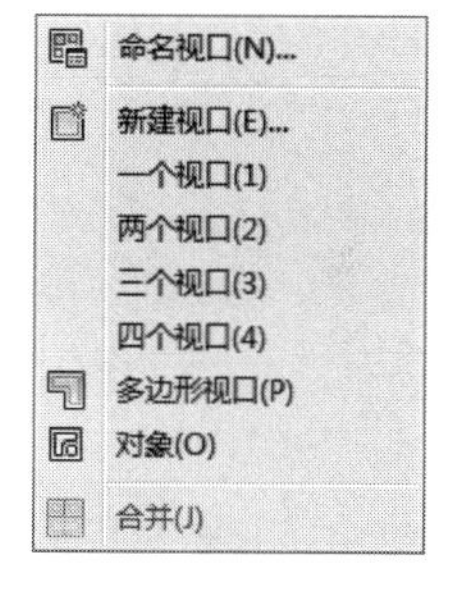

图 10-15　视口选择菜单

创建视口后，如果对创建的视口不满意，可以根据需要调整布局视口。

（1）更改视口大小和位置

如果创建的视口不符合用户的需求，用户可以利用视口边框的夹点来更改视口的大小和位置。

（2）删除和复制布局视口

用户可通过 Ctrl+C 和 Ctrl+V 快捷键进行视口的复制粘贴，按 Delete 键即可删除视口，也可以通过单击鼠标右键弹出的快捷菜单进行该操作。

（3）设置视口中的视图和视觉样式

在“布局”空间模式中可以更改视图和视觉样式，并编辑模型显示大小。双击视图即可激活视图，使其窗口边框变为粗黑色，单击视口左上角的视图控件图标和视觉样式控件图标即可更改视图及视觉样式。

技术要点

在“布局”空间模式中还可以创建不规则视口。执行“视图>视口>多边形视口”命令，在图纸空间只指定起点和端点，创建封闭的图形，按回车键即可创建不规则视口，或者在“布局”选项卡“布局视口”面板中单击“矩形”按钮，在弹出的下拉列表框中单击“多边形”选项。

动手练习——为图纸创建布局视口

扫一扫　看视频

下面将为机械模型创建布局视口，以便于观察图形。具体操作步骤如下。

Step01 打开“素材/CH010/为图纸创建布局视口.dwg”文件，如图10-16所示。

Step02 执行“视图>视口>新建视口”命令，打开“视口”对话框，在“标准视口”列表中选择“三个：右”选项，在右侧预览区可以看到视口布局方式，如图10-17所示。

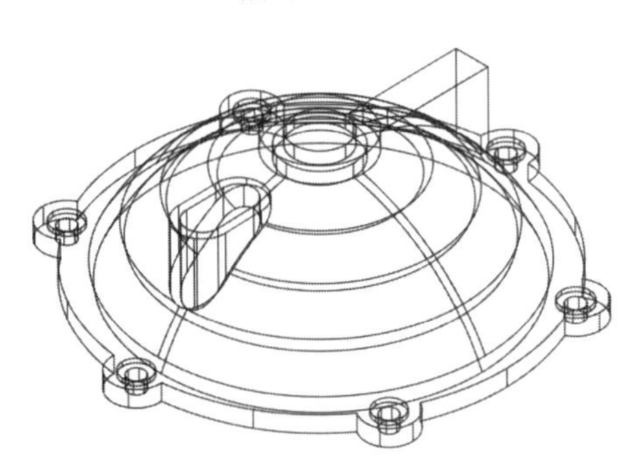

图10-16　素材图形

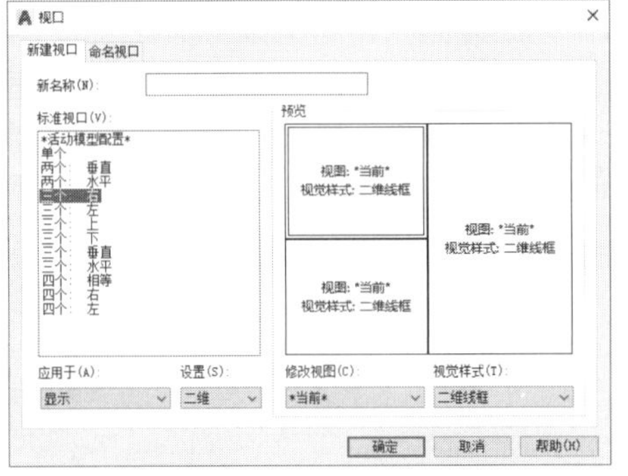

图10-17　“视口”对话框

Step03 单击“确定”按钮，可以看到绘图区按照所选择的方式被分为三个视口，如图10-18所示。

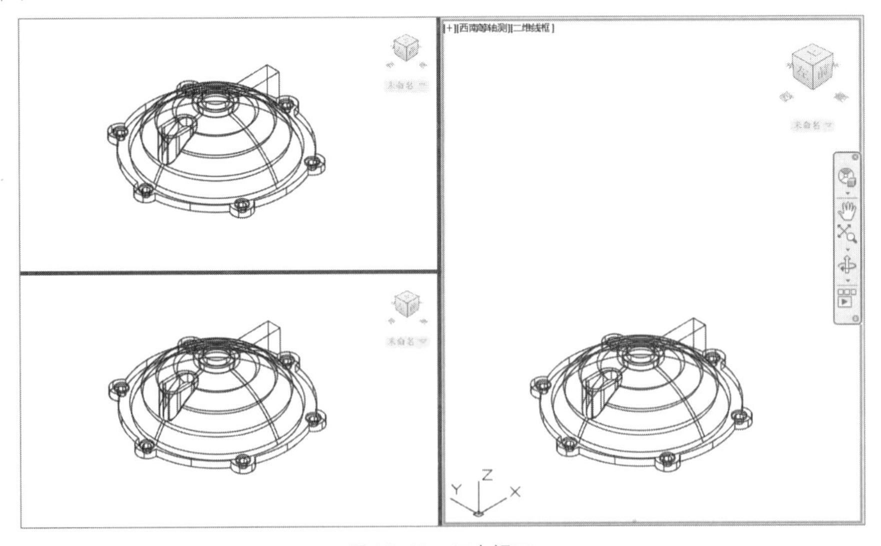

图10-18　三个视口

▶Step04 设置左上方视口的视图方式为俯视，左下角视口的视图方式为前视，如图 10-19、图 10-20 所示。

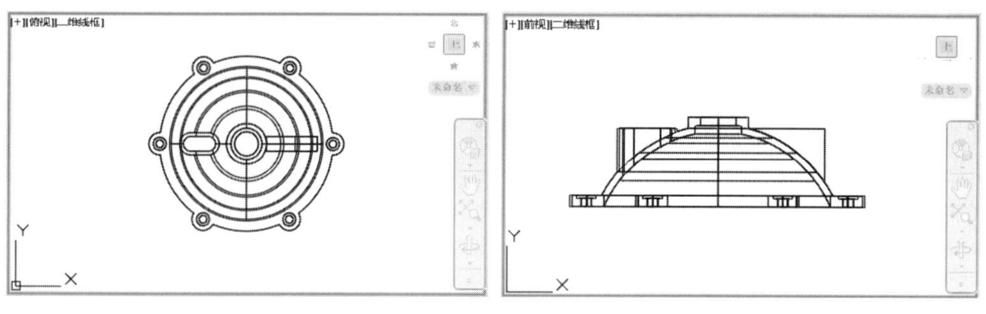

图 10-19　俯视图　　　　图 10-20　前视图

▶Step05 设置右侧视口的视觉样式为概念，完成本次操作，如图 10-21 所示。

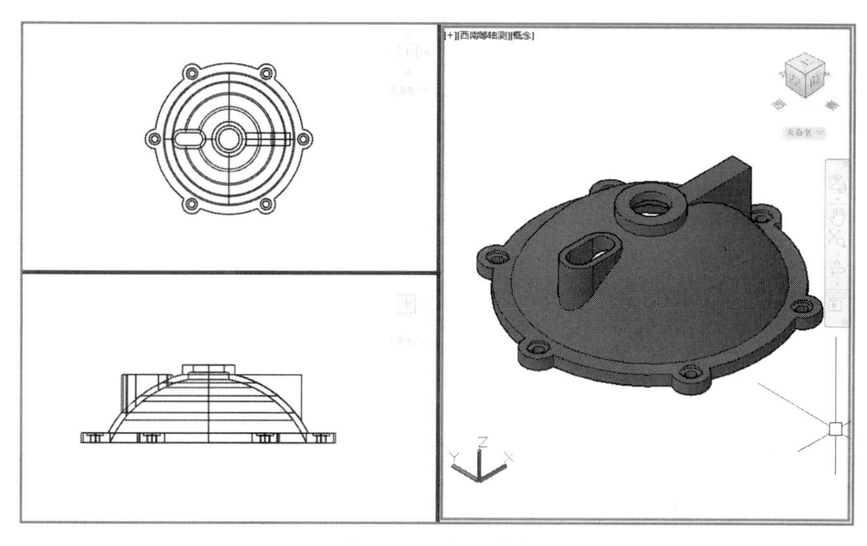

图 10-21　概念样式

10.3　图纸的打印及预览

图形绘制完毕后，为了便于观察和实际施工制作，可将其打印输出到图纸上。在打印之前，需要对打印样式及打印参数等进行设置。

10.3.1　设置打印样式

打印样式也属于对象的一种特性，用于修改打印图形的外观，包括对象的颜色、线型和线宽等，也可指定端点、连接和填充样式以及抖动、灰度、笔号和淡显等输出效果。

（1）创建颜色打印样式表

颜色相关打印样式建立在图形实体颜色设置的基础上，通过颜色来控制图形输出。使用时，用户可以根据颜色设置打印样式，再将这些打印样式赋予使用该颜色的图形实体，从而最终控制图形的输出。在创建图层时，系统将根据所选颜色的不同自动为其指定不同的打印样式。

与颜色相关的打印样式表都被保存在以（.ctb）为扩展名的文件中，命名打印样式表被保存在以（.stb）为扩展名的文件中。

（2）添加打印样式表

为适合当前图形的打印效果，通常在进行打印操作之前进行页面设置和添加打印样式表。执行“工具>向导>添加打印样式表”命令，打开“添加打印样式表”向导窗口，如图 10-22 所示。该向导会一步步引导用户进行添加打印样式表操作，过程中会分别对打印的表格类型、样式表名称等参数进行设置。利用向导添加打印样式的过程比较简单，且一目了然。

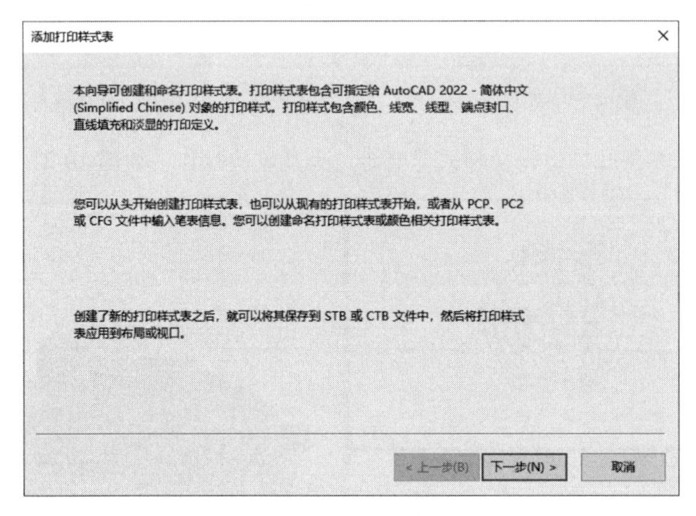

图 10-22 “添加打印样式表”设置向导

（3）管理打印样式表

在需要对相同颜色的对象进行不同的打印设置时，就可以使用命名打印样式表，用户可以根据需要创建统一颜色对象的多种命名打印样式，并将其指定给对象。

执行“文件>打印样式管理器”命令，即可打开如图 10-23 所示的打印样式列表，在该列表中显示之前添加的打印样式表文件，用户可双击该文件，然后在打开的“打印样式表编辑器”对话框中进行打印颜色、线宽、打印样式和填充样式等参数的设置，如图 10-24 所示。

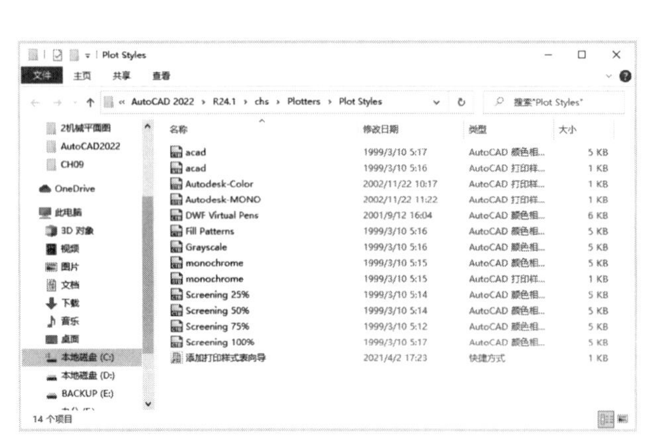

图 10-23 打印样式列表

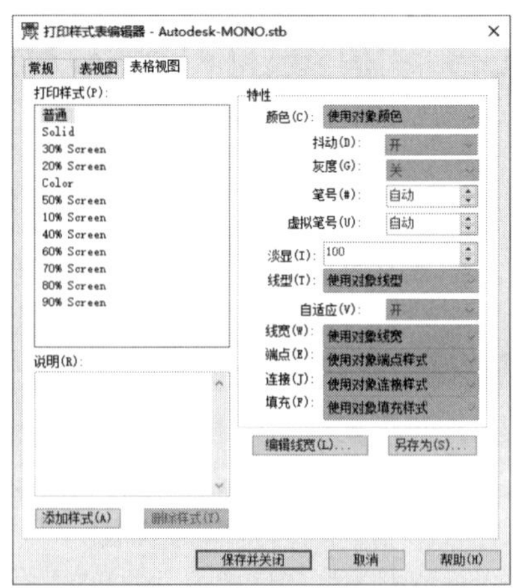

图 10-24 “打印样式表编辑器”对话框

10.3.2 设置打印参数

无论从模型空间还是布局中打印图形，在打印前必须先对打印参数进行设置，如打印机、图纸尺寸、打印范围、打印比例、图纸方向等，这些都可以通过“打印”对话框进行设置，如图 10-25 所示。用户可以通过以下几种方式打开“打印”对话框。

扫一扫　看视频

- 从菜单栏执行“文件>打印”命令。
- 在快速访问工具栏中单击“打印”按钮。
- 单击“菜单浏览器”按钮，在打开的菜单中选择“打印>打印”命令。
- 在“输出”选项卡的“打印”面板中单击“打印”按钮。
- 在键盘上按 Ctrl+P 组合键。
- 在命令行中输入 PLOT，然后按回车键。

下面介绍对话框中各选项的含义。

（1）打印机/绘图仪

该选项组中可以选择用户输出图形所需要使用的打印设备，若需要修改当前打印机配置，可单击右侧“特性”按钮，在“绘图仪配置编辑器”对话框中对打印机的输出进行设置，如图 10-26 所示。

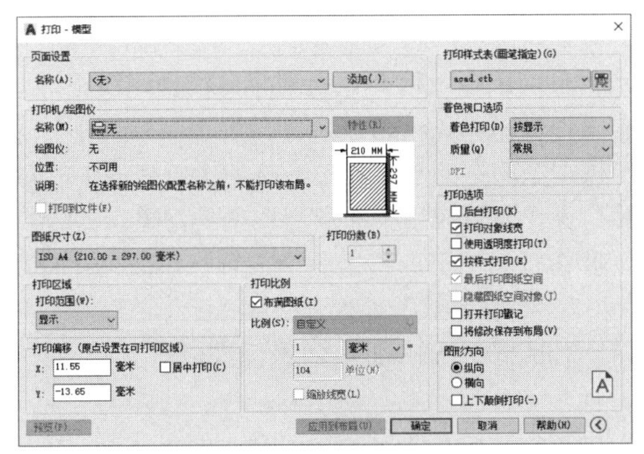

图 10-25　“打印”对话框

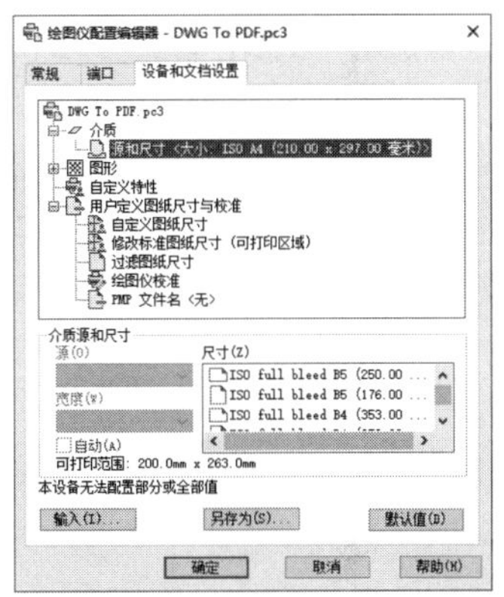

图 10-26　“绘图仪配置编辑器”对话框

（2）打印样式表

打印样式用于修改图形打印的外观。图形中每个对象或图层都具有打印样式属性，通过修改打印样式可以改变对象输出的颜色、线型、线宽等特性。

（3）图纸尺寸

用户可以根据打印机类型及纸张大小选择合适的图纸尺寸。

（4）打印区域

该选项组可以设定图形输出时的打印区域，包括布局、窗口、范围、显示四个选项。各选项含义如下。

- 布局：打印布局视口中显示的内容。
- 窗口：该选项会临时关闭“打印”对话框，在绘图区中框选矩形区域作为打印内容。该选项是最常用的，选择区域后一般希望布满整张图纸，所以在“打印比例”选项中会勾选“布满图纸”复选框。
- 范围：打印包含所有对象的图形的当前空间，该图形中的所有对象都将被打印。

• 显示：打印当前视图中的内容。

（5）打印比例

该选项组中可设定图形输出时的打印比例。

• 比例：在“比例”下拉列表中可选择用户出图的比例，也可使用“自定义”选项，在下方的输入框中输入比例来达到控制比例的目的。

• 布满图纸：勾选该复选框会根据打印图形范围的大小自动布满整张图纸。

• 缩放线宽：该选项是在布局中打印时使用的，勾选后，图纸所设定的线宽会按照打印比例进行放大或缩小，而未勾选的话则不管打印比例是多少，打印出来的线宽就是设置的线宽尺寸。

（6）打印偏移

指定图形打印在图纸上的位置。可通过设置 X 和 Y 轴上的偏移距离来精确控制图形的位置，也可通过勾选“居中打印”复选框使图形打印在图纸中间。

（7）打印选项

在设置打印参数时，还可以设置一些打印选项，在需要的情况下可以使用。各选项的含义介绍如下。

• 后台打印：在后台打印，可立刻返回图形。

• 打印对象线宽：将打印指定给对象和图层的线宽。

• 使用透明度打印：将打印应用于对象和图层的透明度级别。

• 按样式打印：以指定的打印样式来打印图形。选择该选项将自动打印线宽；如果不选择将按指定给对象的特性打印对象而不是按打印样式打印。

• 最后打印图纸空间：指定先打印模型空间中的对象，然后打印图纸空间中的对象。

• 隐藏图纸空间对象：指定“隐藏”操作是否应用于布局视口中的对象。

• 打开打印戳记：启用打印戳记，并在每个图形的指定角上放置打印戳记并将戳记记录到文件中。

• 将修改保存到布局：将在“打印”对话框中所做的修改保存到布局。

（8）图形方向

该选项组可指定图形输出的方向，因为图纸制作会根据实际的绘图情况来选择图纸是横向还是纵向，所以在图纸打印的时候一定要注意设置图形方向，否则可能会导致部分图形超出纸张而未被打印出来。

注意事项

在进行打印参数设定时，用户应根据与电脑连接的打印机的类型来综合考虑打印参数的具体值，否则将无法实施打印操作。

10.3.3 打印预览

在打印输出图形之前可以预览输出效果，以检查设置是否正确，例如图形是否在有效输出区域内等。如果不符合要求，再关闭预览进行更改；如果符合要求，即可继续进行打印。

用户可以通过以下方式实施打印预览。

• 从菜单栏执行“文件>打印预览”命令。

• 在“输出”选项卡“预览”按钮。
• 在“打印-模型”对话框中设置“打印参数”后，单击左下角的“预览”按钮。
执行以上任意操作命令后，即可进入预览模式，如图 10-27 所示。

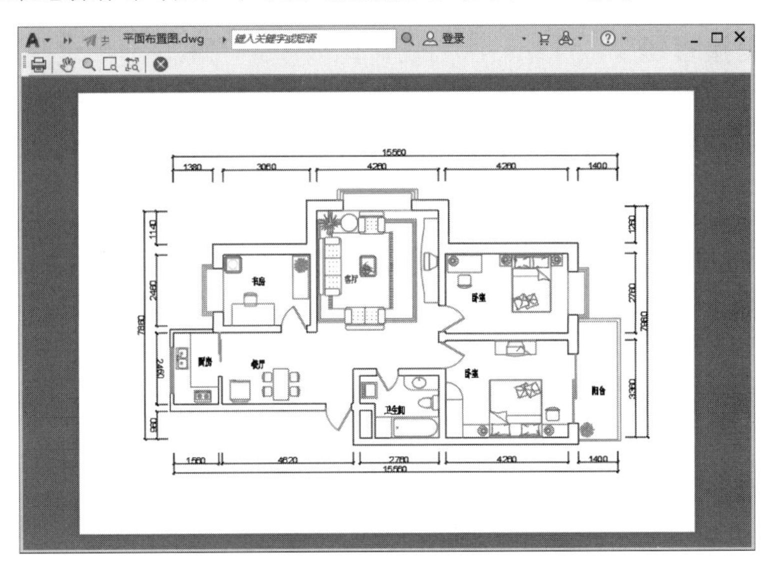

图 10-27　打印预览

> **技术要点**
>
> 打印预览是将图形在打印机上打印到图纸之前，在屏幕上显示打印输出图形后的效果，主要包括图形线条的线宽、线型和填充图案等。预览后，若需进行修改，则可关闭该视图，进入设置页面再次进行修改。

10.4　网络功能的应用

用户可以在 Internet 上预览图纸，为图纸插入超链接、将图纸以电子形式进行打印，并将设置好的图纸发布到 Web 以供用户浏览等。

10.4.1　在 Internet 上使用图形文件

Web 浏览器是通过 URL 获取并显示 Web 网页的一种软件工具。用户可在 AutoCAD 系统内部直接调用 Web 浏览器进入 Web 网络世界。

“输入”和“输出”命令都具有内置的 Internet 支持功能。通过该功能，可以直接从 Internet 上下载文件，其后就可以在 AutoCAD 环境下编辑图形。

利用“浏览 Web”对话框，可快速定位到要打开或保存文件的特定的 Internet 位置。可以指定一个默认的 Internet 网址，每次打开“浏览 Web”对话框时都将加载该位置。如果不知道正确的 URL，或者不想在每次访问 Internet 网址时输入冗长的 URL，则可使用“浏览 Web”

对话框方便地访问文件。

此外，在命令行中直接输入 BROWSER 命令，按回车键后，就可以根据提示信息打开网页。

10.4.2 超链接管理

超链接就是将图形对象与其他数据、信息、动画、声音等建立链接关系。利用超链接可实现由当前图形对象到关联图形文件的跳转。链接的对象可以是现有的文件或 Web 页，也可以是电子邮件地址等。

（1）链接文件或网页

执行“插入>数据>超链接”命令，在绘图区中，选择要进行连接的图形对象，按回车键后打开“插入超链接”对话框，如图 10-28 所示。

单击“文件”按钮，打开“浏览 Web-选择超链接”对话框，如图 10-29 所示。选择要链接的文件并单击“打开”按钮，返回到上一层对话框，单击“确定”按钮，完成链接操作。

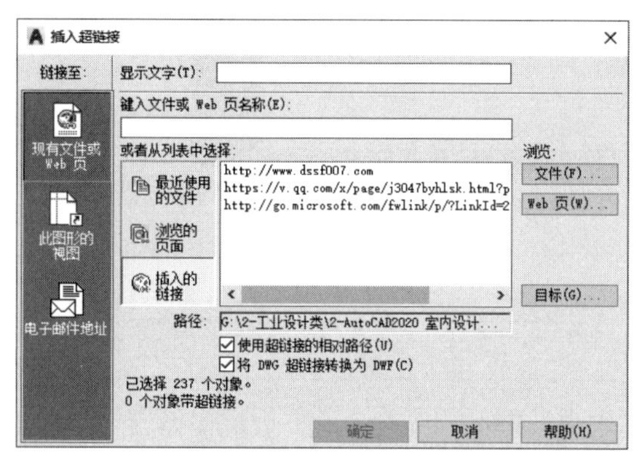

图 10-28 “插入超链接”对话框

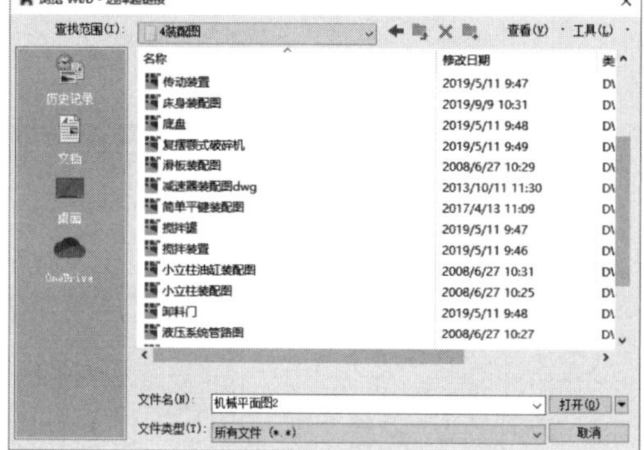

图 10-29 选择需链接的文件

在带有超链接的图形文件中，将光标移至带有链接的图形对象上时，光标右侧会显示超链接符号，并显示链接文件名称。此时按住 Ctrl 键并单击该链接对象，即可按照链接网址切转到相关联的文件中。

“插入超链接”对话框中各选项说明如下。

- 显示文字：用于指定超链接的说明文字。
- 现有文件或 Web 页：用于创建到现有文件或 Web 页的超链接。
- 键入文件或 Web 页名称：用于指定要与超链接关联的文件或 Web 页面。
- 最近使用的文件：显示最近链接过的文件列表，用户可从中选择链接。
- 浏览的页面：显示最近浏览过的 Web 页面列表。
- 插入的链接：显示最近插入的超级链接列表。
- 文件：单击该按钮，在“浏览 Web-选择超链接”对话框中，指定与超链接相关联的文件。
- Web 页：单击该按钮，在“浏览 Web”对话框中，指定与超链接相关联的 Web 页面。
- 目标：单击该按钮，在“选择文档中的位置”对话框中，选择链接到图形中的命名位置。
- 路径：显示与超链接关联的文件的路径。
- 使用超链接的相对路径：用于为超级链接设置相对路径。
- 将 DWG 超链接转换为 DWF：用于转换文件的格式。

（2）链接电子邮件地址

执行“插入>数据>超链接”命令，在绘图区中选择要链接的图形对象，按回车键后，在“插入超链接”对话框中，单击左侧“电子邮件地址”选项卡，如图 10-30 所示。其后在“电子邮件地址”文本框中输入邮件地址，并在“主题”文本框中，输入邮件消息主题内容，单击“确定”按钮即可。

在打开电子邮件超链接时，默认电子邮件应用程序将创建新的电子邮件消息。在此填好邮件地址和主题，最后输入消息内容并通过电子邮件发送。

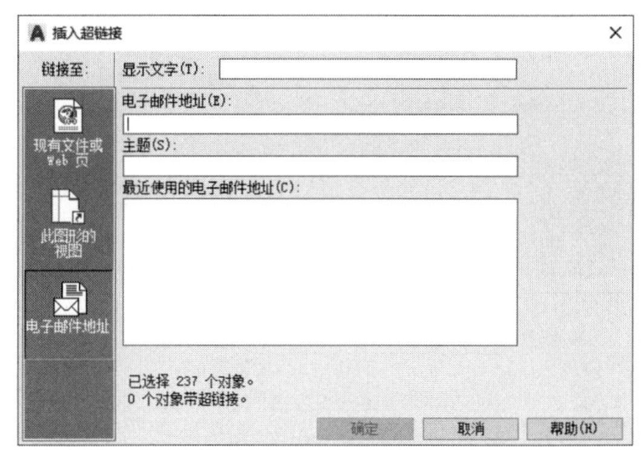

图 10-30 “电子邮件地址”界面

10.4.3 发布 DWF 文件

国际上如今通常采用 DWF 图形文件格式，该文件可以在任何装有网络浏览器和 Autodesk WHIP！插件的计算机中打开、查看和输出，且支持图形文件的实时移动和缩放，并支持控制图层、命令视图和嵌入链接显示效果。

DWF 文件是矢量压缩格式的文件，可提高图形文件打开和传输的速度，缩短下载时间。以矢量格式保存的 DWF 文件，完整地保留了打印输出属性和超链接信息，并且在进行局部放大时，基本能够保持图形的准确性。

（1）输出 DWF 文件

要输出 DWF 文件，必须先创建 DWF 文件，在这之前还应创建 ePlot 配置文件。使用配置文件 ePlot.pc3 可创建带有白色背景和纸张边界的 DWF 文件。

（2）在外部浏览器中浏览 DWF 文件

通过 AutoCAD 的 ePlot 功能，可将电子图形文件发布到 Internet 上，所创建的文件以 Web 图形格式（DWF）保存。

如果在计算机系统中安装了 10.0 或以上版本的 WHIP！插件和浏览器，则可以在 Internet Explorer 或 Netscape Communicator 浏览器中查看 DWF 文件。如果 DWF 文件包含图层和命名视图，还可以在浏览器中控制其显示特征。

动手练习——设置电子传递

用户在发布图纸时，有时会忘记发送字体、外部参照等相关描述文件，这会使得接收时打不开收到的文档，从而造成无效传输。使用电子传递功能，可自动生成包含设计文档及其相关描述文件的数据包，然后将数据包粘贴到 E-mail 的附件中进行发送。这样就大大简化了发送操作，并且保证了发送的有效性。

Step01 执行“应用程序菜单>发布”命令，在级联菜单中选择“电子传递”选项，打开“创建传递”对话框，如图 10-31 所示。

Step02 单击“添加文件”按钮，将会打开“添加要传递的文件”对话框，在此选择要包含的文件，如图 10-32 所示。

Step03 单击“打开”按钮，返回到“创建传递”对话框，可以在“文件树”列表中看到新添加的文件，如图 10-33 所示。

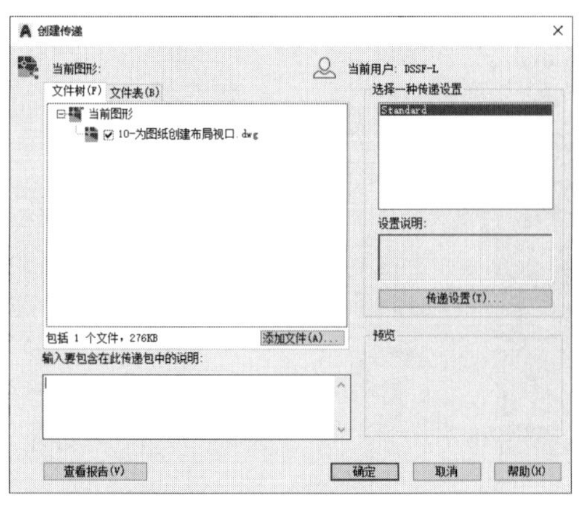

图 10-31 “创建传递”选项卡

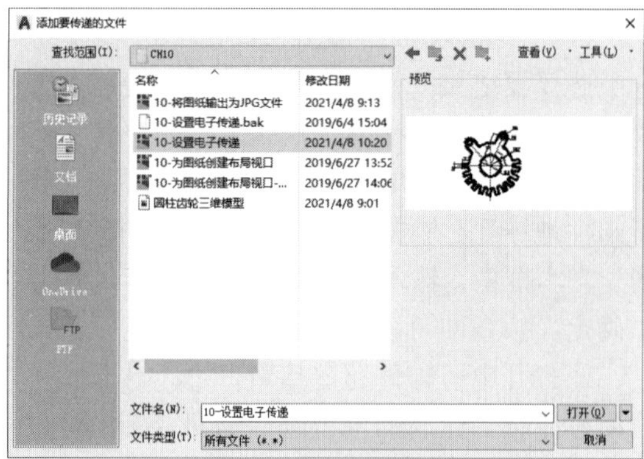

图 10-32 选择要添加的文件

▶Step04 在“创建传递”对话框中单击“传递设置”按钮，打开“传递设置”对话框，再单击“修改”按钮，如图 10-34 所示。

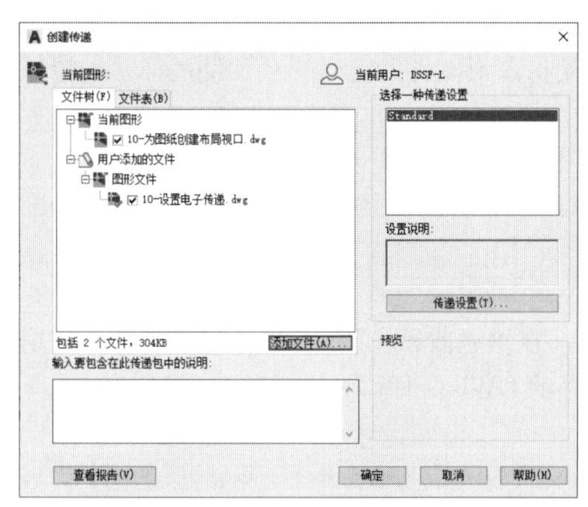

图 10-33 返回“创建传递”对话框

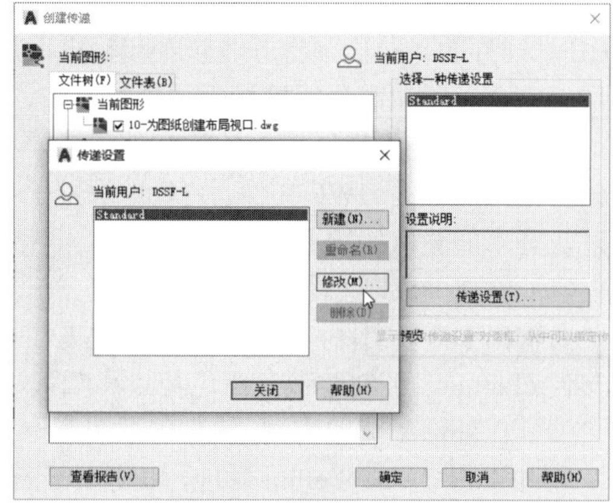

图 10-34 单击“修改”按钮

▶Step05 打开“修改传递设置”对话框，单击“传递包类型”下拉按钮，选择“文件夹（文件集）”选项，再选择文件格式，如图 10-35 所示。

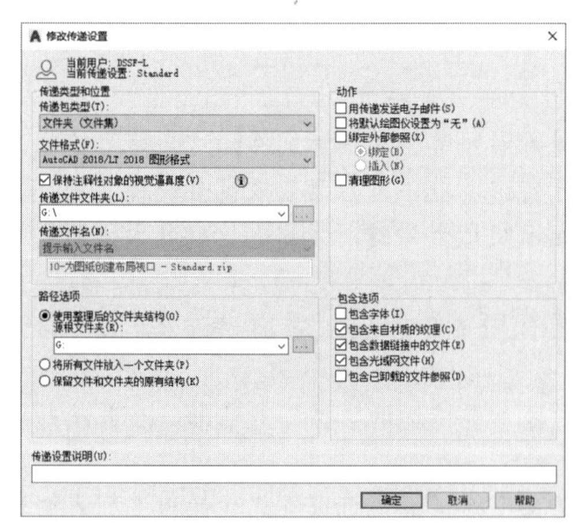

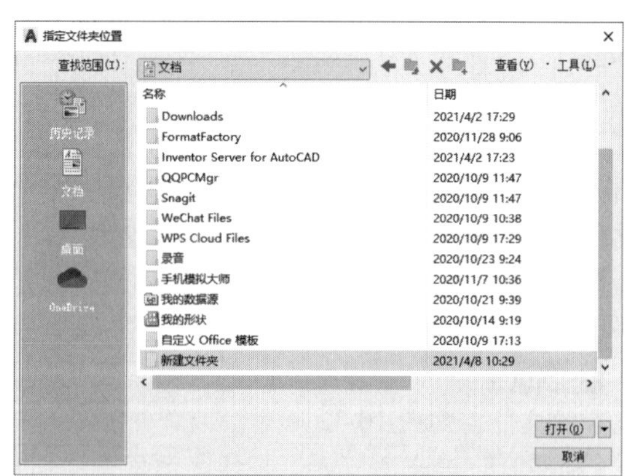

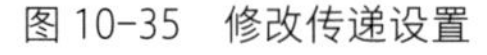
图 10-35 修改传递设置

图 10-36 指定传递路径

Step06 在“传递文件文件夹”路径右侧单击“浏览”按钮，打开“指定文件夹位置”对话框，设置文件传递路径，如图 10-36 所示。

Step07 单击“打开”按钮，返回上一层对话框，依次关闭对话框，完成在指定文件夹中创建传递包操作。

实战演练——打印输出为 PDF 格式

扫一扫　看视频

下面将结合本章所学知识，将机械图纸转换为 PDF 格式的文件。具体操作步骤如下。

Step01 打开“素材/CH010/实战演练/输出为 PDF 格式.dwg”文件，如图 10-37 所示。

Step02 在“输出”选项卡的“打印”面板中单击“打印”按钮，打开“打印”对话框，如图 10-38 所示。

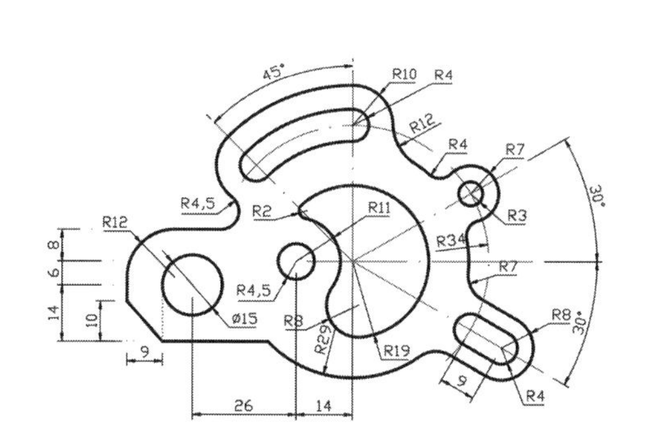

图 10-37　打开素材图形

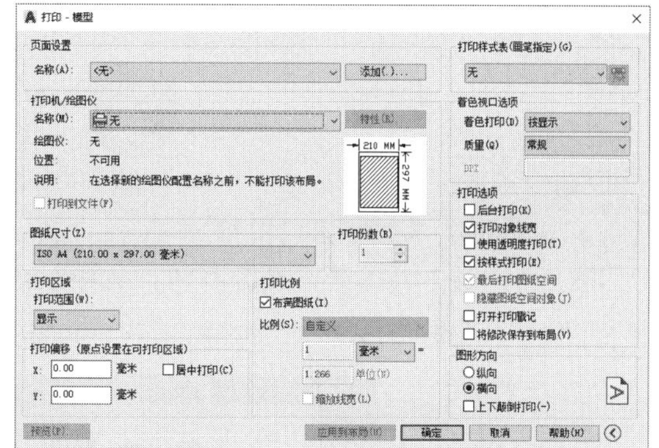

图 10-38　“打印”对话框

Step03 设置打印机名称为“DWG To PDF.pc3”，图纸尺寸为 ISO A3(420mm×297mm)，勾选“布满图纸”和“居中打印”复选框，在“打印范围”列表中选择“窗口”选项，如图 10-39 所示。

Step04 在绘图区中指定对角点确定窗口区域，如图 10-40 所示。

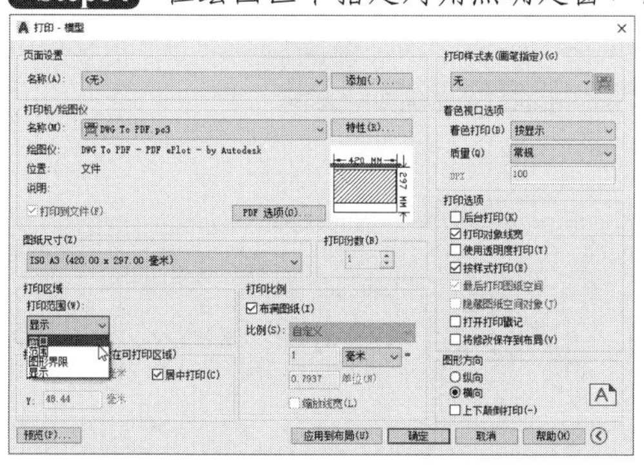

图 10-39　设置打印参数

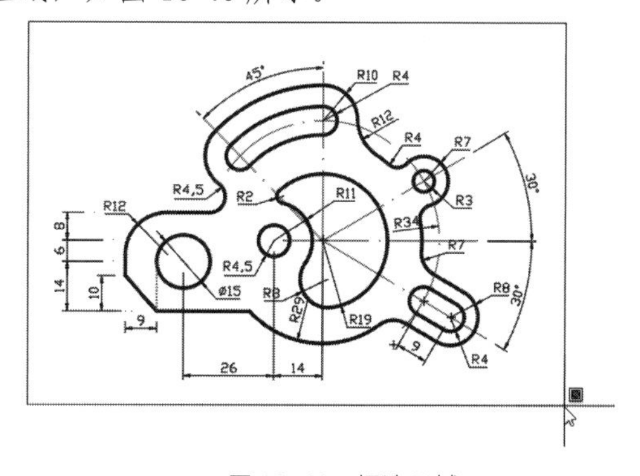

图 10-40　框选区域

Step05 指定选区后返回“打印”对话框，单击“确定”按钮，此时会打开“浏览打印文件”对话框，设置存储路径及文件名，如图 10-41 所示。

Step06 单击“保存”按钮即可完成文件的打印输出，接着打开输出的 PDF 文件，如图 10-42 所示。

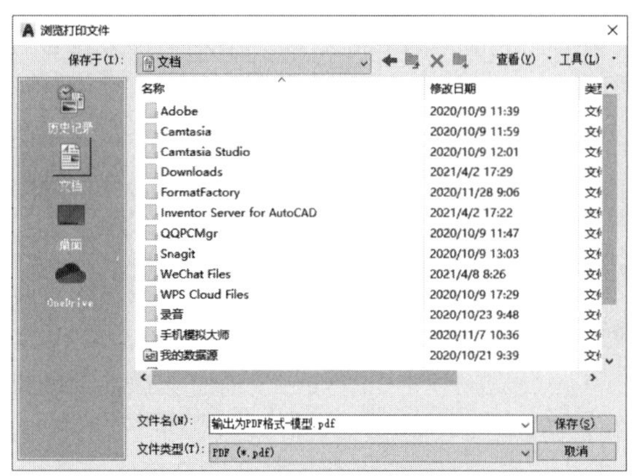

图 10-41 设置存储路径

图 10-42 打开 PDF 文件

课后作业

(1) 根据要求打印室内图纸

将室内一层平面图进行黑白打印，打印纸张为 A4，如图 10-43 所示。

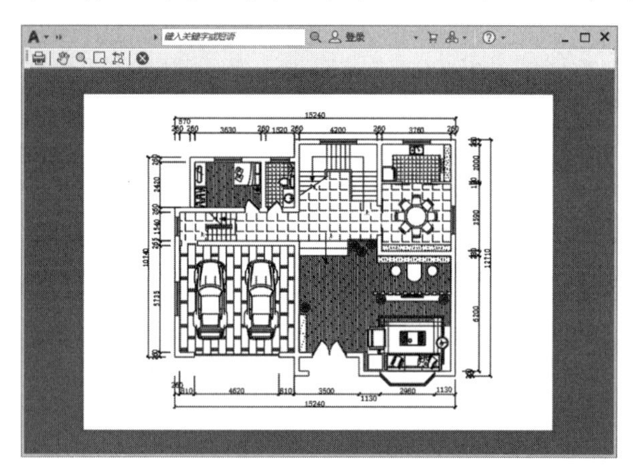

图 10-43 打印室内图纸

操作提示:

Step01：打开“打印”对话框，单击“打印样式表”下拉按钮，从中选择“monochrom.ctb”选项。

Step02：将“图纸尺寸”设为 A4，勾选“居中打印”复选框，单击“打印”按钮。

扫一扫 看视频

(2) 创建布局视口

为室内平面图纸创建两个垂直的视口，并分别显示出原始结构图和平面布置图，如图 10-44 所示。

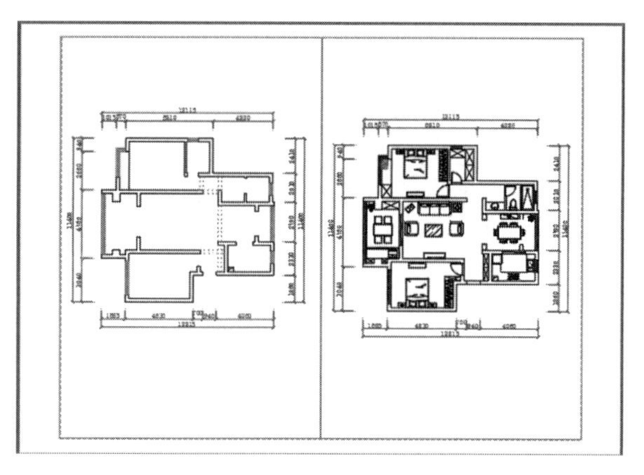

图 10-44　创建视口

操作提示：

Step01：执行“新建视口”命令，创建两个垂直视口。

Step02：激活视口，使用平移和缩放命令，分别调整两个视口的显示范围。

精选疑难解答

Q1：如何将图纸用 Word 打印出来？

A：在 Word 软件中，单击“插入>文本>插入对象”命令，打开“对象”对话框，在该对话框中的“新建”选项卡中，选中“AutoCAD 图形”选项，单击“确定”按钮；其后将所需图形文件粘贴至绘图框中，此时，在 Word 文档中即可显示该图形，适当调整下图形大小，即可将其打印。

Q2：在布局中如何让图形和白色背景相匹配？

A：图纸背景和打印设置是相关联的，想要使图形和背景相匹配，需要在“打印”对话框中设置。在“打印”对话框中设置好打印机、纸张等参数后，选择“布满图纸”复选框，这样在打印时图形和背景就匹配了。

Q3：为什么有些图形能显示，却打印不出来？

A：这涉及很多问题。图层中包含一个是否打印的设置，很多人都会忽略这一细节，它会影响打印的效果，因此在打印时检查该设置是否被关闭。

在进行标注时，系统会自动创建一些图层，例如 Defpoints 图层默认被设置成不打印，而且无法修改。如果不小心将该图层置为当前，就会出现这一现象。因此用户打印之前也需要查看图形所在的图层。如果将线型颜色设置为真彩色的白色（255，255，255），就会按白色打印，因为纸张是白色的，所以不显示线条。因此当没有放到不打印的图层时，就要检查一下颜色的设置。

Q4：为什么打印出来的线宽和软件中的线宽不同，怎么设置？

A：在“打印”对话框中可以统一线宽。执行“文件>打印”命令，打开“打印”对话框，在对话框右侧的“打印选项”选项组中勾选“按样式打印”复选框，单击“确定”按钮即可完成设置。

Q5：绘图时是按照 1∶1 的比例还是由出图的纸张大小决定的？

A：图形是按“绘图单位”来绘制的，1 个绘图单位是图上 1 的长度。一般在出图时有一个打印尺寸和绘图单位的比值关系，打印尺寸按毫米计，如果打印时按 1∶1 来出图，则 1 个绘图单位将打印出来 1mm；在规划图中，如果使用 1∶1000 的比例，则可以在绘图时用 1 表示 1m，打印时用 1∶1 出图就行了。

为了使数据便于操作，往往用 1 个绘图单位来表示所使用的主单位，比如，规划图主单位为是 m，机械、建筑和结构主单位为 mm，仅仅在打印时需要注意。因此，绘图时先确定主单位，一般按 1∶1 的比例，出图时再换算一下。按纸张大小出图仅用于草图。

第 11 章

了解三维建模环境

本章概述

利用 AutoCAD 不仅能够绘制二维图形，还可以绘制三维图形，目前三维绘图功能技术已经非常成熟。要创建和观察三维图形，就一定要熟悉三维空间的环境设置，如图三维坐标系、三维视觉样式及三维动态设置等。

通过本章的学习，读者可以了解三维建模基础、三维坐标系、三维视觉样式、三维观察模式等知识，掌握相关方法与操作技巧。

学习目标

- 了解模型空间和布局空间
- 了解网络功能的应用
- 掌握打印参数的设置
- 掌握图形的输入与输出

实例预览

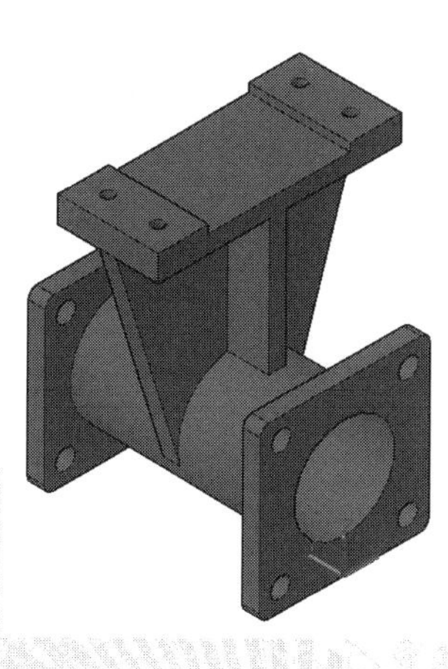

新建 UCS

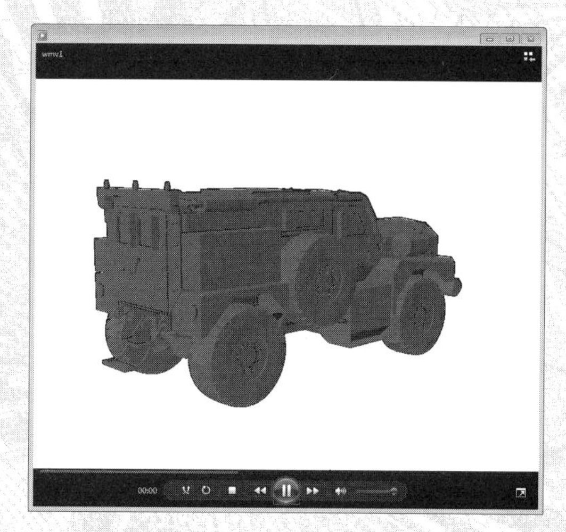

相机预览

11.1 三维建模基础

创建三维模型最基本的要素为：三维坐标、三维视图以及三维建模空间。在创建实体模型时需使用到三维坐标功能，而在查看模型各角度造型是否完善时，则需使用到三维视图功能。

11.1.1 三维建模工作空间

在创建三维模型时，可以使用“三维建模”工作空间，其中包含与三维相关的工具栏、菜单和选项板，无关的界面将会被隐藏，使用户的工作区域最优化。用户可以通过以下方式切换至“三维建模”工作空间。

- 从菜单栏执行“工具>工作空间>三维建模”命令。
- 在快速启动工具栏单击“工作空间”下拉按钮，在弹出的列表中选择“三维建模”选项，如图 11-1 所示。
- 在状态栏中单击“切换工作空间”按钮，在打开的列表中选择“三维建模”选项，如图 11-2 所示。
- 在命令行输入 WSCURRENT 命令，然后按回车键。

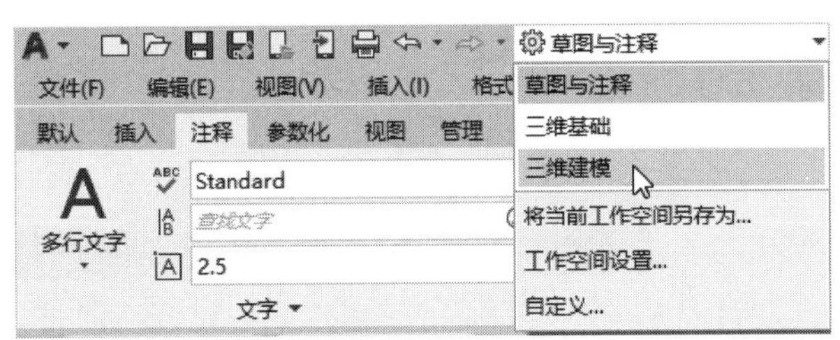

图 11-1　快速启动工具栏命令

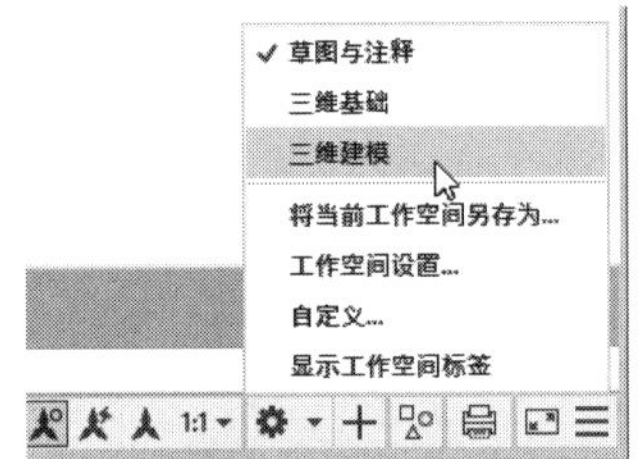

图 11-2　状态栏按钮

注意事项

默认情况下快速访问工具栏中是不显示“工作空间”这一项的，需要用户手动调出才可。单击快速访问工具栏右侧下拉按钮，在列表中勾选工作空间选项即可。

11.1.2 三维模型的分类

AutoCAD 主要以线框、表面和实体这三种类型来展示模型。每种类型都有各自的创建和编辑方法以及不同的显示效果，如图 11-3～图 11-5 所示。

（1）线框类型

线框是一种轮廓模型，它是三维对象的轮廓描述，主要描述对象的三维直线和曲线轮廓，没有面和体的特征。

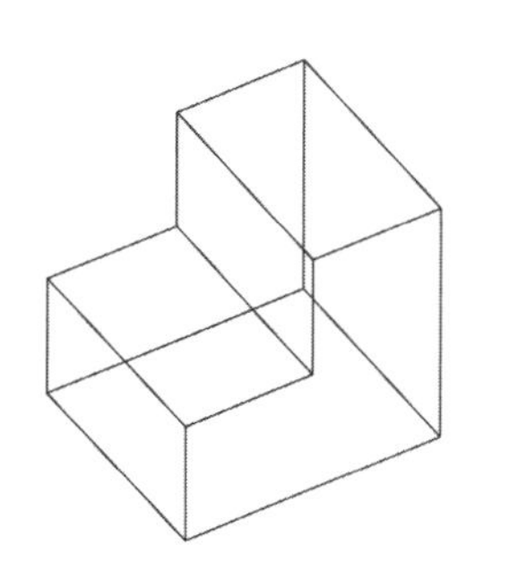

图 11-3　线框模型

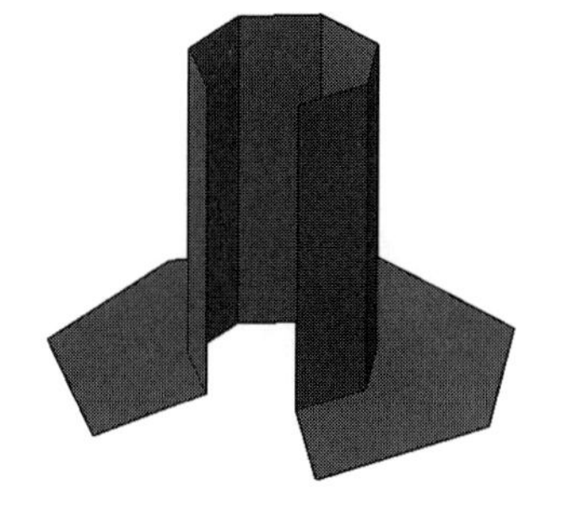

图 11-4　表面模型

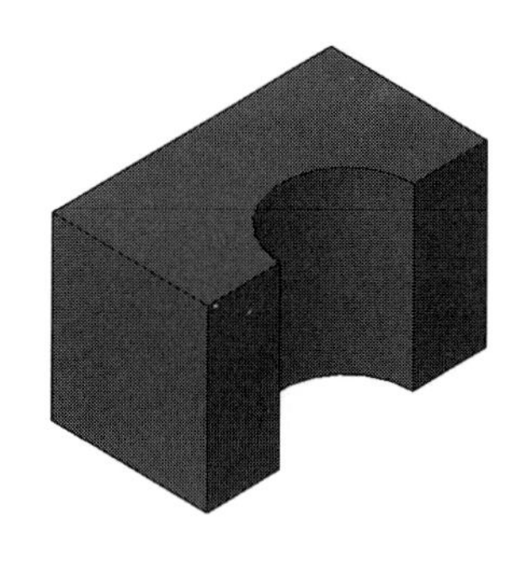

图 11-5　实体模型

该类型可以通过在三维空间绘制点、线、曲线的方式得到线框模型。要注意的是，线框模型虽然具有三维的显示效果，但实际上由线构成，没有面和体的特征，既不能对其进行面积、体积、重心、转动质量和惯性矩形等计算，也不能进行着色、渲染等操作。

（2）表面类型

表面是由零厚度的表面拼接组合成的三维模型效果，只有表面而没有内部填充。在 AutoCAD 中分为曲面模型和网格模型两种。

曲面模型是连续曲率的单一表面，而网格模型是用许多多边形网格来拟合曲面。表面模型适合于构造不规则的曲面模型，如模具、发动机叶片、汽车等复杂零件的表面。对于网格模型，多边形越密，曲面的光滑程度就越高。此外，由于表面模型更具有面的特征，因此可以对它进行计算面积、隐藏、着色、渲染等操作。

（3）实体类型

实体是三种模型中最高级的一种，包括线、面和体的全部信息，是三维绘制中使用最多的一种方法。

实体具有实物的全部特征，具有体积、重心等特性，可以对它进行隐藏、剖切、装配干涉检查等操作，还可以对具有基本形状的实体进行并、交、差等布尔运算，以构造复杂的实体模型。

11.2　三维坐标系

在三维建模空间中，允许建立自己的坐标系（即用户坐标系），用户坐标系的原点可以放在任意位置上，坐标系也可以倾斜任意角度。由于大多数二维绘图命令只在 XY 或 XY 平行的面内有效，在绘制三维图形时，经常要建立和改变用户坐标系来绘制不同基面上的平面图形。

11.2.1　右手法则

三维坐标系的 Z 轴的正轴方向是根据右手法则定义的。右手法则也决定三维空间中任一坐标轴的正旋转方向。要标注 X、Y 和 Z 轴的正轴方向，就将右手手背对着屏幕位置，拇指即指向 X 轴的正方向，食指指向 Y 轴的正方向，中指所指向的方向即是 Z 轴的正方向。

要确定轴的正旋转方向，用右手大拇指指向轴的正方向，弯曲其他手指，那么手指指示的方向即是轴的正旋转方向，如图 11-6 所示。

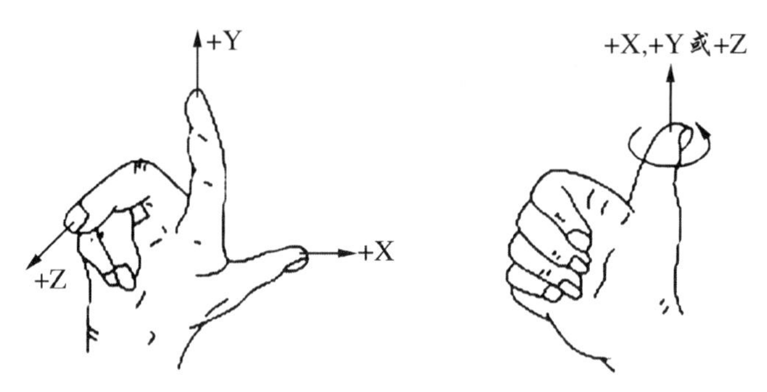

图 11-6　右手法则

11.2.2 三维坐标系类型

与平面坐标系统相比，三维世界坐标系多了一个 Z 轴。增加的数轴 Z 给坐标系统多规定了一个自由度，并和原来的 X 和 Y 一起构成了三维坐标系统，简称三维坐标系。下面介绍一下三维坐标的几种形式。

（1）三维笛卡尔坐标系

笛卡尔坐标系是由相互垂直的 X 轴、Y 轴和 Z 轴三个坐标轴组成的。它是利用这个三个相互垂直的轴来确定三维空间的点，图中每个位置都可由相对于原点的坐标点来表示。

三维笛卡尔坐标使用 X、Y 和 Z 三个坐标值来精确指定对象位置。输入三维笛卡尔坐标值类似于输入二维坐标值，除了指定 X 和 Y 值外，还需指定 Z 值。

使用笛卡尔坐标时，可以输入基于原点的绝对坐标值，也可以输入基于上一输入点的相对坐标值。如果要输入相对坐标，需要使用符号@作为前缀，如输入（@1，0，0）表示在 X 轴正方向上距离上一点一个单位的点。

（2）柱坐标与球坐标

柱坐标与二维极坐标类似，但增加了从所要确定的点到 XY 平面的距离值，即指定坐标到 XY 平面的 Z 轴距离。

使用球坐标表示三维空间中的点时，空间中点的三维坐标值用 d＜a＜b 的方式来进行表示，需要指定三个参数：点到原点的距离、点在 XY 平面上的投影与 X 轴的夹角、点与 XY 平面的夹角。

（3）世界坐标系与用户坐标系

除了上述坐标系外，还有一种坐标分类，一个是被称为世界坐标系的固定坐标系，一个是用户根据绘图需要自己建立的可移动坐标系，叫做用户坐标系。在系统初始设置中，这两个坐标系在新图形中是重合的，系统一般只显示用户坐标系。

坐标轴在三维建模环境中默认显示于绘图区的左下角，根据选择的视觉样式不同而有所区别，如图 11-7、图 11-8 所示。

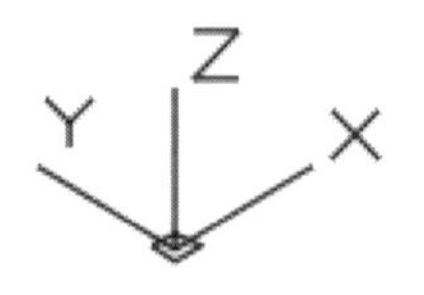

图 11-7　线框样式下的坐标系

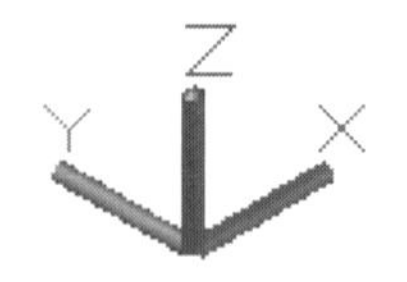

图 11-8　其他样式下的坐标系

动手练习——创建新的三维坐标

扫一扫　看视频

下面为模型创建新的三维坐标系。具体操作步骤如下。

Step01 打开“素材/CH011/创建新的三维坐标.dwg”文件，如图 11-9 所示。

Step02 执行“工具>新建 UCS>三点”命令，在模型上指定 UCS 的原点，如图 11-10 所示。

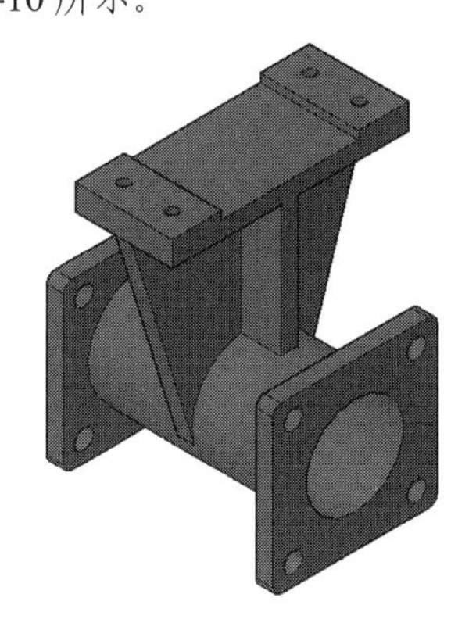

图 11-9　打开素材模型

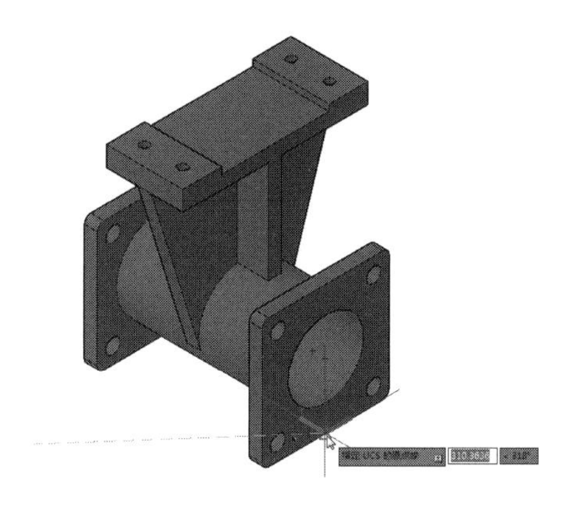

图 11-10　指定原点

Step03 指定原点后移动光标，按 F8 键开启正交模式，沿正交方向指定一点确定正 X 轴，如图 11-11 所示。

Step04 再移动光标，沿正交方向指定一点确定 Y 轴，如图 11-12 所示。

Step05 单击鼠标即可完成新坐标的创建，如图 11-13 所示。

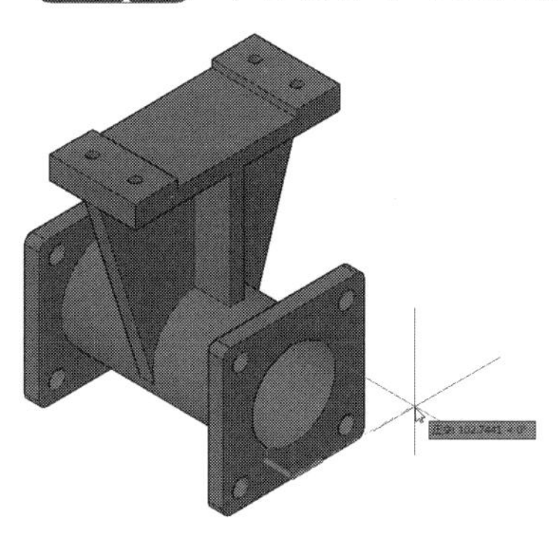

图 11-11　确定 X 轴

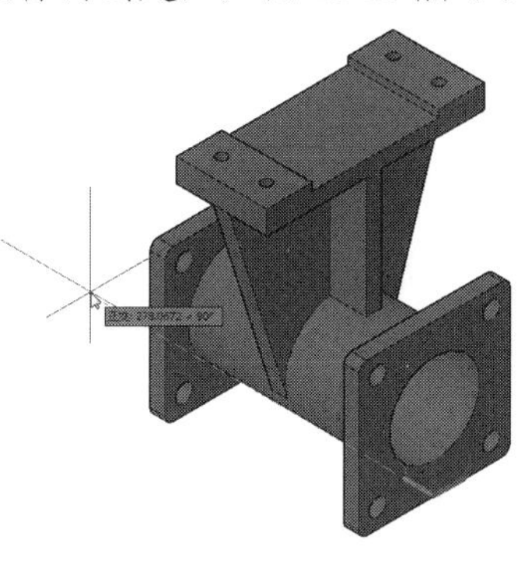

图 11-12　确定 Y 轴

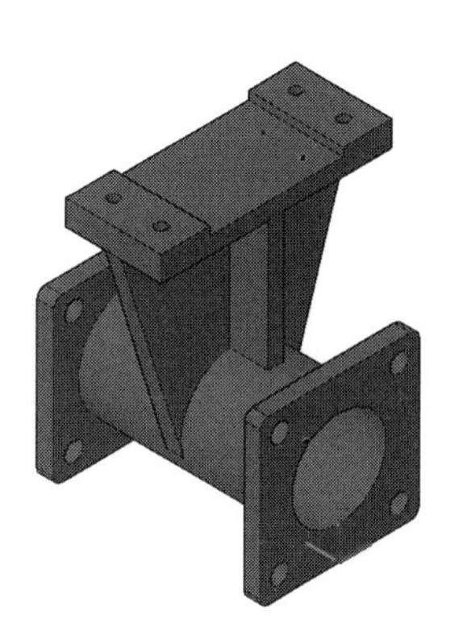

图 11-13　新三维坐标

11.3　三维视觉样式

视觉样式是用来控制视口中边和着色显示的一组设置，通过更改视觉样式的特性来控制视口中的显示，而不是使用命令或设置系统变量。用户可以通过以下几种方式设置视觉样式。

- 从菜单栏执行“视图>视觉样式”命令，在展开的级联菜单中可以选择需要的视觉样式，如图 11-14 所示。

● 在绘图区左上角单击打开“视图控件”下拉列表，如图 11-15 所示。
● 在“常用”选项卡的“视图”面板单击“视觉样式”下拉列表，如图 11-16 所示。
● 在“可视化”选项卡的“视觉样式”面板中打开“视觉样式”下拉列表。

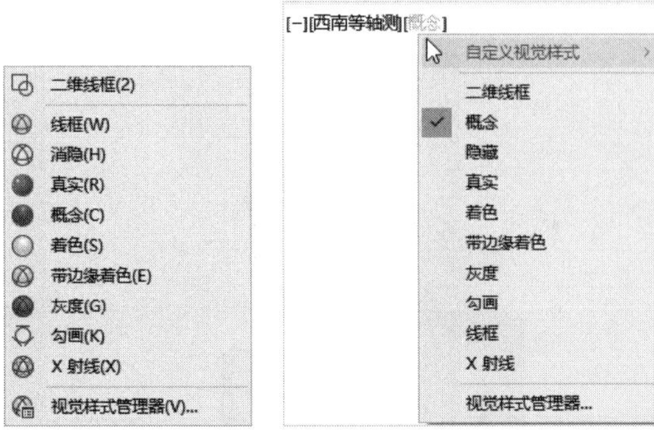

图 11-14　菜单栏样式列表　　图 11-15　视图控件样式列表

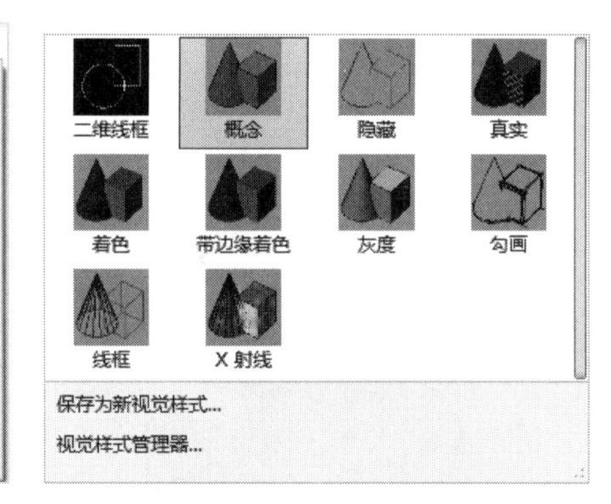

图 11-16　功能区样式列表

11.3.1　视觉样式种类

AutoCAD 提供了二维线框、概念、隐藏、真实、着色、带边框着色、灰度、勾画、线框以及 X 射线共 10 种视觉样式。

（1）二维线框

二维线框是默认的视觉样式，通过使用直线和曲线表示边界的方式显示对象。在该模式中，光栅和 OLE 对象、线型及线宽均为可见，如图 11-17 所示。

（2）线框

线框样式也叫三维线框，通过使用直线和曲线表示边界的方式显示对象，在该模式中，光栅和 OLE 对象、线型及线宽均不可见，如图 11-18 所示。

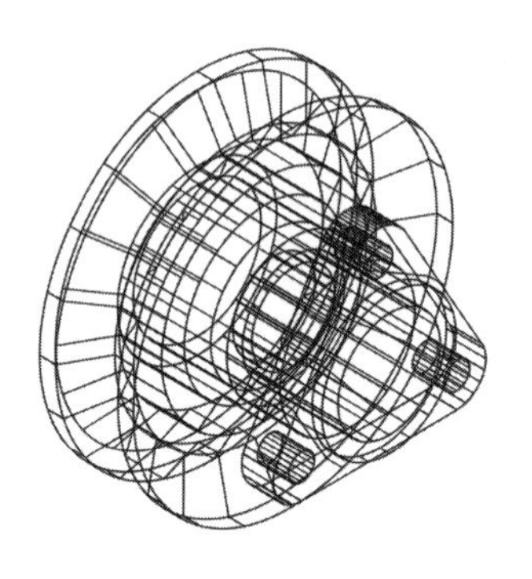

图 11-17　二维线框样式

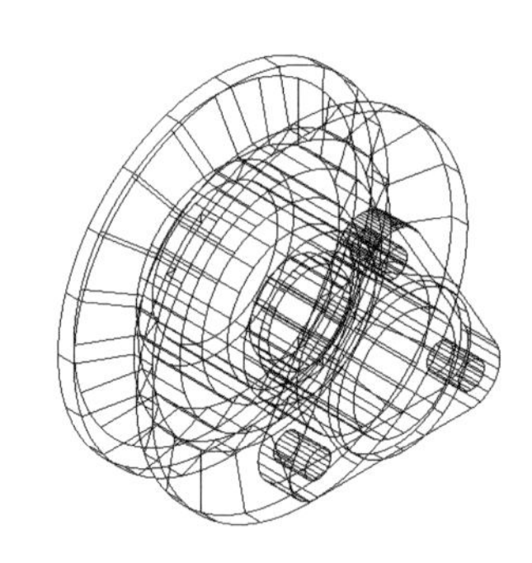

图 11-18　线框样式

（3）隐藏

该样式使用线框表示法显示对象，而隐藏表示背面的线，方便绘制和修改图形，如图 11-19 所示。

（4）真实

真实样式显示三维模型的着色和材质效果，并添加平滑的颜色过渡效果，如图 11-20 所示。

（5）概念

概念样式是显示三维模型着色后的效果，该模式使模型的边进行平滑处理，如图 11-21 所示。

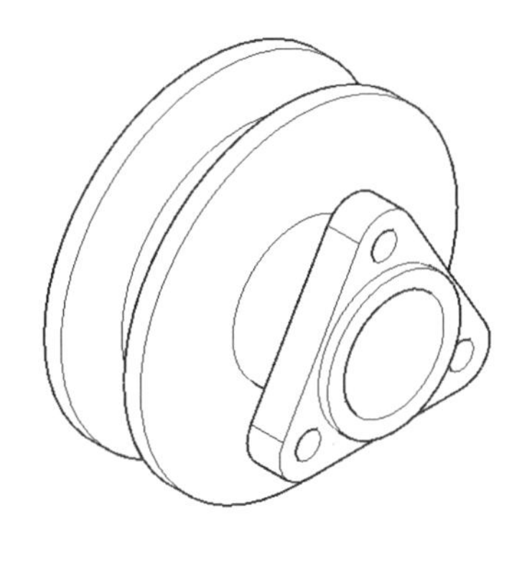

图 11-19 隐藏样式

图 11-20 真实样式

（6）着色

着色样式是模型进行平滑着色的效果，如图 11-22 所示。

图 11-21 概念样式

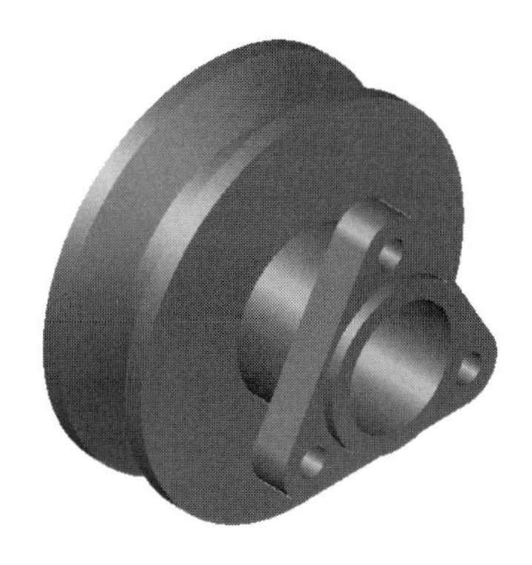

图 11-22 着色样式

（7）带边缘着色

带边缘着色样式是在对图形进行平滑着色的基础上显示边的效果，如图 11-23 所示。

（8）灰度

灰度样式是将图形更改为灰度显示模型，更改完成的图形将显示为灰色，如图 11-24 所示。

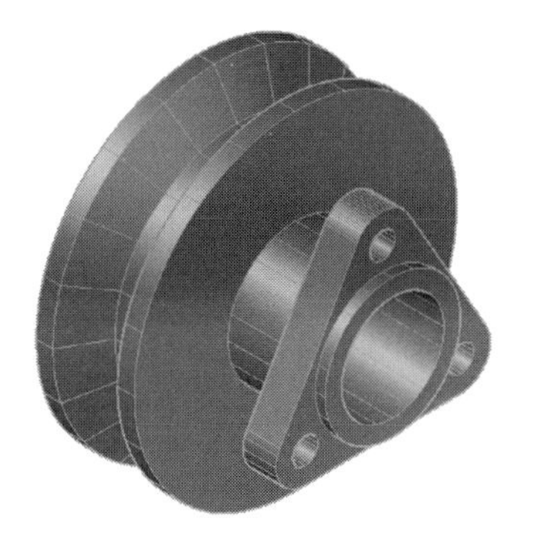

图 11-23 带边缘着色样式

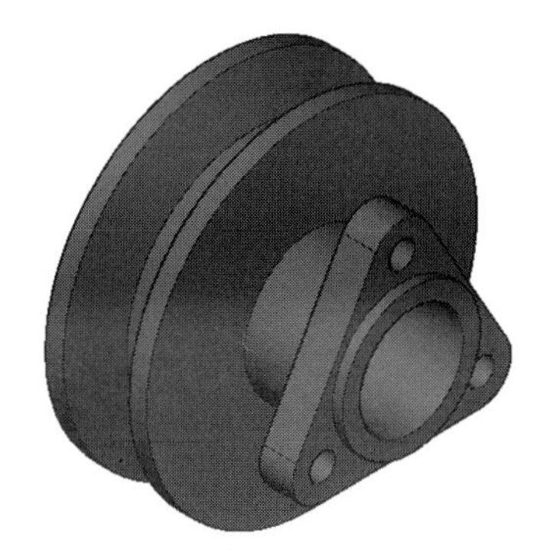

图 11-24 灰度样式

（9）勾画

勾画样式通过使用直线和曲线表示边界的方式显示对象，看上去像是勾画出的效果，如图 11-25 所示。

（10）X 射线

X 射线样式将面更改为部分透明，如图 11-26 所示。

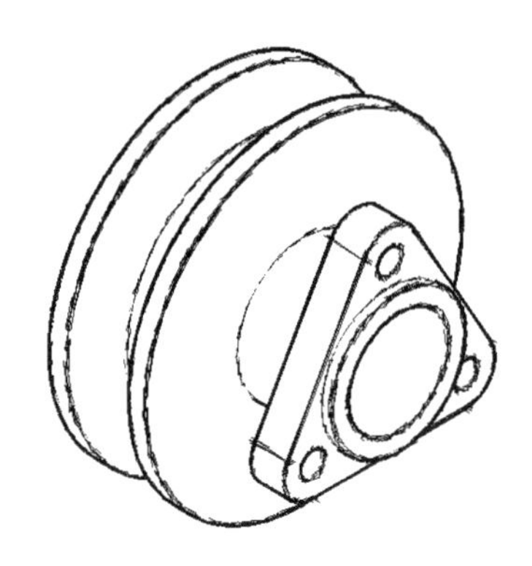

图 11-25　勾画样式

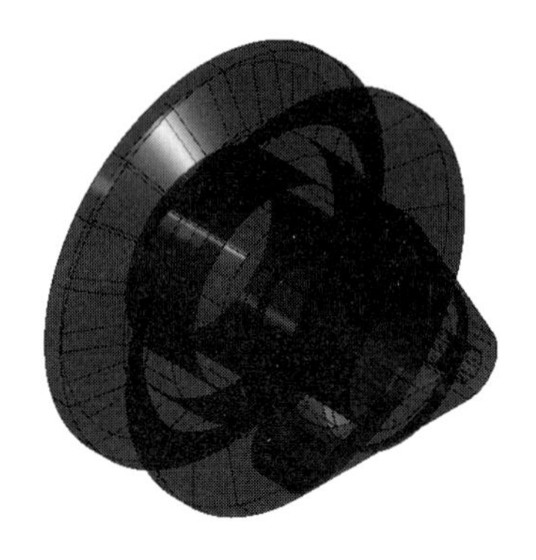

图 11-26　X 射线样式

11.3.2 视觉样式管理器

除了使用系统提供的 10 种视觉样式外，用户还可以通过更改面和边的设置并使用阴影和背景来自定义视觉样式，这些都可以在“视觉样式管理器”选项板中进行设置。

打开“视觉样式管理器”选项板的方法包括以下几种。

- 从菜单栏执行“视图>视觉样式>视觉样式管理器”命令。
- 在“常用”选项卡的“视图”面板单击“视觉样式”下拉按钮，在打开的列表中选择“视觉样式管理器”选项。
- 在“可视化”选项卡的“视觉样式”面板中单击“视觉样式”下拉按钮，在打开的列表中选择“视觉样式管理器”选项。
- 在“可视化”选项卡的“视觉样式”面板右下角单击“视觉样式管理器”快捷按钮。
- 在“视图”选项板的“选项板”面板中单击“视觉样式”下拉按钮。
- 在命令行输入 VISUALSTYLES 命令，然后按回车键。

技术要点

在着色视觉样式中来回移动模型时，跟随视点的两个平行光源将会照亮面。该默认光源被设计为照亮模型中的所有面，以便从视觉上可以辨别这些面。

视觉样式管理器将显示图形中可用的视觉样式的图例，选定的视觉样式会以黄色边框表示，其参数设置显示在图例下面的面板中。如图 11-27、图 11-28 所示分别为二维线框视觉样式和概念视觉样式的设置面板。

二维线框视觉样式的设置参数由“二维线框选项”“二维隐藏-被阻档线”“二维隐藏-相交边”“二维隐藏-其他”“显示精度”五个卷展栏组成，各个卷展栏功能介绍如下。

- 二维线框选项：用于控制三维元素在二维图形中的显示。

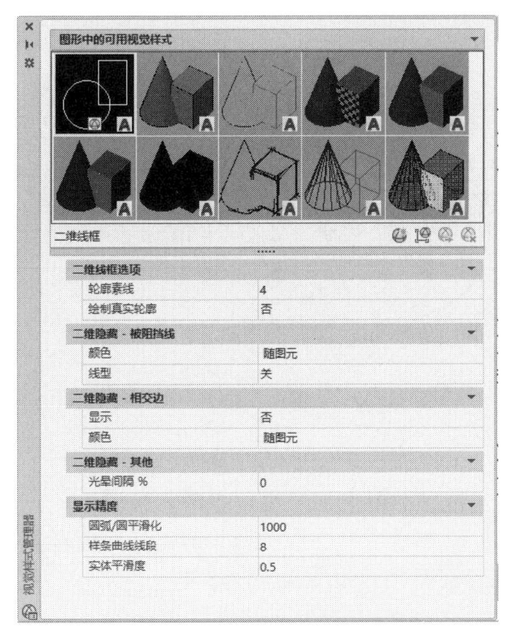

图 11-27　二维线框视觉样式

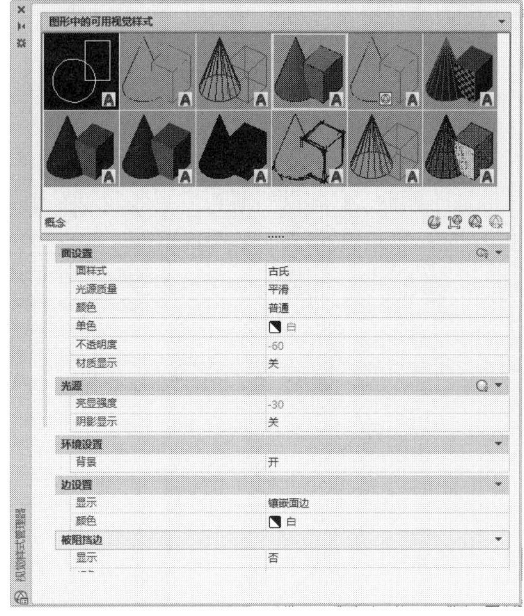

图 11-28　概念视觉样式

- 二维隐藏-被阻挡线：用于控制在二维线框中使用 HIDE 时被阻挡线的显示。
- 二维隐藏-相交边：用于控制在二维线框中在使用 HIDE 的相交边的显示。
- 二维隐藏-其他：用于设置光晕间隔百分比。
- 显示精度：用于设置二维和三维中圆弧的平滑化和实体平滑度。

三维视觉样式的参数设置主要包括面设置、环境设置、边设置三种，下面进行简单介绍。

（1）面样式

面样式用于定义面上的着色情况，真实面样式用于生成真实的效果。古氏面样式通过缓和加亮区域与阴影区域之间的对比，可以更好地显示细节，加亮区域使用暖色调，而阴影区域则使用冷色调。

将面样式设置为“无”时，不进行着色，如果在“边设置”卷展栏下将“边模式”设置为“镶嵌面边”或“素线”，则将仅显示边，如图 11-29～图 11-32 所示。

图 11-29　面样式：真实

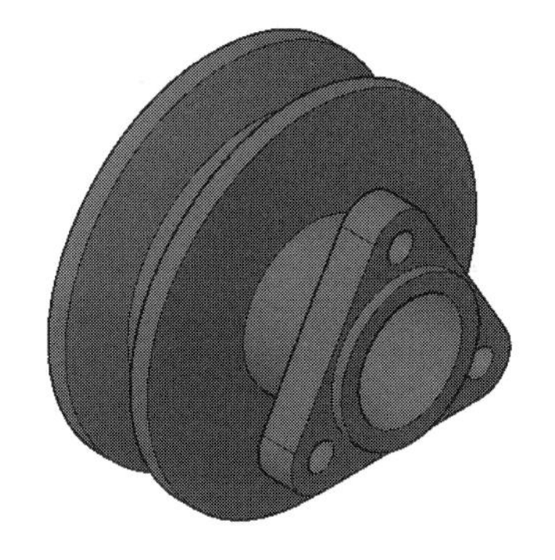

图 11-30　面样式：古氏

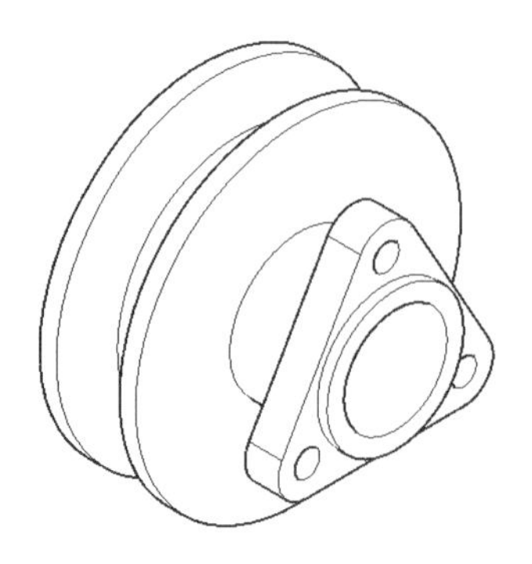

图 11-31　边模式：镶嵌面边

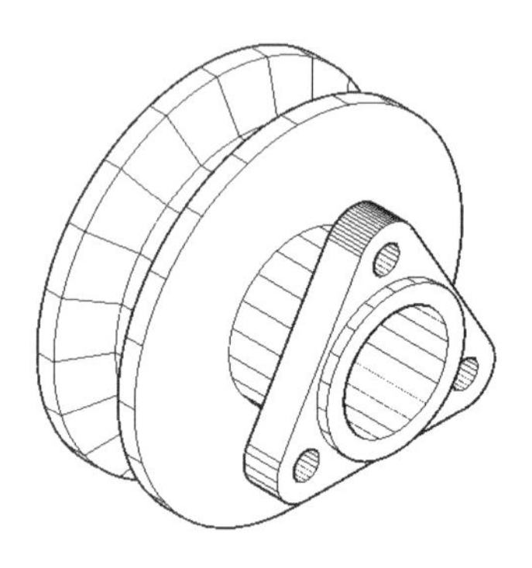

图 11-32　边模式：素线

（2）光源质量

镶嵌面边光源会为每个面计算一种颜色，对象将显示得更加平滑，平滑光源通过将多边形各面顶点之间的颜色计算为渐变色，可以使多边形各面之间的边变得平滑，从而使对象具有平滑的外观，如图 11-33、图 11-34 所示分别为镶嵌面的效果和最平滑效果。

图 11-33　镶嵌面的

图 11-34　最平滑

（3）亮显强度

对象上的亮显强度会影响到反光度的感觉。更小、更强烈的亮显会使对象看上去更亮，如图 11-35、图 11-36 所示。

图 11-35　亮显为 30

图 11-36　亮显为 100

（4）不透明度

不透明度特性用于控制对象显示的透明程度，如图 11-37、图 11-38 所示。

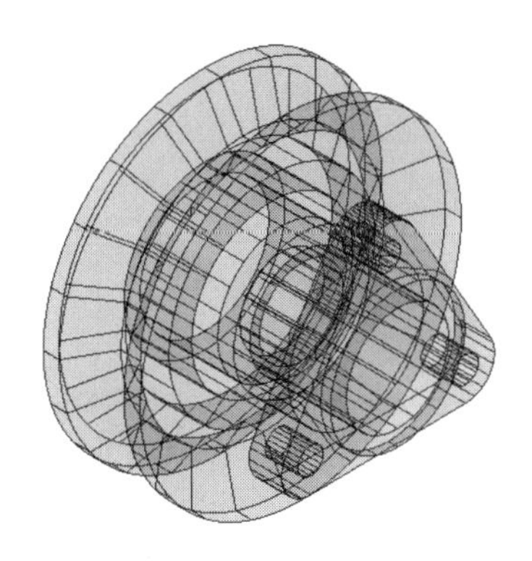

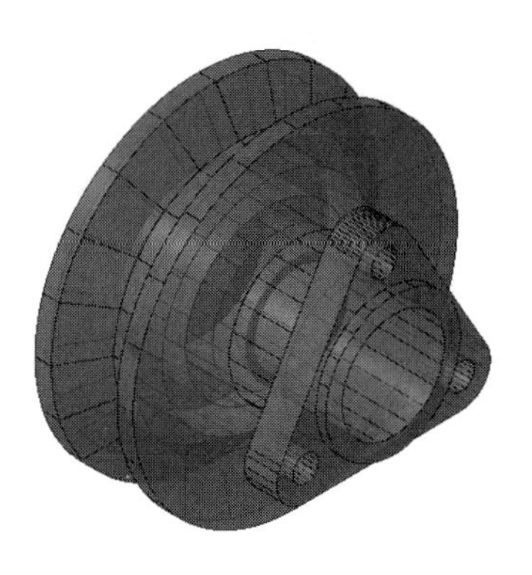

图 11-37　不透明度为 10　　图 11-38　不透明度为 80

（5）面颜色模式

面颜色模式用于显示面的颜色，单色将以同样的颜色和着色显示所有的面，染色使用相同颜色通过更改颜色的色调值和饱和度来着色所有的面，如图 11-39、图 11-40 所示为普通模式和单色显示模式。

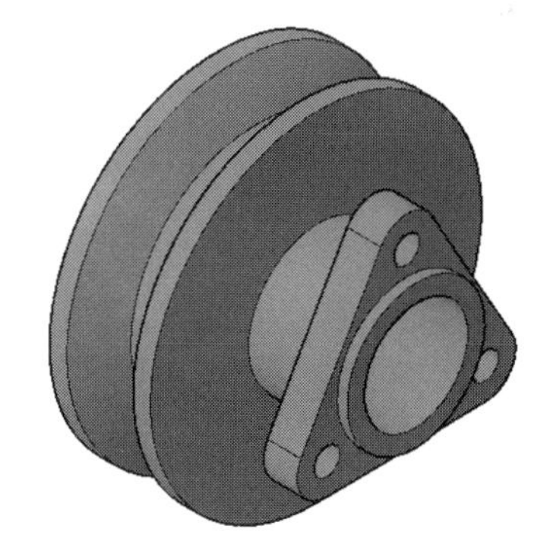

图 11-39　面颜色模式：普通　　图 11-40　面颜色模式：单色-蓝色

（6）环境设置

用户可以使用颜色、渐变色填充、图像或阳光与天光作为任何三维视觉样式中视图的背景，即使不是着色对象。要使用背景，首先要创建一个带有背景的命名视图，然后将命名视图设置为当前视图。当前视觉样式中的“背景”设置为“开”时，将显示背景。

（7）阴影显示

视图中的着色对象可以显示阴影。地面阴影是对象投射到其他对象上的阴影。视图中的光源必须来自用户创建的光源，或者来自光源、阴影重叠的地方，显示为较深的颜色。

动手练习——改变模型视觉样式

扫一扫　看视频

下面将传动轴套模型的二维线框样式更改为隐藏视觉样式。具体操作步骤如下。

Step01 打开“素材/CH011/改变模型视觉样式.dwg”文件，当前模型的视觉样式为二维线框样式，如图 11-41 所示。

▶Step02 在“常用”选项卡的“视图”选项组中选择“隐藏”样式，如图 11-42 所示。

▶Step03 选择后即可应用该视觉样式，如图 11-43 所示。

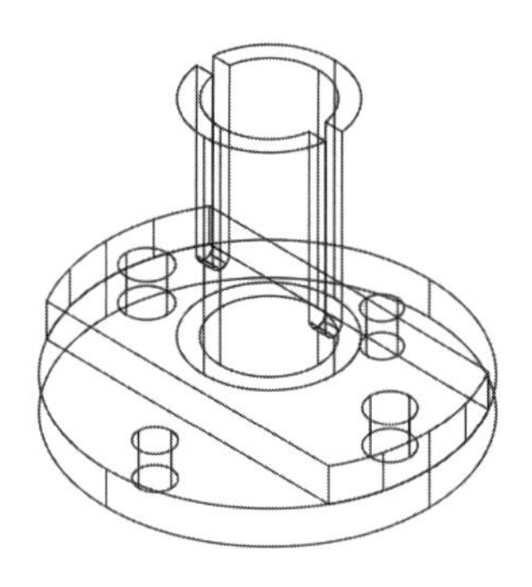

图 11-41 二维线框

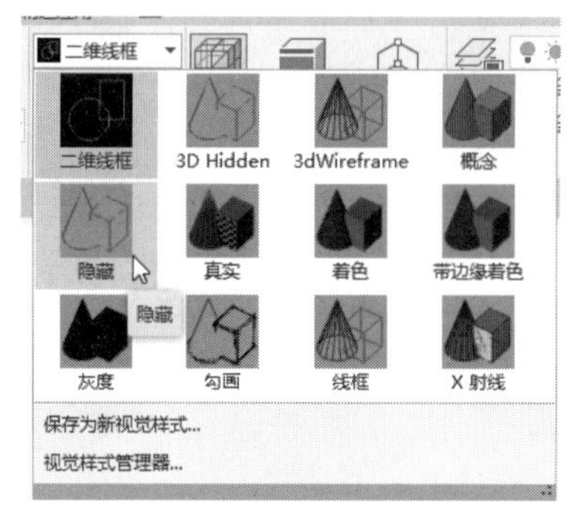

图 11-42 选择隐藏样式

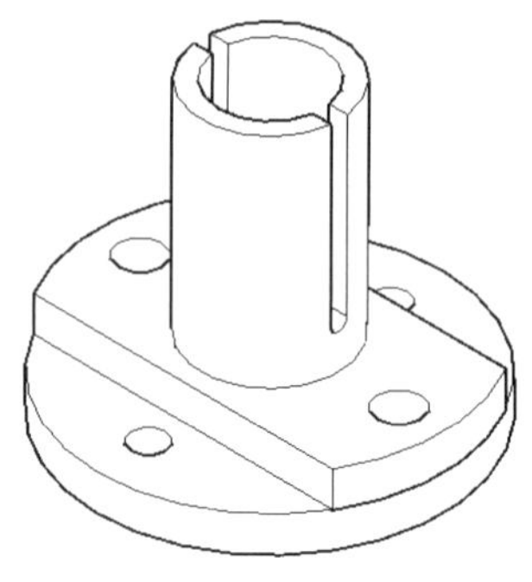

图 11-43 应用隐藏样式

▶Step04 在视觉样式列表中选择“视觉样式管理器”选项，打开相应的设置面板，将“被阻挡边”的“显示”模式设为“是”，将其“颜色”设为灰色，如图 11-44 所示。

▶Step05 设置完成后，模型视觉样式发生了相应的变化，如图 11-45 所示。

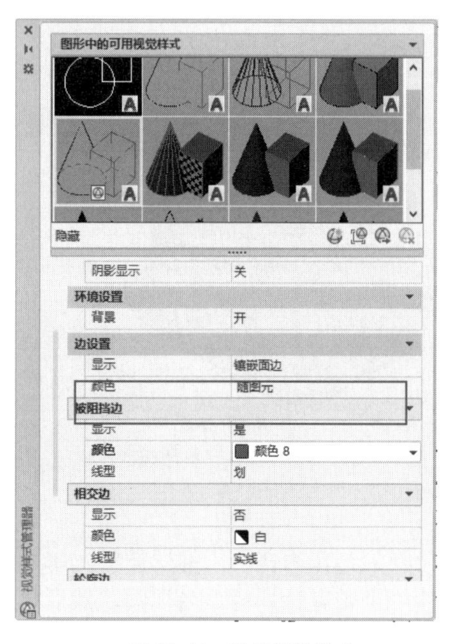

图 11-44 设置视觉样式

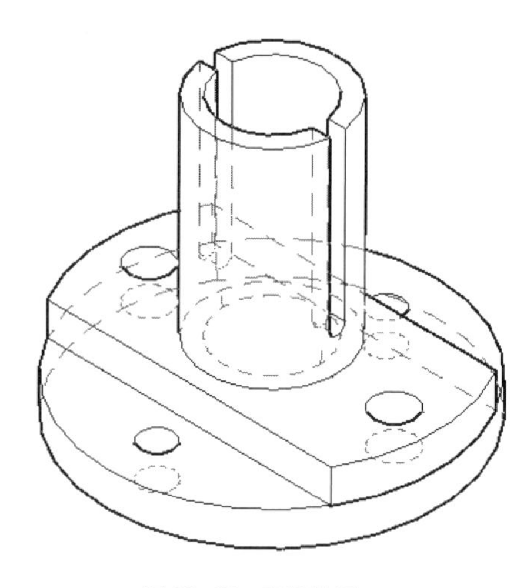

图 11-45 查看效果

11.4 观察三维模型

在日常绘图工作中，经常会需要观察各种各样不同的三维立体图形。为了保证绘图工作的准确性，需要对三维立体模型进行全方位的观察。

11.4.1 设置三维视点

视点是指用户观察图形的方向。建立三维视图，离不开观察视点的调整。通过不同的视点，可以观察立体模型的不同侧面和效果。例如，绘制三维球体时，如果使用平面坐标系即 Z 轴垂直于屏幕，此时仅能看到该球体在 XY 平面上的投影；如果调整视点至东南等轴测视图，将看到的是三维球体。

（1）利用对话框设置视点

有时，为了以最佳角度观察物体，则需调整视点的观察角度。用户可以通过“视点预设”对话框来进行设置，如图 11-46 所示。

用户可以通过以下几种方法打开“视点预设”对话框。

- 从菜单栏执行“视图>三维视图>视点预设”命令。
- 在命令行输入 DDVPOINT 命令，然后按回车键。

“视点预设”对话框中的各选项说明如下。

- 绝对于 WCS：表示绝对于世界坐标设置查看方向。
- 相对于 UCS：表示相对于当前 UCS 设置查看方向。
- 自 X 轴：显示中间左侧设置的角度。直接键入时，相应地在上方通过指针显示设定结果。
- 自 XY 平面：显示中间右侧设置的角度。直接键入时，相应地在上方通过指针显示设定结果。
- 设置为平面视图：单击该按钮，可以返回到 AutoCAD 初始视点，即俯视图状态。

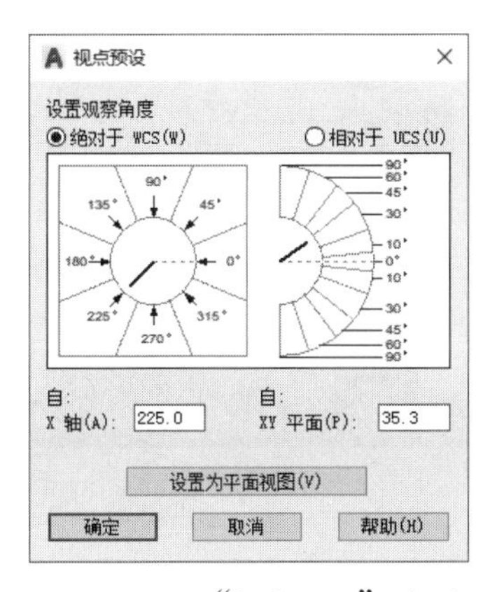

图 11-46 “视点预设”对话框

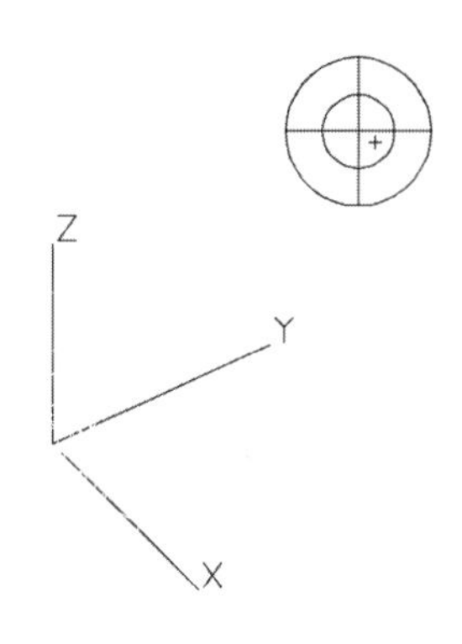

图 11-47 罗盘控制视点

单击“设置为平面视图”按钮，可以将坐标系设置为平面视图。默认情况下，观察角度是绝对于 WCS 坐标系的；选择“相对于 UCS”单选项，可以相对于 UCS 坐标系定义角度。

（2）利用罗盘确定视点

用户也可以通过罗盘来确定视点，使用该方法设置视点是相对于世界坐标系而言的。执行“视图>三维视图>视点”命令，即可为当前视口设置视点，如图 11-47 所示。

三轴架的 3 个轴分别代表 X 轴、Y 轴和 Z 轴的正方向。当光标在坐标球范围内移动时，三维坐标系通过绕 Z 轴渲染可调整 X 轴和 Y 轴的方向。坐标球中心及两个同心圆可定义视点和目标点连线与 X、Y、Z 平面的角度。

11.4.2 三维视图

AutoCAD 提供了 10 种视图类型，包括俯视、仰视、前视、后视、左视、

扫一扫 看视频

右视 6 个正交视图和西南、西北、东南、东北 4 个等轴测视图。

- 俯视：该视点是从上往下查看模型，常以二维形式显示，如图 11-48 所示。
- 仰视：该视点是从下往上查看模型，常以二维形式显示，如图 11-49 所示。

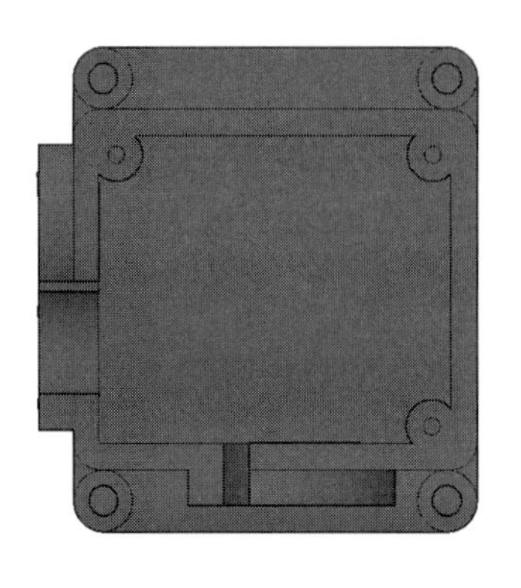

图 11-48　俯视图

图 11-49　仰视图

- 左视：该视点是从左往右查看模型，常以二维形式显示，如图 11-50 所示。
- 右视：该视点是从右往左查看模型，常以二维形式显示，如图 11-51 所示。

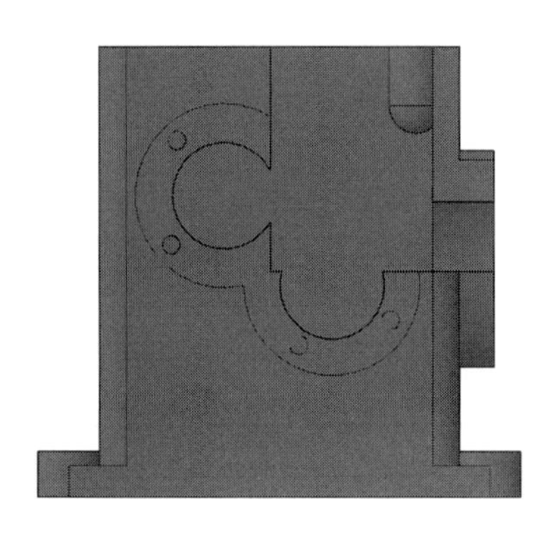

图 11-50　左视图

图 11-51　右视图

- 前视：该视点是从前往后查看模型，常以二维形式显示，如图 11-52 所示。
- 后视：该视点是从后往前查看模型，常以二维形式显示，如图 11-53 所示。

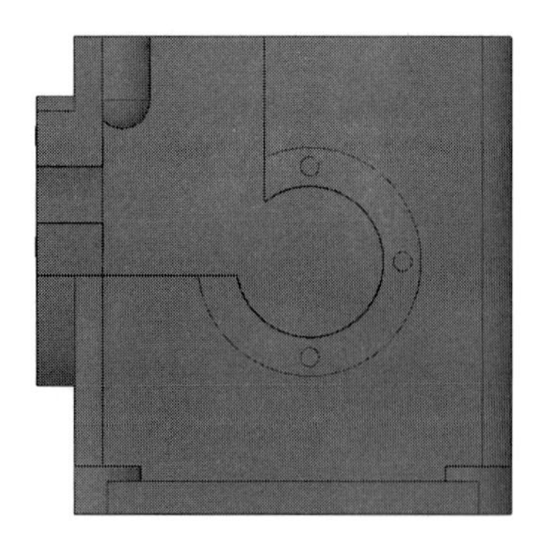

图 11-52　前视图

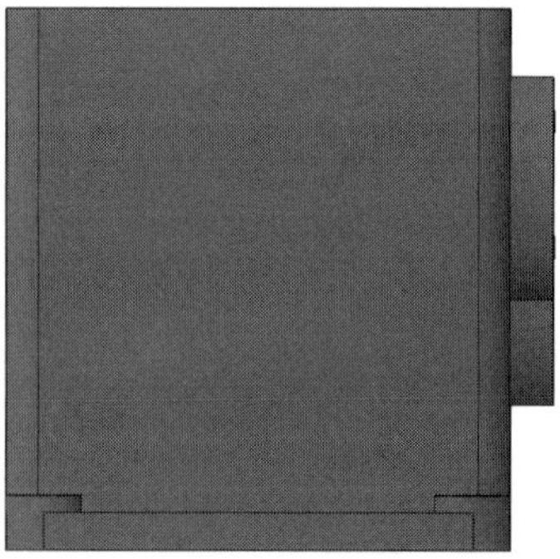

图 11-53　后视图

- 西南等轴测◈：该视点是从西南方向以等轴测方式查看模型，如图 11-54 所示。
- 东南等轴测◈：该视点从东南方向以等轴测方式查看模型，如图 11-55 所示。

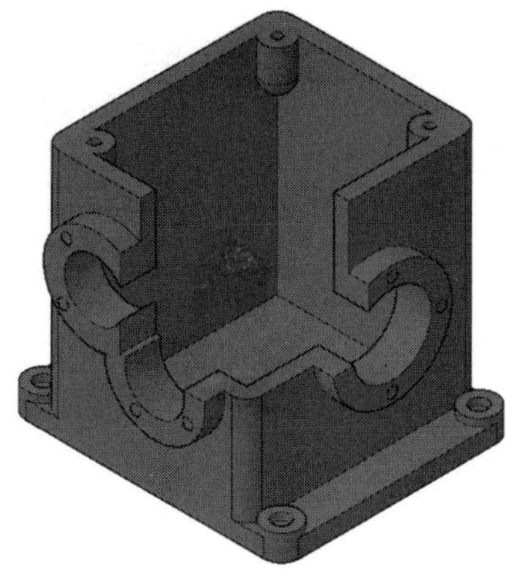

图 11-54　西南等轴测视图

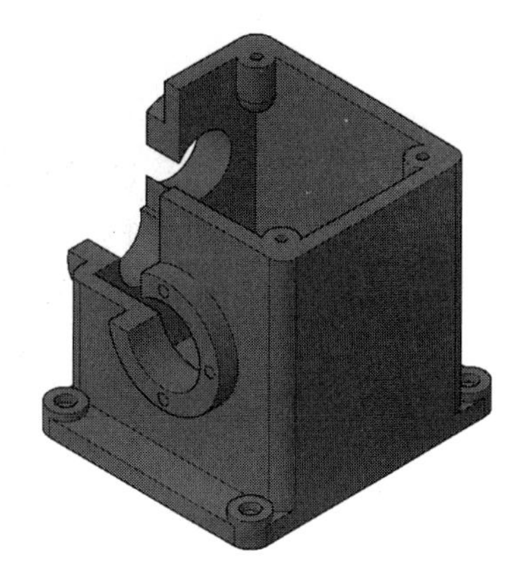

图 11-55　东南等轴测视图

- 东北等轴测◈：该视点从东北方向以等轴测方式查看模型，如图 11-56 所示。
- 西北等轴测◈：该视点从西北方向以等轴测方式查看模型，如图 11-57 所示。

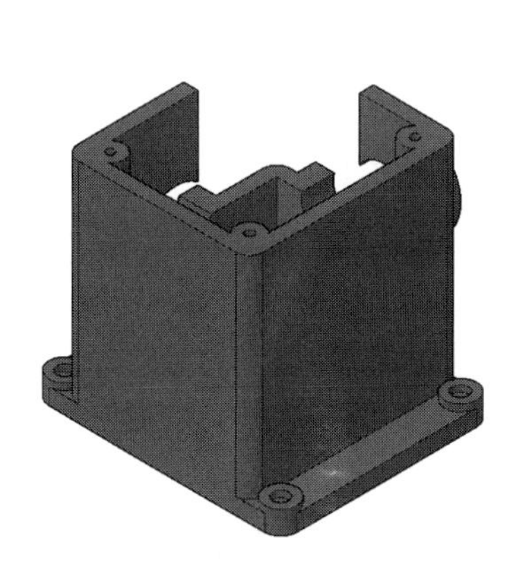

图 11-56　东北等轴测视图

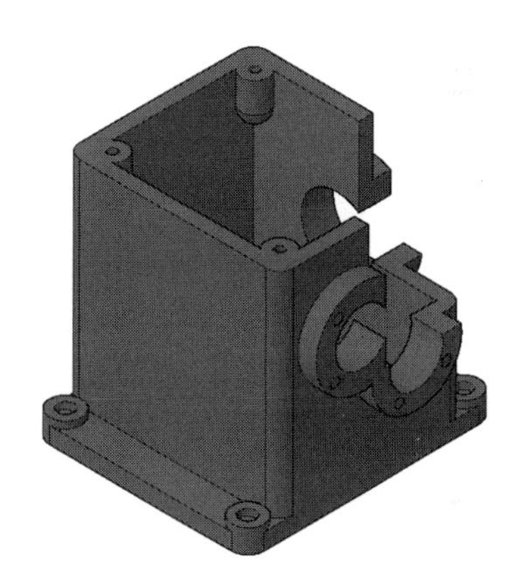

图 11-57　西北等轴测视图

默认情况下，三维绘图工作界面所显示的是俯视图。用户可以通过以下几种方式切换视图。

- 从菜单栏执行“视图>三维视图”命令，在展开的子菜单中选择需要的视图类型。
- 在“常用”选项卡的“视图”面板中单击“三维导航”按钮，在展开的列表中选择需要的视图类型。
- 在“可视化”选项卡的“视图”面板中单击“三维导航”按钮，在展开的列表中选择需要的视图类型。
- 在绘图区的左上角单击“视图控件”按钮，在打开的列表中选择需要的视图类型。

11.4.3 动态观察

在 AutoCAD 中可以动态观察模型，用户使用鼠标来实时地控制和改变这个视图，以得到不同的观察效果。动态观察既可以查看整个图形，也可以查看模型的任意对象。动态观察的优点在于可以观察到实体旋转中的连续形态，而不仅仅是某几个三维视图中的效果。

用户可以通过以下方式调用动态观察器。

- 从菜单栏执行“视图>动态观察”命令的子命令。
- 在命令行输入 3DORBIT 命令，然后按回车键。

动态观察分为受约束的动态观察、自由动态观察和连续动态观察 3 种模式。下面具体介绍各模式的含义。

- 受约束的动态观察：当选择该模式时，在绘图区单击鼠标左键，并拖动鼠标，模型会根据鼠标的方向旋转，如图 11-58 所示。
- 自由动态观察：当选择该模式时，模型外会显示一个旋转的圆形标志。用户可以在图形中单击并拖动鼠标查看模型角度，也可以单击旋转标志上的小圆形图标，如图 11-59 所示。
- 连续动态观察：当选择该模式时，在绘图区单击鼠标左键，释放鼠标左键再在移动旋转标志，模型就会进行自动旋转，光标移动的速度越快，其旋转速度就会越快，旋转完成后，在任意位置单击鼠标左键就会暂停旋转。

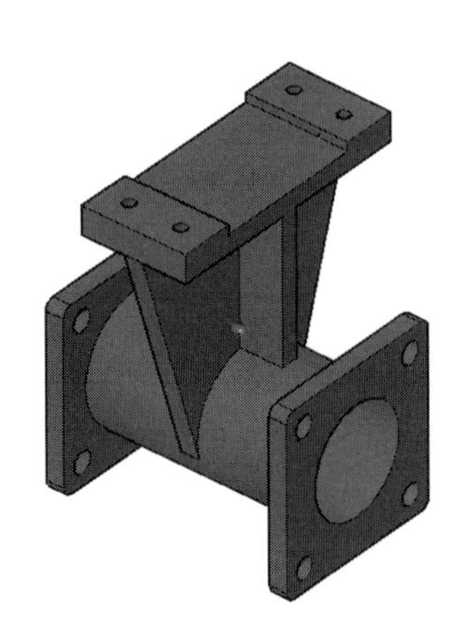

图 11-58　受约束的动态观察效果

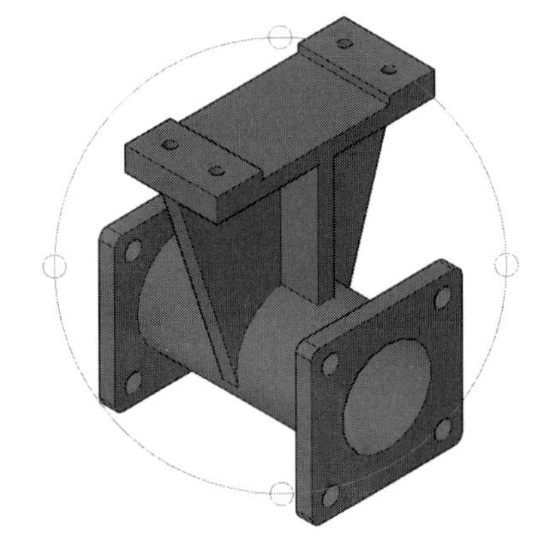

图 11-59　自由动态隐藏效果

退出(X)
当前模式: 受约束的动态观察
其他导航模式(O)
✓ 启用动态观察自动目标(T)
动画设置(A)...
缩放窗口(W)
范围缩放(E)
缩放上一个
✓ 平行模式(A)
透视模式(P)
重置视图(R)
预设视图(S)
命名视图(N)
视觉样式(V)
视觉辅助工具(I)

图 11-60　动态观察右键菜单

3 种观察模式中，均可以单击鼠标右键，弹出如图 11-60 所示的快捷菜单。其中“启用动态观察自动目标”选项用于控制是否以观察对象为旋转中心，若不选择此选项则改变观察方向，默认情况和一般使用时应开启此选项。

技术要点

启用动态观察后，若当前视图的投影方式为平面投影，则将自动切换为透视投影。完成动态观察后，按 ESC 键可以退出动态观察，当前的视图保持不变。

11.4.4　相机视图

相机视图是视图的一种，它将视图的观察者作为一个对象显示在图形中，并可以修改相机的各种参数以调整视图参数。相机作为图形中固定的对象，可以精确地控制相机的各项参数，从而控制相机的视图。

(1）创建相机

若用户需要在某个角度观察图形，则可在该点创建一架相机，创建完成后，可在图形中打开或关闭相机，并使用夹点来编辑相机的位置、目标或焦距。

用户可以通过以下几种方式创建相机。

- 从菜单栏执行“视图>创建相机”命令。
- 在“可视化”选项卡的“相机”面板中单击“创建相机”按钮。
- 在命令行输入 CAMERA 命令并按回车键。

(2）编辑相机参数

选择已创建的相机，并打开“特性”选项板，可以在选项板中看到相机的参数，如图 11-61 所示。在“特性”选项板中修改参数或直接使用夹点编辑，是相机编辑的两种手段。

该选项板中部分参数含义介绍如下。

- 相机坐标：观察点的位置，使用坐标点给出，或者拖动相机上的夹点改变位置。
- 目标坐标：目标点的位置，使用坐标点给出，或者拖动目标矩形中心的夹点改变位置。
- 焦距：由观察点和目标点位置共同决定。
- 视野：相机视图中显示范围的大小，拖动镜头目标位置的矩形框四边中点上的箭头夹点可以修改。
- 摆动角度：相机视图相对于水平线旋转的角度。
- 剪裁：指定剪裁平面的位置，在相机预览中，将隐藏相机与前向剪裁平面之间以及后向剪裁平面与目标之间的所有对象，以便观察实体内部结构。

图 11-61　相机特性

选择相机，系统会自动弹出“相机预览”对话框，其中实时显示相机视图的预览效果，可作为调整相机时的参考，如图 11-62、图 11-63 所示。

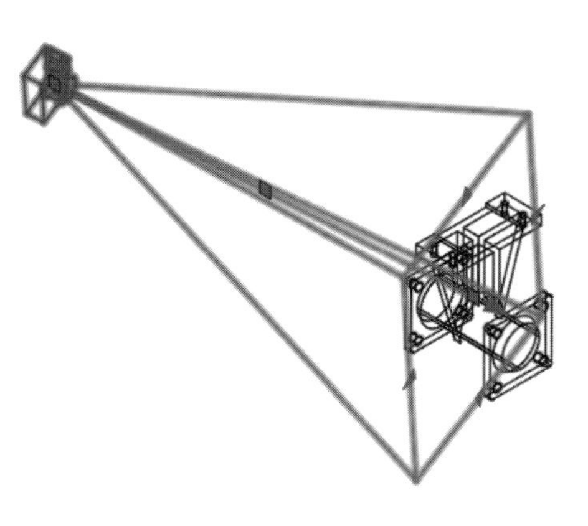
图 11-62　选择相机

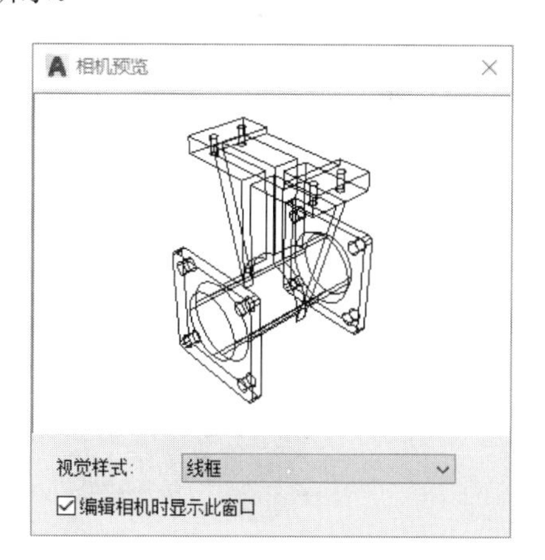

图 11-63　相机预览

11.4.5　漫游和飞行

使用动态观察主要是站在观察者的角度旋转图形对象，使用漫游与飞行则相当于改变观察者的位置以改变视图。在这两种观察模式下，通过观察者位置的改变来改变视图，因此形象地称为“漫游”和“飞行”，漫游模式下穿越模型时，观察者被约束在 XY 平面上；飞行模式下，观察点将不受 XY 平面的约束，可以在模型中任何位置穿越。用户可以通过以下几种方式使用漫游和飞行。

- 从菜单栏执行“视图>漫游和飞行”命令，在子菜单中选择“漫游”或“飞行”命令。
- 在“漫游和飞行”工具栏中单击“漫游”或“飞行”按钮。
- 在命令行中输入 3DWALK 或 3DFLY 命令，按回车键。

漫游和飞行模式必须在透视图下进行，进入漫游或飞行观察模式，系统将会弹出“定位器”选项板，如图 11-64 所示。

“飞行”功能的操作与“漫游”相同，区别仅在于查看模型的角度不一样而已。对于用户来说，手动调整位置显示器位置、目标指示器位置、位置 Z 坐标以及目标 Z 坐标是使用漫游和飞行的 4 个要点。

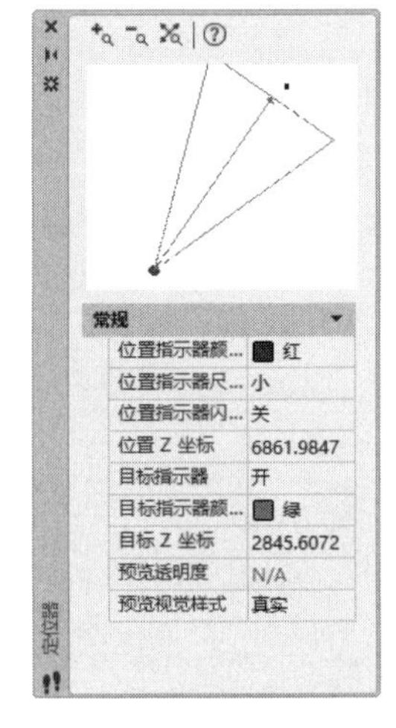

图 11-64 “定位器”选项板

实战演练——创建模型预览视频

扫一扫 看视频

下面为已有模型创建相机，利用相机观察模型。具体操作步骤如下。

Step01 打开“素材/CH011/实战演练/创建模型.dwg”文件，如图 11-65 所示。

Step02 执行“视图>创建相机”命令，指定目标位置和相机位置，如图 11-66 所示。

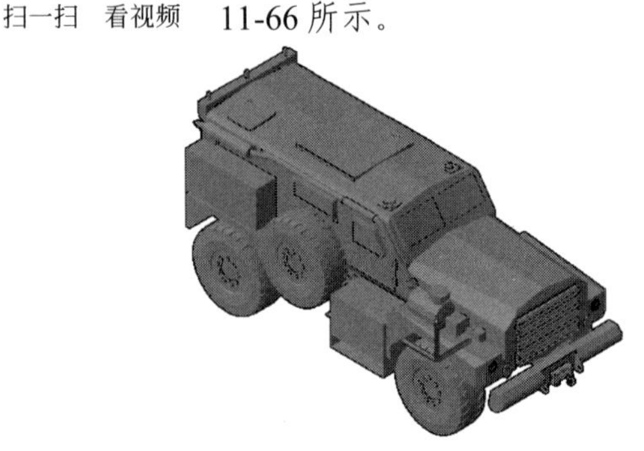

图 11-65 打开素材

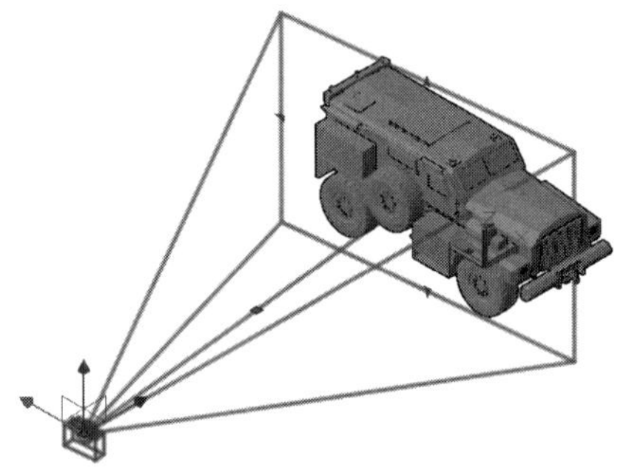

图 11-66 创建相机

Step03 创建相机后，选择相机，系统会自动打开“相机预览”窗口，可以看到此时的相机角度有一定偏差，并不能很好地观察目标模型，如图 11-67 所示。

Step04 调整相机及目标点位置，如图 11-68 所示。

图 11-67 相机预览效果

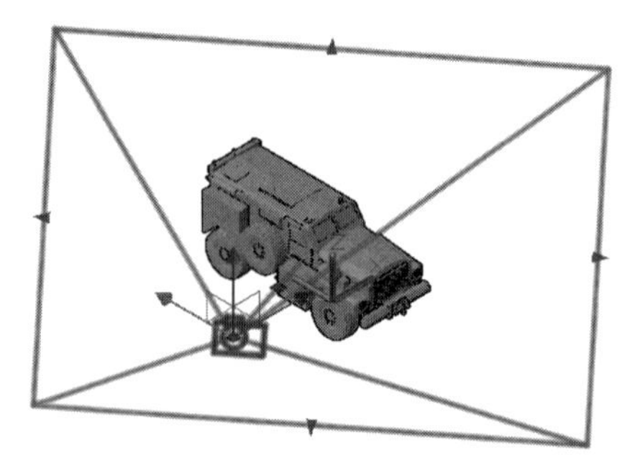

图 11-68 调整相机

▶Step05 此时在“相机预览”窗口可以看到调整相机后的预览效果，如图 11-69 所示。

▶Step06 切换到俯视图，执行“圆”命令，分别绘制半径为 1300mm 和 250mm 的圆，如图 11-70 所示。

图 11-69　再次预览效果

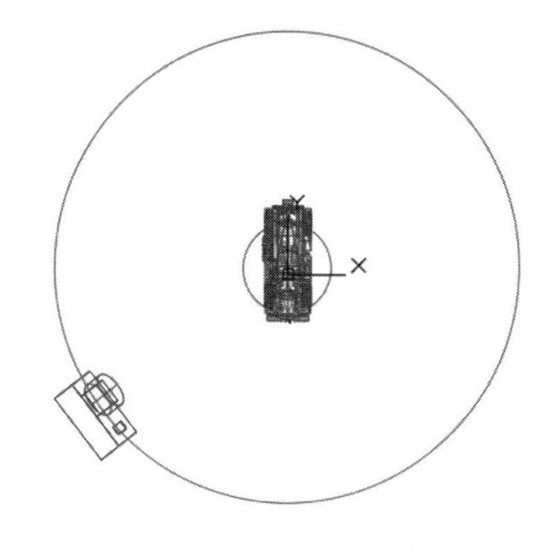

图 11-70　绘制圆

▶Step07 切换到前视图，调整大小圆在 Z 轴上的位置，如图 11-71 所示。

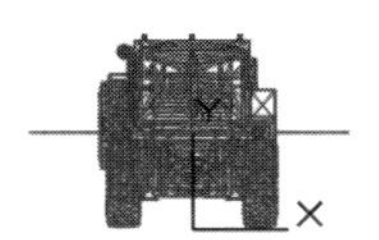

图 11-71　调整圆在 Z 轴上的位置

▶Step08 切换到西南等轴测视图。执行“视图>运动路径动画”命令，打开“运动路径动画”对话框，在“相机”选项组中选择将相机链接至“路径”，如图 11-72 所示。

▶Step09 单击右侧的“选择”按钮，在绘图区中选择大圆作为路径，如图 11-73 所示。

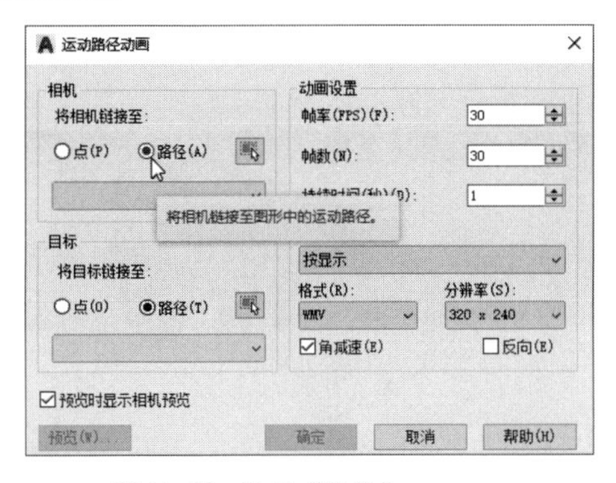

图 11-72　选择“路径”

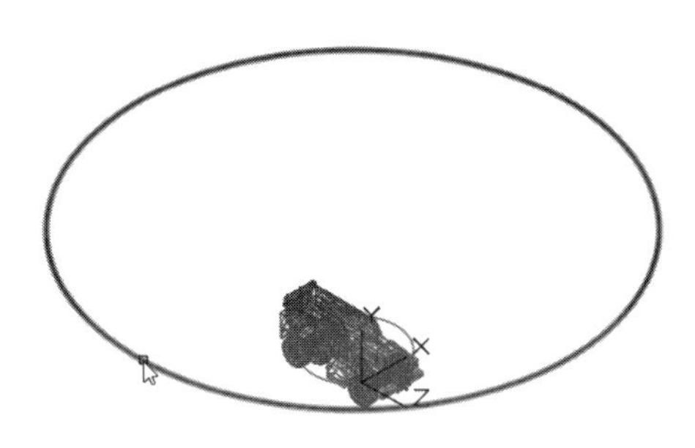

图 11-73　选择大圆

▶Step10 返回“运动路径动画”对话框，会弹出“路径名称”对话框，直接单击“确定”按钮即可，如图 11-74 所示。

▶Step11 在“运动路径动画”对话框的“目标”选项组中保持将目标链接至“路径”，单击右侧的“选择”按钮，选择小圆，如图 11-75 所示。

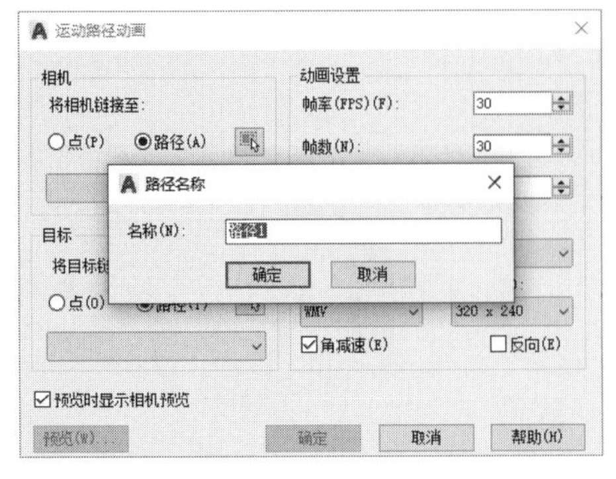

图 11-74　相机路径名称

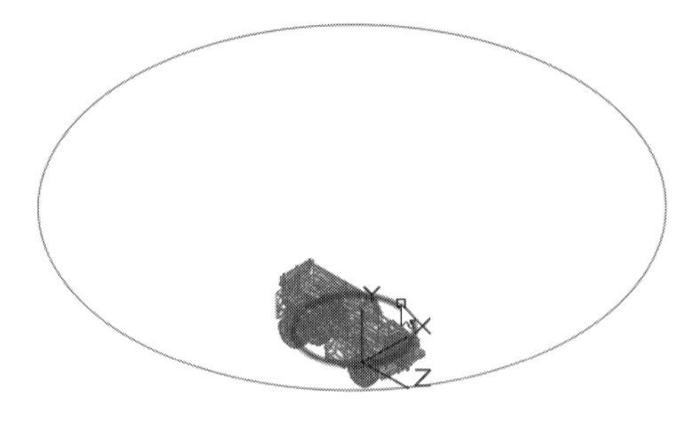

图 11-75　选择小圆

▶Step12 返回“运动路径动画”对话框，会弹出“路径名称”对话框，直接单击“确定”按钮即可，如图 11-76 所示。

▶Step13 在“运动路径动画”对话框的“动画设置”选项组中设置持续时间、视觉样式及分辨率等，如图 11-77 所示。

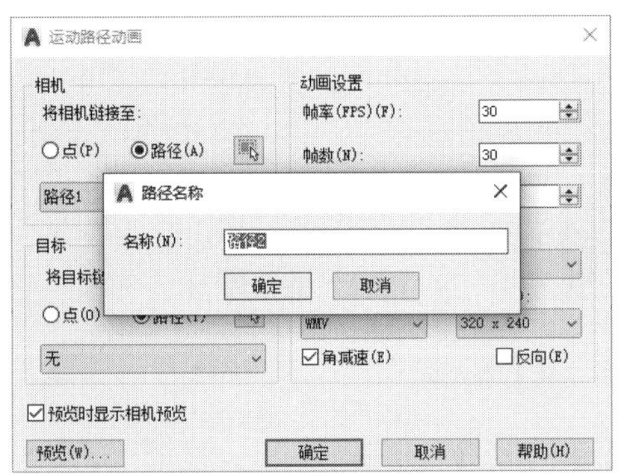

图 11-76　目标路径名称

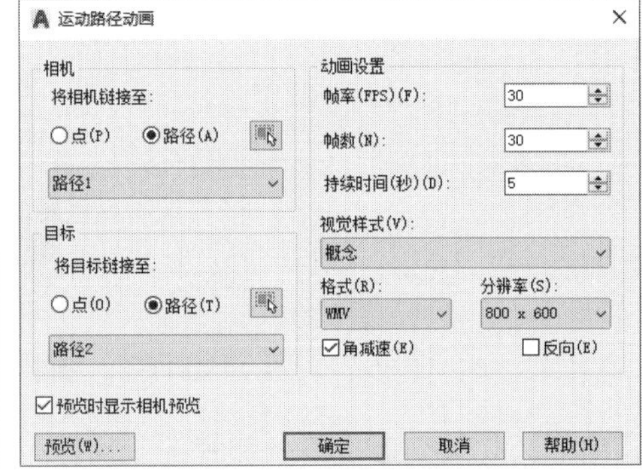

图 11-77　设置动画参数

▶Step14 单击“确定”按钮，打开“另存为”对话框，指定动画存储路径及文件名，如图 11-78 所示。

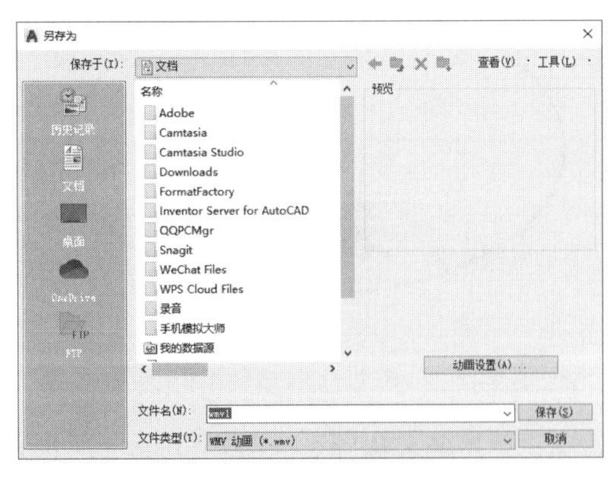

图 11-78　指定存储路径及文件名

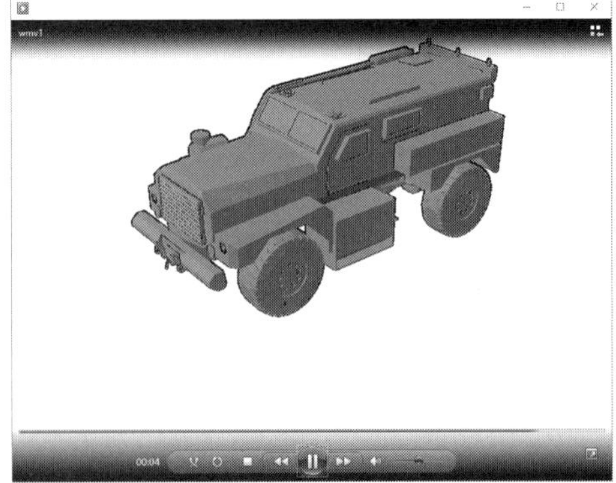

图 11-79　视频效果

▶Step15 单击“确定”按钮即可创建视频，从视频存储位置打开视频，可以看到相机观察效果，如图 11-79 所示。

（1）更改三维坐标系

将默认三维坐标系统调整为如图 11-80 所示的三维坐标系统。

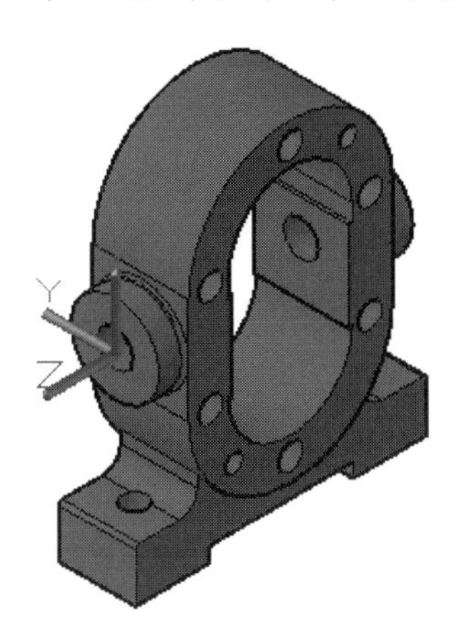

图 11-80 更改三维坐标系统

操作提示：

Step01：在命令行中输入 UCS，按回车键。

Step02：分别指定好 X 轴和 Y 轴的方向。

（2）创建相机视角

利用“创建相机”命令为端盖模型创建相机视角，结果如图 11-81 所示。

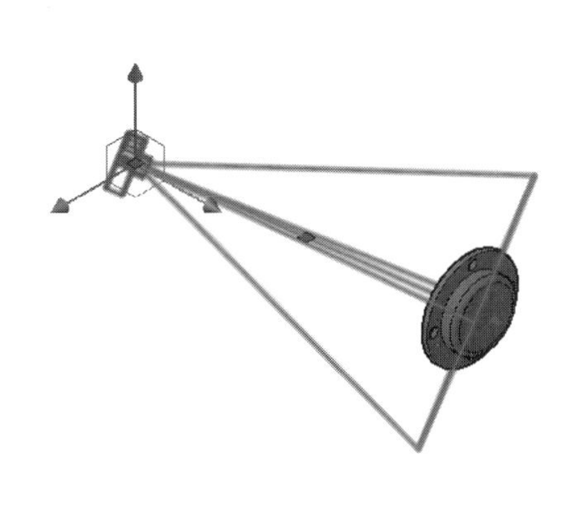

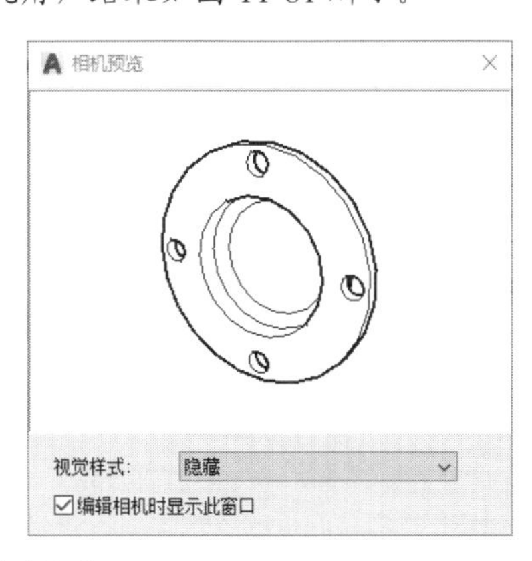

图 11-81 创建相机视角

操作提示：

执行“创建相机”命令，指定并调整好相机的位置和视角范围。

精选疑难解答

Q1：哪些二维绘图中的命令在三维中同样可以使用？

A：二维命令只能在X、Y面上或与该坐标面平行的平面上作图，例如“圆及圆弧”“椭圆和圆环”“多义线及多段线”“多边形和矩形”及“文字及尺寸标注”等。在使用这些命令时需弄清是在哪个平面上工作。其中直线、射线和构造线可在三维空间任意绘制，对于二维编辑命令均可在三维空间使用，但必须在X、Y平面内，只有“镜像”“阵列”和“旋转”在三维空间有着不同的使用方法。

Q2：三维模型在显示时，如何将轮廓边缘不显示？

A：系统默认的三维视觉样式是带有线型显示的，看起来像是轮廓线，如果想将其关闭，具体操作方法如下。

- 在视觉样式中将模型样式设置为“真实”，模型边缘将显示线型。
- 在绘图区左上方单击“视觉样式控件”，在下拉菜单中选择“视觉样式管理器”。
- 在“视觉样式管理器”中选择“真实”。
- 在“轮廓边”卷栏中设置显示模式为“否”，三维模型将隐藏线轮廓。

Q3：如何设置三维坐标？

A：用户可在菜单栏中单击“工具>新建UCS”命令，在其级联菜单中根据需要选择相应的坐标即可。

当然也可手动设置：在命令行中输入“UCS”，在绘图区域中，指定好坐标原点，其后指定好X与Y轴的方向即可完成坐标设置。

Q4：如何为三维图形添加尺寸标注？

A：绘制一些简单的三维图形时，通常都需要标注加工尺寸，比如家具、架子等一些简单的三维图形。在AutoCAD中没有三维标注的功能，尺寸标注都是基于二维的图形平面标注的。因此，要把三维的标注转换到二维平面上，简化标注。这样就要用到用户坐标系，只要把坐标系转换到需要标注的平面就可以了。

Q5：如何正确标注三维实体尺寸？

A：在进行标注三维实体时，若使用透视图进行标注，则标注的尺寸很容易被物体掩盖，且不容易指定需要的端点。在这种情况下，我们可以分别在顶视图、前视图和右视图上进行标注，并查看三维模型的各部分的尺寸。

第 12 章

创建基本三维模型

本章概述

上一章介绍了如何设置三维绘图环境的操作方法与技巧，本章将介绍如何绘制各种三维直线、样条曲线、多段线和螺旋线。用户不仅可以绘制基本的三维曲面，如长方体表面、圆锥面等，还可以绘制旋转曲面、平移曲面、直纹曲面和边界曲面等特殊曲面。

通过对本章内容的学习，读者可以了解三维绘图基础，熟悉三维曲线的应用，掌握三维实体模型的创建等知识。

学习目标

- 了解三维实体的创建
- 了解三维网格的创建
- 掌握二维图形生成三维实体的方法
- 掌握二维图形生成三维网格的方法

实例预览

旋转实体

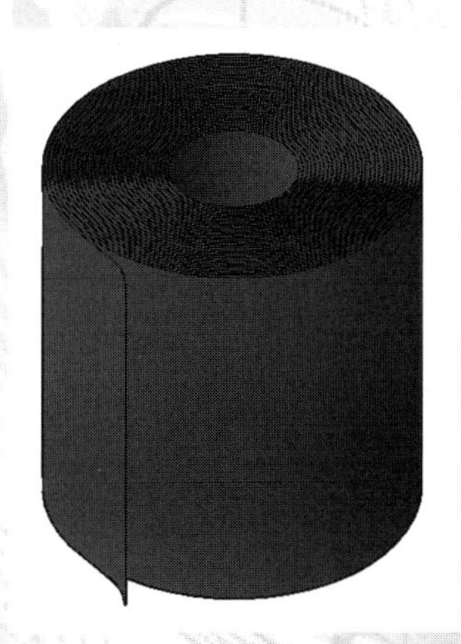

卷纸模型

12.1 三维线条

点、线是三维建筑建模的基础。两点可以定义空间的任一直线，两条线则可定义空间的曲面。本节将介绍三维多段线以及三维螺旋线的创建。

12.1.1 三维多段线

三维多段线的绘制和二维多段线基本相同，但执行的命令却并不相同。用户可以通过以下方式调用三维多段线命令。

- 从菜单栏执行“绘图>三维多段线”命令。
- 在“常用”选项卡“绘图”面板中单击“三维多段线”按钮。
- 在命令行输入 3DPOLY 命令，然后按回车键。

执行“三维多段线”命令后，指定好多段线的起点，然后依次指定下一点，直到终点，按回车键即可完成绘制。

命令行提示如下：

```
命令：_3dpoly
指定多段线的起点：                                        （指定起点）
指定直线的端点或 ［放弃（U）］：                （依次指定下一点，按回车键）
指定直线的端点或 ［闭合（C）/放弃（U）］：
```

12.1.2 三维螺旋线

在三维建模空间中，螺旋线可以绘制出具有半径、圈数、高度以及扭曲的三维螺旋线效果。用户可以通过以下几种方式调用“三维螺旋线”命令。

- 执行“绘图>螺旋”命令。
- 在“常用”选项卡“绘图”面板中单击“螺旋”按钮。
- 在“建模”工具栏中单击“螺旋”按钮。
- 在命令行输入 HELIX 命令，然后按回车键。

执行“三维螺旋线”命令后，用户先指定底面圆心点，设置好底面半径和顶面半径值。然后设置螺旋线的高度值即可完成绘制操作。

命令行提示如下：

```
命令：_Helix
圈数 = 3.0000      扭曲=CCW
指定底面的中心点：                                      （指定底面圆心）
指定底面半径或 ［直径（D）］<1.0000>：        （设定底面半径参数，按回车键）
指定顶面半径或 ［直径（D）］<312.5401>：      （设定顶面半径参数，按回车键）
指定螺旋高度或 ［轴端点（A）/圈数（T）/圈高（H）/扭曲（W）］<1.0000>：
                                              （设定高度参数，按回车键）
```

动手练习——创建三维螺旋线

扫一扫　看视频

下面介绍三维螺旋线的创建方法，具体操作步骤如下。

▸Step01 启动 AutoCAD 应用程序，切换到“三维建模”工作界面，在绘图区左上角单击“绘图控件”按钮，切换到西南等轴测视图，执行“绘图>螺旋”命令，根据提示在绘图区指定螺旋底面的中心点，如图 12-1 所示。

▸Step02 移动光标，根据提示在命令行输入底面半径 30，如图 12-2 所示。

图 12-1　指定中心点

图 12-2　指定底面半径

▸Step03 按回车键后再移动光标，在命令行输入顶面半径 30，如图 12-3 所示。

▸Step04 按回车键后再输入命令 t，如图 12-4 所示。

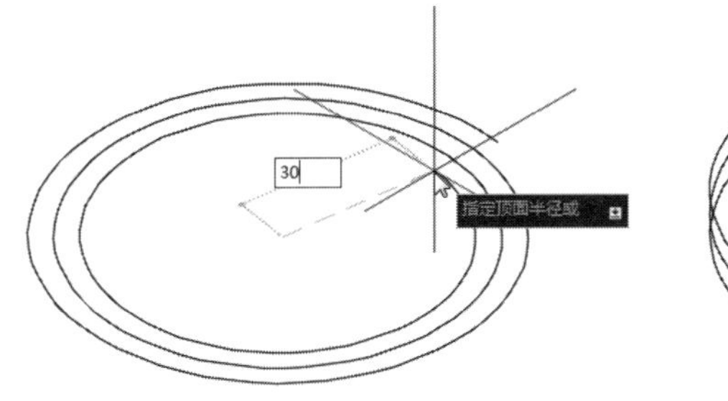

图 12-3　指定顶面半径

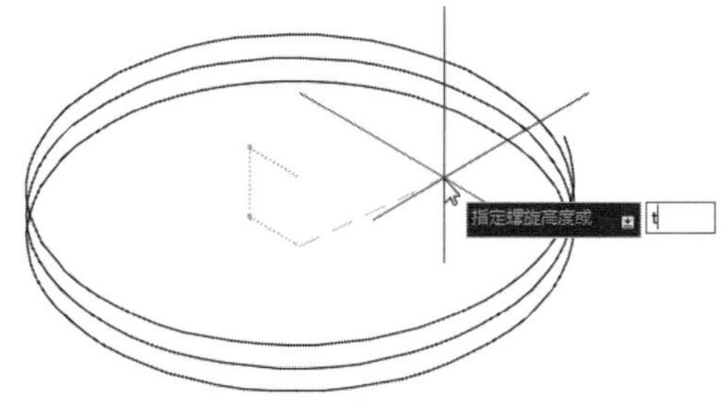

图 12-4　输入命令 t

▸Step05 按回车键后输入圈数 8，如图 12-5 所示。

▸Step06 再按回车键向上移动光标，根据提示指定螺旋高度 80，如图 12-6 所示。

▸Step07 再按回车键，即可完成三维螺旋线的创建，如图 12-7 所示。

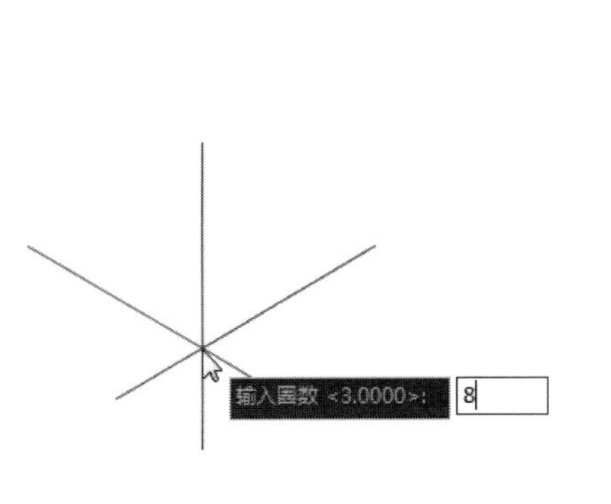

图 12-5　输入圈数

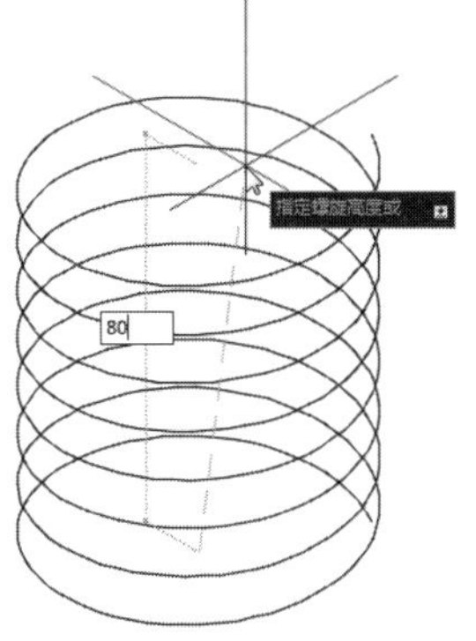

图 12-6　指定高度

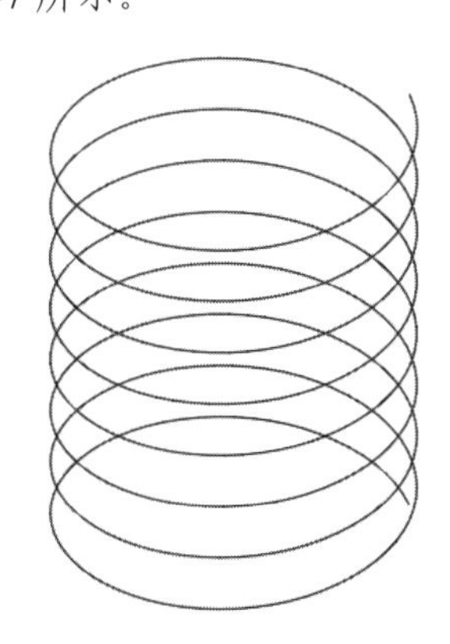

图 12-7　三维螺旋线

12.2 基本三维实体

基本的三维实体主要包括长方体、圆柱体、圆锥体、球体、棱锥体等。如果没有特殊说明，本章所有三维图形的观察方向都是从西南方向观察的，即西南等轴测视图。

12.2.1 长方体

长方体在三维建模中应用最为广泛，创建长方体时地面总与 XY 面平行。用户可以通过以下方式调用“长方体”命令。

- 从菜单栏执行“绘图>建模>长方体”命令。
- 在“常用”选项卡“建模”面板中单击“长方体”按钮。
- 在“实体”选项卡“图元”面板中单击“长方体”按钮。
- 在“建模”工具栏中单击“长方体”按钮。
- 在命令行输入 BOX 命令，然后按回车键。

执行“长方体”命令后，根据命令行提示，指定好底面矩形的位置，然后指定好矩形的高度即可创建长方体。

命令行提示如下：

```
命令：_box
指定第一个角点或 [中心（C）]：                    （指定底面矩形一个角点的位置）
指定其他角点或 [立方体（C）/长度（L）]：          （指定底面矩形另一个对角点位置）
指定高度或 [两点（2P）]：                          （输入高度值，按回车键）
```

动手练习——创建指定尺寸的长方体

扫一扫 看视频

下面将创建 500mm × 200mm × 100mm 的实体长方体，具体操作步骤如下。

Step01 执行“长方体”命令，根据提示指定长方体的第一个角点，如图 12-8 所示。

Step02 确认角点后在命令行输入命令 l，如图 12-9 所示。

图 12-8 指定角点　　图 12-9 输入命令 l

Step03 按回车键确认，再按 F8 键开启正交模式，沿轴移动光标，输入长度 500，如图 12-10 所示。

Step04 按回车键确认，再移动光标，继续输入宽度 200，如图 12-11 所示。

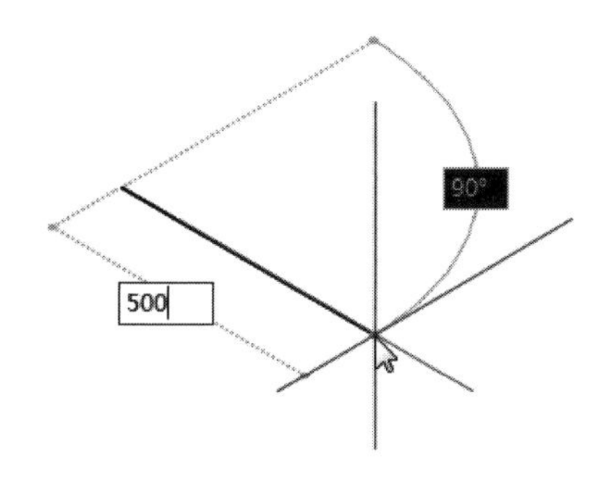

图 12-10 输入长度

图 12-11 输入宽度

Step05 按回车键确认，向上移动光标，输入长方体高度 100，如图 12-12 所示。

Step06 再按回车键完成长方体的创建，如图 12-13 所示。

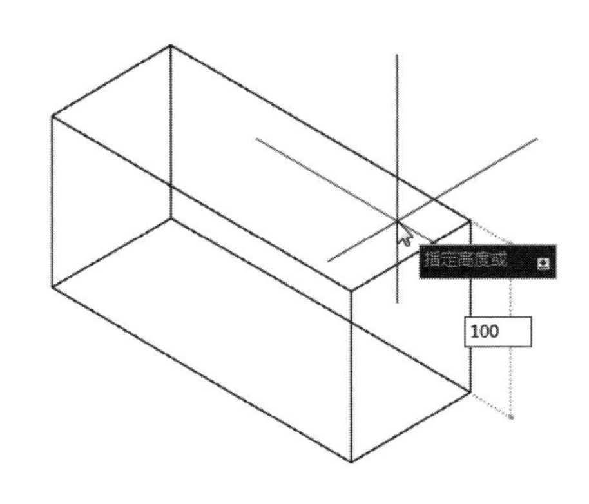

图 12-12 输入高度

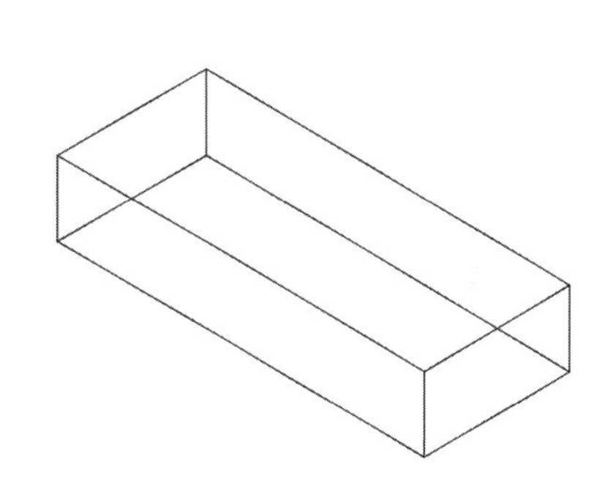

图 12-13 完成创建

动手练习——创建正方体

以上介绍的是长方体的绘制方法，如果想要绘制边长为 500mm 的正方体的话，可通过以下方法进行创建。

Step01 执行“长方体”命令，根据提示指定长方体的第一个角点，如图 12-14 所示。

Step02 确认角点后在命令行输入命令 c，如图 12-15 所示。

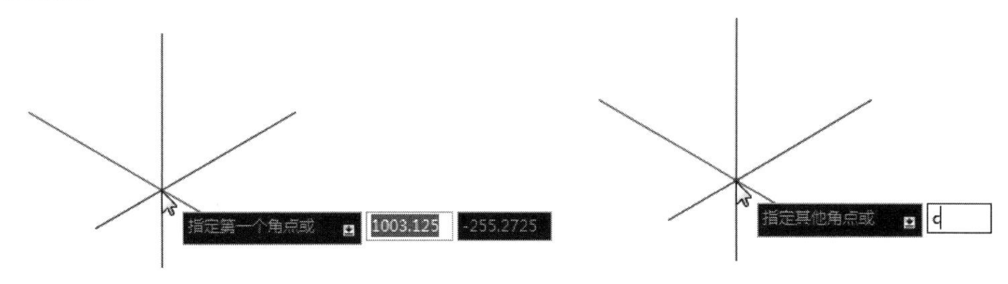

图 12-14 输入高度

图 12-15 完成创建

Step03 按回车键确认，根据提示输入长度 500，如图 12-16 所示。

Step04 再按回车键即可创建边长为 500mm 的正方体，如图 12-17 所示。

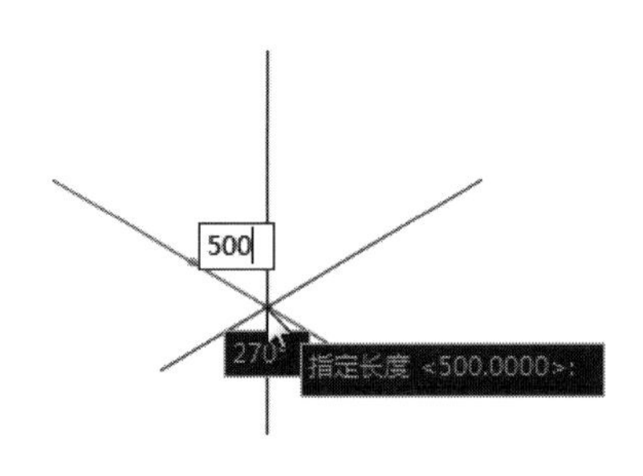

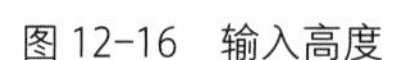
图 12-16　输入高度

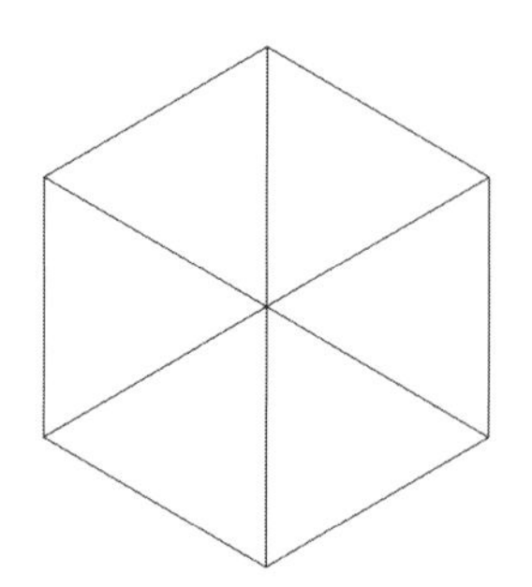
图 12-17　完成创建

12.2.2 圆柱体

圆柱体是以圆或椭圆为横截面的形状，通过拉伸横截面形状，创建出来的三维基本模型。用户可以通过以下方式调用“圆柱体”命令。

- 从菜单栏执行“绘图>建模>圆柱体”命令。
- 在“常用”选项卡“建模”面板中单击“圆柱体”按钮。
- 在“实体”选项卡“图元”面板中单击“圆柱体”按钮。
- 在“建模”工具栏中单击“圆柱体”按钮。
- 在命令行输入 CYLINDER 命令，然后按回车键。

执行“圆柱体”命令后，根据命令行提示，指定好底面圆心点以及底面半径值，然后指定好其高度即可。

命令行提示如下：

```
命令：_cylinder
指定底面的中心点或 [三点（3P）/两点（2P）/切点、切点、半径（T）/椭圆（E）]：
                                                    （指定底面圆心位置）
指定底面半径或 [直径（D）]：                           （指定底面半径值）
指定高度或 [两点（2P）/轴端点（A）]：                  （指定高度值，按回车键）
```

动手练习——创建圆柱体

扫一扫　看视频

下面将创建底面半径为 100mm、高为 200mm 的圆柱体，具体操作步骤如下。

Step01 执行“圆柱体”命令，根据提示指定圆柱体底面的中心点，如图 12-18 所示。

Step02 确认中心点后移动光标，根据提示输入半径值 100，如图 12-19 所示。

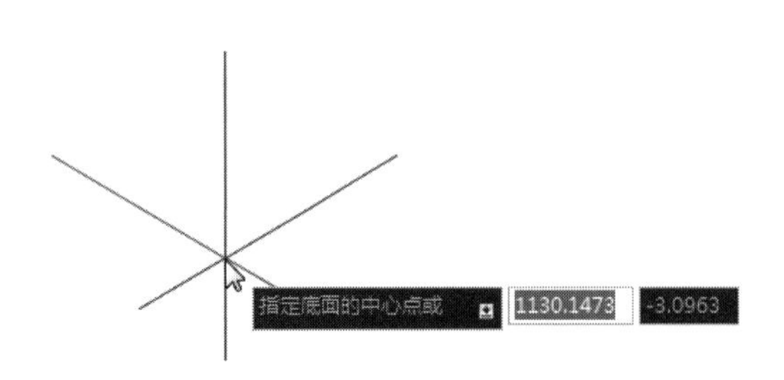

图 12-18　指定底面中心

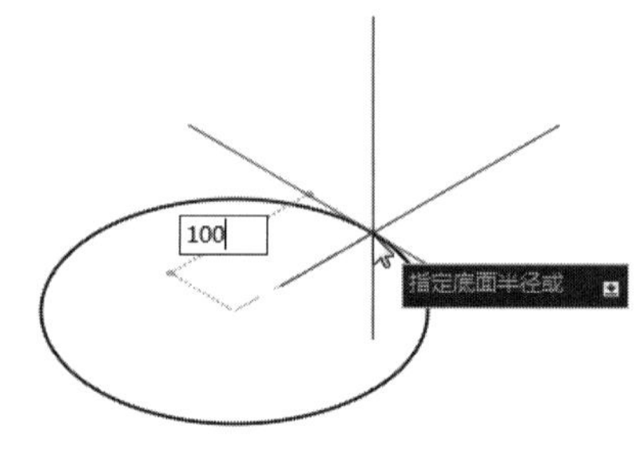

图 12-19　指定底面半径

Step03 按回车键后向上移动光标，再根据提示输入高度值 200，如图 12-20 所示。

Step04 再按回车键后完成圆柱体的创建，如图 12-21 所示。

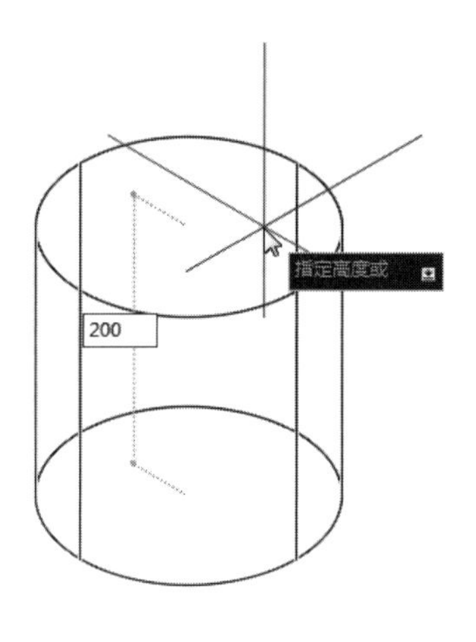

图 12-20　指定高度

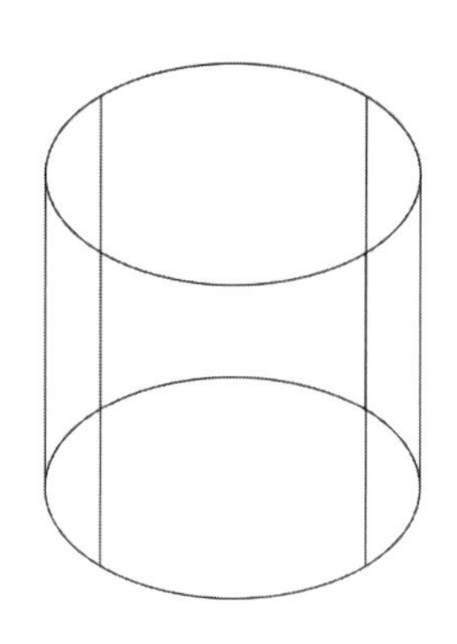

图 12-21　完成创建

12.2.3 圆锥体

圆锥体是以圆或椭圆为底，垂直向上对称地变细直至一点。利用“圆锥体”命令可以创建出实心圆锥体或圆台体的三维模型。

用户可以通过以下几种方式调用“圆锥体”命令。

- 从菜单栏执行“绘图>建模>圆锥体”命令。
- 在“常用”选项卡“建模”面板中单击“圆锥体”按钮。
- 在“实体”选项卡“图元”面板中单击“圆锥体”按钮。
- 在“建模”工具栏中单击“圆锥体”按钮。
- 在命令行输入 CONE 命令，然后按回车键。

执行“圆锥体”命令后，根据命令行提示，指定好底面圆心点以及底面半径值，然后指定好其高度即可。

命令行提示如下：

```
命令：_cone
指定底面的中心点或 [三点（3P）/两点（2P）/切点、切点、半径（T）/椭圆（E）]：
                                                        （指定底面圆心位置）
指定底面半径或 [直径（D）]：                              （指定底面半径值）
指定高度或 [两点（2P）/轴端点（A）/顶面半径（T）]：        （指定高度值，按回车键）
```

动手练习——创建圆锥体

下面将创建底面半径为 100mm、高为 250mm 的圆锥体，具体操作步骤如下。

Step01 执行“圆锥体”命令，根据提示指定圆锥体底面的中心点，如图 12-22 所示。

Step02 移动光标，再根据提示输入底面半径值 100，如图 12-23 所示。

Step03 按回车键确认，再向上移动光标，根据提示输入高度 250，如图 12-24 所示。

Step04 按回车键后完成圆锥体的创建，如图 12-25 所示。

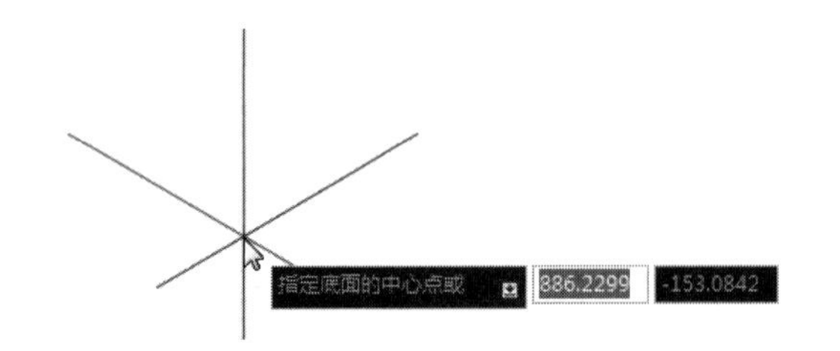

图 12-22　指定底面中心点

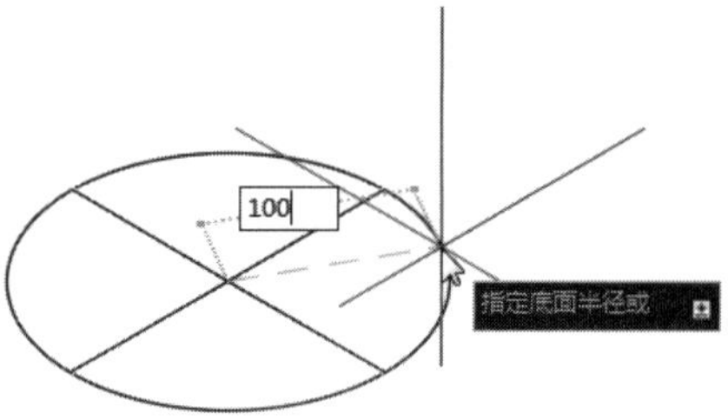

图 12-23　完成创建

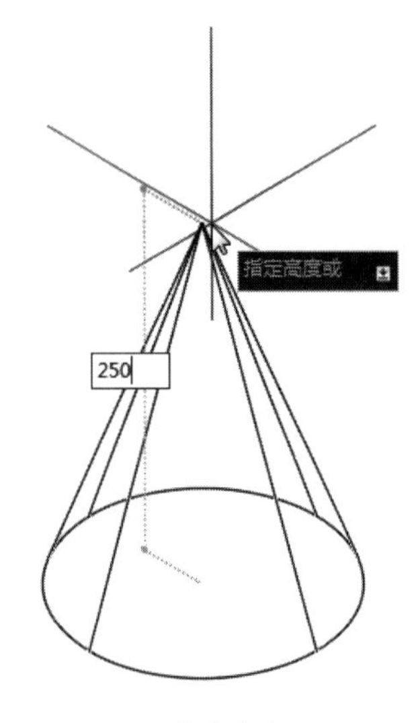

图 12-24　指定高度

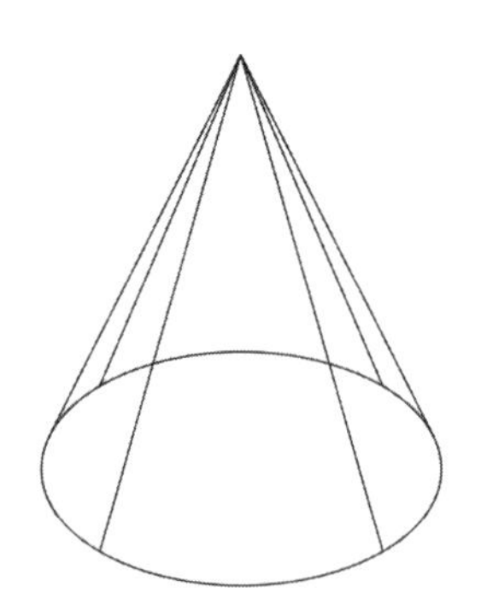

图 12-25　完成创建

12.2.4 球体

球体是通过半径或直径以及球心来定义的，用户可以通过以下方式调用“球体”命令。

- 从菜单栏执行“绘图>建模>球体”命令。
- 在“常用”选项卡“建模”面板中单击“球体”按钮。
- 在“实体”选项卡“图元”面板中单击“球体”按钮。
- 在“建模”工具栏中单击“球体”按钮。
- 在命令行输入 SPHERE 命令，然后按回车键。

执行“球体”命令后，根据命令行提示，指定好球体中心点和球体半径值，按回车键即可完成绘制，如图 12-26 所示。

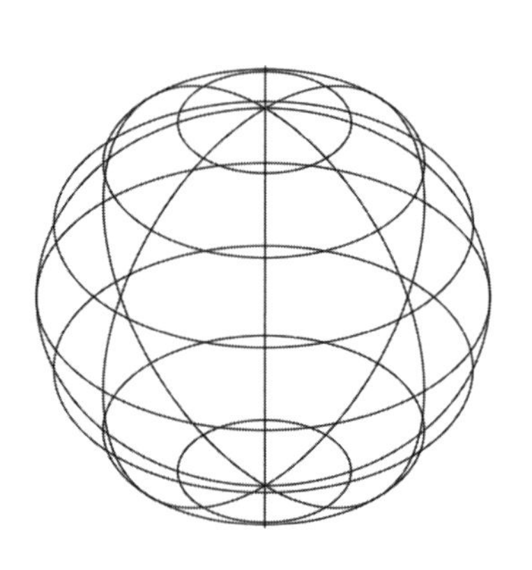

图 12-26　三维球体

命令行提示如下：

```
命令：_sphere
指定中心点或 [三点（3P）/两点（2P）/切点、切点、半径（T）]：          （指定中心点）
指定半径或 [直径（D）]<200.0000>：                       （设置好半径值，按回车键）
```

12.2.5 棱锥体

棱锥体的底面为多边形，由底面多边形拉伸出的图形为三角形，它们的顶点为共同点。用户可以通过以下方式调用“棱锥体”命令。

- 从菜单栏执行“绘图>建模>棱锥体”命令。
- 在“常用”选项卡“建模”面板中单击“棱锥体”按钮。
- 在“实体”选项卡“图元”面板中单击“多段体”的下拉菜单按钮，在弹出的列表中单击“棱锥体”按钮。
- 在“建模”工具栏中单击“棱锥体”按钮。
- 在命令行输入 PYRAMID 命令，然后按回车键。

执行“棱锥体”命令后，根据命令行提示，指定好底面中心点及底面半径值，然后指定好其高度值，按回车键即可。

命令行提示如下：

```
命令：_pyramid
4 个侧面　外切
指定底面的中心点或［边（E）/侧面（S）]：　　　　　　　　（指定底面中心位置）
指定底面半径或［内接（I）]：200　　　　　　　　　　　　　（输入底面半径值）
指定高度或［两点（2P）/轴端点（A）/顶面半径（T）]：300　　（输入高度值，按回车键）
```

动手练习——创建棱锥体

下面将绘制底面半径为 150mm、高为 300mm 的棱锥体，具体操作步骤如下。

Step01 执行“棱锥体”命令，根据提示指定棱锥体底面的中心点，如图 12-27 所示。

Step02 移动光标，根据提示指定底面半径值 150，如图 12-28 所示。

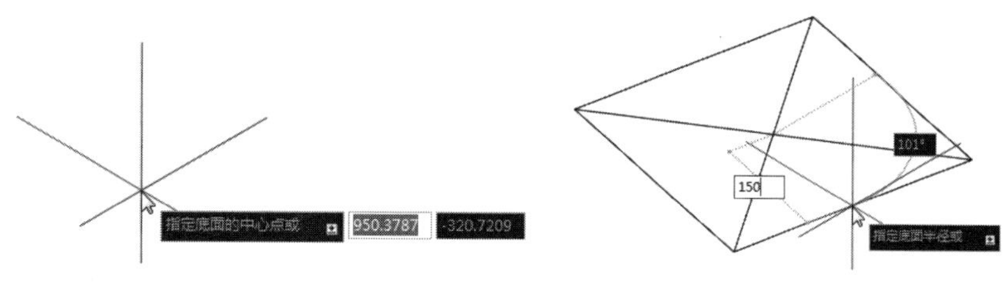

图 12-27　指定高度　　　　图 12-28　完成创建

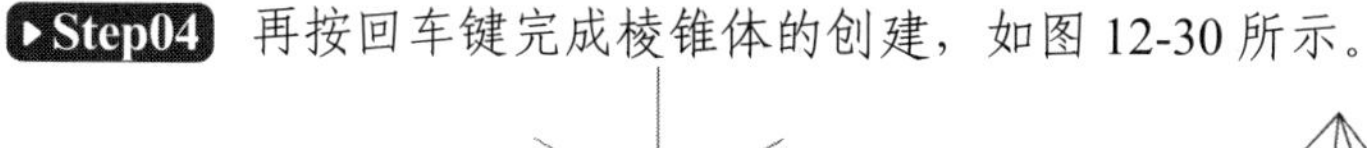

Step03 按回车键后，再向上移动光标，根据提示输入高度值 300，如图 12-29 所示。

Step04 再按回车键完成棱锥体的创建，如图 12-30 所示。

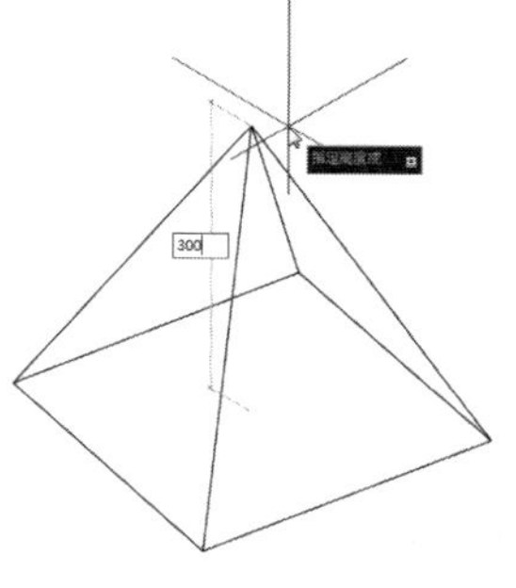

图 12-29　指定高度

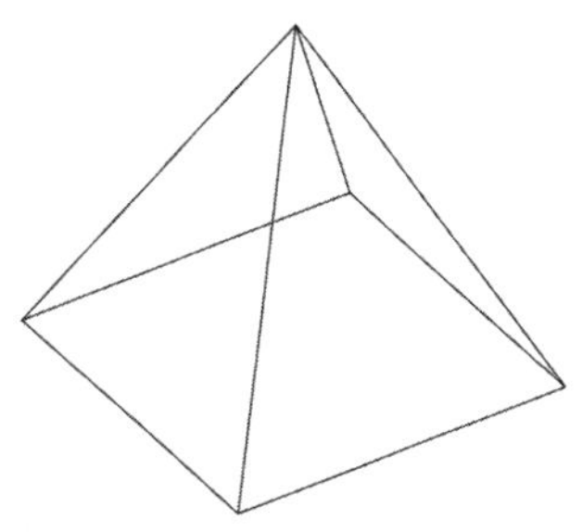

图 12-30　完成创建

12.2.6 楔体

楔体是一个三角形的实体模型，其绘制方法与长方形相似。用户可以通过以下方式调用“楔体”命令。

- 从菜单栏执行“绘图>建模>楔体”命令。
- 在“常用”选项卡“建模”面板中单击“楔体”按钮。
- 在“实体”选项卡“图元”面板中单击“楔体”按钮。
- 在“建模”工具栏中单击“楔体”按钮。
- 在命令行输入 WEDGE 命令，然后按回车键。

执行“楔体”命令后，根据命令行提示，指定好底面矩形大小，然后指定好高度值，按回车键即可。

命令行提示如下：

```
命令：_wedge
指定第一个角点或 [中心（C）]：                          （指定底面矩形大小）
指定其他角点或 [立方体（C）/长度（L）]：@400，700
指定高度或 [两点（2P）]<216.7622>：200                （输入高度值，按回车键）
```

动手练习——创建楔体

下面将创建底面矩形为 200mm × 300mm、高为 100mm 的楔体，具体操作步骤如下。

▶Step01 执行“楔体”命令，根据提示指定底面的第一个角点，然后在命令行中输入“@200，300”，按回车键，如图 12-32 所示。

▶Step02 向 Z 轴方向移动光标，并指定高度值 100，如图 12-32 所示。

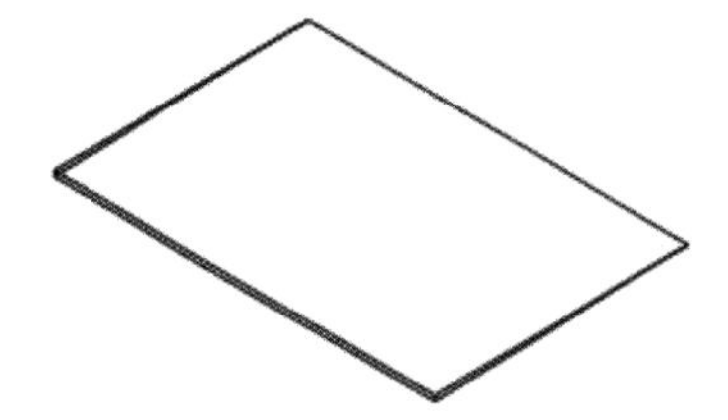

图 12-31 指定第一个角点

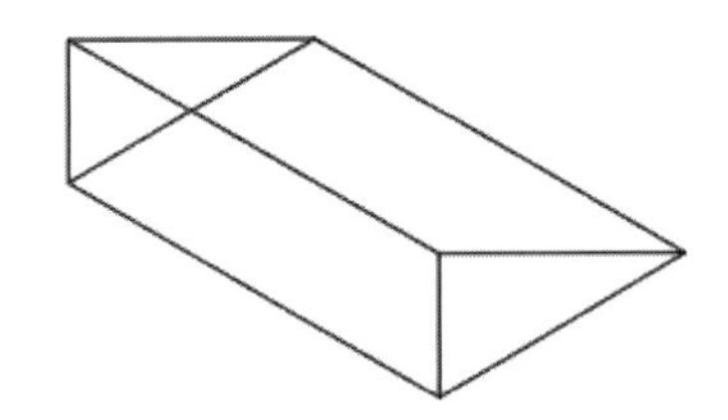

图 12-32 指定其他角点

12.2.7 圆环体

圆环体由两个半径值定义，一是圆环的半径，二是从圆环体中心到圆管中心的距离。大多数情况下，圆环体可以作为三维模型中的装饰材料，应用非常广泛。

用户可以通过以下方式调用“圆环体”命令。

- 从菜单栏执行“绘图>建模>圆环体”命令。
- 在“常用”选项卡“建模”面板中单击“圆环体”按钮◎。
- 在“实体”选项卡“图元”面板中单击“圆环体”按钮。
- 在“建模”工具栏中单击“圆环体”按钮。
- 在命令行输入 TORUS 命令，然后按回车键。

执行“圆环体”命令后，根据命令行提示，指定好圆环体中心点及内环半径值，然后指定圆管半径值，按回车键即可。

命令行提示如下：

命令：_torus
指定中心点或 [三点（3P）/两点（2P）/切点、切点、半径（T）]：
（指定圆环体中心点）
指定半径或 [直径（D）]<200.0000>：（输入内环半径值）
指定圆管半径或 [两点（2P）/直径（D）]<100.0000>：50（输入圆管半径值）

动手练习——创建圆环体

下面将创建内环半径为 120mm、圆管半径为 20mm 的圆环体，具体操作步骤如下。

Step01 执行“圆环体”命令，根据提示指定圆环体的中心点，如图 12-33 所示。

Step02 拖动鼠标，根据提示输入圆环体半径 120，如图 12-34 所示。

图 12-33 指定中心点　　图 12-34 输入圆环半径

Step03 按回车键后再移动光标，接着输入圆管半径值 20，如图 12-35 所示。

Step04 再按回车键即可完成圆环体的创建，如图 12-36 所示。

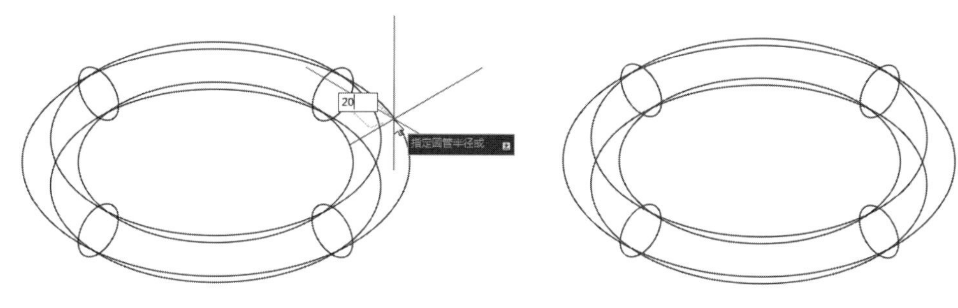

图 12-35 输入圆管半径　　图 12-36 完成创建

12.2.8 多段体

绘制多段体与绘制多段线的方法相同。默认情况下，多段体始终带有一个矩形轮廓。可以指定轮廓的高度和宽度。通常如果绘制三维墙体，就需要使用该命令。

用户可以通过以下方式调用“多段体”命令。

- 从菜单栏执行“绘图>建模>多段体”命令。
- 在“常用”选项卡“建模”面板中单击“多段体”按钮。
- 在“实体”选项卡“图元”面板中单击“多段体”按钮。
- 在“建模”工具栏中单击“多段体”按钮。
- 在命令行输入 POLYSOLID 命令，然后按回车键。

执行“绘图>建模>多段体”命令，根据命令行提示，设置多段体高度、宽度以及对正方式，其后指定多段体起点即可开始绘制，如图 12-37、图 12-38 所示。

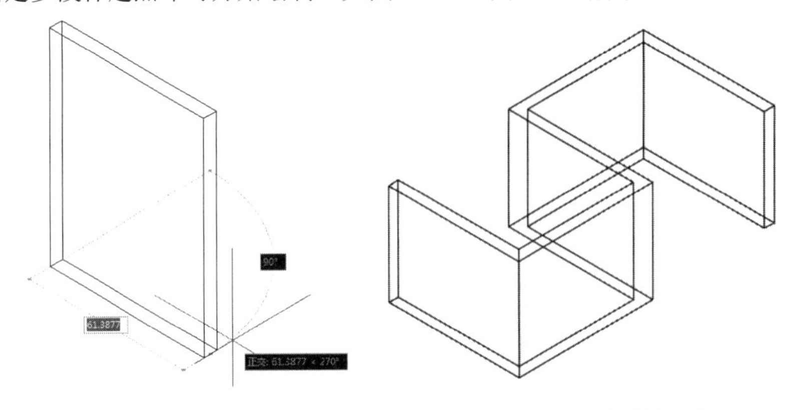

图 12-37　指定多段体起点　　　　图 12-38　绘制多段体

在操作时，用户可根据命令行中的提示信息进行绘制。命令行提示如下：

命令：_Polysolid 高度 = 80.0000，宽度 = 5.0000，对正 = 居中
指定起点或 [对象（O）/高度（H）/宽度（W）/对正（J）]<对象>：　　（指定起点）
指定下一个点或 [圆弧（A）/放弃（U）]：　　（依次指定下一点，直到终点，按回车键）
指定下一个点或 [圆弧（A）/放弃（U）]：

命令行各选项说明如下。

- 对象：指定要转换为实体的对象。该对象可以是直线、圆弧、二维多段线以及圆等对象。
- 高度：指定多段体高度值。
- 宽度：指定多段体的宽度。
- 对正：使用命令定义轮廓时，可将多段体的宽度和高度设置为左对正、右对正或居中。对正方式由轮廓的第一条线段的起始方向决定。
- 圆弧：将弧线添加到实体中。圆弧的默认起始方向与上次绘制的线段相切。

12.3 二维图形生成三维实体

上一节介绍的是基本实体的创建操作。在 AutoCAD 中用户还可以将绘制好的一个面域通过不同路径将其生成一些不规则的三维实体，从而更符合绘制需求。

12.3.1 拉伸实体

拉伸命令可将绘制的二维图形沿着指定的高度或路径进行拉伸，从而将其转换成三维实体模型。可以用作路径的对象包括直线、圆、圆弧、椭圆、椭圆弧、多段线、样条曲线及面域等。

用户可以通过以下方式调用拉伸命令。

- 从菜单栏执行“绘图>建模>拉伸”命令。
- 在“常用”选项卡“建模”面板中单击“拉伸”按钮。
- 在“实体”选项卡“实体”面板中单击“拉伸”按钮。

● 在“建模”工具栏中单击“拉伸”按钮。

● 在命令行输入 EXTRUDE 命令，然后按回车键。

执行“拉伸”命令后，根据命令行提示，先指定要拉伸的图形，然后指定拉伸高度，按回车键即可。

命令行提示如下：

命令：_extrude

当前线框密度：ISOLINES=4，闭合轮廓创建模式 = 实体

选择要拉伸的对象或 [模式（MO）]：_MO 闭合轮廓创建模式 [实体（SO）/曲面（SU）] <实体>：_SO

选择要拉伸的对象或 [模式（MO）]：找到 1 个　　　　（选择要拉伸的实体，按回车键）

选择要拉伸的对象或 [模式（MO）]：

指定拉伸的高度或 [方向（D）/路径（P）/倾斜角（T）/表达式（E）]<100.0000>：300（输入拉伸高度，按回车键）

命令行各选项说明如下。

● 拉伸高度：输入拉伸高度值。如果输入负数值，拉伸对象将沿着 Z 轴负方向拉伸；如果输入正数值，拉伸对象将沿着 Z 轴正方向拉伸。如果所有对象处于同一平面上，则将沿该平面的法线方向拉伸。

● 方向：通过指定的两点指定拉伸的长度和方向。

● 路径：选择基于指定曲线对象的拉伸路径。拉伸的路径可以是开放的，也可是封闭的。

● 倾斜角：如果为倾斜角指定一个点而不是输入值，则必须拾取第二个点。用于拉伸的倾斜角是两个指定点间的距离。

注意事项

若在拉伸时倾斜角或拉伸高度较大，将导致拉伸对象或拉伸对象的一部分在到达拉伸高度之前就已经聚集到一点，此时则无法拉伸对象。

动手练习——指定高度拉伸实体

下面通过拉伸命令将二维 U 形图形拉伸成 U 形实体模型，具体操作步骤如下。

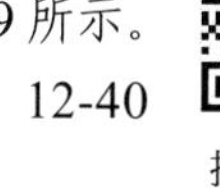

扫一扫　看视频

Step01 打开“素材/CH12/指定高度拉伸实体.dwg”文件，如图 12-39 所示。

Step02 执行“拉伸”命令，根据提示选择要拉伸的对象，如图 12-40 所示。

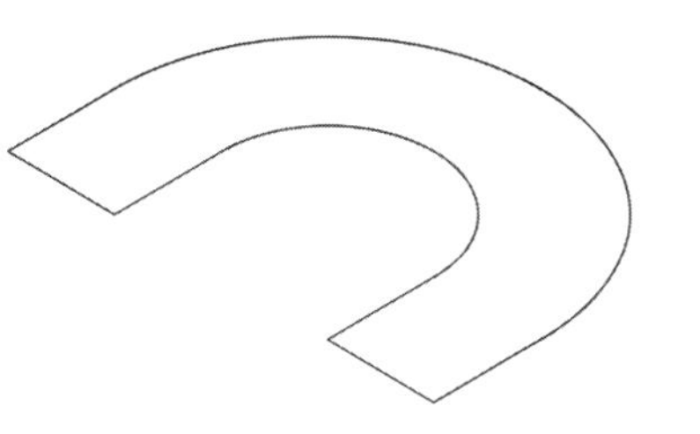

图 12-39　素材图形

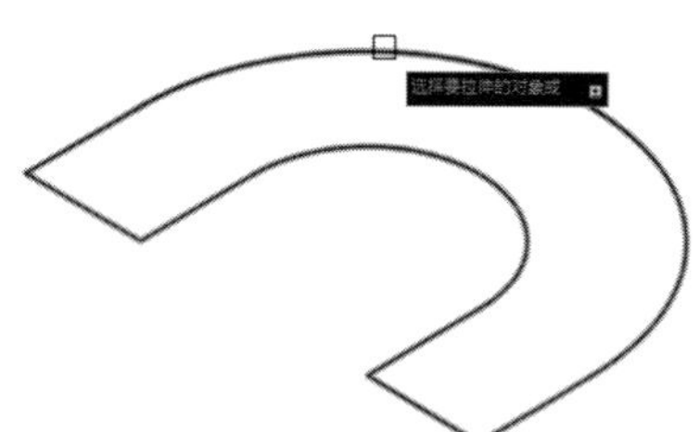

图 12-40　选择拉伸对象

▶Step03 按回车键后向上移动光标，根据提示输入拉伸高度 10，如图 12-41 所示。

▶Step04 按回车键后即可完成实体的创建，如图 12-42 所示。

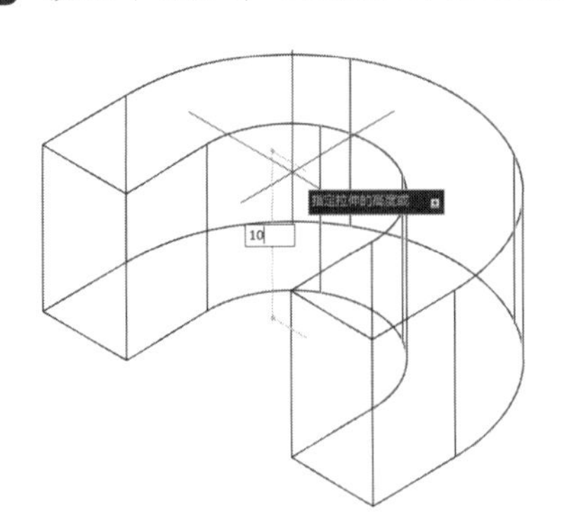

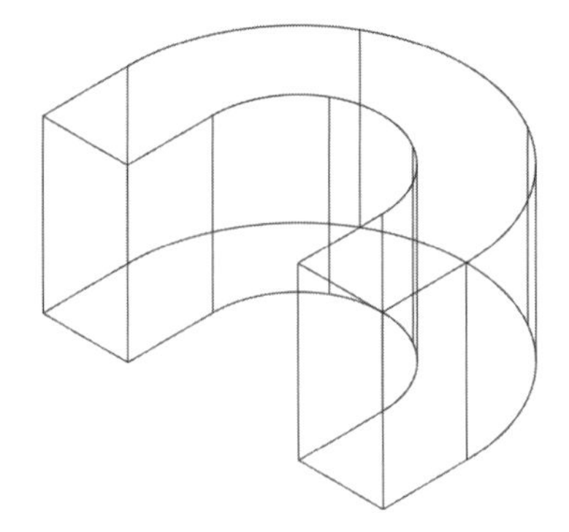

图 12-41 输入拉伸高度　　图 12-42 完成创建

动手练习——通过路径拉伸实体

下面将通过选择路径拉伸的方式，将 U 形图形拉伸成不规则实体，具体操作步骤如下。

▶Step01 打开“素材/CH12/通过路径拉伸实体.dwg”文件，如图 12-43 所示。

▶Step02 执行“拉伸”命令，根据提示选择要拉伸的对象，如图 12-44 所示。

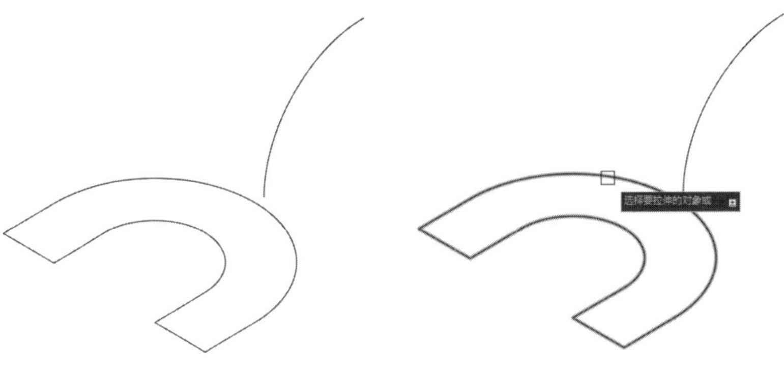

图 12-43 素材图形　　图 12-44 选择拉伸对象

▶Step03 按回车键后再输入命令 P，如图 12-45 所示。

▶Step04 再按回车键，根据提示选择拉伸路径，如图 12-46 所示。

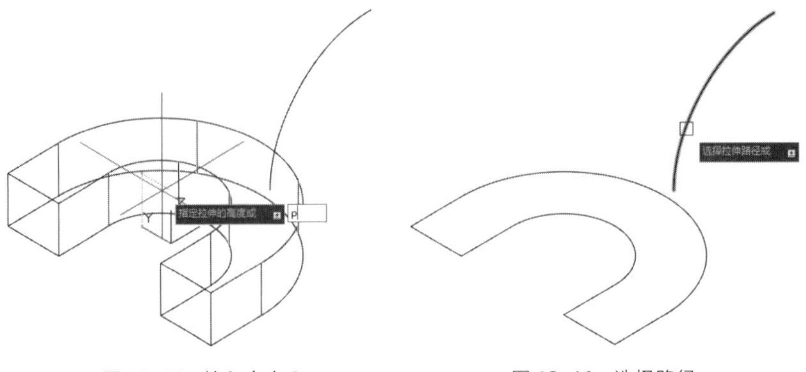

图 12-45 输入命令 P　　图 12-46 选择路径

Step05 单击路径后即可完成实体的拉伸，效果如图 12-47 所示。

Step06 设置视觉样式为概念，效果如图 12-48 所示。

图 12-47　拉伸效果

图 12-48　概念视觉样式

12.3.2 放样实体

使用放样命令，可以通过对包含两条或两条以上横截面曲线的一组曲线进行放样（绘制实体或曲面）来绘制三维实体或曲面，主要用于在横截面之间的空间内绘制实体或曲面。

用户可以通过以下方式调用“放样”命令。

- 从菜单栏执行“绘图>建模>放样”命令。
- 在“常用”选项卡“建模”面板中单击“放样”按钮。
- 在“实体”选项卡“实体”面板中单击“放样”按钮。
- 在“建模”工具栏中单击“放样”按钮。
- 在命令行输入 LOFT 命令，然后按回车键。

执行“放样”命令后，根据命令行提示，选择所有横截面图形，按回车键即可。

命令行提示如下：

```
命令：_loft
当前线框密度：ISOLINES=4，闭合轮廓创建模式=实体
按放样次序选择横截面或 [点（PO）/合并多条边（J）/模式（MO）]：_MO 闭合轮廓创建模式 [实体（SO）/曲面（SU）]<实体>：_SO
按放样次序选择横截面或 [点（PO）/合并多条边（J）/模式（MO）]：找到 1 个
按放样次序选择横截面或 [点（PO）/合并多条边（J）/模式（MO）]：找到 1 个，总计 2 个
按放样次序选择横截面或 [点（PO）/合并多条边（J）/模式（MO）]：选中了 2 个横截面
输入选项 [导向（G）/路径（P）/仅横截面（C）/设置（S）]<仅横截面>：
```

命令行各选项说明如下。

- 导向：指定控制放样实体或曲面形状的导向曲线。导向曲线可以是直线或曲线，可通过将其他线框信息添加至对象来进一步定义实体或曲面的形状。当与每个横截面相交，并始于第一个横截面，止于最后一个横截面时，导向线才能正常工作。
- 路径：指定放样实体或曲面的单一路径，路径曲线必须与横截面的所有平面相交。
- 仅横截面：选择该选项，则可在“放样设置”对话框中，控制放样曲线在横截面处的

轮廓。

动手练习——创建放样实体

扫一扫　看视频

下面将利用放样命令来创建简单花瓶实体，具体操作步骤如下。

▶Step01 打开“素材/CH12/创建放样实体.dwg”文件，切换到概念视觉样式，如图 12-49 所示。

▶Step02 执行“放样”命令，从底部开始选择第一个横截面，如图 12-50 所示。

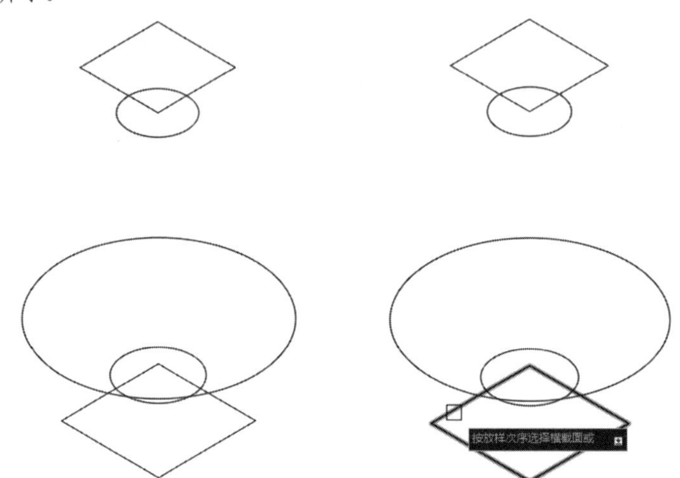

图 12-49　素材图形　　　图 12-50　选择第一个横截面

▶Step03 再选择第二个横截面，如图 12-51 所示。

▶Step04 单击后可以看到两个横截面之间已经形成了面，如图 12-52 所示。

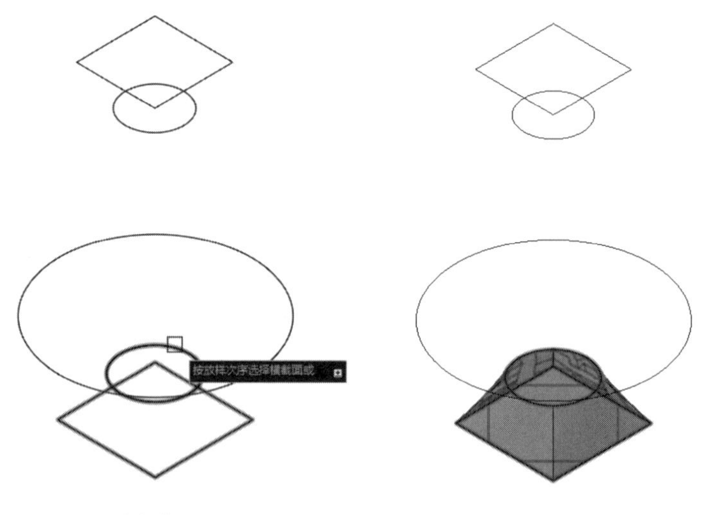

图 12-51　选择第二个横截面　　　图 12-52　创建出面

▶Step05 陆续选择剩余的横截面，如图 12-53 所示。

▶Step06 连续按两次回车键，即可完成放样实体的创建，如图 12-54 所示。

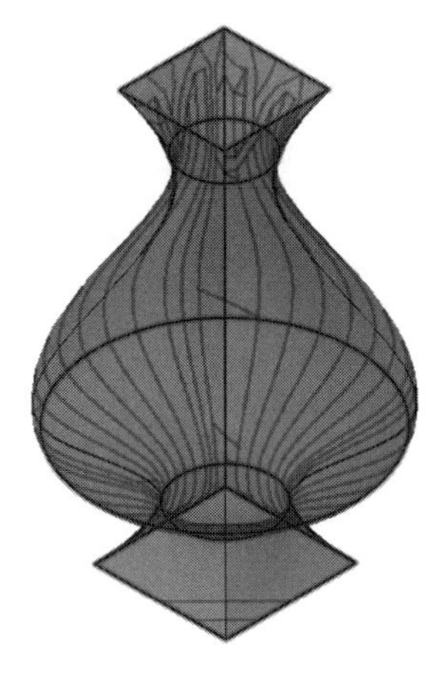

图 12-53 选择所有横截面

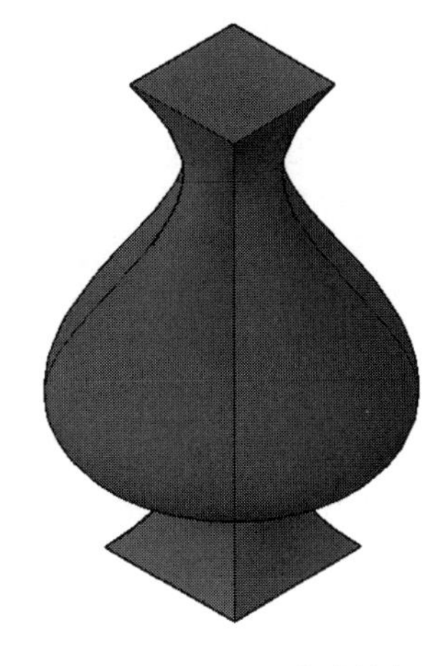

图 12-54 完成创建

12.3.3 旋转实体

旋转实体用于将闭合曲线绕一条旋转轴旋转生成回转三维实体，该命令可以旋转闭合多段线、多边形、圆、椭圆、闭合样条曲线和面域，不可以旋转包含在块中的对象，不能旋转具有相交或自交线段，且该命令一次只能旋转一个对象。用户可以通过以下方式调用旋转操作。

- 从菜单栏执行“绘图>建模>旋转”命令。
- 在“常用”选项卡“建模”面板中单击“旋转”按钮。
- 在“实体”选项卡“实体”面板中单击“旋转”按钮。
- 在“建模”工具栏中单击“旋转”按钮。
- 在命令行输入 REVOLVE 命令，然后按回车键。

执行“旋转”命令后，根据命令行提示，选择所需横截面图形，然后指定好旋转轴的起点和端点，输入旋转角度值，按回车键即可。

命令行提示如下：

```
命令：_revolve
当前线框密度：ISOLINES=4，闭合轮廓创建模式 = 实体
选择要旋转的对象或 [模式(MO)]：_MO 闭合轮廓创建模式 [实体(SO)/曲面(SU)]<实体>：_SO
选择要旋转的对象或 [模式(MO)]：找到 1 个          (选择所需横截面图形，按回车键)
选择要旋转的对象或 [模式(MO)]：
指定轴起点或根据以下选项之一定义轴 [对象(O)/X/Y/Z] <对象>：
                                                  (指定旋转轴的起点和端点)
指定轴端点：
指定旋转角度或 [起点角度(ST)/反转(R)/表达式(EX)]<360>：270      (输入旋转角度)
```

命令行各选项说明如下。

- 轴起点：指定旋转轴的两个端点。其旋转角度为正值时，将按逆时针方向旋转对象；角度为负值时，按顺时针方向旋转对象。
- 对象：选择现有对象，此对象定义了旋转选定对象时所绕的轴。轴的正方向从该对象的最近端点指向最远端点。

- X 轴：使用当前 UCS 的正向 X 轴作为正方向。
- Y 轴：使用当前 UCS 的正向 Y 轴作为正方向。
- Z 轴：使用当前 UCS 的正向 Z 轴作为正方向。

技术要点

用于旋转的二维图形可以是多边形、圆、椭圆、封闭多段线、封闭样条曲线、圆环以及封闭区域，并且每次只能旋转一个对象。三维图形、包含在块中的对象、有交叉或自干涉的多段线不能被旋转。

动手练习——旋转实体创建盘座模型

扫一扫　看视频

下面利用旋转实体来创建盘座模型，具体操作步骤如下。

Step01 打开“素材/CH12/旋转实体创建盘座模型.dwg”文件，如图 12-55 所示。

Step02 切换到西南等轴测视图，如图 12-56 所示。

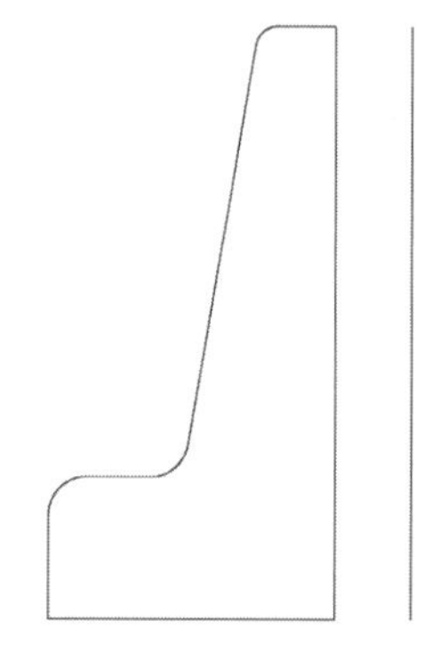

图 12-55　素材图形

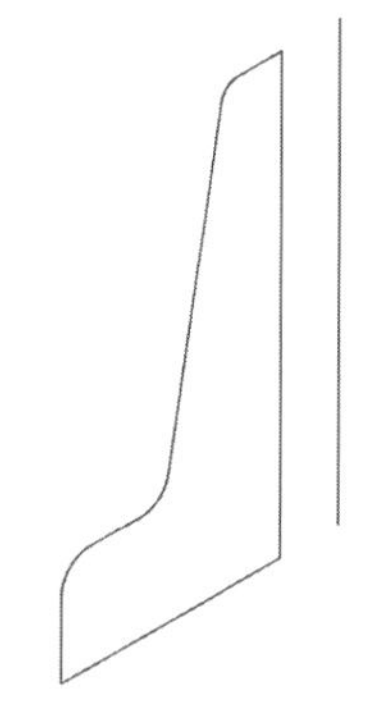

图 12-56　西南等轴测视图

Step03 执行“绘图>建模>旋转”命令，选择要旋转的对象，如图 12-57 所示。

Step04 按回车键后根据提示指定直线的顶点作为旋转轴起点，如图 12-58 所示。

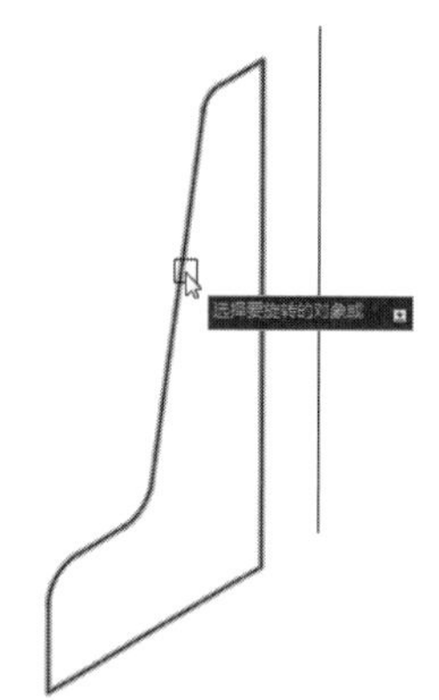

图 12-57　选择旋转对象

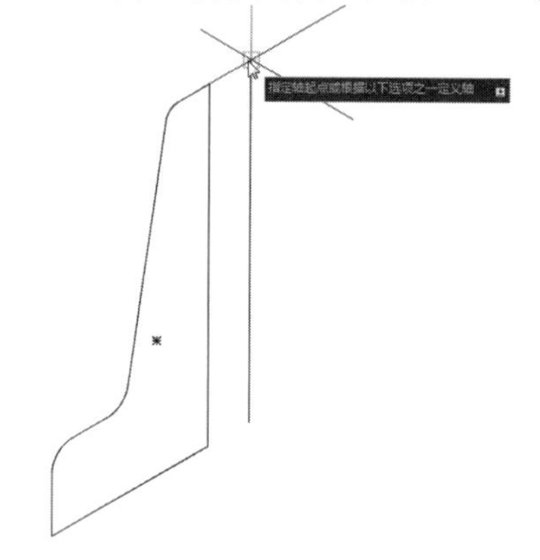

图 12-58　指定旋转轴起点

Step05 捕捉直线的端点作为旋转轴端点，如图 12-59 所示。

Step06 选择旋转轴后再根据提示输入旋转角度 360，如图 12-60 所示。

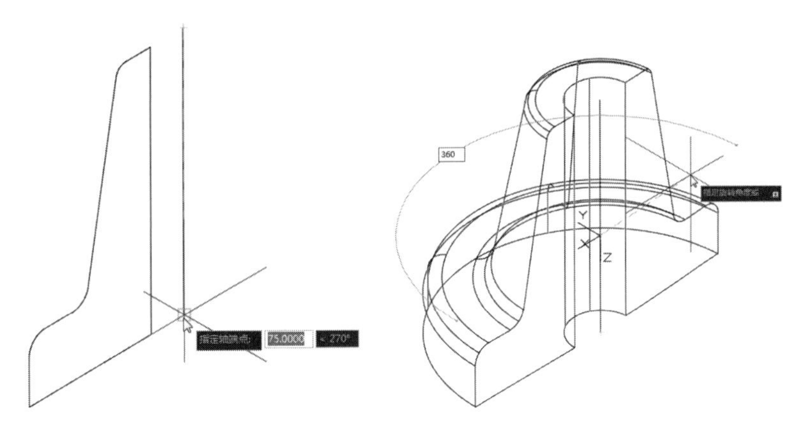

图 12-59　指定旋转轴端点　　　　图 12-60　指定旋转角度

Step07 按回车键后完成旋转实体的操作，如图 12-61 所示。

Step08 切换到概念视觉样式，观察模型效果，如图 12-62 所示。

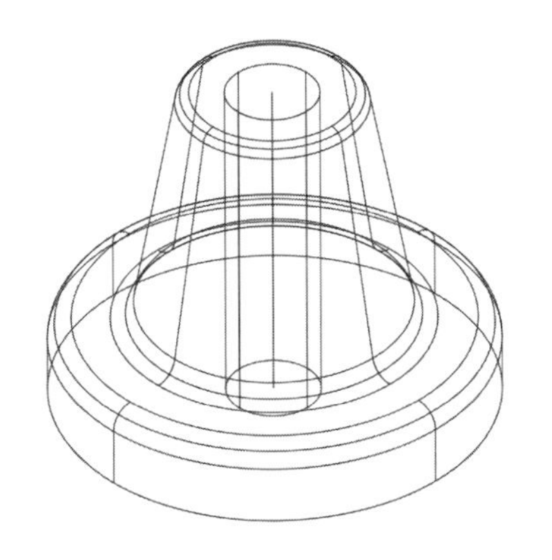

图 12-61　完成创建

图 12-62　概念样式

12.3.4 扫掠实体

扫掠实体是指将需要扫掠的轮廓按指定路径进行拉伸，生成三维实体或曲面，如果扫掠多个对象，则这些对象必须处于同一平面上，扫掠图形性质取决于路径是封闭还是开放的，若路径是开放的，则扫掠的图形是曲线，若是封闭的，则扫掠的图形为实体。

用户可以通过以下方式调用扫掠实体命令。

- 从菜单栏执行“绘图>建模>扫掠”命令。
- 在“常用”选项卡“建模”面板中单击“扫掠”按钮。
- 在“实体”选项卡“实体”面板中单击“扫掠”按钮。
- 在“建模”工具栏中单击“扫掠”按钮。
- 在命令行输入 SWEEP 命令，然后按回车键。

执行“扫掠”命令后，根据命令行提示，选择所需横截面图形，然后指定好路径即可。

命令行提示如下：

命令：_sweep

当前线框密度：ISOLINES=4，闭合轮廓创建模式 = 实体

选择要扫掠的对象或 [模式（MO）]：_MO 闭合轮廓创建模式 [实体（SO）/曲面（SU）] <实体>：_SO

选择要扫掠的对象或 [模式（MO）]：找到 1 个

选择要扫掠的对象或 [模式（MO）]：（选择所需横截面）

选择扫掠路径或 [对齐（A）/基点（B）/比例（S）/扭曲（T）]：（选择路径线段）

命令行各选项说明如下。

- 对齐：指定是否对齐轮廓以使其作为扫掠路径切向的法线。
- 基点：指定要扫掠对象的基点，如果该点不在选定对象所在的平面上，则该点将被投影到该平面上。
- 比例：指定比例因子以进行扫琼操作，从扫掠路径开始到结束，比例因子将统一应用到扫掠的对象上。
- 扭曲：设置正被扫掠的对象的扭曲角度。扭曲角度指定沿扫掠路径全部长度的旋转量。

注意事项

在进行扫掠操作时，可以扫掠多个对象，但这些对象都必须位于同一个平面中，如果沿一条路径扫掠闭合的曲线，则生成实体，如果沿一条路径扫掠开放的曲线，则生成曲面。

动手练习——创建弹簧模型

下面介绍圆锥体的创建，具体操作步骤如下。

Step01 打开“素材/CH12/创建弹簧模型.dwg”文件，可以看到绘制好的螺旋线和圆形，如图 12-63 所示。

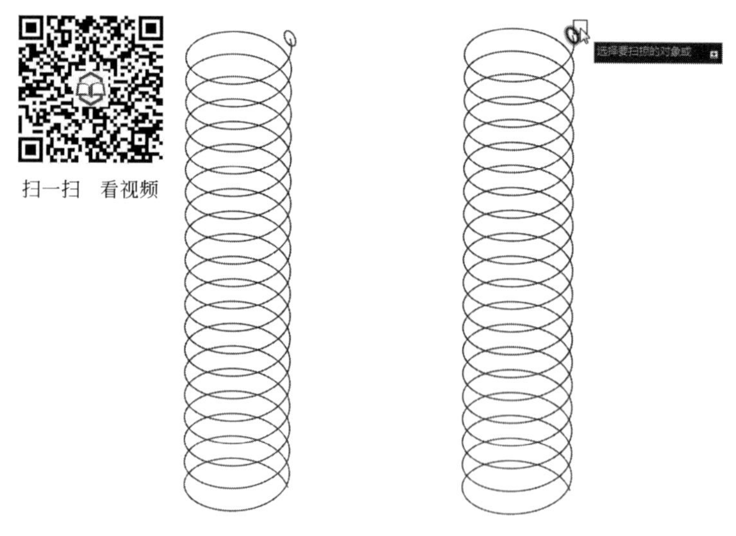

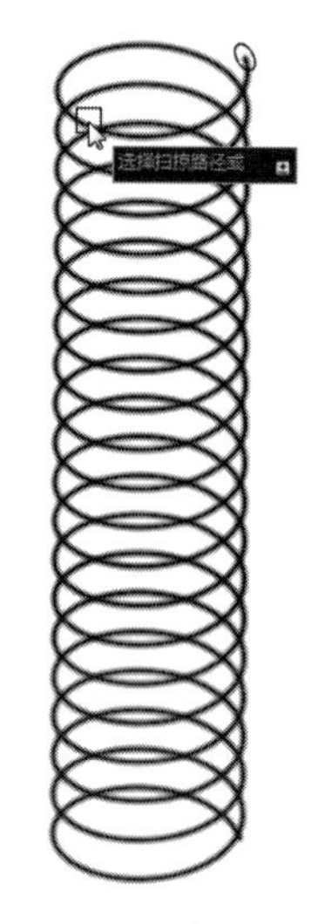

图 12-63 素材图形　　图 12-64 选择扫掠对象　　图 12-65 选择路径

▶Step02 执行“扫掠”命令，根据提示选择要扫掠的对象，这里选择圆形，如图 12-64 所示。

▶Step03 按回车键确认，根据提示选择扫掠路径，这里选择螺旋线，如图 12-65 所示。

▶Step04 按回车键后完成扫掠实体的操作，创建出弹簧模型，如图 12-66 所示。

▶Step05 将视觉样式切换到概念，效果如图 12-67 所示。

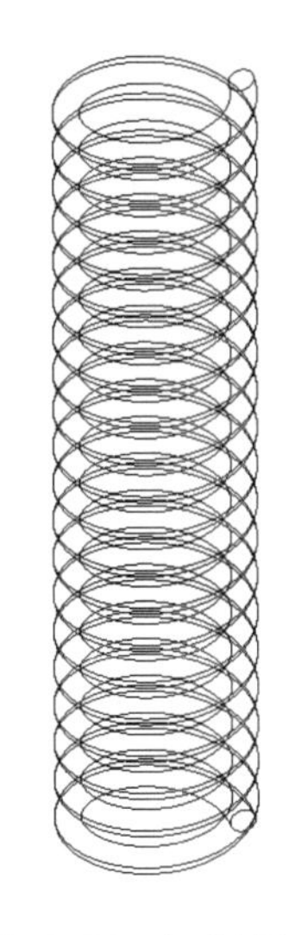

图 12-66 完成创建

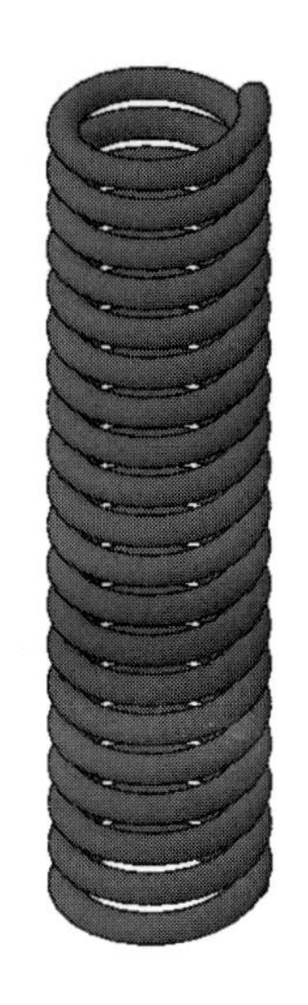

图 12-67 概念样式

12.3.5 按住并拖动

按住并拖动也是拉伸实体的一种，通过指定二维图形进行拉伸操作。用户可以通过以下操作调用按住并拖动命令。

- 在“常用”选项卡“建模”面板中单击“按住并拖动”按钮。
- 在“实体”选项卡“实体”面板中单击“按住并拖动”按钮。
- 在“建模”工具栏中单击“按住并拖动”按钮。
- 在命令行输入 SWEEP 命令，然后按回车键。

在“常用”选项卡“建模”面板中单击“按住并拖动”按钮，选中所需的面域，移动光标，确定拉伸方向，并输入拉伸距离即可完成操作，如图 12-68～图 12-70 所示。

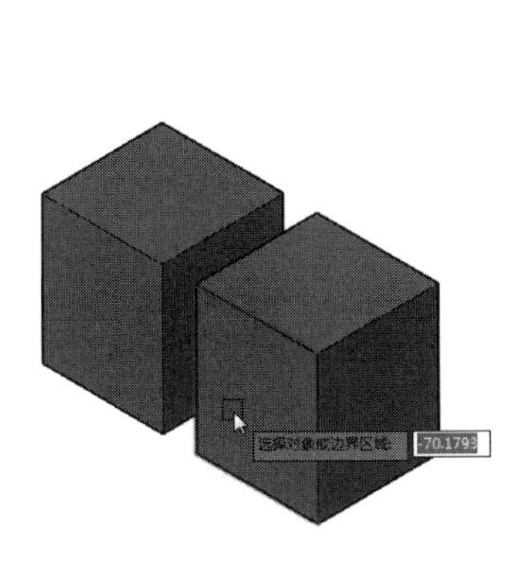

图 12-68 选择面域

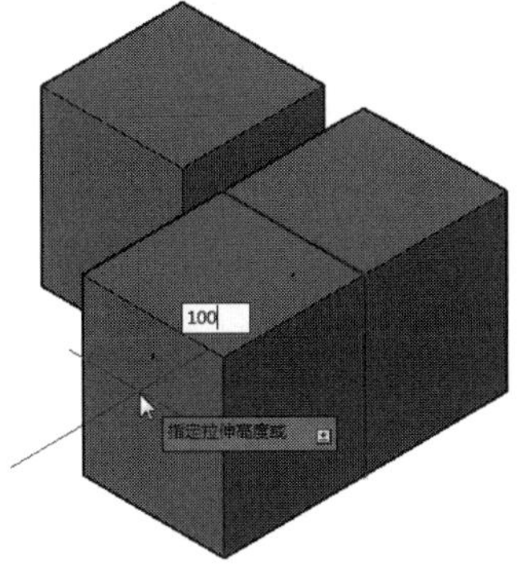

图 12-69 指定拉伸高度

图 12-70 完成操作

用户可根据命令行提示进行操作。命令行提示如下：

命令：_presspull

选择对象或边界区域：（选择需要拉伸的面域）

指定拉伸高度或 [多个（M)]：150（移动光标，指定拉伸方向，并输入拉伸值）

已创建 1 个拉伸

注意事项

该命令与拉伸操作相似，但“拉伸”命令只能限制在二维图形上操作，而“按住/拖动”命令无论是在二维或三维图形上都可进行拉伸。需要注意的是，“按住/拖动”命令的操作对象是一个封闭的面域。

12.4 二维图形生成网格曲面

通过创建网格对象可以绘制更为复杂的三维模型，包括旋转曲面、平移曲面、直纹曲面和边界曲面。

12.4.1 旋转曲面

旋转曲面是由一条轮廓线绕一条轴线旋转而成的。因此，在使用旋转曲面命令之前，必须准备一个旋转曲面的轴和绘制旋转曲面的轮廓线。轮廓线可以闭合也可以不闭合。旋转曲面可以用形体截面的外轮廓线围绕某一指定的轴旋转一定角度，从而生成网格曲面。用户可以通过以下方式调用该命令。

- 从菜单栏执行“绘图>建模>网格>旋转曲面”命令。
- 在“网格”选项卡“图元”面板中单击“旋转曲面”按钮。
- 在“曲面创建”工具栏中单击“旋转曲面”按钮。
- 在命令行输入 REVSURF 命令，然后按回车键。

用户可根据命令行中的提示进行操作。命令行提示如下：

命令：REVSURF

当前线框密度：SURFTAB1=6 SURFTAB2=6

选择要旋转的对象：（选择要旋转的横截面，按回车键）

选择定义旋转轴的对象：（指定旋转轴起点和端点）

指定起点角度 <0>：（输入旋转角度）

指定夹角 （+=逆时针，-=顺时针）<360>：（输入旋转角度，按回车键）

技术要点

在选择旋转对象时，一次只能选择一个对象，不能多个拾取，如果旋转迹线是由多条曲线连接而成，那么必须首先将其转换为一条多段线。旋转方向的分段数由系统变量 SURFTAB1 确定，旋转轴方向的分段数由系统变量 SURFTAB2 确定。

动手练习——创建旋转曲面

下面介绍旋转曲面的创建，具体操作步骤如下。

Step01 打开“素材/CH12/创建旋转曲面.dwg”文件，如图 12-71 所示。

Step02 切换到西南等轴测视图，如图 12-72 所示。

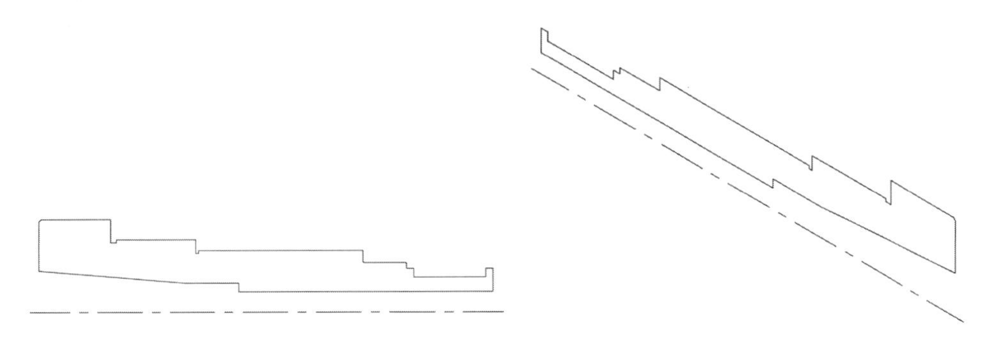

图 12-71　素材图形　　　　图 12-72　西南等轴测视图

Step03 执行“旋转网格”命令，根据提示选择要旋转的对象，如图 12-73 所示。

Step04 接着再选择旋转轴对象，如图 12-74 所示。

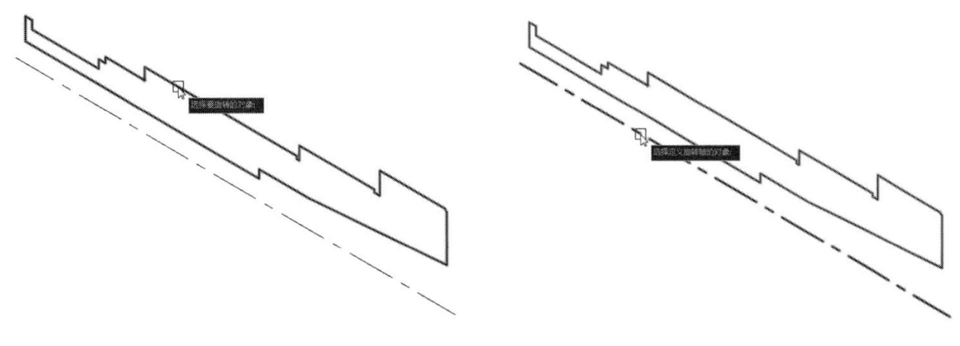

图 12-73　选择旋转对象　　　　图 12-74　选择旋转轴

Step05 选择旋转轴后，系统会提示旋转起始点角度，这里保持默认为 0，如图 12-75 所示。

Step06 按回车键确认，再指定夹角为 220，如图 12-76 所示。

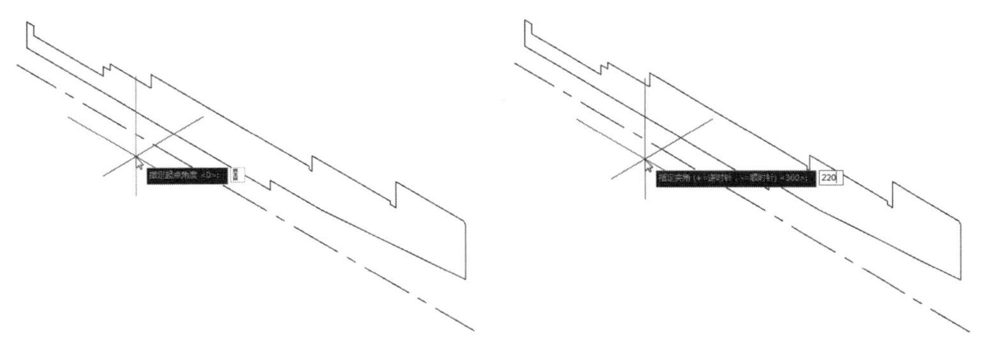

图 12-75　旋转起始角度　　　　图 12-76　旋转夹角

▶Step07 再按回车键，完成旋转曲面的创建，如图 12-77 所示。

▶Step08 切换至西北等轴测视图和概念视觉样式，效果如图 12-78 所示。

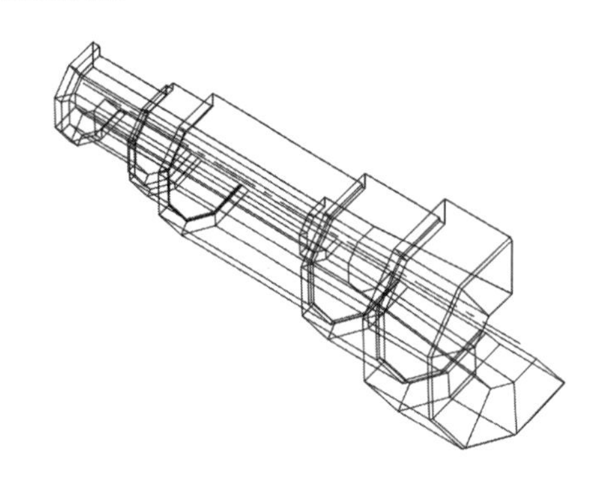

图 12-77　完成创建

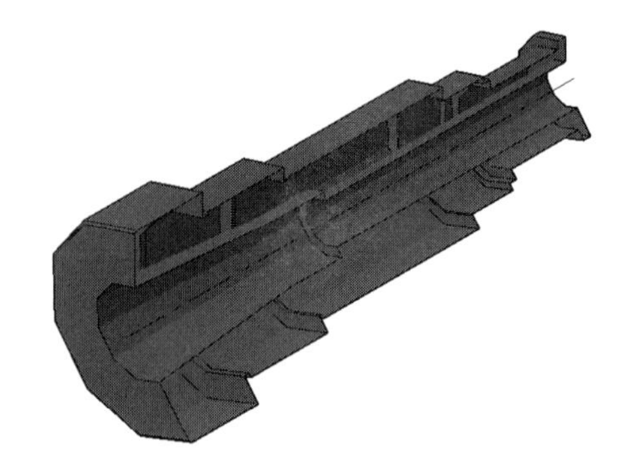

图 12-78　概念样式

12.4.2　平移曲面

平移曲面是由一条轮廓线和一条平行方向线构成的，因此在使用平移曲面命令之前，必须准备一条平移曲面的平移方向线和一条绘制平移曲面的轮廓线。平移曲面可以将一个对象沿指定的矢量方向进行拉伸，从而得到三维表面模型。用户可以通过以下方式调用该命令。

- 从菜单栏执行“绘图>建模>网格>平移网格”命令。
- 在“网格”选项卡“图元”面板中单击“平移曲面”按钮。
- 在“曲面创建”工具栏中单击“平移网格”按钮。
- 在命令行输入 TABSURF 命令，然后按回车键。

用户可根据命令行中的提示进行操作。命令行提示如下：

```
命令：_tabsurf
当前线框密度：SURFTAB1=6
选择用作轮廓曲线的对象：                （选择所需线段）
选择用作方向矢量的对象：                （选择方向矢量对象）
```

注意事项

平移曲面时，被拉伸的轮廓曲线可以是直线、圆弧、圆和多段线，但指定拉伸方向的线型必须是直线和未闭合的多段线，若拉伸向量线选取的是多段线，则拉伸方向为两端点间的连线，拉伸的长度是所选直线或多段线两端点之间的长度。需要注意的是，拉伸向量线与被拉伸的对象不能位于同一平面上，否则无法进行拉伸。

动手练习——创建平移曲面

下面介绍平移曲面的创建，具体操作步骤如下。

▶Step01 打开“素材/CH12/创建平移曲面.dwg”文件，如图 12-79 所示。

▶Step02 切换到西南等轴测视图，执行“直线”命令，沿 Z 轴绘制长度为 30mm 的直线，如图 12-80 所示。

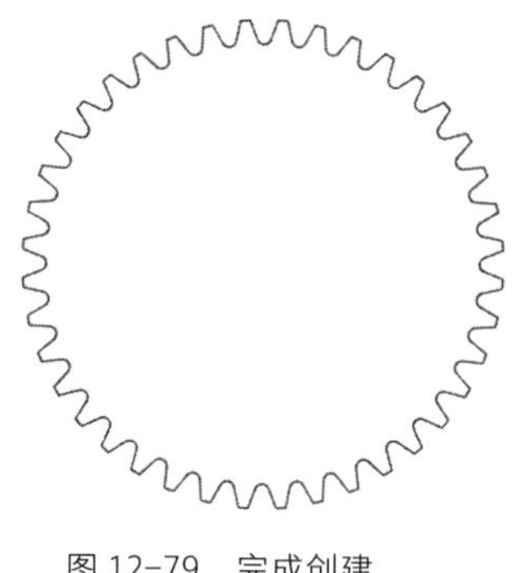

图 12-79　完成创建　　　　图 12-80　概念样式

▶Step03 执行“绘图>建模>网格>平移网格”命令，根据提示选择轮廓曲线，如图 12-81 所示。

▶Step04 再选择直线作为方向矢量对象，如图 12-82 所示。

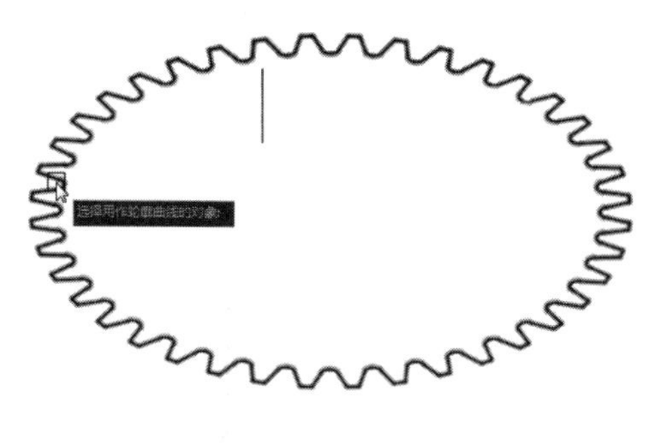

图 12-81　完成创建

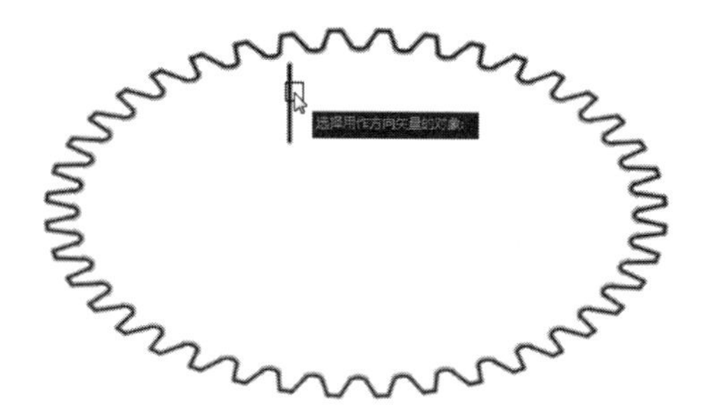

图 12-82　概念样式

▶Step05 创建出的曲面如图 12-83 所示。

▶Step06 切换至概念视觉样式，如图 12-84 所示。

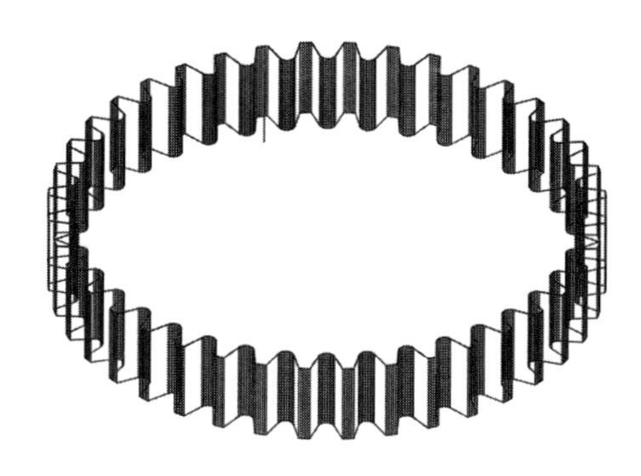

图 12-83　完成创建

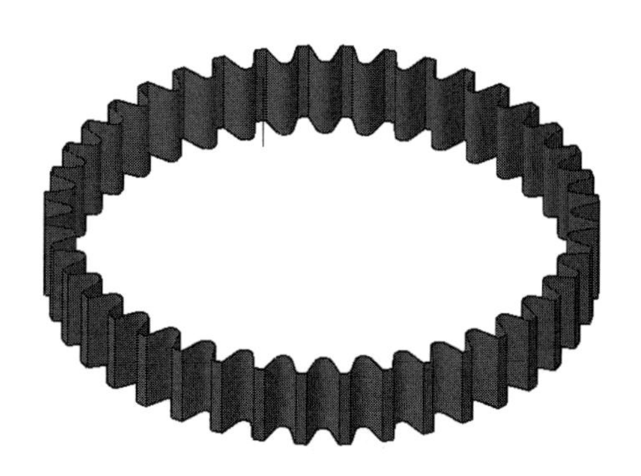

图 12-84　概念样式

12.4.3 直纹曲面

直纹曲面是由两条边构成的，因此在使用直纹曲面命令之前，必须准备两条边，这两条边可以是闭合的也可以是不闭合的；可以在一个平面内，也可以不在一个平面内。点取两条边的端点不同，得到的直纹曲面也不同。用户可以通过以下方式调用该命令。

- 从菜单栏执行“绘图>建模>网格>直纹网格”命令。
- 在“网格”选项卡“图元”面板中单击“直纹曲面”按钮。

- 在“曲面创建”工具栏中单击“直纹网格”按钮。
- 在命令行输入 RULESURF 命令，然后按回车键。

用户可根据命令行中的提示进行操作。命令行提示如下：

```
命令：_rulesurf
当前线框密度：SURFTAB1=6
选择第一条定义曲线：                         （选择两条定义曲线，按回车键）
选择第二条定义曲线：
```

注意事项

执行直纹曲面命令时要求选择两条曲线或直线，如果选择的第一个对象是闭合的，则另一个对象也必须是闭合的；如果选择的第一个对象是非封闭对象，则选择的另一个对象也不能是封闭对象。

动手练习——创建直纹曲面

下面介绍圆锥体的创建，具体操作步骤如下。

▶Step01 打开“素材/CH12/创建直纹曲面.dwg”文件，如图 12-85 所示。

▶Step02 执行“绘图>建模>网格>直纹网格”命令，根据提示选择第一条定义曲线，如图 12-86 所示。

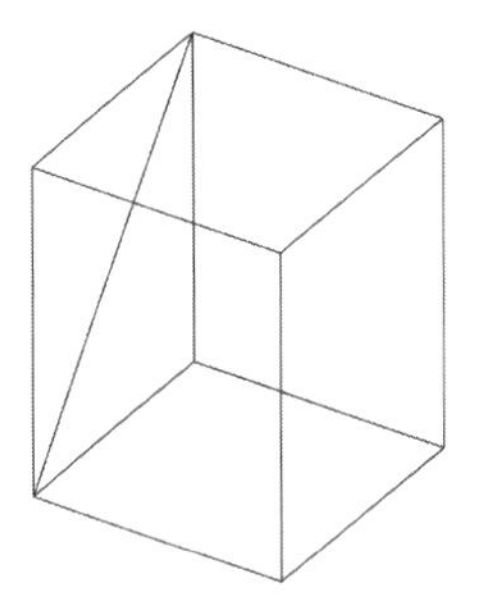

图 12-85 素材图形

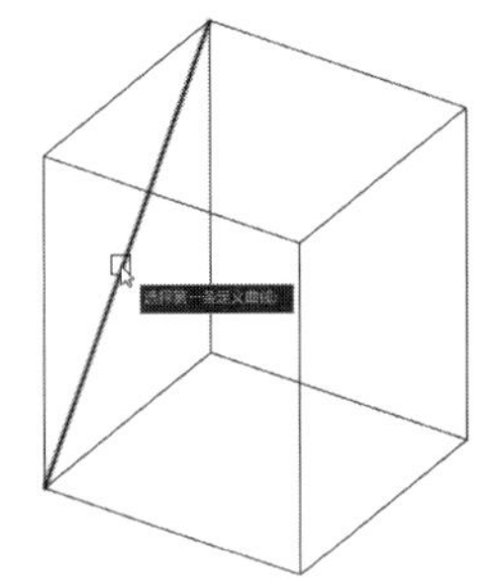

图 12-86 选择第一条定义曲线

▶Step03 接着选择第二条定义曲线，如图 12-87 所示。

▶Step04 选择定义曲线后即可创建直纹曲面，如图 12-88 所示。

▶Step05 切换至概念视觉样式，如图 12-89 所示。

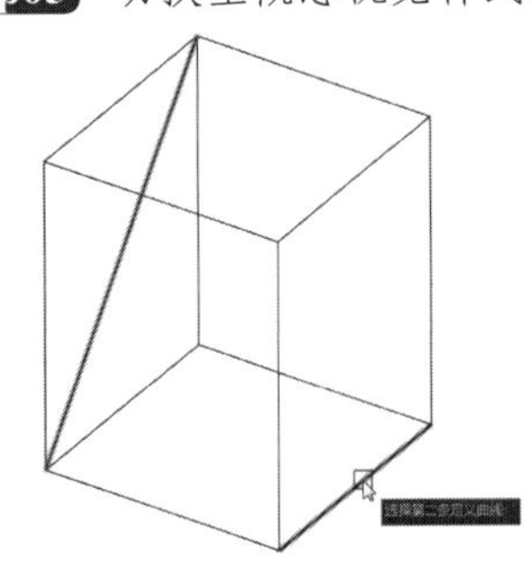

图 12-87 选择第二条定义曲线

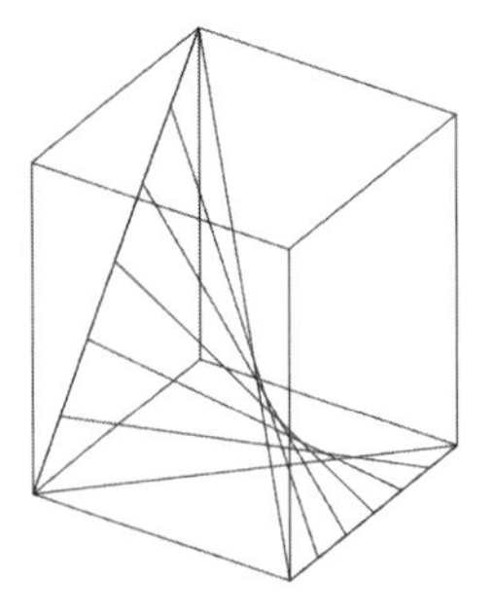

图 12-88 创建直纹曲面

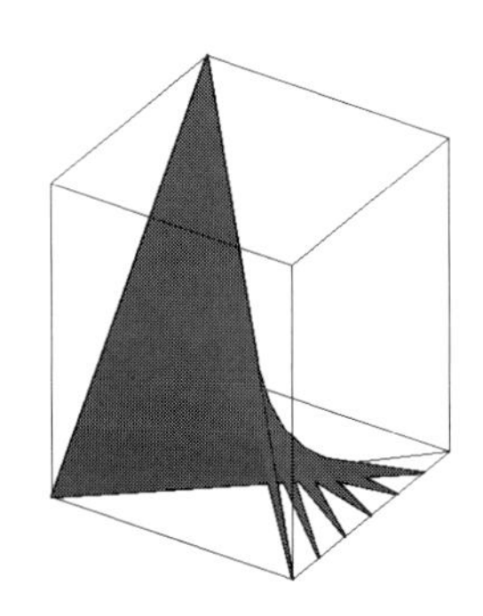

图 12-89 概念样式

12.4.4 边界曲面

边界曲面可以在三维空间以四条直线、圆弧或多段线形成的闭合回路为边界，生成一个复杂的三维网格曲面。用户可以通过以下方式调用该命令。

- 从菜单栏执行“绘图>建模>网格>边界网格”命令。
- 在“网格”选项卡“图元”面板中单击“边界曲面”按钮。
- 在“曲面创建”工具栏中单击“边界网格”按钮。
- 在命令行输入 EDGESURF 命令，然后按回车键。

用户可根据命令行中的提示进行操作。命令行提示如下：

```
命令：_edgesurf
当前线框密度：SURFTAB1=30  SURFTAB2=30
选择用作曲面边界的对象 1：                    （选择 4 条边界线段）
选择用作曲面边界的对象 2：
选择用作曲面边界的对象 3：
选择用作曲面边界的对象 4：
```

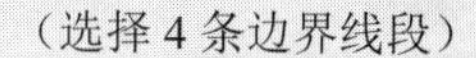

动手练习——创建边界曲面

下面介绍边界曲面的创建方法，具体操作步骤如下。

Step01 打开“素材/CH12/创建直纹曲面.dwg”文件，如图 12-90 所示。

Step02 执行“绘图>建模>网格>边界网格”命令，根据提示选择用作曲面边界的第一个对象，如图 12-91 所示。

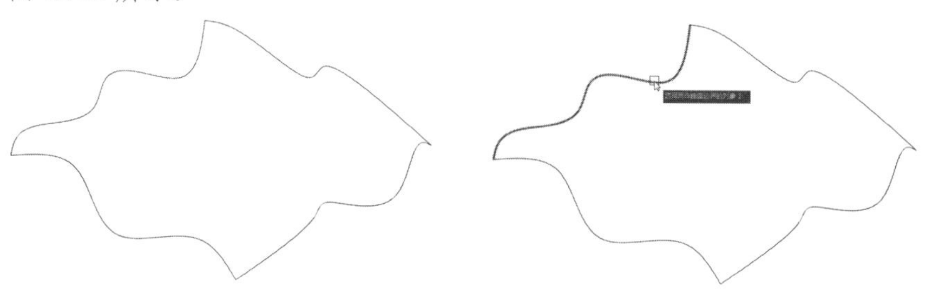

图 12-90 素材图形　　图 12-91 选择第一个对象

Step03 依次选择第二、三、四个用作曲面边界的对象，如图 12-92 所示。

Step04 选择完曲面边界对象即可创建出边界曲面，如图 12-93 所示。

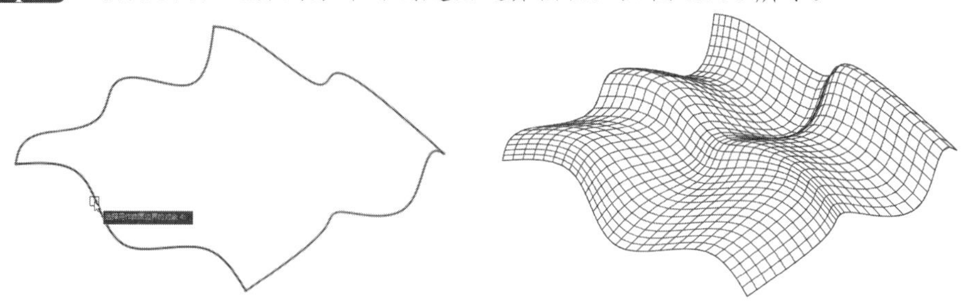

图 12-92 选择第二、三、四个对象　　图 12-93 边界曲面

Step05 切换到概念视觉样式，如图 12-94 所示。

图 12-94　概念样式

实战演练——创建卷纸模型

扫一扫　看视频

下面将利用本章所学习的知识来创建一个卷纸模型，具体操作步骤如下。

Step01 在俯视图中执行“螺旋”命令，指定底面中心点，如图 12-95 所示。

Step02 单击后移动光标，指定底面半径为 20，如图 12-96 所示。

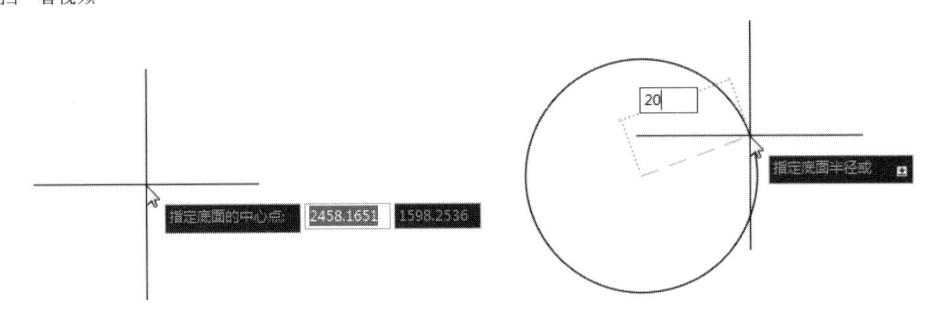

图 12-95　指定底面中心点　　图 12-96　输入底面半径

Step03 按回车键确认后，再指定顶面半径为 60，如图 12-97 所示。

Step04 再按回车键确认，根据命令行提示输入命令 t，如图 12-98 所示。

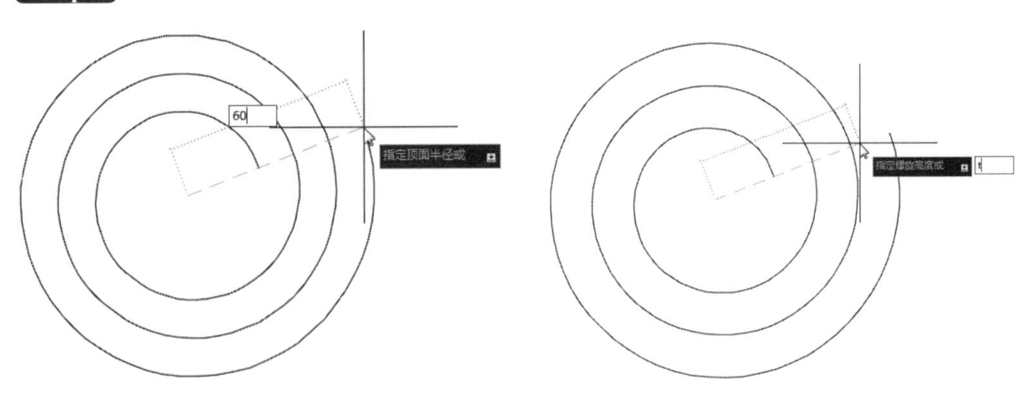

图 12-97　输入顶面半径　　图 12-98　输入命令 t

Step05 按回车键后输入圈数为 30，如图 12-99 所示。

Step06 按两次回车键即可完成螺旋线的绘制，如图 12-100 所示。

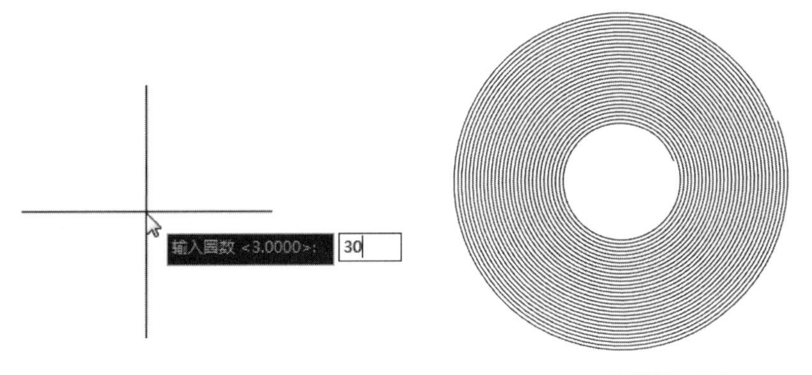

图 12-99　输入圈数　　　　图 12-100　绘制出螺旋线

▶Step07 执行“多段线”命令，选择螺旋线，如图 12-101 所示。

▶Step08 此时光标旁边会出现“是否将其转换为多段线”的提示，保持默认回复 Y，如图 12-102 所示。

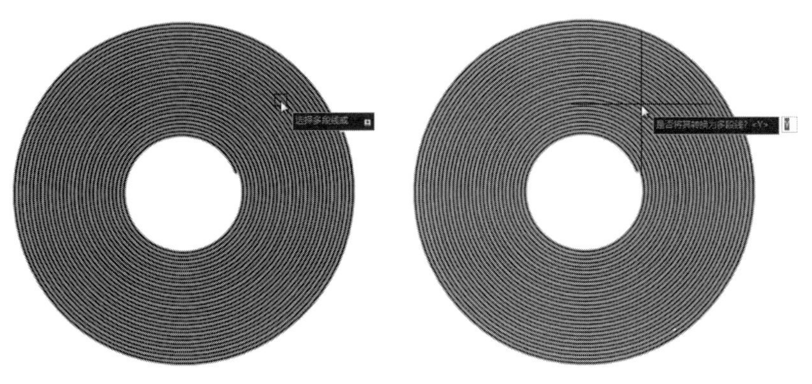

图 12-101　选择螺旋线　　　　图 12-102　将螺旋线转换为多段线

▶Step09 按回车键确认，指定精度为 1，如图 12-103 所示。

▶Step10 再按回车键，在弹出的菜单中选择“样条曲线”选项，如图 12-104 所示。

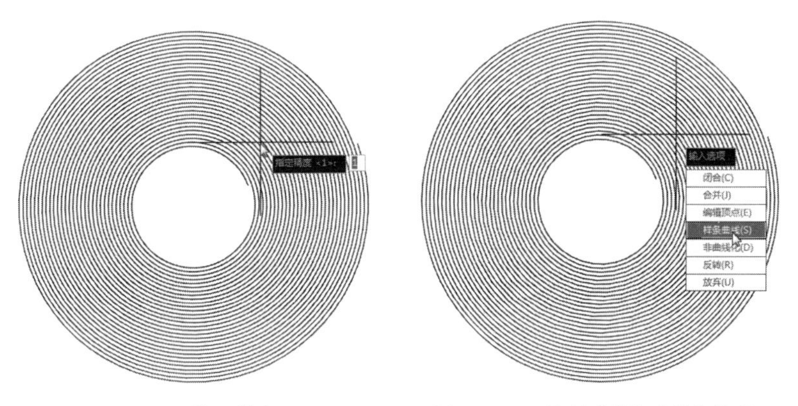

图 12-103　输入精度　　　　图 12-104　选择“样条曲线”选项

▶Step11 按回车键后将螺旋线转换为样条曲线，选择样条曲线，通过夹点调整曲线造型，如图 12-105 所示。

▶Step12 切换到东北等轴测视图，如图 12-106 所示。

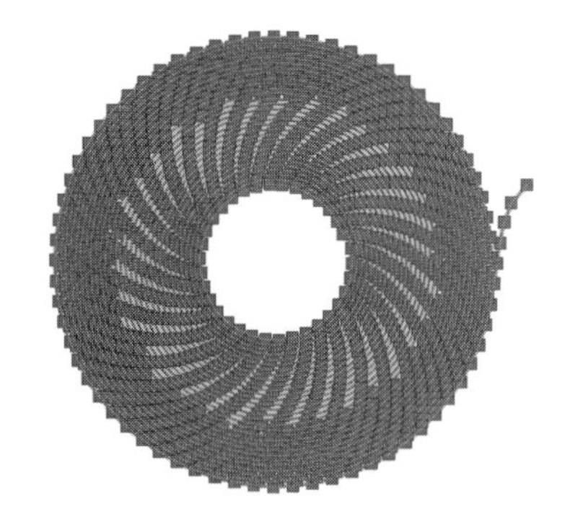

图 12-105　调整夹点

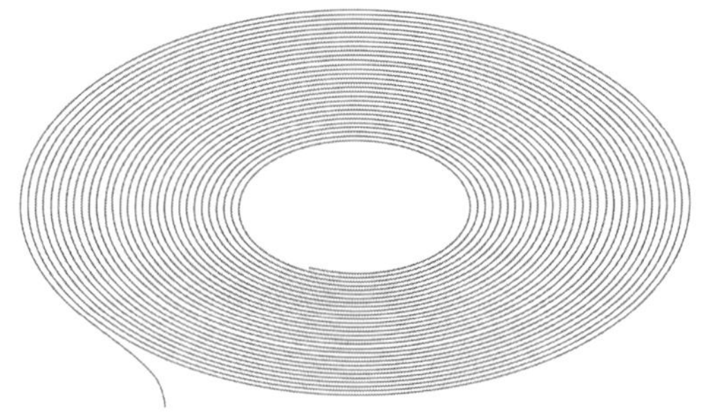

图 12-106　东北等轴测图

▶Step13 执行“绘图>建模>拉伸”命令，根据提示选择样条曲线作为拉伸对象，如图 12-107 所示。

▶Step14 按回车键确认，再向上移动光标，输入拉伸高度为 120，如图 12-108 所示。

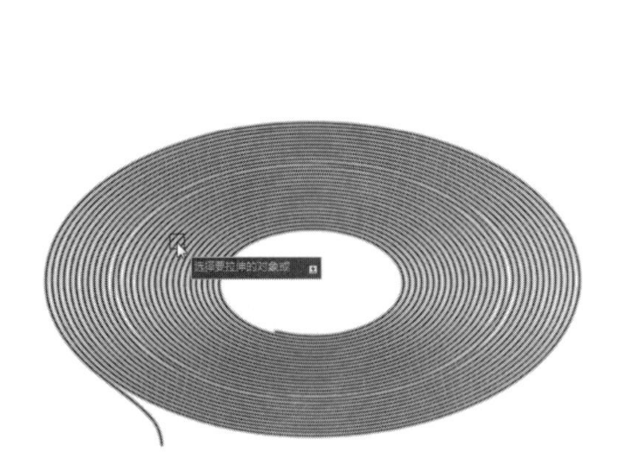

图 12-107　选择拉伸对象

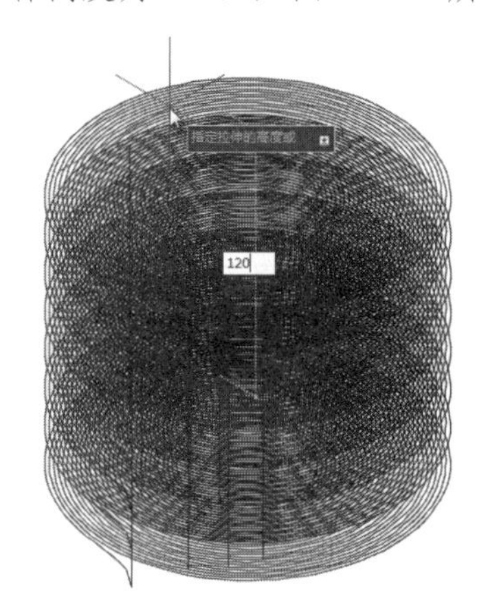

图 12-108　输入拉伸高度

▶Step15 按回车键确认，指定精度为 1，如图 12-109 所示。

▶Step16 将视觉样式切换到概念，效果如图 12-110 所示。

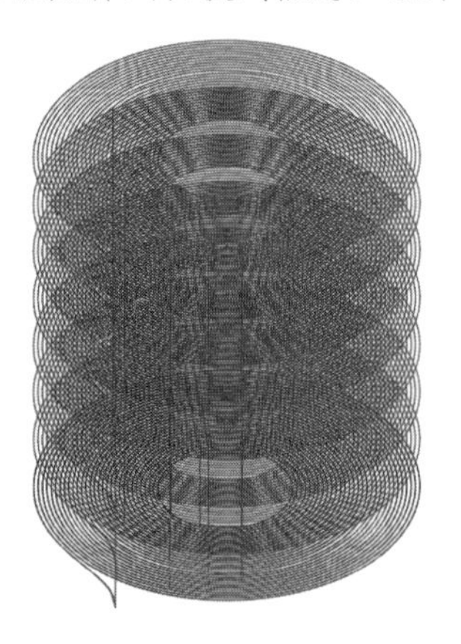

图 12-109　拉伸效果

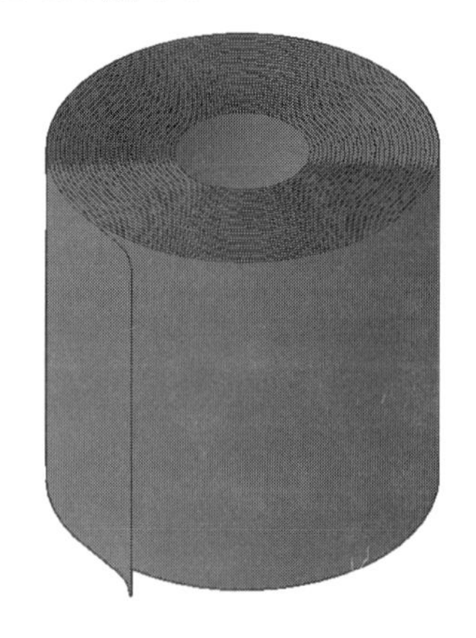

图 12-110　概念样式

课后作业

（1）制作轴承剖面实体

利用“旋转”命令将二维轴承横截面拉伸成三维实体剖面，效果如图 12-111 所示。

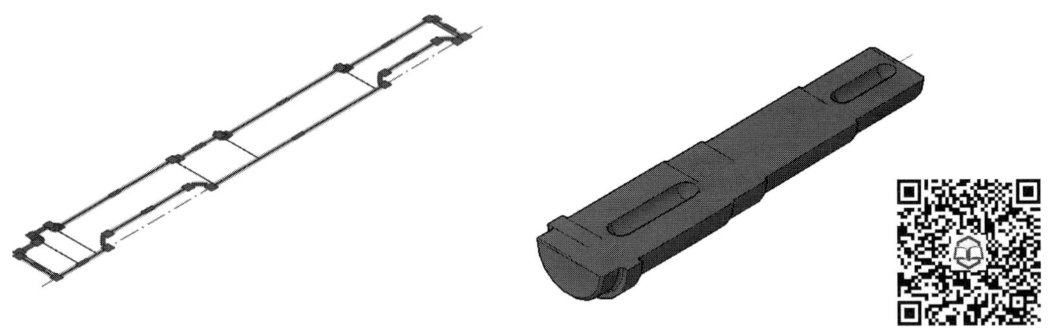

图 12-111　旋转拉伸结果

扫一扫　看视频

操作提示：

Step01：利用二维多段线绘制一条完整的截面轮廓线。

Step02：执行“旋转”命令，将二维横截面轮廓以-180° 角进行旋转拉伸。

（2）绘制简易台灯模型

利用“圆柱体”“圆”“放样”命令绘制如图 12-112 所示的台灯模型。

图 12-112　绘制台灯模型

操作提示：

Step01：执行“圆柱体”绘制出一大一小的圆柱体作为台灯座。

Step02：执行“圆”命令，绘制两个一大一小的圆形。

Step03：执行“放样”命令，选择两个圆形，制作出台灯罩。

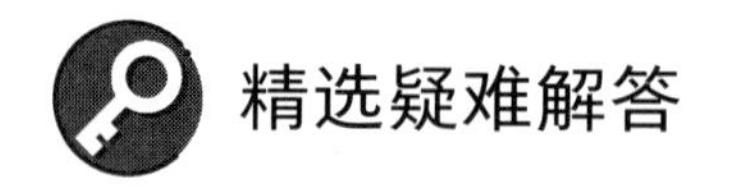

精选疑难解答

Q1：为什么拉伸的图形不是实体？

A：应用拉伸命令时如果想获得实体，必须保证拉伸图形是一个整体的图形（例如矩形、圆、多边形等），否则拉伸出的是片体。系统拉伸命令默认输出结果为实体，即便截面为封闭的，执行“拉伸”命令后，在命令行输入 MO 按回车键，再根据提示输入 SU 命令并按回车键，封闭的界面也可以拉伸成片体。

另外利用线段绘制的封闭图形，拉伸出的图形也是片体，如果需要将线段的横截面设置为面时，为线段创建面域即可。

Q2：三维实体模型与三维网格如何区别？

A：用户从外表上不容易看出对象是否是三维实体，AutoCAD 的提示功能可很容易看出对象的属性及类型。将光标放置到某对象上数秒，系统将会显示提示信息。若选择的是三维实体模型，则在打开的信息框中会显示“三维实体”，反之则会显示“网格”。

Q3：进行差集运算时，为什么总是提示“未选择实体或面域”提示？

A：执行差集命令后，根据提示选择实体对象，按回车键后再选择减去的实体，再次按回车键即可。若操作方法正确，则需要查看这些实体是不是相互孤立，若不是一个组合实体，将需要的实体合并在一起后，再次进行差集运算即可实现差集效果。

Q4：使用“差集”命令，无法进行布尔运算？

A：通常两个以上实体重叠在一起进行“差集”操作时，需先将要修剪的实体全部选中，或进行并集操作。而如果单个实体修剪时，则直接进行“差集”命令即可。

Q5：面域、块、实体是什么概念？

A：面域是用闭合的线段或环创建的二维区域。块是可组合起来形成单个对象（或称为块定义）的对象集合。实体有两个概念：一是构成图形的有形的基本元素；二是指三维物体。对于三维实体，可以使用“布尔运算”使之联合，对于广义的实体，可以使用“块”或“组”进行联合。

Q6：Lightingunits 系统变量的作用是什么？

A：Lightingunits 系统变量控制是使用常规光源还是使用光度控制光源，并指示当前的光学单位，其变量值为 0、1、2。其中，0 为未使用光源单位并启用标准光源；1 为使用美制光学单位并启用光度控制光源；2 为使用国际光源单位并启用光度。

第 13 章

创建复杂三维模型

本章概述

本章将对三维模型的编辑操作进行介绍，比如使用移动、对齐、旋转、镜像和阵列等功能编辑三维模型，或者利用差集、并集和交集命令更改图形的形状。通过本章的学习，读者应学会使用基本编辑功能和实体面边编辑功能去构建和完善结构复杂的三维物体。

学习目标

- 了解变换三维实体
- 掌握编辑三维模型边
- 掌握编辑三维模型面
- 掌握编辑三维实体

实例预览

三维镜像

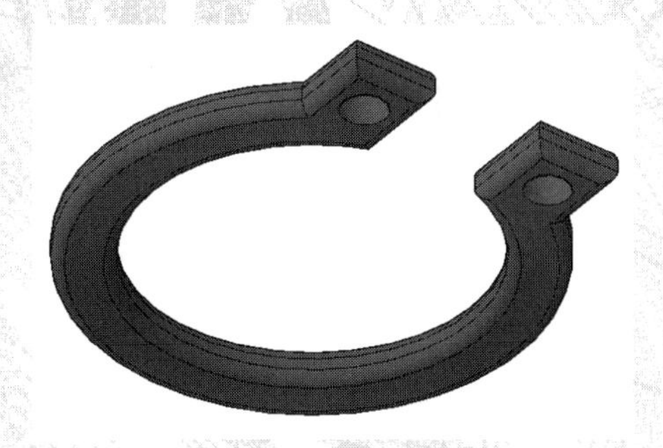

弹片模型

13.1 变换三维实体

在创建较复杂的三维模型时，为了使其更加美观，会使用到移动、对齐、旋转、镜像、阵列等编辑命令。

13.1.1 三维移动

AutoCAD 提供了专门用来在三维空间中移动的“三维移动”命令，该命令还能移动实体的面、边及顶点等子对象（按 Ctrl 键可选择子对象）。用户可以使用三维移动命令在三维空间中移动对象，操作方式与在二维空间时一样，只不过当通过输入距离来移动对象时，必须输入沿 X、Y、Z 轴的距离值。

三维移动的操作方式与移动类似，但是前者使用起来更为形象、直观。用户可以通过以下方式调用“三维移动”命令。

- 从菜单栏执行“修改>三维操作>三维移动”命令。
- 在“常用”选项卡“修改”面板中单击“三维移动”按钮。
- 在“建模”工具栏中单击“三维移动”按钮。
- 在命令行输入 3DMOVE 命令，然后按回车键。

执行“三维移动”命令后，选中移动的模型，并指定好移动基点，然后选择好移动方向上坐标轴即可移动。用户也可根据命令行提示进行移动操作。

命令行提示如下：

```
命令：_3dmove
选择对象：找到 1 个
选择对象：                                                    （选择模型）
指定基点或 [位移（D）]<“位移”>:                              （选择移动坐标轴）
指定移动点 或 [基点（B）/复制（C）/放弃（U）/退出（X）]：正在重生成模型
```

命令行中各选项说明如下。

- 基点：指定要移动的三维对象的基点。
- 位移：使用在命令提示下输入的坐标值指定选定三维对象的位置的相对距离和方向。
- 移动点：设置选定对象的新位置。
- 复制：创建选定对象的副本，而非仅移动选定对象。可以通过继续指定位置来创建多个副本。

动手练习——三维移动对象

下面介绍“三维移动”命令的使用，具体操作步骤如下。

Step01 打开“素材/CH13/三维移动对象.dwg”文件，如图 13-1 所示。

Step02 执行“修改>三维操作>三维移动”命令，根据提示选择移动对象，如图 13-2 所示。

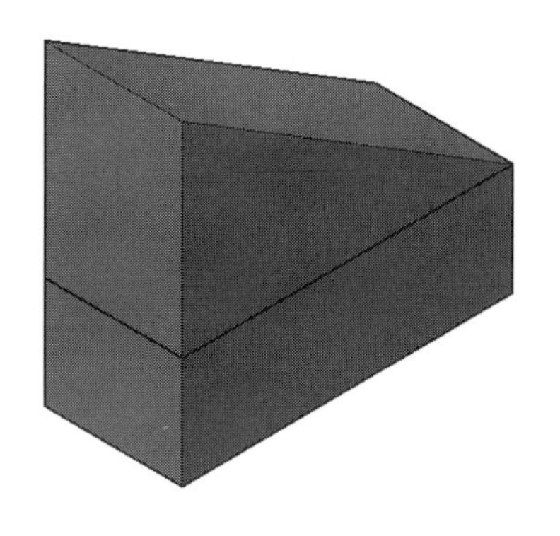

图 13-1　素材图形

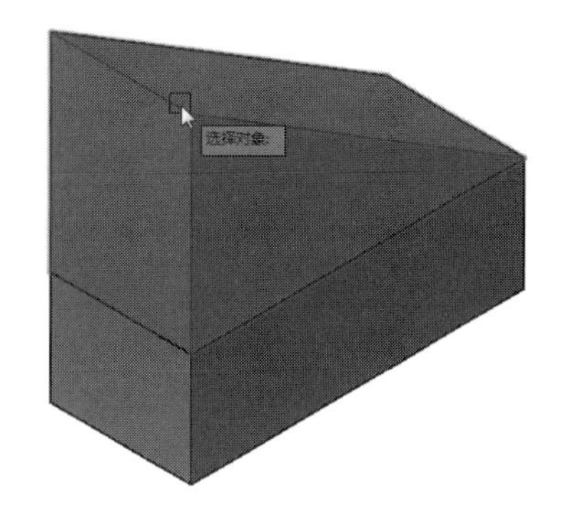

图 13-2　选择对象

Step03 按回车键后可以看到，被选择的模型上会显示出相对应的三维移动坐标，如图 13-3 所示。

Step04 选择 Z 轴（蓝色坐标轴），此时会显示出 Z 轴方向上的一条轴线，如图 13-4 所示。

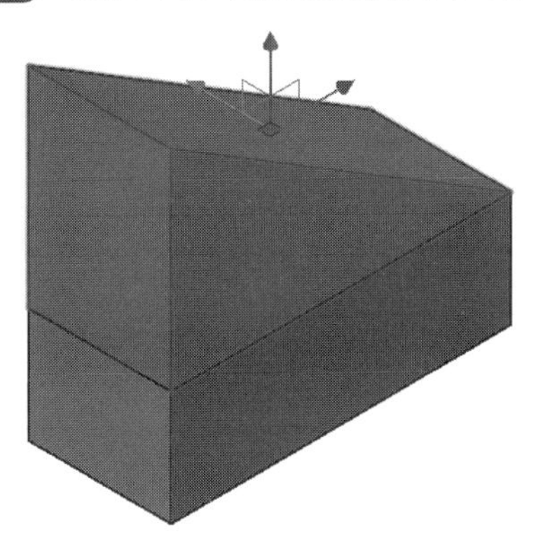

图 13-3　显示三维移动坐标

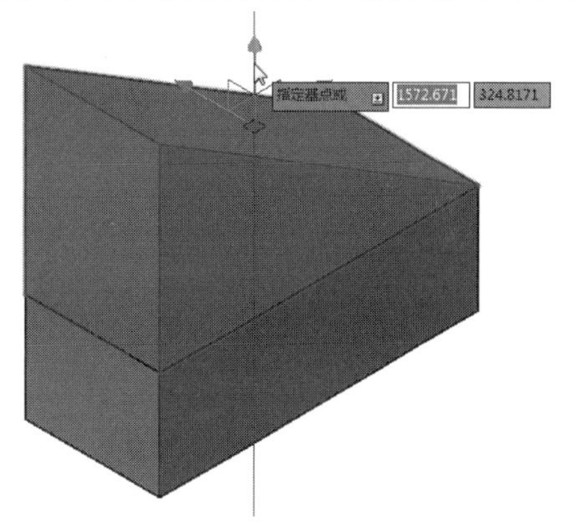

图 13-4　选择 Z 轴

Step05 沿着 Z 轴方向，向上移动鼠标，输入移动距离 80（或直接指定移动点），如图 13-5 所示。

Step06 按回车键后即可完成 Z 轴的移动操作，如图 13-6 所示。

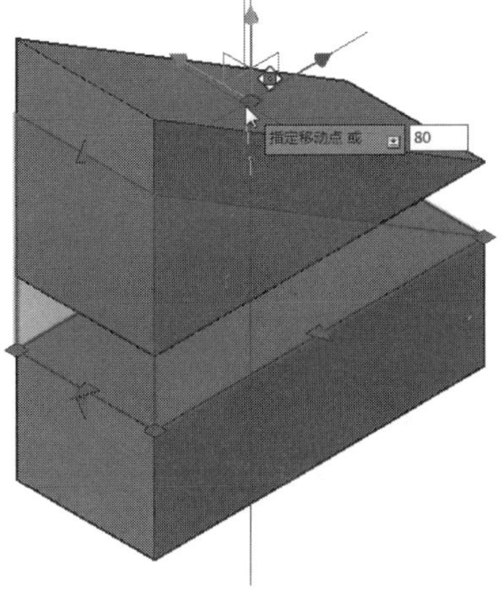

图 13-5　输入移动距离

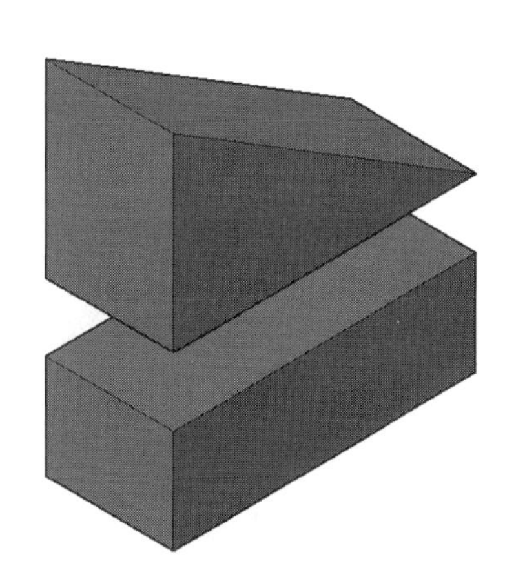

图 13-6　三维移动效果

13.1.2 三维旋转

使用旋转命令仅能使对象在 XY 平面内旋转，其旋转轴只能是 Z 轴。三维旋转能使对象绕三维空间中的任意轴按照指定的角度进行旋转，在旋转三维对象之前需要定义一个点位三维对象的基准点。用户可以通过以下方式调用旋转命令。

- 从菜单栏执行“修改>三维操作>三维旋转”命令。
- 在“常用”选项卡“修改”面板中单击“三维旋转”按钮。
- 在“建模”工具栏中单击“三维旋转”按钮。
- 在命令行输入 3DROTATE 命令，然后按回车键。

执行“三维旋转”命令后，选中所需模型，指定好旋转轴以及旋转方向，输入旋转角度值即可。用户也可根据命令行提示进行旋转操作。

命令行提示如下：

命令：_3drotate
UCS 当前的正角方向：ANGDIR=逆时针　ANGBASE=0.00
找到 14 个　（选择模型，按回车键）
指定基点：　（指定旋转轴）
正在检查 703 个交点...
** 旋转 **
指定旋转角度或 ［基点（B）/复制（C）/放弃（U）/参照（R）/退出（X）］：（调整旋转方向，输入旋转角度，按回车键）

命令行中各选项说明如下。

- 指定基点：指定该三维模型的旋转基点。
- 拾取旋转轴：选择三维轴，并以该轴进行旋转。这里三维轴为 X 轴、Y 轴和 Z 轴。其中 X 轴为红色，Y 轴为绿色，Z 轴为蓝色。
- 角起点或输入角度：输入旋转角度值。

动手练习——三维旋转对象

扫一扫　看视频

下面介绍“三维旋转”命令的使用，具体操作步骤如下。

Step01 打开“素材/CH13/三维旋转对象.dwg”文件，如图 13-7 所示。

Step02 执行“修改>三维操作>三维旋转”命令，选择旋转对象，按回车键，此时在模型上会出现一个三维的旋转图标，如图 13-8 所示。

图 13-7　素材图形

图 13-8　选择旋转对象

▸Step03 将光标移动到 Z 轴（蓝色旋转轴）上，此时会显示出一条 Z 轴方向上的蓝色轴线，如图 13-9 所示。

▸Step04 单击旋转轴并移动光标，根据提示输入旋转角度 80，如图 13-10 所示。

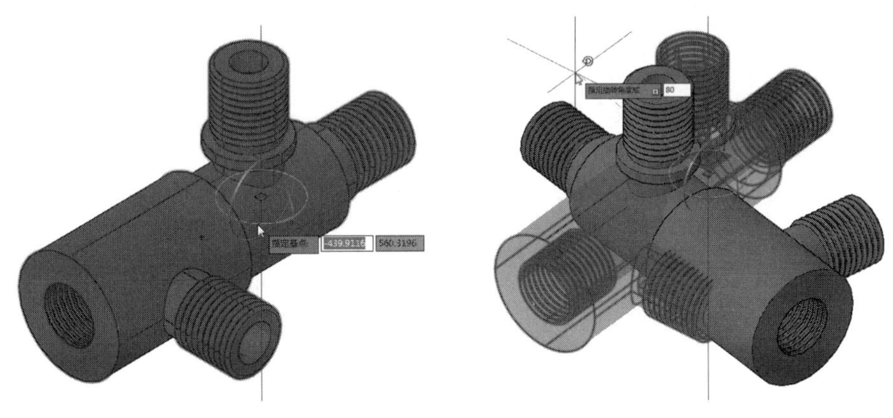

图 13-9　选择旋转轴　　　　图 13-10　输入旋转角度

▸Step05 按回车键确认即可看到旋转效果，如图 13-11 所示。

▸Step06 继续将光标移动到 Y 轴（绿色旋转轴）上，此时会显示出一条 Y 轴方向上的绿色轴线，如图 13-12 所示。

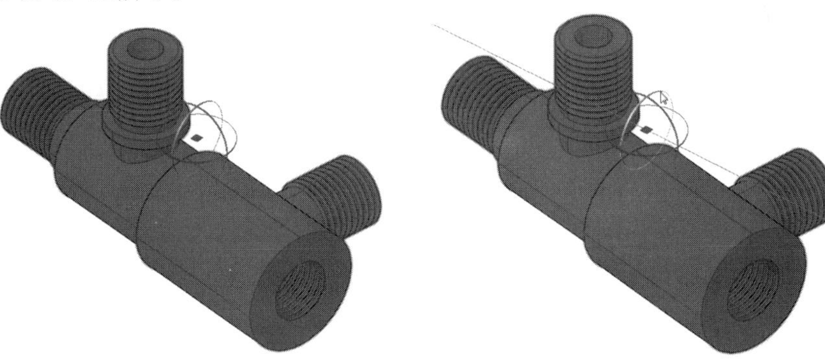

图 13-11　旋转效果　　　　图 13-12　选择旋转轴

▸Step07 单击该旋转轴并移动光标，根据提示输入旋转角度 120，如图 13-13 所示。

▸Step08 按回车键后完成旋转操作，如图 13-14 所示。

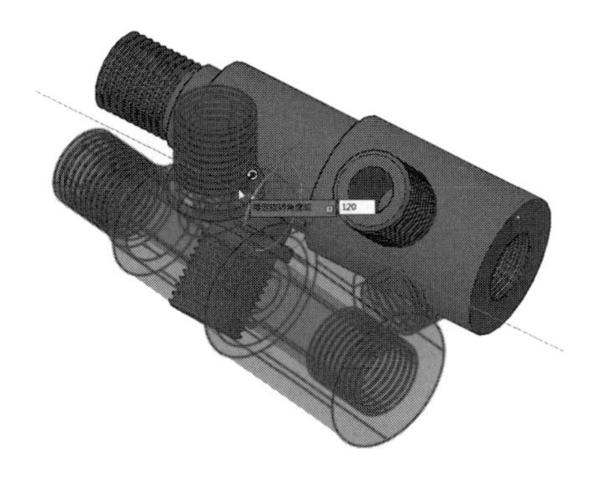

图 13-13　输入旋转角度

图 13-14　三维旋转效果

13.1.3 三维对齐

三维对齐是指在三维空间中将两个对象与其他对象对齐，可以为源对象指定一个、两个或三个点，然后为目标对象指定一个、两个或三个点，其中源对象的目标点要与目标对象的点相对应。用户可以通过以下操作调用对齐命令。

- 从菜单栏执行“修改>三维操作>三维对齐”命令。
- 在“常用”选项卡“修改”面板中单击“三维对齐”按钮。
- 在“建模”工具栏中单击“三维对齐”按钮。
- 在命令行输入 3DALIGN 命令，然后按回车键。

执行“三维对齐”命令后，选中所需模型，指定好被选模型上的三个点，按回车键，再选择目标模型上要对齐的三个点即可，用户也可根据命令行提示进行对齐操作。

命令行提示如下：

```
命令：_3dalign
选择对象：指定对角点：找到 1 个
选择对象：                                    （选择模型，按回车键）
 指定源平面和方向 ...
指定基点或 [复制（C）]：                      （选择三个对齐点，按回车键）
指定第二个点或 [继续（C）]<“C”>：
指定第三个点或 [继续（C）]<“C”>：
 指定目标平面和方向 ...
指定第一个目标点：                            （选择目标模型上三个对齐点）
指定第二个目标点或 [退出（X）]<“X”>：
指定第三个目标点或 [退出（X）]<“X”>：
```

命令行中各选项说明如下。

- 基点：指定一个点以用作源对象上的基点。
- 第二点：指定源对象 X 轴上的点。第二个点在平行于当前 UCS 的 XY 平面的平面内指定新的 X 轴方向。
- 第三点：指定对象的正 XY 平面上的点。第三个点设置源对象的 X 轴和 Y 轴方向。
- 继续：向前跳至指定目标点的提示。
- 第一个目标点：定义源对象基点的目标。
- 第二个目标点：在平行于当前 UCS 的 XY 平面的平面内为目标指定新的 X 轴方向。
- 第三个目标点：设置目标平面的 X 轴和 Y 轴方向。

动手练习——对齐三维模型

扫一扫 看视频

下面利用“三维对齐”命令将楔体对齐到长方体上，具体操作步骤如下。

Step01 打开“素材/CH13/对齐三维模型.dwg”文件，可以看到一个长方体和一个楔体模型，如图 13-15 所示。

Step02 执行“修改>三维操作>三维对齐”命令，根据提示选择源对象，这里选择楔体模型，如图 13-16 所示。

Step03 按回车键确认，根据提示指定楔体上的第一个对齐点，如图 13-17 所示。

Step04 移动光标，指定楔体第二个对齐点，如图 13-18 所示。

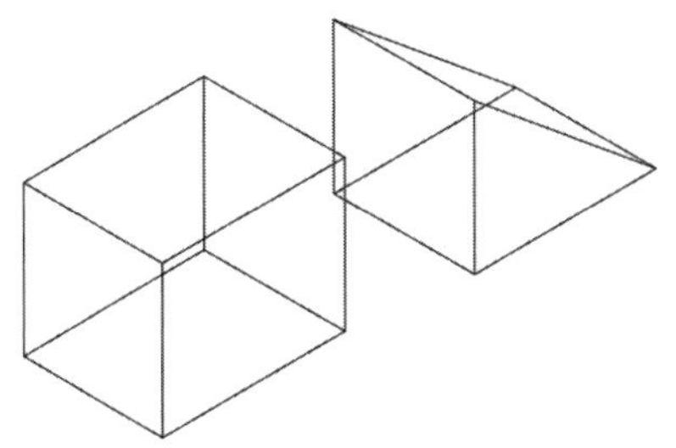

图 13-15　素材图形

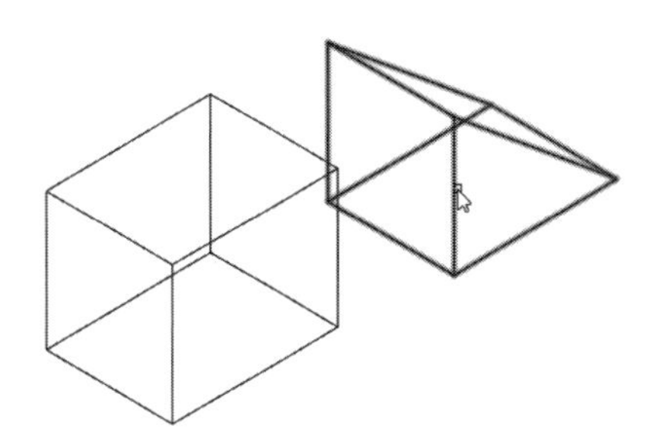

图 13-16　选择楔体

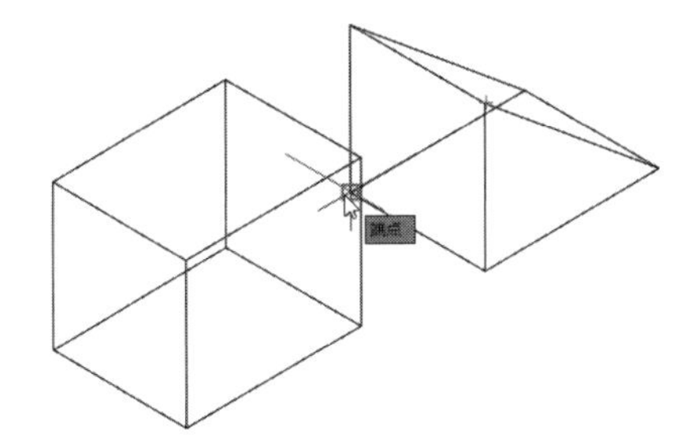

图 13-17　指定楔体第一个点

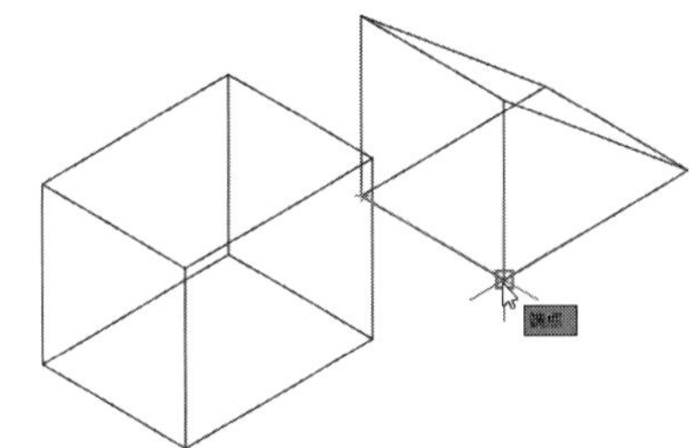

图 13-18　指定楔体第二个点

Step05 继续移动光标指定楔体第三个对齐点，如图 13-19 所示。

Step06 根据提示在长方体上指定第一个对齐点，如图 13-20 所示。

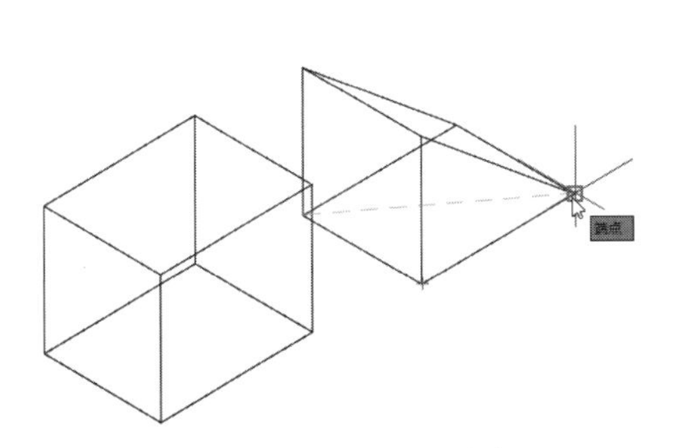

图 13-19　指定楔体第三个点

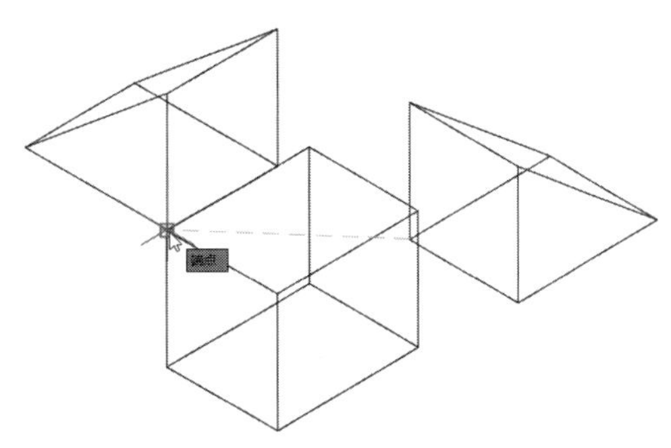

图 13-20　指定长方体第一个点

Step07 移动光标再指定长方体第二个对齐点，如图 13-21 所示。

Step08 继续指定长方体第三个对齐点，如图 13-22 所示。

Step09 所有对齐点指定完成后，对齐效果如图 13-23 所示。

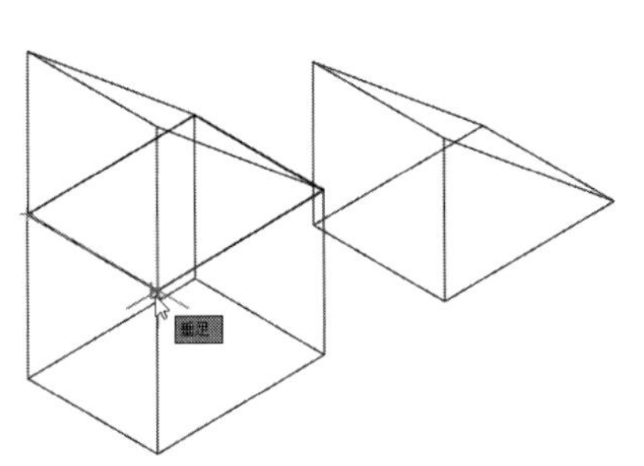

图 13-21　指定长方体第二个点

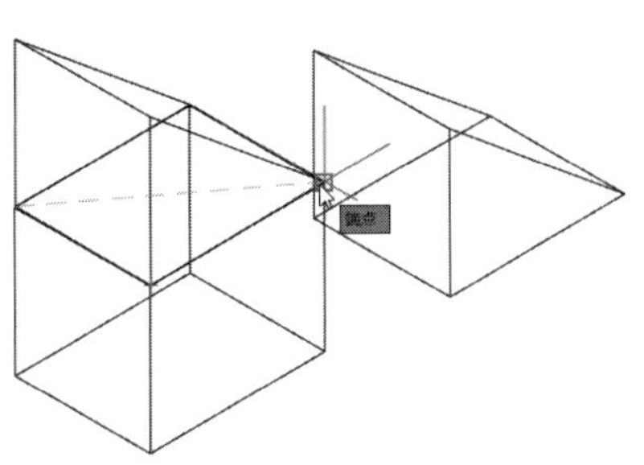

图 13-22　指定长方体第三个点

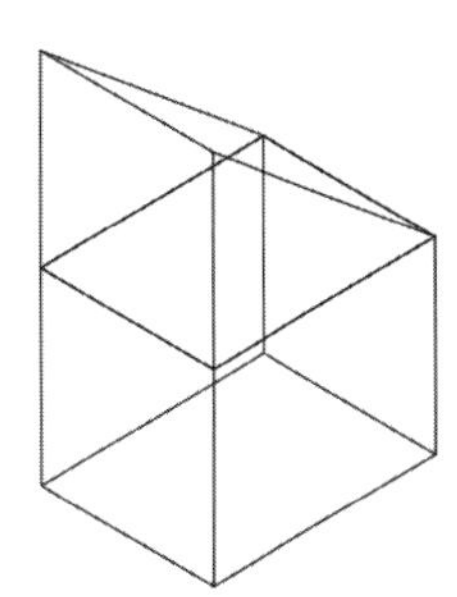

图 13-23　三维对齐效果

13.1.4 三维镜像

三维镜像是将选择的三维对象沿指定的面进行镜像。镜像平面可以是已经创建的面，如实体的面和坐标轴上的面，也可以通过三点创建一个镜像平面。用户可以通过以下方式调用镜像命令。

- 从菜单栏执行“修改>三维操作>三维镜像”命令。
- 在“常用”选项卡“修改”面板中单击“三维镜像”按钮。
- 在命令行输入 MIRROR3D 命令，然后按回车键。

执行“三维镜像”命令后，选中所需模型，指定好镜像面上的三个点，按回车键即可完成三维镜像操作。用户也可根据命令行提示进行操作。

命令行提示如下：

命令：_mirror3d

选择对象：找到 1 个

选择对象：找到 1 个，总计 2 个

选择对象：（选中模型，按回车键）

指定镜像平面 （三点）的第一个点或［对象（O）/最近的（L）/Z 轴（Z）/视图（V）/XY 平面（XY）/YZ 平面（YZ）/ZX 平面（ZX）/三点（3)] <三点”>“：yz

（输入镜像面，或指定镜像面上的三个点）

指定 YZ 平面上的点 <“0，0，0”>：

是否删除源对象？［是（Y）/否（N)]<“否”>：

（按回车键，保留源对象；选择 Y，则会删除源对象）

命令行中各选项说明如下。

- 对象：通过选择圆、圆弧或二维多段线等二维对象，将选择对象所在的平面作为镜像平面。
- 三点：通过三个点定义镜像平面。
- 最近的：使用上一次镜像操作中使用的镜像平面作为本次镜像操作的镜像平面。
- Z 轴：依次选择两点，并将两点连线作为镜像平面的法线，同时镜像平面通过选择的第一点。
- 视图：通过指定一点并将通过该点且与当前视图平面平行的平面作为镜像平面。
- XY、YZ、ZX 平面：将镜像平面与一个通过指定点的标准平面（XY、YZ、ZX）对齐。

动手练习——三维镜像模型

扫一扫 看视频

下面利用“三维镜像”命令镜像复制对象，具体操作步骤如下。

Step01 打开“素材/CH13/三维镜像模型.dwg”文件，如图 13-24 所示。

Step02 执行“修改>三维操作>三维镜像”命令，根据提示选择两个椅子图形，如图 13-25 所示。

Step03 按回车键确认，根据提示指定镜像平面的第一点，如图 13-26 所示。

Step04 移动光标，指定镜像平面的第二点，如图 13-27 所示。

Step05 继续移动光标指定镜像平面的第三点，如图 13-28 所示。

Step06 指定第三点后，会弹出“是否删除源对象”的提示，这里选择“否”选项，如图 13-29 所示。

Step07 完成的三维镜像效果如图 13-30 所示。

图 13-24　素材图形

图 13-25　选择对象

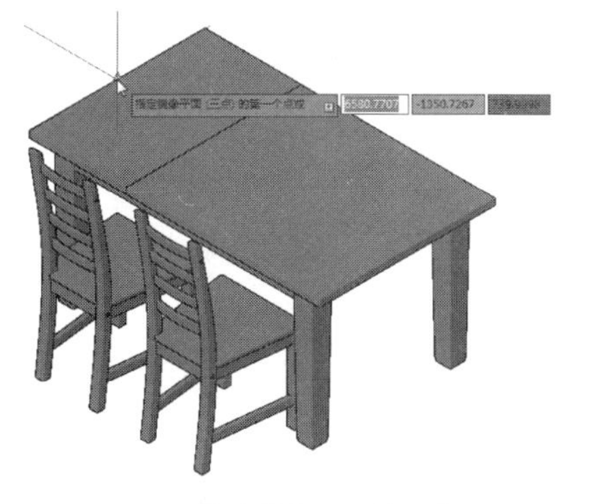

图 13-26　指定镜像平面第一点

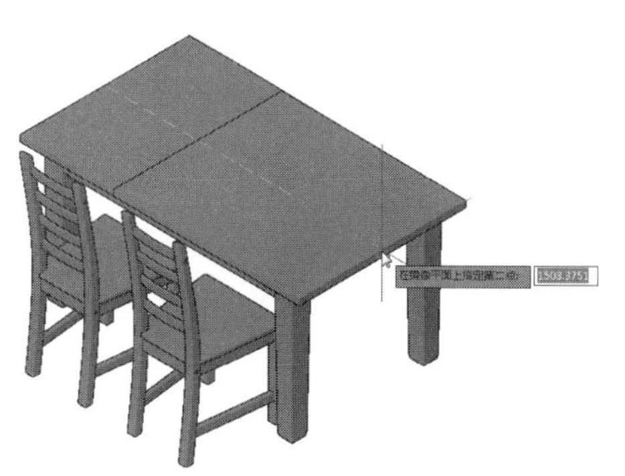

图 13-27　指定镜像平面第二点

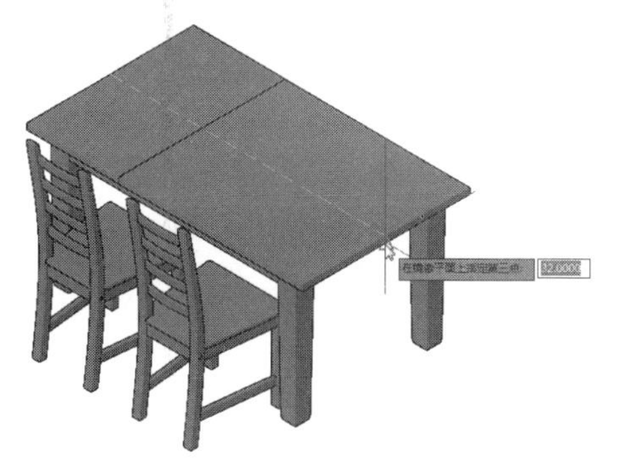

图 13-28　指定镜像平面第三点

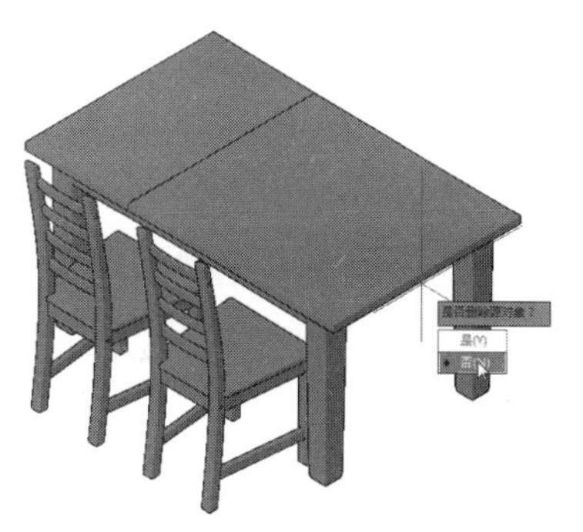

图 13-29　选择“否”

图 13-30　三维镜像效果

13.1.5 三维阵列

阵列是指将指定的三维模型按照一定的规则进行阵列，在三维建模工作空间中，三维阵列也分为矩形阵列和环形阵列两种，主要用于零件模型的等距阵列复制。用户可以利用以下方式调用阵列命令。

- 从菜单栏执行“修改>三维操作>三维阵列”命令。
- 在命令行输入 3DARRAY 命令，然后按回车键。

（1）三维矩形阵列

三维矩形阵列可以将对象在三维空间以行、列、层的方式复制并排布。执行“修改>三维操作>三维阵列”命令，根据命令行提示，选择阵列对象，按回车键后再根据提示选择“矩形阵列”方式，输入相关的行数、列数、层数以及各间距值，即可完成三维矩形阵列操作，如图 13-31、图 13-32 所示为三维矩形阵列效果。

图 13-31　阵列对象　　　　图 13-32　三维矩形阵列效果

用户可以按照命令行中的提示进行矩形阵列操作。命令行提示如下：

```
命令：_3darray
正在初始化...已加载 3DARRAY。
选择对象：找到 1 个
选择对象：                                        （选择所需模型）
输入阵列类型 [矩形（R）/环形（P）]<矩形>：r      （选择“矩形”类型，按回车键）
输入行数 （---）<1>：3                            （指定行数，按回车键）
输入列数 （|||）<1>：3                            （指定列数，按回车键）
输入层数 （...）<1>：3                            （指定层数，按回车键）
指定行间距 （---）：600                           （指定行间距，按回车键）
指定列间距 （|||）：600                           （指定列间距，按回车键）
指定层间距 （...）：600                           （指定层间距，按回车键）
```

（2）三维环形阵列

环形阵列是指将三维模型设置指定的阵列角度进行环形阵列。在执行“三维阵列”命令的过程中，选择“环形”选项，则可以在三维空间中环形阵列三维对象。如图 13-33、图 13-34 所示。

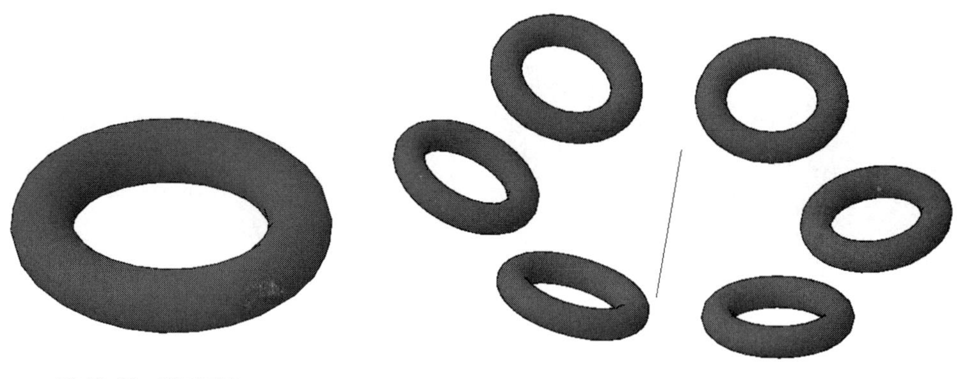

图 13-33　阵列对象　　　图 13-34　三维环形阵列效果

三维环形阵列命令行提示如下：

命令：_3darray
选择对象：找到 1 个
选择对象：找到 1 个，总计 2 个
选择对象：　（选择模型，按回车键）
输入阵列类型 [矩形（R）/环形（P）]<矩形>：P　（选择“环形”类型）
输入阵列中的项目数目：6　（输入阵列数量，按回车键）
指定要填充的角度 （+=逆时针，–=顺时针）<360>：　（按回车键）
旋转阵列对象？ [是（Y）/否（N）]<Y>：Y　（按回车键）
指定阵列的中心点：　（指定中心线的起点和端点）

13.2 编辑三维模型边

AutoCAD 提供了丰富的实体编辑命令，对于三维实体的边，可进行提取、压印、复制以及倒角、圆角等操作。

13.2.1 压印边

在选定的对象上压印一个对象，相当于将一个选定的对象映射到另一个三维实体上。为了使压印成功，被压印的对象必须与选定对象的一个面或多个面相交，被压印的对象可以是圆弧、圆、直线、多段线、椭圆、样条曲线、面域或三维实体等。用户可以通过以下几种方式调用“压印边”命令。

- 从菜单栏执行“修改>实体编辑>压印边”命令。
- 在“常用”选项卡“实体编辑”面板中单击“压印”按钮。
- 在“实体”选项卡“实体编辑”面板中单击“压印”按钮。
- 在“实体编辑”工具栏中单击“压印”按钮。
- 在命令行输入 IMPRINT 命令，然后按回车键。

执行“修改>实体编辑>压印边”命令，根据提示选择三维实体，再选择要压印的对象，根据需要选择是否删除对象，即可完成压印边的操作，如图 13-35、图 13-36 所示。

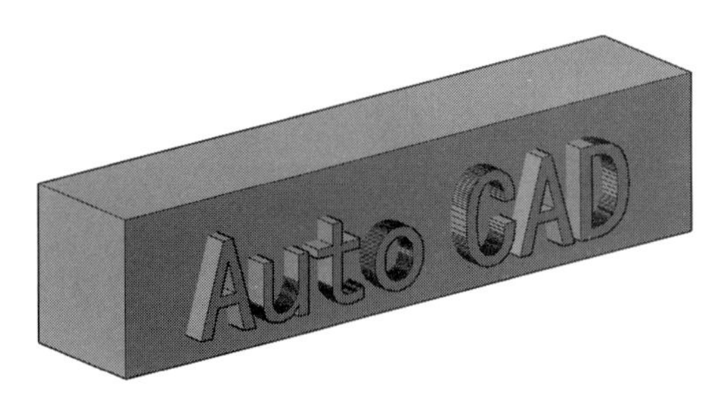

图 13-35　三维实体和压印对象

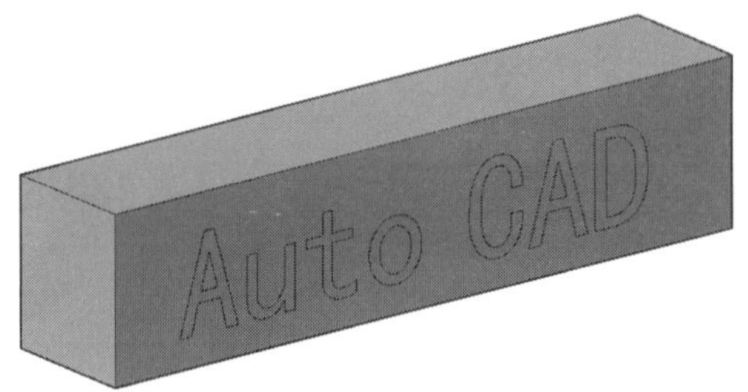

图 13-36　压印边效果

压印边的命令行提示如下：

命令：_imprint
选择三维实体或曲面：　　（模型对象，图 13-35 所示的长方体）
选择要压印的对象：　　（选择图 13-36 所示的立体文字）
是否删除源对象 [是（Y）/否（N）]<N>：y　　（选择“是”选项）
选择要压印的对象：

13.2.2 圆角边

“圆角边”命令与二维“圆角”命令类似，二维“圆角”命令可以对平面图形进行圆角操作，而“圆角边”命令可以对三维实体的边进行圆角操作。用户可以通过以下几种方式调用“圆角边”命令。

- 从菜单栏执行“修改>实体编辑>圆角边”命令。
- 在“常用”选项卡“实体编辑”面板中单击“圆角边”按钮。
- 在“实体”选项卡“实体编辑”面板中单击“圆角边”按钮。
- 在“实体编辑”工具栏中单击“圆角边”按钮。
- 在命令行输入 FILLETEDGE 命令，然后按回车键。

执行“修改>实体编辑>圆角边”命令，根据提示选择三维实体上的边，按回车键后选择“半径”选项，并输入指定半径值，再按两次回车键即可完成圆角边的操作。

圆角边命令行提示如下：

命令：_FILLETEDGE
半径 = 1.0000
选择边或 [链（C）/环（L）/半径（R）]：r　　（选择“半径”选项，按回车键）
输入圆角半径或 [表达式（E）]<1.0000>：20　　（设置圆角半径值，按回车键）
选择边或 [链（C）/环（L）/半径（R）]：　　（选择所需实体边，按两次回车键）
选择边或 [链（C）/环（L）/半径（R）]：
已选定 1 个边用于圆角。
按 Enter 键接受圆角或 [半径（R）]：

动手练习——创建圆角边

扫一扫　看视频

下面将为柜体模型进行倒圆角，圆角半径为 20mm。具体操作步骤如下。

Step01 打开“素材/CH13/创建圆角边.dwg”文件，如图 13-37 所示。

Step02 执行“修改>实体编辑>圆角边”命令，根据提示输入 r，按回车键，并设置圆角半径为 20，如图 13-38 所示。

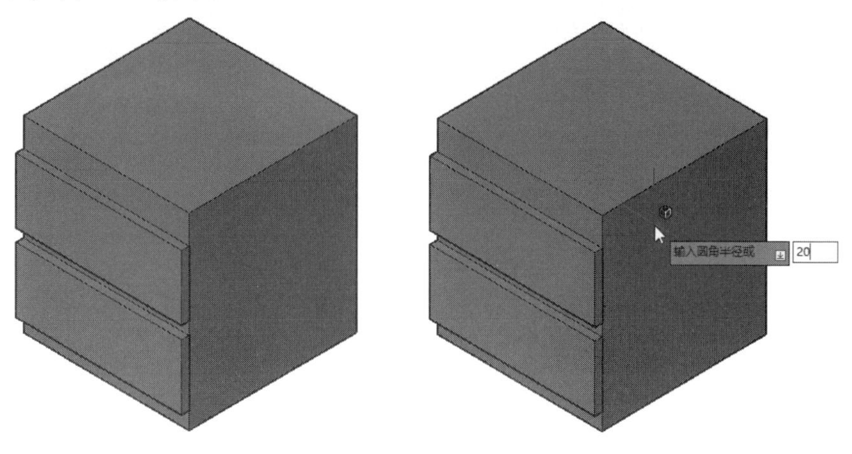

图 13-37　素材图形　　　　图 13-38　设置圆角半径

Step03 按回车键确认后，选择柜体上方四条边线，如图 13-39 所示。

Step04 按两次回车键，即可完成实体边倒圆角操作，结果如图 13-40 所示。

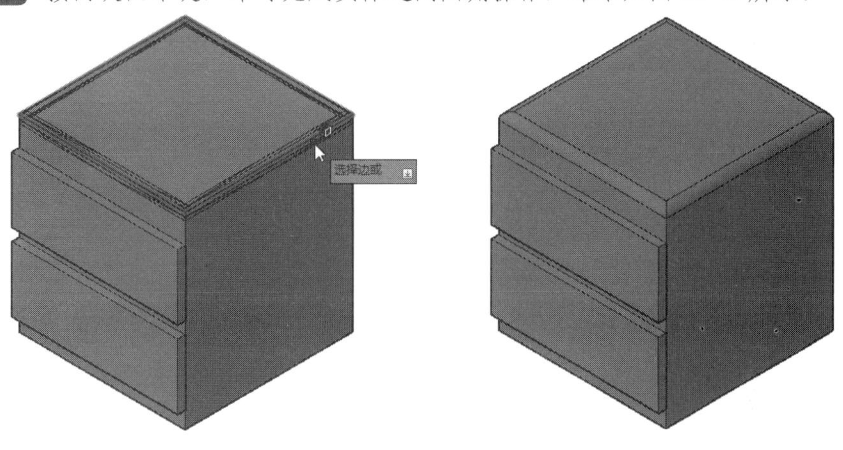

图 13-39　选择边线　　　　图 13-40　圆角边效果

13.2.3 倒角边

使用“倒角边”命令，可以为三维实体边和曲面边建立倒角。在创建倒角时，可以同时选择属于相同面的多条边。用户可以通过以下几种方式调用“倒角边”命令。

- 从菜单栏执行“修改>实体编辑>倒角边”命令。
- 在“常用”选项卡“实体编辑”面板中单击“倒角边”按钮。
- 在“实体”选项卡“实体编辑”面板中单击“倒角边”按钮。
- 在“实体编辑”工具栏中单击“倒角边”按钮。
- 在命令行输入 CHAMFEREDGE 命令，然后按回车键。

执行“修改>实体编辑>倒角边”命令，根据提示选择三维实体上的边，按回车键后选择“距离”选项，指定基面倒角距离和其他曲面倒角距离，再按两次回车键即可完成倒角边的操作，如图 13-41、图 13-42 所示。

图 13-41　三维实体　　　　图 13-42　倒角边效果

倒角边命令行提示如下：

```
命令：_CHAMFEREDGE 距离 1 = 1.0000，距离 2 = 1.0000
选择一条边或 [环（L）/距离（D）]：d                    （选择“距离”选项，按回车键）
指定距离 1 或 [表达式（E）]<1.0000>：20                （输入两条倒角参数，按回车键）
指定距离 2 或 [表达式（E）]<1.0000>：20
选择一条边或 [环（L）/距离（D）]：                      （选择所需实体边，按两次回车键）
选择同一个面上的其他边或 [环（L）/距离（D）]：
按 Enter 键接受倒角或 [距离（D）]：
```

13.2.4 复制边

复制边命令可以复制三维实体对象的各种边，用于把实体的边复制成直线、圆、圆弧或样条线等，其操作过程与常用的复制命令类似。用户可以通过以下几种方式调用“复制边”命令。

- 从菜单栏执行“修改>实体编辑>复制边”命令。
- 在“常用”选项卡“实体编辑”面板中单击“复制边”按钮。
- 在命令行输入 SOLIDEDIT 命令，然后按回车键。

执行“修改>实体编辑>复制边”命令，根据提示选择实体上的边，按回车键后指定复制基点和位移第二点，即可将选择的边复制出来，如图 13-43、图 13-44 所示。

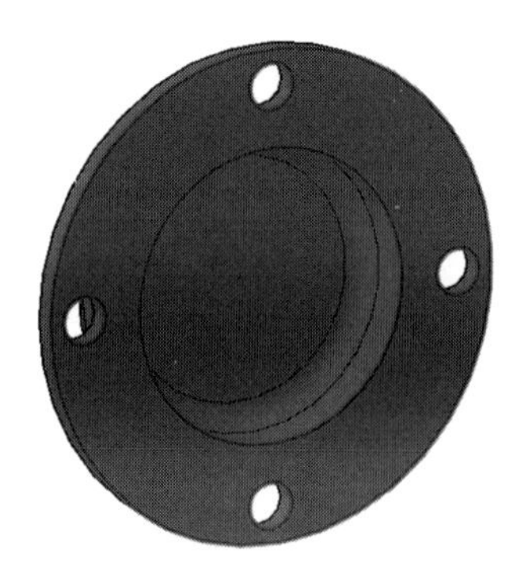

图 13-43　三维实体

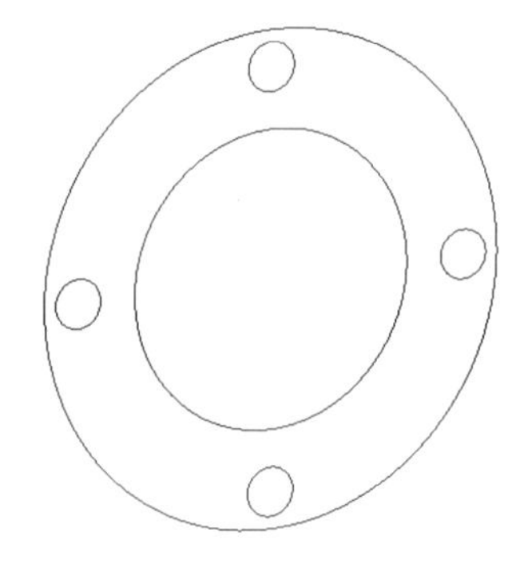

图 13-44　复制边效果

复制边命令行提示如下：

命令：_solidedit
实体编辑自动检查：SOLIDCHECK=1
输入实体编辑选项 [面（F）/边（E）/体（B）/放弃（U）/退出（X）]<退出>：_edge
输入边编辑选项 [复制（C）/着色（L）/放弃（U）/退出（X）]<退出>：_copy
选择边或 [放弃（U）/删除（R）]：（选择所需实体边，按回车键）
选择边或 [放弃（U）/删除（R）]：
指定基点或位移：（在实体边上指定一点）
指定位移的第二点：（移动光标，指定目标点）
输入边编辑选项 [复制（C）/着色（L）/放弃（U）/退出（X）]<退出>：
实体编辑自动检查：SOLIDCHECK=1
输入实体编辑选项 [面（F）/边（E）/体（B）/放弃（U）/退出（X）]<退出>：

13.2.5 提取边

使用“提取边”命令，可从三维实体、曲面、网格、面域或子对象的边创建线框几何图形，也可以按住 Ctrl 键选择提取单个边和面。用户可以通过以下几种方式调用“提取边”命令。

- 从菜单栏执行“修改>三维操作>提取边”命令。
- 在“常用”选项卡“实体编辑”面板中单击“提取边”按钮。
- 在“实体”选项卡“实体编辑”面板中单击“提取边”按钮。
- 在命令行输入 XEDGES 命令，然后按回车键。

执行“修改>三维操作>提取边”命令，选择实体上需要提取的边，按回车键完成提取边操作，移动实体即可看到提取出的边，如图 13-45 所示。

提取边命令行提示如下：

命令：_xedges
选择对象：找到 1 个（选择实体上所需边，按回车键）
选择对象：

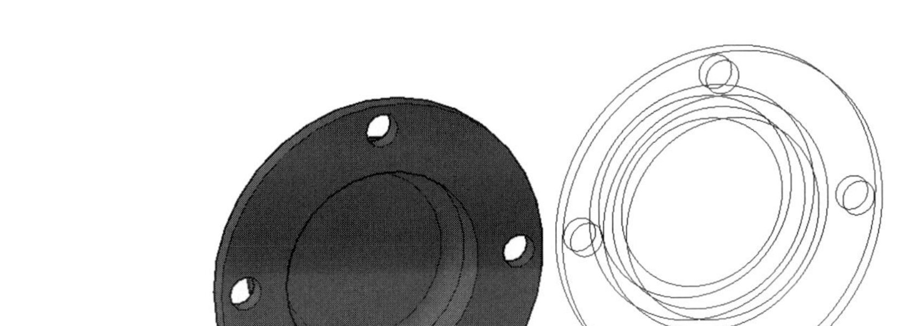

图 13-45 提取边效果

13.3 编辑三维模型面

除了可对实体进行倒角、阵列、镜像及旋转等操作外，AutoCAD 还专门提供了编辑实体模型表面、棱边及体的命令 SOLIDEDIT。对于面的编辑，提供了拉伸面、移动面、偏移面、删除面、旋转面、倾斜面、复制面以及着色面这几种命令。

13.3.1 拉伸面

拉伸面是通过选择一个实体的面，然后指定一个高度和倾斜角度或指定一条拉伸路径，使实体的面被拉伸形成新的实体。可以作为拉伸路径的曲线有：直线、圆、圆弧、椭圆、椭圆弧、多段线和样条曲线。用户可以通过以下方式调用拉伸面命令。

- 从菜单栏执行“修改>实体编辑>拉伸面”命令。
- 在“常用”选项卡的“实体编辑”面板中单击“拉伸面”按钮。
- 在“实体”选项卡的“实体编辑”面板中单击“拉伸面”按钮。
- 在“实体编辑”工具栏中单击“拉伸面”按钮。

执行“修改>实体编辑>拉伸面”命令，根据命令提示，选择要拉伸的实体上的面，按回车键后输入要拉伸的高度，再按两次回车键即可完成操作，如图 13-46、图 13-47 所示。

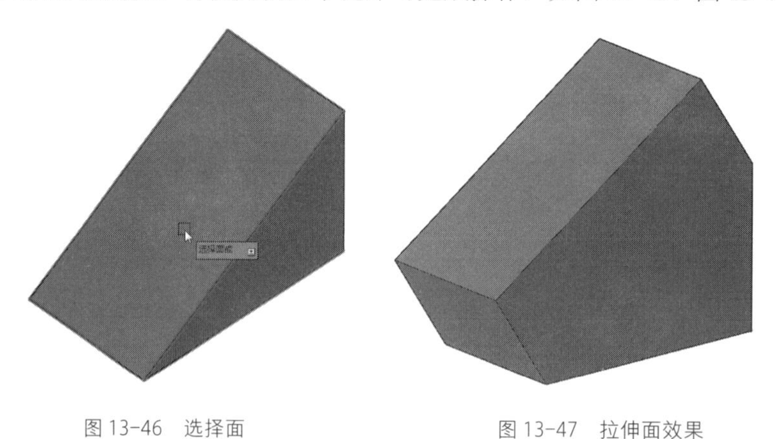

图 13-46　选择面　　　　图 13-47　拉伸面效果

拉伸面命令行提示如下：

命令：_solidedit

实体编辑自动检查：SOLIDCHECK=1

输入实体编辑选项 ［面（F）/边（E）/体（B）/放弃（U）/退出（X）］<退出>：_face

输入面编辑选项

［拉伸（E）/移动（M）/旋转（R）/偏移（O）/倾斜（T）/删除（D）/复制（C）/颜色（L）/材质（A）/放弃（U）/退出（X）］<退出>：_extrude

选择面或 ［放弃（U）/删除（R）］：找到一个面

选择面或 ［放弃（U）/删除（R）/全部（ALL）］：　　　　（选择实体面，按回车键）

指定拉伸高度或 ［路径（P）］：200　　　　（输入拉伸高度值，按回车键）

指定拉伸的倾斜角度 <0>：

已开始实体校验

已完成实体校验

输入面编辑选项

［拉伸（E）/移动（M）/旋转（R）/偏移（O）/倾斜（T）/删除（D）/复制（C）/颜色（L）/材质（A）/放弃（U）/退出（X）]<退出>：

实体编辑自动检查：SOLIDCHECK=1

输入实体编辑选项 ［面（F）/边（E）/体（B）/放弃（U）/退出（X）]<退出>：

13.3.2 移动面

移动面则是将选定的面沿着指定的高度或距离进行移动，当然一次也可以选择多个面进行移动。用户可以通过以下方式调用移动面命令。

- 从菜单栏执行“修改>实体编辑>移动面”命令。
- 在“常用”选项卡的“实体编辑”面板中单击“移动面”按钮。
- 在“实体编辑”工具栏中单击“移动面”按钮。

执行“修改>实体编辑>移动面”命令，根据命令提示，选择所需要移动的三维实体面，并指定移动基点，其后再指定新基点即可，效果如图 13-48、图 13-49 所示。

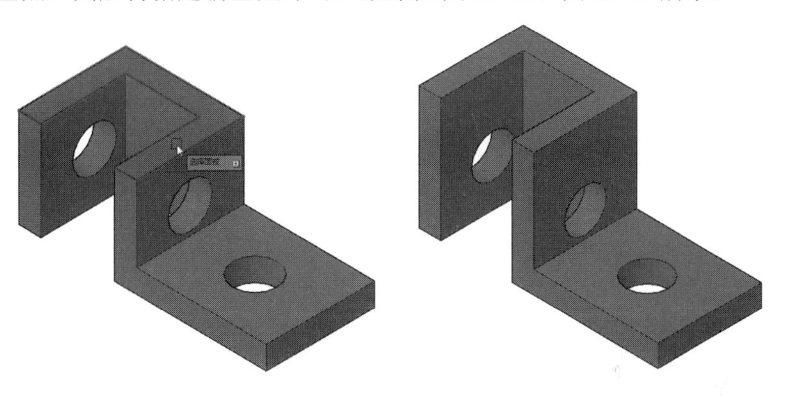

图 13-48　选择面　　　　图 13-49　移动面效果

移动面命令行提示如下：

命令：_solidedit

实体编辑自动检查：SOLIDCHECK=1

输入实体编辑选项 ［面（F）/边（E）/体（B）/放弃（U）/退出（X）]<退出>：_face

输入面编辑选项

［拉伸（E）/移动（M）/旋转（R）/偏移（O）/倾斜（T）/删除（D）/复制（C）/颜色（L）/材质（A）/放弃（U）/退出（X）]<退出>：_move

选择面或 ［放弃（U）/删除（R）]：找到一个面

选择面或 ［放弃（U）/删除（R）/全部（ALL）]：　　（选择实体面）

指定基点或位移：　　（选择实体面上的一点）

指定位移的第二点：　　（选择目标点）

已开始实体校验

已完成实体校验

输入面编辑选项

[拉伸（E）/移动（M）/旋转（R）/偏移（O）/倾斜（T）/删除（D）/复制（C）/颜色（L）/材质（A）/放弃（U）/退出（X）]<退出>：

13.3.3 偏移面

使用偏移面命令可以按指定的距离均匀地偏移面。通过将现有的面从原始位置向内或向外偏移指定的距离可以创建新的面。用户可以通过以下方式调用偏移面命令。

- 从菜单栏执行“修改>实体编辑>偏移面”命令。
- 在“常用”选项卡的“实体编辑”面板中单击“偏移面”按钮。
- 在“实体”选项卡的“实体编辑”面板中单击“偏移面”按钮。
- 在“实体编辑”工具栏中单击“偏移面”按钮。

执行“修改>实体编辑>偏移面”命令，根据命令提示，选择要偏移的面，并输入偏移距离即可完成操作，如图 13-50、图 13-51 所示。

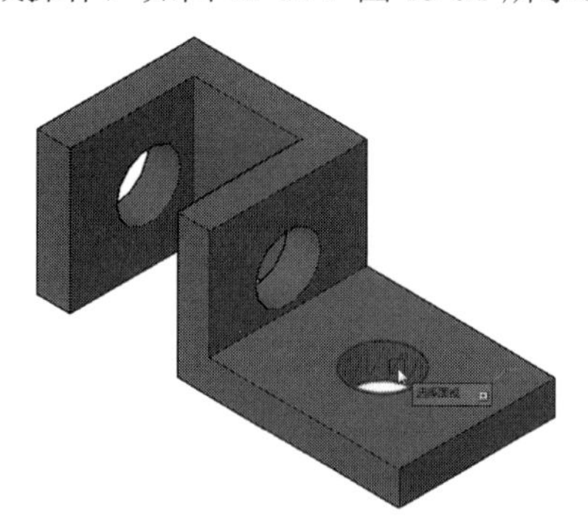

图 13-50　选择面

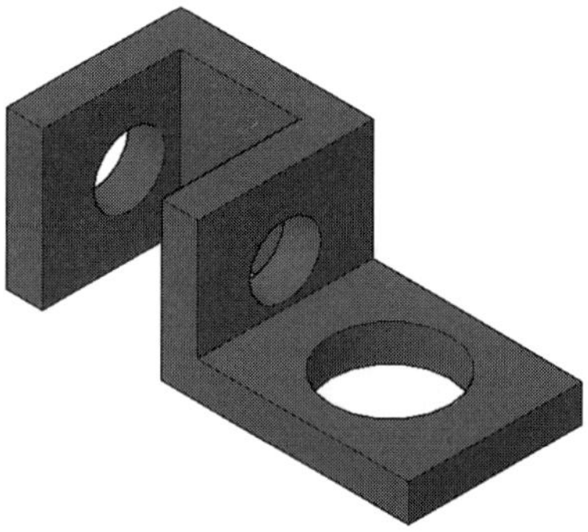

图 13-51　偏移效果

命令行提示如下：

命令：_solidedit

实体编辑自动检查：SOLIDCHECK=1

输入实体编辑选项 [面（F）/边（E）/体（B）/放弃（U）/退出（X）]<退出>：_face

输入面编辑选项

[拉伸（E）/移动（M）/旋转（R）/偏移（O）/倾斜（T）/删除（D）/复制（C）/颜色（L）/材质（A）/放弃（U）/退出（X）]<退出>：_offset

选择面或 [放弃（U）/删除（R）]：找到一个面

选择面或 [放弃（U）/删除（R）/全部（ALL）]：　　（选择实体面，按回车键）

指定偏移距离：200　　（输入偏移距离值，按回车键）

已开始实体校验

已完成实体校验

输入面编辑选项

[拉伸（E）/移动（M）/旋转（R）/偏移（O）/倾斜（T）/删除（D）/复制（C）/颜色（L）/材质（A）/放弃（U）/退出（X）]<退出>：

实体编辑自动检查：SOLIDCHECK=1

输入实体编辑选项 [面（F）/边（E）/体（B）/放弃（U）/退出（X）]<退出>：

13.3.4 删除面

使用删除面命令可以删除三维实体的某些表面，即将删除的表面必须具备一定的条件，当该表面被删除以后，删除面所在的区域必须可以被相邻的表面填充。通常可以删除的表面包括实体的内表面、倒角和圆角等。用户可以通过以下方式调用删除面命令。

- 从菜单栏执行“修改>实体编辑>删除面”命令。
- 在“常用”选项卡的“实体编辑”面板中单击“删除面”按钮。
- 在“实体编辑”工具栏中单击“删除面”按钮。

执行“常用>实体编辑>删除面”命令，选择要删除的倒角面，按回车键即可完成，如图13-52、图13-53所示。

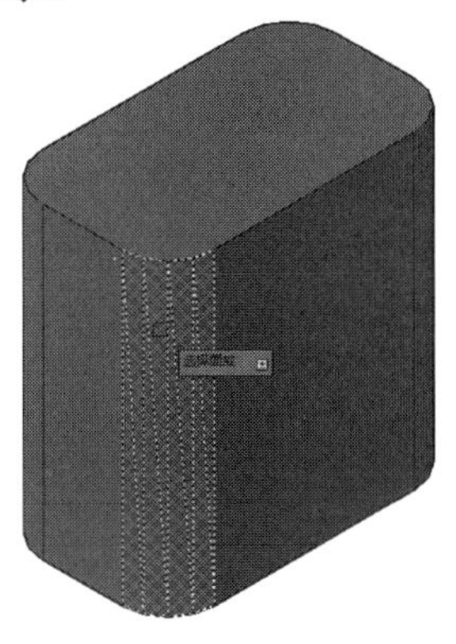

图 13-52　选择要删除的面

图 13-53　完成删除操作

13.3.5 旋转面

使用旋转面命令可以将选择的面沿着指定的旋转轴和方向进行旋转，从而改变三维实体的形状。用户可以通过以下方式调用旋转面命令。

- 从菜单栏执行“修改>实体编辑>旋转面”命令。
- 在“常用”选项卡的“实体编辑”面板中单击“旋转面”按钮。
- 在“实体编辑”工具栏中单击“旋转面”按钮。

执行“常用>实体编辑>旋转面”命令，根据命令行提示，选择所需的实体面，并选择旋转轴，输入旋转角度即可完成，如图13-54～图13-56所示。

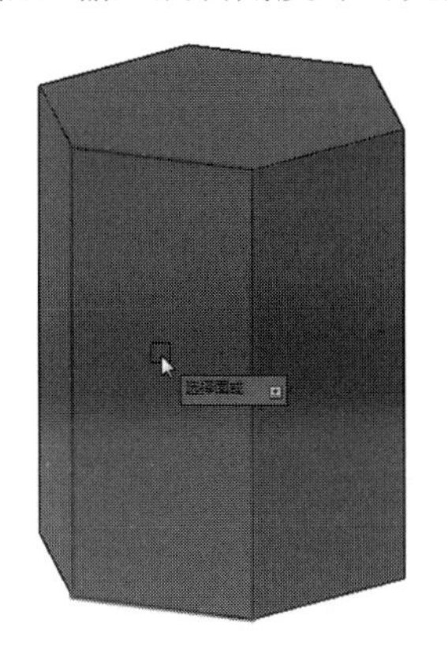

图 13-54　选择面

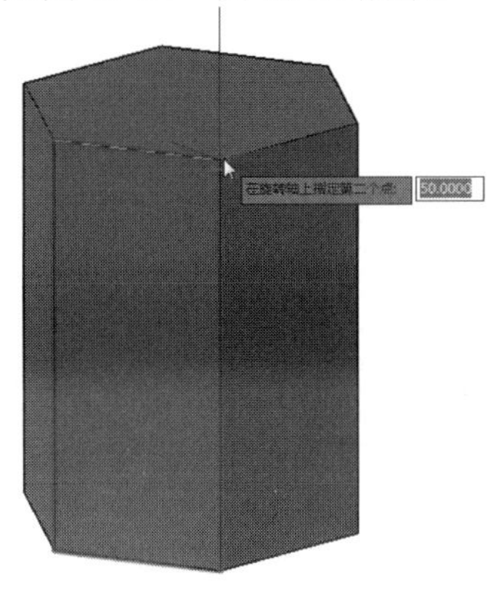

图 13-55　指定旋转轴

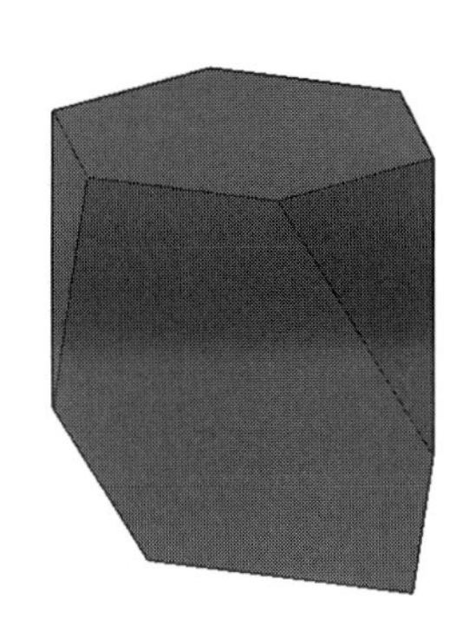

图 13-56　旋转面效果

旋转面命令行提示如下：

命令：_solidedit

实体编辑自动检查：SOLIDCHECK=1

输入实体编辑选项 [面（F）/边（E）/体（B）/放弃（U）/退出（X）]<退出>：_face

输入面编辑选项

[拉伸（E）/移动（M）/旋转（R）/偏移（O）/倾斜（T）/删除（D）/复制（C）/颜色（L）/材质（A）/放弃（U）/退出（X）]<退出>：_rotate

选择面或 [放弃（U）/删除（R）]：找到一个面 （选择实体面，按回车键）

选择面或 [放弃（U）/删除（R）/全部（ALL）]：

指定轴点或 [经过对象的轴（A）/视图（V）/X 轴（X）/Y 轴（Y）/Z 轴（Z）] <两点>：y

（选择旋转轴）

指定旋转原点 <0，0，0>： （选择旋转基点）

指定旋转角度或 [参照（R）]：20 （输入旋转角度值，按回车键）

已开始实体校验

已完成实体校验

输入面编辑选项

[拉伸（E）/移动（M）/旋转（R）/偏移（O）/倾斜（T）/删除（D）/复制（C）/颜色（L）/材质（A）/放弃（U）/退出（X）]<退出>：

13.3.6 倾斜面

倾斜面则是按照角度将指定的实体面进行倾斜操作。倾斜角的旋转方向由选择基点和第二点的顺序决定。输入的倾斜角度数值在-90°～90°。若输入正值，则向里倾斜；若输入负值，则向外倾斜。用户可以通过以下方式调用倾斜面命令。

- 从菜单栏执行“修改>实体编辑>倾斜面”命令。
- 在“常用”选项卡的“实体编辑”面板中单击“倾斜面”按钮。
- 在“实体”选项卡的“实体编辑”面板中单击“倾斜面”按钮。
- 在“实体编辑”工具栏中单击“倾斜面”按钮。

执行“修改>实体编辑>倾斜面”命令，根据命令提示，选中所需倾斜面，并指定倾斜轴两个基点，其后输入倾斜角度即可完成，如图 13-57、图 13-58 所示。

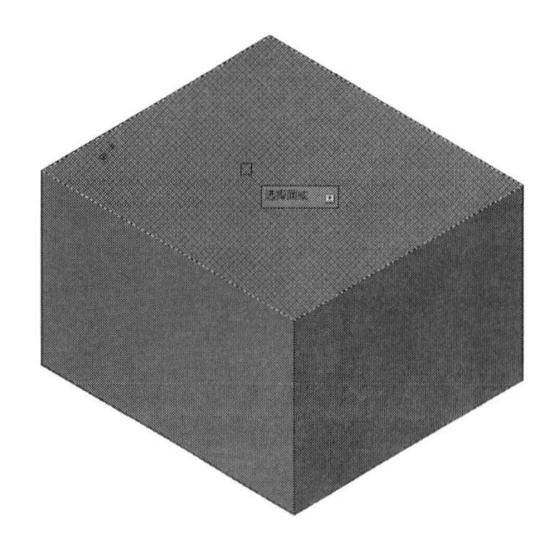

图 13-57 选择倾斜面

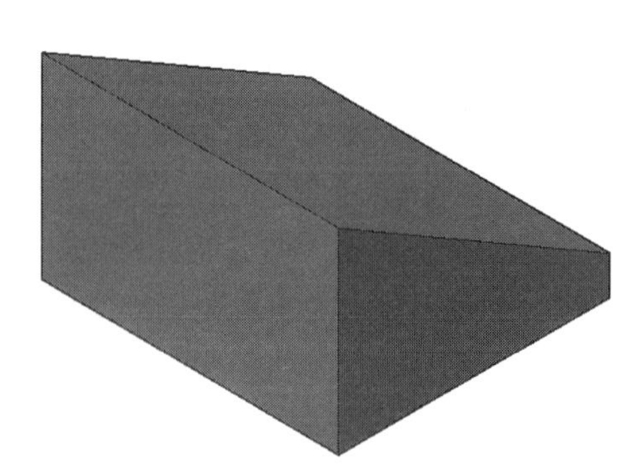

图 13-58 倾斜效果

倾斜面命令行提示如下：

```
命令：_solidedit
实体编辑自动检查：SOLIDCHECK=1
输入实体编辑选项 [面（F）/边（E）/体（B）/放弃（U）/退出（X）]<退出>：_face
输入面编辑选项
[拉伸（E）/移动（M）/旋转（R）/偏移（O）/倾斜（T）/删除（D）/复制（C）/颜色（L）/材质（A）/放弃（U）/退出（X）]<退出>：_taper
选择面或 [放弃（U）/删除（R）]：找到一个面                    （选择实体面，按回车键）
选择面或 [放弃（U）/删除（R）/全部（ALL）]：
指定基点：                                                  （选择倾斜轴两个点）
指定沿倾斜轴的另一个点：
指定倾斜角度：30                                           （输入角度值，按回车键）
已开始实体校验
已完成实体校验
输入面编辑选项
[拉伸（E）/移动（M）/旋转（R）/偏移（O）/倾斜（T）/删除（D）/复制（C）/颜色（L）/材质（A）/放弃（U）/退出（X）]<退出>：
```

13.3.7 复制面

复制面命令可以将已有实体的表面复制并移动到指定的位置。被复制出来的面可以用来执行拉伸和旋转等操作。用户可以通过以下方式调用复制面命令。

- 从菜单栏执行“修改>实体编辑>复制面”命令。
- 在“常用”选项卡的“实体编辑”面板中单击“复制面”按钮。
- 在“实体编辑”工具栏中单击“复制面”按钮。

执行“修改>实体编辑>复制面”命令，选中所需复制的实体面，并指定复制基点，其后指定新基点即可，如图 13-59、图 13-60 所示。

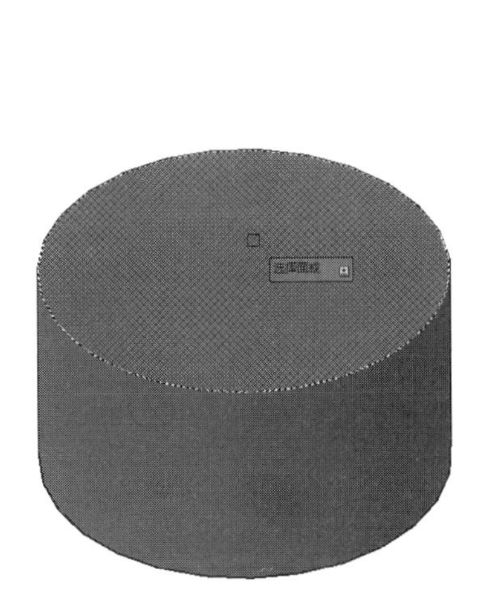

图 13-59 选择复制面

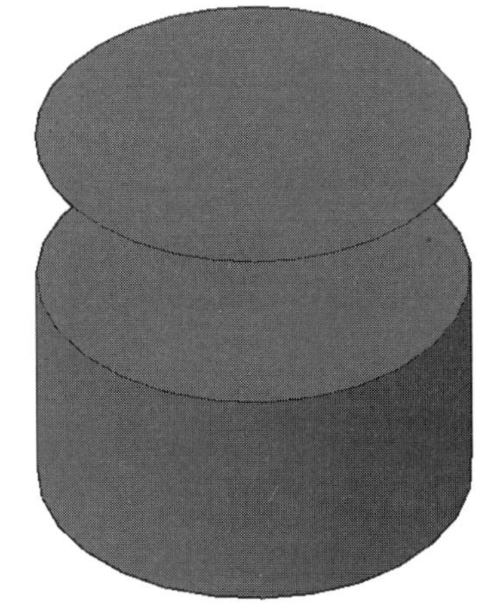

图 13-60 复制效果

复制面命令行提示如下：

```
命令：_solidedit
实体编辑自动检查：SOLIDCHECK=1
输入实体编辑选项 [面（F）/边（E）/体（B）/放弃（U）/退出（X）]<退出>：_face
输入面编辑选项
[拉伸（E）/移动（M）/旋转（R）/偏移（O）/倾斜（T）/删除（D）/复制（C）/颜色（L）/材质（A）/放弃（U）/退出（X）]<退出>：_copy
选择面或 [放弃（U）/删除（R）]：找到一个面。                    （选择实体面，按回车键）
选择面或 [放弃（U）/删除（R）/全部（ALL）]：
指定基点或位移：                                                  （选择复制基点）
指定位移的第二点：                                                （指定新目标基点）
输入面编辑选项
[拉伸（E）/移动（M）/旋转（R）/偏移（O）/倾斜（T）/删除（D）/复制（C）/颜色（L）/材质（A）/放弃（U）/退出（X）]<退出>：
```

13.4 编辑三维实体

在对三维实体进行编辑时，可以对模型进行布尔运算、分割、抽壳、加厚、剖切等操作，还可以将对象转换为实体或者曲面。

13.4.1 剖切

剖切就是使用假想的一个与对象相交的平面或曲面，将三维实体切为两半。被切开的实体两部分可以保留一侧，也可以都保留。常利用该工具剖切一些复杂的零件，如腔体类零件，其外形看似简单，但内部却极其复杂，通过剖切可以更加清楚地表达模型内部的形体结构。用户可以通过以下方式调用“剖切”命令。

- 从菜单栏执行“修改>三维操作>剖切”命令。
- 在“常用”选项卡的“实体编辑”面板中单击“剖切”按钮。
- 在“实体”选项卡的“实体编辑”面板中单击“剖切”按钮。
- 在命令行输入 SLICE 命令，然后按回车键。

执行“修改>三维操作>剖切”命令，根据命令行的提示选取要剖切的对象，按回车键后指定剖切平面，并根据需要保留切开实体的一侧或两侧，即可完成剖切操作。下面介绍几种常用的指定剖切平面的方法。

（1）指定切面起点

该方式是默认的剖切方式，即通过指定剖切实体的两点，系统将默认两点所在垂直平面为剖切平面，对实体进行剖切操作。

执行“修改>三维操作>剖切”命令，选择要剖切的实体，按回车键后指定两点确定剖切平面，此时命令行会显示“在所需的侧面上指定点或 [保留两个侧面（B)]”提示信息，可以根据需要指定侧面或输入命令 B 保留两个侧面，如图 13-61、图 13-62 所示。

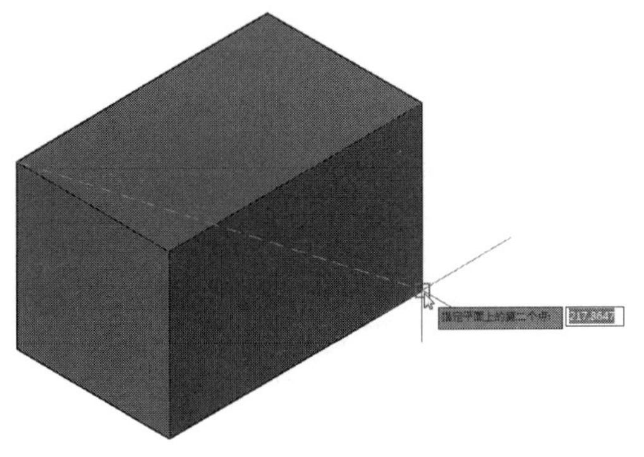

图 13-61　指定切面起点和第二点　　　　图 13-62　剖切效果

剖切命令行提示如下：

命令：_slice

选择要剖切的对象：找到 1 个　　（选择实体模型）

选择要剖切的对象：

指定 切面 的起点或 [平面对象（O）/曲面（S）/Z 轴（Z）/视图（V）/XY（XY）/YZ（YZ）/ZX（ZX）/三点（3）]<三点>：

指定平面上的第二个点：　　（选择剖切面上的两个点）

在所需的侧面上指定点或 [保留两个侧面（B）]<保留两个侧面>：　　（按回车键）

命令：

（2）平面对象

该剖切方式是利用曲线、圆、椭圆、圆弧或椭圆弧、二维样条曲线、二维多段线作为剖切平面，对所选实体进行剖切操作。

执行“修改>三维操作>剖切”命令，选择剖切对象，按回车键确认，根据命令行提示输入命令 O 并按回车键，然后选择二维曲面作为剖切平面，并设置保留方式。如图 13-63、图 13-64 所示为指定曲面为剖切平面后保留两侧的效果。

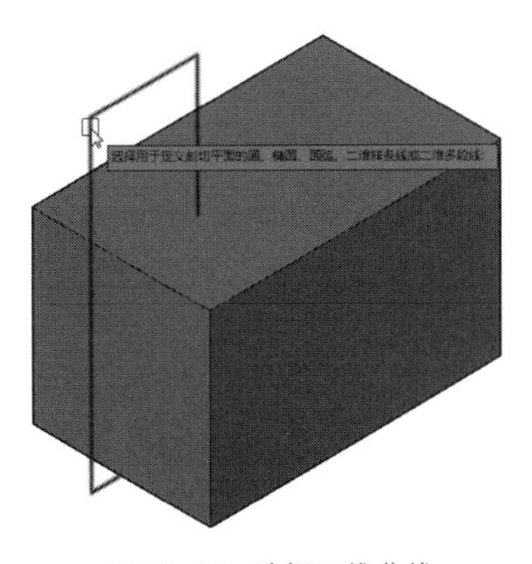

图 13-63　选择二维曲线

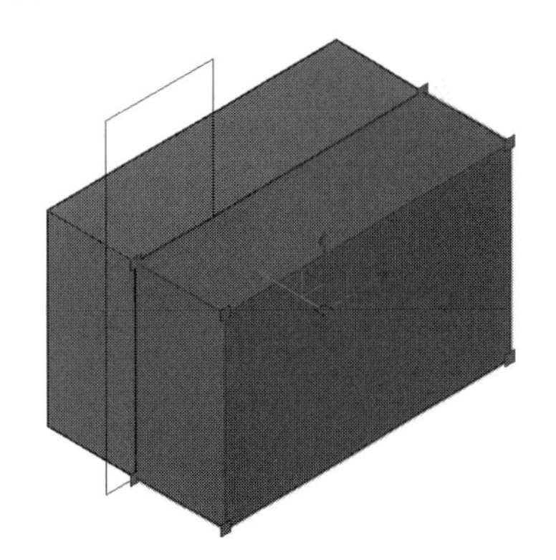

图 13-64　剖切效果

（3）曲面

该方式是以曲面作为剖切平面。执行“修改>三维操作>剖切”命令，选取待剖切对象，根据命令行提示输入命令 S，按回车键确认，再选择曲面，即可获得剖切效果。如图 13-65、图 13-66 所示就是指定曲面为剖切平面保留一侧的效果。

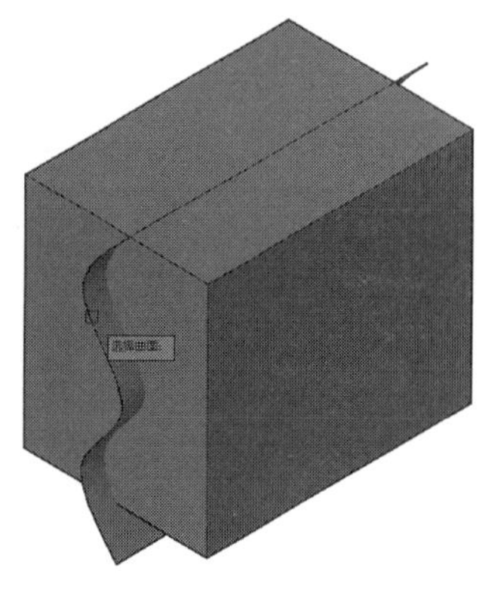

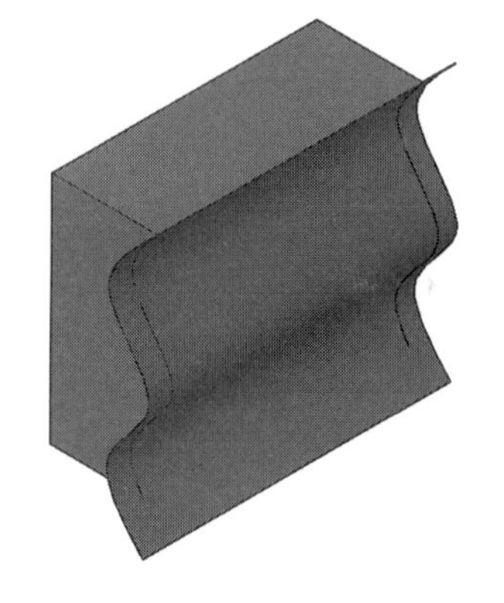

图 13-65　选择曲面　　　　图 13-66　剖切效果

（4）Z 轴

该方式可以指定 Z 轴方向的两点作为剖切平面。执行“修改>三维操作>剖切”命令，选取待剖切的对象后，在命令行中输入命令 Z，按回车键后直接在实体上指定两点，即可执行剖切操作。如图 13-67、图 13-68 所示为输入命令 Z 后，指定两点为剖切平面保留一侧实体效果。

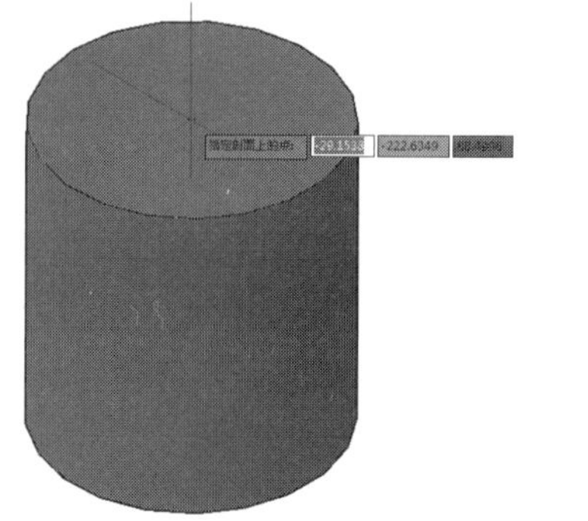

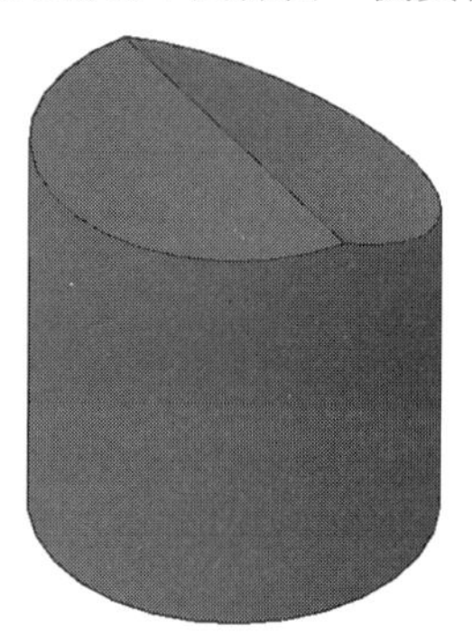

图 13-67　指定剖面上的点　　　　图 13-68　剖切效果

（5）视图

该方式是以实体所在的视图为剖切平面。执行“修改>三维操作>剖切”命令，选取剖切对象后，在命令行中输入命令 V，按回车键后指定三维坐标点或者输入坐标数字，即可执行剖切操作。如图 13-69、图 13-70 所示为当前视图为西南等轴测视图，指定实体边上的中点时的剖切效果。

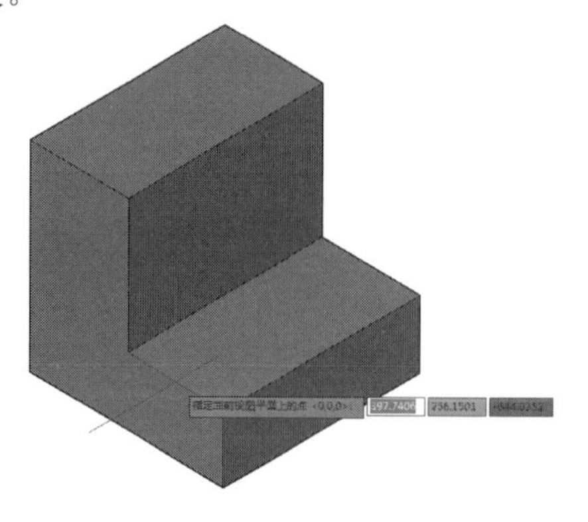

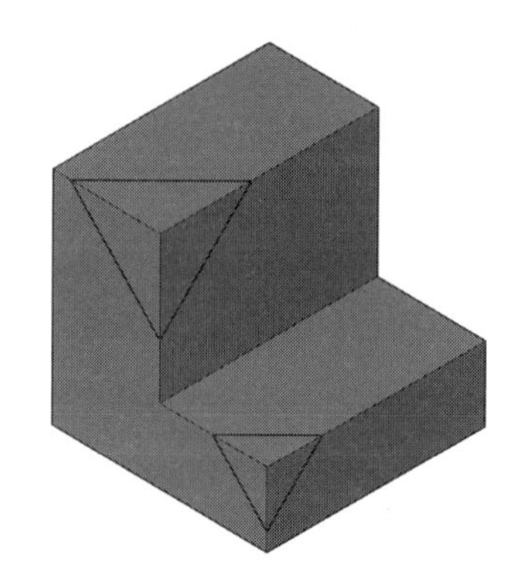

图 13-69　指定实体边上的点　　　　图 13-70　剖切效果

（6）XY、YZ、ZX

该方式是利用坐标系平面 XY、YZ、ZX 平面作为剖切平面。执行“修改>三维操作>剖切”命令，选取待剖切的对象后，在命令行中指定坐标系平面，按回车键后指定该平面上的一点，即可执行剖切操作。如图 13-71、图 13-72 所示为指定 YZ 平面为剖切平面创建的剖切实体效果。

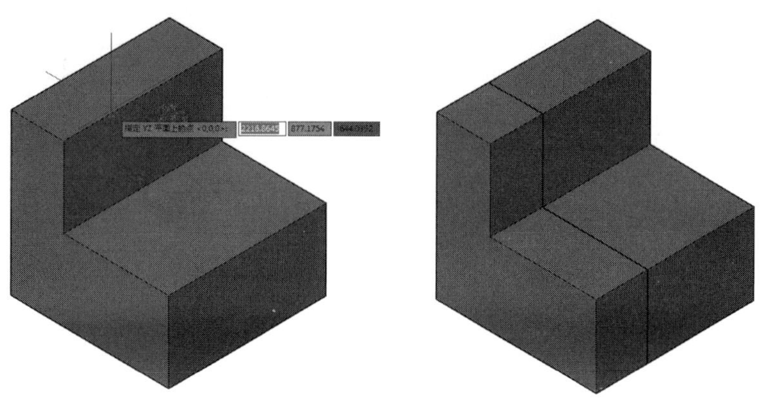

图 13-71　指定 YZ 平面上的点　　　图 13-72　剖切效果

（7）三点

该方式是在绘图区中选取三点，利用这三个点组成的平面作为剖切平面。执行“修改>三维操作>剖切”命令，选取剖切对象后，根据命令行提示输入命令 3，按回车键后直接在实体上选取三个点，系统会自动根据这三个点组成的平面，执行剖切操作，如图 13-73、图 13-74 所示就是依次指定三点后创建的剖切的效果。

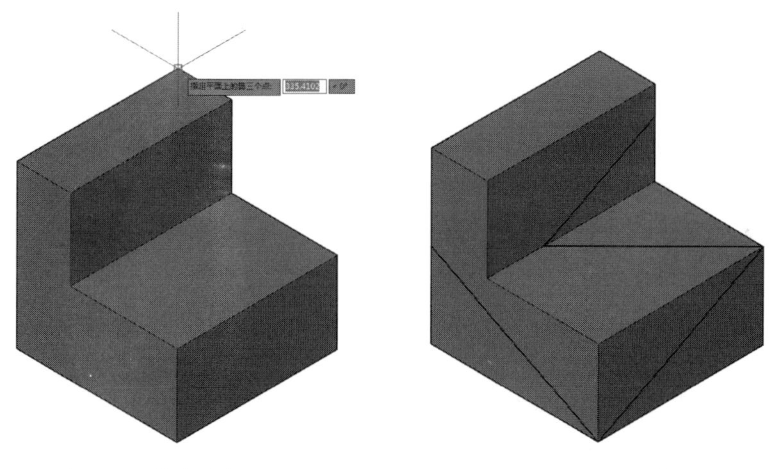

图 13-73　依次指定三点　　　图 13-74　剖切效果

13.4.2 加厚

加厚命令可以为曲面添加厚度，将其转换为三维实体。用户可以通过以下方式调用加厚命令。

- 从菜单栏执行“修改>三维操作>加厚”命令。
- 在“常用”选项卡的“实体编辑”面板中单击“加厚”按钮。
- 在“实体”选项卡的“实体编辑”面板中单击“加厚”按钮。

• 在命令行输入 THICKEN 命令，然后按回车键。

执行“加厚”命令，根据命令行提示选择曲面对象，按回车键确认，根据提示输入加厚的厚度，再按回车键确认即可完成加厚操作，如图 13-75、图 13-76 所示。

加厚命令行提示如下：

```
命令：_Thicken
选择要加厚的曲面：找到 1 个                    （选择所需曲面，按回车键）
选择要加厚的曲面：
指定厚度 <0.0000>：20                          （输入加厚的厚度值）
```

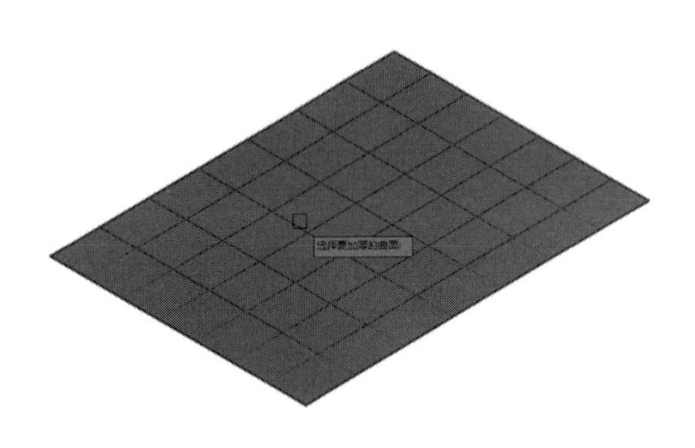

图 13-75　选择曲面对象

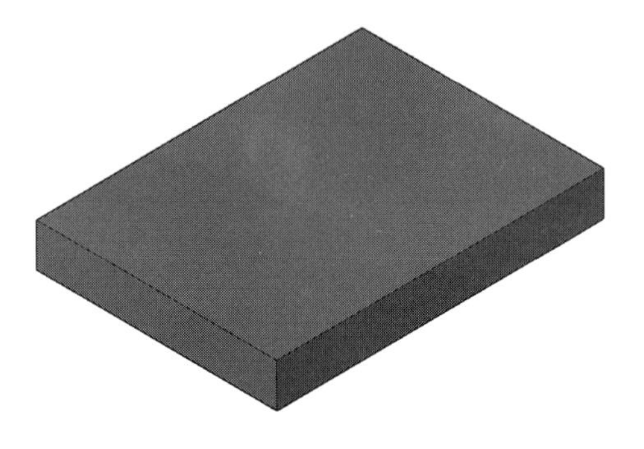

图 13-76　加厚效果

13.4.3 抽壳

利用抽壳命令可以将三维模型转换为中空薄壁或壳体，其厚度用户可自己指定。用户可以通过以下方式调用抽壳命令。

• 从菜单栏执行“修改>实体编辑>抽壳”命令。
• 在“常用”选项卡的“实体编辑”面板中单击“抽壳”按钮。
• 在“实体”选项卡的“实体编辑”面板中单击“抽壳”按钮。

执行“抽壳”命令，根据命令行提示先选择实体模型，然后选择要操作的实体面，按回车键确认，根据提示输入抽壳距离，再按回车键确认即可完成操作。

抽壳命令行提示如下：

```
命令：_solidedit
实体编辑自动检查：SOLIDCHECK=1
输入实体编辑选项 [面（F）/边（E）/体（B）/放弃（U）/退出（X）]<退出>：_body
输入体编辑选项
[压印（I）/分割实体（P）/抽壳（S）/清除（L）/检查（C）/放弃（U）/退出（X）]<退出>：_shell
选择三维实体：                                          （选项所需实体）
删除面或 [放弃（U）/添加（A）/全部（ALL）]：找到一个面，已删除 1 个
删除面或 [放弃（U）/添加（A）/全部（ALL）]：      （选择要删除的实体面，按回车键）
输入抽壳偏移距离：20                               （输入抽壳距离，按回车键）
已开始实体校验
已完成实体校验
```

动手练习——制作圆管

下面利用“抽壳”命令制作圆管模型，具体操作步骤介绍如下。

Step01 执行“绘图>建模>圆柱体”命令，创建半径为 50mm、高度为 300mm 的圆柱体，如图 13-77 所示。

Step02 执行“修改>实体编辑>抽壳”命令，根据命令行提示选择圆柱体，如图 13-78 所示。

扫一扫　看视频

图 13-77　创建圆柱体

图 13-78　选择圆柱体

Step03 根据提示选择顶部和底部要抽壳的面，如图 13-79 所示。

Step04 按回车键确认，再根据提示输入抽壳厚度 5，如图 13-80 所示。

Step05 连续按三次回车键，即可完成抽壳操作，如图 13-81 所示。

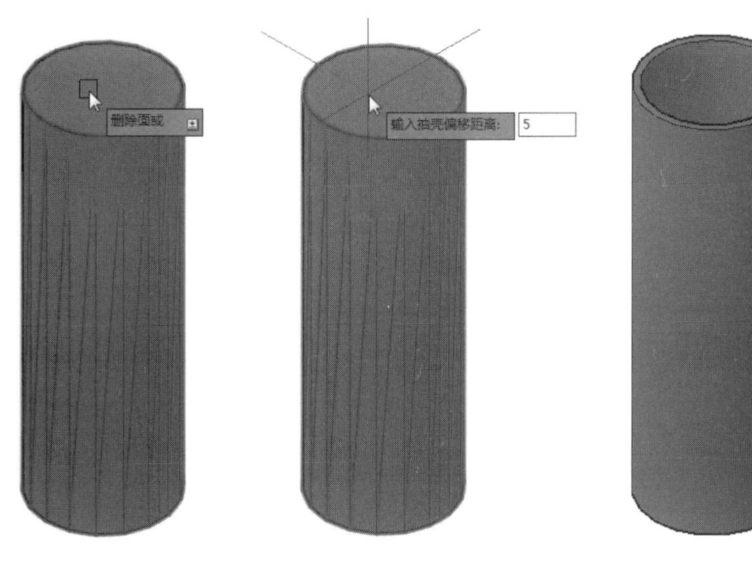

图 13-79　选择删除面　　图 13-80　输入抽壳厚度　　图 13-81　抽壳效果

13.4.4 分割

使用“分割”命令可以将不连续的三维实体对象分割为独立的三维实体对象。用户可以通过以下方式调用分割命令。

- 从菜单栏执行“修改>实体编辑>分割”命令。
- 在“常用”选项卡的“实体编辑”面板中单击“分割”按钮。
- 在“实体”选项卡的“实体编辑”面板中单击“分割”按钮。

执行“分割”命令，根据命令行提示选择不相交的复合实体，按回车键即可完成分割操作，如图 13-82、图 13-83 所示。

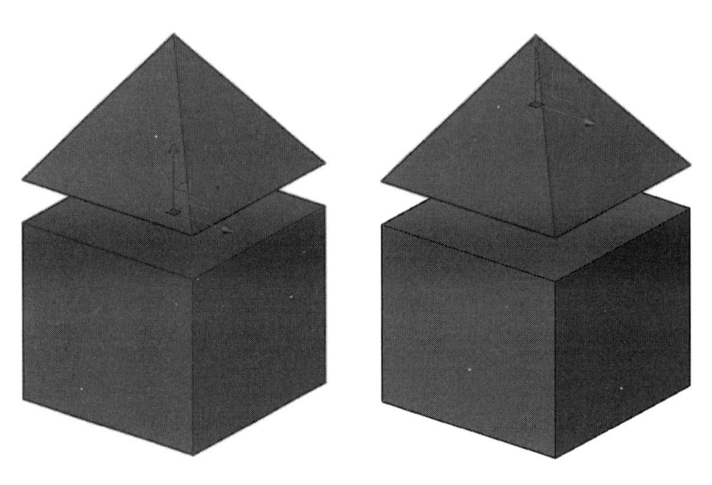

图 13-82　选择复合实体　　　图 13-83　分割效果

分割命令行提示如下：

命令：_solidedit
实体编辑自动检查：SOLIDCHECK=1
输入实体编辑选项　[面（F）/边（E）/体（B）/放弃（U）/退出（X）]<退出>：_body
输入体编辑选项
[压印（I）/分割实体（P）/抽壳（S）/清除（L）/检查（C）/放弃（U）/退出（X）]<退出>：_separate
选择三维实体：　（选择不相交复合实体，按回车键）
输入体编辑选项
[压印（I）/分割实体（P）/抽壳（S）/清除（L）/检查（C）/放弃（U）/退出（X）]　<退出>：P
选择三维实体：

技术要点

“分割”命令仅可分离已通过并集运算合并的不相交的复合实体，不适用于布尔运算生成的相交对象，符合实体分割前后的模型外观上并无变化。

13.4.5 布尔运算

布尔运算功能可以合并、减去或找出两个或两个以上三维实体、曲面或面域的相交部分来创建复合三维对象。运用布尔运算命令可绘制出一些较为复杂的三维实体。

（1）并集运算

并集运算命令可对所选的两个或两个以上的面域或实体进行合并运算。用户可以通过以下方式调用“并集”命令。

- 从菜单栏执行“修改>实体编辑>并集”命令。
- 在“常用”选项卡“实体编辑”面板中单击“并集”按钮。
- 在“实体”选项卡“布尔值”面板中单击“并集”按钮。
- 在命令行输 UNION 命令，然后按回车键。

执行“并集”命令，根据命令行中的提示，依次选中需要合并的实体，按回车键后即可完成并集操作，如图 13-84、图 13-85 所示。

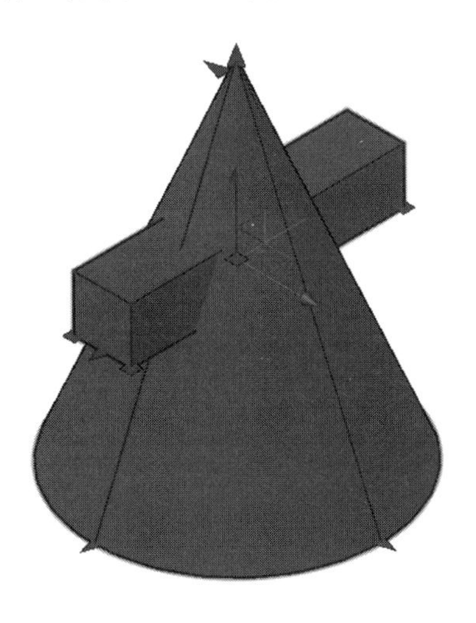

图 13-84　选择需要并集的实体

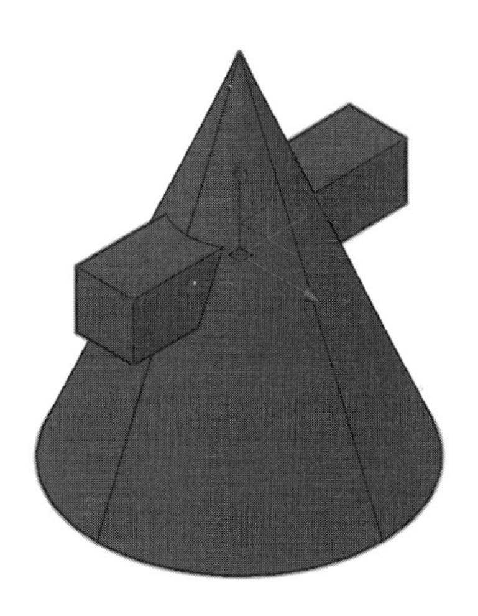

图 13-85　并集运算效果

并集命令行提示如下：

命令：_union
选择对象：找到 1 个
选择对象：找到 1 个，总计 2 个
选择对象：找到 1 个，总计 3 个　　　　（选择所有实体模型，按回车键）
选择对象：

（2）差集运算

差集命令可从一组实体中删除与另一组实体的公共区域，从而生成一个新的实体或面域。用户可以通过以下方式调用“差集”命令。

- 从菜单栏执行“修改>实体编辑>差集”命令。
- 在“常用”选项卡“实体编辑”面板中单击“差集”按钮。
- 在“实体”选项卡“布尔值”面板中单击“差集”按钮。
- 在命令行输入 SUBTRACT 命令，然后按回车键。

执行“差集”命令，根据命令行的提示，选择主实体，按回车键后再选择要删除的实体，再按回车键即可完成差集运算，如图 13-86、图 13-87 所示。

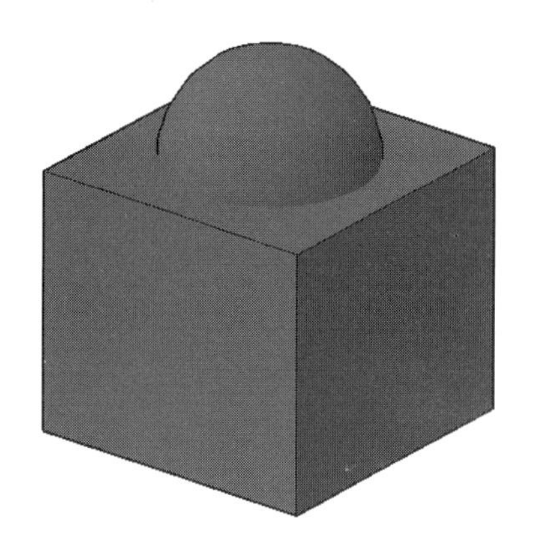

图 13-86　相交实体

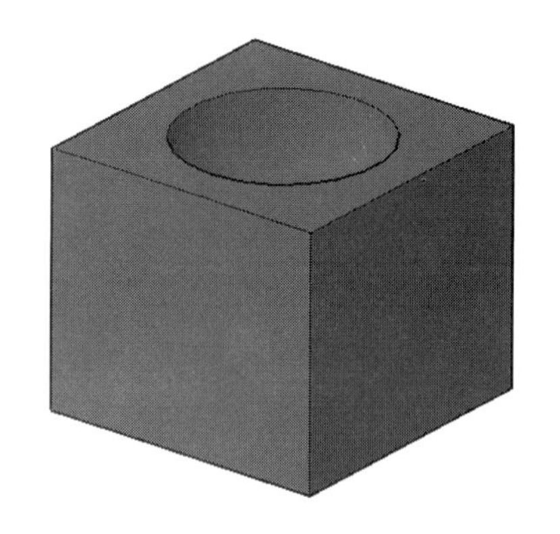

图 13-87　差集运算效果

差集命令行提示如下：

命令：_subtract 选择要从中减去的实体、曲面和面域...
选择对象：找到 1 个　　　　　（选择实体模型，如图 13-84 所示的正方体，按回车键）
选择对象：
选择要减去的实体、曲面和面域...
选择对象：找到 1 个　　　　　（选择要剪去的实体模型，如图 13-85 所示的球体，按回车键）
选择对象：

（3）交集运算

交集是将多个面域或实体之间的公共部分生成新实体。用户可以通过以下方式调用“交集”命令。

- 从菜单栏执行“修改>实体编辑>交集”命令。
- 在“常用”选项卡“实体编辑”面板中单击“交集”按钮。
- 在“实体”选项卡“布尔值”面板中单击“交集”按钮。
- 在命令行输入 INTERSECT 命令，然后按回车键。

执行“交集”命令，根据命令行的提示，选择相交的实体，按回车键确认，此时系统会保留实体重叠部分，其他部分将被去除，如图 13-88、图 13-89 所示。

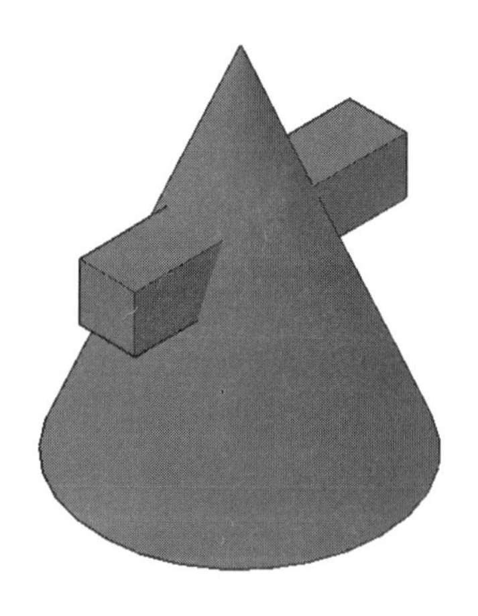

图 13-88　相交实体

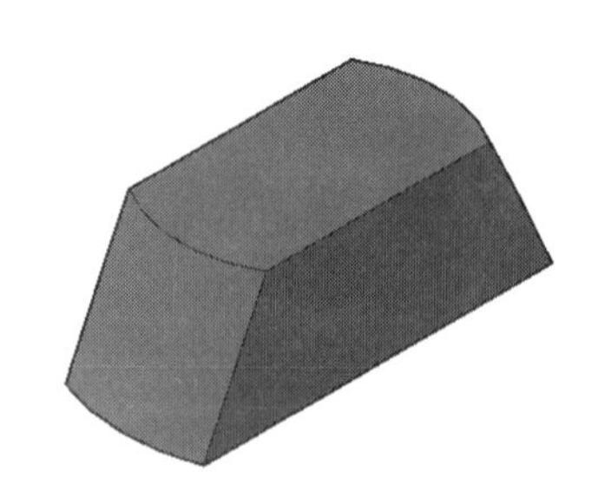

图 13-89　交集运算效果

交集命令行提示如下：

```
命令：_intersect
选择对象：指定对角点：找到 2 个
选择对象：找到 1 个 （1 个重复），总计 2 个                （选择所有实体，按回车键）
选择对象：
```

动手练习——制作机械零件模型

扫一扫　看视频

下面将利用拉伸和差集命令，将二维机械零件图转换成三维模型。具体操作步骤如下。

Step01 打开“素材/CH13/制作机械零件模型.dwg”文件，如图 13-90 所示。

Step02 执行“拉伸”命令，选择零件外轮廓线，按回车键，输入拉伸高度为 10，如图 13-91 所示。

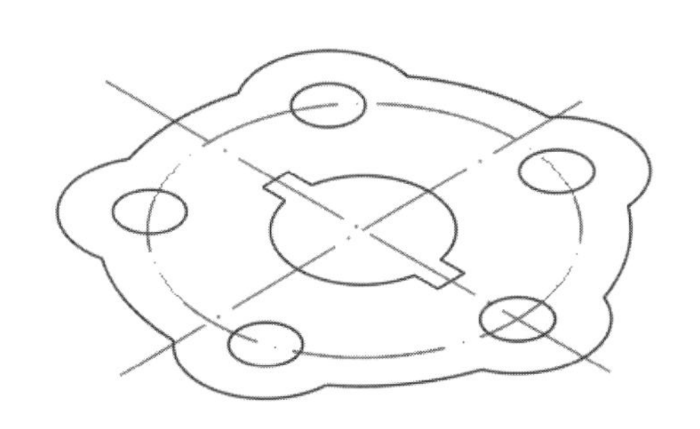

图 13-90　素材文件

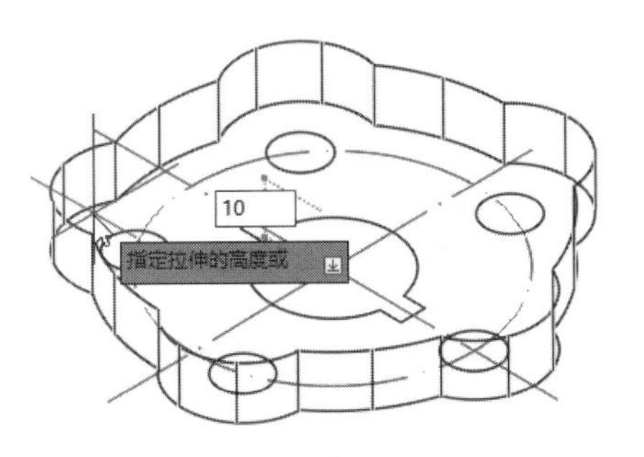

图 13-91　拉伸外轮廓线

Step03 同样执行“拉伸”命令，选择零件内所有轴孔轮廓线，按回车键，输入拉伸高度为 15，如图 13-92 所示。

Step04 将视觉样式设为“概念”。执行“差集”命令，先选择拉伸的零件主体模型，如图 13-93 所示。

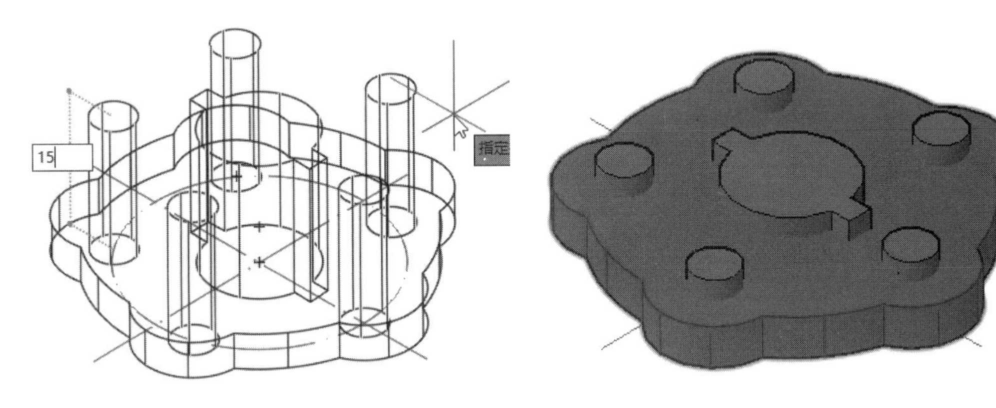

图 13-92　拉伸所有轴孔

图 13-93　选择主体模型

Step05 按回车键确认，然后选择所有拉伸的轴孔实体，如图 13-94 所示。

Step06 按回车键后，所有轴孔实体已从主体模型中减去，如图 13-95 所示。

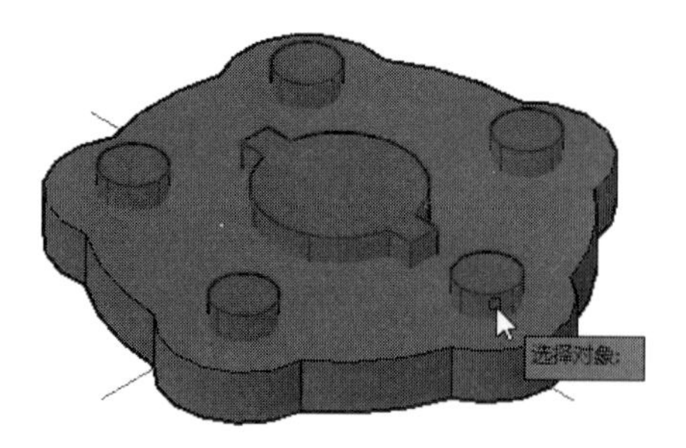

图 13-94　选择所有轴孔实体

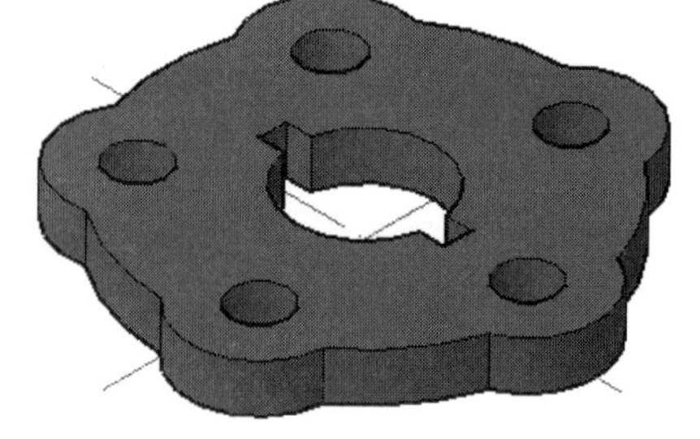

图 13-95　完成差集操作

实战演练 1——制作弹片模型

扫一扫　看视频

本案例将介绍弹片模型的制作，主要利用到本章所学的“圆角边”“差集”等知识，具体操作步骤如下。

▶Step01 打开“素材/CH13/实战演练/制作弹片模型.dwg”文件，如图 13-96 所示。

▶Step02 执行“样条线”命令，选择弹片图形中的边框线条，如图 13-97 所示。

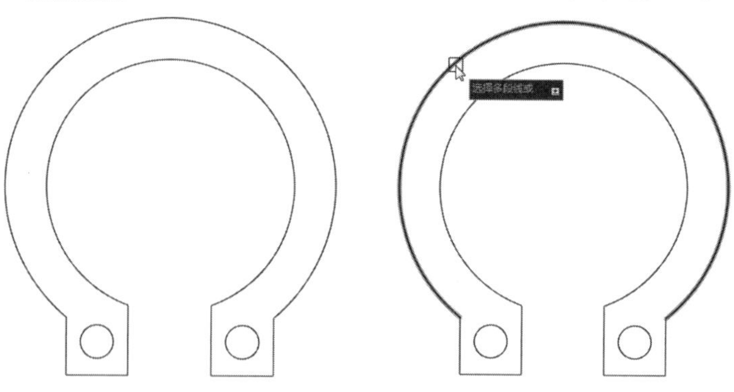

图 13-96　素材文件

图 13-97　选择边框线

▶Step03 单击后会弹出“是否将其转换为多段线”的提示，默认回复 Y，表示将其转换为多段线，如图 13-98 所示。

▶Step04 按回车键后会弹出一个列表，从中选择“合并”选项，如图 13-99 所示。

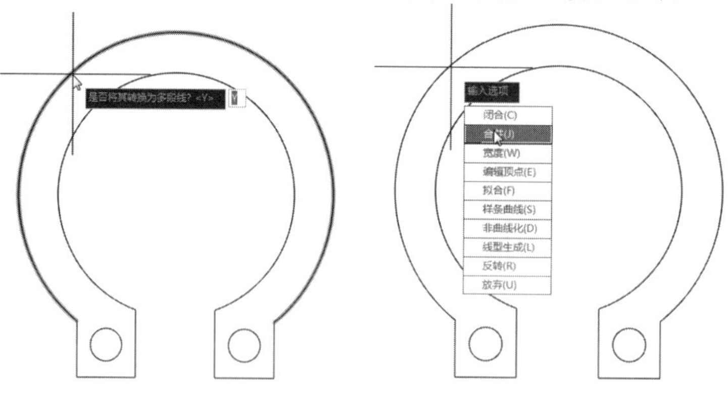

图 13-98　转换多段线

图 13-99　合并多段线

▶Step05 再根据提示选择要转换为多段线的所有线条，如图 13-100 所示。

▶Step06 再按回车键即可完成操作，切换到西南等轴测视图及概念视觉样式，如图 13-101 所示。

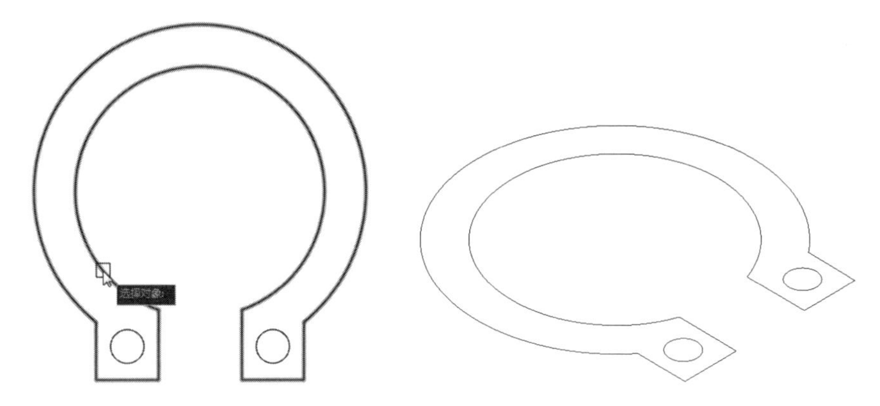

图 13-100　合并其他多段线　　　　图 13-101　转换视角及视觉样式

▶Step07 执行“拉伸”命令，将两个圆和多段线分别向上拉伸 3mm 的高度，如图 13-102 所示。

▶Step08 执行“差集”命令，选择主体模型，如图 13-103 所示。

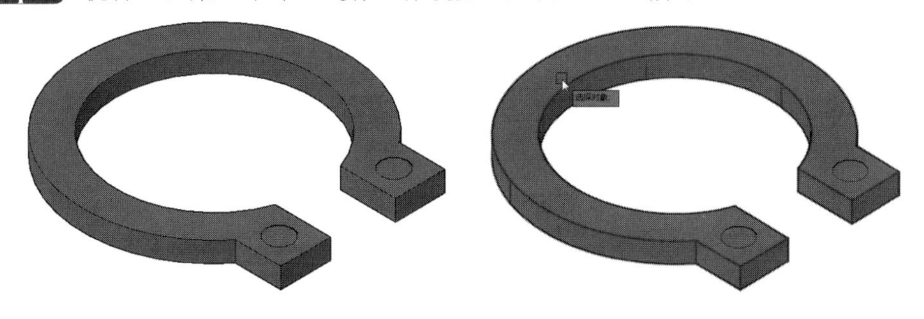

图 13-102　拉伸实体　　　　图 13-103　选择主体模型

▶Step09 按回车键后再选择要减去的模型，如图 13-104 所示。

▶Step10 再按回车键即可完成差集操作，如图 13-105 所示。

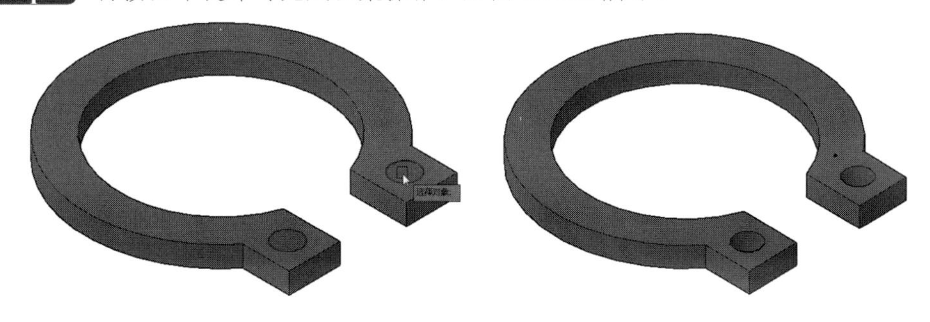

图 13-104　选择要减去的模型　　　　图 13-105　完成差集操作

▶Step11 执行“圆角边”命令，默认圆角半径为 1mm，单击选择上方需要进行圆角操作的边，如图 13-106 所示。

▶Step12 按两次回车键即可完成圆角边操作，如图 13-107 所示。

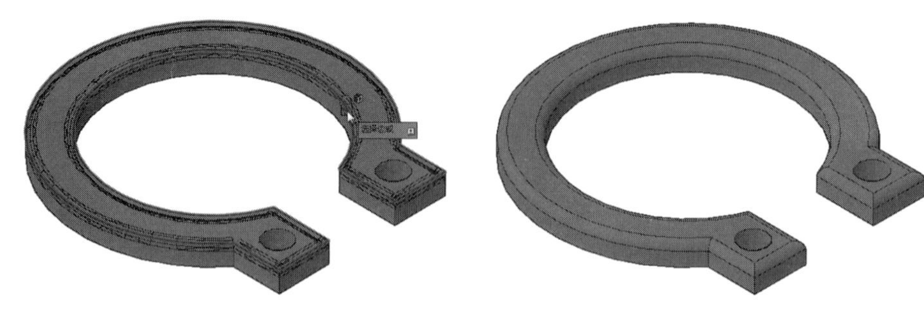

图 13-106　实体边倒圆角　　　　图 13-107　圆角边效果

▶Step13 按住 Shift 键的同时再按鼠标中键，调整模型角度，如图 13-108 所示。

▶Step14 照此方法再对下方的边线进行圆角边操作，完成弹片模型的制作，如图 13-109 所示。

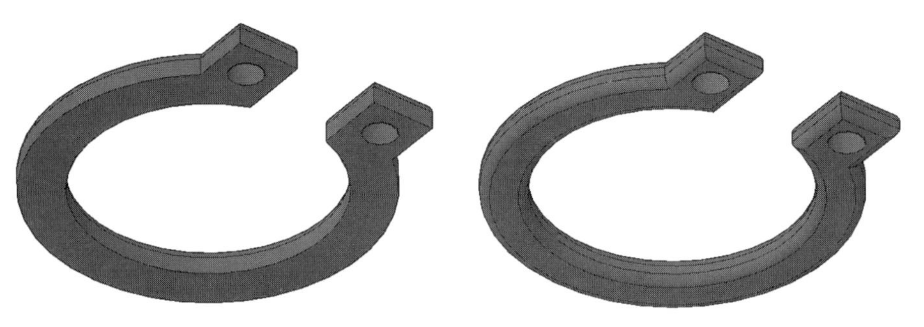

图 13-108　调整实体角度　　　　图 13-109　将另一实体边倒圆角

实战演练 2——制作扳手模型

下面将综合二维及三维制图命令来绘制扳手模型，具体操作步骤如下。

▶Step01 执行“圆”命令，绘制半径为 50mm 的圆，如图 13-110 所示。

▶Step02 执行“多边形”命令，捕捉圆心绘制半径为 25mm 的内切于圆的正六边形，并旋转 90°，如图 13-111 所示。

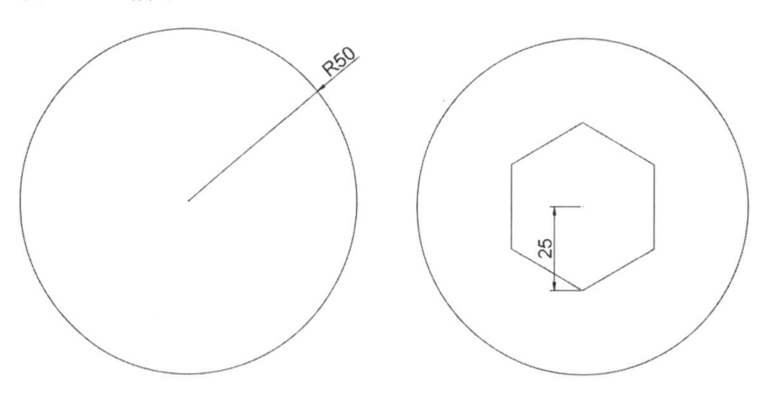

图 13-110　绘制圆　　　　图 13-111　绘制六边形并旋转

▶Step03 执行“复制”命令，复制圆和正六边形，复制距离为 402mm，如图 13-112 所示。

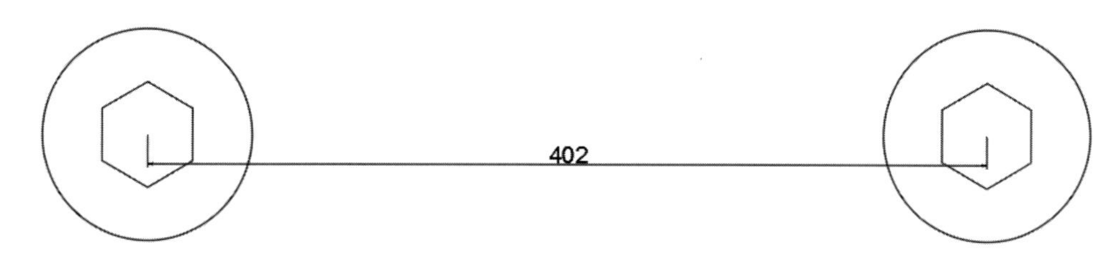

图 13-112　复制图形

▶Step04 执行“直线”命令，捕捉圆心绘制直线并进行旋转复制，设置夹角为-18°，如图 13-113 所示。

▶Step05 执行“移动”命令，捕捉正六边形边线中点，将其移动到圆上，再执行“修剪”命令，修剪并删除多余的图形，如图 13-114 所示。

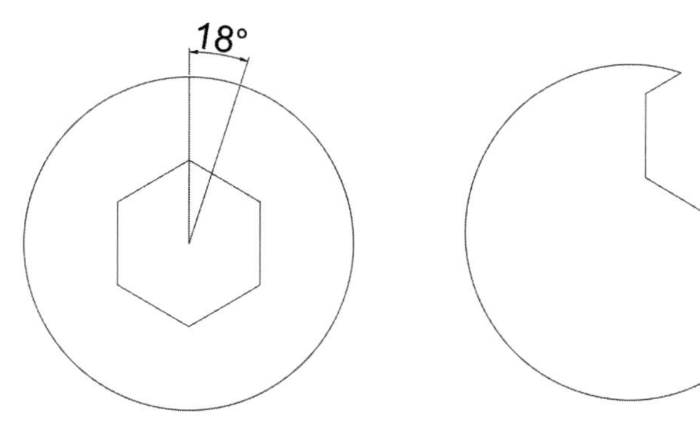

图 13-113　绘制直线并旋转复制　　图 13-114　移动并修剪图形

▶Step06 执行“直线”命令，捕捉圆心绘制直线，再执行“偏移”命令，将直线分别向上下两侧偏移 25mm，如图 13-115 所示。

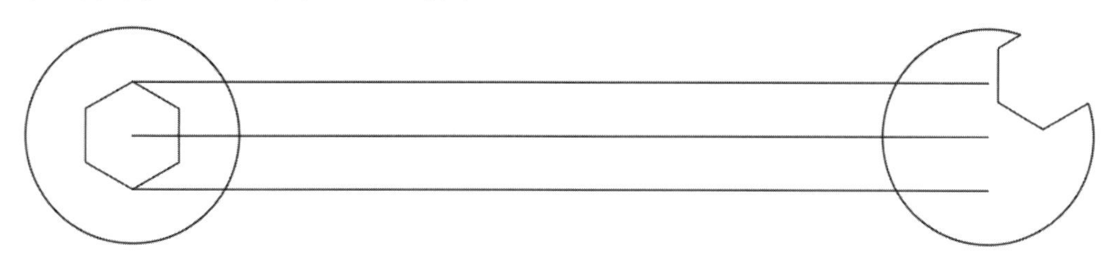

图 13-115　绘制直线并复制

▶Step07 执行“修剪”命令，修剪并删除多余的图形，如图 13-116 所示。

图 13-116　修剪并删除图形

Step08 执行“矩形”命令，绘制尺寸为 280mm × 40mm 的矩形，将其居中放置到手柄中心位置，如图 13-117 所示。

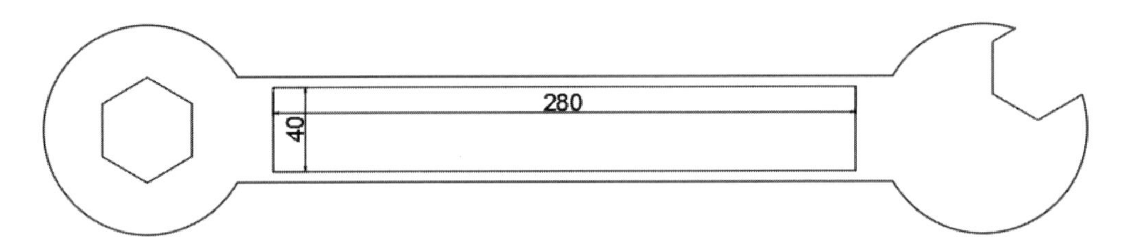

图 13-117　绘制矩形

Step09 执行“圆角”命令，设置圆角半径为 20mm，对矩形两端进行圆角处理，完成扳手平面图的绘制，如图 13-118 所示。

图 13-118　圆角操作

Step10 切换到西南等轴测视图，执行“修改>对象>多段线”命令，将扳手外轮廓转换为多段线，如图 13-119 所示。

Step11 切换到概念视觉样式，执行“拉伸”命令，将扳手轮廓和正六边形向下拉伸 12mm，将手柄部位的圆角矩形向下拉伸 2mm，如图 13-120 所示。

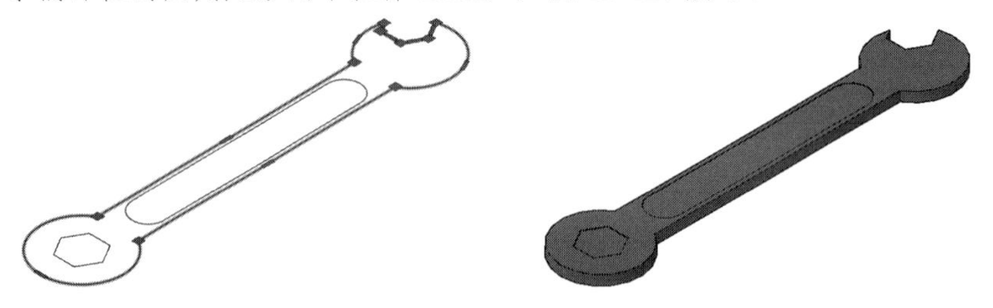

图 13-119　转换为多段线　　　　图 13-120　拉伸模型

Step12 执行“修改>实体编辑>差集”命令，将六边柱体和圆角长方体从主体模型中减去，完成扳手模型的制作，如图 13-121 所示。

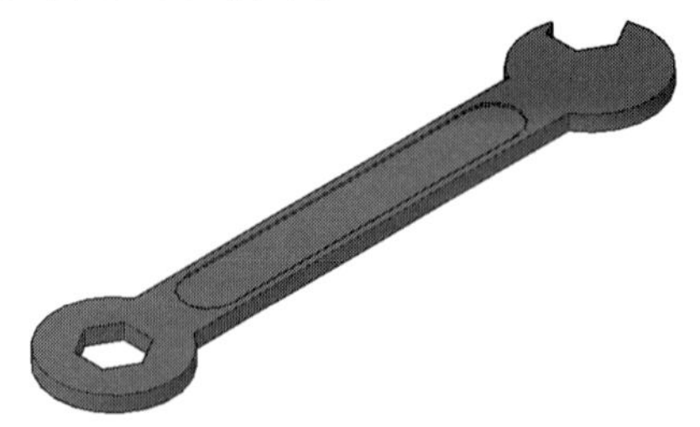

图 13-121　差集运算

课后作业

（1）制作垫片模型

利用拉伸和差集命令，制作出如图 13-122 所示的垫片模型。

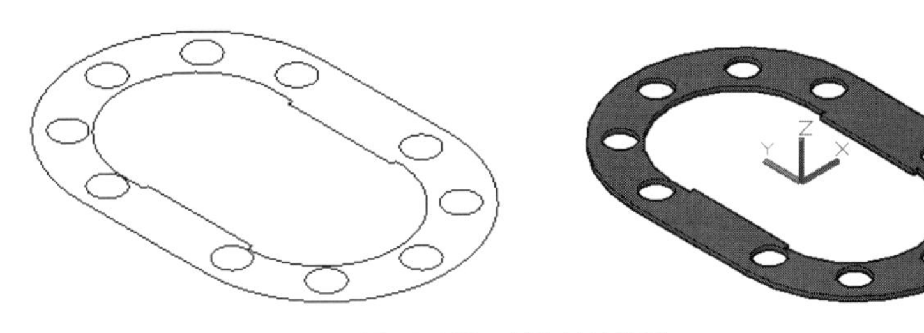

图 13-122　制作垫片模型

操作提示：

Step01：执行“拉伸”命令，将二维垫片图形拉伸成三维实体，拉伸高度为 1mm。

Step02：执行“差集”命令，将轴孔实体以及内部构造实体从垫片主体模型中减去。

（2）剖切定位支座

利用剖切命令对定位支座进行剖切，如图 13-123 所示。

扫一扫　看视频

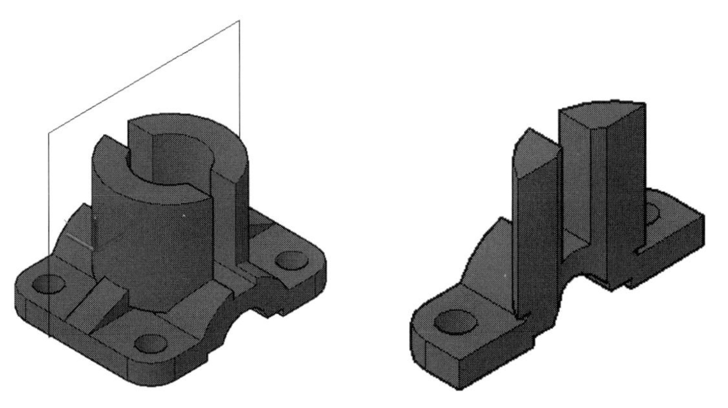

图 13-123　剖切定位支座

操作提示：

Step01：执行“剖切”命令，选中实体模型，然后在命令行中选择“平面对象”选项，选择二维矩形。

Step02：按回车键，删除右边剖切实体。

精选疑难解答

Q1：为什么三维实体编辑命令里的“删除面”“旋转面”命令，对立方体的面操作无效？

A：删除面可以删除的面包括圆角、倒角及挖孔的（差集）内部面，就是将原来的立方体进行倒圆角或差集命令后，想要恢复，则用删除面命令。旋转面可以旋转编辑后的面，实体面可按照指定的旋转轴进行旋转。

Q2：为什么剖切实体后，没有显示剖切面？

A：通常在执行剖切操作时，都会选中所要保留的实体侧面，这样才能显示剖切效果。如果不选择保留侧面，系统只显示实体剖切线，而不会显示剖切效果。

Q3：三维实体边功能主要应用在那些方面？

A：对三维实体边的编辑主要运用于编辑三维实体。当需要对实体边进行突出显示时，可以使用该功能。

Q4：三维镜像与二维镜像有什么区别？

A：二维镜像是在一个平面内完成的，其镜像介质是一条线，而三维镜像是在一个立体空间内完成的，其镜像介质是一个面，所以在进行三维镜像时，必须指定面上的三个点，并且这三个点不能处于同一直线上。

Q5：在执行“三维镜像”命令时，如何指定3个基点，这3个点根据什么来确定？

A：其实道理和平面的差不多，用户只需以操作二维镜像的方法来操作三维镜像即可。三维里面只不过是根据定义的三个点所形成的一个面作为镜像基准面。

Q6：三维实体建模的方式有几种？

A：通常三维实体建模的方法有3种。

- 由二维图形沿着图形平面垂直方向或路径进行拉伸操作，或将二维图形绕着某平面进行旋转生成。
- 利用AutoCAD软件提供的绘制基本实体的相关函数，直接输入基本实体的控制尺寸，由AutoCAD直接生成。
- 使用并、交、差集操作建立复杂三维实体。

第 14 章

渲染三维模型

本章概述

AutoCAD 提供了很强的渲染功能。用户能在模型中添加多种类型的光源，如模拟太阳光或在室内设置一盏灯。用户也可给三维模型附加材质特性，如钢、塑料、玻璃等，并能在场景中加入背景图片及各种风景实体（树木、人物等）。此外，还可把渲染图像以多种文件格式输出。渲染的对象可以使设计者更容易表达设计思想。本章将向用户介绍三维渲染的基础知识以及材质的创建与设置。

学习目标

- 了解变换三维实体
- 掌握编辑三维模型边
- 掌握编辑三维模型面
- 掌握编辑三维实体

实例预览

木纹理材质

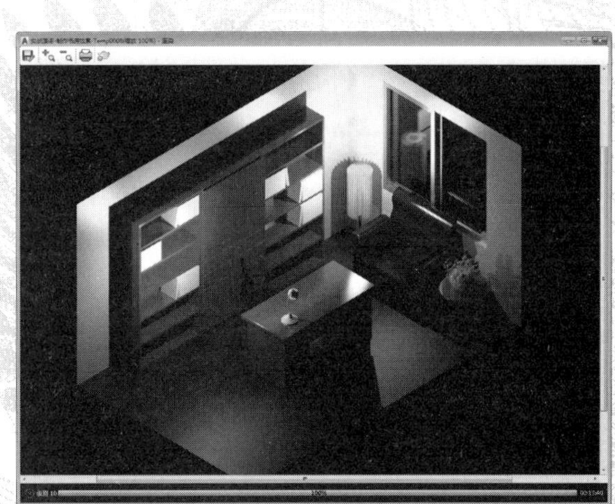

书房效果

14.1 创建材质

为了显著增强模型的真实感，需要为对象添加相应的材质。在渲染环境中，材质描述对象如何反射或发射光线。在材质中，贴图可以模拟纹理、凹凸效果、反射或折射，用户可将材质附着到模型对象上，并且也可对创建的材质进行修改编辑，例如材质纹理、颜色、透明度等。

14.1.1 材质浏览器

材质浏览器主要用于管理由 Autodesk 提供的材质库，或为特定的项目创建自定义库。用户可以使用材质浏览器导航和管理材质，使用“过滤器”按钮来更改要显示的材质、缩略图的大小和显示的信息数量。

用户可通过以下几种方式打开材质浏览器。

- 从菜单栏执行“视图>渲染>材质浏览器”命令。
- 在“可视化”选项卡的“材质”面板中单击“材质浏览器”按钮。
- 在“视图”选项卡的“选项板”面板中单击“材质浏览器”按钮。
- 在“渲染”工具栏中单击“材质浏览器”按钮。
- 在命令行中输入 MATBROWSEROPEN 命令。

图 14-1 “材质浏览器”选项板

执行“视图>渲染>材质浏览器”命令，打开“材质浏览器”选项板，如图 14-1 所示，可以看到面板主要分为三个部分：文档材质、Autodesk 库以及材质预览列表。

下面对各选项组进行简单说明。

- 搜索：在多个库中搜索材质外观。
- 文档材质：显示打开的图形保存的材质。
- Autodesk 库：列出当前可用的材质库中的类别。

选中类别中的材质将会显示在右侧。

- 更改视图：提供用于过滤和显示材质列表的选项。
- 主页：在右侧内容窗格中显示库的文件夹视图，单击文件夹以打开库列表。
- 创建、打开并编辑用户定义的库：创建、打开或编辑库和库类别。
- 在文档中创建新材质：创建新材质。
- 材质编辑器：单击可打开材质编辑器。

14.1.2 材质编辑器

通过材质编辑器，用户可设置各种材质。按照以下几种方式可打开材质编辑器。

- 从菜单栏执行“视图>渲染>材质编辑器”命令。
- 在“可视化”选项卡“材质”面板中单击“材质编辑器”快捷按钮。

• 在命令行输入 MATEDITOROPEN 并按回车键。

执行“视图>渲染>材质编辑器”命令，打开“材质编辑器”选项板，可以看到“材质编辑器”包括“外观”和“信息”两个选项卡，从中可对材质进行创建或编辑，如图 14-2、图 14-3 所示。

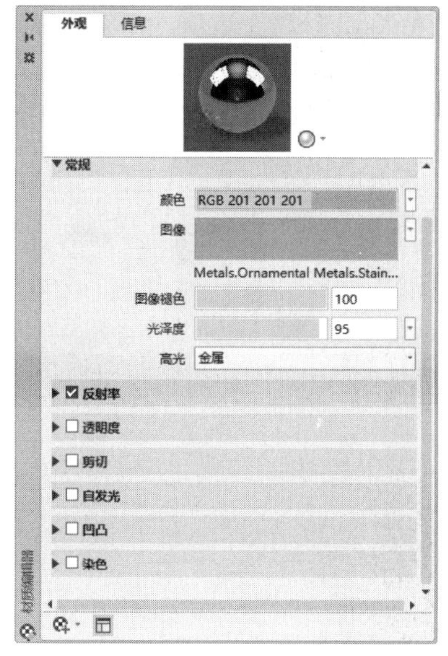

图 14-2 “外观”选项卡

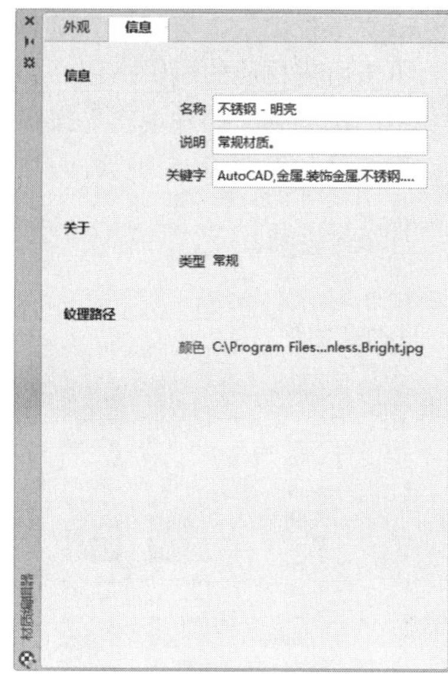

图 14-3 “信息”选项卡

“材质编辑器”选项板由不同选项组组成，包括常规、反射率、透明度、剪切、自发光、凹凸以及染色等。下面对这些选项组进行简单说明。

• 外观：在该选项卡中，显示了图形中可用的材质样例以及材质创建编辑的各选项。系统默认材质名称为 Global。

• 常规：单击该选择组左侧扩展按钮，在扩展列表中，用户可对材质的常规特性进行设置，如“颜色”和“图像”。单击“颜色”下拉按钮，在其列表中可选择颜色的着色方式；单击“图像”下拉按钮，在其列表中可选择材质的漫射颜色贴图。

• 反射率：在该选项组中，用户可对材质的反射特性进行设置。

• 透明度：在该选项组中，用户可对材质的透明度特性进行设置，完全不透明的实体对象不允许光穿过其表面，不具有不透明性的对象是透明的。

• 剪切：在该选项组中，用户可设置剪切特性。

• 自发光：在该选项组中，用户可对材质的自发光特性进行设置。当设置的数值大于 0 时，可使对象自身显示为发光而不依赖图形中的光源。选择自发光时，亮度不可用。

• 凹凸：在该选择组中，用户可对材质的凹凸特性进行设置。

• 染色：在该选项组中，用户可对材质进行着色设置。

• 信息：在该选项卡中，显示了当前图形材质的基本信息。

• 创建或复制材质：单击该按钮，在打开的列表中，用户可选择创建材质的基本类型选项。

• 打开/关闭材质浏览器：单击该按钮，可打开“材质浏览器”选项板，在该面板中，用户可选择系统自带的材质贴图。

14.1.3 材质的创建

用户可通过两种方式进行材质的创建：一种是使用系统自带的材质进行创建，另一种是创建自定义材质。

扫一扫 看视频

执行“渲染>材质>材质浏览器”命令，打开“材质浏览器”选项板，单击“主视图”折叠按钮，选择“Autodesk 库”选项，在右侧材质缩略图中，单击所需材质的编辑按钮，如图 14-4 所示，在“材质编辑器”选项板中，单击“添加到文档并编辑”按钮，即可进入材质名称编辑状态，输入该材质的名称即可，如图 14-5 所示。

图 14-4 单击材质编辑按钮

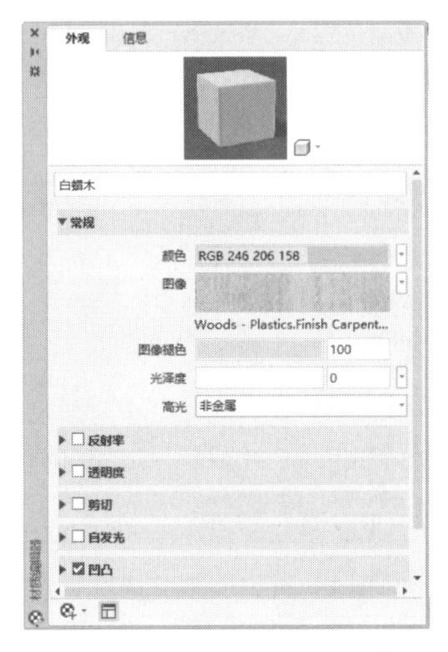

图 14-5 “材质编辑器”选项板

技术要点

在“材质浏览器”选项板中，单击“更改您的视图”下拉按钮，在打开的快捷列表中，用户可根据需要设置材质缩略图显示效果，例如“查看类型”“排列”“缩略图大小”等。

14.1.4 赋予材质

材质创建好后，用户可使用两种方法将创建好的材质赋予实体模型上：一种是直接使用拖拽的方法赋予材质；另一种是使用右键菜单方法赋予材质。下面将对具体操作进行介绍。

（1）鼠标拖拽赋予材质

执行“渲染>材质>材质浏览器”命令，在“材质浏览器”对话框的“Autodesk 库”中，选择需要的材质缩略图，按住鼠标左键，将该材质图拖至模型合适位置后释放鼠标即可，如图 14-6 所示。

（2）右键菜单赋予材质

选择要赋予材质的模型，执行“材质浏览器”按钮，在打开的面板中，右击所需的材质图，在打开的快捷列表中，选择“指定给当前选择”选项即可，如图 14-7 所示。

材质赋予实体模型后，用户可执行“视图>视图样式>真实”命令，即可查看赋予材质后的效果。

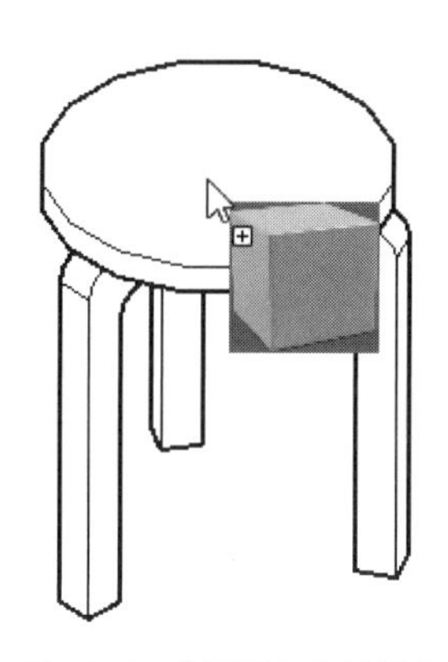

图 14-6　使用鼠标拖拽操作

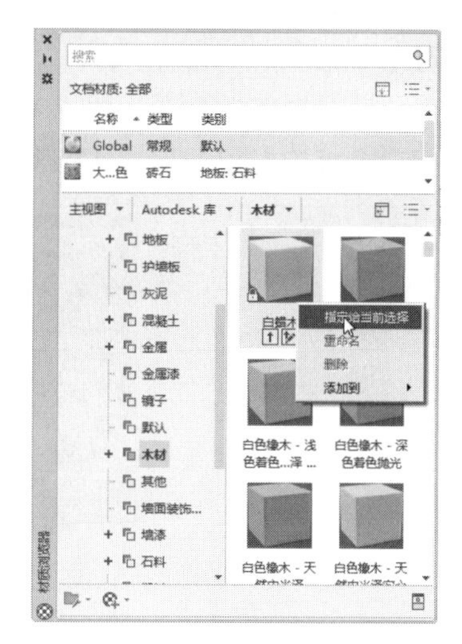

图 14-7　使用右键菜单操作

技术要点

为了方便查看材质效果，可以在视图中显示材质，但是这样会占用计算机更多的资源。在“可视化”选项卡“材质”面板中，单击“材质/纹理”开关按钮即可控制场景中材质与纹理的显示与否。

动手练习——自定义新材质

扫一扫　看视频

材质浏览器中如果没有合适的材质，用户也可以自己创建新的材质。具体操作步骤介绍如下。

Step01 执行“材质浏览器”命令，打开“材质浏览器”选项板，如图 14-8 所示。

Step02 单击“在文档中创建新材质”按钮，在打开的菜单中选择“新建常规材质”选项，如图 14-9 所示。

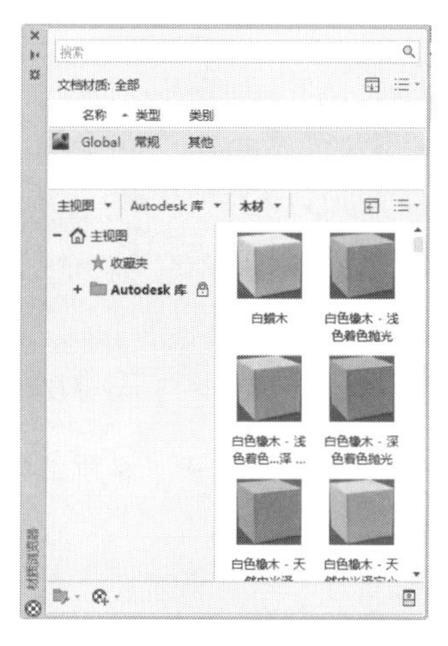

图 14-8　“材质浏览器”选项板

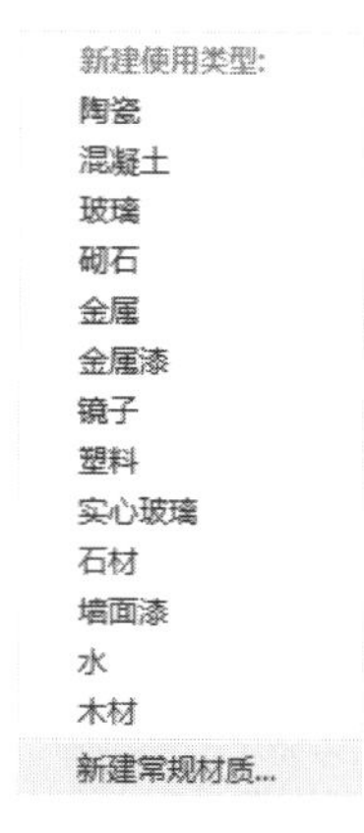

图 14-9　快捷菜单选项

▶Step03 此时系统会打开一个空白的“材质编辑器”选项板，如图 14-10 所示。

▶Step04 在面板的“常规”卷展栏中单击“图像”预览区域，打开“材质编辑器打开文件”对话框，选择合适的贴图，如图 14-11 所示。

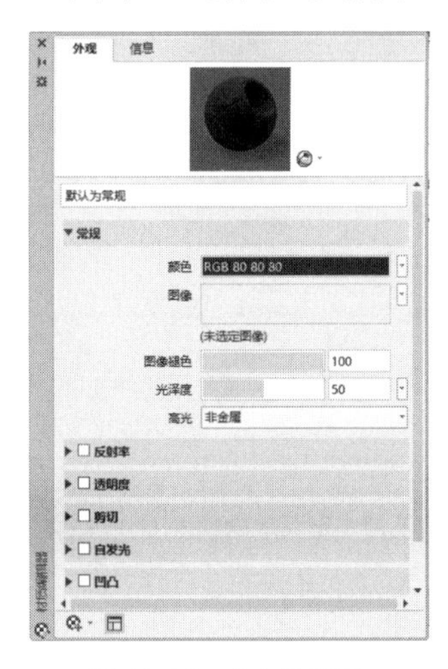

图 14-10 空白的材质

图 14-11 选择贴图

▶Step05 单击“打开”按钮，即可将材质贴图添加到材质中，如图 14-12 所示。

▶Step06 勾选“反射率”复选框，打开卷展栏，设置“直接”和“倾斜”值，观察材质球效果，可以看到木纹材质已经有了反射效果，如图 14-13 所示。

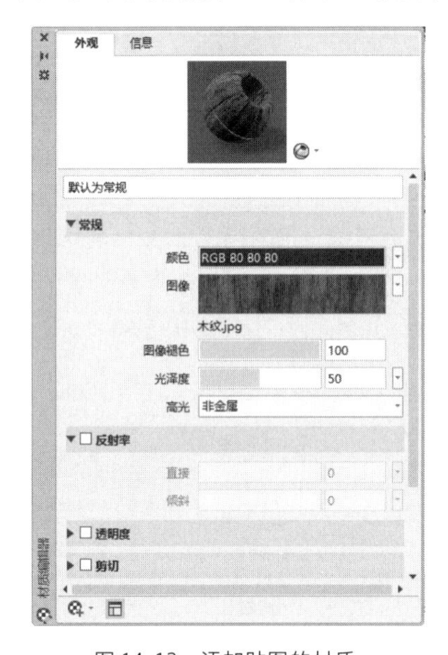

图 14-12 添加贴图的材质

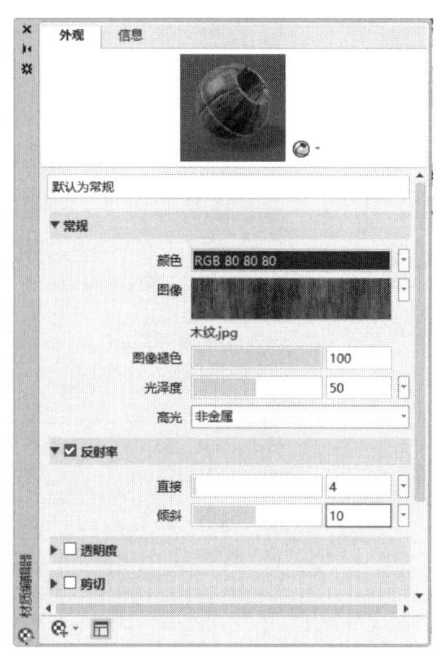

图 14-13 设置反射率

▶Step07 勾选“凹凸”复选框，在贴图预览区单击，打开“材质编辑器打开文件”对话框，选择合适的凹凸贴图，如图 14-14 所示。

▶Step08 单击“打开”按钮，在“凹凸”卷展栏下设置数量以调整凹凸效果。设置完毕后可以看到最终的木纹理材质效果如图 14-15 所示。

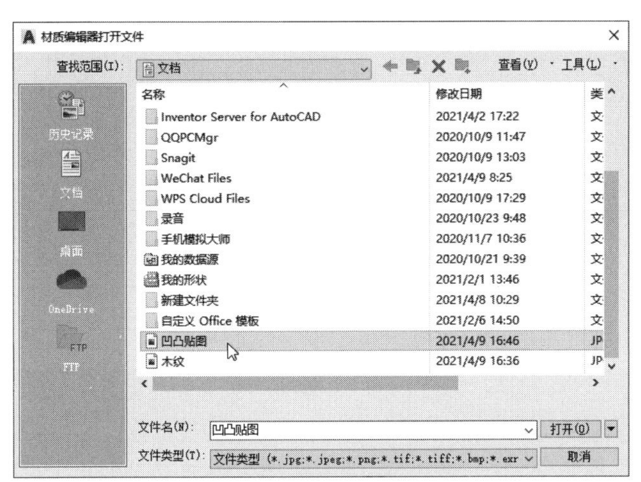

图 14-14　选择凹凸贴图

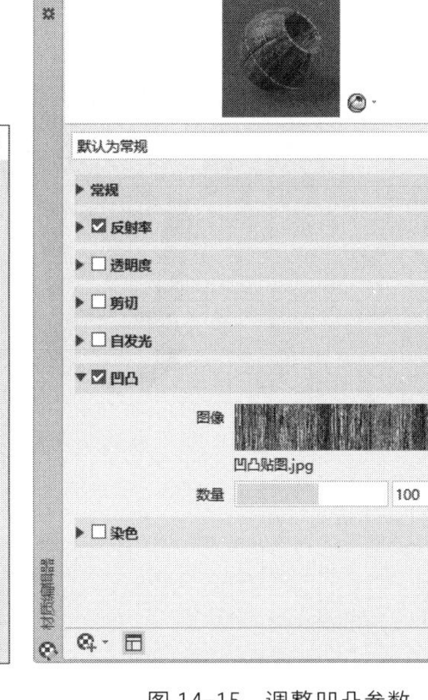

图 14-15　调整凹凸参数

14.2　光源的应用

当场景中没有用户创建的光源时，系统将使用默认光源对场景进行着色或渲染，默认光源是来自视点后面的两个平行光源，模型中所有的面均会被照亮，以使其可见。用户可以控制其亮度和对比度，而无须创建或放置光源。

14.2.1　光源的类型

正确的光源对于在绘图时显示着色三维模型和创建渲染非常重要。在 AutoCAD 中，光源的类型可包括 4 种：点光源、聚光灯、平行光以及广域网。若没有指定光源的类型，系统则会使用默认光源，该光源没有方向、阴影，并且模型各个面的灯光强度都是一样的，因此，其真实效果远不如添加光源后的效果。

（1）点光源

点光源从其所在位置向四周发射光线，与灯泡发出的光源类似，是从一点向各个方向发射的光源。点光源不以一个对象为目标，根据点光线的位置，模型将产生较为明显的阴影效果，使用点光源以达到基本的照明效果。用户可以通过以下几种方式创建点光源。

- 从菜单栏中执行“视图>渲染>光源>新建点光源”命令。
- 在“可视化”选项卡的“光源”面板中打开“创建光源”列表，从中选择“点”选项。
- 在命令行输入 POINTLIGHT 并按回车键。

执行“视图>渲染>光源>新建点光源”命令，在绘图区中指定光源位置并选择修改光源基本特性，即可看到点光源照射到物体上的效果，如图 14-16、图 14-17 所示。

图 14-16　创建点光源

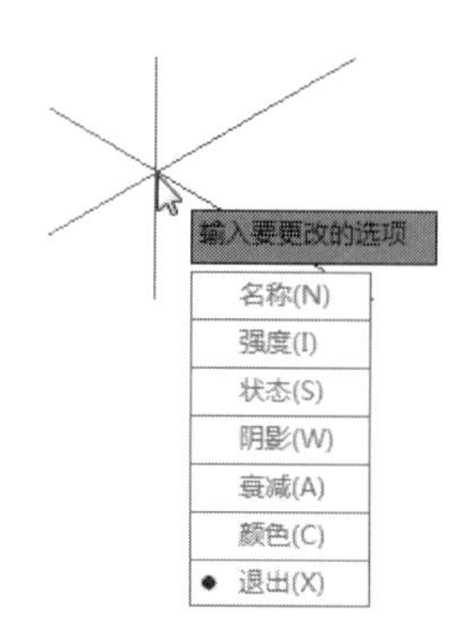

图 14-17　灯光参数更改选项

命令行提示如下：

命令：_pointlight

指定源位置 <0，0，0>：

输入要更改的选项 [名称（N）/强度（I）/状态（S）/阴影（W）/衰减（A）/颜色（C）/退出（X）] <退出>：

光源基本属性选项说明如下。

- 名称：指定光源名称。该名称可使用大小写英文字母、数字、空格等多种字符。
- 强度：设置光源灯光强度或亮度。
- 状态：打开和关闭光源。若没有启用光源，则该设置不受影响。
- 阴影：该选项包含多个属性参数。其中，“关”表示关闭光源阴影的显示和计算；“强烈”表示显示带有强烈边界的阴影；“已映射柔和”表示显示带有柔和边界的真实阴影；“已采样柔和”表示显示真实阴影和基于扩展光源的柔和阴影。
- 衰减：该选项同样包含多个属性参数。其中，“衰减类型”表示控制光线如何随着距离增加而衰减，对向距点光源越远，则越暗；“使用界线衰减起始界限”表示指定是否使用界限；“衰减结束界限”表示指定一点，光线的亮度相对于光源中心的衰减于该点结束。
- 颜色：控制光源的颜色。

（2）聚光灯

聚光灯发射定向锥形光，可用于亮显模型中的特性特征和区域。它与点光源相似，也是从一点发出，但点光源的光线没有可指定的方向，而聚光灯的光线是可以沿着指定的方向发射出锥形光束。像点光源一样，聚光灯也可以手动设置为强度随距离衰减。但是，聚光灯的强度始终还是根据相对于聚光灯的目标矢量的角度衰减。此衰减由聚光灯的聚光角角度和照射角角度控制。

用户可以通过以下几种方式创建聚光灯。

- 从菜单栏中执行“视图>渲染>光源>新建聚光灯”命令。
- 在“可视化”选项卡的“光源”面板中打开“创建光源”列表，从中选择“聚光灯”选项。
- 在命令行输入 SPOTLIGHT 并按回车键。

执行“视图>渲染>光源>新建聚光灯”命令，在绘图区中指定聚光灯位置及目标点位置，即可看到聚光灯照射到物体上的效果，如图 14-18、图 14-19 所示。

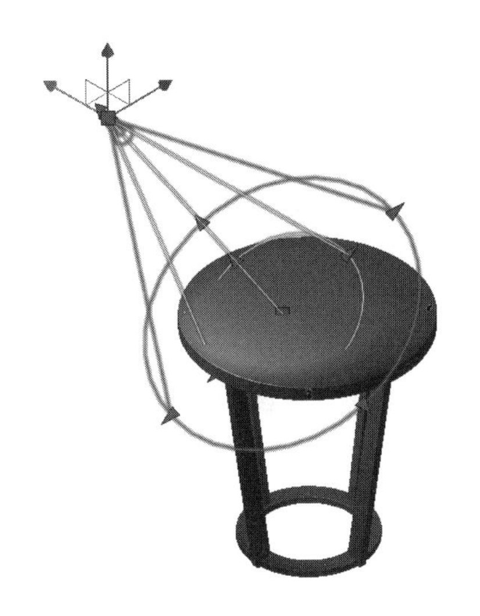

图 14-18　创建聚光灯

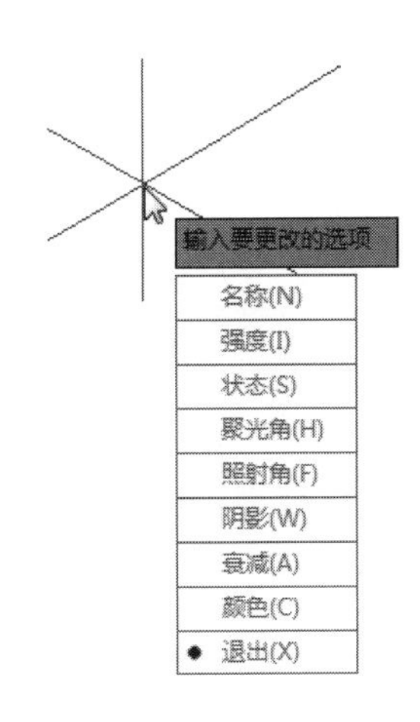

图 14-19　灯光参数更改选项

命令行提示如下：

命令：_spotlight

指定源位置 <0，0，0>：

指定目标位置 <0，0，-10>：

输入要更改的选项 ［名称（N）/强度（I）/状态（S）/聚光角（H）/照射角（F）/阴影（W）/衰减（A）/颜色（C）/退出（X）］<退出>：

光源基本属性选项说明如下。

• 名称：指定光源名称。该名称可使用大小写英文字母、数字、空格等多种字符。

• 强度：设置光源灯光强度或亮度。

• 状态：打开和关闭光源。若没有启用光源，则该设置不受影响。

• 聚光角：指定最亮光锥的角度。该选项只有在使用聚光灯光源时可用。

• 照射角：指定完整光锥的角度。照射角度取值范围为 0～160。该选项同样在聚光灯中可用。

• 阴影：该选项包含多个属性参数。其中，“关”表示则关闭光源阴影的显示和计算；“强烈”表示显示带有强烈边界的阴影；“已映射柔和”表示显示带有柔和边界的真实阴影；“已采样柔和”表示显示真实阴影和基于扩展光源的柔和阴影。

• 衰减：该选项同样包含多个属性参数。其中，“衰减类型”表示控制光线如何随着距离增加而衰减，对向距点光源越远，则越暗；“使用界线衰减起始界限”表示指定是否使用界限；“衰减结束界限”表示指定一点，光线的亮度相对于光源中心的衰减于该点结束。

• 颜色：控制光源的颜色。

（3）平行光

平行光源仅向一个方向发射统一的平行光光线。它需要指定光源的起始位置和发射方向，从而定义光线的方向。平行光的强度并不随着距离的增加而衰减；对于每个照射的面，平行光的亮度都与其在光源处相同，在照亮对象或照亮背景时，平行光很有用。

用户可以通过以下几种方式创建平行光。

• 从菜单栏中执行“视图>渲染>光源>新建平行光”命令。

• 在“可视化”选项卡的“光源”面板中打开“创建光源”列表，从中选择“平行光”

选项。

• 在命令行输入 DISTANTLIGHT 并按回车键。

执行“视图>渲染>光源>新建平行光”命令，在绘图区中指定光源来向和去向，再修改光源基本特性，即可看到平行光照射到物体上的效果，如图 14-20、图 14-21 所示。

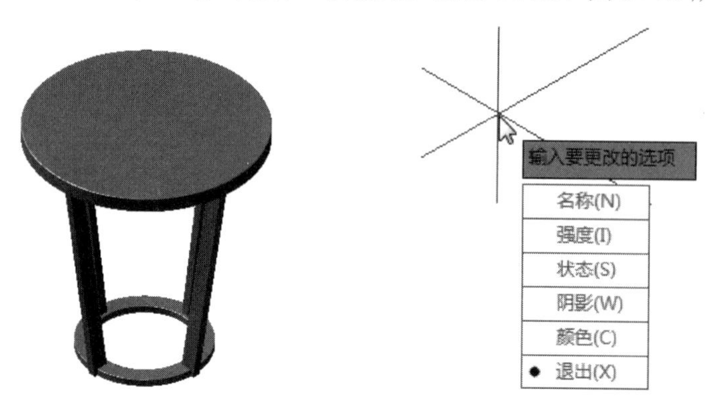

图 14-20　创建平行光　　　图 14-21　灯光参数更改选项

命令行提示如下：

```
命令：_distantlight
指定光源来向 <0，0，0> 或 [矢量（V）]：
指定光源去向 <1，1，1>：
输入要更改的选项 [名称（N）/强度（I）/状态（S）/阴影（W）/颜色（C）/退出（X）]<退出>：
```

光源基本属性选项说明如下。

• 名称：指定光源名称。该名称可使用大小写英文字母、数字、空格等多种字符。

• 强度：设置光源灯光强度或亮度。

• 状态：打开和关闭光源。若没有启用光源，则该设置不受影响。

• 阴影：该选项包含多个属性参数。其中，“关”表示关闭光源阴影的显示和计算；“强烈”表示显示带有强烈边界的阴影；“已映射柔和”表示显示带有柔和边界的真实阴影；“已采样柔和”表示显示真实阴影和基于扩展光源的柔和阴影。

• 颜色：控制光源的颜色。

（4）光域网灯光

光域网光源是具有现实中的自定义光分布的光度控制光源。它同样也需指定光源的起始位置和发射方向。光域网是灯光分布的三维表示。它将测角图扩展到三维，以便同时检查照度对垂直角度和水平角度的依赖性。光域网的中心表示光源对象的中心。

14.2.2 设置光源

光源创建完毕后，为了使图形渲染得更为逼真，通常都需要对创建的光源进行多次设置。用户可通过“光源列表”或“地理位置”两种方法对当前光源属性进行适当修改。

执行“渲染>光源”命令，打开“模型中的光源”面板。该面板按照光源名称和类型列出了当前图形中的所有光源，如图 14-22 所示。选中任意光源名称后，图形中相应的灯光将一起被选中。

右击光源名称，在打开的快捷菜单中，用户可根据需要对该光源执行删除光源、特性、轮廓显示操作。在快捷菜单中选择“特性”选项，可打开“特性”面板，用户可根据需要对光源基本属性进行修改设置，如图 14-23 所示。

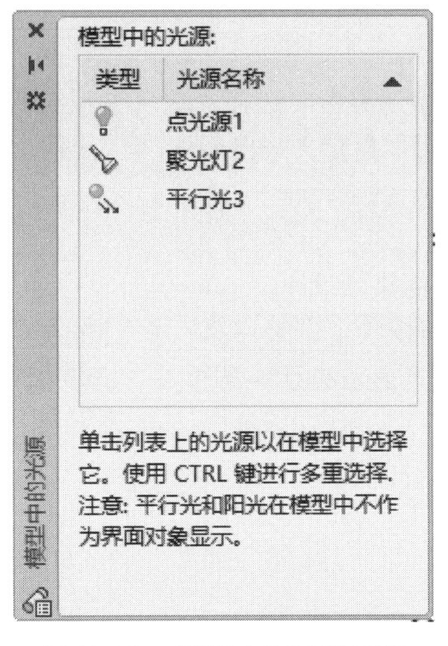

图 14-22 “模型中的光源”面板

图 14-23 “特性”面板

14.3 模型的渲染

渲染是创建三维模型最后一道工序。利用渲染器可以生成真实准确的模拟光照效果，包括光线跟踪反射、折射和全局照明。而渲染的最终目的是通过多次渲染测试创建出一张真实照片级的演示图像。

14.3.1 渲染概述

执行“视图>渲染>高级渲染设置”命令，打开“渲染预设管理器”选项板，用户可对渲染位置、渲染大小、预设等级、渲染时间等参数进行设置，如图 14-24 所示。

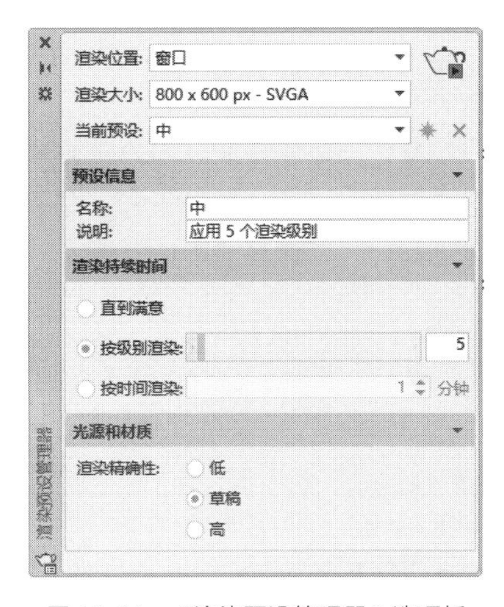

图 14-24 “渲染预设管理器”选项板

当用户指定一组渲染设置时，可以将其保存为自定义预设，以便能够快速地重复使用这些设置。使用标准预设作为基础，用户可以尝试各种设置并查看渲染图形的外观，如果得到满意的效果，即可创建为自定义预设。

“渲染预设管理器”选项板中主要选项组说明如下。

（1）渲染位置

该选项主要用于确定渲染器显示渲染图像的位置，包括“窗口”“视口”“面域”三种方式。

- 窗口：将当前视图渲染到渲染窗口。
- 视口：在当前视口中渲染当前视图。
- 面域：在当前视口中渲染指定区域。

（2）渲染大小

该选项主要用于指定渲染图像的输出尺寸和分辨率。选择“更多输出设置”可以打开“渲染到尺寸输出设置”对话框，在该对话框中可以自定义输出尺寸，但仅当从“渲染位置”列表中选择“窗口”时，该选项才可用。

（3）当前预设

该选项用于指定渲染视图或区域时要使用的渲染预设。

- 创建副本：复制选定的渲染预设。将复制的渲染预设名称以及后缀“-CopyN”附加到该名称，以便为新的自定义渲染预设创建位移名称。N所表示的数字会递增，直到创建唯一名称。
- 删除：从图形的“当前预设”下拉列表中，删除选定的自定义渲染预设。

（4）预设信息

该选项主要用于显示选定渲染预设的名称和说明。

- 名称：指定选定渲染预设的名称，用户可以重命名自定义渲染预设而非标准渲染预设。
- 说明：指定选定渲染预设的说明。

（5）渲染持续时间

该选项用于控制渲染器为创建最终渲染输出而执行的迭代时间或层级数。增加时间或层级数可提高渲染图像的质量。

- 直到满意：渲染将继续，直到取消为止。
- 按级别渲染：指定渲染引擎为创建渲染图像而执行的层级数或迭代数。
- 按时间渲染：指定渲染引擎用于反复细化渲染图像的分钟数。

（6）光源和材质

该选项用于控制渲染图像的光源和材质计算的准确度。

- 低：简化光源模型，最快但最不真实。全局照明、反射和折射处于禁用状态。
- 草稿：基本光源模型，平衡性能和真实感。全局照明处于启用状态，反射和折射处于禁用状态。
- 高：高级光源模型，较慢但更真实。全局照明、反射和折射都处于启用状态。

14.3.2 渲染等级

在执行渲染命令时，用户可根据需要对渲染的过程进行详细的设置。AutoCAD软件提供给用户低、中、高、茶歇质量、午餐质量、夜晚质量6种渲染等级，如图14-25所示。渲染等级越高，其图像越清晰，但渲染时间也越长。下面将分别对这几种渲染等级进行简单说明。

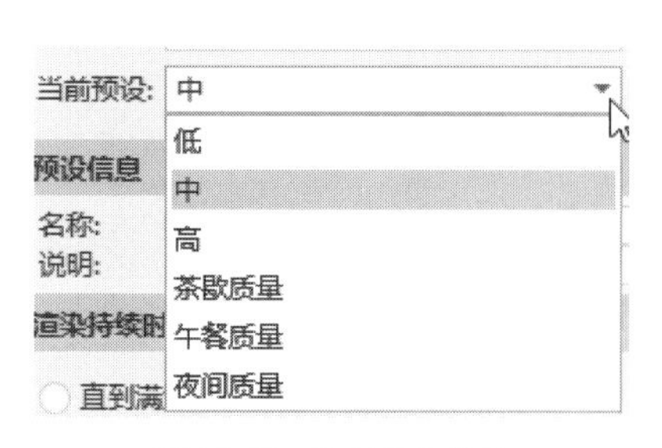

图14-25 选择渲染等级

- 低：该渲染等级采用较低渲染精度且光线跟踪深度为3个渲染迭代。
- 中：该渲染等级提高了质量，使其高于低渲染预设，使用光线跟踪深度5，执行5次渲染迭代。
- 高：该渲染等级在渲染质量方面与中渲染预设相符，但执行10次渲染迭代，光线跟踪深度设置为7。渲染的图像需要更长的时间进行处理，图像质量也要好得多。

• 茶歇质量：该渲染等级使用低渲染精度和光线跟踪深度 3 执行渲染，持续时间超过 10 分钟。

• 午餐质量：该渲染等级提高了质量，使其高于茶歇质量渲染预设。使用渲染精度和光线跟踪深度 5 执行渲染，持续时间超过 60 分钟。

• 夜间质量：该渲染等级可创建最高质量渲染图像的渲染预设，应用于最终渲染。光线跟踪深度设置为 7，但需要 12 小时来处理。

14.3.3 渲染方式

渲染能为建立的三维模型做出逼真的效果。当模型的材质与光源都设置完成后，即可进行渲染操作。用户可以通过以下几种方法执行“渲染”命令。

• 在“可视化”选项卡的“渲染”面板中单击“渲染”按钮。

• 在“高级渲染设置”面板中点击“渲染”按钮。

• 在命令行输入 RENDER 命令并按回车键。

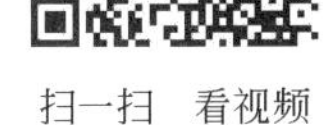

扫一扫　看视频

AutoCAD 软件提供了两种渲染方法：一种是全屏渲染，另一种则是区域渲染。

（1）渲染

执行“渲染”命令，在打开的渲染窗口中，系统将自动对当前模型进行渲染处理。该窗口共分为三个窗格，分别为“图像”“统计信息”和“历史记录”，如图 14-26 所示。

• 图像：该窗格位于窗口左上方，它是渲染器的主要输出目标。在该窗格中显示了当前模型渲染效果。

• 统计信息：该窗格位于窗口右侧，从该窗格中可查看有关渲染的详细信息以及创建图像时使用的渲染设置参数。

• 历史记录：该窗格位于窗口左下方。从该窗格中可查看渲染进度以及最近渲染记录。

渲染结束后，在该渲染窗口菜单栏中，执行“工具”命令，可将渲染图像放大或缩小设置，执行“视图”命令，可隐藏状态栏或统计信息窗格，如图 14-27 所示。

图 14-26　渲染窗口

图 14-27　放大渲染图

（2）渲染面域

在“渲染预设管理器”选项板的“渲染位置”列表中选择“面域”选项，单击“渲染”按钮，会返回到绘图区，框选出需要的区域，即可在绘图区进行渲染操作，如图 14-28、图 14-29 所示。该渲染较为快捷，并能够按照用户意愿进行有选择性的渲染。

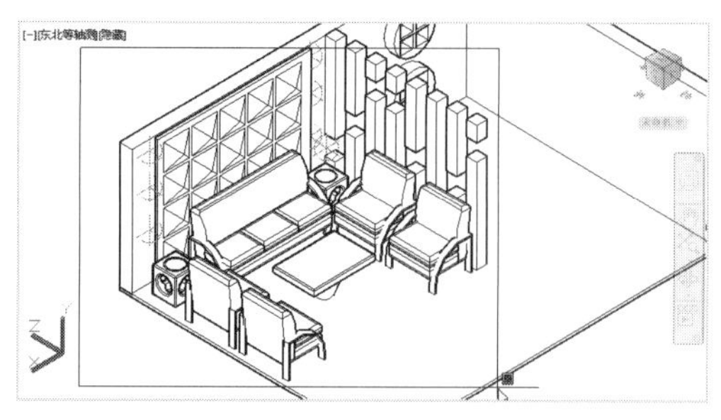

图 14-28　框选渲染区域

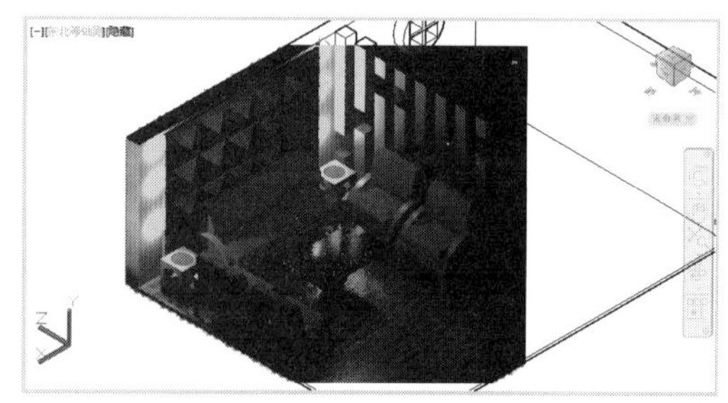

图 14-29　进行渲染操作

实战演练——制作书房效果

本案例将介绍弹片模型的制作，主要利用到本章所学的“圆角边”“差集”等知识，具体操作步骤介绍如下。

▶Step01 执行“长方体”命令，绘制一个尺寸为 4600mm × 3000mm × 100mm 的长方体作为地面，如图 14-30 所示。

▶Step02 执行“多段体”命令，根据命令行提示设置宽度为 200、高度为 2500、对正方式为“左对齐”，捕捉长方体角点创建多段体作为墙体，如图 14-31 所示。

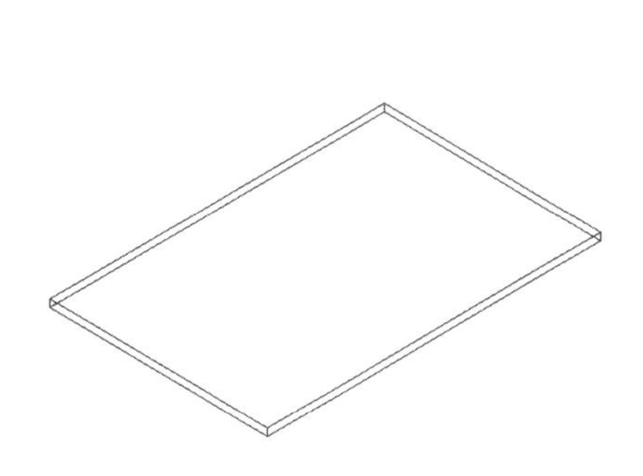

图 14-30　创建地面

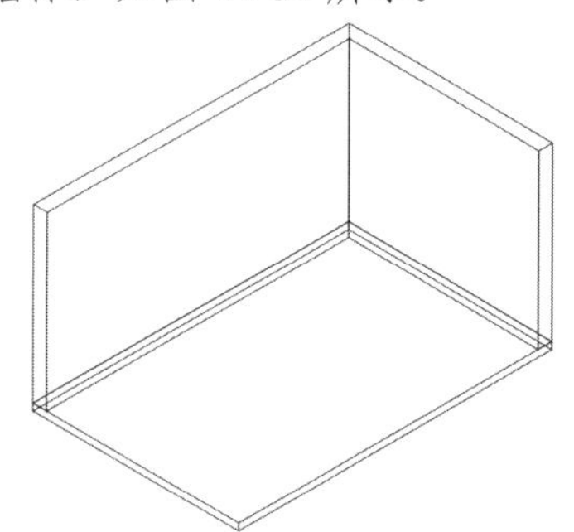

图 14-31　创建墙体

▶Step03 再执行“长方体”命令，创建尺寸为 1680mm × 1480mm × 600mm 的长方体，移动到一面墙体距地面 800mm 高度的位置，如图 14-32 所示。

▶Step04 执行“差集”命令，选择墙体模型，按回车键后再选择长方体，再按回车键即可完成差集操作，制作出窗洞，如图 14-33 所示。

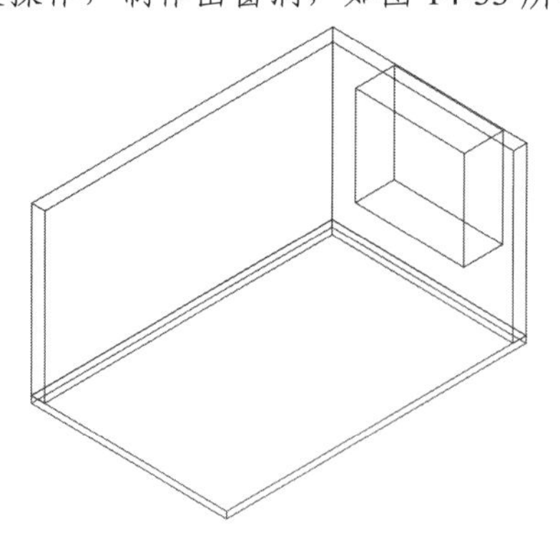

图 14-32　创建长方体

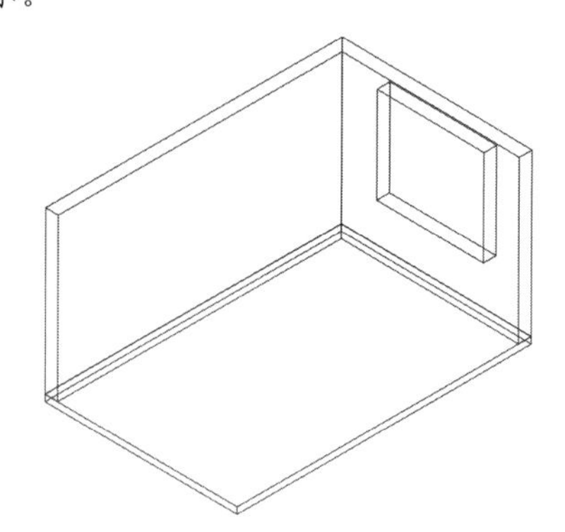

图 14-33　制作窗洞

Step05 切换至概念视觉样式，执行“长方体”命令，捕捉窗洞绘制尺寸为 840mm × 1480mm × 60mm 的长方体，如图 14-34 所示。

Step06 执行“抽壳”命令，设置壳厚度为 60mm，制作双面抽壳效果，作为窗框，如图 14-35 所示。

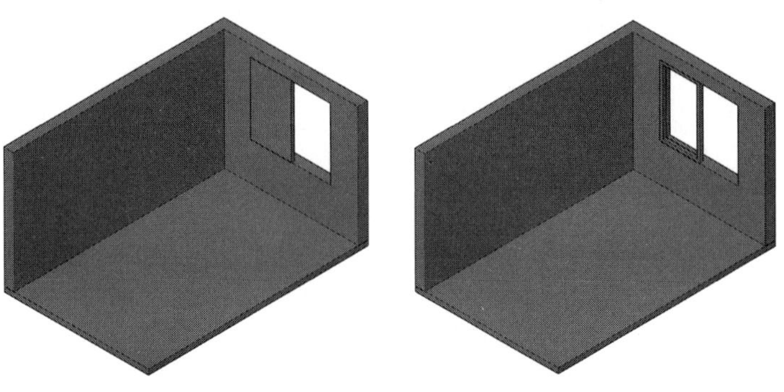

图 14-34 创建长方体　　图 14-35 双面抽壳

Step07 执行“长方体”命令，捕捉窗框内部，创建尺寸为 1360mm × 840mm × 12mm 的长方体作为玻璃模型，如图 14-36 所示。

Step08 复制窗户模型，如图 14-37 所示。

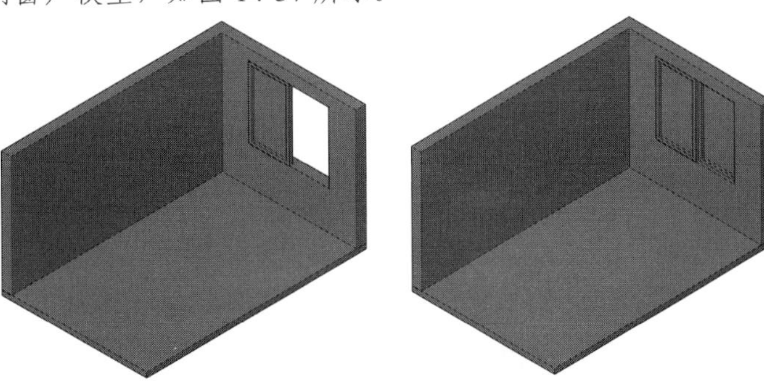

图 14-36 创建玻璃模型　　图 14-37 复制模型

Step09 执行“长方体”命令，创建尺寸为 1000mm × 300mm × 2000mm 的长方体，如图 14-38 所示。

Step10 执行“修改>实体编辑>抽壳”命令，将长方体制作成 30mm 厚度的壳，作为书柜，如图 14-39 所示。

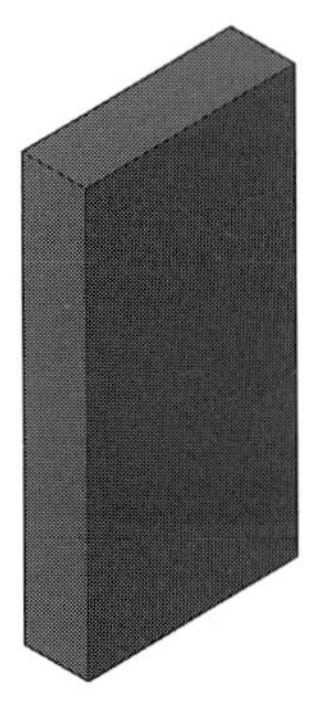

图 14-38 创建长方体

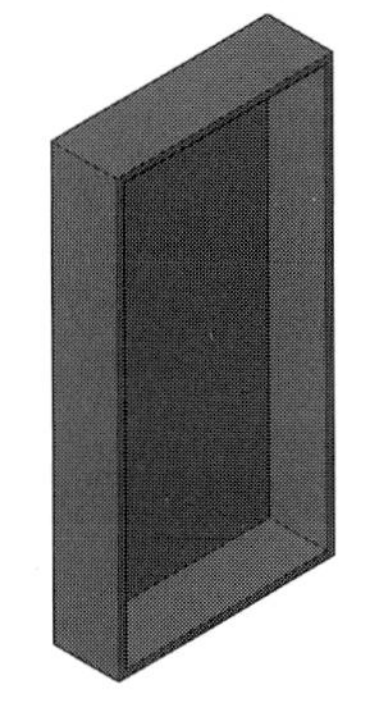

图 14-39 单面抽壳

▶Step11 执行“长方体”命令，创建尺寸为 970mm × 270mm × 30mm 的长方体作为层板，对齐到书柜模型，并向上复制，设置间距为 300mm，制作出书柜模型，如图 14-40 所示。

▶Step12 执行“并集”命令，选择书柜模型，将其合并为一个整体。

▶Step13 执行“长方体”命令，创建尺寸为 1000mm × 300mm × 2000mm 的长方体，对齐到已创建好的书柜，如图 14-41 所示。

▶Step14 继续创建尺寸分别为 970mm × 470mm × 20mm、150mm × 470mm × 20mm、580mm × 470mm × 20mm 的长方体作为柜门，放置到长方体上，间距设置为 30mm，如图 14-42 所示。

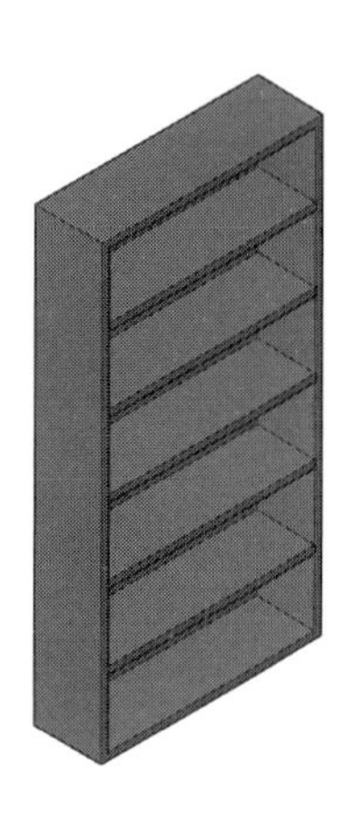

图 14-40 创建并复制层板

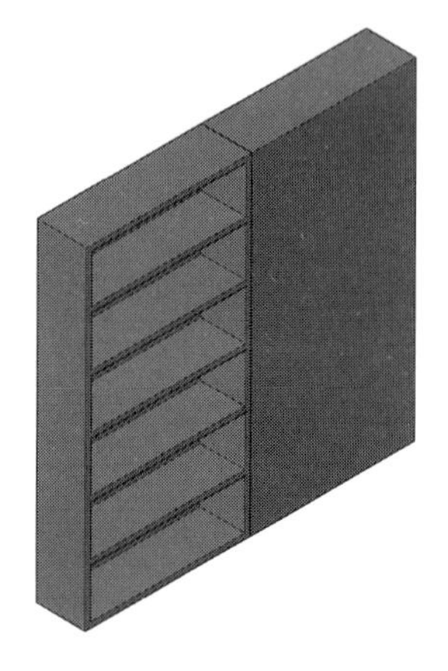

图 14-41 创建长方体柜体

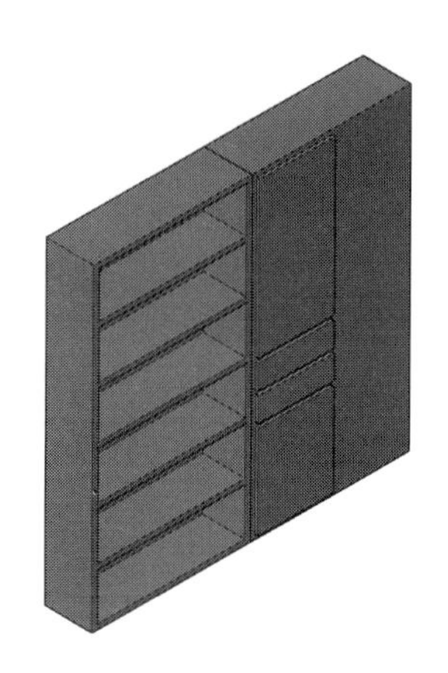

图 14-42 创建柜门

▶Step15 执行“三维镜像”命令，将书柜和柜门镜像复制到另一侧，完成书柜组合的创建，如图 14-43 所示。

▶Step16 执行“长方体”命令，创建尺寸为 240mm × 270mm × 25mm 的长方体并进行复制，作为书籍放置到书柜中，如图 14-44 所示。

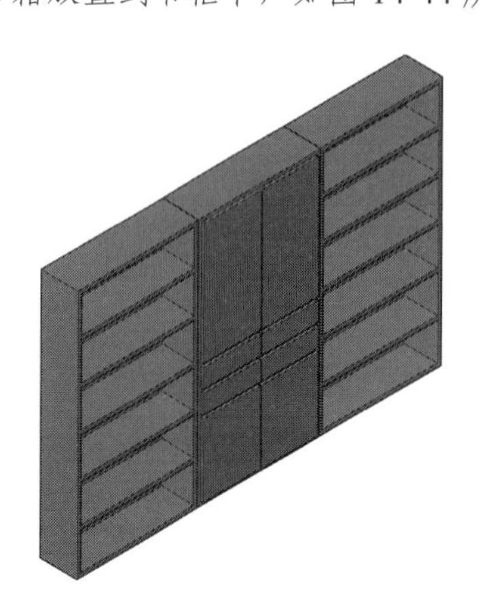

图 14-43 三维镜像模型

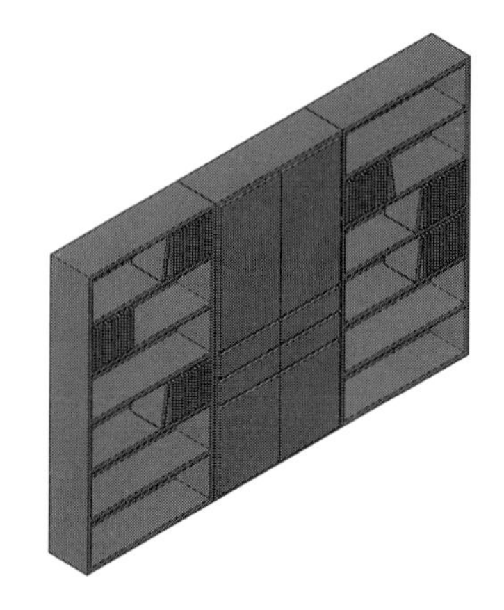

图 14-44 创建并复制书籍模型

▶Step17 移动书柜模型，将其居中对齐到墙体，如图 14-45 所示。

▶Step18 为场景添加桌椅、沙发、台灯、落地灯模型，放置到合适的位置，如图 14-46 所示。

▶Step19 在“可视化”选项卡的“光源”面板中打开“创建光源”列表，从中选择“点”光源，在场景中创建一盏灯光，如图 14-47 所示。

▶Step20 选择该灯光，打开“特性”面板，设置灯光强度及颜色，如图 14-48 所示。

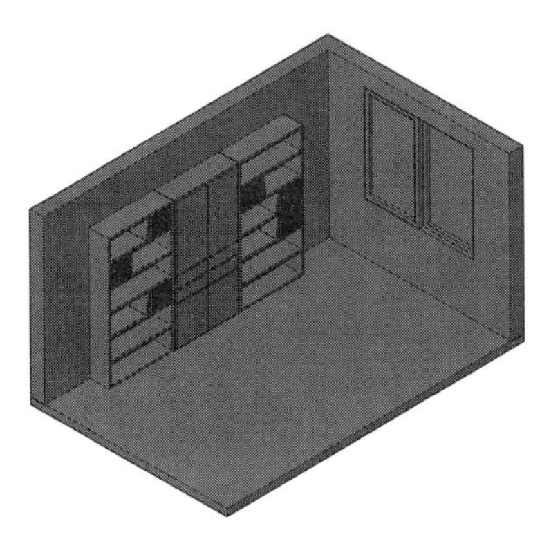

图 14-45　调整模型位置

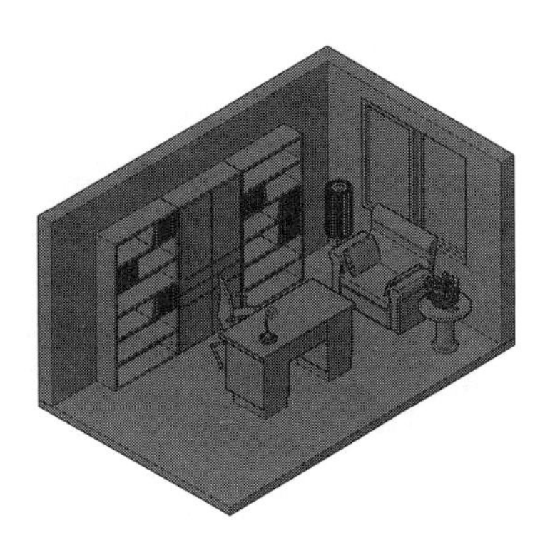

图 14-46　添加家具模型

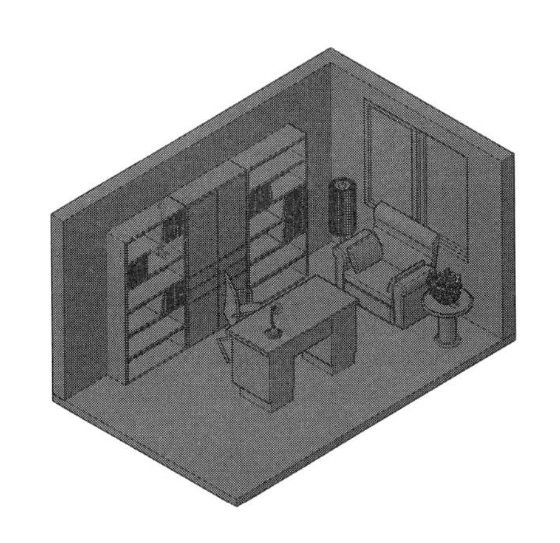

图 14-47　创建点光源

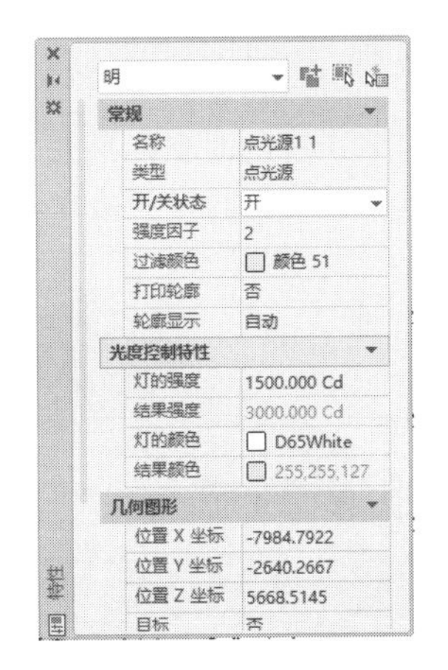

图 14-48　调整灯光参数

▶Step21 复制灯光并调整到合适位置，如图 14-49 所示。

▶Step22 执行“视图>渲染>材质浏览器”命令，打开“材质浏览器”选项板，选择红色橡木材质，如图 14-50 所示。

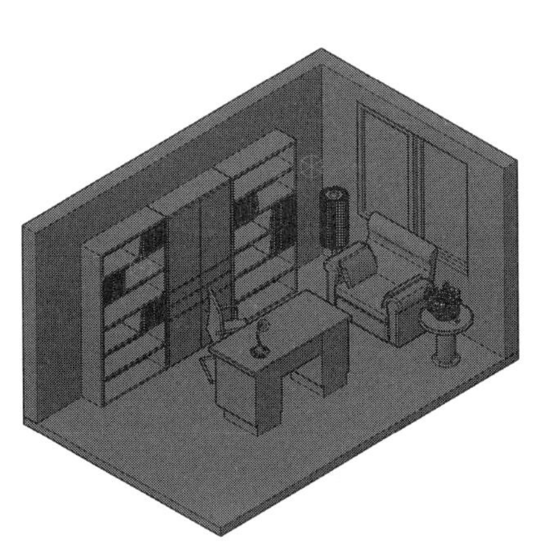

图 14-49　复制灯光

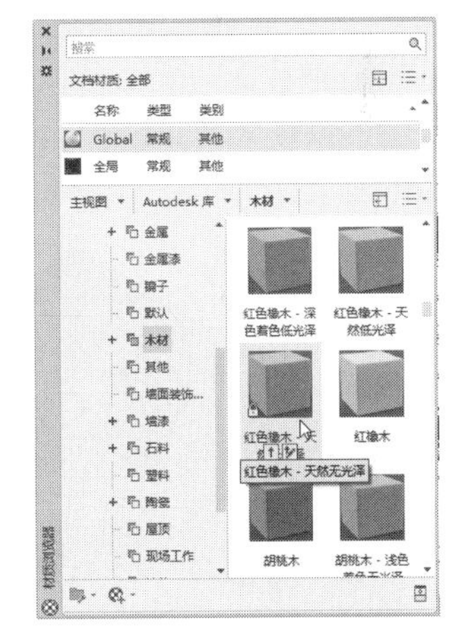

图 14-50　选择胡桃木材质

▶Step23 将该材质分别拖拽至场景中的书柜、书桌、茶几等家具模型，如图 14-51 所示。

▶Step24 从“金属”材质列表中选择抛光铝材质，如图 14-52 所示。

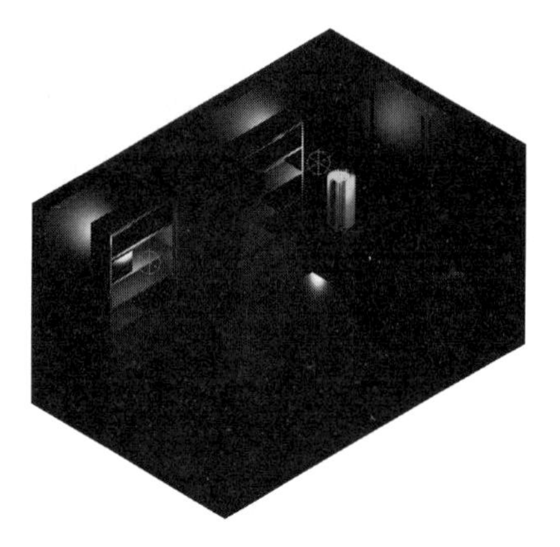

图 14-51　赋予材质到家具模型

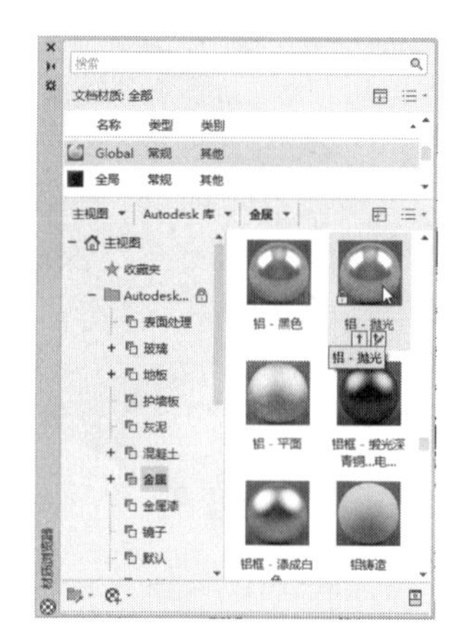

图 14-52　选择铝材质

Step25 将材质拖拽至窗框模型上，如图 14-53 所示。

Step26 从“玻璃”材质列表中选择“透明反射”玻璃材质，如图 14-54 所示。

图 14-53　赋予材质到窗框

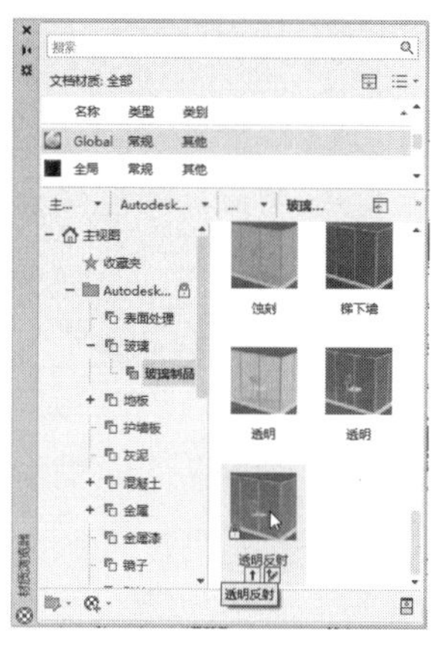

图 14-54　选择玻璃材质

Step27 将材质拖拽至窗户玻璃模型上，如图 14-55 所示。

Step28 从“墙漆”材质列表中选择“白色”墙漆材质，如图 14-56 所示。

图 14-55　赋予材质到玻璃模型

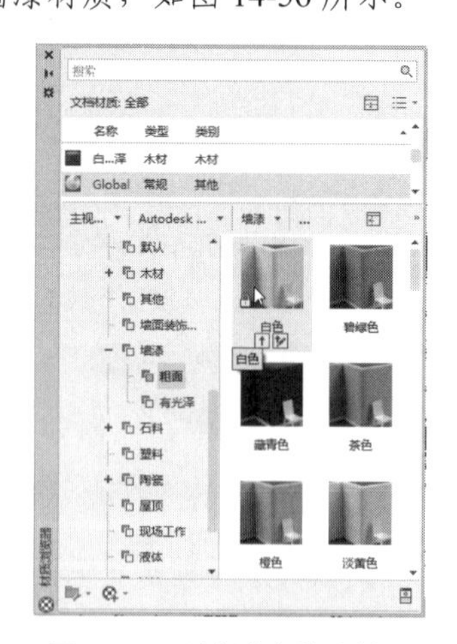

图 14-56　选择白色墙漆材质

▶Step29 将材质拖拽至墙体模型上，如图 14-57 所示。

▶Step30 在“织物”材质列表中选择“带卵石花纹的”黑色皮革材质，如图 14-58 所示。

图 14-57　赋予材质到墙面

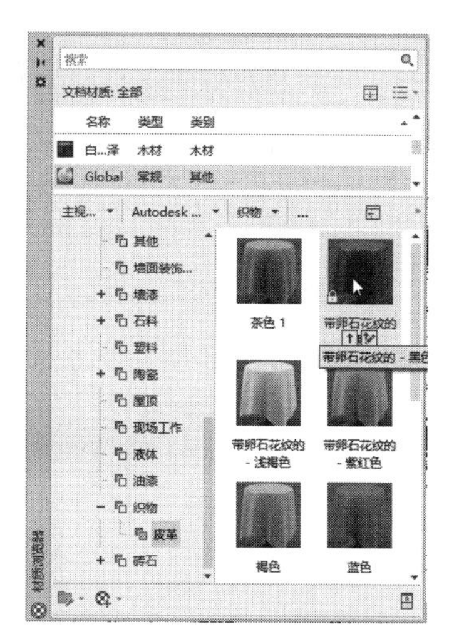

图 14-58　选择皮质材质

▶Step31 将材质拖拽至沙发模型上，如图 14-59 所示。

▶Step32 选择“地板”材质列表中的巧克力褐色白蜡木材质，如图 14-60 所示。

图 14-59　赋予材质到沙发

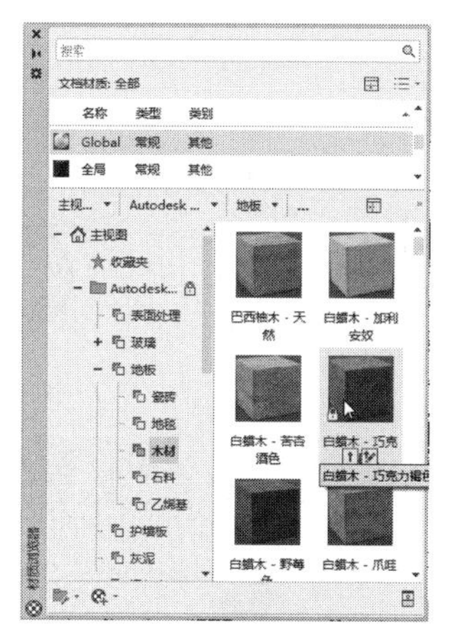

图 14-60　选择白蜡木材质

▶Step33 将材质拖曳至地面模型，再执行“视图>渲染>高级渲染设置”命令，打开“渲染预设管理器”选项板，保持默认参数，如图 14-61 所示。

▶Step34 单击“渲染”按钮，渲染场景，如图 14-62 所示。

▶Step35 重新设置渲染预设参数，如图 14-63 所示。

▶Step36 再次单击“渲染”按钮，查看最终渲染效果，如图 14-64 所示。

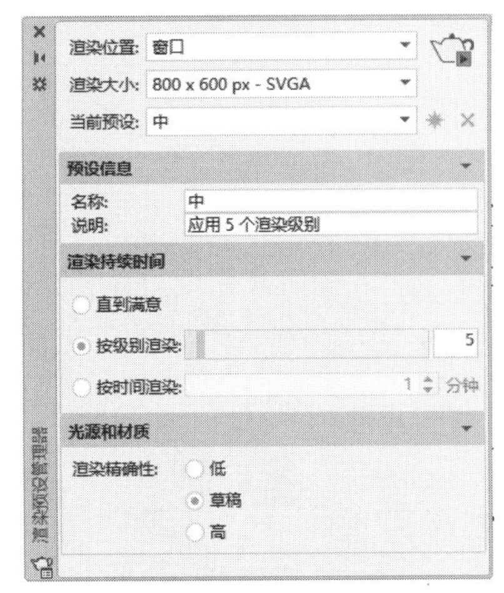

图 14-61　默认渲染参数

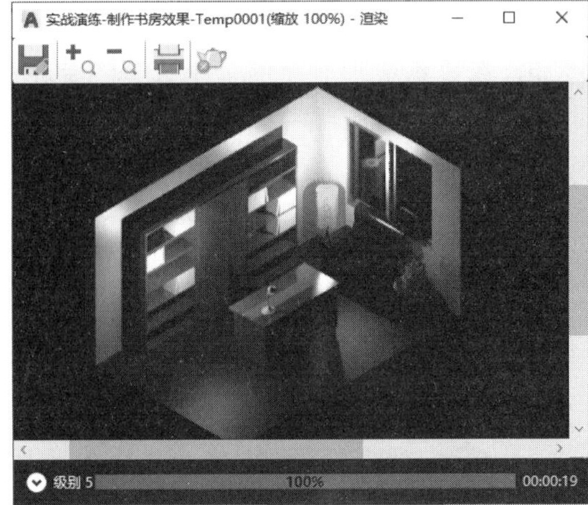

图 14-62　渲染效果

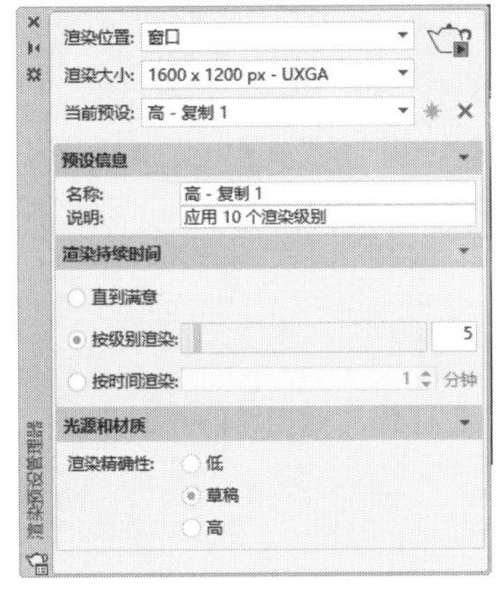

图 14-63　设置渲染参数

图 14-64　最终渲染效果

课后作业

（1）为装饰吊灯赋予材质

利用材质浏览器面板为装饰吊灯赋予材质。灯罩为红色塑料材质，灯芯为黄色 LED 材质，渲染效果如图 14-65 所示。

扫一扫　看视频

图 14-65　为圆柱齿轮贴图

图 14-66　为装饰吊灯贴图

操作提示：

Step01：打开“材质浏览器”面板，分别为灯罩、灯芯模型赋予材质。

Step02：执行面域渲染命令，查看渲染效果。

（2）为圆柱齿轮赋予材质

利用材质浏览器面板为圆柱齿轮赋予不锈钢材质，效果如图 14-66 所示。

操作提示：

Step01：打开材质浏览器面板，选择不锈钢材质，将其赋予至模型中。

Step02：执行面域渲染命令，查看效果。

精选疑难解答

Q1：为什么渲染后的效果无法保存？打印的时候是否能打印出渲染效果？

A：面域渲染效果是无法进行保存的，因为它主要用来对某局部实体进行快速渲染，好让用户实时观察到设置效果，从而更好地调整材质和灯光等各参数。如果想要保存面域渲染效果，用户可以使用屏幕截图的方法来保存。

Q2：为什么在赋予了地板材质后，其材质没有地板的纹理？

A：这是因为设置材质的比例太小，从而形成材质纹理过密而造成的。此时只需进行以下操作即可。

- 执行“材质浏览器”命令，打开相应的面板。
- 在“文档材质”列表中，选中地板材质，并单击材质后的编辑按钮。
- 在“材质编辑器”选项板中，单击“图像”后的地板图案，在“纹理编辑器”面板的“比例”选项组中，调整好“样例尺寸”的“宽度”和“高度”数值即可。

Q3：为什么添加了光源后，在进行渲染时，其渲染窗口一片漆黑？

A：这是由于添加的光源位置不对而造成的，此时只需调整好光源的位置即可。在三维视图中，调整光源位置，需要结合其他视图一起调整，例如俯视图、左视图、三维视图，这样，才能将光源调整到最好的状态。

Q4：如何更改渲染帧窗口颜色？

A：进入三维建模工作空间后，在“可视化”选项卡“视图”面板中，单击“视图管理器”按钮，打开“视图管理器”对话框，单击“新建”按钮，打开“新建视图/快照特性”对话框，在“背景”选项组中单击“默认”列表框，并选择“纯色”选项，打开“背景”对话框，并设置颜色，设置完成后单击“确定”按钮即可。

Q5：怎样扩大绘图空间？

A：想要扩大绘图的空间，可通过以下几种方法进行操作。

- 提高系统显示分辨率。
- 设置显示器属性中的“外观”“改变图标”“滚动条”“标题按钮”“文字”等的大小。
- 去掉多余部件，如屏幕菜单、滚动条和不常用的工具条。
- 设定系统任务栏自动消隐，把命令行尽量缩小。
- 在显示器属性“设置”页面中，把桌面大小设定为大于屏幕大小的 1～2 个级别，便可在超大的活动空间里操作了。

第 15 章

绘制机械零件图

本章概述

在机械设计领域中，机械零件图主要是用于表达零件结构、大小及技术要求的图样，它是制造和检测零件质量的依据，直接服务于生产，是生产过程中最重要的技术支持。本章将以绘制法兰盘、油泵泵盖以及传动轴零件图形为例，结合一些基本命令来介绍机械零件图的绘制方法和技巧。

学习目标

- 掌握法兰盘零件图的绘制
- 掌握油泵泵盖零件图的绘制
- 掌握传动轴零件图的绘制

实例预览

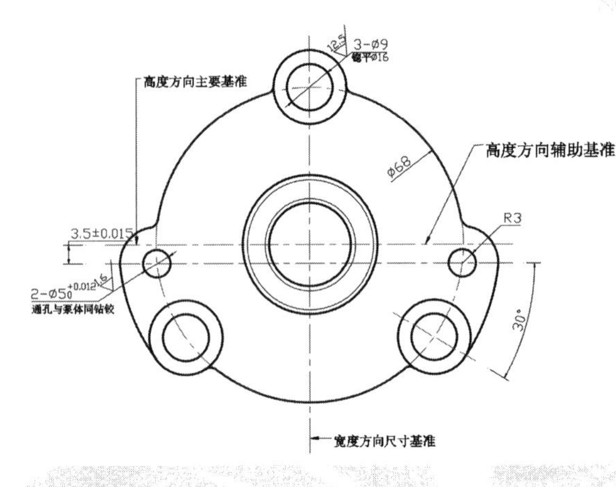

泵盖平面

传动轴模型

15.1 绘制法兰盘零件图

法兰盘是一个类似盘状的金属，周边开上几个固定用的孔，用于连接其他部件。法兰盘在管道工程中最为常见，都是成对使用的，主要用于管道的连接。

15.1.1 绘制法兰盘平面图

下面将绘制法兰盘平面图，通过绘制法兰盘平面零件图，读者能够进一步学习机械零件图的绘制，具体操作步骤介绍如下。

扫一扫 看视频

Step01 新建“中心线”“轮廓线”和“尺寸标注”等图层，设置图层颜色、线型及线宽，如图 15-1 所示。

Step02 设置“中心线”图层为当前图层。执行“直线”命令，绘制两条相互垂直的中心线，中心线长 65mm，设置线型比例为 0.2，如图 15-2 所示。

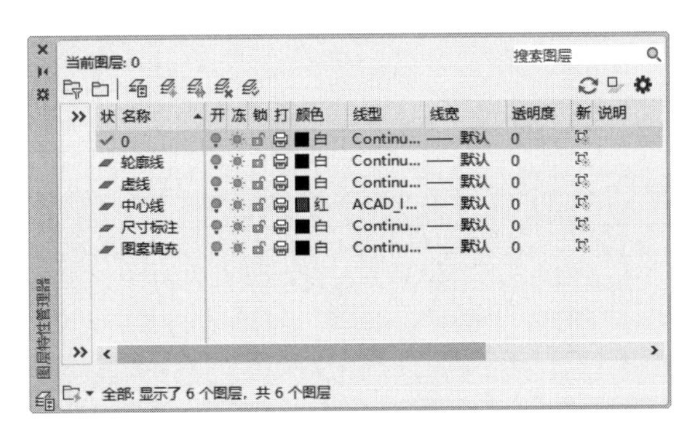

图 15-1 创建图层

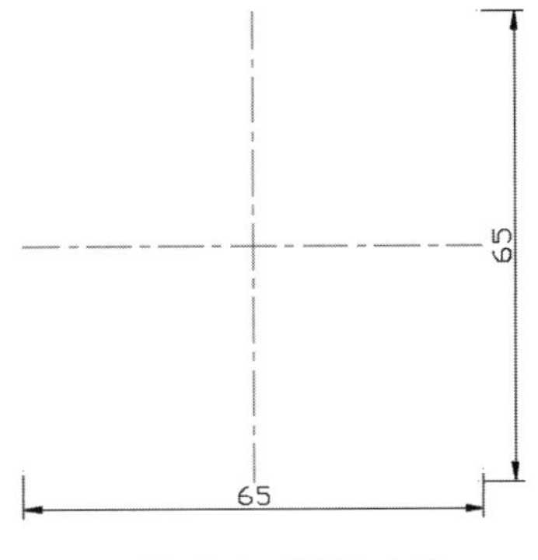

图 15-2 绘制中心线

Step03 执行“偏移”命令，将中心线进行偏移操作，如图 15-3 所示。

Step04 设置“轮廓线”图层为当前图层，执行“圆”命令，绘制半径为 4.5mm、6.5mm、15.5mm、15.5mm、17.9mm、29.3mm 的同心圆图形，如图 15-4 所示。

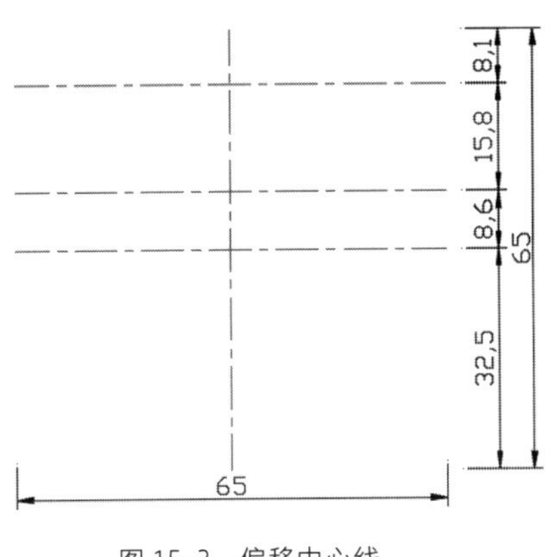

图 15-3 偏移中心线

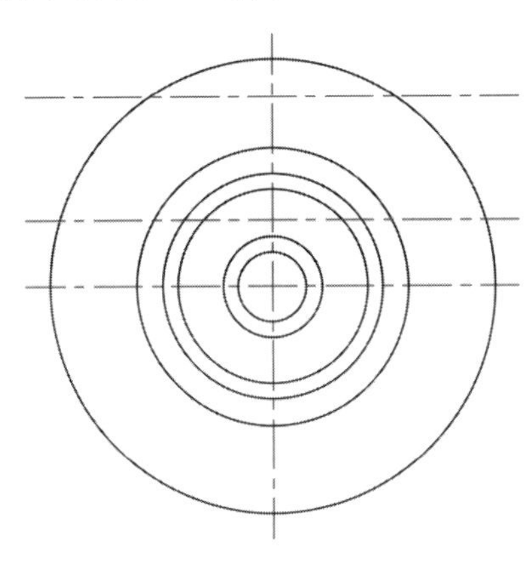

图 15-4 绘制同心圆

▶Step05 继续绘制半径为 1.6mm 和 2.1mm 的同心圆，如图 15-5 所示。

▶Step06 执行“镜像”命令，镜像复制刚绘制的同心圆图形，如图 15-6 所示。

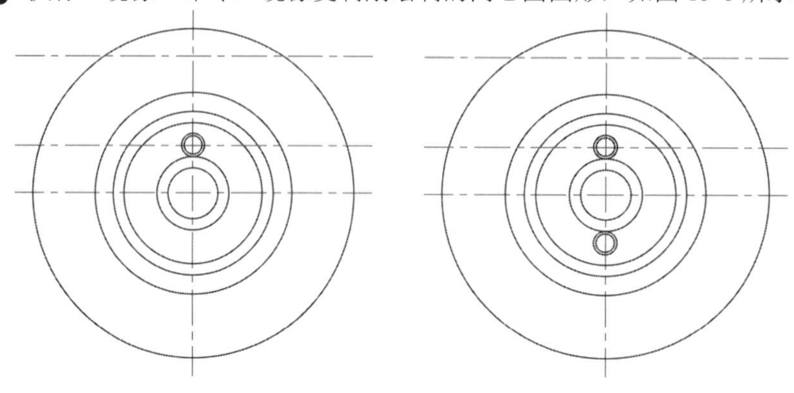

图 15-5　绘制小同心圆　　图 15-6　镜像小的同心圆

▶Step07 执行“圆”命令，绘制半径为 1.8mm 的圆图形，如图 15-7 所示。

▶Step08 执行“环形阵列”命令，设置项目数为 6，将“介于”设为 60，其余参数保持不变，如图 15-8 所示。

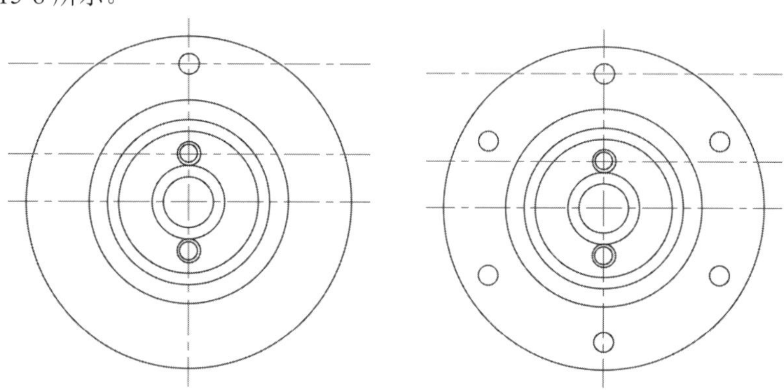

图 15-7　绘制半径为 1.8mm 的圆　　图 15-8　设置环形阵列参数

▶Step09 删除多余的中心线，设置“尺寸标注”为当前图层，执行“半径”命令，对法兰盘进行尺寸标注，完成法兰盘平面图的绘制，如图 15-9 所示。

▶Step10 在状态栏单击“显示线宽”按钮，图形效果如图 15-10 所示。

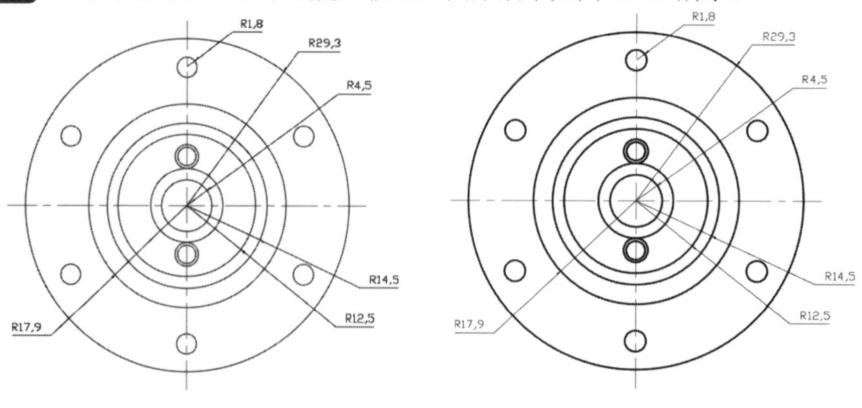

图 15-9　标注法兰盘　　图 15-10　显示线宽

15.1.2 绘制法兰盘剖面图

下面利用“镜像”“图案填充”“修剪”等命令，绘制法兰盘剖面图形，具体操作步骤介绍如下。

Step01 设置“轮廓线”图层为当前图层，执行“直线”命令，绘制一个长42.9mm、宽29.3mm的矩形图形，如图15-11所示。

Step02 执行“分解”命令，将矩形分解。执行“偏移”命令，将线段进行偏移，如图15-12所示。

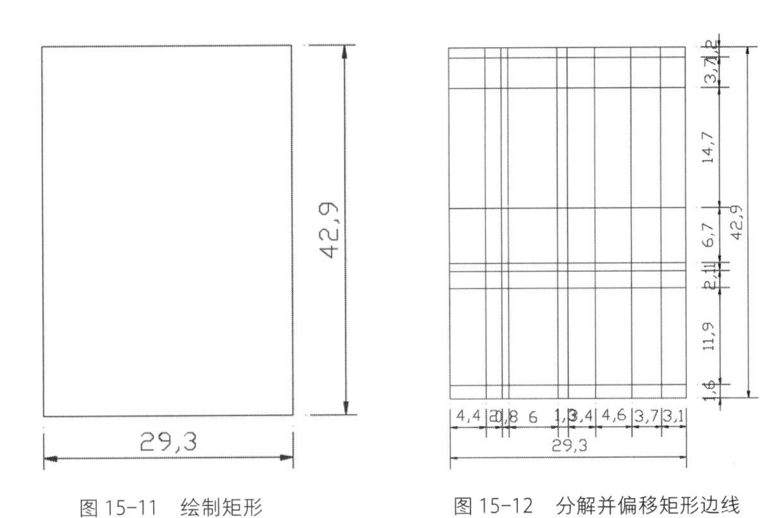

图 15-11　绘制矩形　　　　图 15-12　分解并偏移矩形边线

Step03 执行“修剪”命令，修剪删除掉多余的线段，如图15-13所示。

Step04 执行“倒角”命令，对图形进行倒角操作，如图15-4所示。

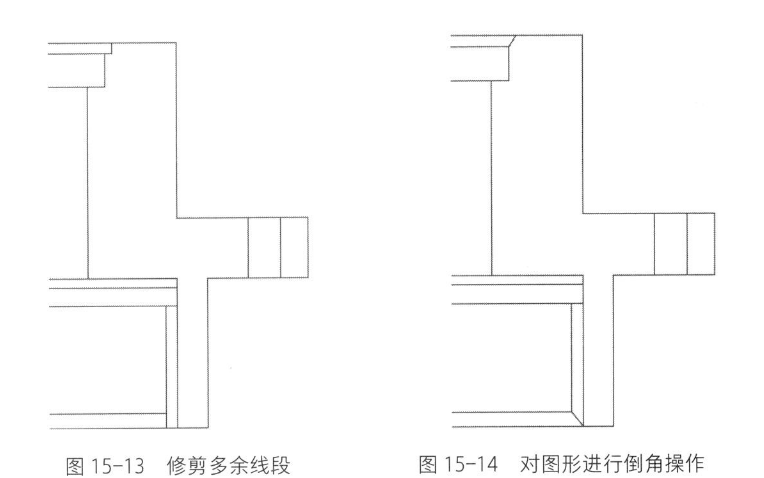

图 15-13　修剪多余线段　　　　图 15-14　对图形进行倒角操作

Step05 设置“中心线”图层为当前层。绘制中心线，设置线型比例0.1，如图15-15所示。

Step06 执行“镜像”命令，镜像复制图形，如图15-16所示。

Step07 执行“图案填充”命令，设置图案名ANSI31，填充剖面区域，如图15-17所示。

Step08 执行“线性”命令，对法兰盘剖面图进行尺寸标注，如图15-18所示。

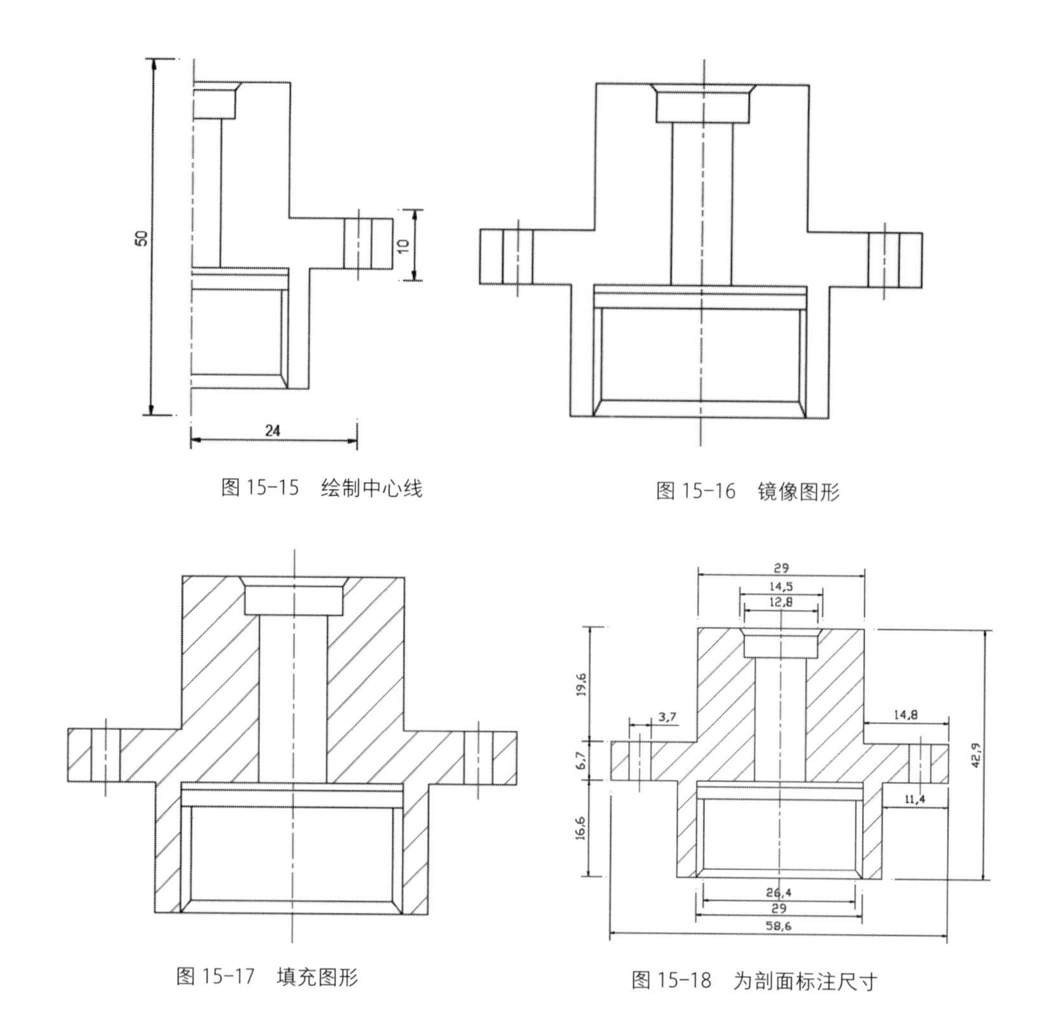

图 15-15　绘制中心线

图 15-16　镜像图形

图 15-17　填充图形

图 15-18　为剖面标注尺寸

Step09 双击尺寸标注，进入编辑状态，如图 15-19 所示。

Step10 单击鼠标右键，弹出快捷菜单，在“符号”选项中选择“直径”符号，如图 15-20 所示。

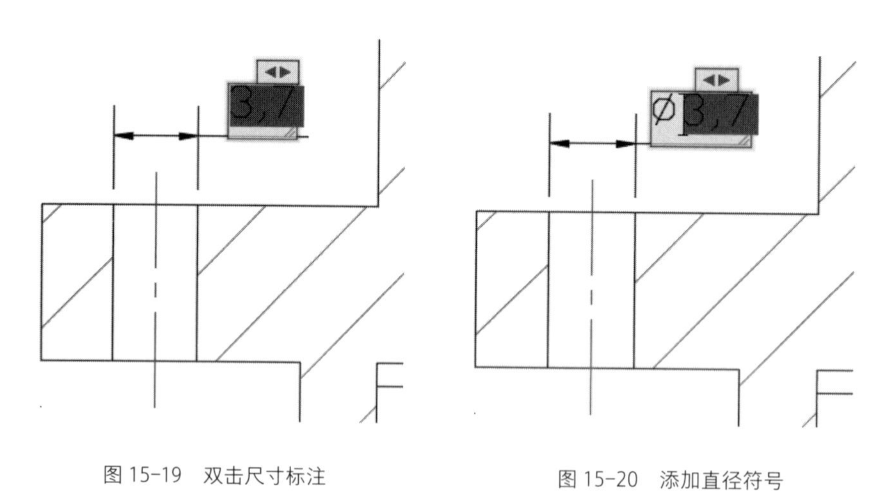

图 15-19　双击尺寸标注

图 15-20　添加直径符号

▶Step11 在绘图区空白处单击鼠标左键退出编辑状态，如图 15-21 所示。

▶Step12 按照同样的方法，完成其他尺寸的修改，如图 15-22 所示。

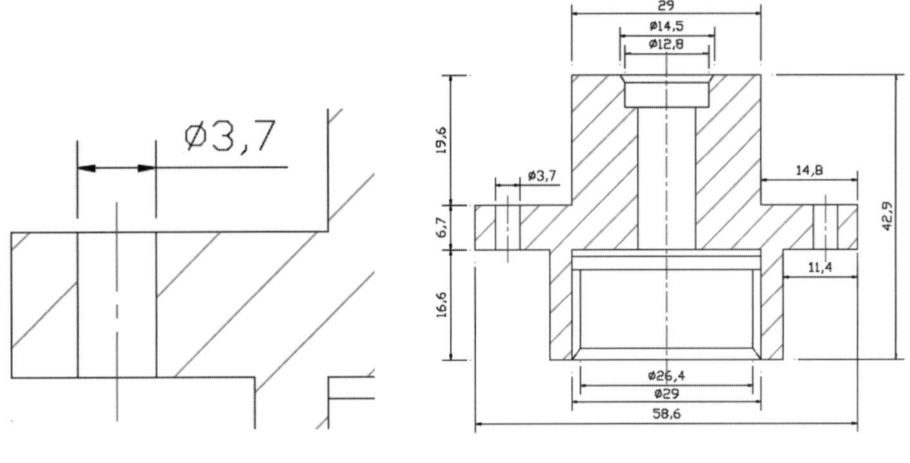

图 15-21 退出编辑状态　　图 15-22 标注图形

▶Step13 在状态栏单击“显示线宽”按钮，图形效果如图 15-23 所示。

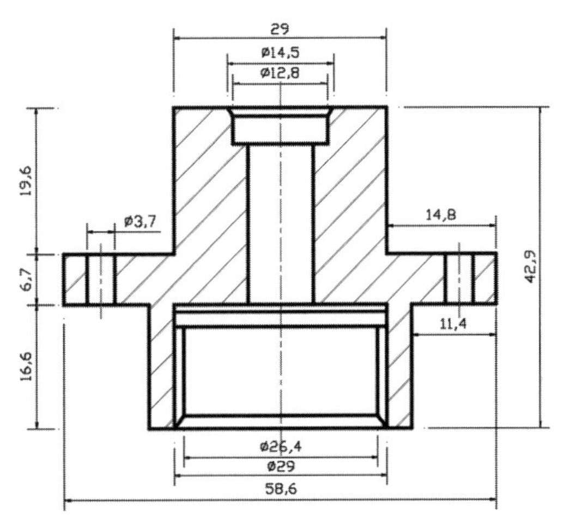

图 15-23 显示线宽

扫一扫 看视频

15.1.3 绘制法兰盘模型

下面利用“拉伸”“差集”等命令制作法兰盘模型，具体操作步骤介绍如下。

▶Step01 复制法兰盘平面图并删除多余的尺寸标注，如图 15-24 所示。

▶Step02 切换到西南等轴测视图，再选择概念视觉样式，执行“拉伸”命令，将半径为 4.5mm 的圆图形向上拉伸 42.9mm，如图 15-25 所示。

▶Step03 执行“拉伸”命令，将半径为 6.5mm 的圆图形向上拉伸 4.9mm，如图 15-26 所示。

▶Step04 执行“三维移动”命令，将刚拉伸出来的圆柱体沿 Z 轴向上移动 38mm，如图 15-27 所示。

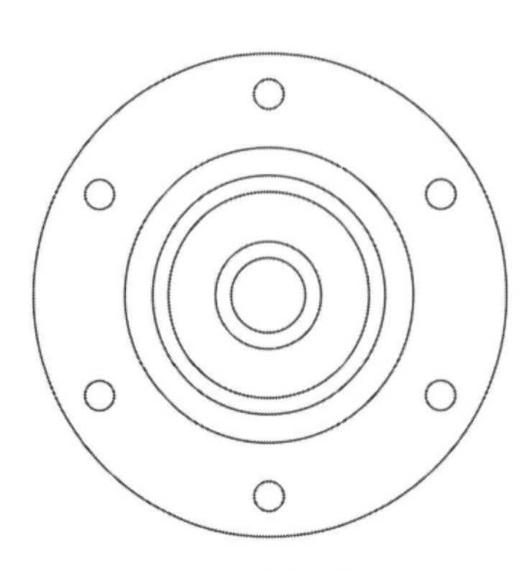

图 15-24　复制并修剪图形

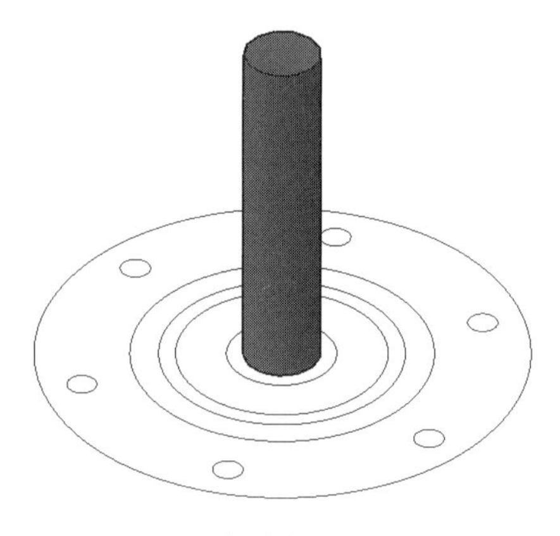

图 15-25　拉伸半径为 4.5mm 的圆

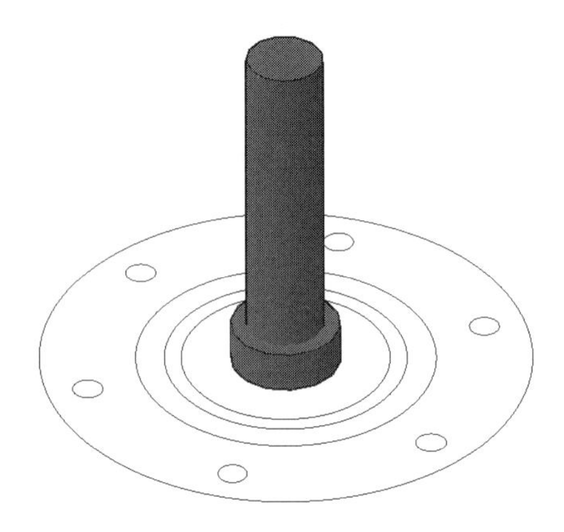

图 15-26　拉伸半径为 6.5mm 的圆

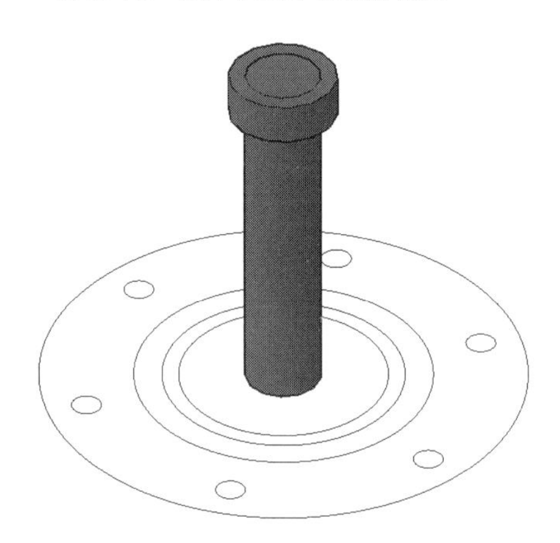

图 15-27　移动半径为 4.5mm 的圆柱

▶Step05 执行“拉伸”命令，将半径为 15.5mm 的圆图形向上拉伸 13.5mm，如图 15-28 所示。

▶Step06 继续执行当前命令，分别将半径为 15.5mm 和 17.9mm 的圆图形向上拉伸 42.9mm 和 23.3mm，如图 15-29 所示。

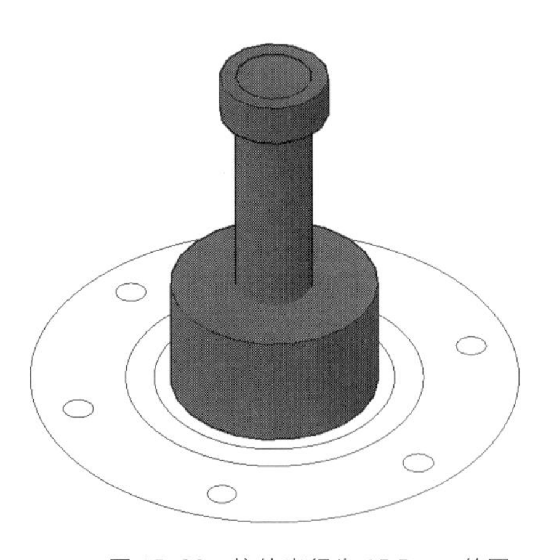

图 15-28　拉伸半径为 15.5mm 的圆

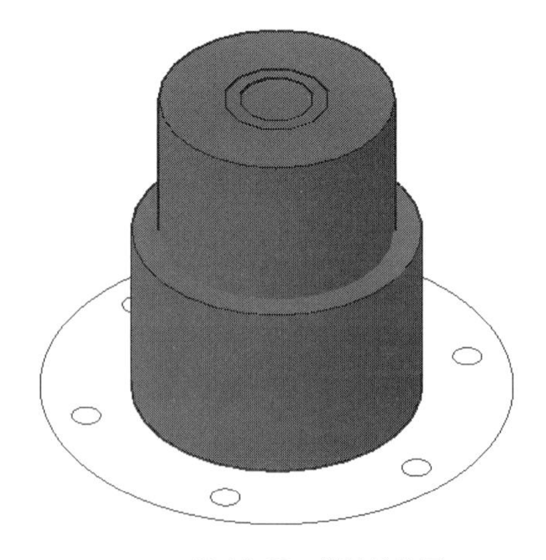

图 15-29　继续拉伸圆

▶Step07 继续执行当前命令，将阵列圆图形和半径 29.3mm 的圆图形向上拉伸 6.7mm，并沿 Z 轴向上移动 16.6mm，如图 15-30 所示。

▶Step08 执行“差集”命令，对模型进行差集操作，如图 15-31 所示。

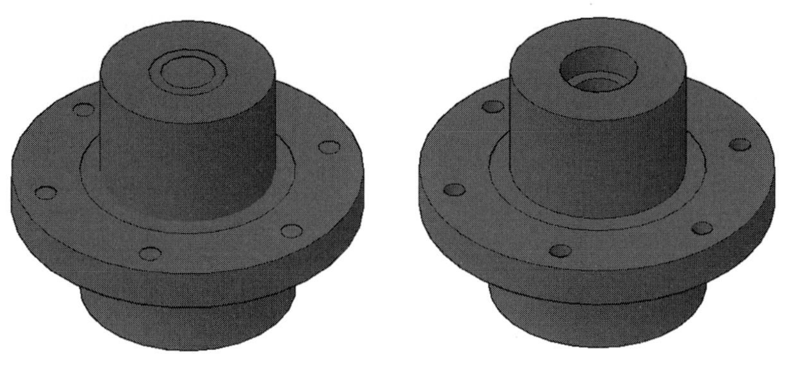

图 15-30　拉伸其他二维图形　　图 15-31　对模型进行差集操作

▶Step09 执行“并集”命令，将模型合并成一个整体，如图 15-32 所示。

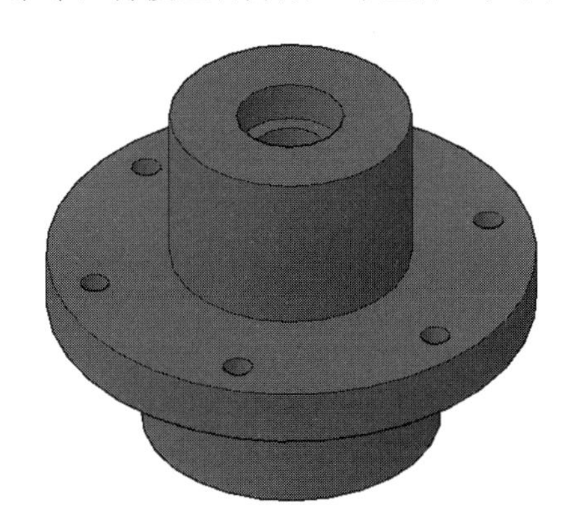

图 15-32　合并模型

15.2 绘制油泵泵盖零件图

齿轮泵主要由齿轮、轴、泵体、泵盖、轴承套、轴端密封等组成，齿轮油泵适用于输送各种有润滑性的液体。

15.2.1 绘制泵盖平面图

下面将绘制泵盖平面图，通过绘制油泵泵盖平面图，读者能够进一步学习机械零件图的绘制，操作步骤介绍如下。

▶Step01 新建“中心线”“轮廓线”和“尺寸标注”等图层，设置图层颜色、线性及线宽，将中心线层设为当前层，如图 15-33 所示。

▶Step02 设置“中心线”图层为当前层，执行“直线”命令，绘制两条长 90mm 的垂直中心线，并设置线型比例 0.2，如图 15-34 所示。

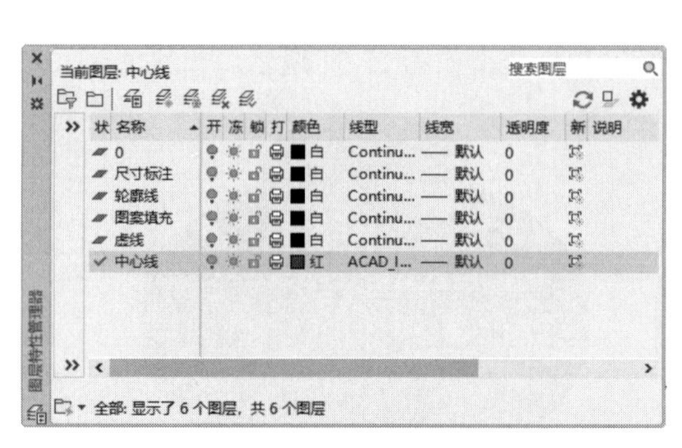

图 15-33 新建图层

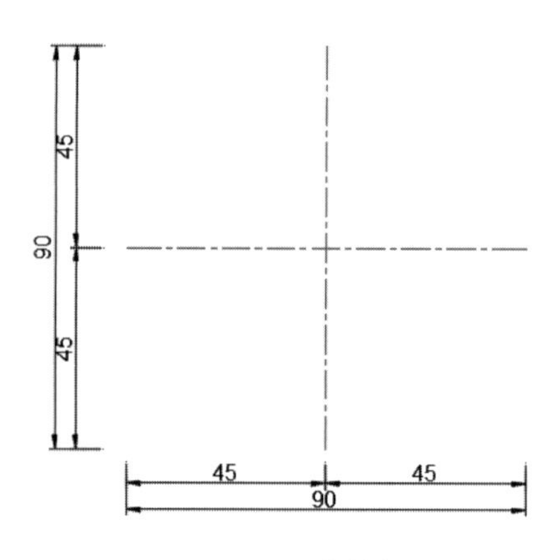

图 15-34 绘制中心线

▸Step03 执行“偏移”命令，将水平中心线向下偏移 4mm，如图 15-35 所示。

▸Step04 设置“轮廓线”图层为当前层。执行“圆”命令，捕捉中心线的交点，绘制半径为 9mm、10mm、14mm、15mm、34mm、42mm 的同心圆，如图 15-36 所示。

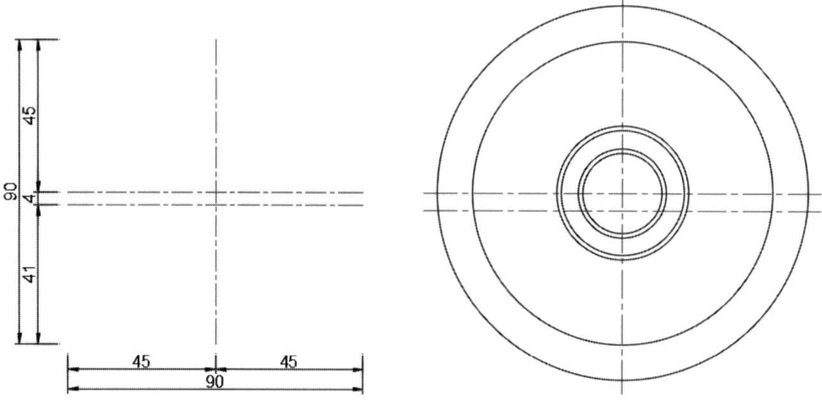

图 15-35 偏移中心线

图 15-36 绘制同心圆

▸Step05 执行“圆”命令，绘制半径为 5mm、8mm 的同心圆，如图 15-37 所示。

▸Step06 继续执行当前命令，绘制两组半径为 5mm、8mm 的同心圆，如图 15-38 所示。

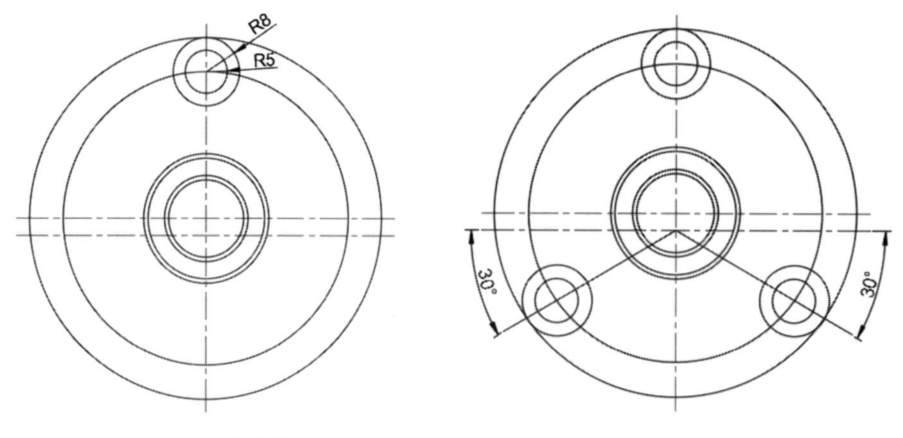

图 15-37 继续绘制同心圆

图 15-38 绘制其他同心圆

▸Step07 执行“圆”命令，捕捉水平中心线和半径为 34mm 圆图形的交点，绘制半径为 3mm 和 8mm 的同心圆图形，如图 15-39 所示。

▸Step08 执行“修剪”命令，修剪删除掉多余的线段，如图 15-40 所示。

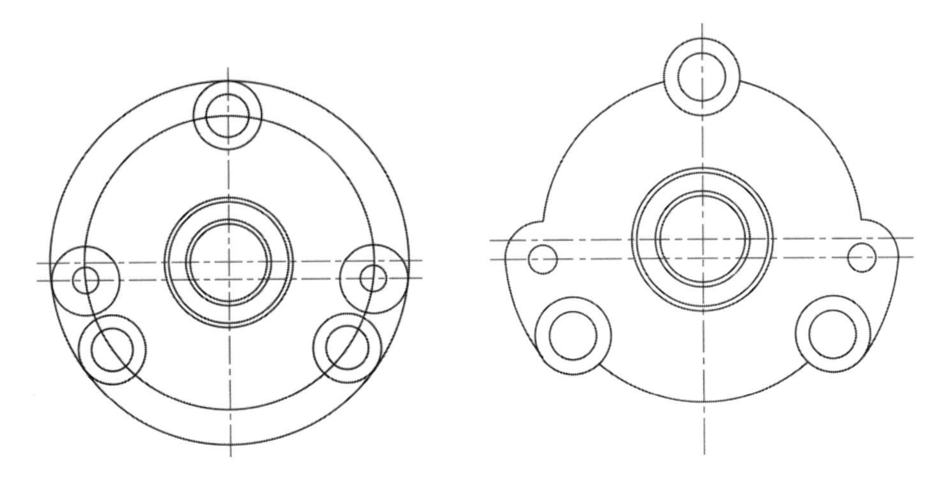

图 15-39 继续绘制同心圆　　　图 15-40 修剪同心圆

▸Step09 执行“圆角”命令，根据命令行提示设置圆角半径为 2mm，并选择第一和第二个对象，如图 15-41 所示。

▸Step10 设置“虚线”图层为当前层。执行“圆”命令，捕捉同心圆的圆心，绘制半径为 34mm 的同心圆，设置颜色为黑色，线型比例 0.2，如图 15-42 所示。

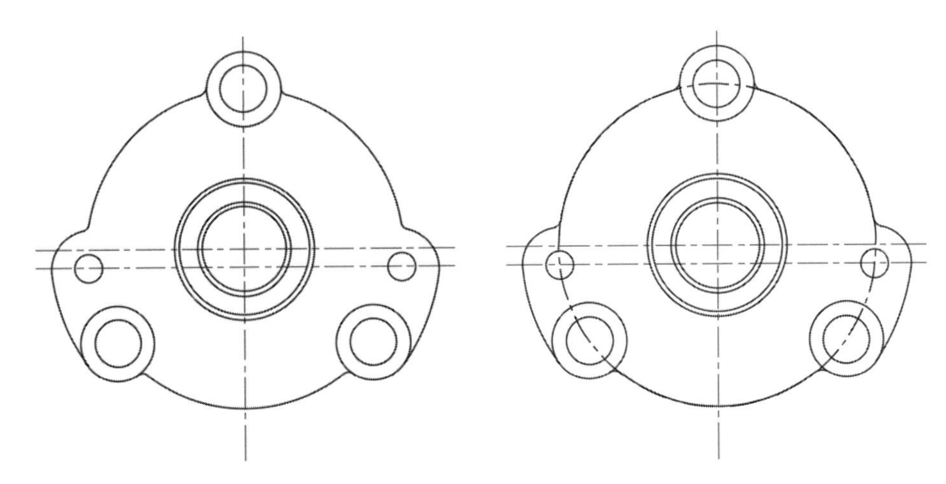

图 15-41 图形倒圆角　　　图 15-42 继续绘制半径 34mm 的圆

▸Step11 继续执行当前命令，绘制长 20mm、角度为 30° 的中心线，如图 15-43 所示。

▸Step12 设置“尺寸标注”图层为当前图层，执行“标注”命令，对泵盖平面图进行尺寸标注，如图 15-44 所示。

▸Step13 双击标注的尺寸，进入编辑状态。添加直径符号，修改后的尺寸标注如图 15-45 所示。

▸Step14 双击标注的尺寸，进入编辑状态，如图 15-46 所示。

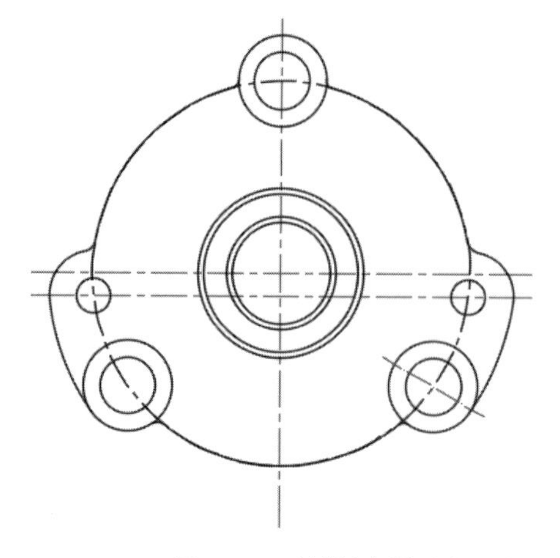

图 15-43　绘制右侧轴孔中心线

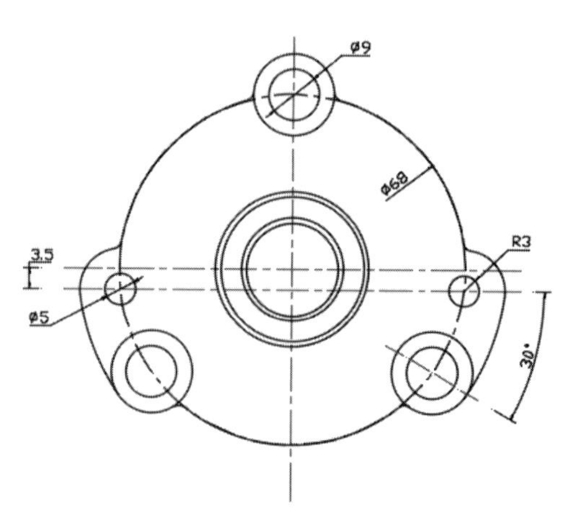

图 15-44　为图形进行标注

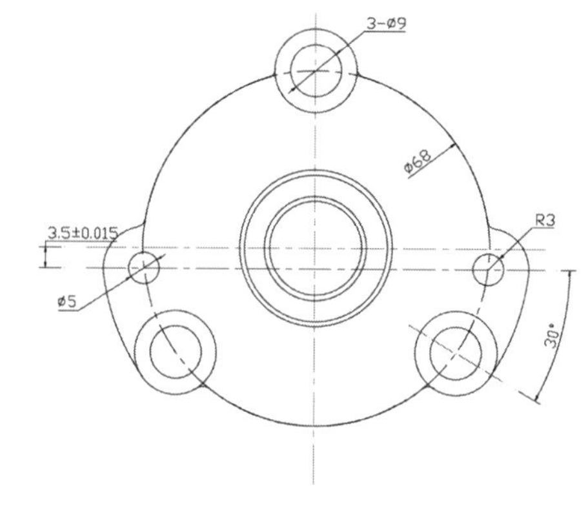

图 15-45　编辑尺寸标注

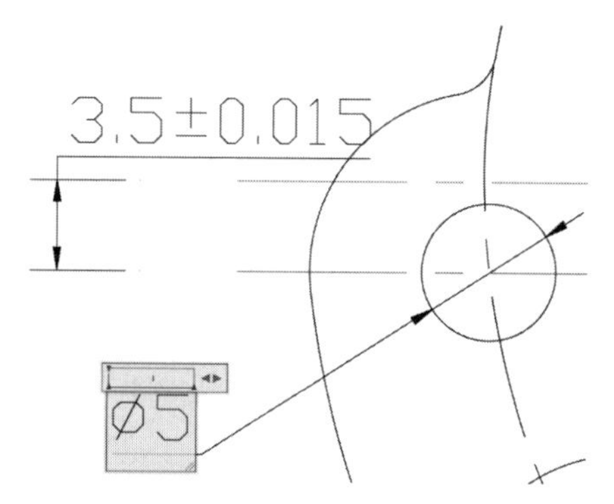

图 15-46　进入编辑状态

▶Step15 为标注添加数组，如图 15-47 所示。

▶Step16 设置文字高度为 1.5，输入直径公差值，如图 15-48 所示。

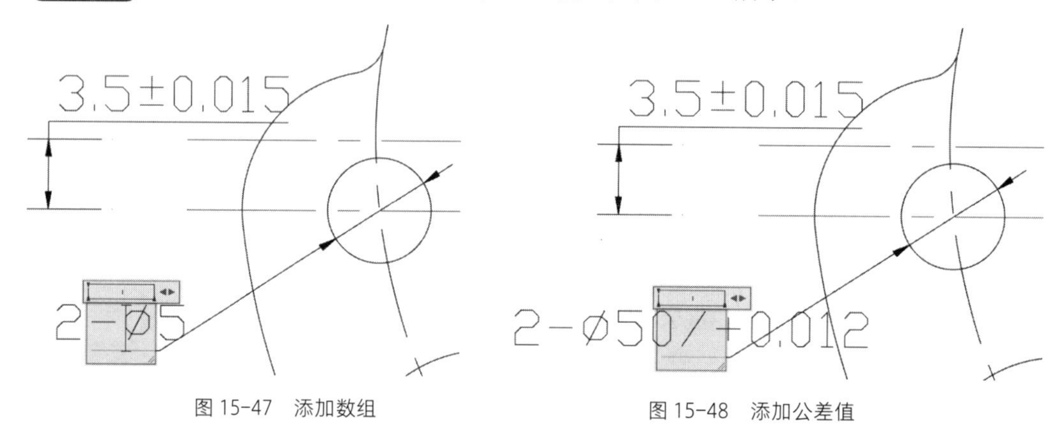

图 15-47　添加数组

图 15-48　添加公差值

▶Step17 选中公差值，单击鼠标右键，弹出快捷菜单，如图 15-49 所示。

▶Step18 在弹出的快捷菜单中选择“堆叠”选项，效果如图 15-50 所示。

▶Step19 选中堆叠后的公差值，单击鼠标右键，在弹出的快捷菜单中选择“堆叠特性”选项，打开“堆叠特性”对话框，并设置其特性，如图 15-51 所示。

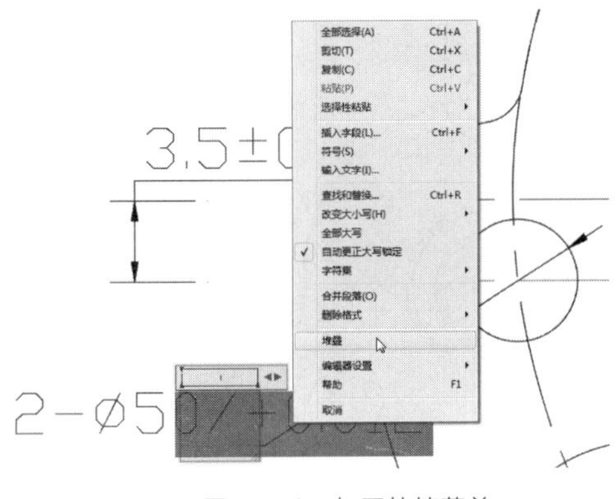

图 15-49　打开快捷菜单

图 15-50　堆叠效果

▶Step20 单击“确定”按钮，效果如图 15-52 所示。

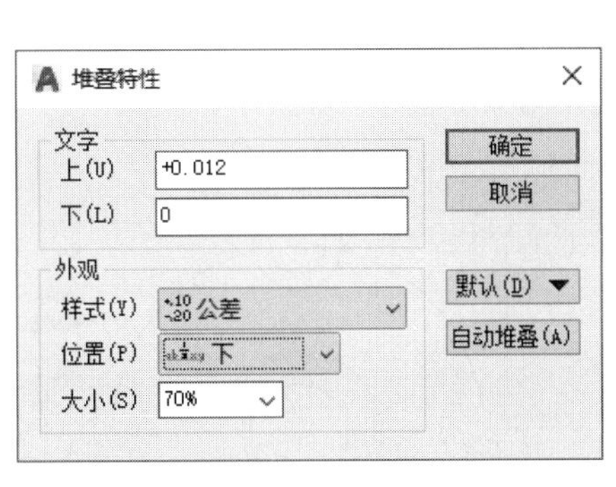

图 15-51　设置参数

图 15-52　设置效果

▶Step21 在绘图区空白处单击鼠标左键，退出编辑状态，如图 15-53 所示。

▶Step22 执行“多重引线”命令，为图形添加引线标注，如图 15-54 所示。

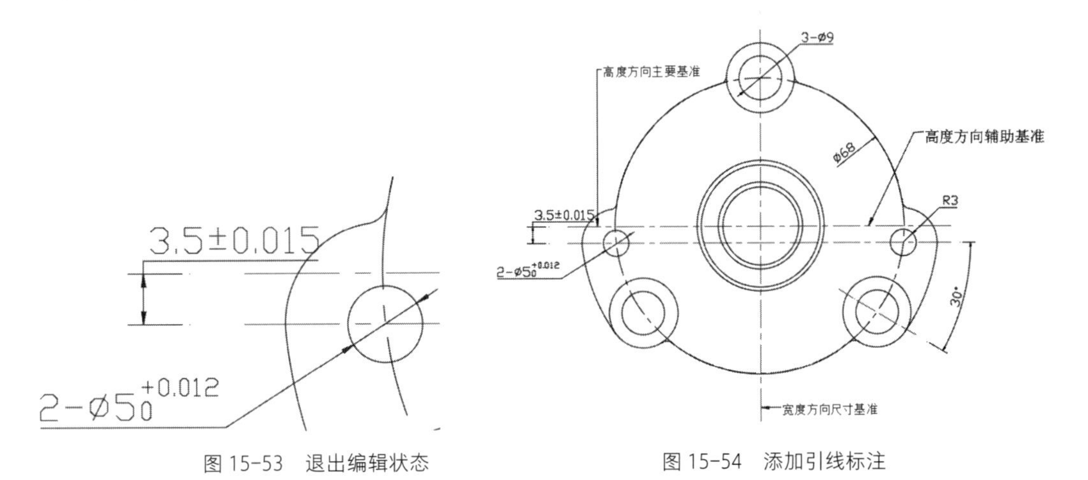

图 15-53　退出编辑状态

图 15-54　添加引线标注

▶Step23 执行“多段线”和“文字注释”命令，绘制表面粗糙符号，如图 15-55 所示。

▶Step24 将表面粗糙符号复制移动到绘图区合适位置，并对文字注释进行修改，如图 15-56 所示。

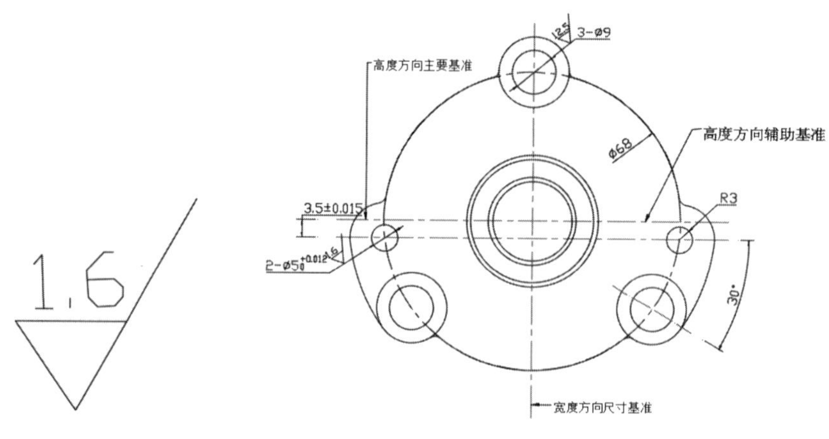

图 15-55　绘制表面粗糙符号　　　　图 15-56　复制移动标高

▶Step25 执行“文字注释”命令，为图形添加文字注释，完成泵盖平面图的绘制，如图15-57 所示。

▶Step26 在状态栏单击“显示线宽”按钮，图形效果如图 15-58 所示。

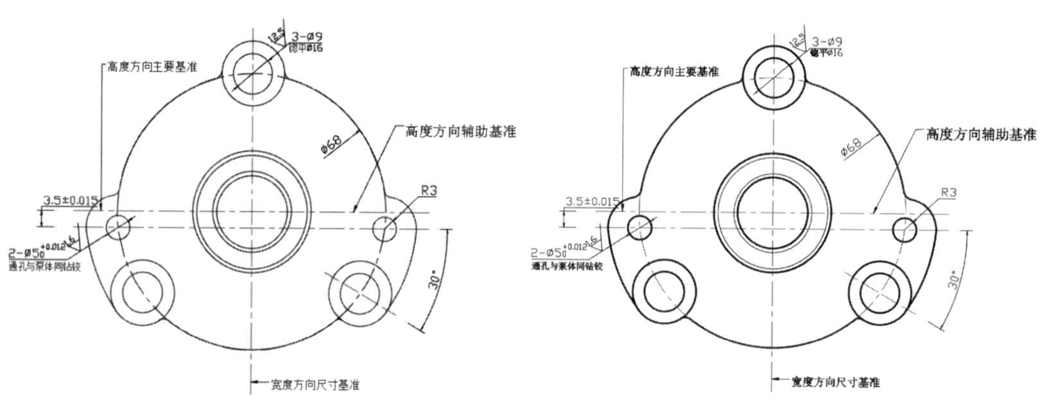

图 15-57　添加文字注释　　　　图 15-58　最终效果

15.2.2 绘制泵盖剖面图

下面利用“镜像”“直线”“修剪”等命令，绘制泵盖剖面图形，操作步骤介绍如下。

▶Step01 执行“直线”命令，绘制尺寸为 38mm×15mm 的矩形图形，如图 15-59 所示。

▶Step02 执行“分解”命令分解矩形。执行“偏移”命令，将线段向内进行偏移，如图15-60 所示。

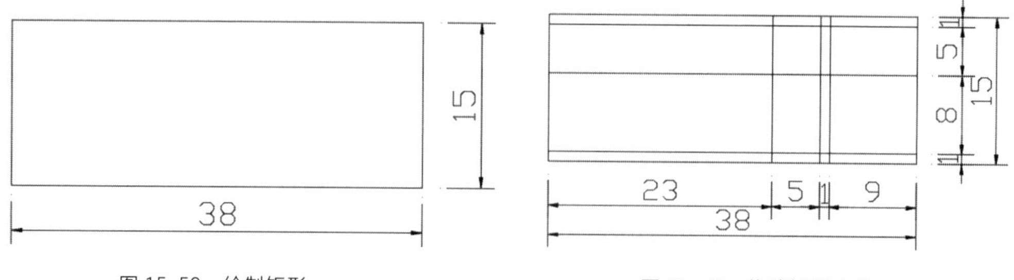

图 15-59　绘制矩形　　　　图 15-60　偏移矩形边线

Step03 执行“修剪”命令，修剪删除掉多余的线段，如图 15-61 所示。

Step04 执行“倒角”命令，根据命令行提示设置角度为 45°，对图形进行倒角操作，如图 15-62 所示。

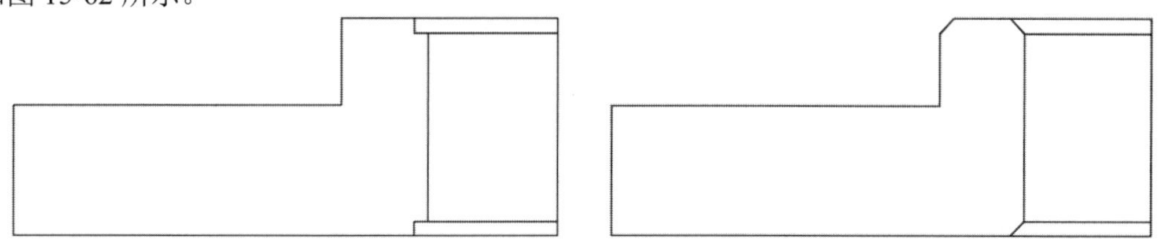

图 15-61　修剪偏移的线段　　　　图 15-62　添加 45° 倒角

Step05 执行“圆角”命令，根据命令行提示设置圆角半径 2mm，对图形进行圆角操作，如图 15-63 所示。

Step06 删除掉多余的线段，设置“中心线”图层为当前层，绘制一条长 20mm 的中心线，并设置线型比例为 0.1，如图 15-64 所示。

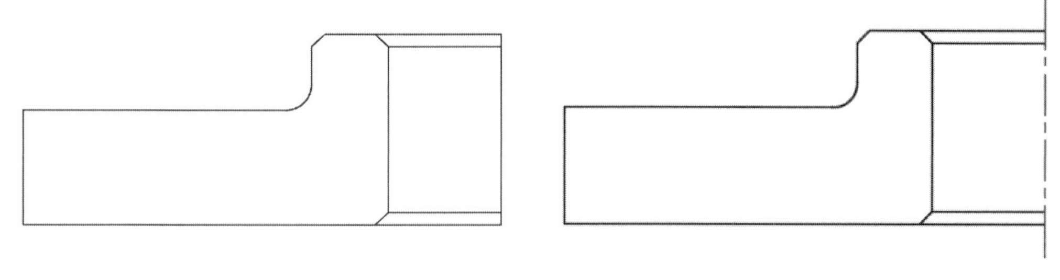

图 15-63　设置半径为 2mm 的圆角　　　　图 15-64　绘制中心线

Step07 执行“镜像”命令，镜像复制图形，如图 15-65 所示。

Step08 执行“圆角”命令，根据命令行提示设置圆角半径 2mm，对图形进行圆角操作，如图 15-66 所示。

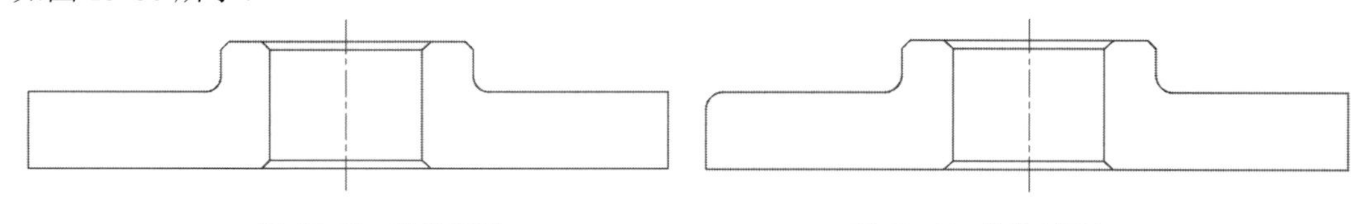

图 15-65　镜像图形　　　　图 15-66　继续倒圆角

Step09 执行“偏移”命令，将线段向内进行偏移，如图 15-67 所示。

Step10 执行“修剪”命令，修剪删除掉多余的线段，如图 15-68 所示。

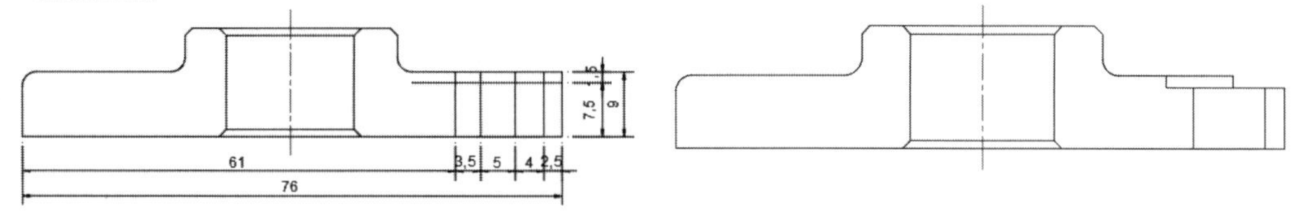

图 15-67　向内偏移线段　　　　图 15-68　修剪图形

Step11 执行“偏移”“拉伸”命令，将中心线向右偏移 31mm，拉伸到 12mm 的高度，如图 15-69 所示。

▶Step12 设置“图案填充”图层为当前层，执行“绘图>图案填充”命令，设置图案名为ANSI31，比例为0.5，其余参数保持不变，并选择填充区域，如图15-70所示。

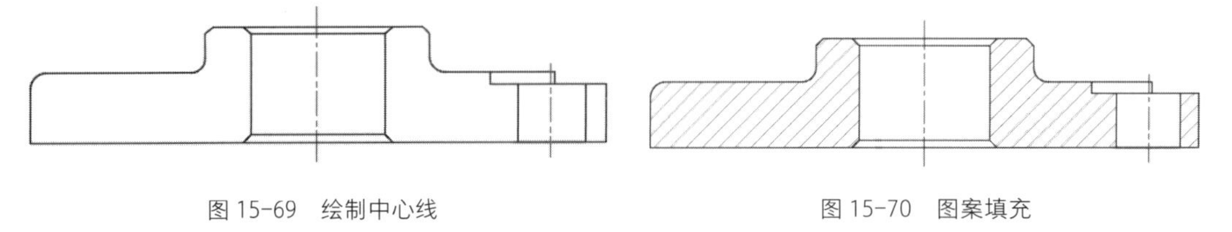

图15-69　绘制中心线　　　　图15-70　图案填充

▶Step13 设置“尺寸标注”图层为当前层，执行“标注>线性”命令，对泵盖剖面进行尺寸标注，完成剖面图的绘制，如图15-71所示。

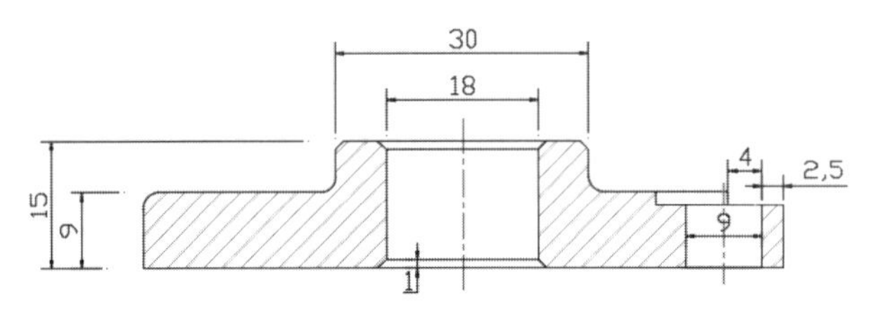

图15-71　添加线性标注

▶Step14 双击尺寸标注，进入编辑状态，如图15-72所示。

▶Step15 在编辑框中单击鼠标右键，会弹出快捷菜单，在“符号”选项的级联菜单中选择“直径”，如图15-73所示。

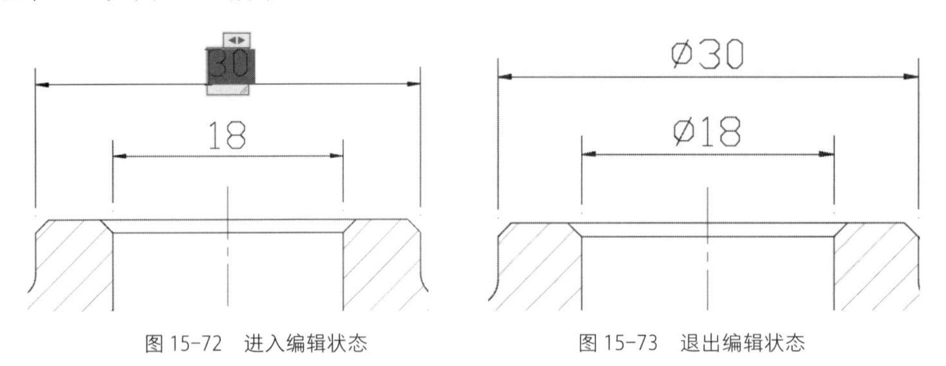

图15-72　进入编辑状态　　　　图15-73　退出编辑状态

▶Step16 双击进入编辑状态，并输入公差值，如图15-74所示。

▶Step17 选择公差值，单击鼠标右键，选择“堆叠”选项，如图15-75所示。

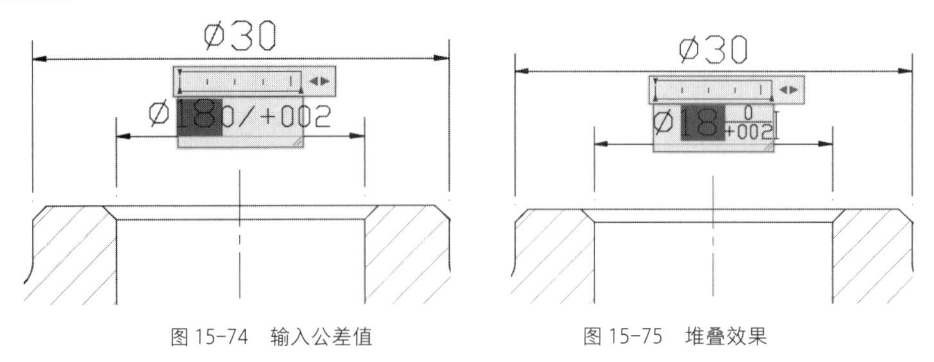

图15-74　输入公差值　　　　图15-75　堆叠效果

Step18 选择调整后公差值，单击鼠标右键，选择“堆叠特性”选项，打开“堆叠特性”对话框，并设置其参数，如图 15-76 所示。

Step19 单击“确定”按钮，返回绘图区，效果如图 15-77 所示。

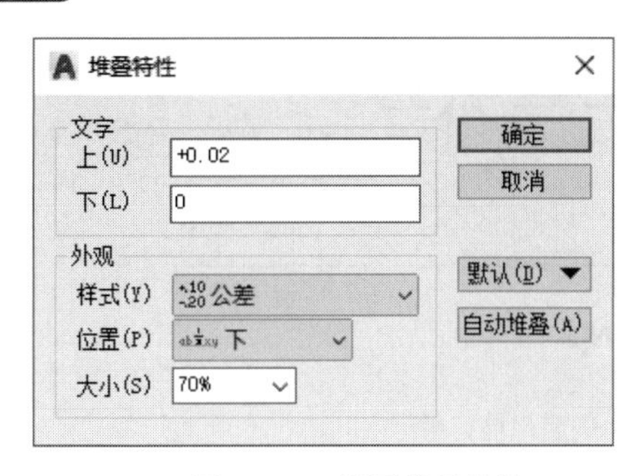

图 15-76 设置堆叠特性

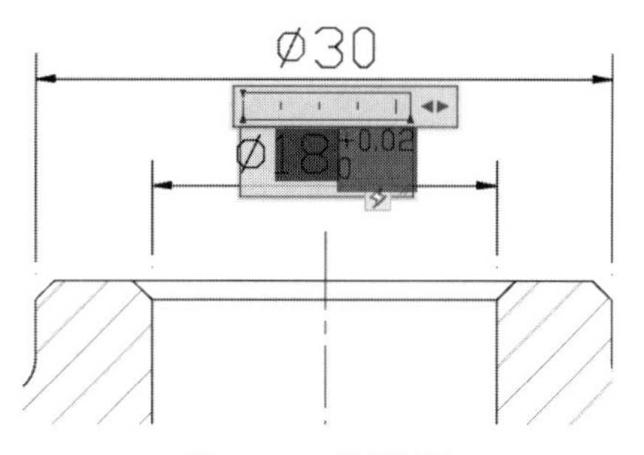

图 15-77 设置效果

Step20 在绘图区空白区域单击鼠标左键退出编辑状态，如图 15-78 所示。

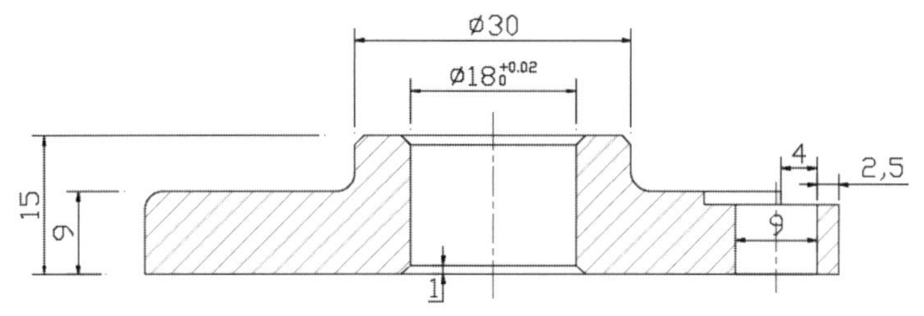

图 15-78 退出编辑状态

Step21 执行“半径”标注命令，标注圆角半径尺寸，如图 15-79 所示。

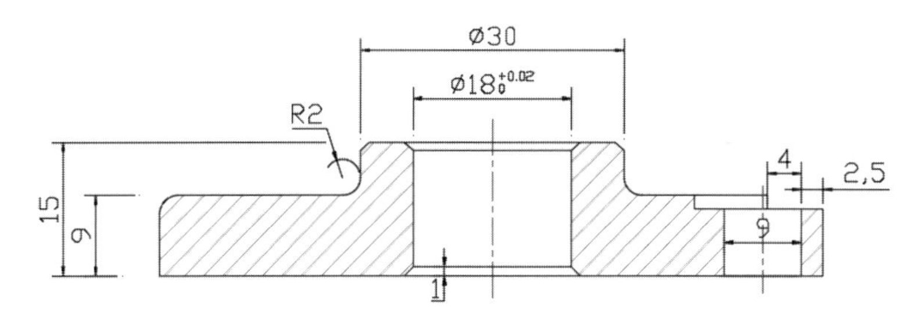

图 15-79 添加半径标注

Step22 执行“多重引线”命令，为倒角进行标注，如图 15-80 所示。

Step23 执行“多段线、文字注释”命令，绘制表面粗糙符号，如图 15-81 所示。

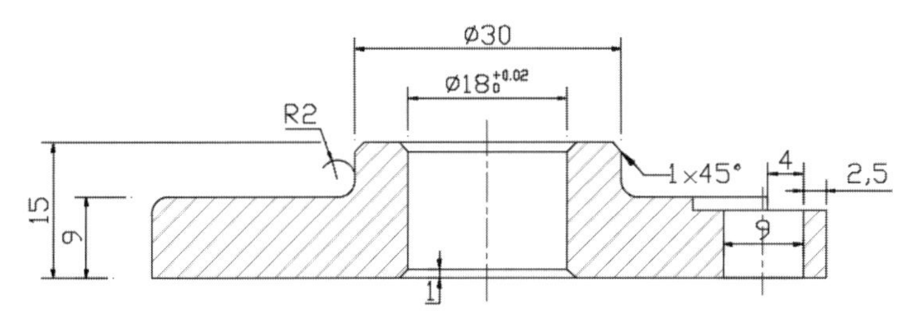

图 15-80 添加引线标注

6.3

图 15-81 绘制表面粗糙符号

Step24 执行“复制”和“旋转”命令，将表面粗糙符号复制移动到合适位置，如图 15-82 所示。

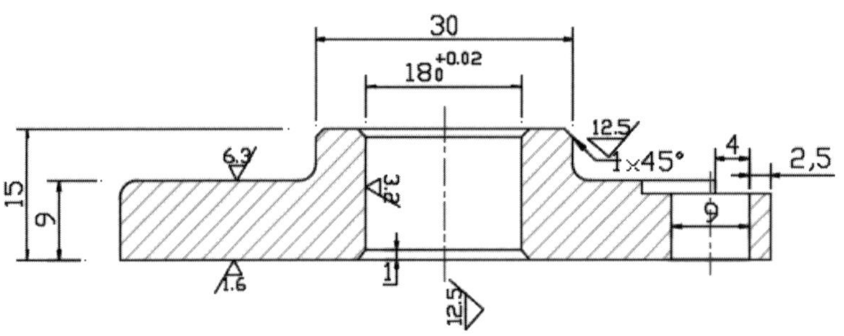

图 15-82　复制移动表面粗糙符号

Step25 执行“直线”和“多重引线”命令，绘制标高引线，如图 15-83 所示。

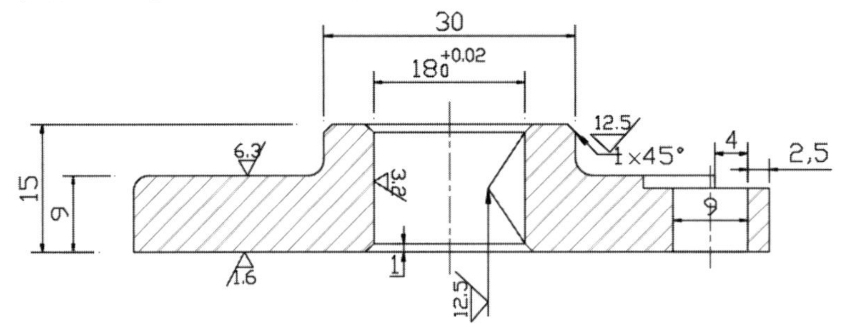

图 15-83　绘制标高引线

Step26 执行“直线”和“文字注释”命令，为图形添加文字注释，如图 15-84 所示。

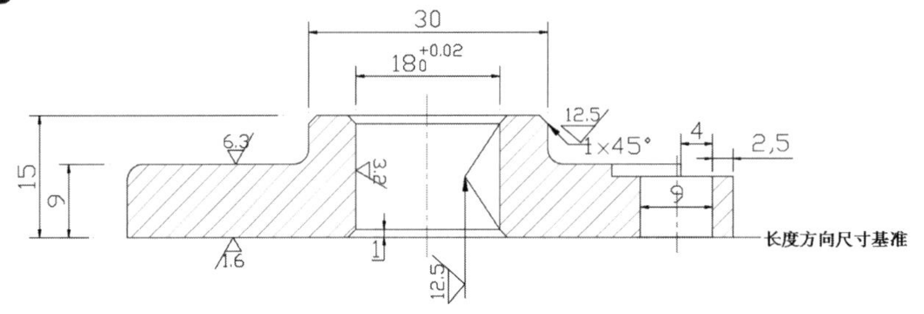

图 15-84　添加文字注释

Step27 执行“公差”标注命令，打开“形位公差”对话框，并设置参数，如图 15-85 所示。

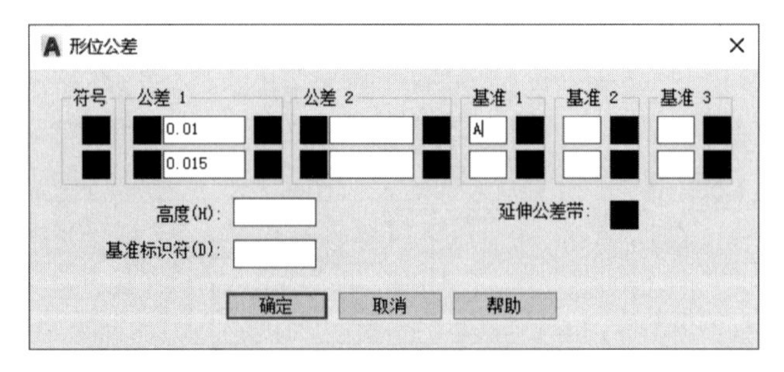

图 15-85　设置公差参数

Step28 单击“确定”按钮，将创建好的公差标注移动到绘图区合适位置，如图 15-86 所示。

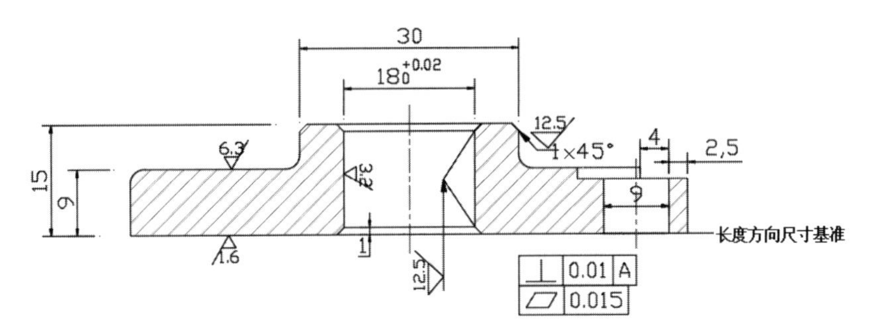

图 15-86 设置效果

Step29 执行“直线”命令，绘制公差标注的引线。至此完成泵盖剖面图的绘制，如图 15-87 所示。

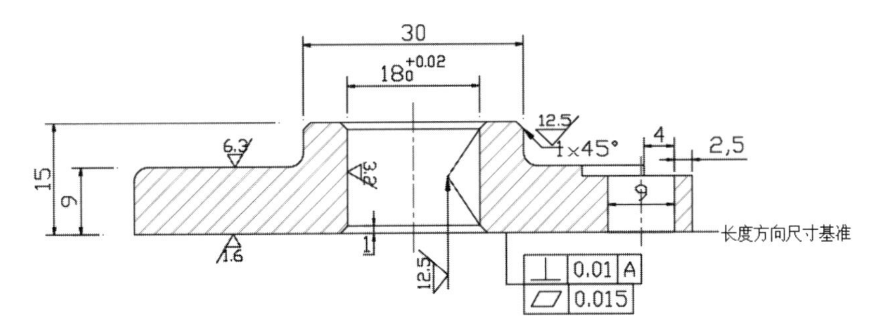

图 15-87 绘制引线

Step30 在状态栏单击“显示线宽”按钮，图形效果如图 15-88 所示。

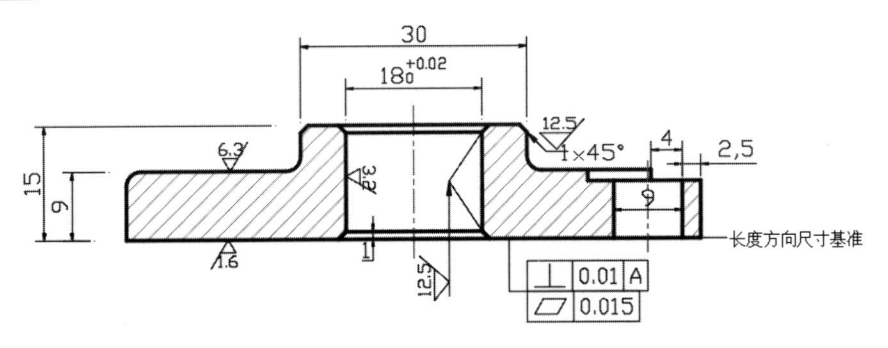

图 15-88 最终结果

15.2.3 创建油泵泵盖模型

下面将利用“拉伸”“差集”“圆角”等命令制作油泵泵盖模型，具体操作步骤介绍如下。

Step01 复制泵盖平面图，并删除多余的尺寸标注，如图 15-89 所示。

Step02 执行“多段线”命令，将泵盖轮廓转换为多段线，如图 15-90 所示。

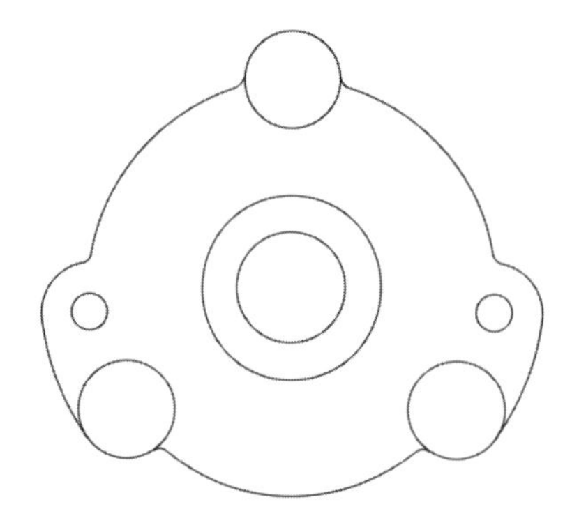

图 15-89　修剪图形

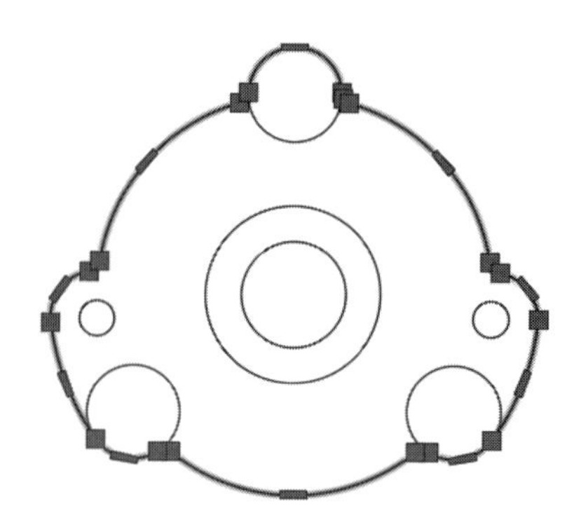

图 15-90　绘制多段线

▶Step03 将视图控件转化为西南等轴测视图，将视觉样式控件转化为概念，执行“拉伸”命令，将中间的同心圆向上拉伸 15mm，如图 15-91 所示。

▶Step04 继续执行当前命令，将其余圆图形向上拉伸 9mm，如图 15-92 所示。

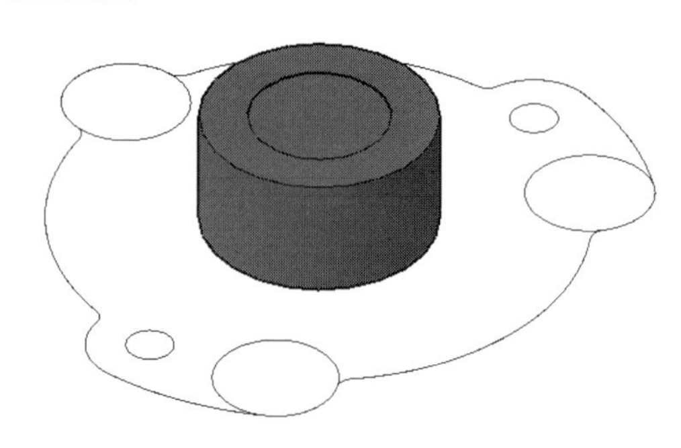

图 15-91　拉伸同心圆

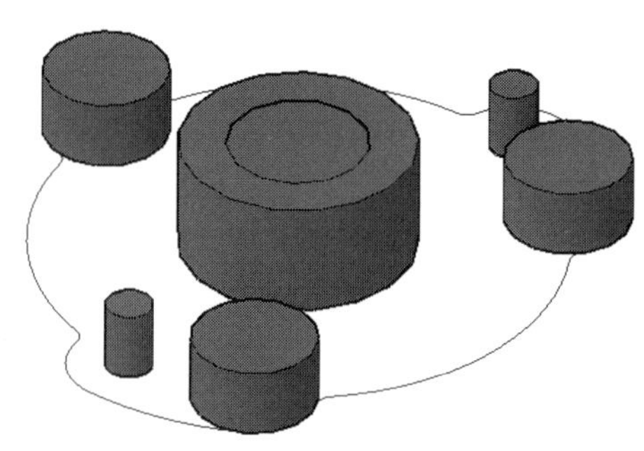

图 15-92　继续拉伸其他圆

▶Step05 继续执行当前命令，将轮廓图形向上拉伸 9mm，如图 15-93 所示。

▶Step06 执行“差集”命令，将实体模型进行删减，如图 15-94 所示。

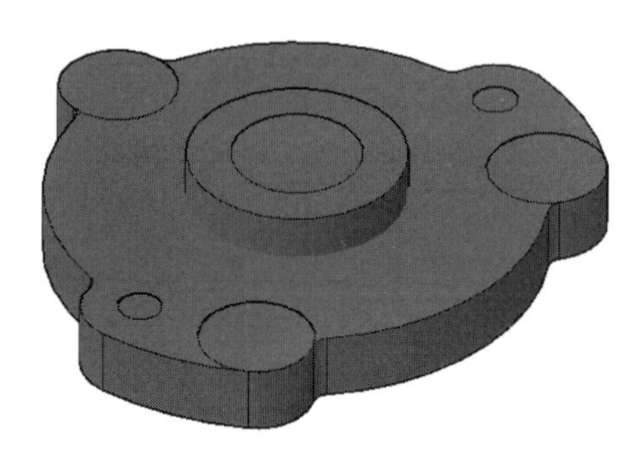

图 15-93　拉伸轮廓线

图 15-94　修剪模型

▶Step07 执行“圆柱体”命令，绘制底面半径分别 4.5mm、8mm，高 7.5mm 的圆柱体，如图 15-95 所示。

▶Step08 执行“差集”命令，将圆柱体从模型中减去，如图 15-96 所示。

▶Step09 执行“复制”命令，将删减后的圆柱体模型进行复制，并放置在绘图区合适位置，如图 15-97 所示。

▶Step10 执行“并集”命令，将实体模型合并成一个整体，如图 15-98 所示。

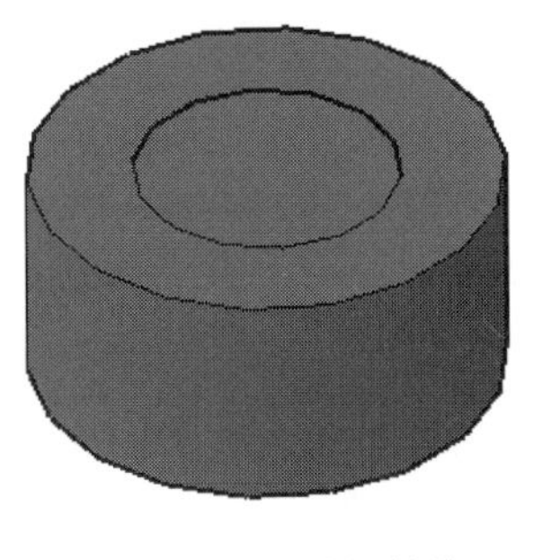

图 15-95　绘制圆柱体

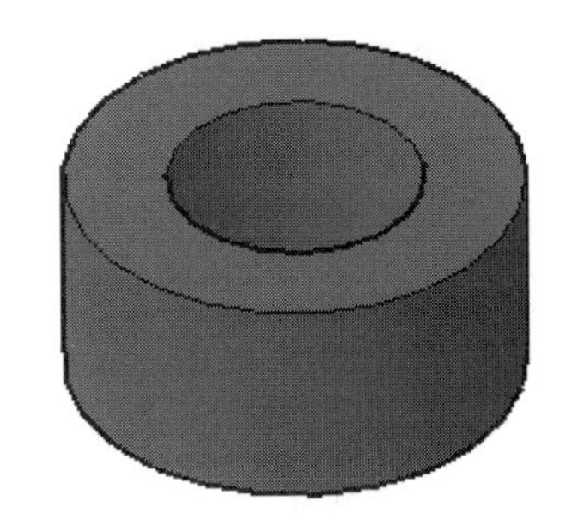

图 15-96　修剪模型

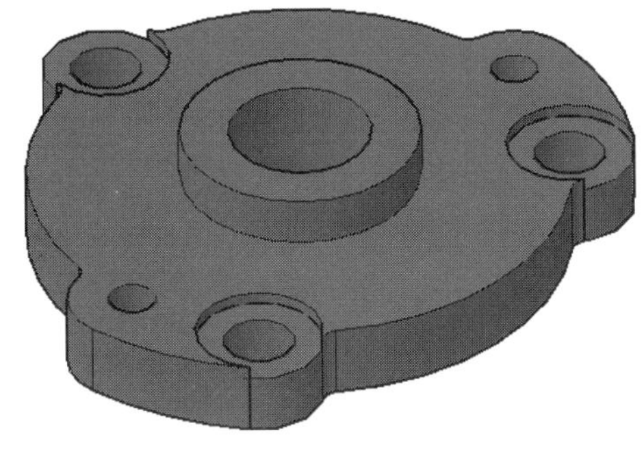

图 15-97　复制并移动图形

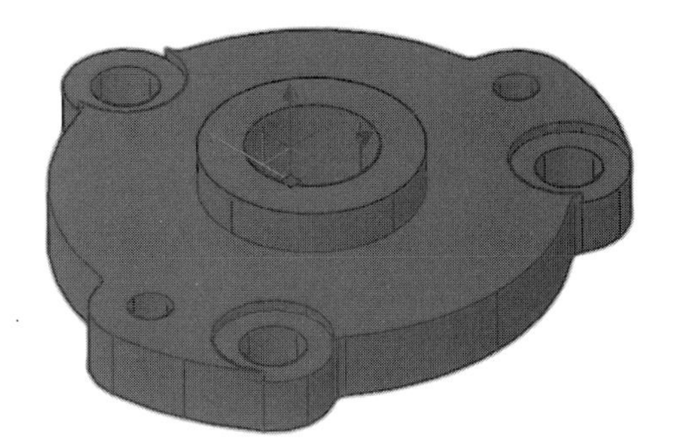

图 15-98　合并实体

Step11 执行“倒角边”命令，根据命令行提示，设置倒角距离为 1mm，对实体模型进行倒角操作，如图 15-99 所示。

Step12 执行“圆角边”命令，根据命令行提示，设置圆角半径为 1mm。至此，完成了泵盖模型的绘制，如图 15-100 所示。

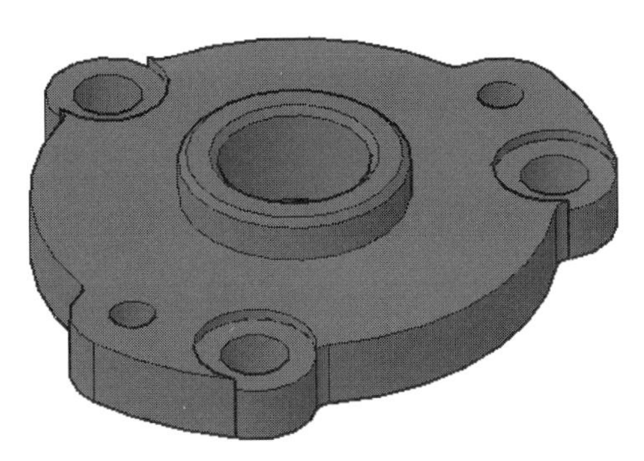

图 15-99　添加倒角边

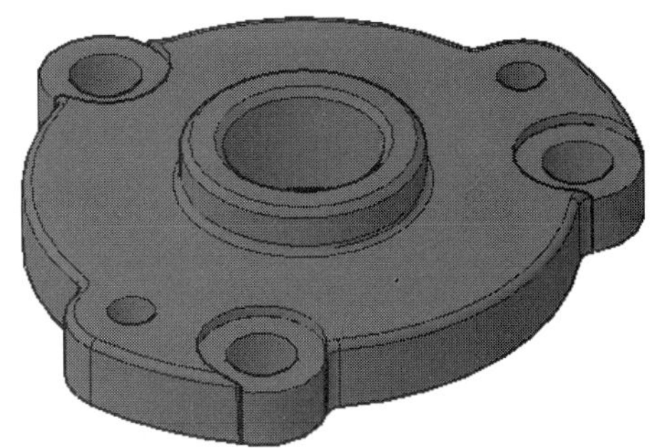

图 15-100　绘制效果

15.3　绘制传动轴零件图

传动轴是汽车传动系统中传递动力的重要部件，其作用是与变速箱、驱动桥一起将发动机的动力传递给车轮，使汽车产生驱动力。它是一个高转速、少支承的旋转体，因此动平衡至关重要。

15.3.1 绘制传动轴正立面图

下面将绘制传动轴正立面图，通过绘制传动轴的零件图，读者能够进一步学习机械零件图的绘制，具体操作步骤介绍如下。

Step01 新建“中心线”“轮廓线”和“尺寸标注”等图层，设置图层颜色、线性及线宽，如图 15-101 所示。

Step02 设置“轮廓线”图层为当前层。执行“矩形”命令，绘制长为 29mm、宽为 15mm 的矩形图形，如图 15-102 所示。

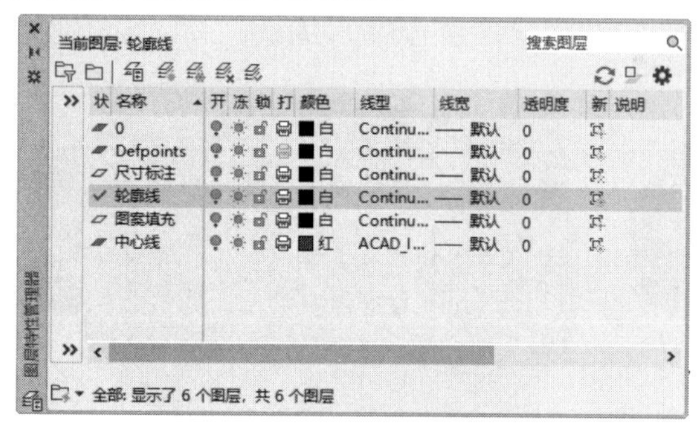

图 15-101　创建图层

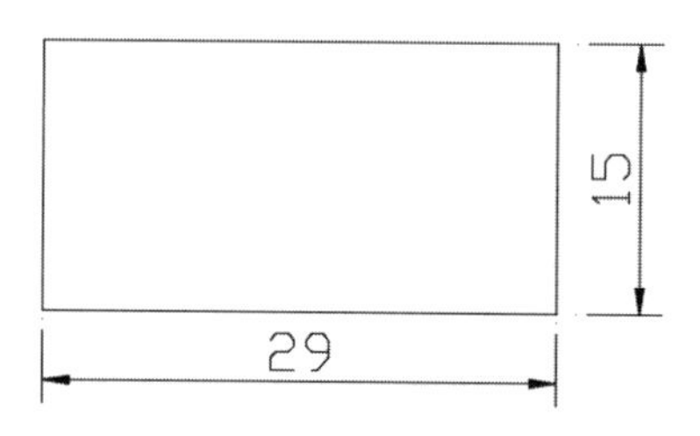

图 15-102　绘制矩形图形

Step03 继续执行当前命令，分别绘制长为 21mm、宽为 17mm 和长为 2mm、宽为 15mm 的矩形图形，并捕捉宽边的中点进行对齐操作，如图 15-103 所示。

Step04 按照同样的方法，绘制其余矩形图形，如图 15-104 所示。

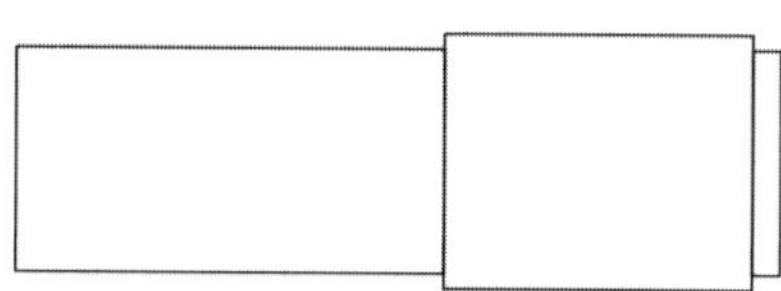

图 15-103　继续绘制矩形图形

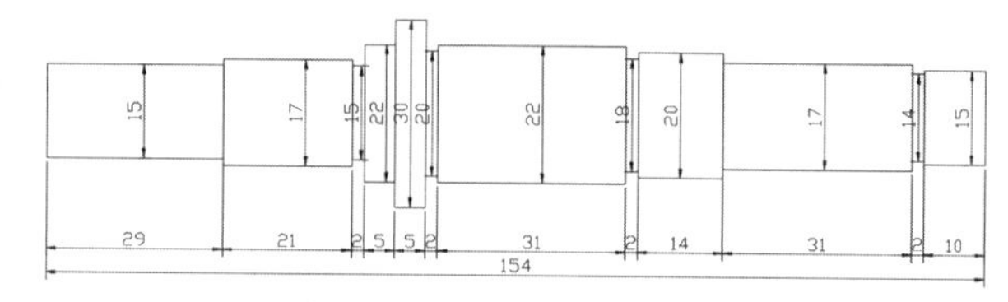

图 15-104　绘制其他矩形图形

Step05 执行“分解”命令，将矩形图形进行分解，如图 15-105 所示。

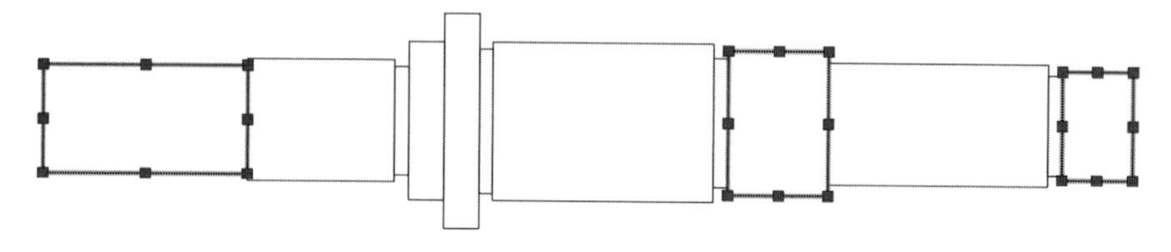

图 15-105　分解所需矩形

Step06 执行“偏移”命令，将线段进行偏移操作，如图 15-106 所示。

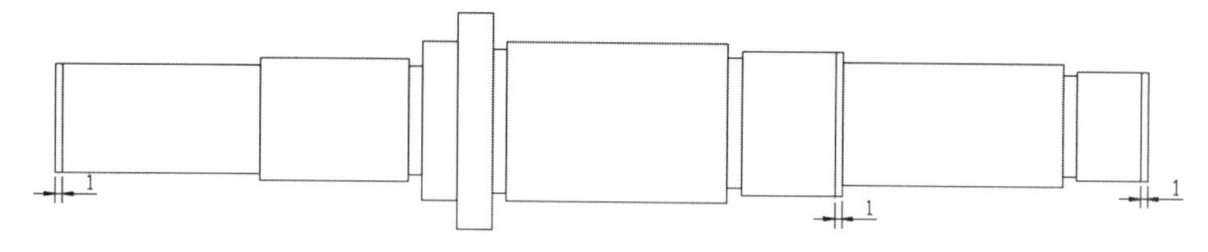

图 15-106　偏移分解矩形边线

▸Step07 执行“倒角”命令，设置倒角距离为1，对矩形图形进行倒角操作，如图15-107所示。

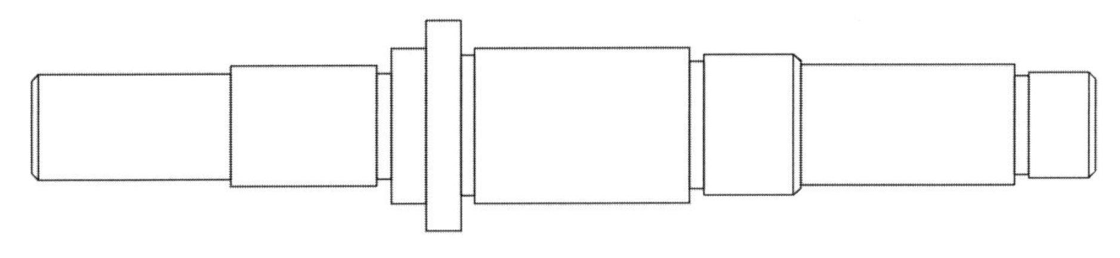

图 15-107 添加倒角

▸Step08 执行“矩形”命令，分别绘制长为16mm、宽为5mm和长为25mm、宽为6mm的矩形图形，如图15-108所示。

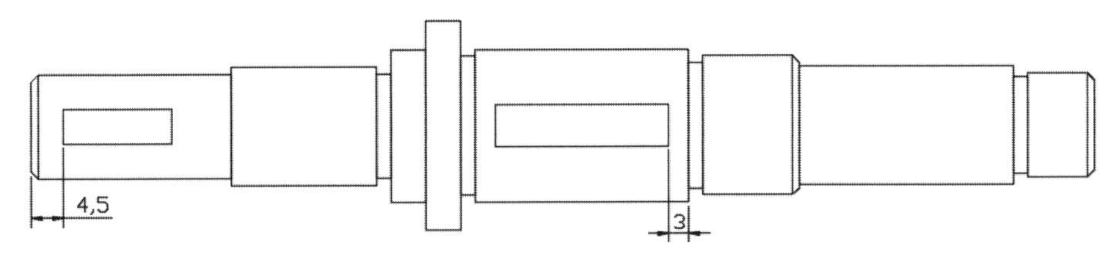

图 15-108 绘制矩形

▸Step09 执行“圆角”命令，分别设置圆角半径2.5mm和3mm，对刚绘制的矩形图形进行圆角操作，如图15-109所示。

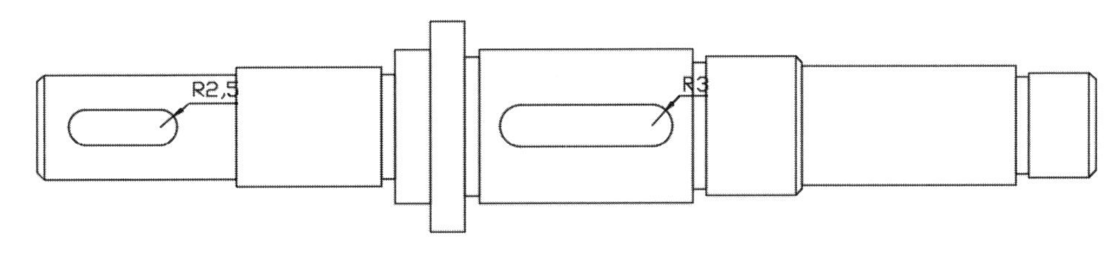

图 15-109 矩形倒圆角

▸Step10 设置“中心线”图层为当前层。执行“直线”命令，绘制长170mm和10mm的中心线，并设置线型比例为0.3，如图15-110所示。

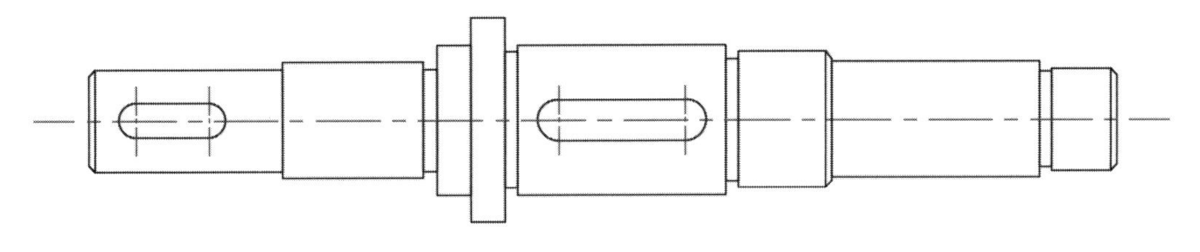

图 15-110 绘制中心线

▸Step11 执行“多段线”和“文字注释”命令，设置多段线宽度为0.1，绘制截面符号，如图15-111所示。

▸Step12 执行“线性”标注和“多重引线”命令，对传动轴进行尺寸标注，如图15-112所示。

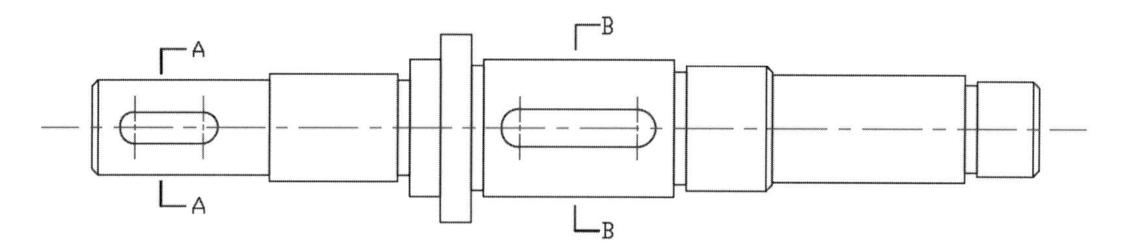

图 15-111　绘制界面符号

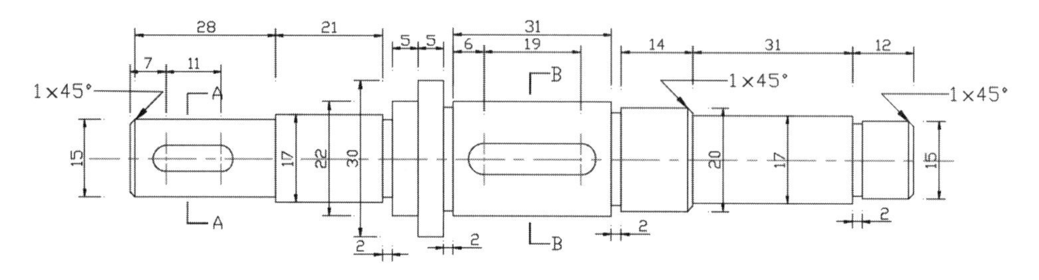

图 15-112　标注图形

Step13 双击左侧竖向尺寸标注，进入编辑状态，输入直径符号，如图 15-113 所示。

Step14 在绘图区空白处单击鼠标左键，退出编辑状态，效果如图 15-114 所示。

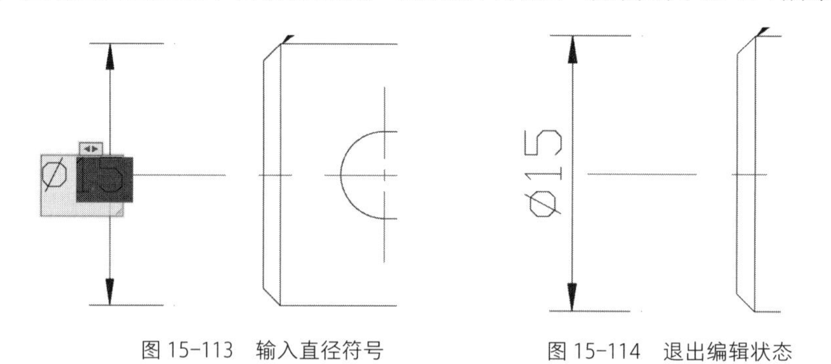

图 15-113　输入直径符号　　　　图 15-114　退出编辑状态

Step15 按照相同的方法，修改其他尺寸标注，完成传动轴正立面图的绘制，如图 15-115 所示。

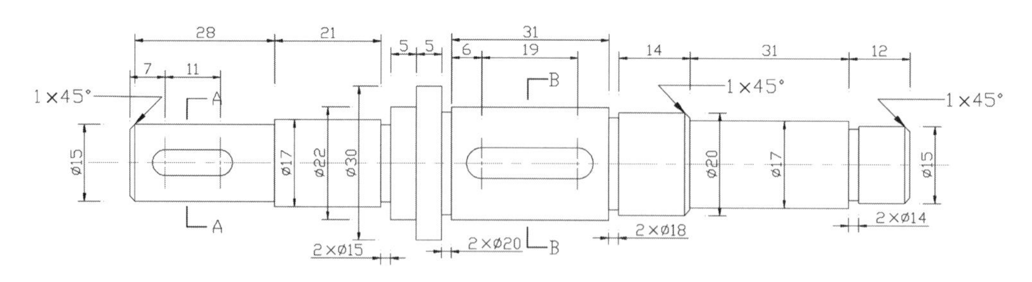

图 15-115　修改其他尺寸标注

Step16 在状态栏单击“显示线宽”按钮，图形效果如图 15-116 所示。

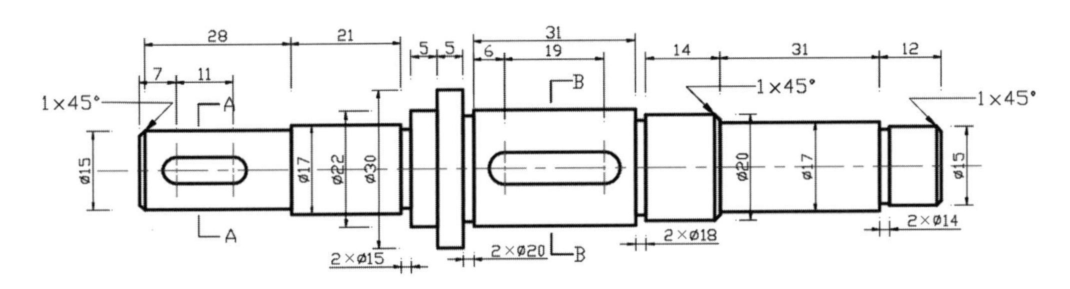

图 15-116　最终效果

15.3.2 绘制传动轴剖面图

下面利用“圆”“直线”“修剪”等命令，绘制传动轴剖面图形，操作步骤介绍如下。

Step01 设置“中心线”图层为当前层，绘制两条长 20mm 垂直的中心线，并设置线型比例为 0.1，如图 15-117 所示。

Step02 设置“轮廓线”图层为当前层，执行“圆”命令，捕捉中心线的交点，绘制半径为 7.5mm 的圆图形，如图 15-118 所示。

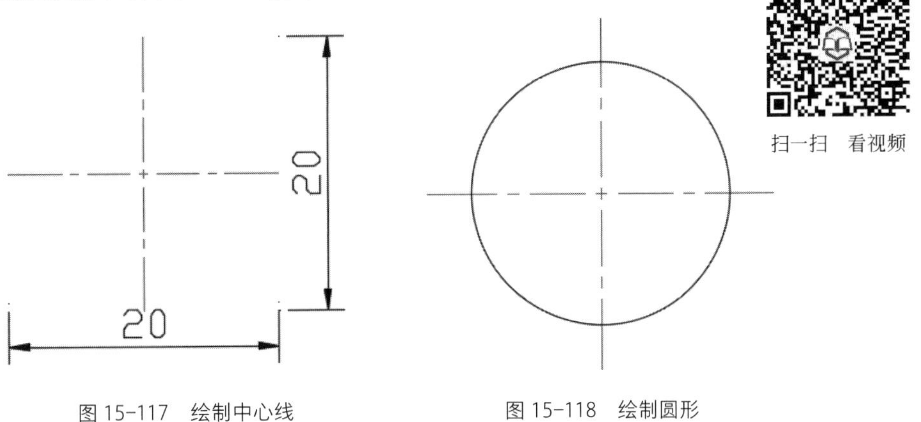

图 15-117　绘制中心线

图 15-118　绘制圆形

Step03 执行“矩形”命令，绘制长为 2.5mm、宽为 5mm 的矩形图形，放在绘图区合适位置，如图 15-119 所示。

Step04 执行“修剪”命令，修剪删除掉多余的线段，如图 15-120 所示。

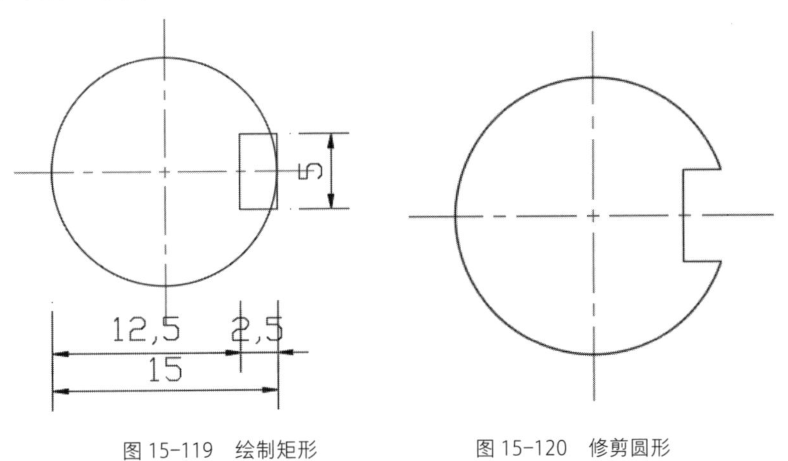

图 15-119　绘制矩形

图 15-120　修剪圆形

Step05 执行“图案填充”命令，设置图案名为 ANSI31，比例为 0.3，其余参数保持不变，对传动轴剖面图进行图案填充，如图 15-121 所示。

Step06 执行“线性”和“半径”命令，对传动轴剖面图进行尺寸标注，完成传动轴剖面图 A-A 的绘制，如图 15-122 所示。

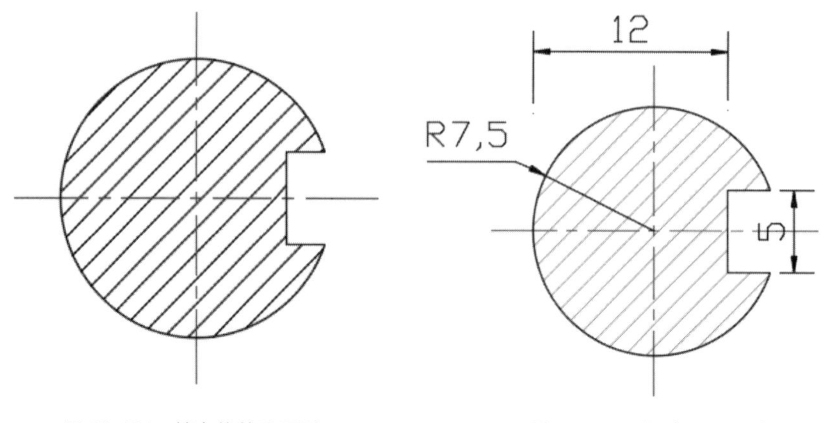

图 15-121 填充修剪后图形 图 15-122 标注图形尺寸

Step07 在状态栏单击“显示线宽”按钮，图形效果如图 15-123 所示。

Step08 按照相同的方法绘制传动轴剖面图 B-B，如图 15-124 所示。

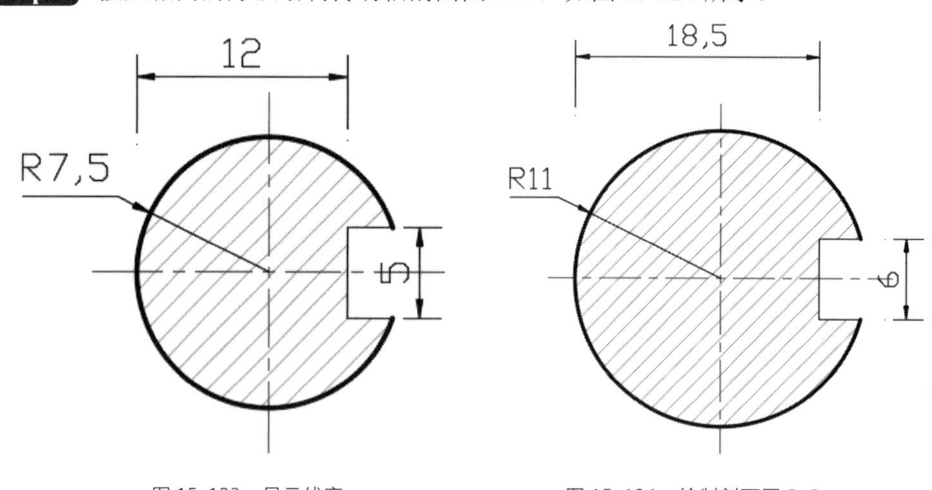

图 15-123 显示线宽 图 15-124 绘制剖面图 B-B

15.3.3 绘制传动轴模型

下面介绍传动轴模型的制作，主要利用“并集”“差集”“拉伸”等命令，将二维图形创建为三维实体，具体操作步骤介绍如下。

Step01 切换到西南等轴测视图的概念视觉样式，执行“圆柱体”命令，绘制半径为 7.5mm、高为 28mm 的圆柱体，如图 15-125 所示。

Step02 切换为俯视图，执行“多段线”命令，绘制多段线图形，如图 15-126 所示。

Step03 切换为西南等轴测视图，执行“拉伸”命令，将多段线图形向上拉伸 2.5mm，并放在绘图区合适位置，如图 15-127 所示。

Step04 执行“差集”命令，将刚拉伸出来的模型从实体中减去，如图 15-128 所示。

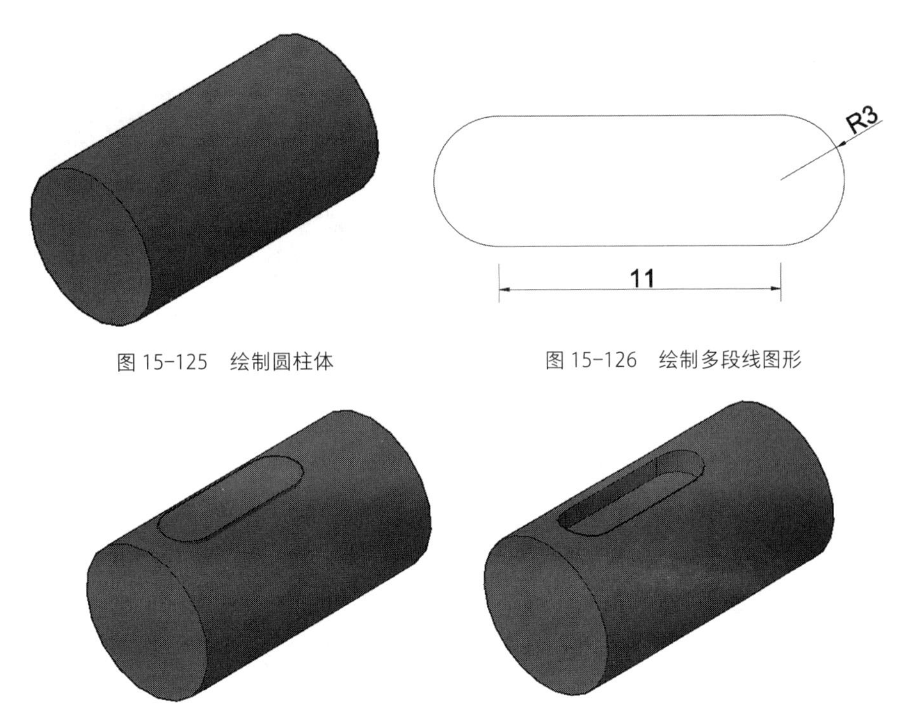

图 15-125　绘制圆柱体　　图 15-126　绘制多段线图形

图 15-127　拉伸多段线图形　　图 15-128　修剪模型

▶Step05 执行“圆柱体”命令，分别绘制半径为 6.5mm、高为 21mm，半径为 7.5mm、高为 2mm，半径为 11mm、高为 5mm，半径为 15mm、高为 5mm 的圆柱体，并捕捉之前的圆柱体的底面进行对齐，如图 15-129 所示。

▶Step06 继续执行当前命令，绘制半径为 10mm、高为 2mm 和半径为 11mm、高为 31mm 的圆柱体，如图 15-130 所示。

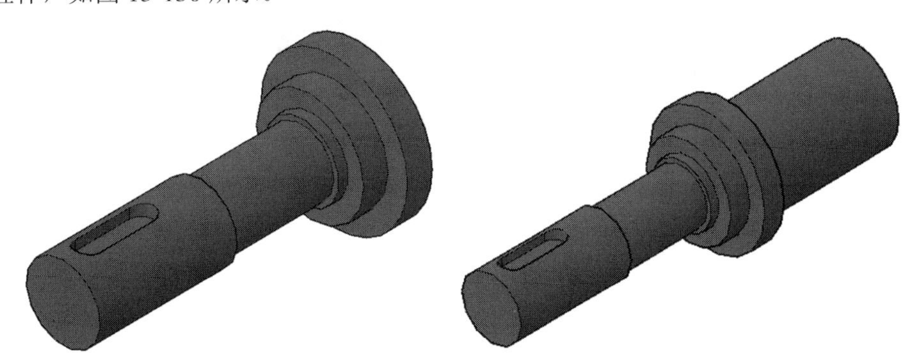

图 15-129　绘制圆柱体　　图 15-130　继续绘制圆柱体

▶Step07 切换为俯视图，执行“多段线”命令，绘制多段线图形，如图 15-131 所示。

▶Step08 切换为西南等轴测视图，执行“拉伸”命令，将多段线图形向上拉伸 3.5mm，并放在绘图区合适位置，如图 15-132 所示。

▶Step09 执行“差集”命令，将刚拉伸出来的模型从实体中减去，如图 15-133 所示。

▶Step10 执行“圆柱体”命令，分别绘制半径为 9mm、高为 2mm，半径为 10mm、高为 14mm，半径为 8.5mm、高为 31mm，半径为 7mm、高为 2mm，半径为 7.5mm、高为 10mm 的圆柱体，并捕捉之前的圆柱体的底面进行对齐，如图 15-134 所示。

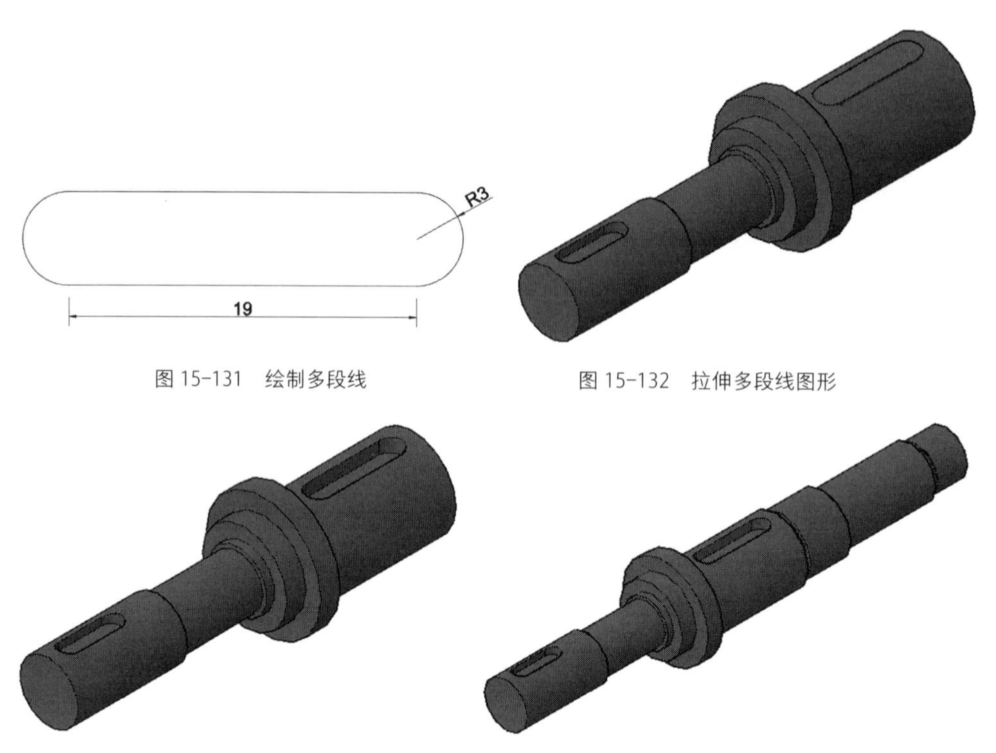

图 15-131　绘制多段线

图 15-132　拉伸多段线图形

图 15-133　修剪模型

图 15-134　绘制圆柱体并对齐

Step11 执行“倒角边”命令，对实体进行倒角处理，完成传动轴模型的绘制，如图 15-135 所示。

图 15-135　倒角边操作

第 16 章

绘制室内施工图

本章概述

在室内设计过程中，施工图的绘制是表达设计者设计意图的重要手段之一，是设计者与各相关专业之间交流的标准化语言，是控制施工现场能否充分正确理解消化并实施设计理念的一个重要环节。

本章将结合所学知识绘制一套三居室装潢施工图，包括平面图、立面图、剖面图，读者通过本章的学习可以掌握室内设计施工图的绘制技巧并了解部分施工工艺。

学习目标

- 了解平立面布局设计技巧
- 了解局部施工工艺
- 掌握平面图的绘制
- 掌握立面图的绘制
- 掌握剖面图的绘制

实例预览

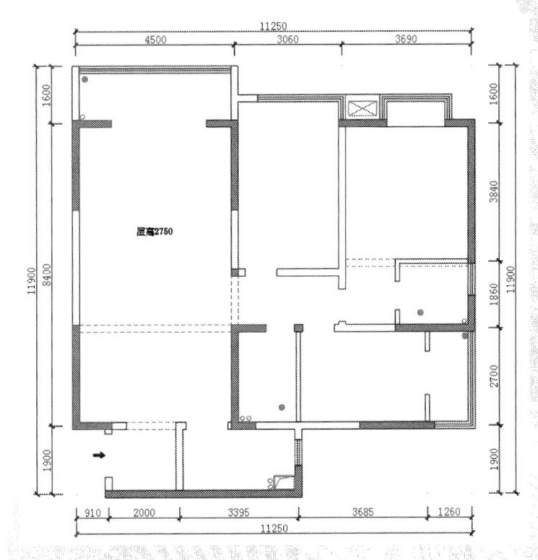

原始户型图

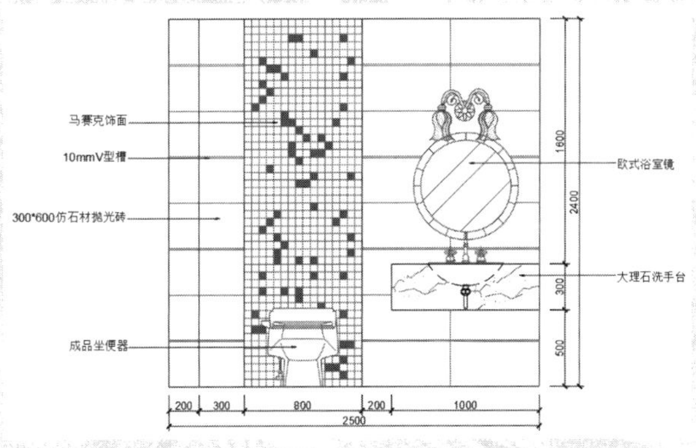

卫生间立面图

16.1 绘制居室平面图

平面图主要包括原始户型图、平面布置图、地面铺设图、顶棚布置图等，这些图纸能够反映出当前户型各空间布局以及家具摆放是否合理，同时用户能从中了解各空间的功能和用途。

16.1.1 绘制原始户型图

在进入制图程序时，首先要绘制的是原始户型图，这是全部施工图的绘制基础。下面介绍具体的绘制步骤。

Step01 在“默认”选项卡单击“图层特性”按钮，打开“图层特性管理器”选项板，新建“轴线”“墙体”“标注”等图层，并设置图层特性，如图 16-1 所示。

Step02 设置“轴线”图层为当前层。依次执行“直线”“偏移”命令，绘制户型图的轴线，轴线长度及距离分布如图 16-2 所示。

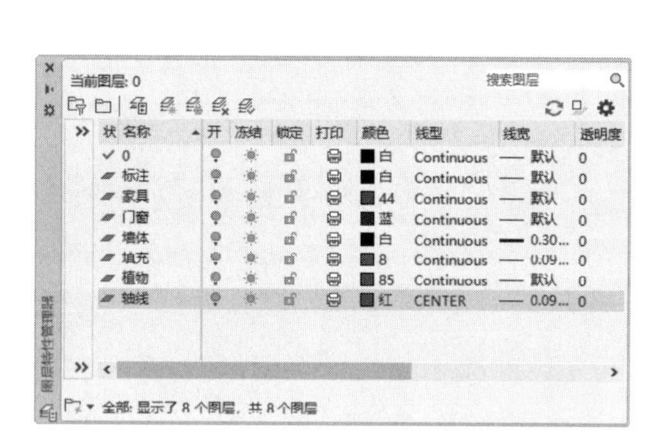

图 16-1　创建图层

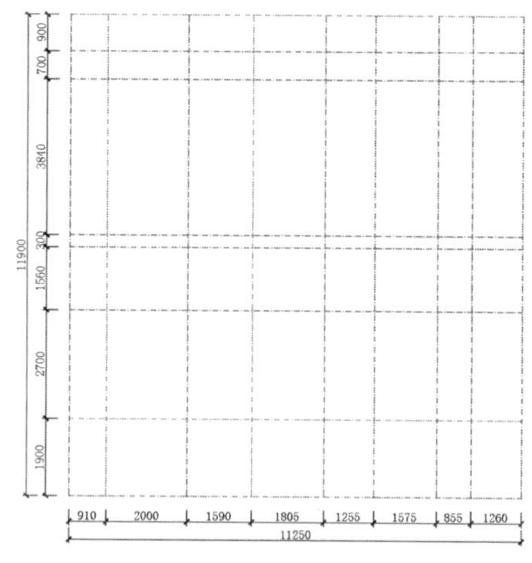

图 16-2　绘制墙体轴线

Step03 设置“墙体”图层为当前层。执行“格式>多线样式”命令，打开“多线样式”对话框，如图 16-3 所示。

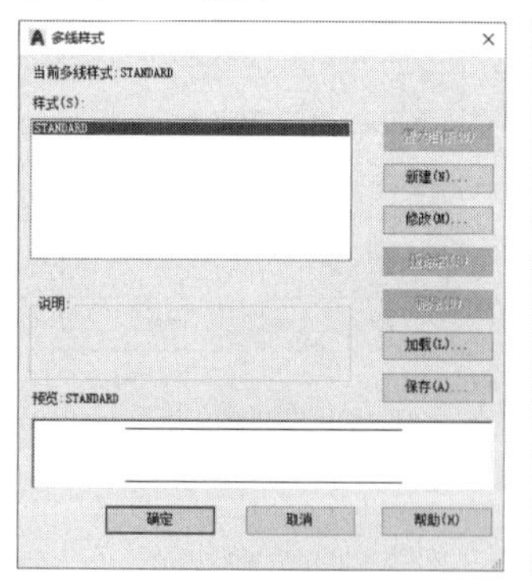

图 16-3　打开“多线样式”对话框

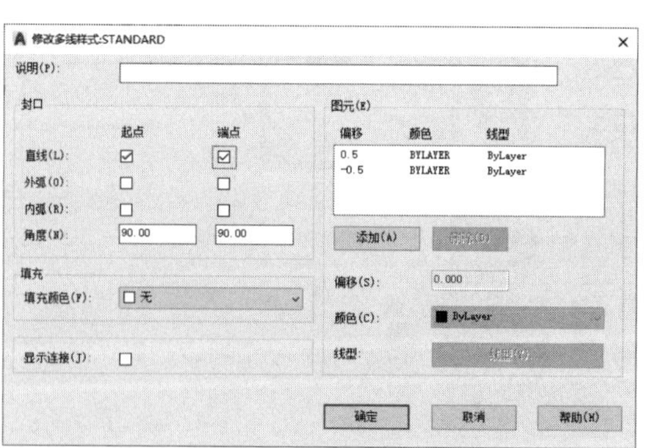

图 16-4　设置多线样式

▶Step04 单击“修改”按钮，打开“修改多线样式”对话框，在“封口”选项组中选择“起点”和“端点”复选框，其余参数不变，如图 16-4 所示。

▶Step05 单击“确定”按钮关闭对话框，返回“多线样式”对话框，可以预览到设置后的多线样式，如图 16-5 所示。

▶Step06 关闭“多线样式”对话框，设置“墙体”图层为当前层。执行“多线”命令，根据命令行提示依次设置“对正”方式为“无”，“比例”为 200，然后捕捉轴线绘制主要墙体，如图 16-6 所示。

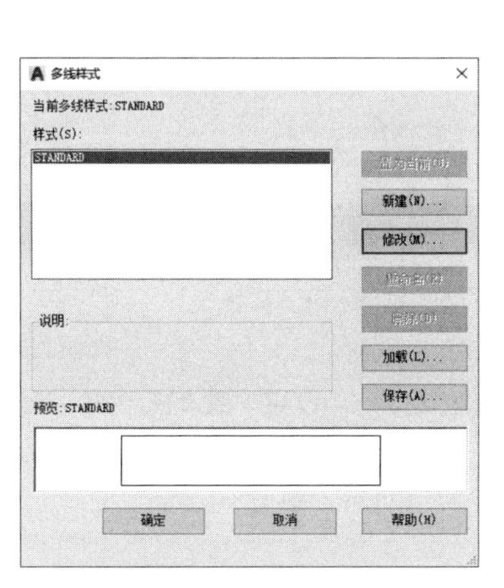

图 16-5　预览多线样式

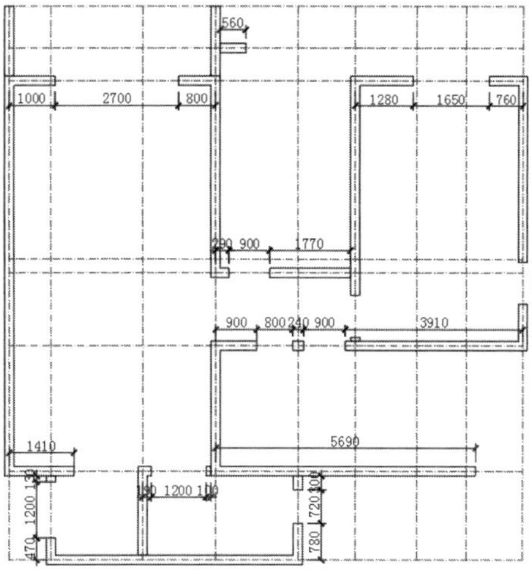

图 16-6　绘制外墙体

▶Step07 继续执行“多线”命令，设置“比例”为 120，再绘制内墙墙体，如图 16-7 所示。

▶Step08 执行“格式>多线样式”命令，打开“多线样式”对话框，单击“新建”按钮，新建“WINDOWS”多线样式，如图 16-8 所示。

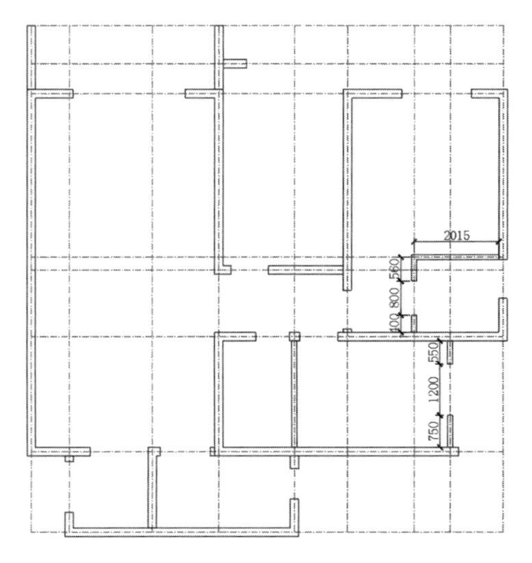

图 16-7　绘制内墙体

图 16-8　新建多线样式

Step09 单击“继续”按钮，进入“新建多线样式”对话框，设置“封口”及“图元”参数，如图 16-9 所示。

Step10 关闭对话框，再将“WINDOWS”样式置为当前，如图 16-10 所示。

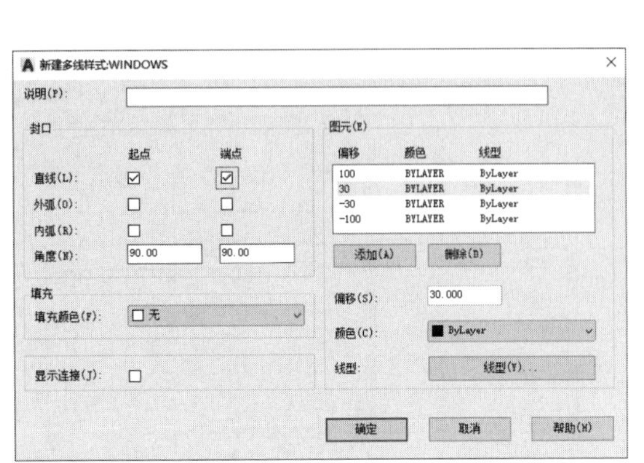

图 16-9 设置多线样式

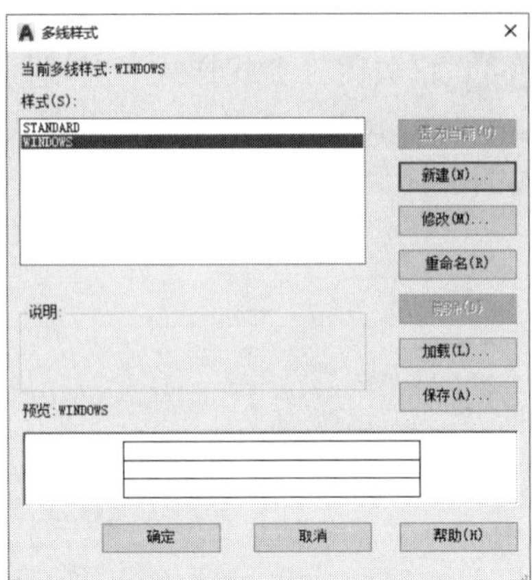

图 16-10 置为当前

Step11 设置“门窗”图层为当前层。执行“多线”命令，设置“比例”为 1，再捕捉绘制窗户图形，如图 16-11 所示。

Step12 关闭“轴线”图层，设置“墙体”图层为当前层。执行“直线”命令，绘制卧室飘窗轮廓线，如图 16-12 所示。

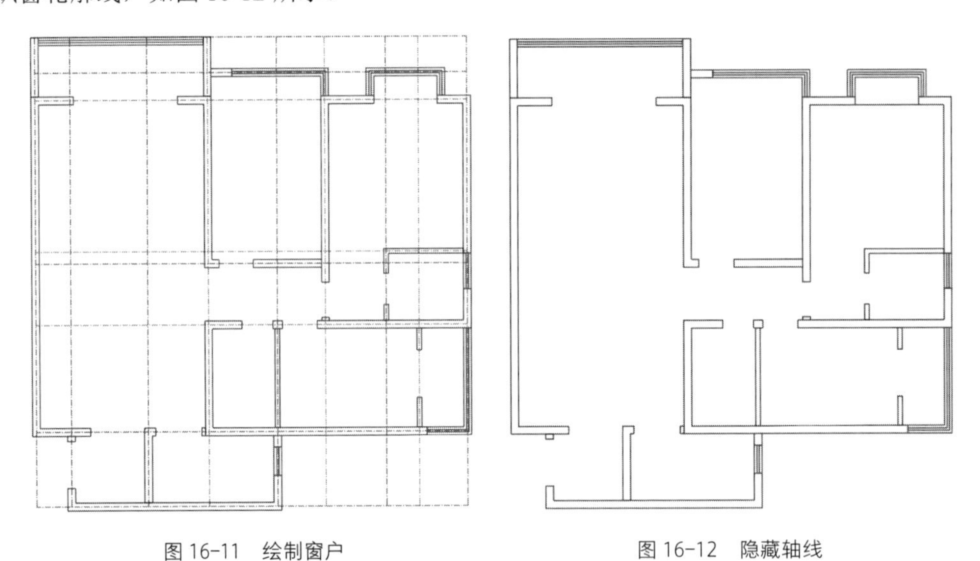

图 16-11 绘制窗户　　　　图 16-12 隐藏轴线

Step13 双击墙体多线，打开“多线编辑工具”面板，选择“T 形合并”工具，如图 16-13 所示。

Step14 编辑墙体图形结合处，再执行“直线”命令，绘制分割出承重墙区域，如图 16-14 所示。

Step15 再执行“图案填充”命令，选择图案 STEEL，设置填充比例及颜色，如图 16-15 所示。

图 16-13　选择编辑工具

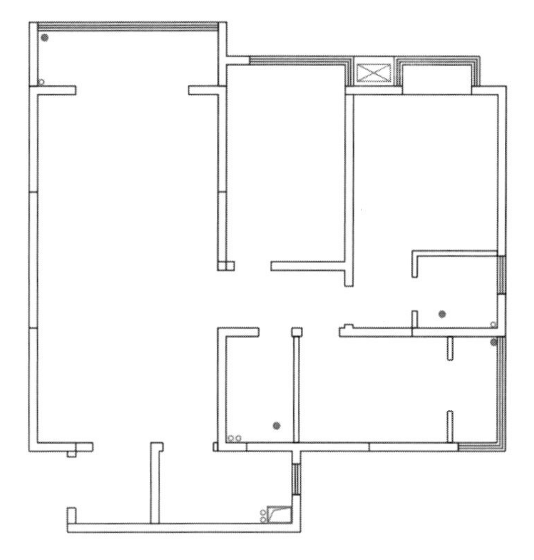

图 16-14　编辑墙体

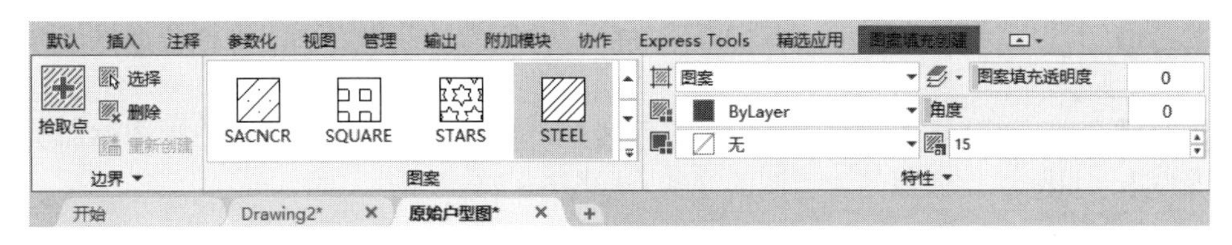

图 16-15　设置填充参数

▶Step16 拾取承重墙区域进行填充操作，如图 16-16 所示。

▶Step17 依次执行“直线”“偏移”命令绘制梁图形，并设置其图形特性，如图 16-17 所示。

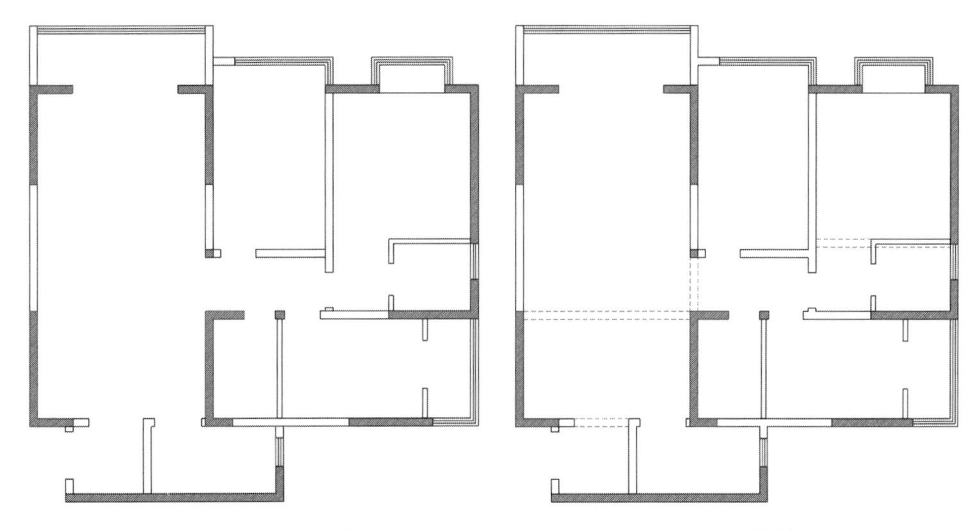

图 16-16　填充墙体　　图 16-17　绘制梁

▶Step18 依次执行“直线”“矩形”命令，绘制空调外机图形，如图 16-18 所示。

▶Step19 依次执行“圆”“矩形”“图案填充”等命令，绘制下水管、地漏、烟道等图形，如图 16-19 所示。

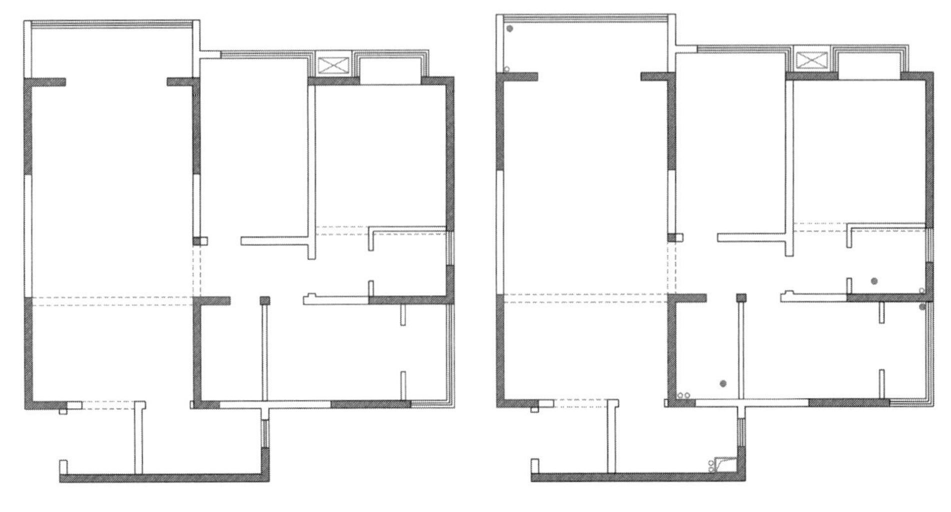

图 16-18　绘制空调外机　　　　图 16-19　绘制其他图形

Step20 打开“轴线”图层，再设置“标注”图层为当前层，为户型图添加尺寸标注，如图 16-20 所示。

Step21 关闭“轴线”图层，执行“多段线”“单行文字”命令，为户型图添加层高注释与入户指示符号，完成原始户型图的绘制，如图 16-21 所示。

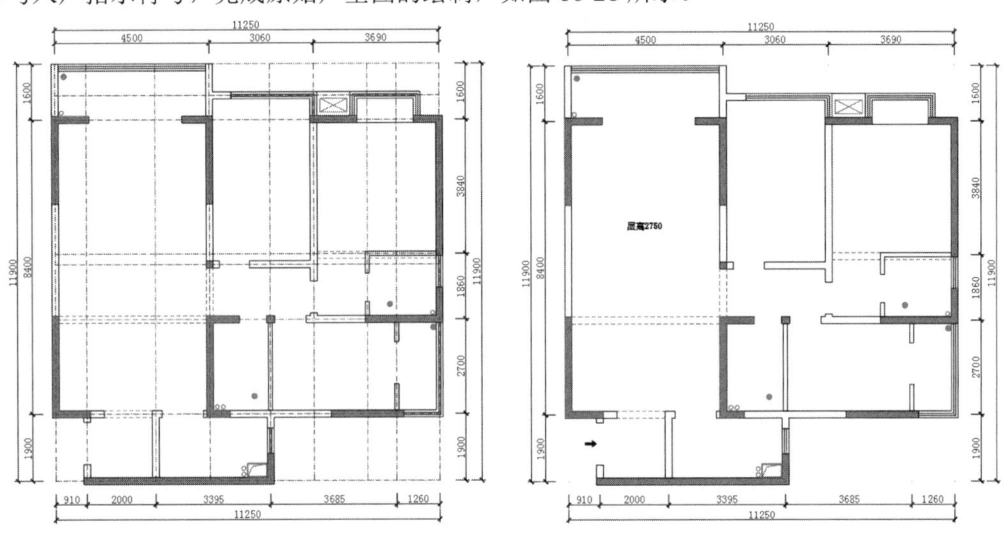

图 16-20　创建尺寸标注　　　　图 16-21　完成原始户型图

16.1.2 绘制平面布置图

扫一扫　看视频

平面布局图是进行室内设计的第一步，也是最重要的一步。下面介绍具体的绘制步骤。

Step01 复制原始户型图，删除文字、梁等图形，再执行“矩形”命令，绘制卫生间、厨房、阳台的包水管图形，如图 16-22 所示。

Step02 执行“直线”“偏移”“图案填充”等命令，绘制出拆墙砌墙图案（其中实体填充图形为砌墙，斜格填充图形为拆墙），如图 16-23 所示。

Step03 执行“修剪”命令，修剪拆墙位置的线条，再调整墙体图形，如图 16-24 所示。

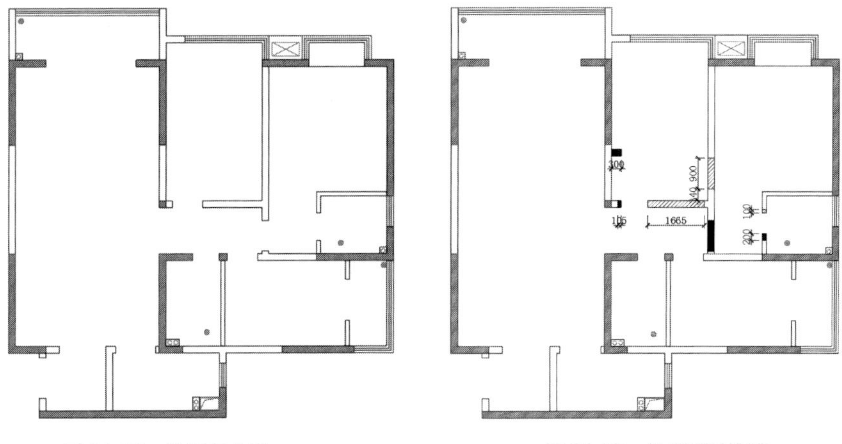

图 16-22　绘制包水管　　　　图 16-23　绘制砌墙拆墙

▶Step04 依次执行“圆”和“矩形”命令，在主卧室门洞位置分别绘制半径为 900mm 的圆和尺寸为 900mm×40mm 的矩形，如图 16-25 所示。

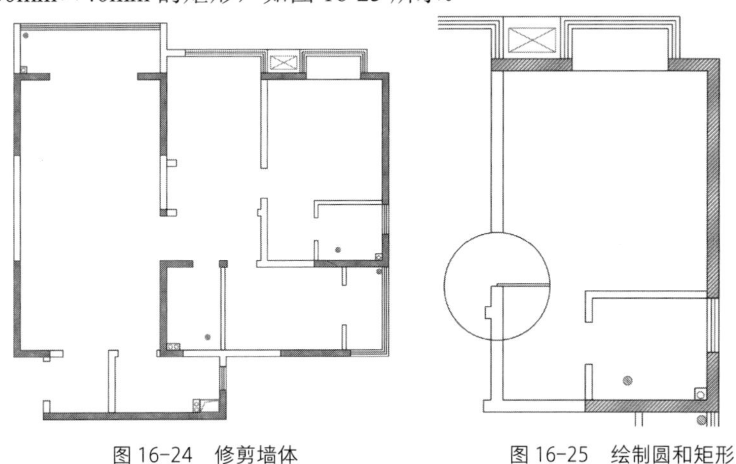

图 16-24　修剪墙体　　　　图 16-25　绘制圆和矩形

▶Step05 执行“修剪”命令，修剪出卧室平开门图形，如图 16-26 所示。

▶Step06 再依次执行“复制”“旋转”“缩放”等命令，绘制出其他房间的平开门图形，如图 16-27 所示。

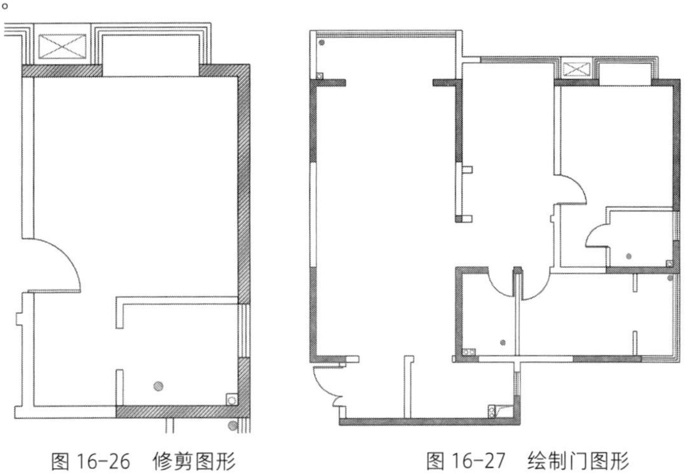

图 16-26　修剪图形　　　　图 16-27　绘制门图形

▶Step07 执行“矩形”命令，绘制尺寸分别为600mm×40mm 和 700mm×40mm 的矩形，复制图形，作为厨房及阳台的推拉门图形，如图 16-28 所示。

▶Step08 依次执行“矩形”“偏移”及“直线”命令，绘制尺寸为 500mm×200mm 的门洞造型，如图 16-29 所示。

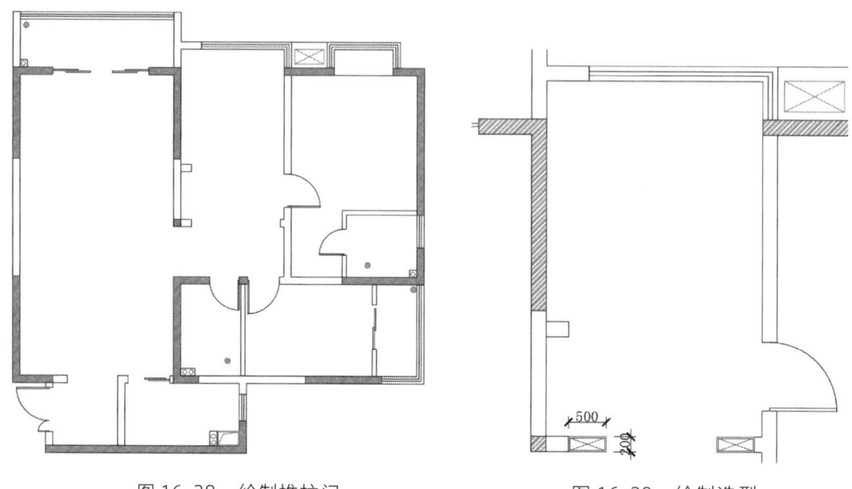

图 16-28 绘制推拉门　　图 16-29 绘制造型

▶Step09 执行“矩形”“偏移”命令，捕捉绘制矩形，并将其向内偏移 20mm，如图 16-30 所示。

▶Step10 将内部矩形分解，执行“定数等分”命令，将内部一条边线等分成三份，再执行“直线”命令，绘制出装饰柜图形，如图 16-31 所示。

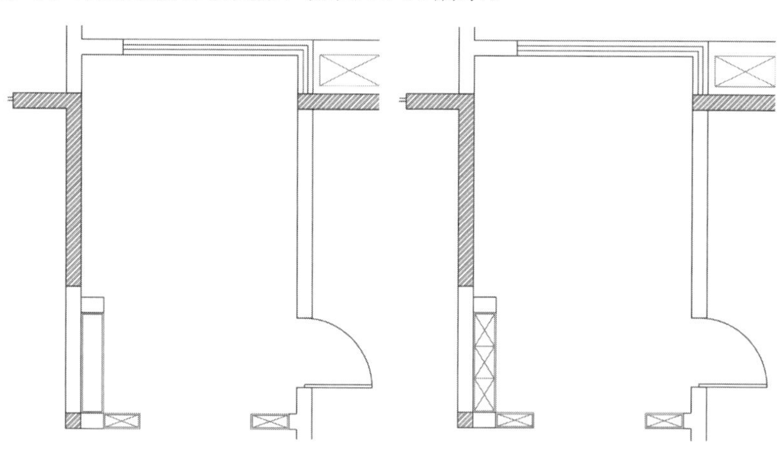

图 16-30 绘制并偏移矩形　　图 16-31 绘制装饰柜

▶Step11 执行“直线”命令，捕捉绘制一条直线作为书房的阶梯轮廓，再分别执行“矩形”“直线”等命令，绘制尺寸为 200mm×60mm 的隔断造型并进行复制操作，如图 16-32 所示。

▶Step12 依次执行“直线”“偏移”命令，绘制厚度为 20mm 的玻璃图形，再修剪被覆盖的线条，如图 16-33 所示。

▶Step13 依次执行“矩形”“偏移”命令，绘制尺寸为 1200mm×500mm 的矩形并向内偏移 20mm，作为书桌图形，调整其位置，如图 16-34 所示。

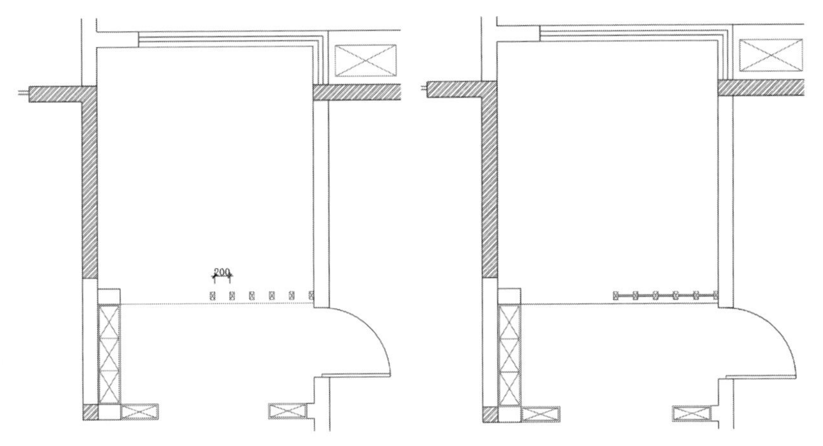

图 16-32　绘制隔断　　　　图 16-33　绘制玻璃造型

Step14 执行“插入>块选项板”命令，从“块”选项板中选择并插入休闲沙发、座椅、电脑、台灯等图块，完成书房区域的布局，如图 16-35 所示。

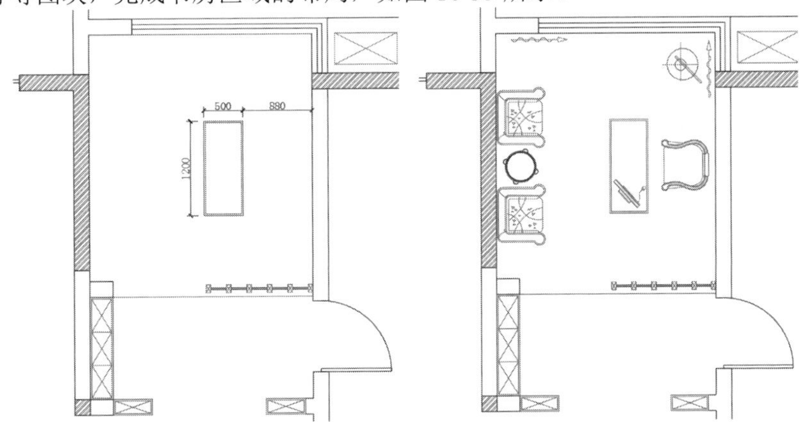

图 16-34　绘制书桌　　　　图 16-35　插入图块

Step15 执行“多段线”“偏移”命令，绘制衣柜轮廓并将其向内偏移 20mm，如图 16-36 所示。

Step16 执行“多段线”命令，绘制衣柜中线，再执行“插入>块选项板”命令，选择并插入衣架图块，并进行复制操作，如图 16-37 所示。

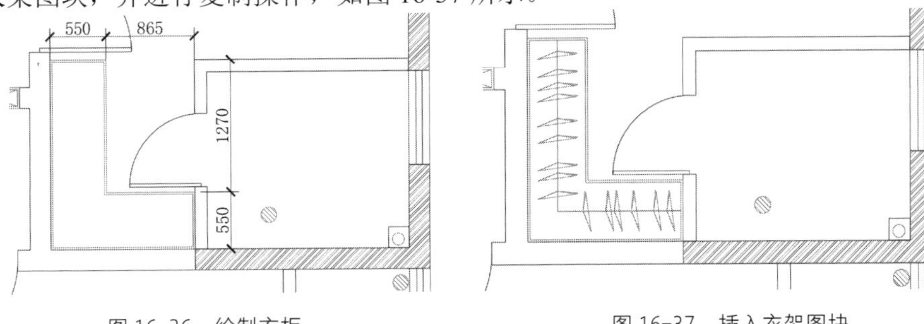

图 16-36　绘制衣柜　　　　图 16-37　插入衣架图块

Step17 分解墙体，执行“偏移”“修剪”命令，绘制出洗手台及浴缸轮廓，如图 16-38 所示。

Step18 执行“插入>块选项板”命令，选择并插入坐便器、浴缸、洗手盆图形，完成主卫的布置，如图 16-39 所示。

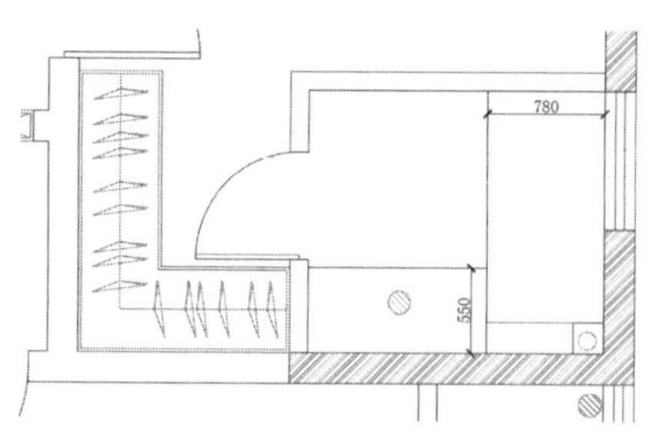

图 16-38　绘制洗手台和浴缸轮廓

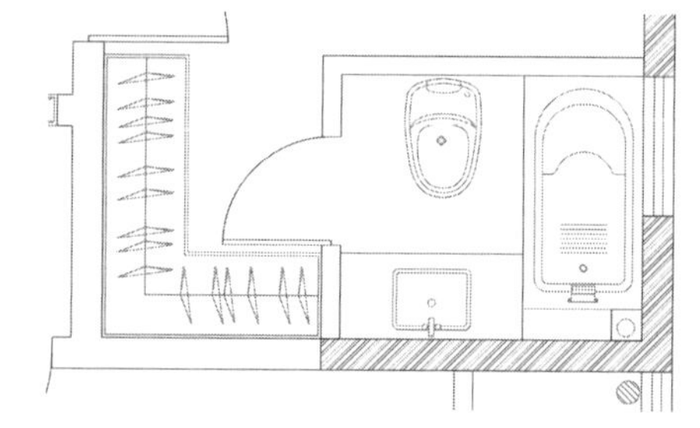

图 16-39　插入图块

▶Step19 继续插入双人床、装饰柜、台灯等图形，完成主卧室空间的布置，如图 16-40 所示。

▶Step20 执行“矩形”“偏移”命令，绘制尺寸为 2200mm×500mm 的矩形并将其向内偏移 20mm，如图 16-41 所示。

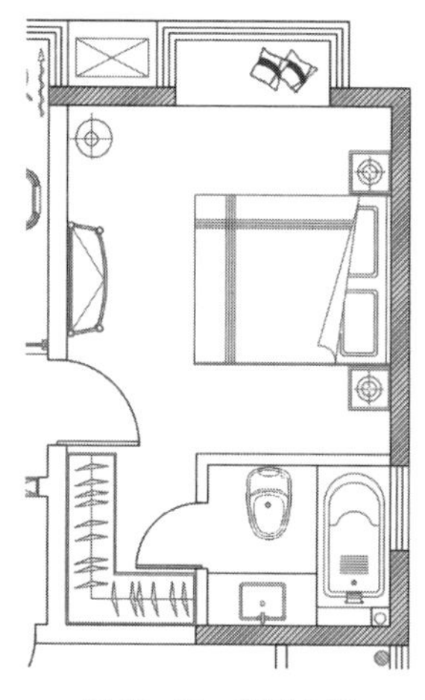

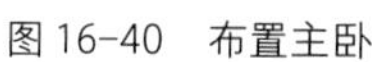

图 16-40　布置主卧

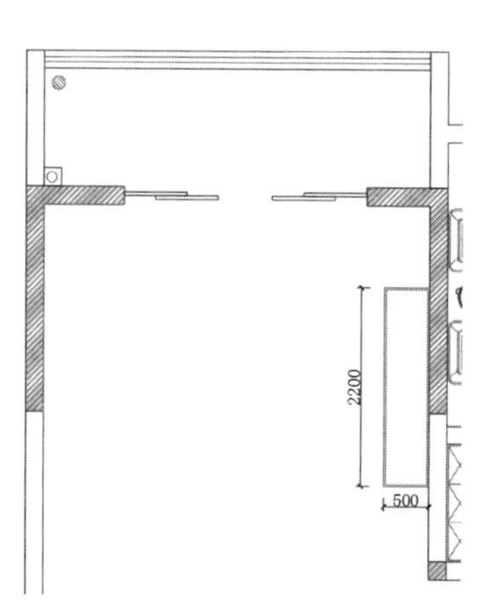

图 16-41　绘制矩形

▶Step21 执行“插入>块选项板”命令，选择并插入沙发组合、餐桌椅、电视机、洗衣机等图块，完成客厅、餐厅区域的布置，如图 16-42 所示。

▶Step22 利用“矩形”“偏移”“直线”命令在次卫以及次卧室区域绘制洗手台、衣柜等各种的家具造型，如图 16-43 所示。

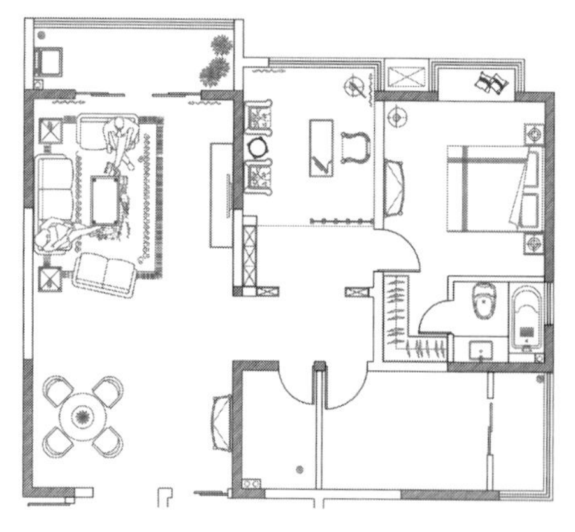

图 16-42　布置客餐厅

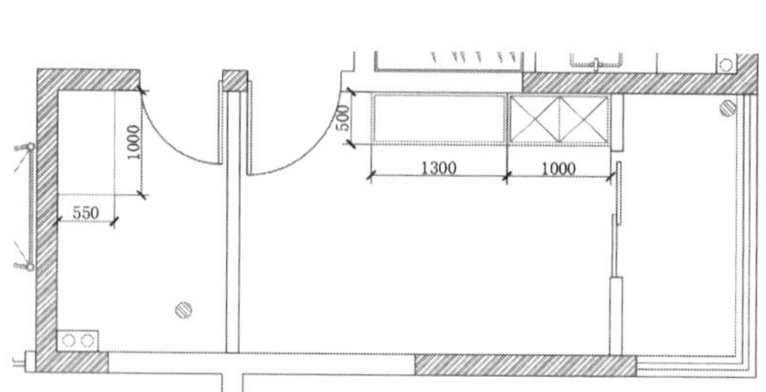

图 16-43　绘制洗手台和衣柜

▶Step23 执行“插入>块选项板”命令，选择并插入洗手盆、坐便器、淋浴、单人床、书桌椅等图块，再复制衣架图形，如图 16-44 所示。

▶Step24 利用“矩形”“直线”“偏移”“定数等分”命令为入户玄关和厨房空间绘制橱柜、鞋柜图形，如图 16-45 所示。

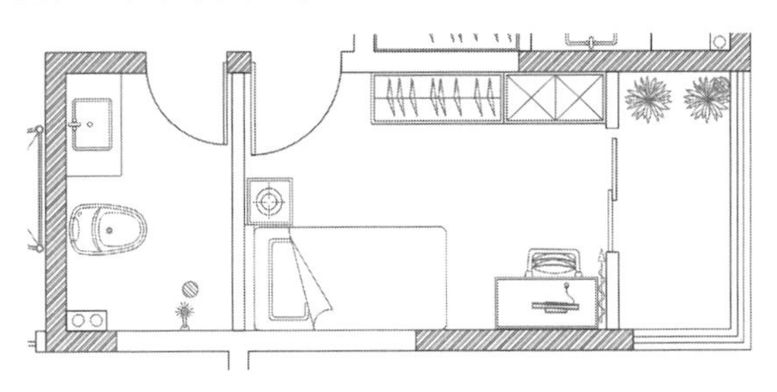

图 16-44　布置次卫和次卧

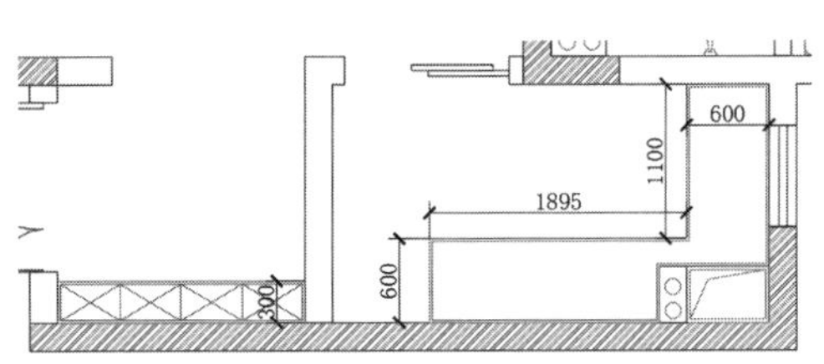

图 16-45　绘制橱柜和鞋柜

▶Step25 依次插入冰箱、燃气灶、洗菜盆等图块，完成入户玄关和厨房空间的布局，如图 16-46 所示。

▶Step26 创建单行文字说明以及书房阶梯指示箭头，再为平面图添加索引符号，即可完成平面布置图的绘制，如图 16-47 所示。

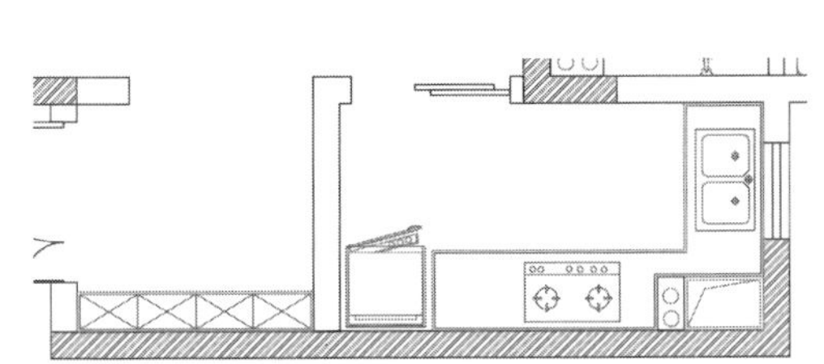
图 16-46　插入图块

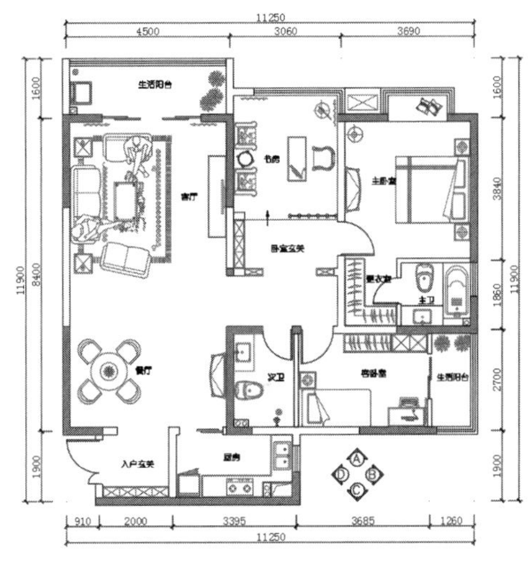

图 16-47　完成平面布置图

16.1.3 绘制顶棚布置图

顶面造型的好坏直接影响整体的装修效果，其装修风格应与整体风格相互统一，相互呼应。顶面布置图通常由顶面造型线、灯具图块、标高、材料注释及灯具列表组成。下面介绍具体绘制步骤。

▶Step01 复制平面布置图，删除多余图形，再执行“直线”命令，绘制直线划分顶部区域，如图 16-48 所示。

▶Step02 依次执行“矩形”“偏移”命令，在客厅、餐厅、卧室、书房和玄关空间捕捉绘制矩形，并将部分矩形向内偏移 450mm，再捕捉入户玄关和书房的矩形中心绘制圆，如图 16-49 所示。

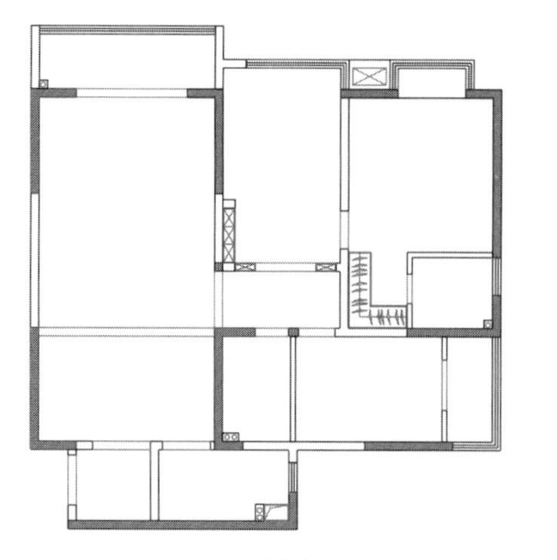

图 16-48　划分底部

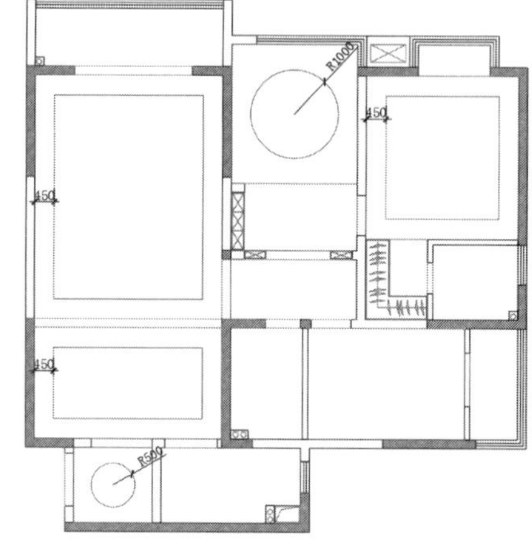

图 16-49　绘制矩形和圆形

Step03 执行“偏移”命令，将矩形和圆都向内依次偏移 20mm、50mm、20mm，如图 16-50 所示。

Step04 执行“偏移”命令，将最外侧的图形继续向外偏移 60mm，调整灯带图形颜色和线型，再删除多余的线条，如图 16-51 所示。

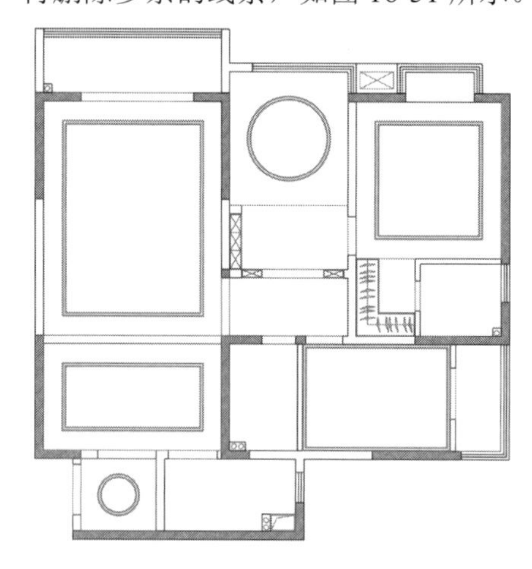

图 16-50　偏移图形

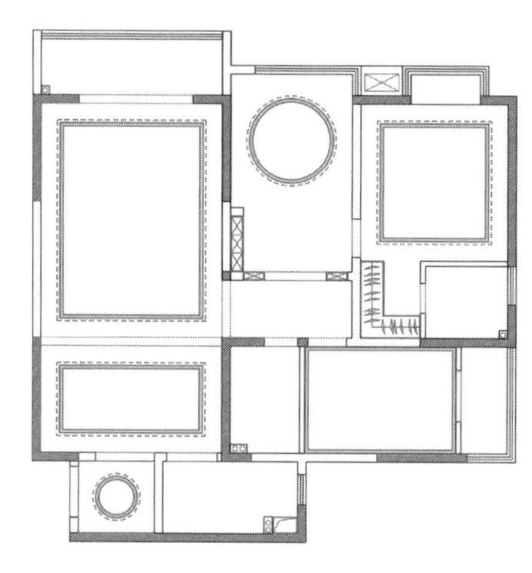

图 16-51　设置图形特性

Step05 执行“图案填充”命令，选择图案填充类型为“用户定义”，设置填充比例为 300，单击“交叉线”按钮，填充厨房及次卫顶部区域，如图 16-52 所示。

Step06 执行“图案填充”命令，选择图案 AR-CONC，设置填充比例，填充入户及书房顶部区域，如图 16-53 所示。

Step07 执行“直线”命令，绘制各个空间的对角线，再执行“插入>块选项板”命令，选择并插入吊灯及浴霸图块，进行复制操作，如图 16-54 所示。

Step08 继续执行“插入>块选项板”命令，选择并插入筒灯和射灯图块，进行复制操作，再删除对角线，如图 16-55 所示。

Step09 为顶棚布置图添加标高，并修改标高尺寸，如图 16-56 所示。

Step10 在命令行中输入 QL，为顶棚布置图添加引线标注，完成顶棚布置图的绘制，如图 16-57 所示。

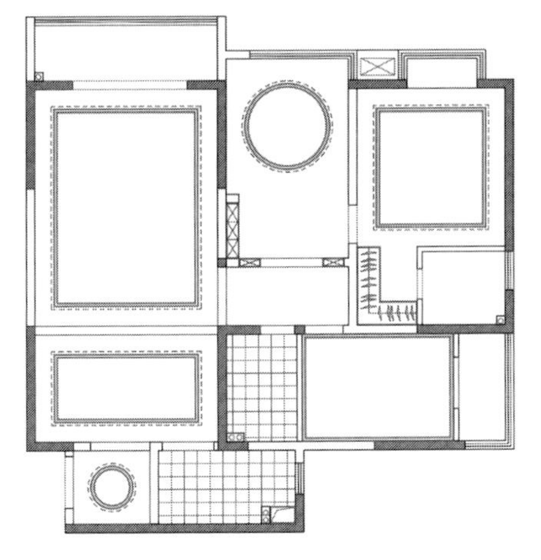

图 16-52　填充厨房和次卫

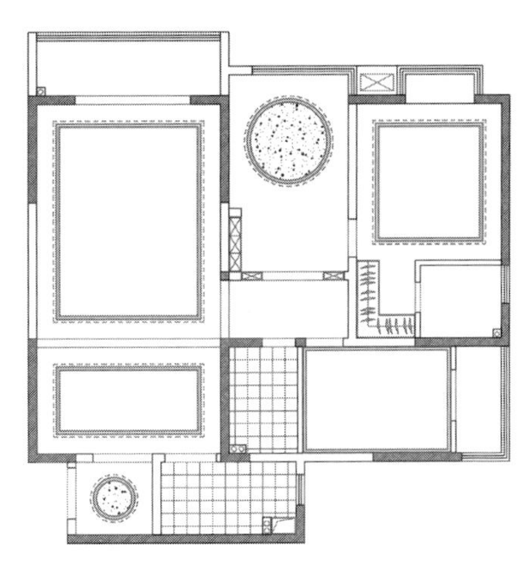

图 16-53　填充圆形吊顶

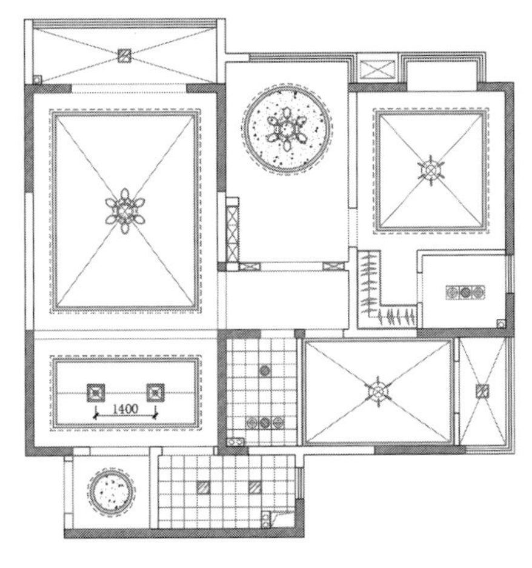

图 16-54　插入吊灯和浴霸图块

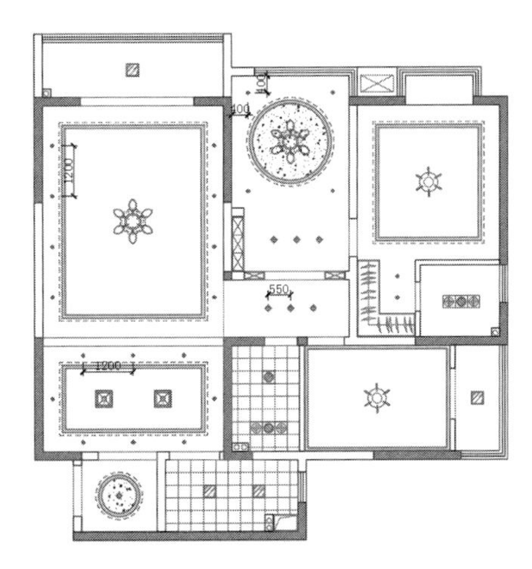

图 16-55　插入图块并复制

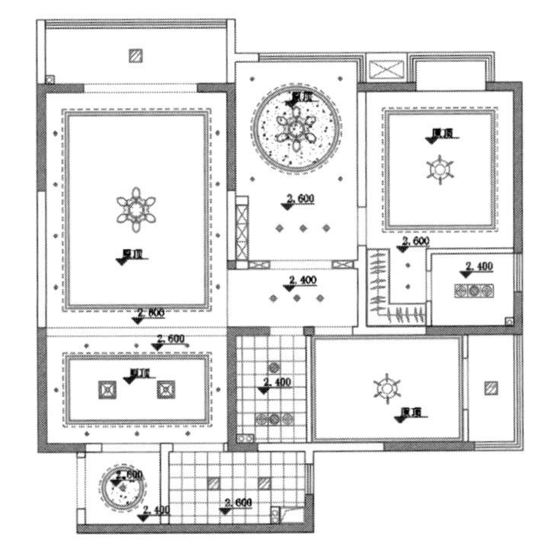

图 16-56　添加标高

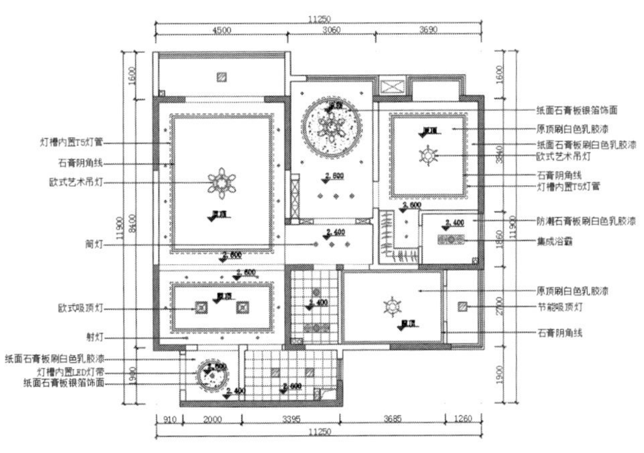

图 16-57　完成顶棚布置图

16.2 绘制居室立面图

装饰立面图是将建筑物装饰的外观墙面或内部墙面向铅直的投影面所做的正投影图，主要用来表现墙面装饰造型尺寸及装饰材料的使用。

16.2.1 绘制玄关立面图

本节将介绍玄关立面图的绘制，具体绘制步骤如下。

▸Step01 从平面布置图中复制玄关区域的平面，绘制矩形并进行修剪，如图 16-58 所示。

▸Step02 执行“直线”“偏移”“修剪”命令，捕捉绘制辅助线，再修剪图形，绘制出高度为 2400mmm 的立面轮廓，如图 16-59 所示。

扫一扫　看视频

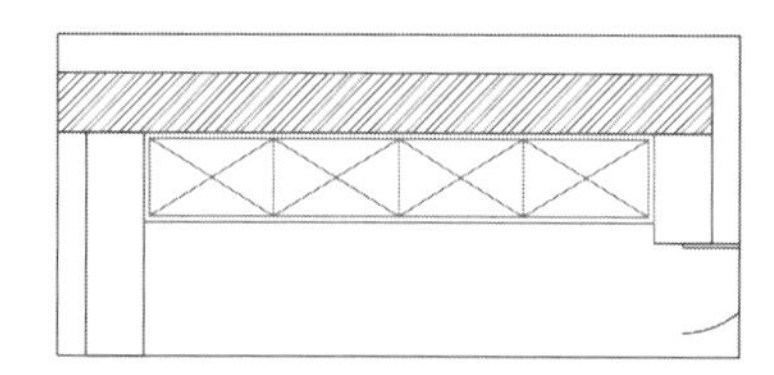

图 16-58　绘制参考平面

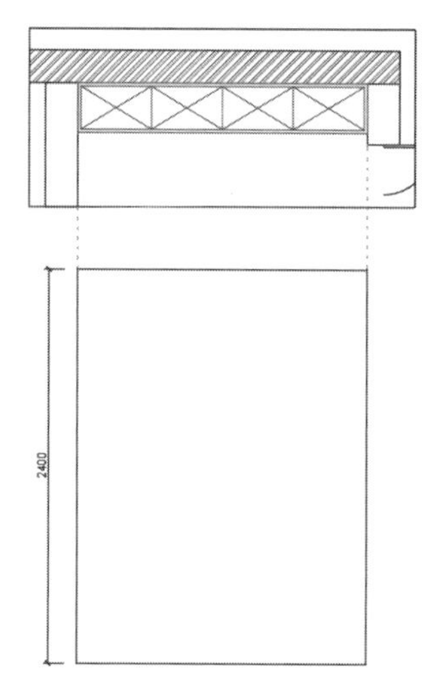

图 16-59　绘制立面轮廓

▸Step03 执行“偏移”命令，将下方边线向上依次偏移 200mm、900mm，如图 16-60 所示。

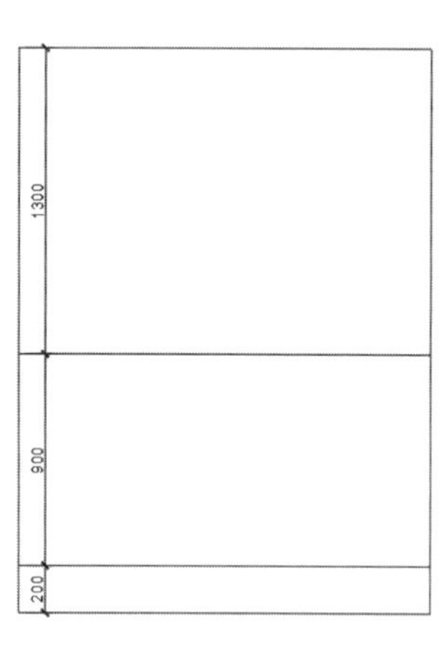

图 16-60　偏移图形

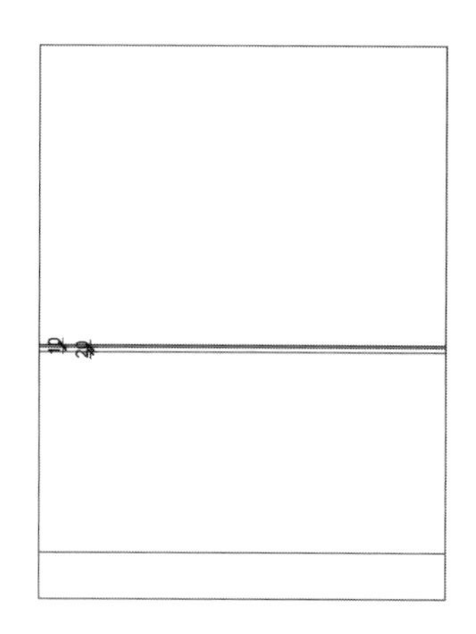

图 16-61　偏移桌面

▶Step04 继续执行“偏移”命令，继续将边线向下偏移 10mm、20mm，偏移出桌面厚度，如图 16-61 所示。

▶Step05 执行“定数等分”命令，将一条边线等分为 5 份，如图 16-62 所示。

▶Step06 执行“矩形”“偏移”命令，捕捉绘制矩形，并将矩形依次向内偏移 40mm、20mm、40mm、30mm，绘制出柜门造型，如图 16-63 所示。

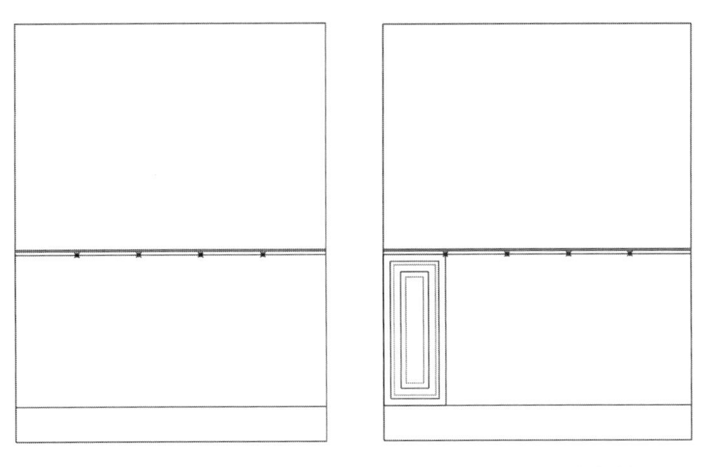

图 16-62　定数等分　　图 16-63　绘制并偏移矩形

▶Step07 执行“直线”命令，绘制柜门角线，如图 16-64 所示。

▶Step08 向右复制柜门造型，再删除等分点，如图 16-65 所示。

▶Step09 执行“图案填充”命令，选择用户定义图案，设置填充比例为 600，再单击“交叉线”按钮，分别填充鞋柜上下两个部分，如图 16-66 所示。

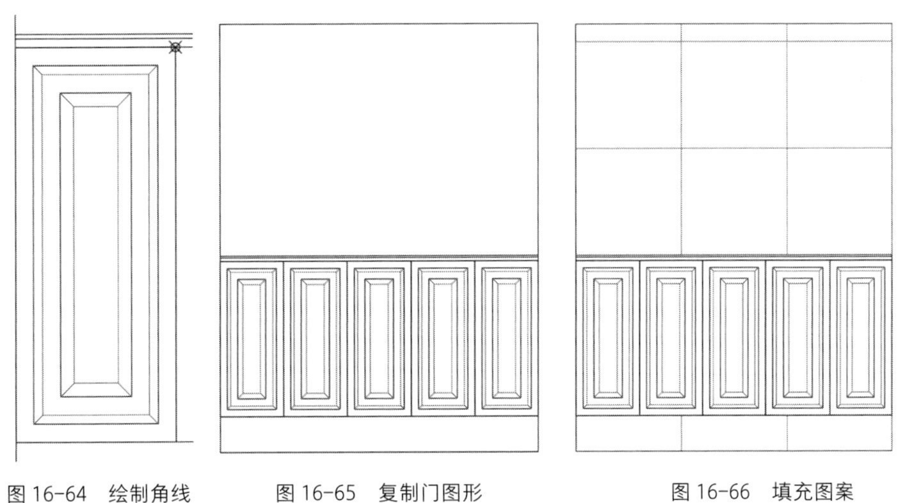

图 16-64　绘制角线　　图 16-65　复制门图形　　图 16-66　填充图案

▶Step10 分解图案，执行“偏移”命令，偏移横向直线，如图 16-67 所示。

▶Step11 执行“插入>块选项板”命令，插入装饰品及镜子图块，放置到合适的位置，再修剪被覆盖的线条，如图 16-68 所示。

▶Step12 执行“线性”“连续”命令，为立面图添加尺寸标注，如图 16-69 所示。

图 16-67　偏移图形

图 16-68　插入图块

▶Step13 在命令行中输入命令 QL，为立面图添加引线标注，完成玄关立面图的绘制，如图 16-70 所示。

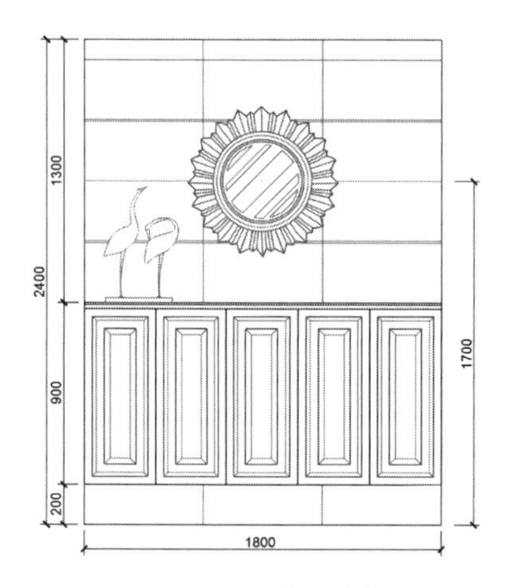

图 16-69　添加尺寸标注

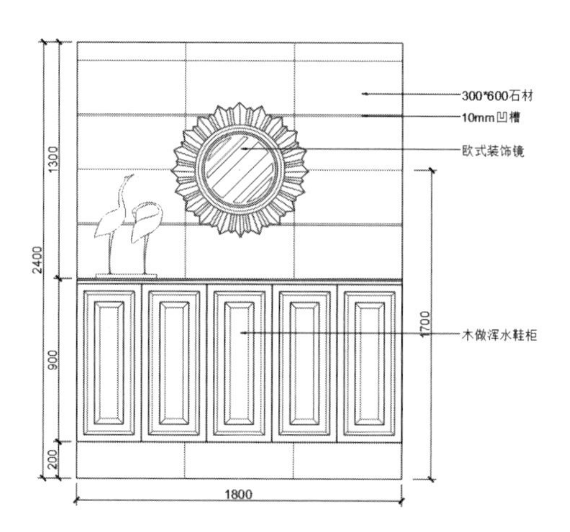

图 16-70　完成玄关立面图

16.2.2　绘制客餐厅 B 立面图

本节将介绍客餐厅立面图的绘制，具体绘制步骤如下。

▶Step01 从平面布置图中复制客厅电视背景墙及餐厅区域的平面图形，绘制矩形并进行修剪，如图 16-71 所示。

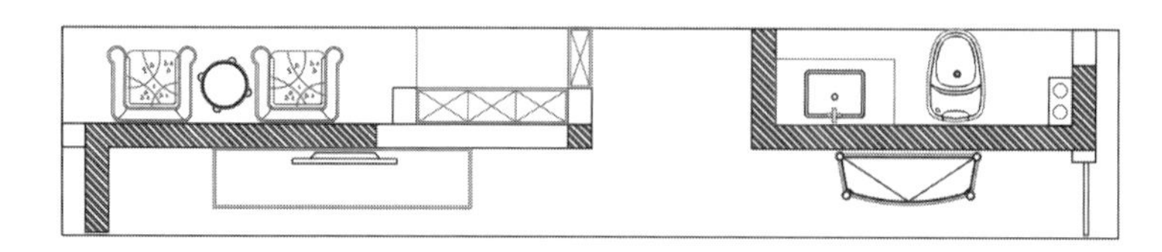

图 16-71　绘制参考平面

▶Step02 执行“直线”“偏移”“修剪”命令，捕捉绘制辅助线，再修剪图形，绘制出高度为 2600mmm 的立面轮廓，如图 16-72 所示。

▶Step03 执行“偏移”命令，分别偏移两侧的图形，如图 16-73 所示。

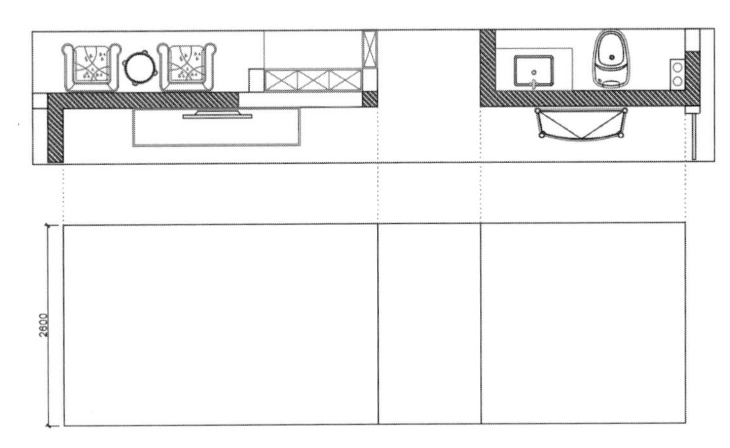

图 16-72　绘制立面轮廓

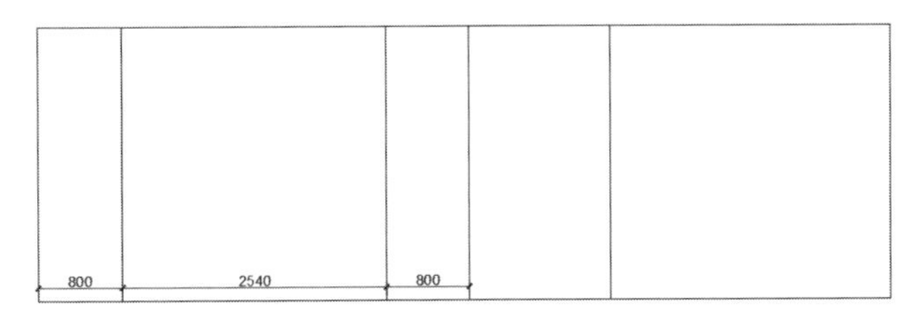

图 16-73　偏移图形

Step04 执行“矩形”命令，捕捉角点绘制三个矩形，执行“偏移”命令，将矩形依次向内偏移 80mm、20mm，再删除多余图形，如图 16-74 所示。

图 16-74　绘制并偏移矩形

Step05 执行“偏移”命令，将上边线向下偏移 150mm，将下边线向上偏移 100mm，再将门洞边线向右偏移 200mm，如图 16-75 所示。

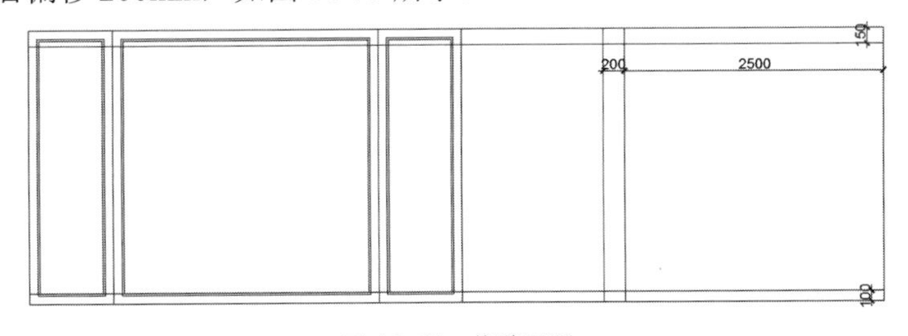

图 16-75　偏移图形

Step06 执行“修剪”命令，修剪图形中多余的线条，绘制出门洞、梁以及踢脚线，如图 16-76 所示。

图 16-76　修剪图形

▶Step07 执行“直线”“偏移”命令，绘制门洞及踢脚线的装饰线，如图 16-77 所示。

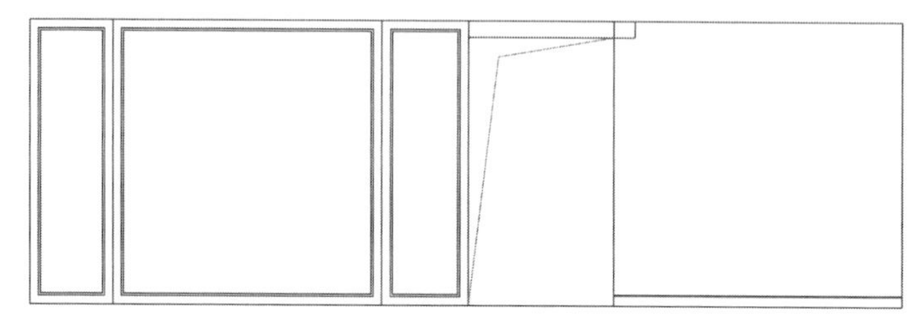

图 16-77　绘制装饰线

▶Step08 执行“插入>块选项板”命令，插入壁灯、电视柜、装饰柜、人物等装饰图块，放置到合适的位置，再执行“修剪”命令，修剪被覆盖的图形，如图 16-78 所示。

图 16-78　插入图块

▶Step09 执行“图案填充”命令，选择图案 ANSI31，设置比例为 10，填充梁，如图 16-79 所示。

图 16-79　填充梁截面

▶Step10 执行“图案填充”命令，选择图案 CROSS，设置填充比例为 5，选择电视背景区域进行填充，如图 16-80 所示。

▶Step11 执行“图案填充”命令，选择图案 ANSI35，设置填充比例及角度，选择右侧墙面区域进行填充，如图 16-81 所示。

图 16-80　填充左侧墙面

图 16-81　填充右侧墙面

▶Step12 执行“线性”“连续”标注命令，为立面图添加尺寸标注，如图 16-82 所示。

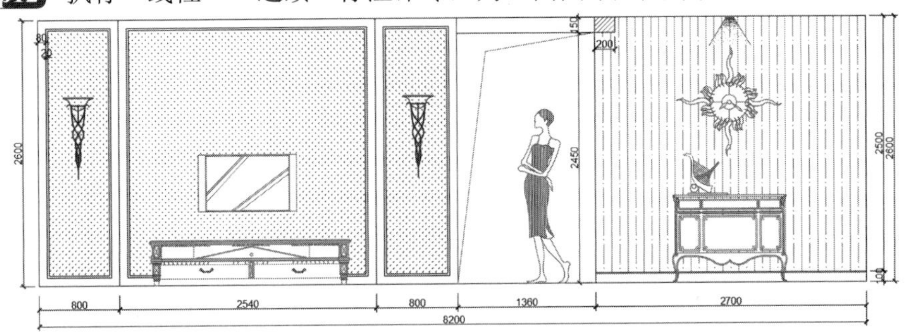

图 16-82　添加尺寸标注

▶Step13 在命令行中输入命令 QL，为立面图添加引线标注，完成客餐厅 B 立面图的绘制，如图 16-83 所示。

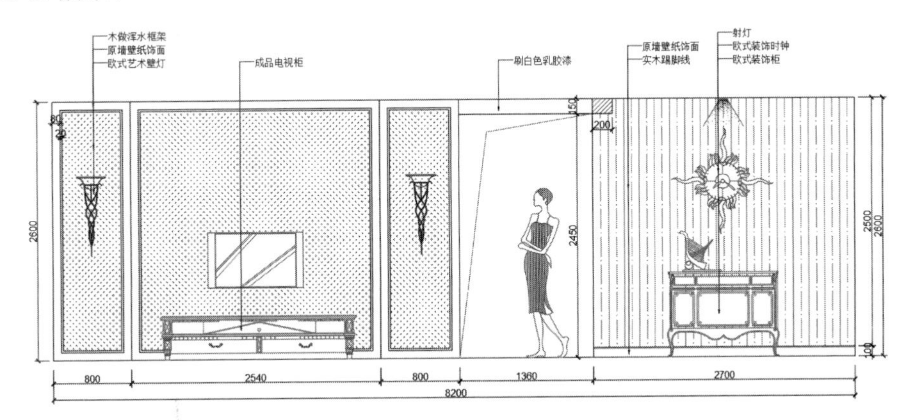

图 16-83　完成客餐厅 B 立面图

16.2.3 绘制书房 D 立面图

本节将介绍书房立面图的绘制，具体绘制步骤如下。

Step01 从平面布置图中复制书房区域的平面图形，绘制矩形并进行修剪，如图 16-84 所示。

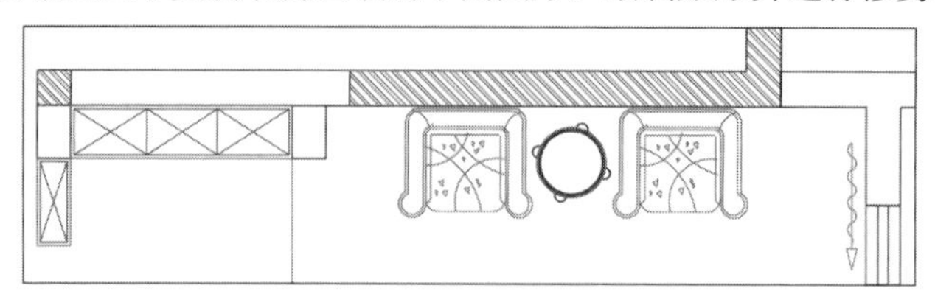

图 16-84 绘制参考平面

Step02 执行“直线”“偏移”“修剪”命令，捕捉绘制辅助线，再修剪图形，绘制出高度为 2600mmm 的立面轮廓，如图 16-85 所示。

Step03 执行“偏移”命令，将左侧边线向右依次偏移 120mm、1060mm，将上方边线向下依次偏移 240mm、2160mm，如图 16-86 所示。

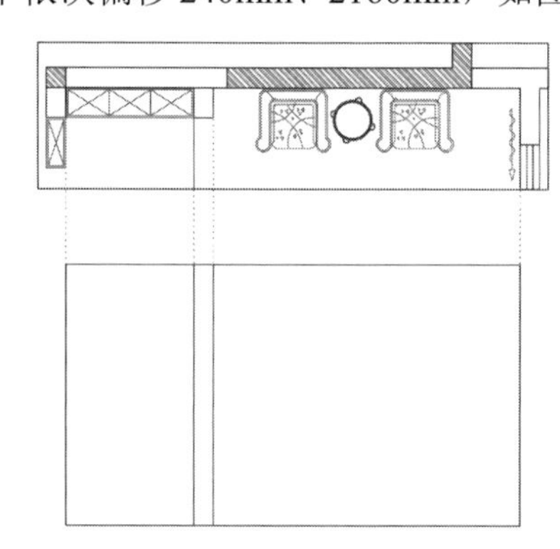

图 16-85 绘制立面轮廓

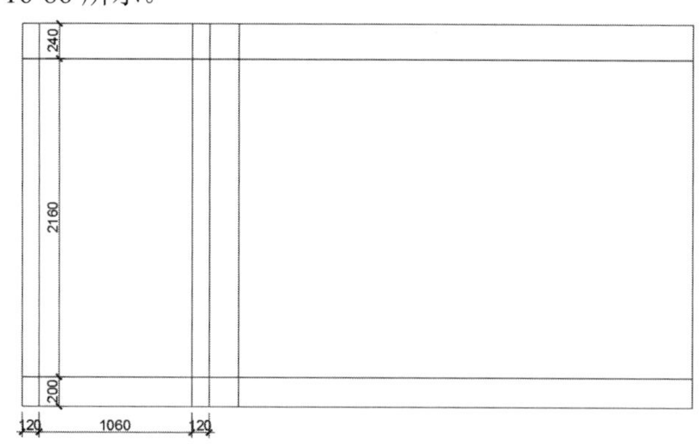

图 16-86 偏移图形

Step04 执行“矩形”“偏移”命令，捕捉绘制矩形并向内偏移 10mm，删除多余的线条，如图 16-87 所示。

Step05 分解内部矩形，执行“偏移”命令，将内部矩形的上边线依次向下偏移，如图 16-88 所示。

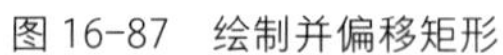

图 16-87 绘制并偏移矩形

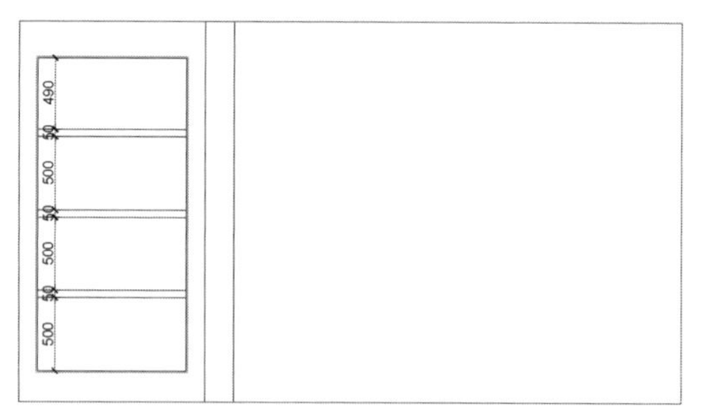

图 16-88 偏移图形

Step06 执行“偏移”命令，设置偏移尺寸为 25mm，偏移出灯带图形，并修改其图形特性，如图 16-89 所示。

Step07 执行“偏移”命令，将下方边线向上偏移 150mm、100mm，再执行“修剪”命令，修剪出地台以及踢脚线轮廓，如图 16-90 所示。

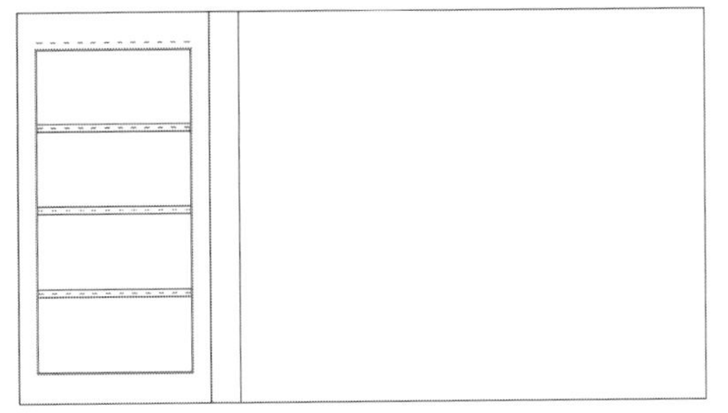

图 16-89　设置图形特性

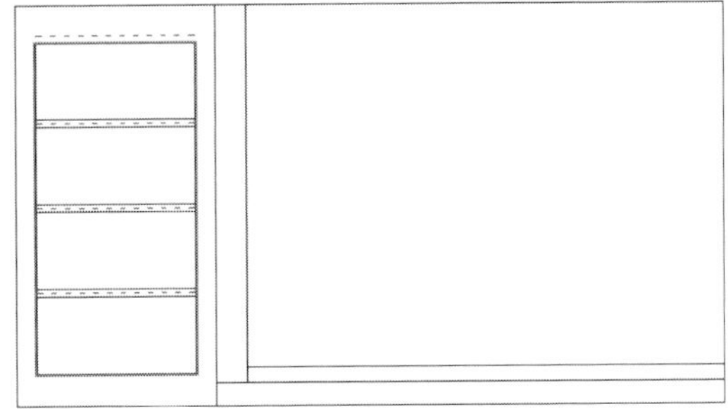

图 16-90　偏移并修剪图形

Step08 执行“偏移”命令，在地台位置进行偏移操作，如图 16-91 所示。

Step09 执行“修剪”命令，修剪图形中多余的线条，如图 16-92 所示。

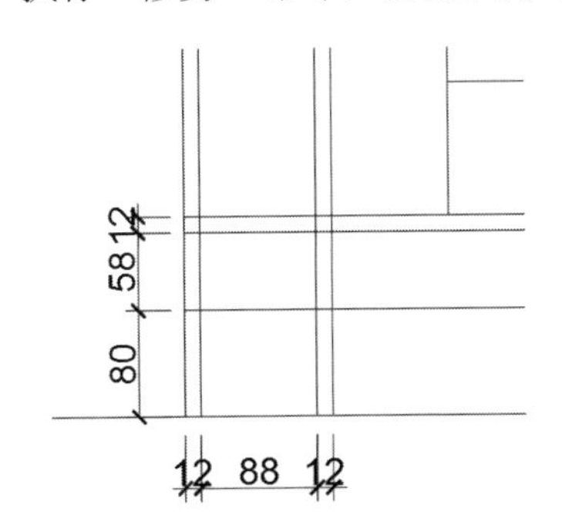

图 16-91　偏移图形

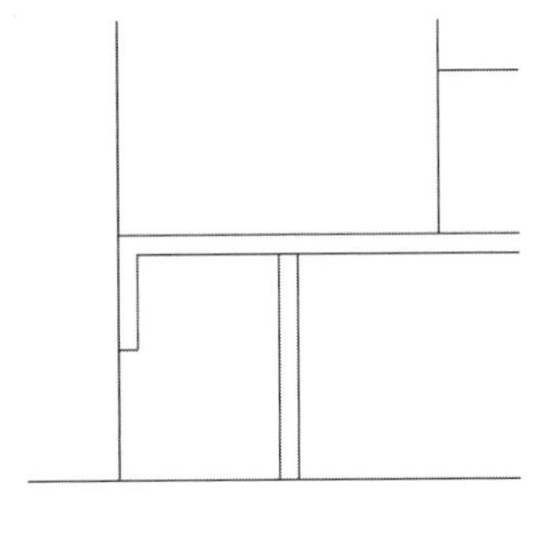

图 16-92　修剪图形

Step10 执行“偏移”命令，将踢脚线向下偏移 10mm。再插入书籍、射灯、桌椅、装饰画图块，移动到合适的位置，再修剪被覆盖的图形，如图 16-93 所示。

图 16-93　插入图块

Step11 执行“图案填充”命令，选择图案 ANSI35，设置填充比例和角度，填充墙面壁纸区域，如图 16-94 所示。

图 16-94　填充墙面

Step12 执行“图案填充”命令，选择图案 AR-COMC，设置填充比例为 1，填充地台区域，如图 16-95 所示。

图 16-95　填充地台

Step13 执行“线性、连续”标注命令，为立面图添加尺寸标注，如图 16-96 所示。

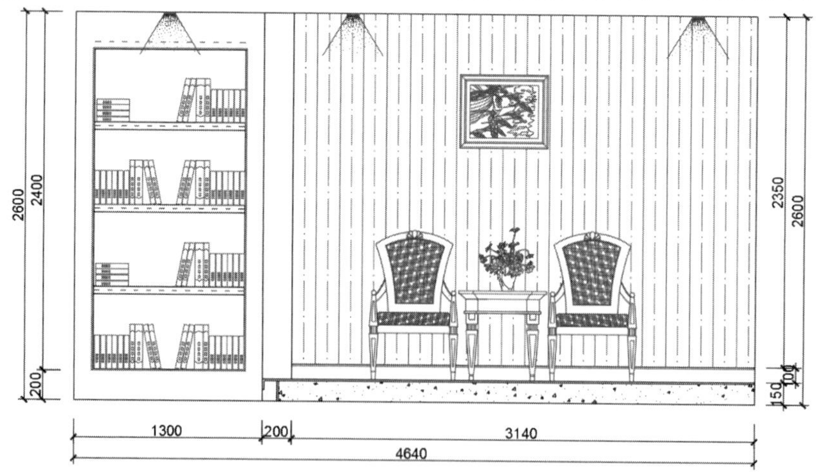

图 16-96　添加尺寸标注

▶Step14 在命令行中输入命令 QL，为立面图添加引线标注，完成书房 D 立面图的绘制，如图 16-97 所示。

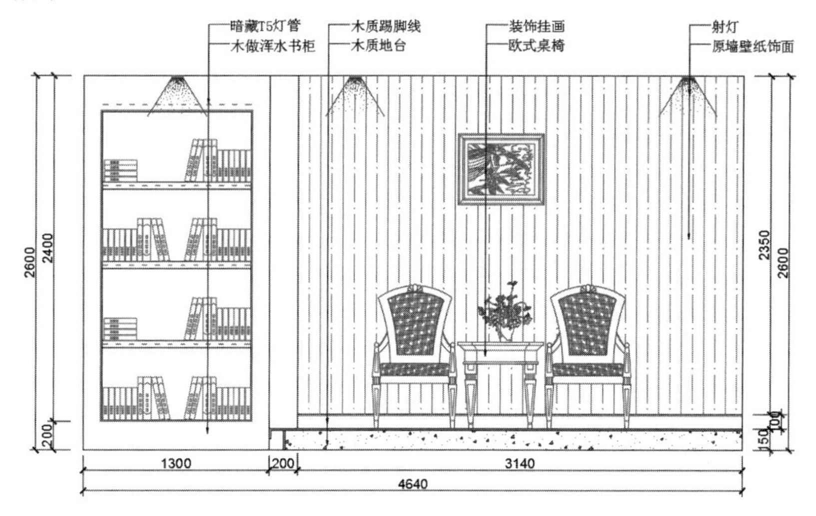

图 16-97 完成书房 D 立面图

16.3 绘制居室装潢剖面详图

剖面详图是为了表达节点及配件的形状、材料、尺寸、做法等，使施工人员可按照图纸尺寸进行现场施工。

16.3.1 绘制客厅吊顶剖面图

下面介绍客厅区域吊顶剖面图形的绘制，绘制步骤如下。

▶Step01 依次执行“直线”和“偏移”命令，绘制直线并进行偏移，如图 16-98 所示。

▶Step02 执行“修剪”命令，修剪并删除图形中多余的线条，如图 16-99 所示。

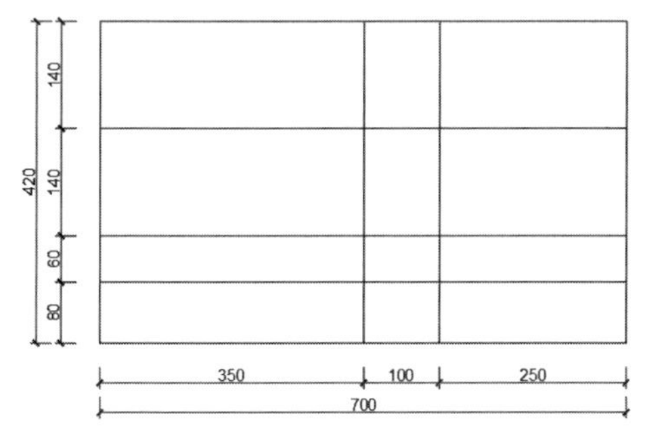

图 16-98 绘制并偏移图形

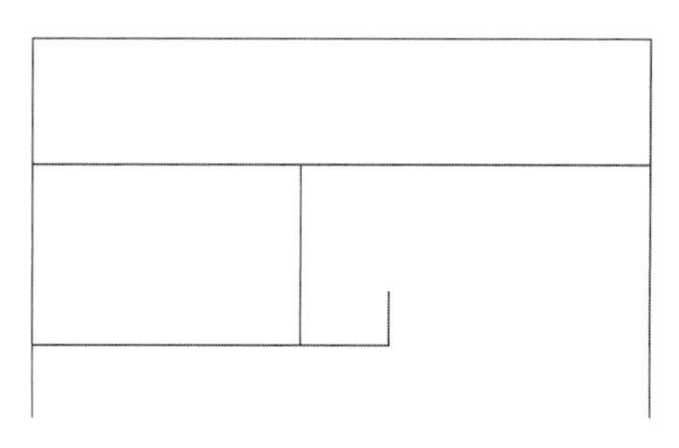

图 16-99 修剪图形

▶Step03 执行“偏移”命令，继续偏移出 12mm 的石膏板和 18mm 的木工板厚度，如图 16-100 所示。

▶Step04 执行“修剪”“延伸”命令，修剪多余的图形并延伸部分图形，如图 16-101 所示。

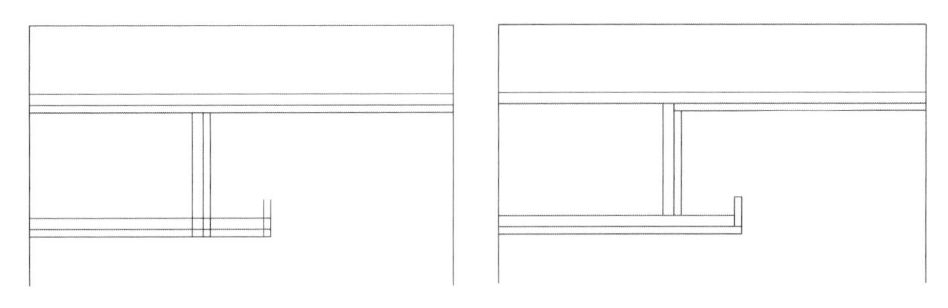

图 16-100　偏移图形　　　　图 16-101　修剪并延伸图形

▶Step05 依次执行"矩形"和"修剪"命令，任意绘制一个矩形将图形包裹，再修剪矩形外的图形，如图 16-102 所示。

▶Step06 依次执行"矩形""直线"命令，绘制 40mm×30mm 的龙骨图形并进行复制，如图 16-103 所示。

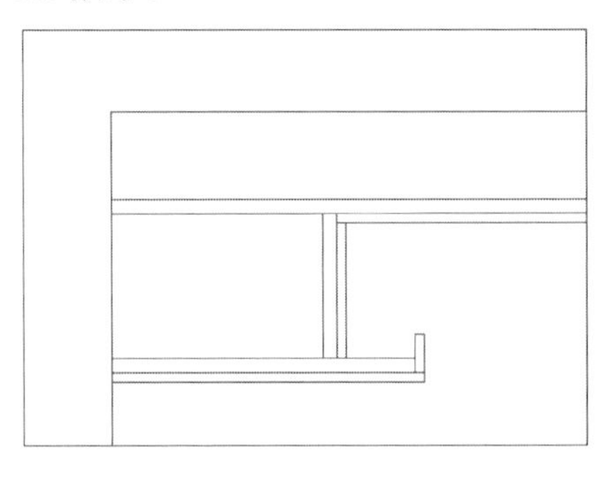

图 16-102　绘制矩形并修剪　　　　图 16-103　绘制龙骨图形

▶Step07 执行"插入>块选项板"命令，选择并插入石膏线、灯管、吊筋等图块，放置到合适的位置，如图 16-104 所示。

▶Step08 执行"图案填充"命令，选择图案 ANSI31，设置填充比例为 5，填充如图 16-105 所示的墙体部分。

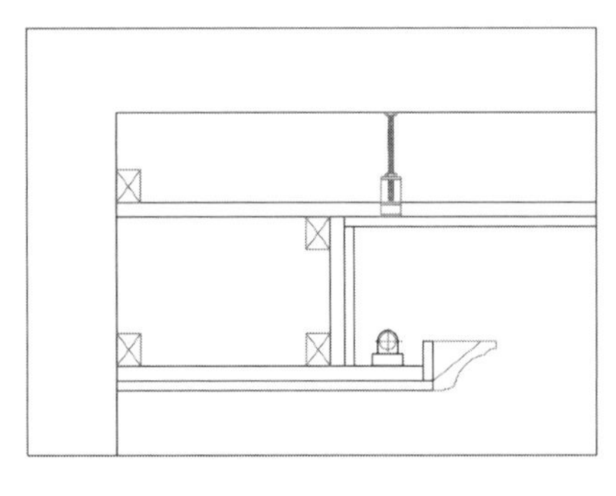

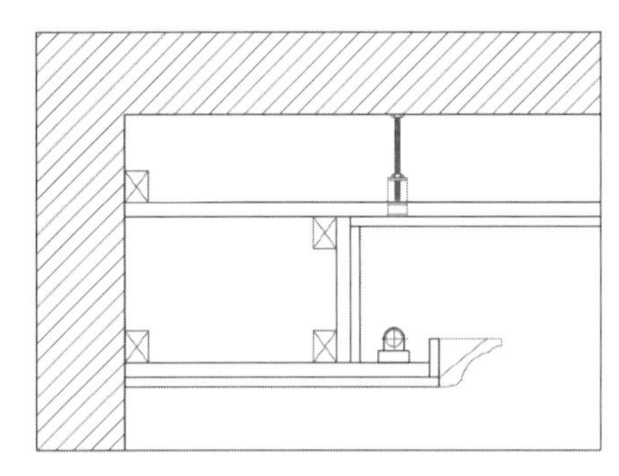

图 16-104　插入图块　　　　图 16-105　填充墙体

▶Step09 执行"图案填充"命令，选择图案 CORK，设置填充比例为 2，填充如图 16-106 所示的木工板部分。

▶Step10 执行"图案填充"命令，选择图案 AR-SAND，设置填充比例为 0.2，填充如图 16-107 所示的石膏板部分。

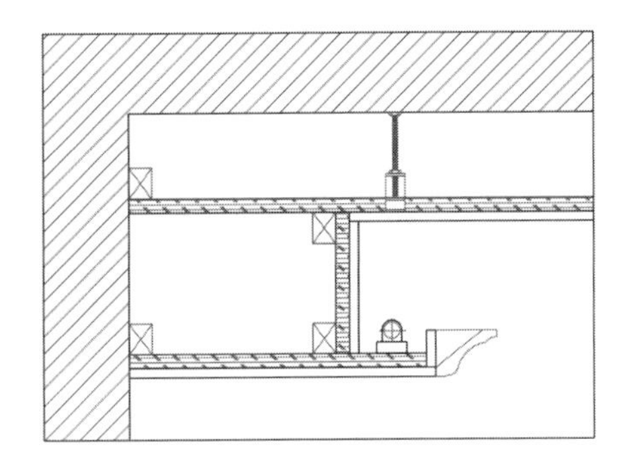

图 16-106　填充木工板

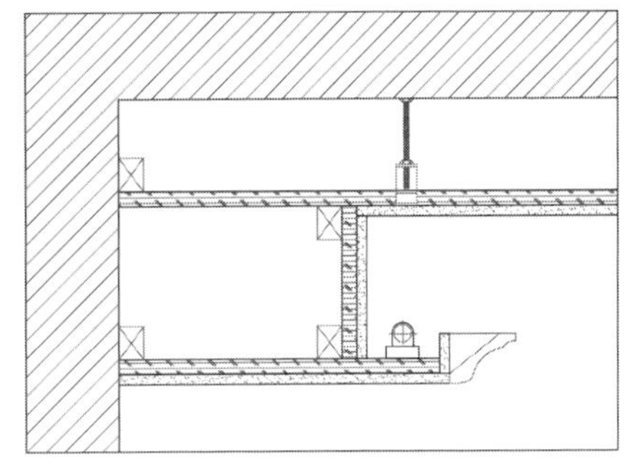

图 16-107　填充石膏板

Step11 执行“线性”标注命令，为剖面图添加尺寸标注，如图 16-108 所示。

Step12 在命令行中输入命令 QL，为剖面图创建引线标注，完成剖面图的绘制，如图 16-109 所示。

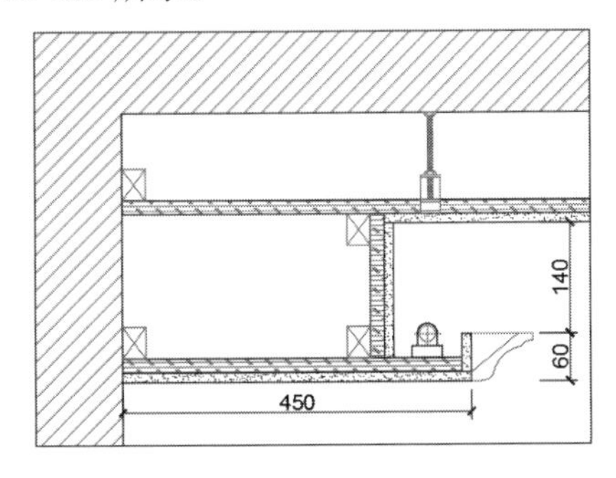

图 16-108　添加尺寸标注

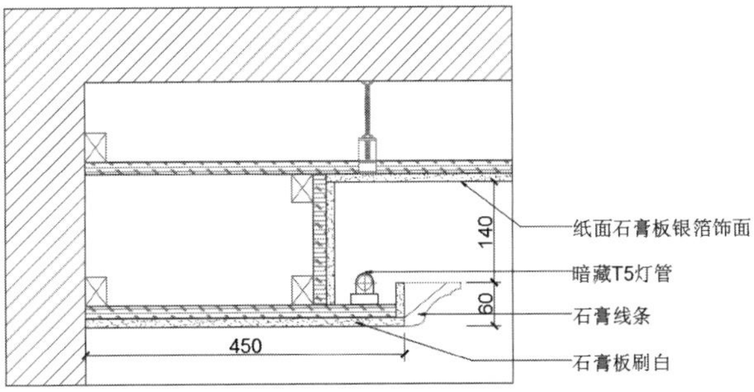

图 16-109　完成吊顶剖面

16.3.2 绘制地台剖面图

下面介绍书房入口处地台剖面图的绘制，绘制步骤如下。

Step01 依次执行“直线”“偏移”命令，绘制直线并进行偏移，直线长度和偏移尺寸如图 16-110 所示。

Step02 执行“修剪”命令，修剪并删除图形中多余的线条，如图 16-111 所示。

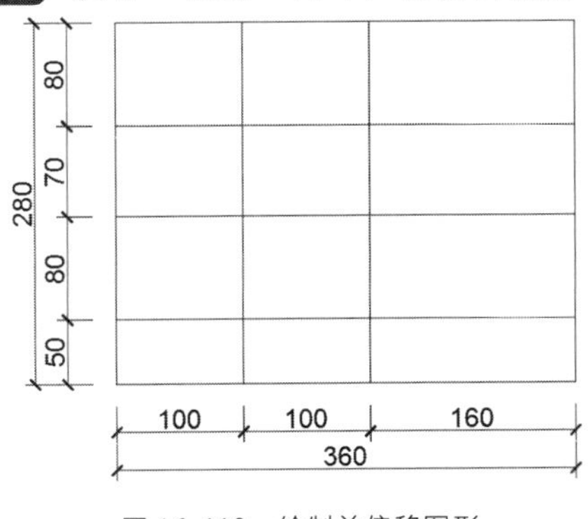

图 16-110　绘制并偏移图形

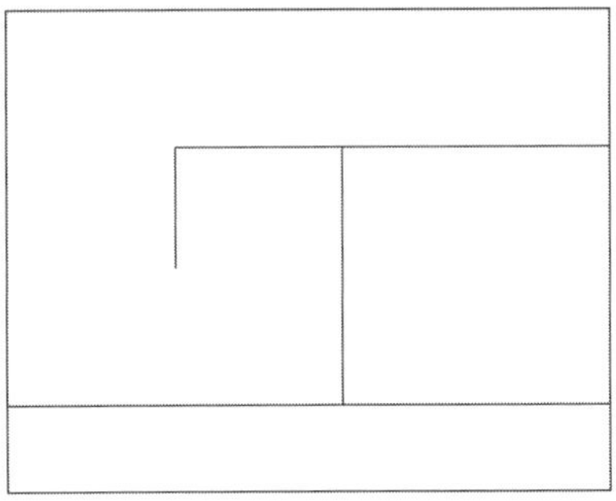

图 16-111　修剪图形

Step03 依次执行“偏移”“直线”命令，绘制出 12mm 的木地板和 18mm 的指接板，如图 16-112 所示。

Step04 执行“修剪”命令，修剪图形中多余的线条，如图 16-113 所示。

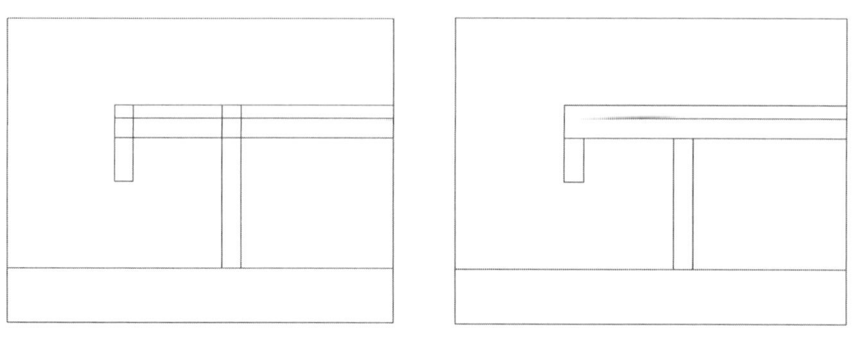

图 16-112　偏移图形　　图 16-113　修剪图形

Step05 执行“多段线”命令，绘制 35×35×3 的铝条造型和 70×50×5 的角钢造型，如图 16-114 所示。

Step06 执行“圆角”命令，分别设置圆角半径为 1mm 和 4mm，对两个造型进行圆角操作，如图 16-115 所示。

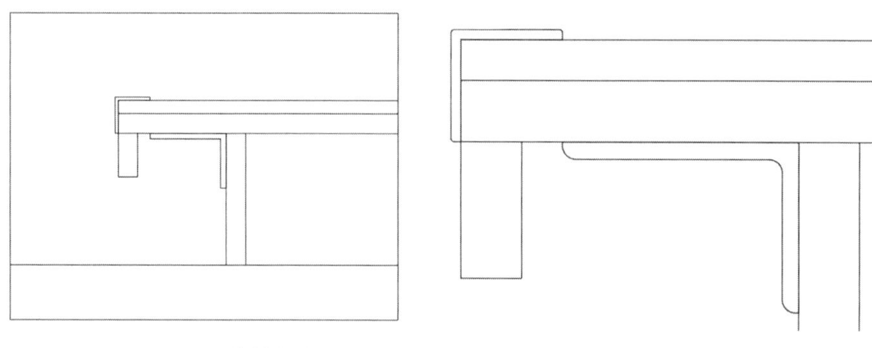

图 16-114　绘制造型　　图 16-115　圆角处理

Step07 执行“图案填充”命令，选择图案 ANSI32，设置填充比例为 0.2，填充如图 16-116 所示的铝条及角钢造型部分。

Step08 执行“图案填充”命令，选择实体填充图案，填充如图 16-117 所示的地台台面部分。

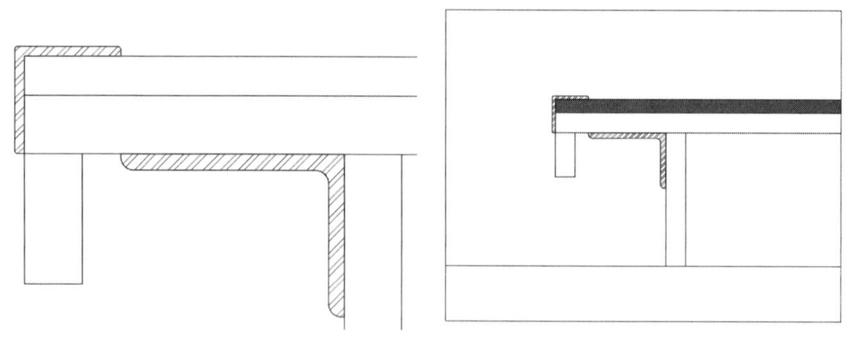

图 16-116　填充角钢和铝条　　图 16-117　填充地台台面

Step09 执行“图案填充”命令，选择图案 CORK，设置填充比例及角度，填充基层板，如图 16-118 所示。

Step10 执行“图案填充”命令，选择图案 AR-CONC 和 ANSI31，设置填充比例及角度，填充地面及地台，如图 16-119 所示。

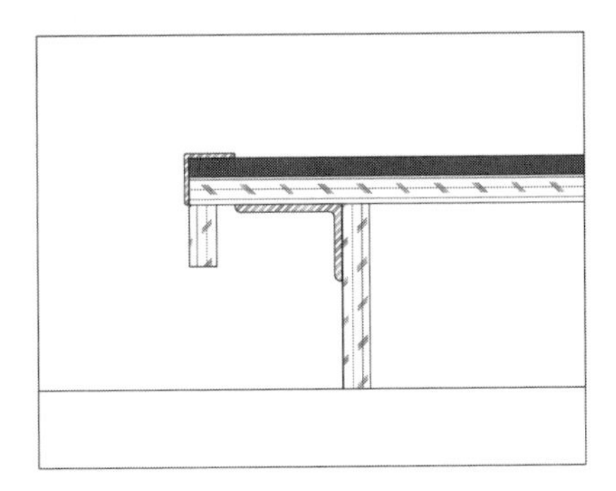

图 16-118　填充基层板

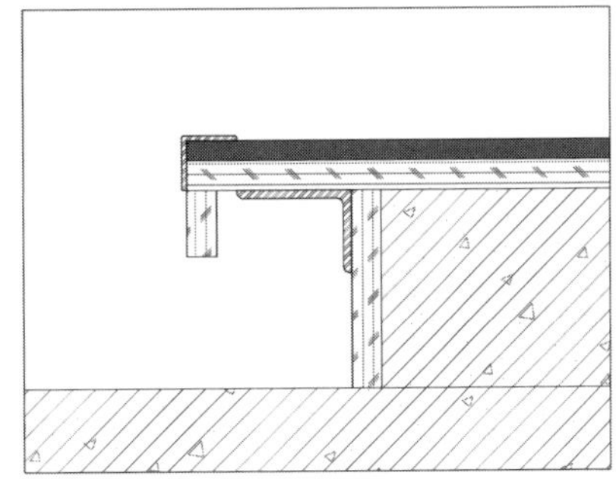

图 16-119　填充地面及地台

Step11 执行“插入>块选项板”命令，选择并插入灯管图块，如图 16-120 所示。

Step12 执行“线性”标注命令，为剖面图添加尺寸标注，如图 16-121 所示。

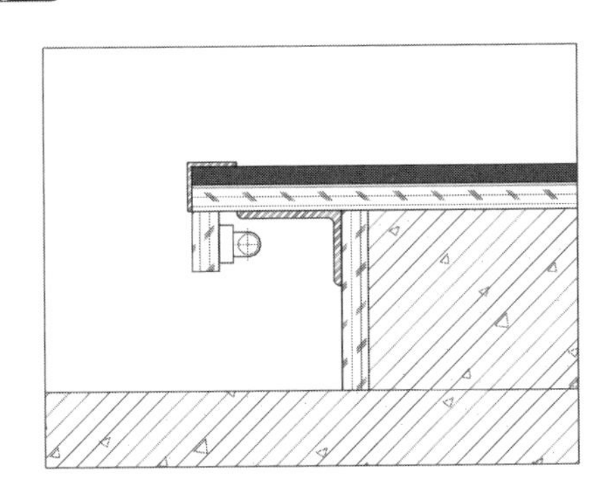

图 16-120　插入图块

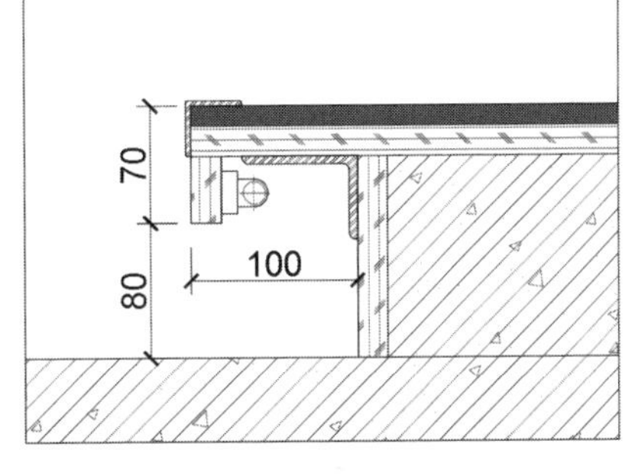

图 16-121　添加尺寸标注

Step13 在命令行中输入命令 QL，为剖面图添加引线标注，完成剖面图的绘制，如图 16-122 所示。

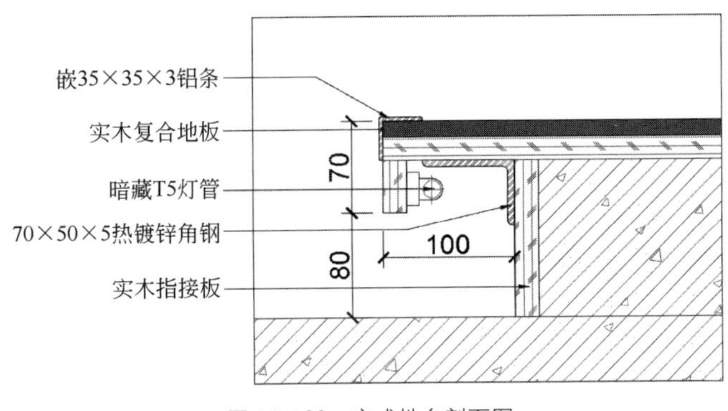

图 16-122　完成地台剖面图

第 17 章

绘制庭院景观施工图

本章概述

庭院是建筑室内空间的延续，庭院景观则是整个庭院的灵魂所在，影响着庭院的整体格局。随着人们亲近自然的要求，其风格也越来越趋向“取之自然，运用自然”的理念。庭院设计是借助园林景观规划设计的各种手法，使得庭院居住环境得到进一步的优化，满足人们的各方面需求的一种设计。

本章将以别墅庭院景观的设计为例，介绍庭院设计的相关知识及施工图绘图技巧。

学习目标

- 掌握园林平面图的绘制
- 掌握园林建筑小品的绘制
- 掌握园林剖面图的绘制

实例预览

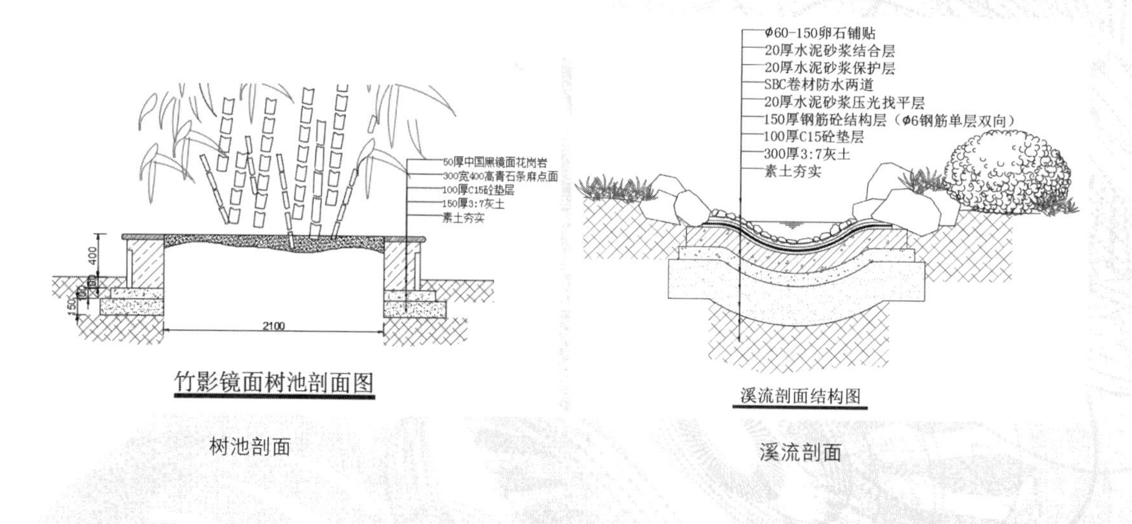

树池剖面

溪流剖面

17.1 绘制庭院设计平面图

景观设计平面图包括总平面图、绿化配置图、地面铺装图等，本节将介绍详细的绘制方法。

17.1.1 绘制庭院总平面图

景观设计总平面图反映了组成园林各个部分之间的平面关系及长宽尺寸，也是绘制其他图纸及造园施工的依据。下面介绍庭院设计总平面图的绘制。

Step01 打开庭院原始图形，如图 17-1 所示。

Step02 执行“样条曲线”命令，绘制庭院地形等高线，如图 17-2 所示。

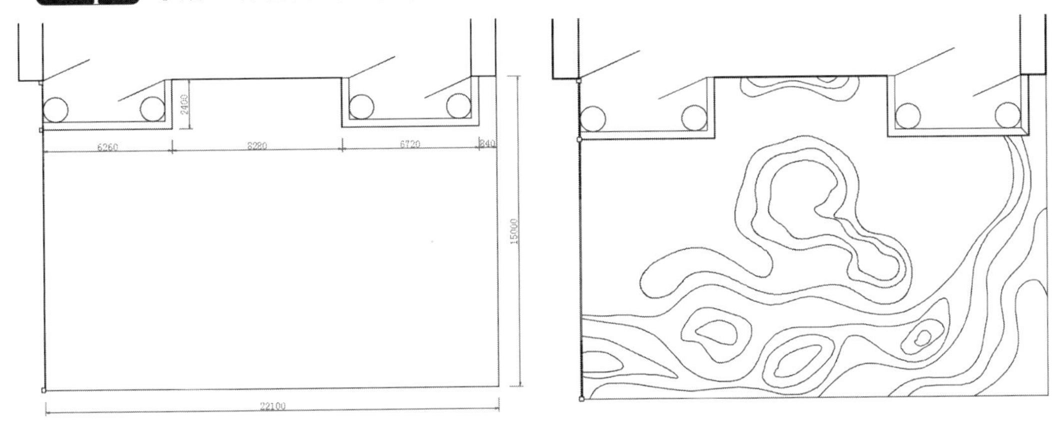

图 17-1　打开原始图形　　　　图 17-2　绘制地形等高线

Step03 绘制园路。执行“圆”“偏移”命令，绘制如图 17-3 所示的多个同心圆。

Step04 执行“修剪”命令，修剪出道路等轮廓图形，如图 17-4 所示。

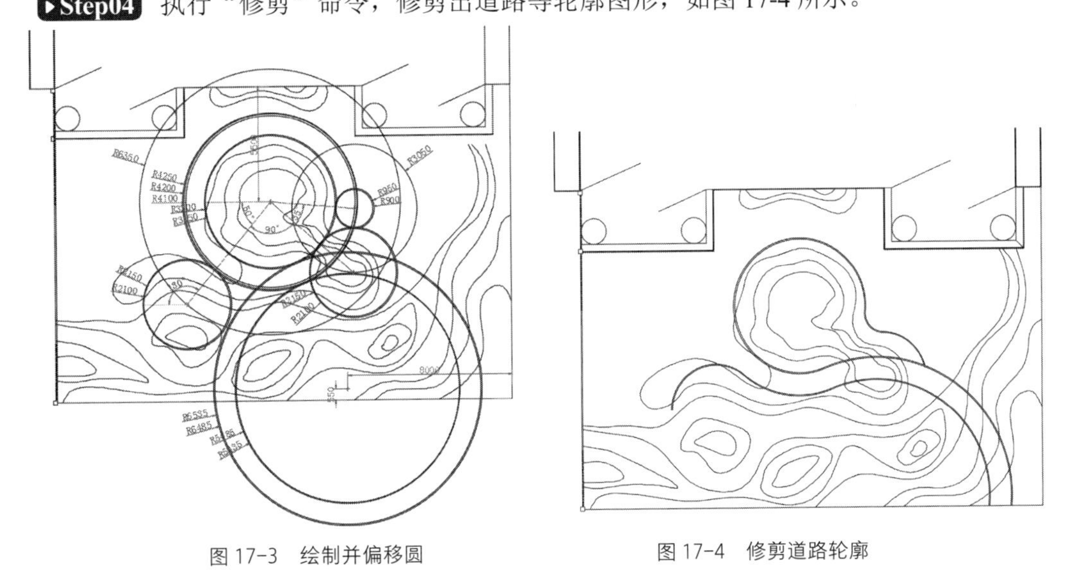

图 17-3　绘制并偏移圆　　　　图 17-4　修剪道路轮廓

Step05 继续执行“修剪”命令，修剪被覆盖的等高线图形，如图 17-5 所示。

Step06 执行“多段线”命令，绘制如图 17-6 所示的景石图形。

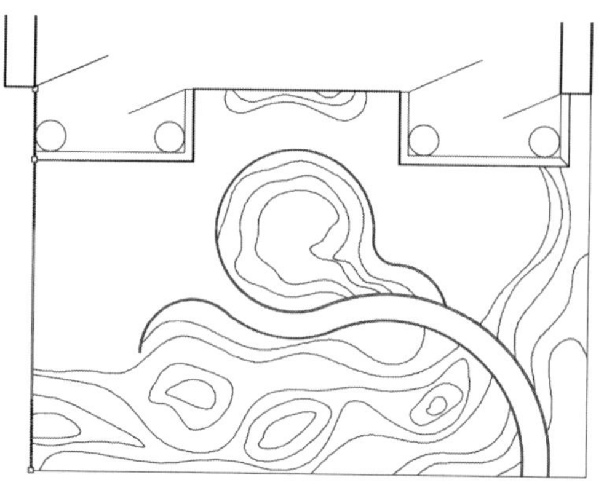

图 17-5　修剪等高线

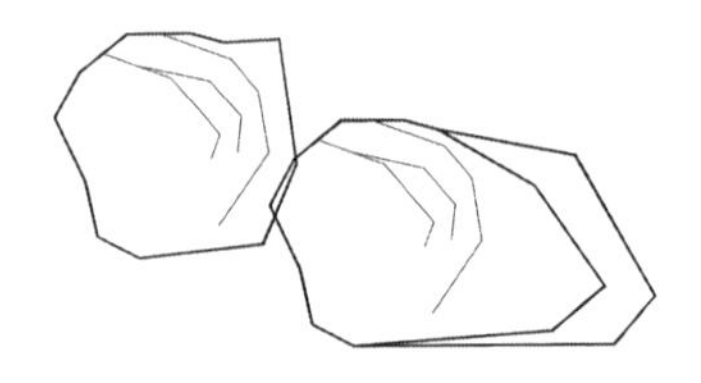

图 17-6　绘制景石

▶Step07 执行“样条曲线”命令，绘制多个曲线图形作为大卵石图形，布局到合适的位置，如图 17-7 所示。

▶Step08 继续绘制景石和大卵石图形，并进行复制、移动等操作，如图 17-8 所示。

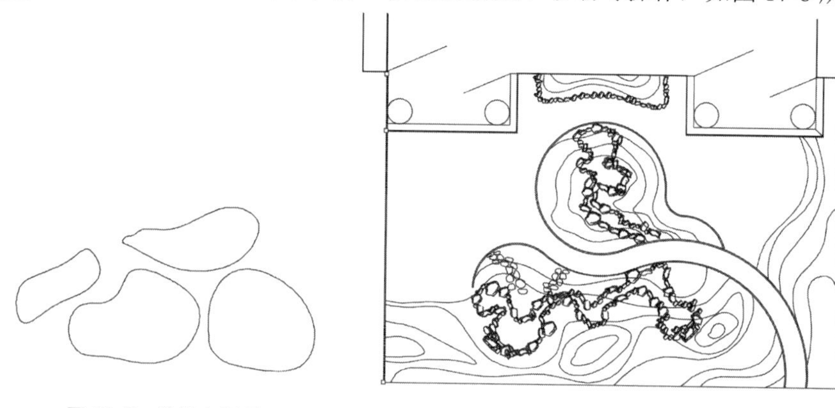

图 17-7　绘制大卵石

图 17-8　复制景石和大卵石

▶Step09 执行“修剪”命令，再次修剪被覆盖的等高线图形，如图 17-9 所示。

▶Step10 利用图块功能，在庭院中插入廊架、树池、磨盘图块，如图 17-10 所示。

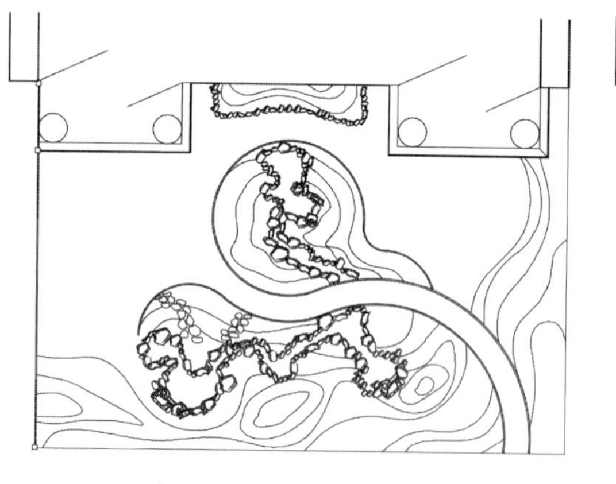

图 17-9　再次修剪等高线

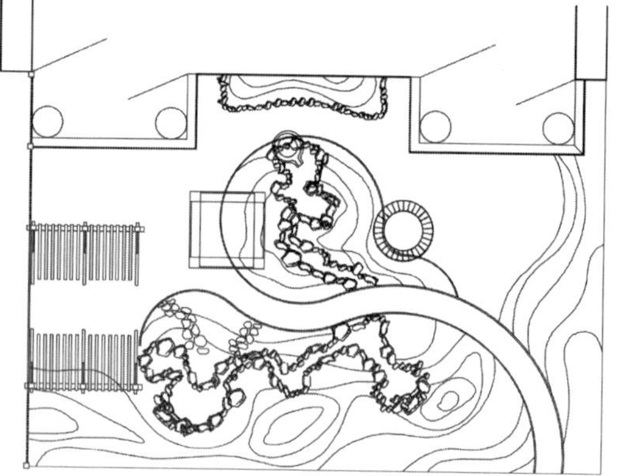

图 17-10　插入图块

▶Step11 执行“修剪”命令，修剪被图块覆盖的图形，如图 17-11 所示。

▶Step12 执行“偏移”“圆角”等命令，制作墙边造型，如图 17-12 所示。

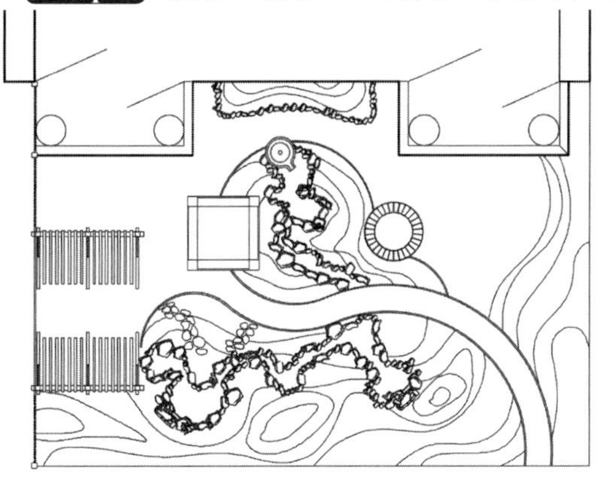

图 17-11　修剪被覆盖的图形

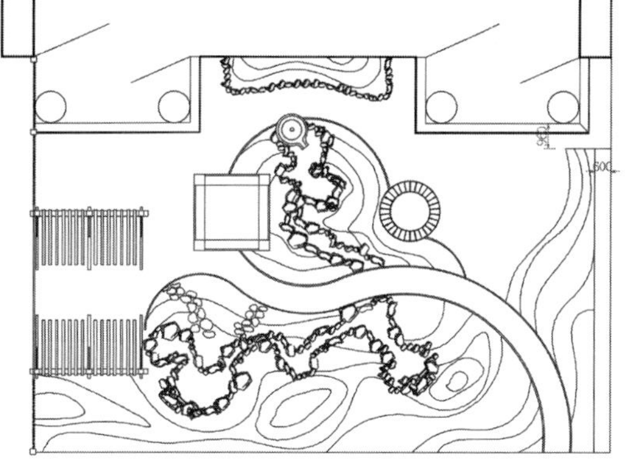

图 17-12　绘制墙边造型

▶Step13 绘制地面铺设，执行“多段线”命令，绘制两条不规则多段线，将地面分隔开，如图 17-13 所示。

▶Step14 执行“直线”“偏移”命令，绘制直线并向下依次偏移 300mm、100mm，如图 17-14 所示。

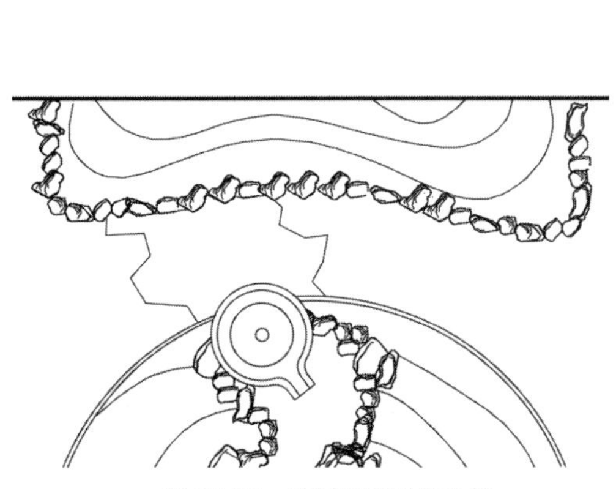

图 17-13　绘制不规则多段线

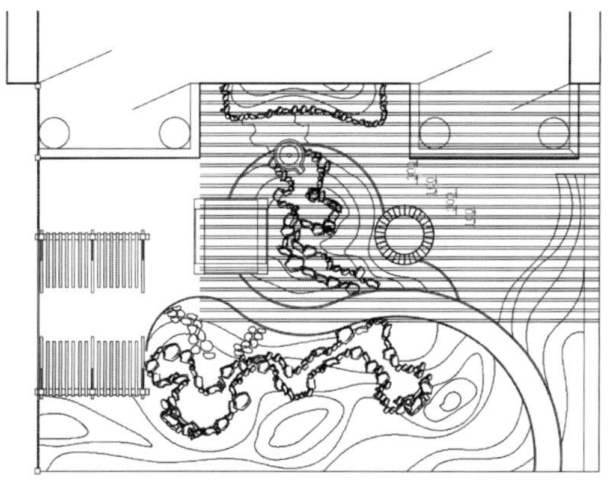

图 17-14　绘制并偏移直线

▶Step15 执行“修剪”命令，修剪出石板造型，如图 17-15 所示。

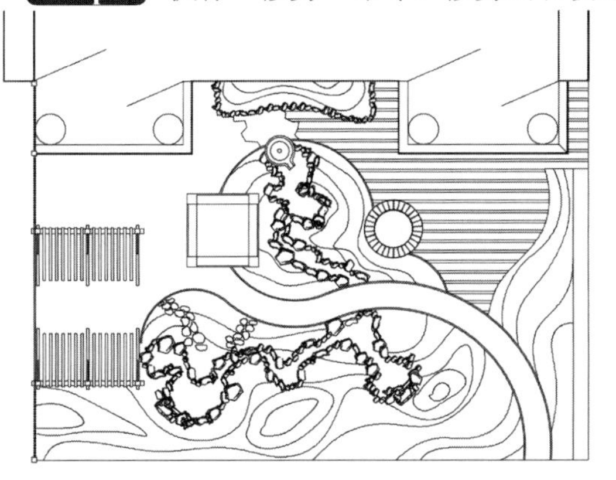

图 17-15　修剪石板造型

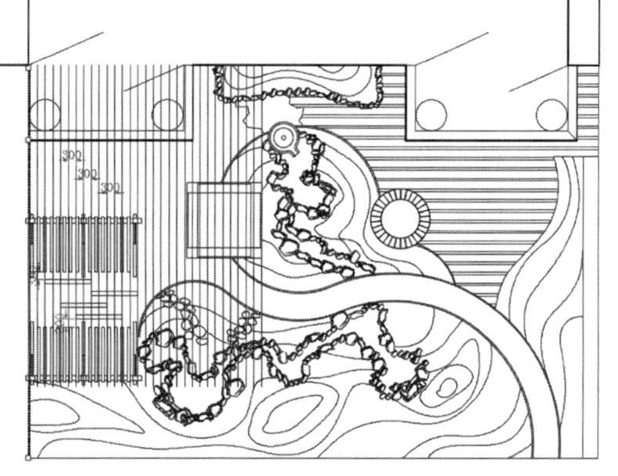

图 17-16　绘制直线与矩形

Step16 执行“直线”“偏移”命令，绘制直线并向右依次偏移 100mm，再执行“矩形”命令，在廊架位置绘制 4 个 1800mm×150mm 的矩形，如图 17-16 所示。

Step17 执行“修剪”命令，修剪被覆盖的图形，如图 17-17 所示。

Step18 执行“直线”“偏移”命令，绘制如图 17-18 所示的图形。

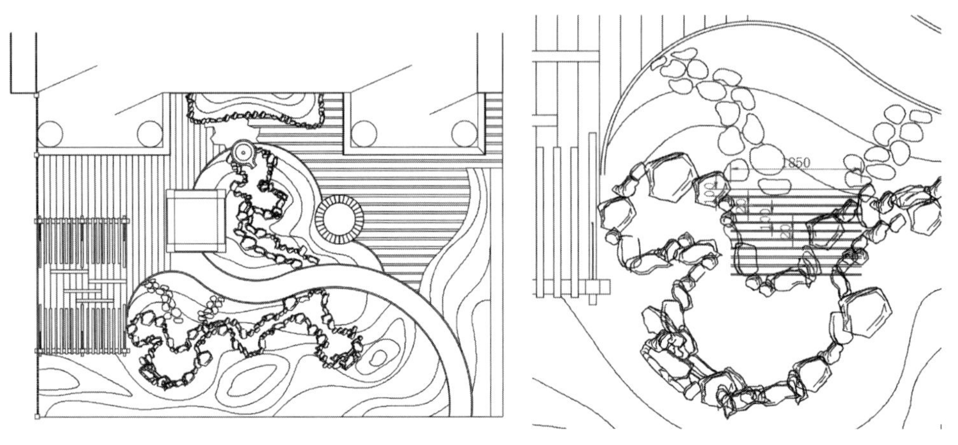

图 17-17　修剪被覆盖的图形　　图 17-18　绘制并偏移直线

Step19 执行“修剪”命令，修剪出木质平台效果，如图 17-19 所示。

Step20 执行“偏移”“修剪”命令，将园路轮廓向内偏移 100mm，再修剪图形，如图 17-20 所示。

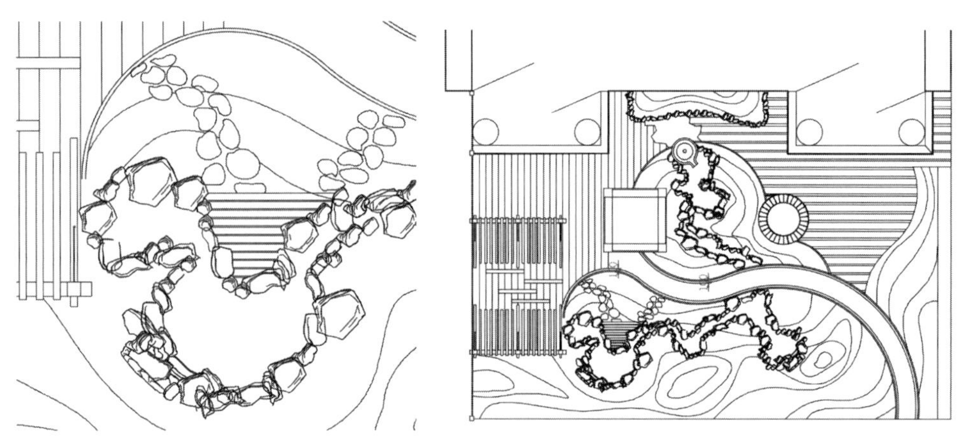

图 17-19　修剪木质平台　　图 17-20　绘制园路

Step21 执行“图案填充”命令，选择图案 GRAVEL，填充两侧地面相接的位置；再选择图案 AR-SAND，填充细石铺地，如图 17-21 所示。

Step22 继续执行“图案填充”命令，选择图案 AR-RROOF，填充水体，绘制如图 17-22 所示。

Step23 执行“修订云线”命令，徒手绘制灌木轮廓，如图 17-23 所示。

Step24 利用图块功能，插入斑竹、毛竹、睡莲植物图快，调整图块大小并进行复制操作，如图 17-24 所示。

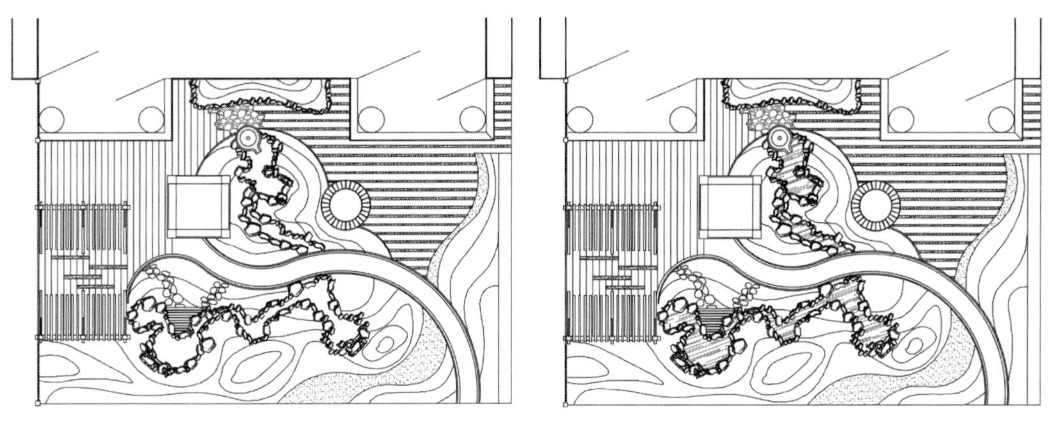

图 17-21　填充地面图案　　图 17-22　填充水体图案

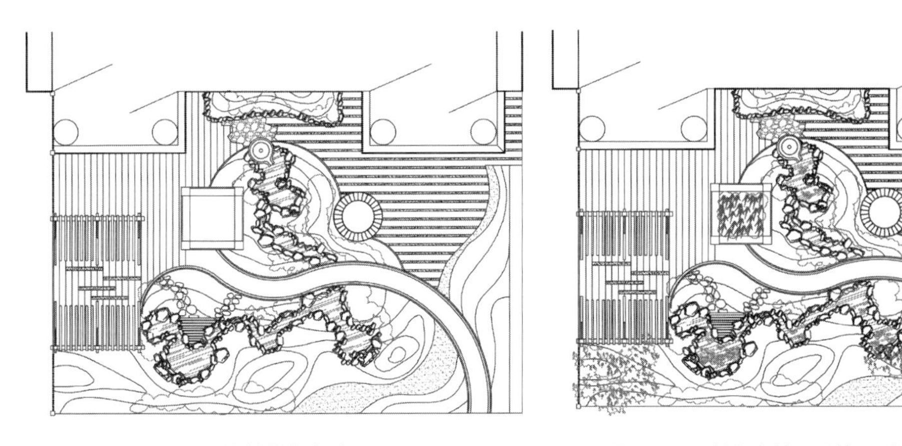

图 17-23　绘制灌木造型　　图 17-24　插入斑竹、毛竹、睡莲图块

Step25 继续插入合欢、白玉兰、腊梅、桂花、银杏、红枫等植物图快，调整图块大小并进行复制操作，如图 17-25 所示。

Step26 添加图示及指北针，完成庭院设计总平面图的绘制，如图 17-26 所示。

图 17-25　插入其他植物图块

图 17-26　完成总平面图的绘制

17.1.2 绘制庭院绿化配置平面图

在总平面图中树木植被都已设置好，本节中只需要为植被划分区域并分类，且创建苗木表。操作步骤介绍如下。

Step01 复制总平面图，删除地面铺设及填充图形，如图 17-27 所示。

Step02 执行“多行文字”命令，创建 1～6 的数字区分灌木丛，如图 17-28 所示。

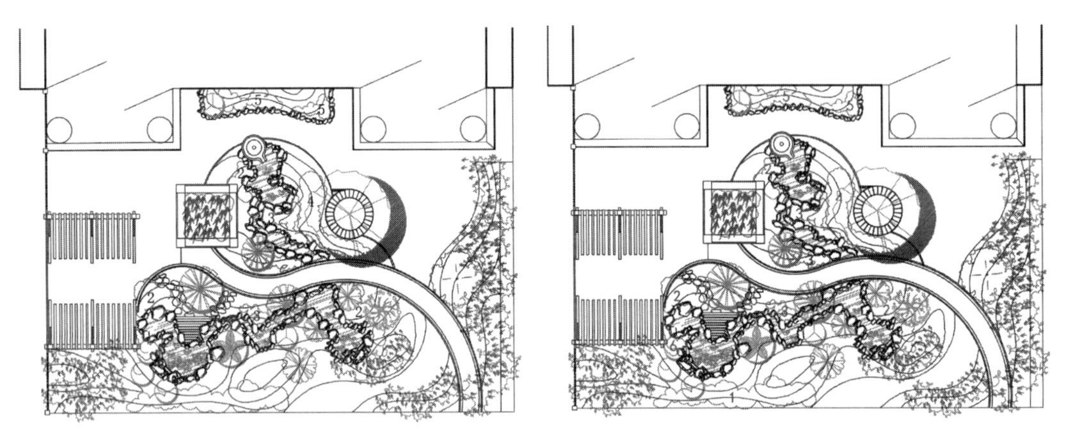

图 17-27 复制总平面图　　　　图 17-28 创建数字分区

Step03 为平面图添加图示，如图 17-29 所示。

Step04 执行“直线”“偏移”命令，绘制表格，尺寸如图 17-30 所示。

图 17-29 添加图示

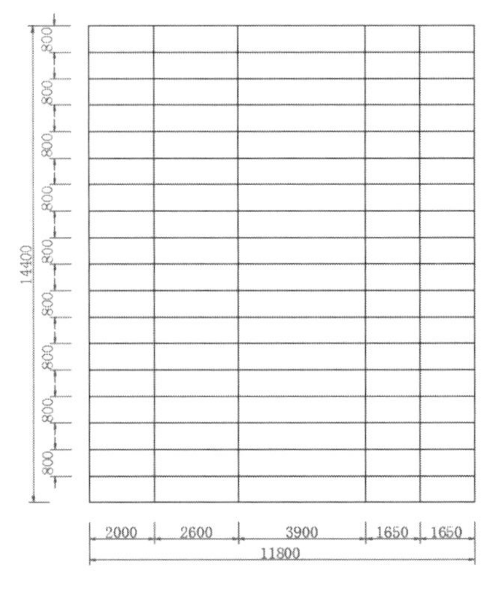

图 17-30 绘制表格

Step05 执行“单行文字”命令，创建高度为 320 的表头文字，如图 17-31 所示。

Step06 插入各类植物图块，并将其缩放至合适大小，如图 17-32 所示。

Step07 复制文字并修改文字内容，完成苗木表的绘制，将表格移动到绿化配置平面图旁边，完成最终的绘制，如图 17-33 所示。

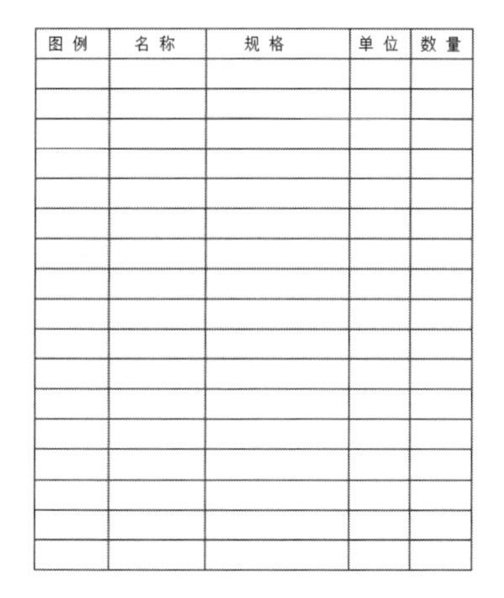

图例	名称	规格	单位	数量

图 17-31　创建表头文字

图例	名称	规格	单位	数量

图 17-32　插入各类植物图块

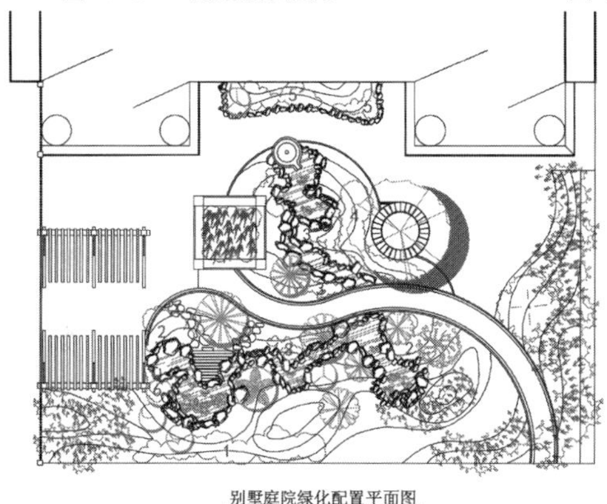

图例	名称	规格	单位	数量
	合 欢	⌀15-17cm	株	1
	大叶黄杨球	D120cm	株	2
	垂枝碧桃	⌀5-7cm	株	4
	白玉兰	⌀8-10cm	株	1
	红 枫	⌀4-6cm	株	1
	腊 梅	D150cm, H120CM	株	3
	桂 花	D120cm, H160CM	株	3
	斑 竹	H250CM以上	丛	220
	银 杏	⌀6-8cm	株	1
	珍珠梅	D40cm, H60CM	株	12
	南天竹	D30cm, H40CM	株	35
	鸢 尾	三年生	株	120
	迎 春	三年生	株	45
	金银花	D40cm, H60CM	株	7
	石 楠	D40cm, H60CM	株	5
	睡 莲	三年生	缸	3
	毛 竹	H400CM以上，⌀8cm	株	18

图 17-33　完成绿化配置平面图的绘制

扫一扫　看视频

17.1.3 绘制庭院铺装平面图

庭院铺装是指在庭院环境中运用自然或人工的装饰材料，按照一定的方式铺设于地面形成的地表效果。本节中介绍的就是庭院铺装平面图的绘制，在总平面图的基础上进行加工，具体绘制步骤介绍如下。

▶Step01 复制总平面图，删除植物图形，如图 17-34 所示。

▶Step02 执行“偏移”命令，将园路边线向内偏移 400mm，如图 17-35 所示。

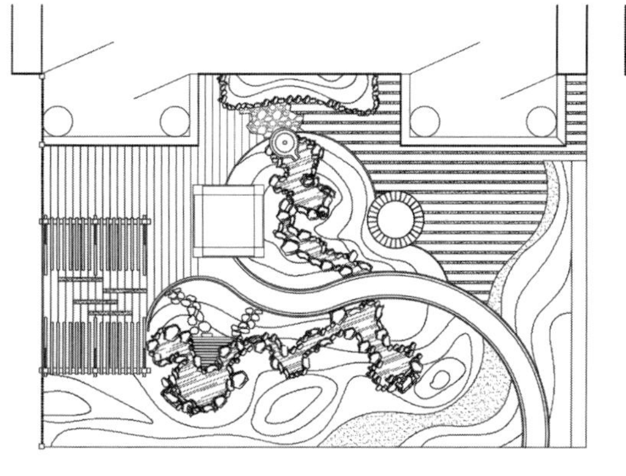

图 17-34　复制总平面图

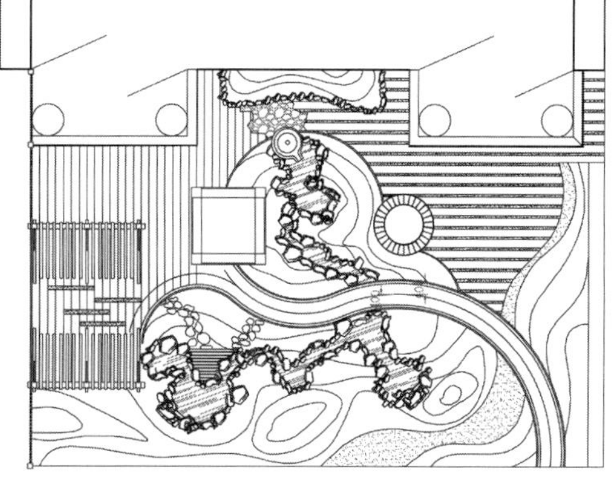

图 17-35　偏移园路边线

▸Step03 执行“修剪”命令，修剪图形，使 3 个圆弧完美连接，如图 17-36 所示。

▸Step04 执行“矩形”命令，绘制长 600mm、宽 200mm 的矩形，居中对齐到圆弧的象限点，如图 17-37 所示。

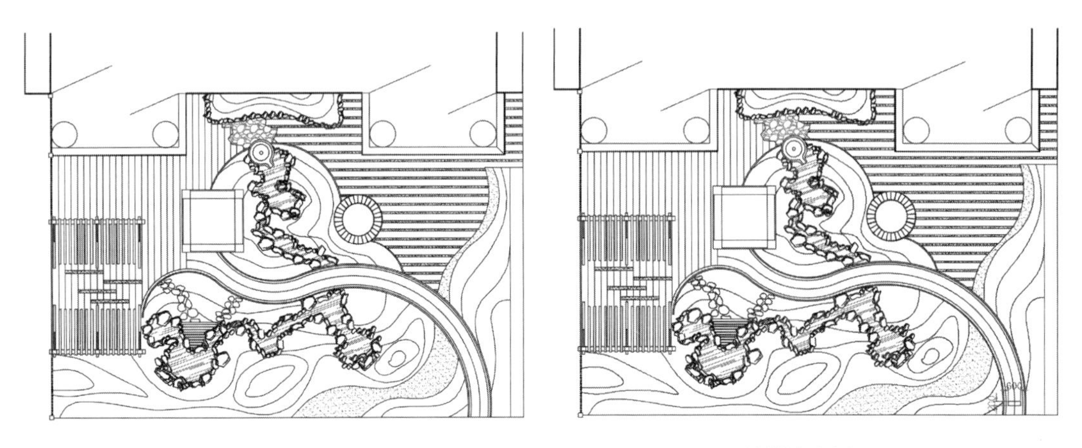

图 17-36　修剪圆弧　　　　图 17-37　绘制并对齐矩形

▸Step05 执行“环形阵列”命令，捕捉圆弧圆心为阵列中心，设置填充角度为 120°，项目数为 36，操作完毕后再对图形进行旋转，调整图形，如图 17-38 所示。

▸Step06 将阵列图形分解，再利用尾部的矩形继续执行“环形阵列”操作，然后分解图形，并删除多余的矩形，完成园路的铺设，效果如图 17-39 所示。

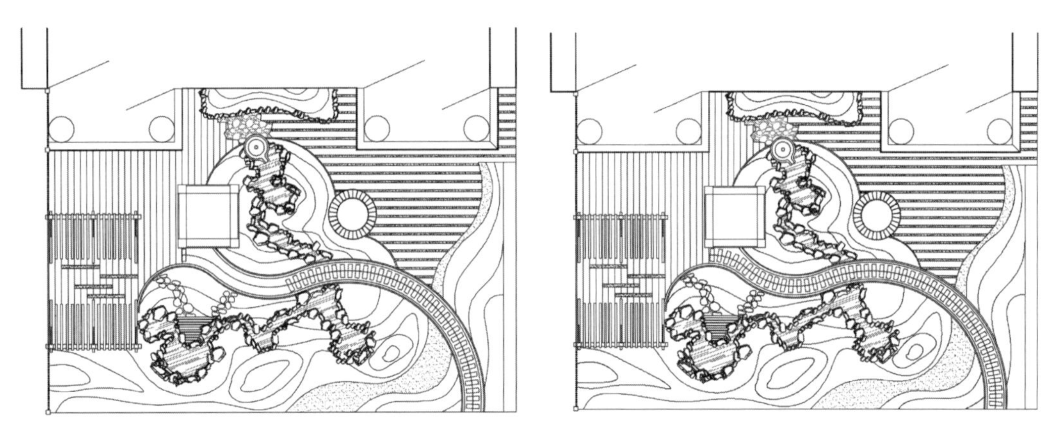

图 17-38　阵列复制矩形　　　　图 17-39　园路铺设

▸Step07 删除园路中线，再执行“直线”命令，捕捉圆心及中点绘制三条直线，如图 17-40 所示。

▸Step08 执行“修剪”命令，修剪并删除多余的图形，如图 17-41 所示。

▸Step09 执行“直线”“偏移”“修剪”命令，绘制出平板桥图形，如图 17-42 所示。

▸Step10 执行“图案填充”命令，选择图案 AR-SAND，填充园路，如图 17-43 所示。

▸Step11 执行“快速引线”命令，为铺装平面图添加引线标注，如图 17-44 所示。

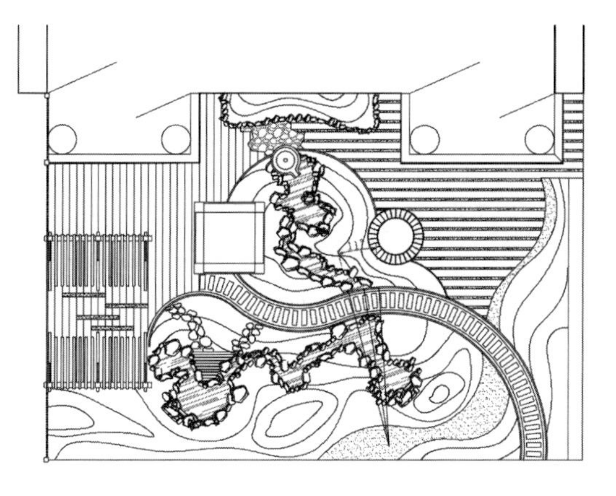

图 17-40　绘制三条直线

图 17-41　修剪园路图形

图 17-42　绘制平板桥

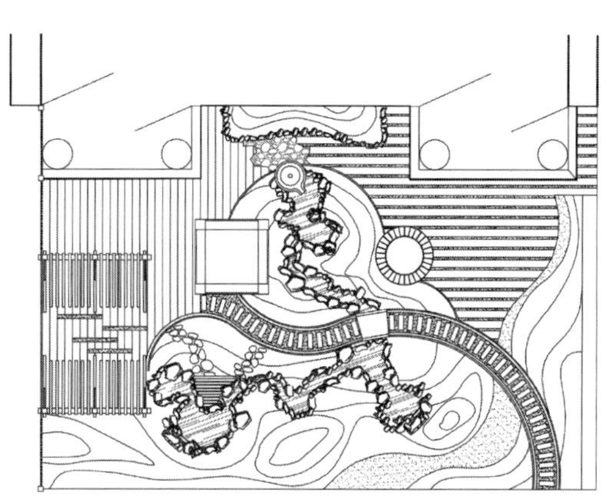

图 17-43　填充园路

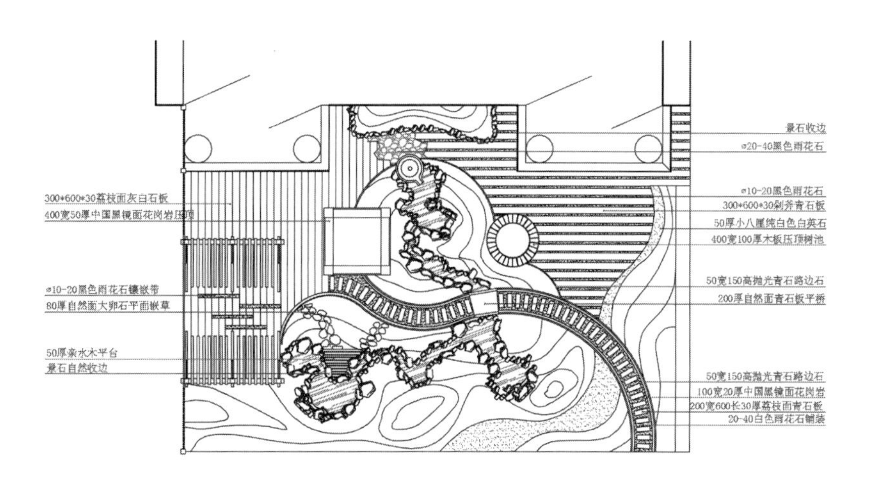

图 17-44　添加引线标注

Step12 为铺装平面图添加图示，完成图形的绘制，如图 17-45 所示。

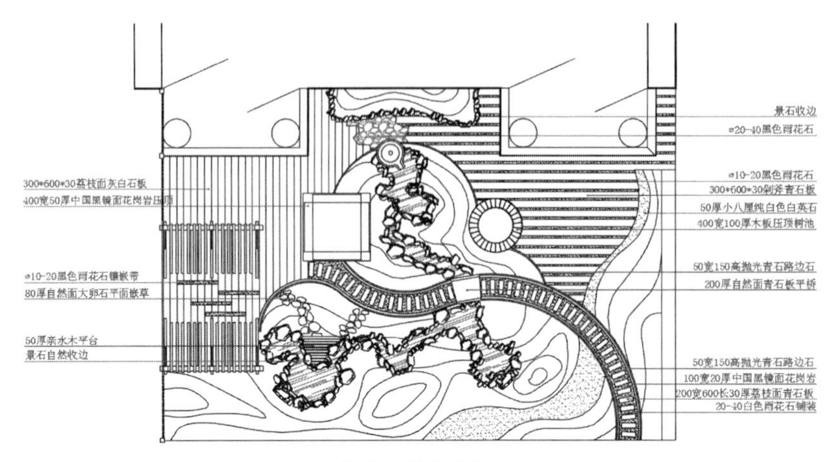

图 17-45　完成铺装平面图的绘制

17.2　绘制廊架

廊架常以防腐木材、竹材、石材、金属、钢筋混凝土为主要原料，供游人休息、景观点缀之用，与自然生态环境搭配非常和谐，深得人们喜爱。

17.2.1　绘制廊架平面尺寸图

下面介绍廊架平面尺寸图的绘制，绘制步骤如下。

Step01 从平面图中复制竹影镜面树池平面图，如图 17-46 所示。

Step02 执行“线性、连续”标注命令，为平面图添加尺寸标注，如图 17-47 所示。

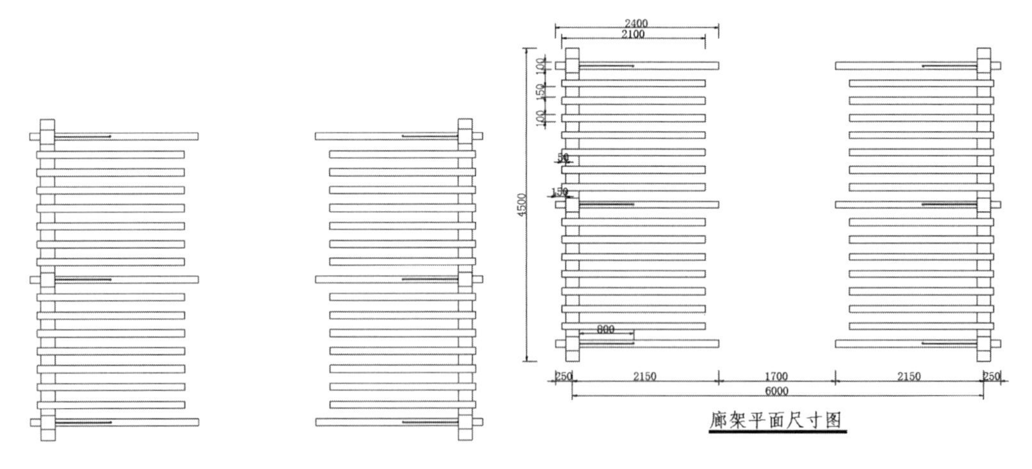

图 17-46　复制树池图形　　图 17-47　添加尺寸标注

17.2.2 绘制廊架正立面图

下面介绍廊架正立面图的绘制，绘制步骤如下。

Step01 执行“直线”和“偏移”命令，绘制廊架立面框架图形，如图 17-48 所示。

Step02 执行“修剪”命令，修剪出立面图形，如图 17-49 所示。

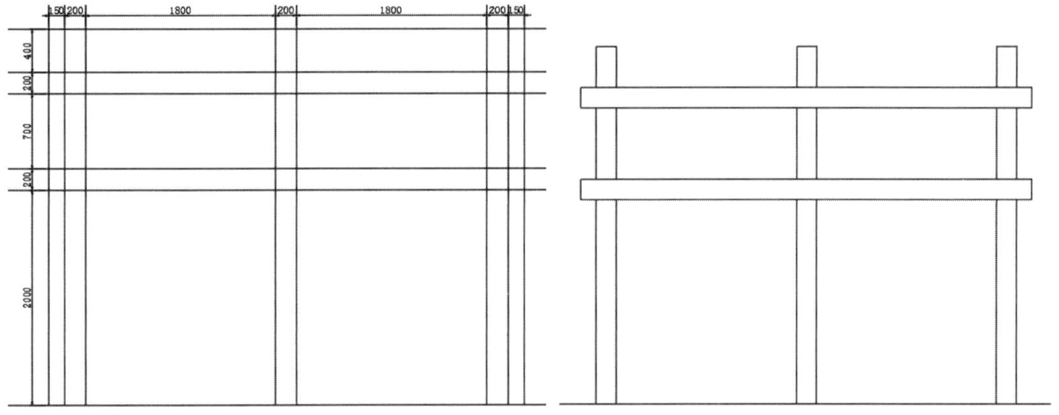

图 17-48 绘制立面框架

图 17-49 修剪出立面轮廓

Step03 执行“矩形”命令，绘制 100mm×100mm 的矩形，放置在左侧立柱黑色位置，如图 17-50 所示。

Step04 执行“复制”命令，复制矩形，两个矩形间隔为 150mm，如图 17-51 所示。

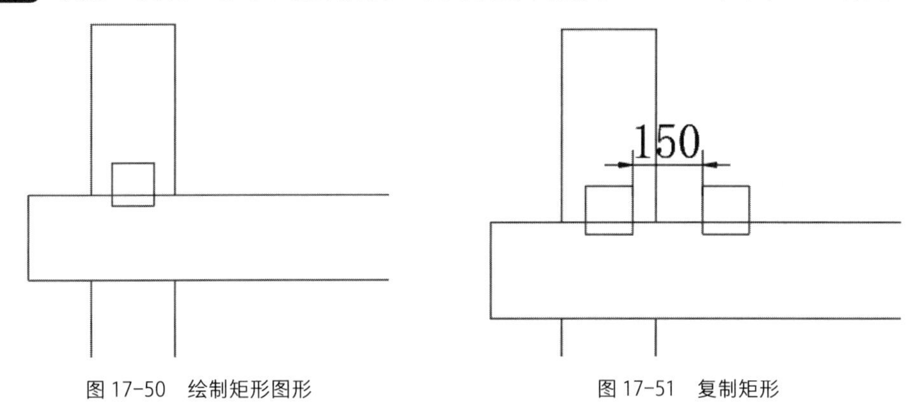

图 17-50 绘制矩形图形

图 17-51 复制矩形

Step05 继续复制矩形，复制间距都保持在 150mm，如图 17-52 所示。

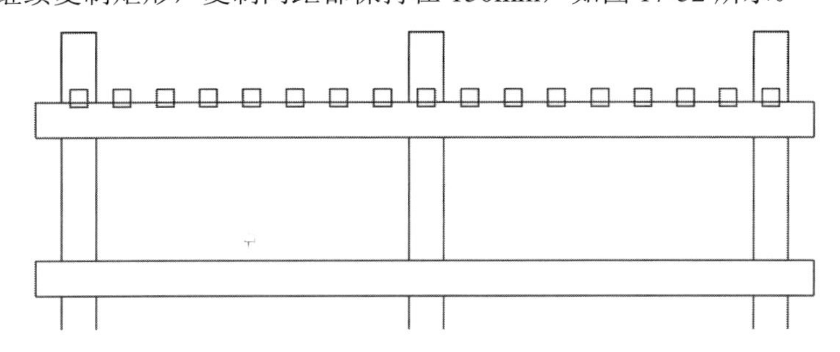

图 17-52 等距离复制矩形

Step06 执行“修剪”命令，修剪掉复制后的矩形中多余的线段，如图 17-53 所示。

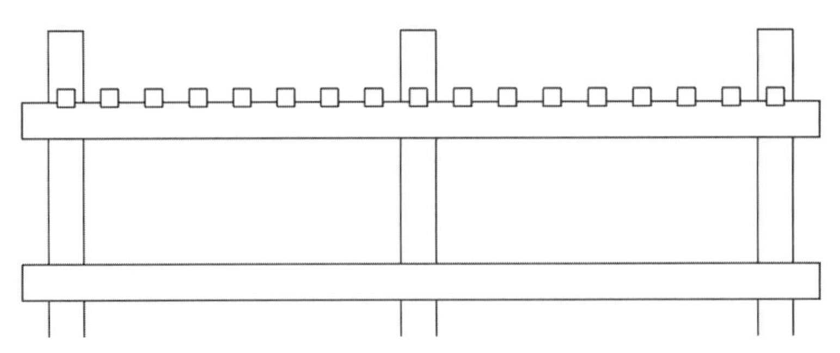

图 17-53　修剪矩形覆盖的线段

Step07 执行“图案填充”命令，将填充图案设为 DOLMIT，将填充颜色设为灰色，将填充比例设为 10，图 17-54 所示。

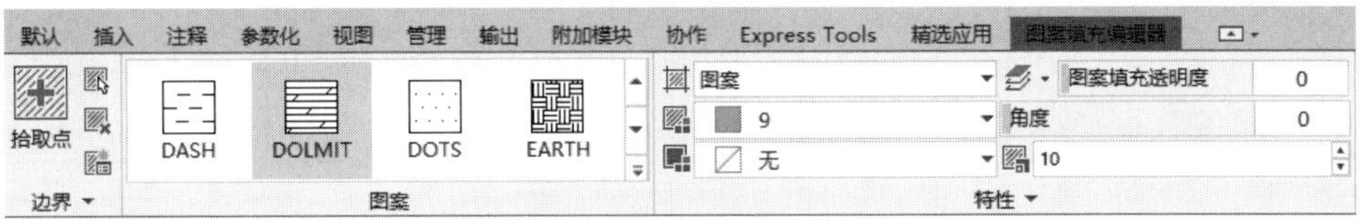

图 17-54　设置填充图案属性

Step08 图案设置完成后，将其填充至廊架图形中，结果如图 17-55 所示。

Step09 执行“圆”“复制”命令，绘制半径为 10mm 的圆并进行复制操作，如图 17-56 所示。

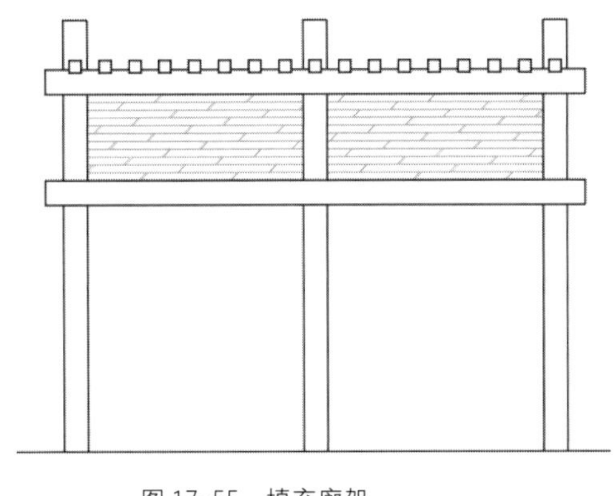

图 17-55　填充廊架

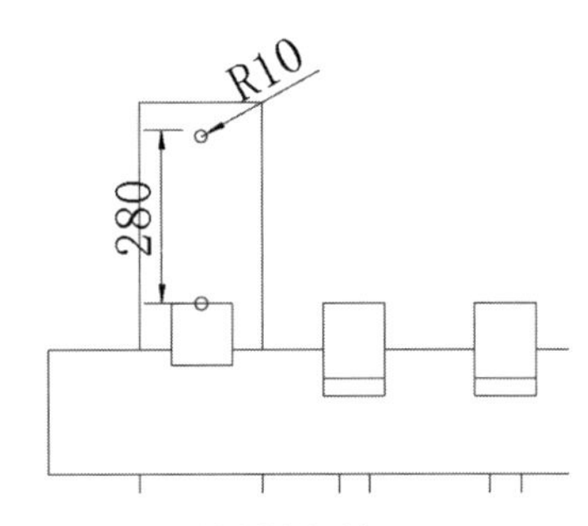

图 17-56　绘制并复制圆

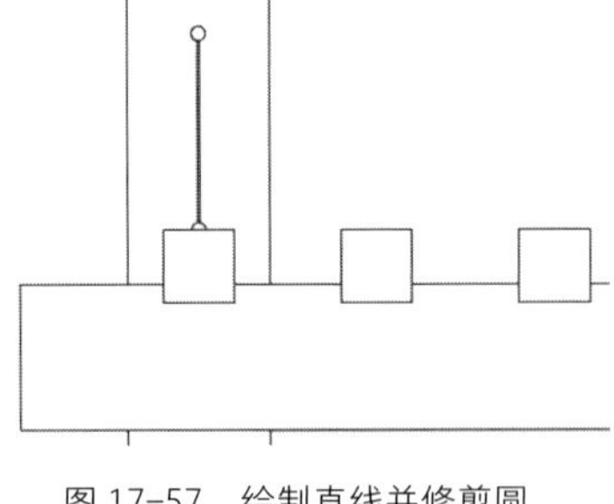

图 17-57　绘制直线并修剪圆

Step10 在两圆之间绘制间隔为 3mm 的直线，并执行“修剪”命令，修剪下方小圆形，如图 17-57 所示。

Step11 执行“复制”命令，将绘制的图形复制到其他两个立柱中，如图 17-58 所示。

Step12 执行“偏移”命令，将地平线向上依次偏移 300mm 和 100mm，如图 17-59 所示。

Step13 执行“修剪”命令，修剪偏移的地平线，完成坐凳的绘制操作，如图 17-60 所示。

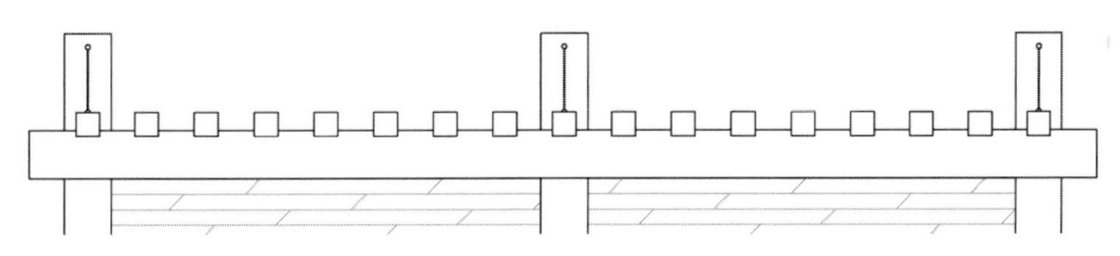

图 17-58　复制图形

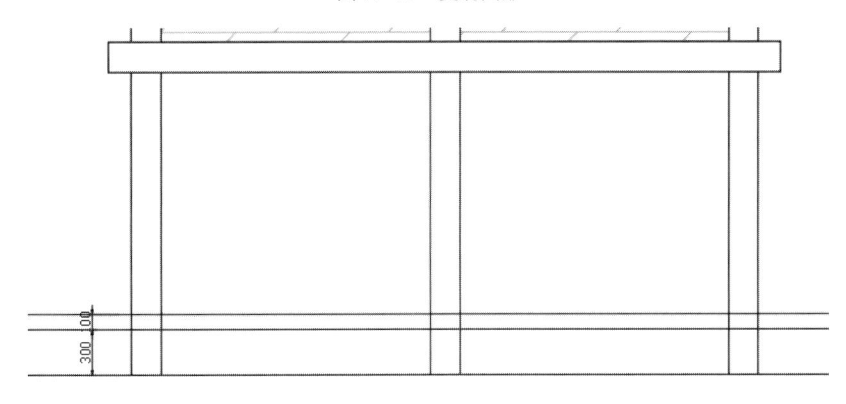

图 17-59　偏移地平线

▸Step14 执行“线性、连续”标注命令，为廊架立面图进行尺寸标注。此外，复制并修改图示内容，至此廊架正立面图绘制完成，结果如图 17-61 所示。

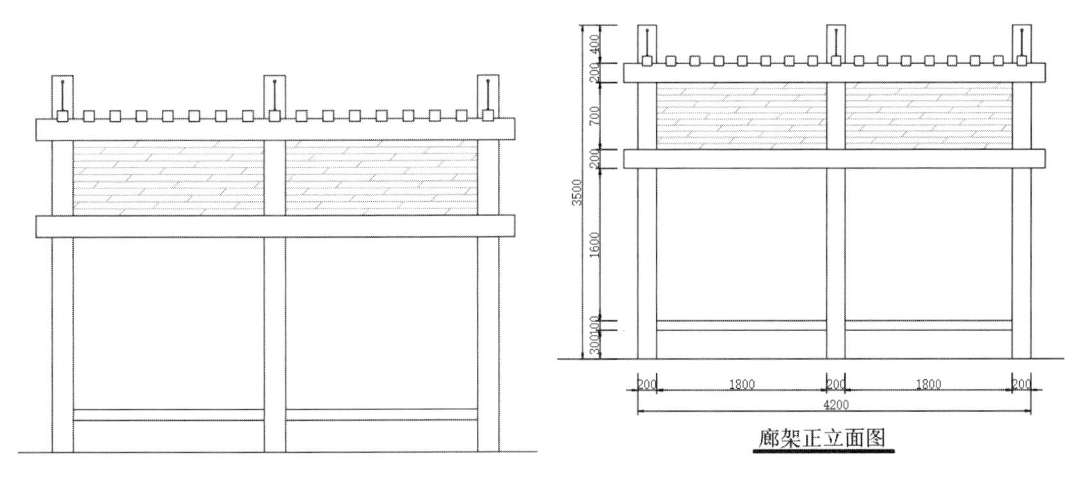

图 17-60　修剪出坐凳　　　　图 17-61　完成廊架正立面图

17.2.3 绘制廊架侧立面图

廊架图形是对称相同的，因此侧立面也是相同的，这里只需要绘制一侧的立面图形即可。下面绘制廊架侧立面图，绘制步骤介绍如下。

▸Step01 执行“直线”命令，根据廊架正立面图来绘制侧立面框架图，执行“偏移”命令，将绘制的垂直线向左依次偏移 200mm 和 2200mm，如图 17-62 所示。

▸Step02 执行“修剪”命令，将立面框架图进行修剪，如图 17-63 所示。

▸Step03 执行“偏移”命令，偏移修剪后的线段，如图 17-64 所示。

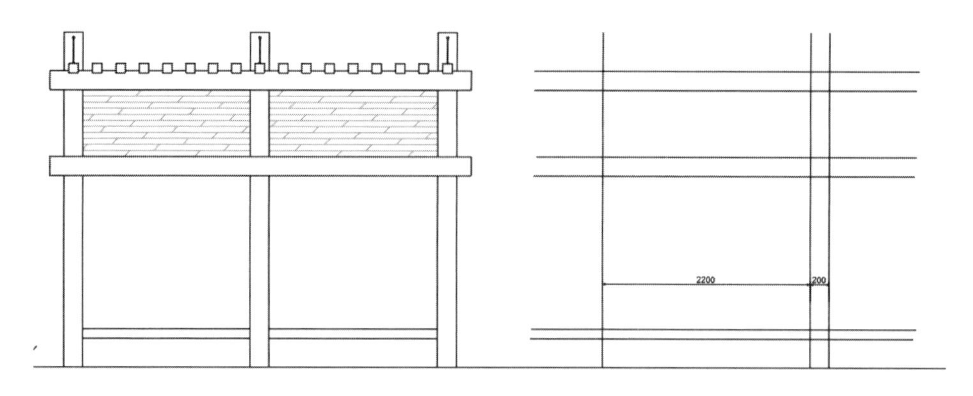

图 17-62　绘制廊架侧立面框架图

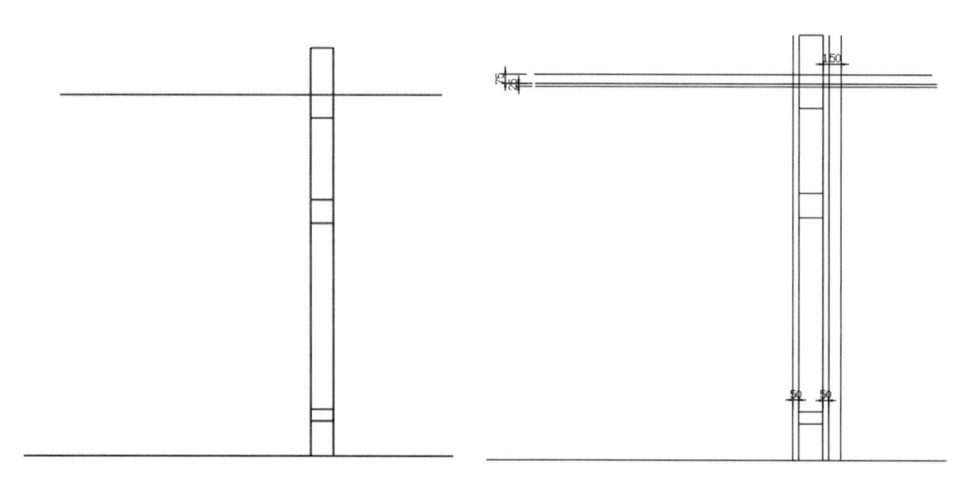

图 17-63　修剪框架图形　　　　图 17-64　偏移图形

▶Step04 执行“修剪”命令，修剪出廊架顶部和侧面造型，如图 17-65 所示。

▶Step05 执行“偏移”命令，将修剪后的线段再次进行偏移，偏移尺寸如图 17-66 所示。

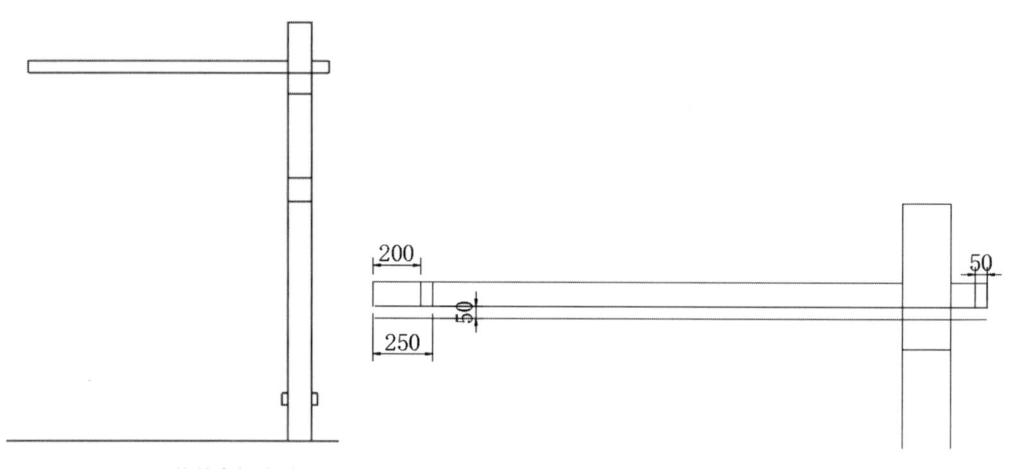

图 17-65　修剪廊架造型　　　　图 17-66　继续偏移图形

▶Step06 执行“延伸”“修剪”“直线”命令，绘制出顶部的斜面造型，如图 17-67 所示。

▶Step07 执行“直线”命令，在廊架顶部绘制一条斜线，如图 17-68 所示。

图 17-67　绘制斜面造型

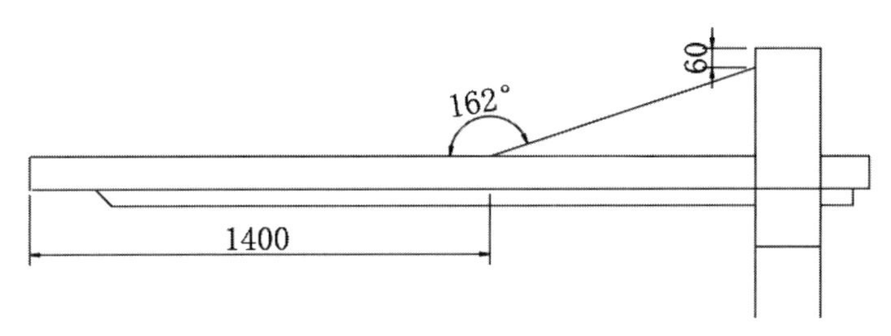

图 17-68　绘制连接斜线

▶Step08 执行“图案填充”命令，为廊架侧立面图进行填充。执行“线性、连续”标注命令，对廊架立面图进行尺寸标注，如图 17-69 所示。

▶Step09 复制并修改图示内容，将其放置侧立面图下方合适位置，如图 17-70 所示。至此完成廊架侧立面图的绘制。

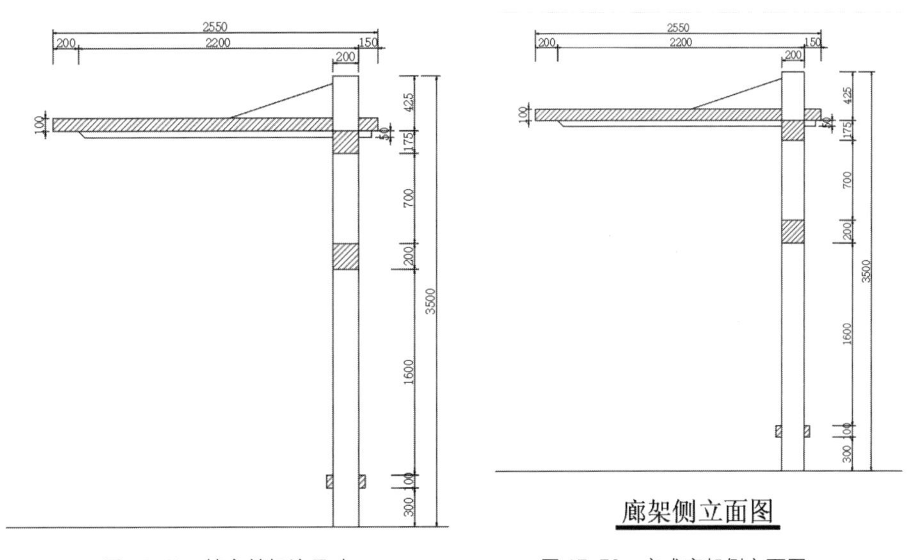

图 17-69　填充并标注尺寸　　图 17-70　完成廊架侧立面图

17.3　绘制竹影镜面树池

树池作为园林小品的一种，在美化观赏、引导视线、组织交通、围合分割空间、构成空间序列、防护功能以及提供休息场所等方面起着重要作用。下面将介绍镜面树池的绘制方法。

17.3.1 绘制竹影镜面树池平面图

首先介绍竹影镜面树池平面图的绘制方法，具体绘图步骤如下。

Step01 从平面图中复制竹影镜面树池平面图，如图 17-71 所示。

Step02 为平面图添加尺寸标注，如图 17-72 所示。

图 17-71　复制树池平面图

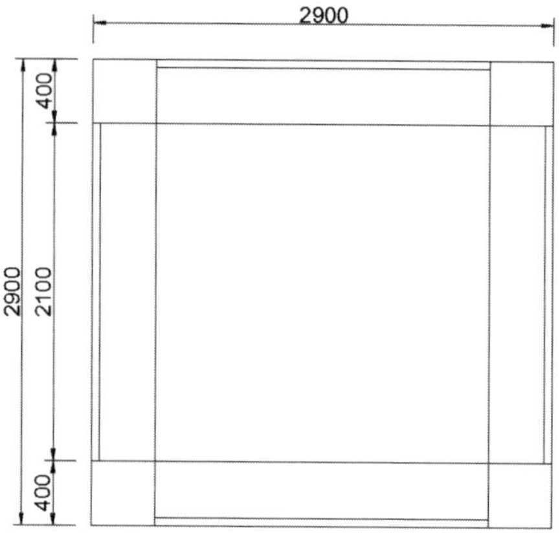

图 17-72　添加尺寸标注

Step03 执行“多段线”及“多行文字”命令，为图形添加图示及比例，完成树池平面图的绘制，如图 17-73 所示。

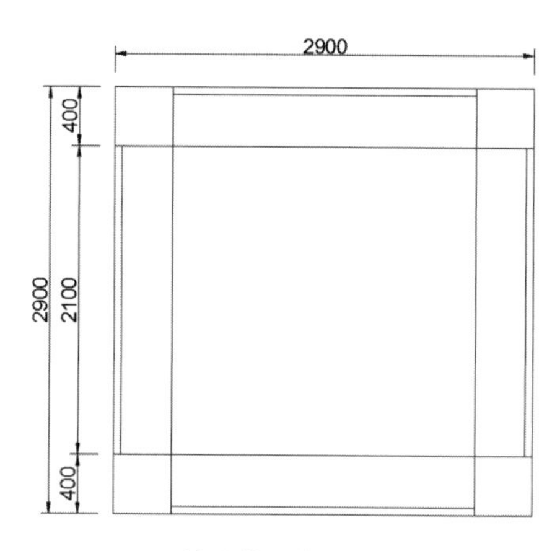

图 17-73　完成树池平面图

17.3.2 绘制竹影镜面树池立面图

下面利用偏移、修剪、圆角、图案填充等命令绘制竹影镜面树池立面图，绘制步骤介绍如下。

Step01 向下复制平面图。执行“直线”“偏移”命令，捕捉绘制直线并偏移 400mm 的距离，如图 17-74 所示。

Step02 执行“修剪”命令，修剪并删除多余图形，如图 17-75 所示。

Step03 执行“偏移”命令，将顶部边线向下依次偏移 50mm、100mm，如图 17-76 所示。

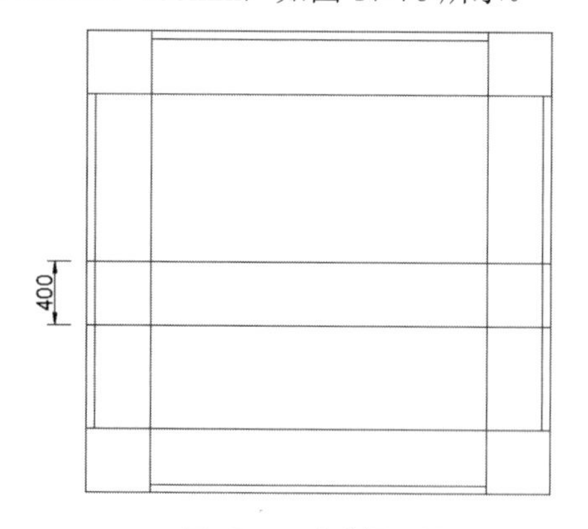

图 17-74　复制平面图

图 17-75　修剪图形

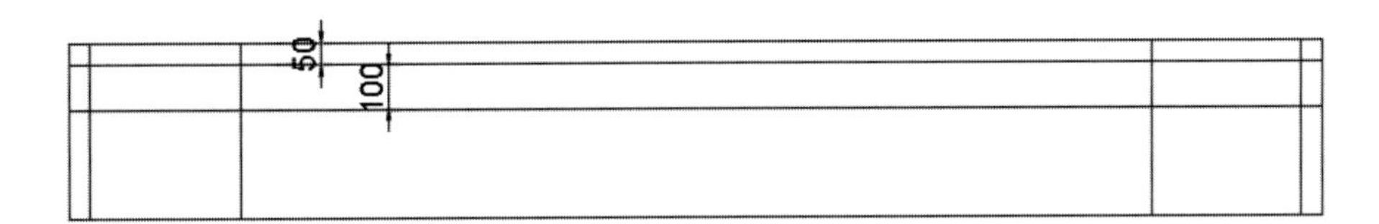

图 17-76　偏移图形

▶Step04 执行“修剪”命令，修剪出坐凳造型，如图 17-77 所示。

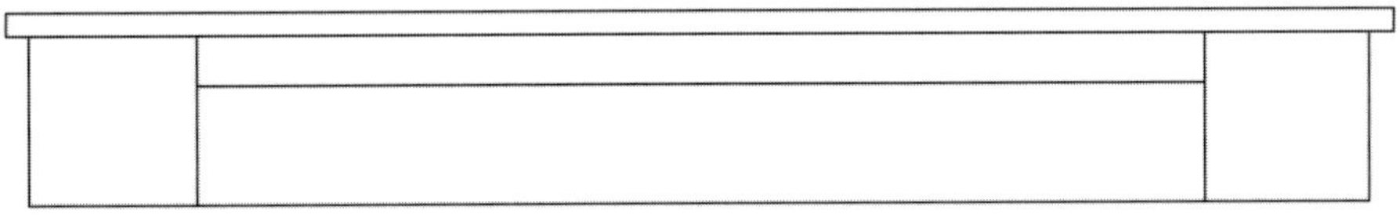

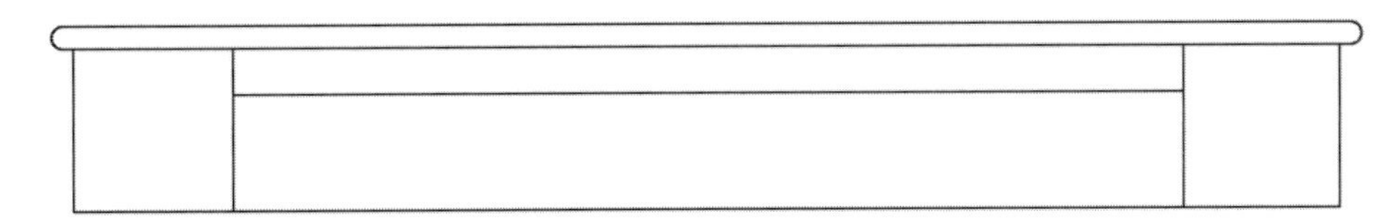

图 17-77　修剪坐凳造型

▶Step05 执行“圆角”命令，设置圆角半径为 25mm，对图形两端进行圆角操作，如图 17-78 所示。

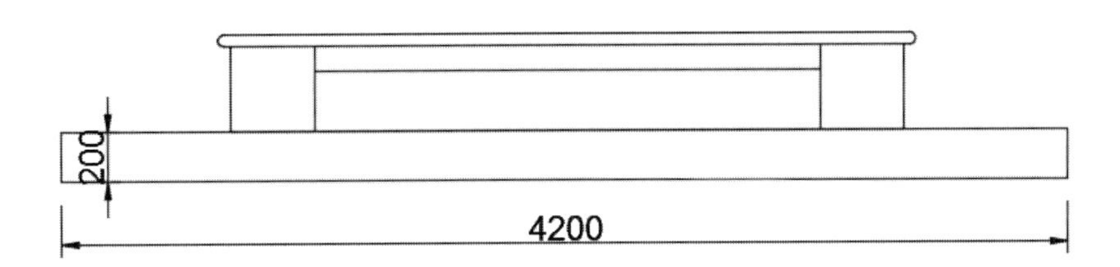

图 17-78　圆角操作

▶Step06 执行“矩形”命令，在图形底部绘制尺寸为 4200mm×200mm 的矩形作为基层，如图 17-79 所示。

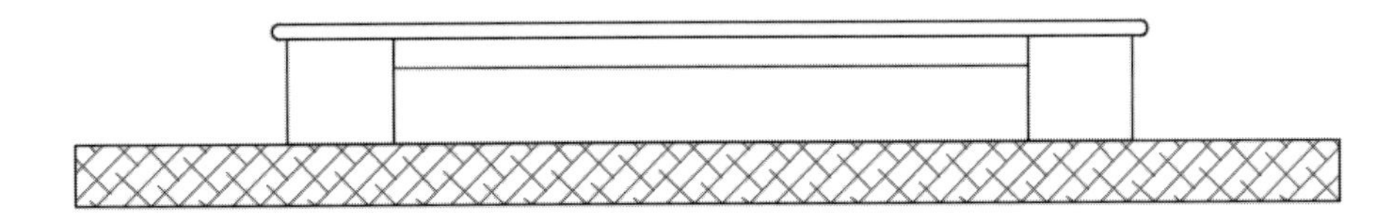

图 17-79　绘制底部矩形

▶Step07 执行“图案填充”命令，选择图案 ANSI38，填充基层图形，如图 17-80 所示。

图 17-80　填充基层

▶Step08 将矩形分解，并删除多余线条，如图 17-81 所示。

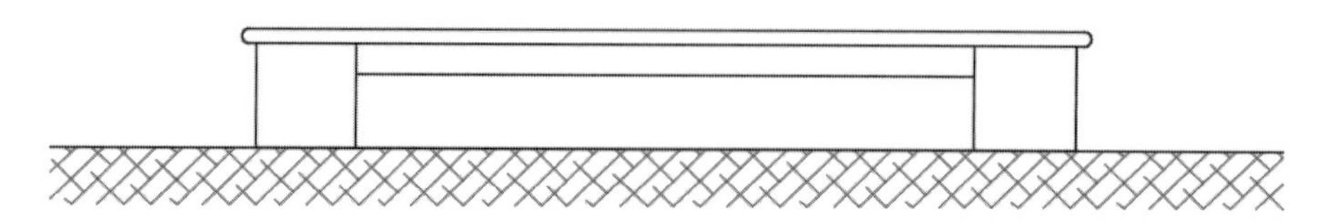

图 17-81　分解并删除图形

▶Step09 为立面图插入竹子图案，如图 17-82 所示。

▶Step10 最后添加尺寸标注和图示，完成立面图形的绘制，如图 17-83 所示。

图 17-82　插入竹子图块

图 17-83　完成树池立面图

17.3.3 绘制竹影镜面树池剖面图

下面利用偏移、修剪、样条曲线、图案填充等命令绘制竹影镜面树池剖面图，绘制步骤介绍如下。

▶Step01 复制立面图，进行修剪删除，如图 17-84 所示。

▶Step02 执行“偏移”“延伸”命令，偏移并延伸图形，如图 17-85 所示。

图 17-84　复制并修剪立面图

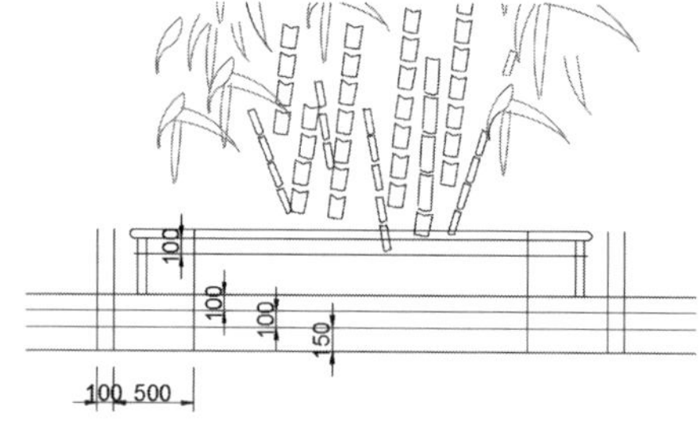

图 17-85　偏移图形

▶Step03 执行“修剪”命令，修剪出剖面轮廓，如图 17-86 所示。

▶Step04 执行“样条曲线”命令，绘制一条曲线作为泥土分隔线，如图 17-87 所示。

图 17-86　修剪剖面轮廓　　　　图 17-87　绘制样条曲线

▶Step05 执行“直线”“图案填充”命令，选择图案 ANSI38，填充基层，如图 17-88 所示。

▶Step06 继续执行“图案填充”命令，选择图案 AR-SAND、AR-CONC、ANSI33，分别对泥土和树池周边图形进行填充操作，如图 17-89 所示。

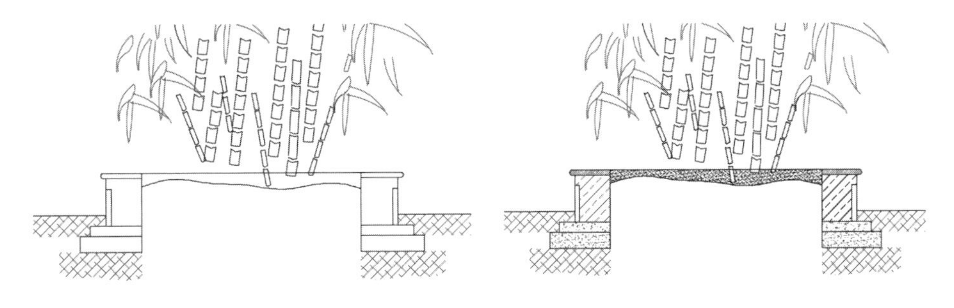

图 17-88　填充基层　　　　图 17-89　填充树池周边

▶Step07 为剖面图添加标注和图示，完成剖面图的绘制，如图 17-90 所示。

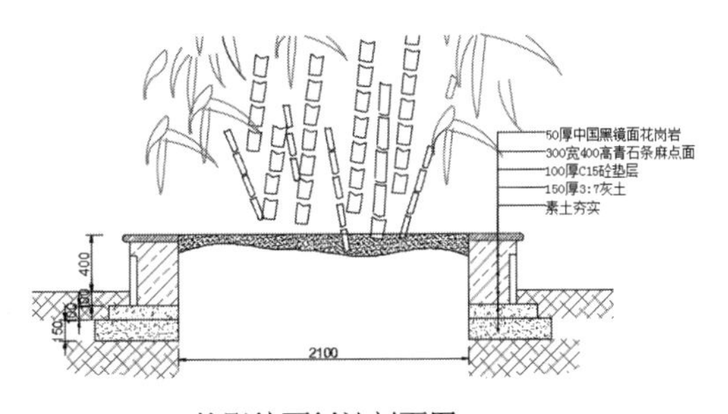

图 17-90　完成树池剖面图

17.4　绘制溪流剖面结构图

下面利用直线、圆弧、多段线、偏移、图案填充等命令绘制溪流剖面结构图，绘制步骤介绍如下。

Step01 依次执行“直线”“偏移”命令，绘制并偏移直线，如图 17-91 所示。

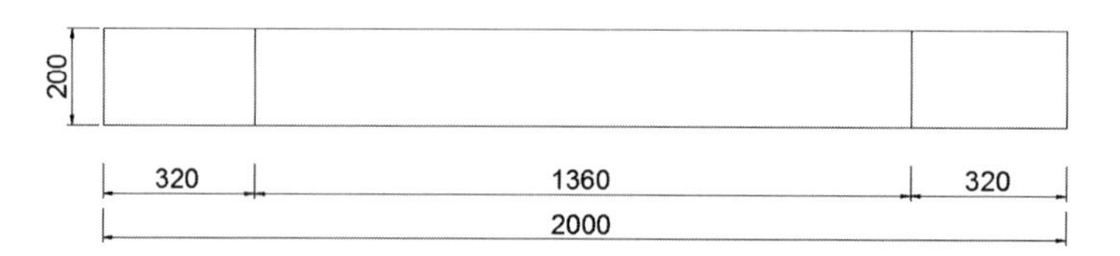

图 17-91　绘制并偏移直线

Step02 执行“圆弧”命令，捕捉绘制一条圆弧，如图 17-92 所示。

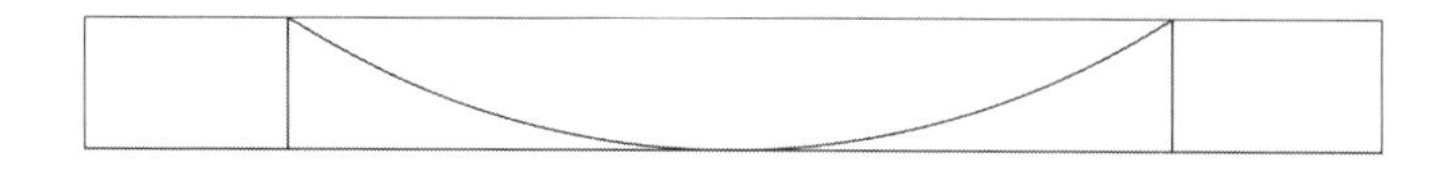

图 17-92　捕捉绘制圆弧

Step03 执行“修剪”命令，修剪并删除多余图形，如图 17-93 所示。

图 17-93　修剪多余图形

Step04 执行“偏移”命令，设置偏移尺寸为 300mm，将图形向上偏移，如图 17-94 所示。

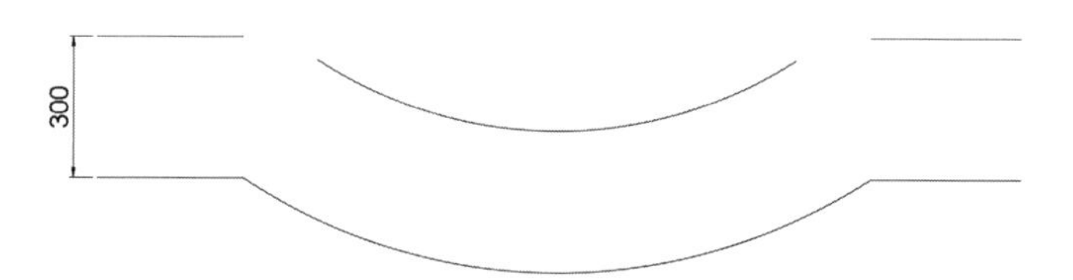

图 17-94　偏移圆弧轮廓

Step05 执行“圆角”命令，设置圆角半径为 100mm，对图形进行圆角操作，如图 17-95 所示。

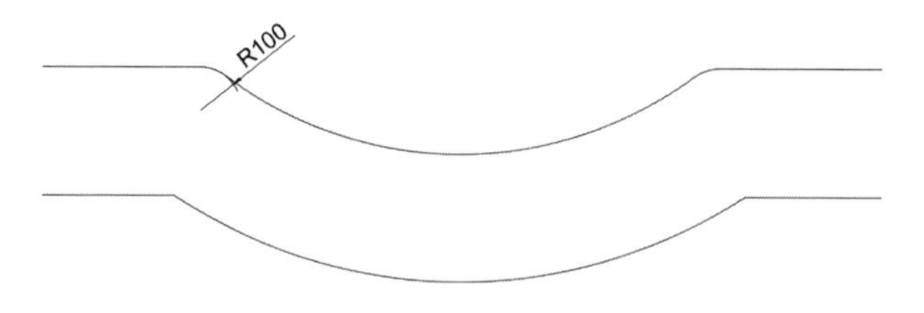

图 17-95　圆角操作

Step06 执行“偏移”命令，将图形依次向上偏移 100mm、150mm、20mm、12mm、20mm、30mm，绘制出剖面分层，如图 17-96 所示。

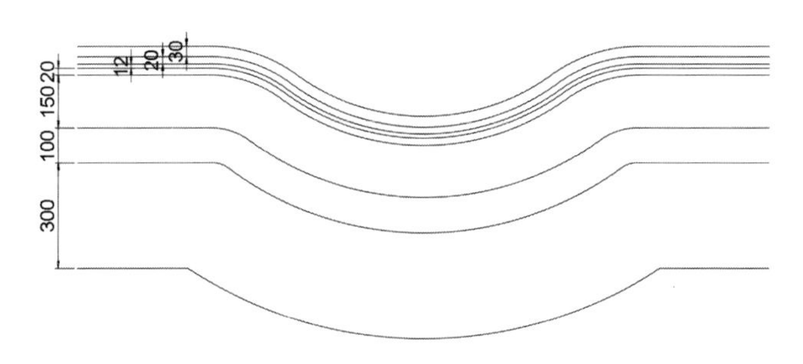

图 17-96　偏移剖面分层

▶Step07 执行“直线”“偏移”命令，绘制直线并进行偏移操作，如图 17-97 所示。

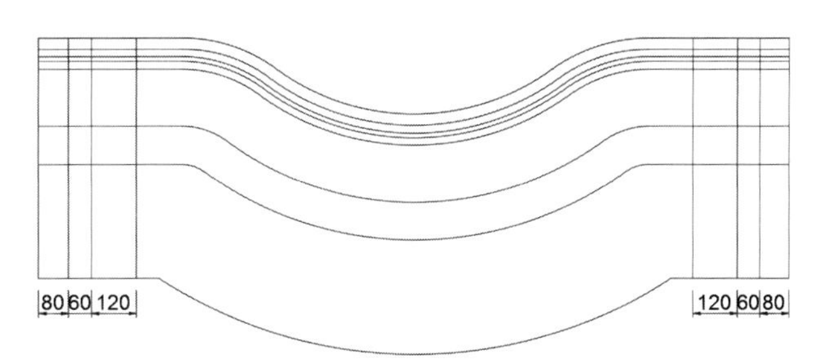

图 17-97　绘制并偏移直线

▶Step08 执行“修剪”命令，修剪出溪流剖面轮廓图形，如图 17-98 所示。

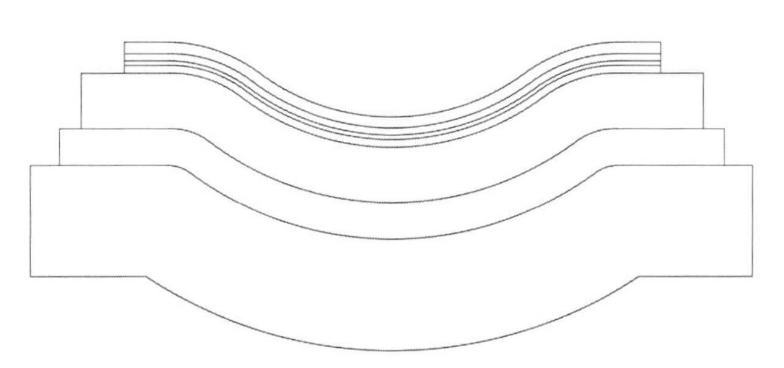

图 17-98　修剪出溪流剖面轮廓

▶Step09 执行“偏移”命令，将间隔为 12mm 的下边线向上偏移 6mm，如图 17-99 所示。

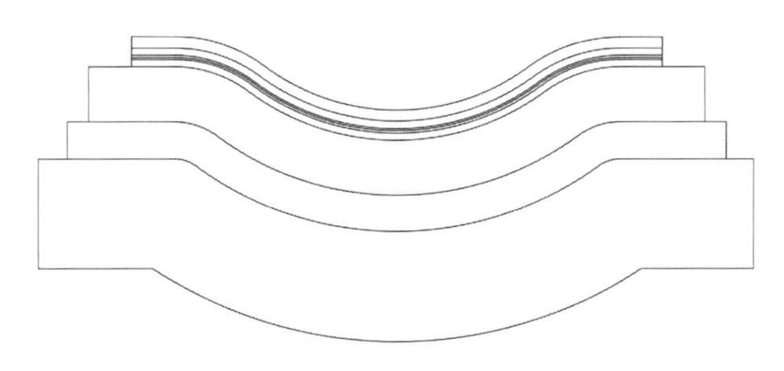

图 17-99　偏移下边线

▶Step10 执行“多段线”命令，捕捉绘制一条直线段和曲线组合的多段线，并设置全局宽度为 12，效果如图 17-100 所示。

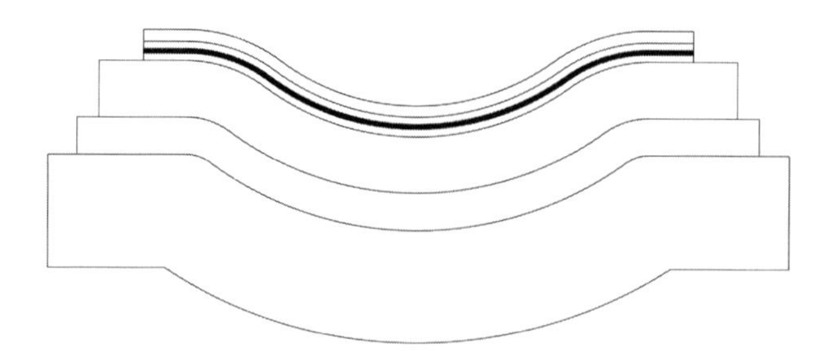

图 17-100　沿边线绘制多段线

▸Step11 执行“直线”“多段线”命令，绘制护坡及地基轮廓，如图 17-101 所示。

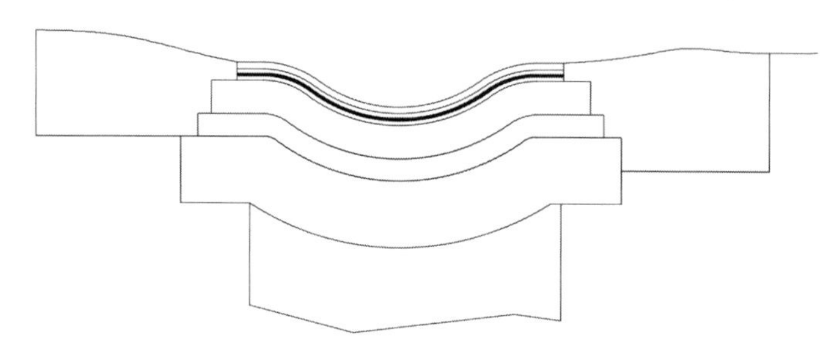

图 17-101　绘制护坡及地基

▸Step12 执行“多段线”命令，绘制不规则形状的大小石块图形，如图 17-102 所示。

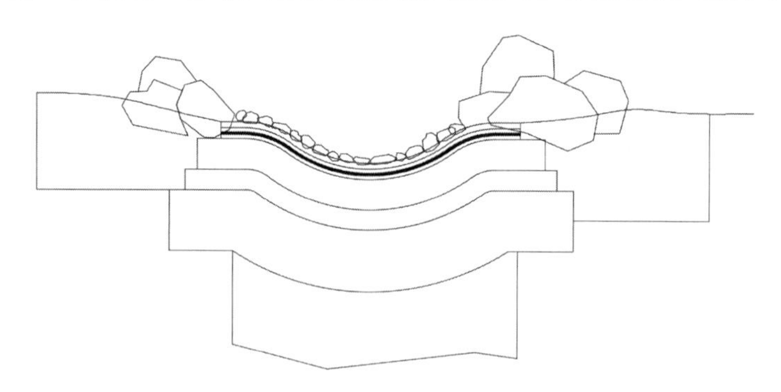

图 17-102　绘制石块图形

▸Step13 执行“修剪”命令，修剪石块图形，如图 17-103 所示。

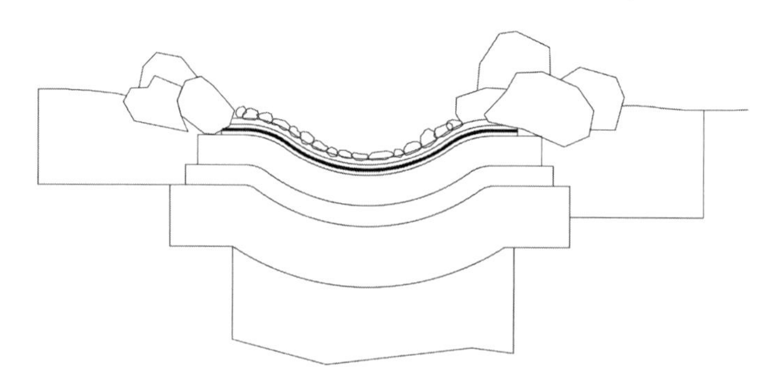

图 17-103　修剪石块图形

▶Step14 执行“直线”命令，绘制水平面及波纹图形，如图 17-104 所示。

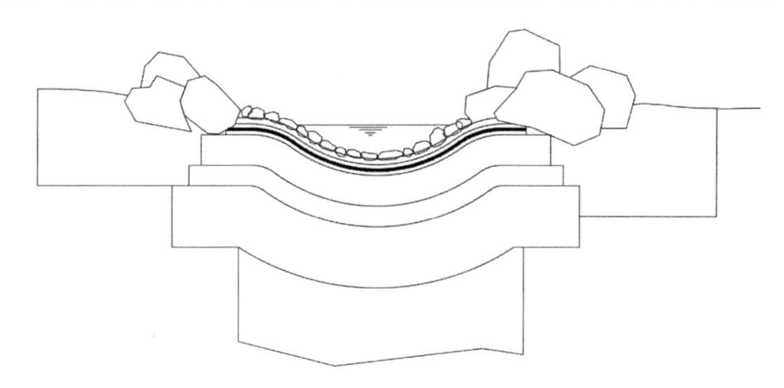

图 17-104　绘制水面波纹

▶Step15 执行“图案填充”命令，选择图案 ANSI38，填充护坡基层区域，如图 17-105 所示。

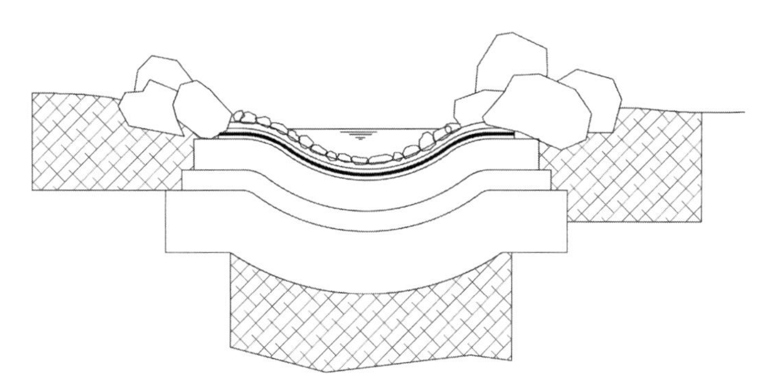

图 17-105　填充基层

▶Step16 继续执行“图案填充”命令，选择图案 AR-SAND、AR-CONC、ANSI31，填充溪流底部结构层，如图 17-106 所示。

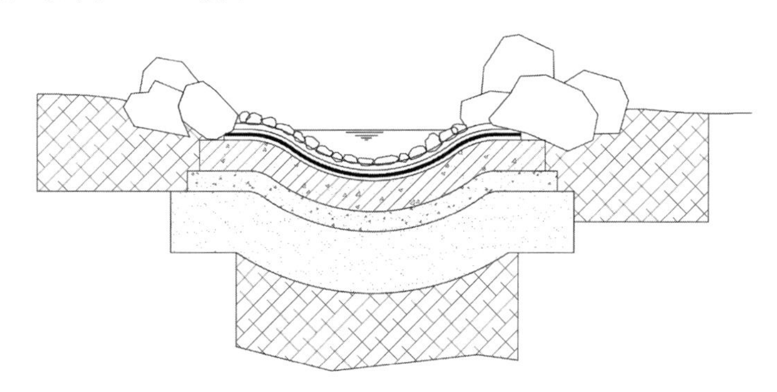

图 17-106　填充底部结构层

▶Step17 删除多余的线条图形，如图 17-107 所示。

▶Step18 执行“插入>块”命令，插入植物图块并进行复制，调整到合适的位置，如图 17-108 所示。

▶Step19 执行“快速引线”命令，创建引线，并输入注释内容，如图 17-109 所示。

▶Step20 按照固定的间距向上复制引线标注，如图 17-110 所示。

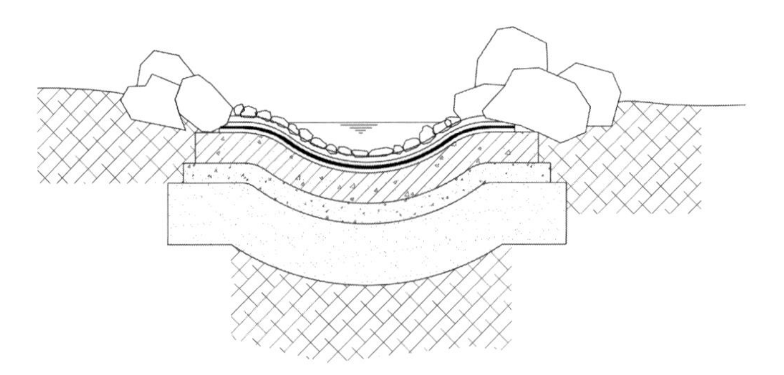

图 17-107　删除多余图形

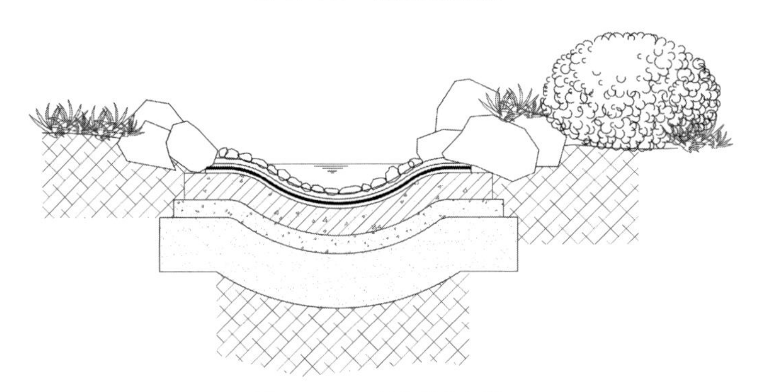

图 17-108　插入植物图块

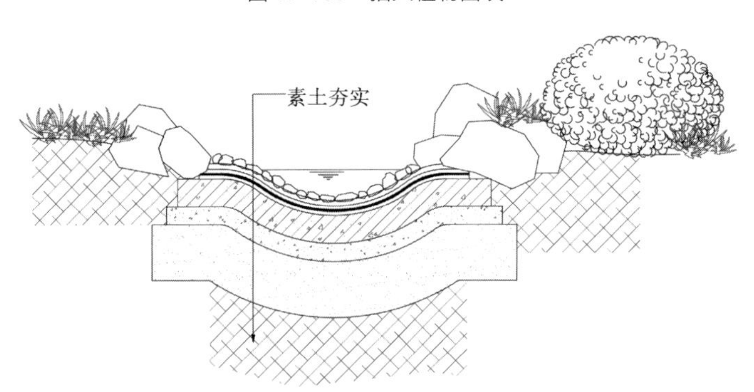

图 17-109　创建引线标注

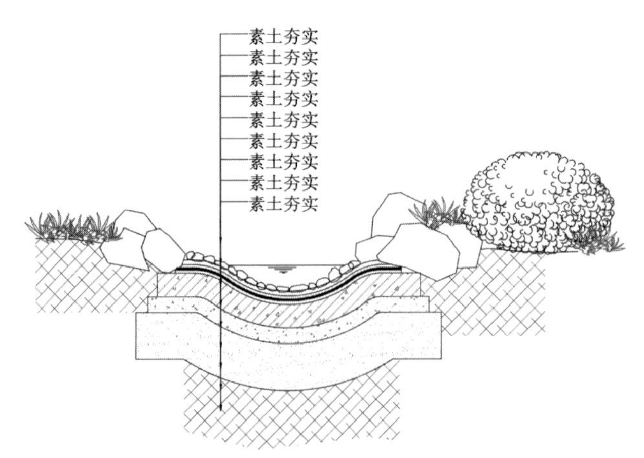

图 17-110　复制引线标注

▶Step21 双击引线内容，修改成正确的内容，如图 17-111 所示。

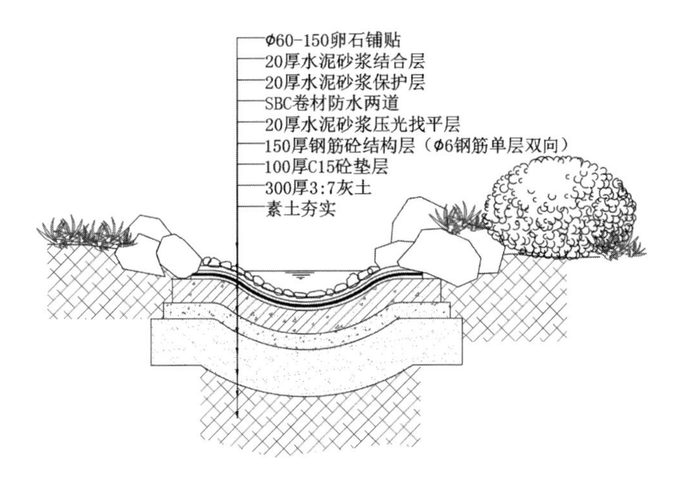

图 17-111　修改引线文字内容

▶Step22 为剖面图添加图示，完成剖面结构图的绘制，如图 17-112 所示。

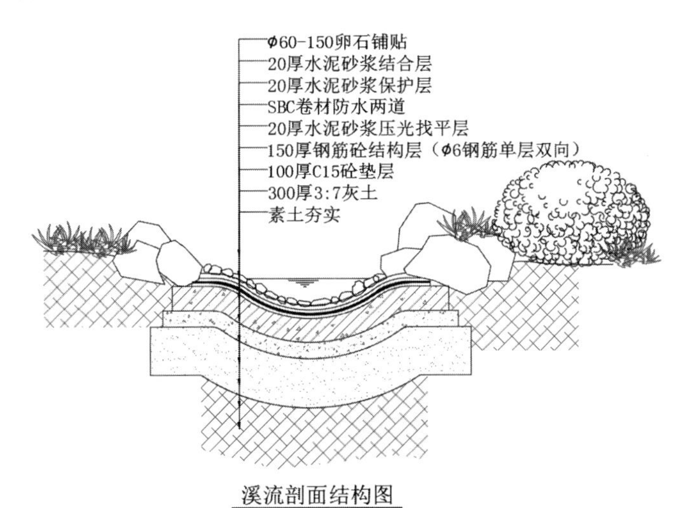

图 17-112　完成剖面结构图

第 18 章

绘制建筑施工图

本章概述

建筑施工图是用来表示房屋的规划位置、外部造型、内部布置、内外装修、细部构造及施工要求等的图纸，包括平面图、立面图、剖面图、详图等。建筑平面图是建筑物的水平剖面图，用以表示建筑物、构筑物、设施、设备等的相对平面位置；而建筑立面图主要用于表示房屋外部形状和内容的图纸，建筑各方向的立面应该绘制完全，但差异小、能够轻易推定的立面可省略。

学习目标

- 掌握建筑平面图的绘制
- 掌握建筑屋顶平面图的绘制
- 掌握建筑立面图的绘制

实例预览

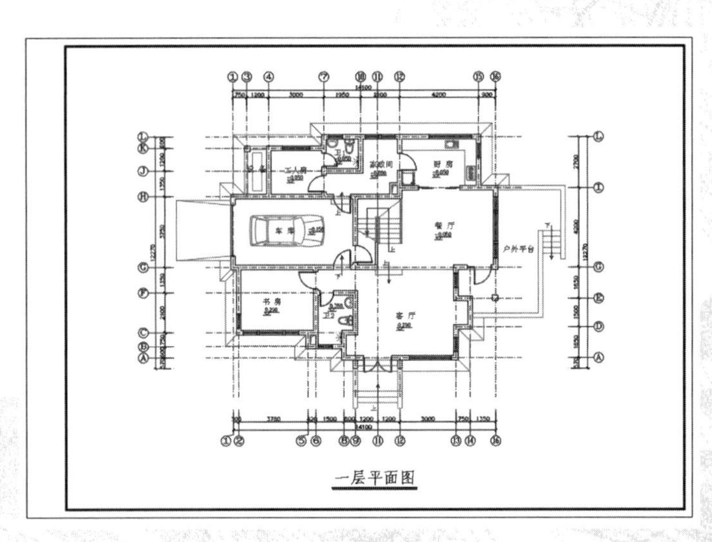

一层平面图

18.1 绘制建筑一层平面图

本节将介绍别墅建筑一层平面图的绘制，主要内容包括建筑墙体、门窗、楼梯以及尺寸标注等。

18.1.1 绘制建筑墙体

扫一扫　看视频

建筑平面图中的墙体反映出建筑的平面形状、大小和房间的布置、墙的位置和厚度等，其门窗必须依附于墙体而存在。下面将综合利用各种二维绘图及编辑命令，绘制出建筑墙体图形。

Step01 新建文件，执行“单位”命令，打开“图形单位”对话框，设置图形精度及单位，如图 18-1 所示。

Step02 在键盘上按 Ctrl+S 键，打开“图形另存为”对话框，设置文件名及文件保存路径，保存图形文件，如图 18-2 所示。

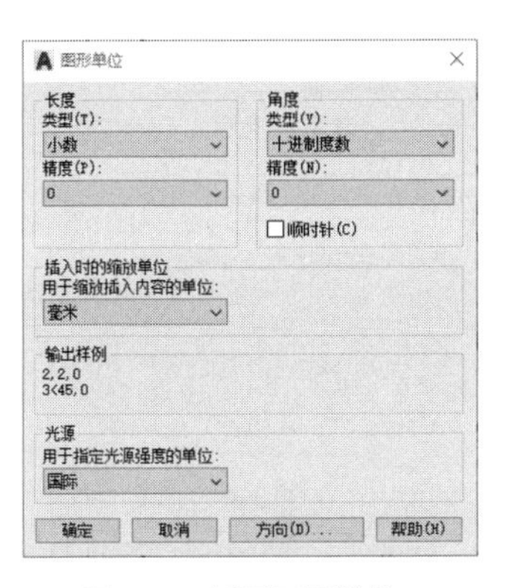

图 18-1　设置图形单位

图 18-2　保存文件

Step03 打开“图层特性管理器”设置面板，依次创建平面图中的基本图层，如轴线、墙体、门窗、标注等，设置图层颜色、线型等参数，如图 18-3 所示。

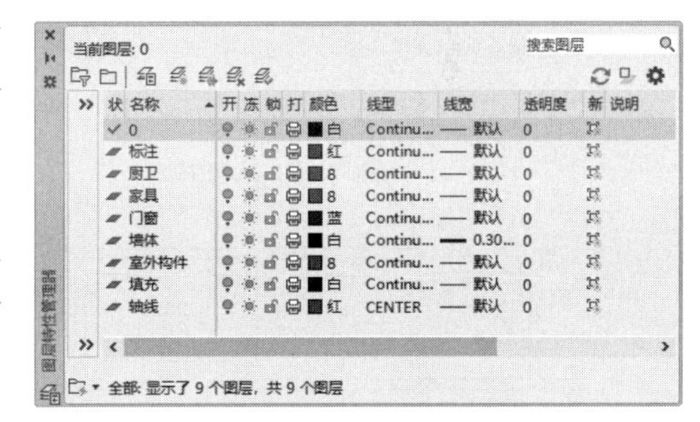

图 18-3　创建图层

Step04 将轴线层设为当前层。执行“直线”命令和“偏移”命令，绘制直线并进行偏移操作，绘制出轴线，如图 18-4 所示。

Step05 将墙体层设为当前层，在执行“多线”命令，根据命令行提示设置对正为无、比例为 240，捕捉绘制如图 18-5 所示的墙体。

Step06 双击多线，打开多线编辑工具，选择“T 形合并”工具，如图 18-6 所示。

Step07 再单击该工具，绘制的多线进行编辑。关闭“轴线”图层，编辑效果如图 18-7 所示。

Step08 执行“直线”命令和“偏移”命令，绘制出门洞和窗洞位置，偏移尺寸如图 18-8 所示。

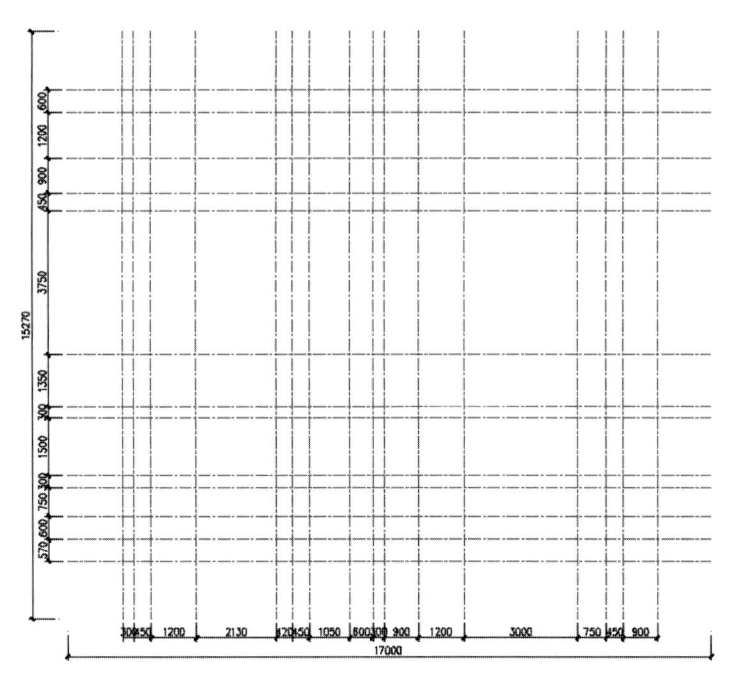

图 18-4　绘制轴线

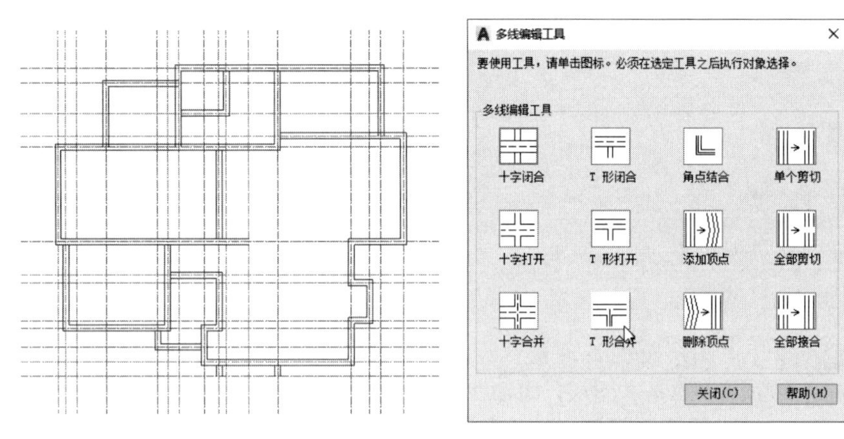

图 18-5　绘制墙体　　　　图 18-6　多线编辑工具

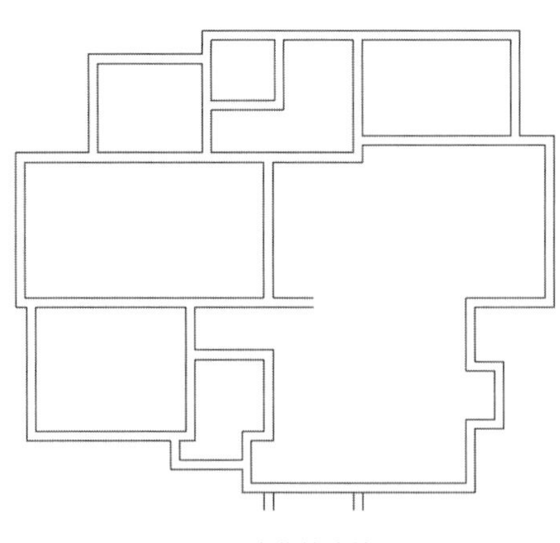

图 18-7　隐藏轴线效果

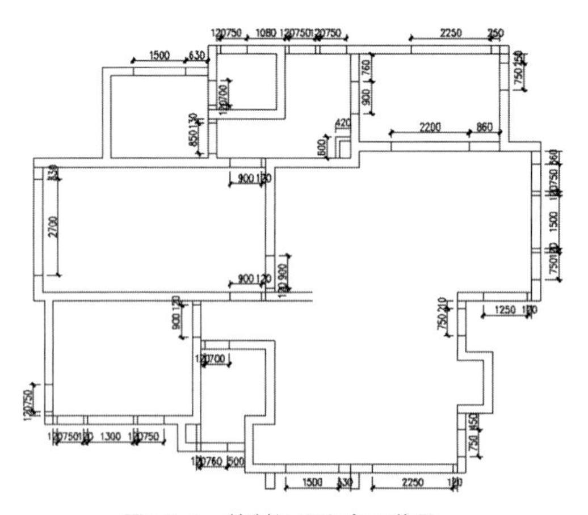

图 18-8　绘制门洞和窗洞位置

Step09 执行“修剪”命令，修剪图形，并对部分多线进行分解。再执行“修剪”操作，绘制出门洞窗洞，如图 18-9 所示。

Step10 执行“直线”命令，绘制管道辅助线以及如图 18-10 所示的内墙墙体。

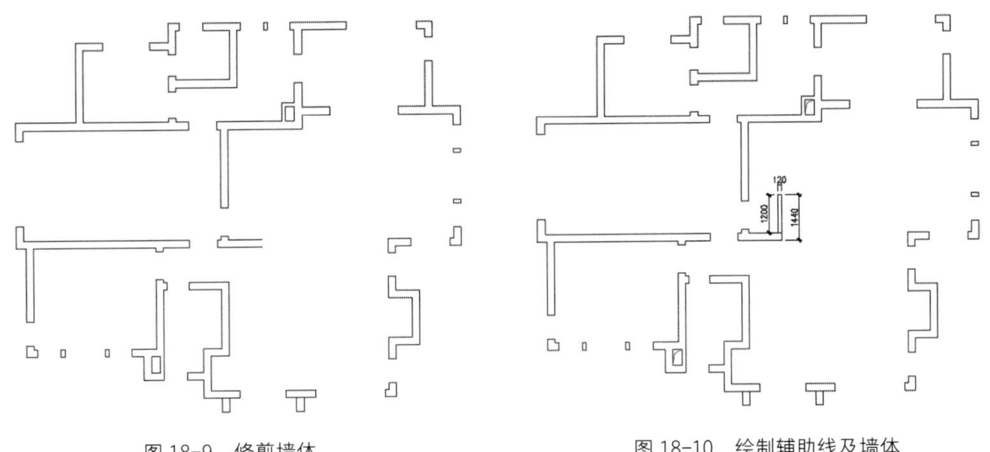

图 18-9 修剪墙体　　　图 18-10 绘制辅助线及墙体

Step11 在图层特性管理器中打开“轴线”图层，如图 18-11 所示。

Step12 执行“矩形”命令，绘制 300mm×300mm 的矩形作为柱子，移动到合适的位置，再关闭“轴线”图层，如图 18-12 所示。

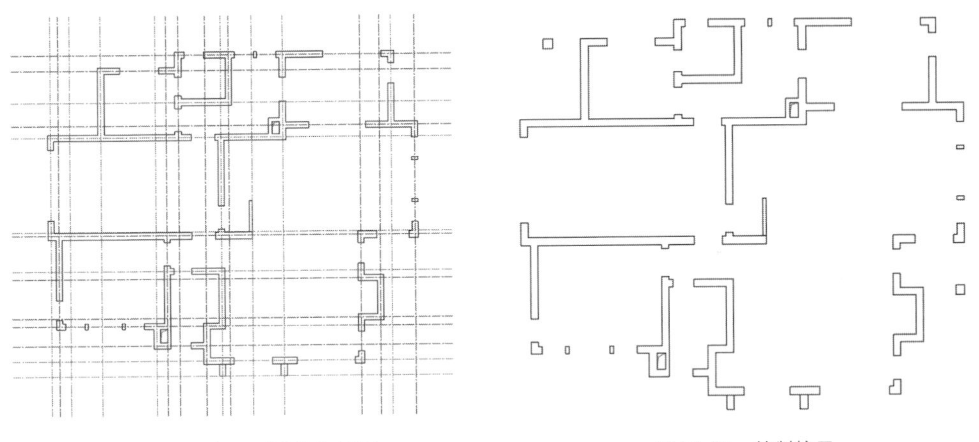

图 18-11 打开“轴线”图层　　　图 18-12 绘制柱子

18.1.2 绘制门窗

门窗是组成建筑物的重要构件，是建筑制图中仅次于墙体的重要对象，在建筑立面中起着围护及装饰作用。下面介绍门窗图形的绘制。

Step01 设置“门窗”图层为当前图层，执行“多线样式”命令，打开“多线样式”对话框，单击“新建”按钮，输入新的样式名，如图 18-13 所示。

Step02 单击“继续”按钮打开“新建多线样式”对话框，勾选“起点”和“端点”复选框，编辑图元偏移量并单击“确认”按钮，如图 18-14 所示。

Step03 设置完毕后关闭该对话框，返回到“多线样式”对话框，在预览区可以看到多线样式，依次单击“置为当前”“确定”按钮，如图 18-15 所示。

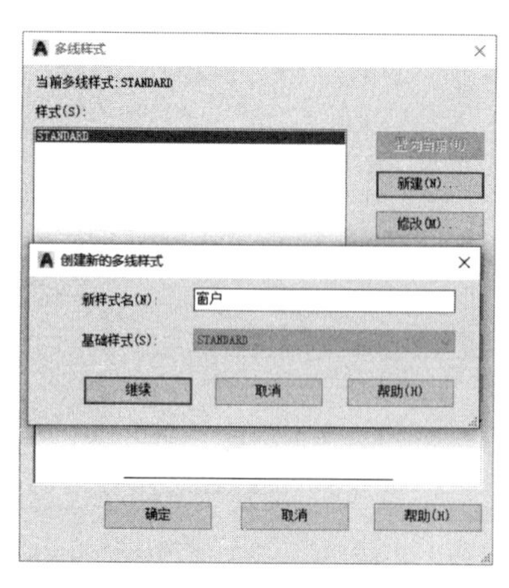

图 18-13　新建多线样式

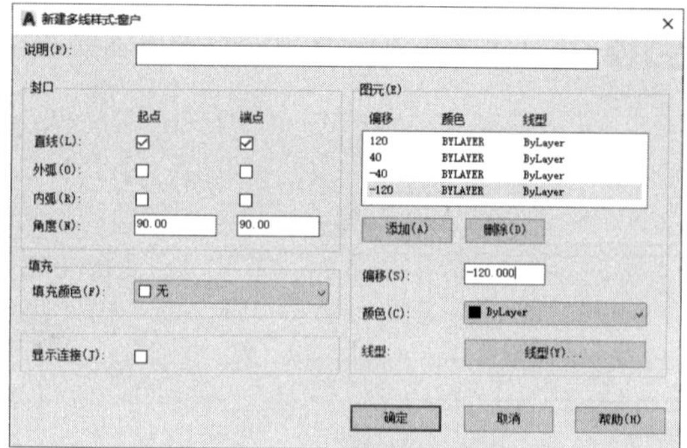

图 18-14　设置多线样式

Step04 执行“多线”命令，设置多线比例为 1，捕捉窗洞，绘制窗户图形，如图 18-16 所示。

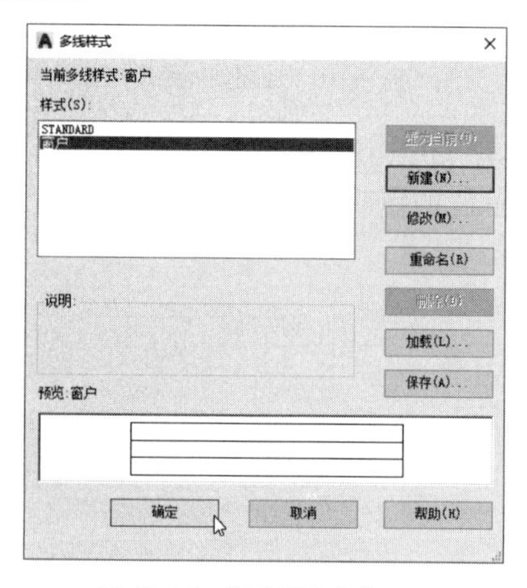

图 18-15　样式置为当前

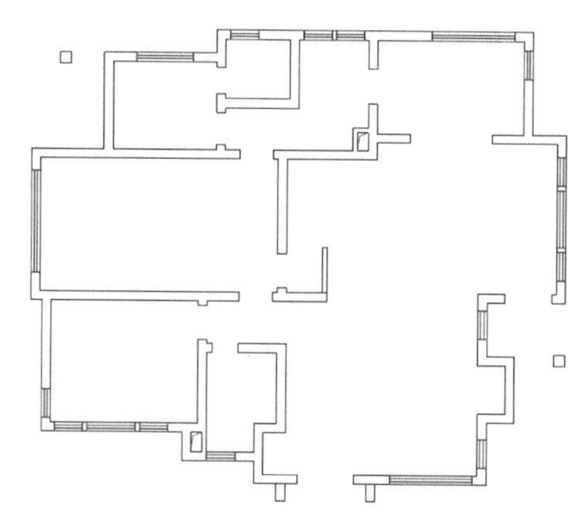

图 18-16　绘制窗户图形

Step05 将左侧的窗户图形分解，删除两条线，作为卷帘门图形，如图 18-17 所示。

Step06 执行“圆”命令，捕捉墙洞绘制半径为 900mm 的圆。再执行“绘图>矩形”命令，绘制 900mm×40mm 的矩形，放置到门洞一侧位置，如图 18-18 所示。

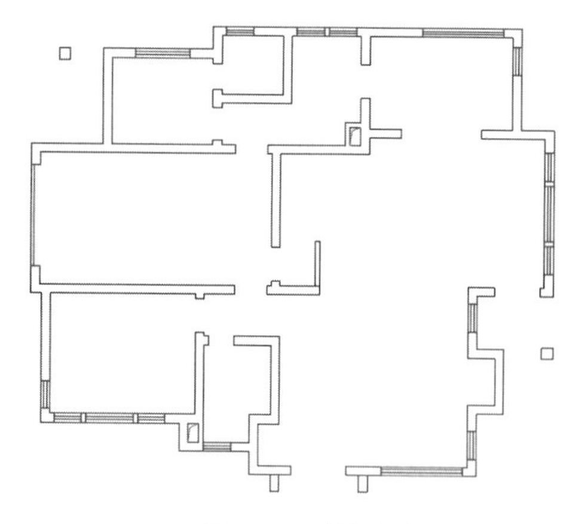

图 18-17　制作卷帘门图形

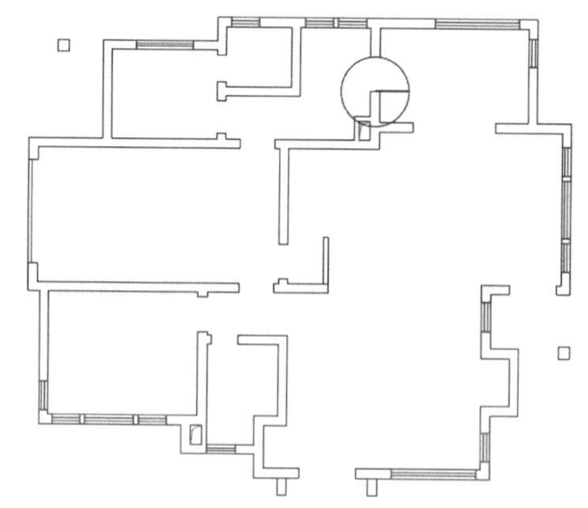

图 18-18　绘制圆和矩形

Step07 执行“修剪”命令，修剪出平开门图形，如图 18-19 所示。

Step08 按照此方法绘制其他位置的平开门图形。再利用“矩形”命令绘制推拉门，完成门窗图形的绘制，如图 18-20 所示。

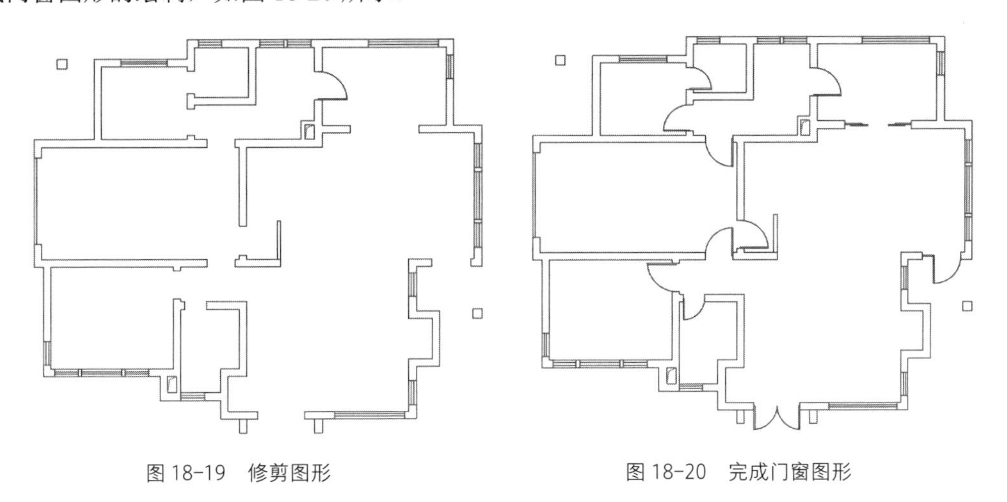

图 18-19　修剪图形　　　　图 18-20　完成门窗图形

18.1.3 绘制楼梯等室外构件

完成建筑物的轮廓及内部结构后，就可以开始绘制楼梯、台阶、室外平台以及散水等室外建筑构件。具体绘制步骤介绍如下。

Step01 设置“室外构件”图层为当前图层，执行“直线”和“偏移”命令，绘制室内楼梯及台阶轮廓，如图 18-21 所示。

Step02 执行“偏移”命令，设置偏移尺寸为 50mm，偏移楼梯位置的图形，如图 18-22 所示。

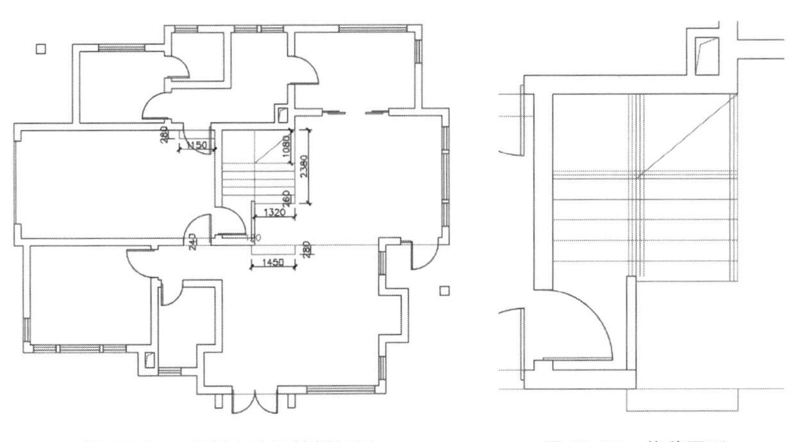

图 18-21　绘制台阶和楼梯图形　　　　图 18-22　偏移图形

Step03 执行“修剪”命令，修剪图形，绘制出楼梯扶手轮廓，如图 18-23 所示。

Step04 执行“多段线”命令，绘制打断线，旋转并移动到楼梯位置，如图 18-24 所示。

Step05 执行“修剪”命令，修剪图形，完成楼梯图形的绘制，如图 18-25 所示。

Step06 执行“直线”命令，绘制室外矮墙轮廓以及车库坡道，如图 18-26 所示。

Step07 执行“直线”和“修改>偏移”命令，绘制室外台阶图形，如图 18-27 所示。

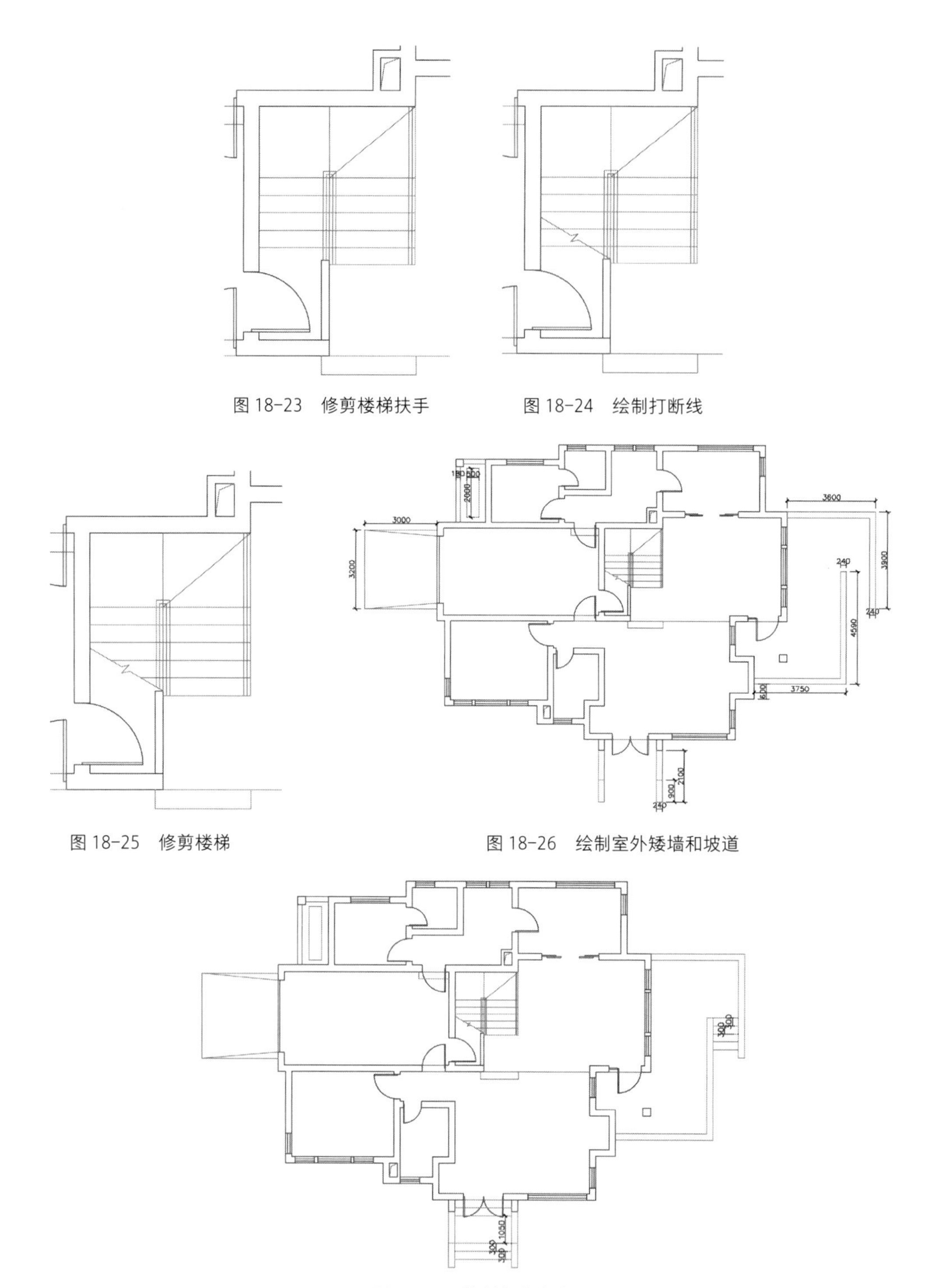

图 18-23　修剪楼梯扶手

图 18-24　绘制打断线

图 18-25　修剪楼梯

图 18-26　绘制室外矮墙和坡道

图 18-27　绘制室外台阶

Step08 执行“多段线”命令，捕捉墙体绘制外墙轮廓。再执行“修改>偏移”命令，将多段线向外偏移 600mm，如图 18-28 所示。

Step09 执行“修剪”命令，修剪被覆盖区域的多段线，如图 18-29 所示。

Step10 执行“直线”命令，捕捉绘制直线，绘制建筑散水，如图 18-30 所示。

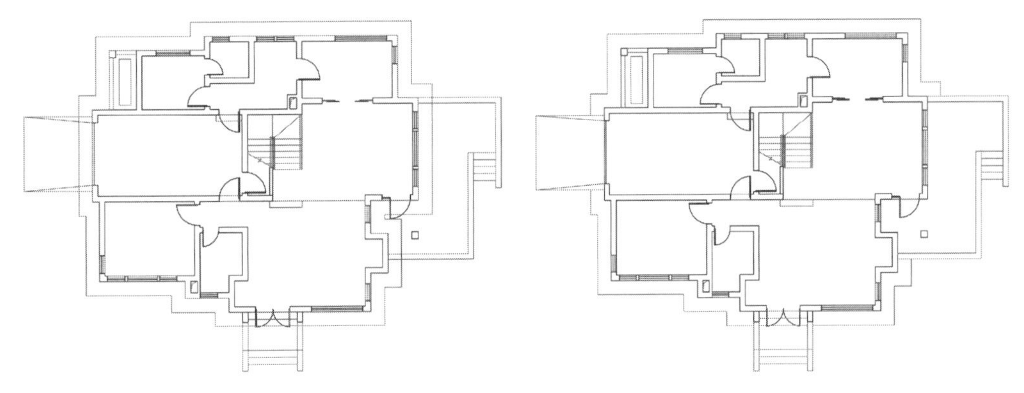

图 18-28　绘制并偏移多段线　　　　图 18-29　修剪被覆盖的区域

Step11 为平面图中添加洗手台、坐便器、洗菜盆、汽车等图块，并放置到合适的位置，如图 18-31 所示。

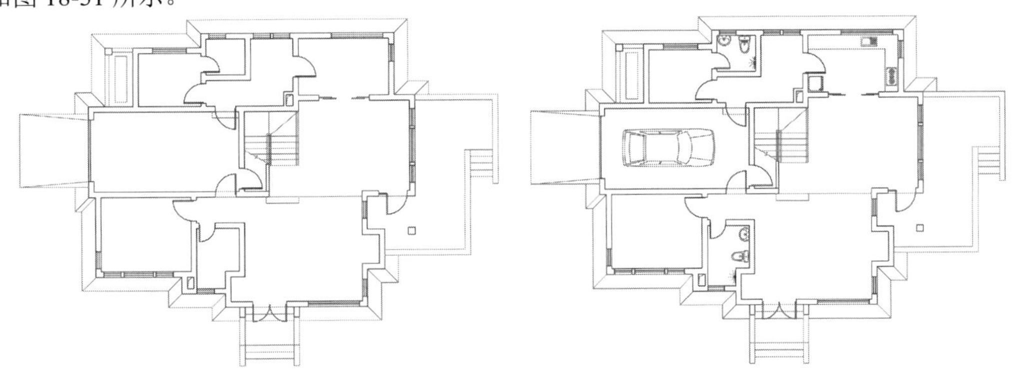

图 18-30　绘制出散水　　　　图 18-31　添加图块

18.1.4 添加尺寸标注和文字说明

尺寸标注和文字说明是建筑施工图中不可缺少的一部分，是建筑施工的依据，更能体现出建筑的各处细节。具体操作步骤介绍如下。

Step01 设置“标注”图层为当前图层，执行“单行文字”命令，创建文字，添加文字标注，以区分功能区，如图 18-32 所示。

Step02 执行“直线”命令，绘制方向箭头，如图 18-33 所示。

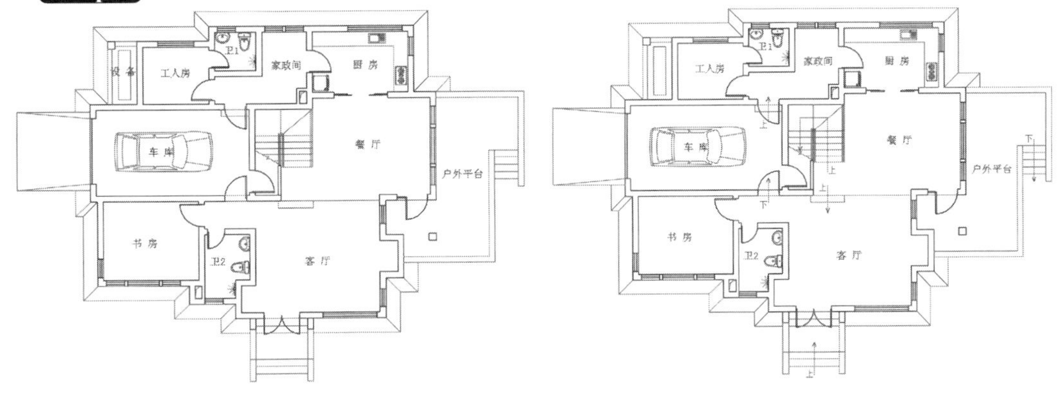

图 18-32　添加文字　　　　图 18-33　绘制方向箭头

▶Step03 执行“标注样式”命令，打开“标注样式管理器”对话框，单击“新建”按钮，新建标注样式，命名为“建筑标注”，如图 18-34 所示。

▶Step04 单击“继续”按钮，打开“新建标注样式”对话框，切换到“主单位”选项板，设置精度为 0，如图 18-35 所示。

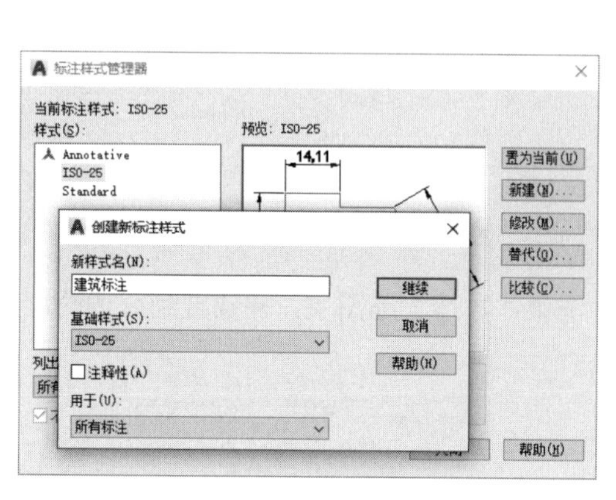

图 18-34　新建文字样式

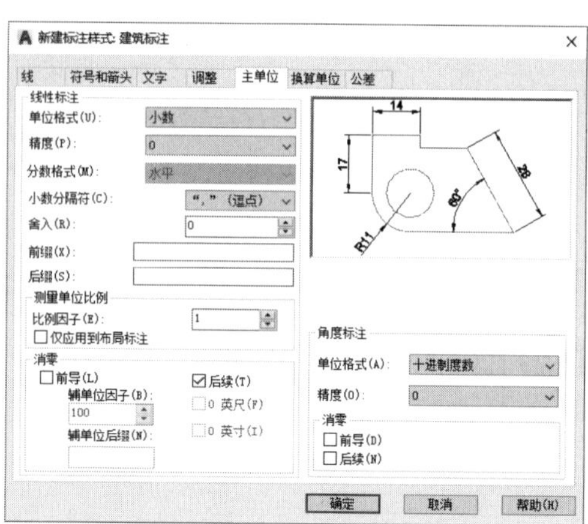

图 18-35　设置精度

▶Step05 切换到“调整”选项卡，选择“文字始终保持在尺寸界线之间”和“若箭头不能放在尺寸界线内，则将其消除”选项，如图 18-36 所示。

▶Step06 切换到“文字”选项卡，设置文字高度为 200，文字从尺寸线偏移 50，如图 18-37 所示。

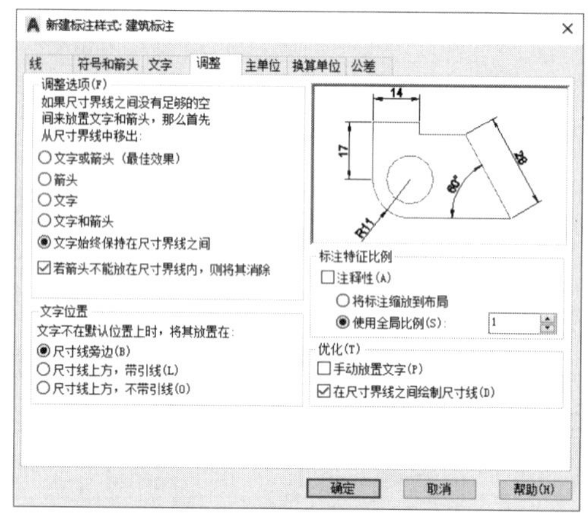

图 18-36　设置调整参数

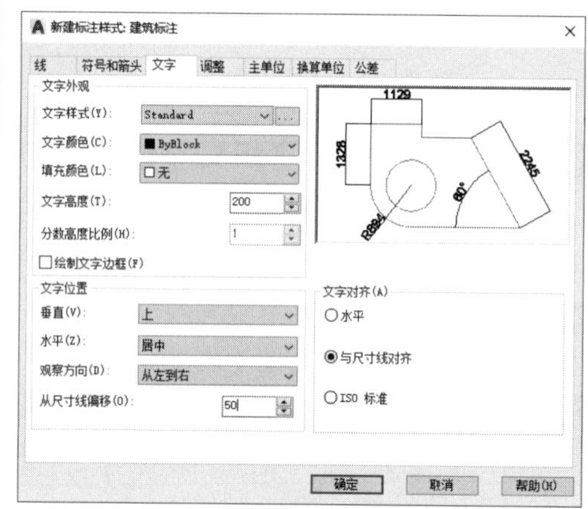

图 18-37　设置文字参数

▶Step07 切换到“符号和箭头”选项卡，设置箭头类型为“建筑标记”，箭头大小为 120，如图 18-38 所示。

▶Step08 切换到“线”选项卡，设置超出尺寸线 120，起点偏移量 150，如图 18-39 所示。

▶Step09 设置完毕单击“确定”按钮，返回到“标注样式管理器”对话框，依次单击“置为当前”“关闭”按钮，如图 18-40 所示。

▶Step10 打开“轴线”图层，执行“线性”和“连续”命令，为平面图添加尺寸标注并调整位置，如图 18-41 所示。

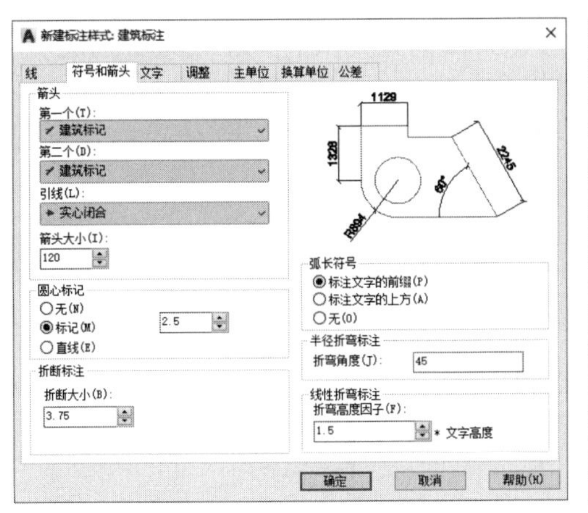

图 18-38 设置符号和箭头

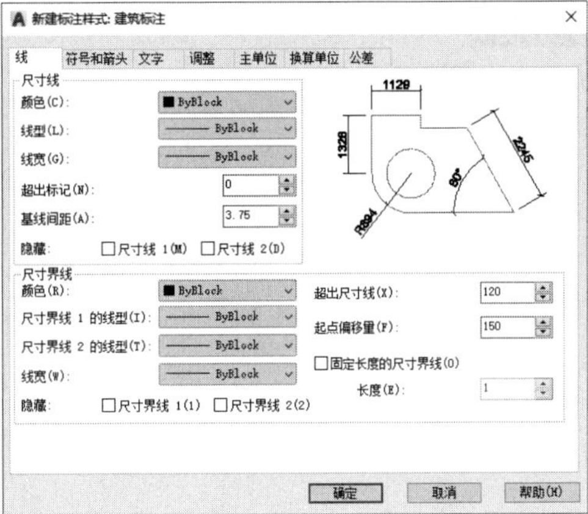

图 18-39 设置线

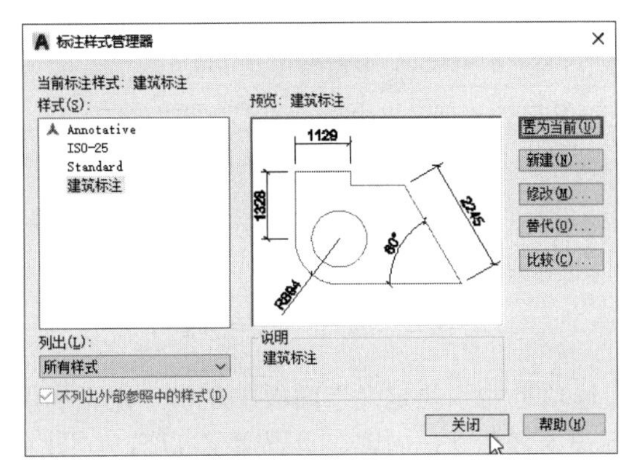

图 18-40 样式置为当前

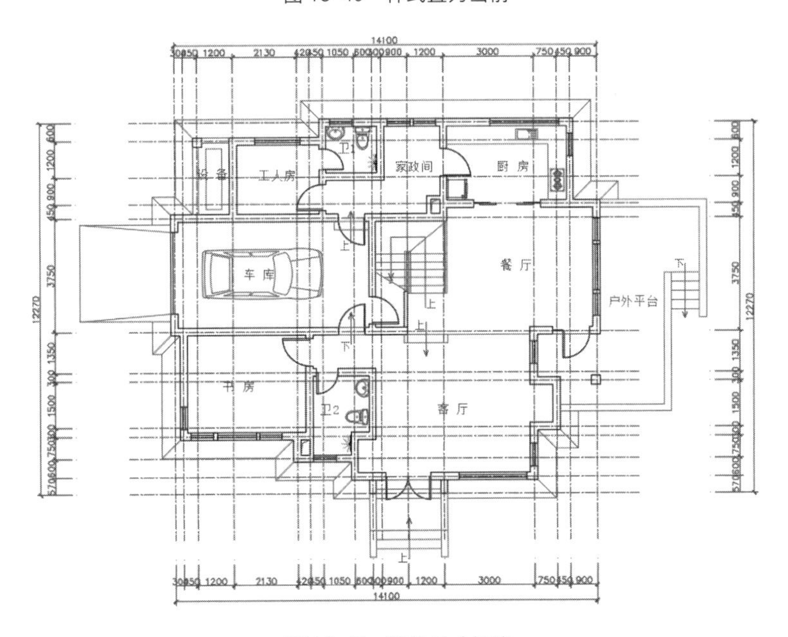

图 18-41 添加尺寸标注

▶Step11 执行“直线”和“圆”命令，绘制1400mm的直线和半径为520mm的圆，并进行复制，如图18-42所示。

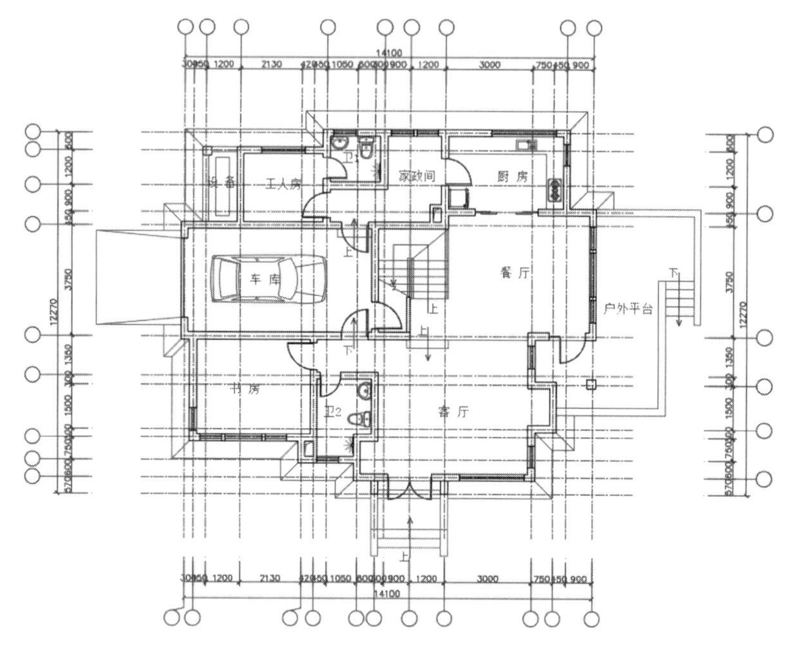

图18-42 绘制圆和直线并复制

▶Step12 在“插入”选项卡的“块定义”面板中单击“定义属性”按钮，打开“属性定义”对话框，输入属性标记内容和默认内容，设置文字高度，如图18-43所示。

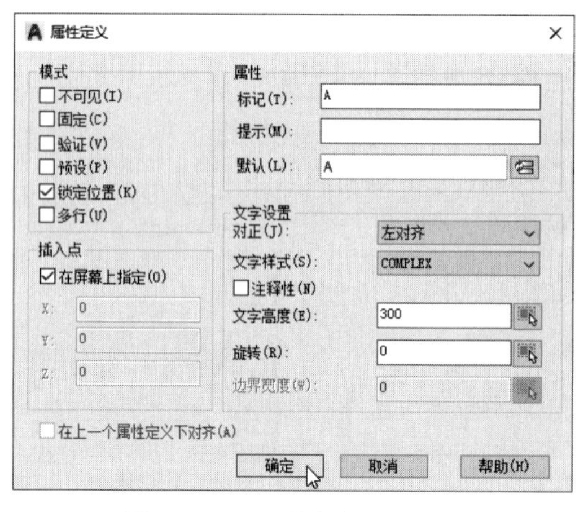

图18-43 “属性定义”对话框

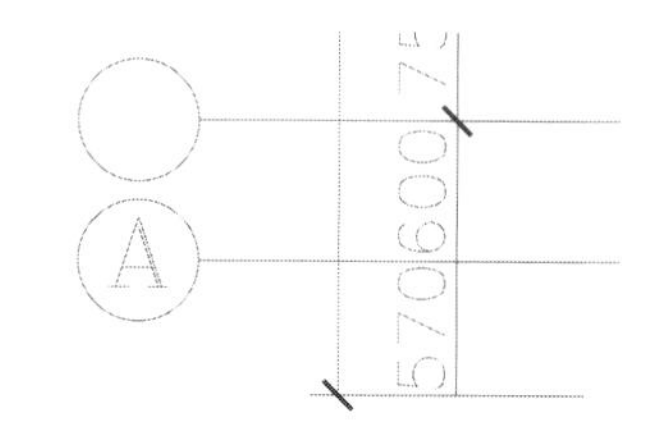

图18-44 插入属性块

▶Step13 单击“确定”按钮，将其指定到绘图区的一个圆中，即可创建一个属性块，如图18-44所示。

▶Step14 复制属性块至其他圆形中，如图18-45所示。

▶Step15 双击属性块，打开“编辑属性定义”对话框，修改标记内容，如图18-46所示。

▶Step16 按照此方法修改其他属性块的标记内容，如图18-47所示。

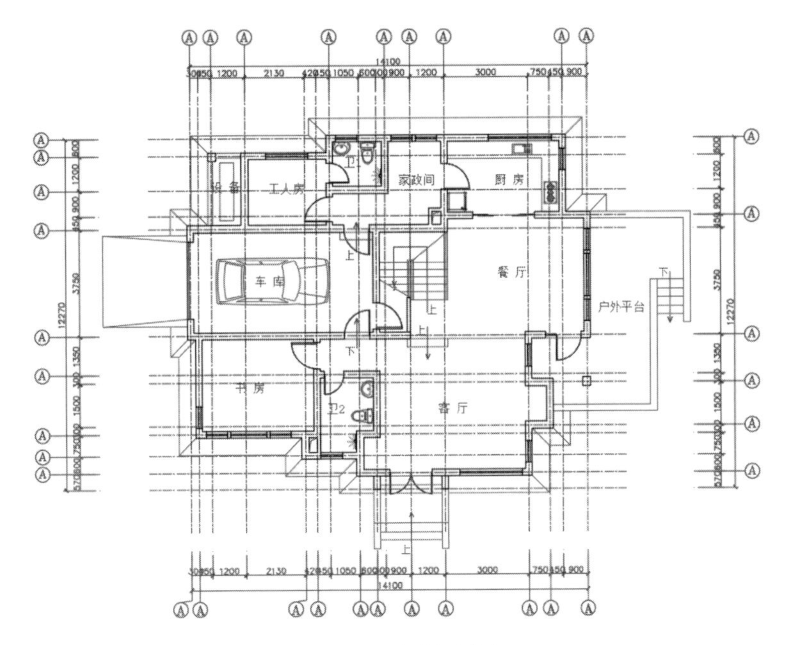

图 18-45　复制属性块

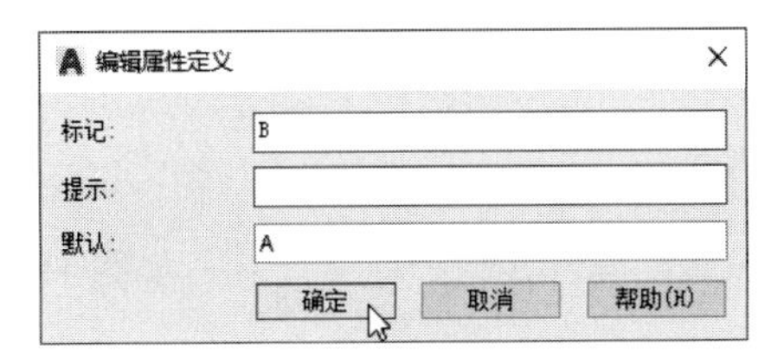

图 18-46　编辑属性标记

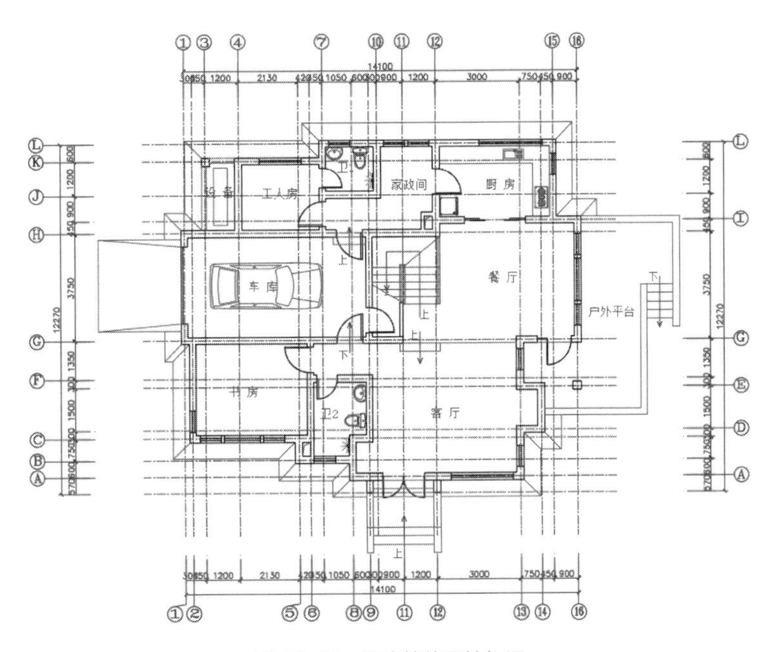

图 18-47　修改其他属性标记

▶Step17 执行“修剪”命令，修剪轴线，再调整尺寸标注，如图 18-48 所示。

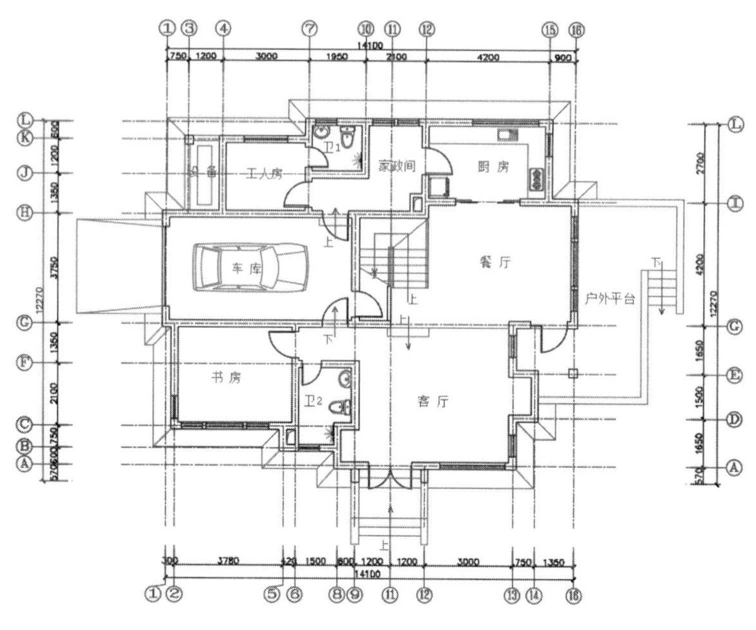

图 18-48 调整轴线和尺寸

▶Step18 为平面图添加标高符号，并修改标高尺寸，如图 18-49 所示。

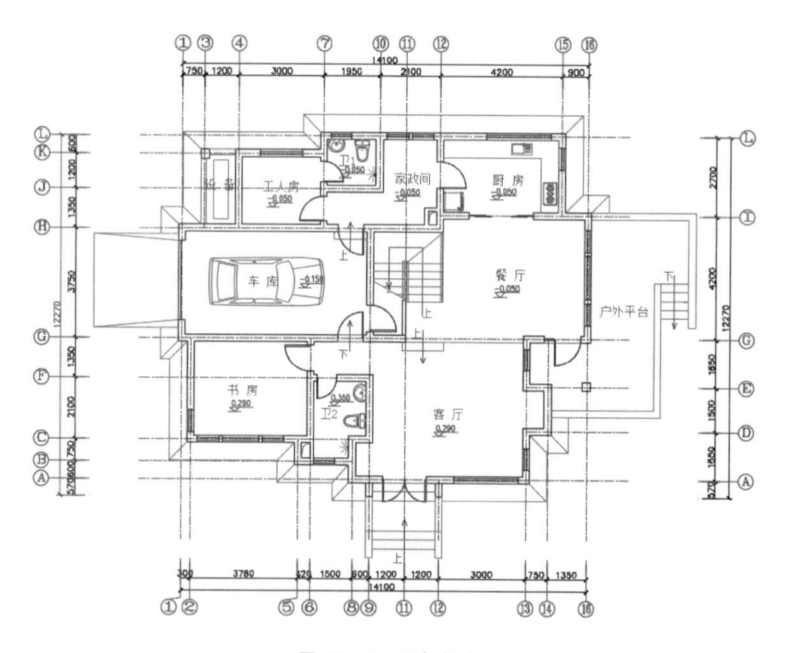

图 18-49 添加标高

▸Step19 为平面图添加图示以及图框，完成建筑一层平面图的绘制，如图 18-50 所示。

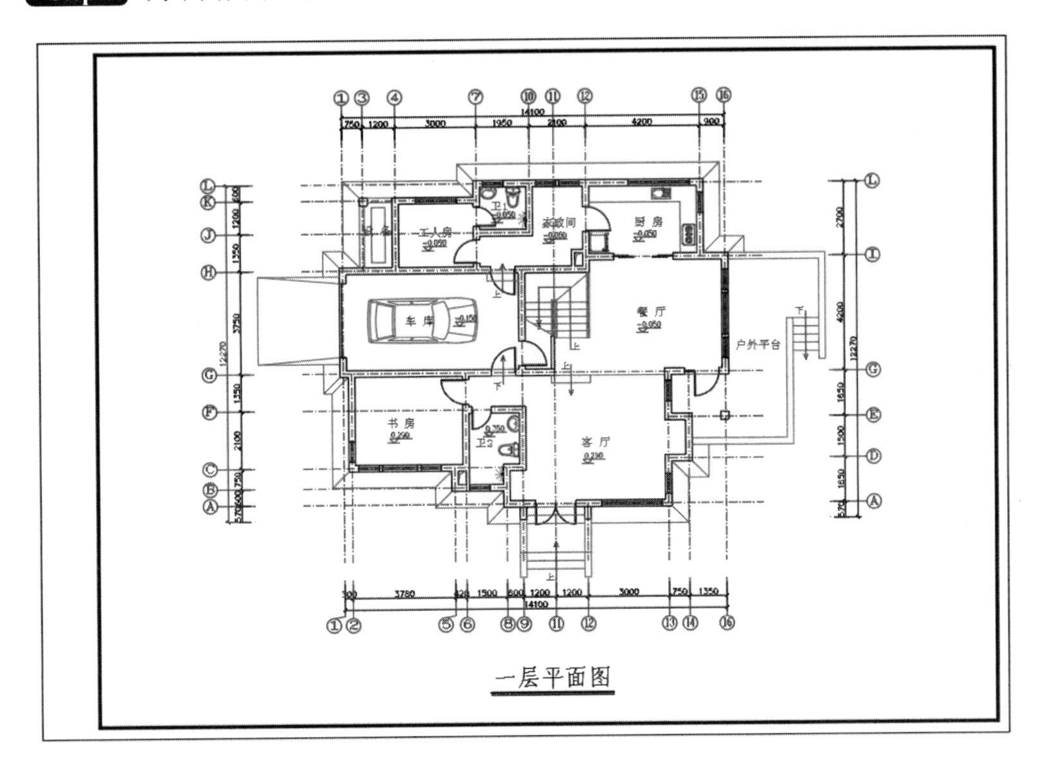

图 18-50　最终效果

18.2 绘制建筑二层平面图

建筑二层平面图是以一层平面图为基础进行修改和调整的，比一层缺少了平台，又多了屋脊等图形。

18.2.1 绘制二层屋檐散水及平台

本案例中的建筑二层墙体是在一层的基础上进行变动的，这里只需要复制一层平面布置图并进行修改编辑。操作步骤介绍如下。

▸Step01 复制建筑一层平面图，删除多余的图形，如图 18-51 所示。

▸Step02 关闭“标注”“轴线”图层，设置“室外构件”图层为当前层，执行“绘图>多段线”命令，捕捉外墙墙体绘制两条多段线，再执行“修改>偏移”命令，将多段线依次向外偏移 550mm、100mm，如图 18-52 所示。

▸Step03 利用“偏移”“镜像”“修剪”等命令调整楼梯图形，如图 18-53 所示。

▸Step04 利用“延伸”“修剪”等命令调整墙体及门洞，如图 18-54 所示。

▸Step05 执行“多段线”命令，绘制如图 18-55 所示尺寸的多段线并向内偏移 180mm。

▸Step06 执行“修改>修剪”命令，修剪被覆盖的图形，如图 18-56 所示。

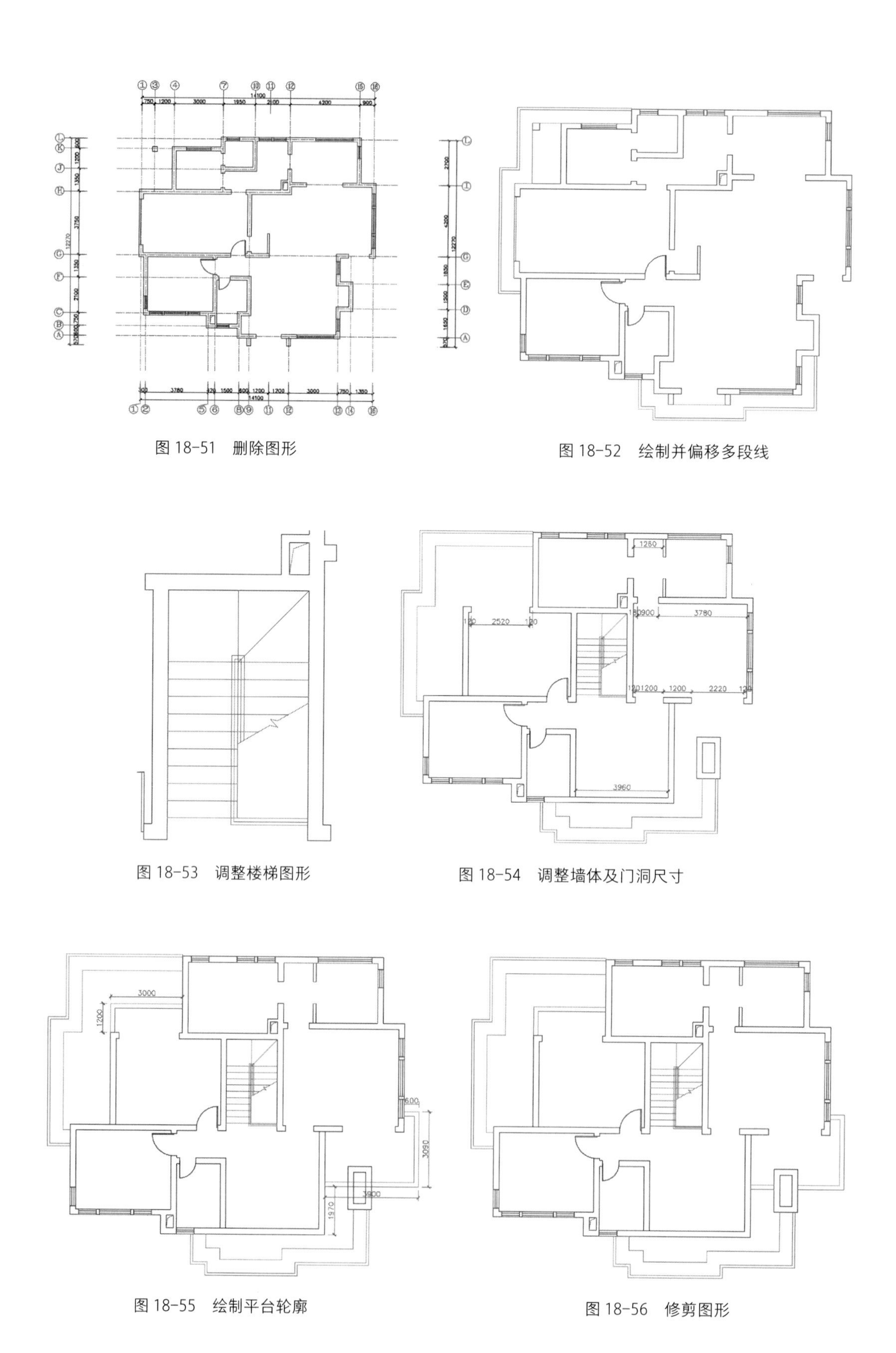

图 18-51　删除图形

图 18-52　绘制并偏移多段线

图 18-53　调整楼梯图形

图 18-54　调整墙体及门洞尺寸

图 18-55　绘制平台轮廓

图 18-56　修剪图形

Step07 利用“偏移”和“修剪”命令改动一角的墙体，如图 18-57 所示。

Step08 执行“直线”命令，绘制散水屋脊线，如图 18-58 所示。

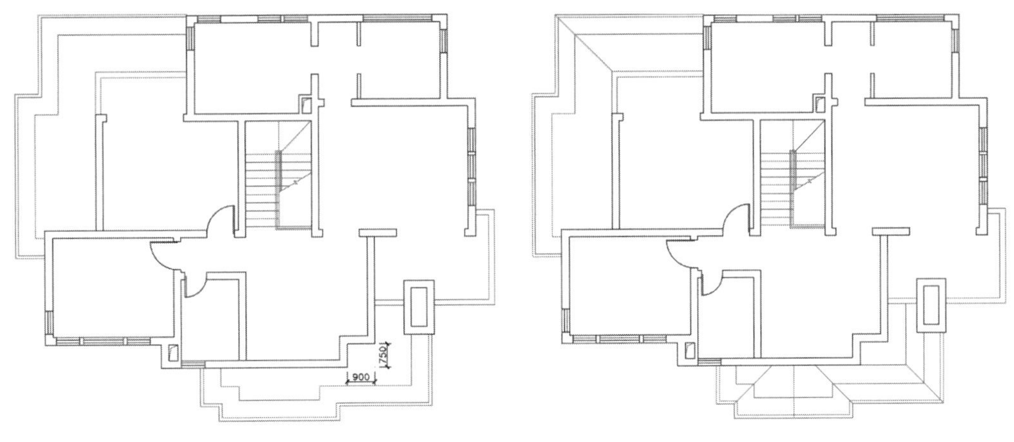

图 18-57 改动墙体　　　　图 18-58 绘制散水屋脊

18.2.2 绘制门窗及标注

二层的墙体和门窗位置变化也较大，本节主要介绍窗户尺寸的调整以及门图形的创建。操作步骤介绍如下。

Step01 利用“延伸”“复制”命令调整窗户尺寸和个数，如图 18-59 所示。

Step02 利用“复制”“缩放”等命令绘制门图形，如图 18-60 所示。

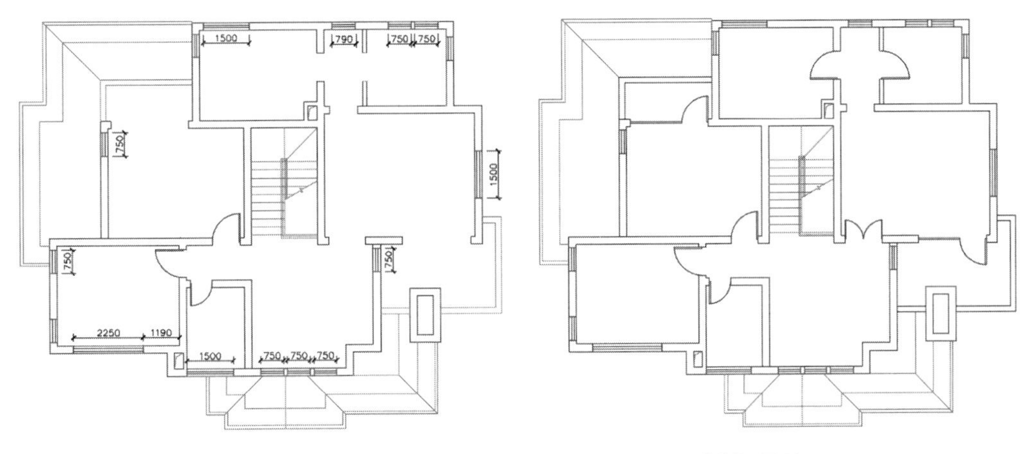

图 18-59 调整窗户　　　　图 18-60 绘制门图形

Step03 执行“直线”命令，绘制方向箭头，再添加文字注释，如图 18-61 所示。

Step04 打开“轴线”图层，删除多余的轴线和标注，再复制并调整标注和编号内容，如图 18-62 所示。

Step05 为图纸添加标高符号，并修改标高尺寸，如图 18-63 所示。

Step06 为平面图添加图示以及图框，完成建筑二层平面图的绘制，如图 18-64 所示。

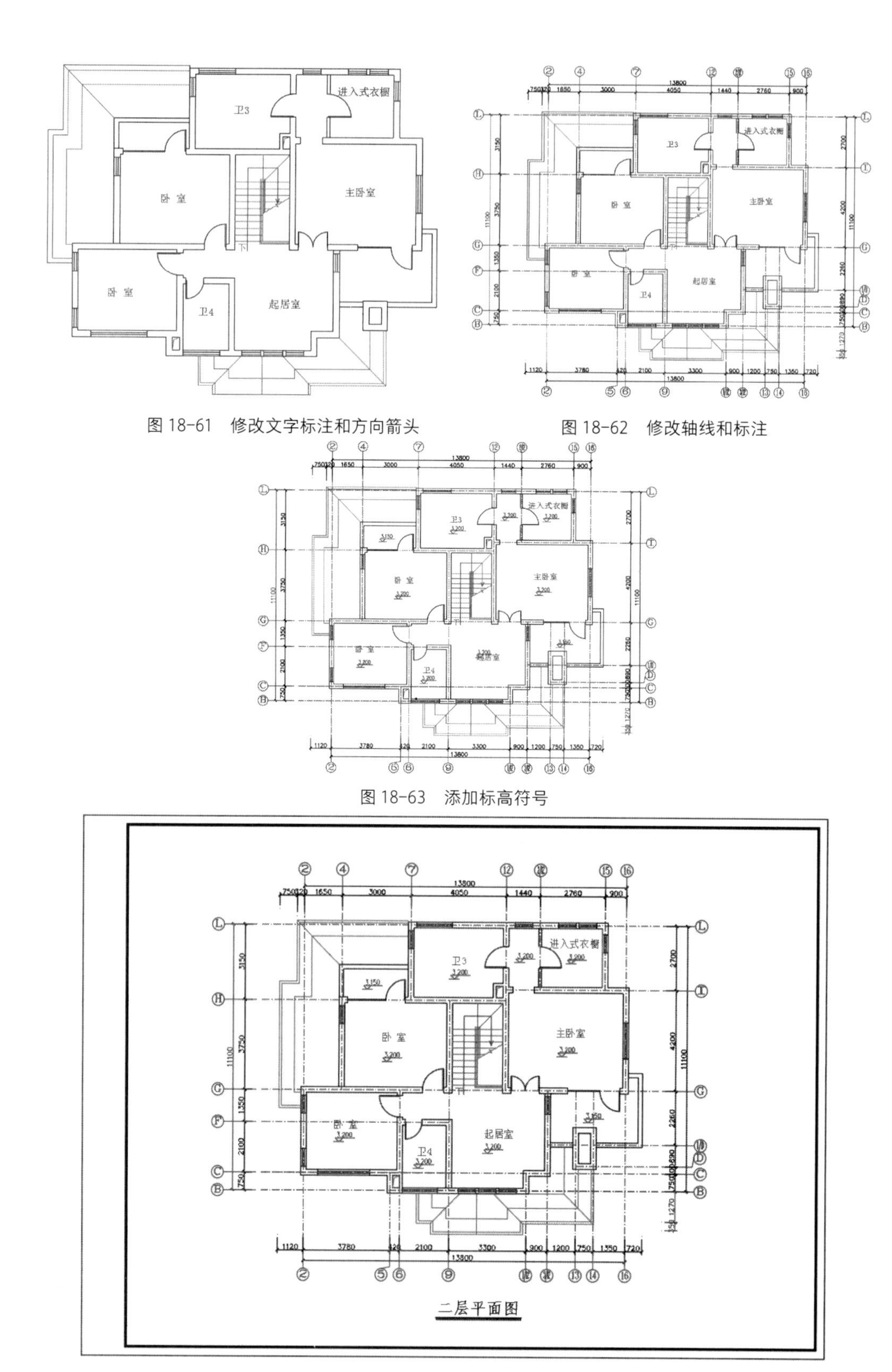

图 18-61　修改文字标注和方向箭头

图 18-62　修改轴线和标注

图 18-63　添加标高符号

图 18-64　最终效果

18.3 绘制屋顶平面图

本案例中的屋顶设计为复合式坡顶，由不同大小、不同朝向的屋顶组合而成。在绘制过程中，应该认真分析它们之间的结合关系，并将这种关系准确地表现出来。下面介绍屋顶平面图的绘制过程。

Step01 复制建筑二层平面图，关闭“标注”和“轴线”图层，删除多余图形，如图 18-65 所示。

Step02 设置“室外构件”图层为当前层，设置图形颜色为洋红色，执行“绘图>多段线”命令，捕捉绘制墙体外框，再执行“修改>偏移”命令，将多段线依次向外偏移 550mm、100mm，如图 18-66 所示。

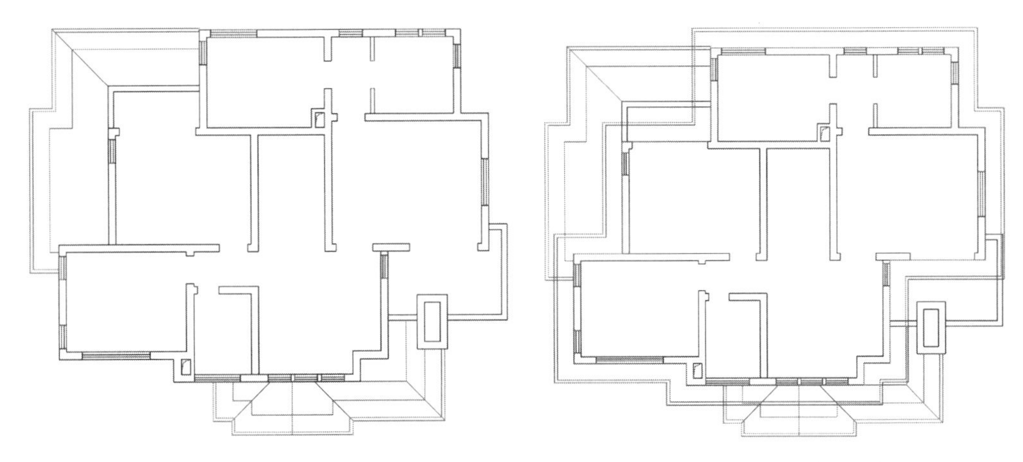

图 18-65 删除多余图形　　图 18-66 绘制并偏移多段线

Step03 删除多段线内部图形，如图 18-67 所示。

Step04 执行“修剪”命令，修剪图形，如图 18-68 所示。

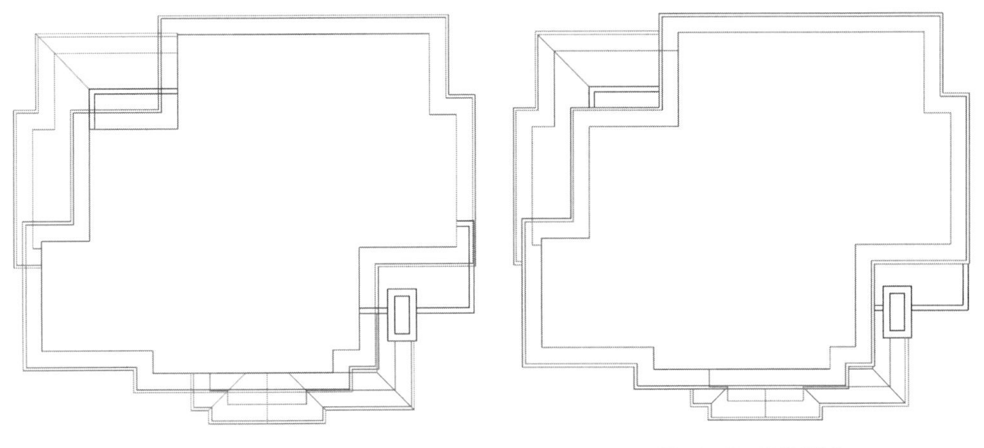

图 18-67 删除内部图形　　图 18-68 修剪图形

Step05 调整图形的颜色和线型，如图 18-69 所示。

Step06 执行“直线”命令，绘制屋脊线，如图 18-70 所示。

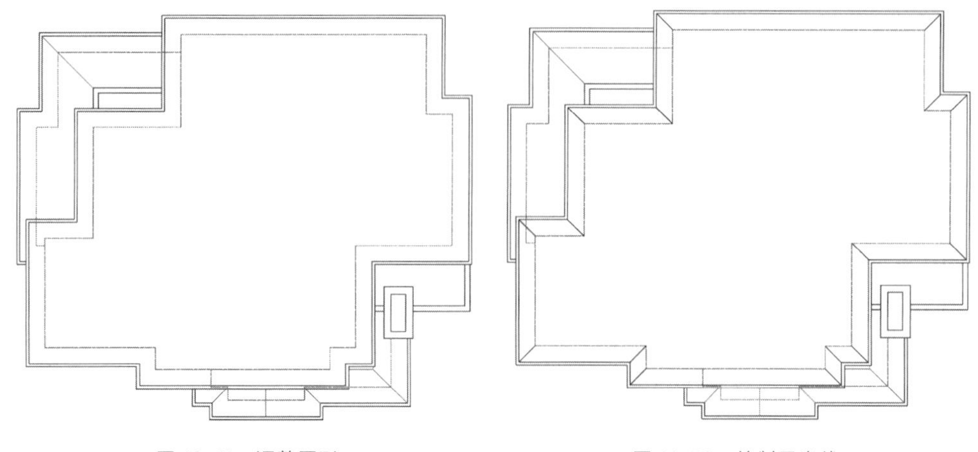

图 18-69　调整图形　　　　图 18-70　绘制屋脊线

Step07 利用“延伸”和“直线”等命令完成屋脊线的绘制，如图 18-71 所示。

Step08 打开“标注”和“轴线”图层，调整轴线和标注，如图 18-72 所示。

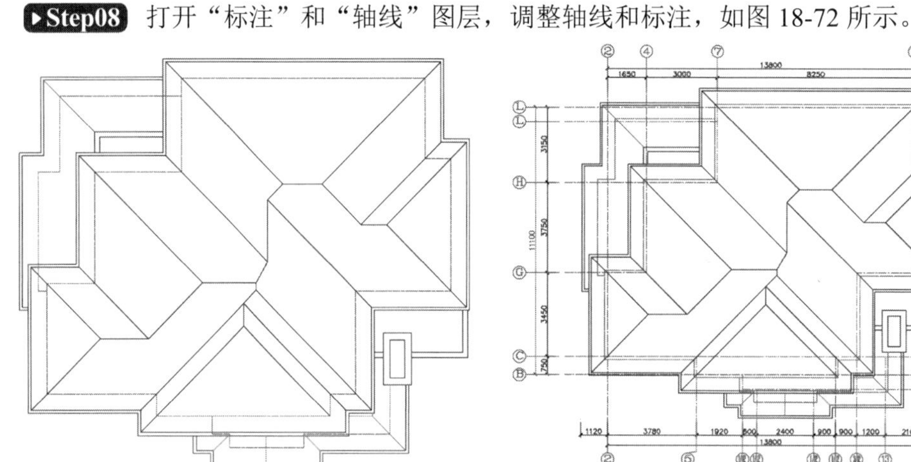

图 18-71　延伸图形　　　　图 18-72　调整尺寸标注与轴线

Step09 为屋顶平面图添加标高符号，并修改标高值，如图 18-73 所示。

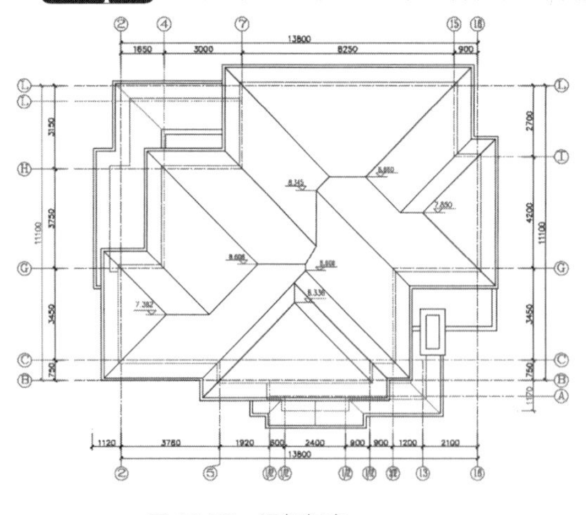

图 18-73　添加标高

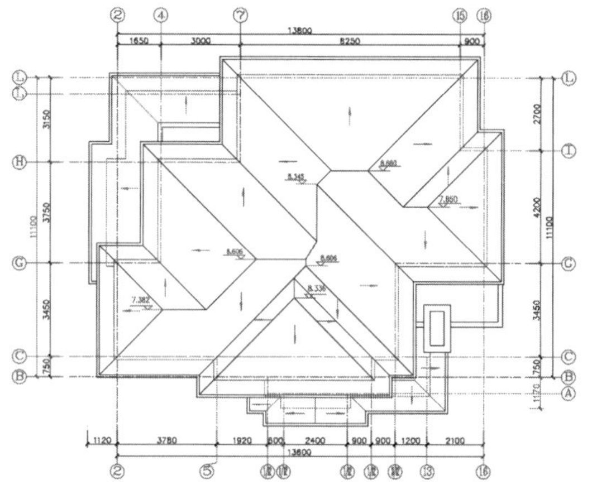

图 18-74　添加坡度方向符号

Step10 再绘制坡度方向符号，表示屋顶坡度方向，如图 18-74 所示。

Step11 为平面图添加图示以及图框，完成建筑屋顶平面图的绘制，如图 18-75 所示。

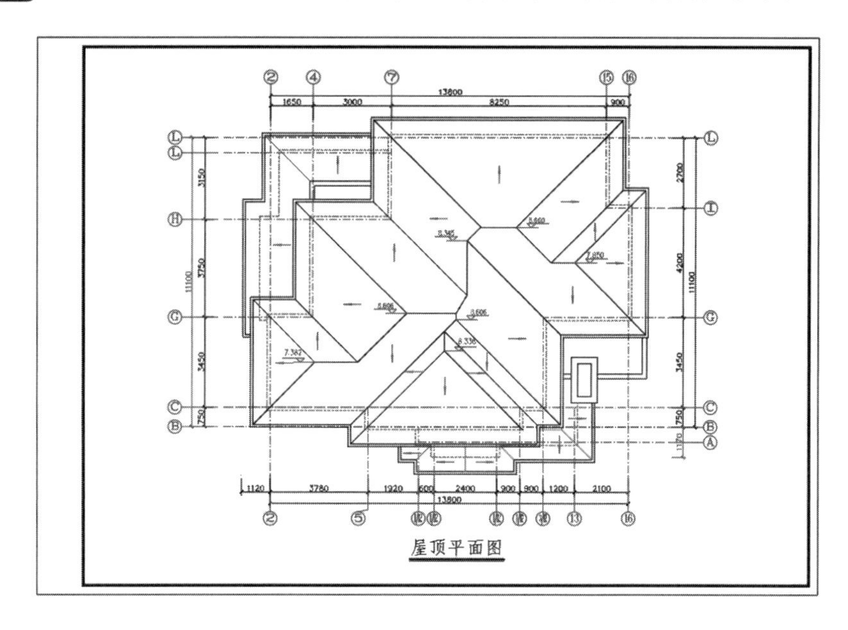

图 18-75　完成绘制

18.4　绘制建筑立面图

在开始绘制建筑立面图时，通常根据建筑各层之间的关系，来绘制出建筑立面的基本轮廓。

18.4.1　绘制立面轮廓造型

首先来绘制建筑立面轮廓造型，这里将利用“直线”“偏移”及“修剪”命令。当建筑外轮廓图形绘制完成后，则可对建筑立面进行布置了。绘制步骤如下。

Step01 启动图层特性管理器，创建新层，并将其命名为“墙体”，如图 18-76 所示。

Step02 单击“线宽”选项，在打开的“线宽”对话框中，将当前线宽设置为“0.30”，并单击“确定”按钮，如图 18-77 所示。

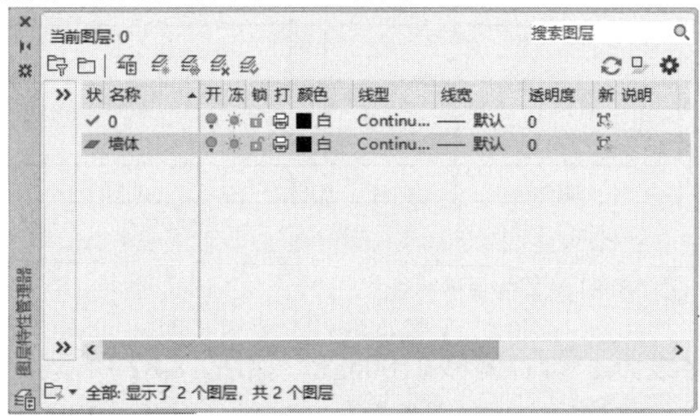

图 18-76　创建图层

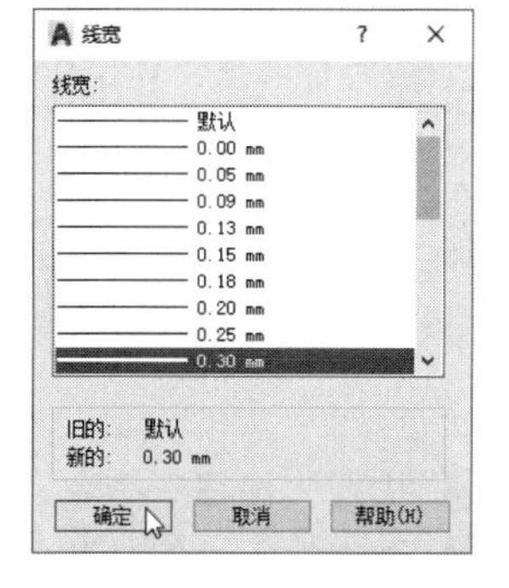

图 18-77　设置线宽

▶Step03 按照同样的操作方法，完成其他图层的创建。其后双击“墙体”图层，将其设置当前层，如图 18-78 所示。

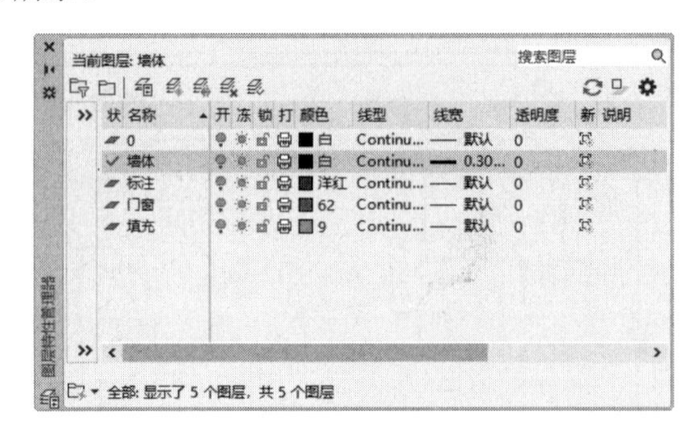

图 18-78　创建其他图层

▶Step04 执行“直线”命令，绘制长为 71720mm 和 25100mm 的两条垂直线，如图 18-79 所示。

▶Step05 执行“修改>偏移”命令，将地平线向上依次偏移，尺寸如图 18-80 所示。

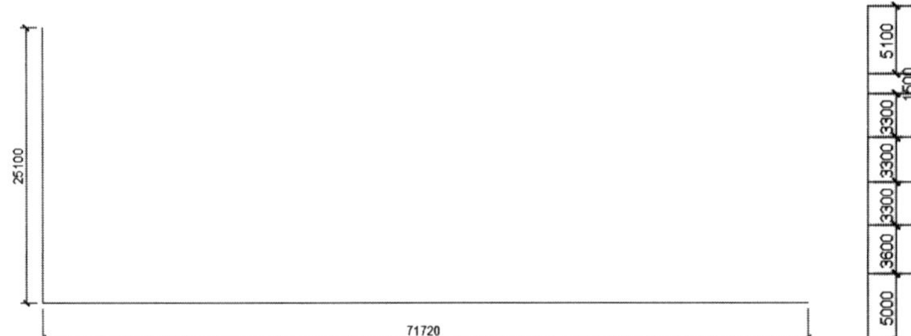

图 18-79　绘制直线

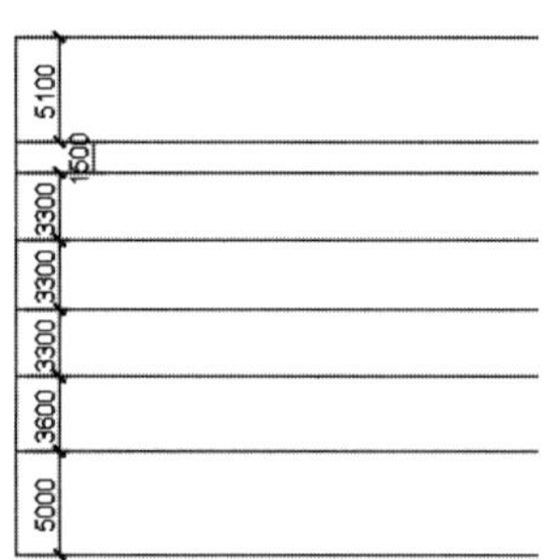

图 18-80　向上偏移直线

▶Step06 执行“偏移”命令，将垂直辅助线向右依次偏移，偏移尺寸如图 18-81 所示。

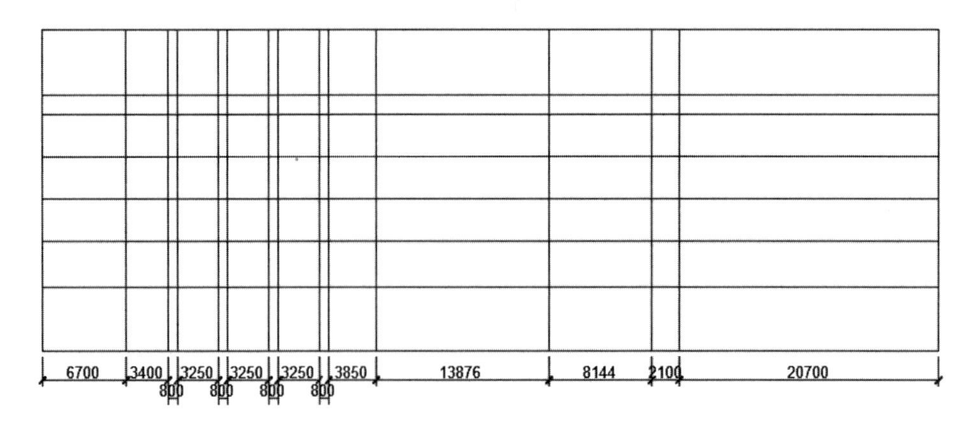

图 18-81　向右偏移直线

▶Step07 执行“偏移”命令，将线段 L 向右偏移 2100mm，如图 18-82 所示。

▶Step08 继续执行“偏移”命令，将线段 L1 向下偏移 2700mm，如图 18-83 所示。

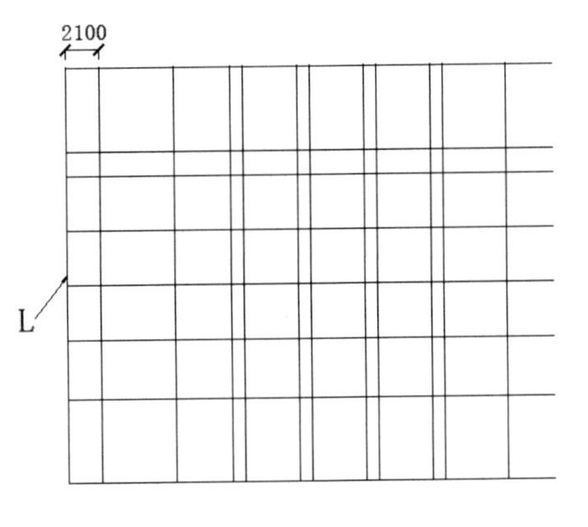

图 18-82 向右偏移直线

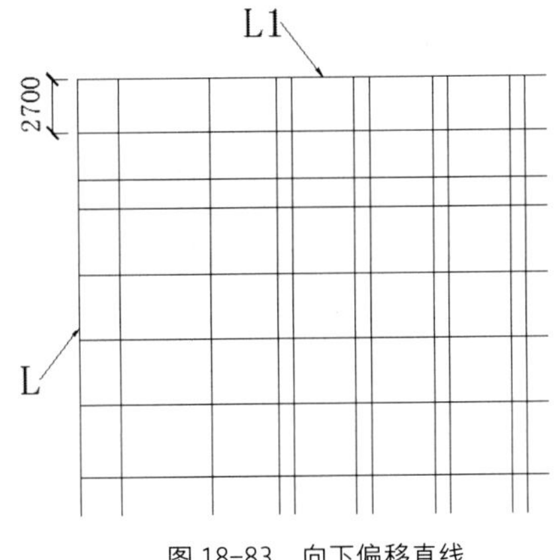

图 18-83 向下偏移直线

▶Step09 执行“修改>修剪”命令，将该区域中多余的线段进行删除，如图 18-84 所示。

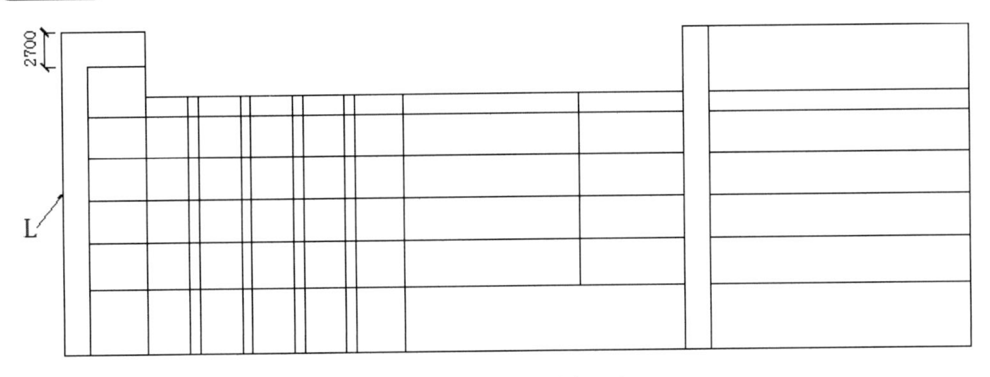

图 18-84 修剪并删除图形

▶Step10 执行“偏移”命令，将线段 L2 向右偏移 10650mm，将线段 L3 向下偏移 2700mm，结果如图 18-85 所示。

▶Step11 执行“修剪”命令，将当前图形进行修剪，如图 18-86 所示。

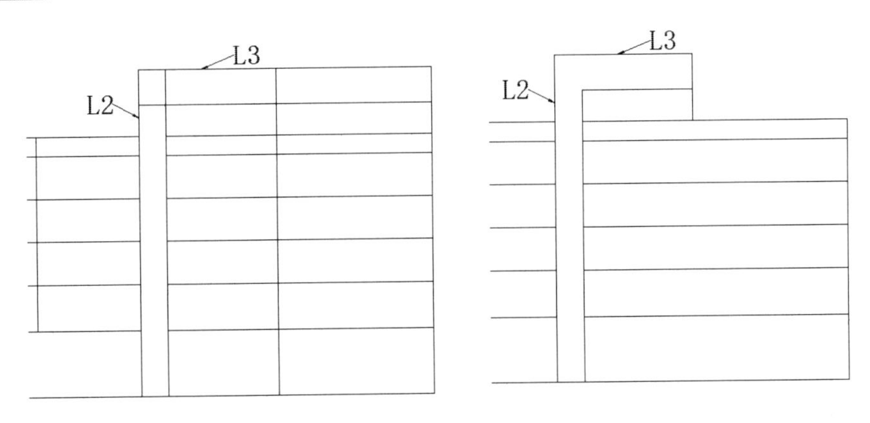

图 18-85 向右、向下偏移直线　　图 18-86 修剪图形

▶Step12 执行“偏移”命令，将线段 L4 向上偏移 4100mm，如图 18-87 所示。

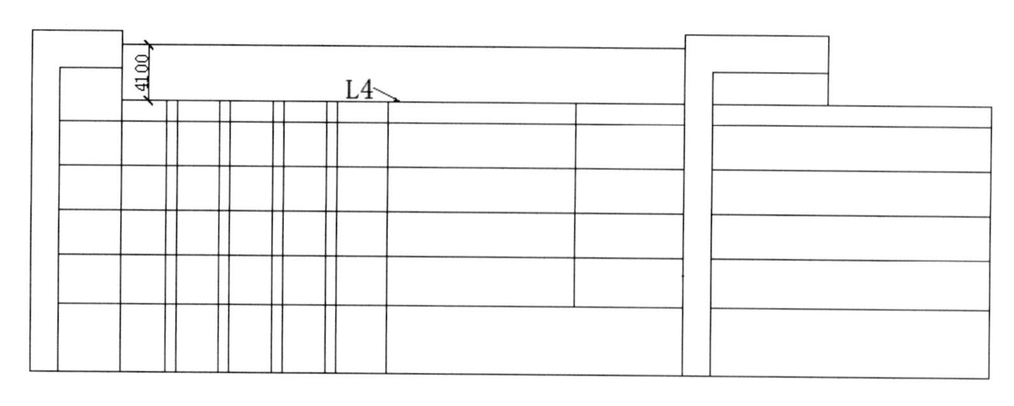

图 18-87　向上偏移直线

▶Step13 执行“延长”和“修剪”命令，将该图形进行编辑，如图 18-88 所示。

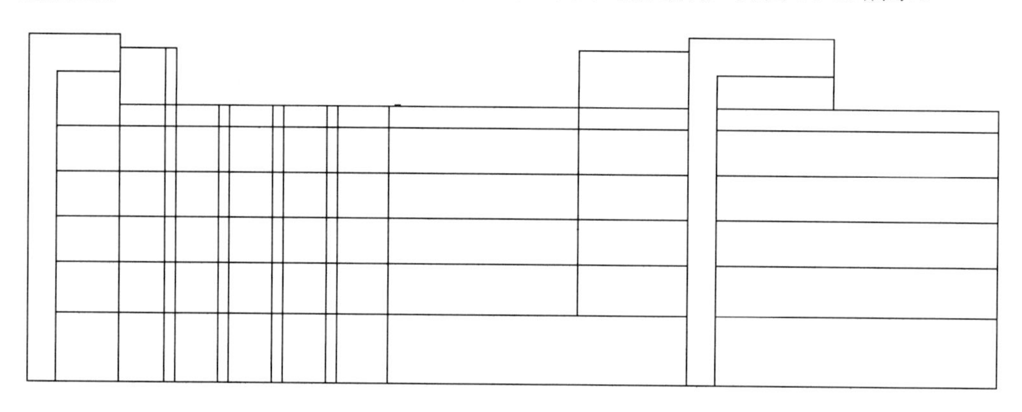

图 18-88　延长及修剪图形

▶Step14 执行“偏移”命令，将线段 L5 向右依次偏移 800mm 和 4170mm，将线段 L6 向下偏移 700mm，将地平线向上偏移 550mm，其结果如图 18-89 所示。

▶Step15 执行“修剪”命令，将该区域多余线段进行修剪，结果如图 18-90 所示。

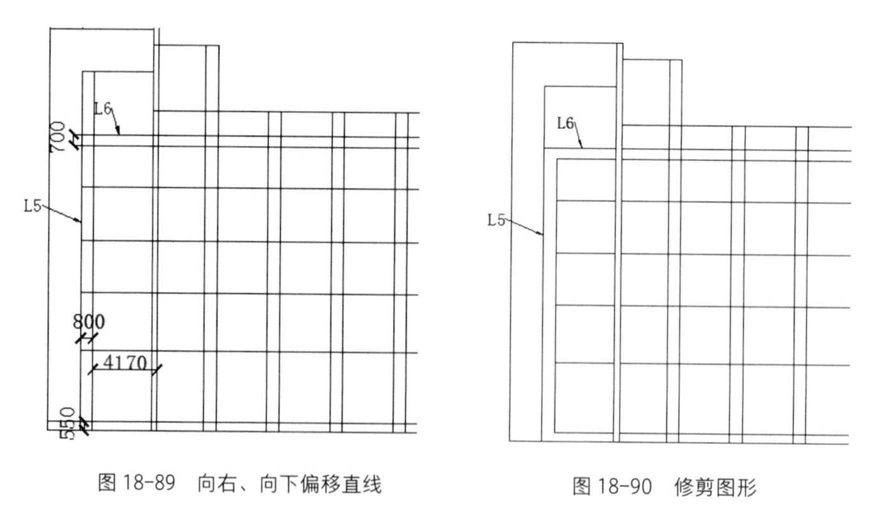

图 18-89　向右、向下偏移直线　　图 18-90　修剪图形

▶Step16 再次执行“修剪”命令，将整个建筑外轮廓图形，修剪完成，如图 18-91 所示。

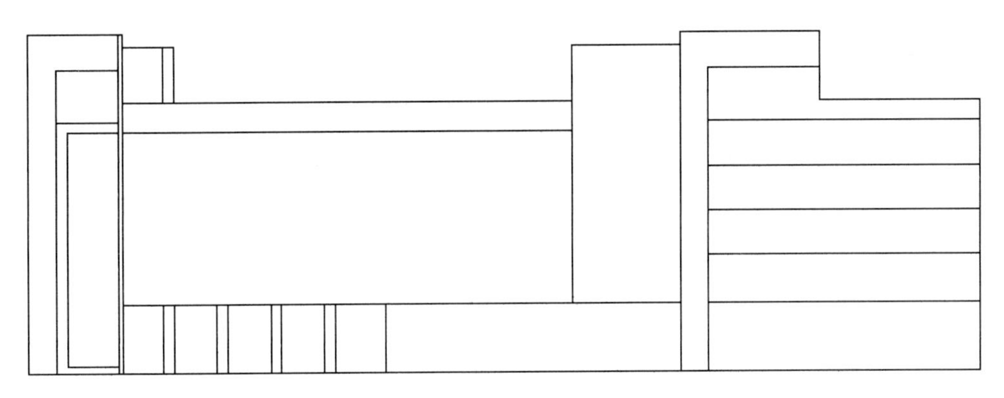

图 18-91　绘制外轮廓图形

18.4.2 绘制门图形及台阶图形

下面将运用“偏移”“修剪”“定数等分”等命令来绘制教学楼大厅门立面。

Step01 执行“偏移”命令，将地平线向上依次偏移 600mm、3300mm 和 2000mm，如图 18-92 所示。

Step02 再次单击“偏移”命令，将线段 A 向左依次偏移 5760mm、14920mm 和 1340mm，如图 18-93 所示。

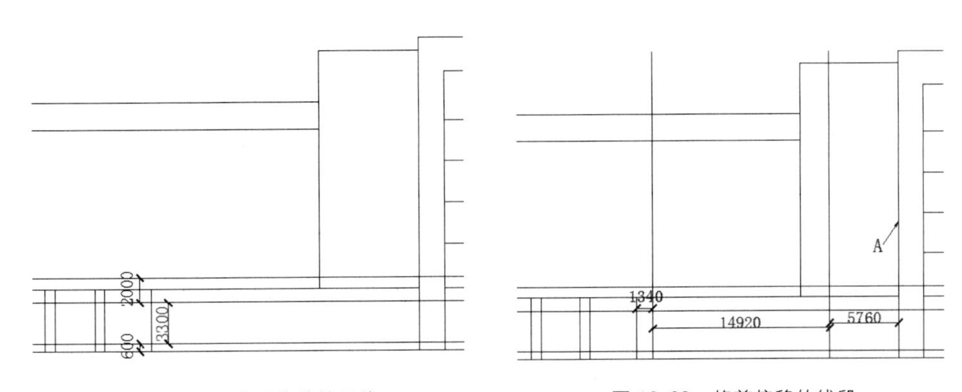

图 18-92　向下偏移地平线　　　图 18-93　修剪偏移的线段

Step03 执行“修剪”命令，将当前大厅立面图形进行修剪，如图 18-94 所示。

Step04 绘制门厅遮阳棚。执行“矩形”命令，绘制一个长 200mm、宽 12040mm 的长方形，并单击“直线”和“复制”命令，绘制出支撑杆，如图 18-95 所示。

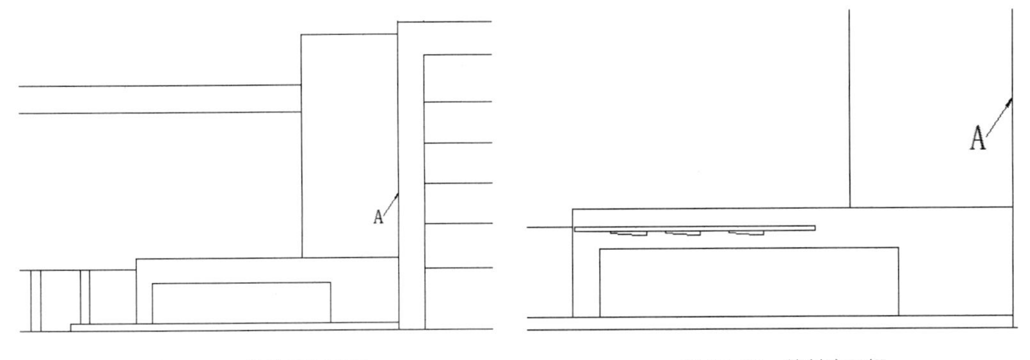

图 18-94　修剪门厅里面　　　图 18-95　绘制遮阳棚

Step05 绘制门厅大门。执行“矩形”命令，绘制出一个长 5490mm、宽 2450mm 的长方形，并放置于门厅合适位置，如图 18-96 所示。

Step06 执行“分解”命令，将该长方形进行分解，其后，再执行“偏移”命令，将长方形上边线向下依次偏移 200mm、500mm 和 100mm，如图 18-97 所示。

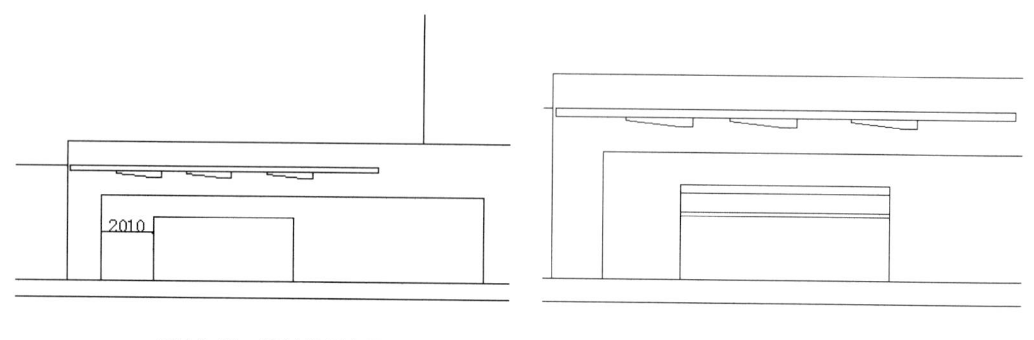

图 18-96 绘制门厅大门

图 18-97 偏移大门线段

Step07 继续单击“偏移”命令，将长方形左侧边线，依次向右偏移 200mm、1545mm、200mm、1600mm、200mm、1545mm，如图 18-98 所示。

Step08 再次执行“偏移”和“修剪”命令，将大门进行修剪，如图 18-99 所示。

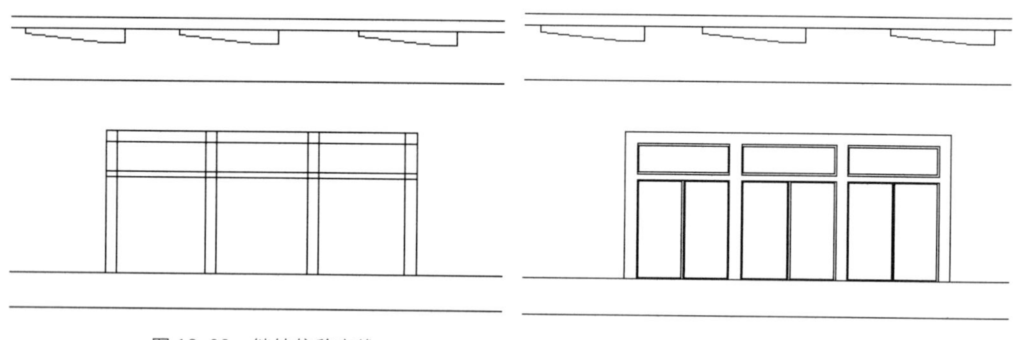

图 18-98 继续偏移直线

图 18-99 修剪大门图形

Step09 执行“定数等分”命令，按照命令行中提示的信息，等分直线，再绘制直线，绘制出大厅立面玻璃图，如图 18-100 所示。

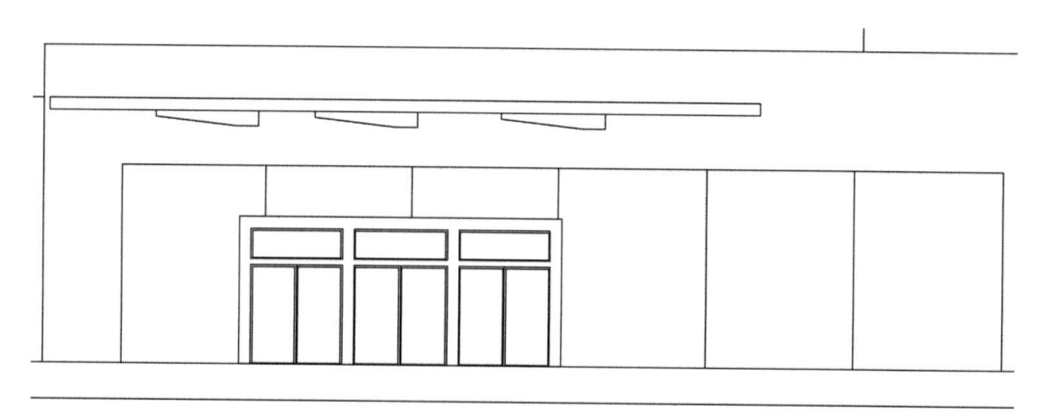

图 18-100 绘制玻璃图形

Step10 执行“偏移”命令与“修剪”命令，偏移 50mm 的铝方管以及 200mm 高的花坛立面，如图 18-101 所示。

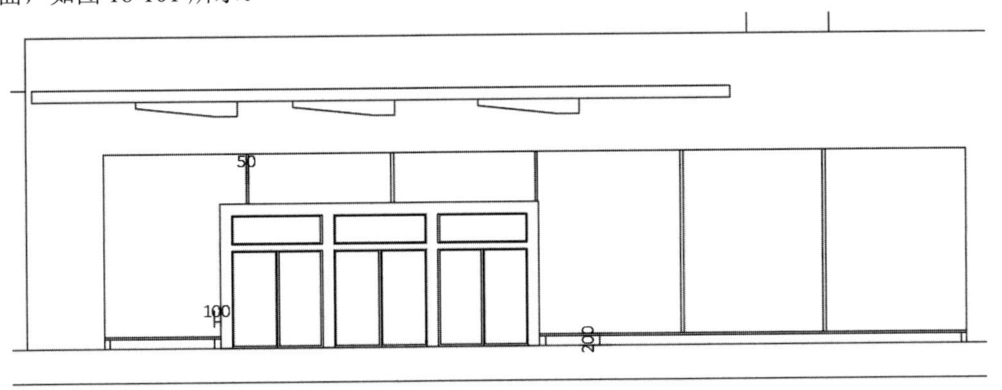

图 18-101　绘制铝方管和花坛立面

Step11 绘制台阶。执行“偏移”“定数等分”“直线”和 “修剪”命令，绘制楼梯台阶，如图 18-102 所示。

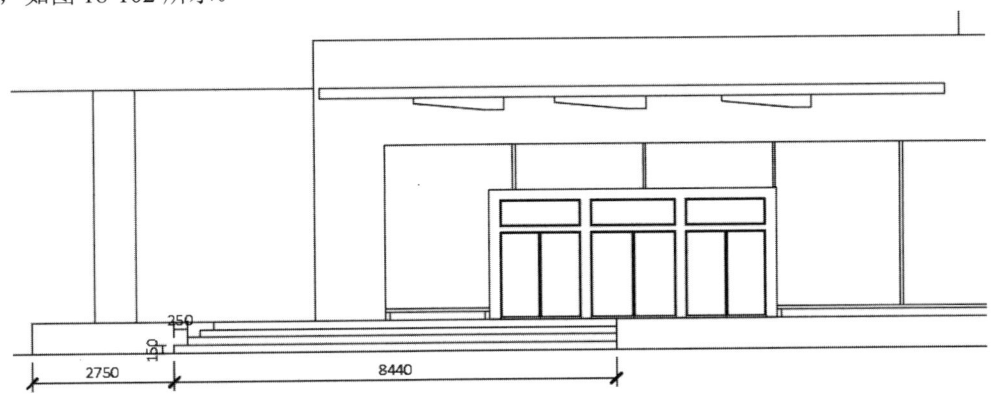

图 18-102　绘制台阶

Step12 执行“直线”“偏移”“极轴追踪”及“修剪”命令，绘制楼梯扶手，如图 18-103 所示。

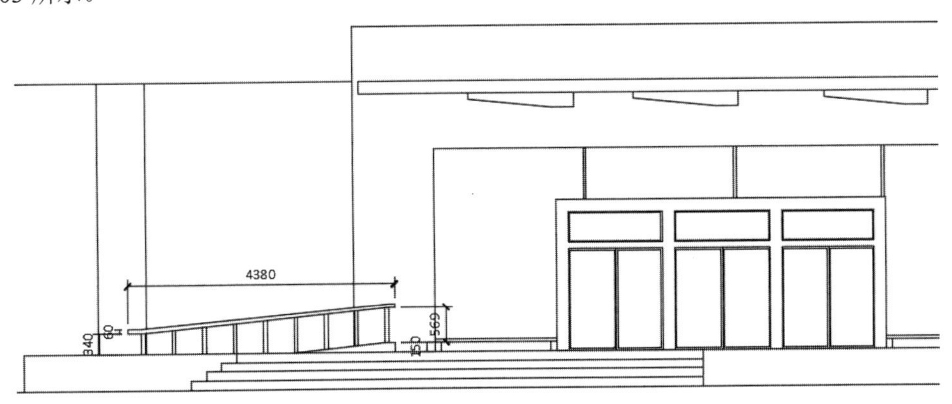

图 18-103　绘制扶手

▸Step13 执行“偏移”“矩形”和“修剪”命令，绘制教学楼两个侧门台阶图形，如图18-104所示。

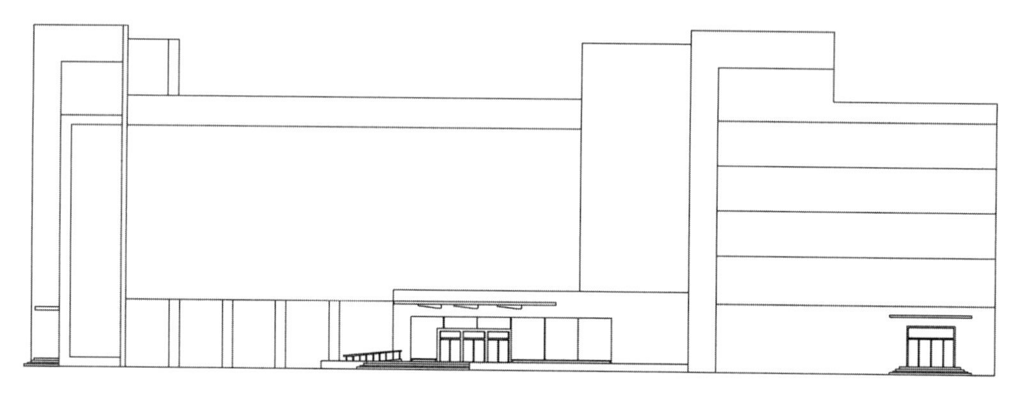

图 18-104　绘制两侧台阶

18.4.3 绘制窗户图形

下面将运用“矩形”“修剪”“分解”以及“复制”命令，绘制出建筑立面窗的图形。

▸Step01 双击“门窗”图层，将其设置为当前层。执行“矩形”命令，绘制一个长3800mm、宽2650mm的长方形，并放置于教学楼左侧楼梯过道合适位置，如图18-105所示。

▸Step02 执行“偏移”命令，将窗户轮廓线向内偏移50mm，并单击“分解”命令，将偏移后的图形，进行分解，如图18-106所示。

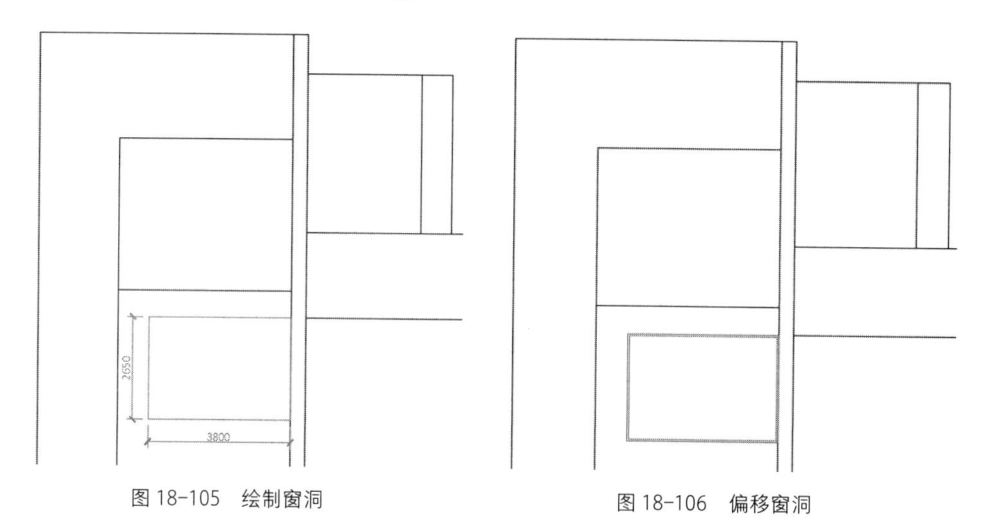

图 18-105　绘制窗洞　　　图 18-106　偏移窗洞

▸Step03 执行“定数等分”命令，将分解后的线段进行等分，再执行“直线”命令，绘制其等分线，如图18-107所示。

▸Step04 执行“偏移”和“修剪”命令，将窗户进行细化，结果如图18-108所示。

▸Step05 执行“复制”命令，以Q点为复制基点，向下复制位移3300，其结果如图18-109、图18-110所示。

▸Step06 按照同样的复制方法，继续向下复制窗户图形，如图18-111所示。

▸Step07 再利用上述绘制方法绘制一个3800mm×3800mm的窗户，将其放置到一层位置，如图18-112所示。

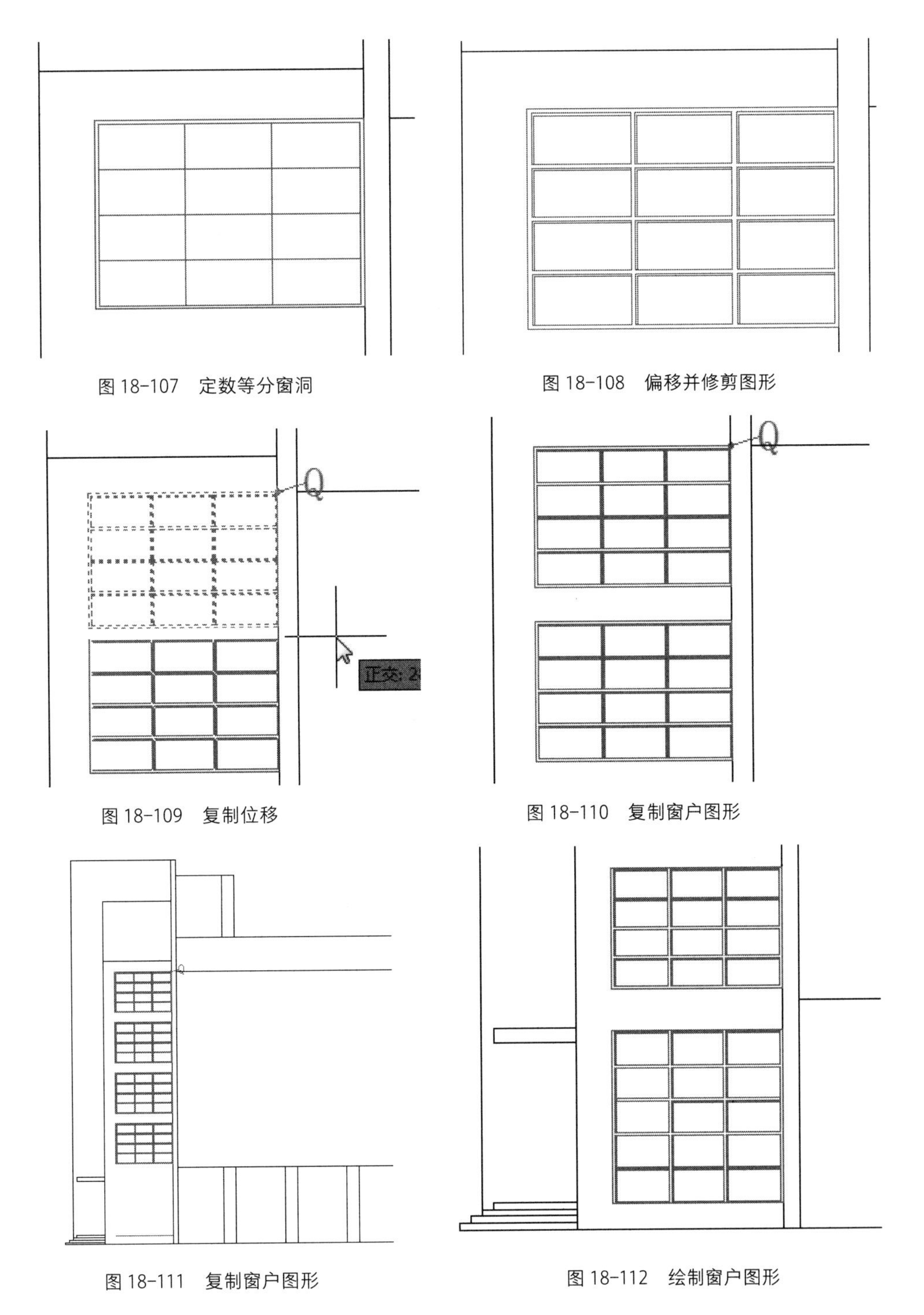

图 18-107　定数等分窗洞

图 18-108　偏移并修剪图形

图 18-109　复制位移

图 18-110　复制窗户图形

图 18-111　复制窗户图形

图 18-112　绘制窗户图形

▶Step08 绘制一层大厅窗户。执行“矩形”命令，绘制一个长 3400mm、宽 3300mm 的长方形，距地 900mm，并将其长宽边都等分成三份，执行“直线”命令，绘制等分线，如图 18-113 所示。

▶Step09 执行“偏移”命令，将等分线向两边各偏移 25mm，同时单击“修剪”命令，绘制出窗户图形，效果如图 18-114 所示。

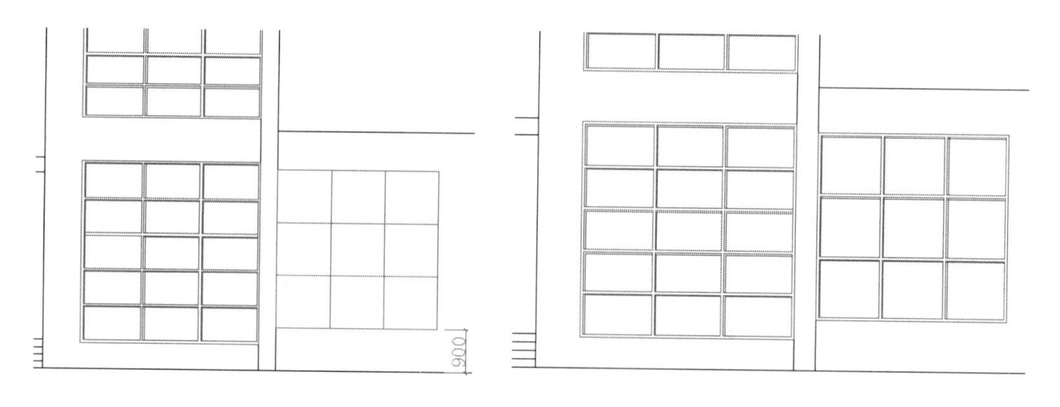

图 18-113　绘制一层窗户　　　　图 18-114　修剪窗户

▸Step10 执行“复制”命令，将绘制好的窗户向右复制移动 4200mm，如图 18-115、图 18-116 所示。

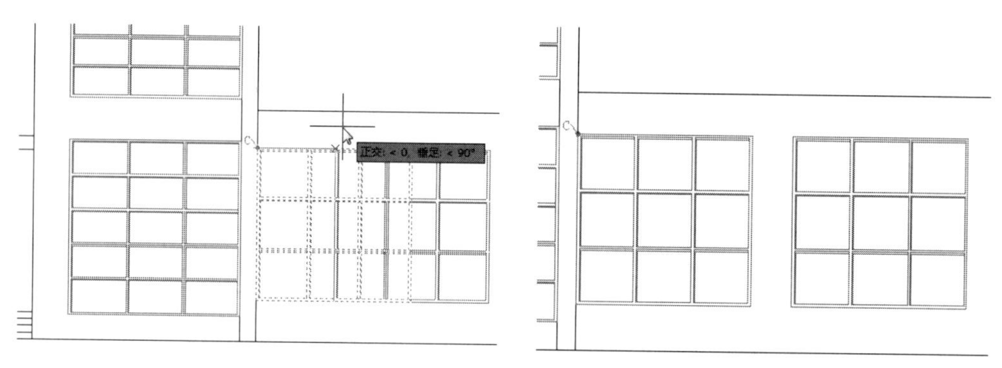

图 18-115　复制窗户　　　　图 18-116　复制结果

▸Step11 再次执行“复制”命令，复制剩余 3 个窗户至大厅合适位置，如图 18-117 所示。

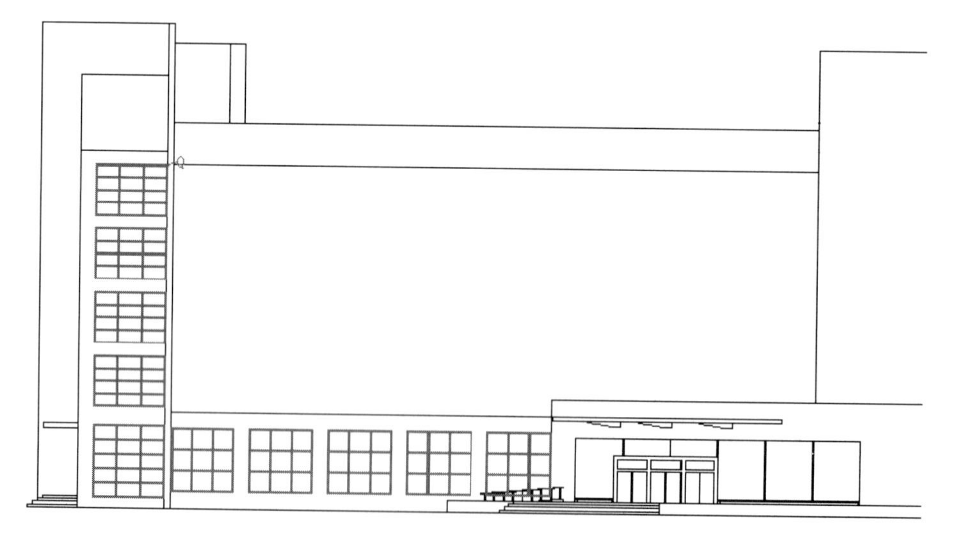

图 18-117　继续复制一层

Step12 绘制教学室窗户。执行“矩形”命令，绘制长 2400 mm、宽 1650 mm 的长方形，并单击“偏移”命令，将该长方形向内偏移 50 mm，如图 18-118 所示。

Step13 执行“分解”命令，将偏移后的长方形分解。单击“偏移”命令，将分解后的线段向下依次偏移 475mm 和 50mm，单击“修剪”命令将图形修剪，如图 18-119 所示。

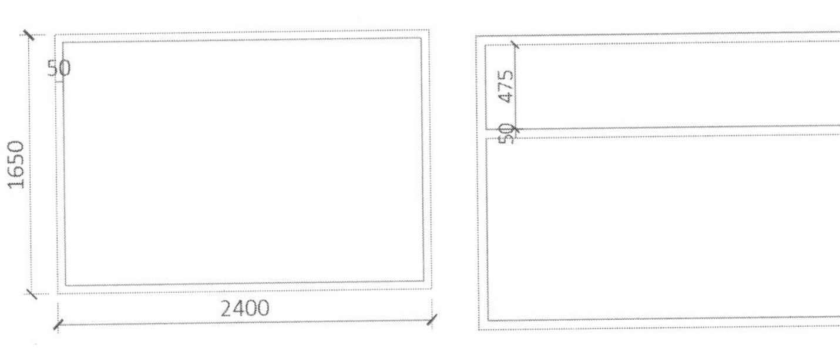

图 18-118　绘制教学室窗户　　图 18-119　偏移并修剪窗户

Step14 执行“定数等分”命令，将偏移后的线段等分成 4 份，再执行“直线”命令，绘制等分线，如图 18-120 所示。

Step15 执行“偏移”命令，将等分线偏移 25mm，再执行“修剪”命令，再对图形进行修剪，其结果如图 18-121 所示。

图 18-120　等分窗户边线

图 18-121　修剪窗户

Step16 执行“复制”命令，将绘制好的窗户向右复制，设置间距值为 1650mm，如图 18-122 所示。

Step17 同样执行“复制”命令，将复制好的窗户再向下进行复制，设置间隔距离为 1200mm，结果如图 18-123 所示。

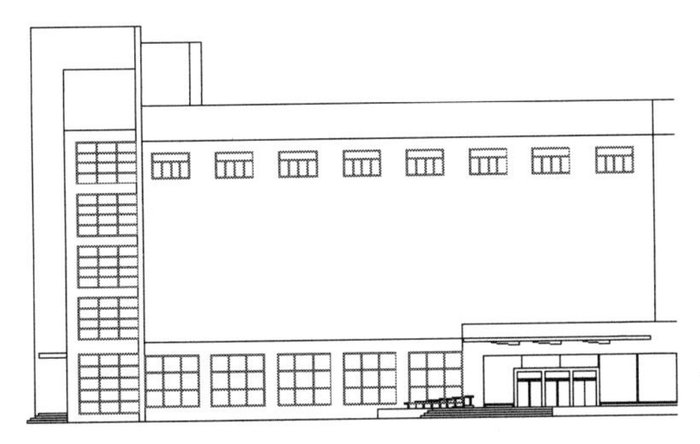

图 18-122　向右复制图形

图 18-123　向下复制图形

▸Step18 绘制卫生间窗户。执行“矩形”命令，绘制一个长 850mm、宽 1650mm 的长方形，并单击“偏移”命令，将该长方形向内偏移 50mm，放置图形合适位置。

▸Step19 执行“分解”命令，将偏移后的长方形进行分解，并再次单击“偏移”和“修剪”命令，完成卫生间窗户的绘制，如图 18-124 所示。

▸Step20 执行“复制”命令，将绘制好的窗户向下进行复制，如图 18-125 所示。

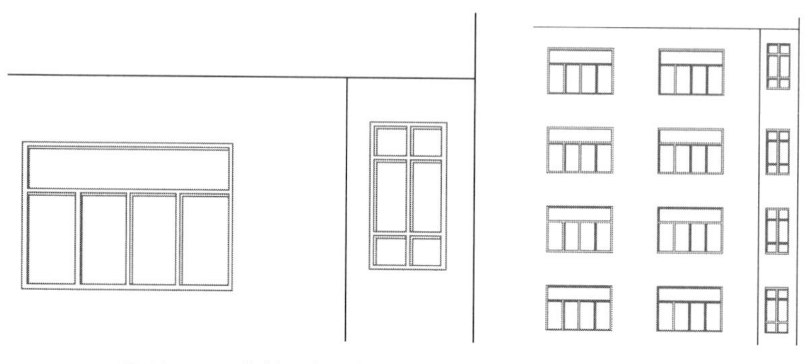

图 18-124　绘制卫生间窗户　　图 18-125　复制窗户图形

▸Step21 同样执行“矩形”“复制”和“偏移”命令，完成其他窗户图形的绘制，结果如图 18-126 所示。

图 18-126　绘制其他窗户图形

18.4.4 完善建筑立面图

绘制完窗户后，整体建筑立面轮廓已完成了。下面可运用“图案填充”命令和“插入块”命令来填充建筑外墙体以及插入树木等图块丰富图纸内容。

扫一扫　看视频

▸Step01 双击“填充”图层，将“填充”层设为当前层。执行“图案填充”命令，打开“图案填充创建”选项卡，在“图案”面板中选择需填充的图案，这里选择实体填充图案 SOLID，如图 18-127 所示。

▸Step02 设置填充颜色为灰色，选择墙体区域进行填充，如图 18-128 所示。

▸Step03 同样执行“图案填充图案”命令，再次选择所需填充的图案，并将其填充至图形合适位置，结果如图 18-129 所示。

▸Step04 填充门窗图案。执行“图案填充”命令，选择图案 ANSI34，设置填充比例为 50，选择玻璃区域进行填充，如图 18-130 所示。

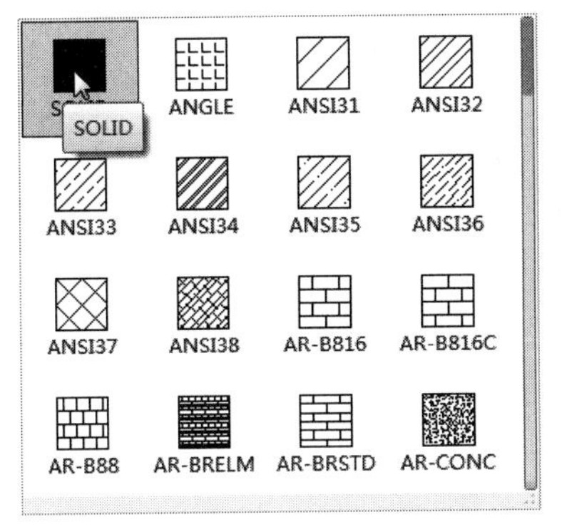

图 18-127 选择实体图案

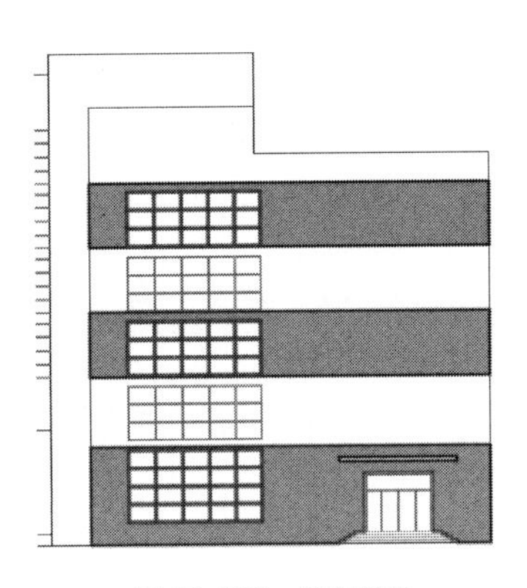

图 18-128 填充墙体

图 18-129 填充墙体

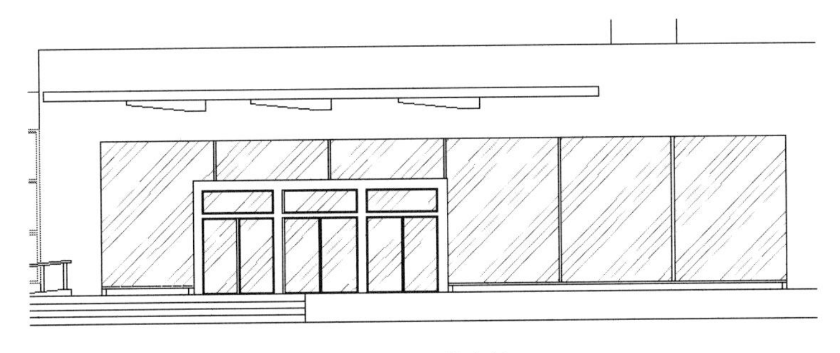

图 18-130 填充效果

Step05 执行“分解”命令，将刚填充的图案进行分解，选择性地删除一些线条，结果如图 18-131 所示。

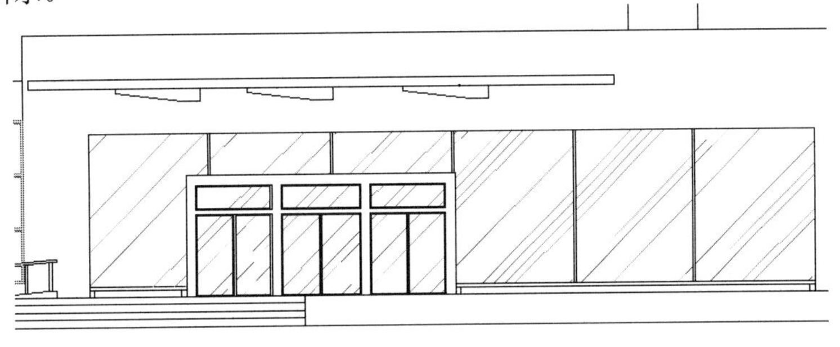

图 18-131 分解并删除线段

Step06 执行“图案填充”命令，选择填充图案 AR-SAND，设置填充比例为 2，选择性地填充玻璃区域，如图 18-132 所示。

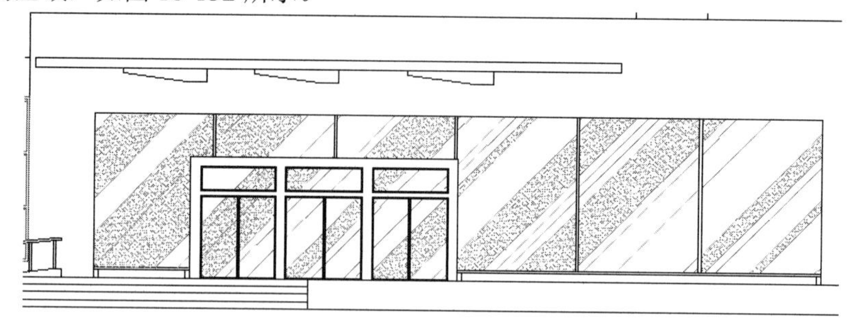

图 18-132　填充大门玻璃

Step07 按照同样的操作步骤，完成窗户玻璃的填充，其结果如图 18-133 所示。

图 18-133　完成填充操作

Step08 执行“多段线”命令，绘制一条长 104000mm 的多段线，放置在合适的位置，如图 18-134 所示。

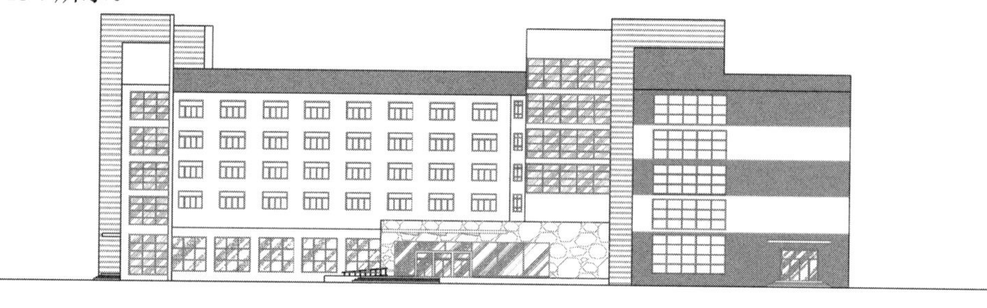

图 18-134　绘制地平线

Step09 在特性面板中，设置多段线全局宽度为 60，如图 18-135 所示。

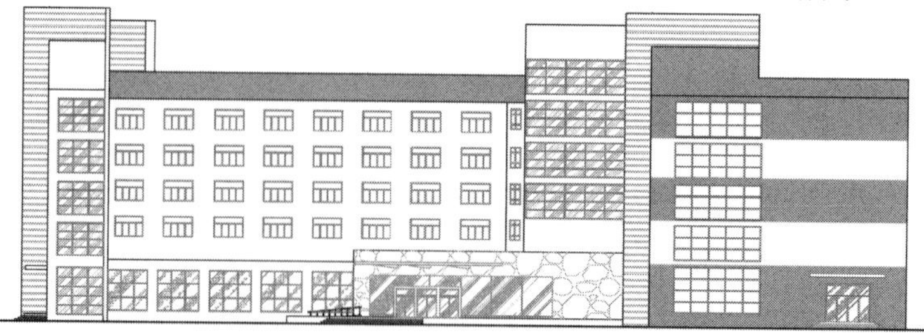

图 18-135　设置地平线宽度

▶Step10 打开“块”设置面板，单击该面板上方插入图标按钮，在“选择图形文件”对话框，选中所需图块选项，单击“打开”按钮，如图 18-136 所示。

▶Step11 此时在“块”设置面板中会显示出该植物图块，将其拖至图纸合适位置，如图 18-137 所示。

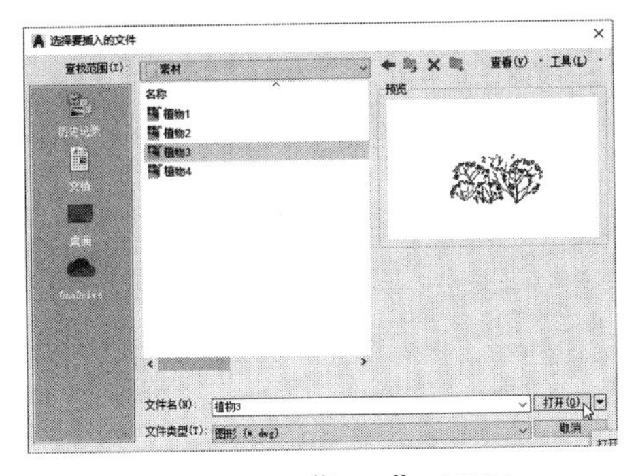

图 18-136　打开“插入”对话框

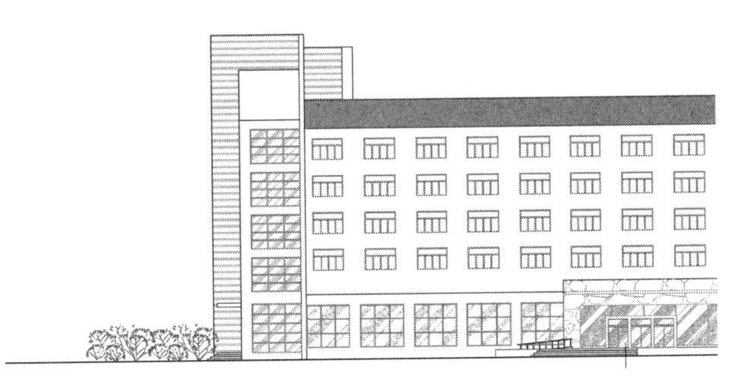

图 18-137　插入图块

▶Step12 按照同样的操作方法，完成其余植物图块的插入，结果如图 18-138 所示。

图 18-138　插入其他图块

▶Step13 双击“标注”图层将其设为当前层。执行“标注样式”命令，打开“标注样式管理器”对话框，单击“新建”按钮，新建名为“立面标注”的标注样式，如图 18-139 所示。

▶Step14 单击“继续”按钮，打开“新建标注样式”对话框，在“主单位”选项卡中设置标注精度，如图 18-140 所示。

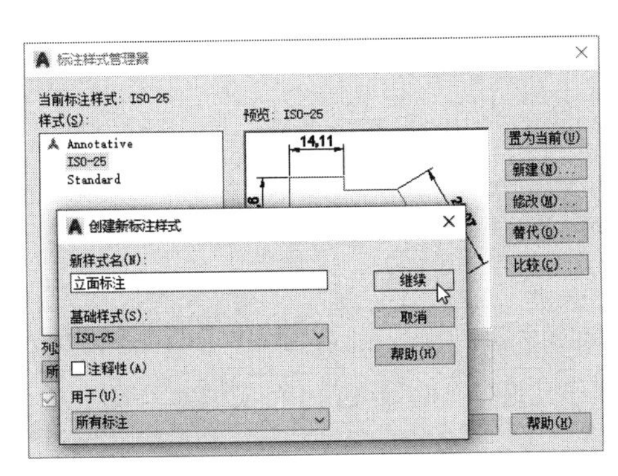

图 18-139　新建标注样式

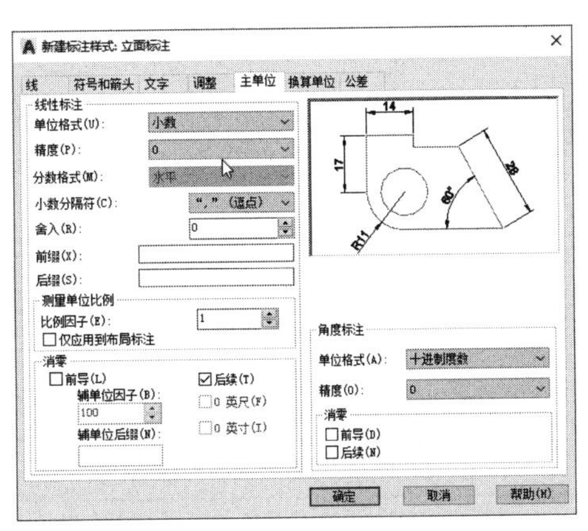

图 18-140　“主单位”选项卡

▶Step15 在“调整”选型卡中勾选“文字始终保持在尺寸界线之间”和“若箭头不能放在尺寸界线内，则将其消除”选项，如图 18-141 所示。

▶Step16 在“文字”选项卡中设置文字高度和从尺寸线偏移值，如图 18-142 所示。

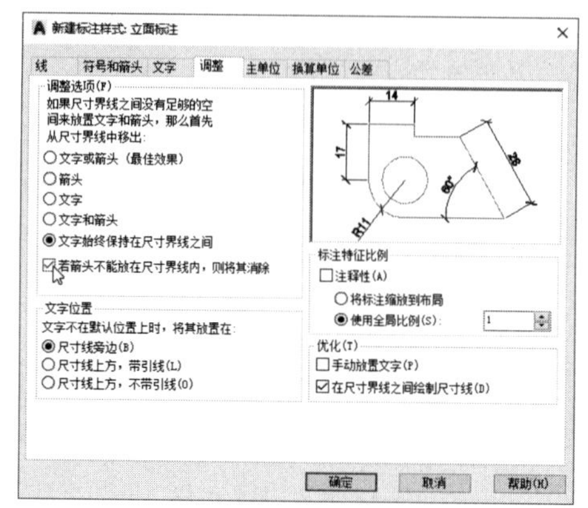

图 18-141 “调整”选项卡

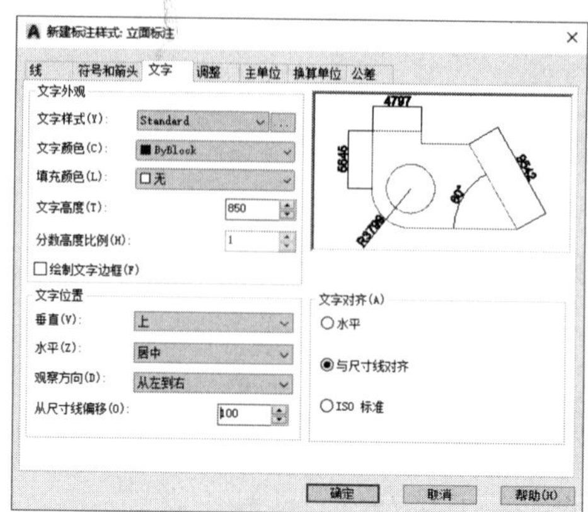

图 18-142 “文字”选项卡

▶Step17 在“符号与箭头”选项卡中设置箭头符号及大小，如图 18-143 所示。

▶Step18 在“线”选项卡中设置超出尺寸线值及起点偏移量，如图 18-144 所示，设置完毕后，单击“确定”按钮返回“标注样式管理器”对话框，依次单击“置为当前”“关闭”按钮。

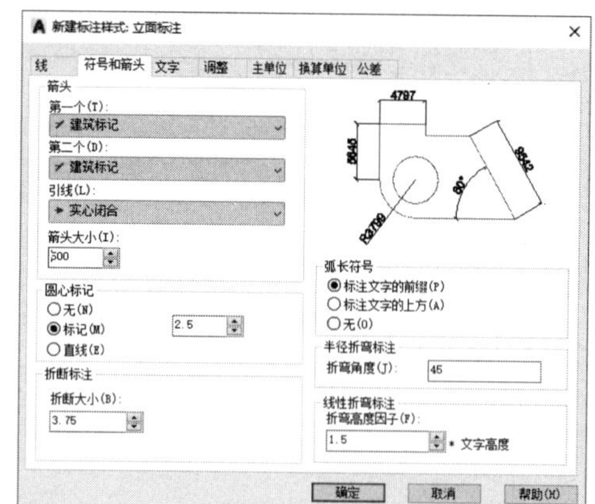

图 18-143 “符号与箭头”选项卡

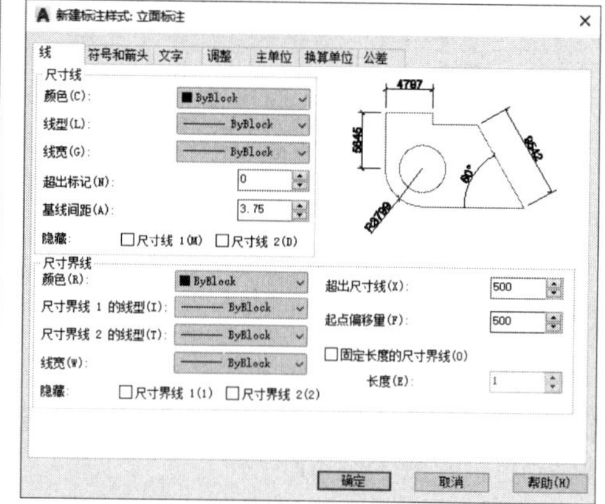

图 18-144 “线”选项卡

▶Step19 执行“线性标注”命令，为图形添加尺寸标注，如图 18-145 所示。

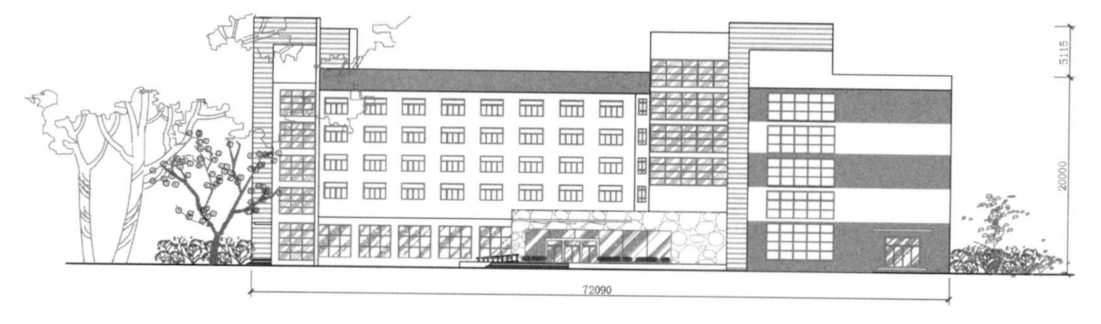

图 18-145 添加尺寸标注

Step20 为立面图添加标高符号并修改标高尺寸，如图 18-146 所示。

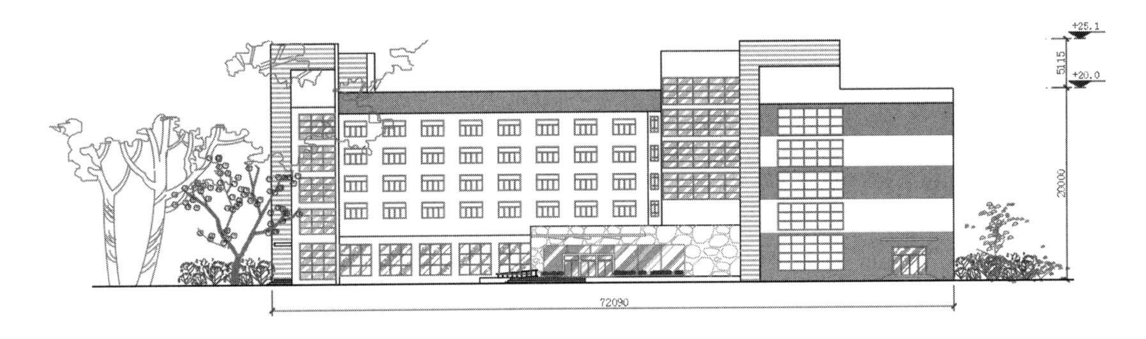

图 18-146 添加标高符号

Step21 为建筑立面图添加图示以及图框，完成建筑立面图的绘制，如图 18-147 所示。

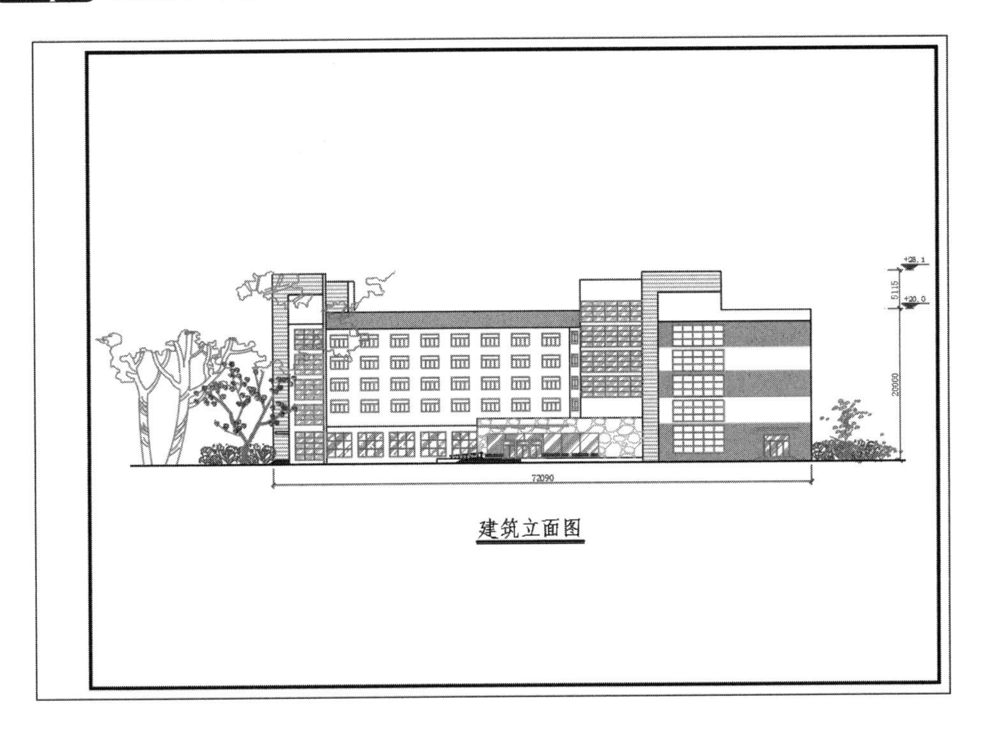

图 18-147 完成绘制